Encyclopedia of Control Systems

# 制御の事典

編集委員代表　野波健蔵　水野　毅

編集委員　足立修一　大日方五郎　平田光男　池田雅夫　木田　隆　松野文俊　大須賀公一　永井正夫

朝倉書店

# まえがき

制御技術は今や社会を支える基盤技術となっており，あらゆる分野に浸透しているが，依然としてハードルの高い技術分野となっている．結果的に経験則に基づくPID制御が90%以上を占めており，数多くの優れた制御理論が眠ったまま活用されていない．この理由は，制御理論が難解であるのみならず設計論が述べられていないことにあろう．その意味で，MATLAB/SIMULINKのツールボックスは，難解な制御理論を身近な制御技術として普及するために多大な貢献をしているといえる．しかし，ツールボックス化された制御理論はきわめてわずかである．一方で，MATLAB/SIMULINKのツールボックスを十分に使いこなしているかというと，これもまた疑問である．制御技術は低炭素社会を実現し，持続型社会を支えるためにますます重要になる基盤技術であるが，平易な解説本や企業の技術者が座右におけるような制御系設計技術書が非常に少ない．本書は，制御理論と制御技術を結ぶインタフェース的な役割を担う書として，とくに，企業の制御技術者・計装エンジニアが高度な制御理論を実システムに適用したくなるような書となることを意図している．

制御工学に関する包括的なハンドブックあるいは事典は，これまでに計測自動制御学会が1983年に刊行した「自動制御ハンドブック基礎編」および「自動制御ハンドブック応用編」があるのみで，その後32年を経ているが，新しいハンドブックや事典は見当たらない．アイ・エヌ・ジー出版部から「最適な制御系設計法と各種制御方式の基礎・理論・応用の実際」が1993年に出版されたが，これは主要な制御系設計法を記述しているが網羅的ではない．また，日本機械学会が新しい便覧を2006年に刊行しており，その中で「機械工学便覧 $\beta$ デザイン編　制御システム」として最新の制御理論，制御系設計論が紹介されている．この便覧では理論が紹介されており設計論や応用に関しては網羅されていないため，企業の制御技術者が親しみを感じるかどうかは疑問が残る．

本『制御の事典』は，これまでの制御理論よりのハンドブックや事典，便覧とは異なり，どのように実システムに適用するかという視点で，システム制御の基礎理論・制御系設計論とその実応用に重点を置いた．このため，前半では制御基礎理論・制御系設計論を，後半では実応用をさまざまな応用分野に関して，とりわけ，多くの産業応用事例とその性能について詳細に紹介している．したがって，制御理論，制御工学の体系化よりも，制御工学の実用書として，企業の制御技術者や，あるいは制御を専門としていないがこれから試みる予定の技術者を対象としてまとめている．あるいは，大学にあっては制御の研究室に配属された学生が，難しい制御理論をどのように適用していくかという手順を学ぶのにはきわめて適した内容となっている．このため，高度な制御理論がどのように実システムに適用されているかを，実例をあげて可能な限りやさしく解説した．

そして，第2部の制御系設計の実践編では，すべての項目に例題を掲載し，例題を通して難解な制御理論の骨子を理解できるように構成している．また，すべての制御系設計法に要約を載せ，制御の特徴と長所・短所を明記し，制約条件，制御対象のクラス，制御系設計条件，制御可能領域や設計手順，設計例，設計結果，実応用例を明記するようにした．合計46の制御系設計法の要約を掲載しているが，現在の制御対象に適用可能かどうかが概ね瞬時に判別できるように工夫している．この点は編集者として最も気を配ったところであり，企業の制御技術者や計装エンジニアが本書を座右の書として活用いただくことを願った証である．

本書は次のような3部構成となっている．

第1部 制御系設計の基礎編：ここは制御系設計に至る基礎知識を習得するための内容である．

第2部 制御系設計の実践編：ここでは実システムに対する制御系設計の手順を簡潔明瞭に記述している．

第3部 制御系設計の応用編：ここでは企業での実例を紹介しながら，さまざまな実応用を可能な限り記述している．

朝倉書店から本書の企画の提案がありスタートしたのが2009年8月で，それから刊行まで約6年の歳月を要してしまった．この間，埼玉大学の水野毅教授にも全面的にご協力をいただきながら，また，多くの編集委員の先生方に支えられながら制御工学全般を網羅する内容とするために，さまざまな英知をいただいた．ここにあらためて感謝を申し上げる．さらに，執筆いただいた多くの執筆者の皆様に心から御礼申し上げる．そして，常に叱咤激励をいただいてきた朝倉書店編集部の方々に感謝したい．

6年という長い年月をかけて温めてきた『制御の事典』がいよいよ刊行するということに，私自身は感激で満ちております．本書が制御工学の分野に一寸の明かりたらんことを願ってやみません．

2015年6月

編集委員を代表して　野波健蔵

# 編集委員・執筆者一覧

（五十音順）

## ● 編集委員代表

| | | | |
|---|---|---|---|
| 野 波 健 蔵 | 千葉大学 | 水 野 毅 | 埼玉大学 |

## ● 編集委員

| | | | |
|---|---|---|---|
| 足 立 修 一 | 慶應義塾大学 | 木 田 隆 | 電気通信大学 |
| 池 田 雅 夫 | 大阪大学 | 永 井 正 夫 | (一財) 日本自動車研究所 |
| 大須賀公一 | 大阪大学 | 平 田 光 男 | 宇都宮大学 |
| 大日方五郎 | 中部大学 | 松 野 文 俊 | 京都大学 |

## ● 執筆者

| | | | |
|---|---|---|---|
| 浅 井 祥 朋 | 日産自動車(株) | 大日方五郎 | 中部大学 |
| 足 利 貢 | 川崎重工業(株) | 加 来 靖 彦 | (株)安川電機 |
| 足 立 修 一 | 慶應義塾大学 | 片 柳 亮 二 | 金沢工業大学 |
| 安 藤 慎 悟 | (株)安川電機 | 喜 多 一 | 京都大学 |
| イギデル・ユセフ | SRI インターナショナル | 木 田 隆 | 電気通信大学 |
| 石 川 将 人 | 大阪大学 | 北 森 俊 行 | 東京大学名誉教授 |
| 井 手 和 成 | 三菱重工業(株) | 久保田哲也 | 川崎重工業(株) |
| 井 前 讓 | 大阪府立大学名誉教授 | 小 池 裕 二 | (株)IHI |
| 井 村 順 一 | 東京工業大学 | 小 泉 智 志 | 新日鐵住金(株) |
| 岩 井 善 太 | 熊本大学名誉教授 | 古 賀 毅 | 川崎重工業(株) |
| 岩 倉 大 輔 | 千葉大学 | 児 島 晃 | 首都大学東京 |
| 岩 﨑 隆 至 | 三菱電機(株) | 後 藤 英 司 | 千葉大学 |
| 岩 崎 誠 | 名古屋工業大学 | 斎 藤 之 男 | 芝浦工業大学 |
| ウィリアム・タウンゼント | バレットテクノロジー | 佐 伯 正 美 | 広島大学 |
| 上 山 拓 知 | (株)MUTECS | 榊 原 伸 介 | ファナック(株) |
| 浦 川 禎 之 | ソニー(株) | 坂本富士見 | (有)シスコム |
| 江 口 悟 司 | オークマ(株) | 佐 々 修 一 | 日本大学 |
| 大須賀公一 | 大阪大学 | 佐 藤 彰 | ヤマハ発動機(株) |
| 太 田 快 人 | 京都大学 | 三 平 満 司 | 東京工業大学 |
| 大 竹 博 | 九州工業大学 | 篠 原 隆 | (株)ZMP |
| 大 塚 敏 之 | 京都大学 | 柴 田 英 貴 | YAMAHA MOTOR CORPORATION USA |
| 大 畠 明 | トヨタ自動車(株) | 島 岳 也 | 三菱電機(株) |
| 大 松 繁 | 大阪府立大学名誉教授 | 清 水 康 夫 | 東京電機大学 |
| 小 河 守 正 | アズビル(株) | 下 田 進 | IHI 運搬機械(株) |
| 奥 宏 史 | 大阪工業大学 | 杉 江 弘 | 三菱電機(株) |
| 小 野 英 一 | (株)豊田中央研究所 | 鈴 木 智 | 信州大学 |

鈴木秀人　宇宙航空研究開発機構
鈴木真弘　日野自動車(株)
鈴木康彦　ヤマザキマザック(株)
高井重昌　大阪大学
高橋亮一　大阪大学
棚橋　誠　ヤマザキマザック(株)
谷田宏次　(株)IHI
田原　誠　ヒロボー(株)
寺嶋一彦　豊橋技術科学大学
永井正夫　(一財)日本自動車研究所
中島健一　川崎重工業(株)
中須賀真一　東京大学
中西弘明　京都大学
中村英夫　日産自動車(株)
並木明夫　千葉大学
西川貴章　IHI運搬機械(株)
西村秀和　慶應義塾大学
野波健蔵　千葉大学
延山英沢　九州工業大学
長谷和徳　首都大学東京
馬場勝之　(株)テムザック
浜松正典　川崎重工業(株)
林　正人　川崎重工業(株)
林　義之　三菱重工業(株)
東　成昭　川崎重工業(株)
平田勝弘　大阪大学
平田光男　宇都宮大学
平元和彦　新潟大学
廣田　薫　東京工業大学名誉教授
深尾隆則　立命館大学
福永茂樹　(株)村田製作所
藤崎泰正　大阪大学
藤本健治　京都大学
藤本浩明　川崎重工業(株)
増淵　泉　神戸大学
水野　毅　埼玉大学
水本郁朗　熊本大学
宮崎祐行　(株)日立製作所
森下明平　工学院大学
山口敦史　(株)ニコン
山口高司　(株)リコー
山田雄二　筑波大学
山村吉典　日産自動車(株)
湯浅亮平　トヨタ自動車(株)
横小路泰義　神戸大学
吉浦泰史　(株)安川電機
吉河章二　三菱電機(株)
劉　康志　千葉大学
若狭強志　三菱重工業(株)
渡辺桂吾　岡山大学

# 目　　次

## 第1部　制御系設計の基礎編

# 第2部　制御系設計の実践編

## 1. PID 制　御

## 2．位相進み，位相遅れ補償制御 ［北森俊行］



## 3．極　指　定 ［藤崎泰正］



## 4．非 干 渉 化 ［藤崎泰正］



## 5．オブザーバ ［藤崎泰正］



## 6．カルマンフィルタ ［藤崎泰正］



## 7．LQ 制　御 ［寺嶋一彦］



## 8．LQI 制 御 ［寺嶋一彦］



## 9．LQG/LTR 制御 ［寺嶋一彦］



## 10．ロバスト制御 ［平田光男］



## 11．$H_\infty$ 制　御 ［劉　康志］



## 12．離散時間 $H_\infty$ 制御 ［平田光男］



## 13．サンプル値 $H_\infty$ 制御 ［平田光男］

## 14．定数スケールド $H_\infty$ 制御 ［山田雄二］



## 15．$H_2$ 制 御 ［劉 康志］



## 16．$L_1$ 制 御 ［太田快人］



## 17．$\mu$ 設 計 ［劉 康志］



## 18．LMI に基づくシステム解析と制御系設計 ［増淵 泉］



## 19．ゲインスケジュールド制御 ［西村秀和］



## 20．凸 最 適 化 ［平元和彦・大日方五郎］



## 21．非線形制御 ［藤本健治］



## 22．フィードバック線形化 ［三平満司］



## 23．非ホロノミック制御 ［石川将人］

## 24．非線形 $H_\infty$ 制御　［三平満司］



## 25．スライディングモード制御　［野波健蔵］



## 26．適 応 制 御　［岩井善太］



## 27．モデル規範型適応制御（MRAC）　［水本郁朗］



## 28．セルフチューニングコントロール（STC）　［水本郁朗］



## 29．適応バックステッピング　［水本郁朗］



## 30．単純適応制御（SAC）　［水本郁朗］



## 31．適応オブザーバ　［岩井善太］

## 32．後退ホライズン制御　［大塚敏之］



## 33．モデル予測制御　［小河守正］



## 34．予 見 制 御　［児島　晃］



## 35．むだ時間系の制御　［延山英沢］



## 36．学 習 制 御　［藤本健治］



## 37．知 的 制 御　［廣田　薫］



## 38．ニューロ制御　［大松　繁］



## 39．ファジィ制御　［大竹　博］

## 40．ニューロ・ファジィ制御　［渡辺桂吾］



## 41．遺伝的アルゴリズム（GA）　［喜多　一］



## 42．GP に基づく制御系設計　［井前　讓］



## 43．受動性に基づく制御　［藤本健治］



## 44．スーパバイザ制御　［高井重昌］



## 45．ハイブリッド制御　［井村順一］



## 46．部分空間同定法　［奥　宏史］



# 第 3 部　制御系設計の応用編

## 1．鉄　鋼　業　［高橋亮一］



## 2．化 学 工 業　［小河守正］



## 3．工 作 機 械

## 4．自動車工業



## 5．重機械工業

## 6. ロボット制御技術

## 7．メカトロニクス制御技術



## 8．航空宇宙分野における制御技術

## 9．無線通信システム分野の制御技術　［宮崎祐行］



## 10．農業・食料生産分野の制御技術　［後藤英司］

# 第 1 部

# 制御系設計<br>の基礎編

# 1

# 信号とシステム

### はじめに

制御工学を学ぶうえでは，信号およびそれらを関係づけるシステムの取扱いが重要となる．そこで本章では，連続時間信号および連続時間システム，そして，離散時間信号および離散時間システムについて要点を簡潔にまとめる．さらに，連続時間システムと離散時間システムが混在するサンプル値制御系についてもふれる．

## 1.1　連続時間信号

### 1.1.1　基本的な連続時間信号

**a．単位インパルス信号**

準備として，任意の $0<\varepsilon\ll 1$ に対して，次の信号を定義する．

$$\delta_\varepsilon(t)=\begin{cases}1/\varepsilon, & (0\leq t\leq\varepsilon)\\ 0, & (t<0,\ \varepsilon<t)\end{cases} \tag{1}$$

ただし，$t$ [s] は時間を表す．このとき，次の極限で定義される信号 $\delta(t)$ は単位インパルス信号とよばれる．

$$\delta(t)=\lim_{\varepsilon\to 0}\delta(t) \tag{2}$$

ここで，$\delta(t)$ はディラックのデルタ関数ともよばれ，以下の性質をもつ．

① $\delta(t)=0\quad(t\neq 0)$

② $\displaystyle\int_{-\infty}^{\infty}\delta(t)\,dt=1$

③ $\displaystyle\int_{-\infty}^{\infty}f(t)\,\delta(t-a)\,dt=f(a)$

式 (1) より，$\delta_\varepsilon(t)$ の面積が 1 となることは明らかであるが，②はそれが $\varepsilon\to 0$ の極限でも成り立つことを表している．③は，任意の関数にデルタ関数を掛けて積分すると，関数値 $f(a)$ が取り出せることを意味している．

なお，デルタ関数を厳密に論じるためには，超関数の概念が必要となるが，本書の範囲を超えるので，ここでは式 (1) の極限として定義した．

**b．単位ステップ信号**

次式で定義される信号 $u(t)$ は単位ステップ信号とよばれる．

$$u(t)=\begin{cases}0, & (t<0)\\ 1, & (t\geq 0)\end{cases} \tag{3}$$

また，単位ステップ信号はデルタ関数 $\delta(t)$ の積分として次のように表すこともできる．

$$u(t)=\int_{-\infty}^{t}\delta(\tau)\,d\tau \tag{4}$$

なお，単位ステップ信号は $t=0$ で不連続となるので，厳密に論じるためには，やはり超関数の概念が必要となるが，本書の範囲を超える．

**c．正弦波信号**

次の信号は正弦波信号とよばれる．

$$x(t)=A\sin(\omega t+\phi) \tag{5}$$

ここで，$A$ は振幅，$\omega$[rad/s] は角周波数，$\phi$[rad] は位相である．周波数 $f$[Hz] と角周波数 $\omega$ の間には $\omega=2\pi f$ が成り立つ．

正弦波信号は下記の性質が成り立つ．

$$x(t)=A\sin(\omega t)=A\sin(\omega t+2\pi n)$$

$$=A\sin\left\{\omega\left(t+\frac{2\pi}{\omega}n\right)\right\},\quad n=\pm 1,\pm 2,\cdots$$

ここで，

$$T=\frac{2\pi}{\omega}$$

は周期とよばれる．

これを一般化すると，任意の時刻 $t$ に対して

$$x(t)=x(t+T),\quad T>0$$

が成り立つとき，$x(t)$ は周期的であるといい，最小の実数 $T>0$ を周期とよぶ．また，このような信号を周期信号とよぶ．

**d．指 数 信 号**

次の信号は指数信号とよばれる．

$$x(t)=Ae^{at} \tag{6}$$

ここで，$A$ および $a$ がともに実数ならば，$x(t)$ は $a>0$ のとき単調増加，$a<0$ のとは単調減少して 0 に漸近する．また $a=0$ ならば $t$ によらず $x(t)=A$ となる．

一方，$a$ が複素数のとき，つまり

$$a=\alpha+j\beta$$

と書ける場合は

$$x(t)=Ae^{(\alpha+j\beta)t}=Ae^{\alpha t}e^{j\beta t}$$

と分解できるが，ここで，$e^{j\theta}$ と sin, cos を結びつける重要な公式であるオイラーの公式

$$e^{j\theta}=\cos\theta+j\sin\theta$$

を使うと

$$x(t)=Ae^{\alpha t}(\cos\beta t+j\sin\beta t) \tag{7}$$

となる．ここで，式 (7) の実部を取り出すと

$$x_R(t)=\mathrm{Re}\{x(t)\}=Ae^{\alpha t}\cos\beta t$$

のように，振幅が指数関数 $Ae^{\alpha t}$ で変化する余弦波関数になる．このように，$a$ が複素数の指数関数は，sin, cos と密接に関係する．

なお，オイラーの公式から，正弦波信号は指数関数を使って次のように表せる．

$$\sin\omega t=\frac{e^{j\omega t}-e^{-j\omega t}}{2j}$$

$$\cos\omega t=\frac{e^{j\omega t}+e^{-j\omega t}}{2}$$

また，オイラーの公式から $e^{j\omega t}$ は周期信号であることもわかる．

### 1.1.2 信号のノルム

ノルムとはベクトルの大きさの概念であり，次の①～④に示す性質を満たすとき，$\|\boldsymbol{x}\|$ はベクトル $\boldsymbol{x}$ のノルムとよばれる．

① $\|\boldsymbol{x}\|\geq 0$

② $\|\boldsymbol{x}\|=0 \Leftrightarrow \boldsymbol{x}=0$

③ 任意のスカラー $\alpha\in\mathbb{R}$ に対し $\|\alpha\boldsymbol{x}\|=|\alpha|\,\|\boldsymbol{x}\|$

④ $\|\boldsymbol{x}+\boldsymbol{y}\|\leq\|\boldsymbol{x}\|+\|\boldsymbol{y}\|$ (三角不等式)

たとえば，3 次元実数ベクトル

$$\boldsymbol{x}=\begin{bmatrix} a \\ b \\ c \end{bmatrix}\in\mathbb{R}^3 \tag{8}$$

の大きさを

$$\|\boldsymbol{x}\|=\sqrt{a^2+b^2+c^2} \tag{9}$$

で定義すると，これはベクトル $\boldsymbol{x}$ の始点を 3 次元ユークリッド空間上の原点 O にとったときの座標 ($a, b, c$) と原点 O の距離に相当する．このように定義した $\|\boldsymbol{x}\|$ は上記①～④を満たすことが簡単に確かめられる．

このノルムという概念は，信号に対しても定義することができる．以下に，よく用いられる 1 ノルム，2 ノルム，および無限大ノルムの定義を示す．

**a．スカラ信号の場合**

$u(t)$ をスカラ信号とする．このとき，$u(t)$ の 1 ノルム，2 ノルム，無限大ノルムは次式で定義される．

・1 ノルム

$$\|u\|_1=\int_{-\infty}^{\infty}|u(t)|\,dt$$

・2 ノルム

$$\|u\|_2=\sqrt{\int_{-\infty}^{\infty}u^2(t)\,dt}$$

・無限大ノルム

$$\|u\|_\infty=\sup_{t\in(-\infty,\infty)}|u(t)|$$

ここで，$\sup x$ は $x$ の上限を表す．上限とは最小の上界のことであり，$x<a$ を満たす $a$ の集合が上界，$a$ の最小値が上限となる．もし，$a$ が $x$ のとりうる値ならば

$$\sup x=\max x$$

となる．一方，$\inf x$ は $x$ の下限，つまり下界の最大値であり，下限が $x$ のとりうる値ならば

$$\inf x=\min x$$

となる．

**b．ベクトル信号の場合**

$u(t)$ を次式のような $n$ 次元のベクトル信号とする．

$$\boldsymbol{u}(t)=\begin{bmatrix} u_1(t) \\ \vdots \\ u_n(t) \end{bmatrix}$$

このとき，$\boldsymbol{u}(t)$ の 1 ノルム，2 ノルム，無限大ノルムは次式で定義される．

・1 ノルム

$$\|\boldsymbol{u}\|_1=\int_{-\infty}^{\infty}\sum_{i=1}^{n}|u_i(t)|dt$$

・2 ノルム

$$\|\boldsymbol{u}\|_2=\sqrt{\int_{-\infty}^{\infty}\sum_{i=1}^{n}u_i^2(t)\,dt}$$

・無限大ノルム

$$\|\boldsymbol{u}\|_\infty=\max_{1\leq i<n}\sup_{t\in(-\infty,\infty)}|u_i(t)|$$

### 1.1.3 フーリエ変換

周期 $T$ の周期信号 $f(t)$ は次のように表すことができる．

$$f(t)=\frac{a_0}{2}+\sum_{i=1}^{\infty}\left(a_n\cos\frac{2\pi n}{T}t+b_n\sin\frac{2\pi n}{T}t\right) \tag{10}$$

この表現を $f(t)$ のフーリエ級数とよぶ．式 (10) において，

$$\omega_0=\frac{2\pi}{T}$$

は基本周波数とよばれ，これを使うと式 (10) は次の

ように表せる．

$$f(t)=\frac{a_0}{2}+\sum_{n=1}^{\infty}(a_n\cos n\omega_0 t+b_n\sin n\omega_0 t) \tag{11}$$

これらの式から，任意の周期信号は，正弦波と余弦波の線形和で表現できることがわかる．式(10)，(11)において係数 $a_n$ と $b_n$ はフーリエ係数とよばれ，$f(t)$ が与えられているとき，次式から計算できる．

$$a_n=\frac{2}{T}\int_{-T/2}^{T/2}f(t)\cos n\omega_0 t\,dt \tag{12}$$

$$b_n=\frac{2}{T}\int_{-T/2}^{T/2}f(t)\sin n\omega_0 t\,dt \tag{13}$$

ここで，矩形波

$$f(t)=\begin{cases}-1 & (2n-1)\pi<t\leq 2n\pi\\ 1 & 2n\pi<t\leq(2n+1)\pi\end{cases}$$

のフーリエ級数を求めてみよう．$a_0$，$a_n$ および $b_n$ を計算すると次のようになる．

$$a_0=\frac{2}{2\pi}\int_{-\pi}^{\pi}f(t)\cos(0)\,dt=\frac{1}{\pi}\int_{-\pi}^{\pi}f(t)=0$$

$$\begin{aligned}a_n&=\frac{1}{\pi}\int_{-\pi}^{\pi}f(t)\cos(nt)\,dt\\&=\frac{1}{\pi}\left\{\int_{-\pi}^{0}(-1)\cos(nt)\,dt\right.\\&\quad\left.+\int_{0}^{\pi}(1)\cos(nt)\,dt\right\}=0\end{aligned}$$

$$\begin{aligned}b_n&=\frac{1}{\pi}\int_{-\pi}^{\pi}f(t)\sin(nt)\,dt\\&=\frac{1}{\pi}\left\{\int_{-\pi}^{0}(-1)\sin(nt)\,dt+\int_{0}^{\pi}(1)\sin(nt)\,dt\right\}\\&=\frac{2}{\pi}\int_{0}^{\pi}\sin(nt)\,dt=\frac{2}{\pi}\left(\frac{1-(-1)^n}{n}\right)\end{aligned}$$

以上から

$$f(t)=\frac{4}{\pi}\left(\sin t+\frac{1}{3}\sin 3t+\frac{1}{5}\sin 5t+\cdots\right) \tag{14}$$

となる．ここで，式(14)を第5項で打ち切った場合の $f(t)$ を図1.1(a)に示す．なお，図(b)は各項の

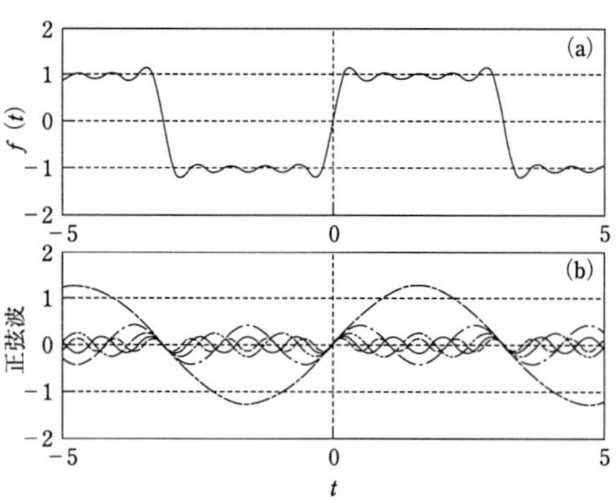


図1.1　$f(t)$ を第5項までで打ち切った場合の波形

波形を示しており，これらをすべて加えると図(a)になる．矩形波を近似している様子が確認できる．

さて，周期信号が正弦波や余弦波の線形和で表現できることはわかったが，周期関数ではない任意の関数を，同じように正弦波と余弦波の線形和で表現できるであろうか．実は，このような任意の関数は周期が無限大，つまり，$T\to\infty$ の極限を考えることによって，周期関数の場合と同じように取り扱うことができる．周期関数の場合，正弦波や余弦波の周波数 $\omega_n=2\pi n/T$ は $n$ に対して離散的に変化したが，$T\to\infty$ の極限では，$\omega_n$ は連続的に分布することになる．

まず，信号 $f(t)$ が次の条件を満たすものとする．

$$\int_{-\infty}^{\infty}|f(\tau)|\,d\tau<\infty \tag{15}$$

このとき，任意の $\omega$ に対して

$$F(\omega)=\int_{-\infty}^{\infty}f(t)\,e^{-j\omega t}dt \tag{16}$$

が計算でき，これを $f(t)$ のフーリエ変換とよぶ．一方，式(16)の逆変換であるフーリエ逆変換は次式で定義される．

$$f(t)=\frac{1}{2\pi}\int_{-\infty}^{\infty}F(\omega)\,e^{j\omega t}d\omega \tag{17}$$

フーリエ変換によって時間の関数である $f(t)$ は周波数 $\omega$ の関数 $F(\omega)$ に変換され，フーリエ逆変換により周波数 $\omega$ の関数 $F(\omega)$ は時間の関数 $f(t)$ に変換される．なお，表記を簡単にするため，$f(t)$ のフーリエ変換およびフーリエ逆変換は $\mathfrak{F}$ と $\mathfrak{F}^{-1}$ を使って次式で表現されることがある．

$$F(\omega)=\mathfrak{F}\{f(t)\},\quad f(t)=\mathfrak{F}^{-1}\{F(\omega)\}$$

式(16)からわかるように，$F(\omega)$ は $\omega$ の複素関数になり，絶対値 $|F(\omega)|$ は振幅スペクトル，偏角 $\angle F(\omega)$ は位相スペクトルとよばれる．とくに，$|F(\omega)|$ は信号 $f(t)$ に含まれる周波数 $\omega$ の周波数成分の大きさを表している．

フーリエ変換，フーリエ逆変換は線形変換であり，以下に示す重ね合わせの理が成り立つことが容易に確かめられる．

$$\begin{aligned}&\mathfrak{F}\{\alpha x(t)+\beta y(t)\}=\alpha\mathfrak{F}\{x(t)\}+\beta\mathfrak{F}\{y(t)\}\\&\mathfrak{F}^{-1}\{\alpha X(\omega)+\beta Y(\omega)\}\\&\quad=\alpha\mathfrak{F}^{-1}\{X(\omega)\}+\beta\mathfrak{F}^{-1}\{Y(\omega)\}\end{aligned}$$

ただし，$\alpha$，$\beta$ は任意の実数とする．また，$f(t)$ とフーリエ変換された $F(\omega)$ との間には，パーセバルの等式とよばれる次の重要な等式が成り立つ．

$$\int_{-\infty}^{\infty}f^2(t)=\frac{1}{2\pi}\int_{-\infty}^{\infty}|F(\omega)|^2\,d\omega$$

左辺は時間関数に対する2ノルムの2乗，右辺は周波

数関数に対する2ノルムの2乗を表しているので，フーリエ変換によって2ノルムが保存されることを意味している．

### 1.1.4 ラプラス変換

フーリエ変換では，信号 $f(t)$ を $-\infty$ から $\infty$ まで積分した．しかし，$f(t)=e^{-t}$ のような関数は，$t\to-\infty$ で積分が発散してしまうので，フーリエ変換が定義できない．そこで，$e^{j\omega t}$ の代わりに $e^{-st}$ を用いて，片側区間 $0\leq t\leq\infty$ で積分する変換が考えられた．ただし，$s$ は積分が収束するように選ぶものとする．この変換をラプラス変換とよび，次式で定義する．

$$F(s)=\int_0^\infty f(t)e^{-st}\,dt \tag{18}$$

ただし，信号 $f(t)$ は負の時間 $t<0$ において $f(t)=0$ が成り立つものとする．ラプラス変換では，時間を0から $\infty$ まで変数 $s$ で定積分するので，時間関数は $s$ の関数になる．一方，ラプラス逆変換は

$$f(t)=\frac{1}{2\pi j}\int_{c-j\infty}^{c+j\infty}F(s)e^{st}\,ds \tag{19}$$

で定義される．また，フーリエ変換と同様に，ラプラス変換およびラプラス逆変換は $\mathcal{L}$ および $\mathcal{L}^{-1}$ を使って

$$\begin{aligned}F(s)&=\mathcal{L}\{f(t)\}\\ f(t)&=\mathcal{L}^{-1}\{F(s)\}\end{aligned} \tag{20}$$

と表されることが多い．

例として，指数関数 $f(t)=e^{-at}$ のラプラス変換を計算しよう．ただし，$t<0$ では $f(t)=0$ を仮定する．

$$\begin{aligned}F(s)&=\int_0^\infty f(t)e^{-st}\,dt\\ &=\int_0^\infty e^{-at}e^{-st}\,dt=\int_0^\infty e^{-(s+a)t}\,dt\\ &=\frac{-1}{s+a}\left[e^{-(s+a)t}\right]_0^\infty\\ &=\frac{-1}{s+a}\left[e^{-(s+a)\cdot\infty}-e^{-(s+a)\cdot 0}\right]_0^\infty\\ &=\frac{1}{s+a}\end{aligned}$$

したがって，指数関数のラプラス変換は $1/(s+a)$ となる．なお，上式において，$s$ は積分が発散しないように選ばれることになっているので，定積分の際に現れる $e^{-(s+a)\cdot\infty}$ は0になることに注意する．表1.1によく用いられる時間関数のラプラス変換をまとめておく．

また，運動方程式などをラプラス変換して伝達関数を求めるさいに，微分公式がよく用いられる．これは，

**表1.1** ラプラス変換表

| $x(t)$ | $X(s)$ |
|---|---|
| $\delta(t)$ | $1$ |
| $1$ | $\frac{1}{s}$ |
| $t$ | $\frac{1}{s^2}$ |
| $e^{-at}$ | $\frac{1}{(s+a)}$ |
| $te^{-at}$ | $\frac{1}{(s+a)^2}$ |
| $\sin\omega t$ | $\frac{\omega}{(s^2+\omega^2)}$ |
| $\cos\omega t$ | $\frac{s}{(s^2+\omega^2)}$ |

$x(t)$ のラプラス変換を $X(s)$ としたとき，$x(t)$ の微分のラプラス変換は

$$\mathcal{L}\left\{\frac{dx(t)}{dt}\right\}=sX(s)-x(0)$$

として求められるというものである．ただし，$x(0)$ は $x(t)$ の初期値である．$x(0)=0$ とすれば，時間関数を微分することと，$X(s)$ に $s$ を乗じることは等価であることがわかる．

ラプラス逆変換では，式(19)を直接計算することはあまりなく，ラプラス変換表を用いる．そのさい，ラプラス変換表が使えるように，式変形が必要になる場合が多い．これには，部分分数展開が用いられる．たとえば，

$$F(s)=\frac{1}{s(s+2)} \tag{21}$$

は表1.1のラプラス変換表にはない．そこで，

$$\begin{aligned}F(s)&=\frac{1}{s(s+2)}\\ &=\frac{1}{2}\left(\frac{1}{s}-\frac{1}{s+2}\right)\end{aligned} \tag{22}$$

のように部分分数展開してみよう．すると，ラプラス変換表にある $1/s$ と $1/(s+a)$ が現れる．したがって，以下のようにしてラプラス逆変換が行える．

$$\begin{aligned}f(t)&=\mathcal{L}^{-1}\{F(s)\}\\ &=\frac{1}{2}\left(\mathcal{L}^{-1}\left\{\frac{1}{s}\right\}-\mathcal{L}^{-1}\left\{\frac{1}{s+2}\right\}\right)\\ &=\frac{1}{2}(1-e^{-2t})\end{aligned} \tag{23}$$

なお，上式の変形では，ラプラス変換およびラプラス逆変換が線形変換であるという性質を使っていることに注意したい．つまり，重ね合わせの理

$$\mathcal{L}\{\alpha x(t)+\beta y(t)\}=\alpha\mathcal{L}\{x(t)\}+\beta\mathcal{L}\{y(t)\}$$
$$\mathcal{L}^{-1}\{\alpha X(s)+\beta Y(s)\}=\alpha\mathcal{L}^{-1}\{X(s)\}+\beta\mathcal{L}^{-1}\{Y(s)\}$$

を使っている．ただし，$\alpha$, $\beta$ は任意の実数とする．

## 1.2　連続時間システム

### 1.2.1　システムとは

図1.2に示すように，入力 $u(t)$ によって出力 $y(t)$ が決まるものをシステムと定義する．以下では，システムをいくつかの種類に分類しよう．

図1.2　システム

(1) 線形システムと非線形システム

入出力の間に重ね合わせの理が成り立つシステムを線形システム，そうでないシステムを非線形システムとよぶ．ここで，システムに対する重ね合わせの理とは，システムに対して $u_1(t)$ および $u_2(t)$ を入力したときの出力がそれぞれ $y_1(t)$，$y_2(t)$ になるとき，$\alpha u_1(t)+\beta u_2(t)$ を入力すると出力が $\alpha y_1(t)+\beta y_2(t)$ となる性質である．ただし，$\alpha$，$\beta$ は任意の実数とする．

(2) 時不変システムと時変システム

システムへ $u(t)$ を入力したときの出力を $y(t)$，そして $u(t)$ を時間 $\tau$ だけシフトした入力 $u(t-\tau)$ を加えたときの出力を $y_\tau(t)$ としよう．このとき，任意の $\tau$ について $y_\tau(t)=y(t-\tau)$ が成り立つシステムを時不変システム，そうでないシステムを時変システムとよぶ．つまり，システムの入出力特性が時間に依存しないシステムが時不変システム，依存するシステムが時変システムとなる．

(3) 因果システムと非因果システム

現在の出力が，現在および過去の入力によって決まり，未来の入力には依存しないシステムを因果システムといい，過去および現在だけでなく未来の入力にも依存するシステムを非因果システムという．いま，システムへ時刻 $t=0$ において単位インパルス入力 $u(t)=\delta(t)$ を加えたときの出力を $g(t)$ とする．$g(t)$ は単位インパルス応答とよばれる．このとき，このシステムが因果システムであるための必要十分条件は

$$g(t)=0,\quad \forall t<0$$

となる．つまり，$t=0$ で加えるインパルス入力の影響が $t\geq 0$ でのみ現れれば因果システム，過去から現れていれば非因果システムとなる．非因果システムでは，入力を加えた結果として出力が現れるという因果関係が明らかに成り立っていないので，現実の世界には存在しない．

(4) 安定システムと不安定システム

システムに任意の入力 $u(t)$ を加えたとき，出力 $y(t)$ が発散，つまり $t\to\infty$ において $y(t)\to\pm\infty$ となるとき，システムは不安定であるといい，そのようなシステムを不安定システムという．また，そうでない場合を，システムは安定であるといい，そのようなシステムを安定システムという．ただし，発散する入力を加えれば出力も発散してしまうので，$u(t)$ としては $\|u(t)\|<\infty$ を満たすものに限定する．このような入力を有界な入力という．つまり，任意の有界な入力に対して出力が常に有界，つまり $\|y(t)\|<\infty$ となれば，システムは安定である．

### 1.2.2　線形時不変システム

さまざまなシステムの中で線形かつ時不変なシステムを線形時不変システム，あるいはLTI (linear time invariant) システムという．LTIシステムは回路理論や信号処理，制御理論において中心的な役割を果たす．

**a．たたみ込み積分**

LTIシステムの単位インパルス応答，つまり，$u(t)=\delta(t)$ を加えたときの出力を $g(t)$ としよう．このとき，任意の入力 $u(t)$ を加えたときの出力 $y(t)$ は次の式 (24) から計算できる．

$$y(t)=\int_{-\infty}^{\infty}u(\tau)g(t-\tau)\,d\tau \tag{24}$$

この積分をたたみ込み積分という．このことから，LTIシステムでは，インパルス応答がシステムの性質を完全に表現していることがわかる．たたみ込み積分は*を使って

$$y(t)=u(t)*g(t) \tag{25}$$

と表現されることがある．なお，式 (24) において変数変換をすれば次の交換則が成り立つことが容易に確かめられる．

$$u(t)*g(t)=g(t)*u(t)$$

では，ここで，厳密な議論は抜きにして，式 (24) を導出してみる．デルタ関数のところで示した性質③によって任意の入力 $u(t)$ は次のように表現できる．

$$u(t)=\int_{-\infty}^{\infty}u(\tau)\delta(\tau-t)\,d\tau \tag{26}$$

式 (26) において，被積分関数

$$u_\tau(t,\tau):=u(\tau)\delta(\tau-t) \tag{27}$$

は時刻 $t=\tau$ において大きさ $u(\tau)$ のインパルスが生じるインパルス信号となっている．つまり，積分を総和 $\Sigma$ の意味でとらえれば，$u(t)$ はインパルス列

$u_\tau(t,\tau)$ の総和で表現できることを意味する．ここで，システムは線形なので，$u(t)$ を入力したときの出力 $y(t)$ を直接求める代わりに，$u_\tau(t,\tau)$ を入力したときの応答 $y_\tau(t,\tau)$ を求めてから，その総和をとってもよい．つまり，

$$y(t)=\int_{-\infty}^{\infty} y_\tau(t,\tau)\,d\tau \tag{28}$$

とできる．さらに，システムは時不変なので，時刻 $t=0$ で単位インパルス入力を加えたときの単位インパルス応答を $g(t)$ とすると，任意の時刻 $t=\tau$ で加えた単位インパルス応答は $g(t-\tau)$ となる．したがって，

$$y_\tau(t,\tau)=u(\tau)g(t-\tau)$$

となる．以上から

$$y(t)=\int_{-\infty}^{\infty} y_\tau(t,\tau)\,d\tau=\int_{-\infty}^{\infty} u(\tau)g(t-\tau)\,d\tau$$

を得る．

**b．伝 達 関 数**

LTI システムにおいて入力信号 $u(t)$ のラプラス変換 $u(s)$ と出力信号 $y(t)$ のラプラス変換 $y(s)$ の比を伝達関数とよぶ．

$$G(s)=\frac{y(s)}{u(s)} \tag{29}$$

$u(s)$ と $y(s)$ はそれぞれ多項式とは限らない（たとえば，$1/(s+1)$ など）ので，$G(s)$ を互いに既約（共通因子をもたない）な多項式の比として次式のように表そう．

$$G(s)=\frac{n(s)}{d(s)} \tag{30}$$

このとき，

- $d(s)$ を特性多項式，$d(s)=0$ を特性方程式とよび，特性方程式の根を極とよぶ．
- $G(s)=0$ を満たす $s$ を零点とよぶ．零点は $n(s)=0$ の根を含む．

また，$n(s)$，$d(s)$ の次数により，$G(s)$ は次のように分類できる．ただし，deg は多項式の次数を表すものとする．

- $\deg(n(s))\le\deg(d(s)) \Rightarrow G(s)$ はプロパ
  $\deg(n(s))<\deg(d(s)) \Rightarrow G(s)$ は厳密にプロパ
  $\deg(n(s))=\deg(d(s)) \Rightarrow G(s)$ はバイプロパ
- $\deg(n(s))>\deg(d(s)) \Rightarrow G(s)$ はインプロパまたは非プロパ

例として，

$$G(s)=\frac{s+3}{s^2+3s+2}=\frac{s+3}{(s+1)(s+2)}$$

は厳密にプロパであり，極は $-1$ と $-2$ になる．零点については，分子多項式 $=0$ の根である $-3$ のほかに $G(\pm\infty)=0$ を満たすので $s=\pm\infty$ も零点である．これを，無限遠点零点とよぶ．厳密にプロパな伝達関数は無限遠点零点をもつ．

伝達関数の導出の例として，図 1.3 に示す RC 回路を考えよう．印加する電圧を $u(t)$，コンデンサの両端の電圧を $y(t)$ としたとき，$u(t)$ から $y(t)$ までの伝達関数を求める．

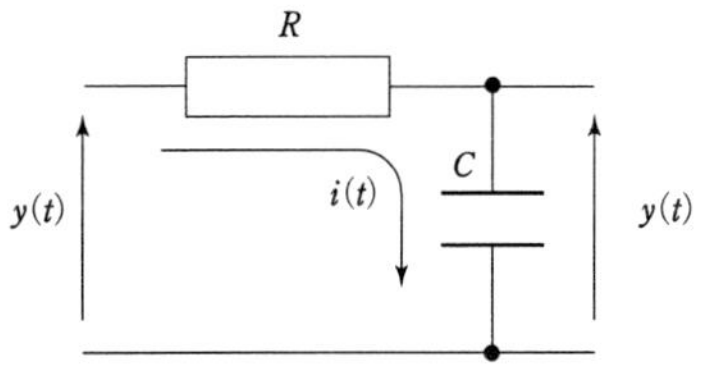


図 1.3 RC 回路

コンデンサに流れ込む電流を $i(t)$ として回路方程式をたてると次の微分方程式を得る．

$$\begin{cases} u(t)=Ri(t)+y(t) \\ i(t)=C\dfrac{dy(t)}{dt} \end{cases}$$

第 2 式を第 1 式に代入して電流 $i(t)$ を消去すると次式を得る．

$$RC\frac{dy(t)}{dt}+y(t)=u(t)$$

ここで，上式両辺をラプラス変換し，

$$RC(sy(s)-y_0)+y(s)=u(s)$$

を $y(s)$ について解くと次式を得る．ただし，$y_0$ は $y(t)$ の初期値を表す．

$$y(s)=\frac{1}{RCs+1}u(s)+\frac{RC}{RCs+1}y_0$$

伝達関数は $u(s)$ に対して $y(s)$ がどのように振る舞うかを表すものなので，初期値 $y_0$ に対する $y(s)$ の影響は $u(s)$ とは無関係であり，ここでは考える必要はない．そこで，$y_0=0$ とすることで，次の伝達関数を得る．

$$G(s)=\frac{y(s)}{u(s)}=\frac{1}{RCs+1}$$

なお，初期値 $y_0$ が $y(s)$ にどのような影響を及ぼすかを考えるときは，逆に $u(s)=0$ とおけばよい．

**c．多入出力系の伝達行列**

多入出力系の場合 $\boldsymbol{G}(s)$ は次式に示す伝達行列となる．

$$\boldsymbol{y}(s)=\boldsymbol{G}(s)\boldsymbol{u}(s) \tag{31}$$

ただし，

$$\boldsymbol{G}(s)=\begin{bmatrix} g_{11}(s) & \cdots & g_{1n}(s) \\ \vdots & \ddots & \vdots \\ g_{m1}(s) & \cdots & g_{mn}(s) \end{bmatrix},$$

$$\boldsymbol{u}(s)=\begin{bmatrix} u_1(s) \\ \vdots \\ u_n(s) \end{bmatrix},\quad \boldsymbol{y}(s)=\begin{bmatrix} y_1(s) \\ \vdots \\ y_m(s) \end{bmatrix} \tag{32}$$

### 1.2.3　状態空間実現

LTI システムに対する次式の表現形式は状態空間実現とよばれる．

$$\dot{\boldsymbol{x}}(t)=\boldsymbol{A}\boldsymbol{x}(t)+\boldsymbol{B}\boldsymbol{u}(t) \tag{33}$$

$$\boldsymbol{y}(t)=\boldsymbol{C}\boldsymbol{x}(t)+\boldsymbol{D}\boldsymbol{u}(t) \tag{34}$$

ただし，$\boldsymbol{u}(t)$ は入力，$\boldsymbol{y}(t)$ は出力であり，

$$\boldsymbol{u}(t)=\begin{bmatrix} u_1(t) \\ \vdots \\ u_p(t) \end{bmatrix},\quad \boldsymbol{y}(t)=\begin{bmatrix} y_1(t) \\ \vdots \\ y_q(t) \end{bmatrix}$$

と定義される．また，

$$\boldsymbol{x}(t)=\begin{bmatrix} x_1(t) \\ \vdots \\ x_n(t) \end{bmatrix} \tag{35}$$

は状態変数とよばれ，システム内部の状態を表す．伝達関数では，入出力関係のみに着目していたのに対し，状態空間実現では，入出力関係だけでなく，システム内部の状態についても着目する．

状態空間実現では，各係数行列 $\boldsymbol{A}\in\mathbb{R}^{n\times n}$，$\boldsymbol{B}\in\mathbb{R}^{n\times p}$，$\boldsymbol{C}\in\mathbb{R}^{q\times n}$，$\boldsymbol{D}\in\mathbb{R}^{q\times p}$ が定まれば，LTI システムを表現できる．多項式の有理式で表される伝達関数とは異なり，LTI システムを実数行列で表現できるので，計算機上での取り扱いも容易である．なお，式 (33) を状態方程式，式 (34) を出力方程式とよぶ．

システムの状態空間実現は唯一ではなく，状態変数の選び方によって，無数の自由度がある．そこで，状態変数 $\boldsymbol{x}(t)$ を別の状態変数 $\boldsymbol{z}(t)$ と変換行列 $\boldsymbol{T}$ を使って

$$\boldsymbol{x}(t)=\boldsymbol{T}\boldsymbol{z}(t) \tag{36}$$

と表現することを考える．このとき，$\boldsymbol{x}(t)$ と $\boldsymbol{z}(t)$ は 1 対 1 の関係でなければならないので，$\boldsymbol{T}$ は正則，つまり逆行列をもたなければならない．したがって，

$$\boldsymbol{z}(t)=\boldsymbol{T}^{-1}\boldsymbol{x}(t),\quad |\boldsymbol{T}|\neq 0 \tag{37}$$

とできる．この状態変数変換によって，別の状態空間実現を得る．

$$\dot{\boldsymbol{z}}=\boldsymbol{T}^{-1}\boldsymbol{A}\boldsymbol{T}\boldsymbol{z}+\boldsymbol{T}^{-1}\boldsymbol{B}\boldsymbol{u} \tag{38}$$

$$\boldsymbol{y}=\boldsymbol{C}\boldsymbol{T}\boldsymbol{z}+\boldsymbol{D}\boldsymbol{u} \tag{39}$$

状態空間実現と伝達関数の関係をみるために，式 (33) をラプラス変換し，初期状態 $\boldsymbol{x}_0$ を 0 とおくと次式を得る．

$$s\boldsymbol{x}(s)-\boldsymbol{x}_0=\boldsymbol{A}\boldsymbol{x}(s)+\boldsymbol{B}\boldsymbol{u}(s) \tag{40}$$

$$\boldsymbol{x}(s)=(s\boldsymbol{I}-\boldsymbol{A})^{-1}\boldsymbol{B}\boldsymbol{u}(s) \tag{41}$$

ただし，$\boldsymbol{x}(s)=\mathcal{L}\{\boldsymbol{x}(t)\}$ と定義した．また，式 (34) の出力方程式のラプラス変換は

$$\boldsymbol{y}(s)=\boldsymbol{C}\boldsymbol{x}(s)+\boldsymbol{D}\boldsymbol{u}(s) \tag{42}$$

$$=[\boldsymbol{C}(s\boldsymbol{I}-\boldsymbol{A})^{-1}\boldsymbol{B}+\boldsymbol{D}]\boldsymbol{u}(s) \tag{43}$$

となるので，$\boldsymbol{u}(s)$ から $\boldsymbol{y}(s)$ までの伝達関数は次式となる．

$$\boldsymbol{G}(s)=\boldsymbol{C}(s\boldsymbol{I}-\boldsymbol{A})^{-1}\boldsymbol{B}+\boldsymbol{D} \tag{44}$$

このとき，記述を簡単にするため，以下の表現形式が用いられる．

$$\begin{aligned}\boldsymbol{G}(s)&=\boldsymbol{C}(s\boldsymbol{I}-\boldsymbol{A})^{-1}\boldsymbol{B}+\boldsymbol{D}\\ &=:(\boldsymbol{A},\boldsymbol{B},\boldsymbol{C},\boldsymbol{D})\\ &=:\left[\begin{array}{c|c}\boldsymbol{A}&\boldsymbol{B}\\ \hline \boldsymbol{C}&\boldsymbol{D}\end{array}\right]\end{aligned} \tag{45}$$

また，状態方程式と出力方程式を行列を用いてまとめた次式もよく使われる．

$$\begin{bmatrix} \dot{\boldsymbol{x}} \\ \boldsymbol{y} \end{bmatrix}=\begin{bmatrix} \boldsymbol{A} & \boldsymbol{B} \\ \boldsymbol{C} & \boldsymbol{D} \end{bmatrix}\begin{bmatrix} \boldsymbol{x} \\ \boldsymbol{u} \end{bmatrix} \tag{46}$$

状態空間実現の例題として，図 1.4 に示すばね・マス・ダンパ系を考える．摩擦のない床の上に，質点 $m$ がおかれ，壁でばねとダンパで接続されている．ここで，$m$ を質量，$c$ を粘性摩擦係数，$k$ をばね定数とし，$p(t)$ を質点の変位，$f(t)$ を質点に作用する力を表すものとすると，次の運動方程式を得る．

$$m\ddot{p}(t)+c\dot{p}(t)+kp(t)=f(t) \tag{47}$$

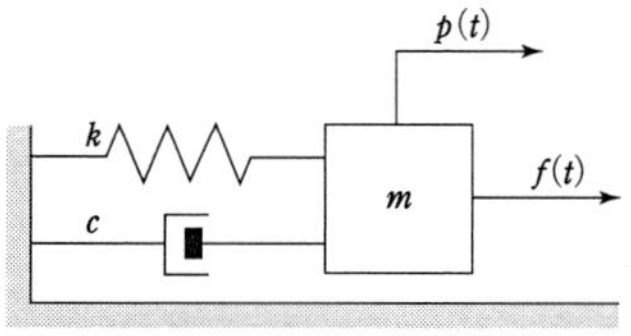


**図 1.4**　ばね・マス・ダンパ系

式 (47) をラプラス変換をして初期値を 0 とおくと，

$$(ms^2+cs+k)p(s)=f(s)$$

したがって，$f(s)$ から $p(s)$ までの伝達関数は

$$\frac{p(s)}{f(s)}=\frac{1}{ms^2+cs+k} \tag{48}$$

となる．

一方，入力 $u$，出力 $y$ および状態変数 $\boldsymbol{x}=[x_1, x_2]^T$ を

$$f=u,\quad p=y,\quad p=x_1,\quad \dot{p}=x_2$$

で与えると，

$$\dot{x}_1(t)=\dot{p}(t)=x_2$$

$$\dot{x}_2(t)=\ddot{p}(t)=-\frac{k}{m}p(t)-\frac{c}{m}\dot{p}(t)+\frac{1}{m}f$$

$$= -\frac{k}{m}x_1(t) - \frac{c}{m}x_2(t) + \frac{1}{m}u$$

となる．これを行列形式にまとめると，次の状態方程式を得る．

$$\begin{bmatrix} \dot{x}_1 \\ \dot{x}_2 \end{bmatrix} = \begin{bmatrix} 0 & 1 \\ -\frac{k}{m} & -\frac{c}{m} \end{bmatrix} \begin{bmatrix} x_1 \\ x_2 \end{bmatrix} + \begin{bmatrix} 0 \\ \frac{1}{m} \end{bmatrix} u \quad (49)$$

また，出力 $y(t)$ を質点の変位 $p(t)$ とすると，出力方程式は次式となる．

$$y = [1 \ 0] \begin{bmatrix} x_1 \\ x_2 \end{bmatrix} + [0]u \quad (50)$$

## 1.3 離散時間信号

### 1.3.1 離散時間信号の概要

これまで述べてきたように，連続時間信号は連続的に変化する時間 $t$ の関数として定義されている．一方，離散時間信号は，離散的に変化する時間軸上で定義される信号として，次式で定義される．

$$\{x[k]\} = \{\cdots, x[-2], x[-1], x[0], x[1], x[2], \cdots\} \quad (51)$$

連続時間信号 $x(t)$ の値を一定周期 $\tau$ ごとに $x[k] := x(\tau k)$ のように得る動作をサンプリングとよぶ．このようにして，連続時間信号は離散時間信号へ変換される．このとき，周期 $\tau$ をサンプリング周期，その逆数 $f=1/\tau$ をサンプリング周波数とよぶ．

一方，離散時間信号 $x[k]$ から連続時間信号 $x(t)$ を得るには，サンプル点の間をどのように補間するかを考えなければならない．通常は，サンプル点間を一定値，つまり，0 次関数で補間する 0 次ホールド（ZOH）がよく用いられる．0 次ホールドによって，$x[k]$ から $x(t)$ が生成される様子を図 1.5 に示した．

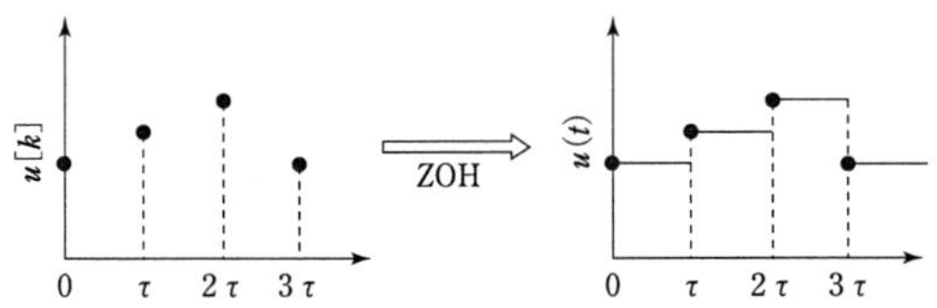


図 1.5　0 次ホールド

また，0 次ホールドを数式で記述すると

$$x(t) = x[k], \quad k\tau \le t < (k+1)\tau \quad (52)$$

となる．

なお，連続時間信号をサンプリングすると，サンプリング周期の間の情報は失われてしまう．したがって，サンプリング周期に比べて変化の速い信号をサンプリングした場合は，もとの連続時間信号の情報を完全に保存できない可能性がある．そこで，離散時間信号からもとの連続時間信号を完全に復元するための条件が導き出された．これは，シャノンのサンプリング定理としてよく知られる．サンプリング定理では，連続時間信号が周波数 $f_s$ 以上の周波数成分をもたないとき，$2f_s$ 以上のサンプリング周波数で連続時間信号をサンプリングすれば，サンプリングされた離散時間信号を使ってもとの連続時間信号を完全に再現できることを示している．ここで，$f_s$ はナイキスト周波数とよばれる．

### 1.3.2 基本的な離散時間信号

**a．単位インパルス信号**

離散時間における単位インパルス信号は次のように定義される．

$$\delta[k] = \begin{cases} 1, & k=0 \\ 0, & k \neq 0 \end{cases} \quad (53)$$

連続時間におけるディラックのデルタ関数に対して，$\delta[k]$ はクロネッカーのデルタ関数とよばれる．

**b．単位ステップ信号**

離散時間における単位ステップ信号は，連続時間の場合と同様に，時刻 $k=0$ で 0 から 1 に階段状に変化する信号として定義される．つまり，

$$u[k] = \begin{cases} 0, & k<0 \\ 1, & k \ge 0 \end{cases} \quad (54)$$

連続時間の場合と同様に，単位ステップ信号は単位インパルス信号の無限和として，次のように表現することもできる．

$$u[k] = \sum_{n=0}^{\infty} \delta[k-n] \quad (55)$$

**c．正弦波信号**

離散時間における正弦波信号は次のように定義される．

$$x[k] = A\sin(\omega\tau k + \phi) \quad (56)$$

連続時間信号の場合と同様に，$A$ は振幅，$\omega$[rad/s] は角周波数，$\phi$[rad] は位相，$\tau$ はサンプリング周期である．ここで，連続時間の場合と異なる点は，すべての $\omega$ に対して，周期的とはならないことである．

まず，離散時間信号 $x[k]$ が周期的とは，ある最小の正の整数 $L$ に対して

$$x[k] = x[k+L]$$

が成り立つことをいう．したがって，正弦波信号が周期的であるためには

$$\sin\omega\tau k = \sin\omega\tau(k+L)$$
$$= \sin(\omega\tau k + \omega\tau L)$$

が成り立たなければならない．このことから，周期 $L=2\pi/(\omega\tau)$ が整数であるときに限って，$\sin\omega\tau k$ は周期信号となる．

**d. 指数信号**

離散時間信号の指数信号は次式で定義される．

$$x[k]=Ae^{ak} \tag{57}$$

基本的には，連続時間の指数関数と同じように考えられる．たとえば，$a=j\omega\tau$ で $A=1$ の場合は

$$\begin{aligned}x[k]&=e^{j\omega\tau k}\\&=\cos(\omega\tau k)+j\sin(\omega\tau k)\end{aligned}$$

となる．また，周期 $L=2\pi/(\omega\tau)$ が整数であるときに限って，周期信号となる．

### 1.3.3　離散時間信号のノルム

ノルムの定義は連続時間信号のところですでに述べた．以下では，具体的なノルムの定義を示しておく．

**a. スカラ信号の場合**

$u[k]$ をスカラ信号とする．このとき，$u[k]$ の 1 ノルム，2 ノルム，無限大ノルムは次式で定義される．

・1 ノルム

$$\|u\|_1=\sum_{k=-\infty}^{\infty}|u[k]|$$

・2 ノルム

$$\|u\|_2=\sqrt{\sum_{k=-\infty}^{\infty}u^2[k]}$$

・無限大ノルム

$$\|u\|_\infty=\sup_{-\infty\leq k\leq\infty}|u[k]|$$

**b. ベクトル信号の場合**

$\boldsymbol{u}[k]$ を次式のような $n$ 次元のベクトル信号とする．

$$\boldsymbol{u}[k]=\begin{bmatrix}u_1[k]\\\vdots\\u_n[k]\end{bmatrix}$$

このとき，$\boldsymbol{u}[k]$ の 1 ノルム，2 ノルム，無限大ノルムは次式で定義される．

・1 ノルム

$$\|\boldsymbol{u}\|_1=\sum_{k=-\infty}^{\infty}\sum_{i=1}^{n}|u_i[k]|$$

・2 ノルム

$$\|\boldsymbol{u}\|_2=\sqrt{\sum_{k=-\infty}^{\infty}\sum_{i=1}^{n}u_i^2[k]}$$

・無限大ノルム

$$\|\boldsymbol{u}\|_\infty=\max_{1\leq i\leq n}\sup_{-\infty\leq k\leq\infty}|u_i[k]|$$

### 1.3.4　離散時間フーリエ変換

離散時間信号 $f[k]$ の離散時間フーリエ変換 $F(\omega)$ は次式で定義される．

$$F(\omega)=\sum_{k=-\infty}^{\infty}f[k]e^{-j\omega k} \tag{58}$$

ただし，$-\pi\leq\omega\leq\pi$ あるいは $0\leq\omega\leq2\pi$．ここで，連続時間信号に対するフーリエ変換と同様に，$F(\omega)$ は $\omega$ の複素関数になり，絶対値 $|F(\omega)|$ は振幅スペクトル，$\angle F(\omega)$ は位相スペクトルとよばれる．

### 1.3.5　$z$ 変換

離散時間信号 $f[k]$ $(k=0,1,2,\cdots)$ の $z$ 変換を次式で定義する．

$$f[z]:=f[0]+f[1]z^{-1}+f[2]z^{-2}+\cdots \tag{59}$$

これを，離散時間信号 $f[k]$ に対する $z$ 変換とよび，次のように表記する．

$$F[z]=\mathcal{Z}\{f[k]\} \tag{60}$$

離散時間信号 $f[k]$ を単なる数列ではなく，連続時間信号 $f(t)$ をサンプリング周期 $\tau$ でサンプリングして得られた数列と考えよう．つまり，$f[k]=f(\tau k)$ とする．このとき，$f(t)$ の $z$ 変換を次のように定義する．

$$F[z]=\mathcal{Z}\{f(t)\} \tag{61}$$
$$=f(0)+f(\tau)z^{-1}+f(2\tau)z^{-2}+\cdots \tag{62}$$

また，$f(t)$ のラプラス変換 $F(s)$ が与えられている場合

$$F[z]=\mathcal{Z}\{F(s)\} \tag{63}$$

と書くこともできるものとする．これは，$F(s)$ のラプラス逆変換の連続時間信号 $f(t)$ を $z$ 変換する，という意味をもつ．

例として，数列 $\{\lambda^k\}$ の $z$ 変換を行う．その $z$ 変換を $X[z]$ とすれば，次式を得る．

$$\begin{aligned}X[z]&=1+\lambda z^{-1}+\lambda^2z^{-2}+\cdots+\lambda^kz^{-k}+\cdots\\&=\frac{1}{1-\lambda z^{-1}}=\frac{z}{z-\lambda}\end{aligned}$$

表 1.2 に連続時間信号とそのラプラス変換，そして，その信号をサンプリング周期 $\tau$ でサンプリングして得られた離散時間信号の $z$ 変換をまとめた．ただし，連続時間の $\delta(t)$ と離散時間の $\delta[k]$ は意味が異なるので，それぞれ別の行にある．

一方，$X[z]$ から $x[k]$ を求める逆 $z$ 変換 $x[k]=\mathcal{Z}^{-1}\{X[z]\}$ は，ラプラス逆変換と同様に変換表を使って行えるが，若干異なる点がある．そこで，例を使って説明しよう．いま，

表 1.2　ラプラス変換と $z$ 変換

| $x(t)$ | $X(s)$ | $x[k]$ | $X[z]$ |
|---|---|---|---|
| $\delta(t)$ | 1 | — | — |
| — | — | $\delta[k]$ | 1 |
| 1 | $\frac{1}{s}$ | 1 | $\frac{z}{z-1}$ |
| $t$ | $\frac{1}{s^2}$ | $\tau k$ | $\frac{\tau z}{(z-1)^2}$ |
| $e^{-at}$ | $\frac{1}{s+a}$ | $(e^{-a\tau})^k$ | $\frac{z}{z-e^{-a\tau}}$ |
| $\sin \omega t$ | $\frac{\omega}{s^2+\omega^2}$ | $\sin \omega\tau k$ | $\frac{z \sin \omega\tau}{z^2-2z\cos\omega\tau+1}$ |
| $\cos \omega t$ | $\frac{s}{s^2+\omega^2}$ | $\cos \omega\tau k$ | $\frac{z(z-\cos\omega\tau)}{z^2-2z\cos\omega\tau+1}$ |

$$X[z]=\frac{2}{(z+1)(z+2)} \tag{64}$$

の逆 $z$ 変換を考える．ラプラス変換のように部分分数に展開し，

$$X[z]=\frac{c_1}{z+1}+\frac{c_2}{z+2}$$

としても，各項に対する逆変換が表 1.2 にない．候補として $\tau z/(z-e^{-a\tau})$ があるが，分子の $z$ が余計である．そこで，式 (64) の両辺を $z$ で割ってから，部分分数展開しよう．

$$\frac{X[z]}{z}=\frac{2}{z(z+1)(z+2)}$$
$$=\frac{1}{z}-\frac{2}{z+1}+\frac{1}{z+2}$$

そして，両辺を $z$ 倍すると，

$$X[z]=1-2\frac{z}{z+1}+\frac{z}{z+2}$$

のように，各要素の分子に $z$ が現れるので，表 1.2 から対応する逆変換をみつけることができる．以上から，逆変換は次のように求まる．

$$\mathcal{Z}^{-1}\{X[z]\}=\delta[k]-2(-1)^k+(-2)^k$$

## 1.4　離散時間システム

離散時間信号 $u[k]$ および $y[k]$ をそれぞれ入力と出力にもつシステムを離散時間システムとよぶ．離散時間システムにおける線形/非線形システム，時不変/時変システム，因果/非因果システムについては，連続時間システムの場合と同じように定義できる．

### 1.4.1　離散時間線形時不変システム

線形かつ時不変な離散時間システム，つまり，離散時間 LTI システムについて考えていこう．なお，以下では離散時間システムであることが明らかな場合，離散時間という記述は省略する．

**a．たたみ込み和**

LTI システムの単位インパルス応答，つまり，システムへ $u[k]=\delta[k]$ を加えたときの出力を $g[k]$ とする．このとき，任意の入力 $u[k]$ に対する出力 $y[k]$ は次式から計算できる．

$$y[k]=\sum_{n=-\infty}^{\infty}u[n]g[k-n] \tag{65}$$

この演算をたたみ込み和という．たたみ込み和は $*$ を使って

$$y[k]=g[k]*u[k]$$

と表現されることがある．連続時間信号におけるたたみ込み積分と同様に，次の交換則が成り立つ．

$$u[k]*g[k]=g[k]*u[k]$$

**b．パルス伝達関数**

入力 $u[k]$ と出力 $y[k]$ の $z$ 変換 $u[z]$ および $y[z]$ の比

$$G[z]=\frac{y[z]}{u[z]}$$

をパルス伝達関数とよぶ．単位インパルス入力 $u[k]=\delta[k]$ の $z$ 変換は 1 なので，単位インパルス入力を加えたときの出力応答 $g[k]$ を $z$ 変換すればパルス伝達関数 $G[z]$ が求まる．つまり，$G[z]=\mathcal{Z}\{g[k]\}$．また，パルス伝達関数 $G[z]$ を，互いに既約な多項式の比で

$$G[z]=\frac{n[z]}{d[z]}$$

と表現したとき，連続時間の場合と同様に，$d[z]$ を特性多項式，$d[z]=0$ を特性方程式，そして，特性方程式の根を $G[z]$ の極とよぶ．また，零点は $G[z]=0$ を満たす $z$ として定義される．なお，プロパ，厳密にプロパ，バイプロパ，非プロパ（あるいは，インプロパ）についても，分母，分子の次数によって，連続時間システムの場合と同じように定義される．

### 1.4.2　状態空間実現

離散時間 LTI システムの状態空間実現は次式で定義される．

$$\boldsymbol{x}[k+1]=\boldsymbol{A}\boldsymbol{x}[k]+\boldsymbol{B}\boldsymbol{u}[k] \tag{66}$$
$$\boldsymbol{y}[k]=\boldsymbol{C}\boldsymbol{x}[k]+\boldsymbol{D}\boldsymbol{u}[k] \tag{67}$$

ここで，入力 $\boldsymbol{u}[k]$，出力 $\boldsymbol{y}[k]$，状態変数 $\boldsymbol{x}[k]$ は次式で定義される．

$$\boldsymbol{u}[k]=\begin{bmatrix} u_1[k] \\ \vdots \\ u_p[k] \end{bmatrix} \in \mathbb{R}^p$$

$$\boldsymbol{y}[k]=\begin{bmatrix} y_1[k] \\ \vdots \\ y_q[k] \end{bmatrix} \in \mathbb{R}^q$$

$$\boldsymbol{x}[k]=\begin{bmatrix} x_1[k] \\ \vdots \\ x_n[k] \end{bmatrix} \in \mathbb{R}^n$$

また，$\boldsymbol{A}\in\mathbb{R}^{n\times n}$，$\boldsymbol{B}\in\mathbb{R}^{n\times p}$，$\boldsymbol{C}\in\mathbb{R}^{q\times n}$，$\boldsymbol{D}\in\mathbb{R}^{p\times q}$.

ここで，パルス伝達関数を求めるために，状態方程式および出力方程式を $z$ 変換すると，

$$\boldsymbol{Y}[z]=\{\boldsymbol{C}(z\boldsymbol{I}-\boldsymbol{A})^{-1}\boldsymbol{B}+\boldsymbol{D}\}\boldsymbol{U}[z]$$

を得る.

## 1.5　サンプル値制御系

### 1.5.1　サンプル値制御系の概要

コンピュータを用いて制御を行うためには，センサの出力をサンプリング周期 $\tau$ ごとにサンプリングして制御入力を計算する，という動作を繰り返す必要がある．この様子を図1.6に示した．$P_c(s)$ は連続時間制御対象，$K_d[z]$ は離散時間制御器，$r[k]$，$e[k]$，$u[k]$，$y[k]$ はそれぞれ目標値，偏差，制御入力，出力を表す.

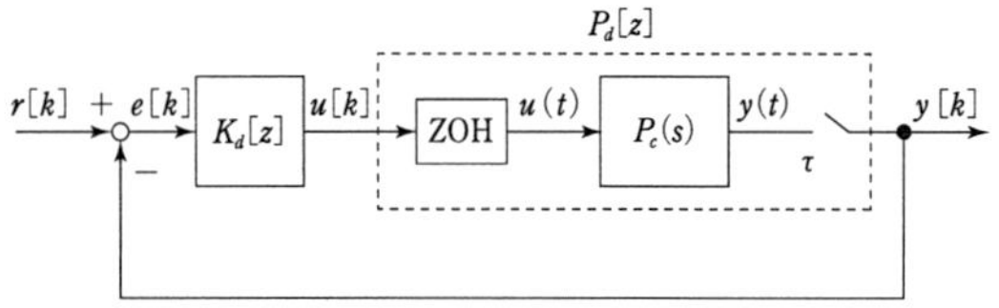


図1.6　サンプル値制御系

ディジタル制御器 $K_d[z]$ の設計方法は，大きく分けて三つの方法がある.

一つ目は，連続時間制御器 $K_c(s)$ を求めた後それとほとんど同じ振る舞いをする離散時間制御器 $K_d[z]$ を求める方法である．これは，ディジタル再設計ともよばれる．この方法は，サンプリング周波数が制御帯域に比べて十分高ければ離散化の影響が無視でき，数多くの連続時間設計手法が使えることから，一般によく用いられる手法である.

二つ目は，制御対象を離散化して離散時間のモデルを求め，ディジタル制御理論を用いて，ディジタル制御器を設計する方法である．サンプリング周波数によらず，常に閉ループ系の安定性が保たれるため，サンプリング周波数を制御帯域に比べて十分高く設定できない場合に有効である．しかし，サンプリング周波数が低くなると，サンプル点間の応答が悪化するといった問題も知られる.

これら二つの手法に対して，制御対象は連続時間系のまま，そして，制御器は離散時間系のまま，連続時間系と離散時間系とが混在する制御系をそのまま取り扱う設計法がある．これは，サンプル値制御理論とよばれ，近年，発展した強力な手法である.

以下では，制御対象の離散化と，ディジタル再設計で必要となる制御器の離散化について説明する.

### 1.5.2　制御対象の離散化

図1.6の制御系において，離散時間の入力 $u[k]$ から出力 $y[k]$ までのパルス伝達関数 $P_d[z]$ を求めよう．そこで，単位インパルス応答の $z$ 変換がパルス伝達関数になることを利用する.

単位インパルス入力 $u[k]=\delta[k]$ は，0次ホールドによって，大きさ1で時間幅 $\tau$ の矩形パルスに変換される．そのラプラス変換は $(1-e^{-\tau s})/s$ となるので，出力 $y(t)$ のラプラス変換は $y(s)=(1-e^{-\tau s})P_c(s)/s$ となる．したがって，式 (63) から $P_d[z]$ は次のようにして求まる.

$$P_d[z]=\mathcal{Z}\{y(s)\} \tag{68}$$

$$=\mathcal{Z}\left\{(1-e^{-\tau s})\frac{P_c(s)}{s}\right\} \tag{69}$$

$$=(1-z^{-1})\mathcal{Z}\left\{\frac{P_c(s)}{s}\right\} \tag{70}$$

なお，式 (69) から式 (70) への変形は，$e^{-\tau s}$ がちょうど1サンプリング遅れを表すという性質を利用している.

導出からわかるように，離散時間モデル $P_d[z]$ は，$u[k]$ から $y[k]$ までの正確な特性を表しており，近似誤差は存在しない．ただし，離散化によってサンプル点間の応答が失われていることに注意する.

### 1.5.3　制御器の離散化

制御対象の離散時間モデルは近似なしに求めることができた．一方，制御器の場合は，連続時間制御器 $K_c(s)$ の振る舞いに何らかの意味で近くなる離散時間制御器 $K_d[z]$ を求める問題となる．これは，近似問題になるので，さまざまなアプローチが考えられる．以下では，代表的な五つの手法について説明する.

**a. インパルス不変方式**

$K_c(s)$ の単位インパルス応答と $K_d[z]$ の単位イン

パルス応答が一致するように $K_d[z]$ を求める方法である．つまり，

$$K_d[z]=\mathcal{Z}\{K_c(s)\} \tag{71}$$

**b．後退差分近似**

信号の微分を後退差分近似する方法である．つまり，連続時間信号 $e(t)$ の微分を次式で近似する．

$$\frac{d}{dt}e(t)\simeq\frac{e[k]-e[k-1]}{\tau} \tag{72}$$

式 (72) 左辺をラプラス変換し，右辺を $z$ 変換すると

$$s=\frac{z-1}{\tau z} \tag{73}$$

の関係式が得られる．したがって，次の公式を得る．

$$K_d[z]=K_c(s)|_{s=(z-1)/\tau z} \tag{74}$$

式 (73) により，$K_c(s)$ の安定極は，平面において中心 (1/2,0)，半径 1/2 の領域に写像される．つまり，$K_c(s)$ が安定ならば $K_d[z]$ も安定となる．

**c．前進差分近似**

信号の微分を前進差分近似する方法である．つまり，連続時間信号 $e(t)$ の微分を次式で近似する．

$$\frac{d}{dt}e(t)\simeq\frac{e[k+1]-e[k]}{\tau} \tag{75}$$

式 (75) の左辺をラプラス変換し，右辺を $z$ 変換すると，

$$s=\frac{z-1}{\tau} \tag{76}$$

の関係式が得られる．したがって，次の公式を得る．

$$K_d[z]=K_c(s)|_{s=(z-1)/\tau} \tag{77}$$

前進差分方式では，$K_c(s)$ が安定であっても，$K_d[z]$ は不安定になることがあるので注意が必要である．

**d．双 1 次変換**

双 1 次変換は積分を台形近似する方法である．つまり，$e(t)$ の積分 $u(t)$ を次式で近似する．

$$u[k+1]\simeq u[k]+\frac{\tau}{2}\{e[k]+e[k+1]\} \tag{78}$$

これを $z$ 変換して $e[z]$ から $u[z]$ までの伝達関数を求めると，

$$\frac{u[z]}{e[z]}=\frac{\tau}{2}\frac{z+1}{z-1}\simeq\frac{1}{s} \tag{79}$$

を得る．したがって，次の公式を得る．

$$K_d[z]=K_c(s)|_{s=\frac{2}{\tau}\frac{z-1}{z+1}} \tag{80}$$

この変換は，$s$ 平面上の複素左半面を $z$ 平面上の原点を中心とする単位円に移す変換になっている．つまり，$s$ 平面の安定領域と $z$ 平面の安定領域が 1 対 1 に対応するので，変換の前後で制御器の安定性は変わらない．

**e．整合 $z$ 変換**

$K_c(s)$ の分母分子を因数分解し，すべての極と零点 $(-a)$ を $e^{-a\tau}$ に変換する方法である．ただし，それらが複素数 $-a\pm jb$ のときは，$r=e^{-a\tau}$，$\theta=b\tau$ を用いて $re^{\pm j\theta}$ に変換する．また，$K_c(s)$ と $K_d[z]$ のゲインが低周波域で一致，つまり，

$$K_c(s)|_{s=0}=K_d[z]|_{z=1} \tag{81}$$

を満たすように $K_d[z]$ のゲインが調整されることが多い．

なお，$K_c(s)$ が厳密にプロパで分母分子に次数差がある場合，$s=\infty$ に無限遠点零をもつので，無限遠点零の取り扱いについて，以下の二つの方法が知られる．

① すべての無限遠点零を $z=-1$ に変換する．このとき，$K_d[z]$ は分母分子が同次数，つまり，直達項をもつ．したがって，$K_d[z]$ の入力から出力を計算する際の時間遅れは理論上 0 でなければならない．

② 入力から出力を計算するさい，実装上 1 サンプリング遅れが必要な場合には，一つの無限遠点零を $z=\infty$ に変換し，残りを $z=-1$ に変換する．

通常は双 1 次変換がよく用いられる．ただし，双 1 次変換では，高周波になると周波数軸がひずむので，ノッチフィルタなどを離散化すると，その反共振周波数がずれてしまう場合がある．このような場合は，反共振周波数が離散化によって変わらないようにプリワープ処理が行われる[5]．ただし，複数の周波数を合わせることはできないので，多段型のノッチフィルタでは，各段のノッチフィルタを個別にプリワープ処理して離散化し，そのあと結合する，といった工夫が必要となる．あるいは，このような問題を避けるため，整合 $z$ 変換が使われる場合もある．

[平田光男・大須賀公一]

## 参考文献


1) 足立修一 (1999)：MATLAB による制御工学，電機大学出版局．
2) 足立修一 (1999)：信号とダイナミカルシステム，コロナ社．
3) 劉　康志，申　鉄龍 (2006)：現代制御理論通論，培風館．
4) 福田礼次郎 (1997)：フーリエ解析，岩波書店．
5) G. F. Franklin, J. D. Powell, M. Workman (1998)：Digital Control of Dynamic Systems (3rd ed.), Addison Wesley.
6) 樋口龍雄，川又政征 (2005)：MATLAB 対応ディジタル信号処理，昭晃堂．
7) 美多　勉，原　辰次，近藤　良 (1988)：基礎ディジタル制御，コロナ社．

# 2

# モデリングと低次元化

## 2.1 システム同定

### 2.1.1 システム同定とは

システム同定は system identification の訳語であり，「同定」(identification) という用語はいくつかの技術分野で用いられている．たとえば，生物の分類で同定とは種名を調べる行為であり，化学の分野で同定とは対象としている物質の種類を決定することである．“identification”とは，「同一であることの証明，あるいは身分証明」という意味であり，日常生活の中でも，「ID カード」(身分証明書) という言葉が一般的に用いられている．制御工学では，制御対象であるシステムの入出力データに基づいて，システムのモデルを構築する方法をシステム同定とよぶ．ID カードには本人に関する情報が書き込まれているので，ID カードは本人のモデルであると考えることができるが，同じ ID カードでも「パスポート」と「学生証」では書き込まれている情報が違う．また，本人に関するすべての情報が含まれているわけでもないことに注意する．

システム同定の定義を与えよう．

> システム同定とは，対象とする動的システム (ダイナミックシステム) の入出力データの測定値から，ある「目的」のもとで，対象と「同一である」ことを説明できるような何らかの「数学モデル」を構築することをいう．

このとき，「目的」,「数学モデル」,「同一である」の三つの単語がキーワードになるので，それらについてまとめておこう．

**目　的**

まず大切なことは，何のためにシステム同定を行うかという「目的」である．主だった目的を列挙すると，制御系設計 (古典制御，現代制御，ロバスト制御，モデル予測制御など)，異常診断/故障検出，モデルに基づいた計測，適応信号処理などがある．このように，システム同定は最終目的でないことに注意する．以下では，このなかで制御系設計を目的とした「制御のためのシステム同定」を取り扱う．

**数学モデル**

制御系設計で用いられる「数学モデル」の代表例には，伝達関数，周波数伝達関数，ステップ応答，あるいは状態方程式などがあり，どのような数学モデルを利用するかは，システム同定法と制御系設計法の双方に依存する．また，利用するモデルが決まれば，利用可能なシステム同定法もそれに応じて決定される．

**同一であること**

これは，identification の名の由来であり，モデルの品質に関係する．一般にプラントと同一のモデルを作成することは不可能なので，制御系を構成するうえで重要な特性がモデルに盛り込まれているとき，同一であるとみなす．このとき，モデルに含まれなかった動特性はモデルの不確かさとよばれる．通常，システム同定法では，統計的な評価関数を用いてモデルがどの程度，元のシステムと同一であるかを判断する．

日常生活におけるシステム同定の一例を図 2.1 に示した．八百屋などでスイカを買うときに，手でポンポンとスイカをたたいて，その音を聞いてスイカのよしあしを判断することがあるだろう．ブラックボックスである中身がわからないスイカに外部から入力 (この場合はインパルス入力) を与え，そのインパルス応答を耳で計測し，そのデータを脳でシステム同定することにより，スイカの中身を推理している．

制御系設計の発展とそれに必要とされるモデルの関

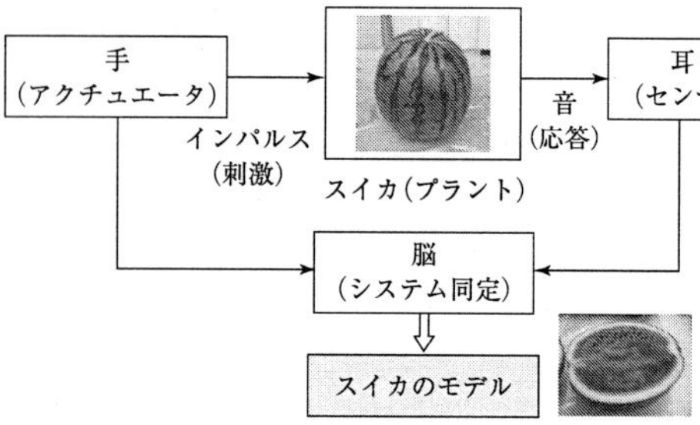


図 2.1　スイカのシステム同定

表 2.1 制御系設計とシステム同定モデルとの関係

| | 制御系設計法 | システム同定モデル |
|---|---|---|
| Phase 1<br>古典制御の時代<br>(～1960) | 古典制御（周波数領域）<br>・図的設計（PID 制御）<br>・試行錯誤（ループ整形） | ノンパラメトリックモデル<br>・周波数応答<br>・インパルス応答<br>・ステップ応答 |
| Phase 2<br>現代制御の時代<br>(1960～1980) | 現代制御（時間領域）<br>・状態空間法（最適制御）<br>・代数的方法（多項式分解表現） | パラメトリックモデル<br>・状態方程式<br>・入出力モデル（伝達関数） |
| Phase 3<br>ポスト現代制御の時代<br>(1980～2000) | ロバスト制御（時間＋周波数領域）<br>・$\mathcal{H}_\infty$ 最適制御<br>・$\mu$ 設計法 | パラメトリックモデル<br>・公称モデル<br>ノンパラメトリックモデル<br>・モデルの不確かさ |
| Phase 4<br>非線形制御の時代<br>(2000～) | さまざまな制御（時間，周波数領域）<br>・モデル予測制御<br>・ハイブリッド制御 | パラメトリックモデル<br>・非線形 ARMAX (NARMAX) モデル<br>ノンパラメトリックモデル<br>・ニューラルネットワーク<br>・サポートベクターマシン<br>ハイブリッドモデル |

表 2.2 システム同定の基本的な手順

| 手順 | 内容 |
|---|---|
| Step 0<br>プリ同定 | 同定対象の大まかな特性の把握（ステップ応答試験，周波数応答試験） |
| Step 1<br>システム同定実験の設計 | ハードウェア（プロセッサ，AD/DA 変換器），システム同定入力，サンプリング周期などの選定 |
| Step 2<br>システム同定実験 | 同定対象の入出力データの収集 |
| Step 3<br>入出力データの前処理 | ① 時間領域：アウトライアの除去，状態のよいデータの切出しなど<br>② 周波数領域：フィルタリング，デシメーションなど |
| Step 4<br>構造同定（モデル構造の選定） | ① モデルの形：ノンパラメトリック，あるいはパラメトリック<br>② パラメトリックモデル次数の決定 |
| Step 5<br>（線形・離散時間）システム同定法 | ① ノンパラメトリックモデル同定法<br>② パラメトリックモデル同定法 |
| Step 6<br>モデルの妥当性の評価 | ① 周波数領域，$z$ 領域，あるいは $s$ 領域，時間領域における検証<br>② 同定残差の白色性検定<br>③ 同定モデルに基づいた補償器による閉ループ試験 |

係を表 2.1 にまとめた．また，表 2.2 にシステム同定の基本的な手順をまとめた．

とくに，ロバスト制御の登場によって，制御対象の数学モデルと設計仕様が与えられれば，設計者の能力に依存しない標準的な制御系設計が行えるようになってきた．このとき，もっとも重要なものが高精度な数学モデルであり，モデリングやシステム同定の重要性が再認識された．

しかしながら，システム同定には多くのノウハウが必要であり，必ずしも標準的な方法が確立されているわけではない．すなわち，システム同定を行う技術者の *art*（わざ）に頼る部分が残っているため，対象となるプラントやシステム同定の目的に応じて，さまざまなシステム同定法が存在する．

### 2.1.2 システム同定実験の設計

#### a. 同定入力の選定

(1) 同定入力の周波数特性

システム同定入力は対象のもつすべてのモードを励起しなければならない．これは次に定義する PE 性 (persistently exciting) 条件によって特徴づけられる．

**[定義]** $u(k)$ を定常信号とし，その自己相関関数 $\phi_{uu}(\tau)$ から構成される $n\times n$ 自己相関行列 $\boldsymbol{R}_n$ を

$$\boldsymbol{R}_n=\begin{bmatrix} \phi_{uu}(0) & \phi_{uu}(1) & \cdots & \phi_{uu}(n-1) \\ \phi_{uu}(1) & \phi_{uu}(0) & \cdots & \phi_{uu}(n-2) \\ \vdots & \vdots & \ddots & \vdots \\ \phi_{uu}(n-1) & \phi_{uu}(n-2) & \cdots & \phi_{uu}(0) \end{bmatrix}$$

とおく．このとき，$\boldsymbol{R}_n$ が正則となる最大の整数 $n$ を

$u(k)$ の PE 性の次数とよぶ．

(2) M 系列信号

PE 性の観点から白色性同定入力が望ましいが，線形システム同定を行うためには二値信号で十分なので，取り扱いの簡単さから二値信号が利用されることが多い．さまざまな疑似白色二値信号（pseudo random binary signal：PRBS）が存在するが，その中でシステム同定入力信号としては M 系列信号がもっともよく知られている．

(3) 同定入力の選定指針

基本的には，周波数成分を潤沢に含む白色雑音，とくに M 系列信号を用いてシステム同定を行うことが望ましいが，同定入力の選定は同定対象，モデル，同定法などさまざまな要因に依存する．また，利用するモデルやシステム同定法自身にも固有の周波数特性が存在するので，それらを考慮して入力信号の周波数特性を決定する必要がある．

**b．サンプリング周期の選定**

システム同定を行う場合，サンプリング周期（$T$ とする）は短ければ短いほどよいというわけではなく，何らかの最適な $T$ が存在することが知られている．経験的なサンプリング周期の選定法の一つとして，同定対象のステップ応答の立ち上がり時間の間に 5～8 サンプル点が入るくらいの間隔を $T$ とする方法がある．

### 2.1.3　入出力データの前処理

同定実験により計測された入出力データの前処理は，システム同定が成功するがどうかを決定する重要なものである．時間領域と周波数領域におけるデータ前処理法を以下に列挙する．

・時間領域におけるデータの前処理
　① アウトライアの除去
　② データの切り出し

・周波数領域におけるデータの前処理
　① 低周波外乱の除去
　② 高周波外乱の除去
　③ プリフィルタリング

### 2.1.4　システム同定モデル

**a．雑音を考慮した線形システムの一般的な表現**

雑音を考慮した離散時間線形時不変（linear time invariant：LTI）システムの入出力関係は

$$y(k)=G(q)u(k)+H(q)w(k) \tag{1}$$

で記述できる．ただし，$y(k)$ は出力，$u(k)$ は入力，$w(k)$ は白色雑音である．また，$G(q)$ はシフトオペレータ $q^{-1}(q^{-1}u(k)=u(k-1))$ で表されるシステムの伝達関数である．

$$G(q)=\sum_{k=1}^{\infty}g(k)q^{-k} \tag{2}$$

ただし，$g(k)$ はシステムのインパルス応答である．また，$H(q)$ は雑音モデルであり，

$$H(q)=1+\sum_{k=1}^{\infty}h(k)q^{-k} \tag{3}$$

で与えられる．式 (1) のブロック線図を図 2.2 に示した．

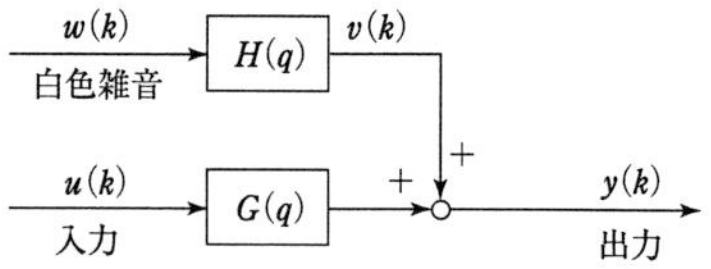


図 2.2　線形システムの一般的な表現

$G(q)$ と $H(q)$ が $q$ の多項式有理関数であるとすると，さまざまなパラメトリックモデルが定義でき，それらを総称して多項式ブラックボックスモデルという．これは大きく次の二つに分けることができる．

① 式誤差モデル
② 出力誤差モデル

次に，1 段先予測誤差に関する定理を与えておこう．

［定理］　式 (1) で定義した LTI システムにおいて，時刻 $(k-1)$ までに測定された入出力データに基づく出力 $y(k)$ の 1 段先予測値 $\hat{y}(k\mid\theta)$ は，

$$\hat{y}(k|\theta)=[1-H^{-1}(q,\theta)]y(k)+H^{-1}(q,\theta)G(q,\theta)u(k) \tag{4}$$

で与えられる．ただし，$\theta$ はモデルを記述するパラメータベクトルである．

**b．式誤差モデル**

(1) ARX モデル

差分方程式

$$y(k)+a_1y(k-1)+\cdots+a_{n_a}y(k-n_a)=b_1u(k-1)+\cdots+b_{n_b}u(k-n_b)+w(k) \tag{5}$$

によって記述されるモデルを ARX（auto-regressive with eXogenous input）モデルという．このとき，パラメータベクトルは

$$\theta=[a_1,\cdots,a_{n_a},\ b_1,\cdots,b_{n_b}]^T$$

となる．回帰ベクトルを

$$\varphi(k)=[-y(k-1),\cdots,-y(k-n_a),\ u(k-1),\cdots,u(k-n_b)]^T$$

と定義すると，出力 $y(k)$ は次式のように表現できる．

$$y(k)=\theta^T\varphi(k)+w(k) \tag{6}$$

いま，二つの多項式

$$A(q)=1+a_1q^{-1}+\cdots+a_{n_a}q^{-n_a}$$

$$B(q)=b_1q^{-1}+\cdots+b_{n_b}q^{-n_b}$$

を導入すると，式 (5) は

$$A(q)y(k)=B(q)u(k)+w(k) \tag{7}$$

と書き直される．式 (7) より，ARX モデルは，式 (1) のシステムの伝達関数 $G(q)$ と雑音モデル $H(q)$ をそれぞれ次式のようにおくことに対応する．

$$G(q,\theta)=\frac{B(q)}{A(q)},\quad H(q,\theta)=\frac{1}{A(q)} \tag{8}$$

ARX モデルの 1 段先予測値は

$$\hat{y}(k|\theta)=B(q)u(k)+[1-A(q)]y(k)$$

$$=\theta^T\varphi(k) \tag{9}$$

となるので，ARX モデルは線形回帰モデルとよばれる．

式 (7) で定義した ARX モデルにむだ時間 ($n_k$ とする) を導入すると，

$$A(q)y(k)=B(q)u(k-n_k)+w(k) \tag{10}$$

が得られる．

(2) FIR モデル

FIR (finite impulse response) モデルは

$$y(k)=B(q)u(k)+w(k)=\theta^T\varphi(k)+w(k)$$

で記述され，この出力の 1 段先予測値は次式で与えられる．

$$\hat{y}(k|\theta)=B(q)u(k)=\theta^T\varphi(k) \tag{11}$$

(3) ARMAX モデル

ARX モデルでは式誤差が白色性という非常に限定的な仮定を課していたが，白色性の仮定を緩和したものが ARMAX (auto-regressive moving average with exogenous input) モデルであり，

$$A(q)y(k)=B(q)u(k)+C(q)w(k) \tag{12}$$

で記述される．ただし，

$$C(q)=1+c_1q^{-1}+\cdots+c_{n_c}q^{-n_c}$$

とおいた．ARMAX モデルの 1 段先予測値は

$$\hat{y}(k|\theta)=\frac{B(q)}{C(q)}u(k)+\left[1-\frac{A(q)}{C(q)}\right]y(k)$$

$$=B(q)u(k)+[1-A(q)]y(k)$$

$$+[C(q)-1]\varepsilon(k|\theta)$$

$$=\theta^T\varphi(k) \tag{13}$$

で与えられる．ただし，$\varepsilon(k|\theta)$ は次式で定義される予測誤差である．

$$\varepsilon(k|\theta)=y(k)-\hat{y}(k|\theta) \tag{14}$$

また，

$$\theta=[a_1,\cdots,a_{n_a},\ b_1,\cdots,b_{n_b},\ c_1,\cdots,c_{n_c}]^T$$

$$\psi(k)=[-y(k-1),\cdots,-y(k-n_a),$$

$$u(k-1),\cdots,u(k-n_b),$$

$$\varepsilon(k-1|\theta),\cdots,\varepsilon(k-n_c|\theta)]^T$$

とおいた．式 (13) より，ARMAX モデルの一段先予測値は未知パラメータ $\theta$ に関して線形のようにみえるが，回帰ベクトル $\psi(k)$ 中に $\theta$ の関数である予測誤差 $\varepsilon(k-i|\theta)$ を含むため非線形回帰モデルである．

**c．出力誤差モデル**

次式で与えられるモデルを出力誤差 (output error：OE) モデルという．

$$y(k)=\frac{B(q)}{F(q)}u(k)+w(k) \tag{15}$$

なお，前述の FIR モデルは出力誤差モデルでもある．

さらに，BJ (Box and Jenkins) モデルは次式で記述される．

$$y(k)=\frac{B(q)}{F(q)}u(k)+\frac{C(q)}{D(q)}w(k) \tag{16}$$

式誤差モデルと出力誤差モデルを包括するもっとも一般的なモデルを次に与えよう．

$$A(q)y(k)=\frac{B(q)}{F(q)}u(k)+\frac{C(q)}{D(q)}w(k) \tag{17}$$

すると，これまでに紹介した多項式ブラックボックスモデルは，式 (17) のモデルの特殊な場合となる．最後に，多項式ブラックボックスモデルの形式と 1 段先予測値を表 2.3 にまとめた．

**表 2.3**　多項式ブラックボックスモデルの分類

| モデル | $G(q)$ | $H(q)$ | 1 段先予測値：$\hat{y}(k\|\theta)$ |
|---|---|---|---|
| ARX | $\frac{B(q)}{A(q)}$ | $\frac{1}{A(q)}$ | $B(q)u(k)+[1-A(q)]y(k)$ |
| ARMAX | $\frac{B(q)}{A(q)}$ | $\frac{C(q)}{A(q)}$ | $B(q)u(k)+[1-A(q)]y(k)$ $+[C(q)-1][y(k)-\hat{y}(k\|\theta)]$ |
| FIR | $B(q)$ | 1 | $B(q)u(k)$ |
| OE | $\frac{B(q)}{F(q)}$ | 1 | $\frac{B(q)}{F(q)}u(k)$ |
| BJ | $\frac{B(q)}{F(q)}$ | $\frac{C(q)}{D(q)}$ | $\frac{D(q)B(q)}{C(q)F(q)}u(k)$ $+\left[1-\frac{D(q)}{C(q)}\right]y(k)$ |

### 2.1.5　ノンパラメトリックモデル同定法

**a．相関解析法**

インパルス応答を推定する同定法である相関解析法の手順を次にまとめる．

① 同定実験により，入出力データ $\{u(k), y(k)\ ;\ k=1,2,\cdots,N\}$ を得る．

② 白色化フィルタ $L(q)$ を設計し，入出力データ

をフィルタリングする．

$$u_F(k)=L(q)u(k),\quad y_F(k)=L(q)y(k)$$

③ 次式よりインパルス応答を推定する．

$$\hat{g}(\tau)=\frac{\sum_{k=1}^{N}y_F(k+\tau)u_F(k)}{\sum_{k=1}^{N}u_F^2(k)},\quad \tau=0,1,2,\cdots$$

相関解析法を用いると，むだ時間，時定数，定常ゲインなどに関する情報を直接同定できる．しかしながら，入力と外乱とは独立でなければならないので，直接，閉ループシステム同定データは利用できない．

**b．スペクトル解析法**

次に手順を与えるスペクトル解析法を用いると，システムの周波数特性のみならず，外乱のパワースペクトル密度も直接推定することが可能になる．

① $N$ 個の入出力データより，相関関数の推定値 $\phi_{yy}(\tau)$，$\phi_{yu}(\tau)$，$\phi_{uu}(\tau)$ を計算する．たとえば，次のようにすればよい．

$$\phi_{yu}(\tau)=\frac{1}{N}\sum_{k=1}^{N}y(k+\tau)u(k) \tag{18}$$

② 対応するスペクトル密度の推定値を計算する．

$$S_{yy}(\omega)=\frac{1}{2\pi}\sum_{\tau=-M}^{M}\phi_{yy}(\tau)W_M(\tau)e^{-j\omega\tau} \tag{19}$$

**表2.4**　ノンパラメトリックモデルの同定法

| 同定法 | 特徴（○は利点，×は問題点） |
|---|---|
| 過渡応答法 | ○ むだ時間，時定数，定常ゲインなどを直接同定できる．<br>○ 現場でもっとも利用されている同定法の一つである．<br>× 外乱や測定雑音に弱い．<br>× 同定入力の振幅が同定精度を左右する． |
| 相関解析法 | ○ むだ時間，時定数，定常ゲインなどを直接同定できる．<br>○ 特別な入力を必要としない．<br>○ SN 比が悪くてもデータ数が多ければ同定精度は向上する．<br>× 入力と外乱とは独立でなければならないので，閉ループデータは利用できない． |
| 周波数応答法 | ○ 利用が容易である．<br>○ システムに仮定される条件は線形性のみである．<br>○ 着目する周波数帯域を重点的に同定できる．<br>× 低周波の同定に時間がかかるため，同定対象へ負担がかかる． |
| スペクトル解析法 | ○ システムに仮定される条件は線形性のみである．<br>○ 外乱のスペクトル密度も同時に推定できる．<br>○ スペクトル推定に関するさまざまなツールが利用できる．<br>× 窓長の選定が必要．<br>× 入力と外乱とは独立でなければならないので，閉ループデータは利用できない． |

ただし，$W_M(\tau)$ は窓関数であり，$M$ は窓長である．

③ 周波数伝達関数と外乱のスペクトルの推定値を，それぞれ次のように計算する．

$$\hat{G}(e^{j\omega})=\frac{\hat{S}_{yu}(\omega)}{\hat{S}_{uu}(\omega)} \tag{20}$$

$$\hat{S}_{vu}(\omega)=\hat{S}_{yy}(\omega)-\frac{|\hat{S}_{yu}(\omega)|^2}{\hat{S}_{uu}(\omega)} \tag{21}$$

スペクトル解析法では，システムに仮定される条件は線形性のみである．一方，相関解析法と同様に入力と外乱とは独立でなければならない．

ノンパラメトリックモデルの同定法としては，これまで紹介した二つの方法のほかに古典的な方法である過渡応答法や周波数応答法がある．ノンパラメトリックモデルの同定法を表 2.4 にまとめた．

### 2.1.6　予測誤差法

**a．パラメータ推定のための評価規範**

2.1.4 項で与えた多項式ブラックボックスモデルに対するシステム同定問題は，ひとたびモデル構造が決まれば，モデルを構成するパラメータの推定問題に帰着する．そこで，パラメータ推定のための評価規範として，

$$J_N(\theta)=\frac{1}{N}\sum_{k=1}^{N}l(k,\theta,\varepsilon(k,\theta)) \tag{22}$$

を設定する．ここで，$l(k,\theta,\varepsilon(k,\theta)$ は予測誤差の大きさを測る任意の正のスカラ値関数であり，関数 $l(k,\theta,\varepsilon(k,\theta))$ としてどのようなものを選ぶかは，同定結果の利用目的に依存するが，通常，二乗ノルムや対数尤度などが用いられる．

未知パラメータ $\theta$ の推定値（$\theta(N)$ とする）は

$$\theta(N)=\arg\min_{\theta}J_N(\theta) \tag{23}$$

より決定される．ここで，arg min は $J_N(\theta)$ を最小にする $\theta$ という意味である．

このように予測誤差から構成される評価規範 $J_N(\theta)$ を最小にするように推定値を計算するパラメータ推定法を総称して，予測誤差法（prediction error method：PEM）とよぶ．

たとえば，式 (22) 中の $l(k,\theta,\varepsilon(k,\theta))$ として，

$$l(k,\theta,\varepsilon(k,\theta))=-\log f\{\varepsilon(k,\theta)\} \tag{24}$$

を選んだ場合を最尤推定法（maximum likelihood estimation method）という．ただし，$f(\cdot)$ は予測誤差 $\varepsilon(k,\theta)$ の確率密度関数を表す．

一方，$l(k,\theta,\varepsilon(k,\theta))$ として，2 次関数

$$l(k,\theta,\varepsilon(k,\theta))=\varepsilon^2(k,\theta) \tag{25}$$

と選んだ場合を最小二乗法（least-squares method）

という．

さて，予測誤差系列が平均値 0 で分散 $\sigma^2$ の正規性白色雑音の場合を考えよう．このとき，式 (24) は次式になる．

$$l(k,\theta,\varepsilon(k,\theta))=\frac{1}{2\sigma^2}\varepsilon^2(k,\theta)\frac{1}{2}\log(2\pi\sigma^2) \tag{26}$$

上式の右辺第 2 項は定数なので，予測誤差が正規性白色雑音系列の場合には，

$$l(k,\theta,\varepsilon(k,\theta))=\varepsilon^2(k,\theta) \tag{27}$$

に対する評価規範を最小にする推定値を計算することになる．したがって，この場合の最尤推定値は最小二乗推定値に一致する．

**b．最小二乗法**

ARX モデルや FIR モデルのような線形回帰モデルの場合，パラメータ推定のための評価規範は

$$\begin{aligned}J_N(\theta)&=\frac{1}{N}\sum_{k=1}^{N}\varepsilon^2(k,\theta)\\&=\frac{1}{N}\sum_{k=1}^{N}\{y(k)-\theta^T\boldsymbol{\varphi}(k)\}^2\\&=c(N)-2\,\theta^T\boldsymbol{f}(N)+\theta^T\boldsymbol{R}(N)\,\theta\end{aligned}$$

となる．ただし，

$$\boldsymbol{R}(N)=\frac{1}{N}\sum_{k=1}^{N}\boldsymbol{\varphi}(k)\boldsymbol{\varphi}^T(k)$$

$$\boldsymbol{f}(N)=\frac{1}{N}\sum_{k=1}^{N}y(k)\boldsymbol{\varphi}(k)$$

$$c(N)=\frac{1}{N}\sum_{k=1}^{N}y^2(k)$$

式 (28) の $J_N(\theta)$ を $\theta$ に関して微分して $\mathbf{0}$ とおくと，正規方程式

$$\boldsymbol{R}(N)\hat{\theta}(N)=\boldsymbol{f}(N) \tag{28}$$

が得られる．このとき，次の条件が満たされる場合，行列 $\boldsymbol{R}(N)$ は正定値になる．

① 同定入力が $2n$ 次の PE 性である．ただし，$n$ はシステムの次数である．

② 同定対象は安定である．

③ $A(q)$ と $B(q)$ は共通因子をもたない．

これらの条件が満たされる場合には，逆行列を用いて次式のようにパラメータ推定値を求めることができる．

$$\hat{\theta}(N)=\boldsymbol{R}^{-1}(N)\boldsymbol{f}(N) \tag{29}$$

この同定法は一括処理最小二乗法，あるいはオフライン最小二乗法とよばれる．

式誤差が白色性でない場合に ARX モデルに対して最小二乗法を適用すると，推定値にバイアスが生じてしまう．この問題に対処する代表的な方法を表 2.5 にまとめた．また，代表的なパラメトリックモデルの同定法を表 2.6 にまとめた．

**表 2.5**　有色性雑音への対処法

| | 白色化に基づく方法 | 無相関化に基づく方法 |
|---|---|---|
| 同定法 | 拡大最小二乗法（ELS）<br>一般化最小二乗法（GLS）<br>逐次最尤法（RML） | 補助変数法（IV） |

**表 2.6**　パラメトリックモデルの同定法

| 同定法（モデル） | 特　徴（○は利点，×は問題点） |
|---|---|
| 最小二乗法（ARX） | ○ 線形回帰モデルに基づく方法なので，推定値の計算が容易．<br>○ 高周波帯域に重みがかかった同定法である．<br>× 同定モデル次数を高くとる必要がある．<br>× 式誤差が有色性の場合には推定値にバイアスがのる． |
| 拡大最小二乗法（ARMAX） | ○ 式誤差が有色性であっても，システムの動特性を同定できる．<br>× 雑音モデルを準備する必要がある． |
| 補助変数法（ARX） | ○式誤差が有色性であっても，システムの動特性を同定できる．<br>○ 必要以上にモデル次数を高くとらなくてよい．<br>× 入力と外乱とは独立でなければならないので，閉ループ同定実験データには適用できない． |
| 出力誤差法（OE） | ○ システムの動特性と雑音モデルを分離して同定できる．<br>○ 時間応答シミュレーションに適している．<br>○ 同定法は全帯域にわたって平坦な周波数特性をもっている．<br>× 非線形最適化計算を行う必要がある． |

## 2.1.7　モデルの選定と妥当性の検証

**a．モデル構造の選定法**

同定モデルの構造を決定する構造同定を行うためには，同定対象に関する物理的な情報をユーザが正確に理解している必要がある．そして，そのような情報に基づいて同定モデルを選定していくことが望ましい．しかしながら，事前情報が利用できない場合も多く，そのような場合の構造同定の標準的な手順を表 2.7 にまとめた．

(1) クロスバリデーション

クロスバリデーションとは，同定実験によって収集された入出力データを，モデル構築用のデータセットとモデル検証用のデータセットに分けて，モデル構造を決定する方法である．通常は，全データを半分に分けるが，場合によっては最初の 3/4 のデータをモデル構築用，残りの 1/4 のデータを検証用とすることもある．クロスバリデーションは有効な方法であるが，パラメータ推定には全データの半分しか利用できないた

表 2.7　モデル構造の決定手順

| | |
|---|---|
| (1) むだ時間の決定 | 次に示すいずれかの方法でむだ時間を決定する．① 相関解析法を用いてインパルス応答を推定し，むだ時間を読みとる．② 低次（たとえば4次）のARXモデルに対して，たとえばクロスヴァリデーションを適用し，むだ時間を決定する． |
| (2) システム次数の決定 | (1)で決定されたむだ時間を用いて，ARXモデルの次数をいろいろ変化させて最適な次数を決定する． |
| (3) 極零相殺の有無 | (2)で決定された次数は高次である可能性が強いので，推定されたモデルの極と零点を $z$ 平面上にプロットし，極零相殺の有無を探す．もしも極零相殺があれば，それらを無視したモデルを再構成する． |
| (4) モデル構築 | (3)で決定された次数を用い，さらに高度なモデルであるARMAXモデル，OEモデルなどを利用してモデル構築を行う． |

め，推定精度が劣化するという問題点をもつ．

(2) モデル構築用と検証用データセットが同一の場合

モデル構築用データセットとモデル検証用のデータセットが同一の場合には，モデル構造を複雑にすればするほど損失関数の値は当然小さくなる．そのため，モデルの複雑さ（すなわち，モデルを構成するパラメータ数）に関するペナルティを導入する必要があり，以下に示すような規範が提案されている．ただし，推定されるパラメータの総数を $n$，データ数を $N$，損失関数の値を $V$ とする．

① AIC：次式で与えられるAIC（Akaike's information criterion）は，最尤推定法で得られるモデルの悪さを測る尺度である．

$$\mathrm{AIC} = -2\ln(\text{最大尤度}) + 2(\text{パラメータ数}) \tag{30}$$

予測誤差が正規性の場合には，次式のように簡単になる．

$$\mathrm{AIC} = \ln\left\{\left(1+\frac{2n}{N}\right)V\right\} \tag{31}$$

② FPE：FPEは最終予測誤差（final prediction error）の略であり，次式で定義される．

$$\mathrm{FPE} = \frac{1+n/N}{1-n/N}\,\frac{1}{N}\,V \tag{32}$$

③ MDL 次式で定義されるMDLは，minimum description lengthの略であり，Rissanenにより提案された．

$$\mathrm{MDL} = \left(1+\frac{2n}{N}\log N\right)V \tag{33}$$

以上で示した規範の値が最小になるモデルを選択することになる．

**b．モデルの妥当性の検証**

モデルが妥当であるかどうかを検証するためのいくつかの項目を以下にまとめる．

① 極零相殺のチェック

② 残差の解析

③ 雑音なしのシミュレーション

④ モデルの不確かさの表示

⑤ 異なるモデルの比較　［足立修一］

### 参考文献

1) L. Ljung (1999)：System Identification—Theory forthe-eUsers (2nd ed.), Englewood Cliffs, NJ：Prentice Hall PTR.

2) 足立修一 (1993)：ユーザのためのシステム同定理論；計測自動制御学会編，コロナ社.

3) 足立修一 (2009)：システム同定の基礎，東京電機大学出版局.

## 2.2　モデル低次元化

### 2.2.1　モデル低次元化とコントローラの低次元化

制御問題におけるモデル低次元化は以下に述べる2つの場面で必要となる．コントローラの設計のためには，プラントのできるだけ正確な表現を求めることが必要となる．プラントの高次元のモデルをより簡単な低次元のモデルで置き換えるモデル低次元化は，その高次元のモデルの次数がコントローラ設計のための有効な計算を不可能にするほど大きいときに必要となる．一方，プラントの高次元モデルをそのままコントローラの設計に利用する場合，$H_\infty$ ロバスト制御や $\mu$ シンセシスなどのよく利用されるようになった制御理論はプラントの次数と同じ程度の次数のコントローラを与える．高次元なコントローラの実システムへの実装は，その複雑さのために容易ではない場合がある．ハードウェア資源の節約やディジタル信号処理における数値的な困難さを避けるために低次元なコントローラを適用したいという要求がある．

### 2.2.2　打ち切りによるモデル低次元化

与えられた線形システムの状態方程式表現モデルを低次元化することを考えよう．対象とするシステムは次式で与えられるとする．

$$\dot{x} = Ax + Bu,\quad y = Cx + Du \tag{34}$$

ここに，これらの行列は次のように分割されているものとする．

$$A=\begin{bmatrix}A_{11} & A_{12}\\ A_{21} & A_{22}\end{bmatrix},\ B=\begin{bmatrix}B_1\\ B_2\end{bmatrix},\ C=[C_1\ C_2] \qquad (35)$$

対象システムは漸近安定であり，可制御，可観測とし，その次数は $n$ とする．打ち切りモデルは，このシステムの一部のパラメータにより次のように定義される．

$$\dot{x}_r=A_{11}x_r+B_1u,\quad y_r=C_1x_r+Du \qquad (36)$$

この打ち切りモデルの次数は $A_{11}$ が $r\times r$ 行列であるとき $r$ 次である．元のシステムと低次元化モデルの伝達関数をそれぞれ $G(s)$，$G_r(s)$ とすれば，これらの誤差を式 (35) で与えられるパラメータを使って次のように陽に表現することができる．

$$G(s)-G_r(s)=(C_1\varphi(s)A_{12}+C_2)\times(sI-A_{22}-A_{21}\varphi(s)A_{12})^{-1}(A_{21}\varphi(s)B_1+B_2) \qquad (37)$$

ここに，$\varphi(s)\triangleq(sI-A_{11})^{-1}$ である．

この加法的誤差は明らかに式 (34) の状態変数の取り方に依存しており，この座標の取り方で幾種類かの低次元モデルが得られる．打ち切りモデルの共通の性質として，周波数 0 では誤差が残り，周波数無限大では誤差は 0 となる．

打ち切りモデルの任意の状態空間表現パラメータを $\{A_r, B_r, C_r, D\}$ とすると，元のシステムのパラメータとの間に次の関係を満たす行列 $L, R$ が存在する．

$$A_r=LAR,\ B_r=LB,\quad C_r=CR,\ LR=I \qquad (38)$$

この関係式は正則行列 $T$ によって元のシステムの状態方程式パラメータを $\{T^{-1}AT, T^{-1}B, CT, D\}$ に変換し，それを先に述べたように打ち切ったとき，$T^{-1}$ の最初の $r$ 行を $L$ とし，$T$ の最初の $r$ 列を $R$ にとれば得られる．

行列 $A$ の固有値に重複がないものとし，行列 $A^T$ の固有ベクトルを行列 $L$ の行ベクトルにとれば，次式を満たす $A_r$ が必ず存在する．

$$LA=A_rL \qquad (39)$$

この関係を満たす $A_r$ は $A_r=LAL^T(LL^T)^{-1}$ で与えられる．$B_r=LB$ とすれば，低次元モデルの状態方程式

$$\dot{x}_r=A_rx_r+B_ru \qquad (40)$$

は，打ち切りモデルの条件を満たしている．$x_r(0)=Lx(0)$ ととれば，$x_r(t)=Lx(t), t>0$ が成り立つ．すなわち，低次元モデルの状態変数は元のそれの線形関数となり，この関係内では誤差は生じない．$x_r(t)$ と $Lx(t)$ との誤差が 0 になるのは，$\{A, L\}$ が不可観測なペアになっているためである．低次元モデルに式 (38) の関係に基づいて行列 $C_r$ を定めれば，これは元のシステムの固有値を保存する打ち切りモデルとなる．これをモード打ち切りモデルとよぶ．行列 $A^T$ の固有値を選ぶときに，固有値のなかで応答に支配的なものを選ぶとよい近似になるケースがあるが，近似の程度は式 (37) によって評価する必要がある．不安定なプラントのコントローラ設計のためにプラントを低次元化する場合には，不安定な極をこの方法によって残し，漸近安定なサブシステムだけを低次元化する必要がある．

### 2.2.3 特異摂動法によるモデル低次元化

特異摂動法は数学や制御理論のなかで多く用いられてきた．この方法は，与えられたモデルの速い減衰を示すモードを無視することによる近似の典型的なものである．対象とするシステムは次式のように小さな正の値をとるスカラのパラメータ $\mu$ によって特徴づけられる表現で与えられるとする．

$$\dot{x}=A_{11}x+A_{12}z+B_1u \qquad (41a)$$

$$\mu\dot{z}=A_{21}x+A_{22}z+B_2u \qquad (41b)$$

$$\dot{y}=C_1x+C_2z+Du \qquad (41c)$$

ここで，$\mu=0$ とおいて式 (41b) から，

$$A_{21}x+A_{22}z+B_2u=0 \qquad (42)$$

が得られるから，これを $A_{22}$ の逆行列の存在を仮定して $z$ について解き，式 (41a)，(41c) 式に代入すれば，次の低次元モデルを得る．

$$\dot{x}_r=(A_{11}-A_{12}A_{22}^{-1}A_{21})x_r+(B_1-A_{12}A_{22}^{-1}B_2)u$$
$$y=(C_1-C_2A_{22}^{-1}A_{21})x_r+(D-C_2A_{22}^{-1}B_2)u \qquad (43)$$

普通は，すべての十分小さな $\mu$ について元のシステムは安定である．これは低次元モデルも安定となることを保証する．この方法では，極限をとる操作によって低次元モデルが得られるので，多くの計算や結論が元のシステムの対応した計算や結論の極限として得られるというメリットがある．この低次元モデルでは，周波数 0 における伝達関数の加法的誤差は 0 となるが，周波数無限大では誤差は 0 にならない．ここでは，状態変数を打ち切るためにスカラパラメータ $\mu$ を陽に導入したが，$\mu=1$ の場合に，この方法を使用していけないという根拠は見出せないことに注意する．

特異摂動法と先に述べた打ち切りモデルの間を連続的につなぐ一般化特異摂動法が知られている．この方法によれば，特異摂動法と先に述べた打ち切りモデルが極限操作で得られるほか（式 (37) の誤差の状態方程式と特異摂動近似 (43) の状態方程式間の類似性に着目せよ），任意の周波数で加法的誤差が 0 になる低次元モデルをつくることができる．また，$s$ を $1/s$ に

置き換えることによって，打ち切りモデルの方法により特異摂動近似を得ることができるし，その逆も可能である．

### 2.2.4　平衡実現によるモデル低次元化とハンケルノルム

平衡実現は統計解析で用いられている主成分分析の考えを状態方程式で表される動的なシステムに拡張するものである．ここでは，システムモードの応答への寄与を評価するために可制御グラミアンと可観測グラミアンを主成分に分解するというアイディアが用いられている．システムの状態変数を正則変換するとき，可制御グラミアンと可観測グラミアンをともに対角化して，かつ，それらが等しいものとなるようにその変換を選ぶことができることが知られている．この状態空間表現を平衡実現とよぶ．平衡実現されたシステム行列 $\{A, B, C\}$ は，対角なグラミアンと次の二つのリアプノフ方程式によって関係づけられる．

$$A\Sigma + \Sigma A^T + BB^T = 0$$
$$\Sigma A + A^T\Sigma + C^TC = 0 \tag{44}$$

ここで，

$$\Sigma = \mathrm{diag}(\sigma_i) \tag{45}$$

である．$\Sigma$ のなかで，$\sigma_1 \geq \sigma_2 \geq \cdots \geq \sigma_n$ のように大きさの順に並んでいるものとする．$\sigma_i$ はハンケル特異値とよばれる．入力が 0 であるとき，平衡実現では状態の 2 ノルムは常に減少する．これを示すために $x^T(t)x(t)$ の時間微分を計算する．

$$\frac{d}{dt}(x^T(t)x(t)) = x^T(t)(A^T + A)x(t) \tag{46}$$

$\Sigma$ は 2 つのリアプノフ方程式（44）を満たすから

$$\Sigma(A^T + A) + (A^T + A)\Sigma = -BB^T - C^TC \tag{47}$$

の関係が得られる．$A^T + A$ は対象行列であるから，この固有値は負の実数か 0 となる．システムは漸近安定であるから $x^T(t)x(t)$ は狭義の単調減少関数となることがわかる．

平衡実現された状態方程式に 2.2.2 項で述べた打ち切りを実行すると低次元モデルが得られる．打ち切りは $\Sigma$ を $\Sigma_1$，$\Sigma_2$ の二つに分割する．$\Sigma_1$ の最小の対角要素が $\Sigma_2$ の最大の対角要素より大きくなるように次数 $r$ をとれば，低次元モデルは漸近安定となり，$\Sigma_1$ がその低次元モデルの可制御グラミアン，可観測グラミアンとなる．このようにしてつくられた低次元モデルの状態変数は，低次元モデルでも式（46）と同じ形の式が成り立つことから，状態の 2 ノルムは単調減少し，その減少の速さは元のシステムの遅い減衰モードを近似することが期待できる（厳密には後の誤差の考察を参照せよ）．平衡実現打ち切りによる低次元モデルでは，次の誤差の上界が成立する．

$$\| G(s) - G_r(s) \|_\infty \leq 2\,\mathrm{trace}(\Sigma_2) = 2\sum_{i=r+1}^{n} \sigma_i \tag{48}$$

この誤差の無限大ノルムやハンケル特異値に密接に関係するモデル低次元化の方法として，ハンケルオペレータとよばれる過去の入力を未来の出力へ写すインパルス応答からつくられるオペレータに着目する方法がある．この方法では，誤差の上界は式（48）の半分になる．平衡実現打ち切りによる方法とともに，ハンケル特異値を求めた段階で低次元化により導入されるモデルの不確定性の上限を知ることができるためにプラントの低次元モデルをもとにコントローラを設計する場合に都合がよい．

平衡実現の状態方程式に $\mu = 1$ とした場合の特異摂動法を適用することによっても低次元モデルを得ることができ，その場合にもまったく同じ誤差の上界（48）が成り立つことが示されている．さらに，平衡実現された状態方程式を一度に低次元化するのではなく，何度かに分けて次数を下げていく手順を考え，それぞれの手順で打ち切りと特異摂動近似を混ぜて使用する方法が提案されている．この場合にも誤差の上界（48）は保持され，かつ低周波数領域と高周波数領域での近似誤差が，打ち切りや特異摂動近似のように極端にならない低次元モデルが得られる．

この項の最後に平衡実現の求め方を示しておく．対象システムのある実現における可制御グラミアンと可観測グラミアンをそれぞれ $P$，$Q$ とする．これらは対称行列であるから，これをそれぞれ対角化する直交変換 $U_c$，$U_0$ が存在する．この関係は

$$P = U_cS_cU_c^T, \quad Q = U_0S_0U_0^T \tag{49}$$

のようになる．ここで，$S_c$，$S_0$ は対角行列である．次に行列

$$H = S_0^{1/2}U_0^TU_cS_c^{1/2} \tag{50}$$

をつくり，その特異値分解を得る．

$$H = U_HS_HU_H^T \tag{51}$$

この特異値分解から次のように状態変数の変換行列を定める．

$$T = U_0S_0^{-1/2}U_HS_H^{1/2} \tag{52}$$

状態方程式パラメータ $\{\bar{A} = T^{-1}AT, \bar{B} = T^{-1}B, \bar{C} = CT\}$ は，平衡実現となる．このとき，計算の過程から対角なグラミアン $\Sigma$ は $S_H$ で与えられる．

### 2.2.5　誤差のノルムに着目するモデル低次元化について

モデル低次元化のさいに生じる誤差を個別の方法との関連で把握しておくことが重要である．伝達関数 $ab/(s+a)$ の最大ゲインは $b$ であり（$H_\infty$ ノルム），一方 $H_2$ ノルムは $b\sqrt{a/2}$ である．これらの一方が他方より任意に大きな値となるような $a$ を選ぶことができる．すなわち，固有値選択だけによって誤差のノルムを小さくすることができないことがわかる．

平衡実現打ち切りを用いた場合の誤差については，$H_\infty$ ノルムの上界が式（48）で与えられることをみたが，$H_2$ ノルムについては大きな誤差が生じてしまう可能性がある．いま，$\{A,B,C\}$ は平衡実現されており，そのハンケル特異値はグラミアン $\Sigma$ のなかで，$\sigma_1 \geq \sigma_2 \geq \cdots \geq \sigma_n$ のように大きさの順に並んでいるものとする．行列 $B$ の $i$ 行を $b_i^T$ とし，$C$ の $i$ 行を $c_i$ と表す．このとき，

$$\tau_i^2 = b_i^T b_i = c_i^T c_i = -2\sigma_i a_{ii}$$

となる．$P$ を可制御グラミアンとすると元のシステムのすべての実現に対して

$$\|G(s)\|_2^2 = \mathrm{trace}(CPC^T)$$

が成り立ち，平衡実現に対しては

$$\|G(s)\|_2^2 = \sum \sigma_i \tau_i^2$$

が成り立つ．したがって，$i$ 番目の状態成分が，$\sigma_n < \sigma_i$ でかつ $\tau_n \gg \tau_i (i \neq n)$ の条件で寄与している場合，次数を一つ減らす低次元化において大きな $H_2$ ノルムの変化が起きる．三角不等式から

$$\|G(s) - G_{n-1}(s)\|_2 \geq \|G\|_2 - \|G_{n-1}\|_2 \tag{53}$$

であるから，誤差の $H_2$ ノルムが大きくなってしまう．したがって，平衡実現の方法だけによって二つの誤差のノルムを小さくすることはできない．

誤差のノルムを小さくする方法を検討し，モード打ち切りや平衡実現打ち切りの方法と併用することを考えよう．

加法的誤差のノルムに着目し，その不等式を満たす低次元モデルを求める準最適化問題を考える．これは，近似問題にノルムを使う自然さと線形行列不等式を解く問題に帰着させることができれば計算上有利であるという二つの意味で重要である．次の不等式を考える．

$$\|G(s) - G_r(s)\|_\infty \leq \gamma \tag{54a}$$

または

$$\|G(s) - G_r(s)\|_2 \leq \gamma \tag{54b}$$

ここで，$G(s)$，$G_r(s)$ はそれぞれ元のシステムと低次元モデルの伝達関数であり，その状態方程式のパラメータは，$\{A,B,C,D\}$，$\{A_r,B_r,C_r,D_r\}$ であるとする．誤差 $G(s)-G_r(s)$ の状態方程式表現は

$$\left\{ A_e = \begin{bmatrix} A & 0 \\ 0 & A_r \end{bmatrix},\ B_e = \begin{bmatrix} B \\ B_r \end{bmatrix},\ C_e = [C - C_r],\ D_e = (D - D_r) \right\} \tag{55}$$

となる．式（54）の不等式は有界実補題より次のように書きかえられる．

$$\begin{bmatrix} A_e^T P_e + P_e B_e & P_e B_e & C_e^T \\ B_e^T P_e & -\gamma I & D_e^T \\ C_e & D_e & -\gamma I \end{bmatrix} < 0 \tag{56a}$$

または

$$\begin{bmatrix} A_e^T P_e + P_e A_e & B_e \\ B_e^T & -I \end{bmatrix} > 0 \tag{56b}$$

$$\mathrm{trace}(C_e P_e C_e^T) < \gamma^2$$

ここで考える問題は，この準最適化問題の解を用いて，$\{A_r,B_r,C_r,D_r\}$ に関し，できるだけ小さな $\gamma$ を求めることである．式（56）を書き下すと未知パラメータについて 2 次の項が含まれることがわかる．すなわち，これは線形不等式を解く問題とはならない．もし $A_r, B_r$ を固定すれば，式（56）は $C_r, D_r$ と $P_e$ についての線形不等式となり，凸最適化の方法によって容易に解くことができる（$A_r, C_r$ を固定すれば，$B_r$，$D_r$ と $P_e$ について解くことができる）．

上記の結果は，誤差のノルムを最小化する低次元化モデルを求めることは難しいことを示している．しかし，2.2.2 項で述べたモード打ち切りや 2.2.4 項で述べた平衡実現打ち切りの方法によって，あらかじめ $A_r$，$B_r$ か $A_r, C_r$ を得てから残りのパラメータを線形不等式を用いて決定すれば，ノルムについて準最適な解を得ることができる．モード打ち切りと $H_2$ ノルム最小化を組み合わせた場合は，$A_r, B_r$ をモード打ち切りにより決定し（式（39），(40)），$D_r$ を $D$ に等しくとり，$C_r$ について $H_2$ ノルムを最小化すると次式が得られる．

$$C_r = CPL^T(LPL^T)^{-1} \tag{57}$$

ここで，$P$ は元のシステム $\{A,B,C\}$ の可制御グラミアンである．

### 2.2.6　モデル低次元化が困難な条件

モデル低次元化が困難であると思われる条件を知っておくことは重要である．まず，ハンケル特異値にその値が小さいものが少ししかないシステムは低次元化が難しい（平衡実現打ち切りの誤差の上限（48）を見

よ)．動作帯域内に存在する不安定零点は特異値の値を大きくするから，このようなことが起こりやすくなる．$n$ 次の厳密にプロパな1入出力系があり，$n-1$ 個の不安定零点をもつとする．このシステムでは周波数が0から無限大まで変化するときに，位相は $(2n-1)(\pi/2)$ だけ変化する．この位相の変化のほとんどはゲインが大きいうちに起こるかもしれない．低次元モデルの次数を $n-1$ とすると，$n-2$ 個以上の零点をもつことはできないから，位相は最大で $(2n-3)(\pi/2)$ までしか変化できない．位相が $(2n-3)(\pi/2)$ になるまでの周波数領域で，ゲインが大きな値を保つような条件では，良い近似を達成することはできない．極端な場合であるが，すべての周波数で1のゲインを有する全域通過特性 (all-pass) の伝達関数は，そのハンケル特異値がすべて1であるから $n-1$ 次への低次元化における最大誤差は2となる．

### 2.2.7　離散時間システムのモデル低次元化

離散時間の安定な伝達関数は，次の双1次変換によって安定な連続時間の伝達関数を定めるために使うことができる．

$$G(s)=G_d\left(\frac{\alpha+s}{\alpha-s}\right) \tag{58}$$

ここで，$\alpha$ はスカラのパラメータである．この変換を用いれば，連続時間のモデル低次元化の方法によって離散時間の低次元モデルを得ることができる．はじめに離散時間の $G_d(z)$ に対して式 (58) の変換を行い，次に連続時間における何らかの方法によって $G(s)$ を低次元化して，モデル $G_r(s)$ を得る．最後に次の逆変換によって $G_r(s)$ を離散時間のモデルに変換すればよい．

$$G_{dr}(z)=G_r\left(\alpha\frac{z-s}{z+s}\right) \tag{59}$$

スカラパラメータ $\alpha$ を適切に選ぶための簡単な目安はない．

$G_d(z)$ と $G_{dr}(z)$ のハンケル特異値は，それぞれ $G(s)$ と $G_r(s)$ のハンケル特異値と等しい．上記の手順のなかで，特異摂動近似を平衡実現された連続時間系に適用した場合，誤差の上界 (48) は離散時間系でも成り立つ．しかし，連続時間系の近似に打ち切りを用いたときには，誤差の上界は保持されない．これは，離散時間系における平衡実現打ち切りは平衡実現された低次元モデルを与えないことから派生する．双1次変換にまつわる平衡実現されたシステムのモデル低次元化の関係のまとめを図2.3に示す．

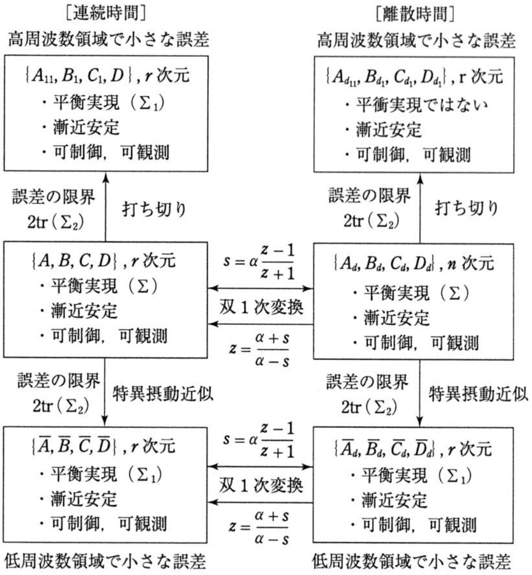

図2.3　平衡実現されたシステムのモデル低次元化法のまとめ

### 2.2.8　同定問題や有限インパルス応答モデル決定問題との関係

式誤差の2ノルムを最小化するモデル低次元化の方法を通して，離散時間系の同定問題や有限インパルス応答モデルとの関係をみていこう．次の低次元化モデルの状態方程式を考える．

$$\dot{x}_r=A_r x_r+B_r u \tag{60}$$

$x(t)$ を元のシステムの状態方程式とし，$L$ を $r\times n$ のフルランクな行列とする．誤差を $e(t)\triangleq Lx(t)-x_r(t)$ と定義すると

$$\dot{e}(t)=A_r e(t)+\tilde{e}(t) \tag{61}$$

が得られる．ここで，

$$\begin{aligned}\tilde{e}(t)&=(LA-A_rL)x(t)+(LB-B_r)u(t)\\&=L\dot{x}(t)-(A_rLx(t)+B_ru(t))\end{aligned} \tag{62}$$

であり，$\tilde{e}(t)$ は $Lx(t)$ を低次元モデルの方程式に代入した結果の式誤差となっている．これを次式で評価する．

$$J=\int_{\rho_1}^{\rho_2}\tilde{e}^T(t)\,\tilde{e}(t)\,dt \tag{63}$$

この評価を最小化する $A_r, B_r$ を求める問題は次の線形代数方程式を解く問題に帰着される ($x_r(\rho_1)=Lx(\rho_1)$ ととる)．

$$\begin{aligned}[A_r\ \ B_r]\begin{bmatrix}LW_xL^T & LW_{xu}\\ W_{xu}^TL^T & W_u\end{bmatrix}\\ =L[A\ \ B]\begin{bmatrix}L_xL^T & W_{xu}\\ W_{xu}^T & W_u\end{bmatrix}\end{aligned} \tag{64}$$

ここで，

$$W_x=\int_{\rho_1}^{\rho_2}x(t)\,x^T(t)\,dt$$

$$W_{xu}=\int_{\rho_1}^{\rho_2}x(t)\,u^T(t)\,dt$$

$$W_u=\int_{\rho_1}^{\rho_2}u(t)\,u^T(t)\,dt \qquad (65)$$

である．この解は，計算することは簡単であるが，入力と状態空間の座標の双方に依存することに注意する．伝達関数表現でも，ほぼ同じ意味の式誤差が定義でき，やはり線形代数方程式を解く問題に帰着する．すなわち，いずれも入力を与えれば，唯一解が容易に計算できる．この結果は，2.2.5 項で述べた加法的誤差のノルムを最小化する問題とは対照的である．また入力をインパルスやステップ関数で与えれば，それぞれ打ち切りモデルや特異摂動近似モデルが導出される．

同定問題では，実験からコンピュータに取り込んだ入出力データを用いることが多いため，離散時間のパルス伝達関数モデル（ARMA モデル）がよく用いられる．同定対象のシステムの次数があらかじめ知られている場合には，これらのモデル次数を決めると形が決まり，そこに入出力データを代入した式誤差（予測誤差ともよばれる）の 2 ノルムを最小化するようにモデルのパラメータを決定する方法が用いられてきた．この方法は，このままでは観測ノイズの存在下で不偏推定量を与えないため，いくつかの工夫がなされ，現在でも用いられているいくつかの方法の基礎を提供することとなった．モデル低次元化の場合には，元のシステムのパラメータが与えられるため，それを用いて低次元化モデルのパラメータ決定を行うことができる点が同定の場合とは大きく異なる．しかし，式誤差に基づくモデル低次元化の場合，式 (64), (65) をみるとわかるが，もし $\dot{x}(t)$ が観測可能であれば，低次元化モデルのパラメータは，元のシステムのパラメータが与えられなくても，これらの式から決定できる．状態変数の微分が観測できるという仮定は自然ではないが，離散時間系の場合にはこれは差分をとる操作になり，この不自然さは解消される．

以上の考察から，次のようなことを同定問題とのかかわりで述べることができる．モデル低次元化では，$\{A, L\}$ が可観測なペアである限り，パラメータ決定に使う閉区間 $[\rho_1, \rho_2]$ のデータに依存して，パラメータが変化する．入力の関数になるのであるから，$\rho_1$ を固定したとき，$\rho_2$ の関数となる．すなわち式 (64) から求められる低次元モデルは時変系となる．これを同定問題でいえば，対象システムの次数を低く見積もって同定モデルを設定してしまうと推定パラメータは使用するデータに依存して変化する．使用データを長くしていくとき，入力が持続的に変化するものである場合，観測ノイズがなくともパラメータの値は収束せず変化を続ける．これから，同定問題において対象システムの次数を低く見積もってしまった場合の挙動を低次元化モデルを用いて推定することが可能であることがわかる．

### 2.2.9 低次元コントローラの設計

線形時不変な制御対象に対して，複雑な線形コントローラよりも簡単な線形コントローラが好まれる．簡単なコントローラはハードウェアでの実現の困難さが低く，ソフトウェアでのバグの処理も簡単である．動作を簡単に理解することができるし，コンピュータでコントローラを実現するときに要求される条件が緩くなる．一方では，多くの制御対象は厳密には高い次数をもっている．したがって，制御しようとする対象の次数よりもかなり低い次数をもつコントローラを設計する方法が求められる．

広く使われている二つの解析的な制御系設計法である $H_2$(LQG) と $H_\infty$ 設計法は制御対象と同じか同程度の次数のコントローラを与えてしまう．次数の高い制御対象に対してどのようにして次数の低いコントローラを設計したらよいか検討しよう．方法は，大きく三つの方法に分けられる．図 2.4 に次数の低いコントローラを得る三つのパスを示す．

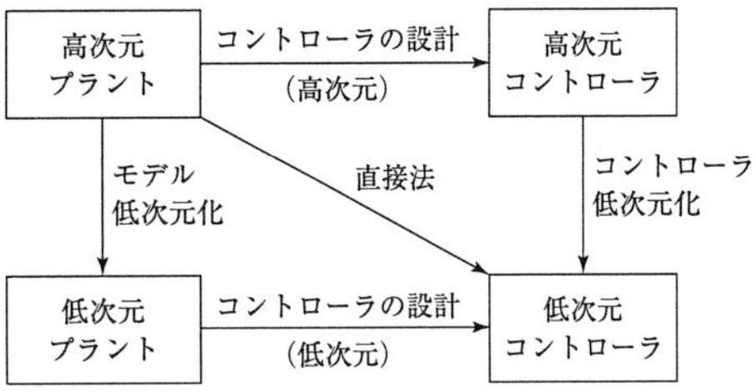


図 2.4　高次元制御対象に対する低次元コントローラ設計の方法

直接法では，最適化やほかの手続きによってコントローラのパラメータが直接計算される．この方法では，これに分類される多くの方法が最適化の必要条件のみに基づいて設計を進めることやあまり見通しのよくないパラメータ探索に帰着する場合が多く，適用が困難な場合が多いと思われる．また，$H_2$(LQG) や $H_\infty$ 設計法などの解析的な設計法を活用できない．

二つのタイプの間接法があるが，その一つは高次元のコントローラを最初に求め，それを低次元化するものであり，他の一つは高次元の制御対象を低次元のモデルで近似してから，その低次元化された制御対象に対して次数の低いコントローラを得る方法である．後者の方法では，低次元化のために生じた誤差に配慮してコントローラを設計しないと安定性を含めて性能が保証できない場合がある．このモデル化誤差に配慮して設計するのであれば，最初から制御対象を近似しない方がよいかもしれない．したがって，三つのパスのうちで高次元のコントローラを最初に求め，それを低次元化する方法が一般的には有利である．次項では，この方法を主に説明するが，高次元の制御対象を低次元のモデルで近似してから，その低次元化された制御対象に対して次数の低いコントローラを得る方法が有効に働くケースをみておこう．

2.2.2 項で示したモード打ち切りによって，制御対象 $\{A,B,C\}$ の近似モデル $\{A_r,B_r,C_r\}$ を得たとする．制御対象の近似モデルにおいて，その状態ベクトル $x_r(t)$ を入力 $u(t)$ に結び付けるフィードバックコントローラ $K_r(s)$ を何らかの方法で設計する（たとえば LQG コントローラ）．$x_r(t)=Lx(t)$ が成り立つから，元の制御対象に対して $Lx(t)$ を入力 $u(t)$ に結び付けるコントローラとして，この $K_r(s)$ 用いる（ペア $(A,L)$ は不可観測なので，$Lx(t)$ は出力 $y(t)$ には対応づけられないことに注意）．このとき元の制御対象は $Lx(t)$ から可観測ではないので，制御対象の低次元化によって捨てられたモードは，このフィードバックによって影響されない．

したがって，元の制御対象の閉ループ系は，低次元化された制御対象とこのコントローラからなる閉ループ系と低次元化によって捨てられたモードをもつサブシステム（閉ループを構成していないサブシステム）の 2 つからなる．最初に捨てたモードの影響が小さいとき（開ループでの近似誤差が小さいとき），閉ループにおいてもその影響は小さいので，この場合の制御対象の低次元化に基づく方法は，設計の見通しもよく有効な方法である．しかしながら，この方法は $Lx(t)$ をフィードバックするという制約のために一般性が低い．なぜなら $Lx(t)$ の観測のために，これが含むモードだけを取り出して観測する特別なセンサ（または特別なセンサ配置）が必要となるからである．

### 2.2.10　周波数重みつき近似問題とコントローラの低次元化

この項では，前項で示した理由から，制御対象の低次元化ではなくコントローラの低次元化を扱う．$G$ を線形時不変な制御対象の伝達関数とし，$K$ を高い次数の安定化コントローラの伝達関数としよう．$\hat{K}$を求めようとしている低次元コントローラとする．$K$ を $\hat{K}$ で置き換えた閉ループ系のブロック線図は図 2.5 となるが，これは図 2.6 のものと等価である．

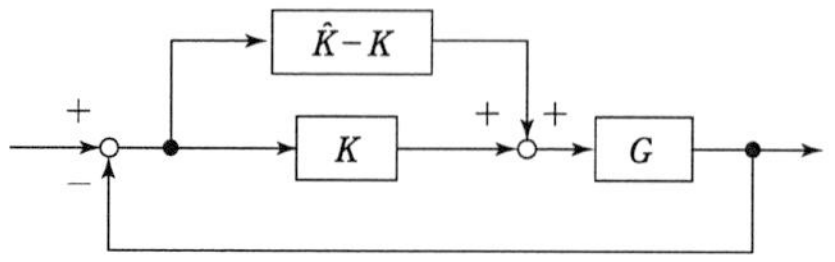


**図 2.5**　$K$ を $\hat{K}$ に置き換えるときの効果

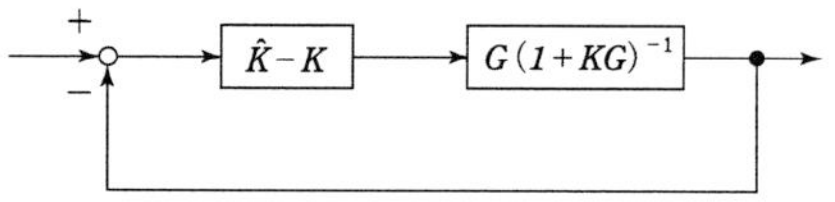


**図 2.6**　図 2.5 と等価なブロック線図

このブロック線図より，$\hat{K}$が安定化コントローラであるための十分条件を次のように得ることができる．

① $K$ と $\hat{K}$ は同じ数の極を複素開右半面にもち，かつ $K-\hat{K}$ は虚軸上で有界である．

② 次の式のどちらかが成り立つこと．

$$\|(K-\hat{K})G(I+KG)^{-1}\|_\infty<1 \tag{66}$$

$$\|(I+KG)^{-1}G(K-\hat{K})\|_\infty<1 \tag{67}$$

この結果は次のような最小化問題を示唆する．「条件①を満たし，式 (66) か (67) の左辺を最小にする $\hat{K}$ を求めよ．」これは，重み $G(I+KG)^{-1}=(I+KG)^{-1}G$ が周波数重みとして導入されたことを除くと先の項で取り扱った $H_\infty$ の問題と同じである．

この重みの導入は，$\hat{K}$ をある周波数域で他の周波数域よりもよく近似することが重要であることを示している．$|G|$ が小さいか $|K|$ が大きい周波数域でこの周波数重みは小さくなり，また $GK$ のゲインが 1 となる交差周波数に近づくほど大きくなる．閉ループの帯域幅が開ループの帯域幅を超えて大きくなることがない場合には，このようになる傾向がある．したがって，交差周波数付近でコントローラをよく近似することが大切である．

$K$ と $\hat{K}$ をもつ閉ループ伝達関数の間の差を考えると近似的に次式が成り立つ．

$$\begin{aligned}&GK(I+KG)^{-1}-G\hat{K}(I+G\hat{K})^{-1}\\&\quad\cong(I+KG)^{-1}G(K-\hat{K})(I+KG)^{-1}\end{aligned} \tag{68}$$

これは次のような近似問題を示唆する．

① $K$ と $\hat{K}$ は同じ数の極を複素右開半面にもち，かつ $\hat{K}$ は虚軸上で有界である．

② 次の評価を最小化する．

$$J=\|(I+KG)^{-1}G(K-\hat{K})(I+KG)^{-1}\|_\infty \tag{69}$$

式 (66) の左辺と式 (69) を比べると，後者は両側からの周波数重みであり，高いループゲインの周波数域で小さな値をとる重みとなっている．

目標値と加法的な外乱をもつ閉ループ系で，周波数重みについて考察しよう．これらの信号を合わせたものがコントローラの入力に現れる．これを $q$ としよう．外部から入る信号がそのパワースペクトルで特徴づけられるなら，コントローラの入力信号のパワースペクトルを計算できる．コントローラ $K$ の近似 $\hat{K}$ がよい近似であるために，実際の動作でよく現れる周波数域でもっともよい近似を与えるようにすることは理にかなっている．したがって，このような条件では，$q$ のパワースペクトル $\varphi_{qq}(j\omega)$ からその安定な最小位相のスペクトル因子 $V(VV^*=\varphi_{qq}(j\omega))$ を求め，それをコントローラの入力側の周波数重みに取り，次の評価を小さくする近似問題を考えればよい．すなわち「$K$ と $\hat{K}$ は同じ数の極を複素右開半面にもち，かつ $K-\hat{K}$ は虚軸上で有界である．$\hat{K}$ は $\|(K-\hat{K})V\|_\infty$ を最小化する．」

### 2.2.11 コントローラの低次元化の方法

周波数重みがない場合でも，$H_\infty$ ノルムを最小化する近似モデルを求めることは難しい．そこで，最小値に近づくような準最適解を与える方法が提案されてきた．比較的計算が簡単な平衡実現打ち切りと解析的な解を求めることができる離散時間の FIR コントローラについてだけその方法を本項で与える．

ここで考える問題は，$K$ と $\hat{K}$ は複素開右半面に同じ数の極をもち，$K-\hat{K}$ は虚軸上で有界であるという条件のもとで，高い次数の $K$ を近似する指定された次数のコントローラ $\hat{K}$ を求めることである．ここでは，評価として $\|(K-\hat{K})V\|_\infty$ を用いることとし，重み $V$ のすべての極は複素開左半面に存在すると仮定する（前項で導入した重みのほとんどがこの性質をもつと考えられる）．すべての極が開左半面にある伝達関数行列とすべての極が閉右半面にある伝達関数行列の和で表された $K$ に対し，その不安定部分は単に $\hat{K}$ のなかにコピーし（これにはモード打ち切りの方法が適用できる），$K$ の安定部分を近似することによって $\hat{K}$ を決めることとする．さらに，$K$ が直達成分をもつなら，それも $\hat{K}$ にコピーする．このように考えれば，一般性を失うことなく $K$ は厳密にプロパであると仮定できる．$K$ と $V$ の実現はそれぞれ $\{A,B,C,0\}$，$\{A_v,B_v,C_v,D_v\}$ で与えられるとする．この二つの直列結合系の実現は

$$\{\bar{A},\bar{B},\bar{C},0\}\triangleq\left\{\begin{bmatrix}A & BC_v\\ 0 & A_v\end{bmatrix},\begin{bmatrix}BD_v\\ B_v\end{bmatrix},[C\ \ 0],0\right\}$$

で与えられる．この直列結合系の可制御グラミアンを $\bar{P}$ とすれば，

$$\bar{A}\bar{P}+\bar{P}\bar{A}^T+\bar{B}\bar{B}^T=0 \tag{70}$$

であり，$\bar{P}$ の左上のブロックを $P$ と書く．さらに，$\bar{Q}$ を同じシステム $\{\bar{A},\bar{B},\bar{C},0\}$ の可観測グラミアンとし，その左上のブロックを $Q$ と書く．$\bar{A}$ と $\bar{C}$ の構造から $Q$ は次式によって与えられる．

$$QA+A^TQ+C^TC=0 \tag{71}$$

$P$ と $Q$ が等しく，かつ対角行列となるように高次元のコントローラ $\{A,B,C\}$ に対し状態変数の座標変換を行う．これは平衡実現することであるから，重みがない場合と同様に行うことができる．異なる点は，可制御グラミアンが違うリアプノフ方程式から計算されることだけである．重みのパラメータ $\{A_v,B_v,C_v\}$ はこの座標変換に対して不変であることに注意する．この方法によって得られた低次元コントローラは，式(71) より漸近安定になることが示せる（この方法を両側に周波数重みがある場合に拡張できるが，低次元コントローラの安定性は保証できない）．

離散時間系において，有限インパルス応答（finite impulse response）で表される伝達関数は，数値的特性のよさと実装の容易さから広く使用されている．無限インパルス応答（infinite impulse response）の伝達関数を FIR 伝達関数で近似することはモデル低次元化の一種である．ここでは，コントローラの低次元化のために周波数重みを導入した 2 ノルムに着目する方法を示そう．次の問題を考える（簡単のため 1 入力 1 出力系を扱う）．

$$\min_{\hat{k}}\|W(z)(K(z)-\hat{K}(z))\|_2 \tag{72}$$

ここで，$W(z)$ は周波数重みである．$K(z)$ は近似されるIIR コントローラであり，$\hat{k}$ は FIR コントローラ $\hat{K}(z)$ の係数ベクトルとする．すなわち，

$$\hat{G}(z)=k_0+k_1z^{-1}+k_2z^{-2}+\cdots+k_{r-1}z^{-r+1}$$
$$\hat{k}=[k_0,k_1,k_2,\cdots,k_{r-1}]^T \tag{73}$$

$W(z)$ と $K(z)$ がともに漸近安定であれば，この問題は解けて，その解は次の線形方程式によって与えられる．

$$\begin{bmatrix}\varphi_0 & \cdots & \varphi_{r-1}\\ \vdots & \ddots & \vdots\\ \varphi_{r-1} & \cdots & \varphi_0\end{bmatrix}\begin{bmatrix}k_0\\ \vdots\\ k_{r-1}\end{bmatrix}=\begin{bmatrix}\gamma_0\\ \vdots\\ \gamma_{r-1}\end{bmatrix} \tag{74}$$

ここで，

$$\varphi_i=\sum_{j=0}^{\infty}w_jw_{j+i},\quad \gamma_i=\sum_{j=0}^{\infty}m_{j+i}w_j,$$
$$i=0,1,\cdots,r-1 \tag{75}$$

であり，$m_i$ は $W(z)K(z)$ のインパルス応答系列で

あり，$w_i$ は $W(z)$ のインパルス応答系列である．$\varphi_i$ と $\gamma_i$ は離散時間のリアプノフ方程式を解くことによって得られるので，この解はすべて線形の演算で行うことができる．　［大日方五郎］

## 参考文献

1) 大日方五郎，B. アンダーソン (1999)：制御システム設計：コントローラの低次元化，朝倉書店．(英語版：G. Obinata, B. O. O. Anderson (2001)：Model Reduction for Control System Design, Springer)

# 3

# 古典制御

## 3.1 数学的基礎：ラプラス変換

古典制御を理解するうえで大切な数学的知識の一つはラプラス変換（Laplace transform）である．ラプラス変換は，線形システムのダイナミクスを記述するときに表れる線形定係数常微分方程式（ordinary linear differential equation with constant coefficients）

$$a_n \frac{d^n y(t)}{dt^n} + a_{n-1} \frac{d^{n-1} y(t)}{dt^{n-1}} + \cdots + a_1 \frac{dy(t)}{dt} + a_0 y(t) = b_m \frac{d^m u(t)}{dt^m} + b_{m-1} \frac{d^{m-1} u(t)}{dt^{m-1}} + \cdots + b_1 \frac{du(t)}{dt} + a_0 u(t) \quad (1)$$

の初期値問題を解く場合に有用なツールである．

ラプラス変換は，以下のように定義される．

**［定義］** 時間 $t \geq 0$ で定義された関数 $f(t)$ に対して，

$$F(s) \equiv \int_0^\infty f(t) e^{-st} dt \quad (s：複素数) \quad (2)$$

によって複素関数 $F(s)$ に変換することをラプラス変換という．また，$F(s) = \mathcal{L}[f(t)]$ と略記する．

逆に $F(s)$ から $f(t)$ への変換は

$$f(t) \equiv \frac{1}{2\pi j} \int_{c-j\infty}^{c+j\infty} F(s) e^{st} ds \quad (c：適当な実数) \quad (3)$$

で行われ，これをラプラス逆変換とよぶ．しかしながら，実際にこの積分を計算して逆変換を求めることはほとんどなく，第1章表1.1に示すようなラプラス変換表（table of Laplace transform pairs）を利用して求めることが多い．

制御工学で重要となるラプラス変換の公式を以下にまとめる（証明は略する）．

① 線形性（linearity）

$$\mathcal{L}[af(t) + bg(t)] = aF(s) + bG(s) \quad (4)$$

② 微分（derivative）の公式

$$\mathcal{L}\left[\frac{d(f(t))}{dt}\right] = sF(s) - f(0) \quad (5)$$

一般の自然数 $n$ に対して次式が成立する．

$$\mathcal{L}[f^{(n)}(t)] = s^n F(s) - s^{n-1} f(0) - s^{n-2} f(0) - \cdots - f^{(n-1)} \quad (6)$$

③ 積分（integral）の公式

$$\mathcal{L}\left[\int_0^t f(t)\, dt\right] = \frac{1}{s} F(s) \quad (7)$$

④ 第1移動定理（$s$ 領域での推移）

$$\mathcal{L}\left[e^{at} f(t)\right] = F(s-a) \quad (8)$$

⑤ 第2移動定理（$t$ 領域での推移）

$$\mathcal{L}[f(t-a)] = e^{-as} F(s) \quad (9)$$

⑥ 最終値の定理（final-value theorem）

$$\lim_{t \to \infty} f(t) = \lim_{t \to 0} sE(s) \quad (10)$$

ただし，$sF(s)$ の分母多項式を0とする根の実部が負の場合にだけ，適用できる．

⑦ たたみ込み積分（convolution integral）の公式

$$\mathcal{L}\left[\int_0^t f(t-\tau) g(\tau)\, d\tau\right] = \mathcal{L}\left[\int_0^t f(\tau) g(t-\tau)\, d\tau\right] = F(s)G(s) \quad (11)$$

## 3.2 伝達関数

### 3.2.1 伝達関数とは

式 (1) で表される線形システムの入出力特性を表現するには，伝達関数（transfer function）を用いるのが便利である．伝達関数は，以下のように定義される．

**［定義］** 線形ダイナミカルシステムにおいて，すべての初期値を0としたときの出力のラプラス変換と入力のラプラス変換の比（$Y(s)/U(s)$）を伝達関数という．すなわち，伝達関数を $G(s)$ と表すと，以下の式で与えられる．

$$G(s) = \frac{b_m s^m + b_{m-1} s^{m-1} + \cdots b_1 s + b_0}{a_n s^n + a_{n-1} s^{n-1} + \cdots a_1 s + a_0} \quad (12)$$

伝達関数を用いると，入力と出力との関係は，次式のように表される．

$$Y(s)=G(s)U(s) \tag{13}$$

これを視覚的に表したのがブロック線図（block diagram）である（3.3節参照）.

また，伝達関数の分母多項式と分子多項式をそれぞれ

$$N(s)=b_m s^m+b_{m-1}s^{m-1}+\cdots+b_1 s+b_0 \tag{14}$$

$$D(s)=a_n s^n+a_{n-1}s^{n-1}+\cdots+a_1 s+a_0 \tag{15}$$

とおいて，伝達関数を

$$G(s)=\frac{N(s)}{D(s)} \tag{16}$$

と表すこともできる.

制御で対象とするほとんどの実システムでは，分母多項式の次数 $n$ が分子多項式の次数 $m$ より大きいかまたは等しい（$n \geq m$）. このような伝達関数をプロパ（proper）という. とくに $n>m$ の場合には，強プロパ（strictly proper）という.

### 3.2.2 極と零点

伝達関数が式（12）のように表されているとする. 伝達関数の極（pole）は，

$$D(s)=a_n s^n+a_{n-1}s^{n-1}+\cdots+a_1 s+a_0=0 \tag{17}$$

の根である. 式（17）を伝達関数の特性方程式，その右辺を特性多項式という.

伝達関数の零点（zero）は，

$$N(s)=b_m s^m+b_{m-1}s^{m-1}+\cdots+b_1 s+b_0=0 \tag{18}$$

の根である.

すべての極の実部が負であるシステム（安定なシステム）で，複素右半平面に零点（不安定零点）をもたないシステムを最小位相系（minimum phase system）とよぶ. 逆に，不安定零点をもつシステムを非最小位相系（non-minimum phase system）とよぶ.

### 3.2.3 基本回路（システム）の伝達関数

① RC回路（1）（図3.1）

$$\frac{E_o(s)}{E_i(s)}=\frac{1}{RCs+1} \tag{19}$$

伝達関数が式（19）のような形で与えられるシステムを1次系（first order system）または1次遅れ系とよび，その一般的な形は次のように表される.

$$G(s)=\frac{K}{Ts+1} \tag{20}$$

ここで，$T$ は時定数（time constant），$K$ は（直流）ゲイン（(DC) gain）である.

② RC回路（2）（図3.2）

$$\frac{E_o(s)}{E_i(s)}=\frac{RCs}{RCs+1} \tag{21}$$

③ LRC回路（図3.3）

$$\frac{E_o(s)}{E_i(s)}=\frac{1}{LCs^2+RCs+1} \tag{22}$$

④ ばね・マス・ダンパ系（1）（図3.4）

$$\frac{X(s)}{F(s)}=\frac{1}{ms^2+cs+k} \tag{23}$$

伝達関数が式（22），(23)のような形で与えられるシステムを2次系（second order system）または2次遅

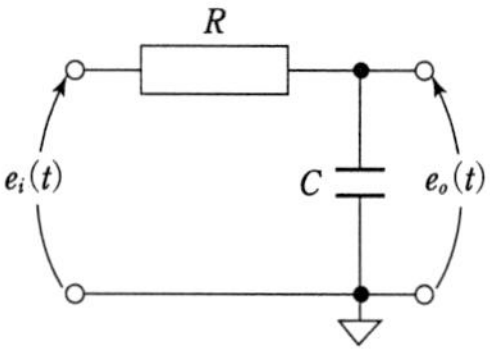


図3.1　RC回路（1）

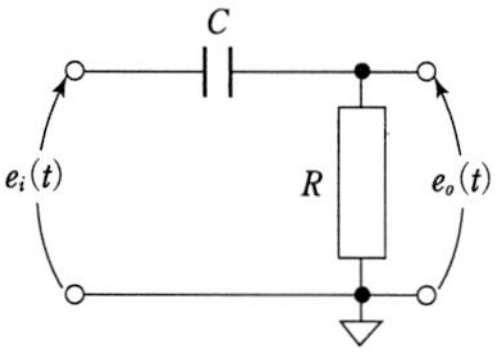


図3.2　RC回路（2）

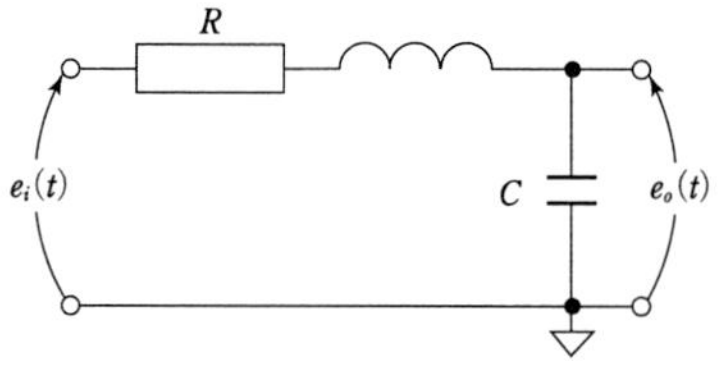


図3.3　LRC回路

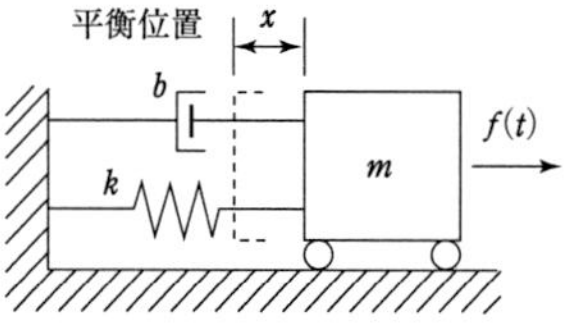


図3.4　ばね・マス・ダンパ系（1）

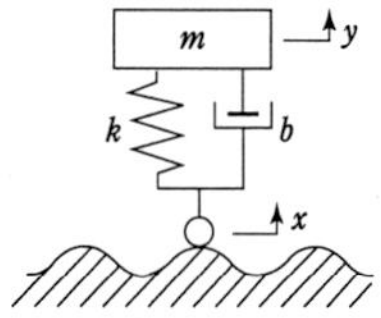


図3.5　ばね・マス・ダンパ系（2）：サスペンションモデル

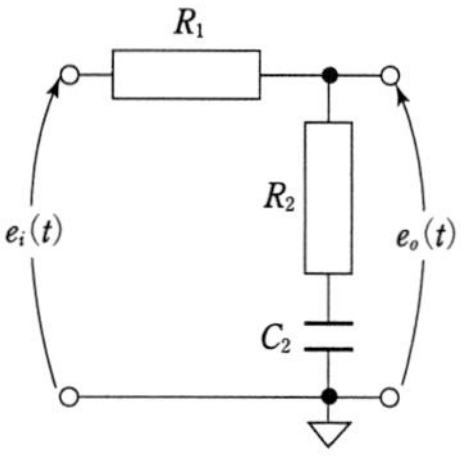


図3.6　位相遅れ回路

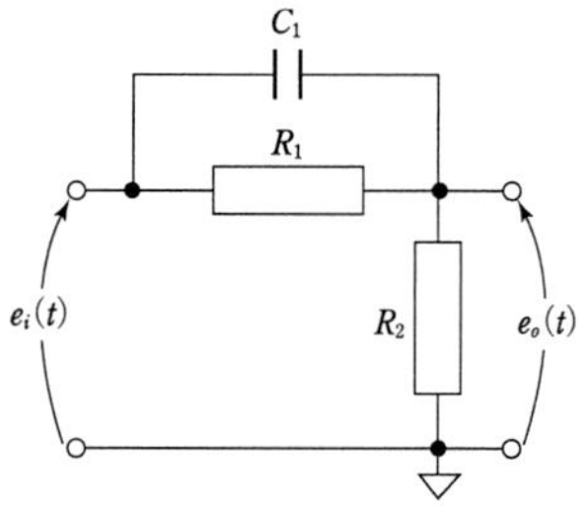


図3.7　位相進み回路

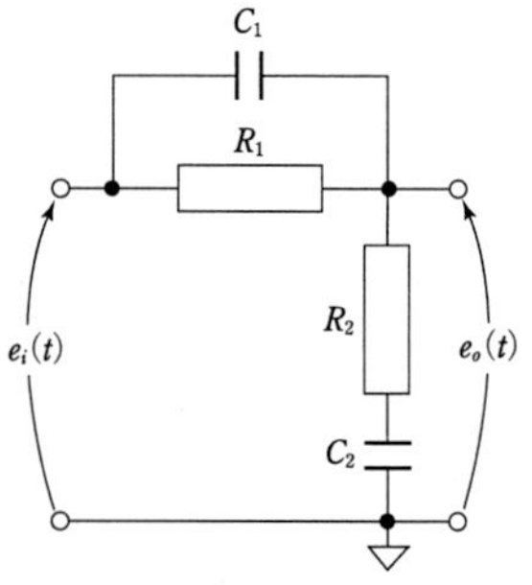


図3.8　位相進み・遅れ回路

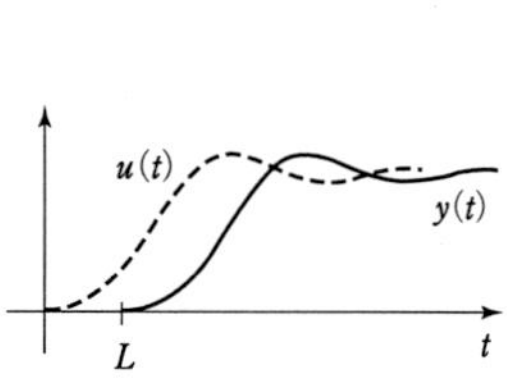


図3.9　むだ時間要素

れ系とよび，その一般的な形は次のように表される．

$$G(s)=\frac{K}{s^2+2\xi\omega_n s+\omega_n^2} \tag{24}$$

ここで，$\omega_n$ は自然角周波数（natural angular frequency），$\xi$ は減衰係数（damping factor）である．

⑤ ばね・マス・ダンパ系（2）：サスペンションの基本モデル（図 3.5）

$$\frac{Y(s)}{X(s)}=\frac{cs+k}{ms^2+cs+k}=\frac{2\xi\omega_n s+\omega_n^2}{s^2+2\xi\omega_n s+a_n^2} \tag{25}$$

⑥ 位相遅れ回路（図 3.6）

$$\frac{E_o(s)}{E_i(s)}=\frac{R_2C_2s+1}{(R_1+R_2)C_2s+1}=\frac{T_2s+1}{\dfrac{T_2}{n}s+1} \tag{26}$$

$$T_2=R_2C_2,\quad n=\frac{R_2}{R_1+R_2}$$

⑦ 位相進み回路（図 3.7）

$$\frac{E_o(s)}{E_i(s)}=\frac{R_2(R_1C_1s+1)}{R_1+R_2(R_1C_1s+1)}=n\frac{T_1s+1}{nT_1s+1} \tag{27}$$

$$T_a=R_aC_a,\quad n=\frac{R_b}{R_a+R_b}$$

⑧ 位相進み・遅れ回路（図 3.8）

$$\frac{E_o(s)}{E_i(s)}=\frac{(R_1C_1s+1)(R_2C_2s+1)}{(R_1C_1s+1)(R_2C_2s+1)+R_1C_2s}=\frac{(T_1s+1)(T_2s+1)}{(nT_1s+1)\left(\dfrac{T_2}{n}s+1\right)} \tag{28}$$

$$T_1=R_1C_1,\quad T_2=R_2C_2,$$

$$n:(n-1)\left(T_1-\frac{T_2}{n}\right)=R_1C_2\ \text{の根}$$

⑨ むだ時間要素（図 3.9）

$$y(t)=u(t-L)\quad (L>0)$$

$$\frac{Y(s)}{U(s)}=e^{-sL} \tag{29}$$

## 3.3　ブロック線図

### 3.3.1　ブロック線図の構成要素

一般に，制御系は，さまざまな要素から構成されている．それらの関係を図式的に表現する方法の一つとして，ブロック線図（block diagram）がある．ブロック線図は，以下の基本要素を組み合わせて描かれる．

**a．ブロックと信号**

図 3.10（a）にもっとも基本的なものを示す．

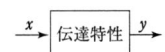

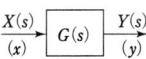

（a）基本的な表示　（b）線形時不変システムの場合

図 3.10　ブロック線図

① ブロック：矩形で囲まれた部分，矩形の中に伝達特性を示す．

② 入力（$x$）：ブロックへの矢印（→）．

③ 出力（$y$）：ブロックから出る矢印（→）．

ブロック線図では，信号の流れを矢印のついた線分 → で示し，その信号経路を線分で，伝達方向を矢印の向きで表す．また，信号の名称を線分の上側（あるいは下側）に付記することが多い．

線形時不変システムの場合には，伝達特性は伝達関数で決まるので，図 3.10（b）のようにブロックの中を伝達関数とすることが多い．この場合，信号にはラプラス変換された形（$X(s)$, $Y(s)$）という名称を付した方が式（13）の関係を忠実に表してることになるが，元の変数（$x, y$）を付しておくことも多い．

**b．加　算**

図 3.11（a）は，二つの信号 $x$，$y$ が加算され，その結果が $z$ であることを表している．すなわち，次の関係が成立する．

$$z=x+y \tag{30}$$

また，図 3.11（b）のように，加算点への矢印の先に－符号がつく場合，その信号の符号が変わる．

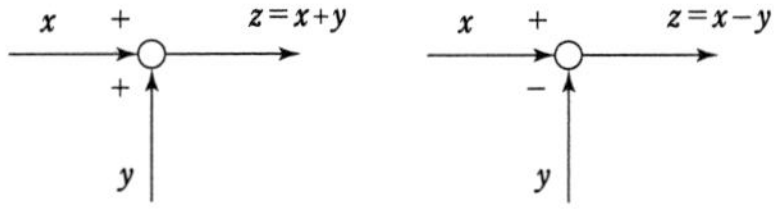


（a）基本　（b）符号が変わる場合（二つの信号の差）

図 3.11　加算点

**c．分　岐**

図 3.12 は，一つの信号が 2 方向に分岐することを表している．

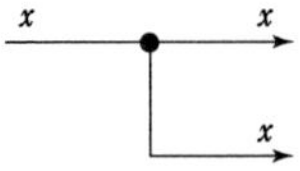


図 3.12　分岐点

### 3.3.2　ブロック線図の基本接続

**a．直 列 接 続**

図 3.13 は二つのブロックが直列に接続された場合を表している．それぞれの伝達関数を $G_1(s)$，$G_2(s)$ とすると，図 3.13（a）は一つの伝達関数 $G_2(s)G_1(s)$ をもつ図 3.13（b）と等価である．

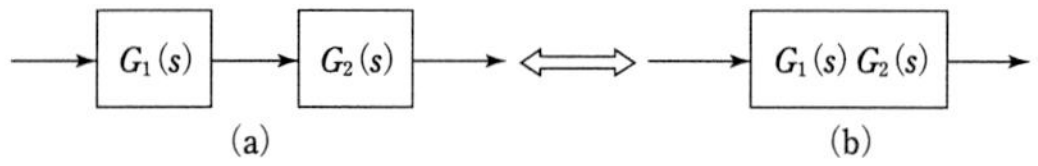


図 3.13　直列接続

## b．並列接続

図 3.14 は，二つのブロックが並列に接続された場合を表している．それぞれの伝達関数を $G_1(s)$，$G_2(s)$ とすると，図 3.14(a) は一つの伝達関数 $G_1(s)+G_2(s)$ をもつ図 3.14(b) と等価である．

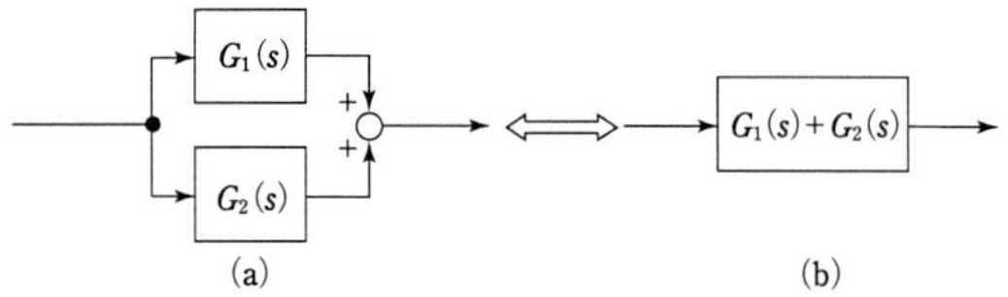


図 3.14　並列接続

## c．フィードバック接続

図 3.15 に示されるようなブロックの接続をフィードバック接続という．とくに加算点において，一方の符号がマイナス（−）のときをネガティブフィードバック（negative feedback；負帰還），プラス（+）のときをポジティブフィードバック（positive feedback；正帰還）とよぶ．制御でよく用いられるのは，ネガティブフィードバックである．図 3.15(a) は，一つの伝達関数

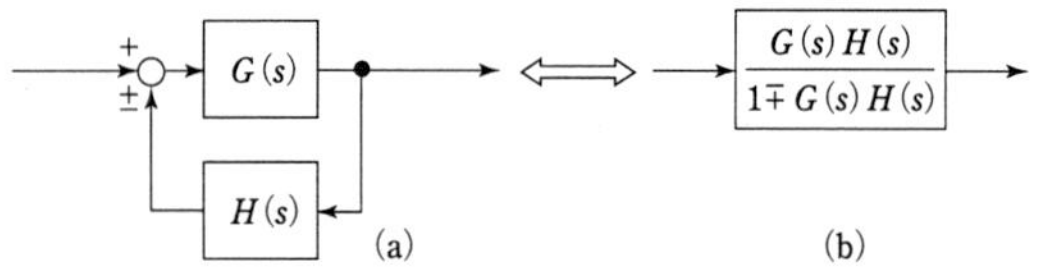


図 3.15　フィードバック接続

$$\frac{G(s)H(s)}{1\mp G(s)H(s)} \tag{31}$$

をもつ図 3.14(b) と等価である．ここでは，複合同順に注意すること．すなわち (a) ではプラス・マイナス（±）となっているのに対し，(b) ではマイナス・プラス（∓）となっている．

### 3.3.3　等価変換

ブロックが多数あるような複雑な構造のブロック線図は，表 3.1 に示すような等価変換を利用すると，簡単化できる場合がある．たとえば，図 3.16(a) のブロック線図は，(b)〜(e) を経て，最終的には (f) のように一つのブロックをもつ線図にまとめられる．

表 3.1　ブロック線図の等価変換

| 等価変換 | 変換前 | 変換後 |
|---|---|---|
| 加算点の移動 (1) | 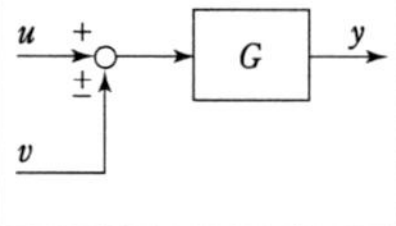 | 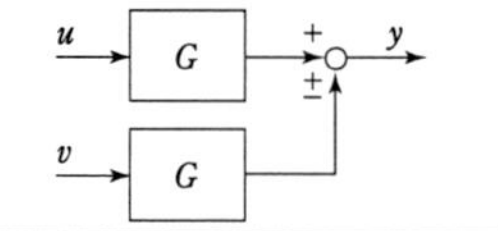 |
| 加算点の移動 (2) | 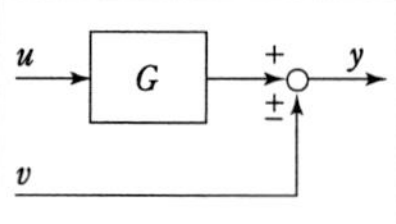 | 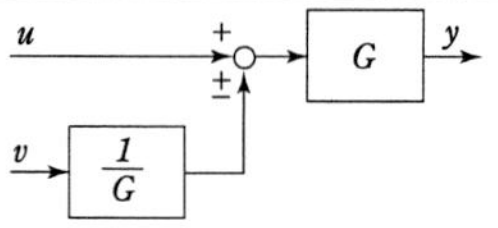 |
| 分岐点の移動 (1) | 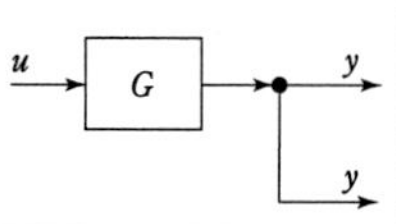 | 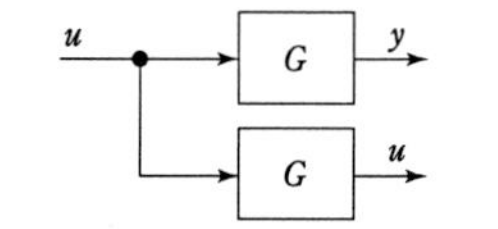 |
| 分岐点の移動 (2) | 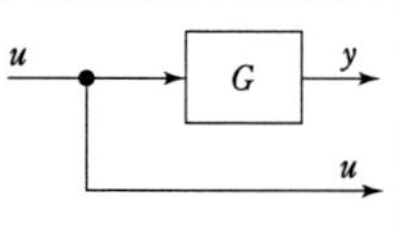 | 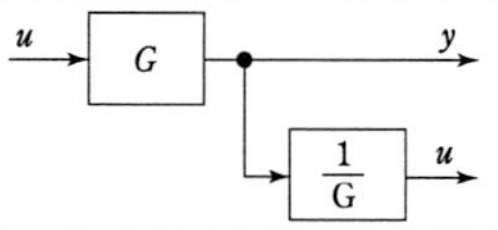 |

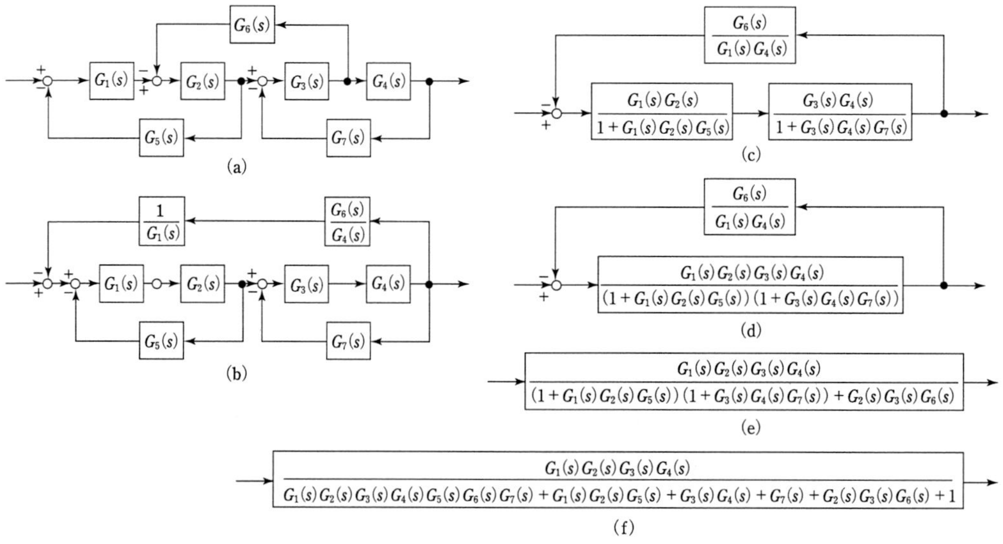


図 3.16　ブロック線図の等価変換の例

### 3.3.4 負荷効果

図3.17に示すように，二つの要素を縦続接続したとする．3.3.2.a項では，Aの信号伝達特性は，Bを接続してもまったく変わらないとしてきた．しかし，実際には，Bの接続によって，Aの特性が変わることがある．

図3.17 負荷効果

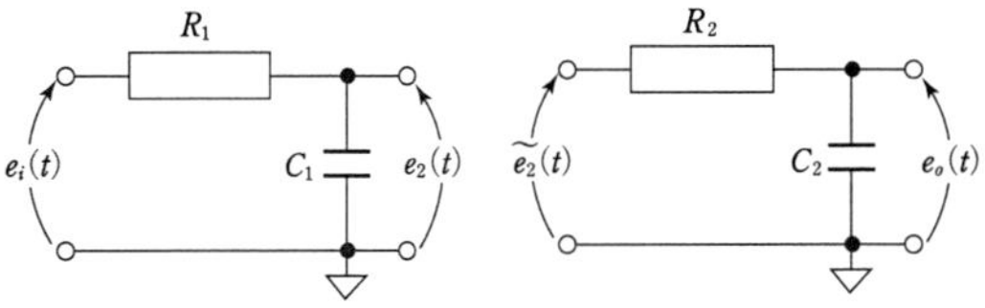


図3.18 負荷効果の例

図3.18のRC回路は，その一例である．後段のRC回路を接続する前の伝達特性は，

$$E_2(s) = \frac{1}{R_1C_1s+1}E_1(s) \tag{32}$$

となる．接続後は，コンデンサ $C_1$ と並列に $R_2$•$C_2$ からなるRC回路が接続されたことになるので，

$$\tilde{E}_2(s) = \frac{R_2C_2s+1}{(R_1C_1s+1)(R_2C_2s+1)-R_2C_1s}E_i(s) \tag{33}$$

と変化する．したがって，接続した回路の伝達特性は

$$\frac{E_o(s)}{E_i(s)} = \frac{1}{(R_1C_1s+1)(R_2C_2s+1)-R_2C_1s} \neq \frac{1}{R_1C_1s+1}\,\frac{1}{R_2C_2s+1} \tag{34}$$

となる（二つの伝達関数の単純な積とはならないことに注意）．

このように，出力に他の要素を接続することによって，その要素の信号伝達特性が変化することは，負荷効果（load effect）とよばれている．たくさんの要素を接続して一つのシステムを構成するときには，注意しなければならない．

## 3.4 インパルス応答とステップ応答

システムの入出力特性を調べる方法として，ステップ応答，インパルス応答と，後節で述べる周波数応答がよく用いられる．

### 3.4.1 インパルス応答

システムの初期状態をとして，入力を単位インパルス関数（ディラックのデルタ関数）としたときのシステムの応答をインパルス応答とよぶ．単位インパルス関数のラプラス変換は1である（表1.1参照）ので，インパルス応答は

$$y(t) = \mathcal{L}^{-1}[G(s)] \tag{35}$$

と表される．すなわち，伝達関数 $G(s)$ のラプラス逆変換を $g(t)$ とすると，インパルス応答は $g(t)$ となる．

インパルス応答がわかると，任意の入力 $u(t)$ に対する応答は，次式のたたみ込み積分で計算できる．

$$y(t) = \int_0^t g(t-\tau)u(\tau)\,d\tau = \int_0^t g(\tau)u(t-\tau)\,d\tau \tag{36}$$

この式自体は，$Y(s)=G(s)U(s)$ をラプラス逆変換することによって導出することもできる（式（11）参照）．

1次系および2次系のインパルス応答を図3.19，3.20に示す．

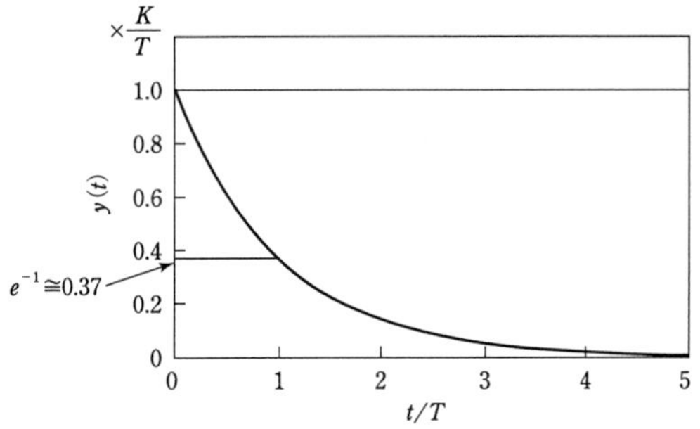


図3.19 1次系のインパルス応答

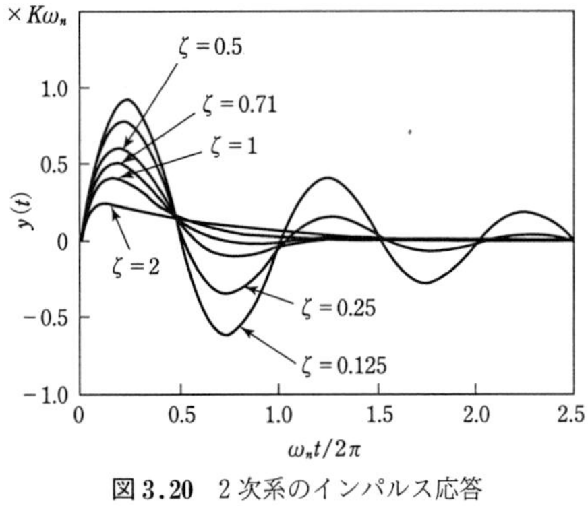


図3.20 2次系のインパルス応答

### 3.4.2 ステップ応答

システムの初期状態が0のとき，入力を単位ステップ関数としたときの応答をステップ応答とよぶ．単位ステップ関数のラプラス変換は $1/s$ であるので，ス

テップ応答は

$$y(t)=\mathcal{L}^{-1}\left[G(s)\frac{1}{s}\right] \tag{37}$$

で与えられる．あるいは，式 (11) を利用すると

$$y(t)=\int_0^t g(\tau)\,d\tau \tag{38}$$

と求めることができる．

1次系および2次系のステップ応答を図3.21，図3.22に示す．

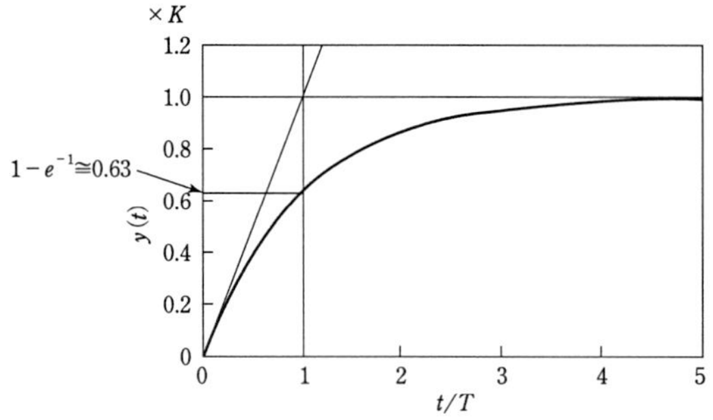


図3.21　1次系のステップ応答

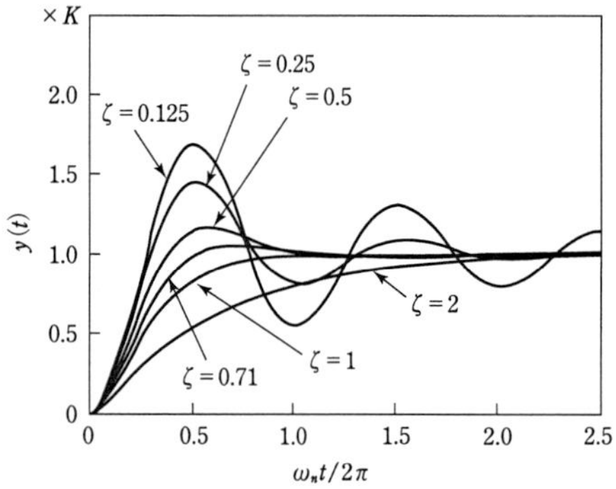


図3.22　2次系のステップ応答

### 3.4.3　極と過渡応答

システムの伝達関数 $G(s)$ が実極 $-\alpha_i (i=1,\cdots,M)$ および共役複素極 $-\sigma_i\pm\omega_i (i=1,\cdots,N)$ をもち，簡単のため，これらが互いに異なっているとすると，このときのステップ応答は次式のように表すことができる．

$$\begin{aligned}Y(s)&=G(s)\frac{1}{s}\\&=\frac{N(s)}{s\left[\prod_{i=1}^{M}(s+\alpha_i)\right]\left[\prod_{i=1}^{N}\{(s+\sigma_i)^2+\sigma_i^2\}\right]}\\&=\frac{A_0}{s}+\sum_{i=1}^{M}\frac{A_1}{s+\alpha_i}+\sum_{i=1}^{N}\frac{B_i(s+\sigma_i)+C_i\omega_i}{(s+\sigma_i)^2+\omega_i^2}\end{aligned} \tag{39}$$

このときステップ応答は，次式のように得られる．

$$\begin{aligned}y(t)&=A_0+\sum_{i=1}^{M}A_ie^{-\sigma_it}\\&\quad+\sum_{i=1}^{N}e^{-\sigma_it}(B_i\cos\omega_it+C_i\sin\omega_it)\\&=A_0+\sum_{i=1}^{M}A_ie^{-\alpha_it}+\sum_{i=1}^{N}D_ie^{-\sigma_it}\sin(\omega_it+\theta_i)\end{aligned} \tag{40}$$

ただし，$D_i=\sqrt{B_i^2+C_i^2}$，$\theta_i=\tan^{-1}\left(\dfrac{B_i}{C_i}\right)$ である．

式 (40) の右辺第1項はステップ入力の極 ($s=0$) に対するインパルス応答，第2項以降は $G(s)$ の各極に対応するインパルス応答であり，これらの線形和としてステップ応答が表されることがわかる．図3.23に極の位置と対応するインパルス応答の概略図を示す（図では，$\theta_i=0$ としている）．極の実部の大きさで収束または発散の速さが定まり，虚部の大きさで振動周期が決まる．

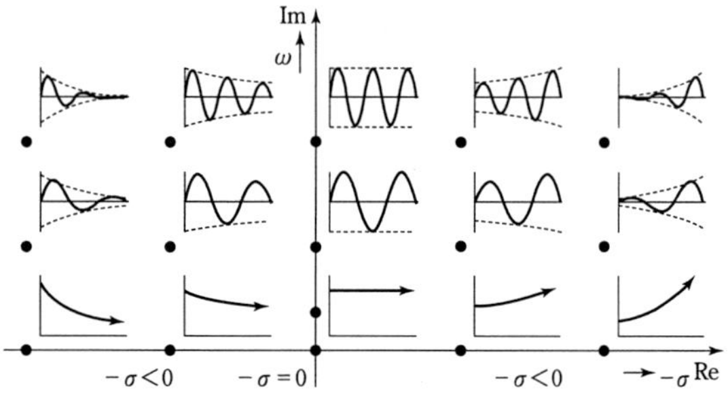


図3.23　極とインパルス応答（−σ：極の実部）

## 3.5　安定性と安定判別法

### 3.5.1　安　定　性

システムの安定性についてはさまざまな定義があるが，ここでは，有界入力有界出力安定 (bounded-input bounded-output stability) と，線形時不変システムにおけるその必要十分条件について説明する．

あるシステムにおいて，有界な大きさの任意入力 ($|u(t)|<\infty$) に対して，その出力がやはり有界 ($|y(t)|<\infty$) であるとき，このシステムを安定 (stable) とよぶ．また，安定でないシステムを不安定である (unstable) という．システムが線形時不変システムであるとき，システムが安定であることと，以下は等価である．

① 伝達関数の極がすべて複素左半平面に存在する．
② ステップ応答が一定値に収束する．
③ $t\geq0$ において入力を0とすると，出力は0に収束する．

これらの等価性は，図3.23に示した極とインパルス応答の関係から，ある程度予測できる．

システムの伝達関数 $G(s)$ が式 (12) のように表されているとき，条件①が成立するためには

・すべての係数 $a_n, a_{n-1}, \cdots, a_0$ が同符号

という条件が必要となることは簡単に示すことができる．しかし，この条件は，$n$ が 3 以上の場合，必要条件であるが十分条件ではない．必要十分条件は，ラウス (Routh) およびフルビッツ (Hurwitz) の安定判別法で与えられる．

### 3.5.2 ラウスの安定判別法

次のような特性方程式を考える

$$D(s) = a_n s^n + a_{n-1} s^{n-1} + \cdots + a_1 s + a_0 = 0 \quad (a_n > 0) \tag{41}$$

特性多項式の係数から，以下のようなラウス表 (Routh table) を作成する．

| | | | | |
|---|---|---|---|---|
| $s^n$ | $R_{11}$ | $R_{12}$ | $R_{13}$ | $R_{14}$ |
| $s^{n-1}$ | $R_{21}$ | $R_{22}$ | $R_{23}$ | $R_{24}$ |
| $s^{n-2}$ | $R_{31}$ | $R_{32}$ | $R_{33}$ | |
| $\vdots$ | $\vdots$ | | | |
| $s^1$ | $R_{n1}$ | | | |
| $s^0$ | $R_{n+11}$ | | | |

ここで，最初 ($s^n$) の行には，最高次数 $s_n$ の係数から一つおきに代入する．

$$R_{11} = a_n,\ R_{12} = a_{n-2},\ R_{13} = a_{n-4},\ \cdots \tag{42}$$

第 2 番目 ($s^{n-1}$) の行には，$a_{n-1}$ から，やはり一つおきに代入する．

$$R_{21} = a_{n-1},\ R_{22} = a_{n-3},\ R_{23} = a_{n-5},\ \cdots \tag{43}$$

ただし，代入すべき係数が存在しない箇所は 0 とする．以下 ($s^{n-2}$ 以降) の行は，次のアルゴリズムに従がって埋めていく．該当するものがない場合には 0 とする．

$$\begin{aligned} R_{ij} &= -\frac{1}{R_{i-11}} \begin{vmatrix} R_{i-21} & R_{i-2\,j+1} \\ R_{i-11} & R_{i-1\,j+1} \end{vmatrix} \\ &= -(R_{i-2\,j+1} - R_{i-21} R_{i-1\,j+1}) \end{aligned} \tag{44}$$

上記の表の第 1 列目 $\{R_{11}, R_{21}, \cdots, R_{n\,1}, R_{n+1\,1}\}$ をラウス数列という．安定性の必要条件は次のように与えられる．

$$\boxed{\cdot\ R_{k1} > 0 \quad (k = 1, \cdots, n+1)} \tag{45}$$

さらに，ラウス数列の正負の符号の反転回数が不安定根（実部が負の根）の数に等しくなる．

### 3.5.3 フルビッツの安定判別法

特性多項式の係数から次のような $n \times n$ のフルビッツ行列 $H$ を作成する．

$$H = \begin{bmatrix} a_{n-1} & a_{n-3} & a_{n-5} & a_{n-7} & \cdots & 0 \\ a_n & a_{n-2} & a_{n-4} & a_{n-6} & \cdots & 0 \\ 0 & a_{n-1} & a_{n-3} & a_{n-5} & \cdots & 0 \\ 0 & a_n & a_{n-2} & a_{n-4} & \cdots & 0 \\ \vdots & \vdots & \vdots & \vdots & \ddots & 0 \\ 0 & \cdots & \cdots & \cdots & a_2 & a_0 \end{bmatrix} \tag{46}$$

第 (1,1) 要素の $a_{n-1}$ から，次のような係数で埋めていく．ただし，対応する係数が存在しないときには 0 とする．

・右の列へ一つ移るごとに添字を 2 減ずる．

・下の行へ一つ移るごとに添字を 1 増やす．

左上の $k \times k$ 首座小行列式を $H_k$ ($k = 1, \cdots, n$) とおく．すなわち

$$\begin{aligned} &H_1 = a_{n-1},\ H_2 = \begin{vmatrix} a_{n-1} & a_{n-3} \\ a_n & a_{n-2} \end{vmatrix}, \\ &H_3 = \begin{vmatrix} a_{n-1} & a_{n-3} & a_{n-5} \\ a_n & a_{n-2} & a_{n-4} \\ 0 & a_{n-1} & a_{n-3} \end{vmatrix},\ \cdots,\ H_n = |H| \end{aligned} \tag{47}$$

安定性の必要条件は次のように与えられる．

$$\boxed{\cdot\ H_k > 0 \quad (k = 1, \cdots, n)} \tag{48}$$

なお，ラウス数列との間には，次のような関係が成立する．

$$\begin{aligned} &R_{21} = H_1,\ R_{31} = \frac{H_2}{H_1},\ \cdots, \\ &R_{k+1\,1} = \frac{H_k}{H_{k-1}},\ \cdots,\ R_{n+11} = \frac{H_n}{H_{n-1}} \end{aligned} \tag{49}$$

## 3.6 フィードバック制御系の特性

図 3.24 に示すようなフィードバック制御系を考える．制御量 $y$ は次式で与えられる．

$$Y(s) = \frac{P(s)K(s)}{1 + P(s)K(s)} R(s) + \frac{P(s)}{1 + P(s)K(s)} D(s) \tag{50}$$

したがって，制御偏差 $e (= r - y)$ は，次式のように表される．

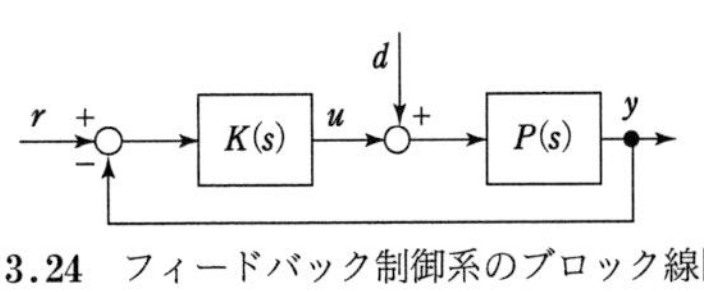


図 3.24 フィードバック制御系のブロック線図

$$E(s)=\frac{1}{1+L(s)}R(s)-\frac{P(s)}{1+L(s)}D(s) \quad (51)$$

ここで，$L(s)=P(s)K(s)$ は一巡伝達関数（loop transfer function）あるいは開ループ伝達関数（open loop transfer funcion）である．

### 3.6.1　感度特性

**a．制御対象の変動に対する感度**

制御対象の特性が $P(s)$ から $\tilde{P}(s)$ に変動したとする．相対的変動率 $\Delta P(s)$ を次式で定義する．

$$\Delta P(s)=\frac{P(s)\;-\tilde{P}(s)}{\tilde{P}(s)} \quad (52)$$

図3.24に示す開ループ制御系の入出力間の伝達関数を $G_0(s)$ とすると，この相対変動率 $\Delta G_0(s)$ は，

$$\begin{aligned}\Delta G_0(s)&=\frac{G_0(s)-\tilde{G}_0(s)}{\tilde{G}_0(s)}\\&=\frac{P(s)K(s)-\tilde{P}(s)K(s)}{\tilde{P}(s)K(s)}\\&=\Delta P(s)\end{aligned} \quad (53)$$

と求められる．すなわち，制御対象の変動がそのまま入出力間の変動として現れる．

次に，図3.24に示すフィードバック制御系において目標値 $r$・制御量 $y$ 間の伝達関数を $G_c(s)$ とすると，

$$G_c(s)=\frac{P(s)K(s)}{1+P(s)K(s)}=\frac{L(s)}{1+L(s)} \quad (54)$$

この相対変動率を求めると，

$$G_c(s)=\frac{1}{1+L(s)}\Delta P(s)=S(s)\Delta P(s)$$
$$\left(S(s)=\frac{1}{1+L(s)}\right) \quad (55)$$

ここで，感度関数 $S(s)$ は，制御対象の変動率 $\Delta P(s)$ がフィードバック制御系の伝達関数の変動率 $\Delta G_c(s)$ に及ぼす影響の度合い（感度：sensitivity）を表している．コントローラのゲイン $|K(s)|$ が大きいと，感度関数は小さくなる．開ループ制御系に対して，フィードバック制御系は制御対象の変動が制御量へ及ぼす影響を抑制できることを示している．

**b．外乱に対する感度**

外乱 $d$ およびノイズ $n$ が作用するとき，制御量は次のように得られる．

$$Y(s)=\frac{P(s)K(s)}{1+L(s)}R(s)+\frac{P(s)}{1+L(s)}D(s)-\frac{P(s)K(s)}{1+L(s)}N(s) \quad (56)$$

ここで，

$$T(s)=\frac{L(s)}{1+L(s)} \quad (57)$$

とおくと，感度関数との間に次の関係が成り立つ

$$S(s)+T(s)=1 \quad (58)$$

そこで，$T(s)$ を相補感度関数（complementary sensitive function）という．

偏差は次のように求められる．

$$E(s)=S(s)R(s)-S(s)P(s)D(s)-T(s)N(s) \quad (59)$$

目標値への追従特性を向上させる，あるいは，制御量への外乱の影響を抑制するには感度関数 $S(s)$ を小さくすればよい．一方，ノイズの制御量への影響を小さくするには，$T(s)$ を小さくする方がよい．しかしながら式（58）の制約がある．

### 3.6.2　定常特性

**a．目標値に対する定常偏差**

目標値に対する定常偏差 $e_s$ は，フィードバック制御系が安定な場合，ラプラス変換の最終値の定理（式(10）参照）を利用して，次式から求められる．

$$\begin{aligned}e_s&\equiv\lim_{t\to\infty}e(t)=\lim_{s\to 0}sE(s)\\&=\lim_{s\to 0}s\frac{1}{1+L(s)}R(s)\end{aligned} \quad (60)$$

代表的な入力に対する定常偏差は，以下のように与えられる．

① 単位ステップ入力（$R(s)=1/s$）

$$e_s=\lim_{s\to 0}s\frac{1}{1+L(s)}\frac{1}{s}=\frac{1}{1+K_p}$$

定常位置偏差（steady-state position error）またはオフセット（offset）

ここで，$K_p=\lim_{s\to 0}L(s)$ を位置偏差定数（position error constant）という

② 単位ランプ入力（$R(s)=1/s^2$）

$$e_s=\lim_{s\to 0}s\frac{1}{1+L(s)}\frac{1}{s^2}=\frac{1}{K_v}$$

定常速度偏差（steady-state velocity error）

ここで，$K_v=\lim_{s\to 0}s\,L(s)$ を速度偏差定数（velocity error constant）という．

③ 単位加速度入力（$R(s)=1/s^3$）

$$e_s=\lim_{s\to 0}s\frac{1}{1+L(s)}\frac{1}{s^3}=\frac{1}{K_a}$$

定常加速度偏差（steady-state acceleration error）

ここで，$K_a=\lim_{s\to 0}s^2L(s)$ を加速度偏差定数（acceleration error constant）という．

**表 3.2** 制御系の型と定常偏差

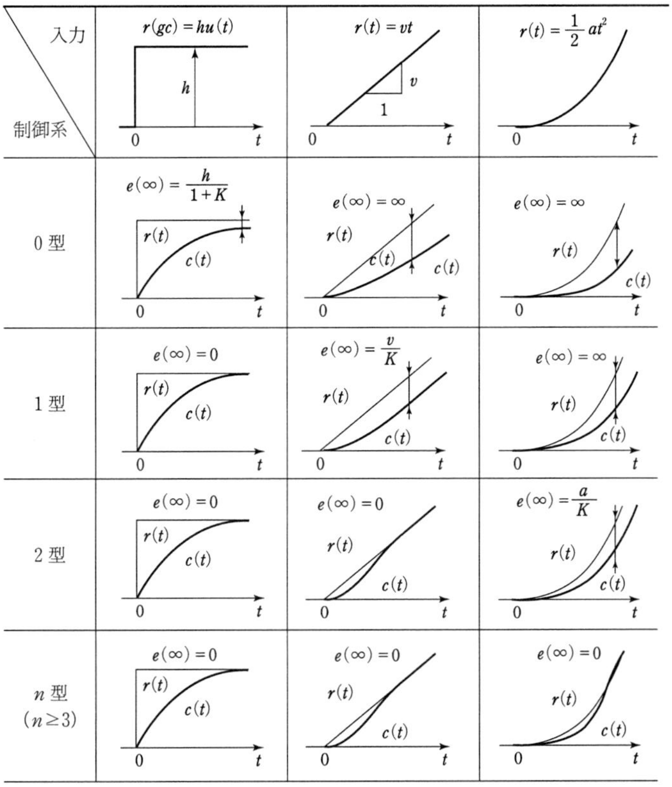


**b. 制御系の型と定常偏差**

一巡伝達関数の分母多項式が次式で示すように $s^l$ で括り出せるとき，制御系は $l$ 型であるという．

$$L(s)=\frac{b_0+b_1s+b_2s^2+\cdots}{s^l(1+a_1s+a_2s^2+\cdots)}\quad (\text{ただし，} b_0\neq 0) \tag{61}$$

制御系の型と定常偏差との関係は，表 3.2 のようにまとめられる．入力が $R(s)=1/s^l$ のとき，フィードバック制御系が安定で，$l$ 型以上の系であれば定常偏差は生じない．

**c. 外乱に対する定常偏差**

目標値が 0 の場合を考える．このときの定常偏差は次式から求められる．

$$e_s=\lim_{s\to 0} s\frac{P(s)}{1+L(s)}D(s) \tag{62}$$

したがって，定常偏差（の大きさ）は，一巡伝達関数 $L(s)$ だけではなく，制御対象の伝達関数 $P(s)$ にも依存する．実用上，重要なのはステップ外乱（$D(s)=1/s$）の場合で，

$$e_s=\lim_{s\to 0}\frac{P(s)}{1+L(s)} \tag{63}$$

となる．したがって，

- $\lim_{s\to 0} P(s)=0 \Leftrightarrow$ 制御対象が微分特性をもつ

あるいは

- $\lim_{s\to 0} L(s)=\infty \Leftrightarrow 0<|L(0)|<\infty$で，コントローラ $K(s)$ が積分器を含む

であれば，定常偏差が 0 になる．

### 3.6.3 根 軌 跡

根軌跡は，フィードバック制御系のゲインを変えると，制御系の極が複素平面上でどのように動くかを図式的に表したものである．計算機が未発達の時代では，過渡応答特性を考慮できる有力な制御系設計方法の一つとして，根軌跡を図式的に描く方法が重要な意味をもっていたが，計算機が発達した現在では，そのような方法を知らなくても，簡単に根軌跡を描くことができる．しかしながら，制御系の定性的な性質を把握するうえで，その考え方を理解することは，依然として重要である．

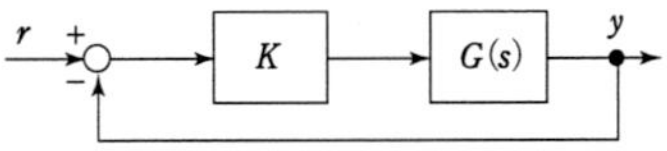


**図 3.25** フィードバック制御系のブロック線図
（根軌跡を考えるとき）

図3.25のような直結フィードバック制御系を考える．$K$ は定数ゲインである．この制御系の特性方程式は，

$$1+KG(s)=0 \tag{64}$$

あるいは，$G(s)=N(s)/D(s)$ とすると，

$$D(s)+KN(s)=0 \tag{65}$$

となる．根軌跡は，$K$ を $0\to\infty$ と変化させたときに，特性根（characteristic root）の位置を複素平面上に順次プロットしたものである．

高次系の根軌跡は，以下のような性質を利用すると，その概形を描くことができる．対象とする制御系の特性方程式が次式のように表されるとする．

$$1+KG(s)=1+K\frac{(s-z_1)(s-z_2)\cdots(s-z_m)}{(s-p_1)(s-p_2)\cdots(s-p_m)} \tag{66}$$

**［性質 1］**　根軌跡は実軸に対して対称である．

**［性質 2］**　根軌跡の分岐の数は特性方程式の次数に等しい（$n$ 本）．

**［性質 3］**　根軌跡は開ループ伝達関数 $G(s)$ の極 $p_i$ $(i=1,\cdots,n)$ から出発して，$m$ 本の軌跡の終点は $G(s)$ の零点 $z_i(i=1,\cdots,m)$ であり，残りの $(n-m)$ 本の軌跡は無限大に発散していく．

**［性質 4］**　無限遠点に至る根軌跡の漸近線の角度は

$$\frac{180°+360°l}{n-m}\quad (l：任意の整数) \tag{67}$$

である．また，$n-m\geq 2$ のとき，漸近線と実軸は交点を一つもち，その交点は

$$\frac{p_1+p_2+\cdots+p_n-(z_1+z_2+\cdots+z_m)}{n-m} \tag{68}$$

**［性質 5］**　実軸上で，その右側に $G(s)$ の実極と実零点が（重複度を含めて）合計奇数個あれば，その点は根軌跡上の点である

**［性質 6］**　根軌跡が実軸から分岐（または合流）する点は

$$\frac{d}{ds}\frac{1}{G(s)}=0$$

$$別の表現：\sum_{i=1}^{n}\frac{1}{s-p_i}-\sum_{i=1}^{m}\frac{1}{s-z_i}=0 \tag{69}$$

を満たす．

**［性質 7］**　複素極 $p_j$ から根軌跡が出発する角度は

$$180°-\sum_{i\neq j}\angle(p_j-p_i)+\sum_{i=1}^{m}\angle(p_j-z_i) \tag{70}$$

であり，複素零点 $z_j$ へ根軌跡が終端する角度は

$$180°-\sum_{i=j}^{m}\angle(z_j-p_i)+\sum_{i\neq j}\angle(z_j-z_i) \tag{71}$$

**［性質 8］**　根軌跡と虚軸との交点は Routh-Hurwitz の安定判別法によって求められる．

以上の性質を利用して，次のフィードバック制御系の根軌跡の概形を描いてみる．

$$G(s)=\frac{1}{s(s+1)(s+2)} \tag{72}$$

性質 2 から，分岐は 3 本である．

性質 3 から，3 本の軌跡は無限大に発散する．

性質 4 から，無限遠点に至る根軌跡の漸近線の角度は，60°，180°，300° となる．また，3 本の漸近線と実軸との交点の座標は，$\{0+(-1)+(-2)\}/3=-1$．

性質 5 から，実軸上の $[-\infty,\ -2]$ と $[-1,\ 0]$ の区間に根軌跡が存在する．

性質 6 から，根軌跡が実軸から分岐する点は

$$\frac{d}{ds}s(s+1)(s+2)=3s^2+6s+2=0 \tag{73}$$

を満足する．この根を求めると，

$$s=\frac{-3\pm\sqrt{3}}{3}=\begin{cases}-1.58\\-0.42\end{cases} \tag{74}$$

この中で $[-1,\ 0]$ の区間の中に含まれるのは，$s=-0.42$ だけであるので，この点が分岐点となる．

性質 8 から，虚軸との交点を求めると $K=6$ のとき，$s=\pm j\sqrt{2}\equiv\pm 1.414j$ と求められる（計算は略）．

以上から，根軌跡の概形を図 3.26 のように描くことができる．

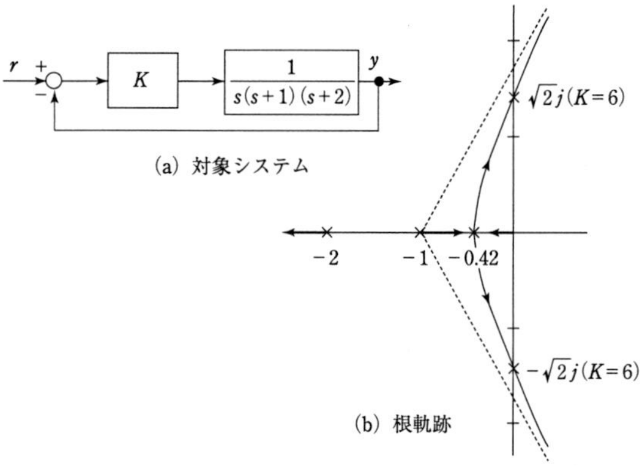


図 3.26　根軌跡の例

## 3.7　周波数応答

### 3.7.1　周波数応答とは

安定なシステムに一定の周波数の正弦波を入力し続けると，十分時間が経過した状態（定常状態）では，出力も同じ周波数の正弦波となる．このような正弦波入力に対する定常状態での応答を周波数応答という．通常は周波数を変化させた場合の応答をまとめてこの

ようによんでいる．

ここで入力 $u(t)$ と定常状態での出力 $y(t)$ をそれぞれ次のように表す．

$$u(t)=U_a \sin \omega t \qquad U_a(>0)：振幅 \tag{75}$$

$$y(t)=Y_a \sin(\omega t+\phi) \qquad Y_a(>0)：振幅 \tag{76}$$

システムの伝達関数を $G(s)$ とすると，次のような関係が成立する．

$$振幅比（ゲイン）：\frac{Y_a}{U_a}=|G(j\omega)| \tag{77}$$

$$位相差または位相：\phi=\angle G(j\omega) \tag{78}$$

伝達関数 $G(s)$ において $s=j\omega$ とした $G(j\omega)$ を周波数伝達関数（frequency transfer function）とよぶ．

### 3.7.2 ボード線図

#### a．ボード線図とは

ボード線図（Bode diagram）は，周波数伝達関数のもっともよく用いられている図示方法の一つである．ボード線図は，周波数伝達関数 $G(j\omega)$ のゲインおよび位相を，それぞれ角周波数に対してプロットしたもので，前者をゲイン曲線，後者を位相曲線とよび，通常，上下2段に配置する．

① 横軸は，角周波数 $\omega$[rad/s] とするが，とくに実測した結果を表示する場合には周波数 $f$[Hz] をとることも多い（$\omega=2\pi f$ が成立する）．また，対数目盛を用いることが多い．

② ゲイン曲線では，縦軸にゲインをとるが，これをデジベル値で表すことが多い．デシベル値は

$$20 \log_{10}|G(j\omega)| \tag{79}$$

で求められる．単位は dB である．

③ 位相曲線では，縦軸に位相をとり，これを度（°）で表す．英語では deg を用いる．

#### b．ボード線図の利点

ゲイン曲線において縦軸をデジベル表示（あるいは対数目盛とする）ことの利点は，二つの伝達関数の積が，ボード線図上では，和の形で表されることである．いま，$G(s)$ が

$$G(s)=G_1(s)G_2(s) \tag{80}$$

と表されているとすると，

$$G(j\omega)=G_1(j\omega)G_2(j\omega)$$

$$\Rightarrow \begin{cases} 20\log_{10}|G(j\omega)| \\ \quad =20\log_{10}|G_1(j\omega)|+20\log_{10}|G_2(j\omega)| \\ \angle G(j\omega)=\angle G_1(j\omega)+\angle G_2(j\omega) \end{cases} \tag{81}$$

が成立する．

#### c．代表的な周波数伝達関数のボード線図

① 1次系（図3.27）

$$G(s)=\frac{K}{Ts+1} \tag{82}$$

② 2次系（図3.28）

$$G(s)=\frac{K}{s^2+2\zeta\omega_n s+\omega_n^2} \tag{83}$$

③ 位相遅れ回路（図3.29）

$$G(s)=\frac{T_2 s+1}{\dfrac{T_2}{n}s+1} \quad (n<1) \tag{84}$$

④ 位相進み回路（図3.30）

$$G(s)=n\frac{T_1 s+1}{nT_1 s+1} \quad (n<1) \tag{85}$$

⑤ 位相進み・遅れ回路（図3.31）

$$G(s)=\frac{(T_1 s+1)(T_2 s+1)}{(nT_1 s+1)\left(\dfrac{T_2}{n}s+1\right)} \tag{86}$$

⑥ PD 補償回路（図3.32）

$$G(s)=K(1+T_D s) \tag{87}$$

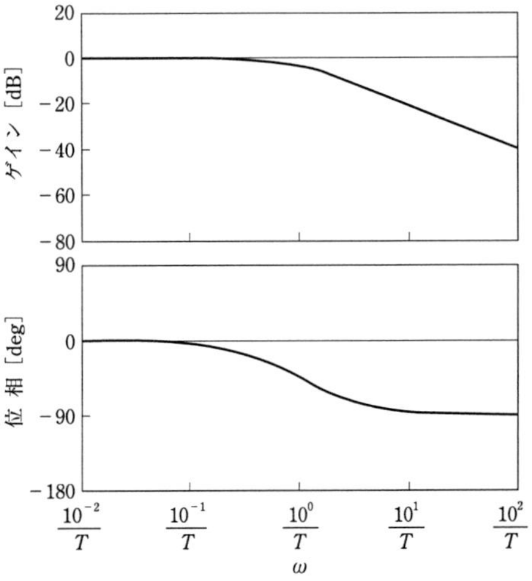


図3.27 1次系のボード線図

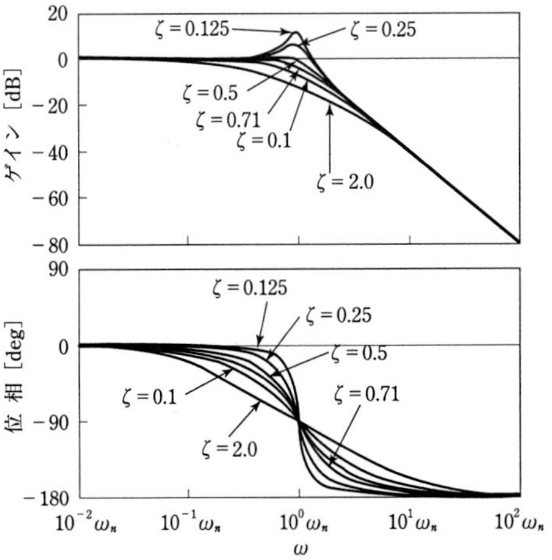


図3.28 2次系のボード線図

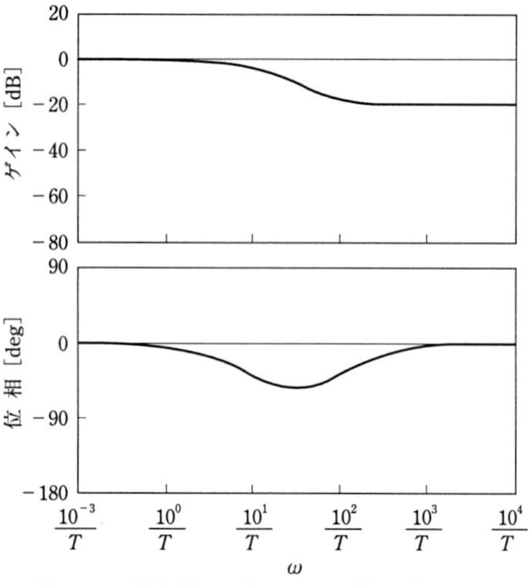


**図 3.29**　位相遅れ回路のボード線図（$n=0.1$）

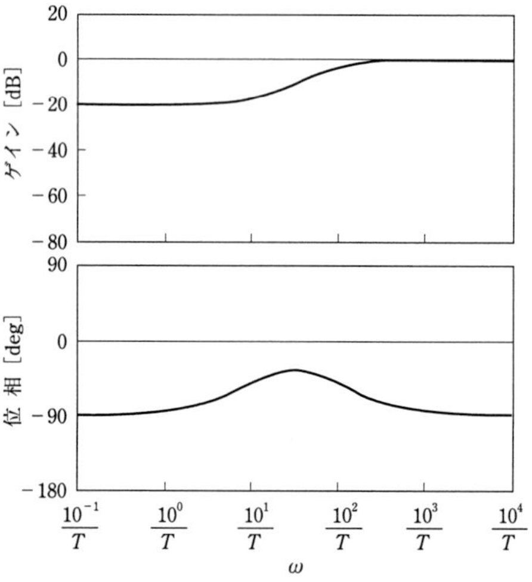


**図 3.30**　位相進み回路のボード線図（$n=0.1$）

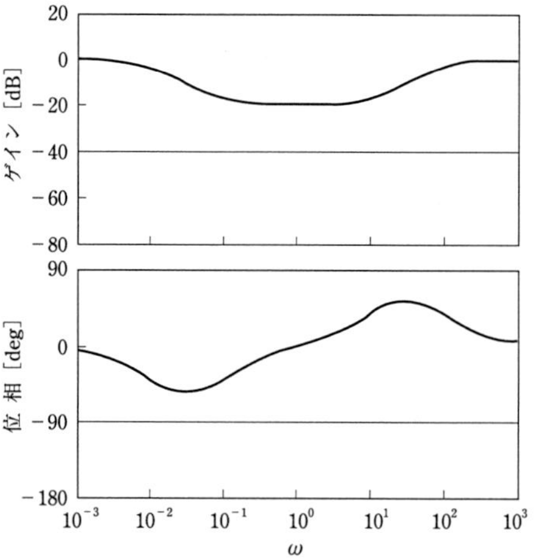


**図 3.31**　位相進み・遅れ回路のボード線図
（$T_1=0.1$，$T_2=0.1$，$n=0.1$）

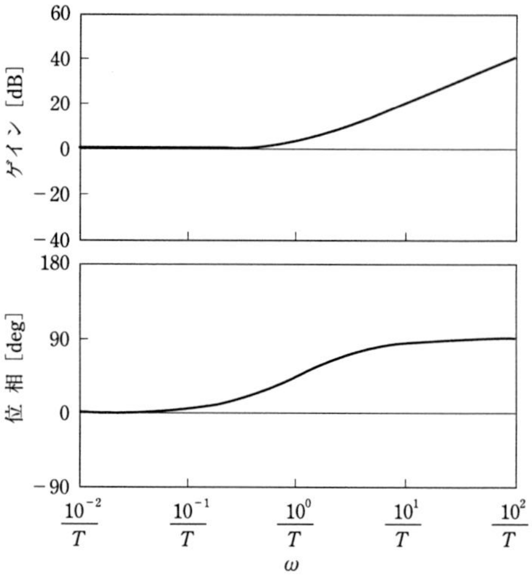


**図 3.32**　PD 補償回路のボード線図（$K=1$）

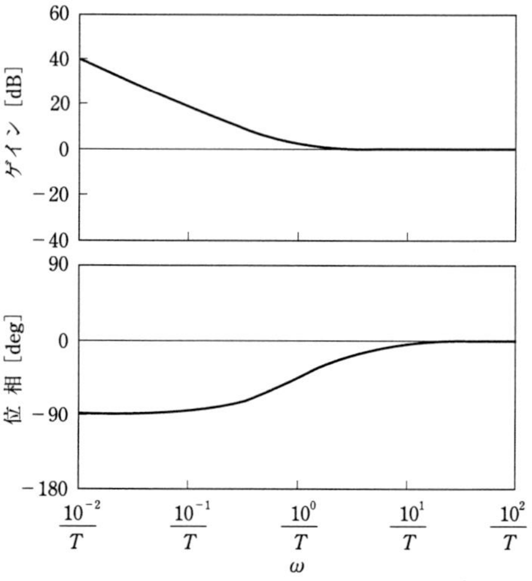


**図 3.33**　PI 補償回路のボード線図（$K=1$）

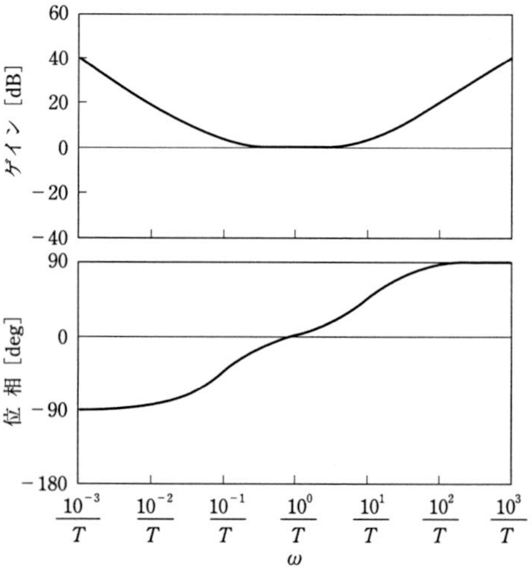


**図 3.34**　PID 補償回路のボード線図
（$K=1$，$T_1=10$，$T_D=0.1$）

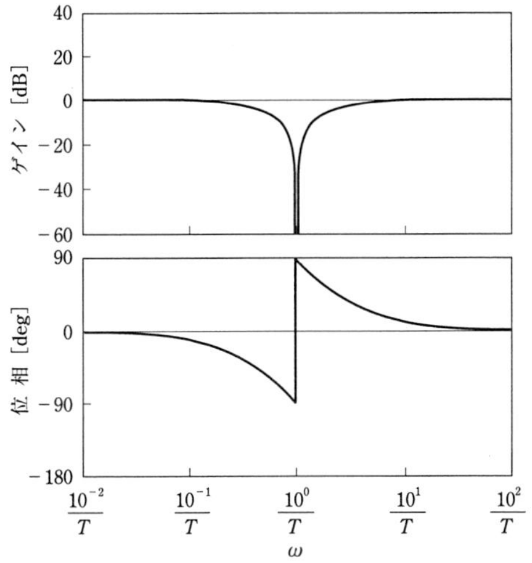


**図 3.35**　ノッチフィルタのボード線図（$\zeta=2$）

⑦ PI 補償回路（図 3.33）

$$G(s)=K\left(1+\frac{1}{T_1 s}\right) \tag{88}$$

⑧ PID 補償回路（図 3.34）

$$G(s)=K\left(1+T_D s+\frac{1}{T_1 s}\right) \tag{89}$$

⑨ ノッチフィルタ（図 3.35）

$$G(s)=\frac{s^2+\omega_n^2}{s^2+2\zeta\omega_n s+\omega_n^2} \tag{90}$$

### 3.7.3　ベクトル軌跡

**a．ベクトル軌跡とは**

ベクトル軌跡は，周波数伝達関数の図示方法の一つで，$G(j\omega)$ を $s=0$ を始点とする複素平面上の 2 次元ベクトルとみなし，$\omega$ を 0 から $+\infty$ に変化させたときに $G(j\omega)$ が複素平面上に描く軌跡である．通常は，軌跡上に矢印をつけて，$\omega$ が増加したときに軌跡がどちらに動くかを示す．

**b．代表的な周波数伝達関数のベクトル軌跡**

① 積分要素（図 3.36）

$$G(s)=\frac{1}{s} \tag{91}$$

② 1 次系（図 3.37）

$$G(s)=\frac{K}{Ts+1} \tag{92}$$

③ 積分＋1 次系（図 3.38）

$$G(s)=\frac{K}{s(Ts+1)} \tag{93}$$

④ 2 次系（図 3.39）

$$G(s)=\frac{K}{s^2+2\zeta\omega_n+\omega_n^2} \tag{94}$$

⑤ むだ時間要素（図 3.40）

$$G(s)=e^{-Ls} \tag{95}$$

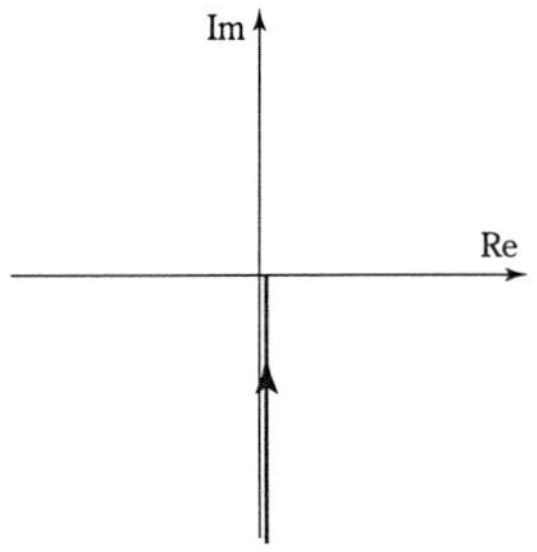


**図 3.36**　積分要素のベクトル軌跡

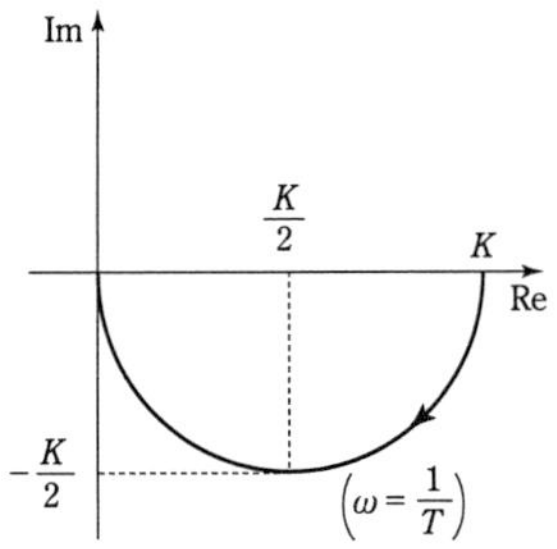


**図 3.37**　1 次系のベクトル軌跡

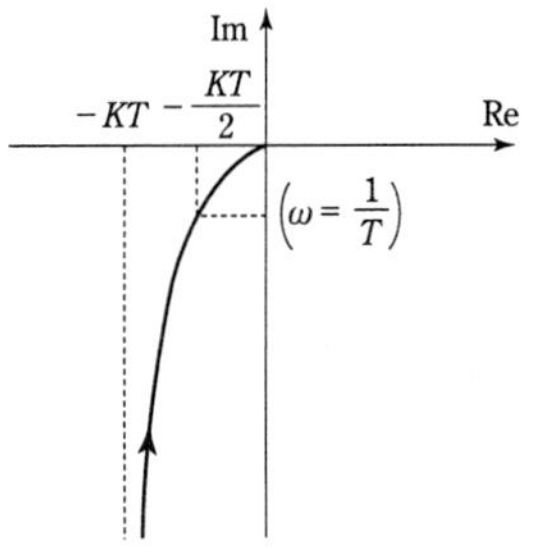


**図 3.38**　積分＋1 次系（$G(s)$）$=K/[s(Ts+1)]$ のベクトル軌跡

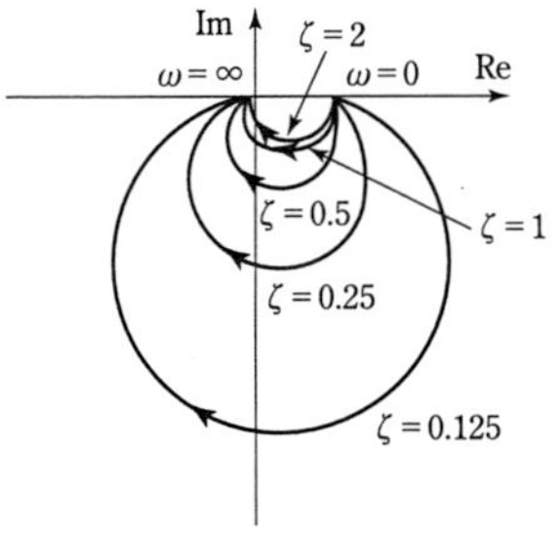


**図 3.39**　2 次系のベクトル軌跡

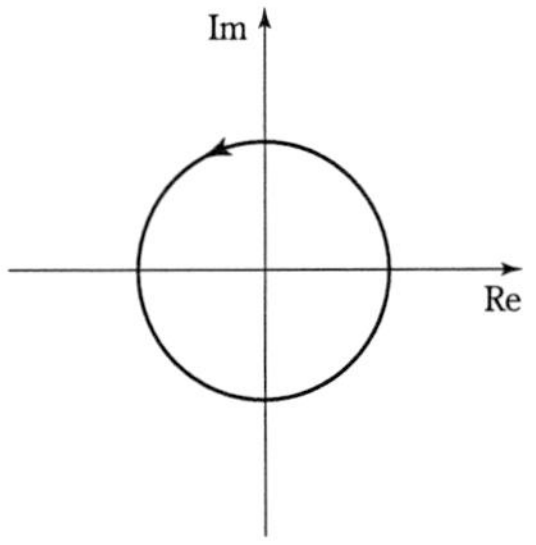


**図 3.40**　むだ時間要素のベクトル軌跡

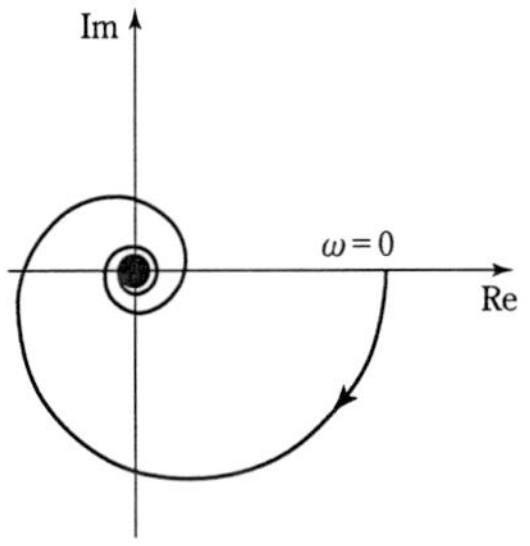


**図 3.41**　むだ時間＋1 次系（$G(s)$）$=[K/(Ts+1)]e^{-Ls}$ のベクトル軌跡

⑥ むだ時間＋1 次遅れ系（図 3.41）

$$G(s)=\frac{K}{Ts+1}e^{-Ls} \tag{96}$$

## 3.8 ナイキストの安定判別法

### 3.8.1 フィードバック制御系の安定性

図 3.42 に示すようなフィードバック制御系を考える．開ループ伝達関数 $G(s)$ は，強プロパ（分母多項式の次数＞分子多項式の次数）であると仮定する．入力 $r$ と出力 $y$ との関係は

$$Y(s)=\frac{G(s)}{1+G(s)} \tag{97}$$

である．

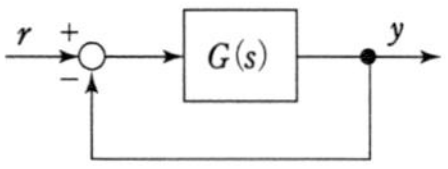


図 3.42　閉ループ系

開ループ系の極を $p_1,\cdots,p_n$，閉ループ系の極を $r_1,\cdots,r_n$ と表すと，次式が成立する．

$$1+G(s)=\frac{(s-r_1)(s-r_2)\cdots(s-r_n)}{(s-p_1)(s-p_2)\cdots(s-p_n)} \tag{98}$$

まず，図 3.43(a) に示すような，複素平面（$s$-平面）の右半平面全体を囲む，虚軸と半径無限大の半円周からなる閉曲線 $L_\infty$（ナイキスト経路）を考える．ただし，開ループ系の極が虚軸上にある場合には，その極の近傍で，直線部分を複素右半平面側に微小にくぼませ，極を避ける迂回路を設ける（図 3.43(b)）．このとき，$1+G(s)$ の複素平面上の軌跡が原点のまわりを時計回りに回る回数を $N$ とする（図 3.44(b)）．このとき，次式が成立する．

$$N=R-P \tag{99}$$

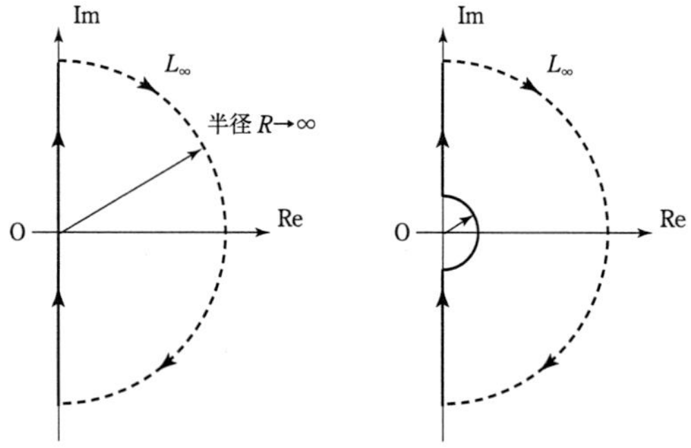


(a) ナイキスト経路　　(b) 極が虚軸上にあるときの経路の取り方

図 3.43　ナイキスト経路

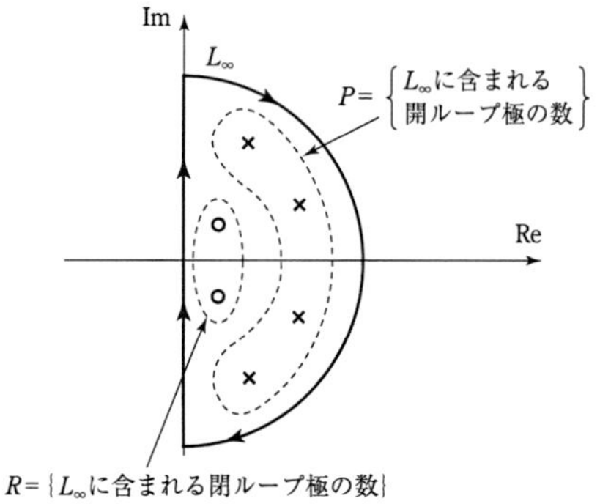


(a) ナイキスト経路と極

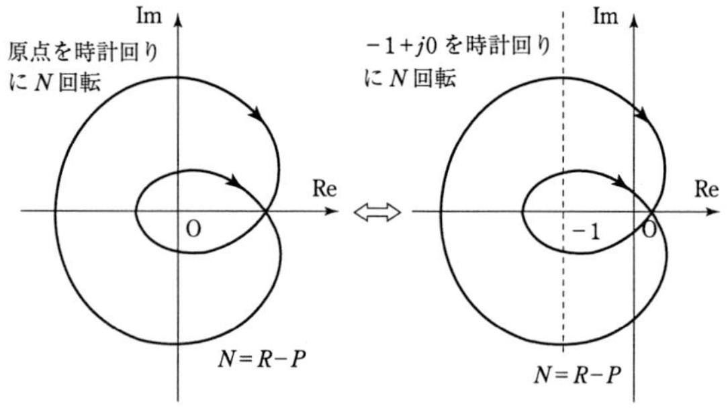


(b) 1＋G(s) の軌跡　　(c) G(s) の軌跡

図 3.44　ナイキストの安定判別の考え方

ここで，

$R$：ナイキスト経路に含まれる閉ループ系の極の数

$P$：ナイキスト経路に含まれる開ループ系の極の数

式 (99) から，閉ループ系の不安定極の数 $R$ は次式から求められることになる．

$$R=N+P \tag{100}$$

したがって，

$R=0$ → フィードバック制御系は安定

$R>0$ → フィードバック制御系は不安定

とフィードバック制御系の安定性が判別できることになる．

ナイキストの安定判別法では，図 3.44(c) に示すように，$1+G(s)$ の軌跡の代わりに $G(s)$ の軌跡を考えて使いやすくしている．すなわち，

$1+G(s)$ の軌跡が原点のまわりを回る

⇔ $G(s)$ の軌跡が $-1+j0$ のまわりを回る

という性質を利用する．

また，$G(s)$ が強プロパーであるという仮定から，$s$ が半径無限大の半円周上にあるときには $G(s)$ は原点に留まる．したがって，$G(s)$ の軌跡は，$s=j\omega(-\infty<\omega<\infty)$ の範囲で（ナイキスト経路のうち虚軸上の $s$ に対して）描けばよいことがわかる．この角周波数 $\omega$ を $-\infty\sim\infty$ に変化させたときの $G(j\omega)$ の軌跡をナイキスト軌跡とよぶ．さらに，一般に $G(s)$ の係数は

すべて実数であるので，$G(-j\omega)$ の軌跡は $G(j\omega)$ の軌跡を実軸に関して反転させれば得られる．

以上から，フィードバック制御系（閉ループ系）の安定性を判定する手順は以下のようにまとめられる．

[ナイキストの安定判別法]

① 開ループ伝達関数 $G(s)$ の極のうち，$s$ 平面の右半平面にあるものの個数 $P$ をあらかじめ求めておく．

② $G(j\omega)$ のベクトル軌跡を $0<\omega<\infty$ の範囲で描く．これを実軸に関して上下対称に描き，ナイキスト軌跡を得る．

③ ナイキスト軌跡が $-1+j0$ の点のまわりを時計方向に回転する回数 $N$ を求める．

④ 閉ループ系の不安定根の数 $R=N+P$ を求める

$R=0$ ⇒ 安定

$R>0$ ⇒ 不安定

ナイキストの安定判別法の最大の利点は，開ループ系の周波数応答 $G(j\omega)$ によって，安定性が判別できることである．この周波数応答が実験的に求められるのは，開ループ系自体が安定な場合である．この場合には，より簡単な手順で安定判別が可能となる．

[簡易安定判別法]

① $P=0$ であることを確認する．

② $G(j\omega)$ のベクトル軌跡を $0<\omega<\infty$ の範囲で描く．

③ を増加させたとき，ベクトル軌跡が $-1+j0$ の点を常に左に見るように動くならば閉ループ系は安定である．また，右に見れば不安定となる．

上述したように，周波数応答が実験的に求められるのは安定なシステムの場合なので，実用的にはこの簡易判別法で十分である．

### 3.8.2 位相余裕とゲイン余裕

ナイキストの安定判別法の一つの利点は，安定性の判別（安定か不安定化）だけではなく，安定度（どの程度安定なのか）も評価できる点にある．図 3.45(a) に示すように，安定な場合にはベクトル軌跡が $-1+j0$ の点を左側に見るように動くが，軌跡が $-1+j0$ の近くを通る場合には，安定限界（図 3.45(b)）に近い状態なので，安定度が低いことになる．また，図 3.45(c) のように，ベクトル軌跡が $-1+j0$ の点を右側に見るように動く場合には，閉ループ系は不安定となる．

安定度は，数学的には軌跡と $-1+j0$ の点との距離

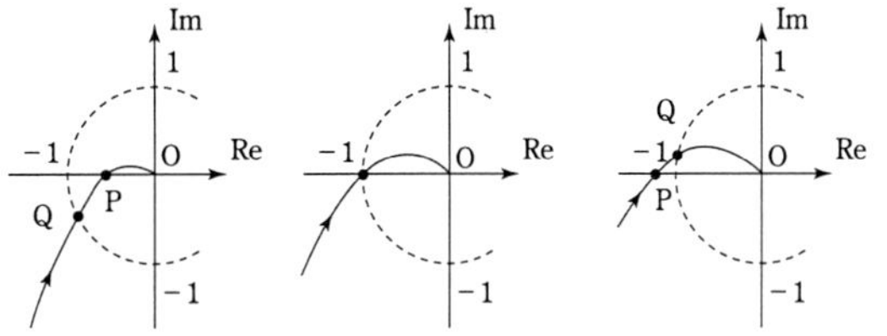


図 3.45 ベクトル軌跡と閉ループ系の安定性

で評価すべきかもしれないが，実際にこの距離を求めるのは難しいので，通常，ゲインおよび位相の二つの観点から評価される．

**a．ゲイン余裕（余有）**(gain margin)

ゲイン余裕は，「一巡伝達関数のゲインがあとどれだけ増加すると，閉ループ系が不安定になるか」を示す値である．

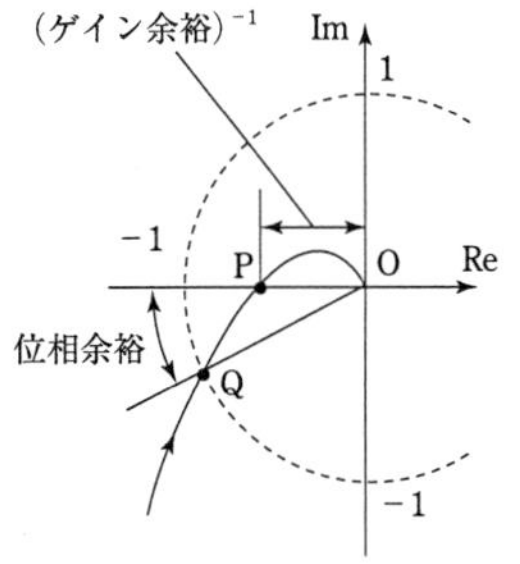


図 3.46 ゲイン余裕と位相余裕

図 3.46 に示すように，ベクトル軌跡が負の実軸上を横切る点を P とするとき，ゲイン余裕 $g_m$ は，

$$g_m=\frac{1}{\mathrm{OP}} \qquad (101)$$

となる．通常は，これをデシベル値で表示する．すなわち，ゲイン余裕のデシベル値 $G_m$ は次式から求められる．

$$G_m=20\log\frac{1}{\mathrm{OP}}=-20\log\mathrm{OP}$$
$$=-20\log|G(j\omega_{pc})| \quad [\mathrm{dB}] \qquad (102)$$

ここで，$\omega_{pc}$ はベクトル軌跡が負の実軸上を横切るときの角周波数で，位相交差角周波数（phase cross-over angular frequency）とよばれている．

**b．位相余裕（余有）**(phase margin)

位相余裕は，「一巡伝達関数の位相があとどれだけ遅れると，閉ループ系が不安定になるか」を示す値である．図 3.46 に示すように，ベクトル軌跡が原点を中心とする単位円と交わる点を Q とするとき，位相余裕 $\phi_m$ は，次式から求められる（通常は，度（°）で表示する）．

$$\phi_m = 180 + \angle G(j\omega_{gc}) \quad [\text{deg}] \tag{103}$$

ここで，$j\omega_{gc}$ は，ベクトル軌跡が単位円と交わるときの角周波数で，ゲイン交差角周波数（gain cross-over angular frequency）とよばれている．

**c．ボード線図におけるゲイン余裕と位相余裕**

周波数応答を表示する場合には，ボード線図を用いるほうが便利なことが多いので，ボード線図上で読み取ることも重要である．

閉ループ系が安定となる場合，安定限界となる場合および不安定となる場合を図3.47(a)～(c) に示す．図3.47(a) にゲイン余裕と位相余裕とが示されている．閉ループ系が安定となる場合には，

$$j\omega_{gc} < \omega_{pc} \tag{104}$$

が成立し，ゲインが 0 dB となる点（$\omega = \omega_{gc}$）で位相が$-180°$ より進んでおり，位相が$-180°$ となる点でゲインが 0 dB より低くなっている．

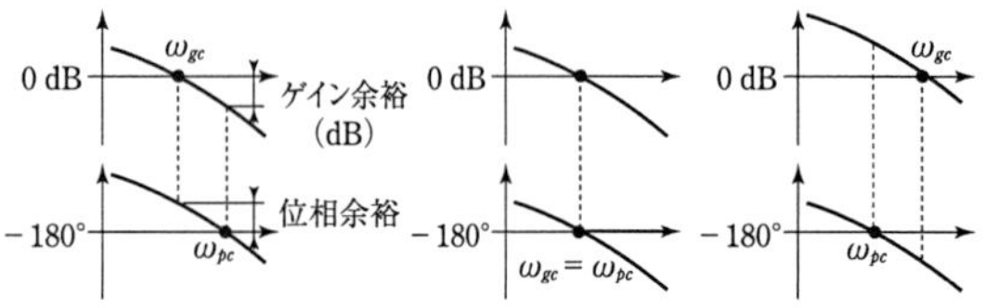

(a) 安定な場合　(b) 安定限界　(c) 不安定な場合

図3.47　ボード線図による安定判別と安定度

## 3.9　制御系の性能指標

制御系の基本的な性能は，以下の観点から評価されることが多い．

・定常特性

・過渡特性 ｛減衰特性（安定度）／速応性｝

最近では，ロバスト性も性能指標の一つとなっている．ここでは，時間領域と周波数領域における代表的な性能指標についてまとめる．

### 3.9.1　時間領域での性能指標

目標値をステップ関数として，制御量の応答を評価する．図3.48を用いて説明する．

① 最大行き過ぎ量（overshoot）$A_{\max}$：　目標値に対して制御量が行き過ぎる値である．減衰特性の指標となる．

② 減衰比（decay ratio）：　最初の行き過ぎ量と次の行き過ぎ量との比（通常は $A_2/A_{\max}$）である．減衰特性の指標となる．

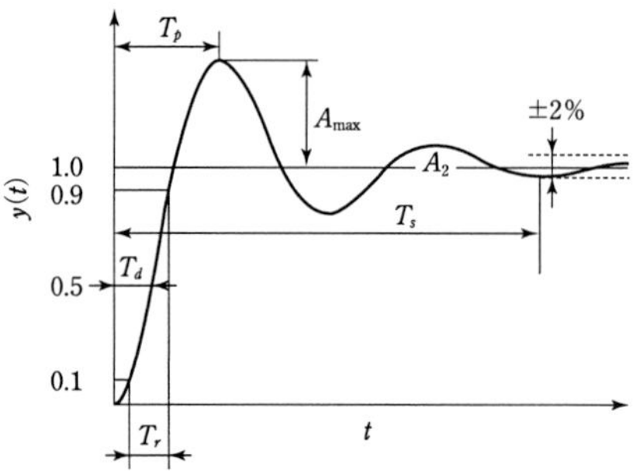

図3.48　時間領域における性能指標

③ 立ち上がり時間（rise time）$T_r$：　制御量が目標値の10% に達してから 90% に達するまでの時間である．速応性の指標となる．

④ 遅れ時間（delay time）$T_d$：　制御量が目標値の50% に達するまでの時間である．速応性の指標となる．

⑤ 整定時間（settling time）$T_s$：　制御量が目標値の±5%，あるいは±2%（±1% とする場合もある）の範囲に収束するまでの時間である．減衰特性と速応性に関連する．

⑥ 定常偏差（steady-state error）（図3.48は定常偏差が0の場合を示している）：　時刻が∞の極限で制御量が収束する値と，目標値との誤差である．

### 3.9.2　周波数領域での性能指標

**a．閉ループ伝達関数に基づく性能評価**

目標値に対する制御量の周波数伝達関数（閉ループ系の伝達関数）で性能評価を行う場合を，図3.49を用いて説明する．

① ピークゲイン（共振ピーク）（resonnant peak）$M_r$：　閉ループゲインの最大値である．減衰特性の指標となる．

② ピーク角周波数（共振角周波数）（resonnant angular frequency）$\omega_r$：　ゲインがピークをもつ角周波数である．ピークが存在することは，制御系に共振があることを意味する．一般にピーク周波数より高

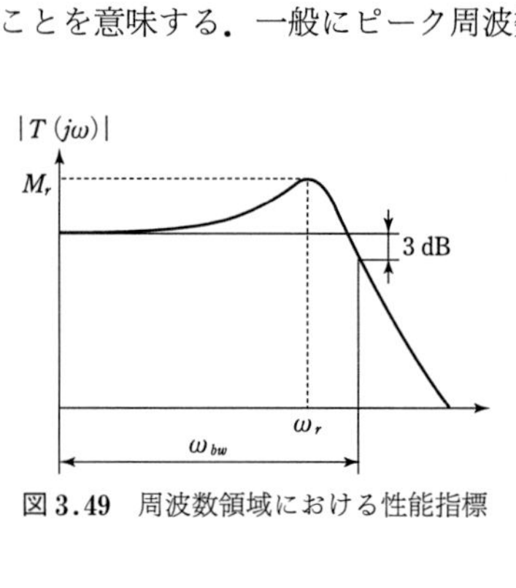

図3.49　周波数領域における性能指標

い周波数領域ではゲインは減少するので，制御量の立ち上がりの速さに関連する．

③ バンド幅（帯域幅）（bandwidth）$\omega_b$：　閉ループ系ゲイン特性 $|T(j\omega)|$ が定常ゲイン $|T(0)|$ の $1/\sqrt{2} \cong 0.707$倍（3 dB 低下）となる角周波数である．速応性の指標となる．

④ 定常偏差：　目標値に対する制御量の周波数伝達関数の直流ゲインが $1(|T(j0)|=1)$ であれば，定常偏差は 0 となる．定常偏差の大きさ（絶対値）は，$|1-T(j0)|$ $(20\log|1-T(j0)|\,\mathrm{dB})$ で与えられる．

**b．開ループ伝達関数に基づく性能評価**

3.8.2 項で述べた位相余裕およびゲイン余裕を利用すると，ループを閉じる前の情報（開ループ伝達関数）から，ある程度閉ループ系の性能を評価することができる．

① ゲイン交差周波数：　バンド幅と相関があり，速応性の指標となる．

② 位相余裕：　ピークゲインと相関があり，減衰特性の指標となる．

③ 直流ゲイン：　位置偏差定数と等しく，定常偏差の指標となる．　［水野　毅・永井正夫］

## 参考文献

古典制御に関しては，多くの本が刊行されているので，以下には，本章を執筆するにあたってとくに参考にしたものだけを記す．


1）長谷川健介（1981）：基礎制御理論〔Ⅰ〕，昭晃堂．

2）中野道雄，美多　勉（1982）：制御基礎理論，昭晃堂．

3）R. C. Dorf,　R. H. Bishop（1995）：Mondern Control Systems, 7th ed., Addison-Wesley.

4）杉江俊治，藤田政之（1999）：フィードバック制御入門，コロナ社．

# 4

# 時間領域におけるシステム表現

## はじめに

ここでは，時間領域におけるシステム表現の基礎事項をまとめる．システムの動特性を時間領域で表現するには状態方程式を用いる．その長所の一つは，状態フィードバック制御が可能となることであり，状態推定器の導入を経て，$H_2$，$H_\infty$ などの動的な出力フィードバックとして自由度の高い制御系設計法に発展している．もう一つの特徴は，入出力関係だけに着目した伝達関数表現では評価できなかったシステム内部の特性を明らかにできることである．また数値計算によるシステムの解析･設計にも状態方程式表現は適している．

本章は線形時不変システムを中心にしていくつかのキーワードに概略の説明を加えたものである．その内容は多くの現代制御[1~4]やシステム理論[5,6,9]の教科書にまとめられている．そのうち，多変数システムの周波数領域と時間領域での表現の関係について詳しく述べるように努めた．制御系設計では，たとえばロバスト制御のように，周波数領域での設計仕様と時間領域での解析・設計が緊密に関連しているためである[7,8]．また非線形システムについても，とくに安定性について，概要を記述した[9~11]．詳細な定理・証明については，章末に示した教科書とそこで引用されている論文を参照していただきたい．

## 4.1 状態方程式

前章では，システムを入力と出力の関係を表す伝達関数で表現した．ここでは，次のような微分方程式で表現する．

$$\dot{x}(t)=Ax(t)+bu(t) \tag{1}$$

$$y(t)=cx(t)+du(t) \tag{2}$$

式 (1),(2) を状態方程式といい，$x(t)\in\mathbb{R}^n$ を状態量または状態変数，$u(t)\in\mathbb{R}$ を入力，$y(t)\in\mathbb{R}$ を出力とよぶ．行列 $A$, $b$, $c$, $d$ が定数行列のとき，式 (1),(2) を線形時不変系という．また入出力ともにスカラ量なので，これを1入力1出力系という．状態方程式による表現の長所の一つは状態量というシステム内部の変数を導入できる点である．伝達関数表現にはこれがない．この状態方程式は，次式のように，入力 $u(t)\in\mathbb{R}^p$，出力 $y(t)\in\mathbb{R}^m$ をベクトル量とする多入力多出力系に一般化できる．

$$\dot{x}(t)=Ax(t)+Bu(t) \tag{3}$$

$$y(t)=Cx(t)+Du(t) \tag{4}$$

状態方程式によるシステム表現では，多入力多出力系の解析･設計が容易である．本章の説明の範囲では，出力方程式 (4) の直達項 $Du(t)$ は本質的な役割をもたないのでしばしば省略している．

状態方程式 (3),(4) は正則な行列 $P$ を用いた変数変換

$$x(t)=P\tilde{x}(t) \tag{5}$$

によって，次のような別の状態方程式に変換できる．

$$\dot{\tilde{x}}(t)=\tilde{A}\tilde{x}(t)+\tilde{B}u(t) \tag{6}$$

$$y(t)=\tilde{C}\tilde{x}(t)+\tilde{D}u(t) \tag{7}$$

ここで，

$$\tilde{A}=P^{-1}AP,\ \tilde{B}=P^{-1}B,\ \tilde{C}=CP,\ \tilde{D}=D \tag{8}$$

である．このとき，システム (3),(4) とシステム (6),(7) は相似（または同値）なシステムであるという．相似変換を行っても入力と出力の関係は不変である．また後に述べる安定性，可制御・可観測性などの性質も保存される．正則行列 $P$ は無数にあるので，相似なシステムも無数に存在することになる．このうち，$P$ をうまく選ぶことによって解析や設計を容易にできる多くの相似系がある．それらを正準形式という．

解析・設計の対象となるシステムの状態方程式を作成するには，システムを支配する物理法則（微分方程式）から求める，伝達関数から変換する，入出力信号から直接システム同定を行う，などの方法がある．

**［例題1］** 力学でよく知られている強制振動の運動方程式

$$m\ddot{w}(t)+c\dot{w}(t)+kw(t)=u(t),\ y(t)=w(t) \tag{9}$$

から状態方程式を導くことを考えよう．ここで，$w(t)\in\mathbb{R}$ は変位，$u(t)\in\mathbb{R}$ は作用力，$y(t)\in\mathbb{R}$ を観測出力とする．また，$m, c, k\in\mathbb{R}$ は質量，粘性減衰係数，剛

性係数である．まず，式 (9) を

$$\frac{d}{dt}\dot{w}(t) = -\frac{c}{m}\dot{w}(t) - \frac{k}{m}w(t) + \frac{1}{m}u(t) \tag{10}$$

と1階の微分方程式で表す．ここで，

$$\frac{d}{dt}w(t) = \dot{w}(t) \tag{11}$$

であることに注意して，状態変数を $x(t) = [w(t)\ \dot{w}(t)]^T$ とおくと状態方程式が得られる．たとえば $m=1$，$c=2$，$k=2$ のとき式 (9) の状態方程式は次式となる．

$$\dot{x}(t) = \begin{bmatrix} 0 & 1 \\ -2 & -2 \end{bmatrix} x(t) + \begin{bmatrix} 0 \\ 1 \end{bmatrix} u(t)$$
$$y(t) = [1\ 0]x(t) \tag{12}$$

したがって，式 (12) は2階の微分方程式 (9) で表されるシステムの一つの状態方程式表現である．しかし，状態変数を $\tilde{x}(t) = [w(t)\ w(t)+\dot{w}(t)]^T$ とおくと

$$\dot{\tilde{x}}(t) = \begin{bmatrix} -1 & 1 \\ -1 & -1 \end{bmatrix} \tilde{x}(t) + \begin{bmatrix} 0 \\ 1 \end{bmatrix} u(t)$$
$$y(t) = [1\ 0]\tilde{x}(t) \tag{13}$$

もまた式 (9) と等価な状態方程式である．状態方程式 (13) は式 (12) に状態変数変換

$$x(t) = \begin{bmatrix} 1 & 0 \\ -1 & 1 \end{bmatrix} \tilde{x}(t) \tag{14}$$

を行うことによって求められる．

## 4.2 状態方程式の解と時間応答

状態方程式 (3) の一般解 $x(t)$ は初期値 $x(t_0)$ を与えると，次のように求めることができる．

$$x(t) = e^{A(t-t_0)}x(t_0) + \int_{t_0}^{t} e^{A(t-\tau)}Bu(\tau)\,d\tau \tag{15}$$

ここで，行列指数関数 $e^{At}$ は次式で定義される．

$$e^{At} = I + tA + \frac{t^2}{2!}A^2 + \frac{t^3}{3!}A^3 + \cdots \tag{16}$$

状態方程式の解 (15) のうち，右辺第 項は時刻 $t_0$ における状態量 $x(t_0)$ が時間経過 $t_0 \to t$ に従って遷移する量を表している．そこで

$$\Phi(t-t_0) = e^{A(t-t_0)} \tag{17}$$

を，$t_0$ から $t$ への状態遷移行列という．また，第2項は外部からの入力によって駆動される状態量の増減量を表す．出力 $y(t)$ は式 (15) を式 (4) に代入すれば得られる．

簡単のために直達項のない1入力1出力系 (1)，(2) を考える．いま，初期値を $x(0)=0$ とすると出力は

$$y(t) = \int_0^t ce^{A(t-\tau)}bu(\tau)\,d\tau$$
$$= \int_0^t h(t-\tau)u(\tau)\,d\tau \tag{18}$$

である．ここで，

$$h(t) = ce^{At}b \tag{19}$$

とおいた．いま，入力 $u(t)$ としてインパルス信号を加えたときの出力 $y(t)$ を考えよう．インパルス信号は通常，デルタ関数 $\delta(t)$ を用いて数学的に表現する．デルタ関数の性質より

$$y(t) = \int_0^t h(t-\tau)\delta(\tau)\,d\tau = h(t) \tag{20}$$

となるので，式 (19) で定義される $h(t)$ をインパルス応答という．インパルス応答をラプラス変換すると伝達関数 $G(s) = \mathcal{L}\{h(t)\}$ が得られる．したがって，式 (18) より，任意の入力 $u(t)$ に対する出力 $y(t)$ は，入力 $u(t)$ とインパルス応答 $h(t)$ のたたみ込み積分 $y(t) = h(t) * u(t)$ で与えられることがわかる．多入力多出力系の入出力の関係は $h(t)$ を要素とするインパルス応答行列 $H(t)$ と入力 $u(t)$ のたたみ込み積分で同様に表現できる．

**［例題2］** 次の行列 $A$ の遷移行列 $\Phi(t) = e^{At}$ を求めてみよう．

$$A = \begin{bmatrix} -2 & 0 \\ 1 & -1 \end{bmatrix} \tag{21}$$

まず，行列 $A$ は次のように対角化できることに注意する．

$$P^{-1}AP = \Lambda, \quad \Lambda = \begin{bmatrix} \lambda_1 & 0 \\ 0 & \lambda_2 \end{bmatrix} \tag{22}$$

ここで，$\lambda_1 = -1$，$\lambda_2 = -2$．行列 $P$ は一意ではないが，たとえば

$$P = \begin{bmatrix} 0 & 1 \\ 1 & -1 \end{bmatrix}, \tag{23}$$

定義 (16) より

$$P^{-1}e^{At}P = P^{-1}\left(I + tA + \frac{t^2}{2!}A^2 + \cdots\right)P$$
$$= I + t\Lambda + \frac{t^2}{2!}\Lambda^2 + \cdots = e^{\Lambda t} \tag{24}$$

ここで，指数関数の定義から

$$e^{\Lambda t} = \begin{bmatrix} 1 + t\lambda_1 + \frac{t^2}{2!}\lambda_1^2 + \cdots & 0 \\ 0 & 1 + t\lambda_2 + \frac{t^2}{2!}\lambda_2^2 + \cdots \end{bmatrix}$$
$$= \begin{bmatrix} e^{\lambda_1 t} & 0 \\ 0 & e^{\lambda_2 t} \end{bmatrix} \tag{25}$$

式 (24) の両辺に $P$，$P^{-1}$ を左右からかけると

$$e^{At}=Pe^{\Lambda t}P^{-1} \tag{26}$$

となることがわかる．式 (22),(23) を代入して

$$e^{At}=\begin{bmatrix} e^{-2t} & 0 \\ e^{-t}-e^{-2t} & e^{-t} \end{bmatrix} \tag{27}$$

と遷移行列が得られる．

## 4.3 安　定　性

線形時不変系 (3) において入力 $u(t)=0$ の自由系

$$\dot{x}(t)=Ax(t) \tag{28}$$

を考えよう．任意の初期値 $x(0)$ に対して，$t\to\infty$ のとき $x(t)\to 0$ となるとき，システム (28) は漸近安定であるという．これを内部安定ともいう．その必要十分条件は

$$\mathrm{Re}[\lambda_i(A)]<0,\quad \forall i \tag{29}$$

が成り立つことである．ここで，$\lambda_i(\cdot)$ は任意の固有値を表すので，条件 (29) は行列 $A$ のすべての固有値の実部が負であることを要求している．このとき，行列 $A$ は安定であるという．また条件を満たさないとき，すなわち不安定な固有値が一つでもあるとき，システムは不安定であるという．

行列 $A$ が安定であるかどうかは，直接固有値を計算することなく，行列 $A$ の特性多項式 $\det(sI-A)$ の係数からラウスやフルビッツの安定判別法を使って調べることができる．また，行列 $A$ が安定であることと，行列方程式

$$A^TX+XA+Q=0 \tag{30}$$

が，任意の正定行列 $Q>0$ に対して唯一の正定解 $X>0$ をもつことは等価である．これをリアプノフの安定定理，式 (30) をリアプノフ方程式という．

## 4.4 可制御性と可観測性

### 4.4.1 可制御性と可安定性

システム (3) が可制御であるとは，与えられた任意の初期状態 $x(0)=x_0$ と最終状態 $x_f$ に対して，有限な時刻 $t_f$ と $[0,t_f]$ における入力 $u(t)$ が存在して，$x(t_f)=x_f$ とできるときをいう．可制御性は，行列 $A$，$B$ のみによって定まるので，単に行列の対 $(A,B)$ が可制御であるともいう．与えられたシステムが可制御であるかどうかは，次の等価な条件のいずれかを使って判別できる．

① $(A,B)$ は可制御である．

② 次式で定義される可制御グラミアン $\mathscr{W}_c\in\mathbb{R}^{n\times n}$ が任意の $t>0$ に対して正定である．

$$\mathscr{W}_c(t)=\int_0^t e^{A\tau}BB^Te^{A^T\tau}d\tau \tag{31}$$

③ 次式で定義される可制御行列 $\mathcal{C}\in\mathbb{R}^{n\times np}$ が行フルランクをもつ．

$$\mathcal{C}=[B\ \ AB\ \ \cdots\ \ A^{n-1}B] \tag{32}$$

④ $[A-\lambda I\ \ B]$ がすべての $\lambda\in\mathbb{C}$ に対して行フルランクをもつ．

⑤ 行列 $A-BF$ の固有値を任意の値とする行列 $F$ が存在する．

可制御性よりも緩やかな性質として可安定性も重要である．可安定性とは，行列 $A-BF$ を安定とする行列 $F$ が存在することであり，次の等価な条件が成り立つ．

① $(A,B)$ は可安定である．

② 行列 $[A-\lambda I\ \ B]$ がすべての $\mathrm{Re}\lambda\geq 0$ に対して行フルランクをもつ．

### 4.4.2 可観測性と可検出性

システム (3),(4) が可観測であるとは，任意の $t_f>0$ に対して時間区間 $[0,t_f]$ の入力 $u(t)$，$y(t)$ から初期状態 $x(0)$ を決定できることである．これは，行列 $A,C$ のみで定まるので，行列の対 $(C,A)$ が可観測であるということができる．可観測性は，次の等価な条件で判別できる．

① $(C,A)$ は可観測である．

② 可観測グラミアン $\mathscr{W}_0\in\mathbb{R}^{n\times n}$ がすべての $t>0$ で正定である．ただし，

$$\mathscr{W}_0(t)=\int_0^t e^{A^T\tau}C^TCe^{A\tau}d\tau \tag{33}$$

③ 次式で定義される可観測行列 $\mathcal{O}\in\mathbb{R}^{nm\times n}$ が列フルランクをもつ．

$$\mathcal{O}=\begin{bmatrix} C \\ CA \\ \vdots \\ CA^{n-1} \end{bmatrix} \tag{34}$$

④ 行列 $\begin{bmatrix} A-\lambda I \\ C \end{bmatrix}$ がすべての $\lambda\in\mathbb{C}$ に対して列フルランクをもつ．

⑤ 行列 $A-FC$ の固有値を任意の値とする行列 $F$ が存在する．

可観測性を緩和した条件として可検出性がある．可検出性は，行列 $A-FC$ を安定とする行列 $F$ が存在

することであり，次の等価な条件が成り立つ．

① $(C,A)$ は可検出である．

② 行列 $\begin{bmatrix} A-\lambda I \\ C \end{bmatrix}$ がすべての $\mathrm{Re}\lambda \geq 0$ に対して列フルランクをもつ．

ここで，可制御性に関する条件において，$A \to A^T$，$B \to C^T$，$C \to B^T$ と置き換えてみると，それらは可観測性に関する条件と同一となることに注意する．つまり，$(A,B)$ が可制御であることと $(B^T, A^T)$ が可観測であることは等価である．同様に，$(C,A)$ が可観測であることと $(A^T, C^T)$ が可制御であることは等価である．これを双対性の定理という．可安定性と可検出性も同様の関係にある．

### 4.4.3　可制御正準形と可観測正準形

1入力1出力系 (1),(2) は，$(A,b)$ が可制御であれば，次の可制御正準形に相似である．

$$\dot{x}_c(t) = A_c x_c(t) + b_c u(t)$$
$$y(t) = c_c x_c(t) + d_c u(t) \tag{35}$$

このうち $A_c$，$b_c$ は次のような構造をもつ．

$$A_c = \begin{bmatrix} 0 & 1 & 0 & \cdots & 0 \\ 0 & 0 & 1 & \cdots & 0 \\ \vdots & \vdots & \vdots & \ddots & \vdots \\ 0 & 0 & 0 & \cdots & 1 \\ -a_n & -a_{n-1} & -a_{n-2} & \cdots & -a_1 \end{bmatrix}$$

$$b_c = \begin{bmatrix} 0 \\ 0 \\ \vdots \\ 0 \\ 1 \end{bmatrix} \tag{36}$$

ただし，$a_i \in \mathbb{R}$ は次に示すように行列 $A$ の特性多項式の係数である．

$$|\lambda I - A| = \lambda^n + a_1 \lambda^{n-1} + \cdots + a_{n-1}\lambda + a_n \tag{37}$$

また，式 (1),(2) から式 (35) への変換 $x = P_c x_c$ は

$$P_c = \mathcal{C}\mathcal{J} \tag{38}$$

と表せる．ただし，$\mathcal{C}$ は可制御行列 (32) であり，$\mathcal{J}$ は

$$\mathcal{J} = \begin{bmatrix} a_{n-1} & a_{n-2} & \cdots & a_1 & 1 \\ a_{n-2} & a_{n-3} & \cdots & 1 & 0 \\ \vdots & \vdots & \ddots & \vdots & \vdots \\ a_1 & 1 & \cdots & 0 & 0 \\ 1 & 0 & \cdots & 0 & 0 \end{bmatrix} \tag{39}$$

である．

一方，式 (1),(2) の $(c,A)$ が可観測であれば，次の可観測正準形に相似変換できる．

$$\dot{x}_o = A_0 x_0(t) + b_0 u(t)$$
$$y(t) = c_0 x_0(t) + d_0 u(t) \tag{40}$$

ここで，$A_0$，$c_0$ は次式のようになる．

$$A_0 = \begin{bmatrix} 0 & 0 & \cdots & 0 & -a_n \\ 1 & 0 & \cdots & 0 & -a_{n-1} \\ 0 & 1 & \cdots & 0 & -a_{n-2} \\ \vdots & \vdots & \ddots & \vdots & \vdots \\ 0 & 0 & \cdots & 1 & -a_1 \end{bmatrix}$$
$$c_0 = [0\ 0\ \cdots\ 0\ 1] \tag{41}$$

式 (1),(2) から式 (40) への変換 $x = P_0 x_0$ は

$$P_0 = (\mathcal{J}\mathcal{O})^{-1} \tag{42}$$

となる．ただし，$\mathcal{O}$ は式 (34) で定義した可観測行列であり，$\mathcal{J}$ は式 (39) である．多入力多出力系でも同様の正準形が得られる．

### 4.4.4　正 準 分 解

すでに述べたように，システム (3),(4) は，その可制御行列 $\mathcal{C}$ のランクが $r < n$ のとき可制御ではない．このとき，変数変換 (5) によって次のような相似なシステムに変換することができる．

$$\tilde{x} = \begin{bmatrix} \tilde{x}_c \\ \tilde{x}_{\bar{c}} \end{bmatrix}, \quad \tilde{A} = \begin{bmatrix} \tilde{A}_c & \star \\ 0 & \tilde{A}_{\bar{c}} \end{bmatrix}, \quad \tilde{B} = \begin{bmatrix} \tilde{B}_c \\ 0 \end{bmatrix},$$
$$\tilde{C} = [\tilde{C}_c\ \tilde{C}_{\bar{c}}], \quad \tilde{D} = D \tag{43}$$

ここで，$\tilde{x}_c \in \mathbb{R}^r$，$\tilde{A}_c \in \mathbb{R}^{r\times r}$，$\tilde{B}_c \in \mathbb{R}^{r\times p}$ であり，$\star$ は必ずしも 0 とはならない行列を示している．この変換によって，部分システム $(\tilde{A}_c, \tilde{B}_c)$ は可制御であり，$(\tilde{A}_{\bar{c}}, 0)$ は可制御でない．したがって，システム (3) が可制御でないとき，それは可制御な部分システムと非可制御な部分システムに分割できることになる．ここで，もし行列 $\tilde{A}_{\bar{c}}$ が安定な行列であれば，システム (43) は可安定である．

**［例題3］**　次の1入力1出力システムを考えよう．

$$\dot{x}(t) = Ax(t) + bu(t) \tag{44}$$

ただし

$$A = \begin{bmatrix} 0 & 1 & 0 \\ -1 & 1 & 0 \\ 2 & 1 & -2 \end{bmatrix}, \quad b = \begin{bmatrix} 0 \\ 1 \\ 0 \end{bmatrix} \tag{45}$$

とする．可制御行列は

$$\mathcal{C} = \begin{bmatrix} 0 & 1 & 1 \\ 1 & 1 & 0 \\ 0 & 1 & 1 \end{bmatrix}, \quad \mathrm{rank}\ \mathcal{C} = 2 < 3 \tag{46}$$

となり，式 (44) は可制御でない．しかし，可制御行列 $\mathcal{C}$ はランク2をもつので二つの線形独立な列があることがわかる．そこで，次の正則行列を作成する．

$$P = \begin{bmatrix} 0 & 1 & 1 \\ 1 & 1 & 0 \\ 0 & 1 & -1 \end{bmatrix} \tag{47}$$

ここで，行列 $P$ の第1，2列は行列 $\mathcal{C}$ のそれらと同じものを，第3列は行列 $P$ が正則になるように選ぶ．行

列 $P$ によって式（44）の相似システムをつくると

$$P^{-1}AP=\begin{bmatrix}0&-1&-3\\1&1&2\\0&0&-2\end{bmatrix},\quad P^{-1}b=\begin{bmatrix}1\\0\\0\end{bmatrix} \tag{48}$$

となり，明らかに

$$\left(\begin{bmatrix}0&-1\\1&1\end{bmatrix},\begin{bmatrix}1\\0\end{bmatrix}\right) \tag{49}$$

は可制御である．

システム（3），(4）の可観測行列が rank $\mathcal{O}=r<n$ のときにも，同様に，次式の相似システムが必ず存在する．

$$\tilde{x}=\begin{bmatrix}\tilde{x}_0\\\tilde{x}_{\bar{0}}\end{bmatrix},\quad \tilde{A}=\begin{bmatrix}\tilde{A}_0&0\\\star&\tilde{A}_{\bar{0}}\end{bmatrix},\quad \tilde{B}=\begin{bmatrix}\tilde{B}_0\\\tilde{B}_{\bar{0}}\end{bmatrix},$$

$$\tilde{C}=[\tilde{C}_c\ 0],\ \tilde{D}=D \tag{50}$$

ここで，$\tilde{x}_0\in\mathbb{R}^r$，$\tilde{A}_0\in\mathbb{R}^{r\times r}$，$\tilde{C}_c\in\mathbb{R}^{m\times r}$ であり，部分システム（$\tilde{C}_c,\tilde{A}_0$）は可観測である．そして，$\tilde{A}_{\bar{0}}$ が安定であるとき式（50）は可検出となる．

そこで，式（43）を式（50）に従ってさらに相似変換すると，最終的に次の正準分解形を得ることができる．

$$\tilde{x}=\begin{bmatrix}\tilde{x}_{c0}\\\tilde{x}_{c\bar{0}}\\\tilde{x}_{\bar{c}0}\\\tilde{x}_{\bar{c}\bar{0}}\end{bmatrix},\quad \tilde{A}=\begin{bmatrix}\tilde{A}_{c0}&0&\star&0\\\star&\tilde{A}_{c\bar{0}}&\star&\star\\0&0&\tilde{A}_{\bar{c}0}&0\\0&0&\star&\tilde{A}_{\bar{c}\bar{0}}\end{bmatrix},$$

$$\tilde{B}=\begin{bmatrix}\tilde{B}_{c0}\\\tilde{B}_{c\bar{0}}\\0\\0\end{bmatrix},\quad \tilde{C}=[\tilde{C}_{c0}\ 0\ \tilde{C}_{\bar{c}0}\ 0] \tag{51}$$

ただし，$\tilde{D}=D$ である．以上より，与えられた任意のシステムは，一般に可制御・可観測，可制御・非可観測，非可制御・可観測，非可制御・非可観測の四つの部分系に分割できることがわかる．

## 4.5　状態フィードバック制御

入出力の関係に注目した伝達関数に基づく制御系設計では，観測出力 $y(t)$ の比例（P）・微分（D）・積分（I）を線形結合した信号か，あるいは $y(t)$ を進み遅れ補償などのフィルタに通した信号を制御入力 $u(t)$ とする出力フィードバック制御が考えられてきた．しかし，状態方程式でシステムの動特性を表現できれば，状態量 $x(t)$ をフィードバックすることで有効な制御が行える．

多入力多出力系（3），(4）の状態フィードバック制御は次式で与えられる．

$$u(t)=-Kx(t) \tag{52}$$

ただし，$K\in\mathbb{R}^{p\times n}$ は定数行列であり，状態フィードバックゲイン，またはレギュレータゲインという．制御入力（52）を状態方程式（3）に加えた閉ループ系の状態方程式は

$$\dot{x}(t)=(A-BK)x(t) \tag{53}$$

となる．そこで，仮に行列 $A$ が不安定であったとしても，$(A,B)$ が可安定であれば行列 $A-BK$ を安定とする $K$ が必ず存在するので，閉ループ系（53）は任意の初期値 $x(0)$ に対して，$t\to\infty$ のとき $x(t)\to 0$ とできる．状態フィードバック制御では，このような安定化だけではなく，制御性能を向上させるための指標をみつけることが容易となる．たとえば，$(A,B)$ が可制御であれば閉ループ系の固有値を適当に配置することによって状態量・出力の応答を指定できる．また，何らかの評価関数を設定することによって性能の最適化を行える．

## 4.6　オブザーバ

状態フィードバック制御を行うためには，すべての時刻の状態量 $x(t)$ が直接観測できることが必要であるが，多くのシステムではこの条件を満たさない．そこで，状態方程式（3），(4）が実モデルを正しく表現しているという前提のもとに，出力 $y(t)$ から状態量を推定する方法がある．これを状態推定器またはオブザーバという．

### 4.6.1　同一次元オブザーバ

システム（3），(4）の状態量を推定するために，次のシステムを考えよう．

$$\dot{\hat{x}}(t)=A\hat{x}(t)+Bu(t)+L(y(t)-C\hat{x}(t)) \tag{54}$$

ここで，式（54）の右辺のうち，$y-C\hat{x}$ の項は実際の出力と計算出力値の誤差を表す．その他はシステム（3）の状態方程式と同一である．また，$u(t)$，$y(t)$ は式（3），(4）の入出力信号である．状態変数 $\hat{x}(t)\in\mathbb{R}^n$ が真の状態変数 $x(t)\in\mathbb{R}^n$ の推定値となる条件を求めるために，推定誤差を

$$e(t)=\hat{x}(t)-x(t) \tag{55}$$

と定義する．式（3），(4）および式（54）から

$$\dot{e}(t)=(A-LC)e(t) \tag{56}$$

が得られる．そこで，もし $(C,A)$ が可検出であれば，行列 $A-LC$ を安定とする定数行列 $L$ が存在して，任意の推定誤差の初期値 $e(0)$ に対して，$t\to\infty$ のとき

$e(t) \to 0$ とできる．したがって，式（54）を $u(t)$ および $y(t)$ を入力として，任意の初期値 $\hat{x}(0)$ のもとに解けば，推定値 $\hat{x}(t)$ は真値 $x(t)$ に漸近することがわかる．また，$(C, A)$ が可観測であれば，$A-LC$ のすべての固有値を指定することができ，推定誤差 $e(t)$ の応答を調整できる．式（54）を同一次元オブザーバといい，行列 $L$ をオブザーバゲインという．

### 4.6.2　オブザーバによる推定状態フィードバック

状態量を直接観測できないとき，式（52）の替わりに，オブザーバ（54）によって推定した状態量 $\hat{x}(t)$ から制御入力を次式のように構成するものとしよう．

$$u(t) = -K\hat{x}(t) \tag{57}$$

式（54），(57）を一組の状態方程式で表現すると

$$\dot{\hat{x}}(t) = (A-LC-BK)\hat{x}(t) + Ly(t) \tag{58}$$

$$u(t) = -K\hat{x}(t) \tag{59}$$

となる．これをオブザーバ併用型の状態フィードバック制御，あるいは擬似状態フィードバック制御という．制御対象（3），(4）を制御器（58），(59）で制御するとき，閉ループ系の状態方程式は次式で与えられる．

$$\begin{bmatrix} \dot{x} \\ \dot{\hat{x}} \end{bmatrix} = \begin{bmatrix} A & -BK \\ LC & A-LC-BK \end{bmatrix} \begin{bmatrix} x \\ \hat{x} \end{bmatrix} \tag{60}$$

閉ループ系の固有値を調べるために変数変換

$$\begin{bmatrix} x \\ \hat{x} \end{bmatrix} = \begin{bmatrix} I & 0 \\ I & I \end{bmatrix} \begin{bmatrix} x \\ e \end{bmatrix} \tag{61}$$

を行うと式（60）は

$$\begin{bmatrix} \dot{x} \\ \dot{e} \end{bmatrix} = \begin{bmatrix} A-BK & -BK \\ 0 & A-LC \end{bmatrix} \begin{bmatrix} x \\ e \end{bmatrix} \tag{62}$$

となる．したがって，閉ループ系の固有値は行列 $A-BK$ および $A-LC$ の固有値の和集合であることがわかる．すなわち，レギュレータゲイン $K$ とオブザーバゲイン $L$ の設計はそれぞれ独立に行うことができる．これを分離定理という．

### 4.6.3　最小次元オブザーバ

出力方程式（4）において，$y(t) \in \mathbb{R}^m$，$x(t) \in \mathbb{R}^n$ であり，$m < n$ なので，行列 $C \in \mathbb{R}^{m \times n}$ が最大行ランク $m$ をもつ場合は，$m$ 個の状態量の線形結合が直接観測できていることになる．したがって，残りの $n-m$ 個の状態量を推定すればよいことがわかる．この考えに基づくオブザーバを最小次元オブザーバという．まず，与えられたシステム（3），(4）において，変数変換

$$\begin{bmatrix} x_1 \\ x_2 \end{bmatrix} = Tx, \quad T = \begin{bmatrix} C \\ \bar{C} \end{bmatrix} \tag{63}$$

を行うと次のシステムに等価変換できる．ただし，$\bar{C}$ は $T$ を正則行列とする任意の行列である．

$$\begin{bmatrix} \dot{x}_1 \\ \dot{x}_2 \end{bmatrix} = \begin{bmatrix} A_{11} & A_{12} \\ A_{21} & A_{22} \end{bmatrix} \begin{bmatrix} x_1 \\ x_2 \end{bmatrix} + \begin{bmatrix} B_1 \\ B_2 \end{bmatrix} u$$

$$y = [I \quad 0] \begin{bmatrix} x_1 \\ x_2 \end{bmatrix} \tag{64}$$

変換後の状態変数のうち $x_1(t) \in \mathbb{R}^m$ は観測量 $y(t)$ であり，推定を必要とする未知の状態量は $x_2(t) \in \mathbb{R}^{n-m}$ のみである．いま，行列 $L \in \mathbb{R}^{(n-m) \times m}$ を用いて，$z = x_2 - Lx_1$ とおくと，式（64）より

$$\dot{z}(t) = Fz(t) + Hy(t) + Eu(t) \tag{65}$$

となる．ただし，

$$F = A_{22} - LA_{12}, \quad H = FL + A_{21} - LA_{11},$$

$$E = -LB_1 + B_2 \tag{66}$$

である．したがって，推定状態量 $\hat{x}_1(t)$ と $\hat{x}_2(t)$ は，まず $z(t)$ を推定する状態方程式

$$\dot{\hat{z}}(t) = F\hat{z}(t) + Hy(t) + Eu(t) \tag{67}$$

を任意の初期値 $\hat{z}(0)$ について解き，解 $\hat{z}(t) \in \mathbb{R}^{n-m}$ を使って

$$\begin{bmatrix} \hat{x}_1 \\ \hat{x}_2 \end{bmatrix} = \begin{bmatrix} 0 & I \\ I & L \end{bmatrix} \begin{bmatrix} \hat{z} \\ y \end{bmatrix} \tag{68}$$

と計算できる．ただし，$t \to \infty$ のとき $\hat{z} \to z$，したがって $\hat{x}_2 \to x_2$ となるためには，行列 $F$ は安定でなければならない．ここで，$(C, A)$ が可検出であれば，$(A_{12}, A_{22})$ も可検出であることが示せるので，$F$ を安定とする $L$ は必ず存在する．こうして得られる $\hat{x}_1(t)$，$\hat{x}_2(t)$ を正則行列（63）を使って逆変換すれば，元の状態方程式（3），(4）の推定状態量 $\hat{x}(t)$ が得られる．このような最小次元オブザーバを併用した状態フィードバック制御でも，やはり分離定理は成り立つ．

## 4.7　状態方程式と伝達関数

ここでは，システムの伝達関数による表現と状態方程式による表現の相互の関係について述べる．また，多入力多出力系の極・零点について説明する[5,6]．

### 4.7.1　状態方程式の伝達関数への変換

状態方程式

$$\dot{x}(t) = Ax(t) + Bu(t) \tag{69}$$

$$y(t) = Cx(t) + Du(t) \tag{70}$$

をラプラス変換することによって入力 $u(s)$ から出力

$y(s)$ までの伝達関数を

$$G(s)=C(sI-A)^{-1}B+D \tag{71}$$

と得ることができる．システム (69), (70) の相似システム

$$\tilde{A}=P^{-1}AP,\ \tilde{B}=P^{-1}B,\ \tilde{C}=CP,\ \tilde{D}=D \tag{72}$$

の伝達関数表現を求めると

$$\begin{aligned}\tilde{G}(s)&=\tilde{C}(sI-\tilde{A})^{-1}\tilde{B}+\tilde{D}\\&=CP(sI-P^{-1}AP)^{-1}P^{-1}B+D\\&=C(sI-A)^{-1}B+D\end{aligned} \tag{73}$$

となるので，互いに相似な状態方程式の伝達関数はすべて同一となることがわかる．ただし，逆は必ずしも成り立たない．式 (51) に示したように，可制御・可観測とは限らないシステム $(A,B,C,D)$ は正準分解形 $(\tilde{A},\tilde{B},\tilde{C},\tilde{D})$ に相似である．その伝達関数は，$\tilde{A}$ がブロック上三角行列であることと，$\tilde{B}$，$\tilde{C}$ の構造から

$$\begin{aligned}G(s)&=C(sI-A)^{-1}B+D\\&=\tilde{C}(sI-\tilde{A})^{-1}\tilde{B}+\tilde{D}\\&=\tilde{C}_{c0}(sI-\tilde{A}_{c0})^{-1}\tilde{B}_{c0}+\tilde{D}\end{aligned} \tag{74}$$

となることがわかる．すなわち伝達関数は，状態方程式のうち可制御かつ可観測の部分システムだけで表現されることになる．このことは，状態方程式 $(A,B,C,D)$ と $(\tilde{A}_{c0},\tilde{B}_{c0},\tilde{C}_{c0},\tilde{D}_{c0})$ の入出力の関係は同じであるが，内部表現は異なることを意味している．したがって，伝達関数だけを使ってシステムの解析・設計を行うとき，もし不安定な非可制御または非可観測の部分システムが初期値をもてば，制御系は期待どおりに動作しない．

### 4.7.2　伝達関数の状態空間実現

上述のように，状態方程式の伝達関数への変換は一意に求めることができる．ここでは，逆に，伝達関数を状態方程式に変換することを考えよう．これを実現問題という．状態方程式モデル $(A,B,C,D)$ は

$$G(s)=C(sI-A)^{-1}B+D \tag{75}$$

であるとき $G(s)$ の状態空間実現という．実現可能である必要十分条件は $G(s)$ がプロパな実有理関数であることである．4.7.1 項で述べたように，伝達関数 $G(s)$ が実現可能なとき，その解は無限個存在する．そのうち次数が最小の状態空間実現を最小実現という．そして，最小実現の状態方程式は可制御かつ可観測である．また複数の最小実現は相互に相似である．

1 入力 1 出力系であれば，次のように状態空間実現を簡単に導くことができる．

**［例題 4］**　1 入力 1 出力系の厳密にプロパな伝達関数

$$G(s)=\frac{b_1s^{n-1}+b_2s^{n-2}+\cdots+b_{n-1}s+b_n}{s^n+a_1s^{n-1}+\cdots+a_{n-1}s+a_n} \tag{76}$$

の状態空間実現の一つは

$$A=\begin{bmatrix}0&1&0&\cdots&0\\0&0&1&\cdots&0\\\vdots&\vdots&\vdots&\ddots&\vdots\\0&0&0&\cdots&1\\-a_n&-a_{n-1}&-a_{n-2}&\cdots&-a_1\end{bmatrix},\ b\begin{bmatrix}0\\0\\\vdots\\0\\1\end{bmatrix} \tag{77}$$

$$c=[b_n\ b_{n-1}\ b_{n-2}\ \cdots\ b_1] \tag{78}$$

と与えられる．式 (77), (78) は，4.4.3 項で述べた可制御正準形であるから，$(A,b)$ の可制御性は保証されている．伝達関数 (76) の分母多項式と分子多項式が既約（共通因子をもたない）であれば，そのときに限り，$(A,b,c)$ は可制御かつ可観測となり，行列 $A$ の特性多項式 $\det(sI-A)$ が分母多項式に一致する．

多入力多出力系の伝達関数行列 $G(s)$ から状態空間実現を求めるには，伝達関数行列の要素ごとの状態空間実現を求めて，それらを結合して全体系の状態方程式を得ることが考えられる．しかしながら，こうして得た実現は一般に最小実現ではない．最小実現を求めるには，必ずしも最小実現ではない状態方程式から，4.4.4 項で述べた正準分解を用いて非可制御，非可観測な状態変数を除去する必要がある．また，4.7.4 項で述べる平衡実現によって最小実現を得ることもできる．

与えられた伝達関数行列から最小実現を直接求める方法も多数提案されており[5]，部分分数展開による方法，ハンケル行列を用いる方法などが知られている．このうち，重複極をもたないシステムは部分分数展開によって次のように最小実現を得ることができる（ギルバートの方法という）．

**［例題 5］**　次のような 2 入力 2 出力の伝達関数行列 $G(s)$ を考えよう．

$$\begin{aligned}G(s)&=\begin{bmatrix}\dfrac{1}{(s+1)(s-1)}&\dfrac{1}{s+1}\\\dfrac{1}{s-1}&\dfrac{1}{s-1}\end{bmatrix}\\&=\frac{1}{(s+1)(s-1)}\begin{bmatrix}1&s-1\\s+1&s+1\end{bmatrix}\end{aligned} \tag{79}$$

分母多項式の根は $\{1,-1\}$ となり，重複根はない．そこで，$G(s)$ を次のように部分分数に展開する．

$$G(s)=\frac{R_1}{s+1}+\frac{R_2}{s-1} \tag{80}$$

ここで，行列 $R_1$，$R_2$ は

$$R_1=\begin{bmatrix}-\dfrac{1}{2}&1\\0&0\end{bmatrix},\quad R_2=\begin{bmatrix}\dfrac{1}{2}&0\\1&1\end{bmatrix} \tag{81}$$

となる．rank $R_1=1$, rank $R_2=2$ であることに注意して，それぞれを $R_1=C_1B_1$, $R_2=C_2B_2$ と分割表現する．ただし，$C_1\in\mathbb{R}^{2\times1}$, $B_2\in\mathbb{R}^{1\times2}$, $C_2$, $B_2\in\mathbb{R}^{2\times2}$ は一意には定まらないが，たとえば

$$C_1=\begin{bmatrix}1\\0\end{bmatrix},\qquad B_1=\begin{bmatrix}-\frac{1}{2} & 1\end{bmatrix},$$

$$C_2=\begin{bmatrix}1 & 0\\0 & 1\end{bmatrix},\quad B_2=\begin{bmatrix}\frac{1}{2} & 0\\1 & 1\end{bmatrix} \tag{82}$$

と選べば題意を満たす．最終的に状態空間実現は

$$\dot{x}=\begin{bmatrix}-1 & 0 & 0\\0 & 1 & 0\\0 & 0 & 1\end{bmatrix}x+\begin{bmatrix}-\frac{1}{2} & 1\\\frac{1}{2} & 0\\1 & 1\end{bmatrix}u$$

$$y=\begin{bmatrix}1 & 1 & 0\\0 & 0 & 1\end{bmatrix}x \tag{83}$$

となる．これは明らかに可制御・可観測なので最小実現である．

### 4.7.3　多変数系の極と零

1入力1出力システムでは伝達関数を有理関数

$$G(s)=\frac{n(s)}{d(s)} \tag{84}$$

で表現し，$d(s)$, $n(s)$ が既約のとき，$d(p_0)=0$ となる複素数 $p_0$ を極，$n(z_0)=0$ となる $z_0$ を零（あるいは零点）とよび，これらがシステムの特徴を表す重要な概念であった．多入力多出力系では，伝達関数は行列となり，それぞれの要素が有理関数で表される．このとき，極・零点はどのように考えればよいのか，伝達関数行列の状態空間実現では極・零点はどう定義されるのかについて考えよう．

いま，伝達関数行列 $G(s)$ が既約な有理関数を要素としてもつ $m\times p$ の行列であるとする．このとき，

$$G(s)=\frac{1}{d(s)}N(s) \tag{85}$$

と表現できる．ただし，$d(s)$ は $G(s)$ の各要素の分母多項式の最小公倍多項式であり，$N(s)$ は多項式行列である．行列 $N(s)$ は，多項式行列 $U(s)$, $V(s)$ によって

$$S(s)=U(s)N(s)V(s)$$
$$=\begin{bmatrix}v_1(s) & 0 & \cdots & 0 & 0\\0 & v_2(s) & \cdots & 0 & 0\\\vdots & \vdots & \ddots & \vdots & \vdots\\0 & 0 & \cdots & v_r(s) & 0\\0 & 0 & \cdots & 0 & 0\end{bmatrix} \tag{86}$$

と対角化できる．ここで，$U(s)$, $V(s)$ はその逆行列も多項式行列となる性質をもつ（ユニモジュラ行列という）．$v_i(s)$ は $s$ の多項式であり，式 (86) をスミス正準形という．式 (85) と式 (86) より伝達関数行列 $G(s)$ は次式のように対角化できる．

$$M(s)=U(s)G(s)V(s)$$
$$=\begin{bmatrix}\frac{n_1(s)}{d_1(s)} & 0 & \cdots & 0 & 0\\0 & \frac{n_2(s)}{d_2(s)} & \cdots & 0 & 0\\\vdots & \vdots & \ddots & \vdots & \vdots\\0 & 0 & \cdots & \frac{n_r(s)}{d_r(s)} & 0\\0 & 0 & \cdots & 0 & 0\end{bmatrix} \tag{87}$$

これをスミス・マクミラン正準形という．式 (87) において，$n_i(s)$ と $d_i(s)$ は，$v_i(s)$ と $d_i(s)$ の共通因子を約分して得られる互いに規約な $s$ の多項式であり，$n_{i+1}(s)$ は $n_i(s)$ で，$d_i(s)$ は $d_{i+1}(s)$ で割り切れるものとする．このとき，$d_i(s)=0$ を満たすすべての根を $G(s)$ の極（伝達極）という．そして，$n_i(s)=0$ を満たすすべての根を伝達零という．ここで $\sum_i\deg(d_i(s))$ をマクミラン次数といい，$G(s)$ の最小実現の次数に等しい．ただし，$\deg(\cdot)$ は多項式の次数を示す．

多変数システムの伝達関数行列は，極と伝達零が同一の値をとりうることがあるが，もし $z_0\in\mathbb{C}$ が $G(s)$ の極でない場合には，$z_0$ が $G(s)$ の伝達零である必要十分条件は

$$\mathrm{rank}(G(z_0))<\mathrm{normalrank}(G(s)) \tag{88}$$

となることである．ここで，normalrank$(\cdot)$ は複素数関数$(\cdot)$ がある $s\in\mathbb{C}$ に対してもちうる最大のランクを表す．したがって，もし $G(s)$ が正方行列で $G(s)\neq0$ であれば，$\det G(z_0)=0$ となる $z_0$ が伝達零である．伝達零点のほかに，$G(z_0)=0$ となる $z_0\in\mathbb{C}$ をブロッキング零点という．ブロッキング零点は伝達零点であるが逆は成り立たない．1入力1出力のとき両者は一致する．

次に伝達関数 $G(s)$ の状態空間実現 $(A,B,C,D)$ が与えられているときの極・零点について述べる．まず，行列 $A$ の固有値は $G(s)$ の実現の極である．零点を定義するには次の行列を考える．

$$Q(s)=\begin{bmatrix}A-sI & B\\C & D\end{bmatrix} \tag{89}$$

これをシステム行列という．そして条件

$$\mathrm{rank}\begin{bmatrix}A-z_0I & B\\C & D\end{bmatrix}<\mathrm{normalrank}\begin{bmatrix}A-sI & B\\C & D\end{bmatrix} \tag{90}$$

を満たす $z_0 \in \mathbb{C}$ が存在するとき $z_0$ を不変零点という．そして，$(A, B, C, D)$ が最小実現のとき，先に定義した伝達零点と不変零点は一致する．

すでに4.7.2項で述べた1入力1出力伝達関数 (84) が既約で，その実現 (77)，(78) が可制御かつ可観測のとき，

$$\det(A - sI) = (-1)^n d(s) \tag{91}$$

$$\det\begin{bmatrix} A - sI & b \\ c & 0 \end{bmatrix} = (-1)^n n(s) \tag{92}$$

となるので，多変数系の状態方程式に対して定義した極・不変零点は，1入力1出力系 (76) で従来定義されていた極・零点と一致する[5]．

**[例題 6]**　例題5と同一の $2\times 2$ の伝達関数行列 $G(s)$ を考えよう．

$$G(s) = \begin{bmatrix} \dfrac{1}{(s+1)(s-1)} & \dfrac{1}{s+1} \\ \dfrac{1}{s-1} & \dfrac{1}{s-1} \end{bmatrix} = \frac{1}{(s+1)(s-1)}\begin{bmatrix} 1 & s-1 \\ s+1 & s+1 \end{bmatrix} \tag{93}$$

このとき，$G(s)$ は

$$U(s)G(s)V(s) = \frac{1}{(s+1)(s-1)}\begin{bmatrix} 1 & 0 \\ 0 & (s+1)(2-s) \end{bmatrix} \tag{94}$$

と対角化できる．ここで，行列 $U(s)$，$V(s)$ は行列の基本変換を使って

$$U(s) = \begin{bmatrix} 1 & 0 \\ -s-1 & 1 \end{bmatrix}, \quad V(s) = \begin{bmatrix} 1 & -s+1 \\ 0 & 1 \end{bmatrix} \tag{95}$$

と求めることができる．したがって，スミス・マクミラン正準形は

$$U(s)G(s)V(s) = \begin{bmatrix} \dfrac{1}{(s+1)(s-1)} & 0 \\ 0 & -\dfrac{s-2}{s-1} \end{bmatrix} \tag{96}$$

となるので，マクミラン次数は3，極は $\{-1, 1, 1\}$，伝達零は $\{2\}$ である．伝達関数 $G(s)$ は正方行列であり，伝達零と極の重複はないので

$$\det G(s) = \frac{2-s}{(s+1)(s-1)^2} \tag{97}$$

からも伝達零が求まる．

一方，4.7.2項の例題5で求めた $G(s)$ の最小実現 (83) からシステム行列 (89) を構成すると

$$Q(s) = \begin{bmatrix} -1-s & 0 & 0 & -\dfrac{1}{2} & 1 \\ 0 & 1-s & 0 & \dfrac{1}{2} & 0 \\ 0 & 0 & 1-s & 1 & 1 \\ 1 & 1 & 0 & 0 & 0 \\ 0 & 0 & 1 & 0 & 0 \end{bmatrix} \tag{98}$$

ここで，$\det Q(s) = s-2$ となるので，不変零点は伝達零点と同一であることもわかる．

### 4.7.4　平衡実現

平衡実現は高次の状態方程式の低次元化に用いることができる．これは，状態空間実現のうち可制御かつ可観測な部分空間だけが伝達関数という入出力関係に保存されるという事実から，可制御性・可観測性ともに比較的小さい状態変数（モード）を取り除いても，伝達関数としては，ある程度よい近似が得られるであろうという推測に基づいている．その判別にはハンケル特異値を用いる．

いま，次の最小実現が与えられているとしよう．

$$\dot{x}(t) = Ax(t) + Bu(t) \tag{99}$$

$$y(t) = Cx(t) \tag{100}$$

行列 $A \in \mathbb{R}^n$ が安定であると仮定すると，$(A, B)$ は可制御，$(C, A)$ は可観測なので，二つのリアプノフ方程式

$$AW_c + W_c A^T + BB^T = 0 \tag{101}$$

$$A^T W_0 + W_0 A + C^T C = 0 \tag{102}$$

は正定解 $W_c > 0$，$W_0 > 0$ をもつ．ここで，$W_c$，$W_0$ は，それぞれ式 (31)，(33) で定義した可制御グラミアン $\mathcal{W}_c(t)$，可観測グラミアン $\mathcal{W}_0(t)$ の終端時刻を $t \to \infty$ とおいた定数行列，$W_c = \mathcal{W}_c(\infty)$，$W_0 = \mathcal{W}_0(\infty)$ である．ここで，状態変数の変換

$$x = T\hat{x} \tag{103}$$

によって式 (99)，(100) の係数行列は

$$\hat{A} = T^{-1}AT, \quad \hat{B} = T^{-1}B, \quad \hat{C} = CT \tag{104}$$

となる．これに伴って $W_c$，$W_0$ は

$$\hat{W}_c = T^{-1}W_c T^{-T}, \quad \hat{W}_0 = T^T W_0 T \tag{105}$$

また，

$$\hat{W}_c \hat{W}_0 = T^{-1} W_c W_0 T \tag{106}$$

となる．式 (106) より可制御，可観測グラミアンの積の固有値は相似変換によって不変であることがわかる．そこで，この性質を利用して，式 (105) の $\hat{W}_c$，$\hat{W}_0$ が同一の対角行列となる $T$ をみつけることができれば，可制御性と可観測性の度合いを同等の基準で評価できる状態変数 $\hat{x}$ を見出すことができるはずである．実際，次のような変換行列 $T$ が存在することを示せる．

$$\hat{W}_c = T^{-1}W_c T^{-T} = \Sigma, \quad \hat{W}_0 = T^T W_0 T = \Sigma \tag{107}$$

ただし，$\Sigma$ は対角正定行列であり，$\Sigma^2$ の対角要素は $W_c W_0$ の固有値であり，

$$T^{-1} W_c W_0 T = \Sigma^2 \tag{108}$$

となる．この変換によって得られるシステム表現 (104) を平衡実現（あるいは内部平衡実現）という．いま，

$$\Sigma=\begin{bmatrix}\sigma_1 & & & 0\\ & \sigma_2 & & \\ & & \ddots & \\ 0 & & & \sigma_n\end{bmatrix} \tag{109}$$

であり，対角要素が $\sigma_1\geq\sigma_2\geq\cdots\geq\sigma_n>0$ と降順に整理されているとする．ここで，$\sigma_i$ をハンケル特異値という．もし $\sigma_r\gg\sigma_{r+1}$ となる $r$ が存在するならば，式 (103) で与えられる状態変数 $\hat{x}$ のうち $\sigma_{r+1},\cdots,\sigma_n$ に対応する状態量は $\sigma_1,\cdots,\sigma_r$ に対応するものより可制御性，可観測性への寄与が少ないと結論できる．したがって，この分割に対応して，$\hat{x}$ を $r$ 次に低次元化してもシステムの入出力関係をおおむね近似することができる．

変換行列 $T$ を求めるのには，たとえば，次のアルゴリズムが知られている[8]．

・可制御・可観測グラミアンを下三角行列で分解表現する．

$$W_c=L_cL_c^T,\quad W_0=L_0L_0^T$$

・次の特異値分解を行う．

$$L_0^TL_c=U\Sigma V^T$$

・平衡実現の変換行列とその逆行列は次式となる．

$$T=L_cV\Sigma^{-1/2},\quad T^{-1}=\Sigma^{-1/2}U^TL_0^T$$

システム (99), (100) が最小実現でない，したがって可制御・可観測でない場合には，リアプノフ方程式 (101), (102) の解は行列 $A$ が安定なら半正定 $W_c\geq0$, $W_0\geq0$ となる．この場合にも，次のように $W_c$, $W_0$ を対角化する正則行列 $T$ が存在することが示せる[7,8]．

$$T^{-1}W_cT^{-T}=\begin{bmatrix}\Sigma_1 & & & \\ & \Sigma_2 & & \\ & & 0 & \\ & & & 0\end{bmatrix}$$

$$T^TW_0T=\begin{bmatrix}\Sigma_1 & & & \\ & 0 & & \\ & & \Sigma_3 & \\ & & & 0\end{bmatrix} \tag{110}$$

ただし，$\Sigma_1$, $\Sigma_2$, $\Sigma_3$ は正定な対角行列である．明らかに

$$T^{-1}W_cW_0T=\begin{bmatrix}\Sigma_1^2 & & & \\ & 0 & & \\ & & 0 & \\ & & & 0\end{bmatrix} \tag{111}$$

であるので，変換した状態方程式 (104) から式 (111) の分割に対応して可制御かつ可観測でない状態変数を消去すれば最小実現を得ることができる．

## 4.8 入出力安定性と内部安定性

### 4.8.1 入出力安定性

多入力多出力システム

$$\dot{x}(t)=Ax(t)+Bu(t) \tag{112}$$

$$y(t)=Cx(t) \tag{113}$$

について内部安定性と入出力安定性について再び考えよう．すでに 4.3 節で述べたようにシステム (112), (113) が内部安定であるとは，入力 $u(t)\equiv0$ のときに，任意の初期値 $x(0)=x_0$ に対して $t\to\infty$ のとき $x(t)\to0$ となることをいう．そして，その判別は $A$ の固有値の安定性，特性多項式の係数，リアプノフ方程式などを使って行うことができる．

一方，入出力安定性（あるいは外部安定性）は，初期値が $x_0=0$ のとき，有界な入力に対して出力も有界であることをいう．線形時不変システム (112), (113) の出力は，$x_0=0$ のとき

$$y(t)=\int_0^\infty H(t-\tau)u(\tau)\,d\tau \tag{114}$$

で与えられる．ただし，

$$H(t)=Ce^{At}B \tag{115}$$

はインパルス応答行列である．式 (114) を使って有界な入力 $\|u(t)\|\leq a$ に対して出力が有界 $\|y(t)\|\leq b$ となる条件は

$$\int_0^\infty\|H(t)\|\,dt<\infty \tag{116}$$

である．ここで，$\|\cdot\|$ は 4.9.3 項に述べるベクトルノルムおよび行列の誘導ノルムである．このとき，システムは BIBO (bounded input bounded output) 安定であるという．そして，条件 (116) が成り立つ必要十分条件は，伝達関数行列 $G(s)=\mathcal{L}(H(t))$ のすべての極が安定であることである．

### 4.8.2 入出力安定性と内部安定性

ここで，内部安定性と入出力安定性の関係を調べてみる．4.7.1 項で述べたように，行列 $A$ の固有値は，その伝達関数行列 $G(s)=C(sI-A)^{-1}B$ の極である．したがって，内部安定なシステム（$A$ が安定）は入出力安定（$G(s)$ の極が安定）であることがいえる．しかし，逆は必ずしも成り立たない．

**[例題 7]** 簡単のために次の 1 入力 1 出力系を考える．

$$\dot{x}=\begin{bmatrix}1 & 1\\ 0 & -1\end{bmatrix}x+\begin{bmatrix}1\\ -2\end{bmatrix}u,\quad y=[1\ 0]\,x \tag{117}$$

行列 $A$ は不安定な固有値をもつので，明らかに，内部安定ではない．ところが，この状態方程式を伝達関数に変換すると

$$G(s)=\frac{s-1}{s+1}\,\frac{1}{s-1}=\frac{1}{s+1} \tag{118}$$

となり，安定である．これは，$s=1$ で極零相殺が起きているためである．このような極と零点の相殺が起きるとき可制御性または可観測性が失われる．実際，上記のシステム (117) は可観測ではあるが可制御でないことがわかる．

この例題から次の結論を得る．システム (112)，(113) が可制御・可観測であれば，内部安定性と入出力安定性は等価である．しかし，安定な極と安定な零点の相殺は安定性の点からは問題とならないので，上記の可制御・可観測性の条件は可安定・可検出性に緩和することができる．

### 4.8.3　フィードバック系の内部安定性と入出力安定性

これまでは開ループシステムの安定性について説明した．ここでは，フィードバック制御で重要となるフィードバック結合されたシステムの安定性を調べる．伝達関数のみに注目した制御では，目標信号入力から出力までの閉ループ伝達関数のみを作成して，その安定性を議論することが多い．しかし，前節で述べた極零相殺を考えると，これだけでは内部安定性を保証できない．

そこで，図 4.1 に示すシステムを考えよう．

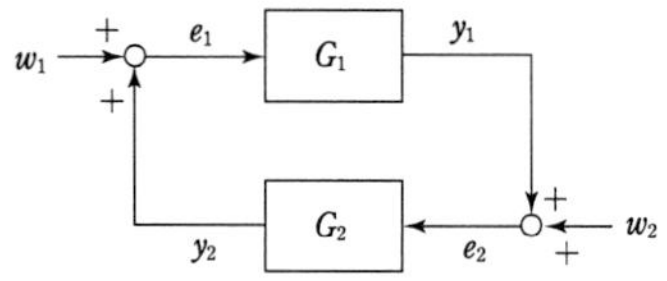


図 4.1　フィードバック結合されたシステム

それぞれのサブシステム $G_1(s)$，$G_2(s)$ はプロパとする．システムへの外部入力 $w_i$ に対するサブシステムの出力 $y_i$ の関係は

$$\begin{bmatrix} y_1 \\ y_2 \end{bmatrix}=\bar{G}\begin{bmatrix} w_1 \\ w_2 \end{bmatrix}$$

$$\bar{G}=\begin{bmatrix} G_1(I-G_2G_1)^{-1} & (I-G_1G_2)^{-1}G_1G_2 \\ (I-G_2G_1)^{-1}G_2G_1 & G_2(I-G_1G_2)^{-1} \end{bmatrix} \tag{119}$$

である．ここで，$\bar{G}(s)$ もプロパであると仮定する ($G_1(s)$，$G_2(s)$ がプロパであっても $\bar{G}(s)$ は必ずしもプロパとはならない)．前項の議論より，$\bar{G}(s)$ のすべての極が安定であれば，このフィードバック系は入出力安定であることがいえる．

次に，$G_1(s)$，$G_2(s)$ の状態空間実現をそれぞれ

$$\dot{x}_1=A_1x_1+B_1e_1,\quad y_1=C_1x_1+D_1e_1,\quad e_1=y_2+w_1 \tag{120}$$

$$\dot{x}_2=A_2x_2+B_2e_2,\quad y_2=C_2x_2+D_2e_2,\quad e_2=y_1+w_2 \tag{121}$$

とする．ただし，$(A_i, B_i, C_i)$ は可安定・可検出であるとする．これから図 4.1 のシステムの状態方程式は

$$\begin{bmatrix} \dot{x}_1 \\ \dot{x}_2 \end{bmatrix}=\bar{A}\begin{bmatrix} x_1 \\ x_2 \end{bmatrix}+\bar{B}\begin{bmatrix} w_1 \\ w_2 \end{bmatrix}$$

$$\begin{bmatrix} y_1 \\ y_2 \end{bmatrix}=\bar{C}\begin{bmatrix} x_1 \\ x_2 \end{bmatrix}+\bar{D}\begin{bmatrix} w_1 \\ w_2 \end{bmatrix} \tag{122}$$

となる．ただし

$$\bar{A}=\begin{bmatrix} A_1 & 0 \\ 0 & A_2 \end{bmatrix}+\begin{bmatrix} B_1 & 0 \\ 0 & B_2 \end{bmatrix}\tilde{D}^{-1}\begin{bmatrix} 0 & C_2 \\ C_1 & 0 \end{bmatrix}$$

$$\tilde{D}=\begin{bmatrix} I & -D_2 \\ -D_1 & I \end{bmatrix} \tag{123}$$

ここで，式 (119) の $\bar{G}(s)$ がプロパであるとき，$\tilde{D}$ の逆行列は必ず存在する．したがって，$\bar{A}$ が安定な行列であれば図 4.1 は内部安定であると結論できる．

また，$(A_i, B_i, C_i)$ が可安定・可検出のとき，$(\bar{A}, \bar{B}, \bar{C})$ も可安定・可検出であることを示せる[8]．したがって，このとき，以下は等価である．

① フィードバック系（図 4.1）の $\bar{A}$ が安定

② $\bar{G}(s)$ が安定

## 4.9　非線形システムの安定性

前節までは，線形時不変システムという，限られたクラスのシステムについて述べてきた．ここでは，非線形システムの，とくに安定性について概要を述べる[9~11]．

### 4.9.1　非線形システムと平衡点

非線形システムは，一般に次の状態方程式で表せる．

$$\dot{x}=f(x, t) \tag{124}$$

ここで，$x(t)\in\mathbb{R}^n$ は状態変数，$f(\cdot)\in\mathbb{R}^n$ は非線形関数である．簡単のために，以下では，$f(\cdot)$ が時間 $t$ に陽には依存しない次の自律系を考えることにする．

$$\dot{x}=f(x) \tag{125}$$

ここで，このシステムの平衡点 $x^*$ を次式を満たす定数ベクトルで定義する．

$$f(x^*)=0 \tag{126}$$

平衡点は，状態がひとたび $x^*$ となると，それ以降もとどまる状態のことである．一般性を失うことなく，平衡点は原点 $x^*=0$ としてよい．なぜなら $x^*=\alpha$ のとき変数変換 $x^\dagger=x^*-\alpha$ として新たな平衡点を定義できるからである．

平衡点近傍のシステムの動作を解析したいときには，式 (125) 右辺の非線形関数を次のように近似することによって，線形時不変系を得ることができる．

$$\dot{x}=\left.\frac{\partial f(x)}{\partial x}\right|_{x=x^*}x+\text{h.o.t}\approx Ax \tag{127}$$

ここで，$\partial f(x)/\partial x\in\mathbb{R}^{n\times n}$ はヤコビ行列，h.o.t は $x$ の高次の項を表している．式 (127) を非線形システムの平衡点近傍での線形近似という．

**［例題 8］** 次のような振り子モデルを考えよう．

$$\ddot{\theta}+a\dot{\theta}+b\sin\theta=0,\quad a>0,\ b>0 \tag{128}$$

ただし，$\theta$ は鉛直方向下向きからの角度である．状態変数を $x_1=\theta$，$x_2=\dot{\theta}$ とすると

$$\begin{bmatrix}\dot{x}_1\\ \dot{x}_2\end{bmatrix}=\begin{bmatrix}x_2\\ -b\sin x_1-ax_2\end{bmatrix} \tag{129}$$

平衡点は $\sin x_1^*=0$，$x_2^*=0$ であり，$x^*=[l\pi,0]^T$ となる．ただし，$l$ は整数である．

### 4.9.2 リアプノフ安定性

入力のない自律系 (125) の内部安定性，すなわち任意の初期値 $x(0)$ に対する解の安定性，について考える．非線形系の安定性の定義は次のように与えられる．

平衡点を含む領域 $\mathcal{B}_r=\{x\in\mathbb{R}^n : \|x\|<r\}$ において，平衡点 $x^*=0$ は：

- 任意の $R>0$ に対して，初期値が $\|x(0)\|<r$ のとき $\|x(t)\|<R, \forall t\geq 0$ となる $r(R)>0$ が存在すれば安定である．
- 安定でないとき不安定である．
- 安定であり，かつ初期値が $\|x(0)\|<r$ のとき，$t\to\infty$ において $\|x(t)\|\to 0$ となる $r>0$ が存在すれば漸近安定である．
- $\forall x(0)\in\mathcal{B}_r$ に対して，$\|x(t)\|\leq a\|x(0)\|e^{-bt}$ となる $a,b,r>0$ が存在するとき指数安定である．

任意の初期値 $x(0)$ に対して平衡点 $x^*=0$ が漸近安定であるとき大域的に漸近安定であるという．指数安定性についても同様である．線形時不変システムは漸近安定であれば大域的であり，かつ指数安定である．

次に，この定義に基づいた安定性の定理について考えよう．そのために次のようなスカラ関数を定義する．状態変数 $x$ の連続関数 $V(x)$ は $x(t)\in\mathcal{B}_r$ において

- $V(x)>0, \forall x\neq 0, V(0)=0$ のとき正定であるという．
- $V(x)\geq 0, \forall x\neq 0,\ V(0)=0$ のとき半正定であるという．
- $-V(x)$ が正定（半正定）のとき $V(x)$ を負定（半負定）という．

関数 $V(x)$ は，$V(x)>0$ かつ $\dot{V}(x)\leq 0$ を満たすとき，リアプノフ関数とよばれる．ただし，$\dot{V}(x)$ は時間に関する微分であり，

$$\dot{V}(x)=\frac{\partial V(x)}{\partial x}\frac{\partial x}{\partial t}=\frac{\partial V(x)}{\partial x}f(x) \tag{130}$$

となる．これを式 (125) の解軌道に沿った時間微分という．リアプノフ関数を使うとシステム (125) の安定性を次のように判別することができる．すなわち，平衡点 $x^*=0$ は：

- $V(x)>0, \dot{V}(x)\leq 0, \forall x\in\mathcal{B}_r$ のとき安定である．
- $V(x)>0, \dot{V}(x)<0, \forall x\in\mathcal{B}_r$ のとき漸近安定である．
- 次を満たす $a,b,c,r>0$，$p\geq 1$ が $\forall t\geq 0, \forall x\in\mathcal{B}_r$ について存在するとき指数安定である．

$$a\|x\|^p\leq V(x)\leq b\|x\|^p,\quad \dot{V}(x)\leq -c\|x\|^p \tag{131}$$

これは $x\in\mathcal{B}_r$ における局所的安定性に関する定理である．しかし，もしリアプノフ関数 $V(x)$ が半径方向に非有界，すなわち $\|x\|\to\infty$ のとき $V(x)\to\infty$ であれば，大域的な安定性・漸近安定性・指数安定性をいうことができる．

以上はリアプノフの直接法（あるいは第 2 の方法）とよばれる安定定理である．

**［例題 9］** 線形時不変システム

$$\dot{x}(t)=Ax(t),\quad x(0)=x_0 \tag{132}$$

にリアプノフの直接法を適用してみよう．いまリアプノフ関数の候補として $V(x)=x^TPx$ を選ぶ．明らかに $\dot{V}(x)=x^T(A^TP+PA)x$ である．したがって，$A^TP+PA=-Q$ が $Q>0$ に対して解 $P>0$ をもてばシステムの平衡点 $x=0$ は漸近安定であり，これはリアプノフの安定定理 (30) の十分条件を与える．

**［例題 10］** 例題 8 で考えた振り子モデル (129) について平衡点 $x=0$ の安定性を調べる．リアプノフ関数の候補を

$$V(x)=b(1-\cos x_1)+\frac{1}{2}x_2^2>0 \tag{133}$$

とする．

$$\dot{V}(x) = -ax_2^2 \leq 0 \tag{134}$$

となり，直接法から平衡点は安定ではあるが，漸近安定性までは結論できない．しかし，物理的に考えると，減衰のある振り子の運動は時間の経過とともに振幅が減少し，やがて平衡点 $x=0$ で停止するはずである．いま，ある時刻 $t$ で $\dot{V}(x)=0$ となったとする．このとき $x_2=0$ であるが，$x_1 \neq 0$ とすると状態方程式 (129) は

$$\dot{x}_1 = 0, \quad \dot{x}_2 = -b \sin x_1 \tag{135}$$

であり $x_1 \neq 0$ なので $\dot{x}_2 \neq 0$ となり，いつまでも $\dot{V}(x)=0$ とはならないので矛盾が生じる．したがって，$x_1$ も 0 であり，平衡点 $x=0$ は漸近安定といえる．このように $\dot{V}(x)$ が半正定であっても $\dot{V}(x)=0$ がその時刻以降に恒久的に満たされなければ $x=0$ は漸近安定となる．これをラサールの不変集合の定理という．

実際に安定性を調べるさいには，いかにして有効なリアプノフ関数を設定すればよいかという問題がある．これに対してリアプノフ関数を構成せずに安定性を判別する次の定理がある．

・非線形系 (125) が指数安定であることと，その線形近似システム (127) が指数安定であることは等価である．

これをリアプノフの間接法（あるいは第1の方法）という[9,11]．

### 4.9.3　$L_p$ 安定

次に入力 $u(t)$，出力 $y(t)$ をもつ非線形システム

$$\dot{x}(t) = f(x(t), u(t)),$$
$$y(t) = h(x(t)), x(0) = 0 \tag{136}$$

の入出力安定性を考える．そのためにベクトルのノルムと行列の誘導ノルムについて基礎事項をまとめておく[12]．

まず，$n$ 次のベクトル $x = [x_1, \cdots, x_n]^T$ の大きさを次のような $p$ ノルム $\|x\|_p$ を用いて定義する．

・$\|x\|_p = (|x_1|^p + \cdots + |x_n|^p)^{1/p}$, $1 \leq p < \infty$

・$\|x\|_\infty = \max_i |x_i|$

もっともよく使われるのは $\|x\|_1$, $\|x\|_\infty$ と，ユークリドノルムとよばれる

$$\|x\|_2 = (|x_1|^2 + \cdots + |x_n|^2)^{1/2}$$

である．行列 $A$ のノルムは，ベクトル $x$ と $Ax$ のノルムの比の上限を用いて定義する．

$$\|A\|_p = \sup_{x \neq 0} \frac{\|Ax\|_p}{\|x\|_p} \tag{137}$$

これを誘導ノルムという．具体的には，$A \in \mathbb{R}^{m \times n}$ の要素を $a_{ij}$ とするとき，

・$\|A\|_1 = \max_j \sum_{i=1}^m |a_{ij}|$

・$\|A\|_2 = [\lambda_{\max}(A^T A)]^{1/2}$

・$\|A\|_\infty = \max_i \sum_{j=1}^n |a_{ij}|$

次に，これらを使って，時間関数である信号 $u(t)$ の大きさを $L_p$ ノルムで表現する．

・$\|u\|_{L_p} = \left( \int_0^\infty \|u(t)\|^p dt \right)^{1/p}$, $p \in [1, \infty)$

・$\|u\|_{L_\infty} = \sup_{t \geq 0} \|u(t)\|$

ここで $\|\cdot\|$ は先に定義した $p$ ノルムのいずれでもよい．$\|u\|_{L_p} < \infty$ のとき信号 $u(t)$ の集合を $L_p$ 空間といい，$u(t) \in L_p$ と表記する．

以上の準備のもとに非線形システムの入出力安定性は，入力 $u(t) \in L_p$ と出力 $y(t) \in L_p$ の信号ノルムが

$$\|y\|_{L_p} \leq \alpha_p \|u\|_{L_p} \tag{138}$$

となるような $\alpha_p \geq 0$ が存在することと定義される．これを $L_p$ 安定という．条件 (138) を満たす $\alpha_p$ は無数に存在するが，その最小値 $\alpha_p^*$ を $L_p$ ゲインといい，

$$\alpha_p^* = \sup_u \frac{\|y\|_{L_p}}{\|u\|_{L_p}} \tag{139}$$

で定義される．

線形時不変系 $y(s) = G(s)u(s)$ の $L_p$ 安定性については，次の等価な条件が得られる[9]．

① $G(s)$ が安定

② システムが $L_1$ 安定

③ システムが $L_2$ 安定

④ システムが $L_\infty$ 安定

このうち $L_\infty$ 安定性が，4.8.1 項で述べた BIBO 安定性である．また，$L_2$ ゲインは伝達関数行列 $G(s)$ の $H_\infty$ ノルムである．

$$\alpha_2^* = \sup_\omega \sigma_{\max}(G(j\omega)) = \|G(s)\|_\infty \tag{140}$$

ここで，$\sigma_{\max}(\cdot)$ は最大特異値を表す．

### 4.9.4　フィードバック系の安定性

再び，図 4.1 のフィードバック系の安定性について考える．ただし，$G_1$, $G_2$ は伝達関数ではなく，入力を出力に写像するオペレータと考える．一般的な安定性定理として小ゲイン定理と受動定理の二つがある[9]．

小ゲイン定理について次の結果が知られている．

・$G_1$, $G_2$ が $p \in [1, \infty]$ に対して $L_p$ 安定であり，かつ，それぞれの $L_p$ ゲインが $\alpha_{p1} = \alpha_p(G_1)$, $\alpha_{p2} = \alpha_p(G_2)$ のとき，もし $\alpha_{p1}\alpha_{p2} < 1$ ならば閉ループ系 (図 4.1)

は $L_p$ 安定である．

一方，$u \in L_2$，$y = Gu \in L_2$ で，かつ，$u$，$y$ が同じ次数のとき $L_2$ 空間では次のように内積を定義できる．

$$\langle u, y \rangle = \int_0^T u^T(t) y(t) dt \tag{141}$$

そして，この入出力の内積を使って受動性は以下のように定義される．

- $\langle u, y \rangle \geq 0$，$\forall T \geq 0$ のとき $G$ は受動的である．
- $\langle u, y \rangle \geq \varepsilon \|u\|_{L_2}^2$，$\forall T \geq 0$，$\forall u \in L_2$ となる $\varepsilon > 0$ が存在するとき強受動的である．

システム $G$ が線形時不変のとき，受動性，強受動性は周波数応答関数を用いて次のようになる．

- $\inf_{\omega}(G^*(j\omega) + G(j\omega)) \geq 0$ のとき受動的である．
- $\inf_{\omega}(G^*(j\omega) + G(j\omega)) > 0$ のとき強受動的である．

1入力1出力系の場合，受動的とは $G(j\omega)$ の位相の絶対値が 90° 以下，強受動的とは 90° 未満を意味する．

以上の定義より次の受動定理が成り立つ．

- $G_1$，$G_2$ が $L_2$ 安定であり，① $G_1$ が強受動的かつ $G_2$ が受動的である，あるいは② $G_2$ が強受動的かつ $G_1$ が受動的であるとき，閉ループ系（図 4.1）は $L_2$ 安定である．

［木田　隆］

## 参考文献


1) 小郷　寛，美多　勉 (1979)：システム制御理論入門，実教出版．
2) 吉川恒夫，井村順一 (1994)：現代制御論，昭晃堂．
3) 木田　隆 (2003)：フィードバック制御の基礎，培風館．
4) 池田雅夫，藤崎泰正 (2010)：多変数システム制御，コロナ社．
5) 須田信英 (1993)：線形システム論，朝倉書店．
6) T. Kailath (1980)：Linear Systems, Prentice-Hall Inc.
7) 劉　康志 (2002)：線形ロバスト制御，コロナ社．
8) K. Zhou, J. C. Doyle, K. Glover (1996)：Robust and Optimal Control, Prentice-Hall Inc.
9) 井村順一 (2000)：システム制御のための安定論，コロナ社．
10) M. Vidyasagar (1993)：Nonlinear Systems Analysis (2nd Ed.), Prentice-Hall Inc.
11) H. K. Khalil (2002)：Nonlinear Systems (3rd Ed.), Prentice-Hall Inc.
12) 児玉慎三，須田信英 (1978)：システム制御のためのマトリクス理論，計測自動制御学会．

# 第2部

# 制御系設計
# の実践編

# 1

# PID 制御

## 1A　PID，I-PD 制御

要　約

| | |
|---|---|
| 制御の特徴 | 目標値の変化に追従する，また外乱の影響を抑制する代表的な制御方式で，もっとも広く使われている． |
| 長　所 | 簡単で実用的． |
| 短　所 | PID 制御で目標値への追従を速く設計すると外乱の影響を抑制する制御の整定が遅くなる．I-PD 制御は目標値への追従が PID 制御よりも少し遅いが，目標値，外乱の区別なく制御できる． |
| 制御対象のクラス | 基本的には線形時不変，安定で応答が緩慢なシステム．不安定な系を安定化できる場合もある． |
| 制約条件 | 制御対象の動特性を完全に補償しているわけではないから，制御性能が十分に出せないこともありうる．不安定系を安定化できない場合もありうる． |
| 設計条件 | 制御対象の分母系列表現の $s$ の 3 次の項の係数 $a'_3$ までが必要． |
| 設計手順 | 部分的モデルマッチング法によって導かれた方程式を解く．サンプル値制御も設計できる．必要に応じて参照モデルの係数を修正する． |
| 実応用例 | 半世紀以上使われてきている．制御装置は製品化されている． |

### 1A.1　PID，I-PD 制御の概念

目標値の変化に追従する，また外乱の影響を抑制する代表的な制御方式である．制御系の構造は図 1.1 のように直列補償型である．外乱は制御対象のどこに入るかさまざまであるが，制御対象全体に影響を与えうる外乱という意味で入力側にまとめて加えた．ここに外乱を加えることによって，目標値変化に対する応答との違いもよくわかる．

PID 制御装置の伝達関数は

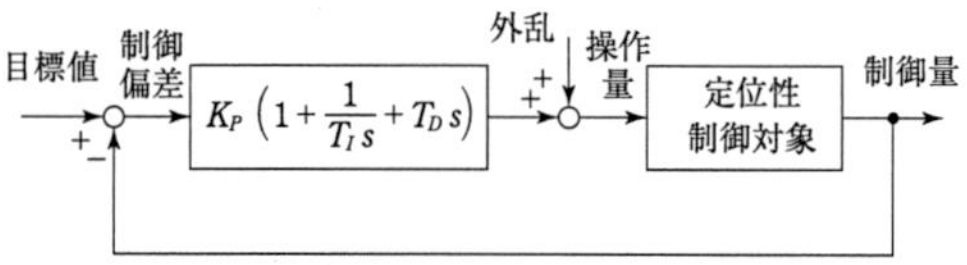


図 1.1　PID 制御系

$$C(s)=K_P\left(1+\frac{1}{T_I s}+T_D s\right) \tag{1}$$

である．カッコ内の第 1 項のみの場合は比例動作（proportional action），第 2 項までとると比例＋積分動作（proportional plus integral action），第 3 項までとって比例＋積分＋微分動作（proportional plus integral plus derivative action）といい，略して P 動作，PI 動作，PID 動作などという．$K_P$ を比例感度あるいは比例ゲイン，$T_I$ を積分時間，$T_D$ を微分時間という．

制御対象は定位系であるとする．無定位系の場合は，ループ内に積分器が二つ以上存在することになって安定性に難が出てくるので，I 動作を省いて PD 動作を使う．

まず簡単な P 動作で制御するとある程度の速応性が得られるが，制御対象が定位系の場合に定常位置偏差（オフセット）が残る．そこで I 動作を導入すると

定常位置偏差は0になるが，速応性が損なわれる．そこでD動作を追加して速応性を高めるというのが一般的な考え方である．別の考え方として，まずI動作で制御すれば定常位置偏差を0にできるが，きわめて応答が遅い．そこでP動作を導入して速応性を高める．それでも十分でないときはD動作を追加してさらに速応化を図るということもできる．

直列補償構造の制御系なので目標値の変化に追従する速応性を狙って設計すると，制御対象の緩慢なモード（極，応答の成分）を制御装置の零点で相殺して緩慢なモードが目立たない（励起されない）ような補償をしてしまう．このとき，外乱は直接制御対象に加わるから制御対象の緩慢なモードも励起してしまう．この緩慢なモードは制御量を乱し，制御偏差に負でフィードバックされて乱れを打ち消すように操作量に戻ってくるべきところであるが，極零点相殺されているとその打ち消し効果が現れず，結局緩慢なモードが野放しになってしまうのである．このようなことを避けるために従来からPID制御系のパラメータ $K_P$，$T_I$，$T_D$ の設定には目標値追従用と外乱抑制用に別々の経験則などが用意されてきている．

しかし，速応化の方法は極零点相殺だけではない．制御対象にフィードバック補償を加え，特性根を移動させて速応化を図ることもできる．PID動作のうち，P動作とD動作を図1.2のように制御対象のフィードバック補償にあて，I動作だけを制御装置に残すと，PDフィードバックによって速応化ができ，零点をもたず極零点相殺を起こさないI動作で定常位置偏差を0にする制御系が得られる．これはP，I，Dの3動作のうちIとP，Dを分けて使っているのでI-PD制御という．制御対象にフィードバック補償を加えて速応化しておくと，そのループのどこに入ってくる入力に対しても応答は速くなる．当然，外乱に対しても応答は速くなり，抑制も速くなる．実は，PID制御系の外乱抑制用の設計というのはI-PD制御系の設計だったのである．そのことは外乱から制御量までのPID制御系とI-PD制御系が同じになることからもわかる．I-PD制御系のI動作の制御装置をPID制御装置にして，目標値への追従性の速応化を図ることもある．こうするとPID動作とI-PD動作の両方を使っている構造になり，2自由度制御系という．

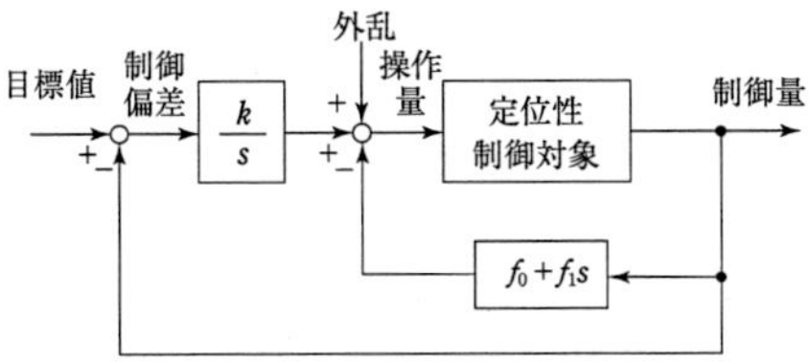

図1.2 I-PD 制御系

## 1A.2 PID 制御系，I-PD 制御系の設計法

部分的モデルマッチング法により連続時間およびサンプル値制御系の設計ができる．多入力多出力の非干渉制御系についても統一的に設計できるが，一般化した記法は読みにくいと思われるので，それは文献に譲り，ここでは1入力1出力の場合について述べる．

### 1A.2.1 連続時間 PID 制御系の設計法

制御対象の伝達関数を

$$P(s)=\frac{b(s)}{a(s)}=\frac{b_0+b_1s+b_2s^2+b_3s^3+\cdots}{a_0+a_1s+a_2s^2+a_3s^3+\cdots} \tag{2}$$

とする．PID制御装置の伝達関数 (1) は通分し，高次の微分動作まで想定して

$$C(s)=\frac{c(s)}{s}=\frac{c_0+c_1s+c_2s^2+c_3s^3+\cdots}{s} \tag{3}$$

と表現しておく．ここで，分子の第1項のみをとればI動作，第2項までとればPI動作，第3項までとればPID動作になる．

この表現で図1.1のPID制御系の目標値から制御量までの伝達関数は

$$W(s)=\frac{C(s)P(s)}{1+C(s)P(s)}=\frac{c(s)b(s)}{s\,a(s)+c(s)b(s)} \tag{4}$$

であるから，これを設計目標とする参照モデルの伝達関数

$$W_d(s)=\frac{b_d(s)}{a_d(s)}=\frac{b_{d0}+b_{d1}s+b_{d2}s^2+b_{d3}s^3+\cdots}{a_{d0}+a_{d1}s+a_{d2}s^2+a_{d3}s^3+\cdots} \tag{5}$$

にマッチングさせると，制御装置の満たすべき方程式

$$\frac{c(s)b(s)}{s\,a(s)+c(s)b(s)}=\frac{b_d(s)}{a_d(s)} \tag{6}$$

を得る．これからPID制御装置 (3) の分子多項式 $c(s)$ を解くと

$$c(s)=\frac{a(s)}{b(s)}\frac{s}{\dfrac{a_d(s)}{b_d(s)}-1} \tag{7}$$

を得る．$c(s)$ は $s$ の昇べきの多項式であるから，右辺も $s$ の昇べきの多項式に展開することになる．そのとき結果的に $a(s)/b(s)$ も $a_d(s)/b_d(s)$ も $s$ の昇べきの多項式としてしか効かないから，制御対象および参照モデルの伝達関数を

$$P(s)=\frac{b(s)}{a(s)}\equiv\frac{1}{a'(s)}$$
$$=\frac{1}{a'_0+a'_1s+a'_2s^2+a'_3s^3+\cdots}\qquad(8)$$
$$W_d(s)=\frac{b_d(s)}{a_d(s)}\equiv\frac{1}{a'_d(s)}$$
$$=\frac{1}{a'_{d0}+a'_{d1}s+a'_{d2}s^2+a'_{d3}s^3+\cdots}\qquad(9)$$

と表現すれば，式 (7) は

$$c(s)=\frac{sa'(s)}{a'_d(s)-1}\qquad(10)$$

となる．この表現 (8)，(9) を伝達関数の分母系列表現という．伝達関数の逆数のマクローリン展開である．

部分的モデルマッチング法によれば，参照モデルは

$$W_d(s)=\frac{1}{\alpha_\sigma(s)}$$
$$=\frac{1}{1+\sigma s+\alpha_2\sigma^2s^2+\alpha_3\sigma^3s^3+\cdots}\qquad(11)$$

と与えられる．係数 $\alpha_i$ の一つの推奨値は

$$\{\alpha_2,\alpha_3,\alpha_4,\alpha_5,\cdots\}=\{0.5,0.15,0.03,0.003,\cdots\}\qquad(12)$$

である．$\sigma$ はステップ応答が最終値の 50～60％まで立ち上がる立ち上がり時間で，マッチングの過程で決定される．この参照モデル表現を式 (10) に代入して $s$ の昇べきに展開すると

$$c(s)=\frac{sa'(s)}{\alpha_\sigma(s)-1}\qquad(13)$$
$$=\frac{1}{\sigma}a'_0+\frac{1}{\sigma}(a'_1-\sigma\alpha_2a'_0)s$$
$$+\frac{1}{\sigma}\{a'_2-\sigma\alpha_2a'_1+\sigma^2(\alpha_2{}^2-\alpha_3)a'_0\}s^2$$
$$+\frac{1}{\sigma}\{a'_3-\sigma\alpha_2a'_2+\sigma^2(\alpha_2{}^2-\alpha_3)a'_1$$
$$+\sigma^3(2\alpha_2\alpha_3-\alpha_2{}^3-\alpha_4)a'_0\}s^3+\cdots\qquad(14)$$

を得る．よって PID 制御装置 (3) のパラメータは

$$\begin{cases} c_0=\dfrac{1}{\sigma}a'_0\equiv\dfrac{1}{\sigma}p_0(\sigma)\\ c_1=\dfrac{1}{\sigma}(a'_1-\sigma\alpha_2a'_0)\equiv\dfrac{1}{\sigma}p_1(\sigma)\\ c_2=\dfrac{1}{\sigma}\{a'_2-\sigma\alpha_2a'_1+\sigma^2(\alpha_2{}^2-\alpha_3)a'_0\}\\ \quad\equiv\dfrac{1}{\sigma}p_2(\sigma)\\ c_3=\dfrac{1}{\sigma}\{a'_3-\sigma\alpha_2a'_2+\sigma^2(\alpha_2{}^2-\alpha_3)a'_1\\ \quad+\sigma^3(2\alpha_2\alpha_3-\alpha_2{}^3-\alpha_4)a'_0\}\\ \quad\equiv\dfrac{1}{\sigma}p_3(\sigma)\\ \quad\vdots \end{cases}\qquad(15)$$

となる．$p_i(\sigma)$ は以下の記述を簡潔にするために導入した．

ここでは，まだ参照モデルの自由パラメータである立ち上がり時間 $\sigma$ が決まっていないので，完全に解けたわけではない．具体的に，I 動作なら未知数は $c_0$ と $\sigma$ の二つ，PI 動作なら $c_0$，$c_1$ と $\sigma$ の三つ，PID 動作なら $c_0$，$c_1$，$c_2$ と $\sigma$ の四つの未知数を解かねばならない．制御系のステップ応答の姿に影響の大きいのは伝達関数の低次の項の係数なので，低次の項から自由パラメータの数だけ高次の項までマッチングさせる．

I 動作なら $c_0$ と $c_1$ の2式を使って $c_1=0$ すなわち $p_1(\sigma)\equiv0$ から $\sigma$ を解き，その値を $c_0$ の式に代入して $c_0$ を決定する．PI 動作なら $c_0$，$c_1$，$c_2$ の3式を使って $c_2=0$ すなわち $p_2(\sigma)\equiv0$ から $\sigma$ を解き，その値を $c_0$，$c_1$ の式に代入して $c_0$，$c_1$ を決定する．PID 動作なら $c_0$，$c_1$，$c_2$，$c_3$ の4式を使って $c_3=0$ すなわち $p_3(\sigma)\equiv0$ から $\sigma$ を解き，その値を $c_0$，$c_1$，$c_2$ の式に代入して $c_0$，$c_1$，$c_2$ を決定する．$p_2(\sigma)=0$ は $\sigma$ の2次式，$p_3(\sigma)=0$ は3次式であり，複数の $\sigma$ が得られるが，$\sigma$ は立ち上がり時間であり，速応性を狙うなら正でもっとも小さい値を採用する．それがないときは，その制御動作ではここでの参照モデルにマッチングさせる解がないということになる．

### 1A.2.2　サンプル値 PID 制御系の設計法

サンプル値 PID 制御系は制御の道具である補償要素や制御装置にサンプル値で働くものを使っているが，制御対象は連続時間ベースで動いているのだから，制御系全体は連続時間ベースの系である．したがって，連続時間の場合と同じ参照モデルにマッチングさせるのが自然である．そのためにサンプル値制御系も連続時間の微分作用素 $s$ で表現して設計する．

サンプル値 PID 制御装置はデータ数列のシフトレジスタを用いて実現するのが便利で，そのダイナミックスはシフト(推移)作用素 $z$ で

$$\tilde{C}^*(z)=K_P+K_I\frac{1}{1-z^{-1}}+K_D(1-z^{-1})$$
$$=\frac{\tilde{c}_0^*+\tilde{c}_1^*z^{-1}+\tilde{c}_2^*z^{-2}+\cdots}{1-z^{-1}}\qquad(16)$$

と書ける†．これを連続時間表現に変換するために同じサンプル値制御装置を

$$\tilde{C}^*(z)=\frac{c_0^*+c_1^*\varDelta+c_2^*\varDelta^2}{\varDelta}+\cdots\equiv C^*(\varDelta)\qquad(17)$$

† 作用素 $z$ で表現された伝達関数を制御理論ではパルス伝達関数とよんでいる．

と表現しておく．ここで，

$$\Delta=\frac{1-z^{-1}}{T} \tag{18}$$

は後退差分作用素，$T$ はサンプリング周期である．このとき表現（16）と（17）の係数の間には

$$\begin{cases}\tilde{c}_0^*=c_0^*T+c_1^*+\dfrac{c_2^*}{T}\\ \tilde{c}_1^*=-c_1^*-\dfrac{2c_2^*}{T}\\ \tilde{c}_2^*=\dfrac{c_2^*}{T}\end{cases} \tag{19}$$

の関係が成り立つ．ただし，これは PID 動作の場合で，PI 動作では添え字が 2 の係数は 0，I 動作のときは添え字が 1 と 2 の係数は 0 とする．

サンプル値制御装置（16）あるいは（17）は前にサンプラ，後にホールドをおいて連続時間ベースの要素と接続する．したがって，サンプラとサンプル値制御装置とホールドを一体として外からみると連続時間要素にみえる．その連続時間表現を求める．サンプラの入力を $X(s)$，出力を $Y(s)$ と書くと，サンプリング周期があまり長くなくて，側帯波が $s=0$ にくい込んでこない場合は，$s=0$ の近傍でサンプラの入出力関係が

$$Y(s)=\frac{1}{T}\sum_{n=-\infty}^{\infty}X\left(s+\frac{j2n\pi}{T}\right)\approx\frac{1}{T}X(s) \tag{20}$$

のように近似できる．また，ホールドの伝達関数は

$$H(s)=\frac{1-e^{-Ts}}{s} \tag{21}$$

である．したがって，サンプラ，サンプル値制御装置，ホールドからなる制御装置全体は連続時間ベースで

$$C(s)=\frac{1}{T}\left[\frac{c_0^*+c_1^*\Delta+c_2^*\Delta^2+\cdots}{\Delta}\right]_{\Delta=(1-e^{-Ts})/T}\times\frac{1-e^{-Ts}}{s} \tag{22}$$

$$=\frac{c_0+c_1s+c_2s^2+c_3s^3+\cdots}{s} \tag{23}$$

となる．ただし，係数は

$$\begin{cases}c_0=c_0^*\\ c_1=c_1^*\\ c_2=c_2^*-\dfrac{Tc_1^*}{2}\\ c_3=c_3^*-Tc_2^*+\dfrac{T^2c_1^*}{6}\\ \quad\vdots\end{cases} \tag{24}$$

である．これを逆に解くと

$$\begin{cases}c_0^*=c_0\\ c_1^*=c_1\\ c_2^*=c_2+\dfrac{Tc_1}{2}\\ c_3^*=c_3+Tc_2+\dfrac{T^2c_1}{3}\\ \quad\vdots\end{cases} \tag{25}$$

の関係を得る．

ここで，連続時間ベースの $c_0$，$c_1$，$c_2$，$c_3$ などは参照モデルにマッチングさせた結果として式（15）のように求まっている．それを使うと

$$\begin{cases}c_0^*=\dfrac{1}{\sigma}p_0(\sigma)\equiv\dfrac{1}{\sigma}p_0^*(\sigma)\\ c_1^*=\dfrac{1}{\sigma}p_1(\sigma)\equiv\dfrac{1}{\sigma}p_1^*(\sigma)\\ c_2^*=\dfrac{1}{\sigma}\left\{p_2(\sigma)+\dfrac{1}{2}Tp_1(\sigma)\right\}\equiv\dfrac{1}{\sigma}p_2^*(\sigma)\\ c_3^*=\dfrac{1}{\sigma}\left\{p_3(\sigma)+Tp_2(\sigma)+\dfrac{1}{3}T^2p_1(\sigma)\right\}\\ \quad\equiv\dfrac{1}{\sigma}p_3^*(\sigma)\\ \quad\vdots\end{cases} \tag{26}$$

を得る．そこで連続時間の場合と同様に，I 動作では $c_0^*$ と $c_1^*$ の 2 式を使って $c_1^*=0$ すなわち $p_1^*(\sigma)\equiv0$ から $\sigma$ を解き，その値を $c_0^*$ の式に代入して $c_0^*$ を決定する．PI 動作の場合は $c_0^*$，$c_1^*$，$c_2^*$ の 3 式を使って $c_2^*=0$ すなわち $p_2^*(\sigma)\equiv0$ から $\sigma$ を解き，その値を $c_0^*$，$c_1^*$ の式に代入して $c_0^*$，$c_1^*$ を決定する．PID 動作の場合は $c_0^*$，$c_1^*$，$c_2^*$，$c_3^*$ の 4 式を使って $c_3^*=0$ すなわち $p_3^*(\sigma)\equiv0$ から $\sigma$ を解き，その値を $c_0^*$，$c_1^*$，$c_2^*$ の式に代入して $c_0^*$，$c_1^*$，$c_2^*$ を決定する．$p_2^*(\sigma)=0$ は $\sigma$ の 2 次式，$p_3^*(\sigma)=0$ は $\sigma$ の 3 次式になり，複数の $\sigma$ が得られるが，速応性を狙うので正でもっとも小さい値を採用する．それがないときは，その制御動作ではここでの参照モデルにマッチングさせる解がないということになる．

これで後退差分作用素表現のサンプル値 PID 制御装置（17）の係数が決まるから，シフト（推移）作用素表現のサンプル値 PID 制御装置（16）の係数は式（19）から決定できる．

式（26）においてサンプリング周期 $T$ を 0 にすると連続時間の公式（15）になることは明白であろう．シフト作用素 $z$ は $T\to0$ でシフトの意味を失ってしまうが，差分作用素は $\Delta\to s$，すなわちラプラス変換の微分作用素に収束する．したがって，差分型伝達関数表現は連続時間の場合を特別な場合として含む表現に

なっているのである．

サンプリング周期 $T$ も自由パラメータとして設計すると，速応性の点から $T=0$ すなわち連続時間制御が解になってしまう．したがって，ここではサンプリング周期はあらかじめ決めておく．式 (20) のようにサンプラを近似したのでサンプリング周期をあまり大きい値には設定できない．制御対象の立ち上がり時間の4分の1以下ならば問題はないと思われる．

### 1A.2.3 I-PD制御系の設計法

制御対象は式 (2) で与えられるとする．フィードバック補償要素の伝達関数を

$$f(s)=f_0+f_1s+f_2s^2+f_3s^3+\cdots \tag{27}$$

そして，直列補償の制御装置を

$$C(s)=\frac{k}{s} \tag{28}$$

とすると，目標値から制御量までの制御系の伝達関数は

$$W(s)=\frac{kb(s)}{kb(s)+s\{a(s)+b(s)f(s)\}} \tag{29}$$

となる．これを参照モデル (5) とマッチングさせると補償要素・制御装置の満たすべき方程式

$$\frac{kb(s)}{kb(s)+s\{a(s)+b(s)f(s)\}}=\frac{b_d(s)}{a_d(s)} \tag{30}$$

を得る．制御装置 (28) は一つの自由パラメータ $k$ しかもたないので，それを未定のまま，フィードバック補償要素の $f(s)$ を解くと

$$f(s)=\frac{k}{s}\left\{\frac{a_d(s)}{b_d(s)}-1\right\}-\frac{a(s)}{b(s)} \tag{31}$$

である．ここでも $s$ の昇べきの多項式 $f(s)$ には制御対象および参照モデルの分母系列表現 (8)，(9) しか効かないことがわかる．参照モデルに表現 (11) を使うと $f(s)$ は

$$f(s)=\frac{k}{s}\{\alpha_\sigma(s)-1\}-a'(s) \tag{32}$$

$$=(k\sigma-a'_0)+(k\alpha_2\sigma^2-a'_1)s+(k\alpha_3\sigma^3-a'_2)s^2+(k\alpha_4\sigma^4-a'_3)s^3+\cdots \tag{33}$$

となる．よって，フィードバック補償要素の係数は

$$\begin{cases} f_0=k\sigma-a'_0 \\ f_1=k\alpha_2\sigma^2-a'_1 \\ f_2=k\alpha_3\sigma^3-a'_2 \\ f_3=k\alpha_4\sigma^4-a'_3 \\ \quad\vdots \end{cases} \tag{34}$$

である．しかし，ここではまだ $k$ と $\sigma$ が未知数である．そこで，I-PD動作の場合は $f_0$ と $f_1$ まで使うので，未知数四つに対して初めの4本の式の連立方程式

$$\begin{cases} f_0=k\sigma-a'_0 \\ f_1=k\alpha_2\sigma^2-a'_1 \\ f_2=k\alpha_3\sigma^3-a'_2\equiv 0 \\ f_3=k\alpha_4\sigma^4-a'_3\equiv 0 \end{cases} \tag{35}$$

をたてて解く．これは簡単に解けて

$$\sigma=\frac{\alpha_3a'_3}{\alpha_4a'_2},\quad k=\frac{a'_2}{\alpha_3\sigma^3}$$

$$f_0=k\sigma-a'_0,\quad f_1=k\sigma^2-a'_1 \tag{36}$$

を得る．同様にI-P動作では

$$\sigma=\frac{\alpha_2a'_2}{\alpha_3a'_1},\quad k=\frac{a'_1}{\alpha_2\sigma^2},\quad f_0=k\sigma-a'_0 \tag{37}$$

I動作では

$$\sigma=\frac{a'_1}{\alpha_2a'_0},\quad k=\frac{a'_0}{\sigma} \tag{38}$$

である．

### 1A.2.4 サンプル値I-PD制御系の設計法

サンプル値I動作制御装置のシフト作用素表現と後退差分作用素表現を等しいと置くと，

$$\frac{\tilde{k}^*}{1-z^{-1}}\equiv\frac{k^*}{\varDelta} \tag{39}$$

であるから，

$$\tilde{k}^*=Tk^* \tag{40}$$

の関係を得る．また，サンプラとホールドを含めて連続時間表現との関係は

$$C(s)=\frac{1}{T}\left[\frac{k^*}{\varDelta}\right]_{\varDelta=(1-e^{-Ts})/T}\frac{1-e^{-Ts}}{s}$$

$$=\frac{k^*}{s}\equiv\frac{k}{s} \tag{41}$$

となるから，

$$k=k^* \tag{42}$$

である．

また，フィードバック補償要素は

$$f(s)=\frac{1}{T}[f_0^*+f_1^*\varDelta+f_2^*\varDelta^2+f_3^*\varDelta^3+\cdots]_{\varDelta=(1-e^{-Ts})/T}\times\frac{1-e^{-Ts}}{s}$$

$$=f_0+f_1s+f_2s^2+f_3s^3+\cdots \tag{43}$$

と書ける．ただし，連続時間表現の係数は

$$\begin{cases} f_0=f_0^* \\ f_1=f_1^*-\dfrac{Tf_0^*}{2} \\ f_2=f_2^*-Tf_1^*+\dfrac{T^2f_0^*}{6} \\ f_3=f_3^*-\dfrac{3Tf_2^*}{2}+\dfrac{7T^2f_1^*}{12}-\dfrac{T^3f_0^*}{24} \\ \quad\vdots \end{cases} \tag{44}$$

である．これを逆に解いて

$$\begin{cases} f_0^* = f_0 \\ f_1^* = f_1 + \dfrac{Tf_0}{2} \\ f_2^* = f_2 + Tf_1 + \dfrac{T^2 f_0}{3} \\ f_3^* = f_3 + \dfrac{3Tf_2}{2} + \dfrac{11T^2 f_1}{12} + \dfrac{T^3 f_0}{4} \\ \quad \vdots \end{cases} \tag{45}$$

を得る．

連続時間の場合に参照モデルにマッチングした $f_0$，$f_1$，$f_2$，$f_3$，…は式（34）にみるように，一般に

$$f_i = k\alpha_{i+1}\sigma^{i+1} - a'_i \quad (\text{ただし } \alpha_1 = 1) \tag{46}$$

であったから

$$\begin{cases} f_0^* = k\sigma - a'_0 \\ f_1^* = (k\alpha_2\sigma^2 - a'_1) + \dfrac{T(k\sigma - a'_0)}{2} \\ f_2^* = (k\alpha_3\sigma^3 - a'_2) + T(k\alpha_2\sigma^2 - a'_1) \\ \qquad + \dfrac{T^2(k\sigma - a'_0)}{3} \\ f_3^* = (k\alpha_4\sigma^4 - a'_3) + \dfrac{3T(k\alpha_3\sigma^3 - a'_2)}{2} \\ \qquad + \dfrac{11T^2(k\alpha_2\sigma^2 - a'_1)}{12} + \dfrac{T^3(k\sigma - a'_0)}{4} \\ \quad \vdots \end{cases} \tag{47}$$

となる．

そこで，I-PD 動作の場合は $f_0^*$，$f_1^*$ までを用いるから $f_2^* \equiv 0$，$f_3^* \equiv 0$ とおいて，両式から $\sigma$ と $k$ を求める．まず，$k$ を消去すると $\sigma$ を決定する方程式

$$\left(a'_2 + Ta'_1 + \frac{T^2 a'_0}{3}\right)\alpha_4\sigma^3 + \left(-a'_3 + \frac{7T^2 a'_1}{12} + \frac{T^3 a'_0}{4}\right)\alpha_3\sigma^2 + \left(-a'_3 - \frac{7Ta'_2}{12} + \frac{T^3 a'_0}{18}\right)T\alpha_2\sigma + \left(-\frac{a'_3}{3} - \frac{Ta'_2}{4} - \frac{T^2 a'_1}{18}\right)T^2 = 0 \tag{48}$$

を得る．これから正の最小の $\sigma$ を求め，$f_2^* = 0$ に代入して $k^*$ を解くと，

$$k^* = \frac{a'_2 + Ta'_1 + T^2 a'_0/3}{\sigma(\alpha_3\sigma^2 + T\alpha_2\sigma + T^2/3)} \tag{49}$$

を得る．これらの値を式（47）の第 1，2 式に代入すると $f_0^*$，$f_1^*$ が求まる．

同様に，I-P 動作では

$$\left(a'_1 + \frac{Ta'_0}{2}\right)\alpha_3\sigma^2 + \left(-a'_2 + \frac{T^2 a'_0}{6}\right)\alpha_2\sigma + \left(-\frac{a'_2}{2} - \frac{Ta'_1}{6}\right)T = 0 \tag{50}$$

から正の最小の $\sigma$ を求め，$f_1^* = 0$ に代入して $k^*$ を解くと

$$k^* = \frac{a'_1 + Ta'_0/2}{\sigma(\alpha_2\sigma + T/2)} \tag{51}$$

であり，これらの値を式（47）の第 1 式に代入すると $f_0^*$ が求まる．

I 動作の場合は

$$\alpha = \frac{a'_1}{\alpha_2 a'_0}, \quad k^* = \frac{a'_0}{\sigma} \tag{52}$$

である．

## 1A.3 PID 制御系，I-PD 制御系の設計例

設計例に用いる制御対象として，抵抗とコンデンサからなる 4 段の RC 回路を考えよう．その伝達関数は

$$P(s) = \frac{1}{1 + 4s + 2.4s^2 + 0.448s^3 + 0.0256s^4} \tag{53}$$

とする．これはすでに分母系列表現にもなっているので

$$a'_0 = 1, \quad a'_1 = 4, \quad a'_2 = 2.4, \quad a'_3 = 0.448, \quad a'_4 = 0.0256 \tag{54}$$

である．

この制御対象について 1A.2 節の方法で，参照モデルの係数を推奨値（12）にして設計した結果を示す．表 1.1 は連続時間 PID および I-PD 制御系のパラメータの値，図 1.3，1.4 はステップ応答である．応答曲線に書き添えた“PID.r”，“PID.d”などの“.r”は単位ステップ状の目標値変化に対するステップ応答，“.d”は単位ステップ状の外乱に対する応答である．

**表 1.1** 連続時間 PID および I-PD 制御系の設計結果

| action | $\sigma$ | $c_0$ | $c_1$ | $c_2$ | action | $\sigma$ | $k$ | $f_0$ | $f_1$ |
|---|---|---|---|---|---|---|---|---|---|
| I | 8.0 | 0.125 | — | — | I | 8.0 | 0.125 | — | — |
| PI | 1.28 | 0.78 | 2.62 | — | I-P | 2.0 | 2.0 | 3.0 | — |
| PID | 0.44 | 2.29 | 8.66 | 3.54 | I-PD | 0.93 | 19.68 | 17.37 | 4.57 |

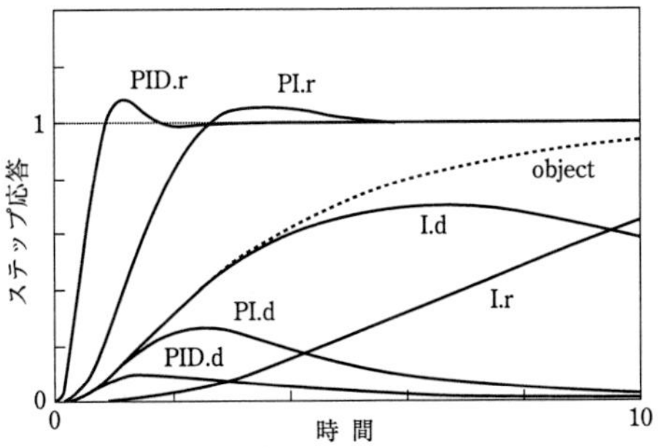


**図 1.3** 連続時間 PID 制御系のステップ応答

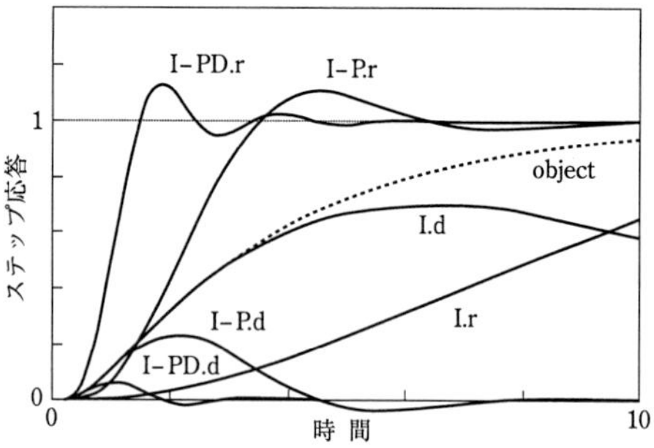


図1.4　連続時間I-PD制御系のステップ応答

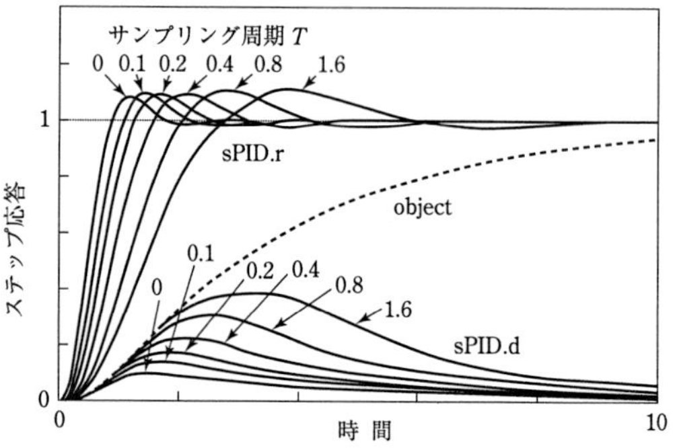


図1.5　サンプル値PID制御系のステップ応答

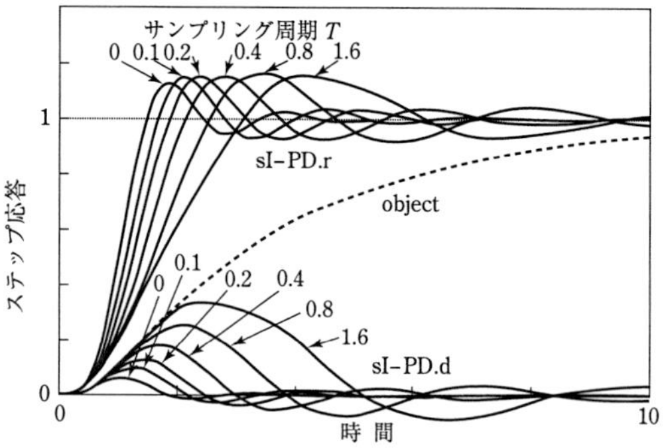


図1.6　サンプル値I-PD制御系のステップ応答

"object" は制御対象のみのステップ応答である．I動作，PI動作，PID動作，またI動作，I-P動作，I-PD動作の順に応答が速くなっている．目標値への追従はPID制御の方がI-PD制御より速い．しかし，外乱の影響のおさまり方はI-PD制御の方が速い．概念の項で述べたように，PID制御では制御対象の持っている緩慢なモードが現れているのである．

表1.2はサンプル値PIDおよびI-PD制御系のサンプリング周期を変えながら設計したパラメータの値，図1.5，1.6はステップ応答である．サンプリング周期が長くなるとサンプラから制御装置に取り込まれる情報が減るので，速応性が損なわれていく．制御対象の立ち上がり時間（制御対象のインパルス応答の1次のモーメント $a_1'/a_0'$）は4であるが，サンプリング周期が $T=1.6$ でも設計できている†．応答曲線がなめらかでなくなっているのは，ホールドからの階段状の操作量が荒くなっているからである．

制御対象がむだ時間を含む場合の例として，むだ時間+1次遅れ系

$$P(s)=\frac{e^{-Ls}}{1+s} \tag{55}$$

$$=\frac{1}{\left[\begin{array}{l}1+(1+L)s+L\left(1+\frac{1}{2}L\right)s^2\\ \quad+\frac{1}{2}L^2\left(1+\frac{1}{3}L\right)s^3+\frac{1}{6}L^3\left(1+\frac{1}{4}L\right)s^4+\cdots\end{array}\right]} \tag{56}$$

表1.2　サンプル値PIDおよびI-PD制御系の設計結果

| action | $T$ | $\sigma$ | $c^*_0$ | $c^*_1$ | $c^*_2$ |
|---|---|---|---|---|---|
| PID | 0.0 | 0.44 | 2.29 | 8.66 | 3.54 |
| PID | 0.1 | 0.61 | 1.65 | 6.08 | 2.32 |
| PID | 0.2 | 0.76 | 1.31 | 4.76 | 1.71 |
| PID | 0.4 | 1.03 | 0.975 | 3.40 | 1.12 |
| PID | 0.8 | 1.45 | 0.689 | 2.26 | 0.703 |
| PID | 1.6 | 2.10 | 0.477 | 1.41 | 0.480 |
| action | $T$ | $\sigma$ | $k^*$ | $f_0^*$ | $f_1^*$ |
| I-PD | 0.0 | 0.93 | 19.68 | 17.37 | 4.57 |
| I-PD | 0.1 | 1.10 | 10.72 | 10.75 | 2.98 |
| I-PD | 0.2 | 1.24 | 7.11 | 7.78 | 2.20 |
| I-PD | 0.4 | 1.46 | 4.15 | 5.08 | 1.46 |
| I-PD | 0.8 | 1.81 | 2.25 | 3.07 | 0.912 |
| I-PD | 1.6 | 2.31 | 1.19 | 1.75 | 0.585 |

† 時間の単位は秒でも分でも全体で統一していれば何でもよい．

表1.3　むだ時間+1次遅れ系に対する I-PD制御系の設計結果

| action | $L$ | $\sigma$ | $k^*$ | $f_0^*$ | $f_1^*$ |
|---|---|---|---|---|---|
| I-PD | 0.25 | 0.602 | 8.60 | 4.18 | 0.308 |
| I-PD | 0.5 | 1.17 | 2.62 | 2.06 | 0.286 |
| I-PD | 1.0 | 2.22 | 0.911 | 1.03 | 0.250 |
| I-PD | 2.0 | 4.17 | 0.369 | 0.536 | 0.200 |

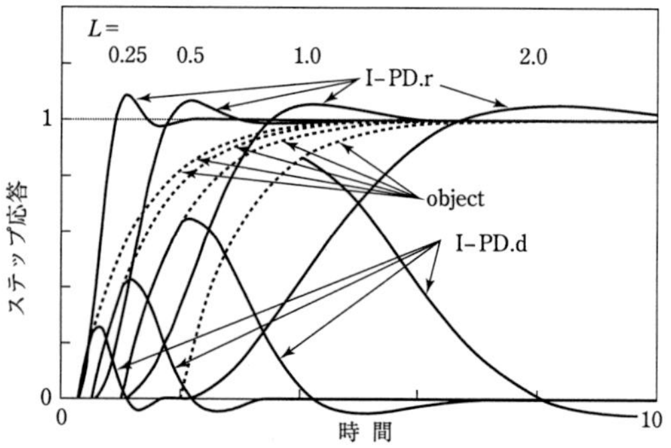


図1.7　むだ時間+1次遅れ系に対する I-PD制御系のステップ応答

のI-PD 制御の設計結果を表1.3，図1.7に示す．応答の現れないむだ時間の部分も含めて参照モデルの応答の姿に合わせているので，むだ時間が長くなると制御系としての立ち上がりも相当遅くなるが，時定数1に対してむだ時間が2倍でも安定に制御できている．

［北森俊行］

### 参考文献


PID 制御については古典的と考えられる制御の教科書でも必ずしもとりあげられていないが，プロセス制御関係の参考書には標準的な制御方式として記述されている．

1) 須田信英，ほか (1992)：PID 制御，朝倉書店．

I-PD 制御については

2) 北森俊行 (1998)：I-PD 制御方式の原理と設計法，システム/制御/情報，**42**(1)：7-17.

部分的モデルマッチング法については

3) 北森俊行 (1979)：制御対象の部分的知識に基づく制御系の設計法，計測自動制御学会論文集，**15**(4)：549-555.

4) 北森俊行 (1979)：制御対象の部分的知識に基づくサンプル値制御系の設計法，計測自動制御学会論文集，**15**(5)：695-700.

多入力多出力非干渉制御については

5) 森　泰親，重政　隆，北森俊行 (1984)：異なるサンプリング周期を有するサンプル値非干渉制御系の設計法，計測自動制御学会論文集，**20**(4)：300-306.

6) 森　泰親 (2009)：演習で学ぶ PID 制御，森北出版．

なお，PID 制御について歴史から今後の課題まで，延べ22名からなるリレー解説がある．

7) リレー解説《PID 制御》(1997/1998)：第1回〜第8回，計測と制御，**36**(9)：643-647；**36**(11)：800-807；**37**(2)：129-138；**37**(3)：201-208；**37**(5)：362-368；**37**(6)：423-431；**37**(8)：578-585；**37**(9)：662-672.


# 1B　ロバスト PID 制御器のパラメータ平面による設計

**要　約**

| | |
|---|---|
| 制御の特徴 | ロバスト制御の評価関数を満たす PID ゲインの解集合をパラメータ平面に描くグラフィカルな方法．解の存在範囲を把握できる． |
| 長　所 | 複数の設計仕様を同時に満たす設計問題なども，平面上の解集合の重ね合わせで得られ，設計の見通しがよい． |
| 短　所 | 時間応答特性の指定は間接的である．PID 制御器の3次元空間における解集合はその断面しか平面上に表示できない． |
| 制御対象のクラス | 1入力1出力系の周波数応答を用いる．1次遅れむだ時間系などの数式モデルで近似しなくてよい． |
| 制約条件 | オフライン設計，線形時不変系． |
| 設計条件 | ロバスト設計問題（マルチディスク問題[1]，制御問題[2]，ロバストパフォーマンス問題[3]）が扱える． |
| 設計手順 | 制御対象の周波数応答データを与え，PI や PD のゲイン平面に望ましい領域を描画し，領域より適切な解を選ぶ． |

## 1B.1　ロバスト PID 制御器のパラメータ平面設計の概念

図1.8のフィードバック制御系で，目標値 $r$，外乱 $d$，制御偏差 $e$，制御量 $y$ である．制御対象 $P(s)$ は1入力1出力の線形時不変系であり，$P(0)\neq 0$ とする．$K(s)$ は PID 制御器であり，次式で表され，比例ゲイン $K_P$，積分ゲイン $K_I$，微分ゲイン $K_D$ を求める．

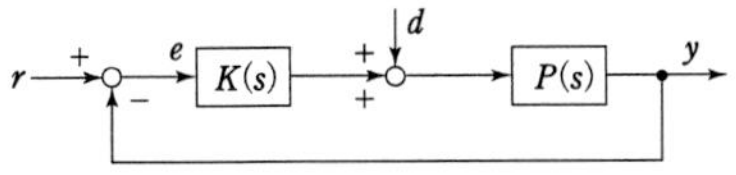


図1.8　フィードバック制御系

$$K(s)=K_P+\frac{K_I}{s}+K_D s \tag{57}$$

設計にはプラントの周波数応答 $P(j\omega)$，$\omega=\omega_i$，$i=1, \cdots, n$ を用いる．ここで，$\omega_i$ はサンプル周波数である．

感度関数（sensitivity function）$S(s)$ と相補感度関数（complementary sensitivity function）$T(s)$ は次式で定義される．次の設計問題を考える．

$$S(s)=\frac{1}{1+P(s)K(s)},\quad T(s)=\frac{P(s)K(s)}{1+P(s)K(s)} \tag{58}$$

**設計問題**　以下の条件を満たしながら，$K_I$ を最大にする PID ゲインを求めよ．

(1) 閉ループ系が安定である．

(2) 設定値 $\gamma_1$, $\gamma_2$, $\gamma_h<1$, $\omega_h$ に対し以下が満たされる（図 1.9）．

$$|S(j\omega)|<\gamma_1,\quad \omega\in[0,\infty) \tag{59}$$

$$|T(j\omega)|<\gamma_2,\quad \omega\in[0,\omega_h) \tag{60}$$

$$|T(j\omega)|<\gamma_h,\quad \omega\in[\omega_h,\infty) \tag{61}$$

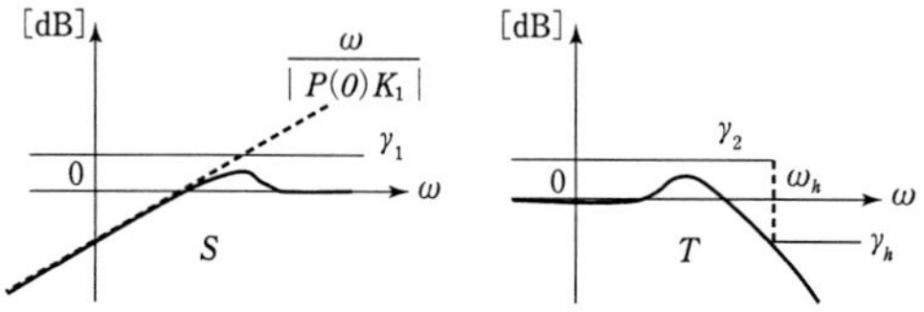


**図 1.9** $S$ と $T$ のゲイン特性

これはゲイン制約 (59)〜(61) が複数あるのでマルチディスク問題に属している．参考文献 1)〜3) にはほかの設計問題もあるが，設計者に使いやすいので本書ではこれを紹介する．設計目標は，「適度な安定余裕の式 (59) とモデル誤差に対するロバスト安定性 (robust stability) の式 (60), (61) を満たしながら，$K_I$ を最大にすることで外乱抑制 (disturbance attenuation) を最適化する PID ゲインを求めること」である．通常，式 (59) だけを制約式として用いる．式 (60), (61) は補助的に用い，式 (61) は相補感度関数の帯域幅が式 (59) 式だけでは大きくなりすぎる場合に用いる．

パラメータ平面による設計 (parameter space design) の考え方を説明する．上記の制約式を満たす PID ゲイン $K=[K_P, K_I, K_D]$ の集合を定義する．$K_{\rm stb}$ は閉ループ系を安定化する集合，$K_S(\omega)$ は各 $\omega$ で式 (59) を満たす集合，$K_T(\omega)$ は各 $\omega$ で式 (60), (61) を満たす集合とする．制約を満たす解集合 $K_{\rm sol}$ はそれらの共通集合で与えられる．すなわち，

$$K_{\rm sol}=K_{\rm stb}\cap\left(\bigcap_{\omega}K_S(\omega)\right)\cap\left(\bigcap_{\omega}K_T(\omega)\right) \tag{62}$$

よって，設計問題の解は，解集合 $K_{\rm sol}$ の中で $K_I$ を最大にする PID ゲインである．後述の各集合 $K_{\rm stb}$, $K_S(\omega)$, $K_T(\omega)$ を表す式を用いて，集合の断面を $(K_P, K_I)$ 平面と $(K_P, K_D)$ 平面上に描画することで解集合 $K_{\rm sol}$ の断面を表示する．その領域から適切な PID ゲインを選定する．PI や PD 制御器では一つの平面でよいが，PID 制御器では PI 平面と PD 平面を交互に切り換えることで解を求める．

上記の設計問題は以下に示す制御系設計に有用な性質 (a)〜(d) に基づいている[4]．式 (59) は仕様 (b) に，式 (60), (61) は仕様 (d) に基づいている．$K_I$ を最大化することは仕様 (a) と仕様 (c) の意味での最適化を意味する．

(a) 図 1.8 の系で，ステップ外乱 $d(t)=1$ に対する応答 $y(t)$ の積分値は次式で表される．これより，$K_I$ が大きいほど外乱が抑制されると期待される．

$$\int_0^t y(\tau)\,d\tau=\frac{1}{K_I} \tag{63}$$

(b) 最大感度 (maximum sensitivity) は感度関数のゲインのピーク値であり，

$$M_S=\max_{\omega}|S(j\omega)| \tag{64}$$

で定義される．これは閉ループ系の安定余裕を表し，$M_S$ が小さいほど安定余裕が大きい．$M_S\geq1$ であり，経験的に適正値は $M_S=1.2〜2.0$ である．これより，$\gamma_1\in[1.2, 2]$ とする．

(c) 低周波数での感度関数のゲイン特性は次式で近似される（図 1.9）．

$$|S(j\omega)|\approx\frac{\omega}{|P(0)K_I|} \tag{65}$$

ところで，外乱抑制や特性変動に対する低感度化にフィードバック制御の効果がある周波数は $|S(j\omega)|$ が 1 より小さい周波数である．式 (65) が 1 より小の条件から周波数帯域はほぼ $[0, |P(0)K_I|]$ と見積もられ，$|K_I|$ が大きいほどに周波数帯域が広くなる．

(d) $P(s)=P_0(s)(1+\Delta(s))$ とする．ここで，$P_0(s)$ は制御対象のモデルであり，$\Delta(s)$ が乗法的モデル誤差 (multiplicative model error) である．モデル誤差に対して $P(s)$ の不安定極数が不変であり，$P_0(s)$ と $K(s)$ からなるフィードバック系が安定と仮定する．このとき，

$$|T(j\omega)|<\frac{1}{|\Delta(j\omega)|},\quad \omega\in[0,\infty) \tag{66}$$

を満たすモデル誤差に対してフィードバック系はロバスト安定である．

## 1B.2 領域の境界の計算公式と設計手順

集合 $K_{\rm stb}$ と $K_S(\omega)$ の境界を表す式を以下に示す．$K_T(\omega)$ は省略する．$P(j\omega)=a(\omega)+jb(\omega)$ とおく．$a(\omega)$ は実部であり，$b(\omega)$ は虚部である．

(1) $K_{\rm stb}$：$(K_P, K_I)$ 平面上で，この集合の境界は $K_I=0$ および式 (67) で $\omega\in(0,\infty)$ をパラメータとして描いた曲線で構成される．これらにより平面が複数の領域に分割される．各領域内の一つのゲインがフィードバック系を安定化すれば，その領域は $K_{\rm stb}$ に含まれる．

$$K_P(\omega) = -\frac{a}{a^2+b^2}$$

$$K_I(\omega) = -\frac{\omega b}{a^2+b^2} + K_D\omega^2 \tag{67}$$

(2) $K_S(\omega)$：$(K_P, K_I)$ 平面では，各 $\omega$ において，この集合は次式で表される楕円の外部である．ここで，$\theta \in [0, 2\pi)$ は楕円を描くパラメータである．

$$K_P(\omega, \theta) = -\frac{a}{a^2+b^2} + \frac{1}{\gamma_1\sqrt{a^2+b^2}}\sin\theta \tag{68}$$

$$K_I(\omega, \theta) = -\frac{\omega b}{a^2+b^2} + K_D\omega^2 - \frac{\omega}{\gamma_1\sqrt{a^2+b^2}}\cos\theta \tag{69}$$

同様に，$(K_P, K_D)$ 平面では式 (69) と次式で表される楕円の外部である．

$$K_D(\omega, \theta) = \frac{K_I}{\omega^2} + \frac{b}{\omega(a^2+b^2)} + \frac{1}{\gamma_1\omega\sqrt{a^2+b^2}}\cos\theta \tag{70}$$

**設計手順**

・Step 1　$P(j\omega_i)$，$i=1, 2, \cdots, n$，$\gamma_1$ などを設定する．$K_D$ の値を設定する．$K_D$ の値が不明の場合には，$K_D=0$ に選ぶ．

・Step 2　$K_D$ の値を固定し，各領域を $(K_P, K_I)$ 平面上に描く．これらの共通領域から $K_I$ を大きくする $K_P$，$K_I$ を選ぶ．

・Step 3　$K_I$ は Step 2 の値に固定する．各領域を $(K_P, K_I)$ 平面上に描く．これらの共通領域の中心付近から $K_P$，$K_I$ を選び，Step 2 へいく．

Step 2 と Step 3 の繰り返しは，通常 2～3 回で終了する．

## 1B.3　PID制御器のパラメータ平面設計の設計例

制御対象の動特性が運転状態に依存して異なり，次式で表されるとする．

$$P_1(s) = \frac{2e^{-s}}{(s+2)(s+0.8)}$$

$$P_2(s) = \frac{2e^{-1.2s}}{(s+2)(s^2+s+1)} \tag{71}$$

二つの運転状態で同程度に良好な応答を与える一つの PID 制御器を得るために，式 (59) の下で $K_I$ を最大化する問題を考える．安定度を $\gamma_1=1.5$ とし，サンプル周波数 $\omega_i$ は $[0.01, 10]$ の区間を対数目盛で 100 等分する値に選ぶ．設計では $P_1(s)$，$P_2(s)$ に対する解領域を重ね合わせる．

$K_D=0$ として $(K_P, K_I)$ 平面に領域を描くと図 1.10 が得られる．この図では，二つのプラントに対し楕円の帯がそれぞれ 1 本ずつ描かれ，斜線部がフィードバック制御系の安定性も同時に満たす解集合 $K_{sol}$ に対応する．これより，$K_I$ がもっとも大きくなる点（黒丸）として $K_P=0.128$ と $K_I=0.182$ を選ぶ．

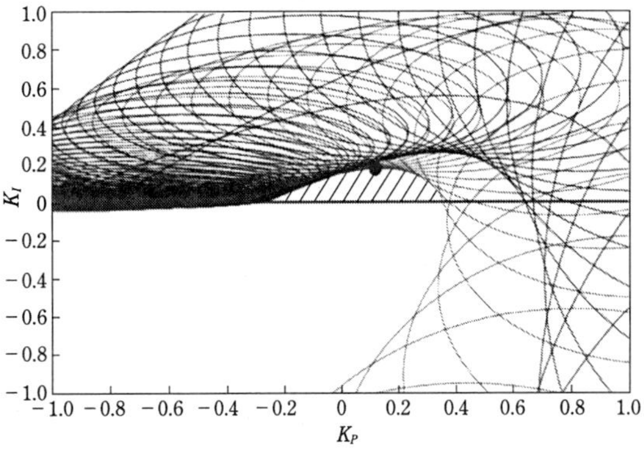


図 1.10　$(K_P, K_I)$ 平面

次に，$K_I=0.182$ に固定して，$(K_P, K_D)$ 平面に領域を描くと図 1.11 が得られる．黒丸で示した中心付近から $K_P=0.16$，$K_D=0.3$ と選ぶ．以上を繰り返す．すなわち，$K_D=0.3$ として $(K_P, K_I)$ 平面に領域を描き，$K_I$ がもっとも大きくなる点として $K_P=0.316$ と $K_I=0.288$ を選ぶ．次に，$K_I=0.288$ として $(K_P, K_D)$ 平面に領域を描き，$K_P=0.24$，$K_I=0.288$，$K_D$

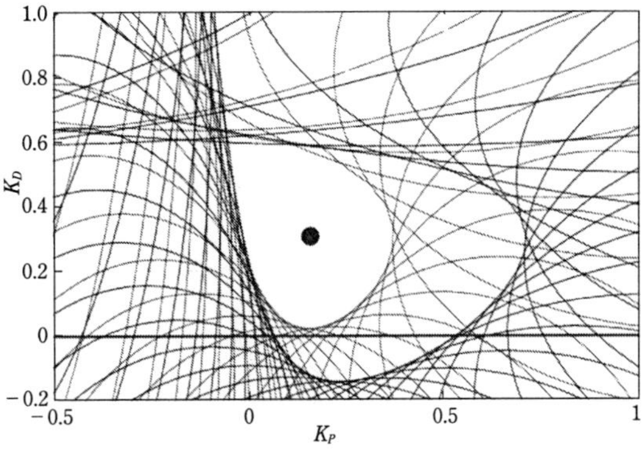


図 1.11　$(K_P, K_D)$ 平面

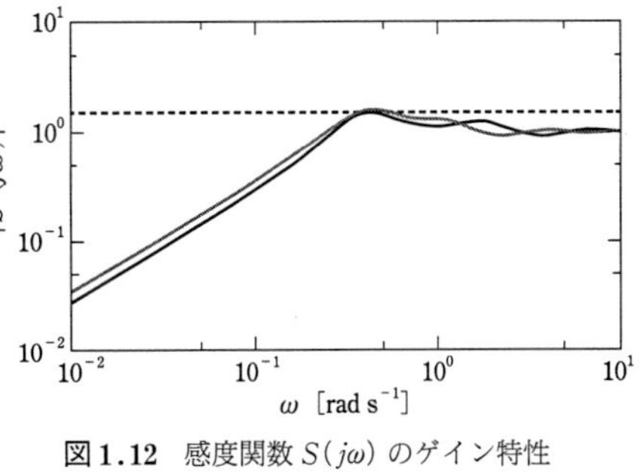


図 1.12　感度関数 $S(j\omega)$ のゲイン特性

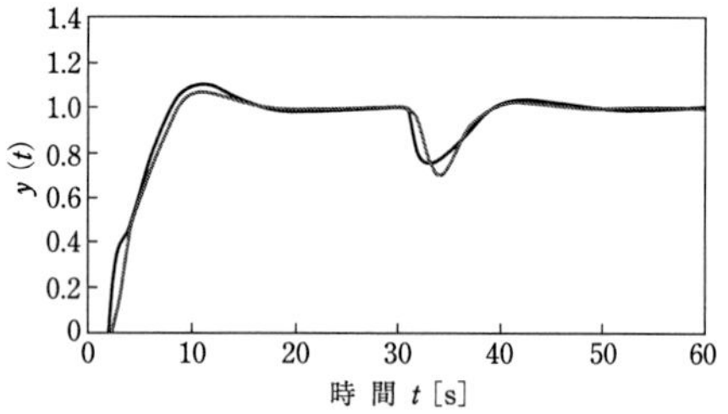


図1.13　目標値応答 ($t=1$) と外乱応答 ($t=30$)

$=0.45$ を解として終了する．この解に対する感度関数のゲイン特性を図1.12に示す．

また，時刻 $t=1$ でステップ目標値 $r(t)$ を加え，時刻 $t=30$ でステップ外乱 $d(t)=-0.3$ を加えた場合の応答 $y(t)$ を図1.13に示す．二つの運転状態のシステム $P_1(s)$，$P_2(s)$ に対し同程度に良好な制御性能が達成されている．

［佐伯正美］

## 参考文献

1) 佐伯正美 (1994)：2ディスク型混合感度問題の最適PID制御器の設計法，システム制御情報学会論文誌，**7**(12)：520-527.
2) 佐伯正美，ほか (1998)：$H_\infty$ 制御問題に対するPID制御器のパラメータ空間設計法，システム制御情報学会論文誌，**11**(1)：35-4.
3) 佐伯正美，平山大意 (1996)：ロバスト感度最小化問題に対するPID制御器のパラメータ空間設計，計測自動制御学会論文集，**32**(12)：1612-1619.
4) 佐伯正美 (2013)：制御工学－古典制御からロバスト制御へ－朝倉書店.

# 1C　ニューラルネットを利用したチューニング

**要　約**

| | | |
|---|---|---|
| 制御の特徴 | オペレータの経験と知識によるチューニングが可能である． | |
| 長　所 | 計算機の高速繰り返し演算とニューラルネットワークの学習能力によるチューニングが可能である． | |
| 短　所 | 大域的最適解への保証がない（最適解でなく最良解である）． | |
| 制御対象のクラス | 線形，非線形に適用可能であり，数式でモデル化できない制御対象にも適用可能である． | |
| 制約条件 | 熟練オペレータの制御履歴が必要である． | |
| 設計条件 | オペレータの経験を基に，PIDチューニングに関係の深い情報をニューラルネットワーク入力として使用し，制御系の出力誤差の2乗を最小にするように，PIDゲインをチューニングするため，PIDゲインとそれに対する制御量（プラント出力）および目標値のデータベースが必要である． | |
| 設計手順 | Step 1 | 熟練オペレータによる経験や知識およびPIDゲインと制御結果のデータベースの構築． |
| | Step 2 | ニューラルネットワーク入出力の決定． |
| | Step 3 | 熟練オペレータまたはZiegler-Nichols法によるPIDゲインを初期値としたニューラルネットワークの学習． |
| | Step 4 | ニューラルネットワークによる制御対象のエミュレータ（計算機モデル）の構築． |
| | Step 5 | 制御対象をエミュレータで置換し，さまざまなシミュレーションによるPIDゲインの決定と目標値に対する追従性の検討． |
| | Step 6 | 実際の制御対象に適用し，PIDゲインの調整およびPIDゲインの修正． |
| 実応用例 | 電気自動車の速度制御，トルク制御，プロセス制御の温度，圧力制御への適用例がある． | |

## 1C.1　ニューロPIDの概念

PID制御ではPIDゲインが熟練したオペレータによって，制御系の出力が目標値に追随するように調節されている[1,2]．PIDゲインは，比例，積分，微分動作を基に出力の変動を眺めながら調整される．プロセス制御のように大規模なプラントの制御では，コントロールセンタに表示されるプロセスのチェックポイントでの変動をみながら，PID ゲイン調整が行われ，設定した調整ゲインとその結果生じた制御系の出力を自動的に記憶している．

したがって，これらのデータを検討すれば，PID ゲイン調整則を得ることは可能であり，これらのノウハウを基にオペレータの熟練度が高まっている．ニューロ PID 制御はこのようなオペレータが用いた PID ゲインと制御量との関係をニューラルネットワークに学習させ，しかも学習結果だけでは十分な制御性能を達成できない場合には，ゲイン調整を自動的に行う制御手法である．この関係を示したのが図 1.14 である[1,2]．

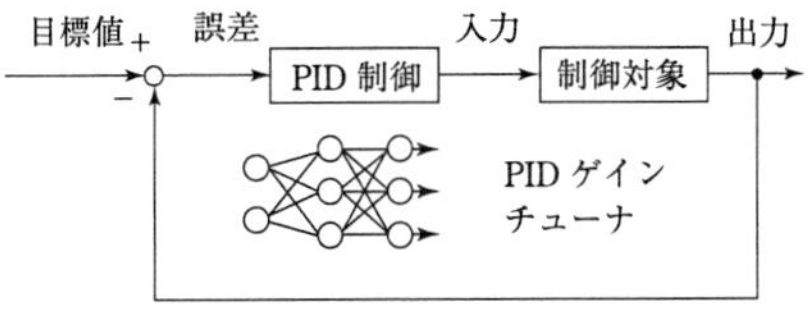


図 1.14　ニューロ PID 制御

## 1C.2　制御対象および PID 制御

制御対象は次式で記述される動的システムとする．

$$\dot{x}(t)=f(x(t),u(t),t),\quad t\in T \tag{72a}$$

または

$$x_n=f(x_{n-1},u_{n-1},n),\quad n\in\{0,1,\cdots\} \tag{72b}$$

ここで，$T$ は時間区間，$u(t)$，$u_n$ は入力，$x(t)$，$x_n$ は制御対象の状態，$\dot{x}$ は $x$ の時間微分を示す．前者を連続時間系，後者を離散時間系という．簡単のために，いずれの変数もスカラ変数とし，状態 $x(t)$，$x_n$ は，それぞれ，制御対象の出力 $y(t)$，$y_n$ とする．

連続時間系では PID 制御系は次式で記述される[1,2]．

$$u(t)=k_c\left(e(t)+\frac{1}{T_i}\int_0^t e(\tau)\,d\tau+T_d\frac{de(t)}{dt}\right)$$

$$e(t)=d(t)-y(t) \tag{73}$$

ここで，$d(t)$ は目標値，$e(t)$ は誤差を示す．また，$k_c$ を比例ゲイン，$T_i$ を積分時間，$T_d$ を微分時間という．積分を台形公式で近似すると次式を得る．

$$u_n=k_c\left(e_n+\frac{1}{T_i}\sum_{m=-\infty}^{n}\frac{T_s}{2}\{e_m+e_{m-1}\}+\frac{T_d}{T_s}\{e_n+e_{n-1}\}\right)$$

$$e_m=d_m-y_m$$

$$u_m=u(mT_s),\quad d_m=d(mT_s),\quad y_m=y(mT_s) \tag{74}$$

ただし，$T_s$ はサンプリング間隔を示す．上式を変形すると

$$u_n=u_{n-1}+k_c\left((e_n-e_{n-1})+\frac{T_s}{T_i}\frac{(-e_n+e_{n-1})+2e_n}{2}\right)$$

$$+\frac{T_d}{T_s}(e_n-2e_{n-1}+e_{n-2})$$

$$=u_{n-1}+K_p(e_n-e_{n-1})+K_ie_n+K_d(e_n-2e_{n-1}+e_{n-2}) \tag{75}$$

ここで，$K_p$，$K_i$，$K_d$ は，それぞれ，離散時間系の PID ゲインとよばれ，次式で与えられる．

$$K_p=k_c-\frac{1}{2}K_i,\quad K_i=k_c\frac{T_s}{T_i},\quad K_d=k_c\frac{T_d}{T_s} \tag{76}$$

上記の PID ゲインのチューニングを誤差の 2 乗の 1/2 の $E=(1/2)\,e_n^2$ を最小とするように階層型ニューラルネットワークで行う手法をニューロ PID 制御法という．

階層型ニューラルネットワークではネットワークの出力が目標値に近づくようにニューラルネットワークの結合係数を調節するが，上記の PID 制御系ではニューラルネットワークの出力の目標値が不明である．しかし，ニューラルネットワークの出力である PID ゲインを用れば，制御系の出力を求めることができる．したがって，制御系の出力が目標値に近づくようにニューラルネットワークの結合係数を調節することが可能である．これは，ニューラルネットワークの一部分が PID 調節機構であり，それ以外の部分は制御系で決められたシステムである．もちろん，制御系もニューラルネットワークで模擬することが可能であり（これをニューロ制御ではシステムのエミュレータとよんでいる）[2]，未知の制御対象または不確定要素を含む制御対象に対してはエミュレータと PID 調整機構の全体をニューラルネットワークとして学習させ，制御対象の目標値に追従させることが可能である．

## 1C.3　階層型ニューラルネットワーク

階層型ニューラルネットワークはニューロンを図 1.15 のように層状に配列したものである．図において，$x_i$ は入力，$y_k$ は出力，$w_{ji}$，$v_{kj}$ は結合係数を示し，それらの関係は次式で与えられるものとする[3]．

$$O_j=f(\mathrm{net}_j)=\frac{1}{1+e^{-\mathrm{net}_j}}$$

$$\mathrm{net}_j=\sum_{j=1}^{I}w_{ji}x_i-\theta_i=\sum_{j=0}^{I}w_{ji}x_i \tag{77}$$

$$y_k=f(\mathrm{net}_k)$$

$$\mathrm{net}_k=\sum_{j=1}^{I}v_{kj}O_j-\theta_k=\sum_{j=1}^{I}v_{kj}O_j \tag{78}$$

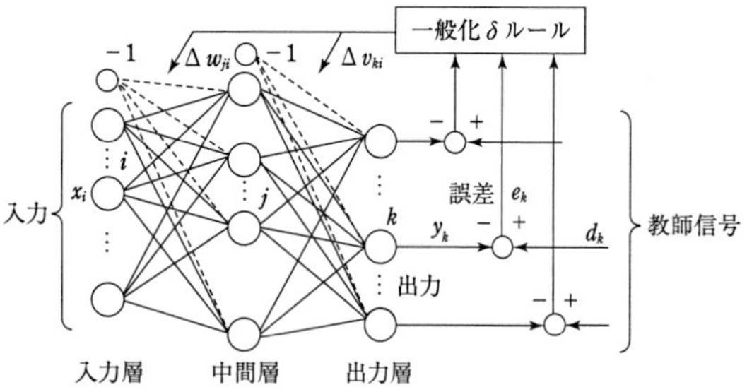


$w_{ji}$, $v_{kj}$ はニューロン $i \to j, j \to k$ の結合重み係数，$\Delta w$, $\Delta v$ は，それぞれ，$w$, $v$ の増分を示す．また，点線はしきい値への連結を示す．

**図 1.15**　階層型ニューラルネットワーク

ここに，$\theta_j$，$\theta_k$ はしきい値，$x_0=-1$，$w_{j0}=\theta_i$，$O_0=-1$，$v_{k0}=\theta_k$ を示す．

いま，入力層のニューロンに $x_i(i=1,2,\cdots,I)$ を入力し，その出力 $y_k(k=1,2,\cdots,K)$ が教師信号 $d_k(k=1,2,\cdots,K)$ に近づくように，具体的には次式で与えられる $E$ を最小にするニューラルネットワークの結合重み係数 $w_{ji}$，$v_{kj}$ を逐次的に修正する．

$$E=\frac{1}{2}\sum_{k=1}^{K}e_k^2 \tag{79}$$

上式を最小化するには結合係数 $w_{ji}$，$v_{kj}$ に関する微係数が 0 であることが必要である．しかし，一度に非線形高次元連立方程式の解を求めることは困難である．誤差逆伝播法（一般化 $\delta$ ルール）は図 1.16 に示すような勾配法で解を求める手法である[3]．

$E=E(w_{ji},\ v_{kj})$ を最小にする $w_{ji}$，$v_{kj}$ を求めるために，最小化すべき $E$ に対して，ある点 $w_{ji}(\text{old})$ での勾配 $\partial E/\partial w_{ji}$ を計算し，$\eta(>0)$ によって移動量を調整しながら，勾配と反対方向へ変更することによって，局所最小値を求める手法が勾配法である[3]（図 1.16 参照）．

まず，次式で変更量を計算する[3]．

$$\Delta v_{kj}\equiv v_{kj}(\text{new})-v_{kj}(\text{old})$$
$$=-\eta\left.\frac{\partial E}{\partial v_{kj}}\right|_{w_{ji}=w_{ji}(\text{old})} \tag{80}$$

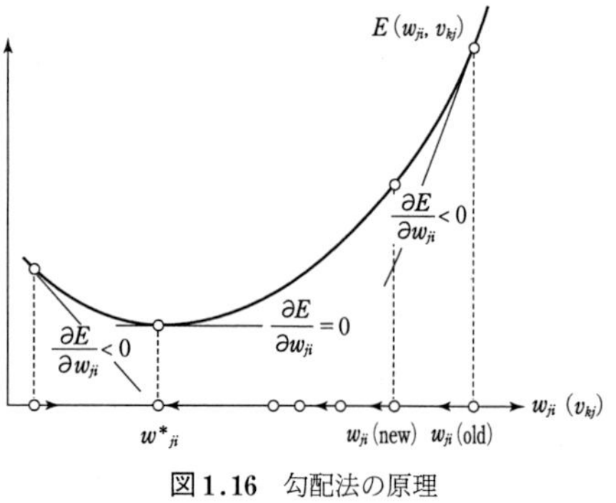


**図 1.16**　勾配法の原理

ただし，$\eta>0$ は学習率とよばれている．

$$\Delta v_{kji}=-\eta\frac{\partial E}{\partial v_{kj}}=\eta\left(\frac{\partial E}{\partial \text{net}_k}\right)\frac{\partial \text{net}_k}{\partial v_{kj}}$$
$$=\eta\delta_k O_j \tag{81}$$

$$\delta_k\equiv-\frac{\partial E}{\partial \text{net}_k}=-\frac{\partial E}{\partial e_k}\frac{\partial e_k}{\partial y_k}\frac{\partial y_k}{\partial \text{net}_k}$$
$$=e_k f(\text{net}_k)=e_k y_k(1-y_k) \tag{82}$$

微分の連鎖規則を用いると次式を得る[3]．

$$\Delta w_{ji}\equiv w_{ji}(\text{new})-w_{ji}(\text{old})=-\eta\frac{\partial E}{\partial w_{kj}}$$
$$=\eta\left(-\frac{\partial E}{\partial \text{net}_j}\right)\frac{\partial \text{net}_j}{\partial w_{ji}}=\eta\delta_j x_i \tag{83}$$

$$\delta_j\equiv-\frac{\partial E}{\partial \text{net}_j}=\sum_{k=1}^{K}\left(-\frac{\partial E}{\partial \text{net}_k}\right)\frac{\partial \text{net}_k}{\partial O_j}\frac{\partial O_j}{\partial \text{net}_j}$$
$$=\sum_{k=1}^{K}\delta_k v_{kj}f'(\text{net}_j)=\sum_{k=1}^{K}\delta_k v_{kj}O_j(1-O_j) \tag{84}$$

なお，上式の変形には以下の関係式を用いた．

$$\frac{df(x)}{dx}=f'(x)=\frac{e^{-x}}{(1+e^{-x})^2}=f(x)(1-f(x))$$

$\delta_k$ は誤差 $e_k$ とニューラルネットワークの出力関数の非線形性に起因する $f'(\text{net}_k)$ からなっており，一般化誤差とよばれている[3]．

また，最小値の近辺の振動を防ぎ，最小値への収束を速めるために，以下のような修正項が追加されることが多い[3]．

$$\Delta v_{kj}(t+1)=\alpha\Delta v_{kj}(t)+\eta\delta_k O_j \tag{85}$$

$$\Delta w_{ji}(t+1)=\alpha\Delta w_{ji}(t)+\eta\delta_j O_i \tag{86}$$

ただし，$t$ は繰り返し回数を示し，$\alpha$ は絶対値が 1 未満の定数で，慣性係数とよばれている．上式は，前回の移動量 $\Delta v_{kj}(t)$，$\Delta w_{ji}(t)$ を考慮に入れて，新たな変更量 $\Delta v_{kj}(t+1)$，$\Delta w_{ji}(t+1)$ を決定する手法で，数理計画問題で共役勾配法とよばれる手法に対応した手法である．

## 1C.4　ニューロ PID 制御系の設計

ニューロ PID 制御系は図 1.14 に示すように，PID ゲインを制御系の出力が目標値に近づくようにニューラルネットワークでチューニングするものである[1,2]．具体的には図 1.17 に示すように，ニューラルネットワークの入力には PID ゲインの調整に有効と思われるさまざまなデータ，たとえば，過去の入出力データ，目標値，熟練オペレータによる知識をもとに選ばれたさまざまな状態変数などを入力し，ニューラルネット

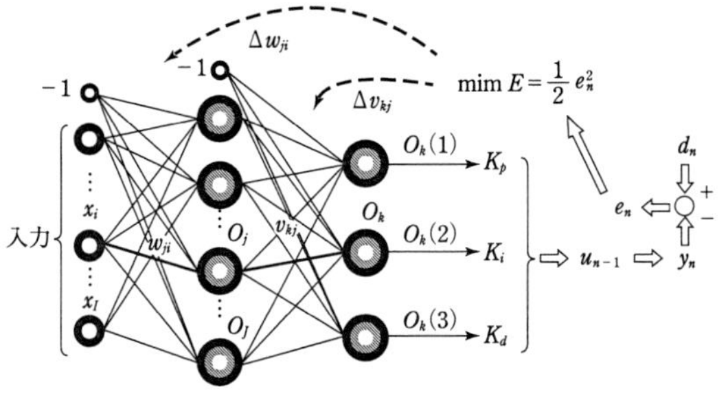


ニューラルネットワークへの入力データ：$u_m, y_m, d_m, m=n-2, n-3, \cdots$

図 1.17　ニューロ PID 制御系の構造

ワークの出力はそれらの入力に対応して得られる PID ゲインとする．この PID ゲインを用いれば，式 (75) で制御入力 $u_{n-1}$ を求めることができ，それに対応した制御系の出力 $y_n$ を式 (72) で求めることができる．また，目標値 $d_n$ と比較して，制御系出力と目標値との誤差 $e_n=d_n-y_n$ および最小にすべき誤差の評価規範 $E$ を計算することができる．もし $E$ が局所最小値でない場合には，勾配法によって，ニューラルネットワークの結合係数を調整する．このようにして，PID ゲインを逐次的に調整するのがニューロ PID 制御法である[1,2]．

ニューロ PID 制御系の具体的設計法は以下のようになる．まず，式 (81) と同様に，勾配法による図 1.7 で $v_{jk}$ の更新則は次式となる[1,2]．

$$\Delta v_{kj} \equiv v_{kj}(\mathrm{new}) - v_{kj}(\mathrm{old}) = -\eta \frac{\partial E}{\partial v_{kj}}\bigg|_{v_{ji}=v_{ji}(\mathrm{old})}$$

$$= \eta \delta_k O_j \tag{87}$$

$$\delta_k = -\frac{\partial E}{\partial \mathrm{net}_k}, \quad \mathrm{net}_k = \sum_{j=0}^{j} v_{kj} O_j \tag{88}$$

微分の連鎖規則を用いると

$$\delta_k = -\frac{\partial E}{\partial \mathrm{net}_k}$$

$$= -\frac{\partial E}{\partial e_n}\frac{\partial e_n}{\partial y_n}\frac{\partial y_n}{\partial u_{n-1}}\frac{\partial u_{n-1}}{\partial O_k(l)}\frac{\partial O_k(l)}{\partial \mathrm{net}_k}$$

$$= e_n \frac{\partial y_n}{\partial u_{n-1}}\frac{\partial u_{n-1}}{\partial O_k(l)} O_k(l)(1-O_k(l)) \tag{89}$$

ここで，$O_k(l)$，$l=1, 2, 3$ は，それぞれ，$K_p$，$K_i$，$K_d$ を示し，

$$\frac{\partial y_n}{\partial u_{n-1}} = \left|\frac{\partial y_n}{\partial u_{n-1}}\right| \mathrm{sign}\left(\frac{\partial y_n}{\partial u_{n-1}}\right) \tag{90}$$

$$\frac{\partial u_{n-1}}{\partial O_k(l)} = \begin{cases} e_n - e_{n-1}, & l=1 \\ e_n, & l=2 \\ e_n - 2e_{n-1} + e_{n-2}, & l=3 \end{cases} \tag{91}$$

式 (20) の sign($x$) は符号関数，すなわち，sign($x$)＝1($x>0$)，$-1$($x>0$) を示す．式 (90) はシステムヤコビアンとよばれており，制御系の入力の摂動に対する出力の変化量の割合を示し，式 (91) は式 (75) の PID 制御系から導かれる PID ゲインに対応した誤差の影響度を示している．

次に，図 1.17 における $w_{ji}$ の更新則は次式となる[1,2]．

$$\Delta w_{ji} \equiv w_{ji}(\mathrm{new}) - w_{ji}(\mathrm{old}) = -\eta \frac{\partial E}{\partial w_{ji}}\bigg|_{w_{ji}=w_{ji}(\mathrm{old})}$$

$$= \eta \delta_j x_i \tag{92}$$

$$\delta_j = -\frac{\partial E}{\partial \mathrm{net}_j}, \quad \mathrm{net}_j = \sum_{j=0}^{J} w_{ji} x_i \tag{93}$$

式 (83) と同様にして次式を得る．

$$\delta_j \equiv -\frac{\partial E}{\partial \mathrm{net}_j} = \sum_{k=1}^{K}\left(-\frac{\partial E}{\partial \mathrm{net}_k}\right)\frac{\partial \mathrm{net}_k}{\partial O_j}\frac{\partial O_j}{\partial \mathrm{net}_j}$$

$$= \sum_{k=1}^{K} \delta_k v_{kj} f'(\mathrm{net}_j) = \sum_{k=1}^{K} \delta_k v_{kj} O_j (1-O_j) \tag{94}$$

なお，式 (90) の符号関数の係数は式 (92) の学習率 $\eta$ に含めることができるから，システムヤコビアンの符号，換言すれば，入力を増加または減少したとき制御系の出力が増加するか減少するかの関係だけがわかれば，PIDゲインをチューニングすることは可能である．

また，図 1.18 に示すエミュレータを用いる場合には，システムヤコビアンを以下のように近似することができる[1,2]．

$$\frac{dy_n}{du_{n-1}} \cong \frac{d\hat{y}_n}{du_{n-1}} = \sum_j w_{1j} O_j (1-O_j) v_j$$

ここで，$O_j$ はニューロン $j$ の出力，$w_{1j}$ はニューロン 1 とニューロン $j$ の結合係数，$v_j$ はニューロン $j$ と出力層のニューロン間の結合係数を示す．

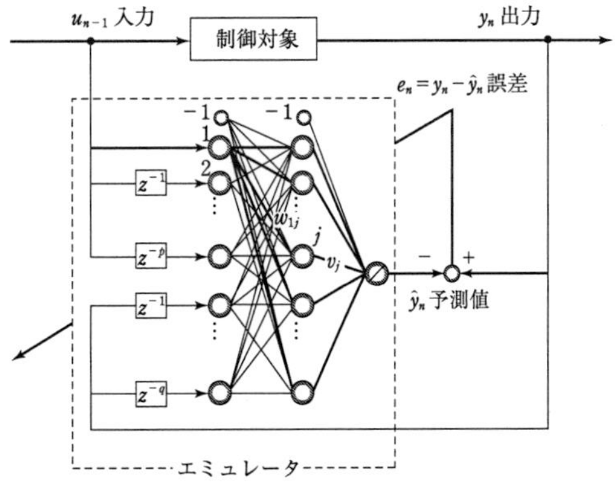


ここに，◎はニューロンの入出力が線形であることを示し，$p$，$q$ は入力，入出力の遅れ次数，$z^{-1}$ は遅れ演算子を示す．

図 1.18　エミュレータの構成

## 1C.5　ニューロPIDの応用例[1,2]

ニューロPID制御の応用例として，加熱炉の温度制御，反応釜の圧力制御，電気自動車のトルク制御や速度制御，ハードディスクドライブ位置制御などへ適用し，多くの実用例が得られている．とくに，電気自動車のトルク制御では，メーカーが設定した積分時間や比例ゲインよりも優れた制御性能を示す．また，PIゲインは提案手法のさまざまな初期値から始めてもほとんど同じ範囲に収束することが示された．ハードディスクドライブ位置制御では，PIDゲインが時間とともに変化して，求められるトラックに追従でき，簡単な制御方式で$H_\infty$制御よりも優れた制御性能を達成できることが示された[1,2]．　　［大松　繁］

### 参考文献

1）S. Omatu, M. Khalid, R. Yusof (1996)：Neuro-Control and Its Applications, p. 85-243, Springer.
2）大松　繁，山本　透 編著 (1996)：セルフチューニングコントロール，p. 67-98，コロナ社.
3）麻生英樹 (1988)：ニューラルネットワーク情報処理，p. 50-54，産業図書.

# 2

# 位相進み，位相遅れ補償制御

**要 約**

| | |
|---|---|
| 制御の特徴 | 簡単な受動回路を補償要素として利用する制御方式として標準的である．安定で応答が緩慢な制御対象を速応化しつつ，定常位置偏差を小さく，あるいは0にする．さらには定常速度偏差を小さくする． |
| 長 所 | 簡単で実用的． |
| 短 所 | 簡単な受動回路で間に合わせているので制御性能を十分には上げられない．設計も複雑になる．能動回路が必要であるが，PID 制御方式，I-PD 制御方式，$I^2$I-PD 制御方式にすれば設計も容易で，より性能を上げられる． |
| 制御対象のクラス | 基本的には線形時不変，安定で応答が緩慢なシステム．不安定な系を安定化できる場合もありうる． |
| 制約条件 | 制御対象の動特性を完全に補償しているわけではないから，制御性能が十分に出せないこともありうる． |
| 設計条件 | 制御対象の分母系列表現の $s$ の 3 次の項の係数 $a_3'$ までが必要． |
| 設計手順 | 積分補償のみ，積分・位相進み補償，積分・位相進み・位相遅れ補償のどれを使うか選定し，部分的モデルマッチング法によって導かれた方程式を解く．必要に応じて参照モデルの係数を調整する． |
| 実応用例 | 多くの応用がありうる． |

## 2.1 位相進み，位相遅れ補償制御の概念

位相進み，位相遅れ補償制御（phase lead compensation, phase lag compensation）は直列補償構造で，比例補償要素のゲイン調整（gain tuning）をも合わせて用いられる．これらすべてを用いた制御系の構造は図 2.1 のようになる．この構造では，制御対象が 1 階の積分特性をもつ（無定位系の）場合には制御系が目標値に対して I 型になり，定常位置偏差（オフセット）が 0 になるが，制御対象が積分特性をもたない（定位性の）場合には 0 型なので定常位置偏差が 0 にならない．このときは比例補償要素を図 2.2 のように積分補償要素に置き換えると制御系は I 型になり，定常位置偏差が 0 になる．以下では制御対象は定位性とし，積分補償を使った図 2.2 の構造で考える．

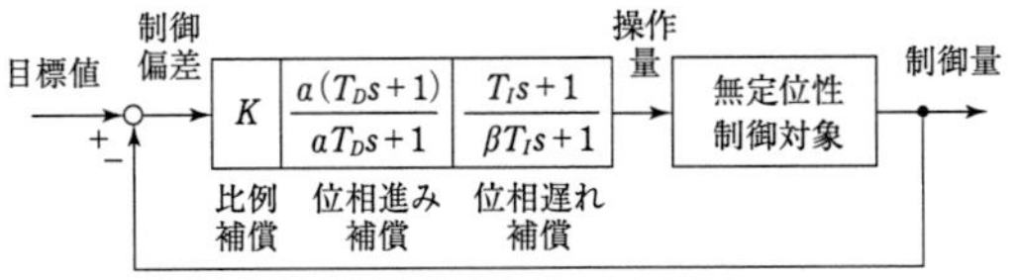

図 2.1 比例，位相進み，位相遅れ補償制御系

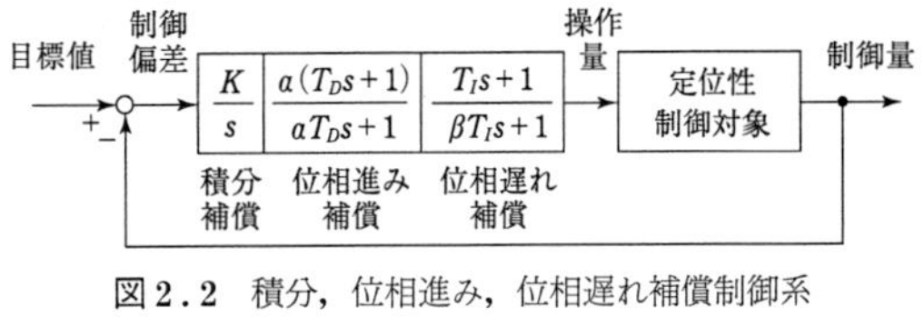

図 2.2 積分，位相進み，位相遅れ補償制御系

機能的には，積分補償だけでステップ応答の定常位置偏差を 0 にすることができる．しかし立ち上がりはかなり遅い．そこで位相進み補償要素を追加すると立ち上がりを速くすること（速応化）ができる．しかし，ランプ応答における定常速度偏差を十分小さくはできない．そこで位相遅れ補償要素を追加すると定常速度偏差を小さくすることができる．ただし，ステップ応答のオーバーシュートが大きくなり，最終値に上側からゆっくり近づくようになる（これは定常速度偏差を小さくするために避けられない）．また，ステップ応答

の立ち上がりはほとんど改善されない．したがって，定常速度偏差を問題にしないのなら位相進み補償までにとどめておくのがよい．

位相進み補償要素の伝達関数は

$$\frac{\alpha(T_D s+1)}{\alpha T_D s+1} \quad (1>\alpha>0) \tag{1}$$

である．この周波数特性の例を図2.3に示す．角周波数 $\omega=1/(\sqrt{\alpha}\,T_D)$ を中心にした帯域で位相が進み，低周波帯域でゲインが下がる．このような補償を適切な周波数帯域で施すと位相余裕とゲイン余裕が増し，安定度を保ちつつゲイン $K$ を高めることができて，帯域幅が増し，速応性が改善される．このとき定常速度偏差も小さくなる．

位相遅れ補償要素の伝達関数は

$$\frac{T_I s+1}{\beta T_I s+1} \quad (\beta>1) \tag{2}$$

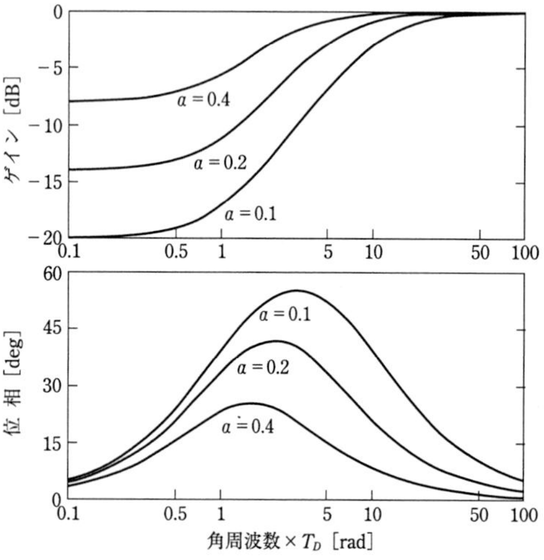


図2.3　位相進み補償要素の周波数特性

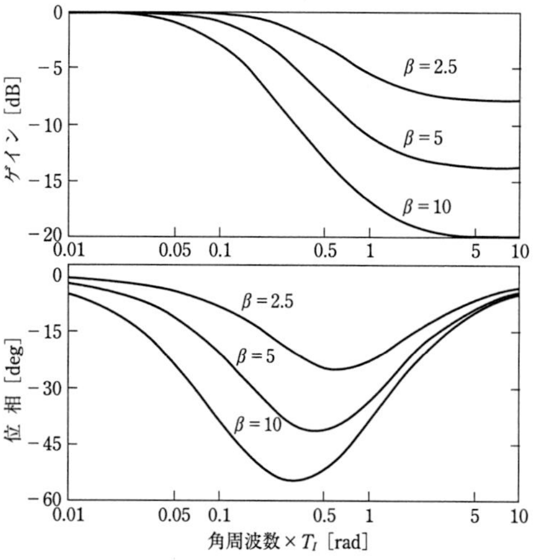


図2.4　位相遅れ補償要素の周波数特性

である．この周波数特性の例を図2.4に示す．角周波数 $\omega=1/(\sqrt{\beta}\,T_D)$ を中心にした帯域で位相が遅れ，高周波帯域でゲインが下がる．このような補償を適切な周波数帯域で施すと高周波帯域でゲインが下がりゲイン余裕が増す．そこで安定度を保ちつつゲイン $K$ を高めることができて，定常速度偏差を小さくすることができる．

位相進み補償要素，位相遅れ補償要素は図2.5(a)，(b)のように簡単な受動回路で実現することができる．

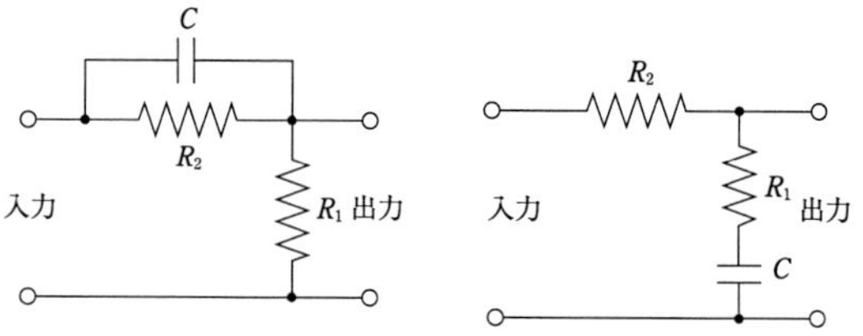


(a) 位相進み回路　　(b) 位相遅れ回路

図2.5　位相補償回路

積分補償と位相進み補償とを組み合わせて，分子の $\alpha$ をゲイン $K$ に含めてしまい，分母の $\alpha$ を十分小さくすると，分母で1に比べて $\alpha T_D s$ が無視できて

$$\frac{K}{s}\frac{\alpha(T_D s+1)}{\alpha T_D s+1} \to \frac{K(T_D s+1)}{s} \tag{3}$$

となる．これはPI制御装置にほかならない．さらに，位相遅れ補償を組み合わせ，$\beta$ を十分大きくすると分母で $\beta T_I s$ に比べて1が無視できて

$$\frac{K}{s}\frac{\alpha(T_D s+1)}{\alpha T_D s+1}\frac{T_I s+1}{\beta T_I s+1} \to \frac{K(T_D s+1)(T_I s+1)}{\beta T_I s^2} \tag{4}$$

となる．これは積分器を2つもつので，$I^2$IP制御装置になり，定常速度偏差も0にできる．このように，位相進み，位相遅れ補償は受動回路で実現するために完全なPI動作や $I^2$IP動作にはできないが，それらの近似になっている．$\alpha$ は小さいほど，また $\beta$ は大きいほどよい近似になり，補償や制御の効果も大きくなる．しかし，回路的には $\alpha$ を小さくするには $R_1$ を小さくしなければならず，また $\beta$ を大きくするには $R_2$ を大きくしなければならないので，出力が小さくなり，限界がある．

## 2.2　積分，位相進み，位相遅れ補償制御系の設計法

位相進み，位相遅れ補償制御系の設計は従来図2.1の構成で，ニコルス線図やボード線図を用いて設計してきた．まず，ゲイン $K$ の調整のみを試みる．その結果の制御性能が十分でなければ，位相進み補償要素を追加して，調整パラメータ $\alpha$ と $T_D$ の値を適当に選んでゲイン調整を行う．さらに，定常速度偏差を小さくするためには位相遅れ補償要素を追加して，パラメータ $\beta$ と $T_I$ の値を適当に選んでゲイン調整を行う．このさい，$M_p=1.3$ 規範，あるいはゲイン余裕，位相余裕を所望の値にするように設計されるが，調整パラメータ $\alpha$，$T_D$，$\beta$，$T_I$ の値を選ぶ手法がなく，試行錯誤の繰り返しになっていた．ここで $M_p$ は制御系 $W(s)$ ゲイン $|W(j\omega)|$ の最大値である．

試行錯誤を排除して，計算で設計するには部分的モデルマッチング法がよいので，ここではそれを適用する．それは，制御系の伝達関数の分母系列表現を同じく分母系列表現で記述された参照モデルに，低次の項から自由パラメータの数に応じた高次の項まで一致させる方法である．

制御対象の伝達関数とその分母系列表現を

$$\frac{b_0+b_1s+b_2s^2+\cdots}{a_0+a_1s+a_2s^2+a_3s^3+\cdots}$$
$$=\frac{1}{a_0'+a_1's+a_2's^2+a_3's^3+\cdots} \tag{5}$$

と書こう．ここで，分母系列表現の分母多項式 $a_0'+a_1's+a_2's^2+a_3's^3+\cdots$ は伝達関数の分母多項式を分子多項式で昇べきに割り算した多項式である．一般には割り切れないが，設計計算に必要なところまで求めればよい．

設計目標の参照モデルは，定常位置偏差を0にする場合は

$$W_d(s)=\frac{1}{1+\sigma s+\alpha_2\sigma^2s^2+\alpha_3\sigma^3s^3+\cdots} \tag{6}$$

とする．ここで，$\sigma$ はこの系の一種の平均遅れ時間（立ち上がり時間）で，ステップ応答が最終値の50〜60%まで立ち上がる時間を表す未定パラメータである．モデルマッチングのさいに決定される．可能な値が複数あれば，その正で最小の値を選べばもっとも立ち上がりの速い系になる．係数 $\alpha_i$ は安定度を決めるパラメータである．ステップ応答で10%程度のオーバシュートを許す一つの推奨値は

$$\{\alpha_2, \alpha_3, \alpha_4, \alpha_5, \cdots\}=\{0.5, 0.15, 0.03, 0.003, \cdots\} \tag{7}$$

である．

位相遅れ補償要素を追加して定常速度偏差を小さくする場合の参照モデルは2.2.3項で述べる．

### 2.2.1　積分補償系の設計法

まず初めに，図2.2の系で位相進み補償要素と位相遅れ補償要素を省いて，積分動作のゲイン調整のみを考える．この系の伝達関数は

$$W(s)=\frac{\dfrac{K}{s}\dfrac{b_0+b_1s+b_2s^2+\cdots}{a_0+a_1s+a_2s^2+a_3s^3+\cdots}}{1+\dfrac{K}{s}\dfrac{b_0+b_1s+b_2s^2+\cdots}{a_0+a_1s+a_2s^2+a_3s^3+\cdots}} \tag{8}$$

である．この伝達関数の分母系列表現を求める．制御対象の伝達関数は結果的にその分母系列表現しか効かないので，その係数 $a_i'$ を使って書くと

$$W(s)=\frac{K}{K+a_0's+a_1's^2+a_2's^3+\cdots} \tag{9}$$

$$=\frac{1}{1+\dfrac{a_0'}{K}s+\dfrac{a_1'}{K}s^2+\dfrac{a_2'}{K}s^3+\cdots} \tag{10}$$

となる．

これを参照モデル(6)とマッチングさせると，係数に関する連立方程式

$$\begin{cases} \dfrac{a_0'}{K}=\sigma \\ \dfrac{a_1'}{K}=\alpha_2\sigma^2 \\ \dfrac{a_2'}{K}=\alpha_3\sigma^3 \\ \quad\vdots \end{cases} \tag{11}$$

を得る．ここで，自由パラメータは $K$ と $\sigma$ の二つしかないので，初めの2式から $\sigma$ と $K$ を解くと直ちに

$$\sigma=\frac{a_1'}{\alpha_2a_0'} \tag{12}$$

$$K=\frac{\alpha_2a_0'^2}{a_1'} \tag{13}$$

と決まる．

### 2.2.2　積分・位相進み補償系の設計法

積分動作だけでは定常位置偏差は0になるが，一般に立ち上がりが非常に遅い．そこで立ち上がりを速くするために位相進み補償要素を追加する．この系の伝達関数は

$$W(s)=\frac{\dfrac{K}{s}\dfrac{\alpha(T_Ds+1)}{\alpha T_Ds+1}\dfrac{b_0+b_1s+b_2s^2+\cdots}{a_0+a_1s+a_2s^2+\cdots}}{1+\dfrac{K}{s}\dfrac{\alpha(T_Ds+1)}{\alpha T_Ds+1}\dfrac{b_0+b_1s+b_2s^2+\cdots}{a_0+a_1s+a_2s^2+\cdots}} \tag{14}$$

である．この分母系列表現を計算する．制御対象は結局分母系列表現の情報しか効かないので，その係数 $a_i'$ を使って書くと

$$W(s)=\frac{K\alpha+K\alpha T_Ds}{\left[\begin{array}{l}K\alpha+(a_0'+K\alpha T_D)s+(a_1'+\alpha T_Da_0')s^2\\ \quad+(a_2'+\alpha T_Da_1')s^3+\cdots\end{array}\right]} \tag{15}$$

$$=\frac{1}{\left[\begin{array}{l}1+\dfrac{a_0'}{K\alpha}s+\dfrac{a_1'+(\alpha-1)T_Da_0'}{K\alpha}s^2\\ +\dfrac{a_2'+(\alpha-1)T_Da_1'+(1-\alpha)T_D^2a_0'}{K\alpha}s^3\\ +\dfrac{\left[\begin{array}{l}a_3'+(\alpha-1)T_Da_2'+(1-\alpha)T_D^2a_1'\\ \quad+(\alpha-1)T_D^3a_0'\end{array}\right]}{K\alpha}s^4\\ +\cdots\end{array}\right]} \tag{16}$$

となる．

そこで，この分母系列表現を参照モデル (6) とマッチングさせると，係数に関する連立方程式

$$\left\{\begin{array}{l}\dfrac{a_0'}{K\alpha}=\sigma\\ \dfrac{a_1'+(\alpha-1)T_Da_0'}{K\alpha}=\alpha_2\sigma^2\\ \dfrac{a_2'+(\alpha-1)T_Da_1'+(1-\alpha)T_D^2a_0'}{K\alpha}=\alpha_3\sigma^3\\ \dfrac{\left[\begin{array}{l}a_3'+(\alpha-1)T_Da_2'+(1-\alpha)T_D^2a_1'\\ \quad+(\alpha-1)T_D^3a_0'\end{array}\right]}{K\alpha}=\alpha_4\sigma^4\\ \quad\vdots\end{array}\right. \tag{17}$$

を得る．ここで，自由パラメータは $K$，$T_D$，$\alpha$，$\sigma$ の四つあるが，$\alpha$ は2.1節の最後に述べた理由により適当に小さく設定するので，$K$，$T_D$，$\sigma$ の三つを決定することにする．そのために連立方程式 (17) のはじめの3式を用いる．これらから $K$ を消去すると

$$\left\{\begin{array}{l}\dfrac{a_1'+(\alpha-1)T_Da_0'}{a_0'}=\alpha_2\sigma\\ \dfrac{a_2'+(\alpha-1)T_Da_1'+(1-\alpha)T_D^2a_0'}{a_1'+(\alpha-1)T_Da_0'}=\dfrac{\alpha_3}{\alpha_2}\sigma\end{array}\right. \tag{18}$$

を得る．さらに $\sigma$ を消去すると，$T_D$ を解く方程式

$$\begin{aligned}&(1-\alpha)a_0'^2\{(1-\alpha)\alpha_3-\alpha_2^2\}T_D^2\\ &-(1-\alpha)a_0'a_1'(2\alpha_3-\alpha_2^2)T_D+\alpha_3a_1'^2-\alpha_2^2a_0'a_2'\\ &=0\end{aligned} \tag{19}$$

を得る．これは2次方程式であるから $T_D$ は2根得られる．$T_D$ は要素の受動回路のパラメータとしては正であるが，微分動作の意味をもっているので，2根とも正の場合は大きい方をとる．式 (17) の第2式からわかるように $\alpha-1<0$ なので，大きい $T_D$ に対して小さい $\sigma$ が対応し，立ち上がりが速くなるからである．正根が1つならそれをとる．正根がなければこの補償ではよい系が得られないということになる．参照モデルの係数を変更すると解が得られることもある．

正の $T_D$ が一つ決まったら，式 (18) の第1式から $\sigma$ が決まる．さらに式 (17) の第1式から $K$ が決まる．

この $\sigma$ と積分動作のみの場合の式 (12) の $\sigma$ を比較すると何倍ぐらい立ち上がりが速くなったかわかる．

### 2.2.3　積分・位相進み・位相遅れ補償系の設計法

位相遅れ補償要素を追加した制御系の伝達関数は

$$W(s)=\frac{\dfrac{K}{s}\dfrac{\alpha(T_Ds+1)}{\alpha T_Ds+1}\dfrac{T_Is+1}{\beta T_Is+1}\dfrac{b_0+b_1s+b_2s^2+\cdots}{a_0+a_1s+a_2s^2+a_3s^3+\cdots}}{1+\dfrac{K}{s}\dfrac{\alpha(T_Ds+1)}{\alpha T_Ds+1}\dfrac{T_Is+1}{\beta T_Is+1}\dfrac{b_0+b_1s+b_2s^2+\cdots}{a_0+a_1s+a_2s^2+a_3s^3+\cdots}} \tag{20}$$

である．

この系では定常速度偏差を小さくすることが目的であるが，定常速度偏差はラプラス変換の最終値の定理から

$$\begin{aligned}e_v&=\lim_{t\to\infty}e(t)=\lim_{s\to0}sE(s)\\ &=\lim_{s\to0}s\{1-W(s)\}\frac{1}{s^2}=\frac{a_0}{K\alpha b_0}\end{aligned} \tag{21}$$

である．したがって，定常速度偏差 $e_v$ を指定すると，$K\alpha$ が決まってしまう．

一方で，定常速度偏差 $e_v$ を指定した系の参照モデルは

$$W_d(s)=\frac{1+(\sigma-e_v)s}{1+\sigma s+\alpha_2\sigma^2s^2+\alpha_3\sigma^3s^3+\alpha_4\sigma^4s^4+\cdots} \tag{22}$$

とすることができる．分母，分子の $s$ の1次の項の係数の差が定常速度偏差 $e_v$ になる．分子に高次の項があってもかまわないが，それらは定常速度偏差に関係なく，動特性に効くので，分母側に繰り入れて計算する．

そこで，伝達関数 (20) の分子側の分子の因数 $T_Is+1$ を残してその他の部分を分母系列表現にすると

$$W(s)=\frac{1+T_I s}{\left[\begin{array}{l}1+\dfrac{K\alpha T_I+a_0'}{K\alpha}s\\ +\dfrac{a_1'+\{(\alpha-1)T_D+\beta T_I\}a_0'}{K\alpha}s^2\\ +\dfrac{\left[\begin{array}{l}a_2'+\{(\alpha-1)T_D+\beta T_I\}a_1'\\ \quad+(1-\alpha)T_D(T_D-\beta T_I)a_0'\end{array}\right]}{K\alpha}s^3\\ +\dfrac{\left[\begin{array}{l}a_3'+\{(\alpha-1)T_D+\beta T_I\}a_2'\\ \quad+(1-\alpha)T_D(T_D-\beta T_I)a_1'\\ \quad+(\alpha-1)T_D^2(T_D-\beta T_I)a_0'\end{array}\right]}{K\alpha}s^4\\ +\cdots\end{array}\right]} \tag{23}$$

となる．そして，参照モデル (22) と (23) の分母をマッチングさせると係数に関する連立方程式

$$\left\{\begin{array}{l}\dfrac{K\alpha T_I+a_0'}{K\alpha}=\sigma\\ \dfrac{a_1'+\{(\alpha-1)T_D+\beta T_I\}a_0'}{K\alpha}=\alpha_2\sigma^2\\ \dfrac{\left[\begin{array}{l}a_2'+\{(\alpha-1)T_D+\beta T_I\}a_1'\\ \quad+(1-\alpha)T_D(T_D-\beta T_I)a_0'\end{array}\right]}{K\alpha}=\alpha_3\sigma^3\\ \dfrac{\left[\begin{array}{l}a_3'+\{(\alpha-1)T_D+\beta T_I\}a_2'\\ \quad+(1-\alpha)T_D(T_D-\beta T_I)a_1'\\ \quad+(\alpha-1)T_D^2(T_D-\beta T_I)a_0'\end{array}\right]}{K\alpha}=\alpha_4\sigma^4\\ \quad\vdots\end{array}\right. \tag{24}$$

を得る．

ここで，$K$ は定常速度偏差 $e_v$ を指定すれば決まってしまうし，$\alpha$ は十分小さく，$\beta$ は十分大きく設定するので，解くべき未知数は $T_D$ と $T_I$ と $\sigma$ の三つである．したがって，式 (24) の初めの 3 式を連立させて解く．第 1 式を 2 乗，3 乗して第 2 式，第 3 式の右辺の $\sigma$ を消去すると，$T_D$，$T_I$ に関する連立方程式

$$\left\{\begin{array}{l}-\alpha_2 T_I^2+\dfrac{(\beta-2\alpha_2)a_0}{K\alpha}T_I\\ \quad+\dfrac{(\alpha-1)a_0'}{K\alpha}T_D+\dfrac{K\alpha a_1'-\alpha_2 a_0'^2}{(K\alpha)^2}=0\\ -\alpha_3 T_I^3-\dfrac{3\alpha_3 a_0'}{K\alpha}T_I^2\\ \quad+\left\{\dfrac{(\alpha-1)\beta a_0'}{K\alpha}T_D+\dfrac{K\alpha\beta a_1'-3\alpha_3 a_0'^2}{(K\alpha)^2}\right\}T_I\\ \quad+\dfrac{(1-\alpha)a_0'}{K\alpha}T_D^2+\dfrac{(\alpha-1)a_1'}{K\alpha}T_D\\ \quad+\dfrac{(K\alpha)^2 a_2'-\alpha_3 a_0'^3}{(K\alpha)^3}=0\end{array}\right. \tag{25}$$

を得る．非線形の連立方程式なので，解くには何らかの数値計算ソフトが必要かもしれない．第 1 式は $T_D$ に関して線形なので，$T_D$ を消去して $T_I$ の 4 次方程式を解くということも考えられる．何らかの探索法によるならば，位相進み補償のときの $T_D$ の値に近い $T_D$，$T_I$ から探索を始めるとよい．

ここでは省略するが，$T_D$ は式 (19) から得た値を使って，$T_I$ のみを求めることにすれば，性能はやや劣化するかも知れないが計算は容易になる．

## 2.3　積分，位相進み，位相遅れ補償制御系の設計例

設計例に用いる制御対象として，抵抗とコンデンサからなる 4 段の RC 回路を考えよう．その伝達関数は

$$\frac{1}{1+4s+2.4s^2+0.448s^3+0.0256s^4} \tag{26}$$

とする．これはすでに分母系列表現にもなっているので

$$a_0'=1,\ a_1'=4,\ a_2'=2.4,\ a_3'=0.448,\ a_4'=0.0256 \tag{27}$$

である．

### 2.3.1　積分補償系の設計例

積分動作だけでは大した特性の改善は得られないが，定常位置偏差を 0 にする基本的制御動作である．その設計は式 (12)，(13) により，

$$\sigma=\frac{a_1'}{\alpha_2 a_0'}=\frac{4}{0.5\times1}=8 \tag{28}$$

$$K=\frac{\alpha_2 a_0'^2}{a_1'}=\frac{0.5\times1^2}{4}=0.125 \tag{29}$$

となる．このステップ応答波形は 50〜60％立ち上がる時間が $\sigma=8$ s であることを示している．制御対象自身の立ち上がり時間は $a_1'=4$ s なので，それより遅いが，

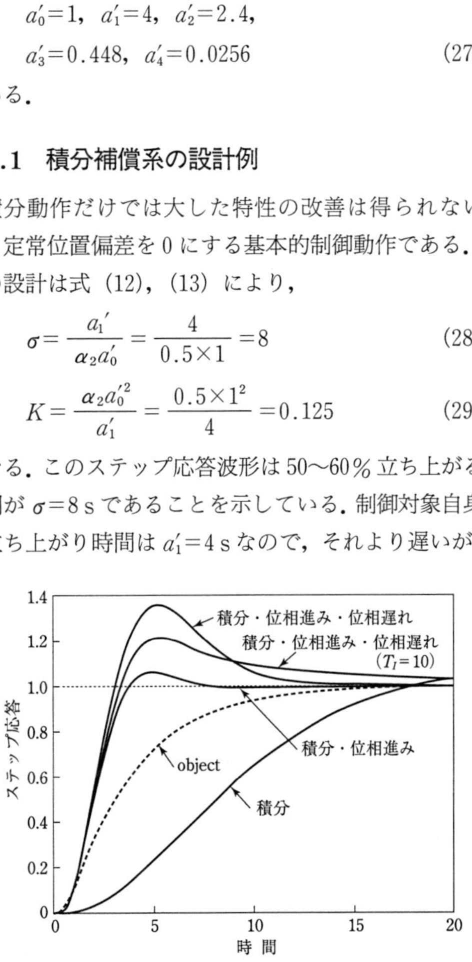

図 2.6　設計結果のステップ応答

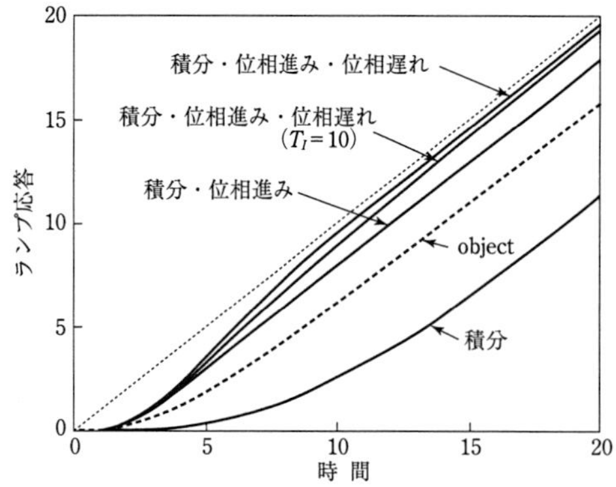


図2.7　設計結果のランプ応答

必ず定常位置偏差が0になる．そのステップ応答は図2.6に，またランプ応答は図2.7にみるとおりである．

### 2.3.2　積分・位相進み補償系の設計例

位相進み補償要素のパラメータ $\alpha$ は2.1節の最後で述べたように適当に小さい値に設定するのがよい．ここでは $\alpha=0.1$ としよう．制御対象の平均遅れ時間が $0.1\,T_D$ だけ長くなったような効果，したがって，その分だけ制御系の性能も劣化する（立ち上がり時間の遅い制御系になる）が，実用的にはほとんど問題がなかろう．もっとよくしたければ $\alpha$ をより小さく設定すればよい．

方程式（19）は

$$-0.1035T_D{}^2-0.18\,T_D+1.8=0 \tag{30}$$

となるから，これを解くと2根

$$T_D=-5.1295,\ 3.3904 \tag{31}$$

を得る．$T_D$ の値は正でなければならないから，$T_D=3.3904$ を採用する．これを式（18）の第1式に代入して $\sigma$，そして式（17）の第1式に代入して $K$ を得る．結果は

$$K=5.2708,\quad T_D=3.3904,\quad \sigma=1.8972 \tag{32}$$

である．立ち上がり時間を $\sigma$ でみると積分動作の8秒から1.9秒と大幅に速応化されている．ステップ応答とランプ応答を図2.6，2.7に示す．

### 2.3.3　積分・位相進み・位相遅れ補償系の設計例

位相遅れ補償要素のパラメータ $\beta$ は2.1節の最後で述べたように大きいほど有効であるが，$\beta=10$ ととれば十分効果があろう．定常速度偏差は使用目的によって要求が違ってくるであろうが，ここでは $e_v=0.2$ と設定して設計しよう．そうすると式（21）から

$$K=\frac{a_0}{\alpha b_0 e_v}=50 \tag{33}$$

となる．$\alpha=0.1$ とした．

参照モデル（22）は分子の $s$ の項を無視した部分のステップ応答が振動的でなくて，できるだけ立ち上がりの速いことが望まれるので，4次の臨界制動系の係数を使って

$$\alpha_2=0.375,\quad \alpha_3=0.0625,\quad \alpha_4=0.0039 \tag{34}$$

としよう．

これらの値を使って連立方程式（25）は

$$\begin{cases} -0.375T_I{}^2+1.85T_I-0.18T_D+0.785=0 \\ -0.0625T_I{}^3-0.0375T_I{}^2+(-1.8T_D+7.9925)T_I \\ \quad +0.18T_D{}^2-0.72T_D+0.4795=0 \end{cases} \tag{35}$$

となる．この連立方程式を，積分・位相進み補償系の設計結果の $T_D$ の値を参考に，探索の初期値を $T_D=5$，$T_I=5$ に設定して解を探すと

$$T_D=3.4785,\quad T_I=5.0177 \tag{36}$$

を得た．この値を使った積分・位相進み・位相遅れ補償系のステップ応答とランプ応答を図2.6，2.7に示す．図2.6，2.7には制御対象単独のステップ応答とランプ応答も示した．

### 2.3.4　設計結果の検討

図2.6のステップ応答をみると，制御対象単独よりも積分補償の方が立ち上がりが遅くなっている．積分補償の効果がないようにみえるが，制御対象の直流ゲ

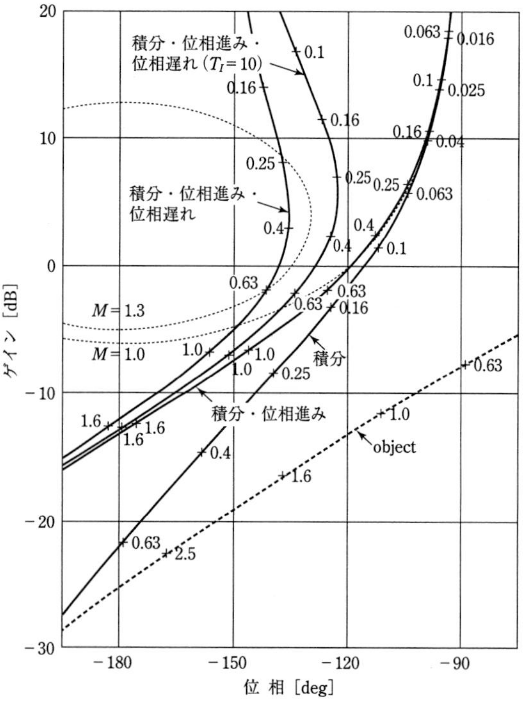


図2.8　設計結果のニコルス線図

インが1であろうがなかろうが，正の値である限り，積分補償が定常位置偏差を必ず0にしてくれるのである．積分・位相進み補償系では立ち上がり，速応性が大幅に改善されている．

積分・位相進み・位相遅れ補償系ではステップ応答の速応性はほとんど改善されず，オーバシュートが大きく現れる．その意味でステップ応答の姿は劣化する．ランプ応答はステップ応答を積分したものであり，このオーバシュートで増えた面積分だけ定常速度偏差を小さくしているのである．

それぞれに対応する系のランプ応答が図2.7である．点線が目標値であり，それからの縦軸方向の差の最終値が定常速度偏差である．設計結果（36）は定常速度偏差 $e_v=0.2$ に設定して設計したのであったが，応答からもその小ささがみてとれよう．

ステップ応答のオーバシュートを小さくするために $T_D=3.4785$ のままで $T_I=10$ と2倍に増やしたときのステップ応答，ランプ応答を図2.6，2.7に $T_I=10$ と注釈をつけて示した．ステップ応答のオーバシュートが小さくなっているが，定常速度偏差を小さくするための面積を時間軸方向に伸ばして稼いでいて，そのためにステップ応答もランプ応答も定常値に収束するまでの時間が非常に長くなってしまうことに注意されたい．その時間をできるだけ短くするようにつくったのが参照モデル（22）の係数（34）である．

位相進み，位相遅れ補償制御系の設計は従来ボード線図やニコルス線図上で行われているので，ここで得た設計結果をニコルス線図上で示すと図2.8のようになる．積分補償系および積分・位相進み補償系は部分的モデルマッチングの可能な限り高周波まで $M=|W(j\omega)|=1.0$ に一致するように設計されている．これは参照モデル（6）の係数（7）がそのようになっているからである（そのように選んだわけではないが）．積分・位相進み・位相遅れ補償系は速く目標値に近づけるためにオーバシュートを大きめに許す参照モデルの係数（34）を選んだので，$M_p=1.4$ 程度になっている．しかし，周波数応答曲線で判断するよりも時間応答曲線という（制御量が時間的に変化する）現象で判断することが重要である．その現象を計算とつなげるために導入したのが参照モデルである．

［北森俊行］

## 参考文献

位相進み，位相遅れ補償制御については，いわゆる古典的とみられている教科書に代表的設計例題として書かれている．

ここで使った部分的モデルマッチングについては

1) 北森俊行（1979）：制御対象の部分的知識に基づく制御系の設計法，計測自動制御学会論文集，**15**(4)：549-555.
2) 森　泰親（2009）：演習で学ぶ PID 制御，森北出版．

# 3

# 極 指 定

| 要 約 | |
|---|---|
| 制御の特徴 | 制御系のシステム極（閉ループ系のシステム行列の固有値）を直接指定することができる制御手法である．制御則には状態フィードバックを用いる．システム極を個々に指定する手法，システム極が存在すべき複素平面上の領域を指定する手法などがある． |
| 長 所 | システムのダイナミクスを支配するモードを直接指定できる． |
| 短 所 | 制御対象のモデルが正確であることを要求する． |
| 制御対象のクラス | 有限次元線形時不変システム． |
| 制約条件 | 状態が直接観測可能であること（不可ならオブザーバを利用する）． |
| 設計条件 | 制御対象が可制御であること． |
| 設計手順 | 標準的な極指定の場合は以下のとおり．<br>Step 1　システム極の指定値の決定．<br>Step 2　補助ベクトル（設計自由度）の選択．<br>Step 3　状態フィードバックゲインの算出．<br>領域内極指定では，Step 2 は行列不等式の解の選択自由度に置き換わるため，設計者が陽に選択する必要はない． |
| 実応用例 | 多くの産業応用例がある． |

## 3.1　極指定の概念

有限次元線形時不変システム

$$\dot{x}(t)=Ax(t)+Bu(t)$$
$$y(t)=Cx(t)+Du(t)$$

を考える．ただし，$x(t)\in\mathbb{R}^n$ は状態，$u(t)\in\mathbb{R}^r$ は入力，$y(t)\in\mathbb{R}^m$ は出力であり，$A$，$B$，$C$，$D$ は適当なサイズの実行列である．このとき，システム行列 $A$ の固有値を，このシステムのシステム極という．

いま，システムの振る舞いは

$$x(t)=e^{At}x(0)+\int_0^t e^{A(t-\tau)}Bu(\tau)\,d\tau$$

$$y(t)=Ce^{At}x(0)+\int_0^t Ce^{A(t-\tau)}Bu(\tau)\,d\tau+Du(t)$$

と記述できるから，行列指数関数 $e^{At}$ がシステムのダイナミクスを支配する．行列 $A$ の固有値を $\lambda_1\in\mathbb{C}$，$\lambda_2\in\mathbb{C}$，…，$\lambda_n\in\mathbb{C}$ とするとき，$e^{At}$ の各要素は $e^{\lambda_1 t}$，$e^{\lambda_2 t}$，…，$e^{\lambda_n t}$ の線形結合で表すことができ，これらをモードとよぶ．なお，固有値 $\lambda_i$ に重複があるときは $e^{\lambda_i t}$，$te^{\lambda_i t}$，$t^2e^{\lambda_i t}$ などのモードが現れることもある．

このように，モードはシステムのダイナミクスを支配するものであり，システム極を指定することはシステムのダイナミクスを詳細に設計することにつながる．極指定とは，これをフィードバック制御により可能とするものである．制御則としては，状態フィードバックが用いられる．状態が直接観測できないときには，オブザーバと組み合わせる．

以下では，状態フィードバックによる極指定について，設計法をまとめる．

## 3.2　極指定の設計法

### 3.2.1　状態フィードバックによる極指定

制御対象は有限次元線形時不変システム

$$\dot{x}(t)=Ax(t)+Bu(t)$$

であるとする．ただし，$x(t)\in\mathbb{R}^n$ は状態，$u(t)\in\mathbb{R}^r$

は入力である．状態フィードバックによる極指定とは，状態フィードバック

$$u(t)=Kx(t)$$

を施して得られる閉ループ系

$$\dot{x}(t)=(A+BK)x(t)$$

のシステム極（システム行列 $A+BK$ の固有値）が，指定された値 $\lambda_1\in\mathbb{C}$，$\lambda_2\in\mathbb{C}$，…，$\lambda_n\in\mathbb{C}$ になるように $K\in\mathbb{R}^{r\times n}$ を選ぶことである．ただし，$A+BK$ は実行列なので，たとえば $\lambda_i=\sigma_i+j\mu_i$，$\sigma_i\in\mathbb{R}$，$\mu_i\in\mathbb{R}$（$j$：虚数単位）が指定極であれば，その共役数 $\bar{\lambda}_i=\sigma_i-j\mu_i$ も指定極に含める必要があることに注意する．

以下，$(A,B)$ が可制御対であることを仮定する．実際，もし可制御対でなければ，ある $\lambda\in\mathbb{C}$ に対して

$$\mathrm{rank}[A-\lambda I\ \ B]<n$$

となるから，

$$\eta^T[A-\lambda I\ \ B]=0$$

を満たす $\eta\in\mathbb{C}^n$，$\eta\neq0$ が存在する．このとき，任意の $K\in\mathbb{R}^{r\times n}$ に対して

$$\eta^T(A+BK-\lambda I)=\eta^T[A-\lambda I\ \ B]\begin{bmatrix}I\\K\end{bmatrix}=0$$

となり，$\lambda$ は $A+BK$ の固有値である．つまり，動かせない固有値 $\lambda$ が存在するため，極指定は実行できない．

また，$(A,B)$ が可制御対であるとき，ゲイン $K$ を設計する手順は以下のとおりである[1,2]．まず，補助ベクトル $g_1\in\mathbb{R}^r$，$g_2\in\mathbb{R}^r$，…，$g_n\in\mathbb{R}^r$ を選ぶ．次に，$\lambda_i\in\mathbb{R}$ に対しては

$$f_i=(\lambda_iI-A)^{-1}Bg_i\in\mathbb{R}^n$$

により，$\lambda_i=\sigma_i+j\mu_i\in\mathbb{C}$，$\lambda_j=\bar{\lambda}_i=\sigma_i-j\mu_i\in\mathbb{C}$ に対しては

$$f_i=\{(\sigma_iI-A)^2+\mu_i^2I\}^{-1}\{(\sigma_iI-A)Bg_i+\mu_iBg_j\}\in\mathbb{R}^n$$
$$f_j=\{(\sigma_iI-A)^2+\mu_i^2I\}^{-1}\{(\sigma_iI-A)Bg_j-\mu_iBg_i\}\in\mathbb{R}^n$$

により $f_1\in\mathbb{R}^n$，$f_2\in\mathbb{R}^n$，…，$f_n\in\mathbb{R}^n$ を決める．このとき，極指定を達成するゲインは

$$G=[g_1\ g_2\ \cdots\ g_n],\quad F=[f_1\ f_2\ \cdots\ f_n]$$

を用いて

$$K=GF^{-1}$$

と求まる．

このように $K$ を決めるとき，実際に，$A+BK$ が指定極 $\lambda_1$，$\lambda_2$，…，$\lambda_n$ を固有値としてもつことは，以下のように確認できる．まず，

$$g_i=Ge_i,\ f_i=Fe_i$$

と表現する．ただし，$e_i\in\mathbb{R}^n$ は第 $i$ 番目の要素が 1，その他の要素はすべて 0 である単位ベクトルである．このとき，$\lambda_i\in\mathbb{R}$ に対しては

$$\begin{aligned}&\{\lambda_iI-(A+BK)\}f_i\\&=(\lambda_iI-A)f_i-BKf_i\\&=(\lambda_iI-A)(\lambda_iI-A)^{-1}Bg_i-BGF^{-1}Fe_i\\&=0\end{aligned}$$

となり，$A+BK$ は固有値 $\lambda_i$，固有ベクトル $f_i$ をもつ．また，$\lambda_i=\sigma_i+j\mu_i\in\mathbb{C}$，$\lambda_j=\bar{\lambda}_i=\sigma_i-j\mu_i\in\mathbb{C}$ に対しては

$$\begin{aligned}&\{(\sigma_iI-A)Bg_i+\mu_iBg_j\}+j\{(\sigma_iI-A)Bg_j-\mu_iBg_i\}\\&=(\sigma_iI-A)B(g_i+jg_j)-j\mu_iB(g_i+jg_j)\\&=(\lambda_jI-A)B(g_i+jg_j)\end{aligned}$$

$$\begin{aligned}&\{(\sigma_iI-A)Bg_i+\mu_iBg_j\}-j\{(\sigma_iI-A)Bg_j-\mu_iBg_i\}\\&=(\sigma_iI-A)B(g_i-jg_j)+j\mu_iB(g_i-jg_j)\\&=(\lambda_iI-A)B(g_i-jg_j)\end{aligned}$$

および

$$\begin{aligned}&(\sigma_iI-A)^2+\mu_i^2I\\&=\{(\sigma_iI-A)+j\mu_iI\}\{(\sigma_iI-A)-j\mu_iI\}\\&=(\lambda_iI-A)(\lambda_jI-A)\\&=(\lambda_jI-A)(\lambda_iI-A)\end{aligned}$$

であるから，

$$(f_i+jf_j)=(\lambda_iI-A)^{-1}B(g_i+jg_j)$$
$$(f_i-jf_j)=(\lambda_jI-A)^{-1}B(g_i-jg_j)$$

となる．つまり，

$$\begin{aligned}&\{\lambda_iI-(A+BK)\}(f_i+jf_j)\\&=(\lambda_iI-A)(f_i+jf_j)-BK(f_i+jf_j)\\&=(\lambda_iI-A)(\lambda_iI-A)^{-1}B(g_i+jg_j)\\&\quad-BGF^{-1}F(e_i+je_j)\\&=0\end{aligned}$$

$$\begin{aligned}&\{\lambda_jI-(A+BK)\}(f_i-jf_j)\\&=(\lambda_jI-A)(f_i-jf_j)-BK(f_i-jf_j)\\&=(\lambda_jI-A)(\lambda_jI-A)^{-1}B(g_i-jg_j)\\&\quad-BGF^{-1}F(e_i-je_j)\\&=0\end{aligned}$$

となり，$A+BK$ は固有値 $\lambda_i$，$\lambda_j$，固有ベクトル $f_i+jf_j$，$f_i-jf$ をもつ．

なお，以上より，$f_i+jf_j$，$f_i-jf_j$ を $f_i$，$f_j$ に，$g_i+jg_j$，$g_i-jg_j$ を $g_i$，$g_j$ に置き換えれば，補助ベクトル $g_i$ を与えて $f_i$ を求める手順は，指定する極が実数か複素数かを問わず，共通化できることがわかる．ただし，こうすると，複素計算を経由して実ゲインを求めることになる．一方，ここで紹介した極指定の手順は，実計算のみで可能である．

さて，このような極指定の手順を実行できるためには，$(\lambda_iI-A)$，$F$ が正則でなければならない．行列 $(\lambda_iI-A)$ が正則であるためには指定極 $\lambda_i$ を $A$ の固有値と異なるものに選べばよい．一方，$G$ を適当に選

べば $F$ が正則となることは，$\lambda_i$ が互いに異なり，$(A, B)$ が可制御対であれば保証される．いま，簡単のため，$r=1$ とし，すべての $\lambda_i$ について共通化した関係式

$$f_i=(\lambda_i I-A)^{-1}Bg_i$$

を考えれば，$i\in\{1,2,\cdots,n\}$ に対して

$$\alpha_{1,i}+\alpha_{2,i}\lambda+\cdots+\alpha_{(n-1),i}\lambda^{n-1}=\frac{(\lambda_1-\lambda)(\lambda_2-\lambda)\cdots(\lambda_n-\lambda)}{\lambda_i-\lambda}$$

を定義して，行列

$$\tilde{R}=[B\ \ AB\ \ \cdots\ \ A^{n-1}B]$$

$$\tilde{\Lambda}=\begin{bmatrix}\alpha_{1,1} & \alpha_{1,2} & \cdots & \alpha_{1,n}\\ \alpha_{2,1} & \alpha_{2,2} & \cdots & \alpha_{2,n}\\ \vdots & \vdots & \ddots & \vdots\\ \alpha_{n,1} & \alpha_{n,2} & \cdots & \alpha_{n,n}\end{bmatrix},\quad \tilde{G}=\begin{bmatrix}g_1 & & & 0\\ & g_2 & & \\ & & \ddots & \\ 0 & & & g_n\end{bmatrix}$$

を構成するとき，

$$(\lambda_1 I-A)(\lambda_2 I-A)\cdots(\lambda_n I-A)F=\tilde{R}\tilde{\Lambda}\tilde{G}$$

を得る．このとき，$\lambda_i$ が互いに異なれば $\tilde{\Lambda}$ は正則である．また，$(A, B)$ が可制御対であれば $\tilde{R}$ が行フルランク（$r=1$ なので正則）である．つまり，これらの条件のもとでは，$F$ が正則となるような $\tilde{G}$ は常に存在し，$g_i\neq 0$ と選べばよいことがわかる．

以上で明らかになったように，$(A, B)$ が可制御対でなければ極指定は不可能である．一方，ここで紹介した極指定アルゴリズムは，$(A, B)$ が可制御対であり，指定極 $\lambda_i$ が互いに異なり，かつ $A$ の固有値とも異なるものに選ばれているときに，実行可能である．この指定極に対する制約は緩やかなものであるが，別の（より複雑な）アルゴリズムを用いれば，完全に取り除くこともできる．つまり，状態フィードバックによる極指定ができるための必要十分条件は，$(A, B)$ が可制御対であることである[3]．

### 3.2.2　状態フィードバックによる領域内極指定

制御対象は有限次元線形時不変システム

$$\dot{x}(t)=Ax(t)+Bu(t)$$

であるとする．ただし，$x(t)\in\mathbb{R}^n$ は状態，$u(t)\in\mathbb{R}^r$ は入力である．状態フィードバックによる領域内極指定とは，状態フィードバック

$$u(t)=Kx(t)$$

を施して得られる閉ループ系

$$\dot{x}(t)=(A+BK)x(t)$$

のシステム行列 $A+BK$ の固有値がすべて，指定された領域 $D\subset\mathbb{C}$ に入るように $K\in\mathbb{R}^{r\times n}$ を選ぶことである．つまり，$A+BK$ の固有値を個々に指定しない．

以下，例として，$D$ を，実部が $-\alpha$ より小さい半平面である場合を取り上げる．ただし，$\alpha\in\mathbb{R}$，$\alpha>0$ である．このとき，行列不等式

$$AX+AX^T+BG+G^TB^T+2\alpha X<0,\quad X=X^T>0$$

を満たす $X\in\mathbb{R}^{n\times n}$，$G\in\mathbb{R}^{r\times n}$ が存在するとき，かつそのときに限り，領域内極指定を達成する $K$ が存在し，

$$K=GX^{-1}$$

がそれを達成する状態フィードバックゲインを与える．ただし，対称行列に対する不等号は，ここでは正定値性で定義する．

実際，この $K$ を用いて行列不等式を書き直せば，標準的なリアプノフ不等式

$$(A+BK+\alpha I)X+X(A+BK+\alpha I)^T<0,$$
$$X=X^T>0$$

となり，行列 $A+BK+\alpha I$ の固有値の実部がすべて負であること，つまり $A+BK$ の固有値の実部がすべて $-\alpha$ より小さいことが保証されていることがわかる．

なお，以上の設計法において，解くべき行列不等式は，変数行列 $X$，$G$ について線形であることに注意する．そのような行列不等式は一般に，線形行列不等式（linear matrix inequality：LMI）とよばれる．LMI 条件の判定や求解は，半正定値計画問題に帰着することができ，数値計算として実行することが可能である．また，円やセクタなど，より一般的な領域を $D$ として設定し，LMI 条件として記述することも可能である[4]．

## 3.3　極指定の設計例

制御対象の状態方程式が

$$\dot{x}(t)=Ax(t)+Bu(t),$$

$$A=\begin{bmatrix}0 & 1 & 0\\ -1 & 0 & 1\\ 0 & 0 & 0\end{bmatrix},\quad B=\begin{bmatrix}0 & 1\\ 1 & 0\\ 0 & 1\end{bmatrix}$$

であるとする．このシステムのシステム極（行列 $A$ の固有値）は $0$，$j$，$-j$ であり，内部安定ではない．

そこで，閉ループ系のシステム極（行列 $A+BK$ の固有値）を

$$\lambda_1=-2,\quad \lambda_2=-1+j=\sigma_2+j\mu_2,$$
$$\lambda_3=-1-j=\sigma_2-j\mu_2$$

に指定することを考える．つまり，

$$\sigma_2=-1,\ \mu_2=1$$

である．いま，補助ベクトルとして，

$$g_1=\begin{bmatrix}0\\1\end{bmatrix},\ g_2=\begin{bmatrix}1\\0\end{bmatrix},\ g_3=\begin{bmatrix}0\\1\end{bmatrix}$$

を選ぶと，

$$f_1=(\lambda_1 I-A)^{-1}Bg_1=\begin{bmatrix}-1/2\\0\\-1/2\end{bmatrix}$$

$$f_2=\{(\sigma_2 I-A)^2+\mu_2^2 I\}^{-1}\{(\sigma_2 I-A)Bg_2+\mu_2 Bg_3\}=\begin{bmatrix}7/10\\-3/5\\1/2\end{bmatrix}$$

$$f_3=\{(\sigma_2 I-A)^2+\mu_2^2 I\}^{-1}\{(\sigma_2 I-A)Bg_3-\mu_2 Bg_2\}=\begin{bmatrix}-9/10\\1/5\\-1/2\end{bmatrix}$$

が得られる．つまり，

$$G=[g_1\ g_2\ g_3]=\begin{bmatrix}0&1&0\\1&0&1\end{bmatrix}$$

$$F=[f_1\ f_2\ f_3]=\begin{bmatrix}-1/2&-7/10&-9/10\\0&-3/5&1/5\\-1/2&1/2&-1/2\end{bmatrix}$$

である．この $F$ は正則であるので，極指定を実現する状態フィードバックは

$$u(t)=Kx(t),\ K=GF^{-1}=\begin{bmatrix}-1&-2&1\\-1&-2&-1\end{bmatrix}$$

と求まる．実際，この制御則を施すとき，閉ループ系は

$$\dot{x}(t)=(A+BK)x(t)$$

$$A+BK=\begin{bmatrix}-1&-1&-1\\-2&-2&2\\-1&-2&-1\end{bmatrix}$$

となり，そのシステム極（行列 $A+BK$ の固有値）は $-2$，$-1+j$，$-1-j$ になっている．

次に，同じ制御対象について，領域内極指定を考える．ここでは，$\alpha=1/2$ と指定する．つまり，閉ループ系のシステム極の実部がすべて $-1/2$ 未満となる状態フィードバックゲインを設計するのが目的である．このとき，解くべき行列不等式は，

$$H=AX+XA^T+BG+G^TB^T+X<0$$

$$X=X^T>0$$

であり，これを満たす $X$，$G$ をみつければよい．前述の通り，これは $X$，$G$ に関する線形行列不等式（LMI）なので，半正定値計画問題を取り扱うことができる適当なソフトウェアを用いれば，数値的に解くことができる．そこでたとえば，解として，

$$X=\begin{bmatrix}6&-4&3\\-4&6&-1\\3&-1&4\end{bmatrix},\ G=\begin{bmatrix}5&-9&3\\-1&-7&-5\end{bmatrix}$$

が得られたとしよう．これらが実際に解であることは，$X>0$ であり，またこれらを代入して得られる

$$H=\begin{bmatrix}-4&-3&-4\\-3&-6&-4\\-4&-4&-6\end{bmatrix}$$

について $H<0$ であることより確認できる．このとき，状態フィードバックゲインを求めると，

$$K=GX^{-1}=\begin{bmatrix}-1&-2&1\\-1&-2&-1\end{bmatrix}$$

が得られる．これは，前述のゲインに一致するので，実際，閉ループ系のシステム極の実部はすべて $-1/2$ 未満である．

［藤崎泰正］

## 参考文献

1) 疋田弘光，小山昭一，三浦良一（1975）：極配置問題におけるフィードバックゲインの自由度と低ゲインの導出，計測自動制御学会論文集，**11**(5)：556-560．
2) 木村英紀（1978）：多変数制御系の理論と応用-IV，システムと制御，**22**(8)：485-494．
3) W. M. Wonham (1967)：On pole assignment in multi-input controllable linear systems, *IEEE Transactions on Automatic Control*, **12**(6)：660-665．
4) 蛯原義雄（2012）：LMI によるシステム制御，p. 93-101，森北出版．

# 4

# 非 干 渉 化

| 要 約 | | |
|---|---|---|
| | 制御の特徴 | 多入力多出力系における相互干渉をなくし，複数の1入力1出力系に分けて取り扱うことができるようにする制御手法である．制御則には状態フィードバックまたは動的コントローラを用い，非干渉化のみならず内部安定化も達成するようにする． |
| | 長 所 | 多入力多出力系の相互干渉を考察の対象外にできる． |
| | 短 所 | 制御対象のモデルが正確であることを要求する． |
| | 制御対象のクラス | 有限次元線形時不変システム． |
| | 制約条件 | 入出力数が同じであること（異なる場合は正方化を併用する）． |
| | 設計条件 | 制御対象の伝達関数が正則であること（動的コントローラの場合）． |
| | 設計手順 | 動的コントローラの場合は以下のとおり．<br>**Step 1**　制御対象の二重既約分解形を算出．<br>**Step 2**　$N(s)^{-1}$ の各要素を既約分解して $\Delta_R(s)$ を算出．<br>**Step 3**　非干渉化を達成する内部安定化コントローラクラスを表現．<br>**Step 4**　フリーパラメータ $\Lambda_K(s)$，$R(s)$ の選択．<br>状態フィードバックの場合は，非干渉化可能条件を確認した上で，閉ループ極（の一部）を指定し，状態フィードバックゲインとフィードフォワードゲインを算出する． |
| | 実応用例 | 多くの産業応用例がある． |

## 4.1 非干渉化の概念

多入力多出力系の取り扱いの難しさは，相互干渉の存在にある．たとえば，2入力2出力系

$$\begin{bmatrix} y_1(s) \\ y_2(s) \end{bmatrix} = \begin{bmatrix} p_{11}(s) & p_{12}(s) \\ p_{21}(s) & p_{22}(s) \end{bmatrix} \begin{bmatrix} u_1(s) \\ u_2(s) \end{bmatrix}$$

を考えよう．ただし，$u_1(s)$，$u_2(s)$ は入力，$y_1(s)$，$y_2(s)$ は出力である．このとき，$p_{21}(s)$ の存在により，たとえ $u_1(s)$ のみに入力を加えたとしても，その影響は $y_1(s)$ のみならず $y_2(s)$ にも現れてしまう．もう一方の $u_2(s)$ のみに入力を加えたときも同様である．

非干渉化とは，適当なコントローラを導入することで，制御系の伝達特性から相互干渉をなくし，

$$\begin{bmatrix} y_1(s) \\ y_2(s) \end{bmatrix} = \begin{bmatrix} h_1(s) & 0 \\ 0 & h_2(s) \end{bmatrix} \begin{bmatrix} r_1(s) \\ r_2(s) \end{bmatrix}$$

とすることを実現する制御系設計法である (図 4.1)．

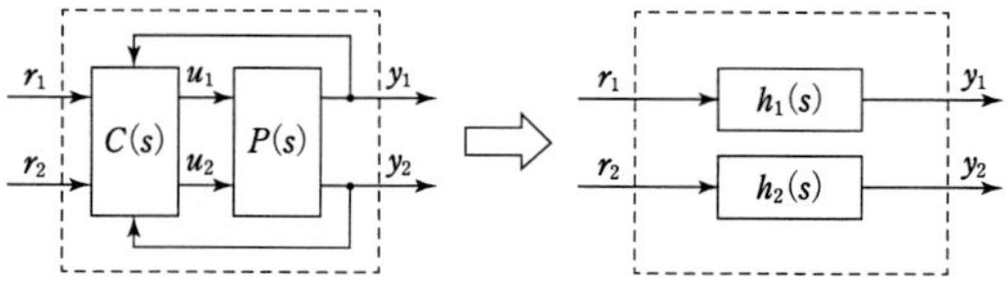


**図 4.1**　非干渉化の概念（2入力2出力系の場合）

ここで，$r_1(s)$，$r_2(s)$ は非干渉化された新たな入力である．実際，このように非干渉化できれば，以降の制御系設計には1入力1出力系のものを援用でき，見通しがよい．なお，非干渉化するといくつかのモードが隠れる可能性があるので，設計では制御系の内部安定性に注意を払う必要がある．

以下では，制御対象の入出力数が同じであるとし，状態フィードバックによる非干渉化と動的コントローラによる非干渉化について，代表的な設計法をまとめる．なお，制御対象の入出力数が異なる場合は，正方化と非干渉化をともに考慮することになる[1,2]．

## 4.2　非干渉化の設計法

### 4.2.1　状態フィードバックによる非干渉化

対象システムは線形時不変システム

$$\dot{x}(t) = Ax(t) + Bu(t)$$
$$y(t) = Cx(t)$$

であるとする．ただし，$x(t) \in \mathbb{R}^n$ は状態，$u(t) \in \mathbb{R}^m$ は入力，$y(t) \in \mathbb{R}^m$ は出力である．状態フィードバックによる非干渉化とは，状態フィードバックとフィードフォワード

$$u(t) = -Fx(t) + Gr(t)$$

を施して得られる閉ループ系

$$y(s) = H(s)r(s), \quad G(s) = C(sI - A + BF)^{-1}BG$$

が内部安定となり，その伝達関数 $H(s)$ が正則かつ対角行列になるように $F$，$G$ を選ぶことである．ここで，$r(t) \in \mathbb{R}^m$ は新たな入力である．

まず，行列 $C$ を行ごとに分割し，

$$C = \begin{bmatrix} c_1 \\ c_2 \\ \vdots \\ c_m \end{bmatrix}$$

と書く．そして，各 $c_i$ に対して

$$\eta_i = \begin{cases} j & \text{if } c_iB = c_iAB = \cdots = c_iA^{j-2}B = 0, \\ & \quad c_iA^{j-1}B \neq 0 \\ n+1 & \text{if } c_iB = c_iAB = \cdots = c_iA^{n-1}B = 0 \end{cases}$$

を定義する．この $\eta_i$ を用いて，対象システムの行ごとの高周波ゲインを並べた正方行列

$$B^* = \begin{bmatrix} c_1A^{\eta_1-1}B \\ c_2A^{\eta_2-1}B \\ \vdots \\ c_mA^{\eta_m-1}B \end{bmatrix}$$

を定義する．このとき，この行列が正則であり，対象システムが不安定な不変零点をもたなければ，非干渉化と内部安定化を達成するゲイン $F$，$G$ が存在する．つまり，

$$\det B^* \neq 0,$$
$$\det \begin{bmatrix} A - sI_n & B \\ C & 0 \end{bmatrix} \neq 0 \quad \forall s \in \mathbb{C} : \mathrm{Re}[s] \geq 0$$

が成り立てば，非干渉化と内部安定化がともに可能である．このとき，非干渉化と内部安定化を達成するゲインは

$$F = (B^*)^{-1}(A^* + \bar{F}S_a), \quad G = (B^*)^{-1}\bar{G}$$

で与えられる[3,4]．ただし，

$$A^* = \begin{bmatrix} c_1A^{\eta_1} \\ c_2A^{\eta_2} \\ \vdots \\ c_mA^{\eta_m} \end{bmatrix}, \quad S_a = \begin{bmatrix} S_1 \\ S_2 \\ \vdots \\ S_m \end{bmatrix}, \quad S_i = \begin{bmatrix} c_i \\ c_iA \\ \vdots \\ c_iA^{\eta_i-1} \end{bmatrix}$$

$$\bar{F} = \text{block diag}\{\bar{f}_1, \bar{f}_2, \cdots, \bar{f}_m\}$$
$$\bar{f}_i = [\alpha_{i,0} \ \ \alpha_{i,1} \ \cdots \ \alpha_{i,\eta_i-1}]$$
$$\bar{G} = \text{block diag}\{\gamma_1, \gamma_2, \cdots, \gamma_m\}$$

である．また，設計パラメータは $\alpha_{1,0}$，$\alpha_{1,1}$，$\cdots$，$\alpha_{m,\eta_m-1}$，と $\gamma_1$，$\gamma_2$，$\cdots$，$\gamma_m$ であり，$\bar{f}_i$ の各要素は，行列

$$\bar{A} = \begin{bmatrix} 0 & 1 & & \\ \vdots & & \ddots & \\ 0 & & & 1 \\ -\alpha_{i,0} & -\alpha_{i,1} & \cdots & -\alpha_{i,\eta_i-1} \end{bmatrix} \in \mathbb{R}^{\eta_i \times \eta_i}$$

の固有値の実部がすべて負となるように選び，$\bar{G}$ の各要素は $\bar{G}$ が正則行列となるように $\gamma_i \neq 0$ より選ぶ．

実際，これら $F$，$G$ により，閉ループ系の伝達関数は

$$H(s) = \text{diag}\{h_1(s), h_2(s), \cdots, h_m(s)\}$$
$$h_i(s) = \gamma_i\bar{c}_i(sI_{\eta_i} - \bar{A}_i)^{-1}\bar{b}_i$$
$$= \frac{\gamma_i}{s^{\eta_i} + \alpha_{i,\eta_i-1}s^{\eta_i-1} + \cdots + \alpha_{i,1}s + \alpha_{i,0}}$$
$$\bar{c}_i = [1 \ 0 \ \cdots \ 0], \quad \bar{b}_i = [0 \ \cdots \ 0 \ 1]^T$$

となることが確認できる．

### 4.2.2　動的コントローラによる非干渉化

対象システムは，伝達関数

$$y(s) = P(s)u(s)$$

で表現されているとする．ここで，$u(s)$ は操作入力 $u(t) \in \mathbb{R}^m$，$y(s)$ は制御出力 $y(t) \in \mathbb{R}^m$ のラプラス変換である．動的コントローラによる非干渉化とは，動的コントローラ

$$u(s) = C_1(s)r(s) - C_2(s)y(s)$$

を施して得られる閉ループ系

$$y(s) = H(s)r(s)$$
$$H(s) = P(s)(I + C_2(s)P(s))^{-1}C_1(s)$$

が内部安定となり，その伝達関数 $H(s)$ が正則かつ対角行列になるように $C_1(s)$，$C_2(s)$ を選ぶことである．ここに，$r(s)$ は新たな入力 $r(t) \in \mathbb{R}^m$ のラプラス変換である．

以下，有理伝達関数の集合を $\mathbb{R}(s)$ と，安定かつプロパな有理伝達関数の集合を $\mathbb{RH}_\infty$ と書く．まず，プロパな伝達関数である制御対象 $P(s) \in \mathbb{R}(s)^{m \times m}$ を，安定かつプロパな有理伝達関数による二重既約分解形

$$\begin{bmatrix} Y(s) & X(s) \\ -\tilde{N}(s) & \tilde{D}(s) \end{bmatrix}\begin{bmatrix} D(s) & -\tilde{X}(s) \\ N(s) & \tilde{Y}(s) \end{bmatrix}$$

$$=\begin{bmatrix} D(s) & -\tilde{X}(s) \\ N(s) & \tilde{Y}(s) \end{bmatrix}\begin{bmatrix} Y(s) & X(s) \\ -\tilde{N}(s) & \tilde{D}(s) \end{bmatrix}=\begin{bmatrix} I & 0 \\ 0 & I \end{bmatrix}$$

を用いて

$$P(s)=N(s)D(s)^{-1}=\tilde{D}(s)^{-1}N(s)$$

と表現する．ただし，$N(s)$，$D(s)$，$\tilde{N}(s)$，$\tilde{D}(s)$，$X(s)$，$Y(s)$，$\tilde{X}(s)$，$\tilde{Y}(s)$ はすべて $\mathbb{RH}_\infty^{m\times m}$ の要素である．

このとき，閉ループ系を内部安定化する任意の動的コントローラは，

$$C_1(s)=(Y(s)-R(s)\tilde{N}(s))^{-1}K(s)$$
$$C_2(s)=(Y(s)-R(s)\tilde{N}(s))^{-1}(X(s)+R(s)\tilde{D}(s))$$

と表現できる．ただし，$R(s)\in\mathbb{RH}_\infty^{m\times m}$，$K(s)\in\mathbb{RH}_\infty^{m\times m}$ はコントローラの選択自由度を表現するパラメータである．このとき，

$$H(s)=N(s)K(s)$$

と表現できるから，$N(s)$ が正則であれば，つまり $P(s)$ が正則であれば，$H(s)$ が正則かつ対角行列になる $K(s)$ が存在することがただちにわかる．

実現可能な正則かつ対角な $H(s)$ のクラスについては，$N(s)^{-1}$ の $(i,j)$ 要素を

$$N(s)^{-1}=\left[\frac{\mu_{ij}(s)}{\nu_{ij}(s)}\right]$$

と既約分解し，$\nu_{1j}(s)$，$\nu_{2j}(s)$，…，$\nu_{mj}(s)$ の最小公倍元を $\varDelta_{Rj}(s)$ として

$$\varDelta_R(s)=\mathrm{diag}\{\varDelta_{R1}(s),\varDelta_{R2}(s),\cdots,\varDelta_{Rm}(s)\}$$

を定義すれば，

$$H(s)=\varDelta_R(s)\Lambda_K(s)$$

と表現できる．ただし，$\Lambda_K(s)\in\mathbb{RH}_\infty^{m\times m}$ は対角かつ正則なパラメータであり，この選択自由度により実現可能な $H(s)$ はすべてパラメトライズできる．このことは，

$$N(s)^{-1}\varDelta_R(s)=\bar{N}(s)$$
$$=[\bar{n}_1(s)\ \ \bar{n}_2(s)\ \ \cdots\ \ \bar{n}_m(s)]\in\mathbb{RH}_\infty^{m\times m}$$

と置けば，ただちにみて取れる．実際，$H(s)=\varDelta_R(s)\Lambda_K(s)$ であれば $K(s)=N(s)^{-1}\varDelta_R(s)\Lambda_K(s)\in\mathbb{RH}_\infty^{m\times m}$ である．逆に，$H(s)\in\mathbb{RH}_\infty^{m\times m}$ が対角かつ正則であれば $K(s)=N(s)^{-1}H(s)=\bar{N}(s)\varDelta_R(s)^{-1}H(s)\in\mathbb{RH}_\infty^{m\times m}$ でありかつ $\bar{N}(s)$ と $\varDelta_R(s)$ が既約であることより，$\varDelta_K(s)=\varDelta_R(s)^{-1}H(s)\in\mathbb{RH}_\infty^{m\times m}$ であることがわかる．

以上をまとめると，結局，閉ループ系が内部安定となり，その伝達関数 $H(s)$ が正則かつ対角行列になる動的コントローラのクラスは，

$$C_1(s)=(Y(s)-R(s)\tilde{N}(s))^{-1}N(s)^{-1}\varDelta_R(s)\Lambda_K(s)$$
$$C_2(s)=(Y(s)-R(s)\tilde{N}(s))^{-1}(X(s)+R(s)\tilde{D}(s))$$

と表現できることがわかる[5,6]．ここに，$R(s)\in\mathbb{RH}_\infty^{m\times m}$ および対角かつ正則な $\Lambda_K(s)\in\mathbb{RH}_\infty^{m\times m}$ はコントローラの選択自由度を表現するパラメータである．

## 4.3　非干渉化の設計例

制御対象の係数行列が

$$A=\begin{bmatrix} 0 & 0 & 0 & 0 \\ 0 & -2 & 1 & 0 \\ 0 & 3 & 0 & 0 \\ 1 & 0 & 2 & 0 \end{bmatrix},\quad B=\begin{bmatrix} 1 & 0 \\ 0 & 0 \\ 0 & 1 \\ 0 & 0 \end{bmatrix},$$

$$C=\begin{bmatrix} 0 & 0 & 1 & 0 \\ 0 & 0 & 0 & 1 \end{bmatrix}$$

であるとする．このとき，

$$\det\begin{bmatrix} A-sI & B \\ C & 0 \end{bmatrix}=-(s+2)$$

より，このシステムは可逆であり，不変零点は $-2$ で安定である．また，

$$c_1B=[0\ \ 1],\quad c_2B=[0\ \ 0],\quad c_2AB=[1\ \ 2]$$

であるので，$\mu_1=1$，$\mu_2=2$ であり，

$$B^*=\begin{bmatrix} c_1B \\ c_2AB \end{bmatrix}=\begin{bmatrix} 0 & 1 \\ 1 & 2 \end{bmatrix}$$

は正則である．つまり，状態フィードバックによる非干渉化可能条件を満足している．

そこで，

$$S_1=c_1=[0\ \ 0\ \ 1\ \ 0]$$

$$S_2=\begin{bmatrix} c_2 \\ c_2A \end{bmatrix}=\begin{bmatrix} 0 & 0 & 0 & 1 \\ 1 & 0 & 2 & 1 \end{bmatrix}$$

を準備し，閉ループ極のうち指定可能なものは $-1$ とすることとし，自由パラメータを

$$\bar{f}_1=1,\quad \bar{f}_2=[1\ \ 2],\quad \bar{G}=\begin{bmatrix} 1 & 0 \\ 0 & 1 \end{bmatrix}$$

と決める．このとき，非干渉制御を実現する状態フィードバックゲインは，

$$F=(B^*)^{-1}\begin{bmatrix} c_1A+\bar{f}_1S_1 \\ c_2A+\bar{f}_2S_2 \end{bmatrix}=\begin{bmatrix} 2 & 0 & 2 & 1 \\ 0 & 3 & 1 & 0 \end{bmatrix}$$

$$G=(B^*)^{-1}\bar{G}=\begin{bmatrix} -2 & 1 \\ 1 & 0 \end{bmatrix}$$

と求まる．

実際，これらゲインを用いるとき，$A-BF$ の固有値を計算すると $-1$，$-1$，$-1$，$-2$ であり，非干渉制御系は内部安定となっている．また，閉ループ系の伝達関数は

$$H(s)=C(sI-A+BF)^{-1}BG=\begin{bmatrix}\dfrac{1}{s+1} & 0\\ 0 & \dfrac{1}{s^2+2s+1}\end{bmatrix}$$

であり，対角行列である．つまり，非干渉制御系が得られていることがわかる．

次に，動的コントローラによる非干渉化を考える．制御対象の伝達関数行列が，

$$P(s)=\begin{bmatrix}\dfrac{2(s-1)}{(s+1)(s+2)} & \dfrac{1}{(s+1)(s+2)}\\ \dfrac{(s-1)(s-2)}{(s+1)(s+2)} & \dfrac{s-2}{(s+1)(s+2)}\end{bmatrix}$$

であるとする．いま，$P(s)\in\mathbb{RH}_\infty^{2\times2}$ なので，二重既約分解形として，$N(s)=\tilde{N}(s)=P(s)$，$D(s)=\tilde{D}(s)=I$，$X(s)=\tilde{X}(s)=0$，$Y(s)=\tilde{Y}(s)=I$ を選ぶことができる．このとき，

$$N(s)^{-1}=\begin{bmatrix}\dfrac{(s+1)(s+2)}{s-1} & \dfrac{(s+1)(s+2)}{(s-1)(s-2)}\\ -(s+1)(s+2) & \dfrac{2(s+1)(s+2)}{s-2}\end{bmatrix}$$

であるから，

$$\mu_{11}(s)=1,\quad \nu_{11}(s)=\frac{s-1}{s+1}\cdot\frac{1}{s+2}$$

$$\mu_{12}(s)=-1,\quad \nu_{12}(s)=\frac{s-1}{s+1}\cdot\frac{s-2}{s+2}$$

$$\mu_{21}(s)=-1,\quad \nu_{21}(s)=\frac{1}{s+1}\cdot\frac{1}{s+2}$$

$$\mu_{22}(s)=2,\quad \nu_{22}(s)=\frac{1}{s+1}\cdot\frac{s-2}{s+2}$$

を得る．したがって，$\nu_{11}(s)$ と $\nu_{21}(s)$ の最小公倍元 $\Delta_{R1}(s)$，$\nu_{12}(s)$ と $\nu_{22}(s)$ の最小公倍元 $\Delta_{R2}(s)$ は

$$\Delta_{R1}(s)=\frac{s-1}{(s+1)^2(s+2)}$$

$$\Delta_{R1}(s)=\frac{(s-1)(s-2)}{(s+1)^2(s+2)}$$

となる．つまり，

$$\Delta_R(s)=\begin{bmatrix}\dfrac{s-1}{(s+1)^2(s+2)} & 0\\ 0 & \dfrac{(s-1)(s-2)}{(s+1)^2(s+2)}\end{bmatrix}$$

である．このとき，

$$N(s)^{-1}\Delta_R(s)=\begin{bmatrix}\dfrac{1}{s+1} & -\dfrac{1}{s+1}\\ -\dfrac{s-1}{s+1} & \dfrac{2(s-1)}{s+1}\end{bmatrix}\in\mathbb{RH}_\infty^{2\times2}$$

であることに注意する．いま，たとえば，

$$R(s)=0,\quad \Lambda_K(s)=\begin{bmatrix}\dfrac{s+1}{s+3} & 0\\ 0 & \dfrac{s+1}{s+3}\end{bmatrix}$$

と選べば，動的コントローラとして

$$C_1(s)=N(s)^{-1}\Delta_R(s)\Lambda_K(s)=\begin{bmatrix}\dfrac{1}{s+3} & -\dfrac{1}{s+3}\\ -\dfrac{s-1}{s+3} & \dfrac{2(s-1)}{s+3}\end{bmatrix}$$

$$C_2(s)=0$$

を得る．このとき，$r(s)$ から $y(s)$ の伝達関数は

$$H(s)=P(s)C_1(s)=\begin{bmatrix}\dfrac{s-1}{(s+1)(s+2)(s+3)} & 0\\ 0 & \dfrac{(s-1)(s-2)}{(s+1)(s+2)(s+3)}\end{bmatrix}$$

となり，実際に $H(s)$ が対角化されていることが確認できる． ［藤崎泰正］

## 参考文献


1) 河野通夫，杉浦一郎 (1978)：非干渉制御問題，計測と制御，**17**(2)：145-152.
2) A. Saberi, P. Sannuti (1988)：Squaring down by static and dynamic compensators, *IEEE Transactions on Automatic Control*, **33**(4)：358-365.
3) E. G. Gilbert (1969)：The decoupling of multivariable systems by state feedback, *SIAM Journal on Control*, **7**(1)：50-63.
4) 小郷　寛，美多　勉 (1979)：システム制御理論入門，p. 180-194，実教出版.
5) C. A. Desoer, A. N. Gündes, (1986)：Decoupling linear multivariable plantsby dynamic output feedback：An algebraic theory, *IEEE Transactions on Automatic Control*, **31**(8)：744-750.
6) 前田　肇，杉江俊治 (1990)：アドバンスト制御のためのシステム制御理論，p. 65-67，朝倉書店.

# 5

# オブザーバ

| 要約 | | |
|---|---|---|
| | 制御の特徴 | 対象システムの状態の値を，その入出力信号より推定する手法である．時間の経過とともに，推定値は真値に漸近的に一致する． |
| | 長　所 | 実際に検出可能な入出力信号に基づいて，直接観測可能とは限らない内部信号である状態の値を推定できる．この推定値を用いれば，状態フィードバックを（近似的に）実現できる． |
| | 短　所 | 対象システムのモデルが正確であることを要求する． |
| | 制御対象のクラス | 有限次元線形時不変システム． |
| | 制約条件 | 観測信号が雑音を含まないこと（雑音を含むときはカルマンフィルタを利用する）． |
| | 設計条件 | 対象システムが可検出であること． |
| | 設計手順 | 標準的なオブザーバの場合は以下のとおり．<br>Step 1　対象システムのモデルの入手．<br>Step 2　オブザーバゲインの選択．<br>Step 3　オブザーバの各係数行列の算出． |
| | 実応用例 | 多くの産業応用例がある． |

## 5.1　オブザーバの概念

対象システムは線形時不変システム

$$\dot{x}(t) = Ax(t) + Bu(t)$$
$$x(0) = x_0$$
$$y(t) = Cx(t)$$

であるとする．ただし，$x(t) \in \mathbb{R}^n$ は状態，$u(t) \in \mathbb{R}^r$ は入力，$y(t) \in \mathbb{R}^m$ は出力である．ここでは，係数行列 $A \in \mathbb{R}^{n \times n}$, $B \in \mathbb{R}^{n \times r}$, $C \in \mathbb{R}^{m \times n}$ は既知であるとする．一方，初期状態 $x_0$ は未知であるとする．

オブザーバとは，必ずしも内部安定であるとは限らないシステムの状態 $x(t)$ を，観測可能な入出力データ $u(\tau)$, $y(\tau)$, $0 \leq \tau \leq t$ に基づいて推定するものである．その推定には，$u(t)$ と $y(t)$ を入力とし，状態の推定値 $\hat{x}(t) \in \mathbb{R}^n$ を出力とする線形ダイナミカルシステム

$$\dot{\hat{z}}(t) = \hat{A}\hat{z}(t) + \hat{B}u(t) + \hat{L}y(t)$$
$$\hat{x}(t) = \hat{C}\hat{z}(t) + \hat{D}y(t)$$

を用いる．ただし，$\hat{z}(t)$ はオブザーバの状態であり，$\hat{A}$, $\hat{B}$, $\hat{C}$, $\hat{D}$, $\hat{L}$ は設計すべきオブザーバの係数行列である．

以下に，オブザーバの設計法のうち，代表的なものをまとめる．

## 5.2　オブザーバの設計法

### 5.2.1　同一次元状態オブサーバ

同一次元状態オブザーバとは，対象システムのモデルに対象システムと同じ入力 $u(t)$ を加え，対象システムとモデルの出力の差をフィードバックして得られる線形システム

$$\dot{\hat{x}}(t) = A\hat{x}(t) + Bu(t) + L(y(t) - \hat{y}(t))$$
$$\hat{x}(0) = \hat{x}_0$$
$$\hat{y}(t) = C\hat{x}(t)$$

として与えられる[1]．ここに，$\hat{x}(t) \in \mathbb{R}^n$ はオブザーバの状態であり，これが対象システムの状態 $x(t)$ の推定値となる．また，ゲイン行列 $L \in \mathbb{R}^{n \times m}$ は，行列 $A - LC$ の固有値の実部がすべて負になるように選ぶ．そのような選択は，$(C, A)$ が可検出対であれば，常に可能であることに注意する．なお，同一次元状態オブザーバの状態方程式は

$$\dot{\hat{x}}(t)=(A-LC)\hat{x}(t)+Bu(t)+Ly(t)$$
$$\hat{x}(0)=\hat{x}_0$$

と書き直せるから，これは対象システムの入力 $u(t)$ と $y(t)$ を入力とするダイナミカルシステムである．

このように $L$ を決めると，実際に $\hat{x}(t)$ が $x(t)$ の推定値となることは，推定誤差

$$e(t)=\hat{x}(t)-x(t)$$

を定義すると，その振る舞いは $u(t)$ と無関係な状態方程式

$$\dot{e}(t)=(A-LC)e(t),\quad e(0)=\hat{x}_0-x_0$$

に従うことより確認できる．実際，$A-LC$ の固有値の実部がすべて負であれば，初期状態 $e(0)$ がどのような値であっても，

$$\lim_{t\to\infty}\|e(t)\|=0$$

である．つまり，任意の $u(t)$，$\hat{x}_0$，$x_0$ について，

$$\lim_{t\to\infty}\|\hat{x}(t)-x(t)\|=0$$

であることがわかる．

### 5.2.2 最小次元状態オブザーバ

ところで，出力は直接観測可能であり，それは $y(t)=Cx(t)$ に従う．したがって，

$$\operatorname{rank} C=m$$

であるとき，$n$ 次元の $x(t)$ の情報のうち $m$ 次元分は，$y(t)$ より直接得られる．このことに注目すれば，オブザーバの状態の次元は $n-m$ あれば十分である．いま，このランク条件が成り立つとすれば，

$$\det\begin{bmatrix} W \\ C \end{bmatrix}\neq 0$$

となる行列 $W\in\mathbb{R}^{(n-m)\times n}$ が常に存在し，逆行列は

$$\begin{bmatrix} W \\ C \end{bmatrix}^{-1}=[W^T(WW^T)^{-1}\ \ C^T(CC^T)^{-1}]=[W^+\ \ C^+]$$

となる．これらを用いれば，最小次元状態オブザーバ

$$\dot{\hat{z}}(t)=(W-\tilde{L}C)AW^+\hat{z}(t)+(W-\tilde{L}C)Bu(t)$$
$$+(W-\tilde{L}C)A(C^++W^+\tilde{L})y(t)$$
$$\hat{z}(0)=\hat{z}_0$$
$$\hat{x}(t)=W^+\hat{z}(t)+(C^++W^+\tilde{L})y(t)$$

が得られる．ここで，$\hat{z}(t)\in\mathbb{R}^m$ はオブザーバの状態である．また，$\tilde{L}$ はオブザーバの設計パラメータであり，オブザーバのシステム行列 $(W-\tilde{L}C)AW^+$ の固有値の実部がすべて負となるように選ぶ．そのような選択は $(CAW^+, WAW^+)$ が可検出対であれば可能であり，それは $(C,A)$ が可検出対であれば保証される[1,2]．

実際，恒等式

$$\begin{bmatrix}\begin{bmatrix} W \\ C \end{bmatrix} & 0 \\ 0 & I\end{bmatrix}\begin{bmatrix} A-sI \\ C \end{bmatrix}\begin{bmatrix} W \\ C \end{bmatrix}^{-1}=\begin{bmatrix} WAW^+-sI & WAC^+ \\ CAW^+ & CAC^+-sI \\ 0 & I \end{bmatrix}$$

が成り立ち，$(CAW^+,\ WAW^+)$ の可検出性は $(C,\ A)$ の可検出性に帰着される．また，対象システムの状態 $x(t)$ を

$$\begin{bmatrix} z(t) \\ y(t) \end{bmatrix}=\begin{bmatrix} I & -\tilde{L} \\ 0 & I \end{bmatrix}\begin{bmatrix} W \\ C \end{bmatrix}x(t)$$

$$x(t)=[W^+\ \ C^+]\begin{bmatrix} I & \tilde{L} \\ 0 & I \end{bmatrix}\begin{bmatrix} z(t) \\ y(t) \end{bmatrix}$$

により座標変換すれば，

$$\dot{z}(t)=(W-\tilde{L}C)AW^+z(t)+(W-\tilde{L}C)Bu(t)$$
$$+(W-\tilde{L}C)A(C^++W^+\tilde{L})y(t)$$
$$x(t)=W^+z(t)+(C^++W^+\tilde{L})y(t)$$

となることから，

$$\hat{x}(t)-x(t)=W^+(\hat{z}(t)-z(t))$$

であり，また

$$\dot{\hat{z}}(t)-\dot{z}(t)=(W-\tilde{L}C)AW^+(\hat{z}(t)-z(t))$$
$$\hat{z}(0)-z(0)=\hat{z}_0-(W-\tilde{L}C)x_0$$

となるので，$(W-\tilde{L}C)AW^+$ の固有値の実部がすべて負なら，任意の $u(t)$，$\hat{z}_0$，$x_0$ について，

$$\lim_{t\to\infty}\|\hat{x}(t)-x(t)\|=0$$

となることがわかる．つまり，$\hat{x}(t)$ は状態 $x(t)$ の推定値となる．

### 5.2.3 未知入力オブザーバ

最小次元オブザーバの $u(t)$ に関する係数行列 $(W-\tilde{L}C)B$ は $\tilde{L}$ を含んでいる．前述のとおり，$\tilde{L}$ の選択には自由度があるから，これをうまく選べば，入力 $u(t)$ を用いないオブザーバを構成できる可能性がある．そこで，

$$\operatorname{rank} B=r,\quad \operatorname{rank} C=m$$

と仮定しよう．このとき，線形方程式

$$(W-\tilde{L}C)B=WB-\tilde{L}CB=0$$

を満たす $\tilde{L}$ が存在するための必要十分条件は

$$\operatorname{rank} CB=\operatorname{rank}\begin{bmatrix} WB \\ CB \end{bmatrix}=\operatorname{rank} B=r$$

であり，この条件のもとで，線形方程式の一般解は，

$$\tilde{L}=WB(CB)^++\bar{L}(I-CB(CB)^+)$$
$$(CB)^+=((CB)^TCB)^{-1}(CB)^T$$

と与えられる．ここに，$\bar{L}\in\mathbb{R}^{(n-m)\times m}$ は，解の自由度を表現するための任意行列である．したがって，この $\bar{L}$ の自由度を用いて，最小次元オブザーバのシステム行列

$$(W-\tilde{L}C)AW^{+}=WAW^{+}-WB(CB)^{+}CAW^{+}$$
$$-\bar{L}(I-CB(CB)^{+})CAW^{+}$$
$$=\bar{A}-\bar{L}\bar{C}$$

の固有値の実部をすべて負にすることができれば，入力を用いないオブザーバが構成できる．そのためには $(\bar{C}, \bar{A})$ が可検出対であればよいが，それは

$$\mathrm{rank}\begin{bmatrix} A-sI & B \\ C & 0 \end{bmatrix}=n+r,\quad \forall s\in\{\text{実部が非負の複素数}\}$$

であれば保証される．つまり，対象システムが左可逆であり，最小位相系であれば（不変零点がすべて安定であれば），未知入力オブザーバが構成できる[1,2]．

なお，このランク条件が $(\bar{C}, \bar{A})$ の可検出対性を保証することは，恒等式

$$\begin{bmatrix} \begin{bmatrix} W \\ C \end{bmatrix} & 0 \\ 0 & I \end{bmatrix}\begin{bmatrix} A-sI & B \\ C & 0 \end{bmatrix}\begin{bmatrix} \begin{bmatrix} W \\ C \end{bmatrix}^{-1} & 0 \\ 0 & I \end{bmatrix}$$
$$\begin{bmatrix} I & 0 & 0 \\ 0 & I & 0 \\ (CB)^{+}CAW^{+} & 0 & I \end{bmatrix}=\begin{bmatrix} \bar{A}-sI & * & * \\ \bar{C} & * & * \\ 0 & I & 0 \end{bmatrix}$$

が成り立つことによりみてとれる．なお，$*$ はこの議論に無関係な要素である．

## 5.3　オブザーバの設計例

対象システムの状態方程式が

$$\dot{x}(t)=Ax(t)+Bu(t),\quad y(t)=Cx(t)$$
$$A=\begin{bmatrix} 0 & 1 & 0 & 0 \\ -0 & 0 & 0 & 0 \\ 0 & 0 & 0 & 1 \\ 1 & 0 & -4 & 0 \end{bmatrix},\ B=\begin{bmatrix} 1 \\ 1 \\ 0 \\ 0 \end{bmatrix},\ C=\begin{bmatrix} 1 & 0 & 0 & 0 \\ 0 & 0 & 1 & 0 \end{bmatrix}$$

であるとする．このとき，$(C, A)$ は可観測対，つまり可検出対であるので，同一次元状態オブザーバが設計可能である．実際，

$$L=\begin{bmatrix} 4 & 0 \\ 3 & 0 \\ 0 & 4 \\ 1 & 0 \end{bmatrix}$$

と選ぶとき，

$$A-LC=\begin{bmatrix} -4 & 1 & 0 & 0 \\ -4 & 0 & 0 & 0 \\ 0 & 0 & -4 & 1 \\ 0 & 0 & -4 & 0 \end{bmatrix}$$

となり，$A-LC$ の固有値は $-2$，$-2$，$-2$，$-2$ となって，その実部はすべて負である．この行列を用いて，オブザーバは

$$\dot{\hat{x}}(t)=(A-LC)\hat{x}(t)+Bu(t)+Ly(t)$$

で与えられる．図5.1は，

$$u(t)=5\sin\frac{1}{2}$$

と与えたときの対象システムの状態 $x(t)$ の振る舞い（点線）と同一次元状態オブザーバによる状態の推定値 $\hat{x}(t)$ の振る舞い（実線）である．なお，オブザーバの初期状態はすべて0とした．このように，漸近的に状態の推定値が得られている．

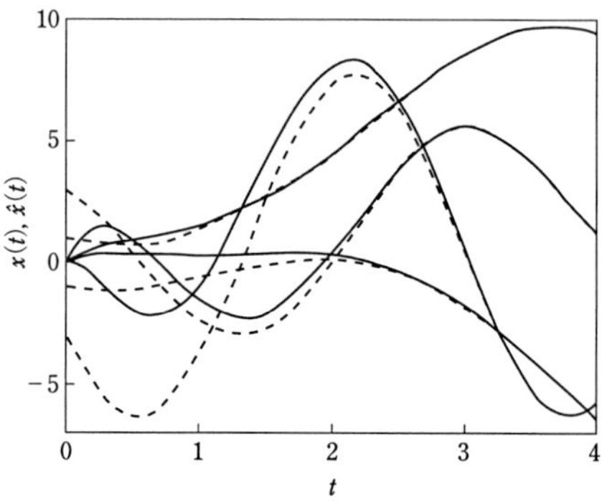


**図5.1**　同一次元状態オブザーバ

また，この対象システムの $C$ は行フルランクなので，最小次元状態オブザーバを構成することもできる．実際，$C$ と並べて正則になる $W$ として

$$W=\begin{bmatrix} 0 & 1 & 0 & 0 \\ 0 & 0 & 0 & 1 \end{bmatrix}$$

を選べば，

$$W^{+}=W^{T}(WW^{T})^{-1}=\begin{bmatrix} 0 & 0 \\ 1 & 0 \\ 0 & 0 \\ 0 & 1 \end{bmatrix}$$
$$C^{+}=C^{T}(CC^{T})^{-1}=\begin{bmatrix} 1 & 0 \\ 0 & 0 \\ 0 & 1 \\ 0 & 0 \end{bmatrix}$$

となるので，

$$WAW^{+}=\begin{bmatrix} 0 & 0 \\ 0 & 0 \end{bmatrix},\quad CAW^{+}=\begin{bmatrix} 1 & 0 \\ 0 & 1 \end{bmatrix}$$

である．そこで，

$$\tilde{L}=\begin{bmatrix} 2 & 0 \\ 0 & 2 \end{bmatrix}$$

と選ぶと，$(W-\tilde{L}C)AW^{+}$ の固有値は $-2$，$-2$ となり，最小次元状態オブザーバ

$$\dot{\hat{z}}(t)=\hat{A}\hat{z}(t)+\hat{B}u(t)+\hat{L}y(t)$$
$$\hat{x}(t)=\hat{C}\hat{z}(t)+\hat{D}y(t)$$

を得る．なお，各係数行列

$$\hat{A}=(W-\tilde{L}C)AW^{+},\quad \hat{B}=(W-\tilde{L}C)B,$$
$$\hat{L}=(W-\tilde{L}C)A(C^{+}+W^{+}\tilde{L})$$
$$\hat{C}=W^{+},\quad \hat{D}=(C^{+}+W^{+}\tilde{L})$$

の値を求めると，

$$\hat{A}=\begin{bmatrix}-2 & 0\\ 0 & -2\end{bmatrix},\quad \hat{B}=\begin{bmatrix}-1\\ 0\end{bmatrix},$$
$$\hat{L}=\begin{bmatrix}-5 & 0\\ 1 & -8\end{bmatrix},\quad \hat{D}=\begin{bmatrix}1 & 0\\ 2 & 0\\ 0 & 1\\ 0 & 2\end{bmatrix}$$

である．図5.2は，先程と同じ入力に対する対象システムの状態 $x(t)$ の振る舞い（点線）と最小次元状態オブザーバによる状態の推定値 $\hat{x}(t)$ の振る舞い（実線）である．なお，オブザーバの初期状態はすべて0とした．このように，出力に直接現れる状態の部分はそれを推定値とし，出力に直接現れない状態の部分のみ漸近的に推定するものが得られている．

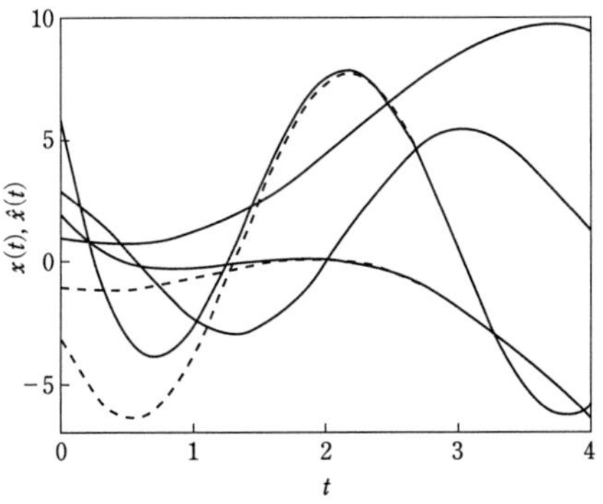


図5.2 最小次元状態オブザーバ

さらに，この対象システムの $B$ は列フルランクであり，rank $CB$＝rank $B$ である．また，

$$\text{rank}\begin{bmatrix}A-sI & B\\ C & 0\end{bmatrix}=\text{rank}\begin{bmatrix}1 & 1\\ -s & 1\end{bmatrix}+3=\begin{cases}5 & s\neq -1\\ 4 & s=-1\end{cases}$$

なので，実部が非負の $s$ に対しては列フルランクとなり，未知入力オブザーバの構成可能条件を満たしている．実際，

$$\tilde{L}=\begin{bmatrix}1 & 0\\ 0 & 2\end{bmatrix}$$

と選べば，最小次元オブザーバの各係数行列は

$$\hat{A}=\begin{bmatrix}-1 & 0\\ 0 & -2\end{bmatrix},\quad \hat{B}=\begin{bmatrix}0\\ 0\end{bmatrix},$$
$$\hat{L}=\begin{bmatrix}-2 & 0\\ 1 & -8\end{bmatrix},\quad \hat{D}=\begin{bmatrix}1 & 0\\ 1 & 0\\ 0 & 1\\ 0 & 2\end{bmatrix}$$

となって，$\hat{B}$ が0になると同時に，$\hat{A}$ の固有値も－1，－2となって実部がすべて負となる．

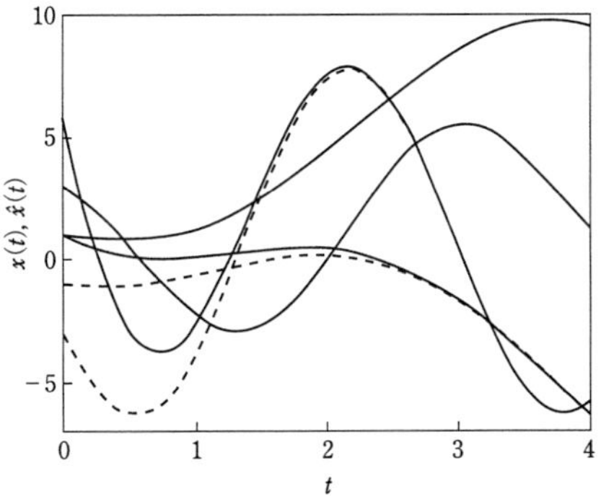


図5.3 未知入力オブザーバ

図5.3は，これまでと同じ入力に対する対象システムの状態 $x(t)$ の振る舞い（点線）と未知入力オブザーバによる状態の推定値 $\hat{x}(t)$ の振る舞い（実線）である．ここでも，オブザーバの初期状態はすべて0とした．このように，対象システムが適当な仮定を満たせば，出力のみから状態を漸近的に推定することが可能である． ［藤崎泰正］

## 参 考 文 献

1) 池田雅夫，藤崎泰正（2010）：多変数システム制御，p. 84-94，コロナ社．
2) 岩井善太，井上 昭，川路茂保（1988）：オブザーバ，p. 38-54，206-209，コロナ社．

# 6

# カルマンフィルタ

**要約**

| | |
|---|---|
| 制御の特徴 | 対象システムの状態の値を，雑音の存在のもとで，入出力信号より推定する手法である．推定誤差の期待値が 0，推定誤差共分散行列が最小となる推定値を与える． |
| 長　所 | 実際に検出可能な入出力信号に基づいて，直接観測可能とは限らない内部信号である状態の最適な推定値が得られる． |
| 短　所 | 対象システムのモデルが正確であることを要求する． |
| 制御対象のクラス | 有限次元線形時変システム． |
| 制約条件 | 雑音が白色性であること． |
| 設計条件 | 観測雑音の共分散行列が各時刻で正定値であること． |
| 設計手順 | 離散時間システムを対象とする場合，対象システムのモデル入手や初期推定値選択以外のオンラインでの計算手順は以下のとおり．<br>Step 1　推定誤差共分散行列よりフィルタゲインを決定．<br>Step 2　入出力データを一時刻分入手し，状態の推定値を更新．<br>Step 3　推定誤差共分散行列を更新し，Step 1 へ． |
| 実応用例 | 多くの産業応用例がある． |

## 6.1 カルマンフィルタの概念

対象システムは線形時変システム

$$x[k+1]=A[k]x[k]+B[k]u[k]+v[k]$$
$$x[0]=x_0$$
$$y[k]=C[k]x[k]+w[k]$$

であるとする．ここに，$x[k]\in\mathbb{R}^n$ は状態，$u[k]\in\mathbb{R}^r$ は入力，$y[k]\in\mathbb{R}^m$ は出力であり，$v[k]\in\mathbb{R}^n$ はシステム雑音，$w[k]\in\mathbb{R}^m$ は観測雑音である．また，係数行列 $A[k]\in\mathbb{R}^{n\times n}$，$B[k]\in\mathbb{R}^{n\times r}$，$C[k]\in\mathbb{R}^{m\times n}$，$k=0,1,2,\cdots$ は既知であるとする．さらに，初期状態 $x_0$ は確率的で，その期待値と共分散行列は既知であるとし，

$$E\{x_0\}=\bar{x}_0,\quad E\{(x_0-\bar{x}_0)(x_0-\bar{x}_0)^T\}=X_0$$

と書く．ただし，$X_0=X_0^T\geq 0$ である．一方，システム雑音 $v[k]$ と観測雑音 $w[k]$ は白色雑音であり，それらの期待値は 0，共分散行列は既知であるとし，

$$E\{v[k]\}=0,\ E\{v[k]v^T[j]\}=V[k]\delta[k-j]$$
$$E\{w[k]\}=0,\ E\{w[k]w^T[j]\}=W[k]\delta[k-j]$$

と書く．ただし，$V[k]=V^T[k]\geq 0$，$W[k]=W^T[k]\geq\varepsilon I,\ \varepsilon>0$ であり，$\delta[k-j]$ はインパルス関数である．そして，システム雑音 $v[k]$ と観測雑音 $w[k]$ は無相関であり，またそれらは初期状態 $x_0$ とは独立である，つまり

$$E\{v[k]w^T[j]\}=0,\ E\{x_0v^T[k]\}=0,\ E\{x_0w^T[k]\}=0$$

であるとする．

カルマンフィルタ (Kalman filter) とは，雑音の影響下にあるシステムの状態 $x[k]$ を，観測可能な入出力データ $u[j]$，$y[j]$，$0\leq j\leq k-1$ に基づいて推定するものである．その推定には，$u[k]$ と $y[k]$ を入力とする線形フィルタ

$$\hat{x}[k+1]=\hat{A}[k]\hat{x}[k]+\hat{B}[k]u[k]+L[k]y[k]$$
$$\hat{x}[0]=\bar{x}_0$$

を用いる．ここで，$\hat{x}[k]\in\mathbb{R}^n$ はカルマンフィルタの状態であり，これが対象システムの状態 $x[k]$ の推定値となる．また，$\hat{A}[k]$，$\hat{B}[k]$，$L[k]$ は，推定誤差

$$e[k]=\hat{x}[k]-x[k]$$

の期待値 $E\{e[k]\}$ が 0，共分散行列 $E\{e[k]e^T[k]\}$ が最小となるように選ぶ．この意味で，カルマンフィルタは，対象システムの状態の最適な推定値を与える．つ

まり，線形最小分散フィルタである．加えて，雑音がガウス性であれば，得られているデータのもとで事後確率密度を最大にする最尤推定量を与える[1]．

以下では，上記のような基本的仮定のもとでのカルマンフィルタのアルゴリズムをまとめる．なお，これら仮定が満たされない場合には，拡張カルマンフィルタ，Unscented カルマンフィルタ，アンサンブルカルマンフィルタ，粒子フィルタなどを用いる[2]．

## 6.2 カルマンフィルタの設計法

### 6.2.1 カルマンフィルタのアルゴリズム

カルマンフィルタは，同一次元状態オブザーバと同じ構造をもつシステム

$$\hat{x}[k+1]=(A[k]-L[k]C[k])\hat{x}[k]+B[k]u[k]+L[k]y[k]$$

$$\hat{x}[0]=\bar{x}_0$$

として与えられる[1]．ただし，ゲイン行列 $L[k]\in\mathbb{R}^{n\times m}$ は，行列差分方程式

$$X[k+1]=A[k]X[k]A^T[k]-A[k]X[k]C^T[k](W[k]+C[k]X[k]C^T[k])^{-1}C[k]X[k]A^T[k]+V[k]$$

$$X[0]=X_0$$

を解いて得られる $X[k]\in\mathbb{R}^{n\times n}$ を用いて，

$$L[k]=A[k]X[k]C^T[k](W[k]+C[k]X[k]C^T[k])^{-1}$$

と定める．

このようにすれば，推定誤差について，$E\{e[k]\}$ が 0，$E\{e[k]e^T[k]\}$ が最小となることは，以下のように確認できる．まず，線形フィルタを用いたとき，推定誤差の振る舞いが，$L[k]$ の選択によらず，状態方程式

$$\begin{aligned}e[k+1]&=\{\hat{A}[k]\hat{x}[k]+\hat{B}[k]u[k]+L[k](C[k]x[k]+w[k])\}\\&\quad-(A[k]x[k]+B[k]u[k]+v[k])\\&=(A[k]-L[k]C[k])e[k]+(L[k]w[k]-v[k])\\&\quad+(\hat{A}[k]-A[k]+L[k]C[k])\hat{x}[k]\\&\quad+(\hat{B}[k]-B[k])u[k]\end{aligned}$$

に従うことに着目する．

両辺の期待値をとれば，$E\{e[k]\}=0$ となるためには

$$\hat{A}[k]=A[k]-L[k]C[k],\quad \hat{B}[k]=B[k]$$

でなければならない．またこのとき，状態推移行列

$$\Phi[k,j]=\begin{cases}(A[k-1]-L[k-1]C[k-1])\\\quad\times(A[k-2]-L[k-2]C[k-2])\cdots\\\quad\cdots(A[j]-L[j]C[j]), & k>j\\ I, & k=j\end{cases}$$

を用いれば，

$$e[k]=\Phi[k,0]e[0]+\sum_{j=0}^{k-1}\Phi(k,j+1)(L[j]w[j]-v[j])$$

$$e[0]=\bar{x}_0-x_0$$

と表現できる．したがって，初期状態と雑音に対する仮定より，実際に $E\{e[k]\}=0$ を得る．一方，行列差分方程式を平方完成すれば，$L[k]$ に関する恒等式

$$\begin{aligned}&L[k]W[k]L^T[k]+V[k]\\&=X[k+1]\\&\quad-(A[k]-L[k]C[k])X[k](A[k]-L[k]C[k])^T\\&\quad+\{L[k]-A[k]X[k]C^T[k](W[k]+C[k]X[k]C^T[k])^{-1}\}\\&\quad\times(W[k]+C[k]X[k]C^T[k])\\&\quad\times\{L[k]-A[k]X[k]C^T[k](W[k]+C[k]X[k]C^T[k])^{-1}\}^T\end{aligned}$$

が得られることに注意すると，推定誤差の共分散行列は

$$\begin{aligned}&E\{e[k]e^T[k]\}\\&=\Phi[k,0]E\{e[0]e^T[0]\}\Phi^T[k,0]+\sum_{j=0}^{k-1}\Phi[k,j+1]\\&\quad\times\sum_{l=0}^{k-1}E\{(L[j]w[j]-v[j])(L[l]w[l]-v[l])^T\}\Phi^T[k,l+1]\\&=\Phi[k,0]X_0\Phi^T[k,0]\\&\quad+\sum_{j=0}^{k-1}\Phi[k,j+1](L[j]W[j]L^T[j]+V[j])\Phi^T[k,j+1]\\&=\Phi[k,0]X_0\Phi^T[k,0]\\&\quad+\sum_{j=0}^{k-1}(\Phi[k,j+1]X[j+1]\Phi^T[k,j+1]\\&\qquad-\Phi[k,j]X[j]\ \Phi^T[k,j])\\&\quad+\sum_{j=0}^{k-1}\Phi[k,j+1]\\&\qquad\times\{L[j]-A[j]X[j]C^T[j](W[j]+C[j]X[j]C^T[j])^{-1}\}\\&\qquad\times(W[j]+C[j]X[j]C^T[j])\\&\qquad\times\{L[j]-A[j]X[j]C^T[j](W[j]+C[j]X[j]C^T[j])^{-1}\}^T\\&\qquad\times\Phi^T[k,j+1]\\&=X[k]\\&\quad+\sum_{j=0}^{k-1}\Phi[k,j+1]\\&\qquad\times\{L[j]-A[j]X[j]C^T[j](W[j]+C[j]X[j]C^T[j])^{-1}\}\\&\qquad\times(W[j]+C[j]X[j]C^T[j])\\&\qquad\times\{L[j]-A[j]X[j]C^T[j](W[j]+C[j]X[j]C^T[j])^{-1}\}^T\\&\qquad\times\Phi^T[k,j+1]\end{aligned}$$

と表現できる．この右辺第二項は半正定値であるから，$E\{e[k]e^T[k]\}$ を最小値 $X[k]$ とするのは

$$L[k]=A[k]X[k]C^T[k](W[k]+C[k]X[k]C^T[k])^{-1}$$

であることがわかる．

### 6.2.2 連続時間システムを対象とする場合

対象システムが連続時間線形時変システム

$$\dot{x}(t)=A(t)x(t)+B(t)u(t)+v(t),\ x(0)x_0$$
$$y(t)=C(t)x(t)+w(t)$$

である場合にも，カルマンフィルタは類似の手順により設計できる．ここで，$x(t)\in\mathbb{R}^n$ は状態，$u(t)\in\mathbb{R}^r$ は入力，$y(t)\in\mathbb{R}^m$ は出力であり，$v(t)\in\mathbb{R}^n$ はシステム雑音，$w(t)\in\mathbb{R}^m$ は観測雑音である．また，$A(t)\in\mathbb{R}^{n\times n}$, $B(t)\in\mathbb{R}^{n\times r}$, $C(t)\in\mathbb{R}^{m\times n}$ は $t\in[0,\infty)$ で定義された有界かつ区分的に連続な関数を要素にもつ行列であって，それらは既知であるとする．さらに，初期状態 $x_0$ は確率的で，その期待値と共分散行列は既知であるとし，

$$E\{x_0\}=\bar{x}_0,\quad E\{(x_0-\bar{x}_0)(x_0-\bar{x}_0)^T\}=X_0$$

と書く．ただし，$X_0=X_0^T\geq 0$ である．一方，システム雑音 $v(t)$ と観測雑音 $w(t)$ は白色雑音であり，それらの期待値は 0，共分散行列は既知であるとし，

$$E\{v(t)\}=0,\ E\{v(t)v^T(\tau)\}=V(t)\delta(t-\tau)$$
$$E\{w(t)\}=0,\ E\{w(t)w^T(\tau)\}=W(t)\delta(t-\tau)$$

と書く．ただし，$V(t)=V^T(t)\geq 0$, $W(t)=W^T(t)\geq\varepsilon I$, $\varepsilon>0$ であり，$\delta(t-\tau)$ はデルタ関数である．そして，システム雑音 $v(t)$ と観測雑音 $w(t)$ は無相関であり，またそれらは初期状態 $x_0$ とは独立である．つまり，

$$E\{v(s)w^T(t)\}=0,\quad E\{x_0v^T(t)\}=0,$$
$$E\{x_0w^T(t)\}=0$$

であるとする．

この場合，カルマンフィルタは，

$$\dot{\hat{x}}(t)=(A(t)-L(t)C(t))\hat{x}(t)+B(t)u(t)+L(t)y(t),$$
$$\hat{x}(0)=\bar{x}_0$$

で与えられる[3]．ここで，$\hat{x}(t)\in\mathbb{R}^n$ はカルマンフィルタの状態であり，これが対象システムの状態 $x(t)$ の推定値となる．また，ゲイン行列 $L(t)\in\mathbb{R}^{n\times m}$ は，行列微分方程式

$$\dot{X}(t)=A(t)X(t)+X(t)A^T(t)-X(t)C^T(t)W^{-1}(t)C(t)X(t)+V(t)$$
$$X(0)=X_0$$

を解いて得られる $X(t)\in\mathbb{R}^{n\times n}$ を用いて，

$$L(t)=X(t)C^T(t)W^{-1}(t)$$

と定める．

このように $L(t)$ を決めると，実際に，推定誤差

$$e(t)=\hat{x}(t)-x(t)$$

の期待値 $E\{e(t)\}$ が 0，共分散行列 $E\{e(t)e^T(t)\}$ が最小となることは，以下のように確認できる．まず，推定誤差の振る舞いは，$L(t)$ の選択によらず，状態方程式

$$\dot{e}(t)=(A(t)-L(t)C(t))e(t)+(L(t)w(t)-v(t))$$
$$e(0)=\bar{x}_0-x_0$$

に従う．そこで，

$$\frac{d}{dt}\Phi(t,\tau)=(A(t)-L(t)C(t))\Phi(t,\tau)$$
$$\frac{d}{d\tau}\Phi(t,\tau)=-\Phi(t,\tau)(A(\tau)-L(\tau)C(\tau))$$
$$\Phi(t,t)=I$$

を満たす状態推移行列 $\Phi(t,\tau)$ を導入すれば，この解は，

$$e(t)=\Phi(t,0)e(0)+\int_0^t\Phi(t,\tau)(L(\tau)w(\tau)-v(\tau))d\tau$$

と表現できる．したがって，初期状態と雑音に対する仮定より $E\{e(t)\}=0$ を得る．また，行列微分方程式を平方完成すれば，$L(t)$ に関する恒等式

$$\begin{aligned}&L(t)W(t)L^T(t)+V(t)\\&=\dot{X}(t)-(A(t)-L(t)C(t))X(t)\\&\quad-X(t)(A(t)-L(t)C(t))^T\\&\quad+\{L(t)-X(t)C^T(t)W^{-1}(t)\}W(t)\\&\quad\times\{L(t)-X(t)C^T(t)W^{-1}(t)\}^T\end{aligned}$$

が得られることに注意すると，推定誤差の共分散行列は

$$\begin{aligned}&E\{e(t)e^T(t)\}\\&=\Phi(t,0)E\{e(0)e^T(0)\}\Phi^T(t,0)\\&\quad+\int_0^t\Phi(t,\tau)\int_0^t E\{(L(\tau)w(\tau)\\&\qquad-v(\tau))(L(s)w(s)-v(s))^T\}\Phi^T(t,s)\,dsd\tau\\&=\Phi(t,0)X_0\Phi^T(t,0)\\&\quad+\int_0^t\Phi(t,\tau)(L(\tau)W(\tau)L^T(\tau)\\&\qquad+V(\tau))\Phi^T(t,\tau)\,d\tau\\&=\Phi(t,0)X_0\Phi^T(t,0)\\&\quad+\int_0^t\frac{d}{dt}\{\Phi(t,\tau)X(\tau)\Phi^T(t,\tau)\}d\tau\\&\quad+\int_0^t\Phi(t,\tau)\{L(\tau)-X(\tau)C^T(\tau)W^{-1}(\tau)\}W(\tau)\\&\qquad\times\{L(\tau)-X(\tau)C^T(\tau)W^{-1}(\tau)\}^T\Phi^T(t,\tau)\,d\tau\\&=X(t)\\&\quad+\int_0^t\Phi(t,\tau)\{L(\tau)-X(\tau)C^T(\tau)W^{-1}(\tau)\}W(\tau)\\&\qquad\times\{L(\tau)-X(\tau)C^T(\tau)W^{-1}(\tau)\}^T\Phi^T(t,\tau)\,d\tau\end{aligned}$$

と表現できる．この右辺第二項は半正定値であるから，$E\{e(t)e^T(t)\}$ を最小値 $X(t)$ とするのは $L(t)=X(t)C^T(t)W^{-1}(t)$ であることがわかる．

## 6.3　カルマンフィルタの設計例

カルマンフィルタは種々の推定問題に応用できる．以下では，時系列モデル

$y[k]=a_1u[k-1]+a_2u[k-2]+\cdots+a_nu[k-n]+w[k]$

のパラメータ推定へ応用した例を与える．ここで，$u[k]\in\mathbb{R}$ は入力，$y[k]\in\mathbb{R}$ は出力，$w[k]\in\mathbb{R}$ は観測雑音であり，$a_1$，$a_2$，…，$a_n$ は推定すべきパラメータである．実際，

$$A[k]=\begin{bmatrix}1 & 0 & \cdots & 0\\ 0 & 1 & & 0\\ \vdots & & \ddots & \vdots\\ 0 & 0 & \cdots & 1\end{bmatrix},\quad x[k]=\begin{bmatrix}a_1\\ a_2\\ \vdots\\ a_n\end{bmatrix}$$

$$C[k]=[u[k-1]\ \ u[k-2]\ \ \cdots\ \ u[k-n]]$$

と定義すれば，このモデル式は

$$x[k+1]=A[k]x[k],\quad y[k]=C[k]x[k]+w[k]$$

と表現することができ，$w[k]$ が白色雑音であって，$E\{w[k]\}=0$，$E\{w[k]w^T[j]\}=W[k]\delta[k-j]$ であれば，カルマンフィルタの対象となるシステムである．ここで，$A[k]=I$，$B[k]=0$，$V[k]=0$ であることに注意すれば，行列差分方程式は

$$X[k+1]=X[k]-X[k]C^T[k]\times(W[k]+C[k]X[k]C^T[k])^{-1}C[k]X[k]$$
$$X[0]=X_0$$

となり，これを解いて得られる $X[k]$ を用いて

$$L[k]=X[k]C^T[k](W[k]+C[k]X[k]C^T[k])^{-1}$$

を求めれば，時系列モデルのパラメータ推定のためのカルマンフィルタ

$$\hat{x}[k+1]=\hat{x}[k]+L[k](y[k]-C[k]\hat{x}[k]),\quad \hat{x}[0]=\bar{x}_0$$

を得る．

さて，$a_1=4$，$a_2=-3$，$a_3=2$，$a_4=-1$ であるとし，

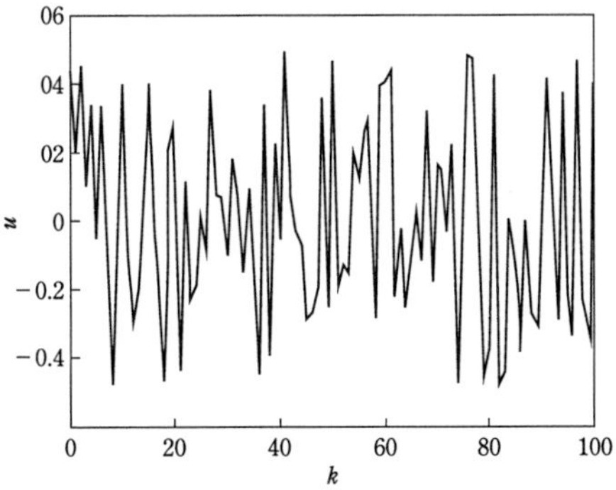


図6.1　入　力

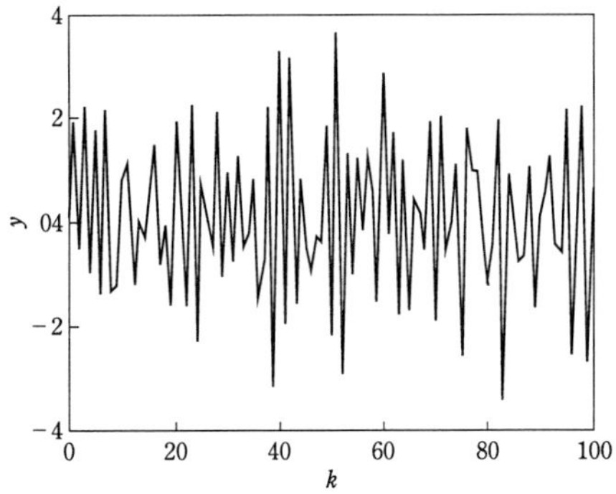


図6.2　出　力

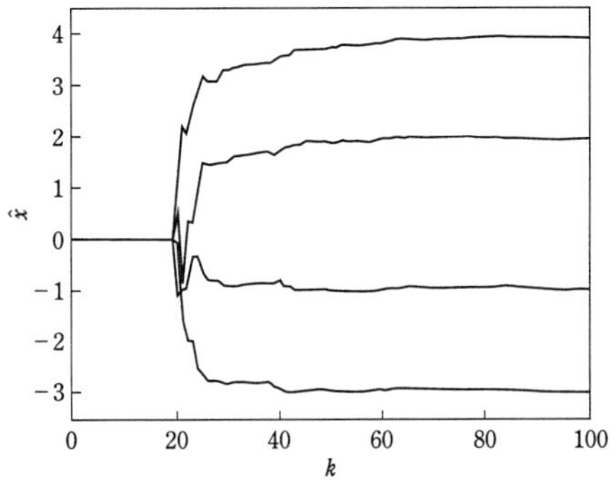


図6.3　推定値

$W[k]=0.15$ とおいて，図6.1のような入力系列をモデル式に与えてシミュレーションを実施すると，図6.2のような出力系列が得られた．一方，モデルパラメータが未知であるとし，入出力系列からカルマンフィルタを用いてパラメータを推定した結果が図6.3である．ただし，$X_0=I$，$\bar{x}_0=0$ とおき，カルマンフィルタは時刻20よりスタートさせた．時刻100における推定値は

$$\hat{x}[100]=\begin{bmatrix}3.9162\\ -2.9929\\ 1.9284\\ -0.9776\end{bmatrix}\simeq\begin{bmatrix}a_1\\ a_2\\ a_3\\ a_4\end{bmatrix}$$

であり，図6.3での振る舞いとあわせ，妥当な推定が行われていることが確認できる．　［藤崎泰正］

### 参考文献

1) 片山　徹 (2000)：新版 応用カルマンフィルタ，p. 83-107，朝倉書店．
2) 片山　徹 (2011)：非線形カルマンフィルタ，p. 81-160，朝倉書店．
3) 池田雅夫，藤崎泰正 (2010)：多変数システム制御，p. 106-112，コロナ社．

# 7

# LQ 制御

| 要約 | | |
|---|---|---|
| | 制御の特徴 | 評価関数を最小化する最適制御入力を状態フィードバックの形で求める制御理論である．レギュレータ問題を解く最適制御である． |
| | 長所 | 最適性を得られたコントローラは，モデルベースに作成されているので，フィードバックだけでなく，フィードフォワードとしても使える．評価関数の重み行列は，状態に関するものを非負定値，入力に関するものを正定値にさえ与えれば，閉ループシステムは必ず安定になる利点をもつ．また，位相余裕は60°，ゲイン余裕は無限大という優れたロバスト性を保有している． |
| | 短所 | 評価関数の重みの設定が必要で，その設定が一意でない．しかし，それが制御の自由度であり，欠点ではないが初心者には選定が難しい． |
| | 制御対象のクラス | 線形系，時不変系，時変系． |
| | 制約条件 | とくにない． |
| | 設計条件 | 可制御性の保証． |
| | 設計手順 | Step 1　評価関数の重み行列の設定．<br>Step 2　リッカチ方程式の導出と解の導出．<br>Step 3　コントローラゲインの導出．<br>Step 4　制御入力と応答のシミュレーション．<br>Step 5　制御入力をみて制約条件を満たしているか，制御応答が制御仕様を満足しているかにより，評価関数の重み行列を再設定し，Step 2～Step 4 を，制御仕様が満足されるまで繰り返す． |
| | 実応用例 | 多くの産業応用例があり，第3部の制御系設計の応用編で紹介する． |

## 7.1 LQ制御の概念

次の状態方程式で示される制御対象を取り扱う．ただし，可制御なシステムとする．

$$\dot{x}(t)=Ax(t)+Bu(t),\quad x(t_0)=x_0,$$
$$A\in\mathbb{R}^{n\times n},\quad B\in\mathbb{R}^{n\times m} \tag{1}$$

式 (1) のコントローラを求めるため次の評価関数 (performance index) を設ける．

$$J=\int_0^\infty \{x^T(t)Qx(t)+u^T(t)Ru(t)\}dt \tag{2}$$

ただし，$Q$ は非負定値対称行列であり，$R$ は正定値対称行列である．LQ (linear quadratic) 制御では，初期値 $x_0$ が非零のプラントの状態ベクトル $\boldsymbol{x}$ を目標値の原点に戻すレギュレータ問題を取り扱い，操作入力 $u$ は式 (2) を最小にするものを求める．なお，状態方程式は目標値である平衡点を原点とし，その平衡値のまわりで線形化された状態方程式 (1) を取り扱う．したがって，評価関数 (2) の第1項 $x^T(t)Qx(t)$ は目標値からの誤差を表し，第2項 $u^T(t)Ru(t)$ はエネルギーを表す．

$Q$，$R$ をスカラとすると，

$Q$⇒大きくする⇒速応性が増す
⇒制御入力が大きくなる，
$R$⇒大きくする⇒制御入力が小さくなる
⇒速応性が悪くなる傾向がある．

$Q$ と $R$ はトレードオフの関係にあり，それらの妥協をはかり，$Q$ と $R$ を選定する．$Q$ と $R$ を決めた後は，式 (2) を最小にする最適な制御入力が次のように一意的に決まる．

$$u(t) = -Kx(t), \quad K = R^{-1}B^TP \tag{3}$$

行列 $P(R^{n\times n})$ は，リカッチ方程式（Ricatti equation）

$$A^TP + PA + Q - PBR^{-1}B^TP = 0 \tag{4}$$

の正定値対称行列解であり，$(A, B)$ が可制御のとき，このような $P$ は唯一に存在する．このとき $J$ の最小値は

$$\min_u J = x^T(0)Px(0) \tag{5}$$

となる．式 (3) を式 (1) に代入したときの，最適な閉ループ系は

$$\dot{x}(t) = (A - BR^{-1}B^TP)x(t) \tag{6}$$

となる．この制御を LQ 制御とよぶ．線形系（linear）である式 (1) を取り扱い，評価関数が 2 次形式（quadratic）であるので，LQ 制御とよぶ．図 7.1 に LQ 制御系の構成を示す．

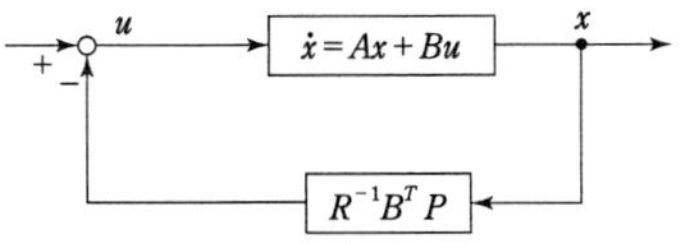


図 7.1 LQ 制御系

## 7.2 LQ 制御の設計法

式 (3) のコントローラは，変分法，最大原理，動的計画法などで導出できるが，ここでは導出が簡単な Brockett の方法を示す[1)]．

まず，$(A, B)$ が可制御で，$J$ の最小値が存在するには，$t\to\infty$ のとき，$x(t)\to 0$ でなければならない．そこで，

$$\begin{aligned}
&\int_0^\infty \frac{d}{dt}(x^T(t)Px(t))\,dt \\
&= \Big[x^T(t)Px(t)\Big]_0^\infty \\
&= x^T(\infty)Px(\infty) - x^T(0)Px(0) = -x^T(0)Px(0) \\
&= \int_0^\infty (\dot{x}^T(t)Px(t) + x^T(t)P\dot{x}(t))\,dt \\
&= \int_0^\infty \{(Ax+Bu)^TPx + x^TP(Ax+Bu)\}\,dt \\
&= \int_0^\infty \{x^T(A^TP+PA)x + u^TB^TPx + x^TPBu\}\,dt
\end{aligned}$$

すなわち，

$$\begin{aligned}
&\int_0^\infty \{x^T(t)(A^TP+PA)x(t) + u^T(t)B^TPx(t) \\
&\quad + x^T(t)PBu(t)\}\,dt + x^T(0)Px(0) = 0
\end{aligned} \tag{7}$$

式 (7) を式 (2) に加えると，

$$\begin{aligned}
J &= x^T(0)Px(0) \\
&\quad + \int_0^\infty \Big[x^T(t)Qx(t) + u^T(t)Ru(t) \\
&\qquad + x^T(t)\{A^TP+PA\}x(t) + u^T(t)B^TPx(t) \\
&\qquad + x^T(t)PBu(t)\Big]dt \\
&= x^T(0)Px(0) \\
&\quad + \int_0^\infty \Big[(u+R^{-1}B^TPx)^TR(u+R^{-1}B^TPx) \\
&\qquad + x^T\{A^TP+PA+Q-PBR^{-1}B^TP\}x\Big]dt
\end{aligned}$$

$J$ を最小にするには，右辺第 2 項を 0 とすればよく，そのとき次式を得る．

$$u = -R^{-1}B^TPx(t)$$
$$A^TP + PA + Q - PBR^{-1}B^TP = 0$$

このとき次式が成立する．

$$\min_u J = x^T(0)Px(0)$$

また，閉ループ系の式 (6) の安定性は，式 (4) を $K = R^{-1}B^TP$ を用いて書き直すと，

$$\begin{aligned}
&A^TP - P^TBR^{-1}B^TP + PA - PBR^{-1}B^TP \\
&\quad = -Q - PBR^{-1}B^TP \\
&A^TP - K^TB^TP + PA - PBK \\
&\quad = -Q - P^TBR^{-1}RR^{-1}B^TP \\
&A^TP - (BK)^TP + PA - P(BK) \\
&\quad = -Q - K^TRK \\
&(A-BK)^TP + P(A-BK) \\
&\quad = -(Q + K^TRK)
\end{aligned}$$

となり，$Q + K^TRK > 0$，$P > 0$ であるので，リアプノフの定理より $A - BK$ の固有値は，負の実部を持つ漸近安定なものとなる．このように，LQ 制御の特徴は，$Q \geq 0$，$R > 0$ に与えさえすれば，閉ループ系は安定になることである．

### リッカチ方程式の解法

ここでは，有本-Potter の方法を示す．

- Step 1　次のハミルトン行列（Hamilton matrix）

$$H = \begin{bmatrix} A & -BR^{-1}B^T \\ -Q & -A^T \end{bmatrix} \tag{8}$$

の固有値を求め，実部が負のものを $\{\lambda_1, \lambda_2, \cdots, \lambda_n\}$ とし，対応する固有ベクトルを

$$\left\{\begin{bmatrix} \boldsymbol{v}_1 \\ \boldsymbol{u}_1 \end{bmatrix}, \begin{bmatrix} \boldsymbol{v}_2 \\ \boldsymbol{u}_2 \end{bmatrix}, \cdots, \begin{bmatrix} \boldsymbol{v}_n \\ \boldsymbol{u}_n \end{bmatrix}\right\},$$
$$\boldsymbol{v}_i \in \boldsymbol{R}^n, \quad \boldsymbol{u}_i \in \boldsymbol{R}^n$$

とする．

- Step 2　次式により $P$ を求める．

$$P = [\boldsymbol{u}_1, \boldsymbol{u}_2, \cdots, \boldsymbol{u}_n][\boldsymbol{v}_1, \boldsymbol{v}_2, \cdots, \boldsymbol{v}_n]^{-1} \tag{9}$$

［証明］　まず，

$$\det(\lambda I-H) = \det\left\{\begin{bmatrix} I & 0 \\ P & -I \end{bmatrix}\begin{bmatrix} \lambda I-A+BK & BR^{-1}B^T \\ 0 & -\lambda I-A^T+K^TB^T \end{bmatrix}\begin{bmatrix} I & 0 \\ -P & I \end{bmatrix}\right\}$$

$$=\det(\lambda I-A+BK)\det(-\lambda I-A^T+K^TB^T) \quad (10)$$

$$\left(\because \quad \det\begin{bmatrix} A & B \\ 0 & C \end{bmatrix}=\det A \det C\right)$$

と変形すると $H$ の固有値は複素平面上実軸および虚軸について対称に分布し，左半面に配置する $n$ 個の固有値 $\lambda_1, \lambda_2, \cdots, \lambda_n$ が $A-BK$ の極となる．

$\lambda_i$ に対応する固有値ベクトルを $[\boldsymbol{v}_i^T, \ \boldsymbol{u}_i^T]^T$ とすると，式 (10) により，

$$(\lambda_i I-H)\begin{bmatrix} \boldsymbol{v}_i \\ \boldsymbol{u}_i \end{bmatrix} = \begin{bmatrix} I & 0 \\ P & -I \end{bmatrix}\begin{bmatrix} \lambda_i-A+BK & BR^{-1}B^T \\ 0 & -\lambda_i I-A^T+K^TB^T \end{bmatrix}\begin{bmatrix} I & 0 \\ -P & I \end{bmatrix}\begin{bmatrix} \boldsymbol{v}_i \\ \boldsymbol{u}_i \end{bmatrix} = 0$$

これにより次式が成立する．

$$\begin{cases} (\lambda_i I-A)v_i+\boldsymbol{BR}^{-1}\boldsymbol{B}^T\boldsymbol{u}_i=\boldsymbol{0} \\ (\lambda_i I-A^T-K^TB^T)P\boldsymbol{v}_i-(\lambda_i\boldsymbol{I}-\boldsymbol{A}^T-\boldsymbol{K}^T\boldsymbol{B}^T)\boldsymbol{u}_i=\boldsymbol{0} \end{cases}$$

したがって，

$$\begin{cases} P\boldsymbol{v}_i=\boldsymbol{u}_i, \\ (\lambda_i I-A+BK)\boldsymbol{v}_i=\boldsymbol{0} \end{cases}$$

となり，次式を得る．

$$P[\boldsymbol{v}_1, \boldsymbol{v}_2, \cdots, \boldsymbol{v}_n]=[\boldsymbol{u}_1, \boldsymbol{u}_2, \cdots, \boldsymbol{u}_n]$$

これにより，

$$P=[\boldsymbol{u}_1, \boldsymbol{u}_2, \cdots, \boldsymbol{u}_n][\boldsymbol{v}_1, \boldsymbol{v}_2, \cdots, \boldsymbol{v}_n]^{-1}$$

が導かれる．

なお，リッカチ方程式の解き方は，逐次計算法などの解法がある．逐次計算法では，非定常リッカチ方程式を，

$$\begin{cases} \dot{P}(t)=P(t)A+A^TP(t)-P(t)BR^{-1}B^TP(t)+Q \\ P(t_f)=0 \end{cases}$$

と考え，その定常解として半正定解を求める方法も数値解法として有名である．すなわち，初期値 $P(0)$ を適当な半正定行列として，$t\to\infty$ の極値を計算すると，$P(t)$ はリッカチ方程式の解 $P$ に漸近する．すなわち，$\lim_{t\to\infty} P(t)=P$ である．ここで，$P(0)$ は未知であるから，$P(0)=0$ と選ばれることが多い．リッカチ方程式の解法としては，ほかに，Newton-Raphson 法を利用した Kleinman の方法も有名である[3)]．

**最適レギュレータの性質**

最適レギュレータを実現する状態フィードバックは，与えられた評価関数を最小化するだけでなく，結果として得られる図 7.1 のフィードバック系に制御系としてのよい性質を実現する．

最適レギュレータがもつ性質の基本的なものが，還送差条件とよばれるものである．それを導くために，式 (4) のリッカチ方程式の符号を逆転し，$j\omega P-j\omega P=0$ を加える．

$$(-j\omega I-A^T)P+P(j\omega I-A)+PBR^{-1}B^TP-C^TQC=0$$

これに左から $B^T(-j\omega I-A^T)^{-1}$，右から $(j\omega I-A^T)^{-1}B$ を掛けると，

$$B^TP(j\omega I-A^T)^{-1}B+B^T(-j\omega I-A^T)^{-1}PB+B^T(-j\omega I-A^T)^{-1}PBR^{-1}B^TP(j\omega I-A^T)^{-1}B-B^T(-j\omega I-A^T)^{-1}C^TQC(j\omega I-A)^{-1}B=0$$

となる．ここで，最適フィードバックゲインと，制御対象の操作入力から状態への伝達関数をそれぞれ

$$\left.\begin{aligned} K&=R^{-1}B^TP \\ \Phi(s)&=(sI-A)^{-1}B \end{aligned}\right\} \quad (11)$$

とおいて，次のように整理する．

$$\{I+\Phi^T(-j\omega)K^T\}R\{I+K\,\Phi(j\omega)\}=R+\Phi^T(-j\omega)C^TQC\,\Phi(j\omega)$$

この式の右辺第 2 項は半正定だから，図 7.1 の点①における還送差 $I+K\Phi(s)$ に関して，不等式

$$\{I+P(-j\omega)^T\}R\{I+P(j\omega)\}\geq R \quad (12)$$

が成立する．ただし，$P(j\omega)=K\Phi(j\omega)$ である．これを還送差条件とよぶ．1 入力システムの場合，これは

$$|1+P(j\omega)|\geq 1 \quad (13)$$

となり，図 7.2 のように，$P(j\omega)$ のベクトル軌跡が点 $(-1, 0)$ を中心とする半径 1 の円内を通らないことを意味するので，円条件ともよばれる．

1 入力システムの場合，よく知られているように，$P(j\omega)$ のベクトル軌跡の点 $(-1, 0)$ の回り方で，図 7.2 の閉ループ系の安定性が決まる．いま，$P(j\omega)$ の

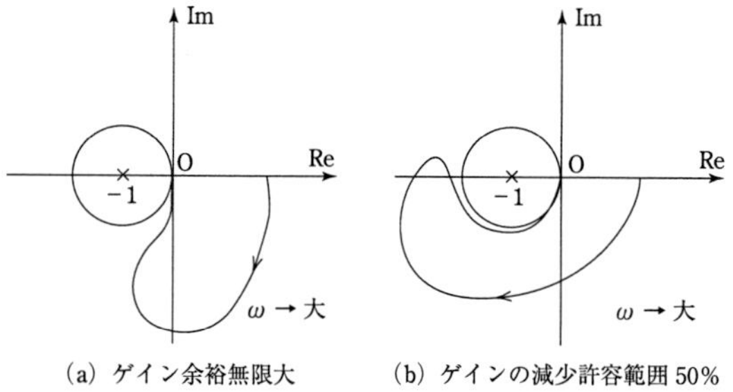


図 7.2　最適レギュレータ $(P(j\omega))$ のベクトル軌跡

位相が変わらず，ゲインだけが増加したとする．円条件が満たされていたならば，その増加がいかに大きくとも，変化後のベクトル軌跡の点 $(-1, 0)$ の回り方は変わらない．したがって，安定性は保存される．同様に，ゲインが減少する場合も，1/2 までは安定性は乱されない．また，ゲインは変わらず，位相だけが変化するとすると，60° の遅れまたは進みまでは許される．したがって，最適レギュレータは

① ゲイン余裕：無限大

② ゲインの減少の許容範囲：50％

③ 位相余裕：±60°

をもち，安定性に関してロバストであるといわれている．多入力システムの場合はベクトル軌跡を使うことができず，別の議論が必要だが，$C$ が単位行列，すなわち制御出力として状態を考え，$R$ として対角のものが選ばれているとき，入力の各チャネルごとに同じ結果が成立する．

還送差条件から導かれるもう一つの性質に，感度の減少がある．いま，制御対象の操作入力から状態まで伝達関数 $\Phi(s)$ が $\Phi(s)\{I+\Delta(s)\}$ に変化したとする．このとき，図 7.2 の閉ループ系の操作入力から制御出力までの伝達関数は $C\Phi(s)\{I+K\Phi(s)\}^{-1}$ から $C\Phi(s)\{I+\Delta(s)\}[I+K\Phi(s)\{I+\Delta(s)\}]^{-1}$ に変化する．この変化後の伝達関数は変化前のそれを基準にして，

$$
\begin{aligned}
&C\Phi(s)\{I+\Delta(s)\}[I+K\Phi(s)\{I+\Delta(s)\}]^{-1}\\
&\quad=C\Phi(s)\{I+K\Phi(s)\}^{-1}\\
&\qquad\times(I+[I+K\Phi(s)\{I+\Delta(s)\}]^{-1}\Delta(s))
\end{aligned}
\tag{14}
$$

と書くことができる．したがって，閉ループ伝達関数の変化の割合 $\Delta(s)$ が十分に小さいと考えられる範囲では，閉ループ伝達関数の変化の割合は $\{I+K\Phi(s)\}^{-1}\Delta(s)$ である．1 入力システムの場合，還送差条件のもとでは，

$$|\{1+K\Phi(j\omega)\}^{-1}\Delta(j\omega)|\le|\Delta(j\omega)| \tag{15}$$

が成立し，ゆえに，制御対象の変動の影響が閉ループ系では全周波数帯域で小さくなっている．これを感度が減少しているといい，制御系の望ましい性質である．多入力システムの場合にも，式 (12) より，重み行列 $R$ が単位行列の正数倍に選ばれているときは，同様であることがわかる．

## 7.3　LQ 制御の設計例

次式のシステムを考える．

$$
\begin{aligned}
\dot{x}(t)&=\begin{bmatrix}1&0\\-1&1\end{bmatrix}x(t)+\begin{bmatrix}2\\-1\end{bmatrix}u(t)\\
x(0)&=\begin{bmatrix}1\\1\end{bmatrix}
\end{aligned}
\tag{16}
$$

式 (2) の評価関数を

$$Q=\begin{bmatrix}25&0\\0&20\end{bmatrix},\quad R=1$$

とすると，

$$J=\int_0^\infty\left\{x^T(t)\begin{bmatrix}25&0\\0&20\end{bmatrix}x(t)+u^2(t)\right\}dt \tag{17}$$

さて，ハミルトン行列を求めると次式となる．

$$
\begin{aligned}
H&=\begin{bmatrix}A&-BR^{-1}B^T\\-Q&-A^T\end{bmatrix}\\
&=\begin{bmatrix}1&0&-4&2\\-1&1&2&-1\\-25&0&-1&1\\0&-20&0&-1\end{bmatrix}
\end{aligned}
\tag{18}
$$

固有値は 11，−11，1，−1 である．安定な固有値 $\lambda_1=-11$，$\lambda_2=-1$ に対応する固有ベクトルは，おのおの

$$\begin{bmatrix}\boldsymbol{v}_1\\\boldsymbol{u}_1\end{bmatrix}=\begin{bmatrix}-2.4\\1\\\vdots\\-6.2\\1\end{bmatrix},\quad\begin{bmatrix}\boldsymbol{v}_2\\\boldsymbol{u}_2\end{bmatrix}=\begin{bmatrix}1\\0\\\vdots\\13\\25\end{bmatrix}$$

よって，

$$P=\begin{bmatrix}-6.2&13\\2&25\end{bmatrix}\begin{bmatrix}-2.4&1\\1&0\end{bmatrix}^{-1}=\begin{bmatrix}13&25\\25&62\end{bmatrix}$$

したがって，

$$
\begin{aligned}
u(t)&=-R^{-1}B^TPx(t)\\
&=-[2\ \ -1]\begin{bmatrix}13&25\\25&62\end{bmatrix}x(t)\\
&=-x_1(t)+12x_2(t)
\end{aligned}
$$

となり，LQ コントローラが求まる．

ここで，$R$ を $R=1000$ と与えると，$u(t)=-x_1(t)+2.06\,x_2(t)$ となり，図 7.3 の点線のようになる．入力 $\boldsymbol{u}$ への重みが大きいので，収束が遅く，入力の大きさは小さくなっている．入力制約と応答の速さを考慮して，重み $Q$ と $R$ を選定する．

**評価関数の重みの与え方について**

このように，LQ 制御は，重みを与えたとき，その重

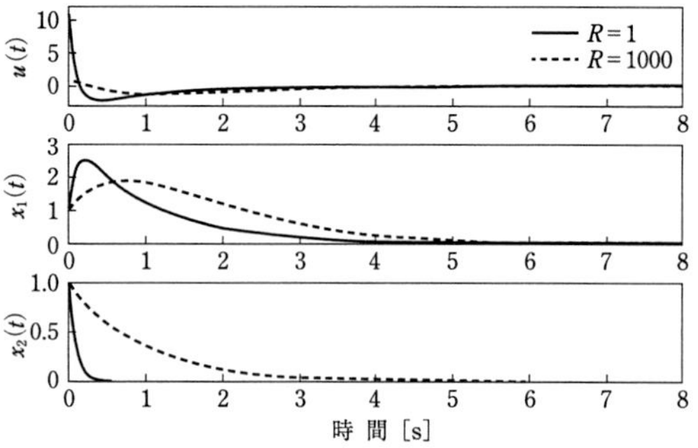


図7.3　LQ 制御シミュレーション

みに対して評価関数 $J$ を最小にするという意味で最適な制御入力を求めることができる，数理的な意味での最適である．しかしながら，現実社会の工学的な意味での最適は，制御出力や操作入力が時間の制約や，最大偏差の制約の下ですみやかに 0 に収束することである．式で表すと，

$$\left.\begin{array}{l}\displaystyle\int_0^{t_f} y_i^2(t)\,dt \;\rightarrow\; \text{最小化}\;(i=1,2,\cdots,p)\\ \quad\text{制約条件}\;\; t_f \leq t^* \\ \displaystyle\int_0^{\infty} u_i^2(t)\,dt \;\rightarrow\; \text{最小化}\;(i=1,2,\cdots,m)\\ \quad\text{制約条件}\;\; (y_i)_{\max} \leq y^* \end{array}\right\} \quad (19)$$

などである．これに対して，計算機の発達により，計算時間が短縮されてきたことにより，LQ 制御問題の $Q$，$R$ を試行錯誤で苦労することなく自動的に求めることができるようになってきた．一例として，工学的な意味での式（19）のような評価規範を与え，これに対して，LQ 制御の $Q$，$R$ をシンプレックス法による数値最適化手法により，自動的に求めている浜口，寺嶋らの研究がある[4]．この利点は，$Q$，$R$ の与え方によらず，閉ループ系が安定であり，状態フィードバック形で与えられる点である．このほかに，多目的問題の非劣解を求める方法を用いて，入力分数や出力分数に対する要求を評価関数に陽に与えて，最適な $Q$，$R$ を求めることがある．詳しくは文献[3] を参照されたい．

［寺嶋一彦］

## 参 考 文 献

1) 吉田勝久，川路茂保，美多　勉，原　辰次 (1990)：メカニカルシステム制御，オーム社．
2) 浜田　望，松本直樹，高橋　徹 (2000)：現代制御理論入門，コロナ社．
3) 池田雅夫，藤崎泰正 (2010)：多変数制御－システム制御工学シリーズ 9，コロナ社．
4) 浜口雅史，寺嶋一彦，野村宏之 (1994)：各種設計条件における液体タンクの最適搬送制御，日本機械学会論文集 C 編，**60** (573)：182-189．

# 8

# LQI 制 御

**要 約**

| | |
|---|---|
| 制御の特徴 | 評価関数を最小化する最適制御入力を状態フィードバックの形で求めるサーボ系に対する制御理論である. |
| 長 所 | LQ 制御同様, 最適性を得られたコントローラは, モデルベースに作成されているので, フィードバックだけでなく, フィードフォワードとしても使える. 位相余裕は 60°, ゲイン余裕は無限大という優れたロバスト性を保有している. サーボコントローラは, 式変換で LQ 制御のアルゴリズムを使い導出できる. |
| 短 所 | LQ 制御同様, 評価関数の重みの設定が必要で, その設定が一意でない. しかし, それが制御の自由度であり, 欠点ではないが, 初心者には選定が難しい. |
| 制御対象のクラス | 線形系, 時不変系. 時変系, サーボ問題 (目標値追従, 外乱除去). |
| 制約条件 | とくにない. |
| 設計条件 | システムは可安定, 可検出であること. 内部モデル原理を満たすこと. $m$(操作入力の数) $\geq p$ (制御出力の数) が成立すること. |
| 設計手順 | Step 1　拡大状態方程式を導出.<br>Step 2　拡大評価関数を求め, 重み行列の設定.<br>Step 3　リッカチ方程式の導出と解の導出.<br>Step 4　コントローラゲインの導出.<br>Step 5　制御入力と応答のシミュレーション.<br>Step 6　制御入力を見て制約条件を満たしているか, 制御応答が使用を満足していしているかにより, 評価関数の重み行列を変更し, Step 2～Step 5 を, 仕様が満足されるまで繰り返す. |
| 実応用例 | 多くの産業応用例があり, 第 3 部の制御系設計の応用編で紹介する. |

## 8.1 LQI 制御の概念

制御出力を定値 (ステップ関数), ランプ関数, 正弦波関数の目標値に追従させる制御系をサーボ系とよぶ. 追従特性としては, 時間が十分に経過したのち制御出力と目標信号の差が十分小さくなり, 定常値では一致することが要求される.

LQI(linear quadratic integral) 制御とは, サーボ系設計法の一つで, LQ 制御の設計法を直接用いることができる積分型最適サーボ系である.

制御対象を次に示す.

$$\dot{x}(t) = Ax(t) + Bu(t) + d(t)$$
$$x(t_0) = x_0 \tag{1}$$
$$y(t) = Cx(t)$$

$$x \in \mathbb{R}^n, \quad u \in \mathbb{R}^m, \quad y \in \mathbb{R}^p, \quad d \in \mathbb{R}^n \tag{2}$$

まず, サーボ系が構成できる条件を説明する. 多入力多出力系で, サーボ系が構成できるためには, 次の五つの条件が成立している必要がある.

① $(A, B)$ は可安定

② $(C, A)$ は可検出

③ $m$(操作入力の数) $\geq p$(制御出力の数)

④ $\mathrm{rank}\begin{bmatrix} A & B \\ C & 0 \end{bmatrix} = n + p$ (行最大ランク)

⑤ 観測出力は制御出力を含む

このとき，LQI 制御とは，下記を満たす制御則である．

① 内部安定性：サーボ系が漸近安定

② 出力レギュレーション：ステップ状外乱 $d(t)=d$ が存在してもステップ状目標入力 $r(t)=r$ に定常偏差なく追従する．

③ ロバスト性：$A$, $B$のパラメータの任意の微小変動があっても，コントローラが積分器 (integral) を所有していることから，条件②は成立する．

さて，LQI 制御問題が LQ 制御問題に帰着できることを示す．

$y(t)$ が $t\to\infty$ で目標値 $r(\neq 0)$ に一致したとする．$u(t)$ も $t\to\infty$ で非零となるとする．そのとき，$J\to\infty$ となる．ここで，$u(t)$ は $t\to\infty$ で一定値をとるので，次式が成立する．

$$\lim_{t\to\infty}\dot{u}(t)=0$$

$v(t)=\dot{u}(t)$ を制御入力とすると，次式を導出できる．

$$\begin{aligned}\dot{x}_e(t)&=A_ex_e(t)+B_ev(t)+D_ed(t)\\ y(t)&=C_ex_e(t)\end{aligned}\tag{3}$$

ただし，$x_e=[x(t)^T, u(t)^T]^T$.

$$A_e=\begin{bmatrix}A & B\\ 0 & 0\end{bmatrix},\quad B_e=\begin{bmatrix}0\\ I_m\end{bmatrix},\quad D_e=\begin{bmatrix}I_n\\ 0\end{bmatrix},\quad C_e=[c\ \ 0]\tag{4}$$

一方，$t\to\infty$ で $x(t)\to x_s$, $u(t)\to u_s$ とすると，式 (3) の定常解は次式となる．

$$\begin{bmatrix}0\\ r\end{bmatrix}=\begin{bmatrix}A & B\\ C & 0\end{bmatrix}\begin{bmatrix}x_s\\ u_s\end{bmatrix}+\begin{bmatrix}d\\ 0\end{bmatrix}\tag{5}$$

よって，

$$\begin{bmatrix}x_s\\ u_s\end{bmatrix}=\begin{bmatrix}A & B\\ C & 0\end{bmatrix}^{-1}\begin{bmatrix}-d\\ r\end{bmatrix}=Z^{-1}\begin{bmatrix}-d\\ r\end{bmatrix}\tag{6}$$

ここで，

$$\begin{aligned}\delta x(t)&=x(t)-x_s\\ \delta u(t)&=u(t)-u_s\end{aligned}\tag{7}$$

を考え，

$$\delta x_e(t)=[\delta x(t)^T\ \ \delta u(t)^T]^T$$

とすると，式 (3) は

$$\begin{aligned}\delta\dot{x}_e(t)&=A_e\delta x_e(t)+B_ev(t)\\ y(t)-r&=C_e\delta x_e(t)\end{aligned}\tag{8}$$

となる．そこで，

$$\delta x_e(t)\to 0\Rightarrow y(t)\to r$$

となる．ここで，

$$V_e=\begin{bmatrix}0, & B, & AB, & \cdots, & A^{n+m-2}B\\ I, & 0, & 0, & \cdots, & 0\end{bmatrix}\tag{9}$$

$$N_e^T=\begin{bmatrix}C & 0\\ AC & CB\\ \vdots & \vdots\\ CA^{n+m-1} & CA^{n+m-2}B\end{bmatrix}=\begin{bmatrix}I & 0\\ 0 & C\\ \vdots & CA\\ \vdots & \vdots\\ 0 & CA^{n+m-2}\end{bmatrix}\begin{bmatrix}C & 0\\ A & B\end{bmatrix}\tag{10}$$

を考える．

・$(A, B)$ 可制御 → $(A_e, B_e)$ 可制御となる．

・$(C, A)$ 可観測 → $(C_e, A_e)$ 可観測となる．

よって，$\delta x_e(t)\to 0$ とする制御則は LQ 制御（最適レギュレータ）によって実現される．

$$J_e=\int_0^\infty\{\delta x_e^T(t)Q_e\delta x_e(t)+v(t)^TR_ev(t)\}dt]\tag{11}$$

なお，$Q_e=C_e^TC_e$ とすると，評価関数は

$$J_e=\int_0^\infty\{y(t)-r)^T(y(t)-r)+v(t)^TR_ev(t)\}dt\tag{12}$$

となる．式 (11) に対して，

$$v(t)=-K_e\delta x_e(t)\tag{13}$$

を得ることができる．ただし，

$$K_e=R_e^{-1}B_e^TP_e\tag{14}$$

$$A_e^TP_e+P_eA_e+Q_e-P_eB_eR_e^{-1}B_e^TP_e=0\tag{15}$$

ただし，$P_e\in\mathbb{R}^{(n+m)\times(n+m)}$ である．よって，LQI 制御は LQ 制御問題に帰着された．

## 8.2　LQI 制御の設計法

① 拡張系，式 (3) を求め，式 (11) の評価関数の重み $Q_e$, $R_e$ を定める．

② 式 (15) のリッカチ方程式を解き，式 (14) より $K_e$ を求める．

③ 式 (19) より制御ゲイン $K_1$, $K_2$ を計算し，制御則を式 (20) と定め，図 8.1 のような制御系を構成する．

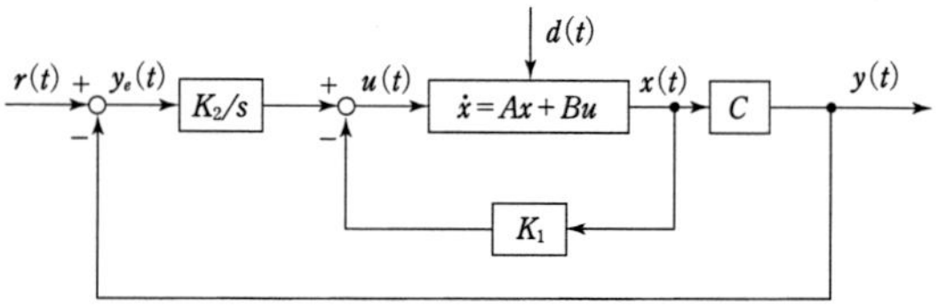


図 8.1　LQI 制御系

式 (13) を式 (7) に代入すると，

$$v(t)=-K_e\begin{bmatrix}x(t)\\u(t)\end{bmatrix}+K_e\begin{bmatrix}x_s\\u_s\end{bmatrix} \tag{16}$$

一方，システム方程式である式 (1)，(2) より，

$$\begin{bmatrix}\dot{x}(t)\\y(t)\end{bmatrix}=\begin{bmatrix}A & B\\C & 0\end{bmatrix}\begin{bmatrix}x(t)\\u(t)\end{bmatrix}+\begin{bmatrix}d\\0\end{bmatrix}$$

$$=Z\begin{bmatrix}x(t)\\u(t)\end{bmatrix}+\begin{bmatrix}d\\0\end{bmatrix} \tag{17}$$

この式 (17) と式 (6) より，式 (16) は

$$\dot{u}(t)=v(t)$$

$$=-K_eZ^{-1}\begin{bmatrix}\dot{x}(t)-d\\y(t)\end{bmatrix}+K_eZ^{-1}\begin{bmatrix}-d\\r\end{bmatrix}$$

$$=-K_eZ^{-1}\begin{bmatrix}\dot{x}(t)\\r-y(t)\end{bmatrix} \tag{18}$$

ここで，

$$K_eZ^{-1}=[K_1,\ K_2] \tag{19}$$

とおき，0〜$t$ まで積分すると，

$$u(t)=-K_1x(t)-K_2\int_0^t(r-y(t))\,dt+K_1x(0) \tag{20}$$

よって初期状態 $x(0)=0$ のとき図 8.1 となる．LQI 制御の名前の由来は，対象システムが線形 (linear)，評価関数が 2 次形式 (quadratic)，そしてコントローラに積分器 (integral) があることによる．積分器があることにより，ステップ状の目標値，ステップ状の外乱に対して定常偏差がなく出力値を目標値に整定させることができるサーボ系となっている．

さて，ステップ状目標値や外乱に対して構築された LQI を，一般的な目標値や外乱に拡張するには，

外　乱：$d(t)=d_0+d_1t+d_2t^2+\cdots+d_{L-1}t^{L-1}$

のもとで，制御量 $y(t)$ を目標軌道

目標値：$r(t)=r_0+r_1t+r_2t^2+\cdots+r_{L-1}t^{L-1}$

に偏差なく追従させるコントローラを構築することである．いいかえると，十分時間が経過した後には，

$$y_d(t)=r(t)$$

が未知外乱 $d(t)$ のもとで成立するサーボコントローラを構築することである．このとき，このサーボ系は，L 形であるといわれる．たとえば，2 形のときは，$\ddot{u}=v$ ($t\to\infty$ で $\ddot{u}=0$) とおき，LQI と同様に式展開すれば，2 形の最適ロバストサーボ系を容易に求めることができる．

## 8.3 LQI 制御の設計例

$$\begin{cases}\dot{x}(t)=\begin{bmatrix}0 & 1\\0 & -10\end{bmatrix}x(t)+\begin{bmatrix}0\\10\end{bmatrix}u(t)+\begin{bmatrix}1\\0\end{bmatrix}d\\ y(t)=[1\ \ 0]x(t)\end{cases}$$

$$J_e=\int_0^\infty[(y(t)-r)^2+\dot{u}(t)^2]dt$$

を最小にする最適ロバストサーボ系を設計する．

$$Z=\begin{bmatrix}0 & 1 & \cdots & 0\\0 & -10 & \cdots & 10\\\vdots & \vdots & \ddots & \vdots\\1 & 0 & \cdots & 0\end{bmatrix}$$

は正則である．また，

$$A_e=\begin{bmatrix}0 & 1 & \cdots & 0\\0 & -10 & \cdots & 10\\\vdots & \vdots & \ddots & \vdots\\0 & 0 & \cdots & 0\end{bmatrix},\quad B_e=\begin{bmatrix}0\\0\\\vdots\\1\end{bmatrix}$$

$$C_e=[1\ \ 0\ \ \cdots\ \ 0]$$

$$Q_e=C_e^TC_e=\begin{bmatrix}1 & 0 & 0\\0 & 0 & 0\\0 & 0 & 0\end{bmatrix},\quad R_e=1$$

$K_e$ はリッカチ方程式を解いて，

$$K_e=[1.00\ \ 0.01\ \ \cdots\ \ 1.41]$$

と求められ，$K_1$，$K_2$ は

$$[K_1, K_2]=K_eZ^{-1}=[1.51\ \ 0.14\ \ \cdots\ \ 1.00]$$

となる．

［寺嶋一彦］

# 9

# LQG / LTR 制御

| 要 約 | | |
|---|---|---|
| | 制御の特徴 | 最適制御理論で得られる状態フィードバック系は安定性や感度特性について好ましいロバスト性が保証されるが，状態を推定器（カルマンフィルタ，オブザーバ）で推定して最適制御則を用いる状態推定器併合系ではこのような性質は保存されない．そこで，ロバスト性が保存されるように状態推定器を設計することが重要となる．LQG(linear quadratic gaussian)/LTR (loop transfer recovery) 法とは状態推定器併合系の開ループ伝達関数を最適制御系のそれに近づけることで，ロバスト性を回復する方法である． |
| | 長　所 | 状態変数をすべてフィードバックする最適レギュレータ（LQ）は，位相余裕±60°，ゲイン余裕0.5〜無限大という円条件を満足する優れたロバスト性を有しているが，状態推定器を併合しても，LQG/LTR 制御では，システムノイズの分散行列をもとに，評価関数の重み行列を変更させると，漸近的に円条件を満たすことができるという制御方法である．中域周波数特性のロバスト安定性や感度特性に優れている． |
| | 短　所 | 評価関数の重みの設定が必要で，その設定が一意でない．また高周波帯域でのモデルの不確かさに対して弱くなる． |
| | 制御対象のクラス | 線形系，時変系． |
| | 制約条件 | 最小位相系に適用できるが，非最小位相系には適用できない． |
| | 設計条件 | 可制御性，可観測性の保証． |
| | 設計手順 | Step 1　システムノイズの分散行列の決定．<br>Step 2　LTR のパラメータ $q$ の選定と，重み行列の決定．<br>Step 3　カルマンフィルタの設計（または，オブザーバの設計）．<br>Step 4　コントローラの設計．<br>Step 5　ナイキスト線図により円条件，ボード線図により感度関数，相補感度関数を検討する．また制御応答シミュレーションにより制御仕様を満足しているかを吟味する．よければ終了．満足していないときは，Step 2〜Step 5 を仕様が満足されるまで繰り返す． |
| | 実応用例 | センサレス誘導モータ，飛行機の姿勢制御，フレキシブル構造物，ガスエンジンなど多くの産業応用例がある． |

## 9.1　LQG/LTR 制御の概念

システムノイズや観測ノイズのある次のシステムを考える．

$$\dot{x}(t)=Ax(t)+Bu(t)+w(t)$$
$$x(t_0)=x_0$$
$$y(t)=Cx(t)+v(t) \tag{1}$$

ここで，システムノイズ $w(t)$ と，測定ノイズ $v(t)$ の性質は，次に定義された正規性白色ノイズ過程とする．

$$E\{w(t)\}=E\{v(t)\}=0$$
$$E\left\{\begin{bmatrix} w(t) \\ v(t) \end{bmatrix}\begin{bmatrix} w(t)^T & v(t)^T \end{bmatrix}\right\}=\begin{bmatrix} Q_k & 0 \\ 0 & G_k \end{bmatrix}\delta(t-\tau) \tag{2}$$

ここで，$E\{\cdot\}$ は期待値であり，$Q_k$，$G_k$ は半正定，正定対称行列であり，$\delta(t-\tau)=1(t=\tau)$ である．

評価関数

$$J=\int_0^{\infty}(x^TQx+u^TRu)\,dt \qquad (3)$$

を最小にする最適制御入力は，すでに述べたように，状態フィードバックの形で，

$$u(t)=-Kx(t) \qquad (4)$$

で構成できる．ただし，$K=R^{-1}B^TP$ であり，$P$ は次に示すリッカチ方程式の正定対称行列解である．

$$PA+A^TP-PB^TR^{-1}BP+Q=0 \qquad (5)$$

図 9.1 より最適状態フィードバック系，式 (1)，(4) の入力からみた開ループ伝達関数は，

$$P_1(s)=K(sI-A)^{-1}B \qquad (6)$$

である．

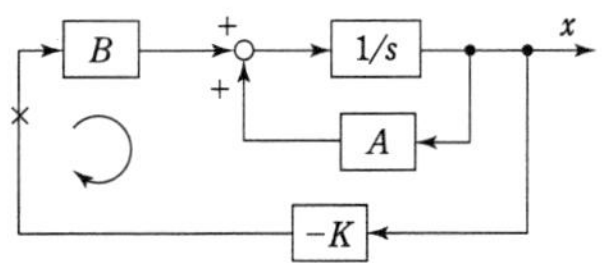


**図 9.1** 最適制御系と $P_1(s)$

すでに述べたように，LQ 制御による最適制御系は円条件

$$|1+P_1(j\omega)|^2\geq 1$$

を満たすことより，図 9.2 に示すように $P_1(s)$ のベクトル軌跡は中心 $-1+0j$，半径 1 の円外にある．このため，ゲイン余裕は 0.5 から無限大，位相余裕は $\pm 60°$ である．円条件はすべての $\omega$ で，$|S(j\omega)|\leq 1$，$|T(j\omega)|\leq 2$ を保証する．なお，$S$ は感度関数 $S(s)=(I+P(s))^{-1}$，$T$ は相補間感度関数 $T(s)=P(s)(I+P(s))^{-1}$ である．

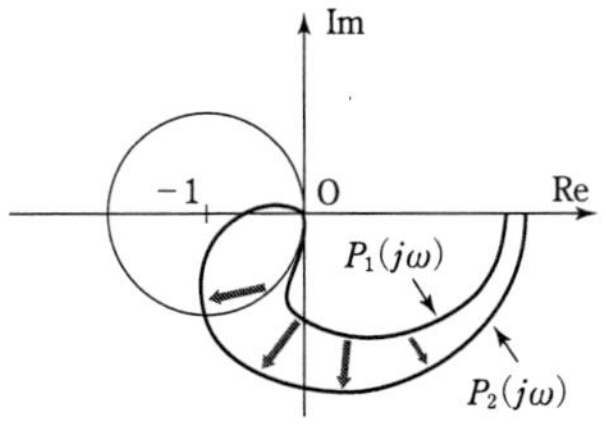


**図 9.2** カルマンフィルタ併合系の位相余裕減少

さて，式 (4) の状態変数のいくつかが直接測定できないときや，式 (1) のノイズを受けるシステムに対して，観測ノイズの影響を排除し，二乗誤差最小の意味での状態推定器として開発されたカルマンフィルタは，次式で与えられる．

$$\dot{\hat{x}}(t)=A\hat{x}(t)+Bu(t)+L(y(t)-C\hat{x}(t)) \qquad (7)$$

ここで $L$ はカルマンフィルタゲインである．推定誤差 $e(t)$ を $e(t)=x(t)-\hat{x}(t)$ とすると，

$$\dot{e}(t)=(A-LC)e(t)+w(t)-Lv(t) \qquad (8)$$

となる．このとき，次の評価関数を最小にするカルマンフィルタゲイン $L$ を求める．

$$J=E\{e(t)^Te(t)\} \qquad (9)$$

そのとき，カルマンフィルタゲイン $L$ の最適値は次式で与えられる．

$$L=P_FC^TG_k^{-1} \qquad (10)$$

$P_F$ は推定誤差共分散行列であり，次のリッカチ方程式を満足する解である．

$$AP_F+P_FA^T-P_FC^TG_K^{-1}CP_F+Q_K=0 \qquad (11)$$

この状態変数の推定値 $\hat{x}(t)$ を，式 (4) の $x(t)$ に置き換えて制御入力を求めることができる．制御と推定は独立に設計してよいことは保証されており，それを制御と推定の分離定理（separation theorem）とよぶ．

ここで，コントローラの伝達関数は $h(s)=K(sI-A+BK+LC)^{-1}L$，プラント入力側からみたループ伝達関数は式 (12) となる．

$$P_2(s)=K(sI-A+BK+LC)^{-1}LC(sI-A)^{-1}B \qquad (12)$$

図 9.2 のように位相遅れのために，最適制御系に比べ位相余裕が小さくなると思われる．また図 9.3 のように，高域周波数で相補間感度関数

$$T(s)=P(s)(I+P(s))^{-1}$$

は 40 dB $\mathrm{dec}^{-1}$ 以上で減衰するので，高周波数でのロバスト安定性はカルマンフィルタ併合系の方が優れていると考えられる[1)]．

LTR 法とは，状態推定器併合系の開ループ伝達関数 $P_2(s)$ を最適制御系の $P_1(s)$ に漸近させることで，ロバスト安定性を回復する手法である（図 9.4）．

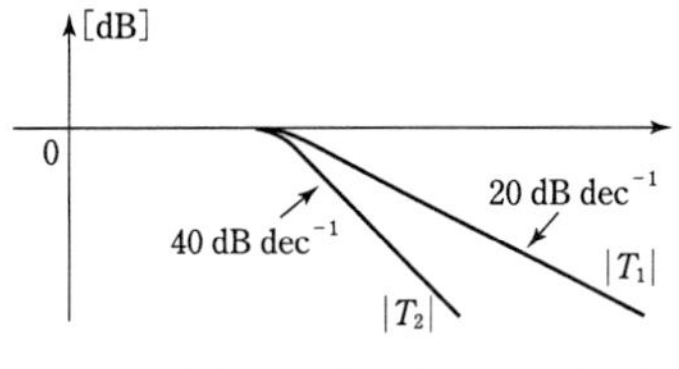


**図 9.3** 状態推定器併合系の安定余裕増加

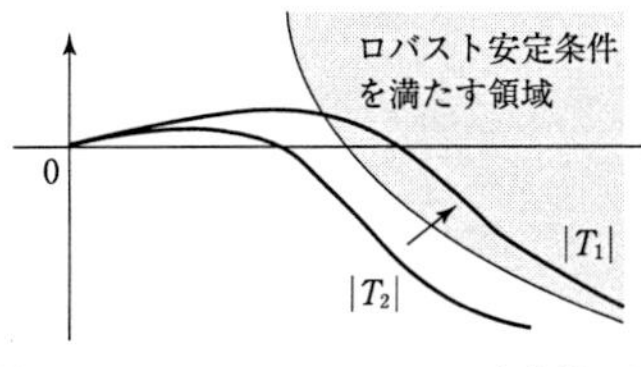


**図 9.4** LTR によるロバスト安定性の悪化

## 9.2　LQG/LTR 制御系の設計法

Doyle は，設計パラメータ $q$ の関数として，システムノイズに関する共分散行列 $Q_k$ を

$$Q_q = Q_k + q^2 b \sqcup b^T, \quad q>0 \tag{13}$$

のように修正し，カルマンフィルタゲイン $L$ を再設計する LQG/LTR とよばれるロバスト特性回復手法を提案した[2,3]．ここで，$\sqcup$ は任意の正定対称行列である．この手法は，LTR 設計法で与えられる LQG 制御系の還送差行列 $P_2(s)$ が，LQ 制御系の還送差行列 $P_1(s)$ に，$q \to \infty$ のとき，$P_2(s) \to P_1(s)$ という漸近特性を有するためロバスト性を回復することができる．

また，システム雑音の共分散を LQG 制御則で設定したものより大きく見積もることにより，制御対象の入力側に関する不確かさを間接的に考慮するものである．なお，状態推定器として，オブザーバを用いても同様に設計できる．

ここで，LQG/LTR の注意点を述べておく．最適制御系は，状態推定器併合系に比べてロバスト性について全面的に優れているのではないということである．つまり，LTR 法を適用すると，$P_2$ が $P_1$ に近づくので中域周波数での安定余裕と感度特性は改善できるが，その反面，すでに述べたように，高域周波数でのロバスト安定余裕が減少する．したがって，$T_1(s)$ の帯域幅をあまり広くしないように最適制御ゲインを設計することが重要である．

LQG/LTR の名前の由来について述べる．LQG とは，線形システム（linear system）を取り扱い，最適制御の評価関数として，2次評価関数（quadratic）を選び，システムに正規性白色性ノイズ（gaussian noise）が介入するとした制御対象を想定したときの最適制御問題をいう．一方，状態変数を直接フィードバックせず状態推定器と併合した場合には，最適制御のもつロバストなループ特性が劣化するが，それを回復する制御法を LTR といい，これらを併合して LQG/LTR という．

**LQG/LTR 法の設計ガイドライン**

最後に LQG/LTR 法設計のガイドラインを示す．まず，モデル誤差の高域周波数での大きさを考慮して，相補感度関数 $T_1(s)$ の帯域幅を広過ぎないように最適制御系を設計する．次に，LTR 法を適用して推定器（カルマンフィルタまたはオブザーバ）を設計する．

パラメータ $q$ を変えて，開ループ系のナイキスト線図，感度関数，相補感度関数のゲイン線図をみて，中域周波数での位相余裕や高周波数での安定余裕の様子を調べ，適当な $q$ の値を採用する．最後に，実験により検証し，悪ければ最初に戻り再設計を行う．

## 9.3　LQG/LTR の設計例

次のシステムを考える．

$$\dot{x}(t) = \begin{bmatrix} 0 & 1 \\ -3 & -4 \end{bmatrix} x(t) + \begin{bmatrix} 0 \\ 1 \end{bmatrix} u(t) + \begin{bmatrix} 35 \\ -61 \end{bmatrix} w(t)$$

$$y = [2 \ \ 1]x + v(t)$$

ここで，

$$E\{w(t)\} = E\{v(t)\} = 0$$

$$E\{w(t)w(t)\} = E\{v(t)v(t)\} = \delta(t-\tau)$$

である．

評価関数を次式に与える．

$$J = \int_0^\infty (x^T H^T H x + u^2)\,dt$$

そのとき，コントローラは

$$u = [-50 \ \ -10]\hat{x}(t)$$

となる．ただし，$H = 4\sqrt{5}[\sqrt{35} \ \ 1]$ である．

また，カルマンフィルタは，

$$\dot{\hat{x}} = \begin{bmatrix} 0 & 1 \\ -3 & -4 \end{bmatrix} \hat{x}(t) + \begin{bmatrix} 0 \\ 1 \end{bmatrix} u + L(y - [2 \ \ 1]\hat{x}(t))$$

となる．

ただし，$L = \begin{bmatrix} 42.55 \\ -49.62 \end{bmatrix}$．

このとき，LTR 法の式（13）の $Q_q$ は，

$$Q_q = Q_k + q^2 B \sqcup B^T$$

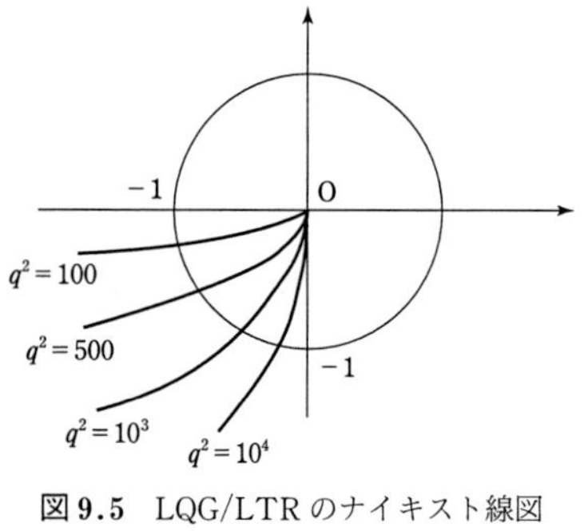


**図 9.5**　LQG/LTR のナイキスト線図

$$=\begin{bmatrix}35\\-61\end{bmatrix}[35\ \ -61]+q^2\begin{bmatrix}0\\1\end{bmatrix}[0\ \ 1]$$

となる．ただし，□＝$I$ とする．

このとき，$q^2=0$，100，500，$10^3$，$10^4$ の場合のナイキスト線図を図 9.5 に示す．$q$ を大きくするにつれ，最適制御系の円条件に漸近することがわかる．$q$ の変化に対する $L$ の値は，

$$L=[42.03\ \ -49.95]^T(q^2=0)$$
$$L=[42.55\ \ -49.62]^T(q^2=100)$$
$$L=[44.48\ \ -48.47]^T(q^2=500)$$
$$L=[46.68\ \ -47.31]^T(q^2=10^3)$$
$$L=[73.11\ \ -41.10]^T(q^2=10^4)$$

となり，カルマンフィルタゲインは $q$ の増加とともにハイゲインになっている．［寺嶋一彦］

## 参考文献


1) 佐伯正美 (1991)：LTR 法とその倒立振子への適用，システム/制御/情報，**35**(5)：260-267.
2) J. C. Doyle, G. Stein (1981)：Multivariable Feedback Design：Concepts for a Classical/Modern Synthesis, *IEEE Trans. on Automatic Control*, **26**(1)：4-16.
3) J. C. Doyle, G.Stein (1979)：Robustness with Observer, *IEEE Trans. on Automatic Control*, **24**(4)：607-611.

# 10

# ロバスト制御

| 要約 | | |
|---|---|---|
| | 制御の特徴 | モデル化誤差やパラメータ変動といった制御対象の不確かさ（これを，摂動とよぶ）を設計段階から考慮し，それらに対して頑健な制御系を設計する手法全般をいう．ロバスト制御の手法として，$H_\infty$ 制御や $\mu$ 設計法などが知られる． |
| | 長　所 | 制御対象の摂動に対して，安定性や制御性能を保証した制御器が求まる． |
| | 短　所 | 理論が難解であったり，設計手順が複雑だったりすることがある．また，ロバスト性の条件が十分条件の場合は，保守的な結果となる場合がある． |
| | 制御対象のクラス | 線形時不変系を対象とする場合が多いが，設計理論による． |
| | 設計手順 | 具体的な設計手順は各設計論に依存するが，おおよその流れは下記のようになる．<br>Step 1　摂動の定量的な見積り．<br>Step 2　制御仕様の決定と制御器の計算．<br>Step 3　シミュレーションを行い，必要に応じて，設計パラメータの調整を行う． |
| | 実応用例 | 自動車の各種制御系やハードディスク装置への適用例など，多くの応用事例が存在する． |

## 10.1　ロバスト制御の概念

### 10.1.1　不確かさの表現

何らかの制御系設計手法を用いて設計した制御器を実機に適用したとき，必ずしも設計通りの性能が得られない場合がある．ときには，制御系が不安定になってしまうことさえある．その原因は，設計で用いる制御対象の数学モデルと実際のシステムの特性との間の「差」にあると考えられる．この差を小さくしていけば，シミュレーションと実験結果の一致が望めるが，現実にはそれは簡単ではない．現実の制御対象を厳密に表現する数学モデルを得ることはきわめて難しいからである．その理由として次のようなものがあげられる．

① モデル化誤差：　モデル化の際にわれわれに都合のよいさまざまな仮定がおかれる．たとえば，剛体を質点とみなす，動作角は十分小さいとみなす，線形近似を行う，など．

② 経年変化，経時変化：　長い年月を経て制御対象の物理的特性が変化する．たとえば，機構系の粘性摩擦係数の変化など．また，電源を入れた直後と十分ウォームアップされた状態では特性が異なることも多い．

③ 使用環境の変動：　温度の変化による抵抗値の変化，負荷の変動，など．

このような，制御対象の不確かさは摂動とよばれる．

ロバスト制御（Robust control）では，摂動をもつ制御対象を集合として捉え，この集合すべてに対して，安定性や制御性能が達成できるように制御器を求める[1)]．なお，摂動を0としたときのモデルをノミナルモデルとよぶ．

メカニカル系におけるばね定数や質量，粘性摩擦といった物理パラメータの変動は構造化摂動とよばれる．一方，現実の世界では，剛体系であるはずの制御対象が実際には機械共振をもつ，といったことがある．しかしながら，そのような共振特性のモデル化は難しい場合が多い．また，個体間でばらつくことも多い．このようにモデル化できない摂動は非構造化摂動とよばれる．非構造化摂動としてよく知られるものに乗法的摂動と加法的摂動がある．

乗法的摂動 $\Delta_m$ は，摂動を含む制御対象を $\tilde{P}$，ノミナルモデルを $P$ としたとき次式で表される摂動である．

$$\tilde{P}=(1+\Delta_m)P \tag{1}$$

一方，加法的摂動 $\Delta_a$ は次式で表される摂動である．

$$\tilde{P}=P+\Delta_a \tag{2}$$

### 10.1.2 ロバスト制御問題

ロバスト制御はロバスト安定化問題とロバスト性能問題に大別できる．ロバスト安定化問題は，すべての摂動に対して制御系の安定性を保証する問題，また，ロバスト性能問題はすべての摂動に対して制御性能を保証する問題である．ロバスト性能が達成されるためにはロバスト安定でなければならない．また，一般にロバスト性能問題の方が難しい．

以下では，図 10.1 に示す通常の直結フィードバック系において，制御対象 $\tilde{P}$ が乗法的摂動で表現される場合のロバスト安定化条件を導出しよう．まず，そのために重要な定理を述べておく．

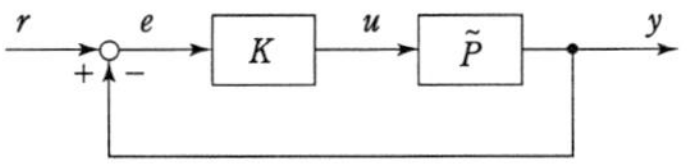


**図 10.1** 直結フィードバック系

**［定理］スモールゲイン定理**[1,2] 図 10.2 において，$A$ および $B$ は安定でプロパな伝達関数とする．このとき，

$$|A(j\omega)B(j\omega)|<1, \quad \forall\omega \tag{3}$$

を満たすと図 10.2 の閉ループ系は安定となる．

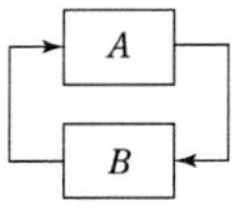


**図 10.2** スモールゲイン定理

スモールゲイン定理では $A$, $B$ は必ずしも既知である必要はなく，その大きさだけわかっていればよいことから，摂動をもつ制御対象の安定化条件を導くために利用できる．しかし，図 10.1 の直結フィードバック系には直接適用できないので，ブロック線図の等価変換を行う．まず，各要素が LTI システムである限り，目標入力 $r$ などの外部入力や外乱は安定性に影響を与えないので，これらを省略して図 10.3(a) のブロック線図を得る．次に，図 10.3(a) において $\Delta_m$ を除いたときの点 a から点 b までの伝達関数を求めると $-PK/(1+PK)=-T$ となるので，図 10.3(a) はさらに図 10.3(b) に等価変換できる．ここで，スモールゲイン定理を適用する準備が整った．図 10.3(b) の閉ループ系を図 10.2 に見立ててスモールゲイン定理を適用すると，次の条件を得る．

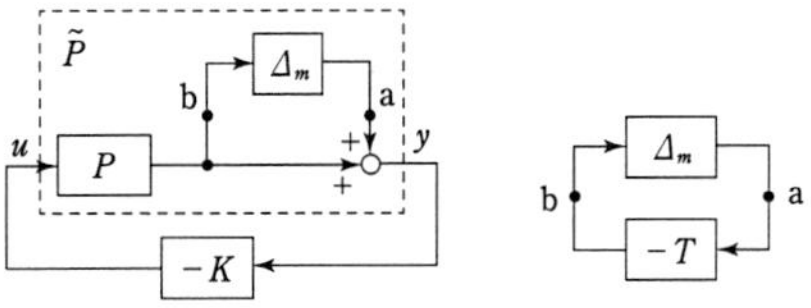


(a) 乗法的誤差を持つ場合　(b) 等価変換

**図 10.3** 乗法的誤差に対するロバスト安定化

$$|\Delta_m(j\omega)T(j\omega)|<1, \quad \forall\omega \tag{4}$$

しかし，式 (4) の条件にはもともとモデル化が困難な摂動 $\Delta_m$ を陽に含むため，制御器の設計に用いることができない．そこで，$\Delta_m$ の代わりに

$$|\Delta_m(j\omega)|\le|W_m(j\omega)|, \quad \forall\omega \tag{5}$$

を満たす既知の安定プロパな伝達関数 $W_m(s)$ を導入しよう．$W_m(s)$ は重み関数や周波数重みなどとよばれる．すると，式 (4) の十分条件として次式を得る．

$$|W_m(j\omega)T(j\omega)|<1, \quad \forall\omega \tag{6}$$

上式が成り立てば，式 (5) の関係から式 (4) が成り立つことは明らかなので，これが乗法的摂動に対するロバスト安定化条件となる．したがって，式 (6) を満たすように制御器を設計すれば，ロバスト安定化問題が解けたことになる．

式 (6) の条件は $H_\infty$ ノルム $\|\cdot\|_\infty$ を使って

$$\|W_m(s)T(s)\|_\infty<1 \tag{7}$$

と記述できるので $H_\infty$ 制御問題となる．

### 10.1.3 一般化プラント

ロバスト制御の多くは，種々の制御問題を統一的な枠組みで扱えるよう図 10.4 に示すフィードバック系が用いられる．図中の $G$ は一般化プラントとよばれ，制御対象だけではなく重み関数なども含んだ仮想プラントであり，次式で示す入出力信号をもつ伝達関数行列で定義される．

$$\begin{bmatrix} z \\ y \end{bmatrix}=G\begin{bmatrix} w \\ u \end{bmatrix}=\begin{bmatrix} G_{11} & G_{12} \\ G_{21} & G_{22} \end{bmatrix}\begin{bmatrix} w \\ u \end{bmatrix} \tag{8}$$

ここで，$w$ は外部入力とよばれ，目標入力や外乱，センサノイズなど，制御系に外部から加わる入力を表す．$z$ は制御量とよばれ，制御偏差や制御入力，制御出力など，制御によって小さくしたい量を表す．また，

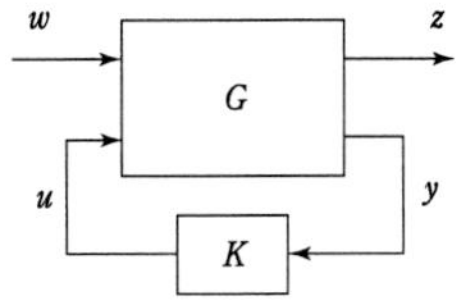


**図 10.4** 一般化プラント

$u$ および $y$ は，制御入力と観測出力で，それぞれ制御器からの出力および入力となる量である．重要なのは，外部から加わる量 $w$ と制御したい量 $z$ を制御入力 $u$ と観測出力 $y$ とは別に明確に分けて表現している点にある．

さて，一般化プラント $G$ に対して，制御器

$$u=Ky \tag{9}$$

を用いて閉ループ系を構成すると，$w$ から $z$ までの閉ループ伝達関数は式 (9) を式 (8) へ代入することにより，次式となる．

$$z=G_{zw}w$$

$$G_{zw}:=G_{11}+G_{12}K(I-G_{22}K)^{-1}G_{21} \tag{10}$$

このとき，制御目的は外部入力 $w$ から制御量 $z$ までの伝達関数 $G_{zw}$ の大きさを何らかの意味で小さくすることになる．この，$G_{zw}$ の大きさの尺度として $H_\infty$ ノルムを用いたのが $H_\infty$ 制御である．

## 10.2　ロバスト制御の設計法

ロバスト制御において，$H_\infty$ ノルムを用いたものが $H_\infty$ 制御であり，乗法的誤差や加法的誤差などの非構造的摂動に対するロバスト安定化問題が解ける．ただし，性能についてはノミナル性能となる．一方，摂動 $\varDelta$ が

$$\varDelta=\begin{bmatrix}\varDelta_1 & 0\\ 0 & \varDelta_2\end{bmatrix}$$

のように対角構造をもつ構造化摂動の場合は，$\mu$ 設計法が適用できる．$\mu$ 設計法では $H_\infty$ 制御では扱えなかったロバスト性能問題も自然に取り扱える．

このほか，システムのゲインに相当する $L_1$ ノルムを用いたロバスト制御である $L_1$ 制御がある．さらに，$H_\infty$ 制御の離散時間版である離散時間 $H_\infty$ 制御や，サンプル値系に拡張したサンプル値 $H_\infty$ 制御も知られる．なお，$H_2$ ノルムを使った $H_2$ 制御は，通常の枠組みではロバスト制御ではないので注意を要する．

上記であげた設計法は，対応する項目が第2部 11～17章にあるので，具体的な設計法についてはそちらを参照していただきたい．　［平田光男］

### 参考文献

1) J. C. Doyle, B. A. Francis, A. R. Tannenbaum (藤井隆雄 監訳) (1996)：フィードバック制御の理論－ロバスト制御の基礎理論，コロナ社．
2) 美多　勉 (1994)：$H_\infty$ 制御，昭晃堂．

# 11

# $H_\infty$ 制御

| 要約 | |
|---|---|
| 制御の特徴 | 外乱応答の周波数特性の最小化を図ることにより，外乱に強い制御系を設計できる． |
| 長所 | 不確かさとの相性はよい． |
| 短所 | 時間応答との対応は直接ではない．評価関数と重みの調整が必要である． |
| 制御対象のクラス | 線形モデルで近似できるシステム． |
| 制約条件 | とくにない． |
| 設計条件 | LMI（線形行列不等式）解法ではとくにない． |
| 設計手順 | Step 1　制御仕様に応じて一般化プラント(評価関数)を決定する．<br>Step 2　外乱や不確かさのの動特性を把握し，重み関数を設定する．<br>Step 3　シミュレーションで応答を確認し，必要があれば重み関数，評価関数を調整する． |
| 実応用例 | 多くの実応用例がある． |

## 11.1　$H_\infty$ 制御の概念

ロバスト制御条件の多くは $H_\infty$ ノルムに関する不等式で与えられている．ここで，この設計法について述べる．さらに，$H_\infty$ 制御を応用するさいにとりわけ重要な一般化プラントと重み関数の設定について詳しく説明する．また，設計例も合わせて紹介する．

**伝達行列の $H_\infty$ ノルム**

安定伝達関数 $G(s)$ の $H_\infty$ ノルムは

$$\|G\|_\infty = \sup_{\omega\in(-\infty,\infty)} |G(j\omega)| \tag{1}$$

である．図 11.1 に示されるように，$H_\infty$ ノルムは伝達関数の周波数応答の最大振幅となっている．また伝達行列の場合，$H_\infty$ ノルムは式 (2) のようになる．

$$\|G\|_\infty = \sup_{\omega\in(-\infty,\infty)} \sigma_{\max}(G(j\omega)) \tag{2}$$

ここで，$\sigma_{\max}(G(j\omega))$ は行列 $G(j\omega)$ の最大特異値を表す．

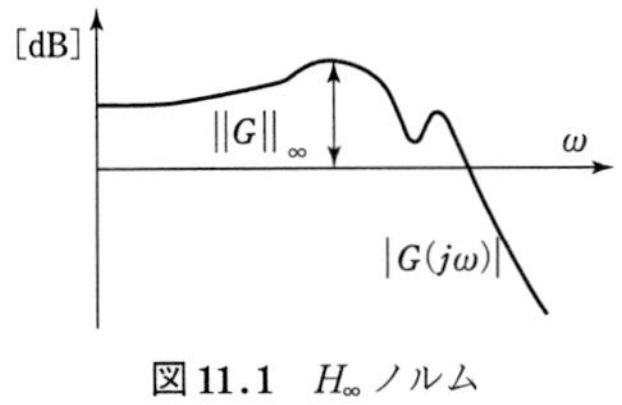


図 11.1　$H_\infty$ ノルム

**外乱制御と重み関数**

伝達行列の $H_\infty$ ノルムと入出力の関係について考察する．1 入出力系の場合，

$$\|G\|_\infty = \sup_\omega |G(j\omega)|$$

は単位インパルス応答の周波数特性の最大振幅として考えることができる．また，多入出力の場合，

$$\|G\|_\infty = \sup_{\substack{u\in C^m\\ \|u\|=1}} \|Gu\|_\infty$$

$$\|Gu\|_\infty = \sup_\omega \|G(j\omega)u\|_2 \tag{3}$$

の関係が成り立つ．$C^m$ は遅れを含むベクトルインパルス信号の空間として解釈できるので，この式の意味するところは，$\|G\|_\infty$ は各チャネルへのインパルス入力の印加時刻が任意であるようなあらゆる単位ベクトルインパルス応答の周波数特性の最大振幅である．

すると，もし制御したい外乱 $d(t)$ の周波数特性 $W(s)$ がわかれば，図 11.2 からわかるように，$y(t)$ は重みつき伝達関数 $GW$ のインパルス応答となる．

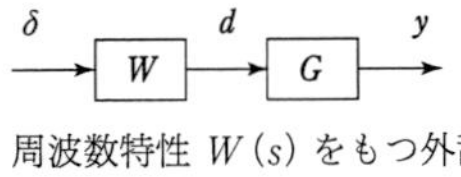


図 11.2　周波数特性 $W(s)$ をもつ外乱の応答

この外乱の出力応答を抑えるには，指定値 $\gamma>0$ について

$$\|\hat{y}\|_\infty \le \|GW\|_\infty < \gamma \tag{4}$$

が成立すればよい．外乱の周波数特性が正確にわからなくても，その上界さえ見積もれれば，上界を重み関数として考えてもよいのである．実際，任意の周波数における周波数特性の振幅が $|W(j\omega)|$ 以下の外乱 $d(t)$ (図 11.3)

$$|\hat{d}(j\omega)| \le |W(j\omega)|, \quad \forall\omega \tag{5}$$

について，式 (4) が成り立てば，それに対する出力応答の周波数特性 $\hat{y}(j\omega)$ の最大振幅は $\gamma$ 未満に抑えられる．このような制御問題は $H_\infty$ 制御問題という．

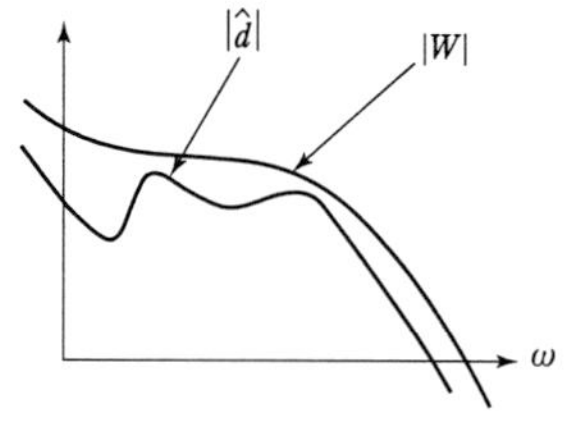


図 11.3　重み関数と外乱の周波数特性

## 11.2　$H_\infty$ 制御の設計法

図 11.4 の一般化プラント $G(s)$ の状態空間実現を次のように入出力の次元に応じて分割しておく．

$$G(s)=\left[\begin{array}{c|c} A & B \\ \hline C & D \end{array}\right]=\left[\begin{array}{c|cc} A & B_1 & B_2 \\ \hline C_1 & D_{11} & D_{12} \\ C_2 & D_{21} & 0 \end{array}\right] \tag{6}$$

ただし，この実現は最小実現である必要がある．

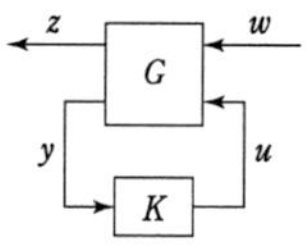


図 11.4　一般化フィードバック系

$H_\infty$ 制御問題とは，式 (6) の一般化プラントを安定化し，かつ $w$ から $z$ までの (重みつき) 閉ループ伝達行列 $H_{zw}(s)$ の $H_\infty$ ノルムを与えられた値 $\gamma$ 未満にする制御器を設計することである．$H_\infty$ 制御問題に対する解法は主に 2 種類がある．一つはリッカチ方程式ベースのもので，もう 一つは LMI (線形行列不等式)ベースのものである．ここでは，LMI 解法だけを説明する．

**LMI 解法**

まず，行列

$$N_Y=[C_2, D_{21}]_\perp, \quad N_X=[B_2^T, D_{12}^T]_\perp$$

をおく．ただし，$A_\perp$ は行列 $A$ の直交行列を表す．すなわち，$AA_\perp=0$．式 (6) で与えられる一般化プラント $G$ に対して，LMI による可解条件は次の定理により与えられる．

**[定理]**　$(A, B_2)$ は可安定，$(C_2, A)$ は可検出であるとする．図 11.4 の閉ループ系を安定化し，かつ，$\|H_{zw}\|_\infty<\gamma$ を満たす制御器 $K(s)$ が存在するための必要十分条件は

$$\begin{bmatrix} N_X^T & 0 \\ 0 & I_{n_w} \end{bmatrix}\begin{bmatrix} AX+XA^T & XC_1^T & B_1 \\ C_1X & -\gamma I & D_{11} \\ B_1^T & D_{11}^T & -\gamma I \end{bmatrix}\begin{bmatrix} N_X & 0 \\ 0 & I_{n_w} \end{bmatrix}<0 \tag{7}$$

$$\begin{bmatrix} N_Y^T & 0 \\ 0 & I_{n_z} \end{bmatrix}\begin{bmatrix} YA+A^TY & YB_1 & C_1^T \\ B_1^TY & -\gamma I & D_{11}^T \\ C_1 & D_{11} & -\gamma I \end{bmatrix}\begin{bmatrix} N_Y & 0 \\ 0 & I_{n_z} \end{bmatrix}<0 \tag{8}$$

$$\begin{bmatrix} X & I \\ I & Y \end{bmatrix}\ge 0, \quad \mathrm{rank}\begin{bmatrix} X & I \\ I & Y \end{bmatrix}\le n+n_K \tag{9}$$

を満たす $X>0$ と $Y>0$ が存在することである．ただし，$n$，$n_K$ はそれぞれ $G$，$K$ の次数である．

以上の条件が満たされるとき，もう 1 本の LMI を解くことで制御器を計算できる．

## 11.3　一般化プラントと重み関数の設定

$H_\infty$ や $H_2$ 制御理論を実システムへ適用するとき，もっとも大事なことは一般化プラントの作成と重み関数の決定である．なぜなら，制御仕様はすべてこれらに反映させなければならないからである．一般化プラントと重み関数はおのおのの実問題に応じて選ばなければならない．一般に，最良の制御性能を得るまでには，試行錯誤を要する．

### 11.3.1　一般化プラントの作成

**外乱制御の考慮**　$H_\infty$ 制御の効用は外乱制御とモデル不確かさに対するロバスト性にある．したがって，設計を始める前に，まず実際に存在する外乱を特定し，影響の大きい外乱を選び出す．そして，その出力応答を必ず評価する．また，外乱の周波数特性を調べ，その見積りを重みとする．なお，目標値追従の場合，追従誤差を出力と考えれば，目標値は外乱とみなせる．

**モデル誤差の考慮**　パラメータ誤差やモデル化しなかった高周波数帯域の動特性を見積もる．そのロバスト性の保証には小ゲイン定理を使う．すなわち，変動のループを切り，変動 $\Delta$ を取り去り，その入出力間の伝達関数の $H_\infty$ ノルムを評価する．

**入力飽和の考慮**　アクチュエータを飽和させるような制御入力とシステムに悪い影響を及ぼすインパルス状の制御入力を避けるために，制御入力を必ず評価に入れる．

### 11.3.2　重み関数の決定

重み関数は以下の指針に従って決める．

**モデル変動の重み**　見積もった変動の周波数応答をボード線図上に描き，これを覆うように低次の伝達関数をグラフ上で求める．このとき，まず折れ線近似で重み関数を決め，次に重みと変動のボード線図を同時に描き，重みのボード線図が変動の上にあることを確かめる．さらに，高周波帯域では制御が行われないので，この帯域において変動重みのゲインをなるべく高く上げると，振動的な入力は抑えられる．

**入力の重み**　入力重みの効用は制御入力の高周波成分をとる点にある．よって，基本的に高域通過伝達関数となる．速応性の仕様からまず制御帯域を定め，制御帯域においては 0 に近いゲインとし，制御帯域を超える周波数帯域では高いゲインを持たせる．

**性能評価の重み（外乱の動特性）**　外乱の周波数ゲインは基本的に低周波帯域において大きいので，外乱の重み関数は低域通過伝達関数となる．外乱に関する事前情報がわかれば，これをもとにその周波数特性を見積もれる．たとえば，長時間ほぼ同じ値を継続する場合は，ステップ信号として捉えられ，積分器で記述できる．重みのゲインの大きさは設計とシミュレーションを繰り返して，試行錯誤的に決める．性能評価重みのゲインが高ければ高いほど，得られる性能はよい．さらに，性能評価の出力端に重みの動特性，外乱の入力端にゲイン調整用のパラメータを置くと効果的である．

以上の 3 種類の重みのなかで，変動の重みは一番決めやすいので，これを先に決めておく．その後，性能評価の重みと入力の重みは制御性能が一番出るように，設計・シミュレーションを繰り返して試行錯誤的に決定する．基本的には，性能評価重みの中低域ゲインが高ければ，それだけ外乱抑圧や即応性がよくなる．入力重みの高域ゲインを上げると，振動的な入力が抑えられる．そして，中間帯域では両者がかち合わないようにする必要がある．そうでなければ，解が求まらなくなる．

## 11.4　$H_\infty$ 制御の設計例

ハードディスクのヘッド位置決め制御では，プラントモデルは乗法的な変動をもつ．また，ヘッドはディスクが高速回転するときに生じる風外乱を受ける．この風の外乱を抑え，ヘッドを指定のトラックにぴったりと止めたい．このために選んだのは，図 11.5 の一般化プラントである．

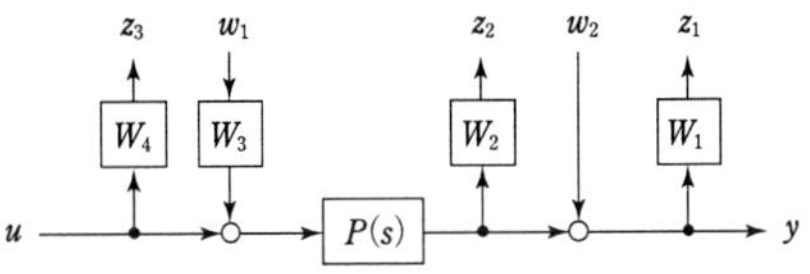


図 11.5　ハードディスクの一般化プラント

この図において，$w_2$ と $z_2$ は乗法的変動に対するロバスト性を保証するためのもので，$z_3$ は制御入力 $u$ に対する評価である．また，$w_1$ と $z_1$ は外乱応答を評価するためのものである．さらに，$W_2$ は乗法変動の幅を表し，$W_1$ は外乱の動特性を表す．$W_3$ はチューニングのためのパラメータである．主に速応性を調整するために使われる．$W_4$ は制御入力の大きさを調整する重みである．この一般化プラントに対応する閉ループ伝達行列の $H_\infty$ ノルムを 1 未満にすることができれ

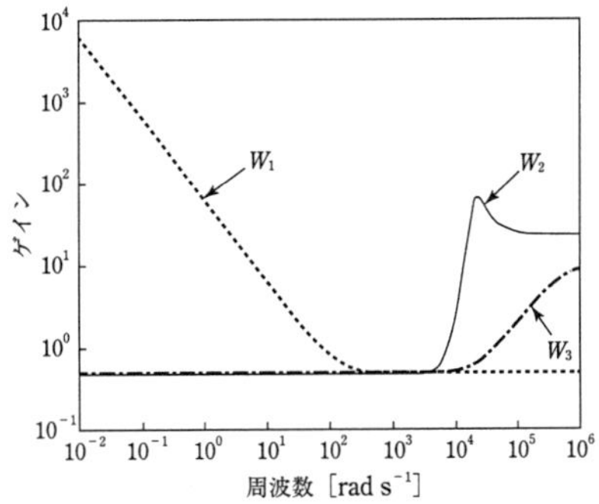


図 11.6　重み関数図

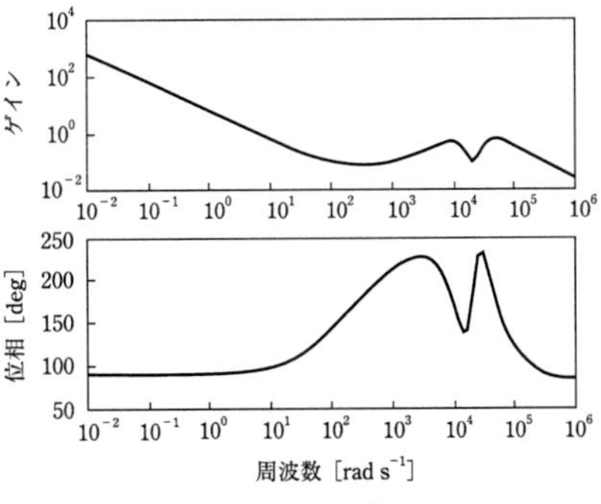


図 11.7　$H_\infty$ 制御器

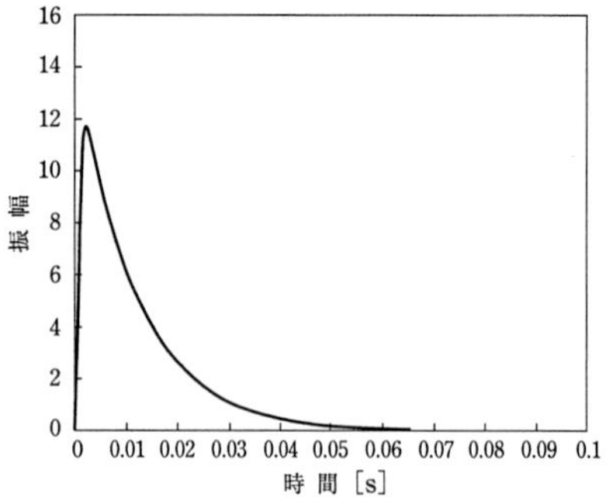


図 11.8　出力応答

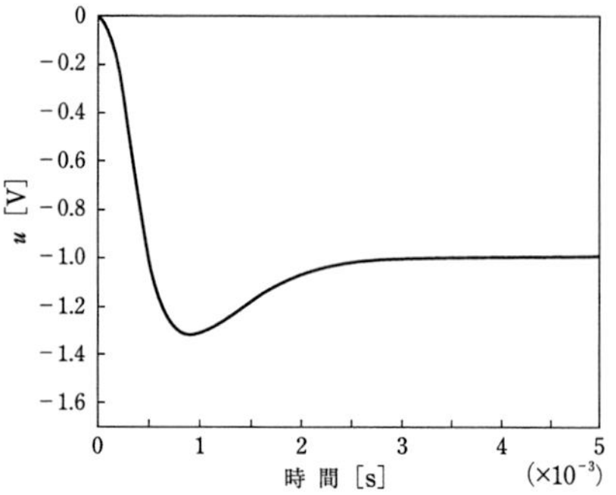


図 11.9　入力応答

ば，ロバスト外乱抑制が保証できる．また，風外乱をステップ状の信号として想定した（$W_1$）．$W_1$ のゲインについては，解が求まる範囲内で最大のものとした．試行錯誤の末，重みを以下のように決めた：$W_3=0.1$，そして，

$$W_1(s)=\frac{s+125.7}{s+1.0\times10^{-4}}\times0.5$$

$$W_2(s)=\left(\frac{s^2+1.0\times10^4 s+5.7\times10^7}{s^2+1.2\times10^4 s+4.04\times10^8}\right)^2\times23.9$$

$$W_4(s)=\frac{s+2.5\times10^4}{s+5.0\times10^5}\times10$$

乗法変動の重み $W_2(s)$（実線，高域通過），外乱重み $W_1(s)$（点線，低域通過）と入力重み $W_4(s)$（一点鎖線，高域通過）は図 11.6 に，設計された $H_\infty$ 制御器は図 11.7 に示す．また，単位ステップの入力外乱に対する出力応答は図 11.8 に，そのときの入力は図 11.9 に示す．

［劉　康志］

# 12

# 離散時間 $H_\infty$ 制御

| 要約 | | |
|---|---|---|
| 制御の特徴 | 離散時間 $H_\infty$ 制御では，一般化プラントおよび制御器が離散時間系として定義されているので，得られた制御器をそのままディジタル実装できるという利点がある．しかし，制御対象は連続時間系の場合が多いので，制御対象の離散化が必要となる．また，重み関数も離散時間系で与えなければならない．なお，制御対象を離散化すると，サンプル点間の情報が失われるので，得られた制御系の応答がサンプル点間で振動する，といった問題が生じる場合がある．サンプル点間応答が問題になる場合は，サンプル値 $H_\infty$ 制御を用いるとよい． | |
| 長所 | 離散時間制御器が直接求まる． | |
| 短所 | サンプル点間応答が劣化することがある． | |
| 制御対象のクラス | 線形時不変系，あるいは，それに十分な精度で近似できるシステム． | |
| 設計手順 | Step 1 | 制御仕様から一般化プラントの構造を決める． |
| | Step 2 | 制御仕様から重み関数を決めて制御器を計算する． |
| | Step 3 | シミュレーションを行い，必要に応じて，重み関数の調整や一般化プラントの変更を行う． |
| 実応用例 | ハードディスク装置などへの適用例がある． | |

## 12.1 離散時間 $H_\infty$ 制御の概要

離散時間 $H_\infty$ 制御（discrete-time $H_\infty$ control）は，一般化プラントおよび制御器の双方が離散時間システムとして定義された $H_\infty$ 制御問題である．連続時間 $H_\infty$ 制御では，連続時間制御器を求めたあとに離散化してディジタル実装するが，離散時間 $H_\infty$ では，はじめに制御対象を離散化する必要がある．その代わり，離散時間制御器が直接求まるので，制御器の離散化は不要で，そのままディジタル実装できる．また，制御対象が本質的に離散時間システムの場合にも適している．ただし，重み関数も離散時間システムで与えなければならない．

制御対象の離散化により，サンプル点間の情報は失われるものの，サンプル点上の挙動は保存される．したがって，離散化された制御対象と離散時間 $H_\infty$ 制御器で構成される閉ループ系においても，サンプリング周波数にかかわらず，サンプル点上の挙動は設計どおりとなる[1]．連続時間制御器を離散化して実装する場合のように，サンプリング周波数が低くなると，離散化された制御器がもとの連続時間制御器の特性を再現できなくなり，閉ループ系が不安定になる，といった問題は生じない．ただし，サンプル点間の応答に，リップルとよばれる振動現象などが生じて問題になる場合もあるので注意が必要である．

離散時間 $H_\infty$ 制御では，図 12.1 に示すように一般化プラント $G[z]$ と制御器 $K[z]$ がともに離散時間系で定義されている．このとき，離散時間 $H_\infty$ 制御問題は，$w$ から $z$ までの $H_\infty$ ノルムを $\gamma$ 未満とする内部安定化制御器 $K[z]$ を求める問題として定式化される．$w$ から $z$ までの安定な離散時間閉ループ伝達関数を $G_{zw}[z]$ で定義したとき，その $H_\infty$ ノルムは次式で定義される．

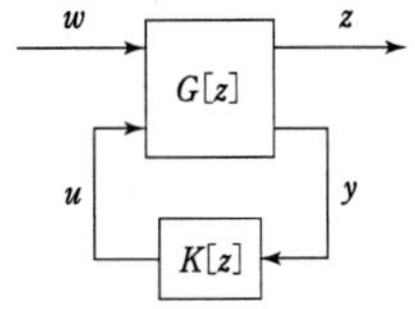


図 12.1　離散時間 $H_\infty$ 制御の一般化プラント

$$\|G_{zw}[z]\|_\infty := \sup_{-\pi \le \theta \le \pi} \bar{\sigma}\{G_{zw}[e^{j\theta}]\}$$

ただし，$\bar{\sigma}(A)$ は行列 $A$ の最大特異値を表し

$$\bar{\sigma}(A) := \sqrt{\lambda_{\max}(A^*A)}$$

から計算できる．とくに，$G_{zw}[\cdot]$ が1入出力系ならば，$H_\infty$ ノルムはボード線図のゲインの最大値と等しくなる．

## 12.2　離散時間 $H_\infty$ 制御の設計法

設計の流れは連続時間 $H_\infty$ 制御と同様である．つまり，次の手順によって制御器を設計する．

・Step 1　制御仕様から一般化プラントの構造を決める．

・Step 2　制御仕様から重み関数を決めて離散時間制御器を計算する．このとき，制御対象が連続時間系の場合，離散化して与える．また，重み関数も離散時間系で与える．

・Step 3　シミュレーションを行い，仕様が満たされたかどうかを確認する．

・Step 4　必要に応じて，重み関数の調整や一般化プラントの変更を行いながら，仕様を満足するまで設計を繰り返す．

## 12.3　離散時間 $H_\infty$ 制御の設計例

設計例では，ハードディスクベンチマーク問題[2,3]で定義されている制御対象に対して離散時間 $H_\infty$ 制御器を設計する．そのさい，比較として連続時間 $H_\infty$ 制御器も合わせて設計し，得られる性能を比較する．

### 12.3.1　制御対象とノミナルモデルの選択

ハードディスクベンチマーク問題では，制御対象は剛体モードだけでなく高周波域に6個の機械共振モードをもつ14次のシステムとして定義されている．しかし，現実には高周波域の共振モードを正確にモデリングすることは難しく，また，個体間でばらつきをもつため，それらすべてを制御器設計のためのノミナルモデルに取り込むことは現実的ではない．そこでまず，剛体モードのみからなるモデルをノミナルモデル $P_{n_1}$ として次式で定義する．

$$P_{n_1}(s) = \frac{K_p A_1}{s^2 + 2\zeta_1\omega_1 s + \omega_1^2} \tag{1}$$

また，4100 Hz の共振モード（以下，主共振モードとよぶ）をノミナルモデルに取り込むことで，制御帯域を広げることができると考え，剛体モード＋主共振モードからなるノミナルモデル $P_{n_2}$ を次式で定義した．

$$P_{n_2}(s) = \sum_{i=1}^{2} \frac{K_p A_i}{s^2 + 2\zeta_i\omega_i s + \omega_i^2} \tag{2}$$

また，すべての共振モードおよび入力むだ時間を含むフルオーダモデルの伝達関数を $P_f(s)$ で定義する．$P_{n_1}$，$P_{n_2}$，$P_f$ の周波数応答を図12.2に示した．

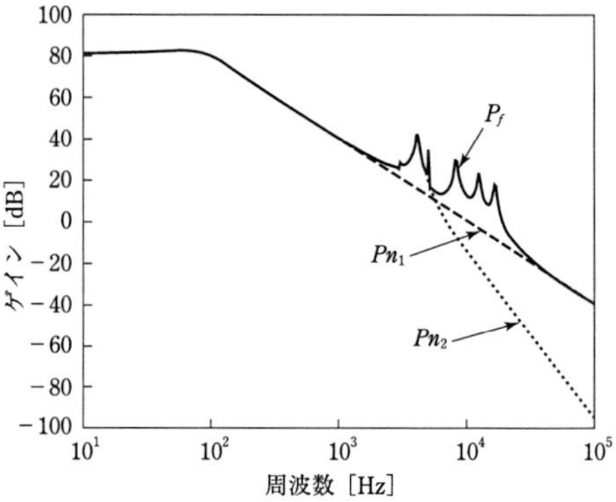


図12.2　フルオーダモデルとノミナルモデル

### 12.3.2　連続時間 $H_\infty$ 制御系設計

まず，比較対象である，連続時間 $H_\infty$ 制御器から設計する．そのための評価関数は次式とした．

$$\left\| \begin{array}{c} \dfrac{P_n(s)}{1+P_n(s)K(s)} W_m(s) \\ \dfrac{P_n(s)K(s)}{1+P_n(s)K(s)} W_t(s) \end{array} \right\|_\infty \le \gamma \tag{3}$$

$P_n$ はノミナルモデルを表し，前節で定義した $P_{n_1}$，$P_{n_2}$ が相当する．また，$W_m$ は外乱抑圧に関する周波数重み，$W_t$ は乗法的誤差に対するロバスト安定化重みである．ただし，この一般化プラントは標準 $H_\infty$ 制御問題の仮定を満たさないため，実際には，小さな正数 $\varepsilon$ を導入した図12.3の一般化プラントを構成する．

まず，ノミナルモデル $P_{n_1}$ に対して設計する（以下C1とする）．外乱抑圧に対する重み $W_m$ の伝達関数を

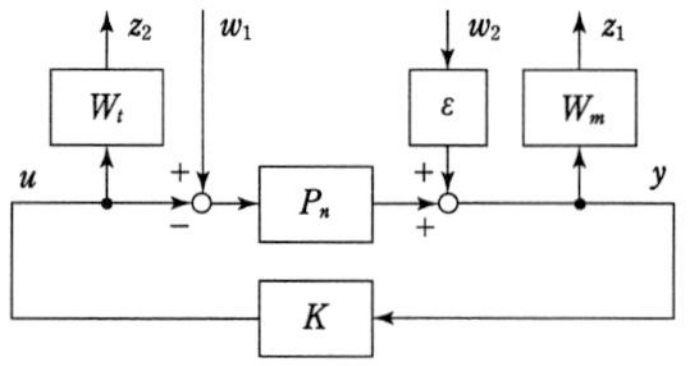


図12.3　一般化プラント

次式で与えた．

$$W_m(s)=\left[\frac{s+\omega_{nm}}{s+\omega_{dm}}\right]g_m \tag{4}$$

この伝達関数の各パラメータを表 12.1 に示す．

**表 12.1**　重み $W_m$ のパラメータ

| 設計法 | $\omega_{nm}$ | $\omega_{dm}$ | $g_m$ |
|---|---|---|---|
| C1 | $15\pi$ | $10^{-6}$ | $1.6\times10^{-3}$ |
| C2 | $15\pi$ | $10^{-6}$ | $9.9\times10^{-4}$ |
| D1 | $15\pi$ | $10^{-6}$ | $2.0\times10^{-3}$ |
| D2 | $15\pi$ | $10^{-6}$ | $9.8\times10^{-4}$ |

また，ロバスト安定性の重み $W_t$ を決めるために，乗法的誤差 $\Delta_m$ を次式で計算した．

$$\Delta_m=\frac{P_f(j\omega)-P_{n_1}(j\omega)}{P_{n_1}(j\omega)} \tag{5}$$

そして，上式から求めた $\Delta_m$ を覆うように $W_t$ を次式のように選んだ．

$$W_t(s)=\left[\frac{s^2+2\zeta_n\omega_{nt}s+\omega_{nt}^2}{s^2+2\zeta_d\omega_{dt}s+\omega_{dt}^2}\right]^2 g_t \tag{6}$$

この伝達関数の各パラメータを表 12.2 に示す．

**表 12.2**　重み $W_t$ のパラメータ

| 設計法 | $\zeta_n$ | $\omega_{nt}$ | $\zeta_d$ | $\omega_{dt}$ | $g_t$ |
|---|---|---|---|---|---|
| C1 | 0.5 | $4\,400\pi$ | 0.3 | $9\,800\pi$ | 22 |
| C2 | 0.5 | $6\,500\pi$ | 0.3 | $23\,500\pi$ | 160 |
| D1 | 0.5 | $4\,800\pi$ | 0.2 | $10\,000\pi$ | 15 |
| D2 | 0.5 | $6\,200\pi$ | 0.3 | $20\,500\pi$ | 108 |

また，$\Delta_m$ および $W_t$ の周波数応答を図 12.4 に $\Delta_{m_1}$ および $W_{t_1}$ として示した．そして，これらの重み関数を用いて求めた $H_\infty$ 制御器の周波数応答を図 12.5 に実線で示す．

次に，主共振を含んだノミナルモデル $P_{n_2}$ に対する設計を行う（以下 **C2** とする）．重み関数 $W_m$ および $W_t$ は前述と同様に式 (4) および (6) で与え，これら

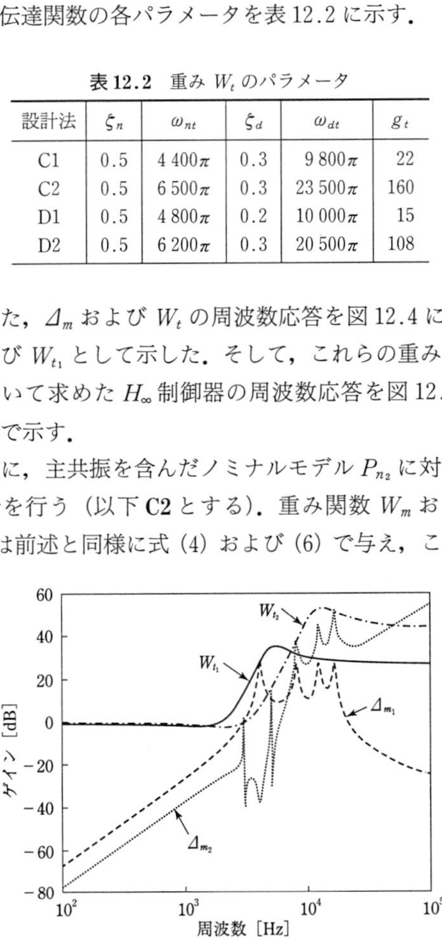


**図 12.4**　$W_t$ の周波数応答（連続時間 $H_\infty$ 制御）

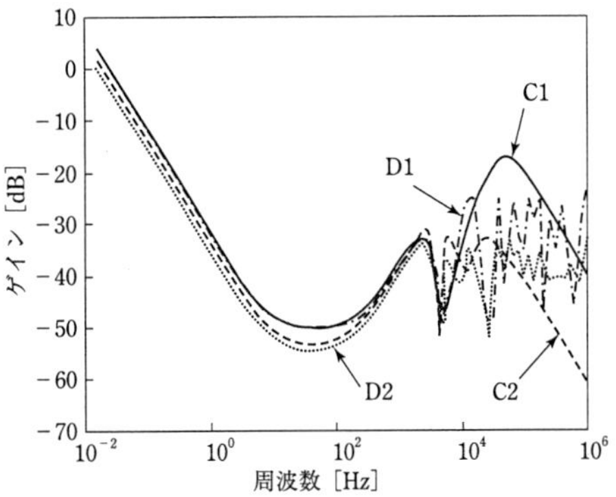


**図 12.5**　$H_\infty$ 制御器の周波数応答

の各パラメータは表 12.1 および 12.2 に示す値に選んだ．$W_t$ および乗法的誤差 $\Delta_m$ の周波数応答を図 12.4 に $W_{m_2}$ および $\Delta_{m_2}$ として示すが，ノミナルモデルを $P_{n_1}$ としたときに比べ，$W_t$ のゲインが 0 dB をクロスする周波数が高域に移動しており，制御帯域の高帯域化が期待できる．これらの重みを用いて求めた $H_\infty$ 制御器の周波数応答を図 12.5 に破線で示す．

### 12.3.3　離散時間 $H_\infty$ 制御系設計

離散時間 $H_\infty$ 制御系設計では，連続時間 $H_\infty$ 制御系設計と同様に定義された次の評価関数を用いる．

$$\left\|\begin{array}{c}\dfrac{P_n[z]}{1+P_n[z]K[z]}W_m[z]\\[2ex]\dfrac{P_n[z]K[z]}{1+P_n[z]K[z]}W_t[z]\end{array}\right\|_\infty\le\gamma \tag{7}$$

ノミナルモデルの離散時間モデル $P_n[z]$ は $P_{n_1}(s)$ および $P_{n_2}(s)$ を 0 次ホールドで離散化することで与えるが，そのさい，むだ時間を考慮した離散化を行い，むだ時間をノミナルモデルに含ませた．この点が，連続時間 $H_\infty$ 設計と異なる．重み関数は，式 (4), (6) で与えた連続時間の重み関数を整合 $z$ 変換† により離散化して与えることとした．

まず，ノミナルモデル $P_{n_1}$ に対して設計する（以下 **D1** とする）．重み関数の各パラメータを表 12.1, 12.2 に示す．なお，重み関数 $W_t$ および乗法的誤差 $\Delta_m$ の周波数応答は図 12.6 に $W_{t_3}$ および $\Delta_{m_3}$ として示した．得られた離散時間 $H_\infty$ 制御器の周波数応答を図 12.5 に一点鎖線で示す．

次に，ノミナルモデル $P_{n_2}$ に対して設計する（以下 **D2** で表す）．重み関数の各パラメータを表 12.1, 12.2 に示す．また，重み関数 $W_t$ および乗法的誤差 $\Delta_m$ の

† 連続時間系の極と零点 $-\alpha$ を離散時間系の極と零点 $e^{-\tau\alpha}$ に変換する方法[1]．ただし，$\tau$ はサンプリング周期を表す．

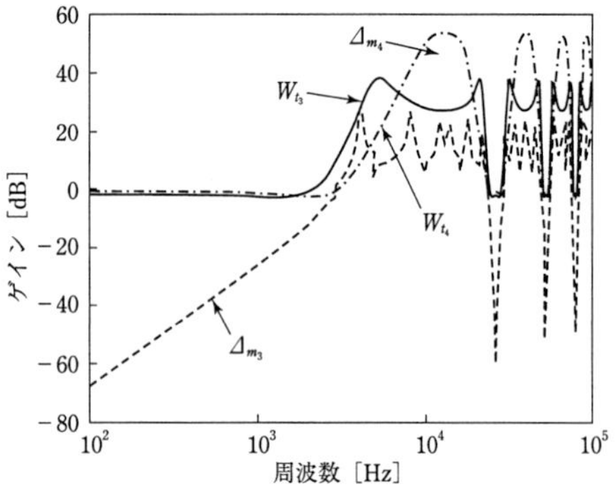


図 12.6　$W_t$ の周波数応答（離散時間 $H_\infty$ 制御）

周波数応答を図 12.6 に $W_{t_4}$ および $\Delta_{m_4}$ として示す．ノミナルモデルを $P_{n_1}$ としたときに比べ，$W_t$ のゲインが 0 dB をクロスする周波数が高域に移動しており，制御帯域の高帯域化が期待できる．これらの重み関数を用いて求めた離散時間 $H_\infty$ 制御器の周波数応答を図 12.5 に点線で示す．

### 12.3.4　シミュレーションによる性能比較

得られた各制御器の性能評価を，フォロイング制御のシミュレーションによって行う．フォロイング制御とは，HDD がデータを読み書きするために，ヘッドをトラック中心に精度よく追従させるための制御であり，そのためには，トルク外乱，フラッタ外乱，RRO (repeatable run out)† とよばれる各種外乱の影響を抑える必要がある．シミュレーションでは，ハードディスクベンチマーク問題で定義されているこれらすべての外乱を加えた上で，トラックへの追従誤差を計算した．なお，HDD の制御系では，追従誤差信号は PES（position error signal）とよばれており，以後 PES と表現する．

そして，追従精度を評価するため，PES の $3\sigma$ 値（標準偏差の 3 倍の値）を計算した．なお，連続時間 $H_\infty$ 制御器は，双 1 次変換を用いて離散化した上で実装した．得られた結果を表 12.3 にまとめる．なお，表 12.3 には，HDD ベンチマーク問題のリファレンス制御器としてあらかじめ用意されている PID 制御器＋ノッチフィルタによる結果も示してある．この制御器は，マルチレート制御器になっており，ノッチフィルタを PES のサンプリング周波数の倍の周波数で動作させている．

表 12.3　$3\sigma$ 値

| 設計法 | $3\sigma$ 値 |
|---|---|
| C1 | 0.108423 |
| C2 | 0.103050 |
| D1 | 0.103416 |
| D2 | 0.102656 |
| PID＋ノッチフィルタ | 0.104383 |

† RRO はディスクの偏芯などによって生じる周期性外乱．

表 12.3 をみると，設計法 **C1** では，リファレンス制御器よりも性能が劣っていることがわかる．主共振の特性だけでなく，制御対象のむだ時間が設計時に考慮されていないことも原因であると考えられる．PES の $3\sigma$ 値がもっとも小さかった設計法は **D2** であった．これは，主共振およびむだ時間の両方を設計段階から陽に考慮したことによるものであると考えられる．

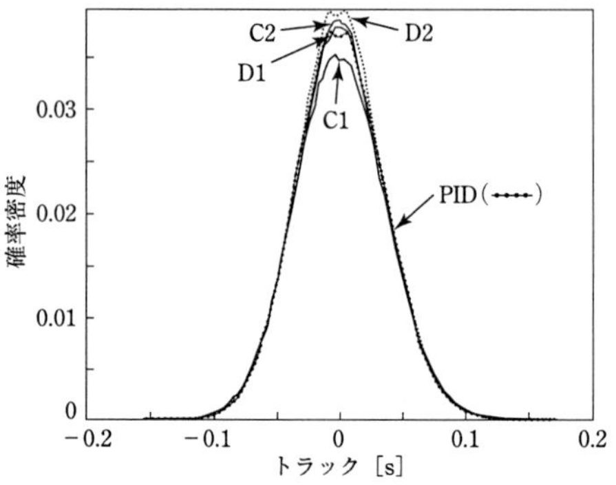


図 12.7　確率密度関数

最後に，制御対象の変動に対するロバスト性の検証を行う．ハードディスクベンチマーク問題では，ノミナルモデルのほかに 8 個の変動モデルが定義されている．そこで，各設計法で得られた制御器を，ノミナルモデルを含めた 9 個のモデルに適用し，PES の $3\sigma$ 値を求めた．結果を図 12.8 に示す．

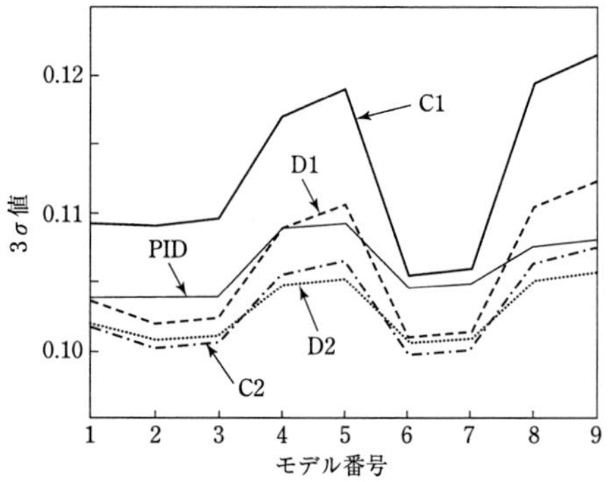


図 12.8　変動モデルに対する $3\sigma$ 値

図において横軸は制御対象の番号を表しており，1 がノミナルモデル，2〜9 が変動モデルを表す．この図から，設計法 **C2** および **D2** が PID 制御器＋ノッチフィルタで構成されているリファレンス制御器より

も，すべての変動モデルに対し良好なフォロイング性能を有していることが確認できる．　[平田光男]

## 参考文献

1) 美多　勉，原　辰次，近藤　良 (1988)：基礎ディジタル制御，コロナ社．
2) 山口高司，平田光男，藤本博志 (2007)：ナノスケールサーボ制御，東京電機大学出版局．
3) 平田光男，ほか (2007)：ハードディスクベンチマーク問題，電気学会マスストレージシステムのための次世代サーボ技術調査専門委員会，http://hflab.k.u-tokyo.ac.jp/nss/MSS_bench.htm

# 13

# サンプル値 $H_\infty$ 制御

| 要約 | |
|---|---|
| 制御の特徴 | 連続時間 $H_\infty$ 制御では，得られた制御器をディジタル実装するために，離散化をしなければならない．このとき，サンプリング周期が長いと，閉ループ系の安定性すら確保できない場合がある．また，離散時間 $H_\infty$ 制御では，制御対象の離散化によって，サンプル点間の情報が失われる．これにより，サンプル点間応答にリップルとよばれる振動が現れることがある．一方，サンプル値 $H_\infty$ 制御では，連続時間応答を評価しながら，ディジタル制御器が直接設計できる．そのため，サンプル点間応答を考慮した設計が可能で，とくに，サンプリング周波数を十分高くできない場合に，効力を発揮する． |
| 長所 | サンプル点間応答を考慮した設計ができる． |
| 短所 | 背景にある理論が難しい． |
| 制御対象のクラス | 線形時不変系，あるいは，それに十分な精度で近似できるシステム． |
| 設計手順 | Step 1　制御仕様から一般化プラントの構造を決める．<br>Step 2　制御仕様から重み関数を決めて制御器を計算する．<br>Step 3　シミュレーションを行い，必要に応じて，重み関数の調整や一般化プラントの変更を行う． |
| 実応用例 | ハードディスク装置や磁気軸受への適用例などがある． |

## 13.1　サンプル値 $H_\infty$ 制御の概要

通常，制御対象は連続時間系であるが，制御器はマイコン実装によるディジタル制御器が使われる場合が多い．ディジタル制御器は，連続時間制御器を離散化したり，あるいは，制御対象を離散化したうえでディジタル制御理論により設計されるが，離散化誤差などの影響で，性能が劣化することがある．とくに，サンプリング周波数を十分高くできない場合，問題が生じやすい．このような場合に有効な $H_\infty$ 制御がサンプル値 $H_\infty$ 制御 (sampled-data $H_\infty$ control) である[1~4]．

サンプル値 $H_\infty$ 制御では，図 13.1 に示す一般化プラントが用いられる．最大の特徴は，図 13.1 のフィードバック制御系にサンプラ $S$ とホールド $H$ が含まれており，はじめから一般化プラント $G(s)$ が連続時間システムとして，制御器 $K[z]$ が離散時間システムとして定義されているところにある．

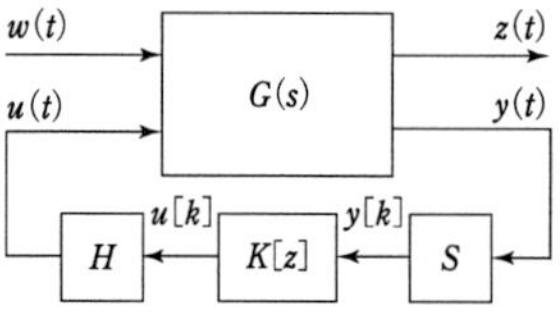


図 13.1　サンプル値 $H_\infty$ 制御問題

なお，$w(t)$ から $z(t)$ までの $H_\infty$ ノルムについては，次の $L^2$ 誘導ノルムが用いられる．

$$J = \sup_{w(t)\in L^2} \frac{\|z(t)\|_2}{\|w(t)\|_2} \tag{1}$$

その理由は，連続時間システムと離散時間システムが混在するハイブリッドシステムになっているため，伝達関数から定義される通常の $H_\infty$ ノルムが使えないためである．

サンプル値 $H_\infty$ 制御は，式 (1) の評価関数が最小となる内部安定化離散時間制御器 $K[z]$ を直接求める手法となっている．

## 13.2 サンプル値 $H_\infty$ 制御の設計法

設計法は連続時間 $H_\infty$ 制御と同様である．つまり，次の手順によって制御器を設計する．

・Step 1　制御仕様から一般化プラントの構造を決める．
・Step 2　制御仕様から重み関数を決めて制御器を計算する．その結果，離散時間制御器 $K[z]$ が直接求まる．
・Step 3　シミュレーションを行い，仕様が満たされたかどうかをチェックする．そのためには，サンプル点間応答を考慮したシミュレーションを行う必要がある．
・Step 4　必要に応じて，重み関数の調整や一般化プラントの変更を行いながら，仕様を満足するまで設計を繰り返す．

サンプル値 $H_\infty$ 制御では，連続時間 $H_\infty$ 制御とは異なる部分で注意が必要になることが知られている[5)]．このことを，図 13.2(a) の一般化プラントを例にとって説明しよう．ただし，簡単のため $P(s)$ は1入出力系と仮定する．図 13.2(a) に示す $F_a(s)$ はアンチエリアシングフィルタであるが，これを除けば，通常の混合感度問題型の一般化プラントであり，$W_S(s)$ が感度関数に対する重み，$W_T(s)$ が相補感度関数に対する重みとなっている．一方，図 13.2(b) の一般化プラントは，重み関数を外部入力 $w$ に導入したものであり，連続時間 $H_\infty$ 制御では，$F_a=1$ のもとで，両者の可解条件は完全に一致する[†]．しかしながら，サンプル値 $H_\infty$ 制御の場合，$u$ と $y$ にホールドおよびサンプラという性質の異なるブロックが加わるために，両者の可解条件は一致しない．とくに，サーボ系設計のために $W_S=1/s$ という不安定重みを選ぶと[‡]，一般化プラント II では可解となるのにもかかわらず，一般化プラント I では可解にならないことが知られている[7)]．また，文献 5) では，安定な重みに対して両者が可解になる場合でも，一般化プラント II の方が保守性の少ない結果になる例が示されている．このように，サンプル値 $H_\infty$ 制御では，一般化プラントの構成に注意が必要であり，多少の試行錯誤が必要になる場合もある．

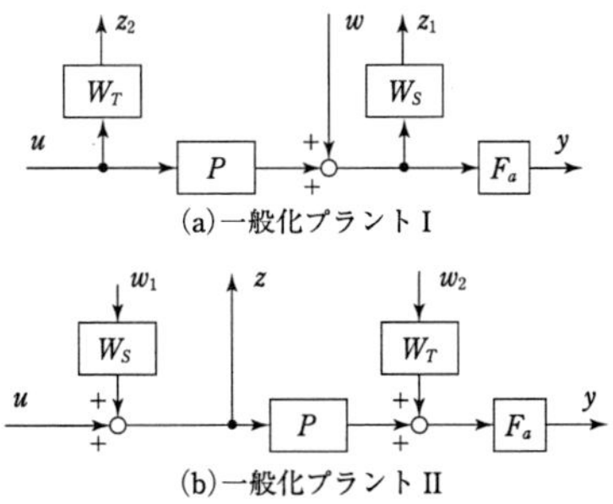


図 13.2　混合感度問題

† 行列を転置してもその $H_\infty$ ノルムは変わらないという性質を使う．
‡ $H_\infty$ 制御では不安定重み $1/s$ を導入することで1型のサーボ系が設計できるが，この場合，内部安定性の概念を拡張する必要がある．興味ある読者は文献 6) などを参照されたい．

サンプル値 $H_\infty$ 制御問題の解法としては，代表的なものとして文献 1〜3) が知られる．これはいずれも，図 13.1 とノルム等価な図 13.3 の離散時間システムを導出することで，解を求める手法である．このノルム等価とは，離散時間制御器 $K[z]$ が図 13.3 の $H_\infty$ ノルムを1未満にするとき，図 13.1 の $L^2$ 誘導ノルムも1未満にし，逆に，図 13.1 の $L^2$ 誘導ノルムを1未満にするとき，図 13.3 の $H_\infty$ ノルムも1未満にすることを意味する．図 13.3 の仮想的な一般化プラントは，離散時間時不変システムなので，その $H_\infty$ ノルムを1未満にする $H_\infty$ 制御器は既存の方法で求めることができ，得られた解はノルム等価の性質より，もとの問題に対する解となる．

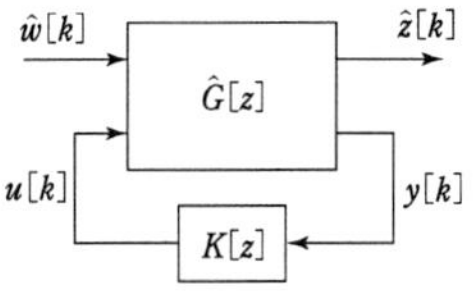


図 13.3　ノルム等価な離散時間システム

$\hat{G}[z]$ の計算方法は手法によって異なるため，得られる離散時間制御器も同一にはならないが，いずれもサンプル値 $H_\infty$ 制御問題の解となる．$\hat{G}[z]$ の計算は行列の指数関数やその積分などを行うことで求められるが，必ずしも簡単ではない．しかし，MATLAB 上で動作する Sampled-Data Control Toolbox[8)] などを用いれば，専門的な知識がなくとも比較的容易に解を得ることができる．

## 13.3 サンプル値 $H_\infty$ 制御の設計例

サンプル値 $H_\infty$ 制御をハードディスク装置（hard disk drive：HDD）のヘッド位置決め制御系へ適用した例について紹介する[9)]．HDD では，アクチュエータであるボイスコイルモータを使って，記録再生ヘッドの位置決め制御を行っている．ヘッドをデータが書かれている目標のトラックへ高速移動させる制御をシーク制御，データを読み書きするためにトラック中心に精度よく追従させる制御をフォロイング制御とよんでいる．

制御対象は，ボイスコイルモータへの印加電圧 $u$ [V]（制御入力）からヘッド位置 $y$ [track]（観測出力）となり，理想状態では摩擦のない慣性体として振る舞う．したがって，制御対象のノミナルモデルは次式で定義できる†．

$$P_n := \frac{k_p}{s^2}, \quad y = P_n u \tag{2}$$

ただし，$k_p = 3.87 \times 10^7$．式 (2) のゲイン特性は図 13.4 の波線のように直線になるが，実測した周波数特性は実線で示すように高周波域に共振モードを複数もつ．したがって，ノミナルモデルとの誤差を加法的誤差 $\Delta_m$ として見積り，それらに対し制御系がロバスト安定となるように制御器を設計する．

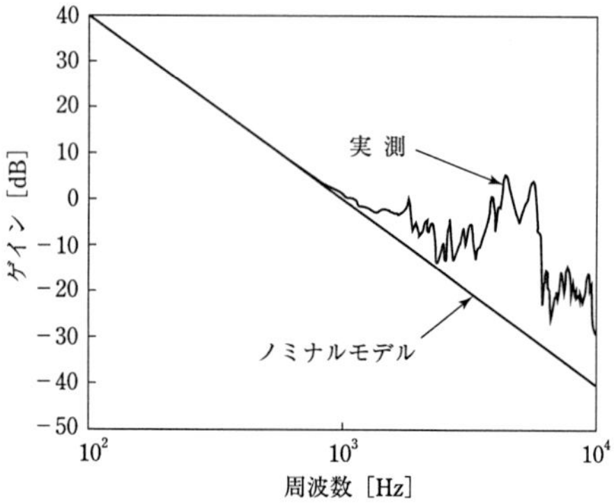


**図 13.4**　制御対象の周波数応答

一般化プラントは図 13.2(b) に示すような入力端重み型とし，図 13.5 のように構成した．$w_1$ から $z_1$ のパスで外乱抑圧を考慮する．重み $W_{s_1}$，$W_{s_2}$ は定数とした．定常外乱を考慮するため，$w_3$ と積分重み $W_i/s$ も導入している．$W_t$ はロバスト安定性に対する重み関数であり，加法的誤差を覆うように選ぶが，サンプル値 $H_\infty$ 制御の場合，スモールゲイン定理によるロバスト安定化条件は保守性をもつことが知られている[4]．したがって，重み関数 $W_t$ のゲイン特性と加法的誤差のゲイン特性の間のマージンができるだけ小さくなるように $W_t$ を選ぶ．

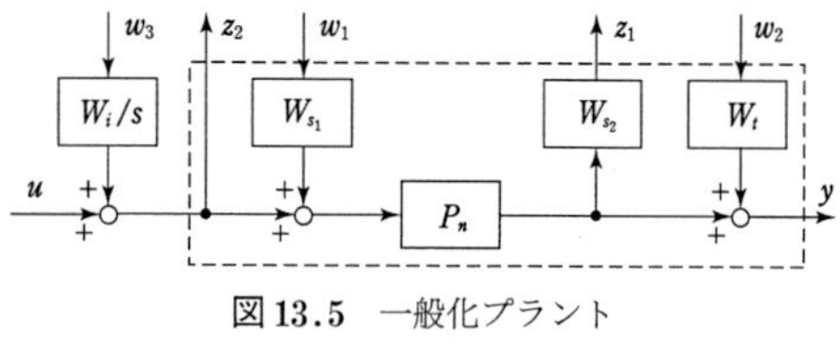


**図 13.5**　一般化プラント

以上の指針に従って重み関数を調整し，$\tau = 50$，200，400 μs の 3 種類のサンプリング周期に対してサンプル値 $H_\infty$ 制御器を求めた．ただし，サンプリング周期ごとに，得られる性能が良好になるよう重み関数の微調整を行っている．一例として，$\tau = 200$，400 μs における $W_t$ のボード線図を加法的誤差とともに図 13.6 に示す．また，得られた制御器のボード線図を図 13.7 に示す（図中の縦の点線はナイキスト周波数を表す）．$\tau = 50$ μs のゲイン線図における 2 kHz 付近のノッチ特性は制御対象の共振モードに対応している．一方，$\tau = 200$，400 μs の場合には 800 Hz 付近にもノッチ特性が若干現れている．しかしながら，制御対象はこの付近に共振モードをもっていない．これは，先ほどの 2 kHz や 5 kHz の共振モードがエリアシングにより折り返されたものと考えられる．このように，サンプル値 $H_\infty$ 制御器にはエリアシングの影響が自然に考慮されていることがわかる．

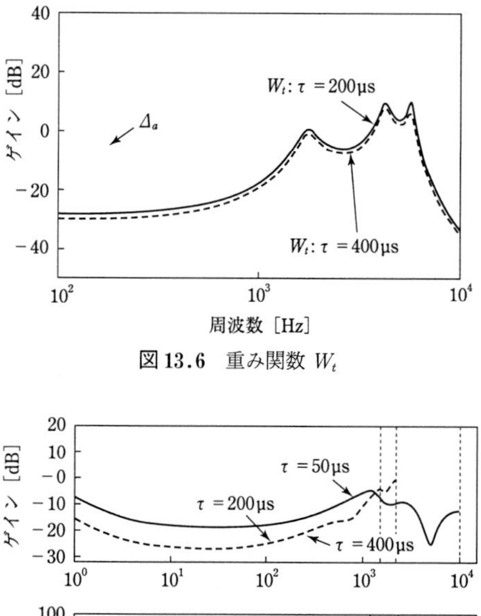


**図 13.6**　重み関数 $W_t$

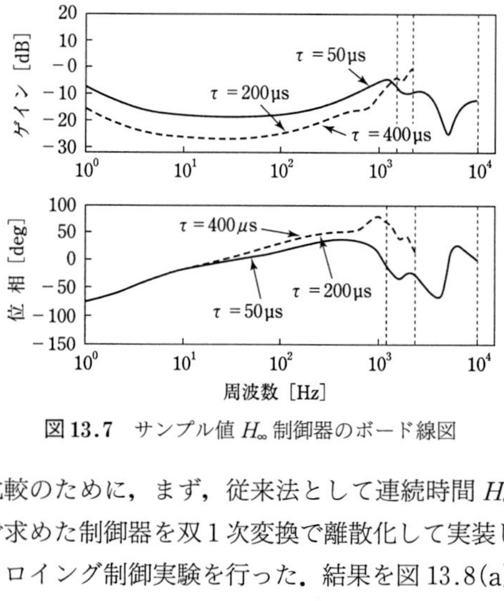


**図 13.7**　サンプル値 $H_\infty$ 制御器のボード線図

比較のために，まず，従来法として連続時間 $H_\infty$ 設計で求めた制御器を双 1 次変換で離散化して実装し，フォロイング制御実験を行った．結果を図 13.8(a) に

† ボイスコイルモータには，コイルインダクタンスや逆起電力が存在するが，HDD ではその影響を打ち消すため，電流フィードバックアンプが用いられる．その結果，印加電圧から駆動力までは単なるゲインになるので，制御対象は二重積分系としてモデル化できる．

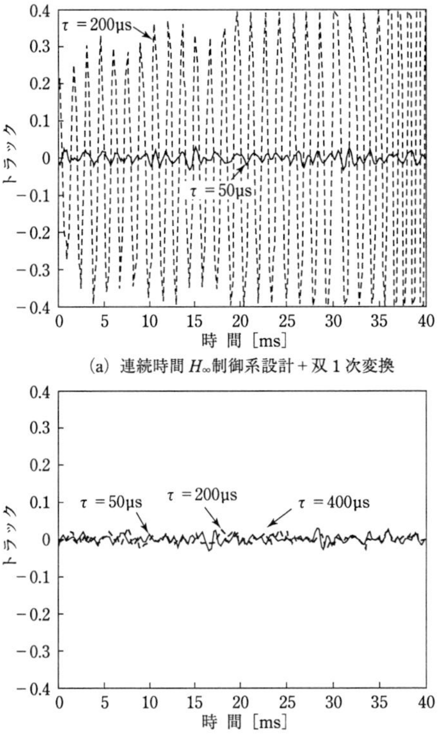


(a) 連続時間 $H_\infty$ 制御系設計＋双 1 次変換

(b) サンプル値 $H_\infty$ 制御

図 13.8 フォロイング性能

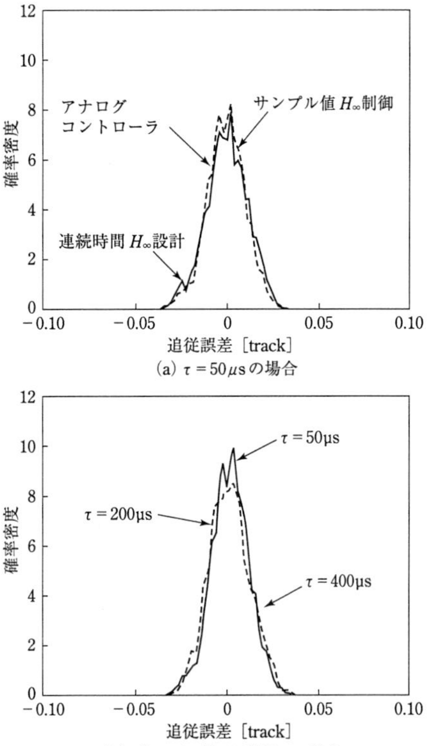


(a) $\tau=50\,\mu$s の場合

(b) サンプル値 $H_\infty$ 制御での比較

図 13.9 フォロイング精度

示す[10]．サンプリング周期 $\tau=50\ \mu$s では，連続時間 $H_\infty$ 制御でも十分な性能が得られることがわかる．しかし，その 4 倍の $\tau=200\ \mu$s になると，応答が振動的となり性能が著しく悪化している．このときの振動の周波数は約 700 Hz であり，これは制御対象が 5.7 kHz にもつ振動モードがエリアシングによって折り返される周波数である．このことから，エリアシングが制御性能の劣化に大きな影響を与えていると考えられる．なお，$\tau=400\ \mu$s では安定化すらできなかった．

次に，サンプル値 $H_\infty$ 制御器によるフォロイング制御実験の結果を図 13.8(b) に示す．この結果をみてみると，サンプリング周期が 50，200，400 μs のいずれの場合も十分な制御性能を示している．実際には，サンプリング周期が長くなるにつれて性能劣化が起きているが，その差はわずかでありわかりにくい．そこで，追従誤差の確率分布を図 13.9(b) に示した．横軸は追従誤差 [track]，縦軸は正規化された確率密度を表す．この図から，サンプリング周期が 200，400 μs と長くなるにつれて，多少追従性能が劣化することがわかるが，その差はわずかであり，$\tau=400\ \mu$s の場合でも，フォロイング制御系として十分な制御性能が維持されている．表 13.1 には，追従誤差に対する $3\sigma$ 値（標準偏差の 3 倍値）を示した．$\tau=50\ \mu$s では，サンプル値 $H_\infty$ 制御の方が若干よく，$\tau=200\,\mu$s の場合でも $\tau=50\ \mu$s の連続時間 $H_\infty$ 制御結果と比べて遜色ないものであることがわかる．

［平田光男］

表 13.1 追従誤差（$3\sigma$ 値）

| 制御手法 | $\tau$ [μs] | | |
|---|---|---|---|
| | 50 | 200 | 400 |
| 連続時間 $H_\infty$ 制御 | 0.0339 | × | × |
| サンプル値 $H_\infty$ 制御 | 0.0309 | 0.0331 | 0.0432 |

単位は track.

## 参考文献

1) B. A. Bamieh, J. B. Pearson (1992)：A General Framework for Linear Periodic Systems with Applications to $H_\infty$ Sampled-Data Control, *IEEE Trans. on A.C.*, **37**(4)：418-435.
2) P. T. Kabamba, S. Hara (1993)：Worst-Case Analysis and Design of Sampled-Data Control Systems, *IEEE Trans. on A.C.*, **38**(9)：1337-1357.
3) Y. Hayakawa, S. Hara, Y. Yamamoto (1994)：$H_\infty$ Type Problem for Sampled-Data Control Systems ── A Solution via Minimum Energy Characterization, *IEEE Trans. on A.C.*, **39**(11)：2278-2284.
4) 山本 裕，原 辰次，藤岡久也 (1990〜2000)：サンプル値制御理論 I-VI，連載講座，システム/制御/情報.
5) 平田光男，亀井正史，野波健蔵 (2001)：サンプル値 $H_\infty$ 制御を用いた磁気軸受のロバストディジタル制御，日本機械学会論文集 C 編，**67**(657)：297-302.

6) 美多　勉 (1994)：$H_\infty$ 制御，昭晃堂．
7) S. Hara, H. Fujioka (1993)：Synthesis of Digital Servo Controller Based on Sampled-Data $H_\infty$ Control, In *Proc. of 22nd SICE Symposium on Control Theory,* 21-23.
8) S. Hara, Y. Yamamoto, H. Fujioka (2005)：Sampled-Data Control Toolbox マニュアル，サイバネットシステム．
9) 平田光男，熱海武憲，村瀬明代，野波健蔵 (2000)：サンプル値 $H_\infty$ 制御理論を用いたハードディスクのフォロイング制御，計測自動制御学会論文集，**36**(2)：172-179.
10) 平田光男，劉　康志，美多　勉 (1993)：$H_\infty$ 制御理論を用いたハードディスクのヘッド位置決め制御，計測自動制御学会論文集，**29**(1)：71-77.

# 14

# 定数スケールド $H_\infty$ 制御

**要 約**

| | |
|---|---|
| **制御の特徴** | $\mu$ 設計においてスケーリング行列のクラスを定数に限定したもので，構造的な時変変動をもつシステムに対するロバスト安定化に対しては，必要十分条件を与える線形制御系設計理論である．スケーリング行列を固定すれば通常の $H_\infty$ 制御問題に帰着されるが，スケーリング行列を含めた設計問題は数値最適化問題として解くことになる．解析問題や，状態フィードバックなどのいくつかの設計問題は，線形行列不等式（LMI）に基づく凸最適化問題に帰着され，最適な補償器を効率的に求めることが可能である．一方，一般の出力フィードバック問題は凸問題に帰着されず最適補償器の設計は困難であるが，スケーリング行列のクラスを対角行列に限定した問題に対する大域的最適化手法や，収束性は保証されないが，パラメータを交互に固定する反復計算手法は利用可能である． |
| **長　所** | 変動の構造を考慮可能である分，非構造的な変動に対する通常の $H_\infty$ 制御によるロバスト安定化問題の保守性を改善できる．理論的には低次元補償器の設計問題も同様の数値最適化問題として定式化可能である． |
| **短　所** | 線形時不変な構造的変動に対しては十分条件しか与えないので，設計問題として保守性が残る． |
| **制御対象のクラス** | 構造的な変動をもつ線形制御系． |
| **設 計 法** | 数値的最適化手法を用いる．一般には，LMI に基づく凸最適化問題，もしくはパラメータを交互に固定した LMI の反復計算問題に帰着される．また，スケーリング行列のクラスを対角行列に限定すれば，大域的最適化手法も適用可能である． |
| **設計手順** | Step 0　一般化プラント構築までは通常の $\mu$ 設計や $H_\infty$ 制御に基づくロバスト安定化問題/ロバストパフォーマンス問題と同様．<br>Step 1　変動への入出力チャネルに変動と可換な構造をもつスケーリング行列（ただしスケーリングのクラスは定数）を挿入し，定数スケールド $H_\infty$ 制御問題として定式化する．<br>Step 2　コントローラの存在条件を行列不等式を用いて記述する．<br>Step 3　数値最適化手法を適用し，最適な補償器を求める． |

## 14.1　定数スケールド $H_\infty$ 制御問題

ロバスト制御系設計問題は，一般に図 14.1 のような一般化プラント $G(s)$ を構成することにより，構造化特異値 $\mu$ に基づく $\mu$ 設計/解析問題に帰着されることが知られている[2,3]．ただし，$\Delta$ はノルム有界な構造的変動，$K(s)$ は設計すべき補償器である．また，各変数は以下のとおりである．

$\xi \in \mathbb{R}^q$：変動からの入力，$\zeta \in \mathbb{R}^q$：変動への出力，
$u \in \mathbb{R}^m$：制御入力，　　$y \in \mathbb{R}^p$：観測出力

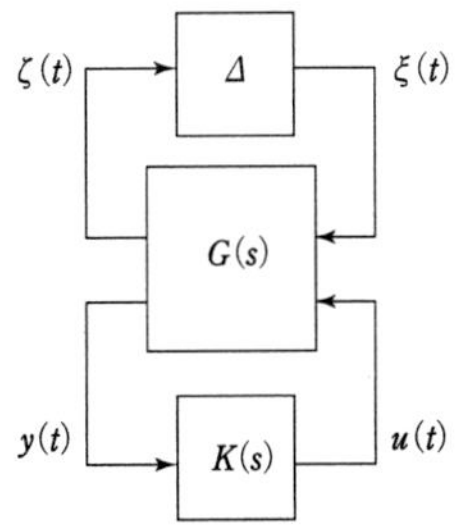


$\Delta = \mathrm{diag}(\Delta_1, \cdots, \Delta_m)$，$\|\Delta\| < 1$

**図 14.1**　ロバスト制御系設計問題

このような $\mu$ 問題は，直接解くことが非常に困難で

あるため，スケールド $H_\infty$ 制御問題とよばれる $\mu$ の上界値を与える問題が重要な役割を果たす．

スケールド $H_\infty$ 制御問題においては，大域的に最適なスケーリング行列と対応する補償器を求めることが目的となる．ところが，このように最適な補償器と最適なスケーリング行列を同時に求める設計法は得られておらず，$D$-$K$ 反復法とよばれる $\mu$ 解析と $H_\infty$ 設計を繰り返す設計アルゴリズムが広く用いられている．しかし，$D$-$K$ 反復法では，

・最適解への収束性が保証されないこと，また，
・周波数依存のスケーリング行列を考えると，解析問題（$K(s)$：Given）でさえ最適スケーリング行列の候補は近似的にしか求まらないこと，

という問題がある．

それに対し，スケーリング行列のクラスを定数に限定すれば，少なくとも状態フィードバック問題，解析問題（$K(s)$：Given）が線形行列不等式（LMI）に基づく凸最適化問題[1,11]に帰着され，大域的に最適なスケーリング行列を求めることが可能である．また，任意時変変動をもつロバスト安定化問題に対し，定数スケールド $H_\infty$ 制御が必要十分条件を与えることが示されるなど[8,10]，理論的にも重要な役割を果たすことがわかっている．本章では，このようにスケーリング行列のクラスを定数に限定した問題を考え，出力フィードバック問題を含めた設計問題について数値例題を交えながら解説していく．

まず，変動 $\varDelta$ と可換な構造をもつスケーリング行列の集合として，次の集合を定義する．

$$\mathcal{S}:=\{\text{block-diag}(\Sigma_1,\cdots,\Sigma_k,\sigma_1 I_{qk+1},\cdots,\sigma_m I_{qk+m})\mid \Sigma_i=\Sigma_i^\top\in\mathbb{R}^{qi\times qi},\ \sigma_j\in\mathbb{R},\Sigma_i>0,\sigma_j>0\} \quad (1)$$

ただし，$q_1+\cdots+q_m=q$ である．また $G(s)$ を内部安定化する補償器の集合を $\mathcal{K}_s$ とする．ここでは，定数スケールド $H_\infty$ 制御問題に対して feasibility problem（FP：可解性問題），optimization problem（OP：最適化問題）を以下に定義する．ただし，$\boldsymbol{F}_l(G,K)$ は，一般化プラント $G(s)$ とコントローラ $K(s)$ の線形分数変換である．

FP：Given $\gamma>0$, find $\Sigma\in\mathcal{S}$ and $K(s)\in\mathcal{K}_s$ such that $\|\Sigma^{-1/2}\boldsymbol{F}_l(G,K)\Sigma^{1/2}\|_\infty<\gamma$ (2)

OP：Minimize $\gamma$ subject to condition

$\gamma$ の最小値が与えられたレベルを下回れば FP は可解であるので，設計問題を考える上では OP のみを考えれば十分である．また，スケーリング行列を固定すれば補償器の設計は通常の $H_\infty$ 制御問題に帰着されるので，OP においては，安定化補償器が存在するとの条件のもと，最適なスケーリング行列をどうやって効率的に求めることができるかが鍵となる．

ところが，一般的な出力フィードバック問題において，OP は凸最適化問題に帰着することができない．その理由は，出力フィードバック問題において，状態フィードバック問題と双対である観測側の条件が非線形条件 $\Sigma^{-1}\in\mathcal{S}$ を含み，非線形計画問題となるからである．一方，スケーリングのクラスを対角行列に限定した FP および OP に対しては，計算量が解の精度の逆数の多項式オーダとなるような効率のよいアルゴリズムがみつかっている[13,14]．次節では，このような大域最適化アプローチについて紹介する．

［注意］図 14.2 に示すようなロバストパフォーマンス問題も，対応する評価出力と外生入力を仮想的な変動を通してつなぐことにより，ブロック数が 1 つ増えた構造的変動に対するロバスト安定化条件に等価的に変換できることが知られている．すなわち，ブロック数が 1 つ増えた問題に対して一般化プラント $G_p(s)$ を構築し，$G(s)=G_p(s)$ に対して FP，OP を解くことにより，ロバストパフォーマンス条件の判定/最適化が可能である．14.2.2 項の数値例題は，このようなロバストパフォーマンス問題に対して，OP を解く設定となっている．

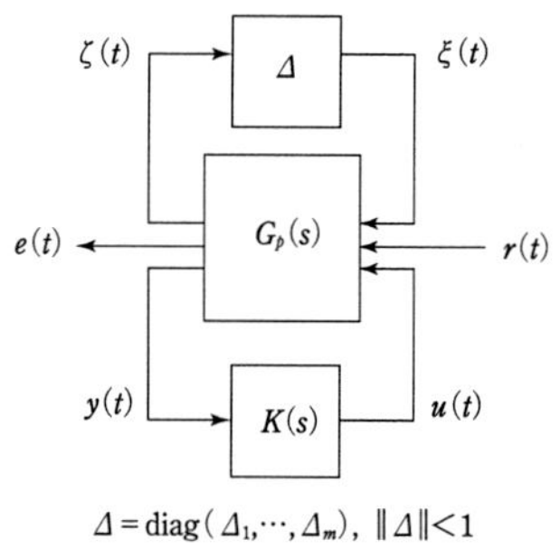


図 14.2　ロバストパフォーマンス問題

## 14.2　大域最適化のためのアプローチ

まず，スケーリングのクラスが対角行列のクラスで与えられる場合に限り，FP および OP に対し任意の許容誤差 $\varepsilon>0$ の範囲で大域解を求めることができ，かつ，その計算量が $1/\varepsilon$ に対し多項式オーダで与えられる文献 13，14）のアルゴリズムを紹介する．

### 14.2.1 定数対角スケーリング $H_\infty$ 制御問題の大域最適化

$\mathcal{S}$ のサブクラスとして対角行列の集合 $\mathcal{S}_0$ を定義する．

$$\mathcal{S}_0 := \{\text{block-diag}(\sigma_1 I q_1, \cdots, \sigma_m I_{qm}) \mid \sigma_i \in \mathbb{R}, \sigma_i > 0, i=1,\cdots,m\} \quad (3)$$

一般性を失うことなく，スケーリングパラメータ $\sigma_i (i=1,\cdots,m)$ の1つは1にすることができることに着目し，条件 (2) における $\gamma\Sigma$ を $L_\gamma \in \mathcal{S}_0$，$\gamma\Sigma^{-1}$ を $R_\gamma \in \mathcal{S}_0$ にパラメータ変換することを考える．このとき，OPは次の問題［P1］に書き直すことができる．ただし，

$$L_\gamma := \text{block-diag}(l_1 I_{q1}, \cdots, l_{m-1} I_{qm-1}, \gamma I_{qm}) \in \mathcal{S}_0$$
$$R_\gamma := \text{block-diag}(l_1 I_{q1}, \cdots, l_{m-1} I_{qm-1}, \gamma I_{qm}) \in \mathcal{S}_0 \quad (4)$$

である．

**［P1］** Minimize $\gamma$ subject to

$$\left\| L_\gamma^{-1/2} \boldsymbol{F}_l(G,K) R_\gamma^{-1/2} \right\|_\infty < 1 \quad (5)$$

$$l_i r_i \leq \gamma^2, \quad i=1,\cdots,m-1 \quad (6)$$

条件 (5) は，$G(s)$ の状態空間実現を

$$G(s) := \left[\begin{array}{c|c:c} A & B_1 & B_2 \\ \hline C_1 & D_{11} & D_{12} \\ \hdashline C_2 & D_{21} & 0 \end{array}\right] \quad (7)$$

のように定義することで，以下の $X = X^\top > 0$，$Y = Y^\top > 0$，$L_\gamma \in \mathcal{S}_0$，$R_\gamma \in \mathcal{S}_0$ に関するLMI条件として書き表すことができる†．

$$\begin{bmatrix} B_2 \\ D_{12} \\ 0 \end{bmatrix}^\perp \begin{bmatrix} AX+XA^\top & XC_1^\top & B_1 \\ C_1 X & -L_\gamma & D_{11} \\ B_1^\top & D_{11}^\top & -R_\gamma \end{bmatrix} \begin{bmatrix} B_2 \\ D_{12} \\ 0 \end{bmatrix}^{\perp T} < 0 \quad (8)$$

$$\begin{bmatrix} C_2^\top \\ D_{21}^\top \\ 0 \end{bmatrix}^\perp \begin{bmatrix} YA+A^\top Y & YB_1 & C_1^\top \\ B_1^\top Y & -R_\gamma & D_{11}^\top \\ C_1 & D_{11} & -L_\gamma \end{bmatrix} \begin{bmatrix} C_2^\top \\ D_{21}^\top \\ 0 \end{bmatrix}^{\perp T} < 0 \quad (9)$$

$$\begin{bmatrix} X & I \\ I & X \end{bmatrix} \geq 0$$

一方，条件 (6) は，$m-1$ 個の非凸条件である．文献13,14) では，［P1］に対して，以下の二つのタイプのアルゴリズムを提案している．

① 有限個の固定したスケーリングに対して $H_\infty$ 問題を解くことにより，任意の相対許容誤差 $\varepsilon > 0$ の範囲で大域解を求めるアルゴリズム．

② 有限個のLMIの最適化問題を解くことにより，任意の相対許容誤差 $\varepsilon > 0$ の範囲で大域解を求めるアルゴリズム．

①のアルゴリズムで解を得るのに必要な $H_\infty$ 問題の数を $N_p$，②のアルゴリズムで解を得るのに必要なLMI問題の数を $N_c$ とする．このとき，$N_p$，$N_c$ の $1/\varepsilon$ に対するオーダは以下のようになる[13,14)]．

$$N_p \simeq O(1/\varepsilon^{m-1}), \quad N_c \simeq O(1/\varepsilon^{(m-1)/2}) \quad (10)$$

ただし，$m-1$ は非凸条件の数である．

式 (10) は最悪ケースを想定してオーダを見積もったので，実際にはより少ない計算量のオーダとなることが期待できる (14.2.2項例題参照)．このように，最悪ケースの計算量のオーダが精度の逆数 $1/\varepsilon$ に対して多項式オーダとなる点から，二つのアルゴリズムとも実用的な観点からの有効性が示されている．

### 14.2.2 数値例題

実際にどの程度の計算量で大域最適解を求めることが可能か，数値例題で検証する．ここでは，制御対象 $P(s)$ が

$$P(s) = \frac{k}{s(\tau s+1)}$$

のように与えられるとし，外乱などを考慮した状態方程式/出力方程式が，下記のディスクリプタ形式として与えられる場合を考える．

$$\begin{bmatrix} 1 & 0 \\ 0 & \tau \end{bmatrix} \dot{x} = \begin{bmatrix} 0 & 1 \\ 0 & -1 \end{bmatrix} x + \begin{bmatrix} 0 \\ k \end{bmatrix} (u + \beta_d d)$$
$$y = [1 \ 0]x + \beta_v v$$

ただし，$u$ は制御入力，$d$ と $v$ は，それぞれ，重み $\beta_d$，$\beta_v$ をもつプロセスノイズ，観測ノイズである．制御目的は，パラメータ $\tau$ もしくは $k$ が不確定性をもつとの条件の下，システムを安定化しながら過度の入出力，およびノイズの影響を抑制することである．そのため，ここでは，$\beta_x$ と $\beta_u$ を適当な重みとして，図14.2における制御出力 $e$，および参照入力 $r$ を以下のように設定する．

$$e = \begin{bmatrix} \beta_x [1 \ 0] \\ 0 \end{bmatrix} x + \begin{bmatrix} 0 \\ \beta_u \end{bmatrix} u$$
$$r = [d \ v]^\top$$

本数値例題では，以下の二つのケースを取り扱う．

**a．ケース1：非凸条件が一つの場合**

まず，$\tau$ のみに次のような不確実性が存在するものとする．

$$\tau = \tau_0 + \Delta_\tau, \quad |\Delta_\tau| \leq \delta_\tau \quad (11)$$

† $A^\perp$ は，$A^\perp A^{\perp T} > 0$ を満たし，かつ，$A^\perp$ の零空間が $A$ の値域に等しい行列を表す．なお，これらの条件の元となる出力フィードバック $H_\infty$ 制御のLMI条件については，文献4，6参照．

このとき，図 14.2 の一般化プラント $G_p(s)$ は次式のように書き表される．

$$G_p(s)=\left[\begin{array}{cc|cccc:c} 0 & 1 & 0 & 0 & 0 & 0 \\ 0 & -1/\tau_0 & -\delta_\tau/\tau_0 & k\cdot\beta_d/\tau_0 & 0 & k/\tau_0 \\ \hline 0 & -1/\tau_0 & -\delta_\tau/\tau_0 & k\cdot\beta_d/\tau_0 & 0 & k/\tau_0 \\ 0 & 0 & 0 & 0 & 0 & \beta_u \\ \beta_x & 0 & 0 & 0 & 0 & 0 \\ \hdashline 1 & 0 & 0 & 0 & \beta_v & 0 \end{array}\right]$$

ここでは，不確定パラメータの公称値，そのバウンド，および外乱重みとして以下の値を選択し，$G(s)=G_p(s)$ に対して OP を解く．

$$\tau_0=1,\quad \delta_\tau=0.5,\quad k=10 \tag{12}$$

$$\beta_d=0.239,\quad \beta_v=0.0239,$$

$$\beta_x=0.239,\quad \beta_u=1.20 \tag{13}$$

不確定性の数は一つなので，OP における非凸条件の数は 1，すなわち，$wv\leq\gamma^2$ のみである．

上記設定のもと，文献 13) のアルゴリズムを適用し，OP を解く．なお，すべての計算は MATLAB 上で実行可能である．OP を解く際，$(w,\ v)$ の上限値を求める必要があるが，これらは，与えられた $\gamma=\hat{\gamma}>0$ に対して OP が可解であるための必要条件から計算される．本数値例題では，$\gamma$ の初期値を $\hat{\gamma}=2.64$ のように設定し，$\bar{w}$ と $\bar{v}$ の上限値を以下のように求めた．

$$\bar{w}=5.09\times10^3,\quad \bar{v}=3.10$$

図 14.3 は，与えられた相対許容誤差 $\varepsilon>0$ に対して，理論上保証される計算回数の上限と実際の計算回数を比較したものである．ただし，横軸は許容誤差の逆数 $1/\varepsilon$ であり，縦軸は計算回数を表している．なお，1 回の計算とは，非凸条件を凸条件で近似することによる LMI の最適化問題を解くことに対応し，その計算コストは，通常の $H_\infty$ 問題を解く場合とほぼ等しい．本問題における非凸条件の数は 1 であるので，計算回数の上限値は，$1/\varepsilon$ に対し，$O((1/\varepsilon)^{0.5})$ のオーダで増加する．なお，$N_{o,2}$ は，$N_{o,1}$ を与えるオリジナルのアルゴリズムを，最悪ケースの計算回数を保証しながら改良したものの計算回数であり，これら二つの実線は，次式 (14) の $N_u$（図 14.3 の点線）を上限としてもつ．

$$N_u:=\frac{\sqrt{2/\varepsilon-1}+1}{2}\cdot(\ln2+\ln\hat{\lambda})+1 \tag{14}$$

ただし，$\hat{\lambda}=\sqrt{\bar{w}\bar{v}}/\hat{\gamma}=47.6$ である．

オリジナルのアルゴリズムでは，計算回数がその上限値 $N_u$ とほぼ同じオーダで増加することがわかる．一方，$N_{o,2}$ については，ほかの曲線と比べ計算回数の増加が抑制され，改善がなされていることがうかがえる．たとえば，$1/\varepsilon=320$（すなわち $\varepsilon\simeq0.003$）に対しては，$N_{o,1}=31$，$N_{o,2}=14$ であり，改良後のアルゴリズムがオリジナルのアルゴリズムの半数の計算回数で最適解を得ていることがわかる．なお，この $\varepsilon$（$\simeq0.003$）に対する $\gamma$ の最適値は，$\gamma^*=0.634$ であった．また，$N_{o,2}$ の傾きから，表 14.1 のように計算回数の増加のオーダーを計算したところ，$O((1/\varepsilon=)^{0.247})$ であり，最悪ケースのオーダの約半分に抑えられていることがわかる．

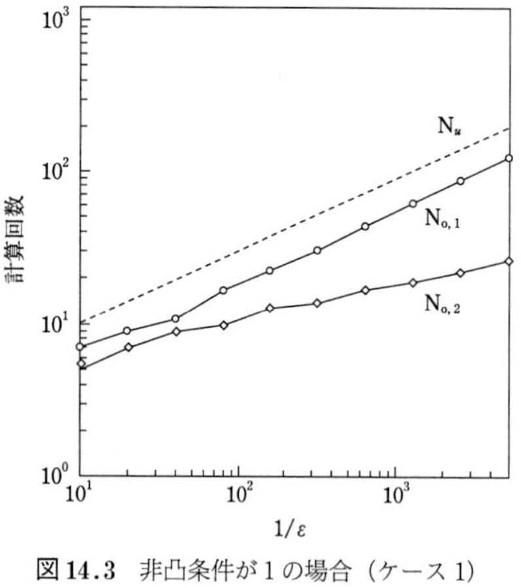


**図 14.3**　非凸条件が 1 の場合（ケース 1）

**表 14.1**　$N_u$，$N_{o,1}$ および $N_{o,2}$ の傾き（ケース 1）

| | $N_u$ | $N_{o,1}$ | $N_{o,2}$ |
|---|---|---|---|
| 傾き | 0.5 | 0.472 | 0.247 |

**b．ケース 2：非凸条件が二つの場合**

次に，$k$ にも以下のような不確定性が存在する場合を考える．

$$k=10+\Delta_k,\quad |\Delta_k|\leq5 \tag{15}$$

他のパラメータは a. 項と同様である．このとき，OP の非凸条件の数は 2（$w_1v_1\leq\gamma^2$，$w_2v_2\leq\gamma^2$）である．まず，$\gamma$ の初期値を $\hat{\gamma}2.64$ のように選び，スケーリングパラメータの上限値 $\bar{w}_1$，$\bar{w}_2$，$\bar{v}_1$，$\bar{v}_2$ を，

$$\bar{w}_1=3.32\times10^3,\quad \bar{w}_2=1.22\times10^3,$$

$$\bar{v}_1=3.10,\quad \bar{v}_2=12.1$$

のように求める．次に，文献 13) のアルゴリズムを適用し，OP を解く．図 14.4 は，精度の逆数 $1/\varepsilon$ と反復回数との関係を表している．ただし，図 14.3 と同様，$N_{o,1}$ は改良前のアルゴリズムを適用したケース，$N_{o,2}$ は改良後のアルゴリズムを適用したケースの計算回数であり，$N_u$ は最悪ケースの計算回数（$N_{o,1}$ と $N_{o,2}$ の上限）を表す．表 14.2 は，これらの線の傾きが与える計算回数の $1/\varepsilon$ に対するオーダを比較したものであ

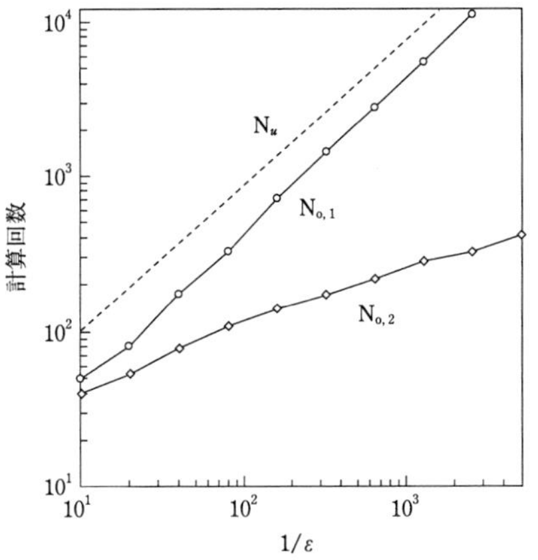


図 14.4 非凸条件が 2 の場合（ケース 2）

表 14.2 $N_u$，$N_{o,1}$ および $N_{o,2}$ の傾き（ケース 2）

| | $N_u$ | $N_{o,1}$ | $N_{o,2}$ |
|---|---|---|---|
| 傾き | 1 | 0.988 | 0.372 |

る．これらの数値から，$N_{o,2}$ が与える計算回数の増加が，最悪ケースのそれと比べて低く抑えられていることがわかる．なお，本数値例題における $1/\varepsilon=320$（$\varepsilon \simeq 0.003$）に対する OP の最適値は，$\gamma^*=0.996$ であった．

### 14.2.3 非凸条件の低減化

文献 13) のアルゴリズムでは，変動ブロックの数 $m$ に対する非凸条件の数は $m-1$ で与えられ，結果として変動が一つ増えるだけで計算量が飛躍的に増加してしまうことがわかる．文献 5) では，非凸条件の低減化可能性について検討している．主要結果は，以下のとおりである．

一般化プラント $G(s)$ を以下のように表す．

$$G=\hat{G}\begin{bmatrix} V^\top & 0 \\ 0 & I \end{bmatrix},\quad V=\begin{bmatrix} v_{11} & \cdots & v_{1h} \\ \vdots & \ddots & \vdots \\ v_{m1} & \cdots & v_{mh} \end{bmatrix}\in\mathbb{R}^{q\times h} \quad (16)$$

$$v_{ij}\in\mathbb{R}^{q_i},\quad q=q_1+\cdots+q_m$$

このとき，$V$ が

$$v_{ij}^\top v_{il}=0,\quad \forall i, \forall j\neq l \quad (17)$$

を満たせば OP は次のような非凸条件が $h-1$ の問題 [P2] に書き直すことができる†．

[**P2**] Minimize $\gamma$ subject to

$$\left\| \begin{bmatrix} l_1 I & & \\ & \ddots & \\ & & l_m I \end{bmatrix}^{-1/2} \boldsymbol{F}_l(\hat{G},K) \begin{bmatrix} r_1 & & & \\ & \ddots & & \\ & & r_{h-1} & \\ & & & \gamma \end{bmatrix}^{-1/2} \right\|_\infty <1 \quad (18)$$

$$\begin{aligned} &\sum_{i=1}^{m}(v_{ij}^\top v_{ij})\, l_i \le g_j \quad (j=1,\cdots,h-1) \\ &\sum_{i=1}^{m}(v_{ih}^\top v_{ih})\, l_i \le \gamma \quad (j=1,\cdots,h-1) \end{aligned} \quad (19)$$

$$g_j r_j \le \gamma^2 \quad (j=1,\cdots,h-1) \quad (20)$$

条件 (18)，(19) は LMI 条件として書き直すことができる．条件 (20) は，$h-1$ 個の非凸条件である．また，$G(s)$ の状態空間実現（$n$ 次）が式 (7) で与えられるとすると，

$$\mathrm{rank}\,([B_1^\top, D_{11}^\top, D_{21}^\top])=h$$

であれば必ず，$G(s)$ は式 (16) のように書ける．このような $V$ が式 (17) を満たせば，OP は非凸条件が $h-1$ の問題 [P2] に帰着される．$h<m$ であれば，結果として非凸条件の数が減ることがわかる．また，$h-1$ のとき，条件 (17) は自動的に満たされ，さらにこの場合に限り，OP は LMI に対する凸問題に帰着される．

先の数値例題と同様に，$P(s)=k/s(\tau s+1)$ で与えられる 2 次の制御対象に対するロバスト安定化問題を考える（図 14.1 参照）．ここで，$\tau$ と $k$ は公称値 $\tau_0$，$k_0$ と変動 $\Delta_\tau$，$\Delta_k$ を用いて以下のように与えられるとする．

$$\tau=\tau_0+\Delta_\tau,\quad |\Delta_\tau|\le\delta_\tau$$
$$k=k_0+\Delta_k,\quad |\Delta_k|\le\delta_k$$

このとき，図 14.1 の一般化プラント $G(s)$ は，次のように表現可能である．

$$G(s)=\hat{G}(s)\begin{bmatrix} v^\top & 0 \\ 0 & 1 \end{bmatrix}$$

$$\hat{G}(s)=\left[\begin{array}{cc|c|c} 0 & 1 & 0 & 0 \\ 0 & -1/\tau_0 & -1/\tau_0 & k_0/\tau_0 \\ \hline 0 & -1/\tau_0 & -1/\tau & k_0/\tau_0 \\ 0 & 0 & 0 & \delta_k \\ \hline 1 & 0 & 0 & 0 \end{array}\right] \quad (21)$$

$$v=\begin{bmatrix} \delta_\tau \\ 1 \end{bmatrix}$$

上記のように，$G(s)$ は，$\hat{G}(s)$ と $v$ を用いて表現できることを考慮に入れると，$h=1$ が満たされるので [P2] は凸問題に帰着され，LMI の最適化問題を 1 回解くだけで大域解を求めることができる．このようなケースは，OP を [P1] に帰着させて解くよりは，はるかに効率的であることがわかる．

† 文献 5) でこのような条件を満たす $G(s)$ の例があげられている．

## 14.3　双対反復アルゴリズム

次に，大域的最適性は保証されないが，効率性や，経験的な意味で収束性の良い，双対反復法とよばれるアルゴリズム[7]について説明する．なお，文献7）では，固定次数コントローラの設計問題に対する双対反復アルゴリズムを提案しているが，本節では，そこでの概念を定数スケールド $H_\infty$ 制御に適用した結果について説明する．

定数スケールド $H_\infty$ 制御に対する双対反復法は，文献9）の結果に基づく以下の補題から得られる．

**［補題］** FPが可であるための必要十分条件は，次式を満たす $X=X^\top>0$，$Y=Y^\top>0$，$F_x\in\mathbb{R}^{m\times n}$，$L_y\in\mathbb{R}^{n\times p}$，$D_K\in\mathbb{R}^{m\times p}$，$\Sigma\in\mathcal{S}$，$\Lambda=\Sigma^{-1}\in\mathcal{S}$ が存在することである．

$$\begin{bmatrix} AX+B_2F_x+XA^\top+F_x^\top>B_2^\top & XC_1^\top+F_x^\top D_{12}^\top & \hat{B}_1\Sigma \\ C_1X+D_{12}F_x & -\gamma\Sigma & \hat{D}_{11}\Sigma \\ \Sigma\hat{B}_1^\top & \Sigma\hat{D}_{11}^\top & -\gamma\Sigma \end{bmatrix}<0 \tag{22}$$

$$\begin{bmatrix} YA+L_yC_2+A^\top Y+C_2^\top L_y^\top & YB_1+L_yD_{21} & \hat{C}_1^\top\Lambda \\ B_1^\top Y+D_{21}^\top L_y^\top & -\gamma\Lambda & \hat{D}_{11}\Lambda \\ \Lambda\hat{C}_1 & \Lambda\hat{D}_{11} & -\gamma\Lambda \end{bmatrix}<0 \tag{23}$$

$$\begin{bmatrix} X & I \\ I & Y \end{bmatrix}\geq 0 \tag{24}$$

ただし，

$$\hat{B}_1:=B_1+B_2D_KD_{21},\quad \hat{C}_1:=C_1+C_{12}D_KC_2,$$
$$\hat{D}_{11}:=D_{11}+D_{12}D_KD_{21}$$

である．

なお，上記補題は，一般のブロック対角のスケーリング行列のクラス $\mathcal{S}$ に対して成り立つことに注意する．

$\Sigma\in\mathcal{S}$ 固定の場合，補題は，文献9）における一般の $H_\infty$ 制御問題に対する必要十分条件を与える．また，$D_K$ は設計するコントローラの直達項であるが，$D_{11}=0$ の場合，一般性を失うことなく $D_K=0$ とすることができる．この場合，$F:=F_xX^{-1}$，$L:=Y^{-1}L_y$ は，それぞれ，コントローラのレギュレータゲイン，オブザーバゲインを与える．

簡単のため，$D_{11}=0$（したがって，一般性を失うことなく $D_K=0$）とする．このとき，$Q:=Y^{-1}$，$L:=Y^{-1}L_y$ として，式（23）の左右から，

$$\begin{bmatrix} Q & 0 & 0 \\ 0 & \Sigma & 0 \\ 0 & 0 & \Sigma \end{bmatrix}$$

を掛けることにより，式（23）の条件は，以下のように書き直すことができる．

$$\begin{bmatrix} (A+LC_2)Q+Q(A+LC_2)^\top & (B_1+LD_{21})\Sigma & QC_1^\top \\ \Sigma(B_1+LD_{21})^\top & -\gamma\Sigma & 0 \\ C_1Q & 0 & -\gamma\Sigma \end{bmatrix}<0 \tag{25}$$

また，$Q=Y^{-1}$ であるので，式（24）は

$$X-Q\geq 0 \tag{26}$$

と等価である．

オブザーバゲイン $L\in\mathbb{R}^{n\times p}$ を固定すれば，式(22)，(25)，(26) は，$X=X^\top>0$，$Q=Q^\top>0$，$F_x\in\mathbb{R}^{m\times n}$，$\Sigma\in\mathcal{S}$ についての LMI であり，$\gamma$ の最小化は凸最適化問題として解くことができる[12]．また，このような $L\in\mathbb{R}^{n\times p}$ を固定した上での $\gamma$ の最小値は，OP における目的関数の上限を与える．

同様にして，式（22）の左右から，

$$\begin{bmatrix} P & 0 & 0 \\ 0 & \Lambda & 0 \\ 0 & 0 & \Lambda \end{bmatrix}$$

ただし，$P:=X^{-1}$，$F:=F_xX^{-1}$ を掛けることにより得られる条件

$$\begin{bmatrix} P(A+B_2F)+(A+B_2F)^\top P & (C_1+D_{12}F)^\top\Lambda & PB_1 \\ \Lambda(C_1+D_{12}F) & -\gamma\Lambda & 0 \\ B_1^\top P & 0 & -\gamma\Lambda \end{bmatrix}<0 \tag{27}$$

は，式（23），および，

$$Y-P\geq 0 \tag{28}$$

と合わせて，FP 可解であるための必要十分条件を与える．固定したレギュレータゲイン $F\in\mathbb{R}^{m\times n}$ に対しては，式(23)，(27)，(28) は，$P=P^\top>0$，$Y=Y^\top>0$，$L_y\in\mathbb{R}^{m\times n}$，$\Lambda\in\mathcal{S}$ についての LMI であり，これらの LMI を制約条件とした $\gamma$ の最小化により，OP の上限が得られる．

以下は，双対反復アルゴリズムとよばれる上記手続きを繰り返しながら $\gamma$ を最小化するアルゴリズムである．

**双対反復アルゴリズム**

$\Sigma=\Lambda=I$ とし，式(22)，(23)，(24) を制約条件として $\gamma$ を最小化する．$\gamma$ の最適値を $\hat{\gamma}$，最適値を与えるオブザーバゲインを $\hat{L}$ とする．$\hat{\gamma}$ の値が収束するまで Step 1，Step 2 を繰り返す．

・Step 1 $L=\hat{L}$ に固定し，式 (22)，(25)，(26) を制約条件として $\gamma$ を最小化する．$\gamma$ の最適値を $\hat{\gamma}$，最適値を与えるレギュレータゲインを $\hat{F}$ とする．

・Step 2 $F=\hat{F}$ に固定し，式 (23)，(27)，(28) を制約条件として $\gamma$ を最小化する．$\gamma$ の最適値を $\hat{\gamma}$，最適値を与えるオブザーバゲインを $\hat{L}$ とする．［山田雄二］

## 参考文献


1) S. P. Boyd, *et al.* (1994)：Linear Matrix Inequalities in System and Control Theory, SIAM.
2) J. C. Doyle (1982)：Analysis of feedback systems with structured uncertainties, *IEEE Proc. Part D*, **129**(6)：242-250.
3) J. C. Doyle, A. Packard, K. Zhou (1991)：Review of LFTs, LMIs, and $\mu$, *Proc. IEEE CDC*, p. 1227-1232.
4) P. Gahinet, P. Apkarian (1994)：A Linear Matrix Inequality Approach to $H_\infty$ Control, *Int. J. Robust and Nonlinear Contr.*, **4**：421-448.
5) S. Hara, T. Iwasaki, M. A. Rotea (1997)：Computational complexity reduction in scaled H infinity synthesis, *Automatica*, **33**(7)：1325-1332.
6) T. Iwasaki, R. E. Skelton (1994)：All Controllers for the General $H_\infty$ Control Problem：LMI Existence Conditions and State Space Formulas, *Automatica*, **30**(8)：1307-1318.
7) T. Iwasaki (1999)：The dual iteration for fixed order control, *IEEE Transactions on Automatic Control*, **44**(4)：783-788.
8) A. Magretski (1993)：Necessary and Sucient Condition of Stability：A Multiloop Generalization of the Circle Criterion, *IEEE Transactions on Automatic Control*, **38**(5)：753-756.
9) M. Sampei, T. Mita, M. Nakamichi (1990)：An algebraic approach to $H_\infty$ output feedback control problem, *Syst. Contr. Lett.*, **14**：13-24.
10) J. S. Shamma (1994)：Robust Stability with Time-Varying Structured Uncertainty, *IEEE Transactions on Automatic Control*, **39**(4)：714-724.
11) L. Vandenberghe, S. P. Boyd (1996)：Semidefinite Programming, *SIAM Review*, **38**(1)：49-95.
12) Y. Yamada, S. Hara (1997)：An LMI Approach to Local Optimization for Constantly Scaled $H_\infty$ Control Problems, *Int. J. Control*, **67**(2)：233-250.
13) Y. Yamada, S. Hara (1998)：Global Optimization for $H_\infty$ Control with Constant Diagonal Scaling, *IEEE Trans. Automat. Contr.*, **AC-43**(2)：191-203.
14) Y. Yamada, S. Hara, H. Fujioka (1997)：$\varepsilon$-Feasibility for $H_\infty$ Control Problem with Constant Diagonal Scaling, *Trans. SICE*, **33**(3)：155-162.

# 15

# $H_2$ 制御

要約

| | |
|---|---|
| 制御の特徴 | システム応答の二乗面積を最小化するように制御系を設計可能である. |
| 長所 | 制御系の応答を直接設計できる. |
| 短所 | 不確かさとの相性は良くない. 評価関数と重みの調整がいる. |
| 制御対象のクラス | 線形モデルで近似できるシステム. |
| 制約条件 | とくにない. |
| 設計条件 | 最適問題の場合正則条件が必要であるが, 準最適問題ならばとくにない. |
| 設計手順 | Step 1　制御仕様に応じて一般化プラント（評価関数）を決定する.<br>Step 2　目標値や外乱などの動特性を把握し, 重み関数を設定する.<br>Step 3　シミュレーションで応答を確認し, 必要があれば重み関数, 評価関数を調整する. |
| 実応用例 | 多数ある. |

## 15.1　$H_2$ 制御の概念

制御系設計のさい, 過渡応答がもっとも重要な仕様である. たとえば, 外乱制御の場合, 図 15.1 に示す外乱応答を抑える効果を測るには, その面積や二乗面積（図 15.2）が適切である. 信号の二乗面積の平方根

$$\|u\|_2=\sqrt{\int_0^\infty u^2(t)\,dt} \tag{1}$$

がその 2 ノルムとよばれる. それを最小化するように制御系を設計する方法は $H_2$ 制御である.

また, ベクトル信号 $u(t)=[u_1(t)\cdots u_n(t)]^T$ の場合, その 2 ノルムは以下のようになる.

$$\|u\|_2=\sqrt{\int_0^\infty \sum_{i=1}^n u_i^2(t)\,dt} \tag{2}$$

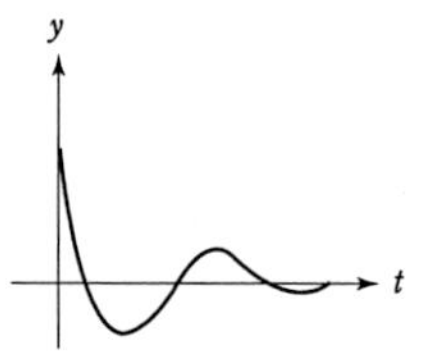


図 15.1　外乱応答の例

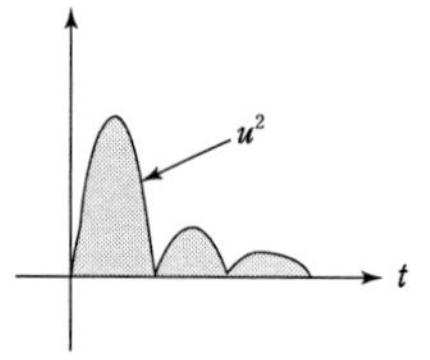


図 15.2　信号の 2 ノルム

## 15.2　$H_2$ 制御の設計法

### 15.2.1　伝達関数の $H_2$ ノルム

安定伝達行列は次のように与えられるとする.

$$G(s)=C(sI-A)^{-1}B+D=\left[\begin{array}{c|c} A & B \\ \hline C & D \end{array}\right] \tag{3}$$

その $H_2$ ノルムは

$$\|G\|_2=\sqrt{\frac{1}{2\pi}\int_0^\infty \mathrm{Tr}[G^*(j\omega)G(j\omega)]d\omega} \tag{4}$$

で定義される. ただし, $\mathrm{Tr}[X]$ は正方行列 $X$ のトレースといい, 対角要素の和を表す. $G$ の逆ラプラス変換を $g(t)$ とおく. Parseval の定理を使えば, $H_2$ ノルムは次のように計算できる.

$$\|G\|_2=\|g\|_2=\sqrt{\int_0^\infty \mathrm{Tr}[g^T(t)g(t)]dt} \tag{5}$$

### 15.2.2　$H_2$ ノルムと入出力の関係

スカラ系の場合, インパルス入力に対する出力応答は $y(t)=g(t)$ であり, 式 (5) より伝達関数の $H_2$ ノルムはそのインパルス応答の 2 ノルムに等しい. 多入出力系の場合にも同じような関係がある. $m$ 入力の伝達行列を考え, $\{u_i\}$ を正規直交ベクトルの組とする.

このとき，

$$\|G\|_2^2=\sum_{i=1}^{m}\|y_i\|_2^2$$

の関係が成り立つ．ただし，$y_i(t)=g(t)u_i$ はインパルス入力 $w_i(t)=u_i\delta(t)$ に対する出力応答を表す．つまり，伝達行列の $H_2$ ノルムの2乗はその正規直交のインパルス入力組に対する出力応答の二乗面積の総和に等しい．

### 15.2.3　重み関数と外乱・雑音の動特性

通常，外乱はインパルス信号ではなく，また雑音も白色ではない．これらは一定の動特性，すなわち，周波数特性をもつ．いま，外乱 $d$ の周波数特性を $W(s)$ とする．図15.3からわかるように，$y(t)$ は重みつき伝達関数 $GW$ のインパルス応答となる．この外乱に対する出力応答を抑えるには，

$$\|y\|_2=\|GW\|_2 \tag{6}$$

を最小にすればよい．上述の問題は重み付き問題といい，$W(s)$ は重み関数とよばれる．そして，外乱の周波数特性が正確にわからなくても，その上界さえ見積もれれば，上界を重み関数として使ってもよい．実際，任意の周波数 $\omega$ において周波数特性の振幅が $|W(j\omega)|$ 以下の外乱 $\hat{d}(s)=\mathcal{L}[d(t)]$（図15.4）について，$\|G\hat{d}\|_2\le\|GW\|_2$ が成り立つので，$\|GW\|_2$ を最小にすれば，外乱応答も抑えられることになる．

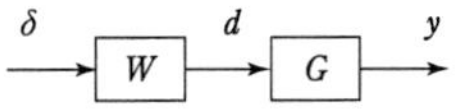


**図15.3**　周波数特性 $W(s)$ をもつ外乱の応答

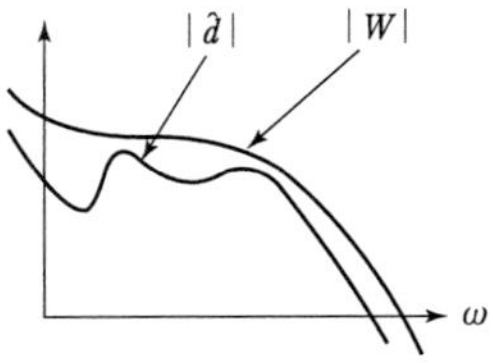


**図15.4**　重み関数と外乱の周波数特性

実制御問題を取り扱うとき，外乱は必ず何らかの動特性をもっている．この外乱特性を考えてフィードバック制御系を設計すると，外乱の特徴を考えない場合よりもよい制御性能が得られる．したがって，重みつき問題は実問題によく対応しており，現実的な設計では必ず外乱モデルを重み関数として用いるべきである．

### 15.2.4　$H_2$ 制御問題と条件

まず，次の例をみてみよう．

［例］　2自由度系の目的は目標値追従特性を改善することなので，設計にさいし過渡応答を適切に評価できる2ノルムがよく適している．また，制御入力を制限するために，制御入力も評価出力としたい．ただし，目標値追従の場合，目標値がステップ信号のような持続信号なので，このような出力をつくり出すために一般に制御入力は定常状態において持続信号となる．つまり，2ノルムをもたない．しかし，制御入力の定常値は必要なものであり，制限できるものではない．むしろその過渡値を制限すべきである．制御入力の定常値を除くには，目標値モデルの逆システム $W_r^{-1}$ でフィルタリングすればよい．これは等価的に図15.5になる．この図は $W_r$ を追従誤差端に移したものであり，$W_u$ は制御入力の過渡値を評価する重みで安定である．この場合，外部入力 $w$ はインパルス信号に変換されている．このシステムの入出力関係は

$$\begin{bmatrix} z_1 \\ z_2 \\ w \\ y \end{bmatrix}=\begin{bmatrix} W_1 & -W_rP \\ 0 & W_u \\ I & 0 \\ 0 & P \end{bmatrix}\begin{bmatrix} w \\ u \end{bmatrix}=G\begin{bmatrix} w \\ u \end{bmatrix}$$

$$u=K\begin{bmatrix} w \\ y \end{bmatrix}$$

で与えられる．上記の目的を達成するためには $w$ から $z=[z_1^T,\ z_2^T]$ までの閉ループ伝達関数の $H_2$ ノルムを最小にすればよい．このような問題は $H_2$ 制御問題とよばれる．

図15.5の閉ループ系は図15.6のように簡単に書ける．そのうち，$G$ は一般化プラント，$z$ は評価出力，$y$ は測定出力，$w$ は外乱，$u$ は制御入力とよばれる．外乱から評価出力までの閉ループ伝達行列 $H_{zw}$ は設計時の評価関数にあたる．

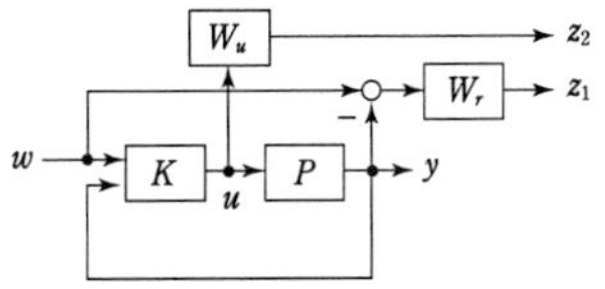


**図15.5**　2自由度系の $H_2$ 制御問題

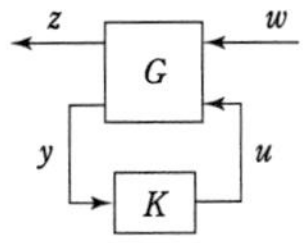


**図15.6**　一般化フィードバック系

一般化プラント $G$ の実現を

$$G(s)=\left[\begin{array}{c|cc} A & B_1 & B_2 \\ \hline C_1 & 0 & D_{12} \\ C_2 & D_{21} & 0 \end{array}\right] \tag{7}$$

とする．さらに，以下の仮定をおく．

(A1)　$(A, B_2)$ は可安定，$(C_2, A)$ は可検出である．

(A2)　$D_{12}$ は列フルランクをもち，$D_{12}^TD_{12}=I$；$D_{21}$ は行フルランクをもち，$D_{21}D_{21}^T=I$．

(A3) $\begin{bmatrix} A-j\omega I & B_2 \\ C_1 & D_{12} \end{bmatrix}$ はすべての $\omega$ に対して列フルランクである．

(A4) $\begin{bmatrix} A-j\omega I & B_1 \\ C_2 & D_{21} \end{bmatrix}$ はすべての $\omega$ に対して行フルランクである．

仮定（A1）は出力フィードバックによる $G$ の安定化のためのもので，仮定（A2），（A3）と（A4）はいわゆる正則条件である．なお，仮定（A2）においては，本質的な仮定はフルランク性にある．$D_{21}D_{21}^T=I$ などは解を簡潔にするためのもので，成立しないときの対応策はMATLABに実装されている．これらの条件を満たす問題は正則問題とよばれ，その解法はきわめて簡単である．これに対して，条件（A2）～（A4）を満たさない問題は特異問題といわれる．

**正則問題の解**

まず，リッカチ方程式とよばれる行列型の方程式

$$A^TX+XA+XRX+Q=0 \tag{8}$$

を使うので，これについて先に説明する．式 (8) において，$A$，$Q$，$R$ は $n\times n$ の実行列，$Q$ と $R$ は対称行列である．リッカチ方程式の解は，ハミルトン行列とよばれる $2n\times 2n$ の行列

$$H=\begin{bmatrix} A & R \\ -Q & -A^T \end{bmatrix} \tag{9}$$

の固有値問題を解くことで計算される．このため，ハミルトン行列に対応するリッカチ方程式の解を $X=\mathrm{Ric}(H)$ で表す．

正則条件（A1）～（A4）が成り立つとき，次の二つのハミルトン行列

$$H=\begin{bmatrix} A & 0 \\ -C_1^TC_1 & -A^T \end{bmatrix}-\begin{bmatrix} B_2 \\ -C_1^TD_{12} \end{bmatrix}[D_{12}^TC_1 \ B_2^T] \tag{10}$$

$$J=\begin{bmatrix} A^T & 0 \\ -B_1B_1^T & -A \end{bmatrix}-\begin{bmatrix} C_2^T \\ -B_1D_{21}^T \end{bmatrix}[D_{21}B_1^T \ C_2] \tag{11}$$

に対応するリッカチ方程式が半正定解をもつ．そこで，$X=\mathrm{Ric}(H)\geq 0$，$Y=\mathrm{Ric}(J)\geq 0$ とおく．

$H_2$ 制御問題の解は次の定理で与えられる．

**［定理1］**（A1）～（A4）を仮定する．このとき，$H_2$ 最適制御器が次式で与えられ，一意である．

$$K_{\mathrm{opt}}(s)=\left[\begin{array}{c|c} A+B_2F_2+L_2C_2 & -L_2 \\ \hline F_2 & 0 \end{array}\right] \tag{12}$$

さらに，閉ループ伝達行列の $H_2$ ノルムの最小値は

$$\min\|H_{zw}\|_2^2=\mathrm{Tr}(B_1^TXB_1)+\mathrm{Tr}(F_2YF_2^T) \tag{13}$$

である．ただし，

$$F_2=-(B_2^TX+D_{12}^TC_1)$$
$$L_2=-(YC_2^T+B_1D_{21}^T),$$
$$A_{F_2}=A+B_2F_2,\quad C_{F_2}=C_1+D_{12}F_2,$$
$$A_{L_2}=A+L_2C_2,\quad B_{L_2}=B_1+L_2D_{21}$$

である．

**特異問題の解**

正則条件が成り立たないとき，最適問題はきわめて難しいので，準最適問題 $\|H_{zw}\|_2<\gamma$（$\gamma>0$ は任意に設定された値）について述べる．この問題に対する解は次の定理により与えられる．ただし，記号 $\mathrm{He}(M)$ は対称行列 $M+M^T$ を表す．

**［定理2］**（A1）だけを仮定する．このとき，以下が成立する．

① 準最適 $H_2$ 制御問題が可解となるための必要十分条件は，以下の式 (14)～(16) を満たす行列 $X=X^T$，$Y=Y^T$，$\mathbb{A}$，$\mathbb{B}$，$\mathbb{C}$，$W=W^T$ が存在することである．

$$\mathrm{He}\begin{bmatrix} AX+B_2\mathbb{C} & \mathbb{A} & 0 \\ \mathbb{A} & YA+\mathbb{B}C_2 & 0 \\ C_1X+D_{12}\mathbb{C} & C_1 & -\frac{1}{2}I \end{bmatrix}<0 \tag{14}$$

$$\begin{bmatrix} W & B_1^T & B_1^TY \\ B_1 & X & I \\ YB_1 & I & Y \end{bmatrix}>0 \tag{15}$$

$$\mathrm{Tr}[W]<\gamma^2 \tag{16}$$

② 式 (14)～(16) が成立するとき，準最適 $H_2$ 制御器の1つは $K(s)=C_K(sI-A_K)^{-1}B_K$ で与えられる．ただし，

$$C_K=\mathbb{C}(M^{-1})^T,\quad B_K=N^{-1}\mathbb{B}$$
$$A_K=N^{-1}(\mathbb{A}-NB_KC_2X-YB_2C_KM^T-YAX)(M^{-1})^T \tag{17}$$

であり，$M$，$N$ は $MN^T=I-XY$ を満たす正則行列である．

## 15.3　$H_2$ 制御の設計例

ハードディスクのヘッド位置決め制御において，モータトルクからヘッド位置までの剛体モデルは2個の積分器

$$P(s)=\frac{K_p}{s^2} \tag{18}$$

となっている．動作時，ヘッドはディスクが高速回転するときに生じる風外乱を受ける．この風外乱を抑え，ヘッドを指定のトラックに迅速かつ正確に止める制御系を設計したい．制御の主目標は風外乱の影響を抑えることであるが，同時にモータトルクが過大にな

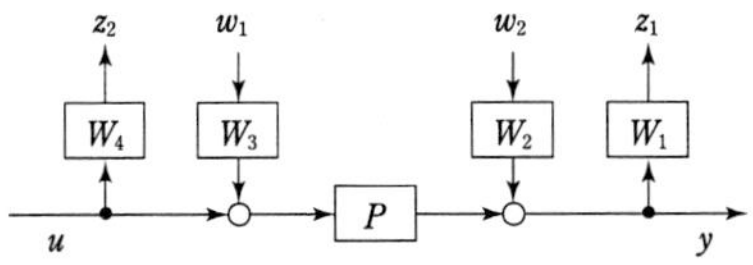


図 15.7 ハードディスクの一般化プラント

らないようにする必要もある．このために選んだ一般化プラント（評価関数）は図 15.7 に示される．

図 15.7 において，$w_1$ は外乱モデルのインパルス入力であり，$z_1$ は出力応答，$z_3$ は制御入力を評価するための信号である．$W_1$ は外乱の動特性を表す．$W_3$ はチューニングのためのパラメータであり，主に速応性を調整するために使われる．$W_4$ は制御入力の大きさを調整する重みである．そして，$w_2$ は正則条件 (A2) を満足するために導入した補助的な外乱であり，その重み $W_2$ は微小な正数である．設計では，$K_p=3.87\times10^7$ と置いた．

風外乱は振幅がほぼ一定なので，ステップ信号として捉えられる．よって，そのモデル $W_1$ は積分特性をもつ．また，ステップ状の風外乱が印加されたとき，数 ms でヘッド位置のずれを収束させたい．すると，制御帯域は $1/10^{-3}\mathrm{s}^{-1}=10^3\mathrm{Hz}$ 以上に広げる必要がある．そのため，入力重み $W_4$ は制御帯域内でゲインを低く抑え，それ以上の帯域でゲインを高めるように設定する．試行錯誤の末，重みを以下のように決めた．

$$W_1(s)=\frac{62}{s+1.0\times10^{-4}}$$

$$W_2=0.001$$

$$W_3=0.1$$

$$W_4(s)=\frac{s+2.5\times10^4}{s+5.0\times10^5}$$

外乱重み $W_1(s)$ と入力重み $W_4(s)$ は図 15.8 に，設計された $H_\infty$ 制御器は図 15.9 に示す．また，単位ステップの入力外乱に対する出力応答および制御入力応答は図 15.10 に示す．［劉　康志］

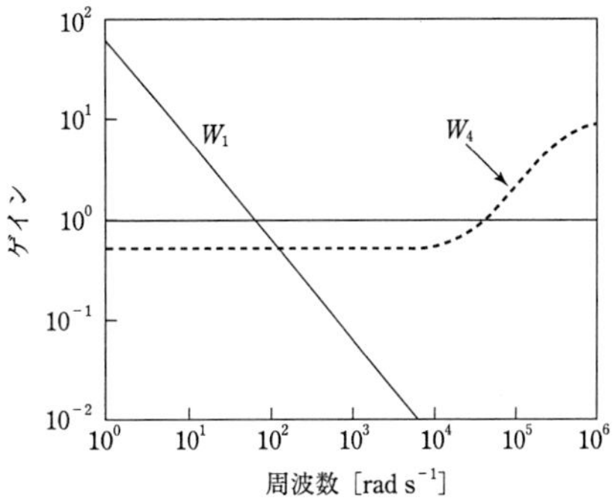


図 15.8 重み関数

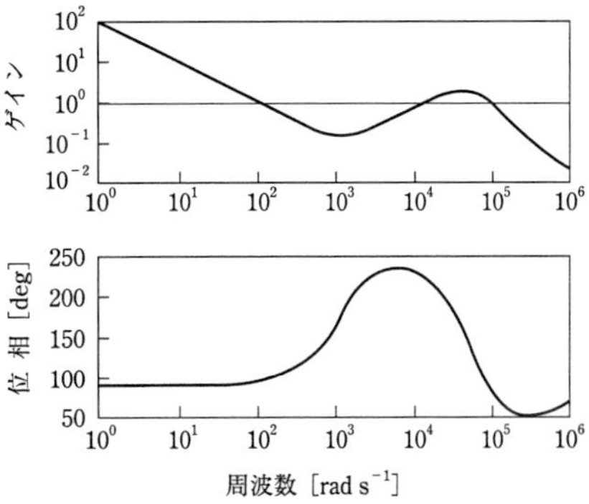


図 15.9 $H_\infty$ 制御器図

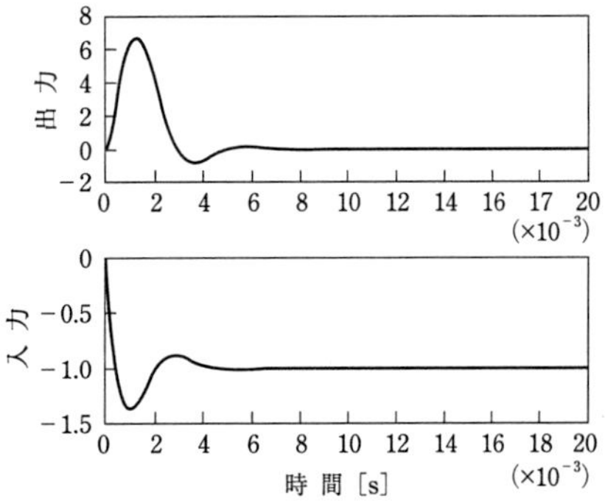


図 15.10 単位ステップの入力外乱に対する応答

# 16

# $L_1$ 制御

| 要約 | | |
|---|---|---|
| | 制御の特徴 | $L_1$ 制御は，信号の大きさを最大振幅で表したときに，被制御量と外成信号の大きさの比（これをシステムゲインという）をなるべく小さくするように補償器を設計する方法である．これは $H_\infty$ 制御が，信号の大きさを 2 乗積分値の平方根ではかったときのシステムゲインである $H_\infty$ ノルムを用いていることに対比することができる．システムゲインを用いることによって，外乱除去性能とロバスト安定性がバランスしたフィードバック系を組むことができる． |
| | 長所 | 時間領域の制約条件を直接的に扱うことが可能である． |
| | 短所 | 補償器の次数が過大になる．周波数領域の設計仕様を取り込みにくい．商用化された計算ソフトはない． |
| | 制御対象のクラス | 線形離散時間系．連続時間系は，設計の計算がより複雑になり，補償器次数が過大になることが多い． |
| | 設計手順 | Step 1　閉ループ系のあるインパルス応答の $L_1$ ノルム最小化問題として制御仕様を与える．<br>Step 2　線形計画問題を用いて上界，下界を求める．<br>Step 3　上界，下界が十分近ければ設計を終わる． |
| | 実応用例 | アカデミックなレベルでの設計例にとどまる． |

## 16.1　$L_1$ 制御の概念

### 16.1.1　信号の大きさ

連続時間信号に対する $L_\infty$ ノルムや離散時間信号に対する $l_\infty$ ノルムは，信号の最大振幅をその大きさとするノルムである．つまり，時間 $t \geq 0$ で定義された連続時間信号または離散時間信号 $u(t)$ に対して，それぞれ

$$\|u\|_\infty = \text{ess sup}\{|u(t)|:0 \leq t\} \tag{1}$$

$$\|u\|_\infty = \sup\{|u(t)|:t=0,1,2,\ldots\} \tag{2}$$

と定める（図 16.1）．ただし ess sup は測度 0 を除いた上限を示すが，連続関数であれば sup と同じ意味である．式 (1) の値が有限になる連続時間信号のクラスを $L_\infty$ 空間という．また式 (2) の値が有限になる離散時間信号のクラスを $l_\infty$ 空間という．

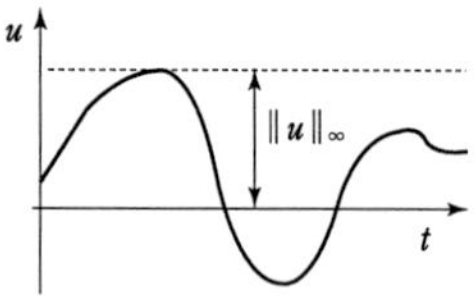


図 16.1　$L_\infty$ ノルム

信号がベクトル値をとるときには，式 (1)，(2) において $|u(t)|$ をベクトル成分の最大絶対値に置き換える．つまりベクトル値信号の成分，時間の双方にわたって絶対値が最大になるときの値を $L_\infty$ ノルムまたは $l_\infty$ ノルムとする．ただし，行列不等式を用いる場合など，目的に応じては，$|u(t)|$ をユークリッドノルムに置き換えるときもある．

### 16.1.2　線形システムの入出力関係

図 16.2 で記述される線形システムの入出力関係は，たたみ込みで表せることに注意したい．連続時間システムの場合には，分母次数が分子次数を上回る真にプロパな有理伝達関数 $G(s)$ をもつとする．このとき，$G(s)$ の逆ラプラス変換を $g(t)$ とすれば，入出力関係は

$$y(t) = \int_0^t g(t-\tau)u(\tau)\,d\tau \tag{3}$$

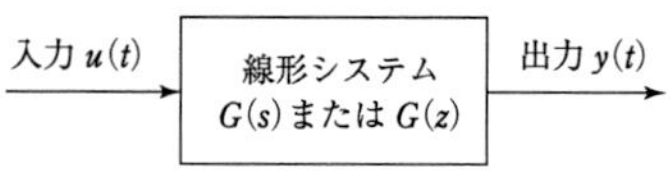


図 16.2　線形システム

とたたみ込み積である．

離散時間システムの場合には，分母次数が分子次数を下回らないプロパな有理伝達関数 $G(z)$ をもつとする．このとき，$G(z)$ の逆 $z$ 変換を $g(t)$ とすれば，入出力関係は

$$y(t)=\sum_{\tau}^{t}g(t-\tau)u(\tau) \tag{4}$$

とたたみ込み和になる．

### 16.1.3 線形システムの誘導ノルム

図 16.2 で記述される連続線形システムの入力 $u$ が $L_\infty$ 空間の元であるとき，出力 $y$ も $L_\infty$ に属し，かつ

$$\sup\left\{\frac{\|y\|_\infty}{\|u\|_\infty}:u\neq 0,\ u\in L_\infty\right\} \tag{5}$$

が有限となる場合に，入出力安定（bounded-input bounded-output stable）であるという．離散時間システムの場合も $l_\infty$ 空間を用いて同様に定める．有理伝達関数をもつシステムの場合，入出力安定であるためには，連続時間システムについては，すべての極の実部が負，離散時間システムについては，すべての極の絶対値が 1 未満，であることが必要十分である．

安定な伝達関数をもつシステムに対して，式 (5) の値を求めると，それはインパルス応答の絶対積分（または絶対総和）になっている．正確にいうと

$$\|G\|_A=\begin{cases}\displaystyle\int_0^\infty|g(t)|dt, & \text{式 (3) の場合}\\ \displaystyle\sum_0^\infty|g(t)|, & \text{式 (4) の場合}\end{cases} \tag{6}$$

と定めると，$\|G\|_A$ は式 (5) の値に等しい．つまり，インパルス応答の絶対値積分（これを $L_1$ ノルムという）やインパルス応答の絶対値総和（これを $l_1$ ノルムという）は，信号の大きさを最大振幅ではかるとき，システムゲインに相当することになる．

入出力信号がベクトル値をとるときには，システムゲインを表す式 (6) は次のように修正される．入力ベクトルは $n_u$ 個の成分，出力ベクトルは $n_y$ 個の成分をもつとする．このとき，$g(t)$ は $n_y\times n_u$ の行列値をとっている．各成分を $g_{ij}(t)$ と書くことにする．このとき，離散時間システムに対するシステムゲインは

$$\|G\|_A=\max_{1\le i\le n_y}\sum_{j=1}^{n_u}\sum_{t=0}^{\infty}|g_{ij}(t)| \tag{7}$$

である．連続時間システムの場合にも，同様な修正をすればよい．

### 16.1.4 小ゲイン定理

安定な伝達関数 $M(z)$ と，システムノルムが 1 未満となる摂動 $\Delta$ とのフィードバック系を（図 16.3）と考える．ここで，$\Delta$ は線形因果的ではあるが，時変であることを許すものとする．つまり，その入出力関係は $y=\Delta u$ とするとき，

$$y(t)=\sum_{\tau=0}^{t}\Delta(t,\tau)u(\tau)$$

で与えられ，そのシステムノルムは

$$\|\Delta\|=\sup\left\{\sum_{\tau=0}^{t}|\Delta(t,\tau)|:t=0,1,2,\ldots\right\}$$

で与えられる．図 16.3 のフィードバック系が安定であるためには，$\|M\|_A\le 1$ であることが必要十分である．これを小ゲイン定理（small gain theorem）という．

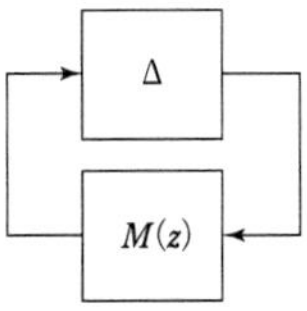


図 16.3 小ゲイン定理

制御対象 $P(z)$ が図 16.4 に示すように加法的変動を受けるものとする．このとき，補償器 $C(z)$ によってフィードバックを行うとすれば，補償器 $C(z)$ は $P_0(z)$ を安定化するとともに，$M(z)=W(z)C(z)(1+P_0(z)C(z))^{-1}$ のシステムゲインが $\|M\|_A\le 1$ を満たすようにすれば，ロバスト安定化が達成できる．

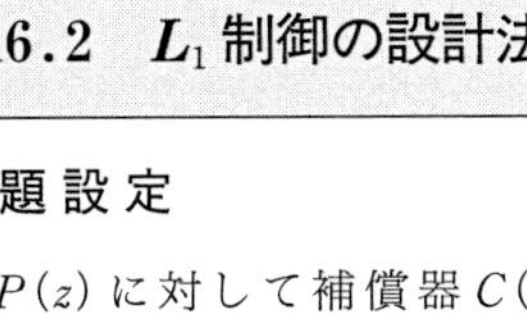

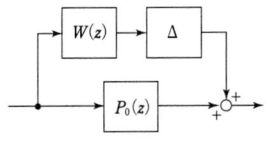


図 16.4 加法的変動

## 16.2 $L_1$ 制御の設計法

### 16.2.1 問題設定

制御対象 $P(z)$ に対して補償器 $C(z)$ を用いてフィードバック制御をする．このとき感度関数を $S(z)=(I+P(z)C(z))^{-1}$ として，最適化問題

$$\mu=\inf_{C(z)\ \text{は安定化補償器}}\left\|\begin{bmatrix}W_1CS\\W_2S\end{bmatrix}\right\|_A \tag{8}$$

を考える．これを $l_1$ 制御問題という．$W_1CS$ のシステ

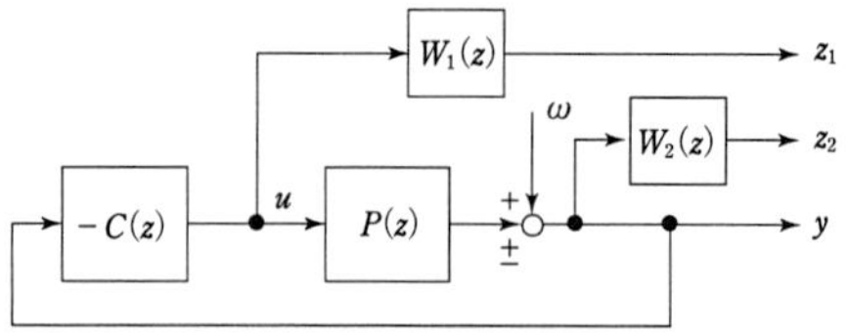


図 16.5　制御問題

ムゲインを小さくする理由は，$W_1(z)$ で重みづけられた制御入力 $u$ の大きさを小さくすることであり，また 16.1.4 項の記述からもわかるようにロバスト安定性を持たせるためである．$W_2S$ のシステムゲインを小さくする理由は，外成信号 $w$ が外乱として働くときに，$W_2(z)$ で重みづけられた出力 $y$ の大きさを小さくすることであり，外乱除去性能を高めるためである．

### 16.2.2　補間条件と線形計画問題

解法の説明のために，まず制御入力を評価せずに外乱除去のみを考える場合について例示する．

$$P(z) = \frac{(z-2)(z-3)}{z^2}$$

$$W_1(z)=0,\quad W_2(z) = \frac{z}{z-p}$$

として問題 (8) を考える．$1>p>0$ は十分 1 に近いとする．つまり出力の近似積分値の最大振幅ができるだけ小さくなる外乱除去性能をもった補償器を設計する．

このとき感度関数 $S(z)$ は，$P(z)$ の零点である $z=2$，$z=3$ で $S(2)=S(3)=1$ を満たす．すると $\Phi(z)=W_2(z)S(z)$ とおいて問題 (8) を

$$\inf\|\Phi\| \text{ subject to } \Phi(2) = W_2(2) = \sum_{k=0}^{\infty} 2^{-k}p^k$$

$$\Phi(3) = W_2(3) = \sum_{k=0}^{\infty} 3^{-k}p^k \quad (9)$$

と書き換えることができる．この拘束条件を補間条件という．問題 (9) に対して双対問題

$$\max \sum_{k=0}^{\infty} (x_1 2^{-k} + x_2 3^{-k}) p^k \text{ subject to}$$

$$|x_1 2^{-k} + x_2 3^{-k}| \leq 1,\quad k=0,1,2,\cdots \quad (10)$$

を考える．問題 (10) の拘束条件は冗長であり，実際には $k\geq 3$ については，不要な拘束になっている．つまり問題 (10) は線形計画問題

$$\max \frac{2x_1}{2-p} + \frac{3x_2}{3-p} \text{ subject to}$$

$$-1 \leq x_1 + x_2 \leq 1,\quad -1 \leq \frac{x_1}{2} + \frac{x_2}{3} \leq 1,$$

$$-1 \leq \frac{x_1}{4} + \frac{x_2}{9} \leq 1 \quad (11)$$

である．最適解は $x_1^*=4$，$x_2^*=-3$ と求まる．このとき問題 (10) の拘束条件のうち $k=0$，1 に関する不等式が有効になっている．すると問題 (9) の最適解 $\Phi^*$ の逆 $z$ 変換 $\phi^*(k)$ は $\phi^*(k)=0$，$k\geq 2$ を満たす．拘束条件を満たす解は

$$\phi^*(0) = \frac{6-5p}{(2-p)(3-p)},\quad \phi^*(1) = \frac{6p}{(2-p)(3-p)}$$

となり，これが問題 (9) の最適解である．これより $\Phi^*(z)$ を求めて最適補償器 $C^*(z)$ を逆算すると

$$C^*(z) = \frac{p^2z^2}{(z-p)\{(6-5p)z+6p\}}$$

を得る．

### 16.2.3　D A　法

問題 (8) を解くためには，補間条件を求めて線形計画問題に記述することになる．そのために仮想的に観測を拡大し，$N$ ステップ遅れで $z_1$（または $z_2$）を制御入力を生成するために利用してよいと考える（図 16.6）．このとき補間条件は有限個になる．観測を拡大した問題の最適 $l_1$ ノルム値 $\mu_N$ は，実際には利用できない信号を観測してフィードバックしているので最適値 $\mu$ の下界を与える．一方，得られた補償器 $\bar{C}_N(z)$ から拡大された信号を用いない補償器 $C_N(z)$ を得ると，これは最適値の上界 $\nu_N$ を与える．$\bar{C}_N(z)$ から $C_N(z)$ を得るには，系を安定化する補償器のパラメータ化という考え方を用いる．$\mu_N$ は単調非減少列であるが，$\nu_N$ は単調非増加とは限らない．十分大きな $N$ に対して，$\nu_N-\mu_N$ が所望の範囲に入れば，そのときの $C_N(z)$ を補償器として用いる．アルゴリズムの詳細は文献 1) を参照されたい．

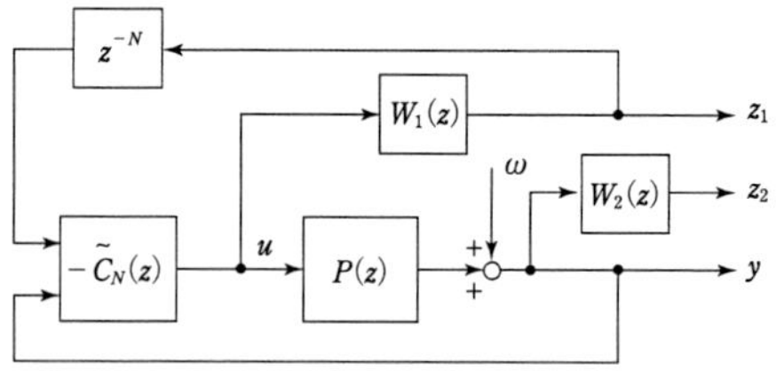


図 16.6　DA 法

## 16.3　$L_1$ 制御の設計例

図 16.7 に示す倒立振子の倒立位置での線形制御を $l_1$ 制御問題 (8) を用いて解いてみる．倒立位置で線形近似すると，支点 O に加えるトルクから振り子の角度 $\theta$ までの伝達関数は

$$G_c(s) = \frac{1}{ML^2s^2 - MLg}$$

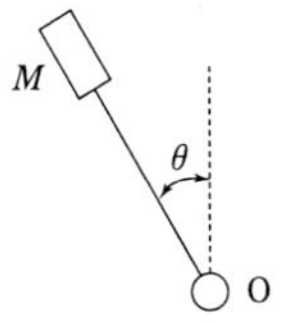


図 16.7 倒立振り子

である．ただし，$g$ は重力加速度である．また振子の質量 $M$ は支点から $L$ の距離にある点に集中しているものとする．以下，$g=10$，$M=1$，$L=0.25$ とし，サンプル周期 0.02 で 0 次ホールドを用いて離散時間システム $G(z)$ を得るものとする．重み関数を連続時間では

$$W_{c,1}(s)=0.2,\quad W_{c,2}(s)=\frac{s+100}{s+0.01}$$

と設定し，同じくサンプル周期 0.02 で 0 次ホールドを用いて離散化する．

$z_1$ に対して遅れを入れて観測を拡大して，DA 法を適用する．線形計画問題を解いて，上界と下界を求める．結果を表 16.1 に示す．下界 $\mu_N$ は単調増加，上界 $\nu_N$ は $N=22$ において，下界との差が 1% 未満になっており，ここで計算を終了した．

表 16.1 DA 法適用例

| $N$ | $\mu_N$ | $\nu_N$ |
|---|---|---|
| 5 | 14.1313 | 738.3766 |
| 6 | 14.6138 | 492.2626 |
| 10 | 16.2975 | 173.9563 |
| 14 | 18.5165 | 71.2973 |
| 18 | 18.7621 | 44.2663 |
| 22 | 19.1296 | 19.2383 |

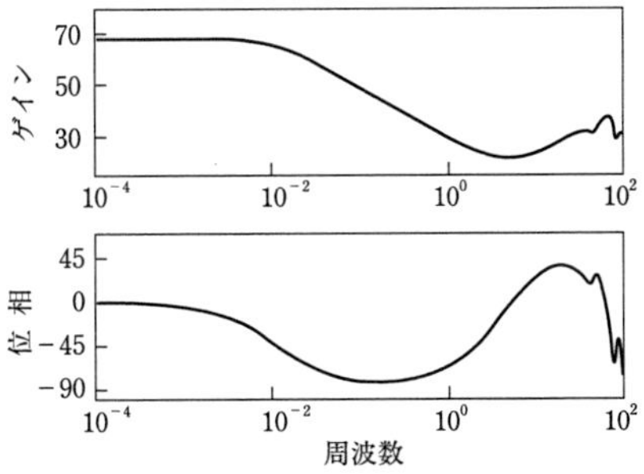


図 16.8 $l_1$ 補償器ボード線図

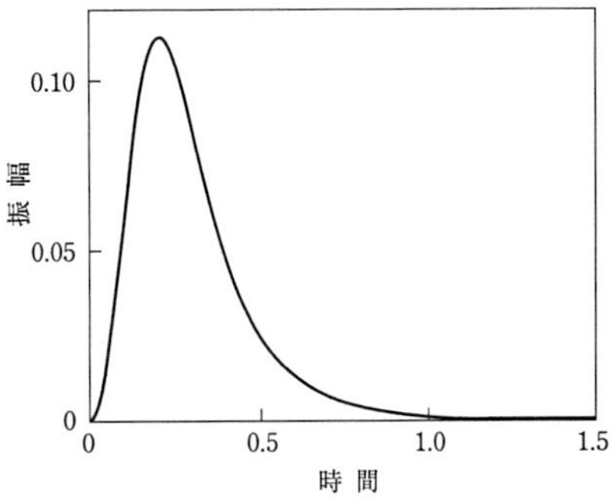


図 16.9 入力端外乱の除去

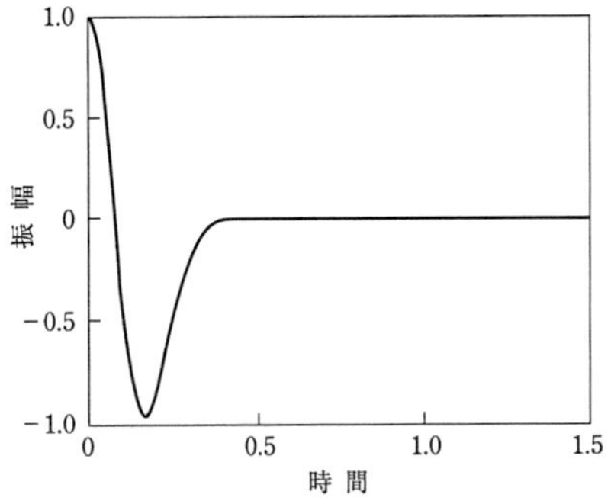


図 16.10 出力端外乱の除去

得られた補償器のボード線図を図 16.8 に示す．また，この補償器を用いたときに，入力端または出力端に単位階段関数の外乱が加わったときの応答 $y$ を図 16.9，16.10 にそれぞれ示す．$W_2(z)$ として近似積分を考えているので，単位階段状の外乱を除去する能力が高いことがわかる．［太田快人］

## 参考文献

$L_1$ 制御全般については，文献 1) に詳しい説明がある．DA 法に関しても記述がある．他の解法としては，上界下界を求める FMV/FME 法は文献 2) がある．ロバスト安定性との関連である小ゲイン定理は文献 3) による．

1) M. A. Dahleh, I. J. Diaz-Bobillo (1995) : Control of Uncertain Systems, Prentice-Hall.
2) O. J. Staffans (1993) : The four-block model matching problem in $l^1$ and infinite-dimensional linear programming, *SIAM Journal Control and Optimization*, **31**(3) : 747-779.
3) M. A. Dahleh, Y. Ohta (1988) : A necessary and sufficient condition for robust BIBO stability, *Systems & Control Letters*, **11** : 271-275.

# 17

# μ 設 計

| 要約 | | |
|---|---|---|
| | 制御の特徴 | ロバスト性能設計，複数不確かさが存在する場合のロバスト安定化ができる． |
| | 長　所 | 制御系の性能を最大限に引き出せる． |
| | 短　所 | D-K 反復法で設計した制御器の次数が高い． |
| | 制御対象のクラス | 線形モデルで近似できるシステム． |
| | 制約条件 | とくにない． |
| | 設計条件 | とくにない． |
| | 設計手順 | Step 1　制御仕様に応じて一般化プラント（評価関数）を決定する．<br>Step 2　目標値や外乱などの動特性を把握し，重み関数を設定する．<br>Step 3　シミュレーションで応答を確認し，必要があれば重み関数，評価関数を調整する． |
| | 実応用例 | 多数ある． |

## 17.1　μ 設計の概念

複数個の不確かさが存在する場合のロバスト安定問題やロバスト性能問題を扱うには，新しい概念が必要となる．ここで鍵となるのは，複数個の変動が必ず一つのブロック対角行列にまとめられることである．このようなロバスト制御問題に対するロバスト安定条件は構造化特異値，すなわち $\mu$ とよばれるものによって与えられる．さらに重要なことに，$\mu$ を用いることによってある種のロバスト性能に関する必要十分条件を導出できる．よって，$\mu$ 設計法を利用することにより制御器の潜在力を最大限に引き出すことが可能となり，実用上きわめて重大な意味をもつ．

### 17.1.1　ロバスト性能問題

ロバスト制御で一番重要なのは，プラント集合に対してあるレベル以上の性能を保証することである．これはロバスト性能問題として知られている．そのために，どのような条件が必要か，そして，いかにして制御系を設計するかを理解するために，次の例をみてみよう．

［例］周波数特性が $W_S(s)$ である目標値に追従する問題を考える（図 17.1）．プラントは 1 入出力系で，加法的変動 $\tilde{P}=P+\varDelta W$，$\|\varDelta\|_\infty<1$ をもつ．制御目標は追従誤差を小さく抑えること，すなわち

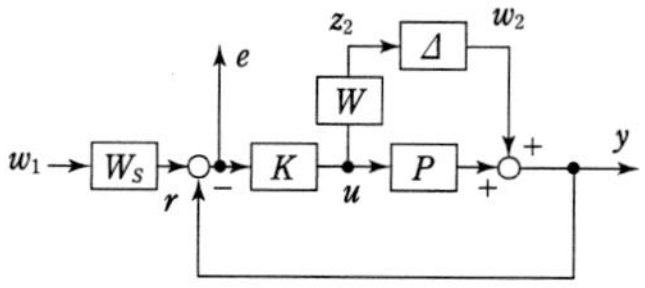


図 17.1　ロバスト追従問題

$$\left\| W_S \frac{1}{1+(P+\varDelta W)K} \right\|_\infty \leq 1 \tag{1}$$

を実現することである．まず，小ゲイン定理によりロバスト安定性を保証するため，$\|WKS\|_\infty\leq 1$ が成り立たなければならない．次に，

$$W_S \frac{1}{1+(P+\varDelta W)K} = W_S S \frac{1}{1+\varDelta WKS} \tag{2}$$

に注目する．$\varDelta(\|\varDelta\|_\infty<1)$ が任意の複素数をとれるので，$\|WKS\|_\infty<1$，すなわちロバスト安定であっても，ある周波数において $|1+\varDelta WKS|\ll 1$ とするものがある．式 (2) からわかるように，この変動 $\varDelta$ に関して，追従性は極端に悪化する．したがって，公称性能 ($\|W_S S\|_\infty$) とロバスト安定性がよくても，必ずしもロバスト性能を保証できない．

### 17.1.2 $\mu$ の定義と意味

17.1.1項の例の場合，問題をどう解決するか．アイデアは $H_\infty$ ノルムで規定した性能条件 (1) が，伝達関数 $W_S/[1+(P+\Delta W)K]$ の入力 $w_1$ と出力 $e$ の間に接続した仮想的な不確かさ $\Delta_S(\|\Delta_S\|_\infty<1)$ に対するロバスト安定条件との等価性を利用することである（図17.2），ただし重み $W_S$ は追従誤差端に移した）．すなわち，元のロバスト外乱制御問題は二つの不確かさを含んだシステムのロバスト安定化問題に置き換えられる．いまの問題をさらに扱いやすくするように，図17.2を図17.3に等価変形する．このとき，不確かさの構造は対角行列

$$\begin{bmatrix} w_1 \\ w_2 \end{bmatrix} = \begin{bmatrix} \Delta_S & \\ & \Delta \end{bmatrix} \begin{bmatrix} z_1 \\ z_2 \end{bmatrix} = \Delta_P \begin{bmatrix} z_1 \\ z_2 \end{bmatrix}$$

$$\|\Delta_P\|_\infty < 1 \tag{3}$$

となり，構造化不確かさとよばれる．

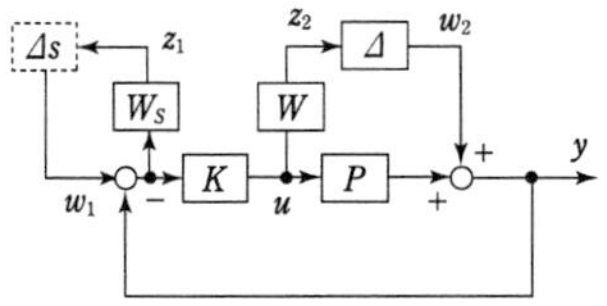


図17.2　等価ロバスト安定問題

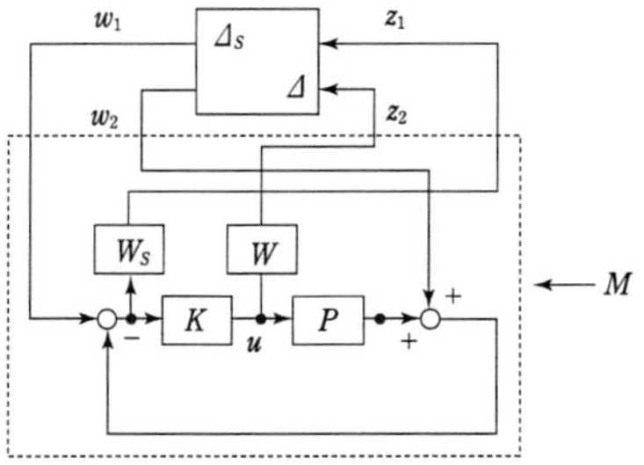


図17.3　変動の分離

このように，$H_\infty$ ノルムで規定した制御性能問題は常に仮想変動を導入することによって，構造化不確かさをもつシステムのロバスト安定化問題に帰着される．もちろん，複数個の変動をもつ制御系も常に図17.4のように書き換えることができる．したがって，図17.4のシステムだけを考えればよい．

では，図17.4のシステムのロバスト安定条件がどうなるのだろうか．変動 $\Delta=\mathrm{diag}(\Delta_1,\cdots,\Delta_r)$ を安定

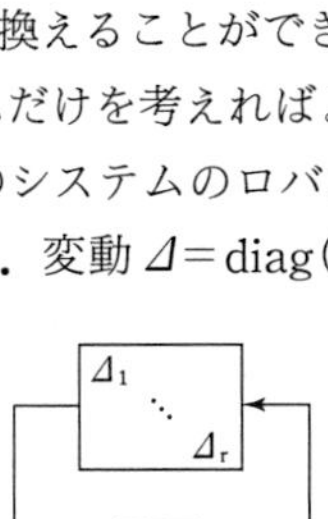


図17.4　構造化（対角化）変動システム

とする．変動のないときにもシステムが安定でなければならないから，まず $M(s)$ は安定でなければならない．すると，ナイキストの安定条件より閉ループ系がすべての不確かさについて安定となるために，ナイキスト軌跡 $\det(I-M(j\omega)\Delta(j\omega))$ が原点を囲まないことは必要十分になる．$\Delta=0$ のとき軌跡が一つの点 $(1, j0)$ であり，$\Delta$ が大きくなるにつれ軌跡がこの点から膨らんでいく．原点を囲む前には必ず原点を通る．よって，ロバスト安定条件はすべての変動に対して $\det(I-M(j\omega)\Delta(j\omega))\neq 0$ になることである．言いかえれば，はじめて閉ループ系の安定性を崩す変動は，ある周波数で

$$\det(I-M(j\omega)\Delta(j\omega))=0 \tag{4}$$

を満たす $\Delta$ の中でノルムがもっとも小さいものとなる．そのノルムは，閉ループ系が安定性を保つ範囲で許される変動の上限を表していることから，安定余裕とよばれる．安定余裕の逆数が，まさしく構造化特異値 $\mu_\Delta(M(j\omega))$ である．

ここで，不確かさの集合 $\boldsymbol{\Delta}$ を

$$\boldsymbol{\Delta}=\mathrm{diag}(\delta_1 I_{r_1},\cdots,\delta_S I_{r_S},\Delta_F)$$
$$\delta_i\in\mathbb{C},\quad \Delta_j\in\mathbb{C}^{m_j\times m_j} \tag{5}$$

とする．$\delta_i$ はスカラ変動，$\Delta_j$ は完全ブロック変動という．完全ブロック変動は行列型の変動で，各要素がすべて変動するものである．このとき，$\mu_\Delta(M)$ は次式で定義される．

$$\mu_\Delta(M)=\frac{1}{\min\{\sigma_{\max}(\Delta)\,|\,\Delta\in\boldsymbol{\Delta},\det(I-M\Delta)=0\}} \tag{6}$$

ただし，$\det(I-M\Delta)=0$ とする $\Delta\in\boldsymbol{\Delta}$ が存在しないとき，$\mu_\Delta(M)=0$ とする．

これまでの議論からわかるように，全周波数において，$\Delta\in\boldsymbol{\Delta}$ のすべてが $\sigma_{\max}(\Delta)<1/\mu_\Delta(M)$ を満たすとき，閉ループ系のロバスト安定性が保証される．したがって，$\|\Delta\|_\infty<\gamma$ を満たすすべての変動に対して，閉ループ系のロバスト安定条件は明らかに

$$\mu_\Delta(M(j\omega))\leq\frac{1}{\gamma}\quad\forall\omega \tag{7}$$

で与えられる．よって，前出のロバスト外乱制御の必要十分条件は $\mu_{\Delta_P}(M(j\omega))\leq 1\,\forall\omega$ となる．

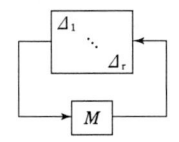

### 17.1.3 $\mu$ の計算

単一スカラブロック $\boldsymbol{\Delta}=\{\delta I\,|\,\delta\in\mathbb{C}\}$ の場合 $\mu_\Delta(M)=\rho(M)$ であり，完全ブロック $\boldsymbol{\Delta}=\mathbb{C}^{n\times n}$ の場合 $\mu_\Delta(M)=\sigma_{\max}(M)$ である．しかし，一般的な場合について $\mu$ は正確に計算できず，その上界と下界で近似的に求めることになる．集合の包含関係 $\{\delta I\,|\,\delta\in\mathbb{C}\}\subset\boldsymbol{\Delta}\subset$

$\mathbb{C}^{n\times n}$ より，不等式

$$\rho(M)\leq\mu_{\Delta}(M)\leq\sigma_{\max}(M) \tag{8}$$

が成り立つ．ただし，一般にこの上界と下界の間の差は大きく，Δ の構造も考慮されていない．そこで，Δ の対角構造を念頭において，$\Delta$ と可換なスケーリング行列集合

$$\mathbb{D}=\{D|D=\mathrm{diag}(D_1,\cdots,D_S,d_1I_{m_1},\cdots,d_{F-1}I_{m_{F-1}},I_{m_F})\}$$
$$:D_i\in\mathbb{C}^{r_i\times r_i},\quad D_i=D_i^*>0,\quad d_j\in\mathbb{R},d_j>0 \tag{9}$$

および

$$\mathbb{Q}=\{Q\in\Delta|Q^*Q=I_n\} \tag{10}$$

を導入する．次の関係

$$Q^*\in\mathbb{Q},\quad Q\Delta\in\Delta,\quad \Delta Q\in\Delta$$
$$\sigma_{\max}(Q\Delta)=\sigma_{\max}(\Delta Q)=\sigma_{\max}(\Delta) \tag{11}$$
$$D\Delta=\Delta D$$

が明らかである（図17.5）．よって，すべての $Q\in\mathbb{Q}$ と $D\in\mathbb{D}$ に対して

$$\mu_{\Delta}(M)=\mu_{\Delta}(DMD^{-1})=\mu_{\Delta}(QM)=\mu_{\Delta}(MQ) \tag{12}$$

が成り立つ．すると，$\mu_{\Delta}(M)$ に関する次の上界と下界を得る．

$$\max_{Q\in\mathbb{Q}}\rho(QM)\leq\mu_{\Delta}(M)\leq\inf_{D\in\mathbb{D}}\sigma_{\max}(DMD^{-1}) \tag{13}$$

これによって，μ を求める問題はスペクトル半径と最大特異値に関する最適化問題となる．上界と下界の差が小さければ，どちらを使っても μ を近似することができる．

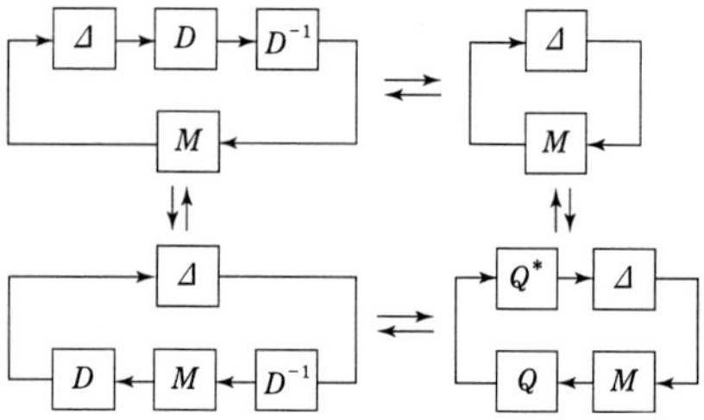


図17.5　スケーリングの導入と μ

## 17.2　D-K反復による μ 設計法

μ 設計問題に関しては，μ の上界と下界の条件を用いて設計を行うのは一つの合理的な手法といえる．そこで，不等式（13）を利用することを考える．この下界は常に μ に等しいが，残念ながらスペクトル半径の最大化問題は凸問題ではなく，極大値がたくさんあるので，これを用いて μ 設計を行うことは困難である．一方，上界は最大特異値であり，その最小化問題は以下に示されるように凸問題である．よって，大域的な最小値を求めることができる．このため，μ 設計ではもっぱら上界を利用して近似解を求めている．

### 17.2.1　最大特異値の最小化問題の凸性

周波数 $\omega$ を固定したとき，$D$，$M$ は複素行列となる．$\sigma_{\max}(DMD^{-1})$ を最小化することと，不等式

$$(DMD^{-1})^*(DMD^{-1})\leq\gamma^2I \tag{14}$$

を満たす $\gamma>0$ を最小にすることと等価である．ここで，エルミート行列 $X=D^*D$ をおくと，上式は

$$M^*XM\leq\gamma^2X \tag{15}$$

となる．この式は $X$ に関するLMIであり，凸である．よって，最適な $X$ を求めてから $D$ を特異値分解などの手法で計算できる．

### 17.2.2　D-K反復設計

閉ループ伝達行列 $M(s)$ は制御器 $K(s)$ の関数である．したがって，式（13）で与えられた μ の上界値は制御器 $K(s)$ とスケーリング行列 $D(s)$ の二つのパラメータに関する最小値で与えられる．式（13）に対して周波数 $\omega$ に関する上限をとると，最大特異値 $\sigma_{\max}$ は $H_\infty$ ノルムに変わる．よって，次式を得る．

$$\sup_{\omega}\mu_{\Delta}(M)\leq\inf_{D\in\mathcal{D}}\|DMD^{-1}\|_\infty \tag{16}$$

ただし，$\mathcal{D}$ は集合 $\mathcal{D}:=\{D(s)|D(s),D^{-1}(s)$ が安定，かつ，$D(j\omega)\in\mathbb{D}\}$ を表す．設計では，D-K反復とよばれる手順を用いる．つまり，まず $D(s)$ を固定し，$K(s)$ について最小化を行い，次に $K(s)$ を固定して $D(s)$ について最小化を行う．以下順番に繰り返す．

$K$ もしくは $D$ を固定すれば，残りの変数に関する最適化問題は大域的な解をもち，その最適解は最適化手法と $H_\infty$ 制御の解から求めることができる．注意されたいのは，いまの問題は $D$ と $K$ に関する同時最適化問題であり，凸ではない．よって，D-K反復法では大域的な収束は保証されない．しかし，この手法の有効性は実証ずみである．また，この手法の $D$ 反復の部分は $H_\infty$ 設計における重み関数の自動チューニングとみなすことができる．

## 17.3　μ 設計の例

11章「$H_\infty$ 制御」11.4節では，ハードディスクのヘッド位置決め制御のための $H_\infty$ 制御器を設計した．その設計はロバスト外乱抑制の十分条件に基づいたも

のであり，フィードバック制御の性能を十分に引き出していない可能性がある．そこで，ここではD-K反復による $\mu$ 設計を試みる．一般化プラントには，11章「$H_\infty$ 制御」の図11.5と同じものを用いる．また，$W_1(s)$ のゲインだけを高め，ほかの重みは同様のものを使った．

$$W_1(s)=\frac{s+125.7}{s+1.0\times10^{-4}}\times0.8$$

$\mu$ と $H_\infty$ ノルムの推移を表17.1に示す．2回目のD-K反復で $\mu$ は1未満になった．このときの $\mu$ 制御

**表 17.1**　$\mu$ と $H_\infty$ ノルムの推移

| D-K 反復回数 | 1 | 2 |
|---|---|---|
| $\mu$ の値 | 1.623 | 0.988 |
| $H_\infty$ ノルムの値 | 1.737 | 0.989 |

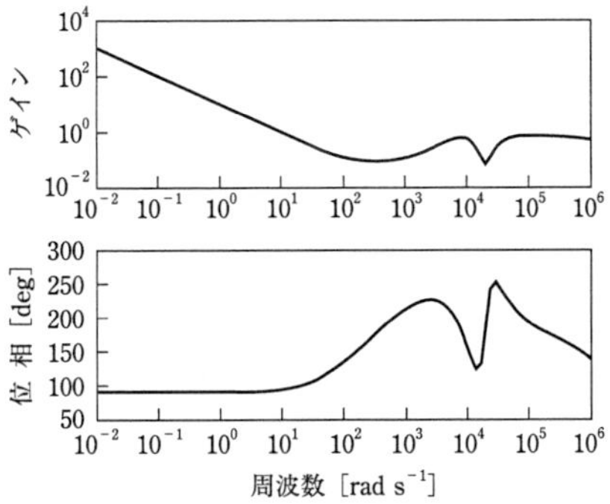


**図 17.6**　制御器

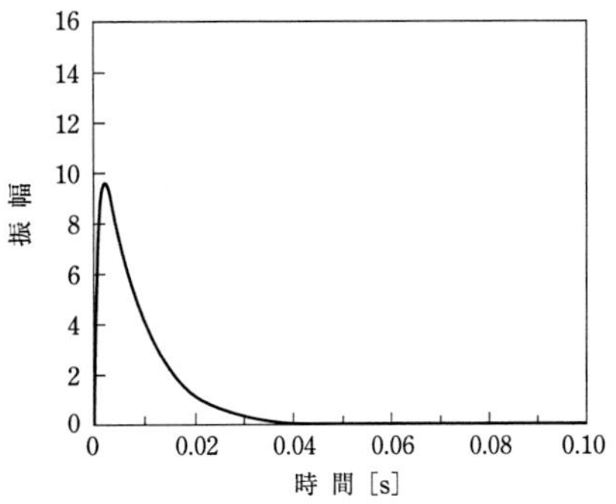


**図 17.7**　制御の外乱応答

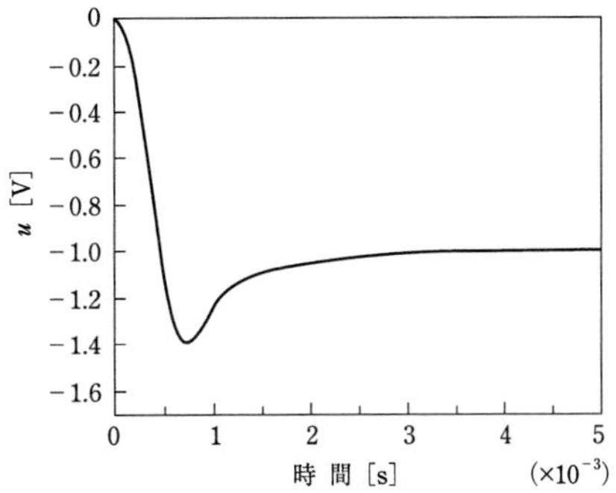


**図 17.8**　制御の入力

器を図17.6に示す．また，単位ステップ外乱の出力応答は図17.7に，そのときの入力は図17.8に示す．是非 $H_\infty$ 制御と比較してほしい．　［劉　康志］

# 18

# LMIに基づくシステム解析と制御系設計



**要　約**

| | |
|---|---|
| 制御の特徴 | LMIは代数方程式の一種であるが，線形制御理論と深いかかわりをもち，制御系の解析や設計における理論の基礎を与える．同時に，LMIは凸最適化問題であり，制御の問題をLMIの形に帰着することで，その問題を数値計算で効率よく解くことを可能にする．制御系設計の基本ツールの一つとなっている． |
| 長　所 | $H_\infty$ノルムなどの定量的な性能指標の最適化を目的とした問題を，もっとも柔軟に扱うことができる．とくに，多目的設計やゲインスケジュールド制御の問題を解くことを可能にした． |
| 短　所 | すべての問題をLMIとして表すことはできない．そのため，制御の問題をLMIに帰着するために保守性を生じることがある．また，特定の構造をもつ補償器の設計には適さないことが多い． |
| 制御対象のクラス | さまざまなクラスのシステムに対してLMIを用いた解析や設計の方法が提案されている．この章では線形システムおよびLPVシステムを扱う． |
| 制約条件 | とくにない． |
| 設計条件 | 制御対象の状態空間表現によるモデルが得られていて，目的の制御性能をLMIとして記述できることが必要である． |
| 設計手順 | Step 1　設計仕様に対応する一般化制御対象と対応するLMI条件を書きおろす．<br>Step 2　LMI条件をツール上でプログラムし，最適化計算を実行して解を求める．<br>Step 3　解をもとに補償器を構成，実装する． |
| 実応用例 | 航空機の多目的ゲインスケジュールド制御をはじめとして多くの応用がある．その他，制御系設計の基本ツールの一つとして頻繁に用いられている． |



**はじめに**

線形行列不等式（linear matrix inequality：LMI）は，線形計画法に現れる1次不等式や凸2次不等式を含む代数不等式の一種である．LMIは，$H_\infty$ノルムをはじめとして種々の線形システムの性質を表現できるという点で制御理論と本質的なかかわりをもつ．同時に，工学的な面ではLMIは凸最適化問題であり，その大域的最適解を効率よく求めることが可能であることが重要である．後者により，制御系の解析や設計問題がLMIの可解性や最適解の求解という形で記述できれば，数値計算によりLMIを解くことでその問題を解くことができる．とくに，近年ではLMIを解くための優れたアルゴリズムやツールが開発され，LMIを用いる環境も整備されている．

これらのLMIの有用性により，過去20年ほどにわたって制御系の解析や設計に対してLMIを適用する試みがなされ，多くの理論的な成果と，具体的な方法が得られている．紙幅の都合上，ここではその代表的なものとしてLMIによる多目的設計とゲインスケジュールド制御系設計の概略のみを述べる．なお，LMIに関する成書としては文献1〜3）などがある．

## 18.1　LMIの概要

LMIは次の形の不等式である．

$$R(\xi):=R_0+\sum_{i=1}^{N}\xi_i R_i>0 \tag{1}$$

ここで，$R_i, i=0,\cdots,N$は対称行列の定数，$\xi=(\xi_1,\cdots,\xi_N)$は実数の未知数である．不等号$R>(<)0$は左辺の対称行列$R$が正定（負定）[4]であることを意味する．システムの解析や設計に現れるLMIは，次の

ように未知数が行列の形をとっている場合が多い．

**［定理 1］** 線形システム $\dot{x}=Ax, x\in\mathbb{R}^n$ を考える．このシステムが安定であるための必要十分条件は，次の LMI を満たす $n$ 次対称行列 $P$ が存在することである．

$$P>0,\quad PA+A^{\top}P<0 \tag{2}$$

この不等式は，行列 $P$ の要素を変数 $\xi_i$ とすることで式 (1) の形に書き表すことができる．

LMI を解く問題は，数値計算の観点からは凸最適化問題となる．これは，式 (1) を満たす $\xi$ すなわち LMI(1) の可能解の集合 $\mathcal{F}=\{\xi\in\mathbb{R}^N : R(\xi)>0\}$ が凸集合になることによる．制御における LMI に基づく最適化問題は，$g_1,\cdots,g_N$ を定数とし，目的関数を

$$g(\xi)=\sum_{i=1}^{N}g_i\xi_i$$

なる線形関数として

$$\inf_{\xi\in\mathbb{R}^N} g(\xi)\ \text{subject to}\ R(\xi)>0 \tag{3}$$

なる形に書き表される．これももちろん凸最適化問題である．

LMI を数値計算に解く優れたアルゴリズムが開発され，商用数値計算パッケージ MATLAB やフリーソフトに組み込まれている．これらの中には，LMI を式 (1) のような標準形に直さずとも式 (2) のような形で記述できる環境を提供するツール（YALMIP[5,11] など）も存在している．18.5 節にて，MATLAB 上で LMI を解くプログラミングの例を示す．

最後に，LMI について非常によく用いられる公式をあげておこう[4]．

① 合同変換：$T$ を正則行列とするとき，

$$P>0 \Longleftrightarrow T^{\top}PT>0$$

② シューアの相補条件（Schur complement）：対称行列 $P$ を

$$P=\begin{bmatrix}P_{11} & P_{12}\\ P_{12}^{\top} & P_{22}\end{bmatrix},\quad P_{11}, P_{22}\ \text{は正方行列}$$

と分割するとき，

$$\begin{aligned}P>0 &\Longleftrightarrow P_{11}-P_{12}P_{22}^{-1}P_{12}^{\top}>0\ \text{かつ}\ P_{22}>0\\ &\Longleftrightarrow P_{22}-P_{12}^{\top}P_{11}^{-1}P_{12}>0\ \text{かつ}\ P_{11}>0\end{aligned}$$

③ $P_i, i=1,\cdots,k$ が正定であることと，ブロック対角行列

$$\mathrm{diag}\{P_1,\cdots,P_k\}=\begin{bmatrix}P_1 & & 0\\ & \ddots & \\ 0 & & P_k\end{bmatrix}$$

が正定となることは等価である．

## 18.2 LMIによる線形システムの解析

LMI によって，線形システムのいくつかの重要な性質が特徴付けられる．その代表的なものを紹介する．$w\in\mathbb{R}^m$ を入力，$z\in\mathbb{R}^p$ を出力，$x\in\mathbb{R}^n$ を状態変数とし，次の状態方程式で表された線形システムを考える．

$$\begin{cases}\dot{x}=Ax+Bw\\ z=Cx+Dw\end{cases} \tag{4}$$

対応する伝達関数を $G(s)=C(sI-A)^{-1}B+D$ と記す．

### 18.2.1 $H_\infty$ ノルム

システム (4) が安定であるとき，周波数応答 $G(j\omega)$ の最大特異値（1 入出力系においてはゲイン）の角周波数 $\omega$ に関する上限を $H_\infty$ ノルムとよび，$\|G\|_\infty$ で表す．すなわち，

$$\|G\|_\infty=\sup_{\omega\in[0,\infty]}\bar{\sigma}(G(j\omega))$$

である．信号 $f(t)$ の $L_2$ ノルムを

$$\|f\|_2=\sqrt{\textstyle\int_0^\infty\|f(t)\|^2dt}$$

で定義すると，$H_\infty$ ノルムは

$$\|G\|_\infty=\sup\left\{\frac{\|z\|_2}{\|w\|_2}\ \middle|\ \begin{array}{c}0<\|w\|_2<\infty, x(0)=0\\ z\ \text{は式 (4) の出力}\end{array}\right\} \tag{5}$$

なる性質をもつ．式 (5) の右辺は，システム (4) の $L_2$ ゲインとよばれる．

**［定理 2］** システム (4) が安定かつ $\|G\|_\infty<\gamma$ となるための必要十分条件は，次の LMI を満たす対称行列 $X\in\mathbb{R}^{n\times n}$ が存在することである．

$$X>0,\quad\begin{bmatrix}XA+A^{\top}X & XB & C^{\top}\\ B^{\top}X & -\gamma I & D^{\top}\\ C & D & -\gamma I\end{bmatrix}<0 \tag{6}$$

［定理 2］より，式 (6) の制約のもとで $\gamma$ を最小化する最適化問題を解けば $\|G\|_\infty$ を求めることができる．これは次項の $H_2$ ノルムの場合も同様である．

### 18.2.2 $H_2$ ノルム

システム (4) において $D=0$ とする．$G$ の $H_2$ ノルムは

$$\|G\|_2=\sqrt{\frac{1}{2\pi}\int_{-\infty}^{\infty}\mathrm{Tr}\{G(j\omega)'G(j\omega)\}d\omega}$$

で定義される．ここで，$\mathrm{Tr}(\cdot)$ は行列のトレースを表す．最適レギュレータ問題の 2 次形式評価関数は $H_2$ ノルムの形で表現できる．

［定理 3］　システム (4) が安定かつ $\|G\|_2<\gamma$ となるための必要十分条件は，次の LMI を満たす対称行列 $X\in\mathbb{R}^{n\times n}$ が存在することである．

$$\gamma>\mathrm{Tr}(B^\top XB),\quad \begin{bmatrix} XA+A^\top X & C^\top \\ C & -\gamma I \end{bmatrix}<0 \tag{7}$$

### 18.2.3　行列 $A$ の固有値の存在領域

行列 $A$ の固有値が，実数 $q, r, s$ で定義される複素平面上の領域

$$\mathcal{D}=\left\{\lambda\in\mathbb{C}\,\middle|\,[1\ \ \bar{\lambda}]\begin{bmatrix} q & s \\ s & r \end{bmatrix}\begin{bmatrix} 1 \\ \lambda \end{bmatrix}<0\right\} \tag{8}$$

に属するかどうかを考える．たとえば $q=-1$，$r=1$，$s=0$ とすると領域 $\mathcal{D}$ は単位円内を表し，$q=r=0$，$s=1$ とすると領域 $\mathcal{D}$ は左半平面を表す．

［定理 4］　行列 $A$ のすべての固有値が領域 $\mathcal{D}$ に属するための必要十分条件は，次の LMI を満たす対称行列 $X\in\mathbb{R}^{n\times n}$ が存在することである．

$$X>0,\quad [I\ \ A^\top]\begin{bmatrix} qX & sX \\ sX & rX \end{bmatrix}\begin{bmatrix} I \\ A \end{bmatrix}<0 \tag{9}$$

## 18.3　LMI による制御系設計

前節では，LMI の可解性により $H_\infty$ ノルムなどの制御性能を判定できることを示した．ここでは，それらの制御性能の指標を最適化する制御系を構成することを考える．

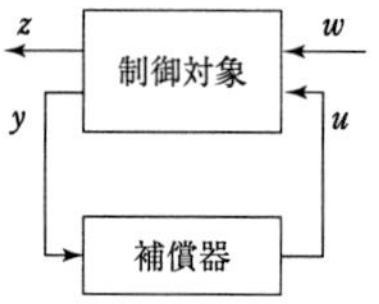


図 18.1　制御系

図 18.1 に示す一般的な制御系を考えよう．制御対象の状態空間実現を次式で与える．

$$\Sigma:\ \begin{bmatrix} \dot{x} \\ z \\ y \end{bmatrix}=\begin{bmatrix} A & B_1 & B_2 \\ C_1 & D_{11} & D_{12} \\ C_2 & D_{21} & 0 \end{bmatrix}\begin{bmatrix} x \\ w \\ u \end{bmatrix} \tag{10}$$

式 (10) で $x\in\mathbb{R}^n$ は状態変数，$w\in\mathbb{R}^{m_1}$ は外部入力，$u\in\mathbb{R}^{m_2}$ は制御入力，$z\in\mathbb{R}^{p_1}$ は制御出力，$y\in\mathbb{R}^{p_2}$ は観測出力である．制御対象 (10) に対して，線形時不変システムによる補償器

$$\Sigma_c:\ \begin{bmatrix} \dot{x}_c \\ u \end{bmatrix}=\begin{bmatrix} A_c & B_c \\ C_c & D_c \end{bmatrix}\begin{bmatrix} x_c \\ y \end{bmatrix} \tag{11}$$

による制御を施すことを考える．$x_c(t)\in\mathbb{R}^{n_c}$ は補償器の状態変数である．閉ループ系を

$$\Sigma_{cl}:\ \begin{bmatrix} \dot{x}_{cl} \\ z \end{bmatrix}=\begin{bmatrix} A_{cl} & B_{cl} \\ C_{cl} & D_{cl} \end{bmatrix}\begin{bmatrix} x_{cl} \\ w \end{bmatrix} \tag{12}$$

と表す．ここで閉ループ系の状態変数は $x_{cl}=[x^\top x_c{}^\top]^\top$ であり，係数行列は次式のようになる．

$$\left[\begin{array}{c|c} A_{cl} & B_{cl} \\ \hline C_{cl} & D_{cl} \end{array}\right]$$

$$=\left[\begin{array}{cc|c} A+B_2D_cC_2 & B_2C_c & B_1+B_2D_cD_{21} \\ B_cC_2 & A_c & B_cD_{21} \\ \hline C_1+D_{12}D_cC_2 & D_{12}C_c & D_{11}+D_{12}D_cD_{21} \end{array}\right] \tag{13}$$

$H_\infty$ 制御問題について考えよう．定理 2 より，次の最適化問題

$$\inf_{X_{cl},\Sigma_c} \gamma \ \text{subject to}$$

$$\begin{bmatrix} X_{cl}A_{cl}+A_{cl}^\top X_{cl} & X_{cl}B_{cl} & C_{cl}^\top \\ * & -\gamma I & D_{cl}^\top \\ * & * & -\gamma I \end{bmatrix}<0,\quad X_{cl}>0 \tag{14}$$

の最適値 $\gamma$ を与える補償器 $\Sigma_c$ が最適な $H_\infty$ 補償器である．しかし，式 (14) は $X_{cl}$ と $\Sigma_c$ の係数の双方が未知数であり，LMI とはなっていない．具体的には双線形項をもつ BMI (bilinear matrix inequality) とよばれる不等式であり，数値計算で解くのは難しいことが知られている．しかし，式 (14) と等価な別の LMI が導出されており[6)]，それを解くことで最適な補償器を得ることができる．

［定理 5］　補償器の次数を $n_c=n$ とする．式 (14) の BMI が成り立つための必要十分条件は，次の行列の組

$$X=X^\top\in\mathbb{R}^{n\times n},\quad Y=Y^\top\in\mathbb{R}^{n\times n},$$

$$\left[\begin{array}{c|c} H & G \\ \hline F & J \end{array}\right]\in\mathbb{R}^{(n+m_2)\times(n+p_2)} \tag{15}$$

を未知数とする次の LMI

$$\begin{bmatrix} M_A+M_A^\top & M_B & M_C^\top \\ * & -\gamma I & M_D^\top \\ * & * & -\gamma I \end{bmatrix}<0,\quad M_P>0 \tag{16}$$

が成立することである．ここで，上式の $M_A$，$M_B$，$M_C$，$M_D$ および $M_P$ は未知数 (15) によって次のように定義される．

$$\left[\begin{array}{c|c} M_A & M_B \\ \hline M_C & M_D \end{array}\right]$$

$$
=\left[\begin{array}{cc|c} AY+B_2F & A+B_2JC_2 & B_1+B_2JD_{21} \\ H & XA+GC_2 & XB_1+GD_{21} \\ \hline C_1Y+D_{12}F & C_1+D_{12}JC_2 & D_{11}+D_{12}JD_{21} \end{array}\right] \quad (17)
$$

$$
M_P=\begin{bmatrix} Y & I \\ I & X \end{bmatrix} \quad (18)
$$

さらに，LMI (16) が成り立つとき，解 $\{X, Y ; F, G, H, J\}$ から式 (14) のBMIを満たす $(X_{\rm cl} ; A_{\rm c}, B_{\rm c}, C_{\rm c}, D_{\rm c})$ の一つが次のように計算される．

$$
X_{\rm cl}=\begin{bmatrix} Y & S \\ S & S \end{bmatrix}^{-1}, \quad S=Y-X^{-1} \quad (19)
$$

$$
\begin{cases} A_{\rm c}=\{(A-B_2JC_2+X^{-1}GC_2)Y+B_2F-X^{-1}H\}S^{-1} \\ B_{\rm c}=B_2J-X^{-1}G \\ C_{\rm c}=(F-JC_2Y)S^{-1} \\ D_{\rm c}=J \end{cases} \quad (20)
$$

式 (20) の係数をもつ補償器 (11) により，閉ループ系 (12) の $H_\infty$ ノルムは $\gamma$ 未満となる．

この結果は閉ループ系の $H_\infty$ ノルムのみならず，$H_\infty$ ノルムや極指定についても同様に適用できる．すなわち，LMI (16) の代わりに以下の LMI を解き，その解を用いて補償器 (20) を求めればよい．

- $H_2$ ノルムの場合

$$
\gamma>{\rm Tr}(R), \quad \begin{bmatrix} R & M_B^\top \\ M_B & M_P \end{bmatrix}>0, \quad \begin{bmatrix} M_A+M_B^\top & M_C^\top \\ M_C & -\gamma I \end{bmatrix}<0 \quad (21)
$$

- 極指定（$q=0$ の場合）

$$
M_P>0, \quad s(M_A+M_A^\top)<0
$$

- 極指定（$q>0$ の場合）

$$
\begin{bmatrix} qM_P+s(M_A+M_A^\top) & M_A^\top \\ M_A & -\dfrac{1}{r}M_P \end{bmatrix}<0
$$

ここで，式 (21) の $R$ は対称行列の補助変数である．極指定においては，$q<0$ の場合は凸条件に帰着することができない．

さらに，上記の LMI を連立させれば，$H_\infty$ ノルム条件や $H_2$ ノルム条件を同時に満たす補償器の設計を行うことができる．また，個々の仕様についても，複数の入出力のチャネルに対する LMI を用いることができ，また極指定の場合は複数の領域を扱うことが LMI の連立によって可能になる．ただし，LMI を連立させると，結果として異なる仕様に対して共通の $X_{\rm cl}$ を課すことになるが，$H_\infty$ ノルムや $H_2$ ノルムの個々の仕様においては $X_{\rm cl}$ が共通である必要がなく，したがって LMI の連立により個々の仕様に対して保守的な結果となる可能性があることに注意が必要である．

## 18.4 LMIによるゲインスケジュールド制御系の設計

前節の方法を拡張し，ゲインスケジュールド制御系を構成することを考えよう．図 18.2 に示す制御系を考える．

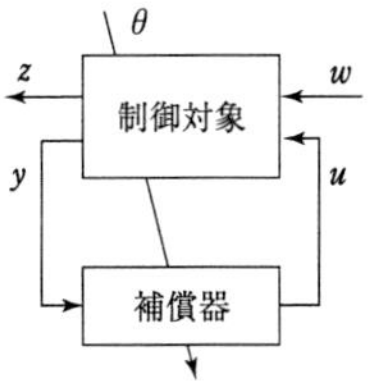


図 18.2　ゲインスケジュールド制御系

制御対象は，スケジューリングパラメータ $\theta$ に依存する線形パラメータ変動システム（linear parameter varying system ; LPV システム）とし，次式で表す．

$$
\Sigma_{\rm gs}: \begin{bmatrix} \dot{x} \\ z \\ y \end{bmatrix}=\begin{bmatrix} \mathcal{A} & \mathcal{B}_1 & \mathcal{B}_2 \\ \mathcal{C}_1 & \mathcal{D}_{11} & \mathcal{D}_{12} \\ \mathcal{C}_2 & \mathcal{D}_{21} & 0 \end{bmatrix}\begin{bmatrix} x \\ w \\ u \end{bmatrix} \quad (22)
$$

ここで，$\mathcal{A}$，$\mathcal{B}$，$\mathcal{C}$，$\mathcal{D}$ など係数行列はスケジューリングパラメータ $\theta$ の関数である．スケジューリングパラメータ $\theta$ の値は時刻 $t$ において観測可能であるとし，補償器として次式の LPV システムを考える．

$$
\Sigma_{\rm c\text{-}gs}: \begin{bmatrix} \dot{x}_{\rm c} \\ z \end{bmatrix}=\begin{bmatrix} \mathcal{A}_{\rm c} & \mathcal{B}_{\rm c} \\ \mathcal{C}_{\rm c} & \mathcal{D}_{\rm c} \end{bmatrix}\begin{bmatrix} x_{\rm c} \\ w \end{bmatrix} \quad (23)
$$

すなわち，スケジューリングパラメータ $\theta$ に依存して補償器の状態空間実現の係数行列を変化させることとする．このような補償器をゲインスケジュールド補償器とよぶ．閉ループ系は

$$
\Sigma_{\rm cl\text{-}gs}: \begin{bmatrix} \dot{x}_{\rm cl} \\ z \end{bmatrix}=\begin{bmatrix} \mathcal{A}_{\rm cl} & \mathcal{B}_{\rm cl} \\ \mathcal{C}_{\rm cl} & \mathcal{D}_{\rm cl} \end{bmatrix}\begin{bmatrix} x_{\rm cl} \\ w \end{bmatrix} \quad (24)
$$

なる状態方程式で表せる．係数行列は次式となる．

$$
\left[\begin{array}{c|c} \mathcal{A}_{\rm cl} & \mathcal{B}_{\rm cl} \\ \hline \mathcal{C}_{\rm cl} & \mathcal{D}_{\rm cl} \end{array}\right]
=\left[\begin{array}{cc|c} \mathcal{A}+\mathcal{B}_2\mathcal{D}_{\rm c}\mathcal{C}_2 & \mathcal{B}_2\mathcal{C}_{\rm c} & \mathcal{B}_1+\mathcal{B}_2\mathcal{D}_{\rm c}\mathcal{D}_{21} \\ \mathcal{B}_{\rm c}\mathcal{C}_2 & \mathcal{A}_{\rm c} & \mathcal{B}_{\rm c}\mathcal{D}_{21} \\ \hline \mathcal{C}_1+\mathcal{D}_{12}\mathcal{D}_{\rm c}\mathcal{C}_2 & \mathcal{D}_{12}\mathcal{C}_{\rm c} & \mathcal{D}_{11}+\mathcal{D}_{12}\mathcal{D}_{\rm c}\mathcal{D}_{21} \end{array}\right] \quad (25)
$$

さて，前節では線形時不変システムの $L_2$ ゲインが $H_\infty$ ノルムと一致することを述べたが，$L_2$ ゲインは時不変システムや非線形システムについても考えることができる．ゲインスケジュールド制御系の $L_2$ ゲインを設計仕様とした制御をゲインスケジュールド制御系に対する $H_\infty$ 制御とよぶことが多い．以下に，LMI に

よる補償器の計算法を示そう．

**[定理6]**　次の行列の組（$\theta$ の関数）

$$\mathcal{X}=\mathcal{X}^{\top}\in\mathbb{R}^{n\times n},\quad \mathcal{Y}=\mathcal{Y}^{\top}\in\mathbb{R}^{n\times n},$$

$$\left[\begin{array}{c|c}\mathcal{H} & \mathcal{G}\\ \hline \mathcal{F} & \mathcal{J}\end{array}\right]\in\mathbb{R}^{(n+m_2)\times(n+p_2)} \tag{26}$$

を未知数とする次のLMIが，生じうるすべてのパラメータの関数 $\theta$ について成立するとする．

$$\begin{bmatrix}\mathcal{M}_A+\mathcal{M}_A^{\top}+\mathcal{M}_P^d & \mathcal{M}_B & \mathcal{M}_C^{\top}\\ * & -\gamma I & \mathcal{M}_D^{\top}\\ * & * & -\gamma I\end{bmatrix}<0,\ \mathcal{M}_P>0 \tag{27}$$

ここで，

$$\left[\begin{array}{c|c}\mathcal{M}_A & \mathcal{M}_B\\ \hline \mathcal{M}_C & \mathcal{M}_D\end{array}\right]$$

$$=\left[\begin{array}{cc|c}\mathcal{A}\mathcal{Y}+\mathcal{B}_2\mathcal{F} & \mathcal{A}+\mathcal{B}_2\mathcal{J}\mathcal{C}_2 & \mathcal{B}_1+\mathcal{B}_2\mathcal{J}\mathcal{D}_{21}\\ \mathcal{H} & \mathcal{X}\mathcal{A}+\mathcal{G}\mathcal{C}_2 & \mathcal{X}\mathcal{B}_1+\mathcal{G}\mathcal{D}_{21}\\ \hline \mathcal{C}_1\mathcal{Y}+\mathcal{D}_{12}\mathcal{F} & \mathcal{C}_1+\mathcal{D}_{12}\mathcal{J}\mathcal{C}_2 & \mathcal{D}_{11}+\mathcal{D}_{12}\mathcal{J}\mathcal{D}_{21}\end{array}\right] \tag{28}$$

$$\mathcal{M}_P=\begin{bmatrix}\mathcal{Y} & I\\ I & \mathcal{X}\end{bmatrix},\quad \mathcal{M}_P^d=\begin{bmatrix}-\dot{\mathcal{Y}} & 0\\ 0 & \dot{\mathcal{X}}\end{bmatrix} \tag{29}$$

このとき，$\mathcal{S}=\mathcal{Y}-\mathcal{X}^{-1}$ として，次式で与えられるゲインスケジュールド補償器よる閉ループ系の $L_2$ ゲインは $\gamma$ 未満となる．

$$\begin{cases}\mathcal{A}_c=\{(\mathcal{A}-\mathcal{B}_2\mathcal{J}\mathcal{C}_2+\mathcal{X}^{-1}\mathcal{G}\mathcal{C}_2)\mathcal{Y}+\mathcal{B}_2\mathcal{F}\\ \qquad -\dfrac{d}{dt}(\mathcal{X}^{-1})-\mathcal{X}^{-1}\mathcal{H}\}\mathcal{S}^{-1}\\ \mathcal{B}_c=\mathcal{B}_2\mathcal{J}-\mathcal{X}^{-1}\mathcal{G}\\ \mathcal{C}_c=(\mathcal{F}-\mathcal{J}\mathcal{C}_2\mathcal{Y})\mathcal{S}^{-1}\\ \mathcal{D}_c=\mathcal{J}\end{cases} \tag{30}$$

不等式 (27) は，パラメータ $\theta$ の関数を未知数とする不等式であり，そのまま解くことはできない．そのため，未知数 (26) を，$\theta$ の多項式などの形にパラメトライズし，$\theta$ の変動範囲の情報を用いて有限個の未知数，有限個の不等式をもつLMI問題に帰着させることが行われている．その方法は多岐にわたるためここでは述べないが，もっとも簡単なのは，$\theta$ の値がポリトープ（凸多面体）に属し，式 (22) の行列が $\theta$ の1次関数（一部の係数行列は定数）である場合に，未知数のうち $\mathcal{X}$，$\mathcal{Y}$ を定数とし，残りを $\theta$ の1次関数とする方法である[7]．この場合，式 (30) の係数行列も $\theta$ の1次式となる．また，$\mathcal{X}$，$\mathcal{Y}$ が定数であれば，LMI (27) や補償器を与える式 (30) に含まれる微分項 $\mathcal{M}_P^d$ が不要になる．

前節同様，ゲインスケジュールド制御の場合にも，複数の性能指標に関するLMIを連立させることで，それらを同時に満たす補償器の設計が可能である．多目的ゲインスケジュールド制御の設計例として文献8) がある．また19章ではゲインスケジュールド制御系設計の定式化について具体例をあげて述べている．

## 18.5　LMIの最適化プログラミングの例

式 (6) のLMIにおいて，$X$，$\gamma$ を変数とし，$\gamma$ を最小化する問題を考える．このとき，最適値 $\gamma$ はシステム (4) の $H_\infty$ ノルムを与える．MATLAB上でYALMIP[5,11]を用いて記述したプログラムを図18.3に示す．Xおよびgがそれぞれ式 (6) の $X$，$\gamma$ に対応する変数である．プログラム中SDPの代入文を見ると，LMIの最適化問題が式 (6) と大差ない形で記述されていることがわかる．

```
%H-infinity ノルムの計算
%状態方程式の係数
A=[0 1；−3 −1]； B=[2；1]；
C=[1 −1]；D=0；
n=length(A)； %正方行列 A のサイズ（状態変数の次
%数）
[p,m]=size(D)； %行列 D のサイズ（出力数・入力数）
%YALMIP における LMI の変数のオブジェクトの設
%定
X=sdpvar(n)； %n 次対称行列の変数のオブジェクト
g=sdpvar(1)； %スカラー変数のオブジェクト
%式 (6) の LMI を解くための不等式を変数 SDP に格
%納する.
SDP=[X>0]+[[X*A+A'*X X*B C'；
             B'*X −g*eye(m) D'；
             C D −g*eye(p)]<0]；
%変数 SDP に記述された不等式を満たす g の最小化を
%行う.
solvesdp(SDP, g)
%計算結果（数値）を取り出す.
g_ =double(g)；
X_=double(X)；
```

図18.3　LMIソルバのプログラムの例

計算結果は，プログラムの最後の2行により変数g_，X_に代入される．これは次のようになる†：

$$\mathrm{X\_}=\begin{bmatrix}1.090 & 0.2018\\ 0.2018 & 0.3432\end{bmatrix},\quad \mathrm{g\_}=5.5106$$

g_が式 (4) のシステムの $H_\infty$ ノルムの近似となっていることを確かめよう．MATLABのControl Toolboxを用いると，

† 用いたMATLABやYALMIPのバージョンによって異なる可能性がある．

[gain,phase]=bode(ss(A, B, C, D))；max(gain) によりボード線図のゲインの下界が得られるが，これによる値は5.5013となり，g_がこの値に近いことが確かめられる．

紙幅の制限のため，ここでは上記の例をあげるに留めるが，他のLMIについても同様の要領でプログラムを記述することができる．また，LMIの求解は数値計算であるため，生じうる計算誤差について適切に対応する必要がある．特に，最小化問題では正定（負定）性の境界に位置する解（最小（最大）固有値が0に近い値となる解）が得られることが多いことを注意しておく．

## おわりに

本章で述べられなかったLMIによるアプローチとして，状態フィードバックゲインの設計[9]，ロバスト性解析[2,3]，（低次元補償器による）$H_\infty$最適設計[10]などがある．これらについては文献を参照されたい．また，本章では連続時間システムのみについて述べたが，LMIに関するほとんどの成果は平行して離散時間システムについても得られている．［増淵　泉］

## 参考文献


1) S. Boyd, L. El Ghaoui, E. Feron, V. Balakrishnan (1994)：Linear matrix inequalities in system and control theory, SIAM.
2) 岩崎徹也 (1997)：LMIと制御，昭晃堂.
3) G. E. Dullerud, F. Paganini (2000)：A cource in robust control theory：a convex approach, Springer.
4) 太田快人 (2000)：システム制御のための数学(1)－線形代数編－，コロナ社.
5) J. Löfberg (2004)：YALMIP：a toolbox for modeling and optimization in MATLAB, *Proceedings of the 2004 IEEE International Symposium on Computer Aided Control Systems Design*, p. 284-289.
6) I. Masubuchi, A. Ohara, N. Suda (1998)：LMI-based controller synthesis：a unified formulation and solution, *International Journal of Robust and Nonlinear Control*, 8 (8)：669-686.
7) 日本機械学会編 (2006)：機械工学便覧 デザイン編β-6 制御システム，2.7節，p. 77-87.
8) 小原敦美，井出政和，山口恭弘，大野正博 (1999)：AL-FLEX縦系飛行制御系のLPVモデリングとゲインスケジューリング制御，システム制御情報学会論文誌，**12**(11)：655-663.
9) J. C. Geromel, P. L. D. Peres, J. Bernussou (1991)：On a convex parameter space method for linear control design of uncertain systems, *SIAM Journal on Control and Optimization*, **29**(2)：381-402.
10) T. Iwasaki, R. E. Skelton (1995)：The *XY*-centering algorithm for the dual LMI problem：a new approach to fixed order control design, *International Journal of Control*, **62**(6)：1257-1272.
11) YALMIP Wiki, http://users.isy.liu.se/johanl/yalmip/

# 19

# ゲインスケジュールド制御

| 要約 | | |
|---|---|---|
| 制御の特徴 | 制御対象の特性のパラメトリックな変動に合わせて制御器を適応させ，所望の制御性能を確保するための制御手法である．制御対象を線形パラメータ変動系として記述することが前提となるが，この記述が得られれば，外乱から制御量までの $H_\infty$ ノルムを最小化する最適な制御系設計を行うことは比較的容易である． |
| 長　所 | 制御対象の特性がパラメータによって変化することに対応して制御性能を維持できる制御系設計が可能であること． |
| 短　所 | 制御対象のパラメトリックな変動を数学的に記述する必要があること．制御の実装にさいしては変動パラメータをリアルタイムで検出すること，および制御器をパラメータに応じて変動させる必要がある． |
| 制御対象のクラス | 線形化可能で，パラメータによって特性が変化することを数学的に陽に表すことができるシステム． |
| 制約条件 | 変動パラメータの検出． |
| 設計条件 | 制御対象のパラメトリックな変動を数学的に記述する必要がある． |
| 設計手順 | Step 1　制御対象の線形パラメータ変動系としての記述．<br>Step 2　一般化プラントの設定．<br>Step 3　周波数重み関数の設定と調整．<br>Step 4　非線形シミュレーションによる制御性能の検証． |
| 実応用例 | タワークレーン制御の吊り荷ロープ長変動への対応． |

## 19.1　ゲインスケジュールド制御の概要

制御対象の特性があるパラメータによって変動する場合，何らかの方法により実時間で変動パラメータが得られるならば，その情報を活かした制御系設計を行うことができる．スケジューリングパラメータによって制御系を変動させるゲインスケジュールド（gain scheduled：GS）制御[1~5]がこの有力な方法の一つである．本章では，ゲインスケジュールド制御系設計の基本的な方法を示すとともに，その適用に際してキーポイントとなるモデリング，とくにアクチュエータの推力飽和問題を取り上げる．サーボ系設計では，これはアンチワインドアップ制御[6~8,11~13]として知られるが，ここでは多自由度構造系の振動制御問題へのアプローチ[14,15]を一例として示す．

## 19.2　推力飽和を考慮に入れた線形パラメータ変動系の定式化

ある制御対象 $P$ の状態方程式および出力方程式が

$$\dot{x}=Ax+Bu_s,\quad y=Cx+Du_s \tag{1}$$

と表されるものとする．ここで，状態変数 $x\in\mathbb{R}^n$，出力 $y\in\mathbb{R}^k$ とする．アクチュエータの発生できる推力 $u_s\in\mathbb{R}^m$ には $|u_{si}|\le\alpha_i(i=1,2,\cdots,m)$ の制約があると想定する．飽和関数 $f_{sat}(u)$ を用いて推力を

$$u_{si}=f_{sat}(u_i) \tag{2}$$

と制約する．$u_i$ は制御器からの出力であり，$u_i$ がいかなる大きさであってもシステムへの入力は $\alpha_i$ を超えないことに注意されたい．さらに，変動パラメータ

$$p_i(u_i)=\frac{f_{sat}(u_i)}{u_i} \tag{3}$$

を導入し，式 (2) を
$$u_{si}=p_i(u_i)u_i \tag{4}$$
と書き換えると，式 (1) を
$$\dot{x}=Ax+B(p)u, \quad y=Cx+D(p)u \tag{5}$$
と表すことができる．この式はパラメータ $p$ によって変動する線形パラメータ変動 (linear parameter varying : LPV) システム $P(p)$ となっている．LPV システム $P(p)$ を図 19.1 の点線内に示す．

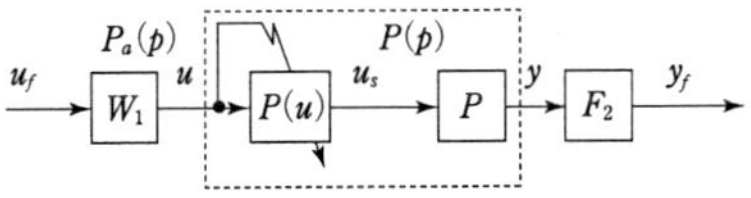

図 19.1 アクチュエータ推力の飽和を考慮した LPV システム

LMI (linear matrix inequalities) に基づく GS 制御系設計[1～4]では，入力行列および出力行列のすべての要素が変動パラメータに依存しないこと，直達行列のすべての要素が 0 でなければならないという条件を満たす必要がある．式 (5) の LPV システムの入力行列 $B$ および直達行列 $D$ は変動パラメータ $p$ に依存しているので，十分に広い帯域幅をもつローパスフィルタ $F_1$ と $F_2$ を，図 19.1 に示すように LPV システム $P(p)$ の入力側と出力側に付加して拡大系を構成する．これにより，システム行列に行列 $B$, $D$ のパラメータ依存性を押し込めることができ，LMI に基づく GS 制御系設計が可能となる．

$F_1$ の状態方程式および出力方程式を
$$\dot{x}_{f1}=A_{f1}x_{f1}+B_{f1}u_f, \quad u=C_{f1}x_{f1} \tag{6}$$
とし，$F_2$ の状態方程式および出力方程式を
$$\dot{x}_{f2}=A_{f2}x_{f2}+B_{f2}y, \quad y_f=C_{f2}x_{f2} \tag{7}$$
とすると，拡大系 $P_a(p)$ の状態方程式は
$$\dot{x}_a=A_a(p)x_a+B_au_f, \quad y_f=C_ax_a \tag{8}$$

$$x_a=\begin{bmatrix} x_{f2} \\ x \\ x_{f1} \end{bmatrix}, \quad A_a(p)=\begin{bmatrix} A_{f2} & B_{f2}C & B_{f2}D(p)C_{f1} \\ 0 & A & B(p)C_{f1} \\ 0 & 0 & A_{f1} \end{bmatrix},$$

$$B_a=\begin{bmatrix} 0 \\ 0 \\ B_{f1} \end{bmatrix}, \quad C_a=\begin{bmatrix} C_{f2} \\ 0 \\ 0 \end{bmatrix}^T$$

となる．式 (8) の $A_a(p)$ のパラメータ依存性はアフィンであるので，状態方程式を
$$\dot{x}_a=(A_0+p_1A_{p1}+p_2A_{p2}+\cdots+p_mA_{pm})x_a+B_au_f \tag{9}$$
と表すことができる．ここで，$A_0$ は $A_a(p)$ から変動パラメータ $p_1, p_2, \cdots, p_m$ に対して独立な成分，$A_{pi}$ は変動パラメータ $p_i$ に依存する成分をそれぞれ取り出した行列である．

飽和関数 $f_{sat}$ として図 19.2 の実線に示す双曲線正接関数を用いると，制御入力 $u_{si}$ は，
$$u_{si}=\alpha_i\tanh\left(\frac{u_i}{\alpha_i}\right)=p_i(u_i)u_i \tag{10}$$
と表すことができる．式 (10) に対応する変動パラメータ $p_i$ を図 19.2 の実線に示す．図 19.2 の実線に示されるように，式 (10) の $p_i$ は推力に飽和が生じる以前から変動する．このため，式 (10) に基づき得られた GS 制御器は推力に飽和が生じていない時点からスケジューリングされることになる．

(a) 飽和関数

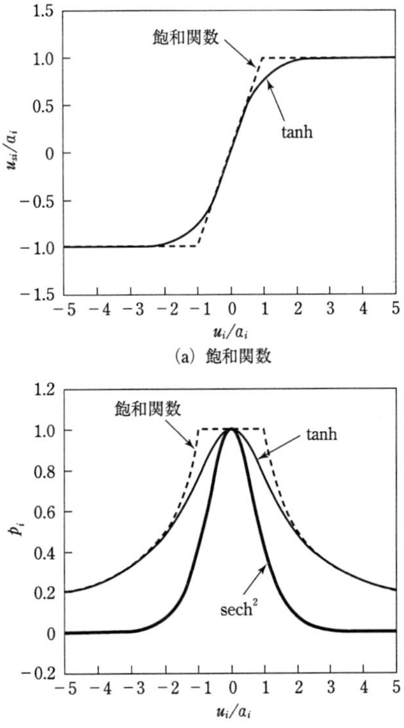

(b) パラメータ変動 $p$

図 19.2 飽和関数

式 (10) の $p_i$ は制御器出力 $u_i$ の関数なので，$u_i$ の最大値を $u_{i\max}$ と仮定すると，その変動範囲は
$$p_{i\min}\leq p_i\leq p_{i\max}$$
$$p_{i\min}=\frac{\alpha_i\tanh\left(\frac{u_{i\max}}{\alpha_i}\right)}{u_{i\max}}, \quad p_{i\max}=1 \tag{11}$$
となる．

なお，飽和関数に図 19.2(a) の破線に示す微分不可能な関数 (従来の飽和関数) を用いると，制御入力 $u_{si}$ は，

$$\begin{cases} u_{si}=u_i, & |u_i|\le\alpha_i \\ u_{si}=\alpha_i, & |u_i|\ge\alpha_i \end{cases} \tag{12}$$

と制約され，このときの変動パラメータ $p_i$ は

$$\begin{cases} p_i=1, & |u_i|\le\alpha_i \\ p_i=\dfrac{u_{si}}{u_i}, & |u_i|\ge\alpha_i \end{cases} \tag{13}$$

となる．式 (13) の変動パラメータ $p_i$ を図 19.2(b) の破線に示す．

Wu らは式（12）で表される飽和関数前後の信号の差を制御器にフィードバックする入力誤差フィードバックを施している[6]．板垣・西村らは式（10）が微分可能であることを利用したサーボ系設計への対応方法を提案している[8,10,11,13]．この場合には，変動パラメータは図 19.2(b) の太い実線となる．

## 19.3　ゲインスケジュールド制御系の設計例

設計例として，図 19.3 に示す 4 自由度構造物のアクティブ免震への適用例を示す．この例では，まず平衡実現[16] を行い，可制御，可観測グラミアンの中で比較的小さい 3 次，4 次の高次振動モード（9.75 Hz, 12.5 Hz）を切り捨て，2 次振動モードまで（2.35 Hz, 6.45 Hz）に低次元化している．

推力の飽和を考慮すると，飽和関数式（14）

$$u_s=\alpha\tanh\left(\frac{u}{\alpha}\right) \tag{14}$$

を含んだ低次元化モデル $P_r(p)$ の状態方程式は，

$$\dot{x}_r=A_r x_r+B_{rz}\ddot{z}+B_{ru}(p(u))u$$
$$p(u)=\frac{\alpha\tanh\left(\dfrac{u}{\alpha}\right)}{u} \tag{15}$$

となる．

文献 17),18) で，第 1 層加速度と第 1-2 層間の相対変位を制御量として用いることで，地震外乱に対して優れた免震性能を有する制御器を得られることが示されている．そこで，第 1 層加速度のみをフィードバック信号として用い，第 1 層加速度 $\ddot{x}_1+\ddot{z}$ および第 1-2 層間の相対変位 $x_2-x_1$ を制御量として用いる．LPV システム $P_r(p)$ の出力方程式は

$$y_r=\begin{bmatrix}\ddot{x}_1+\ddot{z}\\ x_2-x_1\end{bmatrix}=C_r x_r+D_{rz}\ddot{z}+D_{ru}(p(u))u \tag{16}$$

となる．

ローパスフィルタ

$$F_1(s)=L_p(s),\quad F_2(s)=\mathrm{diag}(L_p(s),L_p(s))$$
$$L_p(s)=\frac{1}{\tau s+1},\quad \tau=10^{-3} \tag{17}$$

を用いて，システム行列に $B_{ru}(p)$，$D_{ru}(p)$ の変動パラメータ依存性を押し込め，拡大系 $P_a(p)$ を構成する．その状態方程式および出力方程式は，式（18）となる．

$$\dot{x}=(A_0+pA_p)x+B_z\ddot{z}+B_u u_p$$
$$y_p=\begin{bmatrix}y_{pa}\\ y_{px}\end{bmatrix}=Cx+D_{rx}\ddot{z} \tag{18}$$

ここで，$A_0$ は $A$ から変動パラメータ $p$ に対して独立な成分，$A_p$ は変動パラメータ $p$ に依存する成分をそれぞれ取り出した行列である．$y_{pa}$，$y_{px}$ はローパスフィルタ $F_2$ 通過後の第 1 層加速度，第 1-2 層間の相対変位である．式（18）に基づき GS 制御器 $K(p)$ を設計する．

変動パラメータ $p$ の範囲を

$$p\in[\tanh(3)/3,\ 1]$$

に設定する．これは制御器出力 $u$ の大きさの最大値として，アクチュエータの推力最大値の 3 倍を仮定したことに相当する．

$w=[w_1\ w_2]^T$ から $z=[z_1\ z_{21}\ z_{22}]^T$ までの伝達関数 $G_{zw}$ の $H_\infty$ ノルムを，式（19）のようにある一定値 $\gamma$ 以下とする制御器を求める．一般化プラントを図 19.4 に示す．

$$\|G_{zw}\|_\infty<\gamma \tag{19}$$

図 19.4 で $y_{pa}$ を観測量とし，$z_1$，$z_{21}$ および $z_{22}$ を制御量とする．$w_1$ は地震入力加速度（$w_1=\ddot{z}$）である．

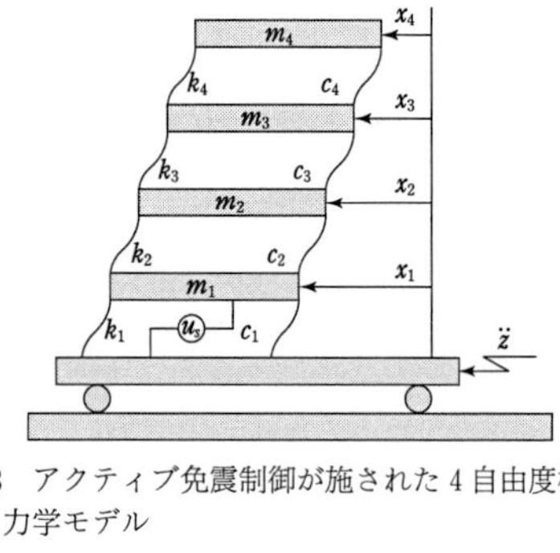


**図 19.3**　アクティブ免震制御が施された 4 自由度構造物の力学モデル

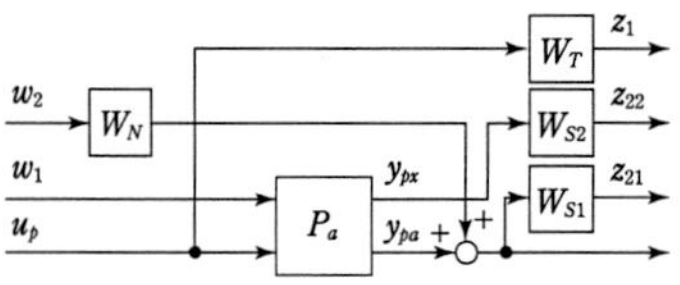


**図 19.4**　GS 制御設計のための一般化プラント $G_{zw}$

高周波数領域でのロバスト安定性を考慮して，非構造的不確かさを $w_2$ として制御対象に加法的に付加し，周波数重み関数 $W_T$ によって評価する．周波数重み関数 $W_{S1}$ および $W_{S2}$ により，外乱に対する主構造物第1層の加速度 $\ddot{x}_1+\ddot{z}$ および第1-2層間の相対変位 $x_2-x_1$ の応答を低減する[17,18]．$W_N$ は観測雑音である．

各周波数重み関数 $W_{S1}$，$W_{S2}$，$W_T$，$W_N$ を

$$W_{S1}=\frac{80\pi}{s+0.1\pi},\quad W_{S2}=1.6,$$
$$W_T=\left(\frac{s^2+5\pi s+(5\pi)^2}{s^2+22.4\pi s+(28\pi)^2}\right)^2,$$
$$W_N=0.5 \tag{20}$$

とした．

得られた二つの線形時不変（linear time invariant：LTI）端点制御器 $K(p_{\max})$，$K(p_{\min})$ のゲイン線図を図19.5に示す．実線は変動パラメータ$p$が最小値の場合，破線は変動パラメータ $p$ が最大値の場合である．LTI端点制御器 $K(p_{\min})$，$K(p_{\max})$ による周波数応答 $(\ddot{x}_1+\ddot{z})/\ddot{z}$ を図19.6に示す．実線は $K(p_{\min})$，破線は $K(p_{\max})$，点線は非制御時である．図19.5から制御器出力 $u$ が大きくなり飽和状態に近づくと1次振動モードの制御性能を下げて，逆に2次振動モードに関しては制御性能を若干上げる制御器が得られていることがわかる．図19.5から推力が飽和したさいには，制御性能を緩和させていることがわかる．また，文献 17),18) で明らかにしているとおり，2次振動モードまで低次元化したモデルに対して設計した制御器は，設計の際に無視した3次，4次の振動モードを十分に抑制していることが確認できる．

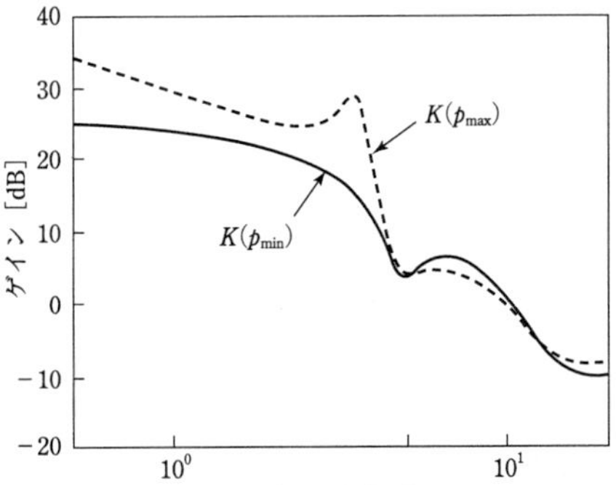


図19.5　LTI端点制御器 $K(p_{\max})$，$K(p_{\min})$ のゲイン線図

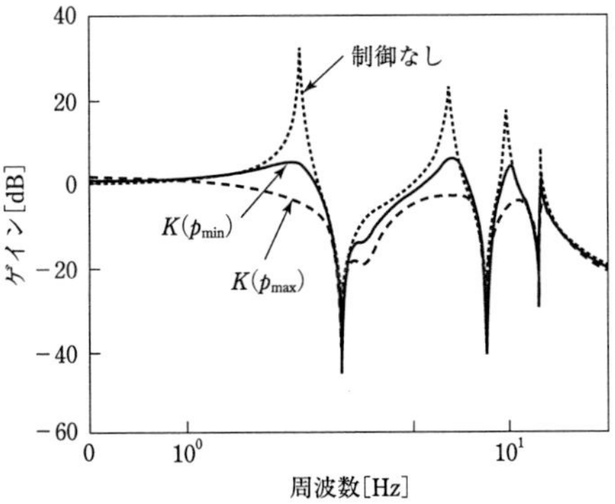


図19.6　LTI端点制御器 $K(p_{\max})$，$K(p_{\min})$ による周波数応答 $(\ddot{x}_1+\ddot{z})/\ddot{z}$

時刻歴応答シミュレーションや実験では，GS制御器 $K(p)$ を変動パラメータ $p$ を用いて凸補間式（21）

$$K(p)=\frac{p_{\max}-p}{p_{\max}-p_{\min}}K(p_{\min})+\frac{p-p_{\min}}{p_{\max}-p_{\min}}K(p_{\max}) \tag{21}$$

によりサンプリング周期ごとに求め，たとえばPadé近似により0次ホールドで離散化する必要がある[19,20]．

## おわりに

アクチュエータの飽和問題に対するゲインスケジュールド制御系設計を行うための基本的な考え方，手順，手法などを多自由度構造系の振動制御を例として示した．ゲインスケジュールド制御を実現するためにはモデリングがきわめて重要で，アクチュエータの飽和をどの飽和関数で定式化するかが制御性能を規程する上で重要である．また，紙面の都合上取り上げなかったが，地震レベルに応じたアクティブ免震の飽和制御[14,15]では，地震の大きさを測ることでゲインスケジュールド制御を行っている．

ここにあげた事例以外に，振幅・制御入力の制約を考慮したアクティブ動吸振器[21,22]，セミアクティブサスペンション[23,24]やタワークレーンの操縦系[20,25]，自動二輪車（バイク）のアシスト制御[26,27]におけるゲインスケジュールド制御理論の応用例もある．また，線形分数変換を用いたパラメータ変動表現に基づくゲインスケジュールド制御手法[28]もある．紙面の都合でここでは取り上げなかったことをお断りしておく．

［西村秀和］

## 参考文献

1) A. Hyde, K. Glover (1993)：The Application for Scheduled $H_\infty$ Controllers to a VSTOL Aircraft, *IEEE Transaction on Automatic Control*, **38**(7)：1021-1039.

2) P. Apkarian, J.-M. Biannic, P. Gahinet (1995)：Self-Scheduled $H_\infty$ Control of Missile via Liner Matrix Inequalities, *Journal of Guidance, Control, and Dynamics*, **18**(3)：532-538.

3) P. Apkarian, P. Gahinet, G. Becker (1998)：Self-Scheduled

$H_\infty$ Control of Linear Parameter-varying Systems, *A Design Example, Automatica*, **31**(9):1251-1261.
4) A. Packard (1994) Gain Scheduling via Linear Fractional Transformations, *Systems and Control Letters*, **22**:79-92.
5) P. Gahinet, A. Nemirovski, A. J. Laub, M. Chilali (1995)：LMI Control Toolbox, For Use with MATLAB, The MATHWORKS INC.
6) F. Wu, K. M. Grigoriadis, A. Packard (1998)：Anti-windup Controlller Synthesis via Linear Parameter-varying Control Design Methods, *Proceedings of the American Control Conference*, 343-347.
7) 高木清志，西村秀和 (1998)：入力制約を考慮したフィードバック補償器の一設計法，第37回計測自動制御学会学術講演会予稿集，**2**:331-332.
8) 板垣紀章，西村秀和，高木清志 (2002)：アクチュエータの飽和を考慮したゲインスケジュールド制御系の一設計法（台車-倒立振子系に対する実験的検証)，第2回制御部門大会資料，p. 115-118.
9) H. Nishimura, K. Takagi, K. Yamamoto (1999)：Gain-Scheduled Control of a System with Input Constraint by Suppression of Input Derivatives, *Proceedings of the 1999 IEEE International Conference on Control Applications*, 287. pdf
10) 板垣紀章，西村秀和，高木清志 (2003)：アクチュエータの飽和を考慮したゲインスケジュールド制御系の一設計法（台車-倒立振子系に対する実験的検証)，日本機械学会論文集C編，**69**(681):1301-1308.
11) N. Itagaki, H. Nishimura, K. Takagi (2003)：Design Method of Gain-Scheduled Control Systems Considering Actuator Saturation (Experimental Verification for Cart and Inverted Pendulum System), *JSME International Journal, Series C*, **46**(3):953-959.
12) 板垣紀章，西村秀和，高木清志 (2002)：アクチュエータの飽和を考慮した2自由度制御系設計，第3回SICEシステムインテグレーション部門講演会，講演論文集(I)，p. 115-116.
13) N. Itagaki, H. Nishimura, K. Takagi (2008)：Two-Degreeof-Freeedom Control System Design in Consideation of Actuator Saturation, *IEEE/ASME Transactions on Mechatronics*, **13**(4):470-475.
14) 板垣紀章，西村秀和 (2005)：アクチュエータ飽和を考慮したアクティブ免震制御，日本機械学会論文集C編，**71**(702):426-433.
15) 板垣紀章，西村秀和 (2005)：地震動による推力飽和を考慮した外乱包含ゲインスケジュールド制御，日本機械学会論文集C編，**71**(711):3107-3114.
16) 野波健蔵，西村秀和，平田光男 (1998)：MATLABによる制御系設計，東京電機大学出版局.
17) H. Nishimura, A. Kojima (1998)：Active Vibration Isolation Control for a Multi-Degree-of-Freedom Structure with Uncertain Base Dynamics, *JSME International Journal, Series C*, **41**(1):37-45.
18) H. Nishimura, A. Kojima (1999)：Seismic Isolation Control for A Buildinglike Structure, *IEEE Control Systems*, **19**(6):38-44.
19) 渡辺嘉二郎，小林尚登，須田義大 (1989)：パソコンによる制御工学，p. 61-64，海文堂.
20) 高木清志，西村秀和 (2003)：タワークレーンの吊り荷ロープ長変動に対する起伏・旋回方向のゲインスケジュールド分散制御（操縦者の任意指令に対応する制御系設計)，日本機械学会論文集C編，**69**(680):914-922.
21) 西村秀和，尾家直樹，高木清志 (2000)：アクチュエータの制約を考慮に入れたアクティブ動吸振器による構造物の振動制御，日本機械学会論文集C編，**66**(641):53-59.
22) 尾家直樹，西村秀和，下平誠司 (2002)：アクチュエータの制約を考慮に入れたアクティブ動吸振器による構造物の振動制御（多自由度構造物に対する実験的検証)，日本機械学会論文集C編，**68**(665):52-59.
23) 西村秀和，佐野雅泰，尾家直樹 (2001)：ゲインスケジュールド制御によるセミアクティブサスペンションの制御系設計，日本機械学会論文集C編，**67**(662):78-84.
24) 西村秀和，加山竜三 (2002)：MRダンパを用いたセミアクティブサスペンションのゲインスケジュールド制御，日本機械学会論文集C編，**68**(676):3644-3651.
25) 高木清志，西村秀和 (1998)：タワークレーンの吊り荷ロープ長変動を考慮したゲインスケジュールド制御，日本機械学会論文集C編，**64**(626):3805-3812.
26) 鎌田　豊，西村秀和 (2003)：計算機支援機構解析による二輪車のモデル同定と前輪操舵制御，日本機械学会論文集C編，**69**(681):1309-1316.
27) 鎌田　豊，西村秀和，飯田英邦 (2003)：二輪車のシステム同定と前輪操舵制御，日本機械学会論文集C編，**69**(688):3191-3197.
28) 岩崎徹也 (1997)：LMIと制御，昭晃堂.

# 20

# 凸最適化

| 要約 | | |
|---|---|---|
| 制御の特徴 | 安定化コントローラのすべてのクラスを表す Youla パラメトリゼーション[1)]を基礎に，安定プロパな伝達関数行列であるフリーパラメータ $Q$ を調整することによって，閉ループ性能の改善を図る線形制御系設計手法である．連続時間系，離散時間系のどちらに対してもコントローラ設計が可能である．フリーパラメータ $Q$ は，連続時間系の場合は Ritz 近似（式 (18)），離散時間系の場合は FIR フィルタ（式 (19)）などでパラメトライズする[2)]．パラメータの最適化には，種々の凸最適化アルゴリズム（切除平面法，楕円体法など）が利用可能である． | |
| 長所 | 閉ループ凸な制御仕様については，設定されたパラメトリゼーションの下での大域的に最適なコントローラを，上記最適化アルゴリズムを用いて必ず得ることができる． | |
| 短所 | 上記のパラメトリゼーションを前提に，安定プロパな伝達関数行列のクラス全体（$RH_\infty$）から大域的に最適な（またはそれに非常に近い）コントローラを求めるためには，コントローラの次数がかなり大きくなる場合がある． | |
| 制御対象のクラス | 線形系であれば，連続時間系，離散時間系両方に適用可能． | |
| 制約条件 | とくにない． | |
| 設計条件 | Youla パラメトリゼーションによる既約分解表現の計算と，凸最適化コードが必要になる（パラメータ数が少ない場合は直接探索でも最適化可能）． | |
| 設計手順 | Step 1 | 制御対象と安定化コントローラの 1 つの既約分解表現を求める． |
| | Step 2 | 安定化コントローラのすべてのクラスを，フリーパラメータ $Q \in RH_\infty$ を用いてパラメトライズ（Youla パラメトリゼーション）し，閉ループ系の伝達関数行列 $T$ を $T = T_1 - T_2 Q T_3$（$T_1, T_2, T_3 \in RH_\infty$）の形で表現する． |
| | Step 3 | フリーパラメータ $Q$ を Ritz 近似または FIR フィルタでパラメトライズし，凸最適化アルゴリズムで式 (18) 中のパラメータ $\alpha_i, i=1,\cdots,n$ または式 (19) 中のパラメータ $\beta_i, i=0,\cdots,n$ を最適化する． |

## 20.1 制御系設計法

### 20.1.1 既約分解表現に基づく安定化コントローラのパラメトリゼーション

制御対象の伝達関数を $P$ とおく．$P$ は，連続時間系の場合は $P(s)$，離散時間系の場合はパルス伝達関数 $P(z)$ で表され，$RH_\infty$ 上で以下のように既約分解表現することができる．

$$P = NM^{-1} \tag{1}$$
$$= \tilde{M}^{-1}\tilde{N} \tag{2}$$

ここで，$N$，$M$，$\tilde{N}$，$\tilde{M} \in RH_\infty$ であり，ペア $N$，$M$ および，ペア $\tilde{N}$，$\tilde{M}$ は既約である．式 (1) を右既約分解形，式 (2) を左既約分解形とよぶ．

既約性の説明のため，以下のような簡単な連続時間 SISO 系を考える．

$$P(s) = \frac{1}{s-1} \tag{3}$$

$P(s)$ の既約分解形の一つとして，以下を与えることができる†．

$$N(s) = \tilde{N}(s) = \frac{1}{s+1}, \quad M(s) = \tilde{M}(s) = \frac{s-1}{s+1} \tag{4}$$

このようにすると，

$$N(s)M^{-1}(s) = \tilde{M}^{-1}(s)\tilde{N}(s) = \frac{1/(s+1)}{(s-1)/(s+1)}$$

† $P$ が MIMO 系の場合，右既約分解と左既約分解は区別されるが，SISO 系の場合は両者を分けて考える必要はない．

$$= \frac{1}{s-1} = P(s)$$

のように，（不安定な）制御対象の伝達関数が安定な伝達関数 $N(s)(\tilde{N}(s))$，$M(s)(\tilde{M}(s))$ の比の形で表される．代数的には，

$$P(s) = \frac{N'(s)}{M'(s)} = \frac{N''(s)}{M''(s)} = \frac{1}{s-1} \tag{5}$$

$$N'(s) = \frac{1}{s-2},\quad M'(s) = \frac{s-1}{s-2} \tag{6}$$

$$N''(s) = \frac{s-2}{(s+2)(s+3)},\quad M''(s) = \frac{(s-1)(s-2)}{(s+2)(s+3)} \tag{7}$$

のような分解も可能であるが，式 (6) では $N'(s)$，$M'(s) \notin RH_\infty$ である．また，式 (7) では

$$N''(s) = \frac{s-2}{(s+2)(s+3)} \in RH_\infty$$

$$M''(s) = \frac{(s-1)(s-2)}{(s+2)(s+3)} \in RH_\infty$$

であるが，両因子に共通な不安定零点 $s=2$ が存在し，この分解は既約ではない．したがって，$N$，$M$ ($\tilde{N}$，$\tilde{M}$) が安定プロパで各因子に共通な不安定極や不安定零点がなく，かつ代数的に式 (1)（式 (2)）が成立していれば，$P = NM^{-1} = \tilde{M}^{-1}\tilde{N}$ は右（左）既約分解表現である．厳密には，$N, M \in RH_\infty$ が右既約である必要十分条件は，等式 $XN + YM = I$ を満たす $X, Y \in RH_\infty$ が存在することであり，$\tilde{N}, \tilde{M} \in RH_\infty$ が左既約である必要十分条件は，$\tilde{N}\tilde{X} + \tilde{M}\tilde{Y} = I$ を満たす $\tilde{X}$，$\tilde{Y} \in RH_\infty$ が存在することである．これらの等式は，ベズー等式とよばれる．既約分解表現は唯一ではないことに注意する．

$P$ に対して，図 20.1 の閉ループ系を内部安定にするコントローラの一つを $C$ とおく．このとき，$P$ と $C$ に対し，以下の方程式が成立するような既約分解 $P = NM^{-1} = \tilde{M}^{-1}\tilde{N}$，$C = UV^{-1} = \tilde{V}^{-1}\tilde{U}$ を必ず求めることができる（重既約分解）．重既約分解表現の状態方程式に基づく導出法は文献[3] などで示されている．

$$\begin{bmatrix} \tilde{V} & \tilde{U} \\ -\tilde{N} & \tilde{M} \end{bmatrix}\begin{bmatrix} M & -U \\ N & V \end{bmatrix} = \begin{bmatrix} M & -U \\ N & V \end{bmatrix}\begin{bmatrix} \tilde{V} & \tilde{U} \\ -\tilde{N} & \tilde{M} \end{bmatrix} = I \tag{8}$$

$P$を安定化するすべてのフィードバックコントローラは，$Q \in RH_\infty$ をフリーパラメータとして，以下のように

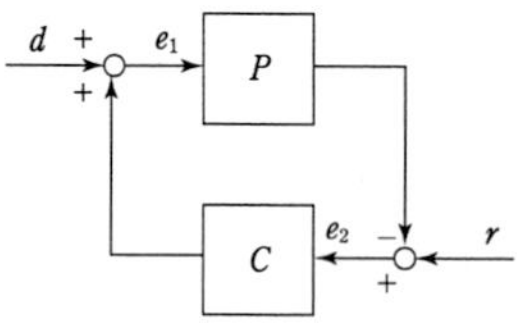


図 20.1　閉ループ系のブロック線図

表すことができる[1]（Youla パラメトリゼーション）．

$$C(Q) = (U + MQ)(Y - NQ)^{-1}$$
$$= (\tilde{V} - Q\tilde{N})^{-1}(\tilde{U} + Q\tilde{M}) \tag{9}$$

閉ループ系の $[d^T\ r^T]^T$ から $[e_1^T\ e_2^T]^T$ までの伝達関数は，以下のようになる．

$$\begin{bmatrix} I & -C(Q) \\ P & I \end{bmatrix}^{-1} = \begin{bmatrix} I & -C \\ P & I \end{bmatrix}^{-1} + \begin{bmatrix} M \\ -N \end{bmatrix} Q[-\tilde{N}\ \ \tilde{M}]$$

$$= \begin{bmatrix} MV - MQ\tilde{N} & U\tilde{M} + MQ\tilde{M} \\ V\tilde{N} + NQ\tilde{N} & \tilde{V}\tilde{M} - NQ\tilde{M} \end{bmatrix} \tag{10}$$

以上より，閉ループ系の任意の入力信号から任意の出力信号までの伝達関数 $T$ は，

$$T = T_1 - T_2 Q T_3,\quad T_1, T_2, T_3 \in RH_\infty \tag{11}$$

のように，フリーパラメータ $Q \in RH_\infty$ に関するアフィン関数の形で表されることがわかる†（文献 2 参照）．なお，$P$ が安定な場合，$C=0$ でも閉ループ系は安定になる†† から，$P$，$C$ の既約分解表現として，以下を定義することができる．

$$N = \tilde{N} = P,\ M = \tilde{M} = I,\ U = \tilde{U} = 0,\ V = \tilde{V} = I \tag{12}$$

ここでは，制御系設計問題を，「式 (12) で表される閉ループ系 $T$ に対し，次節で示す閉ループ凸な制御仕様を表す目的関数を，フリーパラメータ $Q \in RH_\infty$ を調整することによって最適化する」問題と定式化する．

### 20.1.2　凸最適化によるフリーパラメータ $Q$ の最適設計

**a．凸関数の定義とその性質**

$x \in R^n$ の実数値関数 $f(x): x \in R^n \to R$ において，任意の $x_1, x_2 \in R^n$ および $0 \le \lambda \le 1$ に対し，

$$f(\lambda x_1 + (1-\lambda)x_2) \le \lambda f(x_1) + (1-\lambda) f(x_2) \tag{13}$$

が成立するとき（またそのときに限り）関数 $f(x)$ は凸関数である．$x$ がスカラーの場合に，式 (13) の条件を図示したものを図 20.2 に示す．

関数 $f(x)$ が凸関数であるとき，式 (13) は任意の $x \in R^n$ において成立しているから，$f(x)$ は必ず図 20.2 のように唯一の最小値をもつ．したがって，最適化したい目的関数 $f(x)$ が設計パラメータ $x \in R^n$ に関する凸関数で表される場合，切除平面法や楕円体法[2] などの凸最適化アルゴリズムを用いることによって，関数 $f(x)$ の大域的最適値 $f_{\rm opt}$ および唯一の大域的最適解 $x_{\rm opt} \in R^n$ を，任意に設定した $x \in R^n$ の初期値から

† 正確にはアフィン汎関数である．一般に，スカラ変数 $x \in R$ の関数 $f(x)$ が，$f(x) = ax + b$, $a, b \in R$ の形をもつとき，関数 $f(x)$ はアフィン関数であるという．とくに $b=0$ のとき，$f(x)$ は線形関数である．式 (12)の $T$ は，その形から $Q \in RH_\infty$ のアフィン（汎）関数であり，$T_1 = 0$ のときのみ $Q \in RH_\infty$ の線形（汎）関数である．

†† この場合は実質的にフィードバック制御が行われていない．

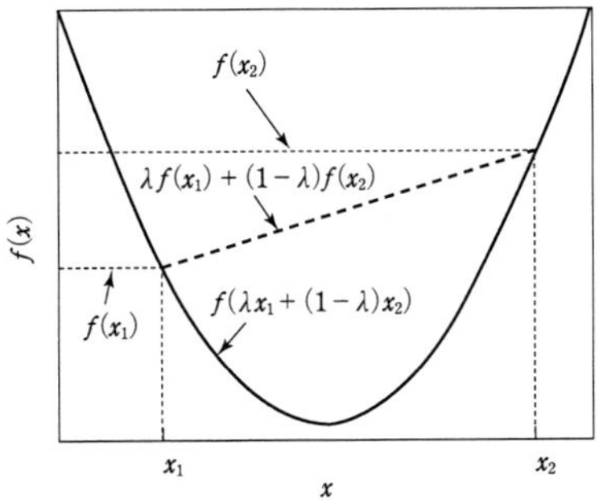


図 20.2 凸関数 $f(x)$ のグラフ．$f(\lambda x_1+(1-\lambda)x_2)\leq\lambda f(x_1)+(1-\lambda)f(x_2)$ $(0\leq\lambda\leq1)$ が成立している．

必ず得ることができる†．さらに，$n$ 個の凸関数 $f_1(x)$, $f_2(x),\cdots,f_n(x)$, $x\in R^n$ の重みつき和

$$f_w(x)=\sum_{i=1}^{n}w_i f_i(x),\ \ w_i\geq0,\ \ i=,\cdots,n \qquad (14)$$

が，$x\in R^n$ に関する凸関数であることも容易に示せる．

**b．閉ループ凸な制御仕様**

20.1.1 節で示したように，制御対象 $P$ と $P$ に対するすべての安定化コントローラ $C(Q)$（式 (9)）からなる閉ループ系の伝達関数は，式 (11) のようにフリーパラメータ $Q\in RH_\infty$ のアフィン関数で表される．多くの制御系設計問題で考慮される閉ループ系のノルムが $\gamma>0$ 未満となる制御仕様は，式 (11) を用いて，以下のように与えられる．

$$\|T\|_x=\|T_1-T_2QT_3\|_x<\gamma \qquad (15)$$

ここで，$\|T\|_x$ は閉ループ系 $T$ のなんらかのノルム（$H_2$, $H_\infty$ ノルムなど）である．いま，ある $Q_a, Q_b\in RH_\infty$ に対して，

$$\|T_1-T_2Q_aT_3\|_x=\gamma_a,\ \|T_1-T_2Q_bT_3\|_x=\gamma_b,\ \gamma_a,\gamma_b>0$$

が達成されていると仮定する．以下のような $Q_a$ と $Q_b$ の凸結合 $Q_c\in RH_\infty$ を定義する．

$$Q_c=\lambda Q_a+(1-\lambda)Q_b\in RH_\infty,\quad 0\leq\lambda\leq1 \qquad (16)$$

このとき，ノルムの性質より，次式が成立することが容易にわかる．

$$\begin{aligned}\|T_1-T_2Q_cT_3\|_x&=\|T_1-T_2\{\lambda Q_a+(1-\lambda)Q_b\}T_3\|_x\\&=\|\lambda(T_1-T_2Q_aT_3)+(1-\lambda)(T_1-T_2Q_bT_3)\|_x\\&\leq\lambda\|T_1-T_2Q_aT_3\|_x+(1-\lambda)\|T_1-T_2Q_bT_3\|_x\\&0\leq\lambda\leq1\end{aligned} \qquad (17)$$

式 (17) より，閉ループ系のノルムは，フリーパラメータ $Q\in RH_\infty$ に関する凸関数となる．よって，a.項での議論より，閉ループ系のノルムを大域的に最小化するようなフリーパラメータ $Q$ は唯一に存在する．

† 一般に凸関数は必ずしも設計パラメータに関して (偏) 微分可能であるとは限らないが，もし設計パラメータのすべての定義域で (偏) 微分可能であれば，最大傾斜法や Newton 法などの傾斜法を用いても大域的最適解を求めることができる．

ここであげた閉ループ系のノルムのように，閉ループ系の制御仕様を表す関数が設計パラメータ $Q\in RH_\infty$ に関する凸関数になっている場合，その制御仕様は閉ループ凸であるという．文献 2 では，他の閉ループ凸な制御仕様として，図 20.1 において，$r$ をステップ信号としたときの制御出力 $y$ のオーバシュートや，アンダシュート値などをあげている（文献 2 参照）．さらに，凸関数の性質より，上記に示した閉ループ凸な制御仕様を表す凸関数の重みつき和も凸関数となるから，多目的制御問題（例：ステップ応答の形状制約つきの $H_2$ 制御問題や，$H_2/H_\infty$ 問題など）も，フリーパラメータ $Q\in RH_\infty$ に関する凸関数の最適化問題になる．

**c．フリーパラメータ最適設計問題の定式化**

閉ループ凸な制御仕様を表す目的関数を $f(Q)$, $Q\in RH_\infty$ とすると，b.項より，$f(Q)$ は $Q\in RH_\infty$ に関する凸関数になる．したがって，関数 $f(Q)$ の大域的最適値 $f_{\mathrm{opt}}$ を達成する $Q_{\mathrm{opt}}\in RH_\infty$ が唯一存在する．しかし，$Q_{\mathrm{opt}}$ は関数空間 $RH_\infty$ 全体からみつける必要があり，解析的に $Q_{\mathrm{opt}}$ が得られるいくつかの場合[4,5]を除き，大域的最適解 $Q_{\mathrm{opt}}$ を探索することは困難である．そこで，$Q\in RH_\infty$ を

**Ritz 近似**（連続時間系）

$$Q(s)=\sum_{i=1}^{n}\alpha_i\left(\frac{a}{s+a}\right)^i\alpha_i\in R,\quad i=1,\cdots,n,\quad a>0 \qquad (18)$$

**FIR フィルタ**（離散時間系）

$$Q(z)=\sum_{i=0}^{n}\beta_i z^{-i},\quad \beta_i\in R,\quad i=0,\cdots,n \qquad (19)$$

とパラメトライズし，制御系設計問題を，最適な $Q_{\mathrm{opt}}\in RH_\infty$ をみつける代わりに，最適な $\alpha_i\in R$, $i=1,\cdots,n$ や $\beta_i\in R$, $i=0,\cdots,n$ をみつける問題とすることによって，関数空間 $RH_\infty$ 全体での探索問題（無限次元の最適化問題）を $p:=[\alpha_1,\cdots,\alpha_n]^T\in R^n$（または $p:=[\beta_0,\beta_1,\cdots,\beta_n]^T\in R^{n+1}$）に関する有限次元凸最適化問題に変換することができる．この場合は，前述した凸最適化アルゴリズムを用いて，式 (18), (19) のパラメトリゼーションの下での大域的最適解 $p_{\mathrm{opt}}$ を求めることが可能になる．ただし，このパラメトリゼーション下で得られる最適な目的関数値 $\overline{f_{\mathrm{opt}}}$ は，本来の探索空間を制限して得られた値であるから，真の大域的最適値 $f_{\mathrm{opt}}$ との間には，一般に $f_{\mathrm{opt}}\leq\overline{f_{\mathrm{opt}}}$ の関係があることに注意する．Ritz 近似や FIR フィルタの次数を表す $n$ を大きくすることによって，式 (18), (19) は真の最適解 $Q_{\mathrm{opt}}\in RH_\infty$ に近づき，結果として $\overline{f_{\mathrm{opt}}}\to f_{\mathrm{opt}}$ となると期待されるが，その代償として，式 (9) のコントローラ $C(Q)$ の次数が大きくなるため，実装時には注意を要する．

## 20.2　制御系設計例

以下のような不安定な制御対象 $P(s)$ を仮定する．

$$P(s)=\frac{1}{s^2+s-1} \tag{20}$$

この制御対象をサンプリングインターバル $T_s=0.01\,\mathrm{s}$ で離散化した $P(z)$ に対して，文献 3) の手法を用いて重既約因子を計算する．式 (11) の閉ループ系の伝達関数 $T(z)$ を次式と定義する．

$$T(z)=\begin{bmatrix} W_s(z)S(z) \\ W_t(z)R(z) \end{bmatrix} = \begin{bmatrix} W_s(z)(\tilde{V}(z)\tilde{M}(z)-N(z)Q(z)\tilde{M}(z)) \\ W_t(z)(N(z)\tilde{U}(z)+N(z)Q(z)\tilde{M}(z)) \end{bmatrix} \tag{21}$$

ここで，$S(z)$ は感度関数 (図 20.1 で $r(z)$ から $e_2(z)$ までの伝達関数)，$R(z)$ は相補感度関数 (図 20.1 で $r$ から $y(z)=P(z)e_1(z)$ までの伝達関数で，$R(z)=1-S(z)$) であり，周波数重み $W_s(z)$ および $W_t(z)$ は，それぞれ

$$W_s(s)=\frac{30}{s+5},\quad W_t(s)=\frac{(s+5)^2}{100(s+1000)^2} \tag{22}$$

を $T_s=0.01\,\mathrm{s}$ で離散化したものとする．フリーパラメータ $Q(z)$ として，次式の FIR フィルタを考える．

$$Q(z)=\sum_{i=0}^{n}\beta_i z^{-i} \tag{23}$$

評価関数 $f(Q)$ を $T(z)$ の $H_\infty$ ノルムとし ($f(Q)=\|T(z)\|_\infty$)，式 (23) の FIR フィルタの係数 $\beta_i$, $i=0,\dots,n$ を，凸最適化アルゴリズムの一つである楕円体法[2] を用いて最適化する．最初に，評価関数 $f(Q)=\|T(z)\|_\infty$ の設計パラメータに関する凸性を確認するため，$n=1$ と設定する．このとき，最適化するパラメータは $\beta_0$ と $\beta_1$ の二つになる．係数 $\beta_0$, $\beta_1$ の値の変化に対して $f(Q)=\|T(z)\|_\infty$ の値を計算して 3 次元プロットしたものを図 20.3 に示す．3 次元プロットの形状から，計算を行った領域のすべてにおいて式 (13) が成立していることが容易にわかり，設計パラメータ空間 ($p:=[\beta_0,\beta_1]T\in R^2$) において，評価関数 $\|T(z)\|_\infty$ は凸関数であることが視覚的に確認できる．

図 20.4 に，式 (23) の FIR フィルタの次数 $n$ を変えて最適化を行ったときの $n$ の値に対する評価関数の最適値 $f_{\mathrm{opt}}(Q)$ の変化を示す．前節で考察したとおり，$n$ を大きくしていくことによって達成される $J$ の値は小さくなっていき，次第に一定値に収束していくことがわかる．この収束値が，この問題に対して $Q(z)$ を関数空間 $RH_\infty$ から選択した場合の大域的最適値であると考えられる．しかし，この例において $n=19$ とすると，

$$(\text{コントローラ } C(Q) \text{ の次数})=(\text{既約因子の次数})+n = 2+19=21 \tag{24}$$

と高次となり，ハードウェアの制約によって実装が困難になる可能性がある．　［平元和彦・大日方五郎］

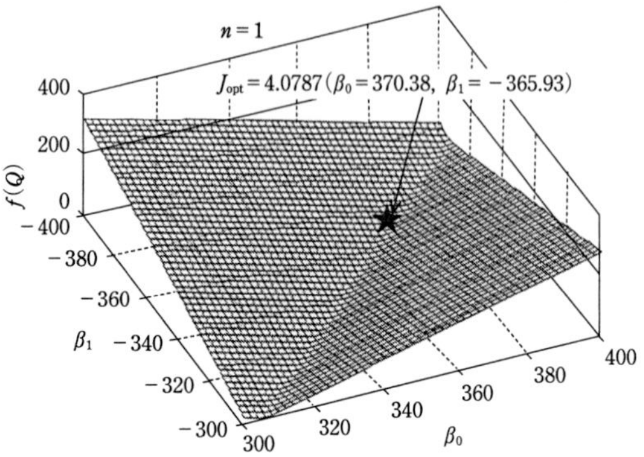


図 20.3　$n=1$ のときの $\beta_0$, $\beta_1$ と $f(Q)$ の関係図

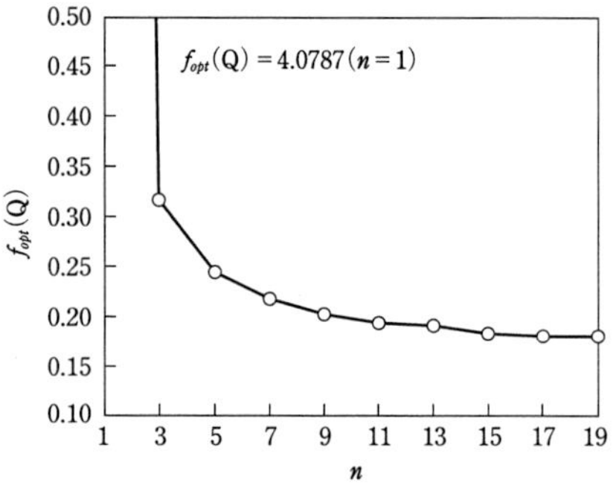


図 20.4　$f_{\mathrm{opt}}(Q)$ と FIR フィルタの次数 $n$ の関係

### 参 考 文 献

1) D. C. Youla, H. A. Jabr, J. J. Bongiorno (1976)：Modern Winer-Hopf design of optimal controllers, Part II；The multivariable case, *IEEE Trans. Automat. Contr.*, **AC-21**：319-338.
2) S. Boyd, C. Barratt (1991)：Linear Controller Design：Limits of Performance, Prentice-Hall.
3) C. N. Nett, C. A. Jacobson, M. J. Balas (1984)：A connection between state-space and doubly coprime fractional representations, *IEEE Trans. Autmat. Contr.*, **AC-29**：831-832.
4) H. Kimura (1984)：Robust stabilization for a class of transfer functions, *IEEE Trans. Automat. Contr.*, **AC-30**：1005-1013.
5) B. Francis (1987)：A Course in $H_\infty$ Control Theory, Springer.

# 21

# 非 線 形 制 御

| 要 約 | | |
|---|---|---|
| | 制御の特徴 | 非線形の状態方程式で表される制御系のための制御手法．なめらかな非線形関数で表されるような非線形性をもつ制御系を扱える一般的な制御論． |
| | 長　所 | 非線形性を有する制御系を直接扱え，かつ高精度な制御を行える． |
| | 短　所 | 周波数特性，固有値などが利用できない．状態推定の手法も整備されていない．線形制御に比べて設計が難しい． |
| | 制御対象のクラス | 非線形の常微分方程式で表現できる対象． |
| | 制 約 条 件 | 出力を用いた状態推定は難しく，状態フィードバック制御が基本． |
| | 設 計 条 件 | 時間領域の評価関数が用いられることが多い． |
| | 設 計 手 順 | 多くの問題は非線形の偏微分方程式となり，近似解法などが必要なことが多い． |
| | 実 応 用 例 | 宇宙工学の分野では非線形の最適制御が一般的に利用されているほか，フィードバック線形化，非線形 $H_\infty$ 制御，非線形モデル予測制御なども応用事例がある．ロボット制御に用いられる計算トルク法も非線形制御の一手法． |

## 21.1 非線形制御系

### 21.1.1 線形制御と非線形制御

非線形制御（non-linear control）が対象とするシステムは

$$\frac{dx}{dt}=f(x(t),u(t)) \tag{1}$$

のような非線形の常微分方程式で表現される．ここで $x(t)\in\mathbb{R}^n$ は状態変数，$u(t)\in\mathbb{R}^m$ は制御入力である．以後は上式を簡潔に $\dot{x}=f(x,u)$ などと表記する．線形制御では上記の関数 $f$ が状態 $x$ と入力 $u$ に関して線形，すなわち $f(x,u)=Ax+Bu$，$A\in\mathbb{R}^{n\times n}$，$B\in\mathbb{R}^{n\times m}$ と書ける場合を扱う．これに比べると非線形制御ではより広いクラスの対象を扱えることになるが，線形制御で利用できた線形代数やラプラス変換などのツールが使えず，収束の速さや振る舞いを表現する固有値や周期入力に対する特性を表す周波数応答といった便利な指標が存在しないというデメリットもある．

また，式 (1) の制御系において，関数 $f$ が入力 $u$ の1次式（アファイン）となる

$$\dot{x}=f(x)+G(x)u \tag{2}$$

のような系に限定した制御系設計法も多く提案されている．ここで，$f(x)\in\mathbb{R}^n$，$g(x)\in\mathbb{R}^{n\times m}$ である．この系を入力にアファインな系とよぶ．なお，式 (1) に積分器 $\dot{u}=\bar{u}$ を接続し，$\bar{u}$ を新しい入力と考えると，

$$\begin{pmatrix}\dot{x}\\ \dot{u}\end{pmatrix}=\begin{pmatrix}f(x,u)\\ 0\end{pmatrix}+\begin{pmatrix}0\\ I\end{pmatrix}\bar{u}$$

のように入力にアファインな系に変換できることに注意しておく．なお，本節の内容の詳細を知りたい場合には，成書1，2）などが詳しい．

### 21.1.2 線 形 近 似

式 (1) の系は，平衡点 $(x,u)=(x_0,u_0)$ をもつ．すなわち

$$0=f(x_0,u_0)$$

を満たすとする．この点からの状態，入力の微小変位を $\bar{x}\equiv x-x_0$，$\bar{u}\equiv u-u_0$ として，その関係を線形近似して表現すると次のようになる．

$$\dot{\bar{x}}=A\bar{x}+B\bar{u} \tag{3}$$

ただし，$A\in\mathbb{R}^{n\times n}$，$B\in\mathbb{R}^{n\times m}$ は以下のように定義される．

$$A \equiv \left.\frac{\partial f}{\partial x}\right|_{(x,u)=(x_0,u_0)}, \quad B \equiv \left.\frac{\partial f}{\partial u}\right|_{(x,u)=(x_0,u_0)}$$

この系 (3) は元の系の平衡点まわりの入力と状態の微小変化 $\bar{u}(t)$，$\bar{x}(t)$ の挙動を表した線形の制御系であり，系 (1) の線形近似系とよばれる．この近似を用いると，非線形制御系にも線形制御を利用することができる．ただし線形近似は，一般に平衡点の近傍でのみ良い近似であり，広い動作範囲の $(x, u)$ に対して制御を行いたい場合には，非線形制御が必要となる．

## 21.2 安　定　性

制御系の性質のうちもっとも大切なものの一つが安定性である．線形制御においては，伝達関数の極あるいはシステム行列の固有値を用いて比較的容易に安定性の判別を行えるが，非線形システムに対しては固有値による安定性解析手法は使えず，代わりにリアプノフの方法とよばれる手法が用いられることが多い．ここでは，以下のような入力のない自律系の安定性を議論する．

$$\dot{x} = f(x) \tag{4}$$

制御系 (4) に対して，任意の正数 $\varepsilon > 0$ に対して正数 $\delta(\varepsilon) > 0$ が存在し，

$$\|x(0)\| \leq \delta(\varepsilon) \Rightarrow \|x(t)\| \leq \varepsilon, \quad \forall t \geq 0 \tag{5}$$

を満たすとき，系 (4) の原点 $x=0$ は（リアプノフの意味で）安定であるという．安定でない場合は不安定であるとよぶ．さらに式 (5) に加えて状態 $x(t)$ が 0 に収束するための条件

$$\lim_{t \to \infty} x(t) = 0$$

を満たすとき，$x=0$ は漸近安定であるという．漸近安定性にさらに状態 $x(t)$ の収束速度を指定した

$$\|x(t)\| \leq ae^{-bt}\|x(0)\|, \quad a, b > 0$$

を満たすとき，指数安定であるという．フィードバック制御により系を制御するためには，通常，漸近安定性もしくは指数安定性が求められる．これらの安定性の間には以下の関係がある．

（指数安定）⇒（漸近安定）⇒（安定）

ただし線形系の場合には，漸近安定性と指数安定性とは等価になる．また，指数安定は構造安定とよばれることもある．

**［例1］**　原点が指数安定な系 $\dot{x} = -x$，漸近安定な系 $\dot{x} = -x^3$，安定な系 $\dot{x} = 0$，不安定な系 $\dot{x} = (1/10)x$ の挙動をそれぞれ実線，破線，一点鎖線，鎖線で図 21.1 に示す．

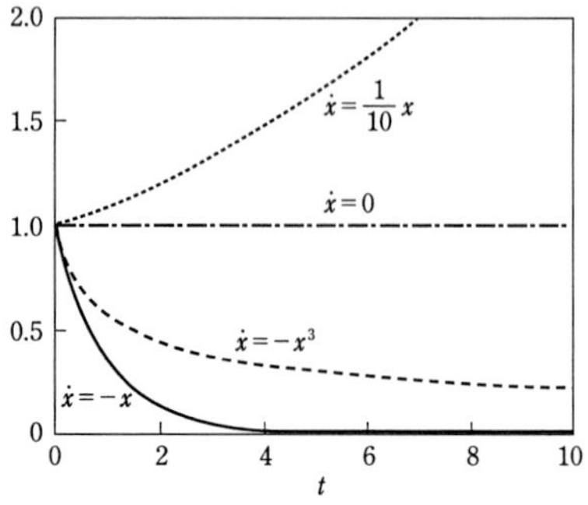


図 21.1　安定性と状態の軌跡

### 21.2.1 リアプノフの安定性解析

線形系の安定性の確認はシステム行列の固有値を調べることによって行うが，非線形系の安定性を確認するためには，リアプノフ関数を用いるのが一般的である．リアプノフ関数は，力学系の力学的エネルギーに似た関数で，この関数が単調減少していくときに制御系は漸近安定となる．リアプノフ関数は状態 $x \in \mathbb{R}^n$ を変数とする正定なスカラ関数である．なお，関数 $V$ が正定というのは，以下の条件を満たすことをいう．

$$V(x)\begin{cases} =0 & (x=0) \\ >0 & (x \neq 0) \end{cases}$$

また，上式において不等式「>」の代わりに等号付き不等式「≥」が成立する場合を半正定といい，$-V(x)$ が正定（もしくは半正定）であるとき，$V(x)$ を負定（もしくは半負定）という．正定，半正定関数の概形をそれぞれ図 21.2 に示す．

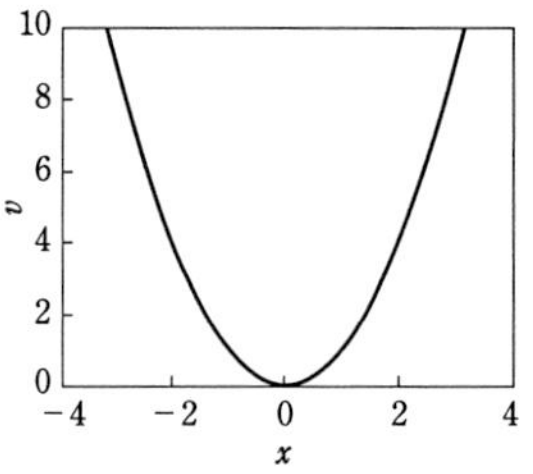


(a) 正定関数

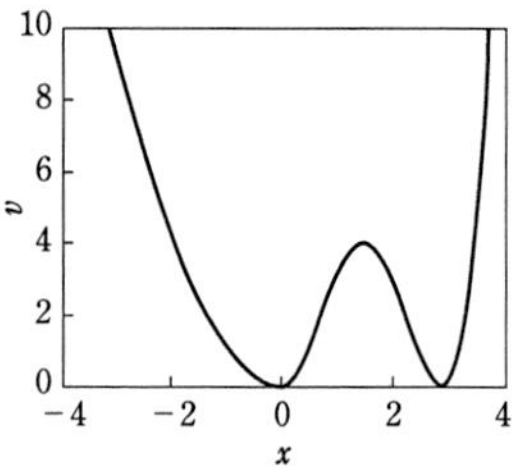


(b) 半正定関数

図 21.2　正定関数 (a) と半正定関数 (b)

**［リアプノフの定理1］**　系 (4) の原点 $x=0$ が，その近傍で漸近安定（もしくは安定）である必要十分条件は，次の条件①，②を満たす関数 $V: \mathbb{R}^n \to \mathbb{R}$ が存在することである．

① 関数 $V(x)$ は正定．

② 時間微分 $\dot{V}(x) = (\partial V/\partial x) f(x)$ は負定（もしくは半負定）．

この定理を満たす関数 $V(x)$ をリアプノフ関数とよぶ．図 21.2 の (a) のような正定なリアプノフ関数

が存在し，式（4）の状態方程式に沿った時間微分 $\dot{V}(x)$ が負定であるとき，$V(x)$ は時間とともに 0 に収束するが，これに対応して $x$ も 0 に収束して漸近安定となる．ただし，漸近安定な制御系に対して，上の定理を満たすリアプノフ関数は一般に無数に存在するため，それを見つけるのは容易ではない．より簡単に安定性を確認できるのが次の定理である．

**［リアプノフの定理 2］** 系（4）の原点 $x=0$ がその近傍で指数安定である必要十分条件は，その線形近似系

$$\dot{x}=Ax, \quad A\equiv\left.\frac{\partial f}{\partial x}\right|_{x=0}$$

が指数安定，すなわち上式の行列 $A$ のすべての固有値の実部が負となることである．

この定理を用いると，線形近似系の $A$ 行列の固有値を調べるだけで安定性が判別できるため，大変便利である．ただし，上記の定理 2 で得られる安定性の状態空間での有効領域（吸引領域）の大きさについては何の情報もなく，有効領域がとても狭い可能性もある．これに比べて定理 1 の方法では，リアプノフ関数 $V(x)$ とその時間微分 $\dot{V}(x)$ の情報から，有効領域をある程度見積もることができる（次項に述べる LaSalle の不変性原理を参照）．また定理 2 で，指数安定であると判定されなかった場合には，漸近安定であるかそれとも不安定であるかはわからないため，注意が必要である．

**［例 2］** 次のようなスカラの状態をもつ制御系を考える．

$$\dot{x}=f(x)\equiv ax+bx^3$$

まずはリアプノフの定理 2 を用いて安定性を判別してみよう．この系の線形近似系は

$$\dot{x}=a\bar{x}$$

であるので，

$a<0 \Rightarrow$（局所的に）指数安定

であることがわかる．次にリアプノフの定理 1 を適用してみる．リアプノフ関数として $V(x)=(1/2)x^2$ を選ぶと，

$$\dot{V}=\frac{dV}{dx}f(x)=ax^2+bx^4=x^2(a+bx^2)$$

これより，以下の事実がわかる．

$a<0,\ b\leq 0 \Rightarrow$ 漸近安定

$a<0,\ b>0 \Rightarrow$ ($|x|<\sqrt{-a/b}$ の範囲で局所的に)漸近安定

$a=0,\ b<0 \Rightarrow$ 漸近安定

$a=0,\ b=0 \Rightarrow$ 安定

このように，リアプノフの定理 2 では簡単に指数安定性が確認できるが，定理 1 を用いるとより詳細な安定性の分類や有効領域の判定が可能となる．

### 21.2.2 LaSalle の不変性原理

リアプノフの安定性解析手法はとても有用であるが，リアプノフ関数をみつけるのは一般に容易ではない．ここでは，リアプノフの方法を拡張して，より緩やかな条件の元で安定性を解析する方法である LaSalle の方法を紹介する．通常のリアプノフの方法では，安定性は示せるが漸近安定性は示せないような場合（$V(x)$ が正定で $\dot{V}(x)$ が半負定の場合）であっても，この方法を用いると漸近安定性を示せることがある．

この方法を説明するための用語を定義する．まず制御系（4）の解 $x(t)$ に関して次の性質をもつ状態空間の部分集合 $X$ を正不変集合という．

$$x(0)\in X \Rightarrow x(t)\in X, \quad \forall t\geq 0$$

すなわち，状態が一度集合 $X$ に入れば，その後ずっと $X$ にとどまるとき，その集合 $X$ を正不変集合とよぶ．図 21.3 に正不変集合の概念図を示す．

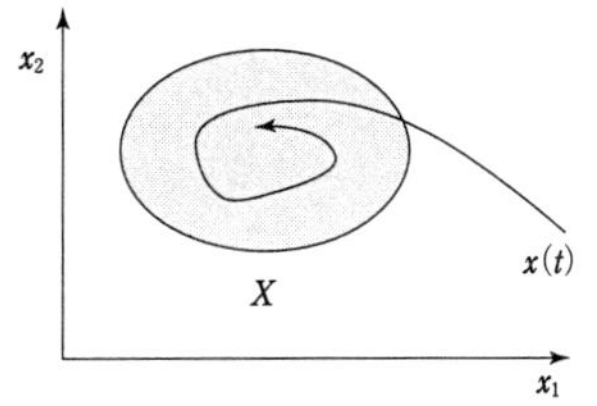


**図 21.3** 正不変集合

また，状態 $x$ のスカラ関数 $V(x)$ と定数 $c>0$ に対して，$V(x)\leq c$ を満たす $x$ の集合をレベル集合といい，

$$L_V(c)=\{x\,|\,V(x)\leq c\}$$

で表す．平易に説明すれば，$V(x)$ という桶に高さ $c$ まで水を入れたときの，水面部分を $x$ 平面に射影したものがレベル集合であるといえる．これを描いたのが図 21.4 である．これらの用語を用いて LaSalle の不変性原理は次のように表現できる．

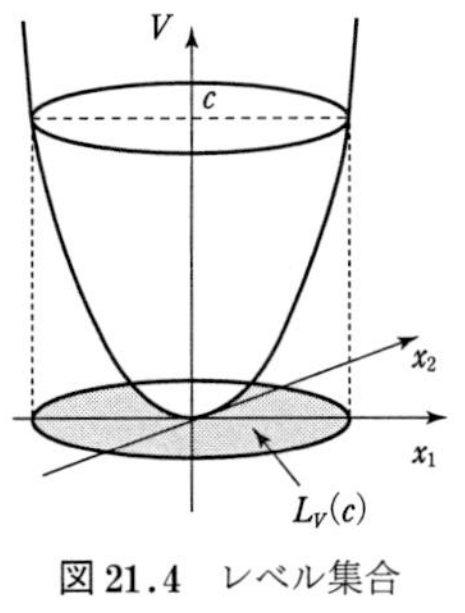


**図 21.4** レベル集合

**［LaSalle の定理］**　ある正の数 $c>0$ が存在して，レベル集合 $L_V(c)$ が有界かつ任意の $x\in L_V(c)$ に対して $\dot{V}\le 0$ とする．このとき $L_V(c)$ 内から出発した解 $x(t)$ は $L_V(c)$ 内にとどまり，集合

$$N\equiv\{x\in L_V(c)\,|\,\dot{V}(x)=0\}$$

に含まれる最大の正不変集合 $M$ に収束する．とくに，ある自然数 $k$ に対して

$$N_k\equiv\{x\in L_V(c)\,|\,\dot{V}(x)=V^{(2)}(x)=\cdots=V^{(k)}(x)=0\}=\{0\}$$

を満たすとき，$M=\{0\}$ となり，系の原点は漸近安定となる．

リアプノフの方法では漸近安定性は示せないような場合でも，この定理を用いると状態 $x$ がどこに収束するかを調べることができる．

**［例 3］**　次のような非線形ばねと線形の摩擦をもつ振動子の運動を考える．

$$m\ddot{q}+c\dot{q}+k(q)=0$$

ここで，$q$ は振動子の変位，質量 $m=1$，摩擦係数 $c=1$，非線形ばね力 $k(q)=q+q^3$ であるとし，状態を $x=(x_1,x_2)^{\mathrm{T}}=(q,\dot{q})^{\mathrm{T}}$ と選ぶと次のような2次元の非線形状態方程式で表せる．

$$\begin{pmatrix}\dot{x}_1\\ \dot{x}_2\end{pmatrix}=f(x)\equiv\begin{pmatrix}x_2\\ -x_1-x_1^3-x_2\end{pmatrix}$$

この系は非線形ばねと線形の摩擦をもつ振動系をモデル化したものであり，その力学的エネルギーである次の正定関数がリアプノフ関数の候補となる．

$$V(x)=\int k(q)\,dq+\frac{m}{2}\dot{q}^2=\frac{1}{2}\left(x_1^2+\frac{1}{2}x_1^4+x_2^2\right)$$

その時間微分は

$$\dot{V}(x)=\frac{\partial V}{\partial x}f(x)=(x_1+x_1^3,x_2)\begin{pmatrix}x_2\\ -x_1-x_1^3-x_2\end{pmatrix}=-x_2^2$$

となり半負定，すなわち系の原点は安定であることがわかる．しかし，この系はばねと摩擦を有する振動系であるので，本来は漸近安定な系である．実際，次の関数をリアプノフ関数に選ぶと，漸近安定性を示すことができる．

$$V_1(x)=\frac{1}{2}x_1^2+\frac{1}{4}x_1^4+\frac{1}{2}x_2^2+\frac{1}{2}x_1x_2$$

しかし，$V_1$ のような関数をみつけるのは一般には容易ではなく，そもそも漸近安定性を示すことができるリアプノフ関数が存在するかどうかさえわからないのが普通である．この系に対して LaSalle の定理を適用してみよう．

$$N_1=N=\{(x_1,x_2)\in L_V(c)\,|\,x_2=0\}$$
$$N_2=\{(0,0)\}$$

となり，関数 $V$ を用いるだけで，この系は漸近安定であることがわかる．

### 21.2.3　その他のツール

リアプノフの方法以外に非線形制御系の安定性解析に使えるツールを紹介する．次の Gronwall-Bellman の補題は，制御系の状態や出力の大きさの上限を見積もるのによく利用される．

**［Gronwall-Bellman の補題］**　$\lambda:[a,b]\to\mathbb{R}$ を連続関数，$\mu:[a,b]\to\mathbb{R}$ を連続で非負の関数とする．もし連続関数 $y[a,b]\to\mathbb{R}$ が

$$y(t)\le\lambda(t)+\int_a^t\mu(s)y(s)\,ds,\quad a\le t\le b$$

を満たすならば，

$$y(t)\le\lambda+\int_a^t\lambda(s)\mu(s)\exp\left(\int_s^t\mu(\tau)\,d\tau\right)ds$$

が成立する．とくに $\lambda(t)$ が定数の場合には，

$$y(t)\le\lambda\exp\left(\int_a^t\mu(\tau)\,d\tau\right)$$

さらに $\mu(t)$ が非負の定数である場合には，

$$y(t)\le\lambda\exp(\mu(t-a))$$

が成立する．

また，次の Barbalat の補題は，リアプノフの方法とは異なり，信号そのものの収束性能を扱うものであり，状態方程式の情報が正確に得られないときでも利用するここ とができる．

**［Barbalat の補題］**　関数 $\phi:[0,\infty)\to\mathbb{R}$ を一様連続関数とする．いま

$$\lim_{t\to\infty}\int_0^t\phi(\tau)\,d\tau<\infty$$

とすると，

$$\lim_{t\to\infty}\phi(t)=0$$

が成り立つ．

## 21.3　制御系設計

前節までで，入力のない自律系の安定性を調べる方法を紹介したが，ここでは入力を有する制御系を制御する設計手法について簡単に述べる．

### 21.3.1 状態フィードバック安定化

入力を $u=k(x)$ のような状態フィードバックとすると，状態フィードバック安定化問題とは，$V(x)$ が正定で，かつ

$$\dot{V}(x)=\frac{\partial V}{\partial x}f(x,k(x))=-W(x)$$

を満たすような正定関数 $W(x)$ とフィードバック $k(x)$ が必要になる．この式には $V(x)$，$W(x)$，$k(x)$ の三つの未知関数と偏微分が含まれており，かつそれらに関して非線形の関係にあるため，非線形の偏微分方程式となる．さらに $V$，$W$ については正定性の条件が加わっており，この式を解くのは容易ではない．

この非線形状態フィードバック制御則の設計問題に関して，これまでさまざまな制御手法が提案されている．以下に代表的なものを紹介する．

**非線形最適制御**　線形系に対する最適制御手法を非線形系に拡張したものである．非線形もしくは2次の偏微分方程式を解く必要があるが，近似解法に関する研究が古くから多数ある．この手法を拡張したものとして，非線形 $H_\infty$ 制御[3]，モデル予測制御[4,5]，逆最適設計法[6] などがあげられる．

**リアプノフの方法**　リアプノフの安定性解析手法を拡張した手法も多数提案されている．リアプノフ関数の候補から安定化フィードバック則を導く制御リアプノフ関数法[7]．状態間の情報の流れに階層構造を有する制御系（厳密フィードバック形）に対して，リアプノフ関数と安定化制御則を構成するバックステッピング法[8]．線形制御における入出力安定性をリアプノフ関数を用いて表現した消散性理論[3]，入力状態安定性[9] とそれらに基づく設計法などがある．

**フィードバック線形化**　フィードバックと座標変換を用いて非線形系を線形系に変換し，線形の制御則と組み合わせて制御を行う方法をフィードバック線形化[10,11] という．線形制御の過去の蓄積を使えるため使い勝手は良いが，適用できる対象が限られる．またこの制御に用いられる微分幾何のツールを用いて非線形系の可制御性や可観測性を調べたり，出力レギュレーション問題を解いたりすることが可能である．

**ゲインスケジューリング**　線形システムのシステム行列 $A$，$B$ などをパラメータの非線形関数として表現したモデルを LPV（linear parameter varying）システムとよぶが，パラメータが時間変化する中でこのモデルを安定化する方法をゲインスケジューリング[12] とよぶ．線形制御手法を拡張したものであるため設計が比較的容易であるが，強い非線形性は扱えないなどのデメリットもある．

**スライディングモード制御**　この方法は，ある種の非線形性があっても，それより大きなハイゲインのフィードバック入力を加えることで非線形の挙動を抑え込んでしまうという方針の制御手法である[13]．その構造からパラメータ変動にロバストなフィードバック則が得られるが，ハイゲイン制御によりチャタリングを生じやすいというデメリットもある．

**力学的制御**　メカトロニクス系などの力学的なエネルギー保存則や対称性を有する制御対象を制御する手法である．力学的特性を利用することで，他の手法に比べて簡単な制御則でロバストな制御が可能になるが，制御対象やフィードバック則の形が限られるなどのデメリットもある．受動性に基づく制御[14,15] もこの手法の一つである．

### 21.3.2 出力フィードバック安定化

次式のような入出力を持つ非線形制御系に対して，出力 $y\in\mathbb{R}^l$ の情報をフィードバックして閉ループ系を漸近安定化する問題を出力フィードバック安定化という．

$$\begin{cases}\dot{x}=f(x,u)\\ y=h(x,u)\end{cases}$$

線形制御においては，入出力信号 $u$，$y$ から状態 $x$ を推定する状態観測器に状態フィードバック制御器は，別々に設計して組み合わせることで出力フィードバックの制御器をつくることができる（分離定理）．しかし，非線形制御においては大域的に有効な状態観測器は知られていないため，実用化されている非線形制御手法の多くは状態フィードバック制御手法である．

非線形の状態観測器および出力フィードバック制御に関する代表的な制御手法としては以下のものがあげられる．

**カルマンフィルタ**　線形制御におけるカルマンフィルタを非線形に拡張した結果がいくつか知られているが，その有効範囲はそれほど広くないものが多い．状態の予測値の近傍での状態方程式の線形近似を用いてカルマンフィルタを設計する方法を拡張カルマンフィルタ[16] とよび，もっとも簡単に利用できる方法の一つである．出力フィードバックの非線形 $H_\infty$ 制御においても，これと同様な観測器が用いられる[3]．より精密なカルマンフィルタの拡張として UKF（unscented Kalman filter）[17]，パーティクルフィルタ[18] などがあ

る．

**状態観測器の線形化**　フィードバック線形化と双対な問題として，状態観測器の線形化[10]がある．これは，状態の真値と推定値の差が線形の常微分方程式を満たすような座標変換と非線形の状態観測器を求める問題である．フィードバック線形化問題よりもさらに厳しい条件が課されるが，条件を満たす場合には，良好な推定を行える．

### 21.3.3　軌道計画・軌道追従制御

制御問題には漸近安定化だけではなく，時間とともに変化する目標軌道を計画したり，またその目標軌道に制御系を追従させたりする問題もよく扱われる．これらの問題を軌道計画・軌道追従制御とよぶ．軌道追従制御問題は，時変な非線形系の漸近安定化問題となり，一般に時不変系の漸近安定化よりも難しい問題である．軌道計画・軌道追従制御に関しては以下のような手法が知られている．

**最適制御**　軌道計画のもっとも典型的な方法は最適制御[5,19]である．いくつかのパターンがあるが，制御時間，初期状態，終端状態などの境界条件を与えて，指定した評価関数を最小化するような軌道を計算する方法である．古典的な方法だが，計算量は多い．

**フラットネス**　フィードバック線形化可能な制御系をフラットな系という[20]．このフラットな性質を使うと，非線形性御系に対して，線形系と同様に容易な軌道計画が可能となり，フィードバック線形化に基づいた軌道追従制御則も設計できる．フィードバック線形化と同様に特定の制御対象にしか適用できない．

**出力レギュレーション**　目標軌道を生成する制御系を用意して，制御対象の出力信号を，目標軌道に追従させる問題を出力レギュレーション[10]とよぶ．目標軌道が事前に決まっている場合などに有用な手法である．

［藤本健治］

## 参考文献


1) H. K. Khalil (1996)：Nonlinear Systems, 3rd ed., Macmillan Publishing Company, New York.
2) S. Sastry (1999)：Nonlinear Systems: Anaysis, Stability and Control, Vol. 10 of Interdisciplinary Applied Mathematics, Springer-Verlag, New York.
3) A. J. van der Schaft (2000)：$L_2$-Gain and Passivity Techniques in Nonlinear Control. Springer-Verlag, London.
4) E. F. Camacho, C. Bordons (2004)：Model Predictive Control. Springer, 2nd ed.
5) 大塚敏之 (2011)：非線形最適制御入門．コロナ社．
6) R. A. Freeman, P. V. Kokotovic (1996)：Robust Nonlinear Control Design：State-Space and Lyapunov Techniques, Birkhäuser.
7) R. Sepulchre, M. Jankovi, P. Kokotovi (1997)：Constructive Nonlinear Control, Springer-Verlag, London.
8) M. Krsti, I. Kanellakopoulos, P. Kokotovi (1995)：Nonlinear and Adaptive Control Design, John Wiley Sons.
9) E. D. Sontag (1998)：Mathematical Control Theory, 2rd ed., Springer, New York.
10) A. Isidori (1995)：Nonlinear Control Systems, 3rd ed., Springer-Verlag, Berlin.
11) 石島辰太郎，島　公脩，石動善久，山下　裕，三平満司，渡辺　敦(1993)：非線形システム論，計測自動制御学会．
12) 渡辺　亮，内田健康 (2000)：実用化が見えてきたゲインスケジューリング．計測と制御，**38**(1)：31-36.
13) V. Utkin, J. Guldner, J. Shi (2009)：Sliding Mode Control in Electro-Mechanical Systems, 2rd ed., CRC Press, London.
14) R. Ortega, A. Loría, P. J. Nicklasson, H. Sira-Rmírez (1998)：Passivity-based Control of Euler-Lagrange Systems, Springer-Verlag, London.
15) 有本　卓 (1990)：ロボットの力学と制御．朝倉書店．
16) 片山　徹 (2000)：新版 応用カルマンフィルタ．朝倉書店．
17) 山北昌毅 (2006)：UKF (Unscented Kalman Filter)って何？，システム/制御/情報，**50**(7)：261-266.
18) C. M. Bishop (2006)：パターン認識と機械学習，Springer.
19) 嘉納秀明 (1987)：システムの最適理論と最適化．コロナ社．
20) 藤本健治，杉江俊治 (1999)：厳密な線形化からフラットネスへ，システム/制御/情報，**43**(2)：87-93.

# 22

# フィードバック線形化

| 要約 | |
|---|---|
| 制御の特徴 | 非線形システムの非線形性をフィードバックと座標変換により打ち消し，線形システムに変換するもの． |
| 長　所 | 線形化できるシステムに対しては線形制御理論で制御が可能となる． |
| 短　所 | すべてのシステムが線形化できるわけではない． |
| 制御対象のクラス | 非線形状態方程式で表される非線形システム． |
| 制約条件 | とくにない． |
| 設計条件 | フィードバック線形化できるための必要十分条件が微分幾何学を用いてわかっている． |
| 設計手順 | フィードバック線形化できるための必要十分条件を確認後，手順に沿って線形化フィードバックと座標変換を求める． |
| 実応用例 | 機械システム（力入力のみならず，モータへの電圧入力のシステムも）のほとんどはフィードバック線形化可能．その他，化学系の一部，トレーラーの軌道制御などへの応用例がある． |

### はじめに

非線形システム（実システム）に対して線形システム理論を適用するためには，なんらかの方法で非線形システムを線形化し，線形システムとして扱う必要がある．この線形化の良し悪しが制御の良し悪しを決定してしまうため，線形化手法が研究されてきた．

## 22.1　線形システムと非線形システム

ここでは，簡単のため次の非線形状態方程式で表される1入力1出力 $n$ 次のシステムを考える．

$$\frac{dx}{dt}=f(x)+g(x)u \tag{1}$$

$$y=h(x) \tag{2}$$

ここで，$x$ は状態で $n$ 次元の縦ベクトル，$u$ はシステムへの入力でスカラ，$y$ は出力でスカラである．また，$f(x)$，$g(x)$ は $x$ に関して何回でも偏微分可能な $n$ 次元の縦ベクトル値関数（ベクトル場）であり，$h(x)$ は $x$ に関して何回でも偏微分可能なスカラ関数とする．さらに，一般性を失うことなく $f(0)=0$，$h(0)=0$ と仮定する．

線形システムが状態方程式

$$\frac{dx}{dt}=Ax+Bu \tag{3}$$

$$y=Cx \tag{4}$$

で表されることを考えれば，$f(x)$ は $Ax$ に，$g(x)$ は $B$ に，$h(x)$ は $Cx$ に当たることが容易にわかる．

たとえば，$\theta$ を姿勢角，$M(\theta)$ を慣性行列，$h(\theta,\dot{\theta})$ を遠心力・コリオリ力・重力などの影響，$\tau$ をモータの発生するトルクとしたとき，

$$M(\theta)\ddot{\theta}=h(\theta,\dot{\theta})+\tau \tag{5}$$

なる運動方程式で表される機械系は

$$\frac{d}{dt}\begin{pmatrix}\theta\\ \dot{\theta}\end{pmatrix}=\begin{pmatrix}\dot{\theta}\\ M(\theta)^{-1}h(\theta,\dot{\theta})\end{pmatrix}+\begin{pmatrix}0\\ M(\theta)^{-1}\end{pmatrix}\tau \tag{6}$$

なる非線形状態方程式で表される．

## 22.2　テイラー展開の1次近似線形化

一般に用いられている線形化手法は以下のようなテイラー展開の1次近似に基づいたものである．非線形状態方程式 (1) において $x=0$，$u=0$ が平衡点（$dx/dt=0$ となり，状態 $x$ が変化しない）であることに注意して，この平衡点のまわりで式 (1) の右辺をテイラー展開し，1次の近似を行えば次の式を得る．

$$\frac{dx}{dt}=f(0)+\left.\frac{\partial f}{\partial x}\right|_{x=0}x+g(0)u+O^2(x,u)$$

$$=\left.\frac{\partial f}{\partial x}\right|_{x=0}x+g(0)u+O^2(x,u) \tag{7}$$

$$y=h(0)+\left.\frac{\partial h}{\partial x}\right|_{x=0}x+O^2(x)$$

$$=\left.\frac{\partial h}{\partial x}\right|_{x=0}x+O^2(x) \tag{8}$$

ここで，$O^2(x,u)$ は $x$ と $u$ に関して2次以上の項を表す．また $x=(x_1,x_2,\cdots,x_n)^T$，$f(x)=(f_1(x),f_2(x),\cdots,f_n(x))^T$ とするとき

$$\frac{\partial f}{\partial x}=\begin{pmatrix}\frac{\partial f_1}{\partial x_1} & \frac{\partial f_1}{\partial x_2} & \cdots & \frac{\partial f_1}{\partial x_n}\\ \frac{\partial f_2}{\partial x_1} & \frac{\partial f_2}{\partial x_2} & \cdots & \frac{\partial f_2}{\partial x_n}\\ \vdots & \vdots & \ddots & \vdots\\ \frac{\partial f_n}{\partial x_1} & \frac{\partial f_n}{\partial x_2} & \cdots & \frac{\partial f_n}{\partial x_n}\end{pmatrix} \tag{9}$$

$$\frac{\partial h}{\partial x}=\begin{pmatrix}\frac{\partial h}{\partial x_1} & \frac{\partial h}{\partial x_2} & \cdots & \frac{\partial h}{\partial x_n}\end{pmatrix} \tag{10}$$

である．$\partial f/\partial x|_{x=0}$，$g(0)$，$\partial h/\partial x|_{x=0}$ はすでに定数となっていることから

$$A=\left.\frac{\partial f}{\partial x}\right|_{x=0},\quad B=g(0),\quad C=\left.\frac{\partial h}{\partial x}\right|_{x=0} \tag{11}$$

と定義し，また式 (7)，(8) において $x$ と $u$ が十分小さいとして $O^2(x,u)$，$O^2(x)$ の項を無視すれば，テイラー展開の1次近似として以下の線形システムを得る．

$$\frac{dx}{dt}=Ax+Bu \tag{12}$$

$$y=Cx \tag{13}$$

コントローラの設計はこの近似線形化されたシステムに対して線形制御理論を用いて行えばよい．たとえば，状態フィードバックを用いるならば

$$u=Fx \tag{14}$$

となり，コントローラは線形である．

この線形化のブロック線図は図22.1で表される．この線形化は原点から離れると近似が悪くなるため原点の近くでしか有効でないことが多いが，手法が簡潔であり，またほとんどすべてのシステムに対して近似線形システムを与えるので広く用いられている（もちろん，この線形化で十分なシステムも多くある）．

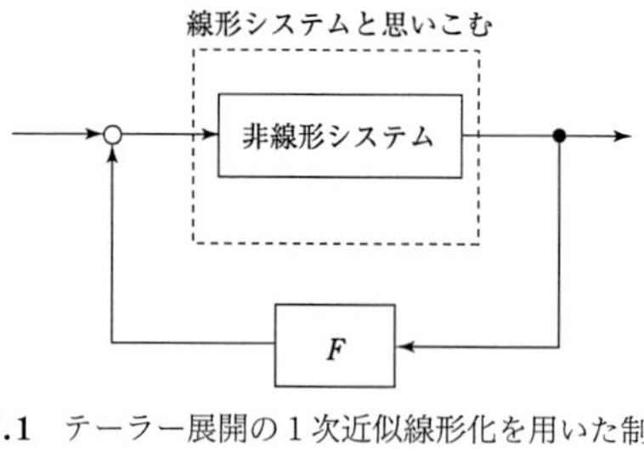


**図 22.1**　テーラー展開の1次近似線形化を用いた制御系

## 22.3　状態方程式（入力から状態まで）の厳密な線形化

テイラー展開の1次近似を用いた線形化はシステムの線形近似であり，狭い範囲でしか有効ではなかった．ここでは，状態方程式 (1) で表されたシステムに対して，入力から状態までを，非線形フィードバックと座標変換を用いて厳密に線形化する方法について説明する．この線形化についてシステムが線形化されるための必要十分条件と，システムを線形化する座標変換と非線形フィードバックの求め方が非線形システム理論（幾何学的アプローチ）[1,2] により得られている．

状態方程式 (1) に対して次の座標変換とフィードバックを考える（$v$ は新しい入力）．

$$\xi=T(x) \tag{15}$$

$$u=\alpha(x)+\beta(x)v \tag{16}$$

ここで，$T(x)$ は原点を原点に変換する（$T(0)=0$）と仮定する．これにより状態方程式 (1) は

$$\frac{d\xi}{dt}=\frac{\partial \xi}{\partial x}\frac{dx}{dt}$$

$$=\frac{\partial T}{\partial x}\{f(T^{-1}(\xi)+g(T^{-1}(\xi))\alpha(T^{-1}(\xi))\}$$

$$+\frac{\partial T}{\partial x}g(T^{-1}(\xi))\beta(T^{-1}(\xi))v$$

$$=\bar{f}(\xi)+\bar{g}(\xi)v \tag{17}$$

となる．このとき，

$$\bar{f}(\xi)=A\xi,\quad \bar{g}(\xi)=B \tag{18}$$

かつ $(A,B)$ 可制御となるように座標変換 (15) とフィードバック (16) が求められるならば，システムを $\xi$ 座標系で厳密に線形システムと一致させることができる．この線形化は近似ではなく厳密な線形化である．

この線形化されたシステムに対しては線形制御理論を用いてコントローラを設計することができる．たとえば，状態フィードバック

$$v=F\xi \tag{19}$$

を設計すれば，元のシステムに対するコントローラは

$$u=\alpha(x)+\beta(x)F\xi$$

$$=\alpha(x)+\beta(x)FT(x) \tag{20}$$

となる．座標変換 (15) が原点を原点に写像することから $\xi\to 0$ ならば $x\to 0$ である．つまり，線形化されたシステムを安定化するフィードバック (19) に基づい

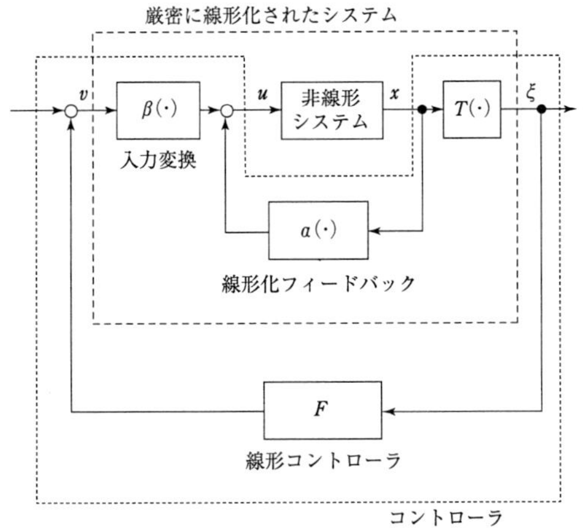


図 22.2 非線形フィードバックと座標変換を用いた線形化による制御系

て設計されたフィードバック (20) は元のシステム (1) を安定化する．

この制御系の概要を図 22.2 に示す．

［定理］ 状態方程式 (1) に対して座標変換 (15)，フィードバック (16) が存在して閉ループ系が (18) を満たす（線形化される）ための必要十分条件は次の二つを同時に満たすことである．

(a) $\{ad_f^0 g, ad_f^1 g, ad_f^2 g, \cdots, ad_f^{n-1} g\}(x)$ がすべての $x$ において線形独立

(b) $\{ad_f^0 g, ad_f^1 g, ad_f^2 g, \cdots, ad_f^{n-2} g\}(x)$ がインボリューティブ

ここで，$ad_f^i g(x)$ は

$$ad_f^0 g = g(x) \tag{21}$$

$$ad_f^{i+1} g = [f, ad_f^i g] \tag{22}$$

$$[f, g] = \frac{\partial g}{\partial x} f(x) - \frac{\partial f}{\partial x} g(x) \tag{23}$$

と定義される縦ベクトル値関数である．$[f, g](x)$ は Lie bracket とよばれるもので，二つの縦ベクトル値関数から縦ベクトル値関数を与えるものである．

また，$\{f_1(x), f_2(x), \cdots, f_r(x)\}$ がインボリューティブであるとは，スカラ関数 $\gamma_i^{j,k}(x)$ が存在して

$$[f_j, f_k] = \sum_{i=1}^{r} \gamma_i^{j,k}(x) f_i(x) \tag{24}$$

と表されることである．

定理の条件 (a) を線形システムの場合に計算すれば「$\{B, AB, A^2B, \cdots, A^{n-1}B\}$ が線形独立」となることがわかり，これはある種の可制御性の条件と考えることができる．また定理の条件 (b) は $n \leq 2$ の場合は常に満たされる（$[ad_f^0 g, ad_f^0 g] \equiv 0$ より，$\{ad_f^0 g\}$ のみからなる縦ベクトル値関数の集合は常にインボリューティブである）ので，おおまかにいえば $n \leq 2$ かつ可制御なシステムは常にこの方法で厳密に線形化することができることになる．

定理の条件が成り立つとき，線形化するための座標変換とフィードバックは次のように求められる．偏微分方程式の可解性の必要十分条件である Frobenius の定理[1,2] によれば，本定理の条件のもとで

$$L_{ad_f^i g} \phi(x) = 0, \quad i = 0, 1, \cdots, n-2 \tag{25}$$

$$L_{ad_f^{n-1} g} \phi(x) \neq 0 \tag{26}$$

（連立偏微分方程式）を満たす関数 $\phi(x)$ が必ず存在する．ここで，$L_f h(x)$ は Lie 微分で

$$L_f h(x) = \frac{\partial h}{\partial x} f(x) \tag{27}$$

$$L_f^1 h(x) = L_f h(x) \tag{28}$$

$$L_f^{i+1} h(x) = L_f\{L_f^i h(x)\} \tag{29}$$

で定義されている．式 (25)，(26) を満たす $\phi(x)$ を用いて，座標 $\xi$ を

$$\xi = \begin{pmatrix} \xi_1 \\ \xi_2 \\ \xi_3 \\ \vdots \\ \xi_n \end{pmatrix} = \begin{pmatrix} \phi(x) \\ L_f \phi(x) \\ L_f^2 \phi(x) \\ \vdots \\ L_f^{n-1} \phi(x) \end{pmatrix} \tag{30}$$

と定義し，フィードバック (16) を

$$u = -\frac{L_f^n \phi(x)}{L_g L_f^{n-1} \phi(x)} + \frac{1}{L_g L_f^{n-1} \phi(x)} v \tag{31}$$

とすると，閉ループ系は

$$\frac{d\xi}{dt} = \begin{pmatrix} 0 & 1 & 0 & \cdots & 0 \\ 0 & 0 & 1 & \cdots & 0 \\ \vdots & \vdots & \ddots & \ddots & \vdots \\ 0 & 0 & 0 & \cdots & 1 \\ 0 & 0 & 0 & \cdots & 0 \end{pmatrix} \xi + \begin{pmatrix} 0 \\ 0 \\ \vdots \\ 0 \\ 1 \end{pmatrix} v \tag{32}$$

となり，線形システムとなることが知られている．

## 22.4 オブザーバの厳密な線形化

システムの状態が利用できない場合にはオブザーバを用いてシステムの状態を推定し，状態フィードバックを実現する必要がある．ここでは，線形誤差応答オブザーバについて紹介する．

状態方程式の厳密な線形化問題の双対問題として状態から出力までの厳密な線形化問題が定式化されている[1,2,6,7]．これが線形誤差応答オブザーバの設計方法である．

一般的にシステム (1)，(2) は座標変換

$$\xi = T(x) \tag{33}$$

により $\xi$ 座標系でのシステム

$$\frac{d\xi}{dt} = \frac{\partial \xi}{\partial x}\frac{dx}{dt} = \frac{\partial T}{\partial x}\{f(x)+g(x)u\}$$
$$= \frac{\partial T}{\partial x}f(T^{-1}(\xi)) + \frac{\partial T}{\partial x}g(T^{-1}(\xi))u$$
$$\stackrel{\text{def}}{=} \bar{f}(\xi)+\bar{g}(\xi)u$$
$$y = h(T^{-1}(\xi)) \stackrel{\text{def}}{=} \bar{h}(\xi) \tag{34}$$

に変換される．いま，$\bar{f}(\xi)$，$\bar{g}(\xi)$，$\bar{h}(\xi)$ が

$$\bar{f}(\xi) = A\xi + p(y),\ \bar{g}(\xi) = r(y),\ \bar{h}(\xi) = C\xi \tag{35}$$

となるように座標変換 $T(x)$ が選ばれていると仮定する．つまり，$\xi$ 座標系でシステムが

$$\frac{d\xi}{dt} = \{A\xi + p(y)\} + r(y)u$$
$$y = C\xi \tag{36}$$

に変換される（$(C, A)$ 可観測）と仮定する．ここで，状態方程式の非線形項である $p(y)$ と $r(y)$ が出力 $y$ のみの関数であることに注意する．このシステムに対して次の同一次元オブザーバを考える．

$$\frac{d\hat{\xi}}{dt} = A\hat{\xi} + p(y) + r(y)u + K(C\hat{\xi} - y) \tag{37}$$

このときオブザーバ誤差を $\varepsilon = \xi - \hat{\xi}$ とすると，$\varepsilon$ の挙動は

$$\frac{d\varepsilon}{dt} = \frac{d\xi}{dt} - \frac{d\hat{\xi}}{dt} = A(\xi - \hat{\xi}) + KC(\xi - \hat{\xi})$$
$$= (A+KC)\varepsilon \tag{38}$$

となり，非線形要素 $p(y), r(y)$ と入力 $u$ の影響を受けない，厳密に線形な自律系で表されることになる．さらに，$(C, A)$ が可観測であるから $(A+KC)$ の固有値は $K$ により任意に設定できる．つまり，$\hat{\xi}$ の真値 $\xi$ への収束の度合いを任意に設定することができる．さらに，もとの状態 $x$ の推定値 $\hat{x}$ は

$$\hat{x} = T^{-1}(\hat{\xi}) \tag{39}$$

で求めることができる．

このようにシステム (1)，(2) を座標変換により式 (36) のシステムに変換できれば，オブザーバ誤差 $\varepsilon$ の挙動が線形となるオブザーバを設計することができる．このようなオブザーバを線形誤差応答オブザーバとよぶ．これは状態-出力間の厳密な線形化と考えることができる．

以下では簡単のため次の1出力の自律系

$$\frac{dx}{dt} = f(x)$$
$$y = h(x) \tag{40}$$

を考え，このシステムを座標変換 $\xi = T(x)$ により

$$\frac{d\xi}{dt} = \bar{f}(\xi) = A\xi + p(y)$$
$$y = \bar{h}(\xi) = C\xi \tag{41}$$

なるシステム（$(C, A)$ 可観測）に変換することを考える．システム (41) に対して誤差の挙動が線形になるオブザーバは

$$\frac{d\hat{\xi}}{dt} = A\hat{\xi} + p(y) + K(C\hat{\xi} - y) \tag{42}$$

で与えられ，オブザーバ誤差 $\varepsilon = \xi - \hat{\xi}$ は

$$\frac{d\varepsilon}{dt} = (A+KC)\varepsilon \tag{43}$$

と線形システムで表される．

入力のあるシステム (1) は同じ座標変換 $T(x)$ により $\bar{g}(\xi) = (\partial T/\partial x)g(x)$ が $\bar{g}(\xi) = r(y)$ のように出力 $y$ のみの関数で表されるとき，オブザーバの厳密な線形化が可能となる．

Krener と Isidori[6] は線形誤差オブザーバの設計の可能性に関して次の定理が成り立つことを示した．ここで，スカラ関数 $\phi(x)$ の外微分 $d\phi(x)$ は

$$d\phi(x) = \frac{\partial \phi}{\partial x} \tag{44}$$

で定義される行ベクトル値関数である．

**［定理］** システム (40) に対して座標変換 $\xi = Tx$ が存在して (40) が $\xi$ 座標系で (41) と表されるための必要十分条件は，次の二つの条件を同時に満たすことである．

(a) $\{dh(x), dL_f h(x), \cdots, dL_f^{n-1}h(x)\}$ が任意の点 $x$ において（実ベクトルの意味で）線形独立である．

(b) ベクトル場 $\tau(x)$ を

$$\begin{pmatrix} dh(x) \\ dL_f h(x) \\ \vdots \\ dL_f^{n-2}h(x) \\ dL_f^{n-1}h(x) \end{pmatrix} \tau(x) = \begin{pmatrix} 0 \\ 0 \\ \vdots \\ 0 \\ 1 \end{pmatrix} \tag{45}$$

を満たす（唯一な）ベクトル場（縦ベクトル値関数）とするとき，次式が $0 \leq i \leq n-1$；$0 \leq j \leq n-1$ に対して成り立つ．

$$[ad_f^i \tau(x), ad_{f\tau}^j(x)] = 0 \tag{46}$$

定理の条件が満たされるとき $i = 1, 2, \cdots, n$，；$j = 1, 2, \cdots, n$ で

$$L_{(-1)^{i-1}ad_f^{j-1}\tau}\phi_i(x) = \begin{cases} 0, & i \neq j \\ 1, & i = j \end{cases} \tag{47}$$

を満たすスカラ関数 $\phi_i(x)$（$\phi_i(0) = 0$）が必ず存在することが証明されている．この $\phi_i(x)$ を用いてシステム (40) を (41) に変換する座標変換の一つは

$$\xi=T(x)=\begin{pmatrix}\phi_1(x)\\\phi_2(x)\\\vdots\\\phi_n(x)\end{pmatrix} \tag{48}$$

で与えられ，この座標変換によりシステムは

$$\frac{d\xi}{dt}=\begin{pmatrix}0&0&\cdots&0&0\\1&0&\cdots&0&0\\0&1&\cdots&0&0\\\vdots&\ddots&\ddots&\ddots&\vdots\\0&\cdots&0&1&0\end{pmatrix}\xi+\begin{pmatrix}p_1(y)\\p_2(y)\\p_3(y)\\\vdots\\p_n(y)\end{pmatrix}$$

$$y=(0\ 0\ \cdots\ 0\ 1)\xi \tag{49}$$

となる．ここで，

$$p_1(y)=L_f\phi_1(x) \tag{50}$$

$$p_i(y)=L_f\phi_i(x)-\phi_{i-1}(x),\quad i=2,3,\cdots,n \tag{51}$$

であり，これらの関数が出力 $y$ の関数になることが証明されている．

線形システム $f(x)=Ax$，$h(x)=Cx$ の場合には

$$\begin{aligned}h(x)&=Cx\\L_fh(x)&=\frac{\partial h}{\partial x}f(x)=CAx\\L_f^2h(x)&=\left\{\frac{\partial}{\partial x}L_fh(x)\right\}f(x)=CA^2x\\&\vdots\\L_f^{n-1}h(x)&=CA^{n-1}x\end{aligned} \tag{52}$$

より

$$\begin{aligned}dh(x)&=\frac{\partial h}{\partial x}=C\\dL_fh(x)&=\frac{\partial}{\partial x}L_fh(x)=CA\\dL_f^2h(x)&=CA^2\\&\vdots\\dL_f^{n-1}h(x)&=CA^{n-1}\end{aligned} \tag{53}$$

であるから，定理の条件 (a) はシステムの可観測性の条件と考えることができる．

多出力系のオブザーバの線形化は Krener と Respondek[7] により解かれている．

## 22.5　入出力関係の厳密な線形化

ここでは，フィードバックを用いて入出力関係のみを線形化することを考える．1入出力系の入出力の厳密な線形化手法は入力 $u$ が現れるまで出力 $y$ を繰り返し時間微分し，$u$ が現れた時点で非線形性をすべてキャンセルするようにフィードバックを決定するというものである．

1入力1出力システム (1) において次を満たす自然数 $\rho$ が存在すると仮定する．

$$L_gL_f^ih(x)=0,\quad i=0,1,\cdots,\rho-2 \tag{54}$$

$$L_gL_f^{\rho-1}h(x)\neq0,\quad\forall x \tag{55}$$

このような $\rho$ が存在するとき，出力 $y=h(x)$ の時間微分を繰り返せば

$$\begin{aligned}\frac{dy}{dt}&=\frac{\partial h}{\partial x}\frac{dx}{dt}=\frac{\partial h}{\partial x}(f(x)+g(x)u)\\&=L_{f+gu}h(x)=L_fh(x)+uL_gh(x)\\&=L_fh(x)\\\frac{d^2y}{dt^2}&=\frac{d}{dt}\frac{dy}{dt}=\frac{d}{dt}L_fh(x)\\&=L_{f+gu}L_fh(x)=L_fL_fh(x)+uL_gL_fh(x)\\&=L_f^2h(x)\\&\vdots\\\frac{d^{\rho-1}y}{dt^{\rho-1}}&=L_f^{\rho-1}h(x)+uL_gL_f^{\rho-1}h(x)\\&=L_f^{\rho-1}h(x)\\\frac{d^\rho y}{dt^\rho}&=L_f^\rho h(x)+uL_gL_f^{\rho-1}h(x)\end{aligned} \tag{56}$$

を得る．$\rho$ の定義より $L_gL_f^{\rho-1}h(x)\neq0$ であるから，出力 $y$ を $\rho$ 階時間微分したときに初めて入力 $u$ が影響したことになる．これは $\rho$ が線形システムにおける相対次数に相当することを示している．新しい入力を $v$ としてフィードバックを

$$\begin{aligned}u&=\alpha(x)+\beta(x)v\\&=\frac{-L_f^\rho h(x)}{L_gL_f^{\rho-1}h(x)}+\frac{1}{L_gL_f^{\rho-1}h(x)}v\end{aligned} \tag{57}$$

と定義すれば，明らかに

$$\frac{d^\rho y}{dt^\rho}=v \tag{58}$$

となる．いま，状態の一部 $\xi$ を

$$\xi=\begin{pmatrix}y\\\dot y\\\vdots\\\frac{d^{\rho-1}}{dt^{\rho-1}}\end{pmatrix}=\begin{pmatrix}h(x)\\L_fh(x)\\\vdots\\L_f^{\rho-1}h(x)\end{pmatrix} \tag{59}$$

と定義し，残りの状態関数 $\eta=T_2(x)$ を

$$x\to\begin{pmatrix}\xi\\\eta\end{pmatrix} \tag{60}$$

が座標変換になる（逆関数が存在する）ように決定できたとすれば，フィードバックを施したシステムの状態方程式は

$$\frac{d\xi}{dt}=A\xi+Bv$$

$$\frac{d\eta}{dt}=\varsigma_1(\xi,\eta)+\varsigma_2(\xi,\eta)v \tag{61}$$

$$y=C\xi$$

となる．ここで，

$$A=\begin{pmatrix}0 & 1 & 0 & \cdots & 0\\ 0 & 0 & 1 & \cdots & \vdots\\ \vdots & \vdots & \vdots & \ddots & 0\\ 0 & 0 & 0 & \cdots & 1\\ 0 & 0 & 0 & \cdots & 0\end{pmatrix}$$

$$B=\begin{pmatrix}0\\0\\ \vdots\\0\\1\end{pmatrix} \tag{62}$$

$$C=(1\ 0\ \cdots\ 0\ 0)$$

$$\varsigma_1(\xi,\eta)=L_{\tilde{f}}T_2(x)$$

$$\varsigma_2(\xi,\eta)=L_{\tilde{g}}T_2(x)$$

$$\tilde{f}(x)=f(x)+g(x)\alpha(x)$$

$$\tilde{g}(x)=g(x)\beta(x)$$

である．このようにシステムはフィードバックと座標変換により線形可観測な状態 $\xi$ と非線形不可観測な状態 $\eta$ に分解されている．入出力に着目すれば，このシステムは線形である．また，この非線形不可観測な状態 $\eta$ が安定であるならば，線形な部分 $\xi$ のみを安定化することにより，システム全体を安定化することができる．このようなシステムは線形システムの最小位相系に相当する．

非線形不可観測な状態 $\eta$ の挙動は zero dynamics とよばれ，線形システムの零点と対応している．

このように入出力の線形化は入出力関係に関係するところのみを線形化し，非線形性の残る部分は不可観測にして入出力に現れないようにする線形化と考えることができる．

機械系などの場合には，この入出力線形化により，すべての状態が線形化されることが知られている（zero dynamics が存在しない）．つまり，状態方程式が厳密に線形化されることになる．　［三平満司］

## 参考文献


1) 石島辰太郎，石動善久，三平満司，島　公脩，山下　裕，渡辺敦（1993）：非線形システム論，計測自動制御学会．
2) A. Isidori (1989)：Nonlinear Control Systems, 2nd ed., Springer-Verlag.
3) B. Jakubczyk, W. Respondek (1980)：On Linearization of Control Systems, *Bull. Acad. Polonaise Sci. Ser. Sci. Math.*, **28**：517-522.
4) R. Su (1982)：On the Linear Equivalents of Nonlinear Systems, *Systems and Control Letters*, **2**(1)：48-52.
5) L. R. Hunt, R. Su, G. Meyer (1982)：Design for Multi-Input Nonlinear Systems, in R. W. Brockett *et al.* eds., Differential Geometric Control Theory, Birkhauser.
6) A. J. Krener, A. Isidori (1983)：Linearization by Output Injection and Nonlinear Observers, *Systems and Control Letters*, **3**：47-52.
7) A. J. Krener, W. Respondek (1985)：Nonlinear Observers with Linearizable Error Dynamics, *SIAM J. of Control and Optimization*, **23**(2)：197-216.
8) A. Isidori, A. Ruberti (1984)：On the Synthesis of Linear Input-Output Responses for Nonlinear Systems, *Systems and Control Letters*, **4**(1)：17-22.

# 23

# 非ホロノミック制御

| 要約 | |
|---|---|
| 制御の特徴 | 速度拘束などの不可積分な力学的拘束を有する機械システム，あるいはそれと同様な構造を有する一般の非線形システムに対し，切り換えや時変フィードバックを用いて制御する理論である． |
| 長所 | 線形制御の範疇では不可制御とされるシステムでも，非線形性を巧みに活かすことによって制御することができる． |
| 短所 | いずれの制御方法も，状態に関する不連続性あるいは時変性を本質的に含んでいる．また，個々の対象に固有の性質も多く，非ホロノミックシステムすべてに共通して適用できる設計論は得られていない． |
| 制御対象のクラス | 入力について線形，可制御，かつドリフト項をもたない滑らかな非線形システム． |
| 制約条件 | とくにない． |
| 設計条件 | 任意の初期状態から原点への到達（漸近安定性については詳細な議論が必要）． |
| 設計手順（代表的なもの） | Step 1　Chained 形式への変換．<br>Step 2　線形可制御なサブシステムへの変換．<br>Step 3　線形状態フィードバック則と切り換え則の設計． |
| 実応用例 | 車両系，ホバークラフト，水中ビークル，飛行船などの移動ロボット，また宇宙ロボットのスラスタを使わない姿勢制御など． |

## 23.1 非ホロノミック制御の概念

### 23.1.1 力学的拘束の可積分性

本項ではまず非ホロノミックシステム(nonholonomic system)とは何かについて概説する．ホロノミックおよび非ホロノミックという用語は，本来は機械システムにおける力学的拘束の分類のために用いられている[1]．

次のようなEuler-Lagrangeの運動方程式を考えよう．

$$\frac{d}{dt}\left(\frac{\partial L}{\partial \dot{q}_i}\right)-\frac{\partial L}{\partial q_i}=F_i \tag{1}$$

ここで，$q \in \mathbb{R}^n$ は一般化座標であり，通常は機械要素の位置・姿勢や関節の角度などを表す．$L(q, \dot{q})$ はラグランジアン，$F_i$ は一般化力を表す項である．この系に課せられる力学的拘束として，一般化座標 $\boldsymbol{q}$ に関する代数的等式条件 $C(\boldsymbol{q}, t)=0$ で表すことのできる拘束をホロノミック拘束という．一方，このような形で表すことのできない拘束を非ホロノミック拘束という．非ホロノミック拘束には，$\boldsymbol{q}$ だけでなく，その微分にも依存した等式条件 $C(\boldsymbol{q}, \dot{\boldsymbol{q}}, \ddot{\boldsymbol{q}}, \cdots, t)=0$ や，等式ではなく不等式で表される拘束条件 $C(\boldsymbol{q}, t)\geq 0$ などがある．典型的なものが一般化速度 $\dot{\boldsymbol{q}}$ について線形かつ時不変な拘束条件

$$C(\boldsymbol{q}, \dot{\boldsymbol{q}})=\omega(\boldsymbol{q})\dot{\boldsymbol{q}}=0 \tag{2}$$

である．ここで，$\omega(\boldsymbol{q})$ は $s\times n$ 行列値関数であり，通常は $n>s$ かつ $\omega(\boldsymbol{q})$ が $\forall \boldsymbol{q}\in\mathbb{R}^n$ で行フルランクと仮定する．これは拘束条件の数が自由度よりも少なく，また $s$ 個の拘束条件が互いに独立であって冗長なものを含まないことを意味している．

ホロノミック拘束が一つ存在すると，これを運動方程式に代入することによって運動の自由度すなわち一般化座標の数が一つ減少する．非ホロノミック拘束の場合はそうではなく，一般化座標の数を減退させない．したがって，拘束条件を消去することはできず，運動は常に拘束条件付きの運動方程式として記述しなければならない．

さて，拘束条件が一般化座標の微分を含む形 (1) で与えられたとしても，すぐにこれが非ホロノミックであると結論づけることはできない．積分操作によって，一般化座標の微分を含まない方程式 (1) に変換できる可能性が残っているからである．このような性質を可積分と

いう．すなわち，ホロノミック拘束とは可積分な拘束，非ホロノミック拘束とは不可積分な拘束のことである．

各点 $\boldsymbol{q}$ で $\omega(\boldsymbol{q})$ に直交する $n\times(n-s)$ 行列値関数 $G(\boldsymbol{q})$，すなわち

$$\omega(\boldsymbol{q})G(\boldsymbol{q})=0 \tag{3}$$

を満たすものを考える．このとき拘束条件の可積分性はFrobeniusの定理によって判定することができる．まず

$$\mathscr{G}(\boldsymbol{x}):=\mathrm{Im}\,G(\boldsymbol{x}) \tag{4}$$

を入力接分布とよび，$\forall \boldsymbol{x}\in\mathbb{R}^n$ について $f(\boldsymbol{x})\in\mathscr{G}(\boldsymbol{x})$ であるときベクトル場 $f$ は $\mathscr{G}$ に属するという．任意の $f,g\in\mathscr{G}$ に対して $[f,g](\boldsymbol{x})\in\mathscr{G}$ が成り立つとき，$\mathscr{G}$ はインボリューティブ（involutive）という．ここで $[f,g](\boldsymbol{x})$ は $\mathbb{R}^n$ 上の $f,g$ のLie括弧積

$$[f,g](\boldsymbol{x}):=\frac{\partial g}{\partial \boldsymbol{x}}f-\frac{\partial f}{\partial \boldsymbol{x}}g$$

である．このとき，拘束条件 (2) が可積分であることと，入力接分布 $\mathscr{G}$ がインボリューティブであることは等価である（Frobeniusの定理）．$\mathscr{G}$ がインボリューティブでない場合，$\mathscr{G}$ のベクトル場から生成されるあらゆるLie括弧積の集合を考えることにより，$\mathscr{G}$ を含む最小のインボリューティブな接分布 $\bar{\mathscr{G}}$ が構成される．これを可制御性接分布（controllability distribution）とよぶ．

### 23.1.2　非線形システムとしての非ホロノミックシステム

いま，拘束を満たすような一般化速度 $\dot{\boldsymbol{q}}$ は制御入力 $\boldsymbol{u}$ によって任意に発生させることができると考えるなら，状態変数を $\boldsymbol{x}:=\boldsymbol{q}$，制御入力の自由度を $m:=n-s$ とおいて

$$\dot{\boldsymbol{x}}=G(\boldsymbol{x})\boldsymbol{u},\quad \boldsymbol{x}\in\mathbb{R}^n,\quad \boldsymbol{u}\in\mathbb{R}^m \tag{5}$$

という状態方程式によって運動学を記述することができる．これをdriftlessシステムとよぶ．$G(\boldsymbol{x})$ の各列をベクトル場 $g_1(\boldsymbol{x},\cdots,g_m(\boldsymbol{x})$ とおけば，式 (5) は次のようにも書ける．

$$\dot{\boldsymbol{x}}=g_1(\boldsymbol{x})u_1+\cdots+g_m(\boldsymbol{x})u_m \tag{6}$$

拘束条件の独立性の仮定から，$g_1(\boldsymbol{x}),\cdots,g_m(\boldsymbol{x})$ は各点で互いに線形独立であり，入力接分布 $\mathscr{G}(\boldsymbol{x})$ は

$$\mathscr{G}(\boldsymbol{x})=C^\infty\mathrm{span}\{g_1(\boldsymbol{x}),\cdots,g_m(\boldsymbol{x})\}$$

と表せる．

容易にわかるように，driftlessシステムにおいては任意の状態 $\boldsymbol{x}$ は $\boldsymbol{u}=0$ とおくことで平衡点になりうる．また，$\boldsymbol{u}$ を $k$ 倍することは時間を$k$倍速く進めることと等しく，符号を反転することは時間を逆転させることと等しい．さらに，driftlessシステムを $\boldsymbol{x}=0$ におけるテイラー展開を用いて線形近似し，線形システム $\dot{\boldsymbol{x}}=A\boldsymbol{x}+B\boldsymbol{u}$ を求めると，$A$ は零行列，$B=G(\boldsymbol{0})$ となって明らかに不可制御である．にもかかわらず，次の定理により非線形の意味では可制御となる可能性が残されている．

**［定理1］**（**Chow**[2]）　システム (5) が可制御，すなわち任意の初期状態から任意の目標状態へ到達させる入力が存在するための必要十分条件は，各点 $\boldsymbol{x}\in\mathbb{R}^n$ において $\bar{\mathscr{G}}$ の中に互いに線形独立なベクトル場が $n$ 個存在することである．

一方で，その可安定性に関しては次の事実が知られている．

**［定理2］**（**Brockett**[3]）　$n>m$ であれば，システム (5) の平衡点を局所漸近安定化する時不変な連続状態フィードバック $\boldsymbol{u}=k(\boldsymbol{x})$（ただし $k(\boldsymbol{0})=\boldsymbol{0}$）は存在しない．

したがって，Chowの定理によって目標状態への到達可能性が保証されているにもかかわらず，それを連続時不変な状態フィードバックによって実現することは不可能であるということになる．この条件を回避するために，制御則に何らかのかたちで，(a) 時変・周期変要素，フィードフォワード要素，あるいは，(b)不連続要素・切り換え要素，をもたせることが必須となる．

## 23.2　非ホロノミック制御の設計法

非ホロノミックシステムの特徴の一つは例題ごとに異なる構造の豊富さにある．したがって，統一的な制御系設計法を述べることは困難であるが，ここではほぼすべてのdriftlessシステムに適用できる基本的なフィードフォワード制御法と，chained形式とよばれる正準形と等価なクラスに適用できる精密な切り換えフィードバック制御法をそれぞれ説明する．

### 23.2.1　Lie括弧積に基づくフィードフォワード制御法

driftlessシステム (5) は適当な入力と座標変換のもとで

$$\dot{\boldsymbol{x}}=\begin{pmatrix} I_m \\ \bar{G}(\boldsymbol{x}) \end{pmatrix}u \tag{7}$$

ただし，$\boldsymbol{x}=\begin{pmatrix}\boldsymbol{r}\\ \boldsymbol{\phi}\end{pmatrix}$，$\boldsymbol{r}\in\mathbb{R}^m$，$\boldsymbol{\phi}\in\mathbb{R}^{n-m}$

という形にも変換できる．ここで，$\bar{G}(\boldsymbol{x})$ は $(n-m)\times m$ 行列値関数である．また，最初の $m$ 個の状態変数 $\boldsymbol{r}\in\mathbb{R}^m$ が属する部分空間を $Q:=\mathbb{R}^m$，残りの状態変数 $\boldsymbol{\phi}$ が属する空間を $G:=\mathbb{R}^{n-m}$ とする．このうち，$\boldsymbol{r}$ の部分についてのダイナミクスは $\dot{\boldsymbol{r}}=\boldsymbol{u}$，すなわち入

力の積分として直接に駆動される．Lie 括弧積 $[g_1, g_2]$ は，図 23.1 のように，$r_1-r_2$ 平面において微小な閉領域 $A$ の境界 $\partial A$ をたどらせて $Q$ 上で微小閉軌道を描かせたときに発生する変位の方向を意味している．この変位をホロノミーという．

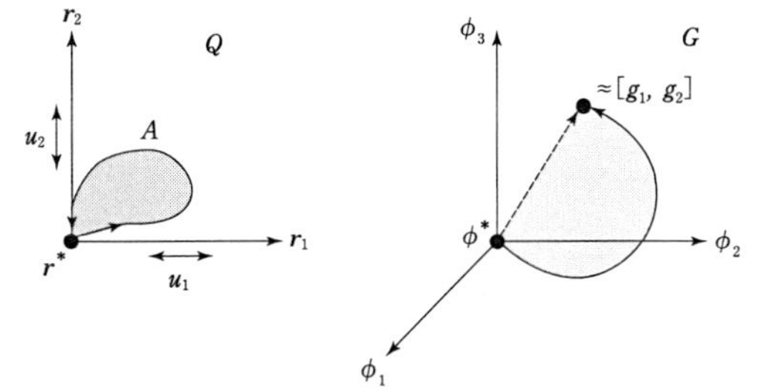


**図 23.1** ホロノミー

変位の大きさは $A$ の面積にほぼ比例し，たどる向きによって符号が変わるが，このことを定量的に述べると次のようになる．周期が $T\,(>0)$ で，平均が 0 の周期関数 $r_i(t), r_j(t), (i, j\in\{1, \cdots, m\})$ を考える．すなわち，$r_i(t+T)=r_i(t)$ であり，またその時間積分

$$R_i(t):=\int_0^t r_i(\tau)\,d\tau \tag{8}$$

が $R_i(0)=R_i(T)=0$ を満たす．添字 $j$ についても同様とする．また，$R_i$-$R_j$ 平面で $(R_i(t), R_j(t))$ が描く閉曲線を $\partial A$，これが囲む領域を $A$，その面積を $\mathscr{A}$ とする．

**［定理 3］** システム (6) に対し，入力

$$v_i=\varepsilon r_i(t),\quad v_j=\varepsilon r_j(t),\quad \varepsilon>0 \tag{9}$$

を与えるとする．このとき，初期状態 $\boldsymbol{x}(0)=\boldsymbol{x}_0$ に対する解 $\boldsymbol{x}(t)$ について

$$\boldsymbol{x}(T)=\boldsymbol{x}_0+\varepsilon^2\mathscr{A}\cdot[g_1, g_2](\boldsymbol{x}_0)+O(\varepsilon^3) \tag{10}$$

が成り立つ．

状態を到達させる目標点を，一般性を失うことなく原点 $\boldsymbol{x}=\boldsymbol{0}$ とする．上述の原理をもとにすると，次のような戦略によって原点への接近が可能である．

- Step 1　底空間上で $\boldsymbol{r}$ をその原点 0 まで到達させる．
- Step 2　$\boldsymbol{\phi}_1$ の偏差に対応する面積をもつ小領域 $A$ をつくり，その境界をたどらせる．$\boldsymbol{\phi}_1>0$ のときは反時計回り，$\boldsymbol{\phi}_1<0$ のときは時計回りにたどる．
- Step 3　$\boldsymbol{\phi}_1$ に偏差が残っていれば Step 2 を繰り返す．

なお，後述する chained 形式の場合はホロノミーを近似なく正確に算出することができるので，繰り返しを行わずに 1 周だけで $\boldsymbol{\phi}_1$ を 0 に到達させることも可能である[4]．より高次の近似公式，およびそれに基づいた入力設計法については，たとえば文献 5) に述べられている．

### 23.2.2 正準形への変換に基づくフィードバック制御法

時不変連続フィードバックによって原点を漸近安定化できなくても，1 次元以上の不変集合の漸近安定化ならば可能な場合がある．そこで，漸近安定化可能な不変集合を複数用意し，それを順次切り換えていくというアプローチがいくつか提案されている．これは時刻によって制御則が変化するという時変要素と，制御則の切り換えという不連続要素を併用したものであるといえる．以下の説明は，そのうち最も理解しやすいと思われる時間軸状態制御形に基づく方法[6] に沿ったものである．

- Step 1　chained 形式への変換

以下では簡単のため 2 入力の場合，すなわち

$$\dot{\boldsymbol{x}}=g_1(\boldsymbol{x})\,u_1+g_2(\boldsymbol{x})\,u_2 \tag{11}$$

について述べる．この状態方程式に対して微分同相な状態変換 $\boldsymbol{\xi}=T(\boldsymbol{x})$ および可逆な入力変換 $\boldsymbol{u}=\alpha(\boldsymbol{v})$ を用いて等価変換を施すことを考える．これにより，chained 形式とよばれる正準形

$$\begin{aligned}\dot{\xi}_1&=v_1\\ \dot{\xi}_2&=v_2\\ \dot{\xi}_i&=\xi_{i-1}v_1,\quad i=3, \cdots, n\end{aligned} \tag{12}$$

に変換することが可能ならば，以下に述べる制御系設計法が適用できる．この形式は右辺に状態変数と入力 $v_1$ の積を含む双線形システムとなっており，$v_1$ を定数に固定すれば可制御な線形システムとみなせるのが特徴である．

chained 形式への変換条件[7] は，時間軸状態制御形への変換条件[6] と厳密な線形化条件[8] を合わせたものと等価である．したがって，この条件は決して緩いものではないが，後述する二輪車両系の例をはじめ，牽引車両，水中ビークル，平面宇宙ロボットの姿勢制御，ロボットハンドによる球体操り問題など実用上重要な多くの例を含んでいる．とくに，外微分システム理論における Engel の定理の応用[9,10] により，$m=2$ かつ $n\leq 4$ の driftless システムの場合は必ず chained 形式に変換可能であることが示されている．

- Step 2　線形可制御なサブシステムへの変換

まずシステム (12) を以下のような 2 つのサブシステムに分けて考える．

$$\dot{x}_1=u_1 \tag{13}$$

$$\frac{d}{dt}\begin{pmatrix}x_2\\ x_3\\ \vdots\\ x_n\end{pmatrix}=\begin{pmatrix}0\\ x_2\\ \vdots\\ x_{n-1}\end{pmatrix}u_1+\begin{pmatrix}1\\ 0\\ \vdots\\ 0\end{pmatrix}u_2 \tag{14}$$

式 (13) を時間軸制御部，式 (14) を状態制御部という．$u_1$ を定数に固定すれば，状態制御部は可制御な線形システムになっている．

・Step 3　線形状態フィードバック則と切り換え則の設計

式 (14) の状態を $\boldsymbol{z}:=(x_2, x_3, \cdots, x_n)^T$ とおくと，$u_1$ が定数のときには線形状態フィードバック則 $u_2=Kz$ を用いて不変集合 $\{x\in\mathbb{R}^n \mid z=0\}$ を漸近安定化することは容易である．そこで，いくつかの $u_1$ の値に応じて線形状態フィードバックを設計し，$u_1$ の値を順次切り換えて $x_1$ を0に近づけることを考える．簡単な切り換え則としては，$c>0$ を定数として次のステップを繰り返せばよい．

(a) $u_1=c$ として状態制御部を漸近安定化するフィードバック則 $u_2=K_+z$ を施す．このとき $x_1$ は単調増加し，$\|\boldsymbol{z}\|$ は指数減少する．$x_1>0$ かつ $\|\boldsymbol{z}\|$ が「十分に」小さくなったら (b) へ移る．

(b) $u_1=-c$ として状態制御部を漸近安定化するフィードバック則 $u_2=K_-z$ を施す．このとき $x_1$ は単調減少し，$\|\boldsymbol{z}\|$ は指数減少する．$x_1=0$ となったとき，$\|\boldsymbol{z}\|$ が「十分に」小さくなっていれば制御を終了する．そうでなければ (a) へ戻る．

ただし，制御系全体の安定性の厳密な保証については慎重な議論が必要である．これは不変集合への収束が漸近的であるために有限の切り換え時間内で完全に到達するわけではないこと，また各段階において無視した状態変数，すなわち不変集合上の振る舞いがゼロダイナミクスに依存するなどの理由による．状態のとりうる範囲が制限されている場合（狭い空間での車両の車庫入れ問題など）にはこの点が問題となることもある．

## 23.3　非ホロノミック制御の設計例

図23.2に示すような平面上の二輪車両系の場合を考えよう．

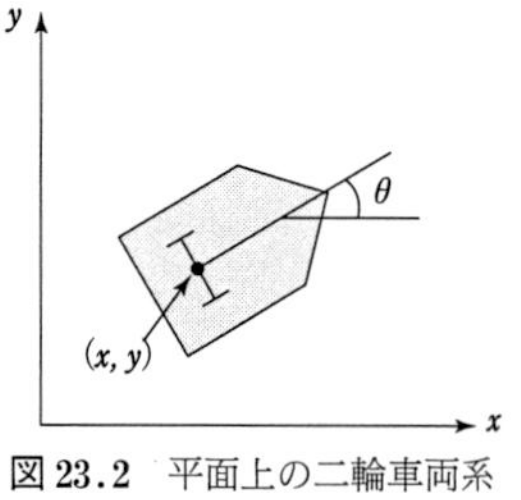


図23.2　平面上の二輪車両系

一般化座標は $\boldsymbol{q}=(x, y, \theta)^T$ であり，$(x, y)$ は車両の位置，$\theta$ は座標系に対する車両の姿勢角である．車輪は横滑りをしないと仮定すると，

$$\omega(\boldsymbol{q})=\dot{x}\sin\theta-\dot{y}\cos\theta=0 \tag{15}$$

という速度拘束条件が $s=1$ 個与えられていることになる．$\omega(\boldsymbol{q})$ に直交する行列値関数 $G(\boldsymbol{q})$ を求めると，$m=n-s=2$ 個の入力をもつ driftless システムの状態方程式

$$\frac{d}{dt}\begin{pmatrix} x \\ y \\ \theta \end{pmatrix}=\begin{pmatrix} \cos\theta & 0 \\ \sin\theta & 0 \\ 0 & 1 \end{pmatrix}\begin{pmatrix} u_1 \\ u_2 \end{pmatrix} \tag{16}$$

が得られる．

ここで，座標変換として $\xi_1=x, \xi_2=\tan\theta, \xi_3=y$，入力変換として $u_1=v_1/\cos\theta$，$u_2=\cos^2\theta v_2$ を施すことを考える．この変換は $\theta\in(-\pi/2, \pi/2)$ の範囲で可逆かつ滑らかである．このとき，状態方程式 (16) は2入力3状態の chained 形式

$$\begin{aligned} \dot{\xi}_1&=v_1 \\ \dot{\xi}_2&=v_2 \\ \dot{\xi}_3&=\xi_2 v_1 \end{aligned} \tag{17}$$

に変換される．以後は23.2.2項で述べた方法をそのまま適用することにより制御が可能である．

［石川将人］

## 参考文献

1) H. Goldstein, C. Poole, J. Safko (2002)：Classical Mechanics, 3rd ed., Addison Wesley.
2) H. Nijmeijer, A. J. van der Schaft (1990)：Nonlinear Dynamical Control Systems, Springer-Verlag.
3) R. W. Brockett (1983)：Asymptotic stability and feedback stabilization, Differential Geometric Control Theory Vol. 27, p. 181-191, Springer-Verlag.
4) R. M. Murray, S. S. Sastry (1993)：Nonholonomic motion planning: Steering using sinusoids, *IEEE Trans. on Automatic Control*, **38**(5)：700-716.
5) N. E. Leonard, P. S. Krishnaprasad (1995)：Motion control of drift-free, left-invariant systems on lie groups, *IEEE Trans. on Automatic Control*, **40**(9)：1539-1554.
6) 清田洋光，三平満司 (1999)：時間軸状態制御形によるドリフト項を持たない非ホロノミックシステムの安定化，システム制御情報学会論文誌，**12**(11)：647-654.
7) R. M. Murray, S. S. Sastry, Z. Li (1994)：A Mathematical Introduction to Robotic Manipulation, CRC Press.
8) A. Isidori (1995)：Nonlinear Control Systems, 3rd ed., Springer-Verlag.
9) R. Bryant, S. Chern, R. Gardner, H. Goldshmidt, P. Griffiths (1991)：Exterior Differential Systems, Mathematical Sciences Research Institutepublications #18, Springer-Verlag.
10) R. M. Murray (1994)：Nilpotent basis for a class of nonintegrable distributions with applications to trajectory generation for nonholonomic systems, *Math. Contr. Signals, Syst.*, **7**：58-74.

# 24

# 非線形 $H_\infty$ 制御

**要約**

| | |
|---|---|
| 制御の特徴 | 線形 $H_\infty$ 制御の非線形システムへの拡張. |
| 長所 | 非線形システムに対する最適制御. |
| 短所 | 制御器を得るために偏微分方程式を解く必要がある. |
| 制御対象のクラス | 非線形状態方程式で表される非線形システム. |
| 制約条件 | とくにない. |
| 設計条件 | とくにない. |
| 設計手順 | ハミルトン-ヤコビ偏微分方程式を解く. |
| 実応用例 | 問題を工夫することによりセミアクティブサスペンションなどの制御への応用例がある. |

**はじめに**

ここでは，線形 $H_\infty$ 制御理論を非線形システムに拡張した非線形 $H_\infty$ 制御理論について述べる.

以下において，記号は慣例に従い，$x$ は状態，$w$ は外部入力，$u$ は制御入力，$z$ は評価出力を表す $n$，$m_1$，$m_2$，$p$ 次の縦ベクトルとする．また，$A, B, C, D$ などは適当な次元の定数行列，$f(x)$，$g(x)$，$h(x)$，$j(x)$ は適当な次元の縦ベクトル値/行列値関数とする.

## 24.1 $H_\infty$ ノルムと $L_2$ ゲイン

伝達関数 $G(s)$ で表される安定な線形システム

$$z=G(s)w \tag{1}$$

の $H_\infty$ ノルム（簡単のため1入出力系について記述）は周波数応答のゲインの最大値として

$$\|G(s)\|_\infty=\sup_\omega|G(j\omega)| \tag{2}$$

と定義される（直感的に理解するためには sup を max とおきかえてもよい)．このように伝達関数の $H_\infty$ ノルムは周波数応答で表されるため，線形 $H_\infty$ 制御理論では周波数応答（感度関数，相補感度関数など）に基づいた制御系設計が可能となり，多くの実応用例が報告されるようになった.

一方，(外乱) 入力 $w$ と (評価) 出力 $z$ の大きさを表すノルムとして次の $L_2$ ノルムを考えた場合

$$\|z\|_2=\sqrt{\int_0^\infty|z(t)|^2dt} \tag{3}$$

$$\|w\|_2=\sqrt{\int_0^\infty|w(t)|^2dt} \tag{4}$$

$G(s)$ の $H_\infty$ ノルムは

$$\|G(s)\|_\infty=\sup_w\frac{\|z\|_2}{\|w\|_2} \tag{5}$$

であることが知られている．これは $H_\infty$ ノルムが（外乱）入力 $w$ によって生成される（評価）出力 $z$ の大きさの最大値（ゲイン）を表していることを示している．このときの信号の大きさを測る尺度が $L_2$ ノルムであることから，伝達関数 $G(s)$ の $H_\infty$ ノルムをシステムの $L_2$ ゲインとよぶことがある.

非線形システムには周波数応答の概念がないため，非線形 $H_\infty$ 制御理論では $H_\infty$ ノルムの概念としてこの $L_2$ ゲインを用いることになる．つまり，非線形システム $S_o$ に対して $L_2$ ゲインを

$$\|S_o\|_{L_2}=\sup_w\frac{\|z\|_2}{\|w\|_2} \tag{6}$$

と定義し，非線形 $H_\infty$ 制御理論ではこのゲインを $\gamma$ 以下にすることを目的とする.

## 24.2 $H_\infty$ 状態フィードバック制御問題

線形システム $S_l$

$$S_l\begin{cases}\dot{x}=Ax+B_1w+B_2u\\ z=C_1x+D_{12}u\end{cases}\tag{7}$$

に対する線形 $H_\infty$ 状態フィードバック制御問題とは「与えられた正定数 $\gamma$ に対して，閉ループシステムを内部安定にし，かつ $w$ から $z$ までの $H_\infty$ ノルム（$L_2$ ゲイン）が $\gamma$ 未満となる制御器 $u$ を設計せよ」という問題である．定理を簡単にするために以下の直交条件

$$C_1^TD_{12}=0,\quad D_{12}^TD_{12}=I$$

を仮定すれば，この問題が可解であるための必要十分条件は次の定理で与えられる．

**［定理1］** 線形 $H_\infty$ 状態フィードバック制御問題が可解であるための必要十分条件は次のリッカチ不等式

$$PA+A^TP+\frac{1}{\gamma^2}PB_1B_1^TP-PB_2B_2^TP+C_1^TC_1<0\tag{8}$$

を満たす正定対称行列 $P$ が存在することである．このとき制御器の一つは

$$u=-B_2^TPx\tag{9}$$

で与えられる．

これと同様に非線形システム $S$

$$S\begin{cases}\dot{x}=f(x)+g_1(x)w+g_2(x)u\\ z=h_1(x)+j_{12}(x)u\end{cases}\tag{10}$$

に対する非線形 $H_\infty$ 状態フィードバック制御問題とは「与えられた正定数 $\gamma$ に対して，閉ループシステムを内部（指数）安定にし，かつ $w$ から $z$ までの $L_2$ ゲインが $\gamma$ 未満となる制御器 $u$ を設計せよ」という問題である．定理を簡単にするために以下の直交条件

$$h_1^Tj_{12}=0,\quad j_{12}^Tj_{12}=I$$

を仮定すれば，この問題が可解であるための必要十分条件は次の定理で与えられる．

**［定理2］** 非線形 $H_\infty$ 状態フィードバック制御問題が可解であるための必要十分条件は次のハミルトン-ヤコビ偏微分不等式

$$\frac{\partial V}{\partial x^T}f+\frac{1}{4\gamma^2}\frac{\partial V}{\partial x^T}g_1g_1^T\frac{\partial V}{\partial x}-\frac{1}{4}\frac{\partial V}{\partial x^T}g_2g_2^T\frac{\partial V}{\partial x}+h_1^Th_1+\varepsilon x^Tx\leq 0\tag{11}$$

を満たす正定関数 $V(x)$ および正定数 $\varepsilon$ が存在することである．このとき制御器の一つは

$$u=-\frac{1}{2}g_2^T(x)\frac{\partial V}{\partial x}(x)\tag{12}$$

で与えられる．ここで，

$$\frac{\partial V}{\partial x^T}=\left(\frac{\partial V}{\partial x_1}\ \frac{\partial V}{\partial x_2}\ \cdots\ \frac{\partial V}{\partial x_n}\right)\tag{13}$$

$$\frac{\partial V}{\partial x}=\left(\frac{\partial V}{\partial x^T}\right)^T\tag{14}$$

である．実際にはここで設計される状態フィードバックはハミルトン-ヤコビ偏微分不等式が満たされる範囲の状態 $x$ で有効になる（準大域性）．また，直交条件が成り立たない場合にも同様にハミルトン-ヤコビ不等式を用いて状態フィードバックを設計できる．

さて，縦ベクトル値/行列値関数 $f(x)$ などを

$$\begin{aligned}f(x)&=Ax+O^2(x)\\ g_1(x)&=B_1+O^1(x)\\ g_2(x)&=B_2+O^1(x)\\ h_1(x)&=C_1x+O^2(x)\\ j_{12}(x)&=D_{12}+O^1(x)\end{aligned}\tag{15}$$

と近似すると，非線形システム $S$ は

$$S_{la}\begin{cases}\dot{x}=Ax+B_1w+B_2u+O^2(x,u)\\ z=C_1x+D_{12}u+O^2(x,u)\end{cases}\tag{16}$$

と線形近似できる（$O^p(x,u)$ は $x$，$u$ に関して $p$ 次以上の項を表す）．正定関数 $V(x)$ も

$$V(x)=x^TPx+O^3(x),\quad P>0\tag{17}$$

と2次近似して，ハミルトン-ヤコビ偏微分不等式に代入してみよう．簡単な計算より

$$\frac{\partial V}{\partial x^T}=2x^TP+O^2(x)$$

$$\frac{\partial V}{\partial x}=2Px+O^2(x)\tag{18}$$

であること，また，$x^TPAx$ がスカラであることから

$$2x^TPAx=x^T(PA+A^TP)x\tag{19}$$

であることがわかる．これらを用いてハミルトン-ヤコビ偏微分不等式を整理すれば

$$\begin{aligned}&\frac{\partial V}{\partial x^T}f+\frac{1}{4\gamma^2}\frac{\partial V}{\partial x^T}g_1g_1^T\frac{\partial V}{\partial x}-\frac{1}{4}\frac{\partial V}{\partial x^T}g_2g_2^T\frac{\partial V}{\partial x}+h_1^Th_1+\varepsilon x^Tx\\ &=2x^TPAx+\frac{1}{\gamma^2}x^TPB_1B_1^TPx-x^TPB_2B_2^TPx+x^TC_1^TC_1x+\varepsilon x^Tx+O^3(x)\\ &=x^T(PA+A^TP+\frac{1}{\gamma^2}PB_1B_1^TP-PB_2B_2^TP+C_1^TC_1+\varepsilon I)x+O^3(x)\\ &\leq 0\end{aligned}\tag{20}$$

となる．ここで，$O^3(x)$ を無視できる原点近傍で考える．$x$ は原点近傍で任意の値をとることから，この条件は

$$PA+A^TP+\frac{1}{\gamma^2}PB_1B_1^TP$$
$$-PB_2B_2^TP+C_1^TC_1+\varepsilon I\le 0 \quad (21)$$

または，$\varepsilon$ が正定数であることから

$$PA+A^TP+\frac{1}{\gamma^2}PB_1B_1^TP$$
$$-PB_2B_2^TP+C_1^TC_1<0 \quad (22)$$

と一致する．これは線形近似システムのリッカチ不等式と同一のものである．さらに，状態フィードバックの線形近似は

$$u=-\frac{1}{2}g_2^T(x)\frac{\partial V}{\partial x}(x)=-B_2^TPx+O^2(x) \quad (23)$$

となり，これも線形近似システムに対して線形 $H_\infty$ 制御理論を用いて制御系を設計したものと一致する．

これより非線形 $H_\infty$ 制御は線形 $H_\infty$ 制御の自然な拡張として得られることがわかる．

## 24.3 非線形システムの有界実補題

ここでは，非線形 $H_\infty$ 制御問題を解くために重要となる有界実補題について簡単に証明しておく．

以下の非線形システム $S_{zw}$ を考える．

$$S_{zw}\begin{cases}\dot{x}=f(x)+g(x)w\\ z=h(x)\end{cases} \quad (24)$$

**［有界実補題］** システム $S_{zw}$ が $\|S_{zw}\|_{L_2}<\gamma$ であるための必要十分条件は，次のハミルトン-ヤコビ不等式

$$\frac{\partial V}{\partial x^T}f+\frac{1}{4\gamma^2}\frac{\partial V}{\partial x^T}gg^T\frac{\partial V}{\partial x}+h_1^Th_1+\varepsilon x^Tx\le 0 \quad (25)$$

を満たす正定関数 $V(x)$ および正定数 $\varepsilon$ が存在することである．

［略証］ ここでは十分性のみを証明する．まず指数安定性を証明する．ハミルトン-ヤコビ不等式 (25) をテイラー展開して 2 次近似すると

$$x^T\left(PA+A^TP+\frac{1}{\gamma^2}PBB^TP+C^TC+\varepsilon I\right)x$$
$$+O(\|x\|^3)\le 0 \quad (26)$$

ただし

$$\frac{\partial V}{\partial x}=2Px+O(\|x\|^2)\quad (P>0)$$
$$\frac{\partial V}{\partial x}=Ax+O(\|x\|^2)$$
$$g(0)=B+O(\|x\|)$$
$$\frac{\partial V}{\partial x}=Cx+O(\|x\|^2)$$

である．これより非線形システム $S_{zw}$ の 1 次近似システムは安定であるから，システム $S_{zw}$ の指数安定性は明らかである．次に $\|S_{zw}\|_{L_2}<\gamma$，すなわち $\|z\|_2<\gamma\|w\|_2$ を証明する．式 (24) より $z=h(x)$ であるから

$$\int_{t_0}^{\infty}\{\gamma^2\|w\|^2-\|z\|^2\}dt$$
$$=\int_{t_0}^{\infty}\{\gamma^2\|w\|^2-h^T(x)h(x)\}dt \quad (27)$$

さらに，ハミルトン-ヤコビ不等式 (25) より

$$\frac{\partial V}{\partial x^T}f+\frac{1}{4\gamma^2}\frac{\partial V}{\partial x^T}gg^T\frac{\partial V}{\partial x}+\varepsilon x^Tx\le -h^Th \quad (28)$$

であるから

$$(27)\ge\int_{t_0}^{\infty}\left\{\gamma^2\|w\|^2+\frac{\partial V}{\partial x^T}f\right.$$
$$\left.+\frac{1}{4\gamma^2}\frac{\partial V}{\partial x^T}gg^T\frac{\partial V}{\partial x}+\varepsilon x^Tx\right\}dt \quad (29)$$

ここで，式 (29) を $w$ について平方完成を行うと

$$(29)=\int_{t_0}^{T}\left\{\gamma^2\left\|w-\frac{1}{2\gamma^2}g^T\frac{\partial V}{\partial x}\right\|^2\right.$$
$$\left.+\frac{\partial V}{\partial x^T}(f+gw)\right\}dt \quad (30)$$

であり，式 (24) $f(x)+g(w)w=\dot{x}$ であるから

$$(30)=\int_{t_0}^{T}\left\{\gamma^2\left\|w-\frac{1}{2\gamma^2}g^T\frac{\partial V}{\partial x}\right\|^2+\frac{\partial V}{\partial x^T}\frac{dx}{dt}\right\}dt$$
$$=V(x(T))-V(x(t_0))$$
$$+\gamma^2\int_{t_0}^{T}\left(\left\|w-\frac{1}{2\gamma^2}g^T\frac{\partial V}{\partial x}\right\|^2\right)dt \quad (31)$$

となる．ここで，$V(x)$ は正定関数であり，$x(t_0)=0$ のもとで，$V(x(t_0))=0$ であるならば，

$$\int_{t_0}^{T}\{\gamma^2\|w\|^2-\|z\|^2\}dt\ge 0 \quad (32)$$

である．よって，$T\to\infty$ より

$$\|z\|_2\le\gamma\|w\|_2 \quad (33)$$

である．

非線形 $H_\infty$ 状態フィードバック問題の解はこの定理を応用することによって導くことができる．［三平満司］

### 参考文献


1) 井村順一 (1995)：非線形 $H_\infty$ 制御—線形系の $H_\infty$ 制御は非線形系にどこまで拡張可能か—，計測と制御，**34**(3)：188-195.
2) A. J. van der Schaft (1996)：$L_2$-Gain and Passivity Techniques in Nonlinear Control, Springer-Verlag.

# 25

# スライディングモード制御

| 要約 | | |
|---|---|---|
| | 制御の特徴 | 実用的な非線形制御系設計理論で，制御入力を切り換えて制御構造を変化させる可変構造制御理論である．希望の特性を切り換え超平面として設計することで，システムは等価的に希望の特性に拘束され適応していく．したがって，制御入力が不連続に変化する非線形制御の特徴と希望の特性に適応していく適応制御の特徴をもち，マッチング条件が成立する場合には優れたロバスト制御の特徴を有する． |
| | 長所 | 制御系設計がきわめて容易で，制御器のチューニングが可能． |
| | 短所 | リアプノフ安定理論により安定性を保証するため，設計によっては制御性能が保守的となることがある． |
| | 制御対象のクラス | 線形系，非線形系，パラメータ変動系，時変系，未知パラメータや未知外乱を有する系． |
| | 制約条件 | とくになし． |
| | 設計条件 | 線形制御入力と非線形制御入力を併用，リアプノフ安定理論による安定性の保証． |
| | 設計手順 | Step 1　切り換え超平面の設計（等価制御入力の設計，または線形入力の設計）．<br>Step 2　スライディングモードコントローラの設計（非線形切り換え入力の設計）．<br>Step 3　チャタリング防止の設計．<br>Step 4　必要に応じて状態観測器の設計． |
| | 実応用例 | 多くの産業応用例があり，第3部の制御系設計の応用編で紹介している． |

## 25.1 スライディングモード制御の概念

制御を行うということは，システムの状態を状態空間内に存在するある平衡点に制御入力を用いて移動させることである．スライディングモード制御（sliding mode control）は，状態空間内にその平衡点を含む部分空間である超平面とよばれる空間をつくり，その部分空間にまず状態を拘束する．その部分空間において，状態はすべて平衡点へと滑っていくことになる．この滑る状態をスライディングモードとよぶ．したがって，スライディングモード制御において，この超平面に状態を拘束することができれば，状態は平衡点へと移動する．スライディングモード制御は，この超平面に状態を拘束するために非線形な切り換え入力を用いる．

いま，線形時不変のシステム

$$\dot{x} = Ax + Bu \tag{1}$$

について考える．ここで $(A, B)$ は可制御対と仮定し，$x \in \mathbb{R}^n$，$u \in \mathbb{R}^m$ である．

このシステム (1) に対して次の切り換え関数を定義する．

$$\sigma(x) = Sx \tag{2}$$

ここで，$\sigma(x)$ は次のスカラ関数 $\sigma_i(x)$ の集合である．

$$\sigma(x) = [\sigma_1(x), \sigma_2(x), \cdots, \sigma_m(x)]$$

おのおののスカラ関数 $\sigma_i(x)$ は線形な面 $\sigma_i(x) = 0$ を含んでいる．これを切り換え面とよぶ．また，切り換え関数 $\sigma_i(x)$ 自身は，$i$ 個の切り換え面を含む．したがって，

$$\sigma(x) = 0 \tag{3}$$

で表される面を総称して切り換え超平面または単に超平面とよぶ．

ここで，状態を超平面上に拘束し続けるために次式のような制御入力が用いられる．

$$u = -k(x, t)\,\mathrm{sgn}(\sigma) \tag{4}$$

スライディングモード制御は，式 (4) のような切り換

え入力を用いることで超平面上に状態を拘束する．つまり，$\sigma(x)=0$ とする．式 (4) から制御入力は，$\sigma$ の符号に支配されている．これが，$\sigma$ を切り換え関数とよぶ理由である．したがって，切り換え関数 $S$ の設計はスライディングモード制御系の動特性を決定づける．

簡単な 2 次系のようなモデルの場合，$S$ の設計は容易に行えるが，多くの状態量や入力をもつシステムの場合，その設計は困難となる．状態が超平面上に完全に拘束されているとすると，非線形な制御入力はまったく印加されない状態となる．この場合，状態を平衡点へと滑らせる制御力や動特性は線形な部分空間であるため解析的に求めることができる．これは等価制御系とよばれ，以下のようになる．

いま，切り換え面上に状態が拘束されているとすると

$$\sigma=\dot{\sigma}=0 \tag{5}$$

から $\det(SB)\neq 0$ ならば次式の制御入力が等価的に入力されていることになる．

$$u_{eq}=-(SB)^{-1}SA_x \tag{6}$$

この制御入力を等価制御入力という．また，等価制御入力をシステム (1) に代入することによって超平面上での動特性が次式のように得られる．

$$\dot{x}=\{A-B(SB)^{-1}SA\}x \tag{7}$$

このシステムのことを等価制御系とよぶ．システム (7) の極は，入力の次数と同じ数の零固有値と，それ以外の極からなっている．零固有値以外の極の配置によって超平面上での動特性が決まる．なお，この極は $(A, B, S)$ からなる不変零点と等価であることが証明できる．すなわち，不変零点をすべて安定化することが必要であり，安定な零点の設計となる．このことから，スライディングモード制御の超平面の設計は最小位相系の設計ともよばれる．この極の決定法にはさまざまな方法がある[1]．

**最短時間制御（Bang-Bang 制御）とスライディングモード制御**

図 25.1 のように $t=0$ で $x(0)$ にある質点 $m$ をできるだけ速く原点に移動させるにはどのような制御入力を与えればよいか？　ただし，制御入力には制約があり，$-1\leq u\leq 1$ とする．これは最短時間制御問題とよばれ，次の評価関数を最小にする問題で，

$$J=\int_0^t \tau d\tau$$

の最適解はポントリヤーギンの最大原理により，1 回の切り換えによる最大加速（$u=-1$），最大減速（$u=1$）によって実現でき，Bang-Bang 制御とよばれる．図 25.1 を状態方程式に変換して開ループ Bang-Bang 制御のブロック線図として表すと図 25.2 になる．図 25.2 の状態方程式から位相平面軌道を求めると放物線が得られ，積分定数 $C$ によって放物線は無数に存在して図 25.3 のようになる．

平衡点である原点に到達するには図 25.4 の位相面軌道のように切り換え点で瞬時に切り換えることである．しかし，現実的には切り換えタイミングの遅れな

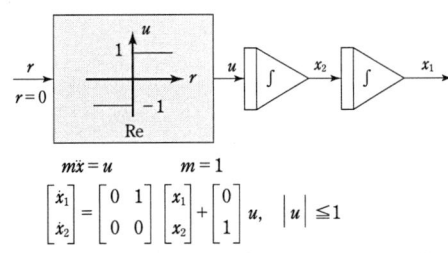

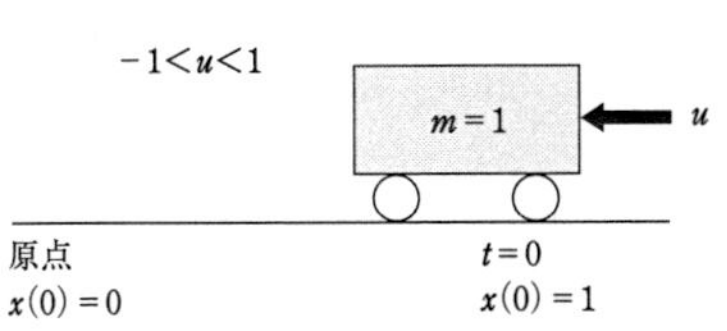


図 25.1　最短時間制御問題

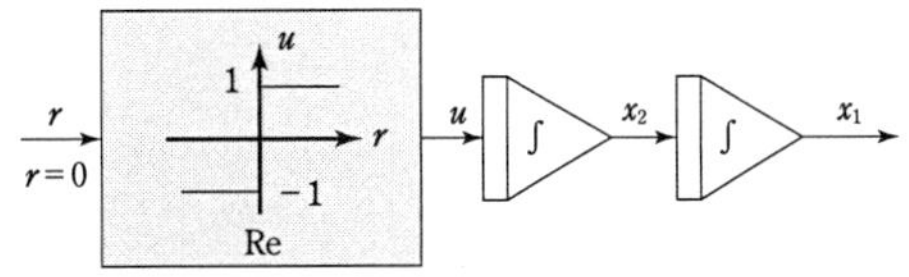


$m\ddot{x}=u$　　$m=1$

$$\begin{bmatrix}\dot{x}_1\\ \dot{x}_2\end{bmatrix}=\begin{bmatrix}0 & 1\\ 0 & 0\end{bmatrix}\begin{bmatrix}x_1\\ x_2\end{bmatrix}+\begin{bmatrix}0\\ 1\end{bmatrix}u,\quad |u|\leq 1$$

図 25.2　状態方程式と開ループ Bang-Bang 制御

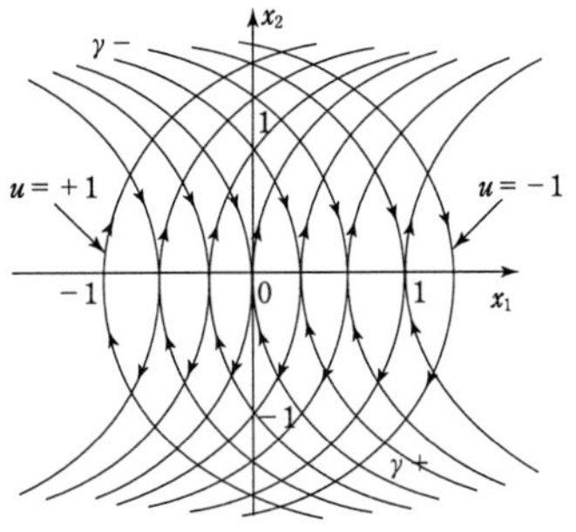


図 25.3　$u=\pm 1$ の位相面軌道

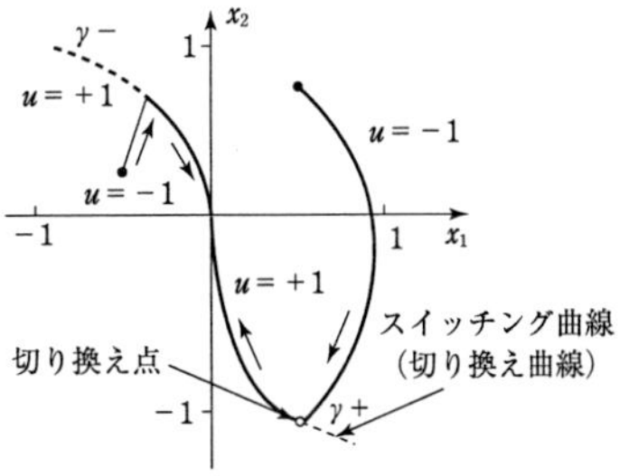


典型的な解とスイッチング曲線（切り換え曲線）
問題点：切り換えのタイミングが難しい

図 25.4　最短時間制御問題の切り換え点

どが存在するため誤差が生じ，原点到達は容易でない．そこで，図 25.5 のように原点を通る直線を引き，直線の式を

$$\sigma = S_1 x_1 + S_2 x_2 = 0$$

として，$\sigma$ の符号により入力 $u$ を切り換える．すなわち，図 25.2 のオープンループ系を図 25.6 のようにフィードバックループ系とする．これがスライディングモード制御の原形である．つまり，Bang-Bang 制御はオープンループで 1 回切り換えであるが，スライディングモード制御は閉ループで無限回の切り換えの構造にして，パラメータが変化して位相面軌道が変わっても，必ず原点に復帰することを保証した制御系構造になっている．

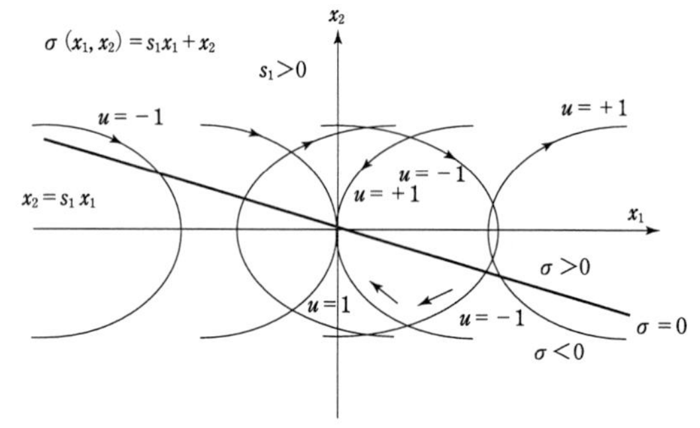


図 25.5　切り換え線に基づく無限切り換え

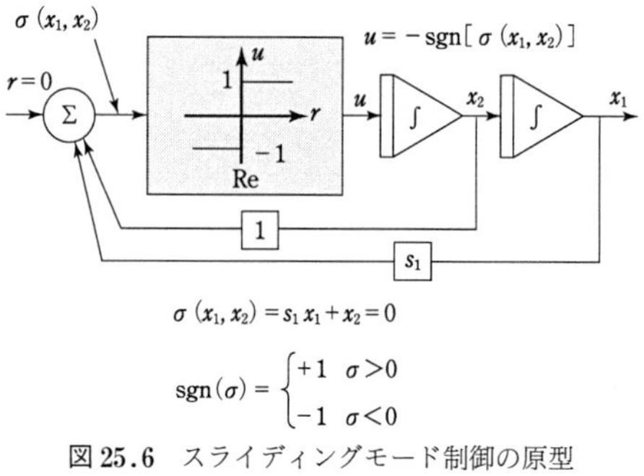


図 25.6　スライディングモード制御の原型

## 25.2　スライディングモード制御の基礎理論

### 25.2.1　問題の記述

次の可制御な線形時不変系を考えよう．ただし，入力は $m$ とする．

$$\dot{x}(t) = Ax(t) + Bu(t) + f(t, x, u) \tag{8}$$

ここで，$A \in \mathbb{R}^{n\times n}$，$B \in \mathbb{R}^{n\times m}$，$1 \le m \le n$ である．

一般性を失うことなく，入力行列 $B$ はフルランクであると仮定する．いま，切換関数を

$$\sigma(x) = Sx \tag{9}$$

とする．ここで，$S \in \mathbb{R}^{m\times n}$ で，$S$ はフルランクである．

**［定義 1］**　理想的なスライディングモード

$\sigma(t) = 0 \quad (t \ge t_s)$

を満足するような有限時間 $t_s$ が存在するならばこのとき，理想的なスライディングモードという．

### 25.2.2　解の存在と等価制御

もし，式 (1) の制御が不連続であるとすれば，閉ループ系の微分方程式は

$$\dot{x}(t) = F(t, x) \tag{10}$$

となる．このとき正確な数学的観点からは微分方程式の古典理論は適用できない．なぜなら，リプシッツ条件は唯一解の存在を保障することを常に条件としているためである．

等価制御の方法は，式 (1) で $f=0$ とし $\sigma=0$，$\dot{\sigma}=0$ から得られる．

$$S\dot{x} = S(Ax + Bu) = 0 \tag{11}$$

ここで，$SB$ が特異とならないように $S$ を決める．このこと自体は容易である．

**［定義 2］**　ノミナルシステム $\dot{x} = Ax + Bu$ に関する等価制御は代数方程式 (11) の唯一解になるように次式で定義される．

$$u_{eq} = -(SB)^{-1}SAx(t) \tag{12}$$

このとき制御系は

$$\dot{x}(t) = (I - B(SB)^{-1}S), \quad t \ge t_s,\ Sx(t_s) = 0 \tag{13}$$

なお，

$$P_s \triangleq (I - B(SB)^{-1}S) \tag{14}$$

この $P_s$ は projection operator とよばれ，スライディングモード制御の観点から

$$SP_s = 0 \Rightarrow P_sB = 0 \tag{15}$$

が成立する．

### 25.2.3　スライディングモードの性質

線形時不変系 $\dot{x} = Ax + Bu$ を考える．式 (13) で与えられるスライディング運動は低次元となっており，システム行列

$$A_{eq} = (In - B(SB)^{-1}S)A \tag{16}$$

の 0 でない固有値に関する固有ベクトルは行列 $S$ の零空間に属する．

［証明］　定義 1 から，スライディングモードのとき $Sx(t) = 0$，$t \ge t_s$ から $S \in \mathbb{R}^{m\times n}$ はフルランクであり，

スライディングモードは $n-m$ 状態の力学的特性に依存する.

さらに, $\lambda_i$ を $A_{eq}$ の 0 でない固有値とし, $v_i$ を $\lambda_i$ に対応する右固有ベクトルとすれば, 式 (15) から

$$SA_{eq}=SP_sA=0 \to SA_{eq}v_i=0 \to$$
$$\lambda_i Sv_i=0 \to Sv_i=0$$

これにより 0 でない固有値の固有ベクトルは零空間 $N(S)$ に属する.

> 右固有ベクトル $V$ の行列は次式を満たす.
> $SV=0$ そして $\mathrm{rank}[V\ \ B]=n$

［証明］ 式 (12) から等価制御は低次元の運動を維持するために線形状態フィードバックで表示されることになる. すなわち,

$$u(t)=Kx(t), \quad K=-(SB)^{-1}SA \tag{17}$$

式 (17) はそれ自身スライディングモードを誘導しない項である. しかし, この入力はすべての入力の一部を成しているとみなされる.

次に不確かな線形システムを考える.

$$\dot{x}(t)=Ax(t)+Bu(t)+D\xi(t,x) \tag{18}$$

ここで, $D\in\mathbb{R}^{n\times l}$ は既知, 関数 $\xi$ は未知とする. 式 (8) の特別な場合として

$$f(t,x,u)=D\xi(t,x)$$

このとき

$$u_{eq}=-(SB)^{-1}(SAx(t)+SD\xi(t,x)) \tag{19}$$

この場合, この等価制御入力は未知関数に依存しているために, 現実には実現できない.

**［定理］** もし, 式 (18) の不確かな関数 $\xi(t,x)$ が $R(D)\subset R(B)$ であるならば, 理想的なスライディングモードは不変である.

［証明］ 等価制御則 (19) を式 (18) に代入すると,

$$\dot{x}(t)=P_sAx(t)+P_sD\xi(x,t) \tag{20}$$

となる. いま, $R(D)\subset R(B)$ を仮定すると, $D=BR\,(R\in\mathbb{R}^{m\times l})$ となるような行列 $R$ が存在する. よって, $P_sD=P_s(BR)=(P_sB)R=0$ となる. よって,

$$\dot{x}(t)=P_sAx(t)t, \quad t\geq t_s, \quad Sx(t_s)=0 \tag{21}$$

**［定義 3］** 式 (18) で表された不確かさが $R(D)\subset R(B)$ のとき, マッチング不確かさで記述される. 入力行列 $B$ のレンジスペースにない不確かさは非マッチング不確かさとよばれる.

二つのサブシステムに再構成することについて考える. 一つのサブシステムは $R(B)$ に, もう一つは $N(s)$ に属するサブシステムである. この変換されたシステムは正準系とよばれる. $\mathrm{rank}(B)=m$ を仮定すると,

$$T_rB=\left[\frac{0}{B_2}\right] \tag{22}$$

なる行列 $T_r\in\mathbb{R}^{n\times n}$ が存在する. $B_2\in\mathbb{R}^{m\times m}$ は非特異である. $x\leftrightarrow T_rx$ により $x_1\in\mathbb{R}^{n-m}$, $x_2\in\mathbb{R}^{m}$ として

$$\dot{x}_1(t)=A_{11}x_1(t)+A_{12}x_2(t) \tag{23}$$
$$\dot{x}_2(t)=A_{21}x_1(t)+A_{22}x_2(t)+B_2u(t) \tag{24}$$

式 (23) のサブシステムは Null space dynamics, 式 (24) は Range space dynamics となっている. このとき,

$$S=[S_1\ \ S_2] \tag{25}$$

ここで, $S_1\in\mathbb{R}^{m\times(n-m)}$, $S_2\in\mathbb{R}^{m\times m}$ である.

$$\det(SB)=\det(S_2B_2)=\det(S_2)\det(B_2) \tag{26}$$

それゆえ $\det(SB)\neq0$ の必要十分条件は $\det(S_2)\neq0$ となる. なぜなら, $\det(B_2)\neq0$ から. 理想的なスライディングモードでは $S_1x_1(t)+S_2x_2(t)=0$ all $t>t_s$ から

$$x_2(t)=-Mx_1(t) \quad \text{for all } t\geq t_s \tag{27}$$

ここで, $M\triangleq S_2^{-1}S_1$, 式 (27) を式 (23) に代入して

$$\dot{x}_1(t)=(A_{11}-A_{12}M)x_1(t) \tag{28}$$

よって, 理想的なスライディングモードは式 (27), (28) で与えられる.

・行列 $S_2$ はスライディングモードのダイナミクスに直接的な効果をもたない. この行列は切換関数のスケーリングファクタとしてのみ作用する.

・レギュレータの設計において, 行列 $A_{11}^s\triangleq A_{11}-A_{12}M$ が安定行列となる必要がある.

結局, 超平面設計問題は状態フィードバック行列 $M$ の $(A_{11},A_{12})$ の低次システムの必要な性能をつくり出すための選択ということが一つの課題となる.

> もし, 対 $(A,B)$ が可制御であれば, 対 $(A_{11},A_{12})$ は可制御となる.

［証明］ $\det(B_2)\neq0$ と仮定する.

$$\mathrm{rank}[zI-AB]=\mathrm{rank}\begin{bmatrix} zI-A_{11} & -A_{12} & 0 \\ -A_{21} & zI-A_{22} & B_2 \end{bmatrix}$$
$$=\mathrm{rank}[zI-A_{11}\ \ A_{12}]+m$$
$$\text{for all } z\in\mathbb{C}$$

これは

$$\mathrm{rank}[zI-A\ \ B]=n \leftrightarrow \mathrm{rank}[zI-A_{11}\ \ A_{12}]$$
$$=n-m$$

**注**：$(A,B)$ が可制御とは, ①可制御行列 $[B,AB,A^2B,\cdots,A^{n-1}B]$ がフルランク, ②行列 $[sI-A,B]$ がフルランク, ③$(A-BF)$ の固有値が $F$ 選択によって任意に配置できる.

ところで，

$$A_{eq} \triangleq P_s A = \begin{bmatrix} A_{11} & A_{12} \\ -MA_{11} & -MA_{12} \end{bmatrix} \tag{29}$$

そして

$$\begin{bmatrix} A_{11} & A_{12} \\ -MA_{11} & -MA_{12} \end{bmatrix} = \begin{bmatrix} I & 0 \\ -M & I \end{bmatrix} \begin{bmatrix} A_{11}^{s} & A_{12} \\ 0 & 0 \end{bmatrix} \begin{bmatrix} I & 0 \\ -M & I \end{bmatrix}^{-1} \tag{30}$$

ただし，$A_{11}^{s} = A_{11} - A_{12}M$．相似変換に関する固有値の不変性から，式 (30) より $\lambda(A_{eq}) = \lambda(A_{11}^{s}) \cup \{0\}^m$ となる．

> スライディングモードの極は，$(A, B, S)$のシステムの不変零点で与えられる．

［証明］　定義により不変零点は次式（Rosenbrock's system matrix）で与えられる．

$$P(z) = \begin{bmatrix} zI - A & B \\ -S & 0 \end{bmatrix}$$

このとき

$$P(z) = \begin{bmatrix} zI - A_{11} & A_{12} & 0 \\ -A_{21} & zI - A_{22} & B_2 \\ -S_1 & -S_2 & 0 \end{bmatrix}$$

$B_2$ は非特異のため

$$\det P(z) = 0 \leftrightarrow \det \begin{bmatrix} zI - A_{11} & -A_{12} \\ -S_1 & -S_2 \end{bmatrix} = 0$$

ここで，

$$\begin{bmatrix} zI - A_{11} & -A_{12} \\ -S_1 & -S_2 \end{bmatrix} = \begin{bmatrix} I & A_{12}S_2^{-1} \\ 0 & I \end{bmatrix} \begin{bmatrix} zI - A_{11}^{s} & 0 \\ 0 & -S_2 \end{bmatrix} \begin{bmatrix} I & 0 \\ M & I \end{bmatrix}$$

これから

$$\det \begin{bmatrix} zI - A_{11} & -A_{12} \\ -S_1 & -S_2 \end{bmatrix} = \det \begin{bmatrix} zI - A_{11}^{s} & 0 \\ 0 & -S_2 \end{bmatrix} = \det(zI - A_{11}^{S}) \det(-S_2)$$

$\det(-S_2) \neq 0$ から

$$\det P(z) = 0 \leftrightarrow \det(zI - A_{11}^{S})$$

以上から，$(A, B, S)$ の不変零点は $A_{11}^{S}$ の固有値となっている．

**注**：不変零点

$$\dot{x}(t) = Ax(t) + Bu(t)$$

$$y(t) = Cx(t)$$

初期状態 $x(0)$ を仮定すると，ラプラス変換より

$$\begin{bmatrix} SI - A & -B \\ C & 0 \end{bmatrix} \begin{bmatrix} X(S) \\ U(S) \end{bmatrix} = \begin{bmatrix} x(0) \\ Y(S) \end{bmatrix}$$

このとき

$$P(S) = \begin{bmatrix} SI - A & -B \\ C & 0 \end{bmatrix} \left( \begin{matrix} \text{Rosenbrock's system} \\ \text{matrix} \end{matrix} \right)$$

すべての時間に対してシステムの出力が常に 0 となるためには

$$P(z) \begin{bmatrix} x(0) \\ u(0) \end{bmatrix} = 0 \rightarrow P(z) = 0$$

### 25.2.4　スライディングモード到達条件

スライディングモード制御系は，式 (4) に示す制御入力を用いているため非線形システムとなっている．前述のようにスライディングモード制御は，状態空間内の部分空間であるこのような超平面に状態を拘束させることを目的としている．このため大域的安定性は線形理論では扱えない．ここでは，次のリアプノフ安定理論を用いて，スライディングモードに到達する条件について考える．

**リアプノフの安定理論**

次のような非線形システムを考える．

$$\dot{x}(t) = f\{x(t)\} \tag{31}$$

このとき，$f(x)$ を満たす平衡点は原点 $x=0$ にあるものとする．この仮定が成り立たないときは平衡点を原点に移動する．

いま，$\partial V/\partial x$ が連続であるようなベクトル $x(t)$ についてのスカラ関数 $V(x)$ があり，この関数が正定関数であり，かつ，システム (31) にそっての時間微分

$$\dot{V}(x) = \left[\frac{\partial V(x)}{\partial x}\right]^T \dot{x} = \left[\frac{\partial V(x)}{\partial x}\right]^T f(x) \tag{32}$$

が準負定関数であるとき，この関数 $V(x)$ をシステム (31) のリアプノフ関数とよぶ．ここで，原点近傍のある範囲内についてリアプノフ関数が存在するとき，原点は安定であり，さらに $V(x)$ が負定関数ならば，原点は漸近安定であることが知られている．とくに，大域的漸近安定性については，

① $x$ の全域でリアプノフ関数が存在する．

② $|x| \to \infty$ のとき，$V(x) \to \infty$ となる．

③ $V(x) = 0$ の解 $x(t)$ がシステム (31) の原点以外の解と恒等的に一致しない．

の三つの条件が成り立つならば，原点は大域的に漸近安定である．

しかし，上の条件は十分条件なので，リアプノフ関数をみつけることができない場合でもシステムが安定でありうることに注意する．

この定理による非線形系の安定性を確認するためには，上の条件にあったリアプノフ関数をみつけることが重要である．しかし，どのようにリアプノフ関数を

構成すればよいかについての一般則はなく，これについてもさまざまな研究がなされている．ここで，よく用いられる方法として $V(x)$ を $x$ の2次形式となるように与えると便利である．これは，前述の条件を満たすものであることはいうまでもないが，物理的に考えるならば，これは状態のもつエネルギーであり，数学的にはノルムを表すことになる．

スライディングモード制御の目的は，システムを超平面に拘束することである．したがって，切り換え入力を用いた非線形システムが $V(x)=0$ となればよい．そこで，切り換え関数 $\sigma(x)$ に対してリアプノフ関数 $V$ の候補を次式のように定義する．

$$V=\frac{1}{2}\sigma(x)^T\sigma(x) \tag{33}$$

このとき次式を満足すれば，状態は常に超平面に対して漸近安定となる．

$$\dot{V}=\sigma(x)^T\dot{\sigma}(x)<0 \tag{34}$$

スライディングモード制御では，式 (34) を満たす $\dot{\sigma}(x)$ の動特性を与えることで必要な切り換え入力を決定することができる．いま，制御入力を次式のように等価制御入力と切り換え入力の和と定義した場合は

$$u=u_{eq}-k(x,t)\frac{\sigma}{|\sigma|} \tag{35}$$

ここで，$k(x,t)$ は定数と見なして $k(x,t)=k$ とおく．これより，リアプノフ関数の候補 $V$ の時間微分は，

$$\begin{aligned}\dot{V}&=\sigma(x)^T\dot{\sigma}(x)\\&=\sigma^T\left[SAx+SB\left\{u_{eq}+k\frac{\sigma}{|\sigma|}\right\}\right]\\&=\sigma^T\left[SAx+SB\left\{-(SB)^{-1}SAx-k\frac{\sigma}{|\sigma|}\right\}\right]\\&=\sigma^T\left[-SAk\frac{\sigma}{|\sigma|}\right]\\&=-kSB\frac{\sigma^2}{|\sigma|}<0\end{aligned} \tag{36}$$

となる．したがって，$k>0$ とすると切り換え制御則は，$SB>0$ のとき $k$，$SB<0$ のとき $-k$ と選べば安定なスライディングモード制御を実現できる．

### 25.2.5 チャタリングの抑制

スライディングモード制御の切り換え入力は，次式のように切り換え関数の符号関数として与えられる．

$$u=-k(x,t)\,\mathrm{sgn}(\sigma) \tag{37}$$

したがって，その切り換え周波数は無限となる．しかし，現実には切り換え周波数を無限とすることは不可能である．つまり，実際の制御に用いられるアナログ装置またはディジタル装置では無限の周波数を実現できない．そこで，現実のスライディングモードでは切り換え面を滑ることにならず，その近傍でチャタリング(高周波振動)することになる．また，入力の高速切り換えは，柔軟構造物に対する場合スピルオーバの原因となる．そこで，チャタリングを抑制することはスライディングモード制御を実システムに適用する上で非常に重要な問題である．このため，一般には飽和関数や平滑関数が用いられている．

## 25.3 スライディングモード制御の設計例

**不確かさを有する単一入力線形システムに対する制御系設計**

いま，次式を考える．

$$\dot{x}(t)=(A+A_{\mathrm{per}}(t))x(t)+bu(t) \tag{38}$$

ここで，$(A,b)$ は可制御，$A_{\mathrm{per}}$ は時変の不確かさ行列とする．ただし，$A_{\mathrm{per}}$ は値域 $R(B)$ に属しているとする．式 (38) を可制御正準系で表すと，

$$A=\begin{bmatrix}0&1&0&\cdots&0\\0&0&1&\cdots&0\\\vdots&&&&\vdots\\0&&&&1\\-a_1&-a_2&-a_3&\cdots&-a_n\end{bmatrix},\quad A_{12}=\begin{bmatrix}0\\0\\\vdots\\0\\1\end{bmatrix}$$

このとき，

$$\lambda^n+a_n\lambda^{n-1}+\cdots+a_2\lambda+a_1=0$$

となる．式 (23) の形式をとると，$(A_{11},A_{12})$ は

$$A_{11}=\begin{bmatrix}0&1&0&\cdots&0\\0&0&1&\cdots&0\\\vdots&&&&\vdots\\0&&\cdots&&1\\0&&\cdots&&0\end{bmatrix},\quad A_{12}=\begin{bmatrix}0\\0\\\vdots\\0\\1\end{bmatrix}$$

いま，

$$M=[m_1\ \cdots\ m_{n-1}] \tag{39}$$

とおく．$(A_{11},A_{12})$ はこの形式自身が可制御正準系である．低次元化されたスライディングモード $A_{11}{}^S=A_{11}-A_{12}M$ は行列 $M$ をもっている．それゆえ，$A_{11}{}^S$ の特性方程式は

$$\lambda^{n-1}+m_{n-1}\lambda^{n-2}+\cdots+m_2\lambda+m_1=0$$

となり，フルビッツ多項式となる．結果的に $A_{11}{}^S$ は安定となる．このとき

$$\sigma(x)=\sum_{i=1}^{n-1}m_ix_i+x_n \tag{40}$$

ここで，$x_i$ は状態 $x$ の $i$ 番目の成分である．そして，

$\sigma(x)$ は安定な低次元化されたスライディングモードを保証する関数である．また，

$$\sigma(x)=Sx=[M\ \ 1]x$$

と表せる．

いま，式 (38) は

$$\dot{x}_i(t)=x_{i+1}(t)\quad \text{for } i=1,\cdots,n-1 \tag{41}$$

$$\dot{x}_n(t)=-\sum_{i=1}^{n}(a_i+\varDelta_i(t))x_i(t)+u(t) \tag{42}$$

となるが，摂動 $\varDelta_i(t)$ は

$$k_i^- <(t)< k_i^+ \quad \text{for } i=1,2,\cdots,n \tag{43}$$

のようにある既知のスカラパラメータの範囲にあると仮定する．制御入力として

$$u(t)=u_l(t)+u_n(t) \tag{44}$$

とする．すなわち，状態フィードバックと不連続な切換成分からなるとする．式 (40) を微分すると，

$$\begin{aligned}\dot{\sigma}((t)&=\sum_{i=1}^{n-1}m_i x_{i+1}(t)\\&\quad-\sum_{i=1}^{n}(q_i+\varDelta_i(t))x_i(t)+u(t)\\&=-a_1x_1(t)+\sum_{i=2}^{n}(m_{i-1}-a_i)x_i\\&\quad-\sum_{i=1}^{n}\varDelta_i(t)x_i(t)+u(t)\end{aligned}$$

もし，$u_i$ として次式を考えると，

$$\begin{aligned}u(t)&\triangleq a_1x_1(t)+\sum_{i=2}^{n}(a_i-m_{i-1})x_i(t)\\&=-(SB)^{-1}SAx\end{aligned} \tag{45}$$

このとき

$$\dot{\sigma}(t)=\sum_{i=1}^{n}+\varDelta_i x_i(t)+u_n(t) \tag{46}$$

ここで，

$$\rho(t,x)\geq\left|\sum_{i=1}^{n}+\varDelta_i(t)x_i(t)\right|+\eta \tag{47}$$

を定義し，$\eta$ を小さな正の設計パラメータとする．このとき

$$u_n(t)=-\rho(t,x)\operatorname{sgn}\sigma \tag{48}$$

よって

$$\begin{aligned}\sigma\dot{\sigma}&=-\sigma\left(\sum_{i=1}^{n}\varDelta_i(t)x_i(t)\right)-\rho(t,x)|\sigma|\\&\leq|\sigma|\left(\left|\sum_{i=1}^{n}\varDelta_i(t)x_i(t)\right|-\rho(t,x)\right)<-\eta|\sigma|\end{aligned}$$

となる．　［野波健蔵］

## 参考文献

1) 野波健蔵，田　宏奇 (1994)：スライディングモード制御，コロナ社．
2) C. Edwards, S. K. Spurgeon (1998)：Sliding Mode Control, Taylor & Fvancis.

# 26

# 適応制御

| 要約 | | |
|---|---|---|
| 制御の特徴 | 制御対象の動特性が変化すると，変化前の動特性の情報のもとで調整済の制御装置がもはや適切なものでなくなるので，制御装置のパラメータを再度調整する必要が生ずる．このように，制御対象の動特性変化やその他の環境変化に対応して，制御装置の調整パラメータを，よい制御結果が維持できるように，オンラインで自動的に再調整あるいは再設計することを目指すのが適応制御手法である．通常の制御系と異なり，制御系内部に何らかのパラメータ同定装置を含んでいることが特徴で，そのため，一般に非線形制御系となる．また，特性変化に自動的に対応する制御という意味では，より制御系設計の自動化が進んだ制御手法ともいえる． | |
| 長所 | 制御対象の特性が変化しても，自動的に制御パラメータのチューニングを行い，一定の制御性能を維持する． | |
| 短所 | 制御系の構成が複雑になるので，制御系全体に対する信頼性確保により注意する必要がある． | |
| 制御対象のクラス | 未知パラメータを含む線形系，非線形系および時変系． | |
| 制約条件 | とくにない． | |
| 設計条件 | 用いる制御手法によっては，制御対象の次数，相対次数，最小位相性などの事前情報が必要な場合がある．制御系の安定性をリアプノフの安定理論などで保証することが必要である． | |
| 設計手順 | Step 1 | 制御対象の動特性に関し，事前情報・データ収集による簡単な動特性モデルを作成する． |
| | Step 2 | 制御系設計仕様を与える． |
| | Step 3 | 動特性と設計仕様に基づき，有効と思われる適応制御手法を選択． |
| | Step 4 | 適応制御系設計． |
| 実応用例 | 多くの産業応用例がある． | |

## 26.1 適応制御の概念

通常の制御系設計では，与えられた制御対象（以下プラントとよぶ）に，コントローラを付加して制御系を構成し，コントローラに含まれる調整可能な制御パラメータを，より良い制御結果が達成されるよう調整する．プラント動特性が既知ならば，それに基づき与えられた制御評価基準をより改善するように調整パラメータ値を計算することが可能である．しかし，プラント動特性が変化すると，調整済のコントローラがもはや適切なものでなくなり制御性能が劣化する．したがって，プラント動特性の変動に対応して，コントローラのパラメータを再調整しなければならない．このように，プラント動特性変化やその他の環境変化に対応して，コントローラの制御パラメータを，よい制御性能が維持できるように，オンラインで自動的に再調整あるいは再設計する制御手法を適応制御（adaptive control）という．

以上からわかるように，適応制御の本質は，未知の制御対象に対し，オンラインで何らかの同定（identification）を行いつつ制御効果の高い制御系設計を自動的に指向する点にある．なお，“適応”の語源は，生物が，環境の変化に対応して自分の機能を変えて環境に適応させていくことからきている．

さて，動特性の同定を時々刻々行いながら，そのデータに基づき，制御パラメータの再調整を時々刻々行うことが適応制御の基本としてまず考えられる．この場合の適応制御は，オンラインで動特性の同定を行いながら，制御器のパラメータ調整を，同定結果を利用しつつ，自動的に行う制御方式となっている．この方式を，プラント動特性をまず同定し，その結果からコントローラパラメータ値を間接的に決定していくという意味で，間接法（indirect method）による適応制御とよんでいる（図 26.1）．

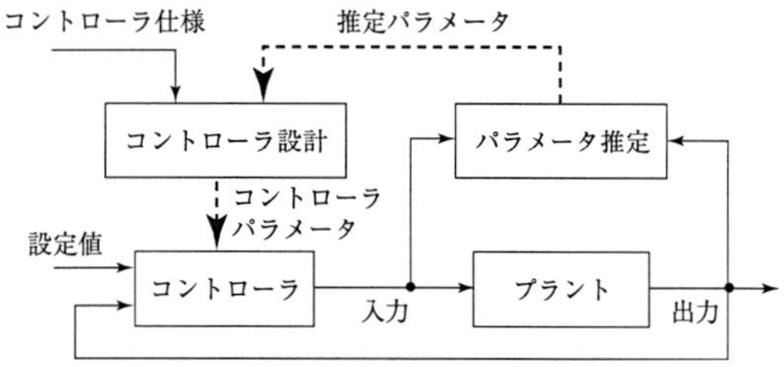


図 26.1　STC（間接法の例）

しかし，プラント動特性の同定は適応制御にとって必ずしも必要ではない．プラントの同定を行わなくても，制御目的を実現している理想規範モデルの出力に，実際の出力が追従しさえすれば制御目的は実現される．このようにコントローラのパラメータを制御目的が実現されるように直接適応的に調整する方式を直接法（direct method）による適応制御という（図 26.2）．

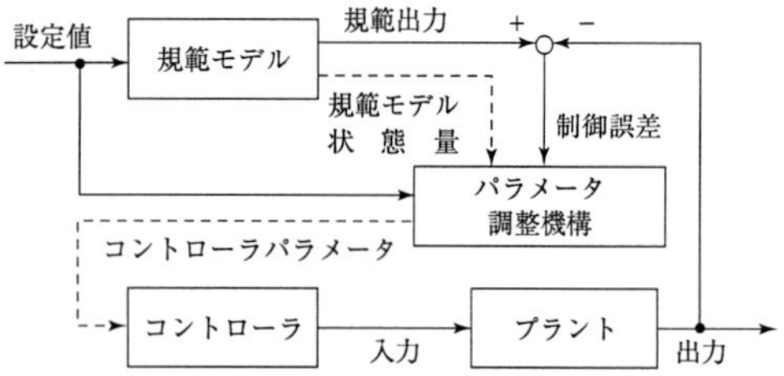


図 26.2　SAC（直接法の例）

間接法による適応制御の典型的な手法として，セルフチューニングコントローラ（self-tuning controller：STC）[1] がある．また，直接法の例として，単純適応制御（simple adaptive control：SAC）[2] がある．また，よく知られているモデル規範型適応制御系（model reference adaptive control system：MRACS）は，理想規範モデル出力と実際の出力誤差が一致するように適応制御系を構成するものであり，直接法に分類されるものと間接法に分類されるものの 2 通りがある．また，どちらかを明確に分類できない場合もある[3,4,9]．

さて，プラントがブラックボックスであっても，制御系設計を自動的に行うということが，適応制御の理想であるが，実際には，直接法あるいは間接法のいずれにおいても，制御系内に含まれる可調整制御パラメータを自動調整するためには，プラントの構造に関するある程度の事前情報が必要となる．たとえば，動特性同定に関しては，プラントの線形性を仮定したうえで，その次数も既知とし，未知量を伝達関数のパラメータに限定して，そのパラメータ同定を行うことが多い．また，制御パラメータを自動調整しながら制御系の安定性を保証するためには，制御系あるいはプラントが，正実性あるいは受動性に関する条件を満たしていることが通常必要となる[5]．

次節以降では，安定な適応制御系設計にさいし，とくに問題となる点について，具体的な議論を通じて理解を深めるため，もっとも基本となる 1 入出力連続線形定係数系に焦点を絞って述べる．

## 26.2　適応制御系設計に必要な安定性に関する概念

### 26.2.1　相対次数

連続な 1 入出力線形定数系の場合，相対次数（relative degree）は伝達関数表示における分母多項式と分子多項式の次数差となる[6]．いま，可制御かつ可観測な $n$ 次 1 入出力線形定数系

$$\dot{\boldsymbol{x}} = A\boldsymbol{x} + \boldsymbol{b}u, \quad y = \boldsymbol{c}^T\boldsymbol{x} \tag{1}$$

を考える．上式に対応する伝達関数表示は

$$G(s) = \frac{N(s)}{D(s)} = \boldsymbol{c}^T(sI - A)^{-1}\boldsymbol{b}$$

$$D(s) = s^n + a_{n-1}s^{n-1} + \cdots + a_1 s + a_0$$

$$N(s) = b_m s^m + b_{m-1}s^{m-1} + \cdots + b_1 s + b_0, \quad b_m \neq 0 \tag{2}$$

となる．このとき，相対次数は分母多項式と分子多項式の次数差 $r = n - m$ となる．これは，極と零点の個数差でもある．多入出力系の場合においては，極と零点の個数差で相対次数が定義される[3,6]．非線形系に対しても同様な定義がある[7,8]．

適応制御系を構成する場合，検出してフィードバック制御に用いる系の状態変数は出力 $y$ のみである．得られた制御系は安定でなければならないから，基本的には，出力フィードバックで安定化可能でなければならない．根軌跡法から容易にわかるように，制御対象の相対次数が，0 または 1，かつ，分子多項式が安定，すなわち，零点がすべて負の実部をもつならば，出力フィードバックで安定化できる．したがって，これらの条件が満足する制御対象に対しては，適応制御が比較的構成しやすいといえる．しかし，たとえば相対次数についてのみ考えても，上記条件を満たす制御対象は現実にはあまり多くない．したがって，これが人工

的に満たされるように特別なフィルタを導入した拡張制御対象を構成するなどの工夫が一般に必要となる．

### 26.2.2 正 実 性

いま，式 (2) で表されるパラメータ未知の制御対象に対して適応制御系を構成することを考える．パラメータが既知であれば，それを用いて，安定なフィードバック制御系を構成することができる．実際にはパラメータが未知なので，間接法では，プラントの未知パラメータの推定を行って，その値を真値とみなしてフィードバック制御系を構成し，直接法では，制御系を安定化するコントローラの制御パラメータの真値が存在するものとし，それらの未知コントローラパラメータを推定し，その推定値を真値とみなして制御系を構成する．いずれの場合も，未知パラメータが真値に収束した場合には，出力を含む制御系の状態変数（フィルタの導入があれば必ずしも $n$ 個とは限らない）は有界とならなければならない．すなわち，制御系は安定でなければならない．これを保証するために，以下に示す制御対象の正実性と，それに基づくKalman-Yakubovich の補題がよく用いられる[2,4,9]．

**a．正実性の定義**

式 (2) の伝達関数を考える．

**［定義 1］** $G(s)$ に関し，$\mathrm{Re}(s)\geq 0$ のとき（$s=\sigma+j\omega$ とおいたとき，$\sigma\geq 0$ の意），

$$\mathrm{Re}G(s)\geq 0$$

ならば，$G(s)$ は正実（positive real：PR）であるという．さらに，ある正数 $\varepsilon>0$ が存在して，$G(s-\varepsilon)$ が正実となるならば，$G(s)$ は強正実（strictly positive real：SPR）であるという．

定義 1 は，次の定義 2 と同値である．

**［定義 2］** $G(s)$ は，以下の条件を満たすとき正実である[2]．

① $G(s)$ は実数 $s$ に対し実数となる．

② $G(s)$ は $\mathrm{Re}(s)>0$ のとき解析的である．また，$G(s)$ が虚軸上で $s=j\omega_0$ なる極をもつとき，それらは単極で対応する留数は非負である．

③ $j\omega$ が $G(j\omega)$ の極とはならないとき，$\mathrm{Re}G(j\omega)\geq 0$．

また，強正実であるための条件は，上記条件 ①，③ が成立しており，かつ，虚軸上に $G(s)$ の極も零点も存在しないことである．なお，この強正実条件は以下のようにも表せる．

(a) $G(s)$ が $\mathrm{Re}(s)\geq 0$ で解析的

かつ

(b) 任意の $\omega\in(-\infty,\infty)$ に対して，$\mathrm{Re}G(j\omega)>0$．

**b．Kalman-Yakubovich の補題**

伝達関数式 (2)，あるいはその最小実現である式 (1) が強正実であるための必要十分条件は，次の補題で与えられる[2,4,9]．

**［補題］** 可制御可観測な $n$ 次 1 入出力線形定数系式 (1)，あるいはその伝達関数表現式 (2) が強正実であるための必要十分条件は，次式を満足する $n\times n$ 正定対称行列 $P, Q$ が存在することである．

$$\begin{cases} A^TP+PA=-Q \\ \boldsymbol{b}^TP=\boldsymbol{c}^T \end{cases} \tag{3}$$

## 26.3 適応制御におけるパラメータ同定と制御系の安定性

間接法，直接法のいずれにおいても，制御系内の未知パラメータの同定を行い，推定パラメータが真値を推定したとき，適応制御系の安定性と制御目的が同時に達成される仕組みとなっている．そのためには，使用する同定手法に適した構造に制御系あるいは制御対象を書き改めておく必要がある．よく用いられる一般的構造は，制御系あるいは制御対象を

$$y(t)=H(s)\{\boldsymbol{\theta}^T\boldsymbol{z}(t)\} \tag{4}$$

の形式で表す手法である．ここで，$y(t)$ は検出可能な出力，$\boldsymbol{\theta}$ は $r$ 次未知定数パラメータベクトル，$\boldsymbol{z}(t)$ は $r$ 次の回帰ベクトル（regression vector）とよばれる一様有界なベクトル変数である（注：$n$ 次プラントのパラメータ推定の場合には，$r=2n$）．以下では，$\mathbf{z}(t)$ は有界かつ検出可能な変数とする．これに対し，次のパラメータ同定モデル

$$\hat{y}(t)=H(s)\{\hat{\boldsymbol{\theta}}(t)^Tz(t)\} \tag{5}$$

を考えると，出力誤差方程式は次式となる．

$$e_y(t)=H(s)\{\tilde{\boldsymbol{\theta}}(t)^T\boldsymbol{z}(t)\}$$

$$e_y(t)=\hat{y}(t)-y(t)$$

$$\tilde{\boldsymbol{\theta}}(t)=\hat{\boldsymbol{\theta}}(t)-\boldsymbol{\theta} \tag{6}$$

前述したように，適応制御では制御目的が $\lim_{t\to\infty}\tilde{\boldsymbol{\theta}}(t)\to 0$ のとき達成されるように制御系が構成されている．ここでは，$\hat{\boldsymbol{\theta}}(t)$ を以下のように与えた場合を考える．

$$\dot{\tilde{\boldsymbol{\theta}}}(t)=\dot{\hat{\boldsymbol{\theta}}}(t)=-\Gamma\boldsymbol{z}(t)e_y(t),\quad \Gamma=\Gamma^T>0 \tag{7}$$

これを固定ゲイン適応同定則，正定行列 $\Gamma$ を適応ゲイン行列という．いま，誤差方程式が，次の状態方程式で表現されたとする．

$$\dot{\boldsymbol{e}}(t)=A\boldsymbol{e}(t)+\boldsymbol{b}\{\tilde{\boldsymbol{\theta}}(t)^T\boldsymbol{z}(t)\},\quad e_y(t)=\boldsymbol{c}^T\boldsymbol{e}(t) \tag{8}$$

ただし，$\{A, \boldsymbol{b}, \boldsymbol{c}\}$ は次数も含め式 (1) と同じものではなく，表記の便宜上用いているにすぎないことに注意しておく．ここで，$H(s)$ は強正実であるとし，次のリアプノフ関数の候補

$$V(t)=\boldsymbol{e}(t)^T P\boldsymbol{e}(t)+\tilde{\boldsymbol{\theta}}(t)^T\Gamma\tilde{\boldsymbol{\theta}}(t)$$

$$P=P^T>0 \tag{9}$$

を考えると，Kalman-Yakubovich の補題から式 (3) が適用でき，

$$\dot{V}(t)=-\boldsymbol{e}(t)^T Q\boldsymbol{e}(t)\leq 0 \tag{10}$$

となり，これより，$\lim_{t\to\infty} e_y(t)\to 0$ がいえる．これで制御目的が達成できる場合はよいが，構成法によっては，さらにパラメータに関し $\lim_{t\to\infty}\tilde{\boldsymbol{\theta}}(t)\to 0$ が必要な場合もある．そのときには，回帰ベクトルの各要素 $z_i(t), i=1,\cdots,r$ が1次独立であることが付加条件として要求される．これを実現するためには，$z_i(t)$ は十分振動的でなければならない．これを PE 条件（persistently exciting condition）という．なお，式 (4) で，$H(s)=1$ の場合も式 (9) で $P=0$ とすれば，ほぼ同様の扱いとなる．式 (7) の同定則は積分型適応同定則ともよばれている．なお，適応同定則にはこれ以外に，真値への収束性を改善した積分＋比例型適応同定則をはじめとして，制御系のロバスト性を確保するためのロバスト適応同定則など[10]，さまざまの同定則が提案されている．

ここでは，上記で適応制御系設計の基本と問題点の一部を例示した．この例においても，制御系を式 (5) のように，入出力関係が強正実となるように，回帰ベクトルを用いてパラメトリックな表現で表すこと，式 (7) に示したもっとも基本的な適応同定則以外に，収束性のよいロバストな同定則を求めること，閉ループ系の内部変数となる回帰ベクトル $\boldsymbol{z}(t)$ の有界性と，必要な場合における PE 性をどのように確保するか，などが基本的な課題となることがわかる．とくに回帰ベクトルの有界性を示すことは，構成された適応制御系の安定性を示すことにほかならない．現在ではその解決のためにさまざまの手法がすでに提案されている．また，ここでは，制御対象に関する線形性，次数，最小位相性などの構造は既知としたが，それらが満たされない場合のロバスト性を考慮した設計法や[10]，非線形系についても多くの提案がある[11]．

## 26.4　離散時間適応制御系

制御対象が差分方程式で記述される場合には，連続時間系と少し異なった議論が必要となる．基本的な離散系モデルの多くは，連続系に0次ホールドとサンプラを前置してサンプリング周期で離散化して求める．このようにすると，$z$ 変換した表現ではほとんどの場合，分母分子の次数差は1となる．その場合には連続系で問題となる相対次数の問題はなくなる．また，連続系では無限次元となるむだ時間も，離散系では有限の次数差として処理できる．

以上は，連続系で扱う場合に比べ有利な点といえるが，他方，サンプリング時間 $h$ の選び方で非最小位相系となることが大きな問題となる．すなわち，$h\to 0$ としたときの零点を極限零点とよぶが，単位円外に位置する極限零点が生ずることもしばしばある．たとえば，連続時間系で次数差2以上の場合と非最小位相系の場合，対応する離散系では必ず単位円外に位置する極限零点が生ずる．モデル規範型適応制御などの，制御対象の最小位相性を前提とする制御手法を離散時間適応制御に用いるさいには，その点に関する注意が必要となる[12]．

制御対象を離散系で記述し，間接法による適応制御系を構成することを基本とした離散型適応制御の考え方の一例として，STC について簡単に触れておく[1,4]．まず，極配置法，モデル追従法などの制御法を考え，希望する極配置や追従規範モデルなどを指定する．次に制御対象に線形コントローラを導入し，先に希望した理想特性に一致するようにその構造と制御パラメータを決定する．

その決定法は，Bezout の等式（Bezout Identity）あるいは Diophantine 方程式とよばれる多項式の代数方程式を解くことに帰着される．実際の制御対象のパラメータが未知定数のときは，オンラインで制御対象のパラメータを逐次同定しながら，その値を上記のコントローラパラメータ決定に用いる．それらの同定パラメータを制御系設計に用いる場合には，それらを真値であるとみなして用いる．このように推定された同定値を真値と見なして構成したコントローラを，適応制御では CE 原理（certainty equivalence principle）に基づいて構成されたコントローラとよぶ[1,4]．

## 26.5　逐次最小二乗法

適応制御における適応調整機能は，具体的には，制御対象や制御装置の未知パラメータをオンラインで同定する機能を意味する．このことは入出力データを時

々刻々取り込みながら最新の同定を行っていくことを意味する．パラメータ同定の基本は最小二乗法（least-squares）であるが，ここでは，間接法における制御対象の未知パラメータ同定によく用いられる，基本的な逐次最小二乗法（recursive least-squares）を連続系と離散系について示す．

### 26.5.1　連続時間系の重みつき逐次最小二乗法[13)]

同定の対象となるシステムが

$$y(t)=\boldsymbol{z}(t)^T\boldsymbol{\theta} \tag{11}$$

と与えられているとする．ここで，$y(t)$ は検出可能な出力，$\boldsymbol{\theta}$ は $r$ 次パラメータベクトル，$\boldsymbol{z}(t)$ は $r$ 次回帰ベクトルであり，検出可能とする．$\boldsymbol{\theta}$ が未知とし，これを推定することを考える．このシステムに対し，同定モデル

$$\hat{y}(t)=\boldsymbol{z}(t)^T\hat{\boldsymbol{\theta}}(t) \tag{12}$$

を導入し，$\hat{\boldsymbol{\theta}}(t)$ を次の誤差二乗積分を最小にするように決定する．

$$J(t)=\int_0^t\{\hat{y}(t,\tau)-y(\tau)\}^2e^{-\lambda(t-\tau)}d\tau$$
$$\hat{y}(t,\tau)=\boldsymbol{z}(\tau)^T\hat{\boldsymbol{\theta}}(t) \tag{13}$$

重み係数 $\lambda$ は，忘却係数（forgetting factor）ともよばれ，過去のデータの重視度となる．この結果，連続時間重みつき逐次最小二乗法（continuous time weighted recursive least-squares）は

$$\begin{cases}\dot{\hat{\boldsymbol{\theta}}}(t)=-\Gamma(t)^{-1}\boldsymbol{z}(t)e(t)\\ e(t)=\hat{y}(t)-y(t)\\ \dot{\Gamma}(t)=-\lambda\Gamma(t)+\boldsymbol{z}(t)\boldsymbol{z}(t)^T\end{cases} \tag{14}$$

となる．$\Gamma(t)$ の正則性は次式で保証される．

$$\rho_1I\geq\int_{t-t_0}^t\boldsymbol{z}(\tau)\boldsymbol{z}(\tau)^Td\tau\geq\rho_2I,\quad t\geq t_0$$
$$\ni\rho_1,\rho_2,t_0>0 \tag{15}$$
$$\Gamma(0)>0$$

式（15）は，連続系における PE 条件を示している．

### 26.5.2　離散時間系の重みつき逐次最小二乗法[1,4)]

同定の対象となるシステムが

$$y(k)=\boldsymbol{z}(k)^T\boldsymbol{\theta} \tag{16}$$

と与えられているとする．ここで，$y(k)$ は検出可能な出力，$\boldsymbol{\theta}$ は $r$ 次パラメータベクトル，$\boldsymbol{z}(k)$ は $r$ 次回帰ベクトルであり，検出可能とする．$\boldsymbol{\theta}$ が未知とし，これを推定することを考える．このシステムに対し，同定モデル

$$\hat{y}(k)=\boldsymbol{z}(k)^T\hat{\boldsymbol{\theta}}(k-1) \tag{17}$$

を導入し，$\hat{\boldsymbol{\theta}}(k)$ を $\boldsymbol{\theta}$ に関する次の誤差二乗積分を最小にするように決定する．

$$J(k,\theta)=\sum_{i=1}^k\lambda^{k-i}(\bar{y}(i)-\boldsymbol{z}(i)^T\boldsymbol{\theta})^2,\quad 0<\lambda<1 \tag{18}$$

ここに，$\lambda$ は忘却係数である．このとき，離散時間重みつき逐次最小二乗法（discrete time weighted recursive least-squares）による推定アルゴリズムは

$$\begin{cases}\hat{\boldsymbol{\theta}}(k)=\hat{\boldsymbol{\theta}}(k-1)+P(k)\boldsymbol{z}(k)(y(k)-\boldsymbol{z}(k)^T\hat{\boldsymbol{\theta}}(k-1))\\ P(k)=\dfrac{1}{\lambda}\left\{P(k-1)\right.\\ \qquad\left.-\dfrac{P(k-1)\boldsymbol{z}(k)\boldsymbol{z}(k)^TP(k-1)}{\lambda+\boldsymbol{z}(k)^TP(k-1)\boldsymbol{z}(k)}\right\}\end{cases} \tag{19}$$

となる．ただし，次の条件式

$$\rho_1I>\sum_{i=k}^{k+m}\boldsymbol{z}(i)\boldsymbol{z}(i)^T>\rho_2I \tag{20}$$

が成立する，ある $E$ 整数 $m$ と定数 $\rho_1,\rho_2>0$ が，すべての $k$ に対して存在するものとする．これは，式（19）で $P(k)$ の正則性が保証されるために必要な PE 条件を示している[4,17)]．

## 26.6　その他の設計法

先に述べたように，適応制御の本質は，オンラインで何らかの同定を行いながら制御基準をみたす制御系の自動設計を行うことにある．そのように考えると，これまでに応用面を含め確立されつつある PID コントローラパラメータのオートチューニング，ゲインスケジュールド制御，ニューラルネットワーク制御など実に多様な制御方式を適応制御の範囲に入れることができる[5,14)]．ここでは，すでに確立されている，線形系に対する適応制御について述べたが，現在，非線形システムに対する適応制御の研究についても，理論と応用の両面で大きな進展がなされつつある[11,15)]．適応制御の分野は技術者にとって困難ではあるが魅力的課題に富んだ分野でもある．今後，具体的な応用成功例を参照しながらのさらなる挑戦が期待される[16)]．

## 26.7　直接法による適応制御系の設計例

制御対象

$$G(s)=\frac{\beta}{s+\alpha}$$

に対し，フィードバック $u=-k_1x(t)+k_2v$，$v=1$ を施し，閉ループ系の特性に関し，時定数が半分で設定入力 $v=1$ に追従するようフィードバック系を設計す

る問題を考える．この場合，パラメータが次のように変動したとする．

$0 \leq t \leq 6$：　$\alpha=0.5$，$\beta=2$（基本パラメータ）

$6 < t \leq 12$：　$\alpha=0.1$，$\beta=1$

$12 < t \leq 18$：$\alpha=-0.1$，$\beta=3$

基本パラメータで最適設計し，実際には上記のパラメータ変動が生じた場合の応答（$0 \leqq t \leqq 18$）を図 26.3 に示す．また，$0 \leq t \leq b$ における基本パラメータで最適設計したときの閉ループ系モデル

$$y_m(s)=\frac{1}{s+1}v_m(s), \quad v_m=1$$

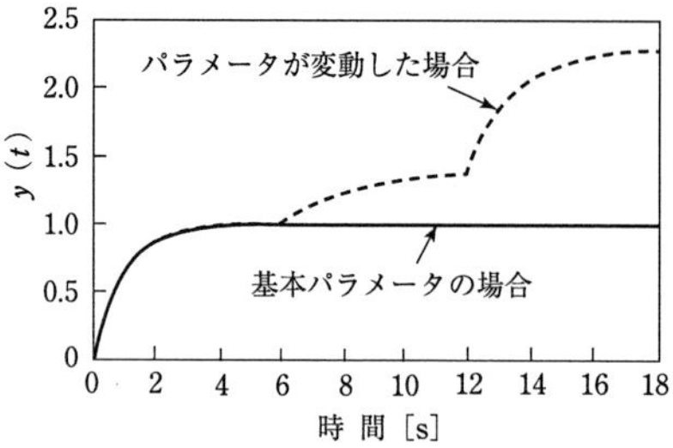


図 26.3　固定フィードバックによる応答

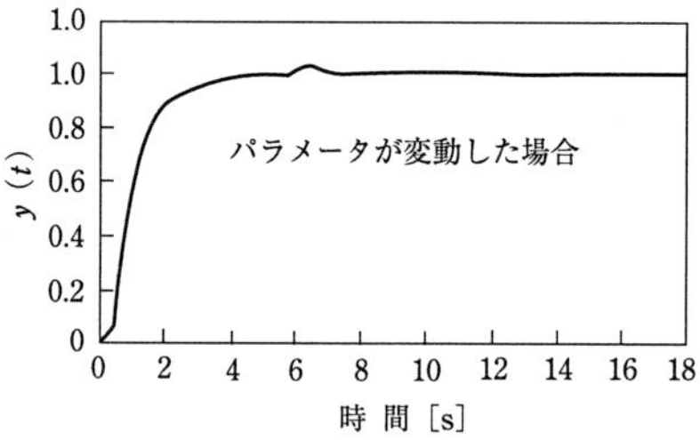


図 26.4　SAC による応答

を参照モデルとし，それを用いて直接法に属する単純適応制御（SAC）系を構成したときの応答を図 26.4 に示す．

［岩井善太］

## 参考文献


1) G. C. Goodwin, K. S. Sin (1984)：Adaptive Filtering, Prediction and Control, p. 1-462, Prentice-Hall.
2) 岩井善太，水本郁朗，大塚弘文 (2008)：単純適応制御 SAC，p. 1-211，森北出版.
3) H. Kaufman,　I. Bar-Kana,　K. Sobel (1995)：Direct Adaptive Control Systems, p. 1-565, Springer-Verlag.
4) K. J. Åström, B. Wittenmark (1995)：Adaptive Control, p. 1-565, Addison-Wesley.
5) 北森俊行，新　誠一（責任編集）(1990)：コンピュートロール，**32**：1-142，コロナ社.
6) 得丸英勝，今井美義，岩井善太 (1967)：計測自動制御学会論文集，**3**(3)：188-196.
7) 得丸英勝，岩井善太 (1968)：計測自動制御学会論文集，**4**(3)：271-279.
8) A. Ishidori (1995)：Nonlinear Control Systems, Springer-Verlag.
9) 鈴木　隆 (2001)：アダプティブコントロール，p. 1-252，コロナ社.
10) P. A. Ioannou, J. Sun (1996)：Robust Adaptive Control, p. 1-565, Prentice-Hall.
11) M. Kristic, I. Kanellakopoulos, P. V. Kokotovic (1995)：Nonlinear and Adaptive Control Design, John-Wiley & Sons.
12) K. J. Åström, P. Hagander, J. Sternby (1984)：*Automatica*, **20**：31-38.
13) 岩井善太，井上　昭，川路茂保 (1988)：オブザーバ（5章適応オブザーバ），p. 160-201，コロナ社.
14) 特集「適応・学習制御システムの新展開」，計測と制御，**40**(11)：775-836，2001.
15) 特集「適応・学習制御システムの新しい潮流」，計測と制御，**48**(8)：591-675，2009.
16) 水野直樹 (2009)：計測と制御，**48**(8)：599-607.
17) 片山　徹 (1994)：システム同定入門，p. 32-86，朝倉書店.

# 27

# モデル規範型適応制御（MRAC）

| 要約 | | |
|---|---|---|
| | 制御の特徴 | 制御系の設計仕様を満足するように与えられた規範モデルの出力に未知対象システムの出力を一致させるようにコントローラを適応的に自動調整する手法である．構成されたシステムの安定性は，システムの強正実性およびリアプノフの定理より保証される． |
| | 長所 | パラメータ未知の不確かなシステムに対し，希望する特性を示す規範モデル出力にシステムの出力を追従させる制御系が設計できる． |
| | 短所 | 同定するパラメータ数が対象とするシステムの次数に依存してしまうため，次数の大きな制御対象に対しては，制御器構造が複雑となる．モデル化されない不確かさに対してロバスト性が乏しい． |
| | 制御対象のクラス | 未知パラメータを有する時不変線形系． |
| | 制約条件 | とくにない． |
| | 設計条件 | 最小位相系．システムの次数と相対次数などの事前情報が必要． |
| | 設計手順 | Step 1　規範となるモデルを決定．<br>Step 2　Diophantine 方程式（モデルマッチング手法）に基づき制御器構造の決定．<br>Step 3　制御器未知パラメータ同定のための適応同定則の決定．<br>Step 4　推定されたパラメータにより制御入力を決定． |
| | 実応用例 | メカニカルシステムなどへの適用例がある． |

## 27.1　モデル規範型適応制御の概念

モデル規範型適応制御（model reference adaptive control：MRAC）は，もっとも代表的な適応制御手法として知られており，制御系の設計仕様を満足するように与えられた規範モデルの出力に未知対象システムの出力を一致させるようにコントローラを適応的に自動調整する手法である．モデル規範型適応制御系（model reference adaptive control system：MRACS）の設計法には，直接法と間接法について種々の手法が提案されているが，現在最も一般的なMRACSの設計法は，Monopoli[1]により提案された拡張誤差信号を用いる方式であり，制御系の等価モデルの強正実性およびリアプノフの安定定理より，構成された制御系の漸近安定性が保証される．図 27.1 に直接法による MRACS の概念図を示す．MRAC では，基本的にモデルマッチング手法を用いて，システムの出力 $y(t)$ と規範モデル出力 $y_m(t)$ が一致するように制御入力が決められる．

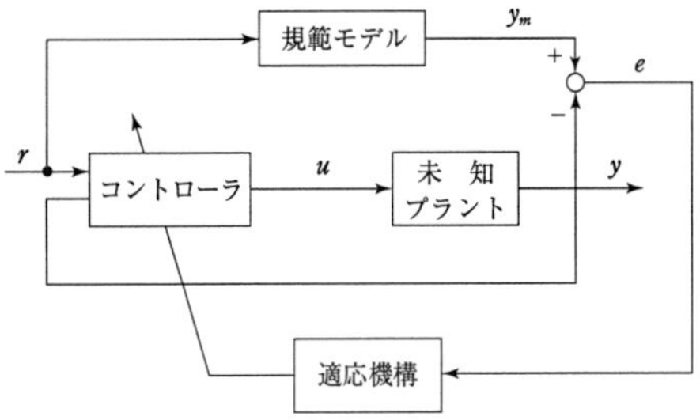


図 27.1　直接法による MRACS の概念図

いま，出力追従誤差を $e(t)=y(t)-y_m(t)$ とおくとき，誤差モデルが

$$e(t)=W(s)[u(t)-\boldsymbol{\theta}^T\boldsymbol{z}(t)] \tag{1}$$

と表されるものとする．$W(s)$ が安定であり，$u(t)=\boldsymbol{\theta}^T\boldsymbol{z}(t)$ と構成できれば，モデル出力追従が達成できることがわかる．しかし，システムが未知である場合には，当然 $\boldsymbol{\theta}$ も未知である．このとき，$\boldsymbol{\theta}$ の推定値を

$\hat{\boldsymbol{\theta}}(t)$ とおき，制御入力を

$$u(t)=\hat{\boldsymbol{\theta}}(t)^T\boldsymbol{z}(t) \tag{2}$$

と構成する．$W(s)$ が強正実であれば，パラメータ調整をたとえば固定ゲイン適応同定則を用い，

$$\dot{\hat{\boldsymbol{\theta}}}(t)=-\Gamma\boldsymbol{z}(t)e(t),\quad \Gamma=\Gamma^T>0 \tag{3}$$

と構成すれば，Kalman-Yakubovich の補題（26章「適応制御」26.2.2項参照）を用いることで，リアプノフの安定定理より，$\lim_{t\to\infty} e(t)\to 0$ が達成できる．これが，MRACS の基本的な考え方である．

なお，誤差モデルは，モデルマッチングを達成するための Diophantine 方程式（27.2.2項参照）から導くことができる．さらに，より一般的な $W(s)$ が強正実とならない場合にも，拡張誤差信号の概念を導入することで，信号の微分値を用いることなく上記の基本的な設計法に帰着できることが Monopli ら[1]により示され（27.2.3b項参照），これにより MRACS の基本的な設計法の確立がなされたといえる．

## 27.2　モデル規範型適応制御系の設計

### 27.2.1　問題設定

いま，次の線形時不変系を考える．

$$y(t)=\frac{bB(s)}{A(s)}[u(t)] \tag{4}$$

ここで，

$$A(s)=s^n+a_{n-1}s^{n-1}+\cdots+a_1s+a_0$$
$$B(s)=s^m+a_{m-1}s^{m-1}+\cdots+b_1s+b_0$$

である．$s$ は微分演算子を表すものとする．

また，このシステムの出力 $y(t)$ の追従すべき規範モデルとして次のモデルを考える．

$$y_m(t)=\frac{B_M(s)}{A_M(s)}[r(t)] \tag{5}$$

このとき，対象システム式（4）および規範モデル式（5）に対し，次の仮定をおく．

［仮定］

（A1）多項式，$A(s)$，$B(s)$ は互いに既約．

（A2）対象システムの次数 $n$ および相対次数 $\gamma=n-m$ は既知．

（A3）$B(s)$ は安定（対象システムは最小位相）．

（A4）対象システムの高周波ゲイン $b$ の符号は既知（一般性を失うことなく $b<0$ とする）．

（A5）規範モデルは安定．

（A6）規範モデルの相対次数 $\gamma_M$ は，$\gamma_M\geq\gamma$ である．

（A7）規範入力 $r(t)$ は一様有界かつ区分的に連続．

以上の仮定のもと，目的は，モデル出力追従：

$$\lim_{t\to\infty}(y(t)-y_m(t))=\lim_{t\to\infty}e(t)\to 0$$

を達成する適応コントローラを設計することである．

### 27.2.2　誤差モデルの導出

いま，次の $\gamma$ 次および $(n-1)$ 次のモニック安定多項式：

$$C(s)=s^\gamma+c_{\gamma-1}s^{\gamma-1}+\cdots+c_1s+c_0$$
$$D(s)=s^{n-1}+d_{n-2}s^{n-2}+\cdots+d_1s+d_0 \tag{6}$$

を考えると，次の恒等式を満足する $(n-2)$ 次および $(n-1)$ 次多項式 $F(s)$，$H(s)$ を唯一に選ぶことができる．

$$F(s)A(s)+H(s)B(s)=D(s)\{bA(s)-C(s)B(s)\} \tag{7}$$

この方程式は Diophantine 方程式とよばれる．

式（7）は，さらに

$$R(s)B(s)=bD(s)-F(s)$$
$$bQ(s)=-H(s) \tag{8}$$

とおくと

$$C(s)D(s)=A(s)R(s)+bQ(s) \tag{9}$$

と変形できる[4]．ここで，

$$R(s)=s^{\gamma-1}+r_{\gamma-2}s^{\gamma-2}+\cdots+r_1s+r_0$$
$$Q(s)=q_{n-1}s^{n-1}+q_{n-2}s^{n-2}+\cdots+q_1s+q_0$$

である．式（9）においても与えられた $C(s)$，$D(s)$ に対し $R(s)$，$Q(s)$ は唯一に決定できる．

さて，式（9）の両辺に $y(t)$ を掛けると，

$$\begin{aligned}C(s)D(s)[y(t)]&=A(s)R(s)[y(t)]+bQ(s)[y(t)]\\&=bR(s)B(s)[u(t)]+bQ(s)[y(t)]\end{aligned} \tag{10}$$

を得る．よって，

$$y(t)=\frac{b}{C(s)}\left[\frac{R(s)B(s)}{D(s)}[u(t)]+\frac{Q(s)}{D(s)}[y(t)]\right] \tag{11}$$

なるシステム表現が得られる．さらに，$\deg[R(s)B(s)]=n-1$ であることを考慮すると，式（11）は

$$y(t)=\frac{b}{C(s)}\left[u(t)+\frac{Z(s)}{D(s)}[u(t)]+\frac{Q(s)}{D(s)}[y(t)]\right] \tag{12}$$

と表すことができる．ここで，

$$\begin{aligned}Z(s)&=R(s)B(s)-D(s)\\&=z_{n-2}s^{n-2}+\cdots+z_1s+z_0\end{aligned} \tag{13}$$

である．そこで，

$$\bar{\boldsymbol{\theta}}=[-z_{n-2},\cdots,-z_0,-q_{n-1},\cdots,-q_0]^T\in R^{2n-1}$$

$$\bar{z}(t)=\left[\frac{s^{n-2}}{D(s)}[u(t)],\cdots,\frac{1}{D(s)}[u(t)],\right.$$
$$\left.\frac{s^{n-1}}{D(s)}[y(t)],\cdots,\frac{1}{D(s)}[y(t)]\right]^T$$

とおくと，式 (12) は

$$y(t)=\frac{b}{C(s)}[u(t)-\bar{\boldsymbol{\theta}}^T\bar{z}(t)] \tag{14}$$

と表すことができる．よって，誤差モデルは

$$\begin{aligned}e(t)&=y(t)-y_m(t)\\&=\frac{b}{C(s)}[u(t)-\bar{\boldsymbol{\theta}}^T\bar{z}(t)]-y_m(t)\\&=\frac{b}{C(s)}[u(t)-\bar{\boldsymbol{\theta}}^T\bar{z}(t)-b^{-1}C(s)[y_m(t)]]\\&=\frac{b}{C(s)}[u(t)-\bar{\boldsymbol{\theta}}^T\bar{z}(t)]\end{aligned} \tag{15}$$

と表すことができる．ここで，

$$\boldsymbol{\theta}=\begin{bmatrix}b^{-1}\\ \bar{\boldsymbol{\theta}}\end{bmatrix},\quad \boldsymbol{z}(t)=\begin{bmatrix}C(s)[y_m(t)]\\ \bar{z}(t)\end{bmatrix}$$

である．$\bar{z}(t)$ は入力および出力のフィルタ信号であり入手可能な信号である．また，仮定（A6）より，$C(s)[y_m(t)]$ も入手可能な信号である．よって，$\boldsymbol{z}(t)$ は，入手可能な信号となっている．

このとき，制御入力 $u(t)$ を未知パラメータ $\boldsymbol{\theta}$ の推定値 $\hat{\boldsymbol{\theta}}(t)$ を用いて

$$u(t)=\hat{\boldsymbol{\theta}}(t)^T\boldsymbol{z}(t) \tag{16}$$

と構成すると，結局，誤差モデルは

$$\begin{aligned}e(t)&=\frac{b}{C(s)}[u(t)-\boldsymbol{\theta}^T\boldsymbol{z}(t)]\\&=\frac{b}{C(s)}[\boldsymbol{\varsigma}(t)^T\boldsymbol{z}(t)]\end{aligned} \tag{17}$$

と表すことができる．ここで，$\boldsymbol{\varsigma}(t)=\hat{\boldsymbol{\theta}}(t)-\boldsymbol{\theta}$ はパラメータ推定誤差である．

### 27.2.3 適応制御器の設計

**a．相対次数 $\gamma=1$ の場合**

式 (17) の誤差モデルにおいて，$\gamma=1$ および $b>0$ より $b/C(s)$ は強正実である．よって，適応調整則を式 (3) により

$$\dot{\boldsymbol{\varsigma}}(t)=\dot{\hat{\boldsymbol{\theta}}}(t)=-\Gamma\boldsymbol{z}(t)e(t),\quad \Gamma=\Gamma^T>0 \tag{18}$$

と構成すればよい．

**b．相対次数 $\gamma\geq 2$ の場合**

$\gamma\geq 2$ の場合，もはや $b/C(s)$ は強正実ではない．この場合は拡張誤差信号を導入する．

いま，式 (17) に対し，$L(s)/C(s)$ が強正実となるような（$\gamma-1$）次の安定モニック多項式：

$$L(s)=s^{\gamma-1}+l_{\gamma-2}s^{\gamma-2}+\cdots+l_1s+l_0 \tag{19}$$

を導入する．式 (17) は

$$e(t)=\frac{L(s)}{C(s)}b\left[\frac{1}{L(s)}[u(t)]-\boldsymbol{\theta}^T\frac{1}{L(s)}[\boldsymbol{z}(t)]\right] \tag{20}$$

と表すことができる．次に，式 (20) に対し未知パラメータ $b$，$\boldsymbol{\theta}$ を推定値 $\hat{b}(t)$，$\hat{\boldsymbol{\theta}}(t)$ で置き換えた信号 $\hat{e}(t)$ を次のように構成する．

$$\hat{e}(t)=\frac{L(s)}{C(s)}\hat{b}(t)\left[\frac{1}{L(s)}[u(t)]-\hat{\boldsymbol{\theta}}(t)^T\frac{1}{L(s)}[\boldsymbol{z}(t)]\right] \tag{21}$$

このとき，新しい誤差信号として

$$\boldsymbol{\varepsilon}(t)=e(t)-\hat{e}(t) \tag{22}$$

を考える．これが拡張誤差信号である．式 (20)，(21) より，拡張誤差信号は

$$\begin{aligned}\boldsymbol{\varepsilon}(t)&=\frac{L(s)}{C(s)}\left[(b-\hat{b}(t))\left\{\frac{1}{L(s)}[u(t)]\right.\right.\\&\qquad\left.-\hat{\boldsymbol{\theta}}(t)^T\frac{1}{L(s)}[\boldsymbol{z}(t)]\right\}\\&\qquad\left.+b(\hat{\boldsymbol{\theta}}(t)-\boldsymbol{\theta})^T\frac{1}{L(s)}[\boldsymbol{z}(t)]\right]\\&=\frac{L(s)}{C(s)}[(\hat{b}(t)-b)\{-e_0(t)\}+b(\hat{\boldsymbol{\theta}}(t)-\boldsymbol{\theta})^T\boldsymbol{\xi}(t)]\end{aligned} \tag{23}$$

と表すことができる．ここで，

$$\begin{aligned}\boldsymbol{\xi}(t)&=\frac{1}{L(s)}[\boldsymbol{z}(t)]\\e_0(t)&=\frac{1}{L(s)}[u(t)]-\hat{\boldsymbol{\theta}}(t)^T\frac{1}{L(s)}[\boldsymbol{z}(t)]\end{aligned} \tag{24}$$

である．$L(s)/C(s)$ が強正実であるので，この場合，適応調整則を

$$\begin{aligned}\dot{\hat{b}}(t)&=\gamma_0e_0(t)\boldsymbol{\varepsilon}(t),\quad \gamma_0>0\\\dot{\hat{\boldsymbol{\theta}}}(t)&=-\Gamma\boldsymbol{\xi}(t)\boldsymbol{\varepsilon}(t),\quad \Gamma=\Gamma^T>0\end{aligned} \tag{25}$$

と設計すればよいことがわかる．

### 27.2.4 適応制御系の安定性

構成されたモデル規範型適応制御系の安定性は，Kalman-Yakubovich の補題を用いることで，リアプノフの安定定理より解析することができる（26 章「適応制御」参照）．

ここでは，簡単のため $\gamma=1$ の場合について考える．基本的には $\gamma\geq 2$ の場合も同様に取り扱うことができる[3]．

いま，式 (17) で与えられる誤差モデルの状態方程式表現が

$$\dot{\boldsymbol{e}}_x(t)=A_e\boldsymbol{e}_x(t)+\boldsymbol{b}_e\boldsymbol{\varsigma}(t)^T\boldsymbol{z}(t)$$

$$e(t)=\boldsymbol{c}_e^T\boldsymbol{e}_x(t) \tag{26}$$

と与えられているものとする．このシステムは強正実なので，Kalman-Yakubovich の補題

$$A_e^TP+PA_e=-Q$$
$$P\boldsymbol{b}_e=\boldsymbol{c}_e \tag{27}$$

を満足する正定対称行列 $P$，$Q$ が存在する．そこで，リアプノフ関数の候補として次の正定値関数 $V(t)$：

$$V(t)=\boldsymbol{e}_x(t)^TP\boldsymbol{e}_x(t)+\boldsymbol{\varsigma}(t)^T\Gamma^{-1}\boldsymbol{\varsigma}(t)$$

を考えると，$V(t)$ の時間微分は式 (26)，(27) より

$$\begin{aligned}\dot{V}(t)&=\boldsymbol{e}_x(t)^T(A_e^TP+PA_e)\boldsymbol{e}_x(t)\\&\quad+2\boldsymbol{\varsigma}(t)^T\boldsymbol{z}(t)e(t)-2\boldsymbol{\varsigma}(t)^T\boldsymbol{z}(t)e(t)\\&=-\boldsymbol{e}_x(t)^TQ\boldsymbol{e}_x(t)\le 0\end{aligned} \tag{28}$$

と評価できる．よって，$\boldsymbol{e}_x(t)$ および $\boldsymbol{\varsigma}(t)$ は有界であり，$\boldsymbol{e}_x(t)\in L_2$ である．$\boldsymbol{e}_x(t)$ の有界性より，$e(t)$ も有界（$y(t)$ が有界）であることから，対象システムの最小位相性より，$u(t)$ の有界性，すなわち，$\boldsymbol{z}(t)$ の有界性も示すことができる[2,3]．さらに，$\boldsymbol{e}_x(t)$，$\boldsymbol{\varsigma}(t)$ および $\boldsymbol{z}(t)$ の有界性より，式 (26) から $\dot{\boldsymbol{e}}_x(t)$ も有界となる．よって，Barbalat の補題[2] より，

$$\lim_{t\to\infty}e_x(t)=0 \quad \text{すなわち} \quad \lim_{t\to\infty}e(t)=0$$

が得られる．さらに，$\boldsymbol{z}(t)$ の有界性および $\lim_{t\to\infty}e(t)=0$ から，$\hat{\boldsymbol{\theta}}(t)$ がある一定値に収束することがわかる．

**［定理］**　仮定 (A1)～(A7) のもと，式 (25)（$\gamma=1$ のときは式 (18)）で与えられる適応調整則により，制御入力を式 (16) で構成したとき，得られた制御系内の全信号は有界であり，$\lim_{t\to\infty}e(t)=0$ となる．

なお，上記の解析では，$\hat{\boldsymbol{\theta}}(t)$ は，ある一定値にしか収束しない．$\hat{\boldsymbol{\theta}}(t)$ の真値 $\boldsymbol{\theta}$ への収束を保証するためには回帰ベクトル $\boldsymbol{z}(t)$ が十分振動的でなければならない．すなわち，PE 条件が必要となる．

## 27.3　モデル規範型適応制御系の設計例

いま，次の相対次数2の2次系を考えよう．

$$y(t)=\frac{bB(s)}{A(s)}[u(t)]$$
$$A(s)=s^2+s-2,\quad B(s)=1$$

このシステムに対し，規範モデル：

$$y_m(t)=\frac{1}{s^2+2s+1}[r(t)]$$

に追従する MRACS は次のように設計される．

まず，対象システムの次数 $n=2$ および相対次数 $\gamma=2$ であることから，次の2次および1次の安定な多項式を考える．

$$C(s)=s^2+c_1s+c_0$$
$$D(s)=s+d_0$$

さらに，$L(s)/C(s)$ が SPR となる多項式 $L(s)$ を

$$L(s)=s+l_0$$

と与える．

このとき，制御入力は次のように設計される．

$$u(s)=\hat{\boldsymbol{\theta}}(t)^T\boldsymbol{z}(t)$$

ここで，

$$\boldsymbol{z}(t)=\begin{bmatrix}C(s)[y_m(t)]\\ \bar{\boldsymbol{z}}(t)\end{bmatrix}$$

$$\bar{\boldsymbol{z}}(t)=\left[\frac{1}{D(s)}[u(t)],\ \frac{s}{D(s)}[y(t)],\ \frac{1}{D(s)}[y(t)]\right]$$

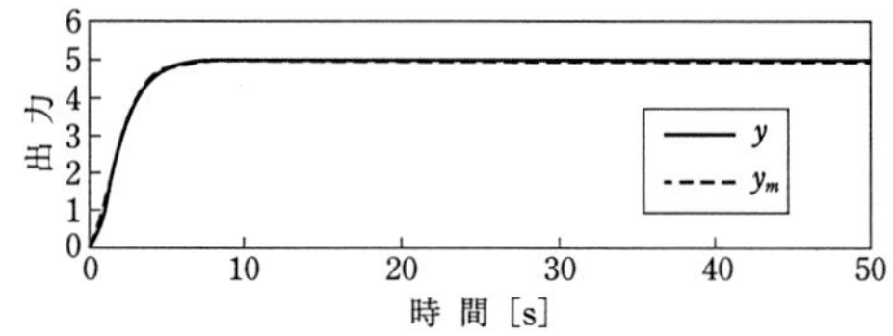

図 27.2　制御結果：システム出力と規範モデル出力

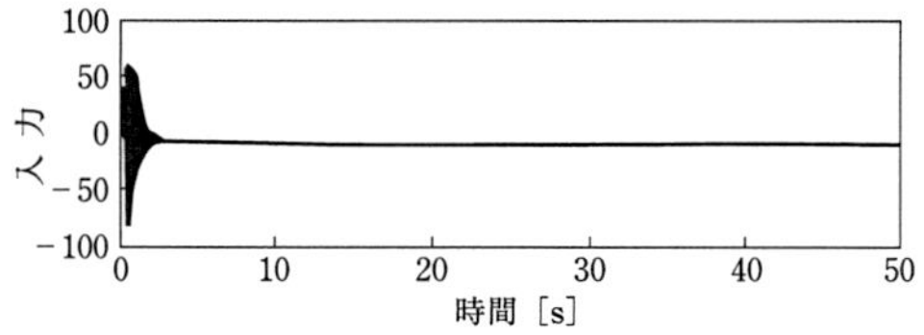

図 27.3　制御入力

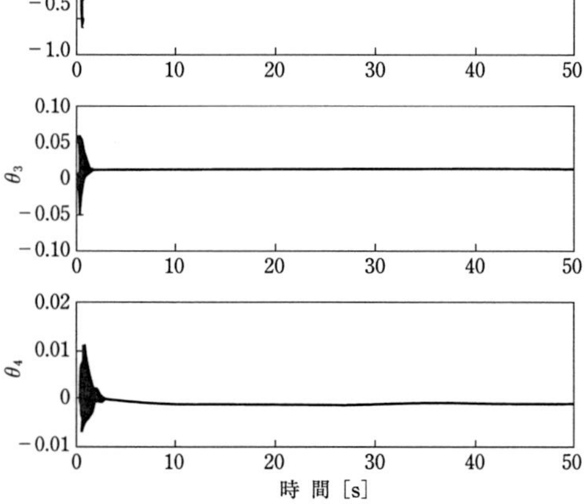

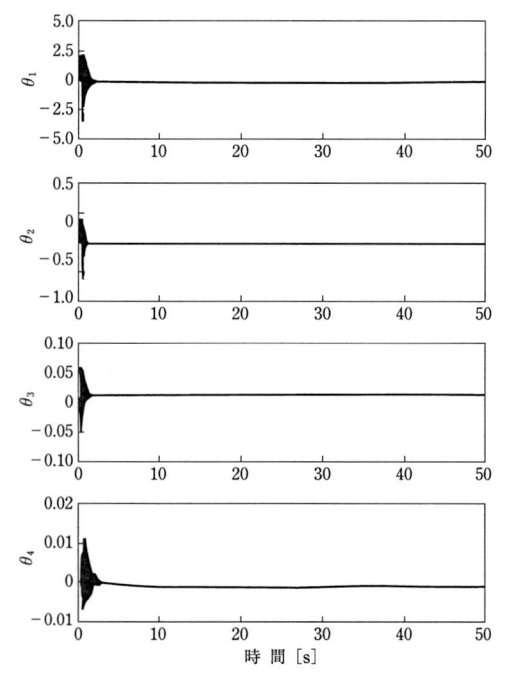

図 27.4　パラメータ調整結果

であり，$\hat{\boldsymbol{\theta}}(t)$ は

$$\boldsymbol{\xi}(t)=\frac{1}{L(s)}[\boldsymbol{z}(t)]$$

$$e_0(t)=\frac{1}{L(s)}[u(t)]-\hat{\boldsymbol{\theta}}(t)^T\boldsymbol{\xi}(t)$$

$$\boldsymbol{\varepsilon}(t)=e(t)-\hat{e}(t)$$

$$e(t)=y(t)-y_m(t)$$

$$\hat{e}(t)=\frac{L(s)}{C(s)}[\hat{b}(t)e_0(t)]$$

とおくとき，

$$\begin{cases}\dot{\hat{b}}(t)=\gamma_0 e_0(t)\boldsymbol{\varepsilon}(t), & \gamma_0>0\\ \dot{\hat{\boldsymbol{\theta}}}(t)=-\Gamma\boldsymbol{\xi}(t)\boldsymbol{\varepsilon}(t), & \Gamma=\Gamma^T>0\end{cases}$$

により，適応的に調整される．

数値シミュレーションでは

$$C(s)=(s+4)(s+5),\quad L(s)=s+5,$$

$$D(s)=s+1$$

$$\gamma_0=10,\quad \Gamma=100I$$

と設計した．

図 27.2〜27.4 にシミュレーション結果を示す．良好な結果が得られている． ［水本郁朗］

### 参考文献

1) R. V. Monopoli (1974)：Model Reference Adaptive Control with an Augmented Error Signal, *IEEE Trans.*, **AC-19-5**：474-484.

2) S. Sastry, M. Bodson (1989)：Adaptive-Control-Stability, Convergence, and Robustness, Prentice-Hall.

3) Gang Tao (2003)：Adaptive Control Design and Analysis, John Wiley & Sons, Inc.

4) 金井喜美雄（寺尾　満 監修）(1989)：ロバスト適応制御入門，オーム社.

# 28

# セルフチューニングコントロール (STC)

**要 約**

| | |
|---|---|
| 制御の特徴 | パラメータが未知であるプロセス制御系などを念頭においた制御手法である．パラメータが未知である制御対象に対し，初めに制御対象が既知としてコントローラを設計し，次に，制御対象の未知パラメータを同定し，同定された未知パラメータの推定値を真値とみなしてコントローラのパラメータを逐次更新することで制御入力を決定する間接型の適応制御手法である． |
| 長 所 | 設計概念は，種々の制御手法に応用できる． |
| 短 所 | その多くが間接型適応制御なので，その制御性能が推定パラメータの収束性に依存してしまう． |
| 制御対象のクラス | 白色雑音などの確率的外乱を有する離散時間線形系． |
| 制 約 条 件 | 未知パラメータ推定値の収束性を保証するため入力信号がPE条件を満足する必要がある． |
| 設 計 条 件 | 一部の手法は，最小位相系．システムの次数と相対次数およびむだ時間が既知． |
| 設 計 手 順 | Step 1　採用する制御方式の決定．<br>Step 2　システムのパラメータが既知として制御器を設計．<br>Step 3　未知パラメータ同定のための適応同定則の決定．<br>Step 4　推定パラメータを真値と考え，制御器内の未知パラメータを逐次更新することで制御入力を決定する． |
| 実 応 用 例 | 多くの産業応用例がある． |

## 28.1 STCの概念

STC (self-tuning control) は，レギュレータ問題を対象としたセルフチューニングレギュレータ (self-tuning regulator：STR) を規範信号への追従を考慮したサーボ問題を含む一般的な制御系設計問題へ拡張したものであり，間接型の適応制御手法の代表的な手法の一つである．

STCのコントローラ設計では，パラメータが未知である制御対象に対し，初めに制御対象が既知としてコントローラを設計する．次に，実際には制御対象のパラメータは未知であるので，未知パラメータを同定し，推定されたパラメータ真値とみなして，未知パラメータを推定値で置き換える (CE原理)．最終的に未知パラメータをオンラインで同定し，未知パラメータを逐次推定値で更新することで，コントローラが構成される．すなわち，コントローラの構造は，基本的には，採用した制御方式により決定され，上記のCE原理に基づきオンラインで同定された推定パラメータを真値とみなしコントローラを構成する設計法となっている．その概念図を図28.1に示す．

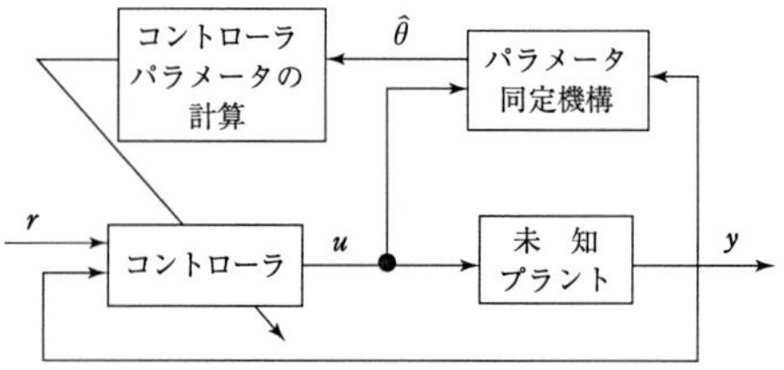


**図28.1** STCの概念図

STCに用いられる典型的な制御方式としては，STCが一般にプロセス制御を念頭に考えられていることから，LQ制御，最小分散制御，一般化最小分散制御などが用いられている．さらには非最小位相系への適用を念頭に入れた極配置制御手法などが用いられる．また，未知パラメータの同定には，雑音の存在下で有効に働くパラメータ同定則として，逐次最小二乗則，拡張（extended）最小二乗則などが一般に用いられている[6]．また，最近では，ニューラルネットワークを用いたSTC，PID制御器のオートチューニング手法としてのSTCの研究[5]やデータやパフォーマンス駆動のSTCの研究も盛んに行われている[7]．

## 28.2 STCの基本的設計法

STCの概念でも述べているように，STCの設計法は種々多様なものが存在する．しかし，そのもっとも典型的な設計法として，最小分散制御手法に基づくものが知られている．この手法は，平均0の白色雑音の存在下において，誤差の分散を最小にするように制御系を適応的に構成する手法である．以下では，この最小分散型STC[1]の設計法についてとくに示すことにする．

### 28.2.1 問題設定

いま，次のように表されるシステムを考える．

$$A(q^{-1})y(k)=B(q^{-1})u(k-d-1)+C(q^{-1})w(t) \quad (1)$$

ここで，$y(k)$，$u(k)$ はシステムの出力および入力であり，$w(k)$ は平均0の白色雑音である．また，

$$\begin{aligned}A(q^{-1})&=1+a_1q^{-1}+\cdots+a_nq^{-n}\\ B(q^{-1})&=b_0+b_1q^{-1}+\cdots+b_mq^{-m}\\ C(q^{-1})&=1+c_1q^{-1}+\cdots+c_nq^{-n}\end{aligned} \quad (2)$$

なる遅れ演算子 $q^{-1}$ の多項式である．

ここで，システム式 (1) は，以下の仮定を満足しているものとする．

- 仮定1：システムの次数 $n$，$m$ およびむだ時間 $d$ は既知である．
- 仮定2：$A(q^{-1})$，$B(q^{-1})$，$C(q^{-1})$ は互いに既約である．
- 仮定3：$B(q^{-1})$，$C(q^{-1})$ は，漸近安定多項式である．

ここでの問題は，システム式 (1) が未知であるとき，任意の規範信号 $r(k)$ に対し，追従誤差 $e(k)=y(k+d+1)-r(k+d+1)$ の分散を最小とする，すなわち，

$$J=E\{[y(k+d+1)-r(k+d+1)]^2\} \quad (3)$$

を最小とする制御入力を構成することである．ここで，$E\{\cdot\}$ は期待値（空間平均）を表している．なお，$r(k)=0$ のときは，

$$J=E\{y(k+d+1)^2\} \quad (4)$$

を最小とすることが目的の最小分散制御となる．

### 28.2.2 最小分散制御

未知システムに対する適応制御系を構成する前に，STCのもとになる最小分散制御系を対象とするシステム (1) のパラメータが既知として設計する．

いま，システム (1) の $A(q^{-1})$，$C(q^{-1})$ に対し，次の関係

$$C(q^{-1})=A(q^{-1})R(q^{-1})+q^{-d-1}S(q^{-1}) \quad (5)$$

を満足する多項式

$$\begin{aligned}R(q^{-1})&=1+r_1q^{-1}+\cdots+r_dq^{-d}\\ S(q^{-1})&=s_0+s_1q^{-1}+\cdots+s_{n-1}q^{-n+1}\end{aligned} \quad (6)$$

を考える．式 (5) を満足する $R(q^{-1})$，$S(q^{-1})$ は，唯一に存在する．

さて，式 (5) の両辺に $y(k)$ を掛けると，

$$\begin{aligned}&C(q^{-1})y(k+d+1)\\ &\quad=A(q^{-1})R(q^{-1})y(k+d+1)+S(q^{-1})y(k)\\ &\quad=B(q^{-1})R(q^{-1})u(k)+S(q^{-1})y(k)\\ &\qquad+C(q^{-1})R(q^{-1})w(k+d+1)\end{aligned}$$

すなわち，

$$\begin{aligned}y(k)=&\frac{B(q^{-1})R(q^{-1})}{C(q^{-1})}u(k)+\frac{S(q^{-1})}{C(q^{-1})}y(k)\\ &+R(q^{-1})w(k+d+1)\end{aligned} \quad (7)$$

を得る．よって，式 (7) より，追従誤差の分散は

$$\begin{aligned}&E\{[y(k+d+1)-r(k+d+1)]^2\}\\ &=E\left\{\left[\frac{B(q^{-1})R(q^{-1})}{C(q^{-1})}u(k)\right.\right.\\ &\qquad\left.\left.+\frac{S(q^{-1})}{C(q^{-1})}y(k)-r(k+d+1)\right]^2\right\}\\ &\quad+E\{[R(q^{-1})w(k+d+1)]^2\}\\ &\quad+E\left\{R(q^{-1})w(k+d+1)\left[\frac{B(q^{-1})R(q^{-1})}{C(q^{-1})}u(k)\right.\right.\\ &\qquad\left.\left.+\frac{S(q^{-1})}{C(q^{-1})}y(k)-r(k+d+1)\right]\right\}\\ &=E\left\{\left[\frac{B(q^{-1})R(q^{-1})}{C(q^{-1})}u(k)\right.\right.\\ &\qquad\left.\left.+\frac{S(q^{-1})}{C(q^{-1})}y(k)-r(k+d+1)\right]^2\right\}\\ &\quad+E\{[R(q^{-1})w(k+d+1)]^2\}\end{aligned} \quad (8)$$

と表される．

このとき，式 (8) 右辺第2項は入力 $u(k)$ に無関係な項であるので，追従誤差の分散を最小にするためには，制御入力を式 (8) 右辺第1項が0となるように構成すればよい．すなわち，制御入力 $u(k)$ を

$$B(q^{-1})R(q^{-1})u(k)+S(q^{-1})y(k)$$

$$-C(q^{-1})r(k+d+1)=0 \quad (9)$$

が満足されるように構成すればよいことがわかる．結局

$$B(q^{-1})R(q^{-1})=F(q^{-1})=f_0+f_1q^{-1}+f_{m+d}q^{-m-d}$$
$$f_0=b_0 \quad (10)$$

とおくと，制御入力 $u(k)$ は

$$u(k)=\frac{1}{b_0}[r(k+d+1)-\bar{\boldsymbol{\theta}}^T\bar{z}(k)] \quad (11)$$

と得られる．ここで，

$$\bar{\boldsymbol{\theta}}=[f_1,\cdots,f_{m+d},s_0,\cdots,s_{n-1},c_1,\cdots,c_n]^T$$
$$\bar{z}(k)=[u(k-1),\cdots,u(k-m-d),y(k),\cdots,y(k-n+1),-r(k+d),\cdots,-r(k+d+1-n)]^T$$

である．なお，式 (9) より，式 (11) が得られるためには，$B(q^{-1})$ が安定でなければならないことがわかる．これが，仮定3が必要な理由である．

さて，システムパラメータが既知であれば，式 (11) で与えられる制御入力を構成することで追従誤差の分散が最小となる制御系が構成できるが，パラメータが未知な場合は，このままでは制御系が構成できない．このときは，未知パラメータ $b_0$ および $\bar{\boldsymbol{\theta}}$ を推定することで適応的に制御系が構成される．これが最小分散型STCである．

### 28.2.3　最小分散型STC

さて，最小分散型STCを構成するためには，未知パラメータを推定しなければならない．

いま，式 (11) より，

$$r(k+d+1)=b_0u(k)+\bar{\boldsymbol{\theta}}^T\bar{z}(k)=\boldsymbol{\theta}^T\bar{z}(k) \quad (12)$$

と表される．ここで，

$$\boldsymbol{\theta}^T=[b_0,\bar{\boldsymbol{\theta}}^T]^T,\quad \boldsymbol{z}(k)=[u(k),\bar{z}(k)^T]^T$$

である．式 (8) より，出力の予測値が $r(k+d+1)$ に一致するとき，最小分散制御が成立することから，未知パラメータ $\boldsymbol{\theta}$ を推定値 $\hat{\boldsymbol{\theta}}$ で置き換えることにより，システムの推定モデルを

$$\hat{y}(k)=\hat{\boldsymbol{\theta}}(k-1)^T\boldsymbol{z}(k-d-1) \quad (13)$$

とおき，推定誤差を

$$e(k)=y(k)-\hat{y}(k) \quad (14)$$

とおく．このとき，未知パラメータの推定値 $\hat{\boldsymbol{\theta}}(k)$ は，たとえば，次の逐次最小二乗法により求めることができる．

$$\hat{\boldsymbol{\theta}}(k)=\hat{\boldsymbol{\theta}}(k-1)+\frac{K(k)\boldsymbol{z}(k-d-1)}{1+\boldsymbol{z}(k-d-1)^TK(k-1)\boldsymbol{z}(k-d-1)}e(k)$$
$$K(k)^{-1}=K(k-1)^{-1}+\boldsymbol{z}(k-d-1)\boldsymbol{z}(k-d-1)^T \quad (15)$$

なお，$K(k)$ は，逆行列レンマを用いると

$$K(k)=K(k-1)-\frac{K(k-1)\boldsymbol{z}(k-d-1)\boldsymbol{z}(k-d-1)^TK(k-1)}{1+\boldsymbol{z}(k-d-1)^TK(k-1)\boldsymbol{z}(k-d-1)} \quad (16)$$

と表すことができ，逆行列を求めることなく得ることができる．

このようにして求めたパラメータ $\hat{\boldsymbol{\theta}}(k)$ を未知パラメータ $\boldsymbol{\theta}$ の真値と考え，制御入力 (11) を構成することで，最小分散型STCが設計できる．

上記のSTC設計法は，implicit型のSTC設計法である．すなわち，コントローラの未知パラメータを直接推定する構成となっている．これに対し，直接コントローラパラメータを推定するのではなく，システムの未知パラメータを推定し，その推定パラメータを真値とみなしてコントローラを再設計する（逐次更新する）間接型のSTCは，explicit型STCとよばれている[5]．

### 28.2.4　Explicit型STC

explicit型のSTCは，対象システムの未知パラメータを直接推定することで構成される．式 (1)，(2) より，対象システムの未知パラメータの推定値を $\hat{a}_i$，$\hat{b}_i$，$\hat{c}_i$ とおくとき，未知パラメータベクトル：

$$\hat{\boldsymbol{\theta}}(k)=[\hat{a}_1(k),\cdots,\hat{a}_n(k),\hat{b}_0(k),\cdots,\hat{b}_m(k),\hat{c}_1(k),\cdots,\hat{c}_n(k)]^T$$

は，次のように同定される．

$$\hat{\theta}(k)=\hat{\theta}(k-1)+\frac{K(k)\boldsymbol{z}(k-1)}{1+\boldsymbol{z}(k-1)^TK(k-1)\boldsymbol{z}(k-1)}e(k)$$
$$K(k)=K(k-1)-\frac{K(k-1)\boldsymbol{z}(k-1)\boldsymbol{z}(k-1)^TK(k-1)}{1+\boldsymbol{z}(k-1)^TK(k-1)\boldsymbol{z}(k-1)}$$

ここで，

$$\boldsymbol{z}(k-1)=[-y(k-1),\cdots,-y(k-n),u(k-d-1),\cdots,u(k-d-m-1),\eta(k-1),\cdots,\eta(k-n)]^T$$

であり，

$$e(k)=y(k)-\hat{\boldsymbol{\theta}}(k-1)^T\boldsymbol{z}(k-1)$$
$$\eta(k)=y(k)-\hat{\boldsymbol{\theta}}(k)^T\boldsymbol{z}(k-1)$$

である．$e(t)$ は事前誤差，$\eta(k)$ は事後誤差を表している．

explicit型STCでは，このようにして同定されたシステムのパラメータを真値と見なし，式 (11) で与えられるコントローラパラメータを更新し，コントローラを再設計する手法となっている．

## 28.3 STC システムの安定性

STC システムの安定性は，採用する制御手法およびパラメータ同定手法により異なるが，最小分散型 STC に関しては，OED（ordinal differential equation）アプローチによる解析が知られており，Ljung らは，OED アプローチにより STC 系のパラメータの収束性を解析している[3]．この解析では，

$$D(q^{-1})=\frac{1}{C(q^{-1})}-\frac{1}{2}$$

が SPR（強正実）であるならば，推定値が漸近的に真値へ収束することが示されている．ただ，この解析は，入出力が有界という仮定のもとなされていることに注意されたい．

なお，Goodwin らによる Martingale 定理を用いた解析では，確率近似法によるパラメータ調整則を用いた最小分散型 STC に関して，その漸近安定性が示されている[4]．

## 28.4 STC の設計例

いま，次のように表される 1 次遅れ＋むだ時間系を考えよう．

$$y(t)=G(s)[u(t)]$$

$$G(s)=\frac{\beta}{\alpha s+1}e^{-T_s s}$$

サンプリング周期 $T$ で 0 次ホールドを施した離散時間系は

$$(1+a_1 z^{-1})y(k)=b_0 u(k-d-1)$$

と表される．ここで，$a_1=-e^{-(1/\alpha)T}$，$b_0=\beta(1+a_1)$ であり，$d=T_s/T$ である．ただし，$T_s$ はサンプリング周期 $T$ の整数倍とする．すなわち，このシステムは $n=1$，$m=0$ である 1 次の最小位相系である．

さて，上記のシステムに観測ノイズ（ホワイトノイズ）の加わったシステムを考えよう．

$$(1+a_1 z^{-1})y(k)=b_0 u(k-d-1)+w(k)$$

むだ時間 $d$ は $d=2$ とする．このシステムに対し，最小分散 STC を設計する．

$n=1$，$m=0$ および $d=2$ より，28.2.2 項および 28.2.3 項の設計法に従い，次のように設計できる．

$$\boldsymbol{\theta}=[b_0,\bar{\boldsymbol{\theta}}^T]^T,\quad \bar{\boldsymbol{\theta}}=[f_1,f_2,s_0,c_1]^T$$

$$\boldsymbol{z}(k)=[u(k),\bar{z}(k)^T]^T$$

$$\bar{\boldsymbol{z}}(k)=[u(k-1),u(k-2),y(k),-r(k+2)]^T$$

$$\begin{cases}\hat{\boldsymbol{\theta}}(k)=\hat{\boldsymbol{\theta}}(k-1)\\ \qquad +\dfrac{K(k)\boldsymbol{z}(k-d-1)}{1+\boldsymbol{z}(k-d-1)^T K(k-1)\boldsymbol{z}(k-d-1)}e(k)\\ K(k)=K(k-1)\\ \qquad +\dfrac{K(k-1)\boldsymbol{z}(k-d-1)\boldsymbol{z}(k-d-1)^T K(k-1)}{1+\boldsymbol{z}(k-d-1)^T K(k-1)\boldsymbol{z}(k-d-1)}\end{cases}$$

$$e(k)=y(k)-r(k)$$

数値シミュレーションは，$\alpha=20$，$\beta=10$，$T_2=2$，$T=1$ として行った．$r(k)$ は，ステップ信号とし，100 ステップおきに $r(k)=3$，$r(k)=4$，$r(k)=5$ と変化するものとする．また，出力ノイズとして分散 1，平均 0 の白色雑音を入れている．

設計パラメータ（初期値）は次のように設定した．

$$K(0)=100I,\ \hat{b}_0(0)=0.325,\ \hat{f}_1(0)=0.309,$$

$$\hat{f}_2(0)=0.294,\ \hat{s}_0(0)=0.574,\ \hat{c}_1(0)=0.3$$

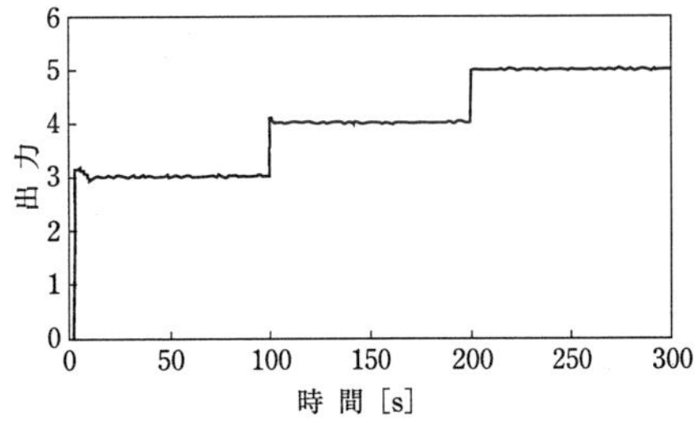

図 28.2 制御結果：システム出力

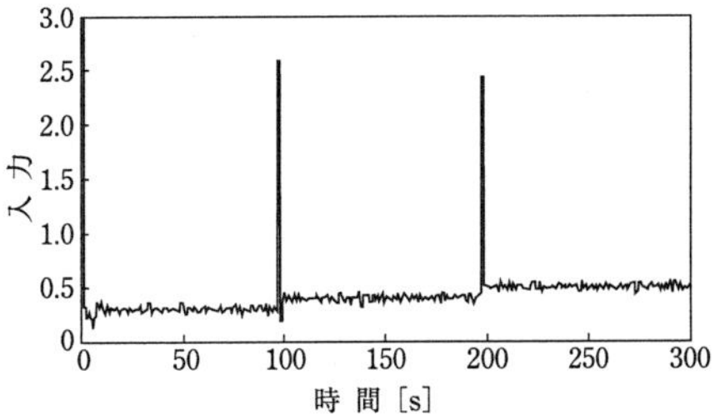

図 28.3 制御入力

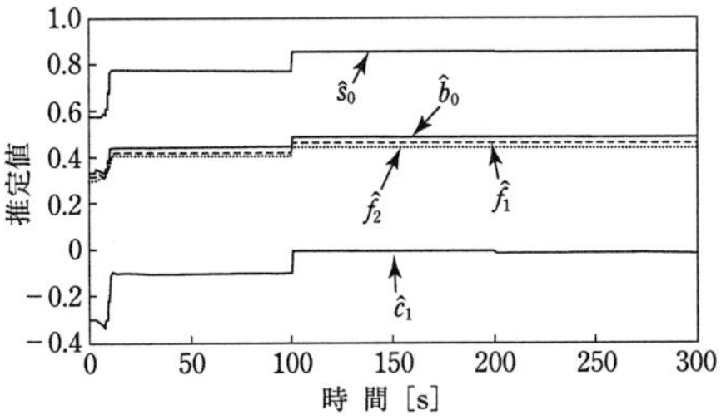

図 28.4 パラメータ同定結果

数値シミュレーション結果を図 28.2〜28.4 に示す．最初のステップでパラメータ同定のため出力がオーバーシュートしているが，同定が完了した後は良好な制御結果となっていることがわかる． ［水本郁朗］

## 参考文献

1) K. J. Astrom, U. Borisson, L. Ljung, B. Wittenmark (1977)：Theory and Application of Self-Tining Regulators, *Automatica*, **13**(5)：457-476.
2) I. D. Landau, R. Lozano, M. M'Saad (1998)：Adaptive Control, Sptinger-Verlag, London.
3) Ljung (1977)：On Positive Real Transfer Function and Convergence of Some Recursive Shceme, *IEEE Trans.*, **AC-22**(4)：539-551.
4) C. G. Goodwin, K. S. Sin (1984)：Adaptive Filtering Prediction and Control, Prentice-Hall, New Jersey.
5) 計測自動制御学会編 (1996)：セルフチューニングコントロール，コロナ社.
6) 金井喜美雄（寺尾　満 監修）(1989)：ロバスト適応制御入門，オーム社.
7) 山本　透 (2009)：「評価」と「設計」を統合したパフォーマンス駆動型セルフチューニング制御系設計―1パラメータチューニング法―，計測と制御，**48**(8)：646-651.

# 29

# 適応バックステッピング

**要約**

| | |
|---|---|
| 制御の特徴 | 非線形系に対し，システムのある状態量を“仮想的”な入力と考えた1次のシステム（サブシステム）を相対次数分もつ階層構造のシステムを考え，それぞれのサブシステムを受動化（強受動化）するようなサブシステムの仮想入力と対応する状態量が一致するように　ブシステムの仮想入力を再帰的に決定し，最終的に制御系全体を強正実化する実際の制御入力を構成するという手法である． |
| 長　所 | 高次の相対次数をもつ不確かなシステムに対して，適応制御系が設計できる． |
| 短　所 | 相対次数に応じて，制御系構造が複雑になる． |
| 制御対象のクラス | 未知パラメータを有する非線形系． |
| 制約条件 | とくにない． |
| 設計条件 | 最小位相系．feedback form で表現できるシステムを対象． |
| 設計手順 | Step 1　システムを feedback form で表現する．<br>Step 2　ある状態量を“仮想的”な入力と考えたサブシステムをもつ階層構造のシステムを考える．<br>Step 3　最初のサブシステムに対する仮想入力を決定する．<br>Step 4　仮想入力とサブシステムの入力と考えた状態量が一致するように次のサブシステムの入力を決定する．<br>Step 5　Step 4 の手順を繰り返し，回帰的に実際の制御入力を決定する． |
| 実応用例 | 多くのメカニカルシステム，プロセス系への応用例がある． |

## 29.1 適応バックステッピングの概念

バックステッピング法は，strict-feedback system または，pure-feedback system とよばれるクラスの非線形システムを対象とした制御系設計手法である[1]．この手法では，対象システムに対し，相対次数個のサブシステム，すなわち，システムのある状態量を“仮想的”な入力と考えた1次のシステム（サブシステム）を相対次数分もつ階層構造のシステム，を考え，それぞれのサブシステムを受動化（強受動化）するようなサブシステムの仮想入力と対応する状態量が一致するように，各サブシステムの仮想入力を再帰的に決定し，最終的に制御系全体を強正実化する実際の制御入力を構成するという手法である．

いま，次のように表される非線形システム：

$$
\begin{aligned}
\dot{x}_1(t) &= x_2(t) + \theta^T \varphi_1(x_1) \\
\dot{x}_2(t) &= u(t) + \theta^T \varphi_2(x) \\
y(t) &= x_1(t)
\end{aligned} \tag{1}
$$

に対し，出力 $y(t)$ を規範出力 $y_r(t)$ に追従させる問題を考えよう．$z_1(t) = y(t) - y_r(t)$ とおくとき，

$$\dot{z}_1(t) = x_2(t) + \theta^T \varphi_1(x_1) - \dot{y}_r(t) \tag{2}$$

と表されることより，$x_2(t)$ が入力として操作可能であれば，

$$\alpha_1(t) = -c_1 z_1(t) - \theta^T \varphi_1(x_1) + \dot{y}_r(t) \tag{3}$$

として，$x_2(t) = \alpha_1(t)$ と構成することで，制御目的を達成できる．このことは，$V_1(t) = (1/2) z_1(t)^2$ とおくとき，$\dot{V}_1(t) = -c_1 z_1(t)^2$ となることからも確認できる．しかし，$x_2(t)$ はシステムの状態量であるので，実際には直接操作量として与えることはできない．このときの $V_1(t)$ の時間微分は

$$\dot{V}_1(t) = -c_1 z_1(t)^2 + z_1(t)(x_2(t) - \alpha_1(t)) \quad (4)$$

となる．$x_2(t) - \alpha_1(t) = 0$ となるように制御入力 $u(t)$ を構成できれば，制御目的が達成できることがわかる．そこで，$z_2(t) = x_2(t) - \alpha_1(t)$ とおき，リアプノフ関数の候補として

$$V_2(t) = V_1(t) + \frac{1}{2} z_2(t)^2 \quad (5)$$

を考える．$V_2(t)$ の時間微分は

$$\dot{V}_2(t) = -c_1 z_1(t)^2 + z_1(t) z_2(t) + z_2(t)(u(t) + \theta^T \varphi_2(t) - \dot{\alpha}_1(t)) \quad (6)$$

と表されることから，制御入力を

$$u(t) = -c_2 z_2(t) - \theta^T \varphi_2(t) + \dot{\alpha}_1(t) - z_1(t) \quad (7)$$

と構成することで，

$$\dot{V}_2(t) = -c_1 z_1(t)^2 - c_2 z_2(t)^2 \quad (8)$$

が得られ，制御目的が達成できる．

相対次数が高次のシステムに対して，この手順を繰り返し，再帰的に制御入力を決定する手法がバックステッピング法である．適応バックステッピング法では，$\theta$ が未知であるシステムに対し，適応的に $\theta$ を推定する機構をもった制御系がバックステッピング法の概念に基づき構成される．

## 29.2　適応バックステッピング制御系設計

### 29.2.1　問題設定

次の parametric strict-feedback form で表される非線形システムを考える．

$$\begin{aligned} \dot{x}_1 &= x_2 + \boldsymbol{\theta}^T \boldsymbol{\varphi}_1(x_1) \\ \dot{x}_2 &= x_3 + \boldsymbol{\theta}^T \boldsymbol{\varphi}_2(x_1, x_2) \\ &\vdots \\ \dot{x}_{n-1} &= x_n + \boldsymbol{\theta}^T \boldsymbol{\varphi}_{n-1}(x_1, x_2, \cdots, x_{n-1}) \\ \dot{x}_n &= \beta(\boldsymbol{x}) u + \boldsymbol{\theta}^T \boldsymbol{\varphi}_n(\boldsymbol{x}) \\ y &= x_1 \end{aligned} \quad (9)$$

ここで，$\boldsymbol{\theta} \in \mathbb{R}^p$ は未知定数パラメータベクトルであり，$\boldsymbol{\varphi}_i$ は滑らかな既知非線形関数ベクトルである．また，$\beta(\boldsymbol{x}) \neq 0$，$\forall \boldsymbol{x} \in \mathbb{R}^n$ なる既知関数とする．

ここでの目的は，出力 $y = x_1$ を任意のセットポイント $y_s$ に一致させることである．

### 29.2.2　制御系設計

**Step 1**　はじめに誤差信号 $z_1 = x_1 - y_1$ を定義する．誤差システム：$z_1$ システムは

$$\dot{z}_1 = x_2 + \boldsymbol{\theta}^T \boldsymbol{\varphi}_1(x_1) \quad (10)$$

と表すことができる．$x_2$ を入力信号として利用でき

$$x_2 = -c_1 z_1 - \boldsymbol{\theta}^T \boldsymbol{\varphi}_1(x_1) \quad (11)$$

と構成できれば，制御目的が達成できる．しかし，$\theta$ は未知であり，また $x_2$ は状態量であることから，直接 (11) で与えることはできない．そこで，$x_2$ に対する仮想入力として，

$$\boldsymbol{\alpha}_1(x_1, \hat{\boldsymbol{\theta}}) = -c_1 z_1 - \hat{\boldsymbol{\theta}}^T \boldsymbol{\varphi}_1(x_1) \quad (12)$$

を考える．ここで，$\hat{\theta}$ は $\theta$ の推定値であり，適応調整則は後で与えるものとする．

このとき，リアプノフ関数の候補として

$$V_1 = \frac{1}{2} z_1^2 + \frac{1}{2} (\hat{\boldsymbol{\theta}} - \boldsymbol{\theta})^T \Gamma^{-1} (\hat{\boldsymbol{\theta}} - \boldsymbol{\theta}) \quad (13)$$

を考えると，$V_1$ の時間微分は

$$\bar{V}_1 = -c_1 z_1^2 + z_1(x_2 - \alpha_1) + (\hat{\boldsymbol{\theta}} - \boldsymbol{\theta})^T \Gamma^{-1} (\dot{\hat{\boldsymbol{\theta}}} - \Gamma \boldsymbol{\varphi}_1 z_1) \quad (14)$$

と表される．ここで，新しい変数

$$\begin{aligned} z_2 &= x_2 - \alpha_1 \\ \boldsymbol{\varsigma} &= \hat{\boldsymbol{\theta}} - \boldsymbol{\theta} \\ \tau_1(x_1) &= \boldsymbol{\omega}_1(x_1) z_1, \quad \boldsymbol{\omega}_1(x_1) = \varphi_1(x_1) \end{aligned} \quad (15)$$

を定義すると，$\dot{V}_1$ は

$$\dot{V}_1 = -c_1 z_1^2 + z_1 z_2 + \boldsymbol{\varsigma}^T \Gamma^{-1} (\dot{\hat{\boldsymbol{\theta}}} - \Gamma \tau_1) \quad (16)$$

と表すことができる．$z_2 \to 0$ となり，$\dot{\hat{\boldsymbol{\theta}}} = \tau_1$ と構成すれば制御目的が達成できることがわかる．

**Step 2**　そこで，次に $z_2$ システムについて考える．$z_2$ システムは，式 (9)，(15) より，

$$\begin{aligned} \dot{z}_2 &= x_3 - \dot{\alpha}_1 + \boldsymbol{\theta}^T \boldsymbol{\varphi}_1(x_1, x_2) \\ &= x_3 - \frac{\partial \alpha_1}{\partial x_1} \dot{x}_1 - \frac{\partial \alpha_1}{\partial \hat{\boldsymbol{\theta}}} \dot{\hat{\boldsymbol{\theta}}} + \boldsymbol{\theta}^T \boldsymbol{\varphi}_1(x_1, x_2) \\ &= x_3 - \frac{\partial \alpha_1}{\partial x_1} x_2 - \frac{\partial \alpha_1}{\partial \hat{\boldsymbol{\theta}}} \dot{\hat{\boldsymbol{\theta}}} + \boldsymbol{\theta}^T \left( \varphi_2(x_1, x_2) - \frac{\partial \alpha_1}{\partial x_1} \boldsymbol{\varphi}_1 \right) \end{aligned} \quad (17)$$

と表される．そこで，Step 1 と同様に，$x_3$ に対する仮想入力として $\alpha_2$ を考え，新しい誤差変数：$z_3 = x_3 - \alpha_2$ を定義すると，式 (17) は

$$\dot{z}_2 = z_3 + \alpha_2 - \frac{\partial \alpha_1}{\partial x_1} x_2 - \frac{\partial \alpha_1}{\partial \hat{\boldsymbol{\theta}}} \dot{\hat{\boldsymbol{\theta}}} + \boldsymbol{\theta}^T \left( \varphi_2(x_1, x_2) - \frac{\partial \alpha_1}{\partial x_1} \boldsymbol{\varphi}_1 \right) \quad (18)$$

と表される．このとき，リアプノフ関数の候補として

$$V_2 = V_1 + \frac{1}{2} z_2^2$$

を考えると，$V_2$ の時間微分は

$$\dot{V}_2 = -c_1 z_1^2 + z_1 z_2 + \boldsymbol{\varsigma}^T \Gamma^{-1} (\dot{\hat{\boldsymbol{\theta}}} - \Gamma \tau_1) + z_2 z_3 + \alpha_2 z_2$$

$$-\frac{\partial \alpha_1}{\partial x_1}x_2z_2-\frac{\partial \alpha_1}{\partial \hat{\theta}}\dot{\hat{\theta}}z_2+\theta^T\Big(\varphi_2(x_1,x_2)-\frac{\partial \alpha_1}{\partial x_1}\varphi_1\Big)z_2 \tag{19}$$

と表される．よって，

$$\alpha_2(x_1,x_2,\hat{\theta})=-c_2z_2-z_1-\hat{\theta}^T\omega_2+\frac{\partial \alpha_1}{\partial x_1}x_2+\frac{\partial \alpha_1}{\partial \hat{\theta}}\Gamma\tau_2 \tag{20}$$

$$\omega_2(x_1,x_2,\hat{\theta})=\varphi_2(x_1,x_2)-\frac{\partial \alpha_1}{\partial x_1}\varphi_1$$

$$\tau_2(x_1,x_2,\hat{\theta})=\tau_1+\omega_2z_2 \tag{21}$$

と構成すると，$V_2$ の時間微分は

$$\dot{V}_2=c_1z_1^2-c_2z_2^2+z_2z_3+\varsigma^T\Gamma^{-1}(\dot{\hat{\theta}}-\Gamma\tau_2)+z_2\frac{\partial \alpha_1}{\partial \hat{\theta}}(\Gamma\tau_2-\dot{\hat{\theta}}) \tag{22}$$

と評価できる．

**Step *i*** 同様の手順を繰り返す．$z_i=x_i-\alpha_{i-1}$ と定義すると，$z_i$ システムは，

$$\begin{aligned}\dot{z}_i&=x_{i+1}-\sum_{k=1}^{i-1}\frac{\partial \alpha_{i-1}}{\partial x_k}x_{k+1}-\frac{\partial \alpha_{i-1}}{\partial \hat{\theta}}\dot{\hat{\theta}}+\theta^T\Big(\varphi_i-\sum_{k=1}^{i-1}\frac{\partial \alpha_{i-1}}{\partial x_k}\varphi_k\Big)\\&=z_{i+1}+\alpha_i-\sum_{k=1}^{i-1}\frac{\partial \alpha_{i-1}}{\partial x_k}x_{k+1}-\frac{\partial \alpha_{i-1}}{\partial \hat{\theta}}\dot{\hat{\theta}}+\theta^T\Big(\varphi_i-\sum_{k=1}^{i-1}\frac{\partial \alpha_{i-1}}{\partial x_k}\varphi_k\Big)\end{aligned} \tag{23}$$

と表される．このとき，リアプノフ関数の候補として

$$V_i=V_{i-1}+\frac{1}{2}z_i^2=\frac{1}{2}\sum_{k=1}^{i}z_k^2+\varsigma^T\Gamma^{-1}\varsigma \tag{24}$$

を考えると，$V_i$ の時間微分は

$$\begin{aligned}\dot{V}_i=&-\sum_{k=1}^{i-1}c_kz_k^2+z_{i-1}z_i+\Big(\sum_{k=1}^{i-2}z_{k+1}\frac{\partial \alpha_k}{\partial \hat{\theta}}\Big)(\Gamma\tau_{i-1}-\dot{\hat{\theta}})+\varsigma^T\Gamma^{-1}(\dot{\hat{\theta}}-\Gamma\tau_{i-1})\\&+z_iz_{i+1}+\alpha_iz_i-\sum_{k=1}^{i-1}\frac{\partial \alpha_{i-1}}{\partial x_k}x_{k+1}z_i-\frac{\partial \alpha_{i-1}}{\partial \hat{\theta}}\dot{\hat{\theta}}z_i+\theta^T\Big(\varphi_i-\sum_{k=1}^{i-1}\frac{\partial \alpha_{i-1}}{\partial x_k}\varphi_k\Big)z_i\end{aligned} \tag{25}$$

そこで，$x_{i+1}$ に対する仮想入力 $\alpha_i$ を

$$\alpha_i(x_1,x_2,\cdots,x_i,\hat{\theta})=-c_iz_i-z_{i-1}-\hat{\theta}^T\omega_i+\sum_{k=1}^{i-1}\frac{\partial \alpha_{i-1}}{\partial x_k}x_{k+1}+\frac{\partial \alpha_{i-1}}{\partial \hat{\theta}}\Gamma\tau_i+v_i \tag{26}$$

$$\omega_i(x_1,x_2,\cdots,x_i,\hat{\theta})=\varphi_i-\sum_{k=1}^{i-1}\frac{\partial \alpha_{i-1}}{\partial x_k}\varphi_k \tag{27}$$

$$\tau_i=\tau_{i-1}+z_i\omega_i=\sum_{k=1}^{i}z_k\omega_k$$

$$v_i(x_1,x_2,\cdots,x_i,\hat{\theta})=\sum_{k=1}^{i-2}z_{k+1}\frac{\partial \alpha_k}{\partial \hat{\theta}}\Gamma\omega_i \tag{28}$$

と構成すると，

$$\dot{V}_i=-\sum_{k=1}^{i}c_kz_k^2+z_iz_{i+1}+\Big(\sum_{k=1}^{i-2}z_{k+1}\frac{\partial \alpha_k}{\partial \hat{\theta}}\Big)(\Gamma\tau_i-\dot{\hat{\theta}})+\varsigma^T\Gamma^{-1}(\dot{\hat{\theta}}-\Gamma\tau_i) \tag{29}$$

と評価できる．

**Step *n*** このステップが最終ステップである．$z_n=x_n-\alpha_{n-1}$ に対し，$z_n$ システムを考えると

$$\dot{z}_n=\beta u-\sum_{k=1}^{n-1}\frac{\partial \alpha_{n-1}}{\partial x_k}x_{k+1}-\frac{\partial \alpha_{n-1}}{\partial \hat{\theta}}\dot{\hat{\theta}}+\theta^T\Big(\varphi_n-\sum_{k=1}^{n-1}\frac{\partial \alpha_{n-1}}{\partial x_k}\varphi_k\Big) \tag{30}$$

を得る．最終的なリアプノフ関数として

$$V_n=V_{n-1}+\frac{1}{2}z_n^2=\frac{1}{2}\sum_{k=1}^{n}z_k^2+\varsigma^T\Gamma^{-1}\varsigma$$

を考えると，$V_n$ の時間微分は

$$\begin{aligned}\dot{V}_n=&-\sum_{k=1}^{n-1}c_kz_k^2+z_{n-1}z_n+\Big(\sum_{k=1}^{n-2}z_{k+1}\frac{\partial \alpha_k}{\partial \hat{\theta}}\Big)(\Gamma\tau_{n-1}-\dot{\hat{\theta}})+\varsigma^T\Gamma^{-1}(\dot{\hat{\theta}}-\Gamma\tau_{n-1})\\&+\beta uz_n-\sum_{k=1}^{n-1}\frac{\partial \alpha_{n-1}}{\partial x_k}x_{k+1}z_i-\frac{\partial \alpha_{n-1}}{\partial \hat{\theta}}\dot{\hat{\theta}}z_n+\theta^T\Big(\varphi_n-\sum_{k=1}^{n-1}\frac{\partial \alpha_{n-1}}{\partial x_k}\varphi_k\Big)z_n\end{aligned} \tag{31}$$

と表される．よって，実際の制御入力を

$$\begin{aligned}u&=\frac{1}{\beta}\alpha_i(x_1,x_2,\cdots,x_n,\hat{\theta})\\&=\frac{1}{\beta}\Big(-c_nz_n-z_{n-1}-\hat{\theta}^T\omega_n+\sum_{k=1}^{n-1}\frac{\partial \alpha_{n-1}}{\partial x_k}x_{k+1}+\frac{\partial \alpha_{n-1}}{\partial \hat{\theta}}\Gamma\tau_n+v_n\Big)\end{aligned} \tag{32}$$

$$\omega_n(x_1,x_2,\cdots,x_n,\hat{\theta})=\varphi_n-\sum_{k=1}^{n-1}\frac{\partial \alpha_{n-1}}{\partial x_k}\varphi_k$$

$$\tau_n=\tau_{n-1}+z_n\omega_n=\sum_{k=1}^{n}z_k\omega_k$$

$$v_n(x_1,x_2,\cdots,x_n,\hat{\theta})=\sum_{k=1}^{n-2}z_{k+1}\frac{\partial \alpha_k}{\partial \hat{\theta}}\Gamma\omega_n \tag{33}$$

と構成すると

$$\dot{V}_n=-\sum_{k=1}^{n}c_kz_k^2+\Big(\sum_{k=1}^{n-2}z_{k+1}\frac{\partial \alpha_k}{\partial \hat{\theta}}\Big)(\Gamma\tau_n-\dot{\hat{\theta}})+\varsigma^T\Gamma^{-1}(\dot{\hat{\theta}}-\Gamma\tau_n)-\frac{\partial \alpha_{n-1}}{\partial \hat{\theta}}(\dot{\hat{\theta}}-\Gamma\tau_n)z_n \tag{34}$$

を得る．

そこで，最終的な適応パラメータ調整則を

$$\dot{\hat{\theta}}=\Gamma\tau_n \tag{35}$$

と構成すると，結局 $V_n$ の時間微分は

$$\dot{V}_n=-\sum_{k=1}^{n}c_k z_k^2$$

と評価できる．

このとき，構成された適応制御系の安定性に関して以下の定理が成立する[1]．

**[定理]**　いま，システム (9) に対し，$y=y_s=x_1^e$ が達成されているときの平衡点を $x=x^e$ とおくとき，

$$\begin{aligned}\operatorname{rank}F(x^e)&=\operatorname{rank}[\boldsymbol{\varphi}_1(x_1^e),\boldsymbol{\varphi}_2(x_1^e,x_2^e),\cdots,\boldsymbol{\varphi}_n(x^e)]\\&=p\end{aligned}$$

であれば，制御入力 (32) および適応調整則 (35) により構成された制御系の平衡点 $(\boldsymbol{x},\hat{\boldsymbol{\theta}})=(\boldsymbol{x}_e,\boldsymbol{\theta})$ は漸近安定である．

以上のように，状態 $x_i$ に対する仮想入力 $\alpha_{i-1}$ を考え，回帰的に実際の制御入力を決定する手法がバックステッピング法である．

上記の手法では，各状態 $x_i$ が検出可能でなければ制御系は設計できない．状態量が検出できない場合は，オブザーバを併用した設計がなされる．たとえば，システムが次の output-feedback form で表される場合について，オブザーバを用いた適応バックステッピング法が提案されている．詳しくは，文献 1) を参照されたい．

$$\begin{aligned}\dot{x}_1&=x_2+\boldsymbol{\theta}^T\boldsymbol{\varphi}_1(y)\\\dot{x}_2&=x_3+\boldsymbol{\theta}^T\boldsymbol{\varphi}_2(y)\\&\vdots\\\dot{x}_{p-1}&=x_p+\boldsymbol{\theta}^T\boldsymbol{\varphi}_{p-1}(y)\\\dot{x}_p&=x_{p+1}+\boldsymbol{\theta}^T\boldsymbol{\varphi}_p(y)+b_m\beta(y)u\\&\vdots\\\dot{x}_{n-1}&=x_n+\boldsymbol{\theta}^T\boldsymbol{\varphi}_{n-1}(y)+b_1\beta(y)u\\\dot{x}_n&=\boldsymbol{\theta}^T\boldsymbol{\varphi}_n(y)+b_0\beta(y)u\\y&=x_1\end{aligned}$$

また，最小位相である上記のシステムに対しては，オブザーバを用いない出力フィードバック形式のバックステッピング法による適応制御系設計法も提案されている[2~5]．

## 29.3　適応バックステッピングによる制御系設計例

いま，次のように表されるシステムを考えよう．

$$\begin{aligned}\dot{x}_1&=x_2+\theta_1\cos x_1\\\dot{x}_2&=\theta_2x_2-\theta_3e^{x_2^2}+\frac{1}{(x_1+1)^2}u\end{aligned}$$

ここで，$\varphi_1(x_1)=\cos x_1$，$\varphi_2(x_2)=x_2$，$\varphi_3(x_2)=e^{x_2^2}$ とおくと

$$\begin{aligned}\dot{x}_1&=x_2+\theta_1\varphi_1(x_1)\\\dot{x}_2&=-\theta_2\varphi_2(x_2)-\theta_3\varphi_3(x_2)+\frac{1}{(x_1+1)^2}u\end{aligned}$$

と表される．

・**Step 1**　$z_1=x_1-y_s$ とおくと

$$\dot{z}_1=x_2+\theta_1\varphi_1(x_1)$$

となる．よって，$x_2$ に対する仮想入力 $\alpha_1$ を

$$\alpha_1=-c_1z_1-\hat{\theta}_1\varphi_1(x_1)$$

とおく．このとき，

$$V_1=\frac{1}{2}z_1^2+\frac{1}{2}\gamma_1^{-1}(\hat{\theta}_1-\theta_1)^2,\quad \gamma_1>0$$

なる正定値関数を考えると，

$$\dot{V}_1=-c_1z_1^2+z_1z_2+(\hat{\theta}_1-\theta_1)\gamma_1^{-1}(\dot{\hat{\theta}}_1-\gamma_1\tau_1)$$

を得る．ここで，

$$z_2=x_2-\alpha_1,\quad \tau_1=\varphi_1(x_1)z_1$$

である．

・**Step 2**　$z_2$ システムを考える．

$$\begin{aligned}\dot{z}_2=&-\theta_2\varphi_2(x_2)-\theta_3\varphi_3(x_2)\\&-\frac{\partial\alpha_1}{\partial x_1}(x_2+\theta_1\varphi_1(x_1))-\frac{\partial\alpha_1}{\partial\hat{\theta}_1}\dot{\hat{\theta}}_1+\frac{1}{(x_1+1)^2}u\end{aligned}$$

と表される．そこで

$$V=V_1+\frac{1}{2}z_2+\frac{1}{2}\gamma_2^{-1}(\hat{\theta}_2-\theta_2)^2+\frac{1}{2}\gamma_3^{-1}(\hat{\theta}_3-\theta_3)^2$$

なる正定値関数を考えると，

$$\begin{aligned}\dot{V}=&-c_1z_1^2+z_1z_2+(\hat{\theta}_1-\theta_1)\gamma_1^{-1}(\dot{\hat{\theta}}_1-\gamma_1\tau_1)\\&-\theta_2\varphi_2(x_2)z_2-\theta_3\varphi_3(x_2)z_2\\&-\frac{\partial\alpha_1}{\partial x_1}(x_2+\theta_1\varphi_1(x_1))z_2-\frac{\partial\alpha_1}{\partial\hat{\theta}_1}\dot{\hat{\theta}}_1z_2\\&+\frac{1}{(x_1+1)^2}uz_2+(\hat{\theta}_2-\theta_2)\gamma_2^{-1}\dot{\hat{\theta}}_2\\&+(\hat{\theta}_3-\theta_3)\gamma_3^{-1}\dot{\hat{\theta}}_3\end{aligned}$$

よって，制御入力として

$$\begin{aligned}u=(x_1+1)^2\Big\{&-c_2z_2-z_1+\hat{\theta}_2\varphi_2(x_2)+\hat{\theta}_3\varphi_3(x_2)\\&+\hat{\theta}_1\frac{\partial\alpha_1}{\partial x_1}\varphi_1(x_1)+\frac{\partial\alpha_1}{\partial x_1}x_2+\frac{\partial\alpha_1}{\partial\hat{\theta}_1}\gamma_1\tau_2\Big\}\end{aligned}$$

$$\tau_2=\tau_1-\frac{\partial\alpha_1}{\partial x_1}\varphi_1(x_1)z_2$$

と設計すると

$$\begin{aligned}\dot{V}_1=&-c_1z_1^2-c_2z_2^2+(\hat{\theta}_1-\theta_1)\gamma_1^{-1}(\dot{\hat{\theta}}_1-\gamma_1\tau_2)\\&-\frac{\partial\alpha_1}{\partial\hat{\theta}_1}(\dot{\hat{\theta}}_1-\gamma_1\tau_2)z_2\\&+(\hat{\theta}_2-\theta_2)\gamma_2^{-1}(\dot{\hat{\theta}}_2+\gamma_2\varphi_2(x_2)z_2)\\&+(\hat{\theta}_3-\theta_3)\gamma_3^{-1}(\dot{\hat{\theta}}_3+\gamma_3\varphi_3(x_2)z_2)\end{aligned}$$

となる．よって，$\hat{\theta}_1$，$\hat{\theta}_2$，$\hat{\theta}_3$ の適応調整則を

$$\dot{\hat{\theta}}_1=\gamma_1\tau_2,\quad \tau_2=\varphi_1(x_1)z_1-\frac{\partial\alpha_1}{\partial x_1}\varphi_1(x_1)z_2$$

$$\dot{\hat{\theta}}_2=-\gamma_2\varphi_2(x_2)z_2$$

$$\dot{\hat{\theta}}_3=-\gamma_3\varphi_3(x_2)z_2$$

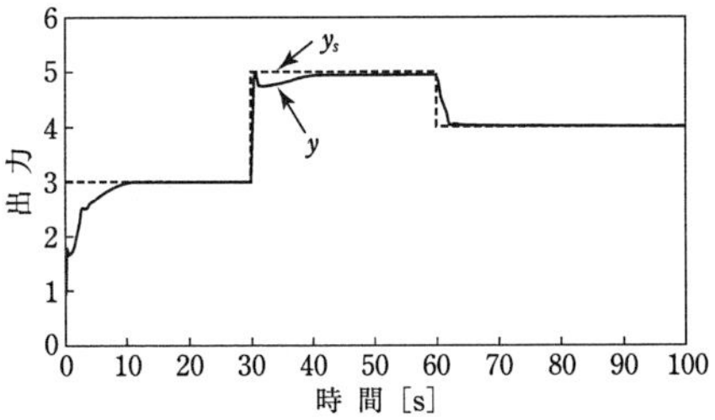


図 29.1 制御結果：出力

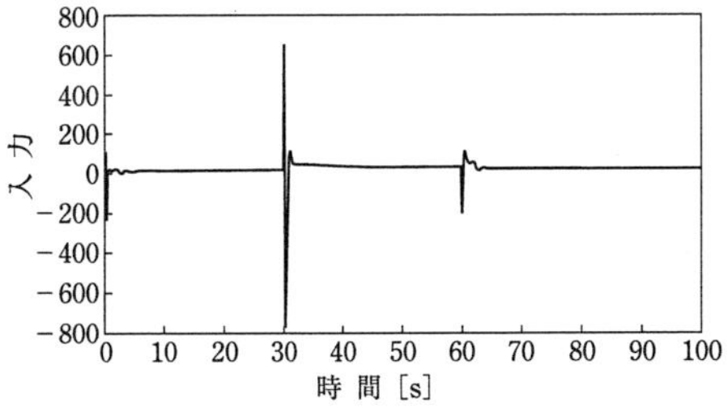


図 29.2 制御結果：制御入力

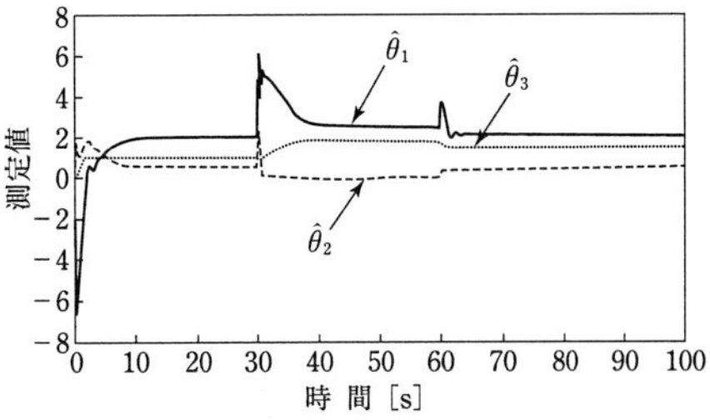


図 29.3 制御結果：推定パラメータ

と設計すれば，$\dot{V}=-c_1z_1^2-c_2z_2^2$ となり，安定な制御系が設計できる．

$\theta_1=2$，$\theta_2=0.5$，$\theta_3=1.5$ のときのシミュレーション例を図 29.1〜29.3 に示す．

なお，設計パラメータは

$$c_1=c_2=2,\quad \gamma_1=3,\quad \gamma_2=0.8,\quad \gamma_3=0.5$$

また，

$$y_s=\begin{cases}3, & 0\leq t<30\\5, & 30\leq t<60\\4, & 60\leq t\end{cases}$$

と与えている．　　［水本郁朗］

## 参考文献

1) M. Krstic, I. Kanellakopoulos, P. Kokotovic (1995)：Nonlinear and Adaptive Control Design, John Wiley & Sons, Inc.

2) R. Marino, P. Tomei (1993)：Global Adaptive Output Feedback Control of Nonlinear Systems, Part II, *TEEE Trans.*, **AC-38** (1)：17-32.

3) 宮里義彦 (1995)：次数に依存しない非線形モデル規範型適応制御系の構成法，計測自動制御学会論文集，**31** (3)：324-333.

5) I. Mizumoto R. Michino, Y. Tao, Z. Iwai (2003)：Robust Adaptive Tracking Control for Time-varying Nonlinear System with Higher Order Relative Degree, *Proc. of the 42nd IEEE CDC*, p. 4303-4308.

# 30

# 単純適応制御（SAC）

**要　約**

| | |
|---|---|
| 制御の特徴 | 出力フィードバックにより強正実化可能なASPRシステムに対して，出力フィードバックゲインと対象システムよりも低次で与えられる規範モデルによるCGTパラメータを適応的に調整する，直接法による適応モデルマッチング制御手法である．基本的には適応出力フィードバックにより安定性が保証されることから，比較的構造の簡単な適応制御系が実現できる． |
| 長　所 | システムの次数に依存せず，構造の簡単な制御系が実現できる．ハイゲインなフィードバックシステムが構成されても安定性が保証されるため，外乱，非モデル化動特性に対してロバストである． |
| 短　所 | 基本的に対象システムがASPR性を満足していなければならないため，対象システムのASPR性を保証する対策が必要である． |
| 制御対象のクラス | 線形系および一部の非線形系． |
| 制約条件 | とくにない． |
| 設計条件 | とくにない．ただし，対象とするシステムはASPR化されていなければならない． |
| 設計手順 | Step 1　対象システムがASPRであるか確認する．<br>Step 2　ASPRでない場合は，補償器を用いてASPR化を図る．<br>Step 3　ASPR化されたシステムに対してSAC系を設計する． |
| 実応用例 | 多くのメカニカルシステム，プロセス系への応用例がある． |

## 30.1　SACの概念

単純適応制御（simple adaptive control：SAC）は適応制御器の構造の簡単（単純）化に主眼をおき開発された制御手法である．SACの構造の基本は，概強正実（almost strictly positive real：ASPR）なシステムに対し適応出力フィードバックにより制御系の安定性を保証し，CGT（command generator tracker）[1]による適応的なフィードフォワード制御により，モデルマッチングを達成する2自由度構造となっている．CGTでは，システムの次数以下で与えられる規範モデルの状態量と規範入力によりフィードフォワード入力が設計できることから，高次の次数が正確にはわからないシステムに対しても低次の規範モデルを与えることで適応的に求めるパラメータが比較的少ない構造の簡単な適応制御系が実現できる．図30.1はSAC系の概念図である．ASPRなシステムに対し，出力

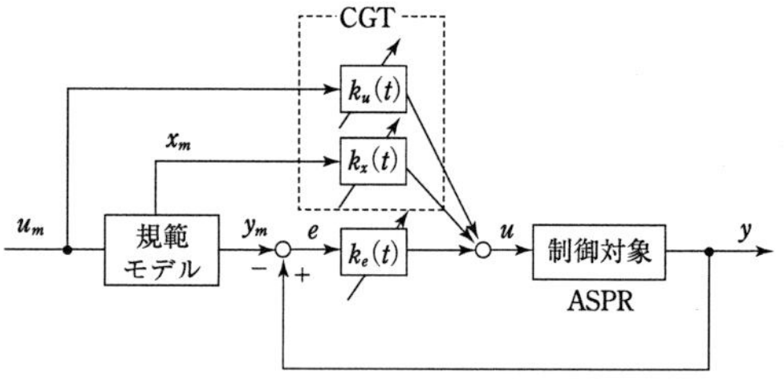


図30.1　SACの概念図

フィードバックゲインおよびCGTパラメータを適応的に調整することでSAC系が設計される．

しかし，SAC系が設計できるためには，対象とするシステムがASPRでなければならない．システムは，図30.2のように，出力フィードバックを施した閉ループ系が強正実（SPR）となる定数出力フィードバックゲインが存在するときASPRとよばれる[2,3]．1入出力系の場合，システムがASPRであるためには，条件として

① システムの相対次数は1または0

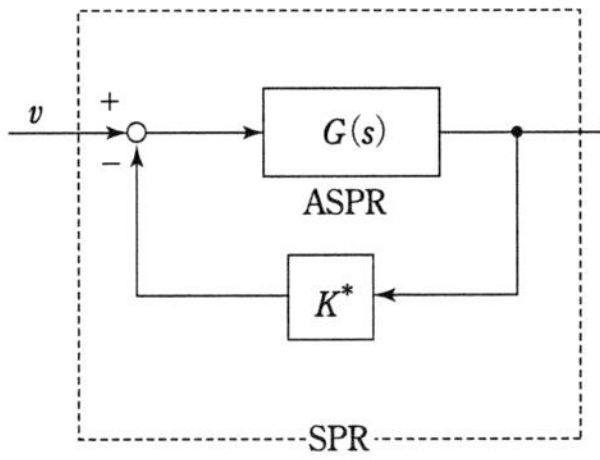


図 30.2　ASPR の概念図

② システムは最小位相
③ 最高位係数は正

でなければならず，実際の多くの実システムはこの条件を必ずしも満足していない．この条件をいかに緩和するかがSACの実用化への鍵となっている．この問題の解決策としては，並列フィードフォワード補償器（parallel feedforward compensator：PFC）を導入する手法や，バックステッピング手法を用いる手法などが提案されており，その解決がなされている[3,4]．

## 30.2　SACの基本的設計法

次の可制御・可観測な $n$ 次1入出力系を考える．

$$\dot{\boldsymbol{x}}(t)=A\boldsymbol{x}(t)+\boldsymbol{b}u(t)$$
$$y(t)=\boldsymbol{c}^T\boldsymbol{x}(t) \qquad (1)$$

また，このシステムの追従すべきモデルとして $n_m$ 次の規範モデル

$$\dot{\boldsymbol{x}}_m(t)=A_m\boldsymbol{x}_m(t)+\boldsymbol{b}_m u_m(t)$$
$$y_m(t)=\boldsymbol{c}_m^T\boldsymbol{x}_m(t) \qquad (2)$$

を考える．

制御目的は，次数およびパラメータが未知であるシステム式 (1) の出力 $y(t)$ をモデル出力 $y_m(t)$ に追従させることである．

いま，システム式 (1) および規範モデル式 (2) が以下の仮定を満足しているものとする．

［仮定］　(A1)　システム式 (1) はASPR．

(A2)　$u_m(t)$ および $\dot{u}_m(t)$ は有界である．

仮定A1のもと $n_m\leq n$ であれば，完全出力追従 $y(t)\equiv y_m(t)$，$\forall t\geq 0$ を達成する理想状態 $\boldsymbol{x}^*(t)$ および理想入力 $u^*(t)$ が規範モデルの状態量および規範入力を用い，次のように表されるCGT解が存在する．

$$\begin{bmatrix}\boldsymbol{x}^*(t)\\u^*(t)\end{bmatrix}=\begin{bmatrix}S_{11}&S_{12}\\S_{21}&S_{22}\end{bmatrix}\begin{bmatrix}\boldsymbol{x}_m(t)\\u_m(t)\end{bmatrix}+\begin{bmatrix}\Omega_1\\\Omega_2\end{bmatrix}\boldsymbol{v}(t)$$
$$\Omega_1\dot{\boldsymbol{v}}(t)=\boldsymbol{v}(t)-S_{12}\dot{u}_m(t) \qquad (3)$$

仮定A1，A2のもと $\boldsymbol{v}(t)$ は有界である[3]．

このことから，もしシステムが既知であればシステムをSPR化（安定化）するフィードバックゲイン $k^*$ を用いて制御入力を

$$u(t)=-k^*e(t)+u^*(t)$$
$$=-k^*e(t)+S_{21}\boldsymbol{x}_m(t)+S_{22}u_m(t)+\Omega_2\boldsymbol{v}(t)$$
$$e(t)=y(t)-y_m(t) \qquad (4)$$

と構成すれば，制御目的が達成できる．しかし，実際にはシステムは未知であるのでSACでは，次のように $k^*$ および $S_{21}$，$S_{22}$ を適応的に求めることで，制御入力を以下のように構成する．

$$u(t)=k_e(t)e(t)+k_x(t)\boldsymbol{x}_m(t)+k_u(t)u_m(t)$$
$$=K(t)\boldsymbol{z}(t) \qquad (5)$$

ここで，

$$\boldsymbol{z}(t)=[e(t),\boldsymbol{x}_m(t)^T,u_m(t)]^T$$
$$\boldsymbol{k}(t)=[k_e(t),\boldsymbol{k}_x(t)^T,k_u(t)]^T \qquad (6)$$

であり，$\boldsymbol{k}(t)$ はたとえば次のように比例＋積分調整則により適応調整する．

$$\boldsymbol{k}(t)=\boldsymbol{k}_1(t)+\boldsymbol{k}_p(t)$$
$$\dot{\boldsymbol{k}}_1(t)=-\Gamma_I\boldsymbol{z}(t)e(t)-\sigma_I\boldsymbol{k}_I(t),$$
$$\Gamma_I=\Gamma_I^T>0,\ \sigma_I>0$$
$$\boldsymbol{k}_P(t)=-\Gamma_P\boldsymbol{z}(t)e(t),\ \Gamma_P=\Gamma_P^T\geq 0 \qquad (7)$$

このように，構成された制御系の安定性に関して次のことがわかっている[2~4]．

**SAC制御系の特性**

① 制御系内の全信号は一様終局有界である．

② 適切な設計パラメータを選ぶことで任意の $\delta>0$ に対し，

$$\lim_{t\to\infty}|e(t)|\leq\delta$$

が達成できる．

③ $u_m\equiv\dot{u}_m\equiv 0$ のもと，$\sigma_I=0$ と選ぶことで

$$\lim_{t\to\infty}|e(t)|=0$$

が達成できる．

## 30.3　SACの適用範囲の拡大

### 30.3.1　並列フィードフォワード補償器（PFC）の導入

対象とするシステムがASPRでない場合，そのままでは，上述したSAC系は設計できない．このような場合の対策として，PFCを導入してASPR化された拡張制御対象を構成する手法がもっともシンプルかつ実用的な手法として知られている．この手法は，図30.3に示されるように，非ASPRな制御対象 $G(s)$ に対し，PFC $F(s)$ を並列に付加した拡張系：

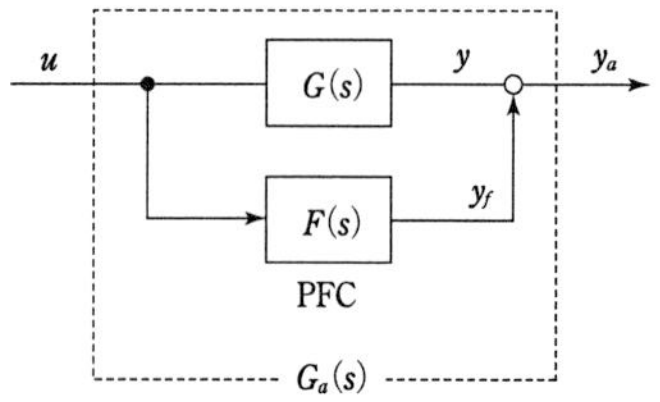


図 30.3　PFC 導入による ASPR 化

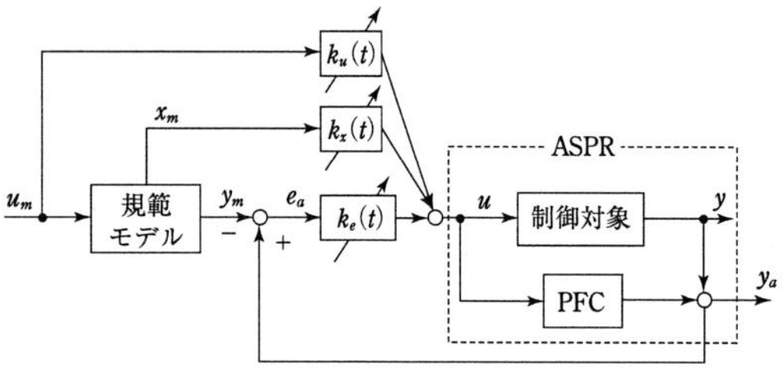


図 30.4　PFC を導入した SAC

$$G_a(s)=G(s)+F(s) \tag{8}$$

が ASPR となるように $F(s)$ が設計できれば，得られた ASPR な拡張系 $G_a(s)$ に対して，SAC を設計するという手法である．図 30.4 に概念図を示す．コントローラ式 (5)～(7) は，実際の出力誤差 $e(t)$ の代わりに，拡張系の出力誤差：

$$e_a(t)=y(t)+y_f(t)-y_m(t)=y_a(t)-y_m(t)$$
$$y_f(t)=F(s)[u(t)] \tag{9}$$

を用いて構成される．このとき，PFC $F(s)$ のゲインが対象システム $G(s)$ のゲインよりも十分小さければ，すなわち，$y_a(t)\cong y(t)$ とみなせるならば，制御目的は近似的に達成できる．

### 30.3.2　拡張規範モデルの導入

対象システムが非最小位相系などの場合は，必ずしも PFC $F(s)$ のゲインを対象システム $G(s)$ のゲインよりも十分小さく設計はできない．このような場合は，たとえ ASPR 化された拡張系に対し SAC が設計でき，$y_a(t)\cong y_m(t)$ が達成できたとしても，実際の出力 $y(t)$ は，PFC 出力 $y_f(t)$ の影響により，常に規範出力 $y_m(t)$ から定常誤差が残ることになる．

この問題は，次のように拡張規範モデルを導入することで緩和することができる[2]．いま，与えられた規範モデル出力に対し，拡張規範モデル出力を

$$y_{ma}(t)=y_m(t)+y_{mf}(t)$$
$$y_{mf}(t)=F(s)[u(t)-k_e(t)\bar{e}_a(t)] \tag{10}$$

と構成する．ここで，$\bar{e}_a(t)=y_a(t)-y_{ma}(t)$ は，拡張誤差信号である．

この拡張誤差信号により SAC 系を設計すると，$\bar{e}_a(t)\to 0$ が達成されるとき，$e(t)\to 0$ も達成される．なお，拡張規範モデルを用いた拡張誤差信号 $\bar{e}_a(t)$ は

$$\bar{e}_a(t)=y(t)+\bar{y}_f(t)-y_m(t)$$
$$\bar{y}_f(t)=F(s)[k_e(t)\bar{e}_a(t)] \tag{11}$$

により得ることができる．すなわち，この場合の SAC 系の概念図は，図 30.5 のようになる．

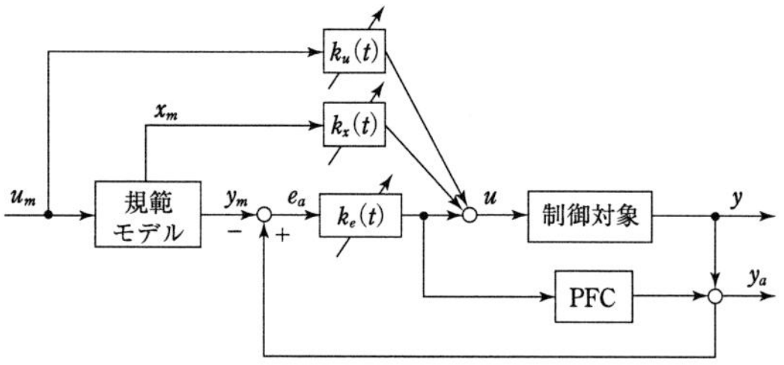


図 30.5　PFC を導入した SAC の概念図

### 30.3.3　PFC の設計法

**［設計法 1］**　安定化保証器が既知の場合[5]

コントローラ $H(s)$ による閉ループ系

$$G_c(s)=(I+G(s)H(s))^{-1}G(s) \tag{12}$$

が漸近安定となる安定化保証器 $H(s)$ が既知であり，$H(s)^{-1}$ が相対次数 0 または 1 であるとき，$F(s)=H(s)^{-1}$ と PFC を設計することで $G_a(s)=G(s)+F(s)$ を ASPR 化できる．

**［設計法 2］**　対象システムが最小位相系の場合[3,6]

対象システムが最小位相系の場合は，相対次数 $\gamma$ および最高位係数 $k_p$ が既知であれば，次のように組織的に PFC が設計できる．

$$F(s)=\sum_{i-1}^{\gamma-1}\delta^i F_i(s)$$
$$F_i(s)=\frac{\beta_i n_i(s)}{d_i(s)} \tag{13}$$

$d_i(s)$：$n_{di}$ 次モニック安定多項式

$n_i(s)$：$m_{ni}=\{n_{di}-\gamma-i\}$ 次モニック多項式

ただし，$\beta_i$ は

$$r(s)=\beta_{\gamma-1}s^{\gamma-1}+\beta_{\gamma-2}s^{\gamma-2}+\cdots+\beta_1 s+k_p \tag{14}$$

が安定となるように選ぶ．

このとき，$\delta_0>\delta$ となるすべての $\delta$ で $G_a(s)=G(s)+F(s)$ が ASPR となる $\delta_0$ が存在する．すなわち，十分小さく $\delta$ を選ぶことで必ず拡張系を ASPR 化できる．

**［設計法 3］**　PFC のロバスト設計[7]

対象システムのモデルが次のように乗法的不確かさをもつ形で表されているものとする．

$$G(s)=G_0(s)(1+\Delta(s)) \tag{15}$$

ここで，$G_0(s)$ は対象システムの公称システムであ

り，$\Delta(s)$ は乗法的不確かさである．

このシステムが ASPR であるための十分条件は，次のように与えられている．

① 公称プラント $G_0(s)$ が ASPR

② $\Delta(s)\in RH_\infty$ かつ $\|\Delta(s)\|_\infty<1$

この条件に基づき PFC は次のように設計できる．

いま，$\Delta(s)\in RH_\infty$ であり，$|\Delta(j\omega)|\le|r(j\omega)|$ なる $r(s)$ が既知とする．このとき，PFC $F(s)$ を

(a) $G_0(s)+F(s)$ が ASPR

(b) $\left\|\dfrac{G_0(s)}{G_0(s)+F(s)}r(s)\right\|_\infty<1$

となるように設計すれば，$G_a(s)=G(s)+F(s)$ は ASPR となる．

**［設計法 4］** モデルベースド PFC 設計

対象システムの近似モデルが既知である場合は，それを直接利用することで PFC が設計できる．

いま，対象システム $G(s)$ の近似モデルが $G^*(s)$ と与えられているものとする．このとき，希望する ASPR モデルを $G_{\mathrm{ASPR}}(s)$ と与えると，PFC は

$$F(s)=G_{\mathrm{ASPR}}(s)-G^*(s) \tag{16}$$

と設計できる．なお，このときの得られた拡張系は

$$G_a(s)=G(s)+F(s)$$
$$=G_{\mathrm{ASPR}}(s)(1+\Delta(s))$$
$$\Delta(s)=G_{\mathrm{ASPR}}(s)^{-1}(G(s)-G^*(s)) \tag{17}$$

と表されることから，乗法的不確かさがある場合のシステムの ASPR 条件から，$\|\Delta(s)\|_\infty<1$ であれば必ず ASPR となっている．

### 30.3.4 バックステッピング法による設計

いま，次の相対次数 $\gamma$ の 1 入出力最小位相系を考えよう．

$$y(t)=G(s)[u(t)] \tag{18}$$

このシステムに対して次の入力フィルタを導入する．

$$u_{f1}(t)=\frac{1}{f(s)}[u(t)] \tag{19}$$

$f(s)$：$\gamma-1$ 次モニック安定多項式

このとき，$u_{f1}(t)$ から $y(t)$ までのシステムは

$$y(t)=G_v(s)[u_{f1}(t)]$$
$$G_v(s)=G(s)f(s) \tag{20}$$

と表すことができる．$G_v(s)$ は ASPR となっている．よって，式 (19) により得られるフィルタ信号 $u_{f1}(t)$ が SAC 入力となるように，式 (19) のシステムに対してバックステッピング法を用いて実際の制御入力を決定すればよい．

## 30.4 SAC 系設計例

ここでは，モデルベースド PFC を用いた SAC 系の設計例を示す．

いま，次の伝達関数で与えられるシステムを考えよう．

$$G(s)=\frac{1}{(s+1)(0.2s+1)(0.05s+1)(0.01s+1)} \tag{21}$$

このシステムは未知であるが，次の近似モデルがわかっているものとする．

$$G^*(s)=\frac{1}{(s+1)(0.26s+1)} \tag{22}$$

さて，SAC を設計するためには，制御対象は ASPR でなければならない．いま，対象としているシステム (21) は当然のことながら ASPR ではない．そこで，近似モデル (22) を用い，モデルベースド設計法により，システムを ASPR 化する PFC を次のように設計する．

$$F(s)=G_{\mathrm{ASPR}}(s)-G^*(s) \tag{23}$$

ただし，規範とする ASPR モデル $G_{\mathrm{ASPR}}(s)$ は

$$G_{\mathrm{ASPR}}(s)=\frac{1}{s+2}$$

と与えた．

このシステムの出力 $y(t)$ が追従すべき規範モデルを

$$\dot{x}_m(t)=x_m(t)+u_m(t),\quad y_m(t)=x_m(t)$$
$$u_m(t)=\begin{cases}3, & 0\le t<20\\ 1, & 20\le t<40\\ 2, & 40\le t\end{cases}$$

と与えるとき，SAC は次のように設計できる（図 30.5 参照）．

制御入力：

$$u(t)=k_e(t)\bar{e}_a(t)+k_x(t)x_m(t)+k_u(t)u_m(t)$$
$$=\boldsymbol{k}(t)^T\boldsymbol{z}(t)$$
$$\boldsymbol{z}(t)=[\bar{e}_a(t),x_m(t),u_m(t)]^T$$
$$\boldsymbol{k}(t)=[k_e(t),k_x(t),k_u(t)]^T$$

適応調整則（積分＋$\alpha$ 修正型）：

$$\boldsymbol{k}(t)=\boldsymbol{k}_I(t)$$
$$\dot{\boldsymbol{k}}_I(t)=\Gamma_I\boldsymbol{z}(t)\bar{e}_a(t)-\sigma_I\boldsymbol{k}_I(t)$$
$$\Gamma_I=\Gamma_I^T>0,\quad \alpha_I>0$$

ここで，

$$\bar{e}_a(t)=y(t)+\bar{y}_f(t)-y_m(t)$$
$$\bar{y}_f(t)=F(s)[k_e(t)\bar{e}_a(t)]$$

である．

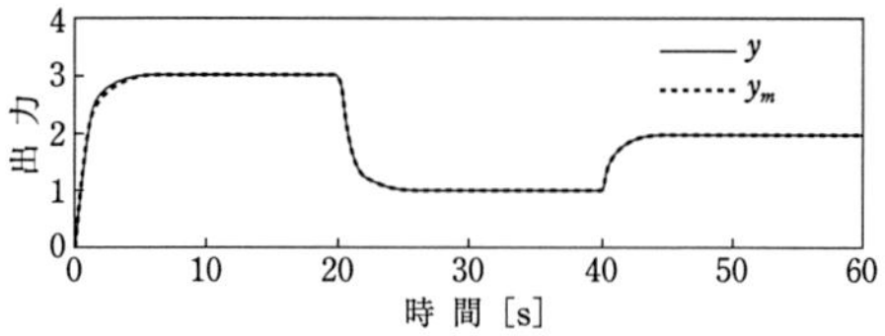


図 30.6　制御結果：出力

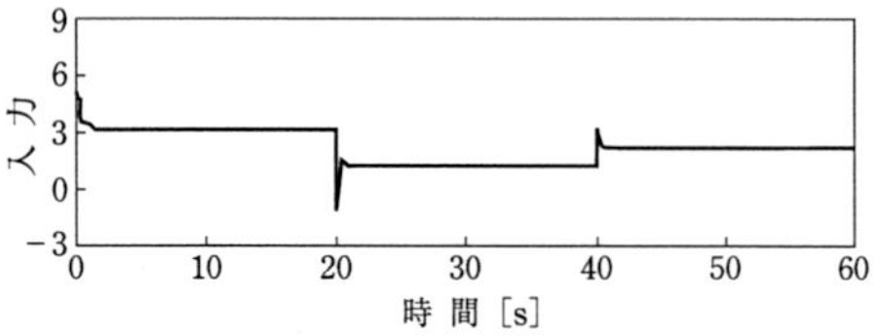


図 30.7　制御結果：制御入力

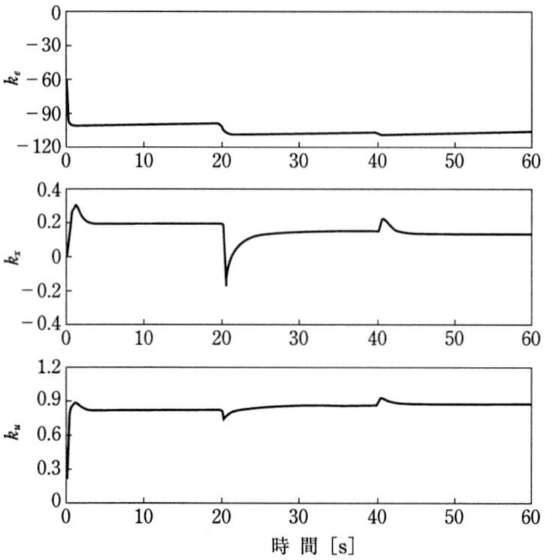


図 30.8　制御結果：調整パラメータ

設計パラメータは以下のように与えた．

$$\Gamma=\mathrm{diag}[10^5, 30, 15], \quad \sigma=0.001$$

図 30.6〜30.8 に制御結果を示す．PFC からの影響もみられず，良好な出力追従結果が得られている．

［水本郁朗］

## 参考文献

1) J. Broussard, M. J. O'Brien (1980)：Feedforward Control to Track the Output of a Forced Model, *IEEE Trans.*, **AC-25**(4)：851-853.
2) H. Kaufman, I. Bar-Kana, K. Sobel (1998)：Direct Adaptive Control Algorithms；Theory and Applications (2nd ed.), Springer-Verlag .
3) 岩井善太，水本郁朗，大塚弘文 (2008)：単純適応制御 SAC，森北出版.
4) 水本郁朗，岩井善太 (2001)：単純適応制御（SAC）の最近の動向，計測と制御，**40**(10)：723-728.
5) I. Bar-Kana (1987)：Parallel Feedforward and Simplified Adaptive Control, *J. Adaptive Control and Signal Processing*, **1**：95-109.
6) Z. Iwai, I. Mizumoto (1994)：Realization of Simple Adaptive Control by Using Parallel Feedforward Compensator, *J. Control*, **59**(6)：1543-1565.
7) I. Mizumoto, Z. Iwai (1996)：Simplified Adaptive Model Output Following Control for Plants with Unmodelled Dynamics, *J. Control*, **64**(1)：61-80.
8) 高橋将徳，水本郁朗，岩井善太 (1997)：次数未知の多入出力系に対する適応出力フィードバック制御系構成法，計測自動制御学会論文集，**33-5**：359-367.

# 31

# 適応オブザーバ

| 要約 | |
| --- | --- |
| 制御の特徴 | 未知パラメータを有するシステムに対し，検出可能な入出力から状態変数推定を行うオブザーバである．Luenberger 形式の $n$ 次既知パラメータシステムに対する $n$ 次元オブザーバと異なり，入出力から生成される回帰ベクトルを用いて，システムを $2n$ 次元の非最小実現形式で表現し，パラメータ同定と状態推定を分離した形で行うオブザーバとなっている．そのため，適応パラメータ同定器としても用いることができる． |
| 長所 | 未知パラメータシステムに対しても状態推定が実現できる．適応パラメータ同定器として利用できる． |
| 短所 | リアプノフ安定理論で安定性を保証するため，状態フィードバック制御系への適用に際し，設計によっては制御性能が保守的となることがある． |
| 制御対象のクラス | 線形系．とくにパラメータ変動系，未知パラメータや未知外乱を有する系． |
| 制約条件 | 回帰ベクトルが十分振動的，すなわち，PE 条件を満たすことが必要． |
| 設計条件 | 観測対象となる $n$ 次システムの入力が少なくとも $n$ 個の異なる周波数成分を含むことが必要．適応パラメータ同定則の選定には，収束性と同定則自体の複雑さとのバランスを考慮することが必要である． |
| 設計手順 | Step 1　プラントの非最小実現形式への変換．<br>Step 2　適応オブザーバの構成．<br>Step 3　適応パラメータ同定則と加振入力の選定．<br>Step 4　収束性改善のための設計パラメータの調整． |
| 実応用例 | 多くの産業応用例がある． |

## 31.1　適応オブザーバの概念

### 31.1.1　オブザーバ

状態空間での制御系設計では，制御対象を状態方程式で表し，それに基づき，最適制御系，非干渉制御系などを設計する．それらの制御系は状態変数を用いる，いわゆる状態フィードバック制御で実現される．状態フィードバックで実現できる代表的なものとしては LQ 最適制御系の設計がある．しかし，システムの内部変数である状態変数をすべて検出することは実際には難しい．そこで，検出可能な入出力によって駆動されるある確定的な動的システムを用いて状態変数を再構成し，その再構成した変数を状態フィードバックに用いることが考えられた．この状態推定システムをオブザーバ（observer）といい，1964 年に Luenberger によって最初に提案された．現在，状態フィードバックを用いる制御系は，オブザーバを併合した形で実際に構成されることがほとんどである．オブザーバの設計法に関しては，第 5 章で扱われているので参照されたい[1]．

### 31.1.2　適応オブザーバの概念

オブザーバは，システムパラメータが既知のとき設計可能となる．しかし，パラメータが未知の場合，オブザーバは設計できず，したがって，状態変数も推定できない．そこで，制御対象の未知パラメータと状態変数推定を同時に行うオブザーバが構成できれば，状態フィードバックの係数を真値の代わりに推定パラメータを用いて構成し，そこで用いる状態変数を推

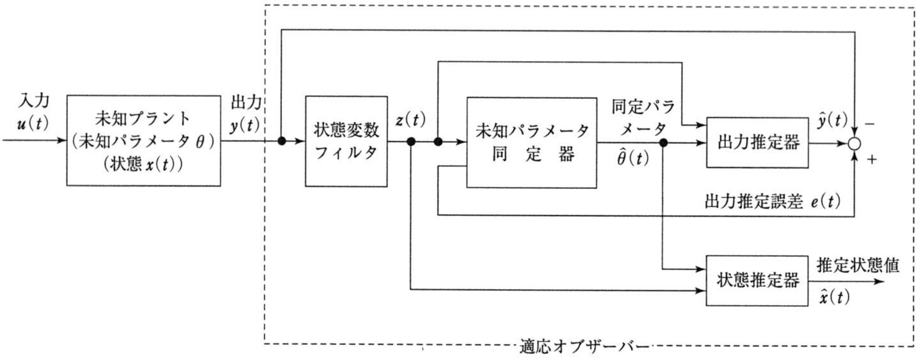


図 31.1　適応オブザーバ概念図

定した状態変数で置き換えることにより，適応的に状態フィードバックが構成でき，間接法の形式で適応制御系が構成できることになる．このように，制御対象のパラメータ同定と状態変数推定を同時に行う観測機構を適応オブザーバ（adaptive observer）という．

さて，初期のオブザーバでは，制御対象の最小実現形に基づく Luenberger 形式のオブザーバををそのまま適応形式に変更することが試みられた．その結果，適応オブザーバは非常に複雑な構造となり，実用性に乏しかった．その後，制御対象の表現を，後述する非最小実現形式に書き改め，それを用いてオブザーバを構成する方法が提案された．この方法の特長は，適応オブザーバ内部でパラメータ同定と状態変数推定を分離して行うことが可能なことである．したがって，適応オブザーバをプラントのパラメータ同定器として簡単に利用できるという利点も有している．

## 31.2　プラントの非最小実現形式表現

次式で与えられる1入出力可制御かつ可観測な $n$ 次定数系を考える．

$$\dot{\boldsymbol{x}}(t)=A\boldsymbol{x}(t)+\boldsymbol{b}u(t),\quad \boldsymbol{x}(0)=\boldsymbol{x}_0$$
$$y(t)=\boldsymbol{c}^T\boldsymbol{x}(t) \tag{1}$$

ただし，$\boldsymbol{x}$ は $n$ 次状態ベクトル，$y$, $u$ はスカラの検出可能な入出力，$A$ は $n\times n$ 行列，$\boldsymbol{b}$, $\boldsymbol{c}$ はそれぞれ $n$ 次ベクトルで，それらの要素は未知かつ定数とする．状態変数を適切に選ぶことにより，式 (1) は，次の $2n$ 個の未知パラメータを含む可観測標準形で表現されるものとして一般性を失わない．

$$\dot{\boldsymbol{x}}(t)=\begin{bmatrix}\boldsymbol{a} & \begin{matrix}\boldsymbol{h}^T\\ F\end{matrix}\end{bmatrix}\boldsymbol{x}(t)+\boldsymbol{b}u(t),\quad \boldsymbol{x}(0)=\boldsymbol{x}_0$$

$$y(t)=\boldsymbol{c}^T\boldsymbol{x}(t)=[1\ 0\ \cdots\ 0]\boldsymbol{x}(t) \tag{2}$$

ここで，$\boldsymbol{a}$, $\boldsymbol{b}$ はそれぞれ $n$ 次の未知定数ベクトル，$\boldsymbol{h}$, $F$ はそれぞれ $(n-1)$ 次既知ベクトル，$(n-1)\times(n-1)$ 既知行列であり，$(\boldsymbol{h}^T, F)$ は可観測ペアとする．ここで，安定な既知行列

$$G=\begin{bmatrix}\boldsymbol{g} & \begin{matrix}\boldsymbol{h}^T\\ F\end{matrix}\end{bmatrix} \tag{3}$$

を導入し，式 (2) を以下の形式に書き改める．

$$\dot{\boldsymbol{x}}(t)=G\boldsymbol{x}(t)+(\boldsymbol{a}-\boldsymbol{g})\boldsymbol{x}(t)+\boldsymbol{b}u(t),\quad \boldsymbol{x}(0)=\boldsymbol{x}_0$$
$$y(t)=\boldsymbol{c}^T\boldsymbol{x}(t)=[1\ 0\ \cdots\ 0]\boldsymbol{x}(t) \tag{4}$$

この最小実現（minimal realization）形式から，適応オブザーバの構成に用いる2通りの非最小実現（non-minimal realization）形式が導かれる．

### 31.2.1　K 型 表 現

これは Kreisselmeier によって，導かれたものであり，以下の形式をとる[3]．この表現は，プラントのパラメトリック表現（parametric representation）ともよばれる．

$$y(t)=\boldsymbol{z}(t)^T\boldsymbol{\theta}+f_y(t)$$
$$\boldsymbol{x}(t)=P(t)\boldsymbol{\theta}+\boldsymbol{f}_x(t) \tag{5}$$

ただし，

$$\boldsymbol{z}(t)=[\boldsymbol{z}_1(t)^T\ \boldsymbol{z}_2(t)^T]^T$$
$$P(t)=[P_1(t)\ P_2(t)]$$
$$\boldsymbol{\theta}=[(\boldsymbol{a}-\boldsymbol{g})^T\ \boldsymbol{b}^T]^T$$
$$\boldsymbol{f}_x(t)=e^{G^Tt}\boldsymbol{x}_0$$
$$f_y(t)=\boldsymbol{c}^T\boldsymbol{f}(t)$$

とする．ここで，$\boldsymbol{z}_i(t)$, $i=1,2$, は次の $n$ 次状態変数フィルタ

$$\dot{\boldsymbol{z}}_1(t)=G^T\boldsymbol{z}_1(t)+\boldsymbol{c}y(t),\quad \boldsymbol{z}_1(0)=0$$
$$\dot{\boldsymbol{z}}_2(t)=G^T\boldsymbol{z}_2(t)+\boldsymbol{c}u(t),\quad \boldsymbol{z}_2(0)=0 \tag{6}$$

から生成される回帰ベクトル（regression vector）であり，$n\times n$ 行列 $P_i(t)$, $i=1,2$ は回帰ベクトルより

構成される次の式（7）の行列とする．

$$P_i(t)=\begin{bmatrix} \boldsymbol{c}^T \\ \boldsymbol{c}^T G \\ \vdots \\ \boldsymbol{c}^T G^{n-1} \end{bmatrix}^{-1} \begin{bmatrix} \boldsymbol{z}_i(t)^T \\ \boldsymbol{z}_i(t)^T G \\ \vdots \\ \boldsymbol{z}_i(t)^T G^{n-1} \end{bmatrix}, \quad i=1,2 \tag{7}$$

### 31.2.2 LN 型表現

これは，Lüders-Narendra によって導かれたものである[4]．この場合は，式（2），（3）で

$$\boldsymbol{h}^T=[1\ 1\ \cdots\ 1],\ \mathrm{F}=\begin{bmatrix} -\lambda_2 & 0 & \cdots & 0 \\ 0 & -\lambda_3 & \ddots & \vdots \\ \vdots & \ddots & \ddots & 0 \\ 0 & \cdots & 0 & -\lambda_n \end{bmatrix},$$

$$\lambda_i>0,\ \lambda_i\neq\lambda_j,\ i\neq j$$

$$\boldsymbol{g}^T=[-\lambda_1\ 0\ \cdots\ 0],\ \lambda_1>0$$

と選ぶ．このとき，次式を得る．

$$\begin{aligned} \dot{y}(t)&=-\lambda_1(t)+\boldsymbol{h}^T\bar{\boldsymbol{x}}(t)+(a_1+\lambda_1)y(t)+b_1u(t) \\ \dot{\bar{\boldsymbol{x}}}(t)&=F\bar{\boldsymbol{x}}(t)+\bar{\boldsymbol{a}}y(t)+\bar{\boldsymbol{b}}u(t) \\ y(t)&=\boldsymbol{c}^T\boldsymbol{x}(t) \end{aligned} \tag{8}$$

ただし，

$$\boldsymbol{x}=\begin{bmatrix} y \\ \bar{\boldsymbol{x}} \end{bmatrix},\ a=\begin{bmatrix} a_1 \\ \bar{\boldsymbol{b}} \end{bmatrix},\ b=\begin{bmatrix} b_1 \\ \bar{\boldsymbol{b}} \end{bmatrix} \tag{9}$$

このとき，プラントのパラメトリック表現は以下のようになる．

$$\begin{aligned} \dot{y}(t)&=-\lambda_1 y(t)+\boldsymbol{z}^T(t)\boldsymbol{\theta}+\bar{f}_y(t) \\ \bar{\boldsymbol{x}}(t)&=\bar{P}(t)\bar{\boldsymbol{\theta}}+\bar{\boldsymbol{f}}_x(t) \end{aligned} \tag{10}$$

ここで，

$$\begin{aligned} \boldsymbol{z}(t)&=[y(t)\ \ \bar{z}_1(t)^T\ \ u(t)\ \ z_2(t)^T]^T \\ \bar{P}(t)&=[\bar{P}_1(t)\ \ \bar{P}_2(t)] \\ \bar{\boldsymbol{\theta}}&=[\bar{\boldsymbol{a}}^T\ \ \bar{\boldsymbol{b}}^T]^T,\ \bar{\boldsymbol{f}}_x(t)=e^{F^Tt}\bar{\boldsymbol{x}}_0,\ \bar{f}_y(t)=\boldsymbol{h}^T\bar{\boldsymbol{f}}_x(t) \\ \boldsymbol{\theta}&=[a_1+\lambda_1\ \ \bar{\boldsymbol{a}}_1{}^T\ \ b_1\ \ \bar{\boldsymbol{b}}^T]^T \end{aligned}$$

とおいている．ただし，$\bar{z}_i(t)$，$\bar{P}_i(t)$，$i=1,2$ は，以下のフィルタの解とする．

$$\begin{aligned} \dot{\bar{z}}_1(t)&=F^T\bar{z}_1(t)+\boldsymbol{h}y(t),\ \bar{z}_1(0)=0 \\ \dot{\bar{z}}_2(t)&=F^T\bar{z}_2(t)+\boldsymbol{h}u(t),\ \bar{z}_2(0)=0 \end{aligned} \tag{11}$$

$$\bar{P}_i(t)=\begin{bmatrix} \boldsymbol{h}^T \\ \boldsymbol{h}^T F \\ \vdots \\ \boldsymbol{h}^T F^{n-1} \end{bmatrix}^{-1} \begin{bmatrix} \bar{z}_i(t)^T \\ \bar{z}_i(t)^T F \\ \vdots \\ \bar{z}_i(t)^T F^{n-1} \end{bmatrix}, \quad i=1,2 \tag{12}$$

## 31.3 適応オブザーバの構成

31.2 節で示したプラントの非最実現形式に基づき，適応オブザーバはパラメータ同定機構と状態推定機構を分離した形で含むシステムとして以下のように構成される[1]．

### 31.3.1 K 型表現に基づく適応オブザーバ

パラメータ，出力および状態の推定値を，それぞれ $\hat{\boldsymbol{\theta}}$，$\hat{y}$，$\hat{\boldsymbol{x}}$ とおくとき，適応オブザーバは，

$$\begin{aligned} \hat{y}(t)&=\boldsymbol{z}(t)^T\hat{\boldsymbol{\theta}}(t) \\ \hat{\boldsymbol{x}}(t)&=P(t)\hat{\boldsymbol{\theta}}(t) \end{aligned} \tag{13}$$

$$\begin{aligned} \dot{\hat{\boldsymbol{\theta}}}(t)&=-\Gamma^{-1}\boldsymbol{z}(t)e(t),\ \Gamma=\Gamma^T>0 \\ e(t)&=\hat{y}(t)-y(t) \end{aligned} \tag{14}$$

となる．ここで，$e(t)$ は出力推定誤差である．また，式（14）は固定ゲイン適応同定則である．適応同定則にはいろいろあるが，ここではもっとも基本的な場合を例示している．未知パラメータ $\boldsymbol{\theta}$ が推定できれば，この機構がオブザーバとなることを次の定理に示す．

［定理 1］ パラメータ同定誤差，状態推定誤差をそれぞれ，

$$\boldsymbol{\zeta}(t)=\hat{\boldsymbol{\theta}}(t)-\boldsymbol{\theta},\ e(t)=\hat{y}(t)-y(t),$$
$$\boldsymbol{e}(t)=\hat{\boldsymbol{x}}(t)-\boldsymbol{x}(t)$$

とおく．このとき，

（a）回帰ベクトル $\boldsymbol{z}(t)$ は一様有界

（b）回帰ベクトル $\boldsymbol{z}(t)$ の $2n$ 個の要素は 1 次独立

ならば，

$$\lim_{t\to\infty}\boldsymbol{\zeta}(t)=0,\quad \lim_{t\to\infty}\boldsymbol{e}(t)=0$$

が成立する．

［証明］

$$e(t)=\boldsymbol{z}(t)^T\boldsymbol{\zeta}(t)-f_e(t)$$
$$e(t)=P(t)\boldsymbol{\zeta}(t)-\boldsymbol{f}_x(t)$$

と書きなおし，次のリアプノフ関数の候補

$$V(t)=\boldsymbol{\zeta}(t)^T\Gamma\boldsymbol{\zeta}(t)$$

を考える．ここで，式 (5) より $G$ は安定行列としているので，$f_e(t)$，$\boldsymbol{f}_x(t)$ は指数減衰して最終的には 0 となる．このことから，それらの存在は，誤差の収束速度には影響を及ぼすものの最終的な安定性には関与しないので[1]，以後，簡単のためそれらを無視して考察する．さて，$V(t)$ の解に沿っての微分は

$$\dot{V}(t)=-2e(t)^2\leq 0$$

となるので，$\lim_{t\to\infty}e(t)=0$ が成立する．このとき，$\dot{\hat{\boldsymbol{\theta}}}(t)=\dot{\boldsymbol{\zeta}}(t)$ なので，式 (14) から $\lim_{t\to\infty}\dot{\boldsymbol{\zeta}}(t)=0$ が成立する．したがって，$\lim_{t\to\infty}\boldsymbol{\zeta}(t)=\boldsymbol{\zeta}_\infty=\mathrm{const.}$ となる．これより $\boldsymbol{\zeta}_\infty{}^T\boldsymbol{z}(t)=0$ となるが，$\boldsymbol{z}(t)$ の 1 次独立性により $\boldsymbol{\zeta}_\infty=0$ となる．したがって，パラメータが同定され，また，$\boldsymbol{z}(t)$ の有界性から $P(t)$ も有界となるので，$\lim_{t\to\infty}\boldsymbol{e}(t)=0$ となり，状態変数も推定されることとなる．

なお，ここでは，式 (14) のもっとも簡単な固定ゲイン適応同定則を用いたが，逐次最小二乗型適応同定則をはじめいろいろな同定則を使用することができる[1,5]．また，$2n$ 次の回帰ベクトルの各要素が1次独立であるためには，各要素が少なくとも $2n$ 個の周波数成分を含んでいればよい．そのためには，可制御かつ可観測なシステムにおいては，入力 $u(t)$ が少なくとも $n$ 個の振動成分を含んでいればよい[1]．すなわち各要素が十分振動的であればよい．これをPE条件 (persistently exciting condition) という[5]．

### 31.3.2 LN型表現に基づく適応オブザーバ

この場合の適応オブザーバは

$$\dot{\hat{y}}(t) = -\lambda_1 \hat{y}(t) + \boldsymbol{z}^T(t)\hat{\boldsymbol{\theta}}$$

$$\hat{\boldsymbol{x}}(t) = \bar{P}(t)\hat{\bar{\boldsymbol{\theta}}} \tag{15}$$

$$\dot{\hat{\boldsymbol{\theta}}}(t) = -\Gamma^{-1}\boldsymbol{z}(t)e(t), \quad \Gamma = \Gamma^T > 0$$

$$e(t) = \hat{y}(t) - y(t) \tag{16}$$

で構成される．以下では，前項で述べたと同様の理由で $\bar{f}y(t)$，$\bar{\boldsymbol{f}}x(t)$ を無視して考える．

**[定理2]**

(a) 回帰ベクトル $\boldsymbol{z}(t)$ は一様有界

(b) 回帰ベクトル $\boldsymbol{z}(t)$ の $2n$ 個の要素は1次独立

ならば，

$$\lim_{t\to\infty} \boldsymbol{\zeta}(t) = 0, \quad \lim_{t\to\infty} \boldsymbol{e}(t) = 0$$

が成立する．

[証明] 式 (10) より

$$e(t) = W(s)(\boldsymbol{z}(t)^T \boldsymbol{\zeta}(t)), \quad W(s) = \frac{1}{s+\lambda_1}$$

が成立するが，$W(s)$ が強正実となるので，Kalman-Yakubovichの補題が適用でき[5]，$\lim_{t\to\infty} e(t) = 0$ が成立する．以下，定理1の証明とほぼ同様の議論となる．

## 31.4 その他の設計法

ここでは，非最小実現形式に基づく適応オブザーバについて詳述し，実用性の少ないと思われる最小実現形式での適応オブザーバ[1,2]については省略した．また，離散システムに対する適応オブザーバ[1,6]，多入出力系に対する適応オブザーバ[8]，適応オブザーバを用いる状態フィードバック制御[7]，その他の場合[9]などについては，文献を参照されたい．

## 31.5 適応オブザーバの設計例

以下に示すプラント

$$(s^2 + \alpha s + \beta)y(t) = u(t)$$

の未知パラメータ $\alpha$，$\beta$ を同定し，状態変数を推定する．ここでは，K型表現で設計した適応オブザーバを用いた場合の，$\hat{\alpha}(t)$，$\hat{\beta}(t)$ のグラフと状態変数の推定値 $\hat{x}_2(t)$ のグラフを示す (図31.2，31.3)． [岩井善太]

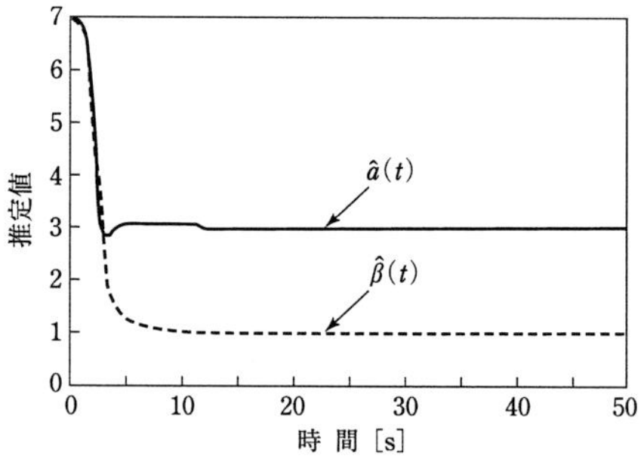


図31.2 パラメータ $\alpha$，$\beta$ の推定値

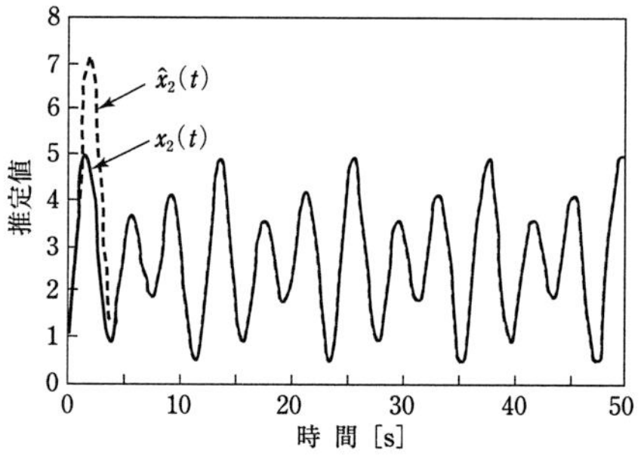


図31.3 状態変数 $x_2(t)$ と推定値 $\hat{x}_2(t)$ の比較

### 参考文献


1) 岩井善太，井上 昭，川路茂保 (1988)：オブザーバ，p. 160-204，コロナ社．
2) P. Kudva, K. S. Narendra (1973)：*J. Control*, **18**(6)：1201-1210.
3) G. Kreisselmeier (1977)：*IEEE Trans. on AC*, **22**(1)：2-8.
4) G. Lüders, K. S. Narendra (1974)：*IEEE Trans. on AC*, **19**(2)：117-118.
5) 鈴木 隆 (2001)：アダプティブコントロール，p. 51-118，コロナ社．
6) 井上 昭，岩井善太，佐藤 誠 (1983)：計測自動制御学会論文集，**19**(1)：21-27.
7) Z. Iwai, M. Ishitobi (1990)：*J. Control*, **52**(4)：917-934.
8) 金井喜美雄，出川喬庸，内門 茂 (1982)：計測自動制御学会論文集，**18**(4)：349-356.
9) 岩井善太 (1984)：システムと制御，**28**(6)：354-363.

# 32

# 後退ホライズン制御

| 要約 | |
|---|---|
| 制御の特徴 | 一般に非線形状態方程式で記述されるシステムに対する制御手法である．各時刻において有限時間未来までの最適制御問題を解き，求めた最適制御の初期値のみを実際のシステムに対する制御入力として用いる．最適制御問題に対する初期状態は，各時刻におけるシステムの状態によって与える．したがって，各時刻の制御入力はシステムの状態に依存して決まり，状態フィードバック制御を行っていることになる．基本的にモデル予測制御と同じ制御手法だが，最適制御としての側面に重点を置いている．最適制御問題においてさまざまな制約条件を考慮することが可能である． |
| 長所 | 非常に幅広いクラスのシステムに適用可能である．また，制約条件も考慮することができる． |
| 短所 | 各時刻で最適制御を求めるため，非線形システムに適用する際には数値計算量が多い．また，必ずしも閉ループ系の安定性が保証されない．評価関数の調整が難しい場合もある． |
| 制御対象のクラス | 最適制御問題が数値的に解けさえすれば，制御対象は限定されない．多くの場合，状態方程式や評価関数の十分な微分可能性を仮定する． |
| 制約条件 | 最適制御問題の解が存在しなければならない．また，最適制御問題の数値解法がサンプリング周期内に終了しなければならない． |
| 設計条件 | とくにない． |
| 設計手順 | Step 1　評価関数と制約条件の設定．<br>Step 2　最適制御問題の数値解法を選択．<br>Step 3　数値シミュレーションによって計算時間，記憶容量，閉ループ応答を確認しつつ評価関数や制約条件を調整． |
| 実応用例 | 劣駆動ホバークラフト模型の位置制御[1]，自動操船システム[2]，飛行実験機の領域回避[3]など． |

## 32.1 後退ホライズン制御の概念

制御対象である連続時間システムが状態方程式

$$\dot{x}(t)=f(x(t),u(t),t)$$

で表されているとする．ここで，$x(t)\in\mathbb{R}^n$ は状態ベクトル，$u(t)\in\mathbb{R}^m$ は制御入力ベクトルであり，ベクトル値関数 $f$ は各変数に関して必要なだけ微分可能とする．このシステムに対する後退ホライズン制御（receding horizon control：RH 制御）では，各時刻 $t$ において次のような最適制御問題を考える．

・Minimize：

$$J=\varphi(\bar{x}(t+T),t+T)+\int_t^{t+T}L(\bar{x}(\tau),\bar{u}(\tau),\tau)\,d\tau$$

・Subject to：

$$\dot{\bar{x}}(\tau)=f(\bar{x}(\tau),\bar{u}(\tau),\tau),\quad \bar{x}(t)=x(t)$$

ここで，$\bar{x}(t)$ と $\bar{u}(\tau)$ $(t\leq\tau\leq t+T)$ はあくまでも最適制御問題における状態と制御入力であり，かならずしも現実のシステムにおける状態および制御入力とは一致しないことに注意する．ただし，最適制御問題の初期時刻である時刻 $t$ においてのみ，$\bar{x}(t)=x(t)$ が成り立つ．つまり，図 32.1 のように，最適制御問題の初期状態を現実のシステムの状態で与えている．また，システムへの実際の制御入力は $u(t)=\bar{u}(t)$ で与える．これは，求めた最適制御の初期値のみを現実のシステムへの制御入力として用いることを意味する．なお，後退ホライズン制御は，モデル予測制御（model predictive control：MPC）とよばれることもある．ただし，モデル予測制御は，プロセス制御分野

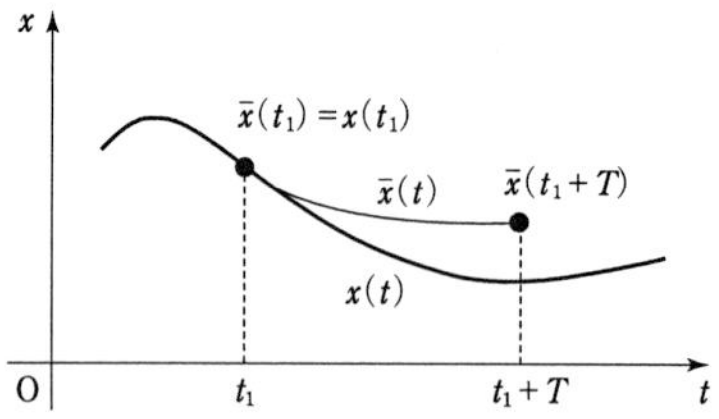


図 32.1　現実の状態 $x(t)$ と最適制御問題の状態 $\bar{x}(t)$ との関係
［大塚敏之 (2011)：非線形最適制御入門，コロナ社］

を中心に離散時間の問題設定が用いられることが多く，またモデルや評価関数の与え方によって異なる呼び方がされることもある[4]．

後退ホライズン制御では，各時刻 $t$ において評価区間の長さが $T$ である最適制御問題を解くので，評価区間上の時刻 $\tau$ と現実の時刻 $t$ とに依存する 2 変数関数として状態や制御入力を考えることができる．そこで，時刻 $t$ を初期時刻とする最適制御問題において，初期時刻から $\tau$ だけ後の状態と制御入力をそれぞれ $x^*(\tau, t)$，$u^*(\tau, t)$ と表すことにする．すると，解くべき最適制御問題は，時刻 $t$ をパラメータとして評価区間が $[0, T]$ である以下のような最適制御問題になる．

・Minimize：

$$J=\varphi(x^*(T, t), t+T) + \int_0^T L(x^*(\tau, t), u^*(\tau, t), t+\tau)\, d\tau$$

・Subject to：

$$\frac{\partial x^*}{\partial \tau}(\tau, t)=f(x^*(\tau, t), u^*(\tau, t), t+\tau)$$

$$x^*(0, t)=x(t)$$

状態や制御入力が 2 変数関数になったため時間微分が偏微分になっているが，本質的には評価区間が固定された通常の最適制御問題である．したがって，最適性の必要条件は $\tau$ 軸上のオイラー-ラグランジュ方程式（一般には最小原理）で与えられる．各時刻 $t$ では，この最適制御問題を解いて最適制御 $u^*(\tau, t)$ $(0 \leq \tau \leq T)$ を求め，実際の制御入力としてはその初期値のみを用いて

$$u(t)=u^*(0, t)$$

とする．

以上のように，評価区間の長さが有限な最適制御問題を各時刻で解くことによって，いつまでも継続が可能な状態フィードバック制御が実現される．しかし，そのようなフィードバック制御によって閉ループ系の平衡点が安定になるとは限らない．安定性を保証する方法として，終端拘束を課すこと[5]と適切な終端ペナルティを選ぶこと[6]とが提案されている．

## 32.2　後退ホライズン制御の設計法

制御対象のモデルが状態方程式として与えられたとき，後退ホライズン制御の設計は以下の手順で行う．

① 制御目的に合った評価関数と制約条件を設定する．

② 最適制御問題の数値解法を選択する．

③ 数値シミュレーションによって計算時間，記憶容量，閉ループ応答を確認しつつ評価関数や制約条件を調整する．

現実には制御対象のモデルを作成するのが困難な場合もあるが，望ましい制御を実現するには，実際のシステムの応答を十分な精度で予測するモデルが必要不可欠である．そうしなければ，得られた最適制御は無意味になってしまう．

さらに，たとえモデルが得られたとしても，評価関数の決定がしばしば難しい．目標状態に到達するまでの時間のように一つの量だけで制御目的が与えられる問題であればよいが，漠然と「良い応答」が求められることも多い．その場合，何が適切な評価関数か，という問題が生じる．評価関数を一つに決める客観的な指標がない場合，数値シミュレーションを繰り返して閉ループ系の応答を見ながら評価関数に含まれるパラメータを調整する．結局，制御入力の関数を決める問題が評価関数という別の関数を決める問題に置き換えられたことになる．ただ，間接的とはいえ制御目的を反映しているために，制御入力そのものよりも評価関数のほうがまだしも調整しやすい．適切な評価関数を決めるには制御対象や最適制御の性質に対する洞察も必要である．たとえば，目標状態以外の平衡点で最小値をとるような評価関数を選ぶと，定常偏差が生じてしまうことがある．一方，制約条件は制御対象の物理的制限によって与えられることが多く，評価関数と比べて試行錯誤は少ないが，望ましい応答が得られない場合は，問題設定を変更して制約条件を緩めることが必要になる．

最適制御問題に対してはさまざまな数値解法が提案されており，それらは後退ホライズン制御の計算にも適用できる．ただし，どのような数値解法にせよ，サンプリング周期内に計算が終了して制御入力を決定できなければ，フィードバック制御が実現できない．フィードバック制御を実行する前にあらかじめ各状態

に対する最適制御問題を解いて制御入力を保存しておけば，オンラインでの計算量は小さくできる．ただし，状態ベクトルの次元が大きいと，保存すべきデータ量が膨大になるうえ，オフラインとはいえ計算時間がかかりすぎ，実用的な設計手法とはいえなくなってしまう．

一方，オンラインで最適制御問題を数値的に解く場合，勾配法やニュートン法のように解の修正を繰り返す反復解法では計算量が多く実時間でのフィードバック制御が実現できないことがある．しかし，各時刻で最適制御問題を解くという後退ホライズン制御の性質を利用すれば，反復解法を用いず最適解の時間変化を追跡していく計算が可能である[7]．後退ホライズン制御のようにオンラインで最適解を求めてフィードバック制御を行うことは長らく不可能とされてきたが，計算機と数値解法の進歩により，センサ情報を取得してただちに最適解を計算する実時間最適化（real-time optimization）が現実味を帯びてきている．

## 32.3　後退ホライズン制御の設計例

制御対象として次のシステムと評価関数を考える．

$$\begin{bmatrix} \dot{x}_1 \\ \dot{x}_2 \end{bmatrix} = \begin{bmatrix} x_2 \\ (1-x_1^2-x_2^2)x_2-x_1+u \end{bmatrix}, \quad |u| \leq 0.5$$

$$J=\frac{1}{2}(x_1^2(t+T)+x_2^2(t+T)) + \int_t^{t+T} \frac{1}{2}(x_1^2+x_2^2+\rho u^2)\,d\tau$$

ここで，$\rho>0$ は制御入力に対する重みである．また，最適制御問題の状態と制御入力を現実のシステムと同じ記号で表している．この評価関数を最小にすることによって，できるだけ速やかに状態を原点に収束させ，かつ，制御入力の大きさを抑えられることが期待できる．状態の収束と制御入力の大きさとのどちらを重要視するかは重み $\rho$ によって調整できる．評価区間の長さ $T$ が大きいほど，遠い未来までの応答を考慮した制御入力が得られるが，たとえ $T$ が小さくても，評価区間上の終端時刻 $t+T$ におけるコストを適切に選べば評価区間以降の応答もある程度考慮した制御が期待できる．ここでは，簡単のため $(1/2)(x_1^2(t+T)+x_2^2(t+T))$ のように単純な形の2次形式を用いたが，たとえば無限評価区間のLQ制御に対する最適コスト関数を用いれば，近似的に無限未来までの応答を考慮することになる．

制御入力に対する不等式制約条件 $|u| \leq 0.5$ は，次のようなバリア関数を用いたバリア法[7]によって扱うことができる．

$$B(u)=-\log(0.5^2-u^2)$$

この関数は，入力 $u$ が不等式制約条件の境界（$\pm 0.5$）に近づくと無限大へ発散する．したがって，バリア関数を加えた新しい評価関数を

$$J=\frac{1}{2}(x_1^2(t+T)+x_2^2(t+T)) + \int_t^{t+T} \left\{ \frac{1}{2}(x_1^2+x_2^2+\rho u^2) - \frac{1}{r}B(u) \right\} d\tau$$

と定め，これを最小にする最適制御が存在すれば，不等式制約条件 $|u| \leq 0.5$ は満たされる．ここで，$r$ を十分大きい正数に選ぶと，不等式制約条件の境界付近以外では，バリア関数の影響が小さくなり新しい評価関数は元の評価関数と同じと見なせる．ただし，$r$ が大きすぎると，不等式制約条件の境界付近で評価関数があまりに急激な変化をするため，数値計算に失敗しやすくなる．なお，文献[7]では，不等式制約条件を等式制約条件に変換してこれと同様の問題を扱っている．

サンプリング周期に相当するシミュレーションの時間刻みを $\Delta t=0.01$ s，評価区間の長さを $T=1-e^{-0.5t}$ として，最適解の時間変化を追跡していく実時間アルゴリズムC/GMRES法[7]を適用する．アルゴリズムにおけるパラメータは，評価区間の分割数 $N=10$，最適性の誤差を安定化するパラメータ $\zeta=1/\Delta t$，アルゴリズム内で連立1次方程式の解法として用いるGMRES法の反復回数は2回とする．数式処理言語Mathematicaの書式で状態方程式や評価関数を与えると自動的にC言語のシミュレーション・プログラムを生成するAutoGenUというMathematicaプログラムが公開されている[8]．それを利用して生成したシミュレーション・プログラムを実行すると，一般的なパーソナル・コンピュータでも制御入力の更新に必要な計算時間は0.01秒よりはるかに短い．したがって，実時間での実装は十分に可能である．

図32.2に，バリア法のパラメータを $r=1000$ とした場合のミュレーション結果を示す．実線は制御入力の重みが $\rho=0.1$ の場合であり，破線は $\rho=2$ の場合である．制御入力の重みが小さいと制御入力は大きくなりやすいが，ここでは不等式制約条件が課せられているため飽和する．図32.2で $\rho=0.1$（実線）の場合，制御入力の制約条件が満たされつつ良好な応答が得られている．一方，制御入力の重みを増やした $\rho=2$（破線）の場合，制御入力の大きさが抑えられ，ほとんど

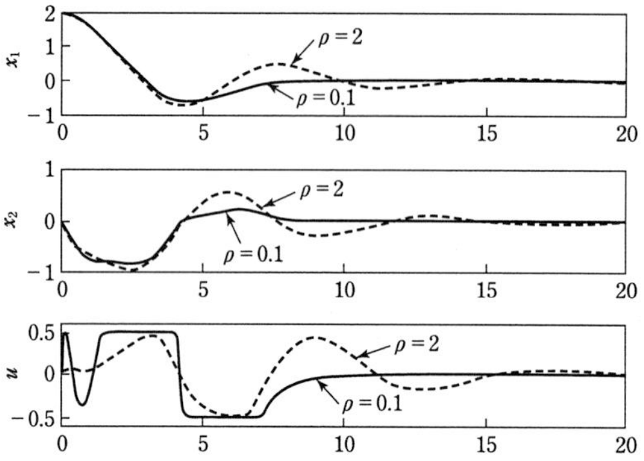


図32.2　設計例のシミュレーション結果

飽和がみられない．その代わり状態の収束は遅くなっている．このように，評価関数の重みによって閉ループ系の応答を調整することができる．ただし，具体的にどの値が望ましいかは，実際に数値シミュレーションを行わないとわからないことが多い．　[大塚敏之]

## 参考文献

1) H. Seguchi, T. Ohtsuka (2003)：Nonlinear Receding Horizon Control of an Underactuated Hovercraft, *International Journal of Robust and Nonlinear Control*, **13**(3-4)：381-398.
2) 浜松正典，加賀谷博昭，河野行伸 (2008)：非線形 Receding Horizon 制御の自動操船システムへの適用，計測自動制御学会論文集，**44**(8)：685-691.
3) 永塚　満，宍戸紀彦，増井和也，冨田博史 (2009)：耐故障飛行制御システム．緊急領域回避制御，日本航空宇宙学会誌，**57**(669)：285-287.
4) ヤン・M・マチエヨフスキー著，足立修一，管野政明訳 (2005)：モデル予測制御，東京電機大学出版局.
5) C. C. Chen, L. Shaw (1982)：On Receding Horizon Feedback Control, Automatica, **18**(3)：349-352.
6) A. Jadbabaie, J. Yu, J. Hauser (2001)：Unconstrained Receding Horizon Control of Nonlinear Systems, *IEEE Transactions on Automatic Control*, **46**(5)：776-783.
7) 大塚敏之 (2011)：非線形最適制御入門，コロナ社.
8) T. Ohtsuka (2000)：AutoGenU, http://www.symlab.sys.i.kyoto-u.ac.jp/~ohtsuka/code/index_j.htm

# 33

# モデル予測制御

**要約**

| | |
|---|---|
| **制御の特徴** | モデル予測制御は次のように動作する．まず，プロセスの入出力変数間の動的モデルを用い，未来の制御量の動きを予測する．そして，その動きが希望する目標に一致するように，制約条件を考慮して現時点以降の未来操作量を求め，現時点の操作量を出力する．この手続きを制御周期ごとに繰り返す． |
| **長所** | ・多変数の連続プロセスを経済的な条件で安定運転するのにとくに適している．<br>・相互干渉があり，むだ時間が長く，時定数の大きい多変数プロセスを対象に，操作量と制御量の上下限制約のもとで製造コスト最小化あるいは生産量最大化できる． |
| **短所** | ・多変数プロセスのモデリングに時間を費やすなど，設計から運用までの時間が長い．<br>・ソフトウェア製品が完備されているが，高価で使いこなし適用するのに熟練を要する．<br>・チューニングパラメータが多く，望ましい制御性能を得るチューニングが面倒である． |
| **制御対象のクラス** | 大規模な連続プロセスの制御に適している． |
| **制約条件** | プラントテストデータに基づいて多変数プロセスの動特性をモデリングするシステム同定のための道具が必要である． |
| **設計条件** | 一般性のある制御アルゴリズムが確立されており，モデル予測制御の設計は適用設計が主体となる．そこで重要なことは次の 2 つである．<br>・プロセスの運転基本方針に基づいて制御目的を最適化問題として定式化する．<br>・多変数プロセスの特性を把握し，操作量と制御量を選定する． |
| **設計手順** | Step 1　制御システム初期設計．<br>Step 2　事前テスト，基本制御システム整備．<br>Step 3　プラントテスト．<br>Step 4　モデリング．<br>Step 5　制御システム設計，シミュレーション．<br>Step 6　オペレータ教育，実装調整．<br>Step 7　運用・評価． |
| **実応用例** | 大規模な化学プロセスに応用されており，プロセス産業 15 社を対象にした 2009 年のアンケート調査では 9 社で 329 件の応用が報告されている． |

## 33.1 モデル予測制御の概要

### 33.1.1 モデル予測制御の位置づけと適用のねらい

プロセス制御の中心的な役割を担う制御アルゴリズムの 3 本柱が，PID 制御，フィードフォワード制御やオーバライド制御などの古典的なアドバンスト制御，そしてモデル予測制御（model predictive control）である．たとえば，2003 年度の三菱化学水島事業所における制御技法の適用状況が次のように総括されている[1]．

① オレフィンなど 24 の製造装置で 5006 ループの PID コントローラを使用している．

② 制御技法の適用比率は，PID 制御：100，古典的アドバンスト制御：10，モデル予測制御：1 である．

③ モデル予測制御は，1992年から推進してきた高度制御プロジェクトを通して，大規模プロセスの経済運転を実現する多変数制御の標準的な技法として定着した．

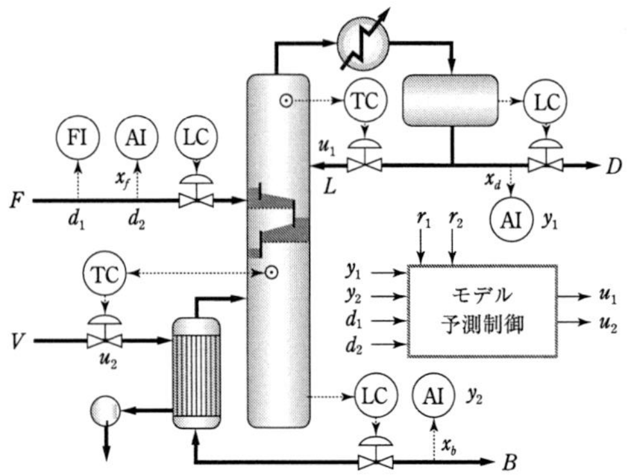


(a) 蒸留プロセスのモデル予測制御

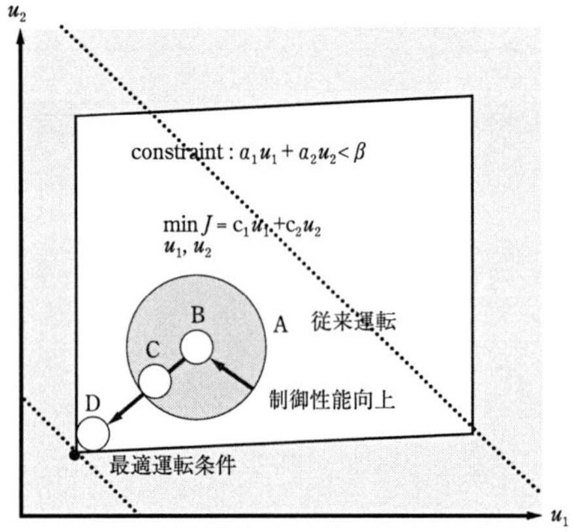


(b) モデル予測制御による最適運転

図 33.1　モデル予測制御がもたらす経済効果

モデル予測制御が最も多く適用されているのは，蒸留プロセスである．2成分系蒸留プロセスのモデル予測制御の簡単な例を図 33.1(a) に示した．制御量は塔頂と塔底から抜き出される製品純度 $y_1$，$y_2$ で，操作量は塔頂と塔底の温度（PID コントローラの目標値）$u_1$，$u_2$ である．外乱量として供給量とその組成 $d_1$，$d_2$ が取り込まれる．制約条件として操作量と制御量の上下限値と操作量の変化率を考慮する．

モデル予測制御がもたらす経済効果の概念を図 33.1(b) を用いて説明する．多変数プロセスの特徴である相互干渉のために PID 制御では制御性能に限界があり，操作量と制御量ともに変動が大きい運転状態 A であったとする．この場合は，操作量の上下限値に対して余裕を見込んだ運転条件にせざるを得ない．制御性能が向上して B のように変動幅が抑えられると，運転管理限界近傍 C へ運転条件を移すことが可能になる．さらに，操作量にかかるコストを最小化するように目標値を最適化する．これにより経済的な運転 D を実現できる．この一連の働きをモデル予測制御が担う．モデルベース制御であることによる制御性能の向上にとどまらず，最適化機能により外乱の存在下で最適条件近傍での安定運転が可能になる．

このように，モデル予測制御を応用すると，最適な運転条件（制御目標値）が自動的に決定され，外乱を補償しながらその状態を維持できるので，オペレータは従来の運転調整作業のほとんどから解放される．さらに，プロセスと機器の能力を最大限度まで活用した生産量の最大化や，運転条件を管理限界まで引き上げる（引き下げる）ことによる省エネルギーが可能になる．モデル予測制御を核とした高度制御プロジェクトの実績[2]によると，その生産性向上は省エネルギー 3〜5%，生産能力向上 3〜5% が平均値である．

### 33.1.2　モデル予測制御の動作

モデル予測制御のアルゴリズムは図 33.2 のように表され，図 33.3 のように動作する[3,4]．まず，現時点の制御量と外乱量を読み込み，プロセス動特性モデルに基づいて，未来の予測区間 (prediction horizon) $P$ の制御量の自由応答予測値系列を求める．次に，操作量と制御量の上下限値制約（不等式制約）のもとで，コスト最小あるいは生産量最大などを目的関数とする最適化問題を解いて定常操作量を求め，それに対応する制御量の目標値を決める．そして，この目標値に基づき，予測区間における制御偏差と操作量変更量の 2 次形式の和を最小化するように，現時点を含む未来の制御区間 (control horizon) $M$ の操作量系列を求める．最後に，操作量系列のうち，現時点の操作量をプロセスに出力する．

この一連の動作を制御周期ごとに時点を進めながら繰り返す．これは後退ホライゾン制御 (receding horizon control) とよばれ，1970 年代に Kwon and Pearson[5] により提案された方法である．一般的なモデル予測制御では，目標値決定則と制御則は独立しており，両者はカスケード結合されている．

### 33.1.3　モデル予測制御の特徴

Morari[6] は，モデル予測制御の利点は一様性 (uniformity) にあり，制御対象個別にコントローラを設計して実装するのに比べて，低コストで実現でき，技術者を育成するための負担も少ないと主張している．DMC (dynamic matrix control) の開発者でその応用に多大な貢献をしてきた Cutle[7] は，モデル予測制御が有効な制御対象として次の四つのプロセスをあげている．

① 相互干渉のあるプロセス

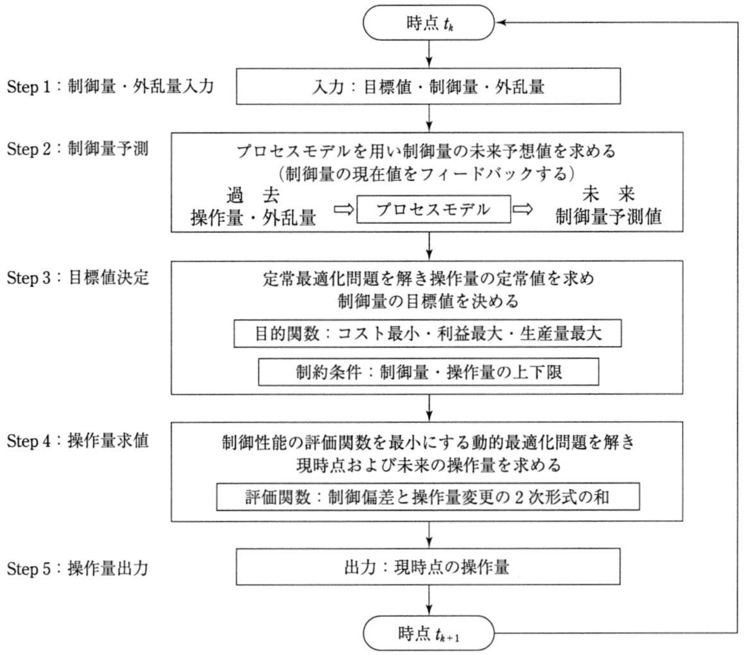


図 **33.2**　モデル予測制御のアルゴリズム

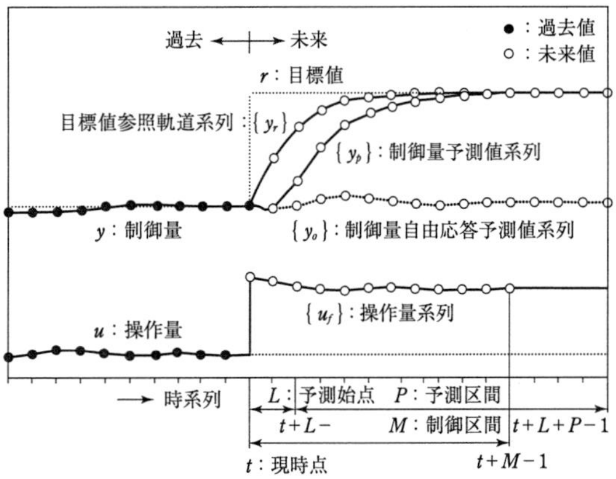


図 **33.3**　モデル予測制御の動作

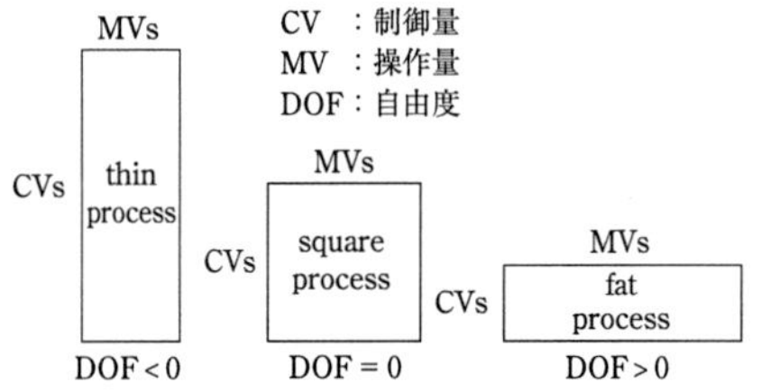


図 **33.4**　制御対象プロセスのタイプ

② 長いむだ時間あるいは大きい時定数をもつプロセス

③ 制御量よりも操作量の数が多いプロセス

④ 操作量よりも制御量の数が多いプロセス

Qin and Lee[8] は，操作量と制御量の数の違い，すなわちプロセスの自由度（degrees of freedom：DOF）に着目し，図 33.4 のようにプロセスを三つに分類している．thin process は，すべての制御量を目標値に一致させる操作量が存在せず，連立 1 次方程式でいう不能（over-determined）な条件に相当する．このプロセスでは，操作量と同じ数の優先度の高い制御量だけが目標値をもち，それ以外の制御量は上下限制約内に保たれるだけである．逆に fat process は，すべての制御量が目標値をもち，さらに操作量を別な目的関数のもとで最適化できる．これは不定（under-determined）な状態である．そして，操作量と制御量の数が一致する square process がある．さらに，Qin and Badgwell[9] はモデル予測制御アルゴリズムがもつ特徴を次のように述べている．

① 操作量と制御量の上下限制約を満足する．

② 制御量のいくつかを最適点で保ち，残りを上下限制約範囲内に抑えることができる．

③ 操作量の過剰な変更操作を抑えられる．

④ 操作部やセンサの一部がメンテナンスや故障により使えない場合でも，それ以外の健全な操作量と制御量を用いて縮退した制御が可能である．

モデル予測制御には有用性の反面いくつか弱点がある[10]．まず，積分特性をもつ液面プロセスの制御が苦手で，むしろ PI 制御によるほうが液面制御設計の見通しがよく制御性能も優れている．次に，ゆっくりとしたランプ状外乱に対する制御性能が悪い．これはステップ状外乱を前提にして制御アルゴリズムが設計されているためである．さらに，操作量制約を考慮した目標値の決定に線形計画法（linear programming：LP）を用いると，その最適点は制約条件で囲まれた多面体の端点となる．LP の目的関数と制約条件の勾配が似通っており，両者が近接していると，最適点が二つの端点間を跳躍して目標値が急変することがある．

## 33.2　モデル予測制御の制御則

ここからは，理解を容易にするため，SISO（single input, single output）システムについて説明する．

### 33.2.1　プロセス動特性モデル

モデル予測制御では，プロセス動特性モデルとして制御周期 $\tau$ 刻みのステップ応答モデル（step response model）$\{a_k | k=1, 2, \cdots, S\}$ がよく使われる（図 33.5）．多変数プロセスでは，プロセスと PID 制御系が絡み合い相互に干渉するので，いびつな応答を示すことが多い．ステップ応答モデルは，そのような複雑な応答を忠実に表現するのに適している．

このモデルの作成はプラントテスト（plant test）による．すべての操作量を一つずつステップ状に数回変更し，制御量の応答データを収集する．そのデータをシステム同定してモデルを作成する．

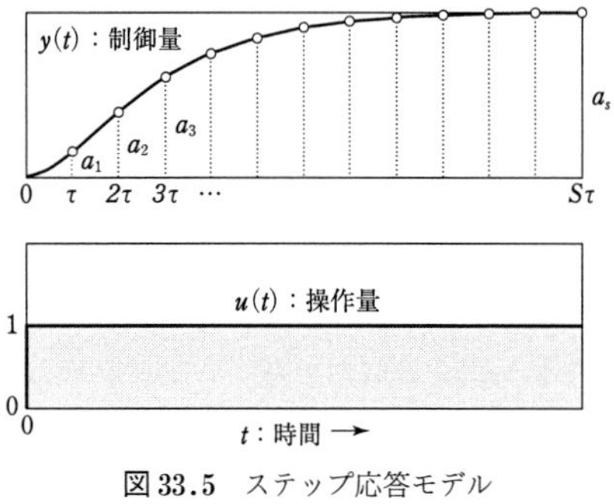


図 33.5　ステップ応答モデル

### 33.2.2　制御量予測

ステップ応答モデルを用いて予測区間に対応する未来時点 $\{t+i | i=1, 2, \cdots, P\}$ の制御量予測値 $\boldsymbol{y}_p \in \mathbb{R}^P$ を求める．この制御量予測アルゴリズムは次のようになる．

$$\boldsymbol{y}_p = \boldsymbol{y}_o + \boldsymbol{A}_o \Delta \boldsymbol{u}_o + \boldsymbol{A}_f \Delta \boldsymbol{u}_f$$

右辺第1項と第2項の過去操作量 $\Delta \boldsymbol{u}_o \in \mathbb{R}^{S-1}$ による制御量応答を合わせたものを自由応答予測値（predicted unforced response）という．第3項の未来操作量 $\Delta \boldsymbol{u}_f \in \mathbb{R}^M$ によるものを強制応答予測値（predicted forced response）とよぶ．添字 $o$，$f$ は，それぞれ過去および未来の状態量を表す．この制御量予測では，制御周期ごとに制御量の計測値 $\boldsymbol{y}_o \in \mathbb{R}^P$ でその予測値を補正する出力フィードバック（process output variable feedback）が行われる．これが右辺第1項である．$\boldsymbol{A}_o \in \mathbb{R}^{P\times(S-1)}$，$\boldsymbol{A}_f \in \mathbb{R}^{P\times M}$ は次のように定義され，$\boldsymbol{A}_f$ を dynamic matrix とよぶ．なお，$\boldsymbol{A}_o$ の要素のうち添字が $S$ より大きくなるものは $a_k = a_S$（$\forall k \geq S$）にする．

$$\boldsymbol{A}_o \equiv \begin{bmatrix} a_2 - a_1 & a_3 - a_2 & \cdots & a_S - a_{S-1} \\ a_3 - a_1 & a_4 - a_2 & \cdots & a_{S+1} - a_{S-1} \\ \vdots & \vdots & \ddots & \vdots \\ a_{P+1} - a_1 & a_{P+2} - a_2 & \cdots & a_{S+P-1} - a_{S-1} \end{bmatrix}$$

$$\boldsymbol{A}_f \equiv \begin{bmatrix} a_1 & 0 & \cdots & 0 \\ a_2 & a_1 & \cdots & 0 \\ \vdots & \vdots & \ddots & \vdots \\ a_P & a_{P-1} & \cdots & a_{P-M+1} \end{bmatrix}$$

むだ時間を有したり逆応答を示すプロセスの場合は，その時間だけ予測始点を進めることにより制御性能を向上できる．つまり，予測始点を $L$ だけ先に進め，予測区間を $\{t+i | i=L, L+1, \cdots, P\}$ に変える．

### 33.2.3　制　御　則

制御偏差予測値と操作量変更量の2次形式を合わせた目的関数を最小化する最適化問題を解くことにより制御則が導かれる．ここで，予測区間の目標値 $\boldsymbol{y}_r$，重み係数 $\boldsymbol{Q}$，$\boldsymbol{R}$ は対角行列で制御動作を調整するパラメータである．

$$\Delta \boldsymbol{u}_f^o = \arg \min_{\Delta uf} \frac{1}{2} (\|(\boldsymbol{y}_r - \boldsymbol{y}_p\|_Q^2 + \|\Delta \boldsymbol{u}_f\|_R^2)$$

過去操作量による制御偏差予測値 $\boldsymbol{e}_o$ を定義すると，制御則は次のように与えられる．未来操作量 $\Delta \boldsymbol{u}_f^o$ のうち現時点の操作量 $\Delta u_f^o(t)$ をプロセスに出力し，次の制御時点になれば，これを繰り返す．

$$\boldsymbol{e}_o \equiv \boldsymbol{y}_r - (\boldsymbol{y}_o + \boldsymbol{A}_o \Delta \boldsymbol{u}_o)$$

$$\Delta \boldsymbol{u}_f^o = (\boldsymbol{A}_f^T \boldsymbol{Q} \boldsymbol{A}_f + \boldsymbol{R})^{-1} \boldsymbol{A}_f^T \boldsymbol{Q} \boldsymbol{e}_o$$

前述したように，制御量予測で出力フィードバックが行われる．これにより，制御則に積分特性が内在することになり，ステップ状の目標値変更と外乱に対しオフセットフリーになる．

## 33.3　チューニング

モデル予測制御のチューニングは，制御対象がMIMO（multiple-input, multiple-output）システムであるために複雑である．制御則の目的関数が制御偏差と操作量変更量それぞれの2次形式の和で，その重み係数がチューニングパラメータとなる．二つのチューニング基本方針を表現できるように，重み係数を自動スケーリングするなどの工夫がなされている．

① どの制御量を重視するのか：どの制御量の制御偏差を小さくしたいのか．

② どの操作量を主に用いるのか：どの操作量を大きく動かすのか．

さらにモデル予測制御には，制御周期から始まり，モデル区間・予測区間・予測始点・制御区間などのチューニングパラメータがある．これがチューニングをいっそう面倒なものにしている．また，目標値決定則における制御量と操作量をコスト評価する単価と上下限制約条件も，モデル予測制御の動作に強い影響を与える．

## 33.4　モデル予測制御の応用

### 33.4.1　適用手順

モデル予測制御を実プロセスに適用して正しく運用するためには，多くの作業を確実に実施しなければならない．その実践者には，プロセス・運転・生産管理・設備機器・計装システム・コンピュータシステム・プロセス制御などに関する幅広い知識と豊富な経験が求められる．これらのすべてに精通した者はいないので，それぞれの分野の担当者がチームを編成し，モデル予測制御適用プロジェクト（高度制御プロジェクトともよばれる）を実行することが多い．このプロジェクトの作業手順を図33.6に示した．

| | | |
|---|---|---|
| Step 1 | 制御システム<br>初期設計 | ● プロセスの特性整理と制御目標の設定<br>● 制御量・操作量・外乱量の初期選択 |
| Step 2 | 事前テスト<br>基本制御システム整備 | ● 計測器・操作部の整備．PID再調整<br>● プロセス動特性のおおまかな把握 |
| Step 3 | プラントテスト | ● テスト計画と安全対策<br>● 昼夜連続テストとテストデータ収集 |
| Step 4 | モデリング | ● データ前処理<br>● プロセス動特性モデルの作成と評価 |
| Step 5 | 制御システム設計<br>シミュレーション | ● 制御量・操作量・外乱量の確定<br>● チューニングパラメータ初期値の決定 |
| Step 6 | オペレータ教育<br>実装・調整 | ● 運用手順書作成とオペレータ教育<br>● 制御システム動作確認・試運転調整 |
| Step 7 | 運用・評価 | ● 制御性能評価と利益検証<br>● 制御システムの維持管理 |

図33.6　モデル予測制御の適用手順

オレフィン製造装置のような大規模な化学プラントのプロジェクトでは，計画開始から完成まで2年を要することもある．また，モデル予測制御の動作環境が整っている一般的な蒸留プロセスでも，設計から運用まで1カ月はかかる．

### 33.4.2　大規模な連続プロセスの経済運転

Qin and Badgwellの調査で最大規模（操作量数283×制御量数603）と報告されている三菱化学水島事業所オレフィン製造装置への応用を説明する[2]．最適化機能をもつモデル予測制御により，省エネルギーと生産量最大化の切替運転を可能にしたものである．

図33.7に示す時系列グラフの前半4日間が省エネルギー運転である．需要量に比べて生産能力に余裕があるので，精留塔の圧力を上げ，塔頂コンデンサのベーパーと冷媒の温度差を大きくする．これによって熱交換量が増加するので，冷媒の使用量が減少して冷凍機動力を低減できる．逆に，生産量を最大化したのが後半5日間である．需要が旺盛で生産量を最大化するため，精留塔圧力を下げ比揮発度を大きくして蒸留の分離性能を上げる．そして，フラッディング限界すなわち精留塔差圧が上限値に達するまで，熱分解炉への原料供給量を増やして生産量を最大化している．この生産量最大化運転の場合には，複数の熱分解炉と精製系のモデル予測制御を協調して動作させるため，大規模なコントローラになる．

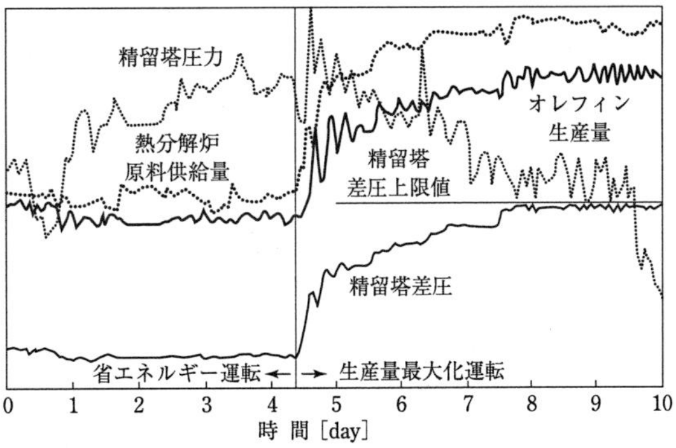


図33.7　大規模モデル予測制御の運転実績

### 33.4.3　モデル予測制御の応用動向

日本学術振興会プロセスシステム工学第143委員会ワークショップNo. 27において，産業界におけるプロセス制御の現状と課題を整理し，技術開発の方向性を明らかにするためのアンケート調査が2009年初めに行われ，その結果が報告されている[11]．モデル予測制御・ソフトセンサ・プロセス制御技法の応用・高度制御プロジェクトの進め方について，石油・化学・エンジニアリング・計装ベンダーなど15社21事業所から回答を得たものである．ここでは，本アンケート調査結果に関する考察の一部を示す．

**a．モデル予測制御応用は成果中心に着実に進行**

モデル予測制御応用は9社で合計329件，95％がモデル予測制御ソフトウェアのベンダー製品を導入している．適用プロセスは，蒸留40％，反応30％となった．1995年に本アンケート調査と同様の調査が実施され，36社49事業所から回答を得ている．その結果[12]ではモデル予測制御の適用件数は198件であったから，15年間で1.6倍に伸びたことになる．これは，Qin and Badgwellによる欧米の主要ベンダーを対象とした1994年と1999年の2回にわたる調査[9,13]で，5年間で2倍を超える4542件の応用実績が報告されているのに比べて緩やかである．

また，前回の調査時期はベンダー製品が揺籃期にあり，プロセス産業界ではモデル予測制御を勉強して自ら手作りしようという気運が強かった．ところが，今回の調査では様相は一変し，淘汰を経て生き残った特定のベンダー製品を採用し，そのベンダーに適用エンジニアリング作業まで任せ，手早く経済効果を得ようとする傾向が強い．その反動で，メンテナンスとプロセス制御技術者の育成を課題としてあげる企業が多くなっている．

**b．ソフトセンサ応用の飛躍的伸び**

プロセスガスクロマトグラフィ（process gas-chromatography：PGC）に代表されるプロセス分析計は，温度や圧力などのプロセス計測器に比べて非常に高価である．また，サンプリングシステムを含めた日常の保守点検が重要で，これを怠ると分析値の精度と稼働率が著しく低下する．PGCの保守作業には数時間要し，その間もモデル予測制御を動作させたいという運転現場の要求は根強い．そこで，保守作業中はソフトセンサで凌ごうとその実用が始まった．このソフトセンサは一般に，蒸留塔の内部組成をトレイ温度や塔圧などを説明変数として表現する統計的モデルである．

その後，ソフトセンサへの信頼度が高まり，さらに分析周期と同期していた制御周期がソフトセンサにより短縮され，制御性能が向上することも実証された．そして今では，ソフトセンサがモデル予測制御による組成制御の主体である．プロセス分析計は従属的で，その役割はソフトセンサのパラメータ更新のために分析値を提供することにある．もちろん，分析値は重要な運転管理指標であり，プロセス分析計の安定動作と計測精度の維持が大切なことは，改めていうまでもない．

**c．適用するプロセス制御技法の偏り**

Bauer and Craigによる欧米のプロセス産業と高度制御ベンダーの制御専門家（それぞれ38，28，合計66人）に対する調査報告[14]によると，高度プロセス制御技法のうち最も多く適用されているのは線形モデル予測制御である．さらに，知識ベース制御と適応制御に関しては，回答者の約20％が標準化しているか，よく用いるとしている．本アンケート調査結果でも線形モデル予測制御がもっとも多いが，知識ベース制御と適応制御はほとんど適用されていない．

また，本アンケート調査結果では，非線形モデル予測制御の応用はわずか3件で広がりがない．反応プロセスが適用対象として適しているが，その動特性を非線形モデルで表現するのが面倒なことが，適用を阻害している要因と考えられる．Qin and Badgwellによるベンダー調査[9]でも，非線形モデル予測制御応用は88件にとどまっており，線形モデル予測制御応用件数の2％に過ぎない．このように，非線形モデル予測制御は適用対象が限られ，制御量と操作量の数も少ないという特徴がある．［小河守正］

## 参考文献

1) 小河守正，布川　了（2004）：プロセス制御システム-実用化設計と応用事例，計測と制御，**43**(3)：220-227.
2) M. Kano, M. Ogawa (2010)：The state of the art in chemical process control in Japan：Good practice and questionnaire survey, *Journal of Process Control*, **20**：969-982.
3) M. Nikolaou (2001)：Model predictive controllers：a critical synthesis of theory and industrial needs, *Advances in Chemical Engineering*, **26**：133, Academic Press.
4) 大嶋正裕，小河守正（2002）：モデル予測制御-1-基礎編：発展の歴史と現状，システム/制御/情報，**46**(5)：286-293.
5) W. H. Kwon, A. E. Pearson (1975)：A modified quadratic cost problem and feedback stabilization of a linear system, *IEEE Transaction on Automatic Control*, **AC22**：838-842.
6) M. Morari (1995)：Short course lecture notes on model predictive control. International Workshop on Predictive and Receding Horizon Control, Korea.
7) C. R. Cutler, *et al*. (1992)：Training Textbook on Dynamic Matrix Control, DMC Corporation.
8) S. J. Qin, J. H. Lee (2004)：Lecture 4：Overview of industrial model predictive control, Taiwan MPC workshop.
9) S. J. Qin, T. A. Badgwell (2003)：A survey of industrial model predictive control technology, *Control Engineering Practice*, **11**：703.
10) A. Hugo (2000)：Limitations of model predictive control-

lers, *Hydrocarbon Processing*, January：83-88.

11) 加納 学，小河守正 (2009)：日本における化学プロセス制御の現状と課題：アンケート調査から，化学工学，**73**(12)：664-668.

12) M. Ohshima, H. Ohno, I. Hashimoto (1995)：Model predictive control experiences in the university-industry joint projects and statistics on MPC applications in Japan. International Workshop on Predictive and Receding Horizon Control, Korea.

13) S. J. Qin, T. A. Badgwell (1997)：A survey of industrial model predictive control technology. Proceedings of Chemical Process Control V, Tahoe City, California, *AICHE Symposium Series*, **316**(93)：232-256.

14) M. Bauer, I. K. Craig (2008)：Economic assessment of advanced process control. A survey and framework, *Journal of Process Control*, **18**：2-18.

# 34

# 予 見 制 御

| 要 約 | | |
|---|---|---|
| | 制御の特徴 | 制御系に印加される目標値，外乱の予見情報（一定時間未来までの信号）を制御入力の決定に利用する．サーボ系を構成した後，発展的に導入することが可能である． |
| | 長 所 | フィードフォワード補償により目標値の予見情報を反映させるため，フィードバック部分と独立に過渡特性を調整できる．適切な予見時間を設定すると，目標値への追従特性が大幅に改善される． |
| | 短 所 | 予見信号の処理を要するため，やや複雑な制御系を構成する必要がある．系の非線形性を考慮した予見補償の方法が明確でない． |
| | 制御対象のクラス | 線形時不変系． |
| | 制約条件 | 制御対象に対して，目標値・外乱の予見情報（一定時間未来までの信号）が得られること． |
| | 設計条件 | 積分補償を含むサーボ系の設計に準ずる．サーボ系により定常特性が改善できていること． |
| | 設計手順 | 離散時間系の場合，適切に拡大系を定めることによりサーボ系の設計と同様の手順で進めることができる．連続時間系の場合には，フィードバック制御と時間積分を含む予見フィードフォワード補償を導入することになる． |
| | 実応用例 | メカトロニクスシステムを中心に，追従性能の改善を図る多くの応用例がみられる． |

## 34.1 予見制御の概念

予見制御とは，目標値の情報を一定時間未来まで利用することにより，良好な過渡特性を達成する制御法であり，追従性能の改善や（予見可能な）外乱の影響を抑制する方法として用いられている．予見制御により期待される効果は，よく車の運転にたとえられる[1,2]．夜間車を運転するとき，ヘッドライトで道の形状を把握しながら操作することは，道に沿って滑らかに走行するために不可欠であり，またライトを消した暗闇では偏差が発生しないうちには，追従性能は改善できない．このたとえは，フィードバック系の応答の速さだけで追従性能を改善するには限界があり，目標値の情報を積極的に制御系に反映させる工夫が必要なことを示唆している．

目標値への追従性能を改善する場合，基本的な制御系は図 34.1 のようにまとめられる．これは，積分器を内部モデルに含むサーボ系の基本図であり，ステップ状の目標値信号に対して，適当な条件下で定常偏差の

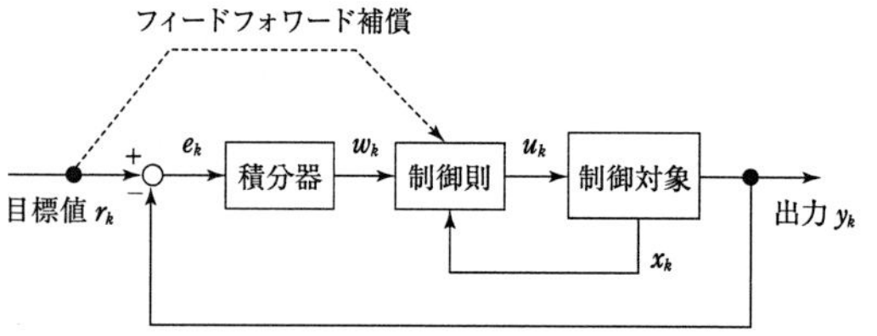


図 34.1　サーボ系の基本構成

生じない制御系を構成することができる（たとえば，34.2.2 項）．また，破線部の信号補償は，フィードフォワード入力とよばれ，目標値の変化を直接入力に反映させる一つの工夫である（サーボ系の 2 自由度構成）．一方，図 34.2 は目標値の予見情報を利用する予見制御系の構成例である．この予見制御系は，サーボ系の

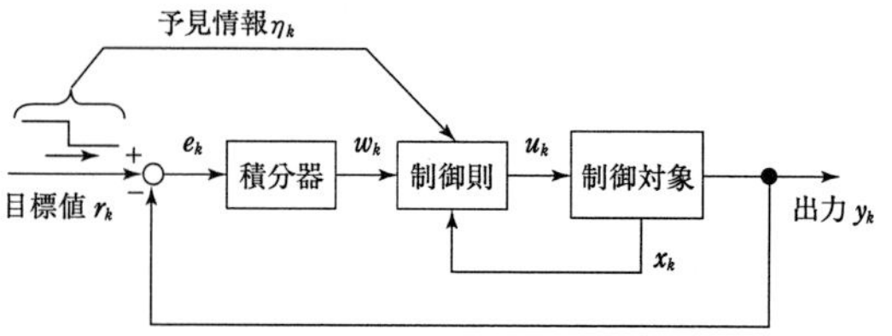


図 34.2　予見制御系の基本構成

利点を継承し，さらに目標値の予見情報を入力に反映させるため，良好な過渡特性を達成することが期待される．

本節では，図 34.2 の構成に基づいて，とくにステップ状に変化する目標値に対して予見制御系の構成法を示す．また，周波数整形など，$H_\infty$ 制御の枠組みで開発された予見制御法の概略を紹介する．

## 34.2　予見制御系の基本的構成

離散時間系で表された制御対象に対して，ステップ状の目標値に追従する予見制御系を構成する．設計の手順は，サーボ系の構成，予見サーボ系の構成の順にまとめられ，予見制御系（図 34.2）はサーボ系のフィードフォワード入力の設計法をさらに発展させたものと位置付けることができる[3,4]．

### 34.2.1　基本構成

はじめに，図 34.1 の構成に基づいて，ステップ状の目標値に追従するサーボ系を構成する[3]．1 入出力の線形離散時間系で表された制御対象

$$\begin{aligned} x_{k+1}&=Ax_k+Bu_k \\ y_k&=Cx_k \end{aligned} \tag{1}$$

に対して，出力 $y_k$ をステップ状の目標値

$$r_k=\begin{cases} 0, & k=\cdots,-3,-2,-1 \\ r, & k=0,1,2,\cdots \end{cases} \tag{2}$$

に追従させるサーボ系を構成する．ここで，$(A,B)$ は可安定，$(C,A)$ は可検出であり，

$$\det\begin{bmatrix} A-I & B \\ C & 0 \end{bmatrix}\neq 0 \tag{3}$$

が成り立つとする．式 (3) は，制御対象が 1 に零点をもたない条件であり，積分型のサーボ系を構成するための前提である．また，積分器の入出力信号をそれぞれ，$e_k$，$w_k$ とおくと，それらの関係は

$$w_{k+1}=w_k+e_k \tag{4}$$

と表される．よって，変数 $x_k$，$w_k$ からなる拡大系は，

$$\begin{aligned} \begin{bmatrix} x_{k+1} \\ w_{k+1} \end{bmatrix}&=\begin{bmatrix} A & 0 \\ -C & I \end{bmatrix}\begin{bmatrix} x_k \\ w_k \end{bmatrix}+\begin{bmatrix} B \\ 0 \end{bmatrix}u_k+\begin{bmatrix} 0 \\ I \end{bmatrix}r_k \\ y_k&=[C\ \ 0]\begin{bmatrix} x_k \\ w_k \end{bmatrix} \end{aligned} \tag{5}$$

と与えられ，さらに，状態と入力の定常値 $x_\infty$，$u_\infty$ が

$$\begin{aligned} \begin{bmatrix} x_\infty \\ w_\infty \end{bmatrix}&=\begin{bmatrix} A & 0 \\ -C & I \end{bmatrix}\begin{bmatrix} x_\infty \\ w_\infty \end{bmatrix}+\begin{bmatrix} B \\ 0 \end{bmatrix}u_\infty+\begin{bmatrix} 0 \\ I \end{bmatrix}r \\ r&=[C\ \ 0]\begin{bmatrix} x_\infty \\ w_\infty \end{bmatrix} \end{aligned} \tag{6}$$

を満たすことから，条件

$$\begin{bmatrix} x_\infty \\ u_\infty \end{bmatrix}=\begin{bmatrix} A-I & B \\ C & 0 \end{bmatrix}^{-1}\begin{bmatrix} 0 \\ I \end{bmatrix}r \tag{7}$$

が導かれる．式 (7) は，出力がステップ状の目標値 (2) に偏差なく追従するとき，制御対象の状態と入力 $x_\infty$，$u_\infty$ が維持し続ける値を示している．よって，偏差

$$\begin{aligned} &\tilde{x}_k=x_k-x_\infty,\quad \tilde{u}_k=u_k-u_\infty, \\ &\tilde{w}_k=w_k-w_\infty\quad (w_\infty=0) \end{aligned} \tag{8}$$

に注目すると，式 (5)，(6) から次の偏差系

$$\begin{aligned} \begin{bmatrix} \tilde{x}_{k+1} \\ \tilde{w}_{k+1} \end{bmatrix}&=\begin{bmatrix} A & 0 \\ -C & I \end{bmatrix}\begin{bmatrix} \tilde{x}_k \\ \tilde{w}_k \end{bmatrix}+\begin{bmatrix} B \\ 0 \end{bmatrix}\tilde{u}_k \\ e_k&=[-C\ \ 0]\begin{bmatrix} \tilde{x}_k \\ \tilde{w}_k \end{bmatrix} \end{aligned} \tag{9}$$

が導かれ，系 (9) を何らかの制御法で安定化すればよいことがわかる．実際，式 (9) に定めた偏差が 0 に漸近するとき，式 (8) から $x_k\to x_\infty$，$u_k\to u_\infty(k\to\infty)$ が示され，出力 $y_k\to r$ が確認される．たとえば，系 (9) を安定化する制御則を，状態フィードバック則

$$\tilde{u}_k=[F_c\ \ F_i]\begin{bmatrix} \tilde{x}_k \\ \tilde{w}_k \end{bmatrix} \tag{10}$$

により求めた場合，式 (8) の対応から図 34.1 の制御系に

$$\begin{aligned} u_k&=F_cx_k+F_iw_k+(u_\infty-F_cx_\infty) \\ &=F_cx_k+F_iw_k+[-F_c\ \ I]\begin{bmatrix} A-I & B \\ C & 0 \end{bmatrix}^{-1}\begin{bmatrix} 0 \\ I \end{bmatrix}r \end{aligned} \tag{11}$$

を施したことになる．これは，目標値 $r$ のフィードフォワード入力（図 34.1 破線部）を含み，2 自由度型のサーボ系を構成していることがわかる．また，系 (9) を安定化する制御問題には，最適レギュレータ，ロバスト制御などさまざまな手法を導入することができる．

### 34.2.2　予見サーボ系の構成

目標値信号 (2) が $l$ ステップ分予見可能であるとして，34.2.1 項の結果から予見サーボ系（図 34.2）を構成する．はじめに図 34.3 に示した目標値信号の発生

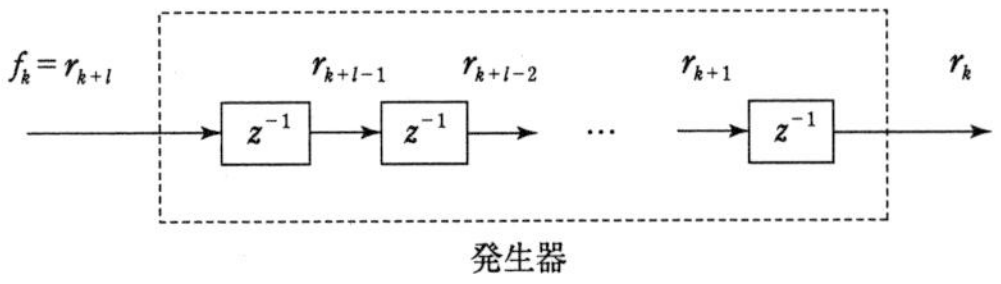


図 34.3　目標値信号の発生器

器を導入する．この発生器は目標値の予見可能な情報を遅延演算子 $z^{-1}$ のメモリにより表現したものであり，次の系により表される．

$$\begin{aligned}\eta_{k+1}&=A_r\eta_k+B_r f_k\\ r_k&=C_r\eta_k\end{aligned}\tag{12}$$

$$f_k=\begin{cases}0, & k=\cdots,-l-3,-l-2,-l-1\\ r, & k=-l,-l+1,-l+2,\cdots\end{cases}\tag{13}$$

$$A_r=\begin{bmatrix}0&1&0&\cdots&0\\0&0&1&\cdots&0\\ \vdots&\vdots&\vdots&\ddots&\vdots\\0&0&0&0&1\\0&0&0&0&0\end{bmatrix}\in\mathbb{R}^{l\times l}$$

$$B_r=\begin{bmatrix}0\\0\\ \vdots\\0\\1\end{bmatrix}$$

$$C_r=[1\ 0\ 0\ \cdots\ 0]\tag{14}$$

そして，式 (12)，(13)，(14) から

$$\eta_k=[r_k\ r_{k+1}\ r_{k+2}\ \cdots\ r_{k+l-1}]^{\mathrm{T}}\tag{15}$$

が成り立つことが確認されるので，目標値信号 (2) の $l$ ステップ分の予見情報を利用することは，状態 $\eta_k$ に基づいて制御則を構成することに対応する．

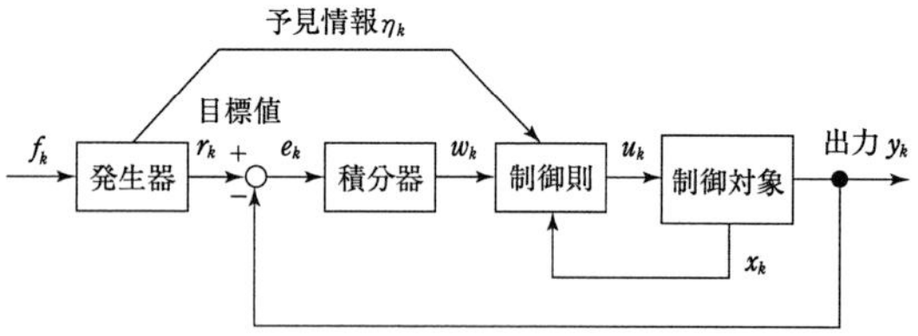


**図 34.4**　予見制御系と目標値信号の発生器

図 34.4 の構成に基づいて，予見制御系を構成しよう．目標値信号 (2) を与えたとき，制御対象と積分器の定常状態は式 (7) で与えられるので，目標値の偏差分を

$$\tilde{r}_k=r_k-r\tag{16}$$

目標値信号の発生器 (12)，(13)，(14) の偏差を

$$\tilde{\eta}_k=\eta_k-r\cdot 1_l,\quad 1_l:=[1\ 1\ \cdots\ 1]^{\mathrm{T}}\in\mathbb{R}^l\tag{17}$$

と表すことにする．このとき，図 34.4 の予見制御系全体は次のようにまとめられる．

$$\begin{bmatrix}\tilde{x}_{k+1}\\ \tilde{w}_{k+1}\\ \tilde{\eta}_{k+1}\end{bmatrix}=\begin{bmatrix}A&0&0\\-C&I&C_r\\0&0&A_r\end{bmatrix}\begin{bmatrix}\tilde{x}_k\\ \tilde{w}_k\\ \tilde{\eta}_k\end{bmatrix}+\begin{bmatrix}B\\0\\0\end{bmatrix}\tilde{u}_k\tag{18}$$

したがって，系 (18) を安定にする制御則を構成すれば，目標値の予見情報を反映させ，定常状態に偏差なく追従する制御系を構成することができる．系 (18) を安定化する制御則を

$$\tilde{u}_k=[G_c\ G_i\ G_p]\begin{bmatrix}\tilde{x}_k\\ \tilde{w}_k\\ \tilde{\eta}_k\end{bmatrix}\tag{19}$$

と与えた場合を考える．これは

$$u_k-u_\infty=G_c(x_k-x_\infty)+G_i w_k+G_p(\eta_k-r\cdot 1_l)\tag{20}$$

が成り立つように $u_k$ を定めることを示しているから，式 (7)，(15) を用いることにより，次の予見制御則が求められる．

$$\begin{aligned}u_k&=G_c x_k+G_i w_k+(u_\infty-G_c x_\infty)\\ &=G_c x_k+G_i w_k+[-G_c\ I]\begin{bmatrix}A-I&B\\C&0\end{bmatrix}^{-1}\begin{bmatrix}0\\I\end{bmatrix}r\\ &\quad+G_p(\eta_k-r\cdot 1_l)\\ \eta_k&=[r_k\ r_{k+1}\ r_{k+2}\ \cdots\ r_{k+l-1}]^{\mathrm{T}}\end{aligned}\tag{21}$$

予見制御則 (21) は，通常のサーボ系に加えて，予見情報 $\eta_k$ を応答の改善に利用した制御法である．また，本節での展開の過程から，サーボ系の構成が確立された制御システムに適用できる柔軟性を有することが観察される．

## 34.3　その他の予見制御問題への展開

34.2 節で述べられた結果は，おもに文献 4) に沿って述べたものであり，目標値の発生器を一般化した場合にも同様の手順で設計を進めることができる．一般的な問題の扱いについては，文献 4〜6) を参照されたい．また，予見制御を含めてサーボ系の設計には，積分器の状態 $w_\infty$ を定める指針（式 (8)）が必ずしも明確でない．34.2 節では $w_\infty=0$ として制御則を導出したが，文献 3) などでは，これらの設定の方法が考察されている．

予見制御系の設計を $H_\infty$ 制御法（11 章）など周波数成形の視点を取り入れた手法により行う場合，1 つの指針は，予見可能な目標値から追従偏差までのゲインが抑制されるように制御系全体を構成することである．この考え方を図 34.4 の予見制御系に適用する場合，制御の目的は，外生信号 $f_k$ から追従偏差 $e_k$ までの $H_\infty$ ノルム（ゲインの最大値）を抑制するように制御則を構成することである．これらの制御法は，$H_\infty$ 制御法の成果を導入することにより発展を続け，周波数成形の視点から予見制御の有用性が明らかにされている．問題の定式化と基本的な成果は，文献 7,8) を参照されたい．

［児島　晃］

## 参考文献


1) 早勢　実，市川邦彦（1969）：目標値の未来値を最適に利用する追従制御，計測自動制御学会論文集，**5**(1)：86-94.
2) M. Tomizuka (1975)：Optimal continuous finite preview problems, *IEEE Trans. on Automatic Control*, **AC-20**(3)：362-365.
3) 池田雅夫，須田信英（1988）：積分型最適サーボ系の構成，計測自動制御学会論文集，**24**(1)：40-46.
4) 愛田一雄，北森俊行（1986）：最適予見サーボ系の設計，計測自動制御学会論文集，**22**(5)：527-534.
5) 江上　正（1994）：ディジタル予見制御の理論と応用(1)，(2)，機械の研究，**46**(6)：624-629，**46**(7)：737-747.
6) 土谷武士，江上　正（1992）：ディジタル予見制御，産業図書.
7) 児島　晃（2000）：$H_\infty$予見制御，計測と制御，**39**(5)：331-336.
8) A. Kojima, S. Ishijima (2006)：Formulas on preview and delayed $H^\infty$ control, *IEEE Trans. on Automatic Conrol*, **AC-51**(12)：1920-1937.

# 35

# むだ時間系の制御

**要　約**

**制御の特徴**　単純な PID や I-PD 制御がむだ時間系の制御には，有効な場合もあるが，制御対象の数式モデルが得られる場合には，むだ時間を積極的に考慮した予測の構造を用いた制御方式を利用するのが効果的である．予測構造を用いる制御方式としては伝達関数を基にしたスミス法や内部モデル制御 (IMC)，状態空間表現を基にした状態予測制御がある．いずれの制御方式も，予測の構造を入れることによりむだ時間の影響を相殺し，むだ時間のない場合と同様の制御系設計法を適用できるようにするものである．

**長　所**

・スミス法：閉ループ系の特性を決めるのに，むだ時間を意識せず，PID 制御や位相進み遅れ補償などが使用できる．

・内部モデル制御：少ないパラメータの調整だけで設計できる．

・状態予測制御：むだ時間を含まない場合と同様に，極配置，最適レギュレータ設計，ロバスト制御などを行うことができる．

**短　所**

・スミス法：数式モデルの誤差に対するロバスト性に欠ける場合があるので，モデル誤差が大きい場合には使用が困難．

・内部モデル制御：むだ時間以外のモデル部分の逆を用いるので，モデルの正確さがそのまま制御性能に影響する．

・状態予測制御：フィードバックに入力の有限区間積分を使用するため，オンラインでその有限区間積分を計算しなければならない．

**制御対象のクラス**　入力にむだ時間を含む線形系．

**制約条件**

・スミス法：制御対象は安定なスカラ系．

・内部モデル制御：制御対象は安定．

・状態予測制御：制御対象は可制御（オブザーバを使うときは可観測性も）．

**設計手順**

・スミス法：むだ時間を含まない部分に対して PID 制御，位相進み遅れ補償，動的補償などを用いてコントローラの設計を行い，そのコントローラを用いてスミス法のフィードバック則を決定する．

・内部モデル制御：制御対象の伝達関数を最小位相部分と非最小位相部分に分解し，最小位相部分を用いて IMC フィルタの次数を決定した後，応答特性や外乱特性などを考慮し，IMC フィルタの時定数を決定する．

・状態予測制御：極配置や最適レギュレータなどによりフィードバックゲインを求め，それを用いて状態予測制御のフィードバック入力を決定する．状態が観測できない場合はオブザーバを構成する．

## 35.1　むだ時間系の制御の概念

むだ時間系の制御 (control of time-delay systems) には，通常のフィードバック制御系を使用した場合，応答特性や外乱特性をよくするために単純にゲインを高くするとフィードバック系が不安定になりやすいなどの難しさがある．その難しさは，入力の影響が時間遅れであるむだ時間分だけ先の時刻にその影響が出てくることを考慮せずに制御を行うことに起因するものである．それゆえ，効果的なむだ時間系の制御を行うためには，むだ時間後に影響が出てくることを“予測”

する制御構造をいかに導入するか重要なポイントとなる．その“予測”の制御構造を伝達関数表現に基づき導入したのがスミス法や内部モデル制御（internal model control：IMC）であり，状態空間表現に基づき導入したものが状態予測制御である．

数式的な観点から考えた場合，長さ $L$ のむだ時間は周波数領域で $e^{-sL}$ と表され，$s$ の指数関数となることがその扱いの難しさの原因となる．具体的には，伝達関数

$$P(s)e^{-sL} \tag{1}$$

で表されるむだ時間系に対して，通常のフィードバック $u(s)=K(s)(r(s)-y(s))$ を施すと，閉ループ系の伝達関数は

$$\frac{y(s)}{r(s)}=\frac{K(s)P(s)e^{-sL}}{1+K(s)P(s)e^{-sL}} \tag{2}$$

となる．ただし，$P(s)$ はスカラー伝達関数，$r$ は参照信号，$K(s)$ はコントローラとする．たとえば，$K(s)$ を設計して閉ループ系が望ましい安定性をもつように閉ループ伝達関数の分母 $1+K(s)P(s)e^{-sL}$ を望ましい形にしようすることは，むだ時間要素 $e^{-sL}$ が含まれるために大変難しい．同様に，状態空間表現

$$\begin{aligned}\dot{x}(t)&=Ax(t)+Bu(t-L)\\ y(t)&=Cx(t)\end{aligned} \tag{3}$$

で表されるむだ時間系に対して，通常の状態フィードバック $u(t)=Fx(t)$ を施すと，閉ループ系の特性方程式は

$$\det(sI-A-BFe^{-sL})=0 \tag{4}$$

となる．ただし，$x$ は状態変数，$u$ は入力，$y$ は出力，$A$，$B$，$C$ は適当な大きさの行列とする．この場合も，特性方程式にむだ時間要素 $e^{-sL}$ が含まれるため，閉ループ系の望ましい安定性を得るようにフィードバックゲイン $F$ を設計することが大変難しい．これらのように，通常のフィードバックでは，閉ループ伝達関数の分母や特性方程式にむだ時間要素 $e^{-sL}$ が残ってしまうことにより，数式的に扱うのが難しくなってしまうのである．そのため，むだ時間系の制御では，閉ループ伝達関数の分母や特性方程式にむだ時間要素 $e^{-sL}$ が残らないようなフィードバック構造を用いることが重要なポイントとなる．

先に述べた“予測”の制御構造がまさしくそのようなフィードバック構造をしており，スミス法や内部モデル制御では，“予測”の構造を入れることにより，閉ループ伝達関数の分母にむだ時間要素 $e^{-sL}$ が残ることを回避し，状態予測制御では，未来の状態の“予測値”をフィードバックすることにより，閉ループ特性方程式から時間要素 $e^{-sL}$ が残ることを回避する構造となっている．

なお，スミス法や内部モデル制御ではコントローラの中でむだ時間要素を実装する必要がある．また，状態予測制御では有限区間積分をオンラインで計算する必要があるなど，コントローラの構成が複雑になる．これらを避けるために，定数ゲイン状態フィードバック $u(t)=Fx(t)$ のクラスでむだ時間の制御を行おうという研究がある．これは，LMI（線形行列不等式）条件に帰着して数値的に $F$ の設計を行うものであるが，数値計算して解が求まる場合には有効な方法となりうるものである[5]．

## 35.2 むだ時間系の制御の設計法

### 35.2.1 伝達関数を基にした設計法

制御対象は入力にむだ時間 $L$ を含む伝達関数 (1) で表されるむだ時間系とする．ただし，$P(s)$ はむだ時間を含まない安定でプロパなスカラ伝達関数であるとする．

**a. スミス法**

スミス法は図 35.1 のような構造をもった制御方式であり，局所フィードバック $P(s)-P(s)e^{-sL}$ の部分にスミス法の特徴がある．制御対象への入力の影響はむだ時間 $L$ だけ先の時刻に出力に現れるが，局所フィードバックの $-P(s)e^{-sL}$ の部分がその出力を“予測”する役割をしており，それをマイナスでフィードバックしていることにより $L$ だけ先の出力をその予測値でキャンセルするという構造をしている．この構造を用いていることにより，参照信号 $r$ から出力 $y$ までの閉ループ伝達関数は

$$\frac{y}{r}=\frac{K_S(s)P(s)e^{-sL}}{1+K_S(s)P(s)} \tag{5}$$

となり，分母にむだ時間要素 $e^{-sL}$ が残らない構造となっている．この閉ループ伝達関数は，むだ時間のない場合のフィーバック伝達関数 $K_S(s)P(s)/(1+K_S(s)P(s))$ にむだ時間要素 $e^{-sL}$ が掛かったものとなっており，むだ時間を含まない $P(s)$ に対する設計

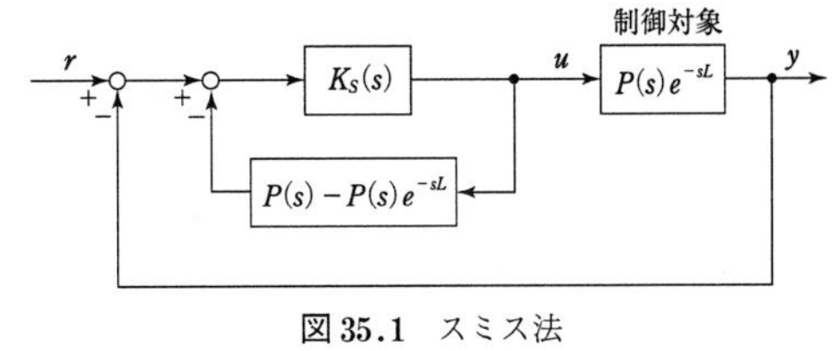


図 35.1 スミス法

法，たとえばPID制御，位相進み遅れ補償，動的補償法などを適用し，$K_S(s)P(s)/(1+K_S(s)P(s))$ の応答が望ましい特性となるようにコントローラ $K_S(s)$ を決めればよい．その結果，その望ましい応答がむだ時間分遅れただけの出力が得られることになる．

**b．内部モデル制御**

伝達関数を基にしたもう一つの方法が図35.2の構造をもつ内部モデル制御（internal model control：IMC）であり，制御対象と同じ伝達関数 $P(s)e^{-sL}$ を内部モデルとして制御系に導入しているところに特徴がある．内部モデルの出力 $\hat{y}$ で実際の出力 $y$ を予測してキャンセルするという構造をもっており，出力 $y$ とその予測 $\hat{y}$ が完全に一致するとフィードバックは働かないので開ループ系となり，外乱やモデル誤差がある場合にのみフィードバックで補償するという構造となっている．

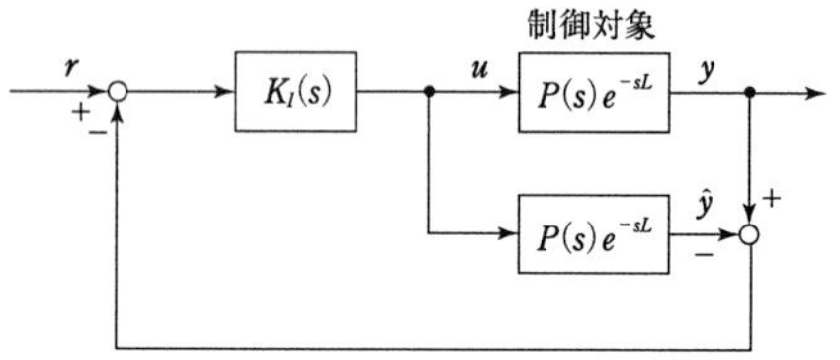


図35.2 内部モデル制御（IMC）

参照信号 $r$ から出力 $y$ までの伝達関数は

$$\frac{y(s)}{r(s)}=K_I(s)P(s)e^{-sL} \tag{6}$$

となるので，むだ時間要素を含まない $K_I(s)P(s)$ を望ましい特性となるようにコントローラ $K_I(s)$ を設計すればよい．

具体的には，まず，$P(s)$ を最小位相部分 $P_-(s)$ と非最小位相部分 $P_+(s)$ に $P(s)=P_-(s)P_+(s)$ と分解する．ただし，$P_+(s)$ は全域通過特性をもつように決める．たとえば

$$P(s)=\frac{2(s-1)}{(s+3)(s+4)}=\frac{2(s+1)}{(s+3)(s+4)}\frac{s-1}{s+1}$$

$$P_-(s)=\frac{2(s+1)}{(s+3)(s+4)}$$

$$P_+(s)=\frac{s-1}{s+1}$$

のようにする．次に，$K_I(s)=P_-^{-1}(s)F(s)$ とする．ただし，$F(s)$ はIMCフィルタとよばれ，$K_I(s)$ がプロパーとなり，かつ $K_I(s)P(s)$ が望ましい応答となるように選ぶ．参照信号 $r$ がステップ関数の場合には，$F(0)=1$ となるように選べば定常偏差を0にすることができ，たとえば

$$F(s)=\frac{1}{(\lambda s+1)^m} \tag{7}$$

と選べばよい．ただし，$m$ は $K_I(s)$ がプロパになるように選ぶ．また，時定数 $\lambda$ は小さく選べば目標値応答は速くなるが，外乱応答などが悪くなるので，それらの特性を考慮して適当な値に調整する．

### 35.2.2 状態空間表現を基にした設計法

むだ時間系の状態空間表現を

$$\dot{x}(t)=Ax(t)+Bx(t-L)$$
$$y(t)=Cx(t) \tag{8}$$

とする．ただし，$L(>0)$ はむだ時間，$x\in\mathbb{R}^n$ は状態変数，$u\in\mathbb{R}^m$ は入力，$y\in\mathbb{R}^l$ は出力とし，$A$，$B$，$C$ は適当な大きさの行列とし，$(A,\ B,\ C)$ は可制御可観測とする．

なお，以下で説明するもの以外に，状態予測制御の構造をしたロバスト制御の設計を行うことも可能である[2]．

**a．状態予測制御**

制御対象（8）を微分方程式として時刻 $t$ から $t+L$ で解くと

$$x(t+L)=e^{AL}\left\{x(t)+\int_{-L}^{0}e^{-A(\tau+L)}Bu(t+\tau)\,d\tau\right\} \tag{9}$$

を得る．これは，未来の状態値（左辺）が状態の現在値と入力の現在までの値（右辺）で実際に構成できることを示しており，この右辺を利用し，

$$u(t)=Fe^{AL}\left\{x(t)+\int_{-L}^{0}e^{-A(\tau+L)}Bu(t+\tau)\,d\tau\right\} \tag{10}$$

とフィードバックすることにより，未来の状態値のフィードバック $u(t)=Fx(t+L)$ を施すことと同じ効果が得られることが期待できる．つまり，フィードバック（10）を行う制御方式は，状態の未来値を予測してフィードバックすることから状態予測制御とよばれる．ただし，$F\in\mathbb{R}^{m\times n}$ はフィードバックゲインである．実際，フィードバック（10）を施したときの閉ループ系の特性方程式は

$$\det(sI-A-BF)=0 \tag{11}$$

となることがいえるので，フィードバック $u(t)=Fx(t+L)$ を施したことと同じ効果が得られることがわかる．ここで，$(A,B)$ が可制御であれば，フィードバックゲイン $F$ を適当に選ぶことにより任意の極配置が可能である．

**b．最適レギュレータ**

状態予測制御におけるフィードバックゲインの決め方として，極配置法のほかに，2次評価関数

$$J=\int_0^{\infty}\{x^T(t)Qx(t)+u^TRu(t)\}dt,$$

$$Q(=Q^T)>0,\ R(=R^T)>0 \qquad (12)$$

を最小とする最適レギュレータの設計法を適用することもできる．具体的には，リッカチ方程式

$$PA+A^TP-PBR^{-1}B^TP+Q=0 \qquad (13)$$

の解 $P(=P^T>0)$ を用い，状態予測制御 (10) のフィードバックゲインを

$$F=-RB^TP \qquad (14)$$

とすればよい．

**c．オブザーバ**

状態が観測できない場合は，オブザーバ

$$\dot{\hat{x}}(t)=A\hat{x}(t)+Bu(t-L)-H(y(t)-C\hat{x}(t)) \qquad (15)$$

を構成し，状態の代わりに状態の推定値 $\hat{x}$ を用いた状態予測制御

$$u(t)=Fe^{AL}\left\{\hat{x}(t)+\int_{-L}^{0}e^{-A(\tau+L)}Bu(t+\tau)\,d\tau\right\} \qquad (16)$$

を用いる．ただし，$H\in\mathbb{R}^{n\times l}$ はオブザーバゲインである．このオブザーバ併合系 (15)，(16) を用いた場合の閉ループの特性方程式は

$$\det(sI-A-BF)(sI-A-HC)=0 \qquad (17)$$

となり，むだ時間を含まない場合と同様の分離定理が成立する．

**d．サーボ系**

参照信号がステップ信号のときに定常偏差なく追従させるためには，図 35.3 のように積分器を導入したサーボ系を構成すればよい．

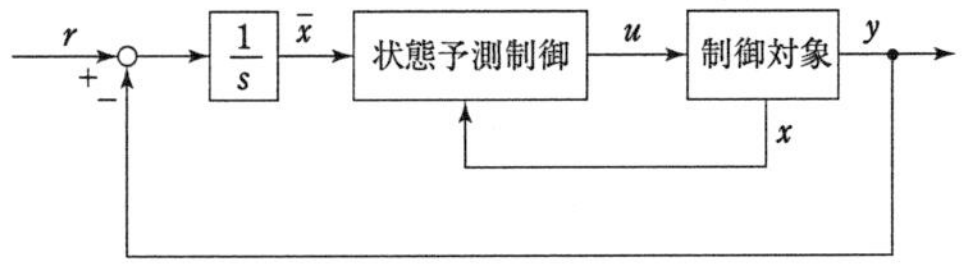


図 35.3　サーボ系

ここで，積分器と制御対象 (8) を合わせた拡大系は

$$\dot{x}_a(t)=A_ax_a(t)+B_au(t-L)+E_ar(t)$$
$$y(t)=C_ax_a(t) \qquad (18)$$

と表され，これを安定化するようなフィードバック制御を行えばよい．ただし，

$$x_a=\begin{bmatrix}x\\ \bar{x}\end{bmatrix},\ A_a=\begin{bmatrix}A & 0\\ -C & 0\end{bmatrix},\ B_a=\begin{bmatrix}B\\ 0\end{bmatrix},$$

$$E_a=\begin{bmatrix}0\\ I\end{bmatrix},\ C_a=[C\ \ 0]$$

である．拡大系 (18) はやはりむだ時間系であるので，式 (18) を制御対象と考えた状態予測制御

$$u(t)=F_ae^{A_aL}\left\{x_a(t)+\int_{-L}^{0}e^{-A_a(\tau+L)}B_au(t+\tau)\,d\tau\right\} \qquad (19)$$

を行い，閉ループ系を安定にすることができる．たとえば，式 (11) と同様に，閉ループ系の特性方程式は

$$\det(sI-A_a-B_aF_a)=0 \qquad (20)$$

となるので，極配置法などを用いてフィードバックゲイン $F_a$ を決める．また，状態が直接観測できない場合は，オブザーバを用いればよい．

## 35.3 むだ時間系の制御の設計例

むだ時間を含まない部分の伝達関数が

$$P(s)=\frac{2}{(s+1)(0.5s+1)} \qquad (21)$$

で，むだ時間が $L=2$ の制御対象を考える．

### 35.3.1 内部モデル制御の設計例

まず，$P(s)$ は不安定な零点はないので，

$$P(s)=P_-(s)P_+(s),\ P_-(s)=P(s),\ P_+(s)=1$$

と分解できる．次に，

$$K_I(s)=P_-^{-1}(s)F(s)$$
$$=\frac{(s+1)(0.5s+1)}{2}F(s) \qquad (22)$$

がプロパとなるように IMC フィルタ $F(s)$ の次数を 2 とし，

$$F(s)=\frac{1}{(\lambda s+1)^2} \qquad (23)$$

とする．図 35.4 は $\lambda=0.3,\ 0.5,\ 1.0$ としたときのステップ応答を示している．時定数 $\lambda$ の値が小さいほど立ち上がりが速くよい応答になっているが，実際にどの $\lambda$ の値を使用するかは，運用状況に応じて，入力の大きさ，外乱応答，モデル誤差などによる影響も考慮して決める必要がある．

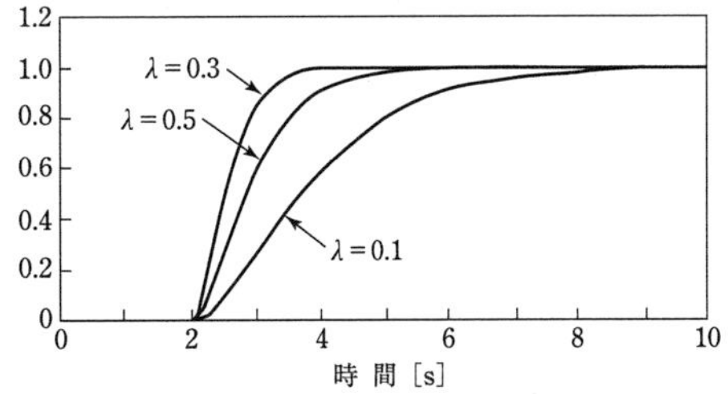


図 35.4　内部モデル制御のシミュレーション結果

### 35.3.2　状態予測制御の設計例

むだ時間 $L=2$ をもつ制御対象 (21) は状態空間表現 (8) では

$$A=\begin{bmatrix} 0 & 1 \\ -2 & -3 \end{bmatrix},\ B=\begin{bmatrix} 0 \\ 2 \end{bmatrix},\ C=[2\ 0] \tag{24}$$

と表せる．これに対してステップ信号に追従するサーボ系を構成することを考えると，拡大系 (18) は

$$A_a=\begin{bmatrix} 0 & 1 & 0 \\ -2 & -3 & 0 \\ -2 & 0 & 0 \end{bmatrix},\ B_a=\begin{bmatrix} 0 \\ 2 \\ 0 \end{bmatrix},$$
$$C_a=[2\ 0\ 0] \tag{25}$$

となる．これに対して極配置法を用いてフィードバックゲイン $F_a$ を決定し，シミュレーションした結果を図 35.5 に示す．図中の $\{-1,-2,-3\}$ などは，それぞれの応答の閉ループ極を表す．

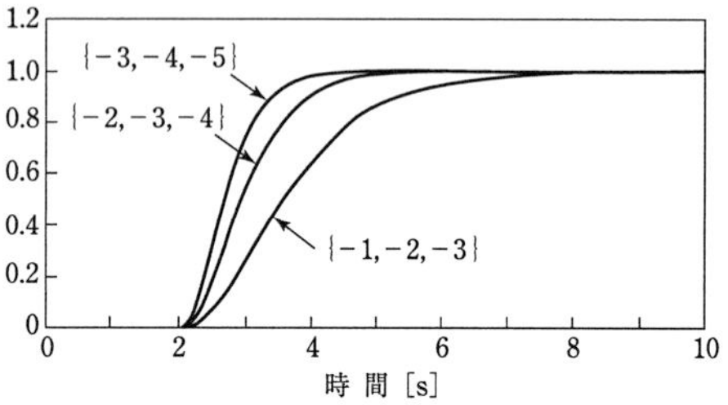


図 35.5　状態予測制御用いたサーボ系のシミュレーション結果

なお，状態予測制御 (10) では，入力の有限区間積分をオンラインで計算する必要があるが，制御対象が安定（$A$ が安定行列）な場合，有限区間積分を使わず実現することができる．具体的には，有限区間積分の部分を $w(t)$ とおくと

$$\begin{aligned} w(t) &= \int_{-L}^{0} e^{-A(\tau+L)} Bu(t+\tau)\,d\tau \\ &= e^{-AL}\int_{0}^{t} e^{A(t-\tau)} Bu(\tau)\,d\tau \\ &\quad -\int_{0}^{t-L} e^{A(t-L-\tau)} Bu(\tau)\,d\tau \end{aligned} \tag{26}$$

となり，これは状態空間表現で

$$\begin{aligned} \dot{x}_w(t) &= Ax_w(t)+Bu(t) \\ w(t) &= e^{-AL}x_w(t)-x_w(t-L) \end{aligned} \tag{27}$$

と実現できるので，状態予測制御のフィードバック (10) は式 (27) を使って

$$u(t)=Fe^{AL}\{x(t)+w(t)\}$$

と実現することができる．これにより，オンラインでの有限区間積分の計算をする代わりに，式 (27) のようにむだ時間を含む状態空間表現を実装すればよいことになる．　［延山英沢］

## 参 考 文 献

1) 渡部慶二 (1993)：むだ時間システムの制御，計測自動制御学会編，コロナ社．
2) 阿部英沢，児島　晃 (2007)：むだ時間・分布定数系の制御，コロナ社．
3) M. Morari, E. Zafiriou (1997)：Robust Process Control, Prentice-Hall.
4) 阿部直人，延山英沢 (2003)：むだ時間システムの制御，計測と制御，**42**(4)：316-319.
5) ［リレー解説］むだ時間システムの制御―入門から最新動向まで（第0回～第14回 (2005-06)），計測と制御，**44**(11)～**45**(12)．

# 36

# 学 習 制 御

| 要 約 | |
|---|---|
| 制御の特徴 | 状態方程式の正確な情報がわからないときに，入出力データのみからフィードフォワード入力の生成やフィードバック制御器のパラメータチューニングを行う手法である． |
| 長 所 | モデルの情報をほとんど使わずに制御を行える． |
| 短 所 | 利用できる制御目的が限られていたり，扱える制御対象が限られていたりする． |
| 制御対象のクラス | 線形系，非線形系，ロボット，メカトロニクス系． |
| 制約条件 | 反復学習制御は相対次数に制約がある．ハミルトン系の制御手法はハミルトン系にしか適用できない． |
| 設計条件 | 反復学習制御は忘却係数付きの追従誤差ノルムが評価関数．その他の手法は一般的な最適制御型の評価関数． |
| 設計手順 | 手順は容易．勾配を計算する実験を行う必要がある． |
| 実応用例 | マニピュレータの軌道学習や制御器のパラメータチューニングなど． |

## 36.1 学習制御の概要

学習制御（learning control）とは未知の制御対象に対して，実験データから目標軌道や制御入力を生成したり，制御パラメータのチューニングを行う手法をさす．その多くは非線形最適化法をベースとしており，与えられた評価関数に対してその勾配をうまく推定し，最急降下法やニュートン法に基づいてパラメータの最適化を行う．古典的な制御工学の分野では，反復フィードバックチューニングや反復学習制御などが代表的な手法である．また本章ではふれないが，機械学習の分野では強化学習[1]や独立成分分析[2]などで，この考え方を用いた推定法や制御法が用いられている．いずれも勾配を推定する部分に工夫がある．

### 36.1.1 学習制御系

学習制御が取り扱う制御系は図 36.1 に表されるようなシステムである．この系ではフィードフォワード入力およびフィードバック制御器が入出力データを用いてチューニングされることになる．フィードフォワード入力の学習は，与えられた目標軌道を正確に追従するための制御入力をチューニングしたり，与えられた制御指標を満たす軌道を生成するためなどに用いられる．フィードバック制御器の学習では，フィードバックゲインのチューニングを行う．どちらの場合も，入出力データのみから学習を行うが，一般にフィードバック制御器の学習よりもフィードフォワード入力の学習の方が学習パラメータの数が多く，より難しい問題であることに注意しておく．なお，フィードフォワード入力の学習は反復学習制御（iterative learning control：ILC），フィードバック制御器の学習は反復フィードバックチューニング（iterative feedback tuning：IFT）とよばれることが多い．

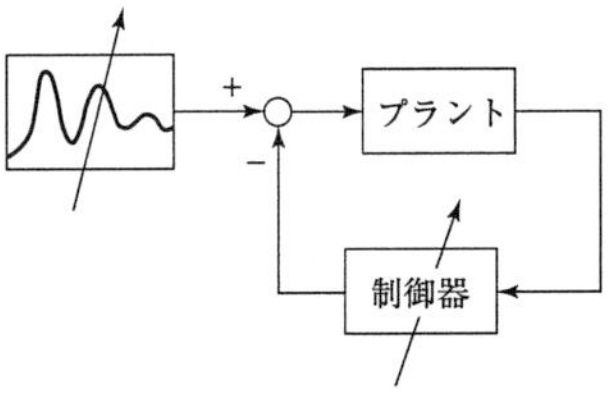


図 36.1　学習制御系

制御対象として，次のような入力にアファインな非線形システムを扱う．

$$\dot{x}=f(x)+G(x)u$$
$$y=h(x)+D(x)u \qquad (1)$$

ただし，$x(t)\in\mathbb{R}^n$，$u(t)\in\mathbb{R}^m$，$y(t)\in\mathbb{R}^m$ とする．典

型的な学習制御法の問題設定は以下のようである．

- 試行実験を繰り返すことで学習を行う．
- 1回の試行実験は有限の時間 $0 \leq t \leq T$ に行う．
- 過去の有限回数分の試行実験の入出力データを記憶しておき，学習に用いる．
- 初期状態 $x(0)$ は各試行実験で常に一定である．
- 制御目標を定める評価関数は入出力 $u$，$y$ のデータから計算可能である．

以下では，試行実験の回数を $k=1,2,\cdots$ としたときの入出力 $u$，$y$ をそれぞれ $u_{(k)}$，$y_{(k)}$ などと表すものとする．

この問題設定のもとで多くの学習制御は，与えられた評価関数（入出力信号 $u$，$y$ と制御器のパラメータ $\rho$ の汎関数）$J(u,y,\rho)$ を最小にするフィードフォワード入力 $u$ もしくはフィードバック制御器のパラメータ $\rho$ を求める問題として定式化される．

### 36.1.2 勾配法による最適化

いま，評価関数 $J(x)$ を最小化する変数 $x$ を求める問題を考えよう．ただし，$J(x)$ は下に有界なスカラの非線形関数とし，$J(x) \in \mathbb{R}$，$x \in X = \mathbb{R}^n$ である．$J$ が可微分なときには，その勾配

$$\nabla J(x) = \left(\frac{\partial J(x)}{\partial x}\right)^{\mathrm{T}}$$

とは反対方向，すなわち $K \in \mathbb{R}^{n \times n}$ を $K + K^{\mathrm{T}}$ が正定となる行列として $\Delta x = -K \nabla J(x)$ 方向に $x$ を変化させれば，$J(x)$ を減少させることができる．すなわち，$x_{(k)}$，$k=0,1,\cdots$ と $k$ を増やして $x$ を更新していくことにすると，更新則は

$$x_{(k+1)} = x_{(k)} - K_{(k)} \nabla J(x_{(k)}) \tag{2}$$

のように書ける．このときの関数 $J(x)$ の変化量は，

$$J(x_{(k+1)}) - J(x_{(k)}) = -\nabla J(x_{(k)})^{\mathrm{T}} K_{(k)} \nabla J(x_{(k)}) + o(\| K_{(k)} \nabla J(x_{(k)}) \|) \tag{3}$$

と表せ，$K_{(k)}$ が十分小さければ，$J(x_{(k)})$ は減少していくことがわかる．もし $J$ のヘシアンの情報がわかるのであれば，$K = (\nabla^2 J)^{-1}$ と選べば，この更新則はニュートン法となり，速い収束が保証される．また，$\nabla^2 J$ は不明だが，$\nabla J$ はわかるという場合には，

$$\nabla^2 J \approx \frac{1}{N} \sum^{N} \nabla J (\nabla J)^{\mathrm{T}}$$

という近似を用いることもある．このように評価関数の勾配がわかれば，パラメータの学習が可能となる．以下の学習制御において問題になるのは，勾配 $\nabla J(x)$ の情報をいかにして得るかというところにある．

### 36.1.3 有限次元の学習問題

勾配 $\nabla J(x)$ の推定は，$x$ が有限次元の場合には比較的容易である．次の関係式

$$J(x+\xi) - J(x) = \nabla J(x)^{\mathrm{T}} \xi + o(\|\xi\|)$$

から，十分小さな $\Delta x_1 \in \mathbb{R}^n$ に対して実験データ $J(x_0)$，$J(x_0 + \Delta x_1)$ をとることで，

$$\nabla J(x_0)^{\mathrm{T}} \Delta x_1 \approx J(x_0 + \Delta x_1) - J(x_0) =: \Delta J_1$$

の関係を得る．さらに十分小さくかつ線形独立な $\Delta x_i$，$i=1,2,\cdots,n$ に対して実験データ $J(x_0 + \Delta x_i)$ をとることで，

$$\nabla J(x_0)^{\mathrm{T}} (\Delta x_1, \cdots, \Delta x_n) \approx (\Delta J_1, \cdots, \Delta J_n)$$

の関係を得て，最終的に

$$\nabla J(x_0) \approx (\Delta x_1, \cdots, \Delta x_n)^{-\mathrm{T}} (\Delta J_1, \cdots, \Delta J_n)^{\mathrm{T}}$$

として勾配を得ることができる．この方法は任意の有限次元問題の学習（最適化）に使え汎用性がある一方で，$n$ 次元の空間の評価関数の勾配を探索するのに $n+1$ 回の実験を必要とし，問題が複雑になると実験回数も多くなってしまうという欠点もある．

この方法は，反復フィードバックチューニング[3)]などのフィードバック制御器の最適化においてしばしば用いられる．フィードフォワード入力は連続時間信号であり，これを推定する反復学習制御学習では学習すべきパラメータの数が多いため，上記の方法を適用するのは困難である．入力のフィードフォワード入力を有限次元の信号で近似する手法[4)]も提案されているが，後に述べるように反復学習制御ではある工夫をすることでこの問題を回避して勾配を推定している．

## 36.2 反復学習制御

### 36.2.1 反復学習制御

ここでは反復学習制御[5,6)]を紹介する．とくに，ロボットなどの機械系を対象とした場合について詳しく述べる．式 (1) の系を対象とし，この系に対して出力 $y(t)$ の目標軌道 $y_d(t)$ $(0 \leq t < T)$ が与えられているとする．所望の軌道に追従させる問題であるので，通常であれば評価関数は追従誤差のノルム

$$J_1(y) = \frac{1}{2} \| y - y_d \|_{L_2}^2 \equiv \frac{1}{2} \int_0^T \| y(t) - y_d(t) \|^2 dt$$

のようなものを採用すべきであるが，ここでは忘却係数 $\lambda > 0$ のついた以下のような評価関数を用い，さらに $\lambda$ は十分大きな数とする．

$$J(y)=\frac{1}{2}\int_0^T e^{-\lambda t}\|y(t)-y_d(t)\|^2 dt$$

$\lambda$ が十分大きいため，$e^{-\lambda t}$ は $t\approx 0$ のときを除いてほぼ 0 になってしまう．したがって，制御対象の $u\to y$ の特性のうち直達項 $D(x)$ のみがこの評価関数に大きな影響を与えることになる．したがって，評価関数は

$$J(u)\approx\frac{1}{2}\int_0^T e^{-\lambda t}\|D(x(t))u(t)-y_d(t)\|^2 dt$$

のように近似できる．この評価関数に対する勾配

$$\nabla J(u)=D(x)^{\mathrm{T}}(y-y_d)$$

を用いた学習則は，ゲインパラメータを $K$ として，

$$u_{(k+1)}=u_{(k)}-KD(x)^{\mathrm{T}}(y-y_d)$$

となる．この学習則では直達項 $D(x)$ の情報が必要となり，かつ $K$ をうまく選ぶ必要がある．学習制御においては制御対象の情報はできるだけ利用したくないため，新たな設計パラメータ行列を $\Gamma$ として $K=\Gamma D(x)^{-\mathrm{T}}$ とおいて学習則を以下のように簡潔にしている．

$$u_{(k+1)}=u_{(k)}-\Gamma(y-y_d)$$

この場合に学習則が収束するかどうかは追従誤差が縮小写像になるか否かで簡単に判別でき，収束条件は以下のようにまとめられる．

$$\|I-\Gamma D(x)\|\le 1-\varepsilon<1$$

なお，ここでは $t\approx 0$ の挙動のみを議論したが，学習がすすむにつれてより大きな $t$ でも同様の議論が成り立つ．詳細は成書[6]などを参照していただきたい．

ここで，フィードフォワード入力がうまく学習できる理由は以下の 3 点である．

① 制御目的を軌道追従制御に限ったこと．

② 直達項をもつ制御対象を扱ったこと．

③ 忘却係数付きの評価関数を用いることで，勾配の推定に必要な情報が直達項の情報のみになること．

ただし，② の直達項の問題は出力信号を微分することで回避できる．出力の信号を $l$ 階時間微分したときに入力の影響が現れるとき，その系の相対次数は $l$ であるという．次のように出力 $y$ を相対次数の階数だけ時間微分した信号 $(d/dt)^l y$ を新たな出力とし，この信号をその目標値に追従させることで ② の直達項をもたない制御系に対しても適用できる．具体的な学習則と評価関数は以下のようになる．

$$u_{(k+1)}=u_{(k)}-\Gamma\frac{d^l}{dt^l}(y-y_d)$$

$$J=\int_0^T e^{-\lambda t}\left\|\frac{d^l}{dt^l}(y(t)-y_d(t))\right\|^2 dt$$

### 36.2.2 ロボットの反復学習制御

通常のロボットマニピュレータは，関節角を表す変数を $q$，慣性行列を $M(q)$，遠心・コリオリ力などを表す項を $C_1(q,\dot{q})\dot{q}$，摩擦力を $C_2(q,\dot{q})\dot{q}$，重力などのポテンシャル項を $(\partial P(q)/\partial q)^{\mathrm{T}}$，入力のトルクや力を $u$ とすれば，次式のように表される．

$$M(q)\ddot{q}+(C_1(q,\dot{q})+C_2(q,\dot{q}))\dot{q}+\left(\frac{\partial P(q)}{\partial q}\right)^{\mathrm{T}}=u \quad (4)$$

また，このロボットの各関節は PD フィードバックで安定化されているものとし，出力信号を

$$y=\dot{q}$$

と定める．この制御対象に対しては，以下の二つの制御則が提案されている．

**D 型学習制御** 学習則は以下の式を用いる．

$$u_{(k+1)}=u_{(k)}-\Gamma\frac{d}{dt}(y-y_d)$$

学習ゲイン $\Gamma$ は以下の式を満たすように定める．

$$\|I-\Gamma M(q)^{-1}\|\le 1-\varepsilon<1 \quad (5)$$

**P 型学習制御** 学習則は以下の式を用いる．

$$u_{(k+1)}=u_{(k)}-\Phi(y-y_d)$$

学習ゲイン $\Phi>0$ は十分小さければ収束する．

D 型学習制御は，36.2.1 項で述べたアルゴリズムそのものにほかならない．出力 $y=\dot{q}$ を選ぶと，この系の相対次数は 1 であるので，1 階時間微分することで直達項の問題を回避している．実際，出力 $y$ を時間微分してみると，

$$\dot{y}=\ddot{q}$$
$$=M(q)^{-1}\left(u-(C_1(q,\dot{q})+C_2(q,\dot{q}))\dot{q}-\left(\frac{\partial P(q)}{\partial q}\right)^{\mathrm{T}}\right)$$

と表すことができ，$u\to\dot{y}$ の直達項の係数行列は，$M(q)^{-1}$ であることがわかる．これにより条件式 (5) が導かれる．

P 型学習制御では，36.2.1 項の議論に加えて $u\mapsto\dot{q}$ の挙動が受動的であることを利用している．フィードバックゲイン $\Phi$ が入力強授動的であることから，受動定理の議論を用いることにより学習則の安定性を示すことができる．

また上記以外にも I 型学習則や複数の学習則の組み合わせ，忘却係数付きの学習，適応制御との複合学習制御系[7]，周期軌道を学習するための繰り返し制御[8]など，さまざまな手法が提案されている．

## 36.3　反復フィードバックチューニング

反復フィードバックチューニングとは，入出力データからフィードバック制御則のパラメータ $\rho$ をチューニングする方法であり，基本的なアイデアは36.1.3項で説明したとおりである．反復フィードバックチューニングによく用いられる評価関数は

$$J(\rho)=\frac{1}{2}\int_0^T\|y(t)-y_d(t)\|^2dt$$

のような形のものであり，制御系の時間応答 $y(t)$ をその目標値 $y_d(t)$ に近づけるものとなっている．これ以外にも入力 $u$ に関する項をつけ加える場合もある．

反復フィードバックチューニングの研究の多くは，線形系を対象としたものであり，以下では簡単のため1入力1出力の線形系を扱う．制御対象の伝達関数を $P$，制御器の伝達関数を $C(\rho)$，参照入力を $r$ として フィードバック結合を $y=Pu$，$u=C(\rho)(r-y)$ とする．すると，評価関数 $J(\rho)$ の勾配は以下のように表せる．

$$\nabla J(\rho)=\int_0^T\left(\frac{\partial y}{\partial \rho}\right)^{\mathrm{T}}(y-y_d)\,dt$$

よって，上記の勾配を得るためには，出力のパラメータに関する微分 $\partial y/\partial\rho$ の情報が必要となる．ここで，$\rho=(\rho_1,\cdots,\rho_l)^{\mathrm{T}}$ として，各要素 $\rho_i$ ごとの微分を計算すると，

$$\frac{\partial y}{\partial\rho_i}=P\frac{\partial u}{\partial\rho_i}=P\left(\frac{\partial C}{\partial\rho_i}(r-y)-C(\rho)\frac{\partial y}{\partial\rho_i}\right)$$

よって，

$$\frac{\partial y}{\partial\rho_i}=\underbrace{(I+PC)^{-1}P}_{\text{閉ループ系の入出力}}\frac{\partial C}{\partial\rho_i}(r-y)$$

上式の「閉ループ系の入出力」と記述した部分は，対象としている閉ループ系への入出力として実現できるため，図36.2のような試行実験を行うことで，勾配が推定できる．ただし，36.1.3項でも述べたとおり，勾配の計算にはパラメータの数に応じて $l+1$ 回の試行実験を行う必要があり，パラメータの数が多いと実験の実施が難しくなる．

ここでは線形系に対するフィードバックチューニング手法を紹介したが，非線形系を対象としたものも提案されている[9]．さらに最近では，学習手順の一部にモデルを使ったシミュレーション結果を用いることで，試行実験の回数を減らす手法としてVRFT (virtual reference feedback tuning)[10]，FRIT (fictious reference iterative tuning)[11] などが提案されている．

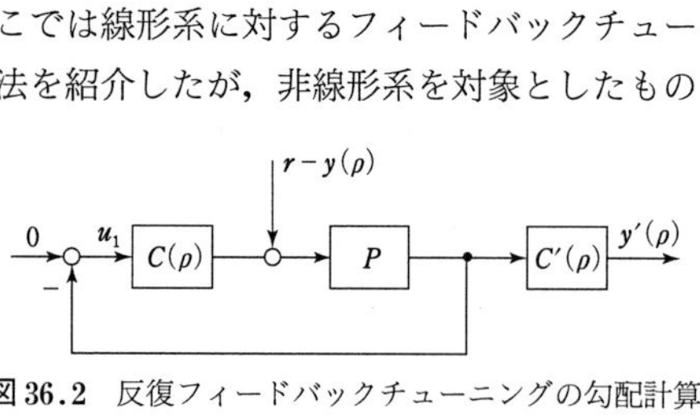


図36.2　反復フィードバックチューニングの勾配計算

## 36.4　ハミルトン系の学習制御

前節までに一般的な制御系を対象にした学習制御法を紹介したが，制御対象の形を限定することで勾配の推定が容易に行える場合がある．そのような制御対象のクラスの一つがハミルトン系である．ハミルトン系はロボットやメカトロニクス系など，多くの物理システムを表現できるモデルである．この系に対しては軌道追従だけでなく，軌道生成問題も反復学習で解くことができ，またパラメータチューニングも同じアルゴリズムで行えるなどの利点をもつ．

### 36.4.1　最適制御と変分随伴系

まずここでは，一般的な非線形制御系 (1) を入出力の関数 $\Sigma:u\to y$ とみなす．この系に対して，評価関数は任意の汎関数 $J(u,y)$ とし，たとえば以下のようなものである．

$$J(u,y)=\frac{1}{2}\int_0^T\{u(t)^{\mathrm{T}}Q(t)u(t)+(y(t)-y_d(t))^{\mathrm{T}}R(t)(y(t)-y_d(t))\}dt \tag{6}$$

この評価関数の $u$ に関する勾配は以下のように計算できる．

$$\nabla J(u)=\delta_uJ(u,y)+(\delta\Sigma(u))^*\delta_yJ(u,y)$$

ここで，$\delta_{(\cdot)}$ は変数 $(\cdot)$ に関する変分微分を表す．$J$ は設計者が与える評価関数であるため，その微分 $\delta_uJ$，$\delta_yJ$ は既知の $u$，$y$ の関数であり，その情報は容易に得ることができる．上式において推定が困難なのは，$(\delta\Sigma(u))^*$ の部分である．この作用素は $\Sigma$ の変分随伴系とよばれており，最適制御を行う際に重要な役割を果たす．この変分随伴系を効率よく推定できれば，36.1.3項のような方法を用いなくても勾配 $\nabla J(u)$ の推定を行えることになる．

### 36.4.2　変分対称性に基づく学習制御

前節で述べた随伴変分系をうまく推定できる制御対象のクラスの一つが次式で表されるハミルトン系である．

$$\Sigma:\begin{cases} \dot{x}=(J-R)\left(\dfrac{\partial H(x,u,t)}{\partial x}\right)^{\mathrm{T}} \\ y=-\left(\dfrac{\partial H(x,u,t)}{\partial u}\right)^{\mathrm{T}} \end{cases} \tag{7}$$

$H(x,u,t)$ はハミルトン関数，$J, R\in\mathbb{R}^{n\times n}$ はそれぞれ構造行列，散逸行列とよばれる歪対称および対称半正定行列である．このモデルは多くの電気機械系を表現できる[12]．ある条件のもとで，この系の随伴変分系は以下の変分対称性とよばれる性質を満たす[13]．

$$(\delta\Sigma(u))^*(\cdot)\approx\mathcal{R}(\delta\Sigma(\mathcal{F}(u)))\mathcal{R}(\cdot)$$
$$\approx\mathcal{R}(\Sigma(\mathcal{F}(u)+\mathcal{R}(\cdot))-\Sigma(\mathcal{F}(u)))$$

ここで，$\mathcal{R}$ は時間反転作用素であり，$\mathcal{F}$ も適当な既知の作用素である．この関係式より，たとえば随伴変分系に $v\in U$ という信号を入力したときの出力 $w=(\delta\Sigma(u))^*(v)$ を求めたいときには，$w^1=\Sigma(\mathcal{F}(u)+\mathcal{R}(v))$，$w^2=\Sigma(\mathcal{F}(u))$ と，制御対象 $\Sigma$ の入出力データを 2 回収集して，$w=\mathcal{R}(w^1-w^2)$ とすれば，求めるデータ $w$ が得られる．結局ハミルトン系 $\Sigma$ に対する最適制御問題の勾配 $\nabla J(u)$ は，3 回の実験データから推定することができる．

とくに目標軌道に対してハミルトン関数のヘッセ行列が時間対称な場合（多くの場合は目標軌道が時間対称な場合）は，次のような 2 試行実験が 1 セットの更新則となる．

$$u_{(2k+1)}=u_{(2k)}+\varepsilon_{(k)}\mathcal{R}(y_d-y_{(2k)})$$
$$u_{(2k+2)}=u_{(2k)}+K_{(k)}\mathcal{R}(y_{(2k+1)})-y_{(2k)})$$

ここで，$\varepsilon_{(k)}>0$，$K_{(k)}>0$ は正のゲインパラメータである．

## 36.5　ロボットマニピュレータの制御

図 36.3 のようなリンクが水平面内を回転運動する 2 軸のロボットマニピュレータを考える．地面に近いほうからリンク 1,2 とし，リンク 1,2 の関節角を $q=(q_1, q_2)$，リンク 1,2 の関節に加わるトルクを $u=(u_1, u_2)$ などとすると，そのダイナミクスは式 (4) で表される．この系に対して，一般化運動量を $p=M(q)\dot{q}$，状態を $x=(q^{\mathrm{T}}, p^{\mathrm{T}})^{\mathrm{T}}$，ハミルトン関数を $H(q,p)=(1/2)p^{\mathrm{T}}M(q)^{-1}p$ とすると，この系のダイナミクスは式 (7) のハミルトン系で表される．さらに，この系は漸近安定ではないので，ローカルな安定化フィードバックとして PD フィードバックを施した系とする．PD フィードバックは，ハミルトン系の構造を保つ変換であることが知られており，閉ループ系もまた式 (7) のハミルトン系で表される．

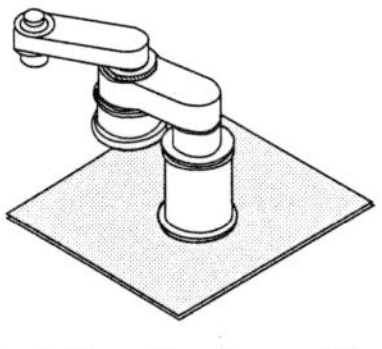

図 36.3　3 軸ロボットマニピュレータ

この閉ループ系に対して，式 (6) のような評価関数を考え，さらに入力飽和 50N m を考慮した学習を行った結果を図 36.4 に示す．

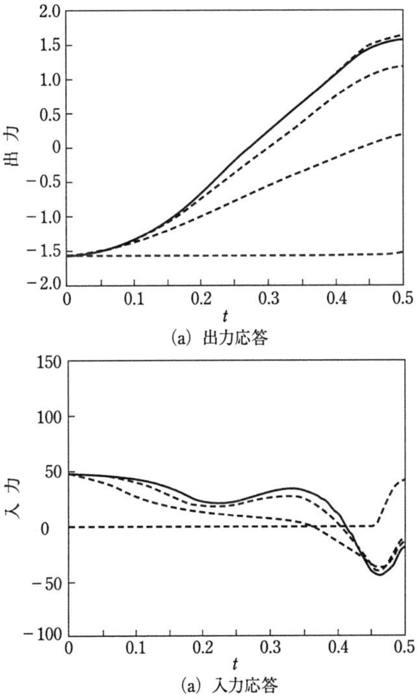


図 36.4　ロボットアームの反復学習による最適制御

初期状態 $q(0)=(0, -\pi/2)$ のもとで $T=0.5\,\mathrm{s}$ 後に目標状態 $q(T)=(\pi/2, \pi/2)$ にもっていく最適制御問題を解いている．図 36.4 (a) が出力 $q_2$ の応答，図 (b) が入力 $u_2$ の応答である．5 回の学習結果が実線で，それまでの過程が点線で表されている．許容制限内の入力で目標終端状態を達成しており，所望の挙動が得られているのがわかる．　［藤本健治］

### 参 考 文 献

1) R. S. Sutton, A. G. Barto (1998) : Reinforcement Learning : An Introduction, MIT Press.
2) A. Hyvärinen, J. Karhunen, E. Oja (2001) : Independent Component Analysis, John Wiley & Sons.
3) H. Hjalmarsson (2002) : Iterative feedback tuning : an overview, *Int. J. Adaptive Control and Signal Processing*, **16** : 373-395.

4) K. Hamamoto, T. Sugie (2002) : Iterative learning control for robot manipulators using the finite dimentional input subspace, *IEEE Trans. Robotics and Automation*, **18** (4) : 632-635.

5) M. Takegaki, S. Arimoto (1981) : A new feedback method for dynamic control of manipulators, *Trans. ASME, J. Dyn. Syst., Meas., Control*, **103** : 119-125.

6) 有本 卓 (1990) : ロボットの力学と制御. 朝倉書店.

7) A. Tayebi (2004) : Adaptive learning control for robot manipulators, *Automatica*, **40** : 1195-1203.

8) 中野道雄, 井上 悳, 山本 裕, 原 辰次 (1989) : 繰返し制御. 計測自動制御学会.

9) F. De Bruyne, B. D. O. Anderson, M. Gevers, M. Kraus, N. Linard (1997) : Iterative controller optimizationfor nonlinear systems, In *Proc. 36th IEEE Conf. on Decision and Control*.

10) M. C. Campi, A. Lecchini, S. M. Savaresi (2002) : Virtual reference feedback tuning : adirect method for the design of feedback controllers, *Automatica*, **38** : 1337-1346.

11) 金子 修 (2008) : データを直接用いた制御器パラメータチューニング, 計測と制御, **47** (11) : 903-908.

12) A. J. van der Schaft (2000) : $L_2$-Gain and Passivity Techniques in Nonlinear Control, Springer-Verlag, London.

13) K. Fujimoto, T. Sugie (2003) : Iterative learning control of Hamiltonian systems : I/O based optimal control approach, *IEEE Trans. Autom. Contr.*, **48** (10) : 1756-1761.

# 37

# 知 的 制 御

| 要約 | |
| --- | --- |
| 制御の特徴 | 現場の人間（オペレータ）により培われた知識（経験や勘）を，直接計算機に取り込む．原則として，高度な数学モデルを用いることはせず，知識工学的手法が用いられる． |
| 長　所 | 人間の知識が直接利用できる． |
| 短　所 | 数理的な解析や説明がなかなか入りにくい． |
| 制御対象のクラス | 線形・非線形などにこだわる必要はない．既知の制御モデルで実現しにくいが，熟練オペレータならやれるというような制御対象に強い． |
| 制約条件 | とくにない． |
| 設計条件 | 知識工学． |
| 設計手順 | Step 1　現場での知識獲得．<br>Step 2　ソフトコンピューティング手法で記述．<br>Step 3　シミュレーション，フィールドテスト．<br>Step 4　実運用． |
| 実応用例 | 1970年代後半からとくに日本を中心に数百以上の産業応用事例が開発運用されている． |

## 37.1　知的制御の概念

製造業を中心とする現場では，自動化のために制御工学などの計装技術が不可欠である．言うまでもないことではあるが，伝統的な制御工学では，対象となるプロセスを数学的にモデル化して微積分方程式などで記述をするという手法が用いられている．そのため，その技術を使いこなすためには，解析学や線形代数などの基本的な数学から始まって，（とくに最新の現代制御理論では）高等数学をしっかり理解していることが必要になる．したがって，現場では実際の制御応用システムを設計構築する以前に，十分数学モデルの取り扱いに習熟している必要があり，仮にその必要条件をクリアーしたとしても，用意されている数学モデルが実際の制御対象にうまく合わなかったりするという問題が現れたりした．

それに対して，自動化以前の現場では，「オペレータが長年の経験知識や勘によりうまく制御を行っているが，そのオペレータたちは必ずしも高等数学に馴染んでいるわけではない」という場面もしばしばみられる．そこで，対象の数学モデルによる記述から出発するのではなく，最初に現場の経験知識や勘を取り上げる知識情報処理的制御手法がありうるのではないかという発想が生まれてきた．それが知的制御（インテリジェンスコントロール，intelligence control，あえて intelligent control とはいわない）の考え方であり，今日，ソフトコンピューティング（類義語に computational intelligence；計算知能）とよばれる学術分野の基盤技術にもなっている．ソフトコンピューティングの起源をたどれば，1950年代半ばから始まった人工知能（artificial intelligence：AI）研究などが出発点になり，その後ファジィ，ニューロ，カオス，GA（genetic algorithm；遺伝的アルゴリズム）あるいは進化計算論（evolutionary computation：EC）などの技術が開発されている．これら要素技術のおのおのは，それぞれ得意とする応用分野をもっているが，制御応用はもっとも重要な応用分野で，1970年代後半から知的制御の産業応用も進んでいる．そして，それらの産業応用は日本から世界に発信していったというところにも，大きな意味がある．

いずれにしても，これらの知的制御技術は，高等数学を必ずしも必要とせず，現場の経験知識を重視する手法であるため，従来の数学モデルによる制御手法がうまくあてはまらない現場に多数導入され，自動化に大きく貢献してきている．その一方で，数学中心の制御理論研究者たちの一部からは，知的制御技術は現場でそれなりの効果を示しているようにみえるが，結果が良ければすべて良しという，いわゆる「結果オーライ」型の開発事例ばかりで，（数学を用いた）理論的な安定性や信頼性の議論がなされていない，というような批判もよく聞かれる．これらの批判が多く聞こえてくるということは，逆に考えれば，知的制御技術がそれだけ強力で効果的な技術であり，制御理論側からも無視できない存在になってきていることを示しているといえる．1980年代から，知的制御技術のおのおのについて，安定性や信頼性という従来からの制御理論的解析手法が研究されているが，知識情報処理的手法と数学的手法にはかなり大きなギャップがあり，完全に解決されるにはまだしばらく時間が必要である．ただ，知的制御技術の現場における有効性と，数学理論による解析の必要性は，十分に認知されているため，技術の現場への導入と研究者による解析研究は，今後ますます加速されていくものと考えられる．

## 37.2　知的制御の各種要素技術

ソフトコンピューティングを知的制御応用という観点から捉えた場合の基盤技術であるAI，ファジィ，ニューロ，カオス，GA/ECの基本的考え方を以下に述べる．ページ数の都合でおのおの細部にまで触れることは不可能である．しかし，それらに関心のある方々には，ダイジェスト的な教科書として文献1）があることや，筆者らが開発したWindowsまたはMac上で動作をするCAI（computer-aided instruction system）教材として文献2）が用意されていることを付記する．

### 37.2.1　AI 制 御

知識情報処理でもっとも応用が進むのが早かったのが，AIである．1980年頃から，エキスパートシステムという形で現場への導入が進んでいった．応用分野も医療，化学，鉱物資源など幅広く，具体的な成功事例の件数も世界中で数千にもなる．それらの応用の一分野として工場の自動化などに関する制御分野が含まれている．

具体的には，現場の知識を知識表現技術を用いて計算機に記憶させ，運用するさいにはセンサからの入力情報を記憶した知識とつきあわせて，どのようなアクションをとるべきかを決定し，その結果をアクチュエータに伝えて制御動作に入るという手順をとる．

知識表現の手法としては，プロダクションルール，フレーム，論理式，セマンティックネットなど，種々のものが開発されているが，現場でもっとも多く用いられているのが，“IF～THEN…”の形式で表現されるプロダクションルールを用いる手法である．1980年代半ばまでは，多くの企業が制御応用関連のいわゆるエキスパートシステム開発に参入して多数の成功事例を産んだが，その一方で開発された知識表現手法でカバーできる知識が比較的単純な場合に限られるなどの理由で不成功となるケースも多く（一説によるとこの当時の成功率は10％程度ともいわれている），1980年代後半になるとエキスパートシステムの開発ブームは急速に去った．1990年代に入ってからは，概念学習やエージェント理論，強化学習など，より複雑な場面を表現する新しいパラダイムも研究されているが，比較的冷静な対応が続いている．

### 37.2.2　ファジィ制御

ファジィ技術は，AIより数年遅れて1980年代半ばごろから，産業応用が活性化してきた．他の知識情報処理技術と比較した場合に，制御応用が中心であることと，日本が中心になって産業応用が進んでいったことなどに特徴がある．制御応用の開発事例数も数百件になる．

ファジィ技術の理論的基盤は，1987年（プロセス制御）と1990年（家電応用）の日本が世界に先駆けた2回のブームの頃には，現場の知識をファジィプロダクションルール集合で表現し，MAX-MIN合成重心法などのファジィ推論アルゴリズムで処理をするというシンプルなものが用いられていた．その後，それが複雑大規模化された適応型ファジィ制御，階層型ファジィ制御，再帰型ファジィ制御などのほかに，ファジィクラスタリング，ラフ集合，ファジィ測度/積分などの少し性格の異なる理論的手法も取り入れられている．さらにファジィ技術には，すでに述べたように，ほかの多くの技術と比べて決定的な違いがもう一つある．すなわち，ファジィ技術は欧米主導の輸入型技術ではなく，日本から世界に向けて発信していった輸出型技術であるということである．

### 37.2.3　ニューロ制御

ニューラルネットワークの産業応用は，米国を中心に1980年代後半から盛んになった．当初文字や音声の認識などの分野を中心に応用が進んだが，その入出力間の非線形特性をうまく利用して，制御分野でも応用が行われるようになった．

ニューラルネットワークは，入力と出力の間を形式ニューロンとよぶ基本素子でネットワーク状に結合したものである．そのネットワークの構造は，複数の形式ニューロンで構成される層を入力層と出力層の間に一つまたは複数中間層として配置する層状結合型とよぶものが主流である．また，基本素子である形式ニューロンは，生体の神経細胞をモデル化した多入力1出力の素子であり，入力の値に重みをつけて加算した量が一定のしきい値を超えたら出力を出し，超えなかったら出力を出さないという基本特性をもつ．

制御応用を行う場合には，現場で信頼できる操業入出力データを訓練データにとして用い，各形式ニューロン間の結合の重みを訓練データに合わせて調整し，訓練データにふさわしい入出力特性をもつニューラルネットワークを構成する．その入出力特性は，非線形性をもつ複雑なもので，対象の制御特性をうまく反映したものになっている．

### 37.2.4　カオス制御

カオス（chaos）とは，本来は「混沌とした」無秩序な様子を表す言葉であるが，数理物理学的には「一見無秩序にみえるが，実はそれを記述する比較的簡単な方程式が存在している」現象を決定論的カオス（deterministic chaos）とよび，それを研究の対象としている．基本的には，一見して不規則にみえる時系列データが扱う対象であり，そのなかから支配規則を見いだして将来の値を予測するという手法が開発されている．たとえば，ダムの水位変化をカオス現象として捕らえて今後の傾向を予測し，電力系統の制御を行ってみたり，あるいは電子レンジの解凍動作時に電力をカオス的に変化させて解凍時間の短縮や解凍品質の向上に利用したりするなどの応用がみられる．このような応用は1990年代に入ってから進み出したが，応用事例の数という点では，前述のファジィ制御やニューロ制御に比べると少ない．

### 37.2.5　遺伝的アルゴリズムによる制御

遺伝的アルゴリズム（genetic algorithm：GA）あるいは進化計算論（evolutionary computation：EC）は，生物の進化の過程を数理的にモデル化し，その進化の過程を計算機上で実行しようというアルゴリズムで，最適化問題の一つの新しい解法として注目され，やはり1990年代に入ってからスケジューリングや最適制御などの分野で具体的応用が進み出した．

扱う対象の情報を（主に0と1の2値のビット系列で）符号化したものを遺伝配列とみなして，計算機で扱う対象とする．そして，それらの遺伝子配列の内容の良し悪しを判定する評価関数（それをフィットネス関数という）が与えられているという想定のもとで，遺伝子配列に対して，選択，淘汰，突然変異などの生物学でおなじみの演算を施し，よりフィットネス関数の良好な遺伝子配列をつくり出すという世代交替の作業を繰り返して最適なものを求めるというプロセスをとる．

### 37.2.6　各種手法の融合

以上，知的制御の各要素技術の概要を述べたが，取り扱おうとする制御対象がより大規模複雑になってくるにつれ，いくつかの要素技術を融合する動きがみられるようになってきた．たとえば，電気皿洗い器において，カオス現象を利用して水が効率よくすべての位置に当たるようにしたうえで，ファジィ制御により洗う時間やゆすぐ時間を制御するというような応用例などがある．

このような融合化の方向でとくに事例の数が多いのが，ファジィ技術とニューロ技術の融合であり，その融合の仕方により次の9種類に分類して，相互に区別することも行われている．

① ニューロ&ファジィ：両者が独立
② ニューロ/ファジィ：両者が並列
③ ニューロ-ファジィ：両者が直列でニューロの出力をファジィルールの入力に入れる
④ ファジィ/ニューロ：両者が直列でファジィルールの出力をニューロの入力に入れる
⑤ ニューロ型ファジィ：ニューロの学習部にファジィルールを導入
⑥ ファジィ入出力ニューロ：入出力がファジィのメンバーシップ関数になっているニューロ
⑦ ファジィ型ニューロ：ファジィルール型の構造をもつニューロ
⑧ ニューロ改良型ファジィ：ファジィルールで一部にニューロをもつもの
⑨ ファジィ改良型ニューロ：一部がファジィ化されたニューロ

今後，免疫システムなどの新しい知的制御技術の開発とともに，融合化の方向でも研究がますます進展していくものと考えられる．

## 37.3　知的制御の物流への実用化応用例

電子商取引（EC）の自由化が急展開している現在，物流業界の配車配送業務のITによる効率化が急務である．とりわけ物流コストの削減が肝要であり，急激な業務の拡張や輸送形態変更に対応するためにも，情報技術を活用した高度化，高能率化，知的計算支援などが不可欠である．筆者らは，現実の配車配送業務（具体的には石油流通業を本提案ではターゲットとする）の複雑性と混合性を考慮し，荷主の物流コスト削減，運送業者の収益性増加，届先へのサービス向上などのバランスをとる共通評価基準を提案して，実用，高速かつ高効率，柔軟性をもつ最新の高速配車配送計画作成支援システムを構築した．

本システムでは，ニューロ関連のSA，数理計画のTS，遺伝的アルゴリズムGAにファジィ推論手法を併用し，各種配車配送問題を定式化し，それぞれの高速，高精度計算モデルを新たに構築して，システムの中核技術とする．なお，筆者のグループには，実際の物流業界のノウハウをもった専門家がおり，インターネットに接続されたパソコン上で動作をする基本システムを構築している．本システムは（とくに中小の）物流業界におけるIT革命のトリガーになる．このプロジェクトを通して，IT，EC，ORなどを用いた個々の物流業種の配車配送業務に絞った強力な配車配送計画支援から，段階を経て合理的共同配送支援実現ができることを目標としている．

### 37.3.1　プロジェクトの基本思想

現場のエキスパートのノウハウを吸収し（DB化），最適化技術を標準化（モデル化）し，そのほか必要技術を詳細化し，共通のインタフェースの定義などの汎用性，拡張性を重視して，高精度，高速の計算品質を実現しながら，柔軟かつ多様に対応する（システム内部で組み合わせ選択できる）ことが，本システムの設計・開発の基本理念である．

**a．柔軟性，高拡張性をもつシステムの構築**

実際の配車配送業務の企画立案を調査すると，経験豊かなエキスパートの手作業にゆだねられたり，システム導入を試みた会社でも実際の配車結果に満足していないのが現状である．現在，システム導入を検討しているところでも，イニシャルコストが高くて導入に踏み切れない，との報告結果が得られている．

そこで，既存の配車配送システムと今後の理想的な配車配送システムの差異を，図37.1にまとめる．図37.1に示すとおり，実用的なシステム構築にはエキスパートのノウハウ，先進的な最適化技術とそのほか各種情報技術コンポーネントが必要不可欠である．重要なことは導入システムの位置付けであるが，あくまでも現場エキスパートの知識と優れた最適化計算技術が主役であり，ここではそれらの実務応用を支援するという立場からシステムの構築を提案をする．さらに，それを具体的に，どのように汎用性と拡張性をもつようにパッケージ化するかということが課題になる．

ちなみに，この理想システム開発プロセスを，“知的計算エンジン＋知識決定ベース（エキスパート・ノウハウDB）オブジェクト指向エンジン・システム構築案”とよぶことにする．

**b．合理的かつ現実的な評価基準の策定**

配車配送業務の情報化，電算化の目的はいろいろあるが，主なものは輸送コストの削減と業務処理効率化

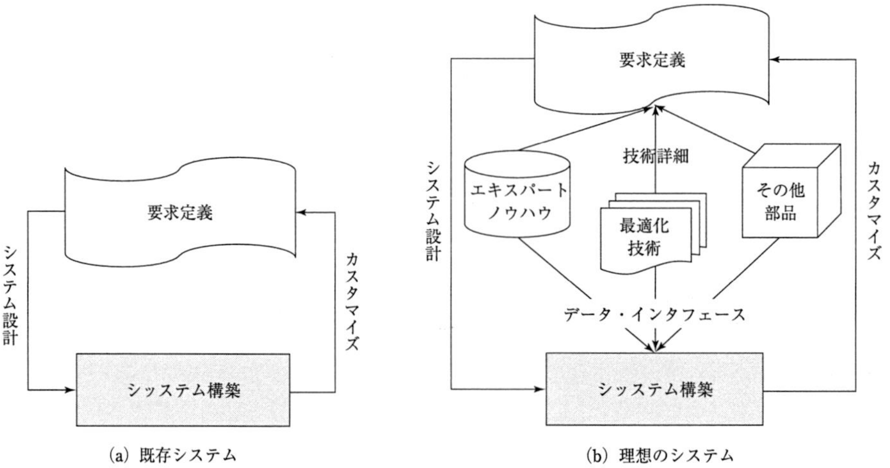


(a) 既存システム　　(b) 理想のシステム

図37.1　既存のシステムと理想的なシステムの差違

の実現である．従来のシステムでは，傭車の削減，輸送コスト（稼動時間，走行距離），積載率の向上だけを考慮している．しかし経済効果のみならず，社会モラルも考慮しなければならないという現状をふまえ，今回提案するシステム構築では，荷主，運送業者，届先の利益，交通法規，環境保全なども考慮して，経済，社会効果を全般的に認識した上で，以下の評価項目などを総合的に考慮する．

① 稼動コスト：総走行距離，総稼動時間
② 輸送積載率：トリップごとの輸送効率
③ 稼動バランス：車隊内の稼動平均差
④ 稼動能力：傭車削除可能数
⑤ 時間サービス：届け先に向けて
⑥ 稼動サービス：ドライバに向けて
⑦ その他の制約：積載上限，出荷時間，駐車条件

**c．高速かつ強力な最適化技術の導入**

配車配送計画業務を支援するには高度な計算技術が不可欠である．本提案のシステム構築には，各種確率探索アルゴリズム（SA，TS，GA）にファジィ推論手法を併用し，各種配車配送問題を定式化し，それぞれの高速，高精度計算モデルを構築して，システムの中核技術とする．目標はシステム初期設定により，トリップ構成（routing 問題），ツアーの調整（scheduling 問題），車両割付（dispatching 問題）を統合して，階層的に解決できるコンポーネントを提供することである．

オブジェクト指向・パラダイムを利用して，最適化技術の更新や内部計算仕組みの修正，新たなコンポーネントの追加などが，システム全体に与える影響を極力少なくする．ここで，エキスパートのノウハウをファジィ・メンバーシップで取り込むので，精確かつ柔軟に結果に反映することができる．

## 37.3.2　システムの概要

**a．高速配車配送計画作成支援システム（プロトタイプ）の設計と開発**

図 37.2 に示すように，提案する高速配車配送計画作成支援システムの重要機能をまとめると，以下のようになる．

① 機能 1　システム要素の情報化：　倉庫，車両，届先，運賃，乗務員，市区町村などの情報 DB 化．

② 機能 2　地理情報（GIS）の知的利用：　道路種別，地区関連度，走行速度設定，地理位置登録などを利用して当日稼動コスト（走行距離，時間）の算出，最短経路の提示という要求の機能化．

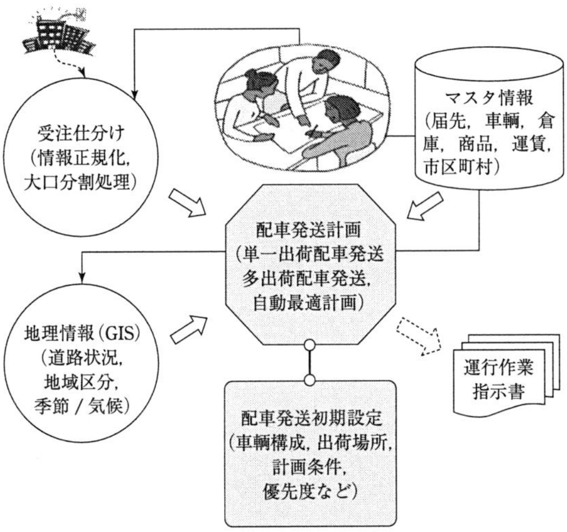


図 37.2　高速配車配送計画作成支援システム構成概念図

③ 機能 3　受注情報（伝票）の知的仕分：　時間指定の知的分類，条件付き大口伝票の知的分割などの処理．

④ 機能 4　多様化対応の配車配送計画支援：　単一出荷配車配送問題，多出荷配車配送問題への自動最適計算処理．この機能は配車配送初期設定サブ機能と連動する．

⑤ 機能 5　運行作業指示書，計画案の総合評価などの出力：　最適計算結果から，翌日の運行作業指示書の作成と計画案総合評価結果の表示と出力機能などを提供する．

**b．システム用最適化計算エンジン（ソフトウェア・コンポーネント）の提供**

(1) 単一出荷配車配送問題と HIMS 最適計算モデル

単一出荷配車配送問題（図 37.3）は，出荷拠点（D）を 1 カ所に固定して，日々 $M$ 枚伝票を受注し，$L$ 台車両（多車種混合）を使って，$N$ カ所の届け先に配送する問題である．これは中小規模倉庫運送業者向けの現実的な応用形態である．ここでは，現実の配車配送要求と受注条件を合わせて，単一出荷配車配送問題（VRSDP/SD）として定式化する．この問題を解法するために，新たに階層的多重構造最適計算モデル（hierarchcal multiplex structure：HIMS）を提案している．

HIMS モデルは，単一出荷配車配送問題に含む VRP，VSP，VDP，CSP 混合問題を階層的統合解決する最適計算エンジンである．HIMS モデルは，知的確率探索アルゴリズム（SA，TS，GA）と現場エキスパートのノウハウを参考にするファジィ推論を組み合わせることにより，高速かつ高精度の計画結果を出力

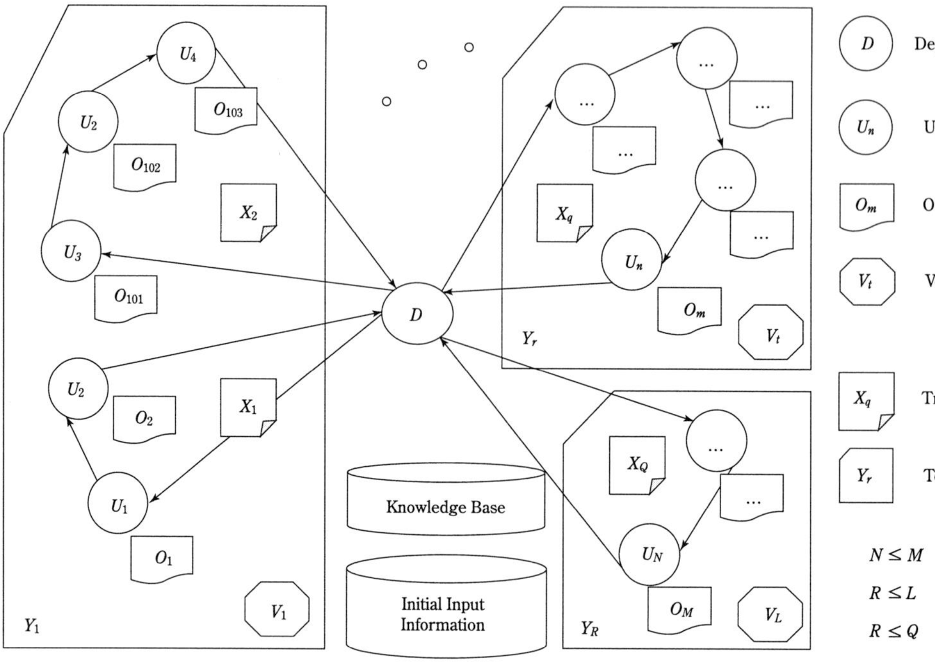


図 37.3　単一出荷配車配送問題の定義

とするソフトウェア・コンポーネントである．

(2) 多出荷配車配送問題と HIMS⁺ 最適計算モデル

多出荷配車配送問題（図 37.4）は，出荷拠点（D）が $P$ か所にあり，日々 $M$ 枚伝票を受注し，$L$ 台車両（多車種混合，$P$ カ所拠点に分散する）を使って，$N$ カ所の届け先（広配送地域）に配送する問題である．これは中大規模倉庫運送業者に向けの現実的な応用形態である．

この多出荷配車配送問題（VRSDP/MD）を定式化して，問題の解法のコア技術として HIMS⁺ モデルを提案している．HIMS⁺ モデルは，HIMS の拡張モデルとして，多出荷配車配送問題に含まれる VRP,

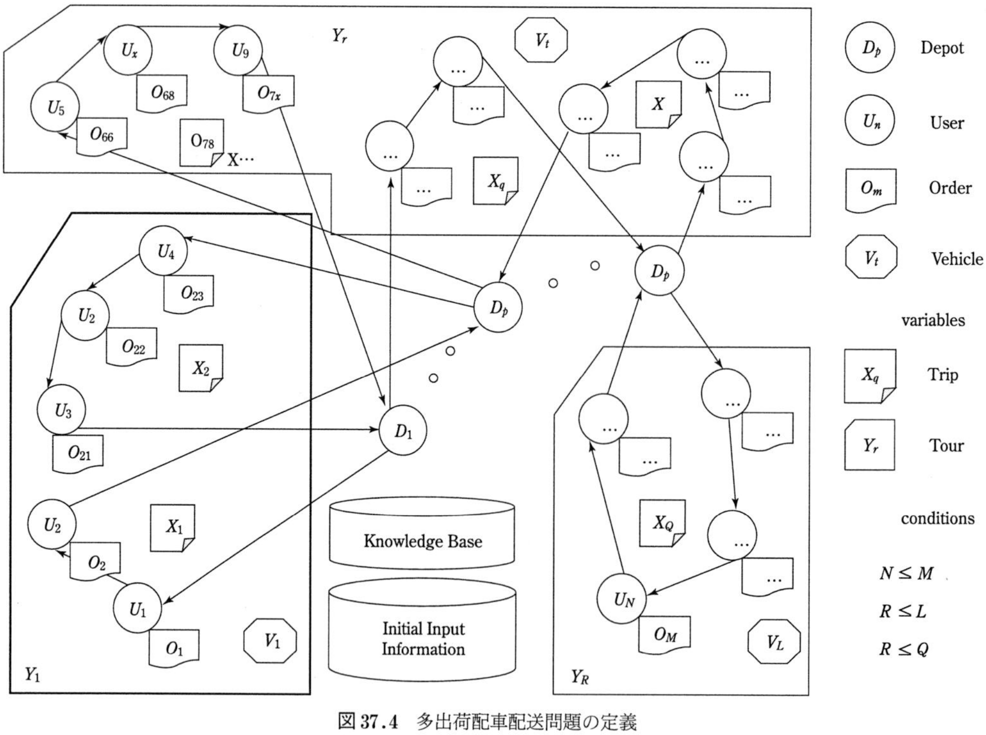


図 37.4　多出荷配車配送問題の定義

VSP，VDP，CSP 混合問題を階層的に統合解決する最適計算エンジンである．HIMS⁺ モデルは，複数出荷拠点と分散した車両集合をうまく調整し，より広い配送地域により合理的に車両割付を行い，効率的に配送作業を作成するソフトウェア・コンポーネントである．

**c．配車配送計画評価基準の定式標準化と関数化**

配車配送計画結果の良し悪しは，評価項目の内容と評価基準に大きく依存する．われわれは実配車配送応用問題を長期的に考察して，経済と社会効果を考慮した上，単一出荷，多出荷配車配送問題を定式化する（制約条件を含む）と同時に，稼動コスト，積載率，稼動バランス，稼働能力，時間サービスと稼動サービスを標準評価項目として提唱する．これらの評価基準の定式化とソフト関数も提供する．ただし将来的には，場合場合に応じて多少の変更，追加の余地も保留する．

**d．システム開発/運用環境の制定**

本システム構築にあたり，具体的にハードウェアとソフトウェアの両面から，開発および運用の環境を設定していくことにする．当面はスタンドアロン環境を対象とし，扱うデータの拡張および業務の複雑度に応じてネットワーク環境を取り入れ，新技術の有効性が確かめられた時点で随時それらを柔軟に取り入れていき，最終的にはマルチベンダ・マルチプラットホーム対応を目指している．　　［廣田　薫］

## 参考文献

1）廣田　薫（1996）：知能工学概論，昭晃堂．
2）廣田　薫，ケルマンシャヒ・バフマン（1997）：遺伝的アルゴリズム・カオス・フラクタル・ファジィ・AI・ニューロ（先端科学 CAI シリーズ）．コンピュータソフトウェア開発(株)（http://www.ksp.or.jp/csd/），（Java 対応 www ブラウザが動作する環境，MS Windows95/NT, Mac）

# 38

# ニューロ制御

**要　約**

| | |
|---|---|
| 制御の特徴 | 制御事例の学習による優れた制御系設計が可能である． |
| 長　所 | ニューラルネットワークの学習能力を利用した学習制御が可能である． |
| 短　所 | 大域的最適値への保証がないため，遺伝的アルゴリズムなどによる大域的最適化手法との併用が必要となることがある． |
| 制御対象のクラス | 線形，非線形システムの区別なく適用可能であり，数式でモデル化できない制御対象にも適用可能である． |
| 制約条件 | 優れた制御事例の入出力データの取得が必要である． |
| 設計条件 | 制御系の入出力データをもとに，ニューラルネットワークで制御系を学習する． |
| 設計手順 | Step 1　制御対象に対する優れた制御事例のデータベースの構築．<br>Step 2　ニューラルネットワークによる制御対象のエミュレータ（計算機モデル）の構築．<br>Step 3　エミュレータによる目標値追従の制御入力の決定．<br>Step 4　制御入力に対する制御対象の出力と目標値との誤差を減少させる再学習の実施と追従性，速応性，安定性の検討． |
| 実応用例 | プロセス制御における温度，圧力制御への適用例がある． |

## 38.1　階層型ニューラルネットワークの誤差伝播法とニューロ制御の概念

ニューロ制御（neuro-control）は，制御器をニューラルネットワークに基づいて設計する手法である[1~4]．まず，以下で必要となる階層型ニューラルネットワークの概要を述べる[1]．ニューラルネットワークは神経細胞（ニューロン）が多数連結したネットワークである．ニューロン $j$ の数式モデルを，以下に示す[1]．

$$O_j=f(\mathrm{net}_j),\quad \mathrm{net}_j=\sum_{i=1}^{I}w_{ji}O_i-\theta_j=\sum_{i=0}^{I}w_{ji}O_i$$

ただし，$x_0=-1$，$w_{j0}=\theta_j$ とし，$w_{ji}$ はニューロン $i$ からニューロン $j$ への結合強度，$\theta_j$ はニューロン $j$ の閾値，$O_j$ はニューロン $j$ の出力を示し，$f(x)$ は次式で与えられるシグモイド関数とする．

$$f(x)=\frac{1}{1+e^{-x}}$$

さまざまなニューラルネットワークが提案されているが[1]，以下ではニューロンを層状に配列した図 38.1 のようなニューラルネットワーク（階層型ニューラルネットワーク）について述べる．

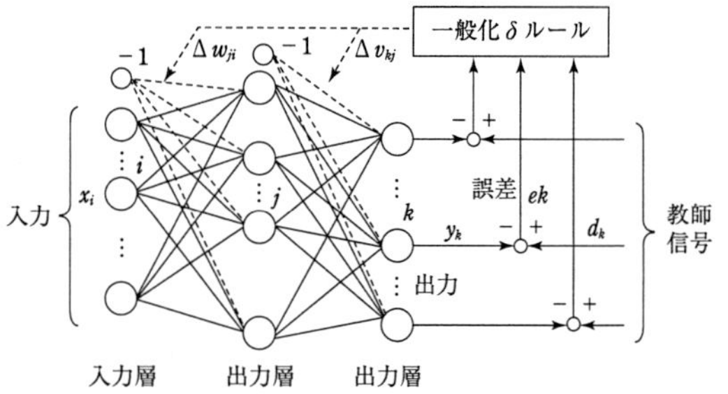


$w_{ji}, v_{kj}$ はニューロン $i\to j, j\to k$ の結合重み係数，$\Delta w$，$\Delta v$ は，それぞれ，$w, v$ の増分を示す．また，点線は閾値への連結を示す．記号の煩雑さを避けるために，入力層ニューロンの出力を $x_i$，$i=0,1,\cdots,I$，中間層の出力を $O_j$，$j=0,1,\cdots,J$，出力層の出力を $y_k$，$k=0,1,\cdots,K$，中間層ニューロン $j$ から出力層ニューロン $k$ への結合係数を $v_{kj}$ とする．

**図 38.1**　階層型ニューラルネットワーク

入力層から中間層，中間層から出力層へのニューロンモデルを，それぞれ次式とする．

$$O_j=f(\mathrm{net}_j),\quad \mathrm{net}_j=\sum_{i=0}^{I}w_{ji}O_i$$

$$y_k=f(\mathrm{net}_k),\quad \mathrm{net}_k=\sum_{j=1}^{J}v_{kj}O_j$$

入力 $x_i, i=0,1,\cdots,I$ に対するニューラルネットワー

クの出力 $y_k$, $k=1,\cdots,K$ とその目標値 $d_k$, $k=1,\cdots,K$ との誤差を $e_k$, $k=1,\cdots,K$ とし，その平方和を $2E$ とする.

$$E=\frac{1}{2}\sum_{k=1}^{K}e_k^2,\quad e_k=d_k-y_k,\quad k=0,1,\cdots,K$$

勾配法の原理に基づいて，$E$ を最小とする $w_{ji}, v_{kj}$ は以下の誤差逆伝播法で計算される[1].

$$\Delta v_{kj}(t+1)=\alpha\Delta v_{kj}(t)+\eta\delta_k O_j$$

$$\Delta w_{ji}(t+1)=\alpha\Delta w_{ji}(t)+\eta\delta_j x_i$$

$$\delta_k=e_k y_k(1-y_k),\quad \delta_j=\sum_{k=1}^{K}\delta_k v_{kj}O_j(1-O_j)$$

ただし，$t=1,2,\cdots$ は学習回数，$\Delta w(t+1)=w(t+1)-w(t)$ を示す．また，$|\alpha|<1$, $\eta>0$ の定数で，それぞれ慣性係数，学習係数とよばれている.

このニューラルネットワークは並列処理・分散表現・学習能力があり，ノイズに対するロバスト性，学習制御機能を有しており，非線形関数近似も精度よく行うことができる.

制御系の一般的な構造を図 38.2 に示す．図 38.2 において，制御の目的は目標値と制御系の出力との誤差（偏差）をできるだけ小さくする FFC および FBC を設計することである．ニューロ制御は，これらの FFC と FBC の一部またはすべてをニューラルネットワークで実現するものである．とくに，プロセス制御のように大規模なプラントの制御では，さまざまな非線形要素や数式で表現が困難な要素を含む場合があり，従来の線形制御理論だけで解決するのは困難なことが多かったため，ニューロ制御の活用が期待されている.

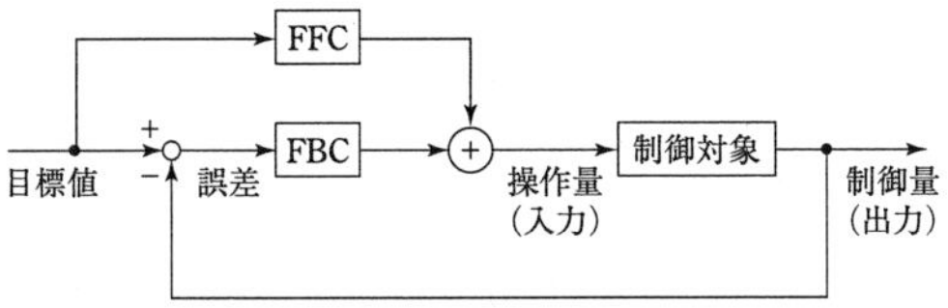


FBC：フィードバック制御器
FFC：フィードフォワード制御器

図 38.2 2 自由度制御系のブロック線図

## 38.2 代表的なニューロ制御方式

代表的なニューロ制御の方式として直列型，並列型，セルフチューニング型が提案されている.

### 38.2.1 直列型ニューロ制御系

これは，図 38.3 に示すような逆システムをニューラルネットワークで構成する手法である．この方式では制御対象の出力である制御量が目標値にできるだけ近づくようにニューラルネットワークの結合係数を調節する．もし誤差が 0 になれば，目標値から制御量までの伝達特性が 1 になり，ニューラルネットワークが制御対象の逆システムを構築している.

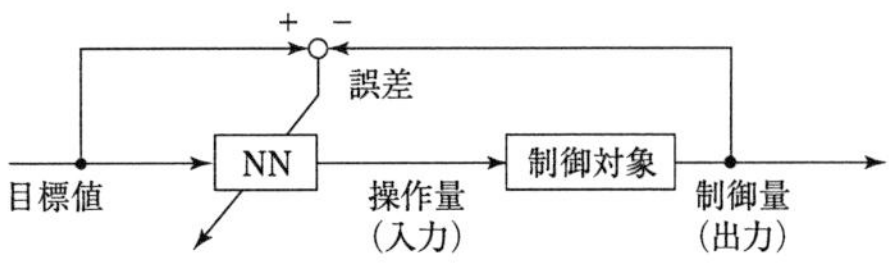


NN：ニューラルネットワーク

図 38.3 直列型ニューロ制御系のブロック線図

逆システムを構成するには，図 38.4 に示すように出力から入力を生成するようにニューラルネットワーク NN1 を学習し，学習終了後にそれを NN へコピーすればよい．具体的に逆システムを構成するには次のようにすればよい.

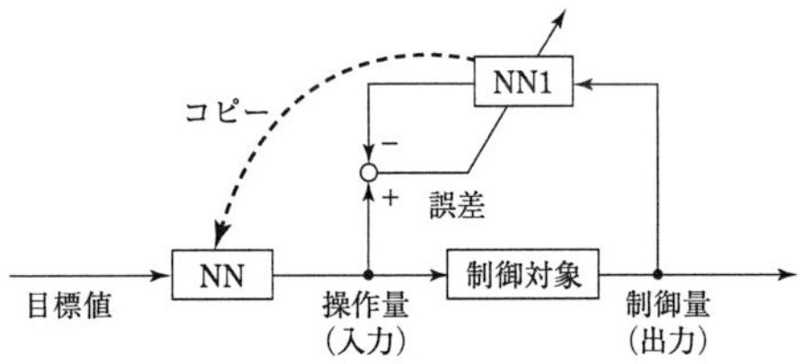


図 38.4 逆システム型ニューロ制御系

制御対象は次式で記述されるものとする.

$$y(n+1)=g(y(n),y(n-1),\cdots,y(n-q),\\ u(n),u(t-1),\cdots,u(n-p))$$

ここで，$g(\cdot)$ は $u(n)$ が次式のように表現可能な関数とする.

$$u(n)=g^{-1}(y(n+1),y(n),\cdots,y(n-q),\\ u(n-1),\cdots,u(n-p))$$

このとき，図 38.5 のようにニューラルネットワークを用いると，前述の階層型ニューラルネットワークの誤差逆伝播法によって，逆関数 $g^{-1}$ を学習できる.

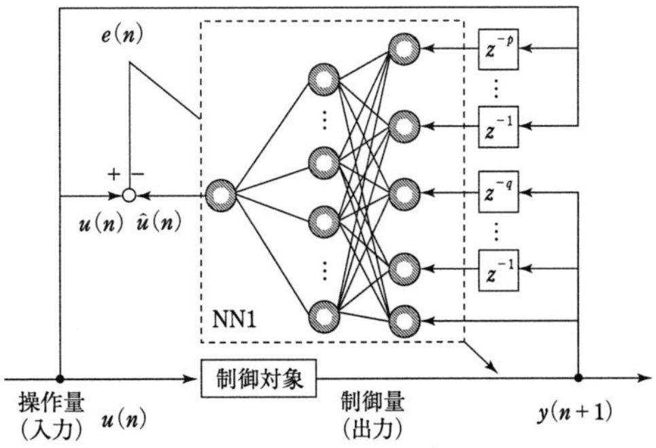


図 38.5 逆システムの構成法（点線内はニューラルネットワーク NN1）

学習が終了した時点で，ニューラルネットワーク NN1 を NN にコピーし，制御量 $y(n+1)$ の代わりに目標値 $d(n+1)$ を入力すれば，操作量 $u(n)$ の推定値 $\hat{u}(n)$ を算出できる．

直列型ニューロ制御の上記以外の方式として，図 38.6 の方式も提案されている[2,3]．エミュレータの構成として図 38.7 のような機構も提案されている[2,3]．エミュレータが十分精度よく学習された後，$y(n+1) \approx \hat{y}(n+1)$ と近似できる．したがって，実際の制御対象を動作させることなく，NN1 を制御対象とみなし，その出力である $\hat{y}(n+1)$ と目標値 $d(n+1)$ との差の 2 乗を最小とするように，二つのニューラルネットワーク NN と NN1 を学習させることによって，制御量が目標値に追従する操作量 $u(n)$ をシミュレーションで評価できる．

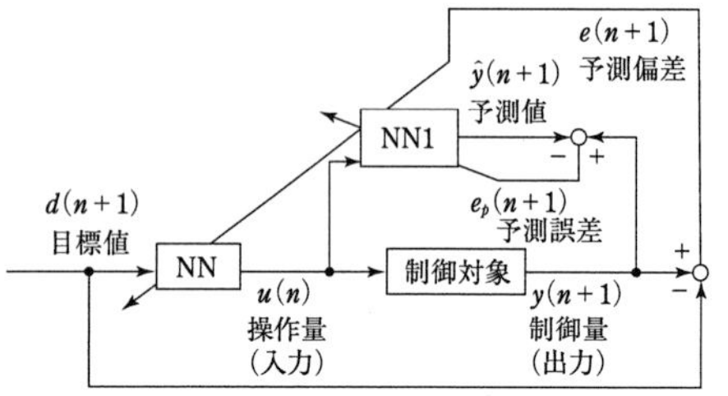


図 38.6　エミュレータによる逆システム構成法（NN1 をエミュレータとよぶ）

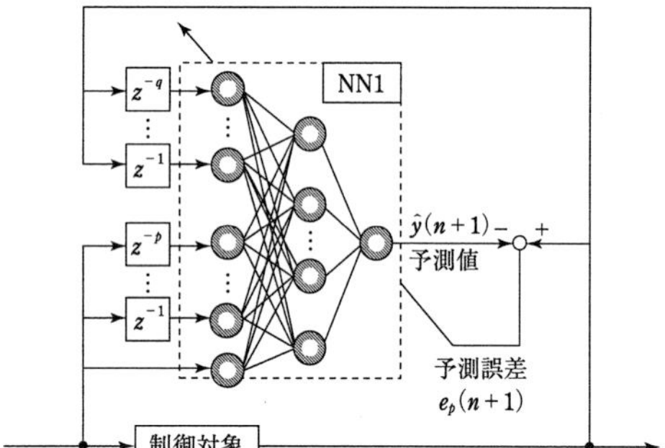


図 38.7　エミュレータの基本構造

エミュレータの設計法に対して，NN1 で入出力関係を精度よく学習するには，学習時間が長くなるとか，制御対象の入出力構造を反映していないブラックボックスモデルで信頼性に乏しいなどの欠点がある．そこで，制御系に含まれる未知パラメータのみをニューラルネットワークでチューニングする方法（図 38.8(a)）や既知の数式モデルで入出力関係を求め，実際の計測結果との差異をニューラルネットで補正する方法（図 38.8(b)）などが提案されている[2,3]．これらの学習も誤差逆伝播法で同じように行うことができる．

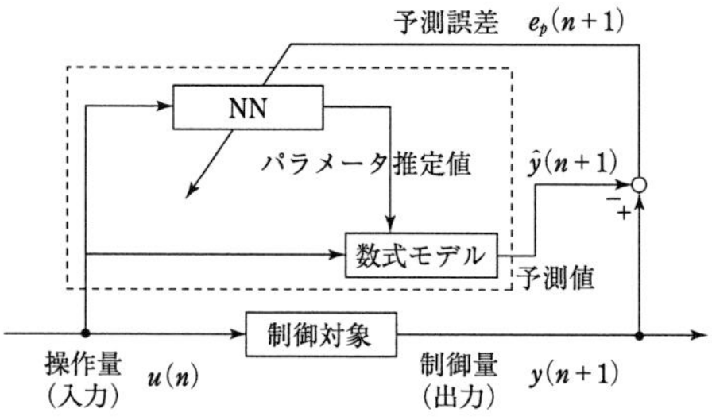


(a) パラメータチューニング法

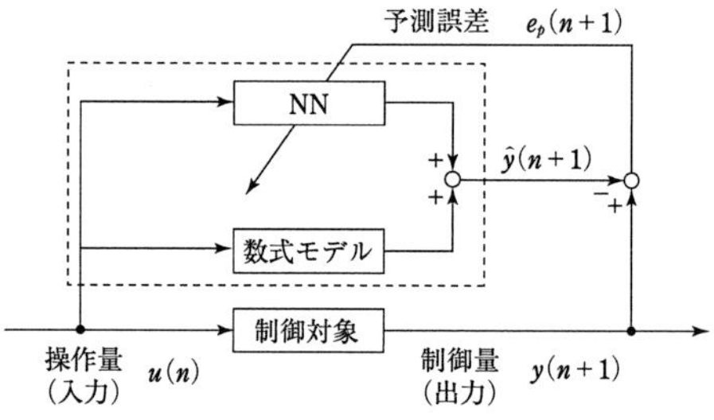


(b) 数式モデル補償法

図 38.8　種々のエミュレータ

### 38.2.2　並列型ニューロ制御系

これは，図 38.9 に示す制御機構であり，さまざまな手法で制御した結果，目標値への追従性が不十分な場合にニューラルネットワークを用いて誤差を減少させるものである．

図 38.9 は，最適制御，ロバスト制御などの制御手法

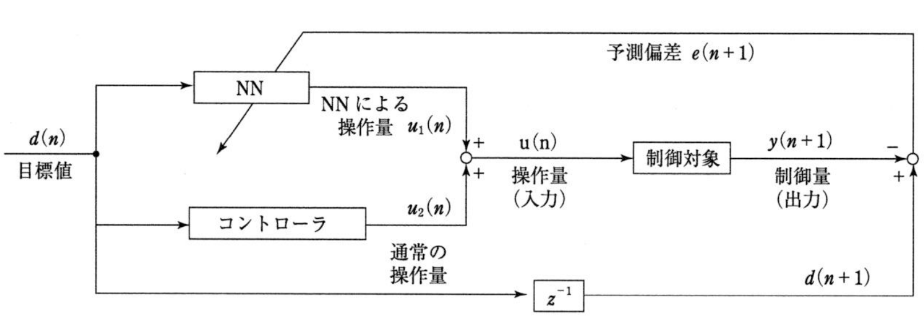


$u_2(n)$ はある手法で決定された操作量を示し，$u_1(n)$ は NN によって補正すべき操作量を示す．

図 38.9　並列型ニューロ制御機構

によって設計されたコントローラによる操作量 $u_2(n)$ では制御結果が不十分な場合に，それを補正するようにニューラルネットワーク NN からの操作量 $u_1(n)$ を加えるものである．この手法の代表的なものとして，川人によるフィードバック誤差学習制御系がある[4]．これはコントローラとして比例（P）制御を採用し，フィードフォワード制御を NN で構成し，制御偏差の 2 乗を最小にするように NN を学習するものである．この制御系を図 38.10 に示し，人間の小脳による運動機能を示すモデルと考えられている．

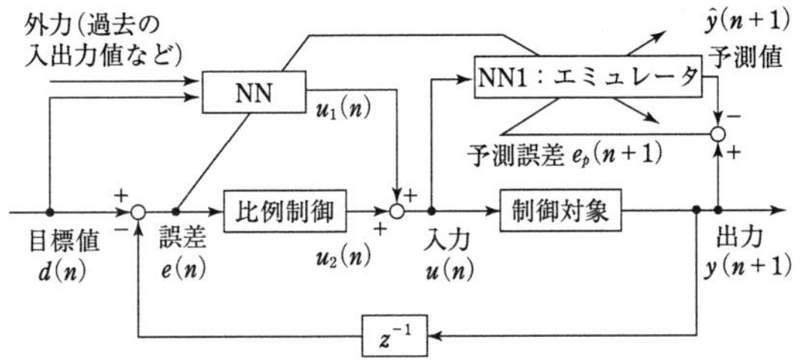


図 38.10　フィードバック誤差学習法

図 38.10 において，ニューラルネットワーク NN を目標値と制御量の誤差を減少するように学習する．その場合，制御対象が既知の場合には，誤差の 2 乗 $e(n)^2$ を最小にするように NN を誤差逆伝播法で学習すればよい．もし制御対象のモデルが正確でない場合には，制御対象の入出力データからエミュレータ NN1 を学習する．NN1 の学習終了後，2 つのニューラルネットワークを用いて目標値と予測値の差の平方和を最小とするようにニューラルネットワークを学習すれば，最終的にフィードバック制御による操作量 $u_2(n)$ はゼロに近くなり，NN の出力である $u_1(n)$ が操作量 $u(n)$ となる．これは，人間の運動制御と同じように，最初は試行錯誤的なフィードバック制御で訓練され，最終的にはフィードフォワード制御でただちに複雑な運動制御を実現することを意味している．

図 38.10 による操作量 $u(n)$ の導出を以下に示す．制御対象は次式とする．

$$y(n+1)=g(y(n), y(n-1), \cdots, y(n-q), u(n), u(t-1), \cdots, u(n-p))$$

ただし，遅れ次数 $p, q$ および関数 $g(\cdot)$ は未知でもよい．NN は図 38.11 の構造とする．

目標値と制御量の差 $e(n)$ の平方和で制御性能を評価するものとする．そこで，以下の $E$ を最小とする操作量 $u(n)$ を求めるために，NN の結合係数を誤差逆伝播法で調整する．

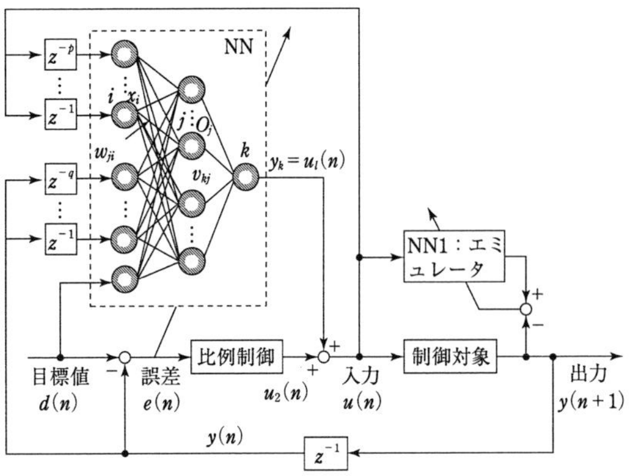


図 38.11　フィードバック誤差学習

$$E=\frac{1}{2}e(n+1)^2=\frac{1}{2}(d(n+1)-y(n+1))^2$$

誤差逆伝播法と同様にすると次式を得る．

$$\Delta v_{kj}=-\eta\frac{\partial E}{\partial v_{kj}}=\eta\delta_k O_j$$

$$\delta_k=-\frac{\partial E}{\partial \mathrm{net}_k},\quad \mathrm{net}_k=\sum_{j=1}^{J}v_{kj}O_j,\quad \eta>0$$

微分の連鎖規則を用いると

$$\begin{aligned}\delta_k&=e(n+1)\frac{\partial y(n+1)}{\partial u(n)}\frac{\partial u(n)}{\partial \mathrm{net}_k}\\&=e(n+1)\frac{\partial y(n+1)}{\partial u(n)}u_1(n)(1-u_1(n))\end{aligned}$$

となる．同様に，

$$\Delta w_{ji}=-\eta\frac{\partial E}{\partial w_{ji}}=\eta\delta_j x_i$$

$$\delta_j=-\frac{\partial E}{\partial \mathrm{net}_j}=\delta_k v_{kj}O_j(1-O_j)$$

となる．通常の誤差逆伝播法との差異は，一般化誤差 $\delta_k$ の中に，制御対象の入出力間の感度を示すシステムヤコビアン $\partial y(n+1)/\partial u(n)$ が含まれることである．この計算に対して二つの方法が提案されている[2,3]．

その一つは次式の関係を用いることである．

$$\frac{\partial y(n+1)}{\partial u(n)}=\left|\frac{\partial y(n+1)}{\partial u(n)}\right|\mathrm{sign}\left(\frac{\partial y(n+1)}{\partial u(n)}\right)$$

$$\mathrm{sign}(x)=\begin{cases}1, & x>0\\ -1, & x<0\end{cases}$$

$\delta_k$ の計算で，上記の絶対値の項は学習係数 $\eta$ に含め，制御対象の特性実験からヤコビアンの符号を推定し，その符号のみを利用することである．

別の方法は，$y(n+1)$ をエミュレータによる予測値 $\hat{y}(n+1)$ で代用することである．

$$\frac{\partial y(n+1)}{\partial u(n)}\approx\frac{\partial \hat{y}(n+1)}{\partial u(n)}$$

$$= \sum_{j=1}^{J} w_{ij} v_{kj} O_j (1 - O_j)$$

ただし，$w_{ij}$ は入力層で $u(n)$ と結合しているニューロンから中間層のニューロン $j$ への結合係数を示している．エミュレータの出力層におけるニューロンの出力値は $[0,1]$ となるため，$[-C, C]$ 内にするためには出力関数を $C(f(x)-0.5)$ と変更すればよい．

### 38.2.3　セルフチューニングニューロ制御系

セルフチューニングニューロ制御系を図38.12に示す．これは，制御系の出力が目標値に近づくように，ニューラルネットワークで制御パラメータをチューニングするものである．制御パラメータを最小二乗法で求める場合には，パラメータと状態または出力は線形結合であることが必要であるが，図38.12ではそのような制約は必要でなく，一般的な制御系に対して適用可能である[2,3]．

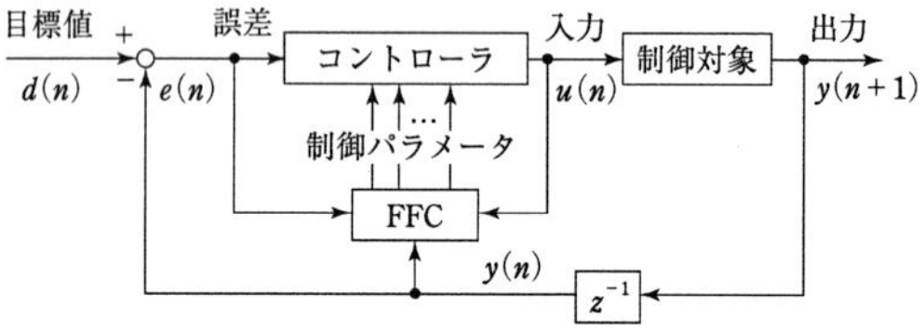


図38.12　セルフチューニングニューロ制御系の構成図

具体的な制御例として，産業界で幅広く採用されている比例＋積分＋微分（PID）制御系へ適用した場合の制御構造を図38.13に示す．誤差の2乗である $E$ を最小とするようにPIDゲインをチューニングするためには，入力 $u(n)$ と対応する出力 $y(n+1)$ との感度に対応するシステムヤコビアンが必要になるが，これは1c.4項で示したシステムエミュレータを用いて求めることができる．

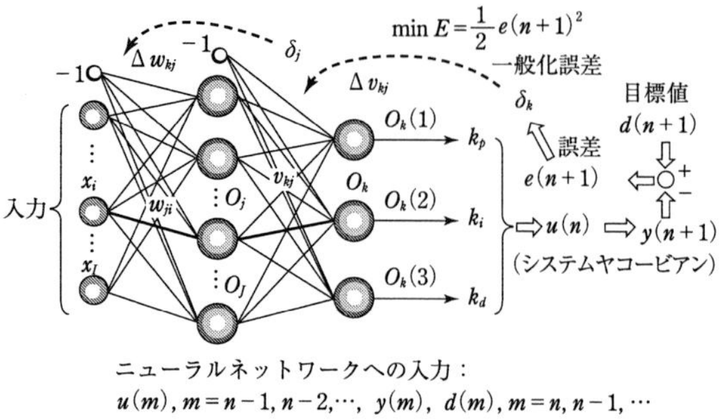


図38.13　セルフチューニングニューロPIDの構造

## 38.3　ニューロ制御の応用例

ニューロPID制御の応用例として，加熱炉の温度制御，反応釜の圧力制御，電気自動車のトルク制御や速度制御，ハードディスクドライブ位置制御などへ適用し，多くの実用例で優れた制御結果が得られている．［大松　繁］

### 参考文献

1) 麻生英樹（1988）：ニューラルネットワーク情報処理，p. 50-54，産業図書．
2) S. Omatu, M. Khalid, R. Yusof (1996)：Neuro-Control and Its Applications, p. 85-243, Springer.
3) 大松　繁，山本　透 編著（1996）：セルフチューニングコントロール，p. 67-98，コロナ社．
4) M. Kawato (1990)：Neural Networks for Control, p. 197-228, MIT Press.

# 39

# ファジィ制御

| 要約 | |
|---|---|
| **制御の特徴** | モデルに基づくファジィ制御は，制御対象のファジィモデルによる表現や並列分散的補償に基づく制御器設計によって，設計者や現場のプラントエンジニアにとっても直感的で理解しやすいなどの特徴をもつ．また，非線形な制御対象を厳密にファジィモデルに置き換えることにより，その安定性を保証し，同時にロバスト性や速応性，アクチュエータ出力の飽和防止などさまざまな制御性能を付加できる簡単かつ効果的な非線形制御手法である． |
| **長所** | 高度な数学技術は必要なく，現代制御理論の知識があれば容易に非線形制御を実現できる． |
| **短所** | はじめに非線形システムからファジィモデルを構築する必要がある．リアプノフの安定理論により安定性を保証するため，設計によっては制御性能が保守的となることがある． |
| **制御対象のクラス** | 線形系，非線形系，連続時間系，離散時間系，ディジタル制御系，パラメータ変動系，時変形，確定系，確率系，未知パラメータや外乱を有する系，入出力に制約のある系． |
| **制約条件** | とくにない． |
| **設計条件** | リアプノフの安定理論に基づき，安定性やさまざまな制御系設計条件，非線形オブザーバの設計条件などが線形行列不等式の形で導出されている． |
| **設計手順** | Step 1　高木・菅野ファジィモデルを構築する．<br>Step 2　所望の制御性能を実現するための設計条件を同時に解くことによりファジィ制御器を設計する． |
| **実応用例** | 高速エレベータの制御やトラックトレータの後退制御，発電プラントの制御などに適用されている． |

## 39.1 モデルに基づくファジィ制御の概念

ファジィ制御には，熟練者のノウハウを巧みに規則化し，熟練者並の制御性能を実現する高度知識に基づくファジィ制御（knowledge-based fuzzy control）と，制御対象の動特性を把握し，それに基づき制御を実現するモデルに基づくファジィ制御（model-based fuzzy control）がある．本章では，モデルに基づくファジィ制御に注目する．

モデルに基づくファジィ制御では，ファジィ制御器を設計するまでに二つの段階がある．第1段階では，非線形システムをファジィモデル表現に変換する．ファジィモデルは“IF…なら THEN…”というIF-THEN形式でモデルを表現する．IFの部分を前件部，THENの部分を後件部とよぶ．とくに，後件部に線形モデルを用いるものを高木・菅野ファジィモデル[1]とよぶ．ファジィモデルを構築するときに，非線形システムの入出力データのみが得られる場合には，システム同定によってファジィモデルを構築する．このとき，複数の動作点の近傍における入出力データからそれぞれの動作点近傍における線形モデルを求めることでファジィモデルの後件部を構築することができる．一方，非線形システムが物理モデルで表現可能なときは，その物理モデルから sector nonlinearity や local approximation の考え方[2]を用いてファジィモデルを構築する．sector nonlinearity の考え方については後述する．

第2段階では，並列分散的補償（parallel distributed compensation：PDC）の考え方[3]に基づいて制御系を構築する．並列分散的補償とは，ファジィモデルの一つの規則に対して，ファジィ制御器の一つの規則を設計するというきわめて自然な考え方である．ファジィ制御器の後件部には，主に線形のフィードバック制御器が使われる．制御器のフィードバックゲインを決定する条件は，線形行列不等式（linear matrix inequality：LMI）[4] の形式で記述されており，Matlab などの数値計算ソフトウェアで解くことができる．リアプノフの安定理論に基づき，安定性やロバスト安定性，制御系設計や速応性を実現する条件，アクチュエータ出力の飽和を防止する条件，非線形オブザーバを設計する条件などさまざまな条件が LMI の形式で導出されている．これらの条件を同時に解くことにより，すべての条件を満たすファジィ制御器を設計できる．

本章では，連続時間非線形システムに対する手法について述べる．離散時間システムやその他の系については，対応するファジィモデルを用いることで制御系を設計できる[2]．

## 39.2　モデルに基づくファジィ制御の設計法

上述のように，モデルに基づくファジィ制御には，ファジィモデルの構築とファジィ制御系設計の二つの段階がある．以下においてそれぞれの方法を説明する．

### 39.2.1　ファジィモデルの構築

以下のような後件部に線形モデルを有する高木・菅野ファジィモデルを考える．

Model Rule $i$：

IF $z_1(t)$ is $M_{i1}$ and $\cdots$ and $z_p(t)$ is $M_{ip}$

THEN $\dot{\boldsymbol{x}}(t)=\boldsymbol{A}_i\boldsymbol{x}(t)+\boldsymbol{B}_i\boldsymbol{u}(t)$　　(1)

ここで，$i=1,2,\cdots,r$ であり，$r$ はモデル規則数である．$\boldsymbol{x}(t)\in R^n$ は状態変数，$\boldsymbol{u}(t)\in R^m$ は制御入力である．$z_1(t)\sim z_p(t)$ は前件部変数とよばれ，これらは状態変数や観測可能な外部変数が用いられる．$M_{ij}(j=1,2,\cdots,p)$ はファジィ集合とよばれる集合を表す．式 (1) のファジィモデルは次のような重み付き和として計算される．

$$\dot{\boldsymbol{x}}(t)=\sum_{i=1}^{r}h_i(\boldsymbol{z}(t))\{\boldsymbol{A}_i\boldsymbol{x}(t)+\boldsymbol{B}_i\boldsymbol{u}(t)\} \tag{2}$$

$h_i(\boldsymbol{z}(t))$ はメンバシップ関数とよばれる IF-THEN 規則の平均化された重み関数であり，以下のように定義される．

$$h_i(\boldsymbol{z}(t))=\frac{w_i(\boldsymbol{z}(t))}{\sum_{i=1}^{r}w_i(\boldsymbol{z}(t))}$$

$$w_i(\boldsymbol{z}(t))=\prod_{j=1}^{p}M_{ij}(z_j(t))$$

また，$h_i(\boldsymbol{z}(t))$ は

$$h_i(\boldsymbol{z}(t))\geq 0 \quad \forall i,\quad \sum_{i=1}^{r}h_i(\boldsymbol{z}(t))=1$$

を満たす．非線形システムが運動方程式などの数式モデルで表現可能なときは，数式モデルの中の個々の非線形関数に対して，以下に述べる sector nonlinearity を適用することにより，高木･菅野ファジィモデル (2) を構築することができる．

sector nonlinearity の考え方を説明するために，以下のような非線形関数を考える．

$$y=f(x),\quad f(0)=0$$

ただし，$f(0)\neq 0$ であっても座標変換により適用可能である．はじめに，$f(x)$ を上下から挟み込める2本の直線 $y_1=a_1x$, $y_2=a_2x$ を探す．次に，非線形関数の真の値 $y$ および $y_1$, $y_2$ からメンバシップ関数 $h_1$, $h_2$ を次のように算出する．

$$h_1(x)=\frac{f(x)-a_2x}{(a_1-a_2)x},\quad h_2(x)=\frac{a_1x-f(x)}{(a_1-a_2)x}$$

$y_1$, $y_2$, $h_1$, $h_2$ から $y$ を次のように再構築する手法が sector nonlinearity である．

$$y=h_1(x)a_1x+h_2(x)a_2x=\sum_{i=1}^{2}h_i(x)a_ix \tag{3}$$

また，IF-THEN 形式で表現すると以下のようになる．

Model Rule $i$：IF $x(t)$ is $h_i$ THEN $y=a_ix$

このほかに $y_1=a_1$, $y_2=a_2$ とすることで多変数非線形関数をファジィモデル化することも可能である．

### 39.2.2　ファジィ制御系の設計

ファジィ制御系を設計するために，並列分散的補償の考え方を用いる．並列分散的補償とは，ファジィモデルの一つの規則に対して，ファジィ制御器の一つの規則を設計するという考え方である．PDC ファジィ制御器を以下に示す．

Control Rule $i$：

IF $z_1(t)$ is $M_{i1}$ and $\cdots$ and $z_p(t)$ is $M_{ip}$

THEN $\boldsymbol{u}(t)=-\boldsymbol{F}_i\boldsymbol{x}(t)$　　(4)

制御規則の前件部はファジィモデルの前件部と同じものを用いる．PDC ファジィ制御器は次のような重み付き和として計算される．

$$\boldsymbol{u}(t)=-\sum_{i=1}^{r}h_i(\boldsymbol{z}(t))\boldsymbol{F}_i\boldsymbol{x}(t) \tag{5}$$

PDC ファジィ制御器の設計とは，制御規則の後件部のフィードバックゲイン $\boldsymbol{F}_i$ を決定することである．式 (5) を式 (2) に代入することで次のファジィ制御系を得る．

$$\dot{\boldsymbol{x}}(t)=\sum_{i=1}^{r}\sum_{j=1}^{r}h_i(\boldsymbol{z}(t))h_j(\boldsymbol{z}(t))\{\boldsymbol{A}_i-\boldsymbol{B}_i\boldsymbol{F}_j\}\boldsymbol{x}(t) \tag{6}$$

フィードバックゲイン $\boldsymbol{F}_i$ は，以下の LMI で表現されたリアプノフの安定理論に基づく制御系設計条件を解くことによって決定することができる．

［定理 1］ 制御系設計条件 (7)，(8) を満たす $\boldsymbol{X}>0$，$\boldsymbol{M}_i$ が存在するならば，ファジィ制御器 (5) によって高木・菅野ファジィモデル (2) を漸近安定化できる[2]．

$$\boldsymbol{A}_i\boldsymbol{X}+\boldsymbol{X}\boldsymbol{A}_i-\boldsymbol{B}_i\boldsymbol{M}_i-\boldsymbol{M}_i^T\boldsymbol{B}_i^T<\boldsymbol{0},\quad \forall i \tag{7}$$

$$\begin{aligned}&\boldsymbol{A}_i\boldsymbol{X}+\boldsymbol{X}\boldsymbol{A}_i^T+\boldsymbol{A}_j\boldsymbol{X}+\boldsymbol{X}\boldsymbol{A}_j^T-\boldsymbol{B}_i\boldsymbol{M}_j\\&\quad-\boldsymbol{M}_j^T\boldsymbol{B}_i^T-\boldsymbol{B}_j\boldsymbol{M}_i-\boldsymbol{M}_i^T\boldsymbol{B}_j^T<\boldsymbol{0},\quad \forall i,\ i<j\end{aligned} \tag{8}$$

上記の設計条件の解 $\boldsymbol{X}$，$\boldsymbol{M}_i$ から，フィードバックゲインは $\boldsymbol{F}_i=\boldsymbol{M}_i\boldsymbol{X}^{-1}$ として得ることができる．

LMI の特徴は，その形式で表現された問題の解が存在するならば解けるということである．また，速応性を実現する条件，アクチュエータ出力の飽和を防止する条件など，さまざまな制御性能を実現する条件が LMI の形式で導出されている[2]．LMI に基づく制御系設計のもう一つの特徴は，複数の条件を同時に解くことによって，すべての条件を満足する制御系が設計可能であることである．以下に，速応性とアクチュエータ出力の飽和防止条件を示す．

［定理 2］ 速応性を実現するファジィ制御系の設計は，以下の一般化固有値最小化問題を解くことによって実現される[2]．

$$\begin{aligned}&\underset{\boldsymbol{X},\boldsymbol{Y},\boldsymbol{M}_i\cdots\boldsymbol{M}_r}{\text{maximize}}\ \alpha \text{ subject to } \boldsymbol{X}>\boldsymbol{0},\quad \boldsymbol{Y}\geq\boldsymbol{0},\\&-\boldsymbol{X}\boldsymbol{A}_i^T-\boldsymbol{A}_i\boldsymbol{X}+\boldsymbol{M}_i^T\boldsymbol{B}_i^T+\\&\quad\boldsymbol{B}_i\boldsymbol{M}_i-(s-1)\boldsymbol{Y}-2\alpha\boldsymbol{X}>\boldsymbol{0},\quad \forall i\\&2\boldsymbol{Y}-\boldsymbol{X}\boldsymbol{A}_i^T-\boldsymbol{A}_i\boldsymbol{X}-\boldsymbol{X}\boldsymbol{A}_j^T-\boldsymbol{A}_j\boldsymbol{X}+\boldsymbol{M}_j^T\boldsymbol{B}_i^T\\&\quad+\boldsymbol{B}_i\boldsymbol{M}_j+\boldsymbol{M}_i^T\boldsymbol{B}_j^T+\boldsymbol{B}_j\boldsymbol{M}_i-4\alpha\boldsymbol{X}\geq\boldsymbol{0},\\&\quad i<j \text{ s.t. } h_i\cap h_j\neq\phi\end{aligned}$$

ここで，$\alpha>0$ である．$s$ は同時に発火するファジィ規則の数であり，$1<s\leq r$ である．フィードバックゲインは $\boldsymbol{F}_i=\boldsymbol{M}_i\boldsymbol{X}^{-1}$ として求まる．

［定理 3］ 初期状態 $\boldsymbol{x}(0)$ は既知であるとする．このとき次に示す LMI 条件を満たすならば，制御入力 $u_j(t)=\boldsymbol{E}_j\boldsymbol{u}(t)$ は $\|u_j(t)\|_2\leq\mu_j$ の範囲に制限される[2]．

$$\begin{bmatrix}1 & \boldsymbol{x}^T(0)\\ \boldsymbol{x}(0) & \boldsymbol{X}\end{bmatrix}\geq\boldsymbol{0},\quad \begin{bmatrix}\boldsymbol{X} & \boldsymbol{M}_i^T\boldsymbol{E}_j^T\\ \boldsymbol{E}_j\boldsymbol{M}_i & \mu_j^2\boldsymbol{I}\end{bmatrix}\geq\boldsymbol{0}$$

$\boldsymbol{E}_j$ はどの制御入力を制限するかを決定するためのベクトルである．

## 39.3 モデルに基づくファジィ制御の設計例

設計例として，R/C ヘリコプタの姿勢安定化を取り上げる．

### 39.3.1 R/C ヘリコプタの運動方程式とファジィモデルの構築

図 39.1 に制御対象の R/C ヘリコプタを示す．図 39.2 には 1 点を固定した R/C ヘリコプタの軸と変数の定義を示す．いくつかの仮定と簡単化を行うと，1 点支持状態の R/C ヘリコプタの運動方程式は次のよ

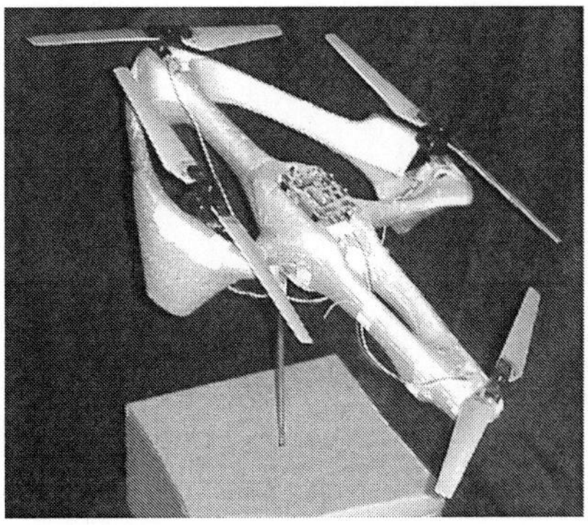

図 39.1 R/C ヘリコプタ[5,6)]

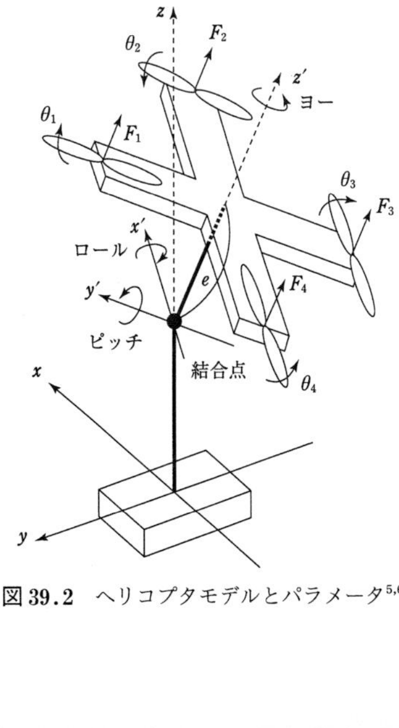


図 39.2 ヘリコプタモデルとパラメータ[5,6)]

うに与えられる（詳しくは文献5,6）を参照）．

$$\ddot{\gamma}(t)=C_r\sin\gamma(t)+2C_{ur}\Omega(\Delta\dot{\theta}_1(t)-\Delta\dot{\theta}_3(t)) \quad (9)$$

$$\ddot{\beta}(t)=C_p\sin\beta(t)+2C_{up}\Omega(-\Delta\dot{\theta}_2(t)+\Delta\dot{\theta}_4(t)) \quad (10)$$

$$\dot{\alpha}(t)=C_{uy}(\Delta\dot{\theta}_1(t)+\Delta\dot{\theta}_3(t)-\Delta\dot{\theta}_2(t)-\Delta\dot{\theta}_4(t)) \quad (11)$$

ここで，$\gamma(t)$，$\beta(t)$，$\alpha(t)$ はそれぞれロール角，ピッチ角，ヨー角である．$C_r$，$C_p$，$C_{ur}$，$C_{up}$，$C_{uy}$ はモデル定数である．$\Delta\dot{\theta}_i(t)$ はプロペラの角速度の変化量，$\Omega$ はプロペラの角速度の平衡点である．プロペラの角速度を $\dot{\theta}_i(t)=\Omega+\dot{\theta}_i(t)$ として，

$$\Delta\dot{\theta}_i(t)\in[\Theta_{i\min}-\Omega \quad \Theta_{i\max}-\Omega],$$

$$\gamma(t)\in\left[\frac{-\pi}{2} \quad \frac{\pi}{2}\right],\quad \beta(t)\in\left[\frac{-\pi}{2} \quad \frac{\pi}{2}\right]$$

を仮定する．ここで，$\Theta_{i\max}$，$\Theta_{i\min}$ はそれぞれ $\dot{\theta}_i(t)$ の最大値と最小値を表す．

式(9)と式(10)の sin 項に対して，それぞれ sector nonlinearity を適用すると以下の高木・菅野ファジィモデルが得られる．

Model Rule 1：IF $x_1(t)$ is $h_{r1}$ and $x_3(t)$ is $h_{p1}$
THEN $\dot{\boldsymbol{x}}(t)=\boldsymbol{A}_1\boldsymbol{x}(t)+\boldsymbol{B}\boldsymbol{u}(t)$

Model Rule 2：IF $x_1(t)$ is $h_{r1}$ and $x_3(t)$ is $h_{p2}$
THEN $\dot{\boldsymbol{x}}(t)=\boldsymbol{A}_2\boldsymbol{x}(t)+\boldsymbol{B}\boldsymbol{u}(t)$

Model Rule 3：IF $x_1(t)$ is $h_{r2}$ and $x_3(t)$ is $h_{p1}$
THEN $\dot{\boldsymbol{x}}(t)=\boldsymbol{A}_3\boldsymbol{x}(t)+\boldsymbol{B}\boldsymbol{u}(t)$

Model Rule 4：IF $x_1(t)$ is $h_{r2}$ and $x_3(t)$ is $h_{p2}$
THEN $\dot{\boldsymbol{x}}(t)=\boldsymbol{A}_4\boldsymbol{x}(t)+\boldsymbol{B}\boldsymbol{u}(t)$

ここで，

$$\boldsymbol{x}(t)=[x_1(t)\ \ x_2(t)\ \ x_3(t)\ \ x_4(t)\ \ x_5(t)]^T =[\gamma(t)\ \ \dot{\gamma}(t)\ \ \beta(t)\ \ \dot{\beta}(t)\ \ \alpha(t)]^T$$

$$\boldsymbol{u}(t)=[u_1(t)\ \ u_2(t)\ \ u_3(t)\ \ u_4(t)]^T =[\Delta\dot{\theta}_1(t)-\Delta\dot{\theta}_3(t)\quad \Delta\dot{\theta}_1(t)+\Delta\dot{\theta}_3(t)\quad -\Delta\dot{\theta}_2(t)+\Delta\dot{\theta}_4(t)\quad \Delta\dot{\theta}_2(t)+\Delta\dot{\theta}_4(t)]^T$$

$$\boldsymbol{A}_1=\begin{bmatrix}0&1&0&0&0\\ C_r&0&0&0&0\\ 0&0&0&1&0\\ 0&0&C_p&0&0\\ 0&0&0&0&0\end{bmatrix}$$

$$\boldsymbol{A}_2=\begin{bmatrix}0&1&0&0&0\\ C_r&0&0&0&0\\ 0&0&0&1&0\\ 0&0&\frac{2C_p}{\pi}&0&0\\ 0&0&0&0&0\end{bmatrix}$$

$$\boldsymbol{A}_3=\begin{bmatrix}0&1&0&0&0\\ \frac{2C_r}{\pi}&0&0&0&0\\ 0&0&0&1&0\\ 0&0&C_p&0&0\\ 0&0&0&0&0\end{bmatrix}$$

$$\boldsymbol{A}_4=\begin{bmatrix}0&1&0&0&0\\ \frac{2C_r}{\pi}&0&0&0&0\\ 0&0&0&1&0\\ 0&0&\frac{2C_p}{\pi}&0&0\\ 0&0&0&0&0\end{bmatrix}$$

$$\boldsymbol{B}=\begin{bmatrix}0&0&0&0\\ 2C_{ur}\Omega&0&0&0\\ 0&0&0&1\\ 0&0&2C_{up}\Omega&0\\ 0&C_{uy}&0&-C_{uy}\end{bmatrix}$$

$$h_{r1}(x_1(t))=\begin{cases}\dfrac{\sin x_1(t)-(2/\pi)x_1(t)}{(1-2/\pi)x_1(t)}, & x_1(t)\neq 0\\ 1, & \text{otherwise}\end{cases}$$

$$h_{r2}(x_1(t))=\begin{cases}\dfrac{x_1(t)-\sin x_1(t)}{(1-2/\pi)x_1(t)}, & x_1(t)\neq 0\\ 0, & \text{otherwise}\end{cases}$$

$$h_{p1}(x_3(t))=\begin{cases}\dfrac{\sin x_3(t)-(2/\pi)x_3(t)}{(1-2/\pi)x_3(t)}, & x_3(t)\neq 0\\ 1, & \text{otherwise}\end{cases}$$

$$h_{p2}(x_3(t))=\begin{cases}\dfrac{x_3(t)-\sin x_3(t)}{(1-2/\pi)x_3(t)}, & x_3(t)\neq 0\\ 0, & \text{otherwise}\end{cases}$$

### 39.3.2　ファジィ制御系の設計と姿勢制御実験

構築した高木・菅野ファジィモデルを安定化し，かつ，速応性とアクチュエータ出力の飽和を防止する PDC ファジィ制御器を設計する．高木・菅野ファジィ

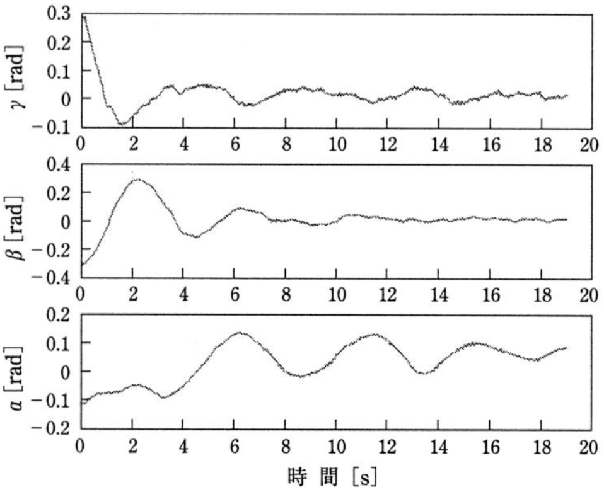


図39.3　実験結果[5]

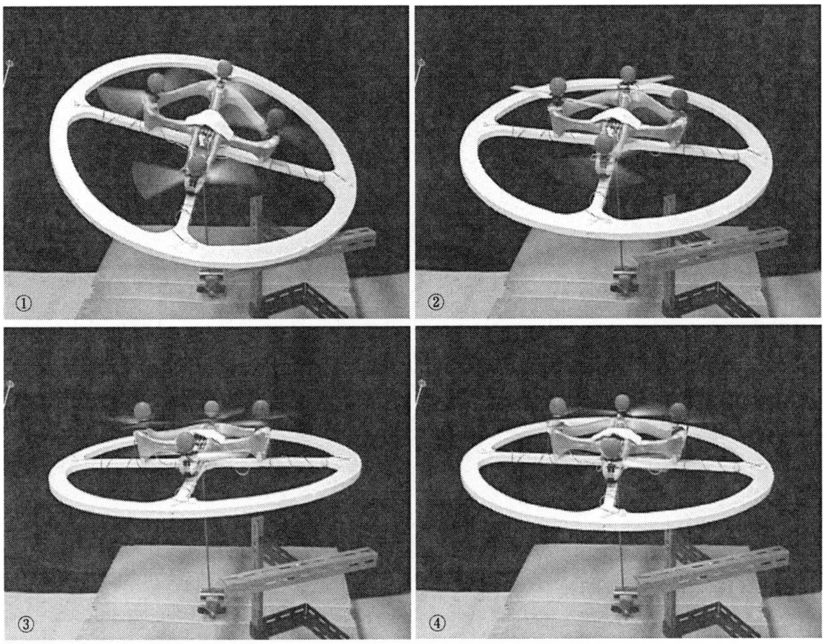


図 39.4 実機による実験の連続写真[5)]

モデルの中の定数を次のように定める．

$C_r=47.102\ \mathrm{s}^{-2}$, $C_p=36.191\ \mathrm{s}^{-2}$,

$C_{ur}=5.011\times 10^{-4}$, $C_{up}=5.126\times10^{-4}$,

$C_{uy}=1.155\times10^{-3}$,

$\Theta_{i\max}=2\pi f_0\ \mathrm{rad\ s}^{-1}$, $\Theta_{i\min}=0_{\mathrm{rad}}\ \mathrm{s}^{-1}$,

$\Omega=\pi f_0\ \mathrm{rad\ s}^{-1}$, $f_0=30\ \mathrm{Hz}$

また，状態変数の初期値を

$$\boldsymbol{x}^T(0)=[0.314\quad 0\quad -0.314\quad 0\quad -0.175]$$

とし，アクチュエータ出力の飽和防止条件の設定パラメータを以下のように定義する．

$\boldsymbol{E}_1=[1\ 0\ 0\ 0]$, $\boldsymbol{E}_2=[0\ 1\ 0\ 0]$,

$\boldsymbol{E}_3=[0\ 0\ 1\ 0]$, $\boldsymbol{E}_4=[0\ 0\ 0\ 1]$,

$\mu_1=\mu_3=0.9\times2\pi f_0$, $\mu_2=\mu_4=0.1\times2\pi f_0$

定理 2 と 3 を同時に解くことにより速応性とアクチュエータ出力の飽和防止の両方を満足するファジィ制御器が設計できる．図 39.3，39.4 に R/C ヘリコプタの姿勢制御実験の結果を示す．安定化できていることが確認できる． ［大竹 博］

## 参 考 文 献


1) T. Takagi, M. Sugeno (1985)：Fuzzy Identification of Systems and Its Applications to Modeling and Control, *IEEE Transactions on Systems, Man, and Cybernetics*, **15**(1)：116-132.

2) K. Tanaka, H. O. Wang (2001)：Fuzzy Control Systems Design and Analysis, John Wiley & Sons, Inc.

3) H. O. Wang, K. Tanaka, M. Griffin (1996)：An Approach to Fuzzy Control of Nonlinear Systems：Stability and Design Issues, *IEEE Transactions on Fuzzy Systems*, **4**(1)：14-23.

4) S. Boyd, L. ElGhaoui, E. Feron, V. Balakrishnan (1994)：Linear Matrix Inequalities in Systems and Control Theory, SIAM.

5) H. Ohtake, K. Tanaka, H. O. Wang (2002)：A Practical Design Approach to Four-Fans Flying Vehicle Control, p. 72-76, ICASE/SICE Joint Workshop.

6) K. Tanaka, H. Ohtake, H. O. Wang (2004)：A Practical Design Approach to Stabilization of a 3-DOF RC Helicopter, *IEEE Transactions on Control Systems Technology*, **12**(2)：315-325.

# 40

# ニューロ・ファジィ制御

**要約**

| | |
|---|---|
| **制御の特徴** | ファジィ推論やファジィ制御器を多層階層型ニューラルネットワークで実現し，ニューラルネットワークの学習機能を使ったファジィ推論の前件部と後件部（あるいはどちらか一方）のパラメータを学習させる．ファジィ・ニューロ制御ともよばれる．したがって，必ずしも事前に前件部や後件部メンバシップ関数の適切な形や配置を熟練者の知識や試行錯誤を経て得ておく必要はなく，オンラインで，あるいは学習操作で調整でき，適応制御や学習制御の特徴を有する． |
| **長　所** | 制御対象のモデルが不正確でも適用でき，制御系への適応補償として有効である． |
| **短　所** | 収束性の確保は必ずしも保証されない． |
| **制御対象のクラス** | 線形系，非線形系，パラメータ変動系，時変系，未知パラメータや未知外乱を有する系． |
| **制約条件** | とくにない． |
| **設計条件** | ファジィ推論機構の選定と学習法の選択． |
| **設計手順** | Step 1　ファジィ推論機構の選択．<br>Step 2　推論機構のニューラルネットワーク構成と学習部分の決定．<br>Step 3　学習方法の選択． |
| **実応用例** | 移動ロボット，ロボットマニピュレータの制御などロボット・メカトロニクスシステムへの多数の応用がある． |

## 40.1　ニューロ・ファジィ制御の概念

ニューロ・ファジィ制御（neuro-fuzzy control）は，ファジィ推論機構をニューラルネットワーク（NN）で実現し，いわゆるNNの学習機能を利用することでファジィ推論機構での設計パラメータである前件部や後件部メンバシップ関数の配置や形状を調整しようとする手法である．

そのためには，まずどのようなファジィ推論を用いるかを決めなくてはならない．もっとも一般的なファジィ推論としては入力データ関数型推論（あるいは，高木・菅野のファジィ推論）がある．これは推論への入力を後件部で関数として利用する方法であり，定数値を含む入力値の線形関数表現が容易に実現できる．また，この推論の特殊な場合として，後件部を定数値のみとした簡略化推論はファジィ制御器として計算が単純であることから，ファジィ制御の応用問題では非常によく利用されている．

次に，推論機構のNN構成と学習部分の決定である．一般的には推論機構のネットワーク構造とは無関係に，前件部のメンバシップ関数の位置と形状のパラメータがまず学習部分として考えられる．また，入力データ関数型推論での後件部パラメータである，各ルールでの各入力データに関しての係数パラメータが学習部分としてあげられる．簡略化推論での後件部パラメータは，各ルールでのシングルトン値としての定数が学習部分としてあげられる．

最後に，学習方法の選択である．もっとも一般的な学習方法は誤差逆伝搬法（または，バックプロパゲーション法：BP法）である．その他，遺伝的アルゴリズム（GA）や進化戦略法（ES）をはじめとする各種進化計算法や粒子群最適化（particle swarm optimization：PSO）アルゴリズムなども利用できる．

## 40.2 ニューロ・ファジィ制御の設計法

### 40.2.1 ファジィ推論機構の選択

入力データ関数型推論，あるは高木・菅野のファジィ推論[1)]は，$n$ 個の入力変数 $(x_1, \cdots, x_n)$ と後件部での $p$ 個の出力変数 $(u_1, \cdots, u_p)$ に関して，$i$ 番目の制御ルール $R_i$ は

$$R_i: \text{If } x_1 = A_{i1} \text{ and } \cdots \text{ and } x_n = A_{in}$$
$$\text{then } u_1 = f_{i1}(x_1, \cdots, x_n) \text{ and } \cdots$$
$$\text{and } u_p = f_{ip}(x_1, \cdots, x_n) \quad (1)$$

と表現できる．ここで，$A_{ij}$ は $i$ 番目の制御ルールでの $j$ 番目の入力変数に関連する前件部でのファジィ集合を示し，$f_{ij}(x_1, \cdots, x_n)$ は $i$ 番目の制御ルールの後件部での $j$ 番目の変数に関連する関数である．$n$ 個の信頼度 $\mu_{A_{i1}}(x_1), \cdots, \mu_{Ain}(x_n)$ を用いると，前件部での信頼度 $h_i$は

$$h_i = \mu_{A_{i1}}(x_1) \cdot \mu_{A_{i2}}(x_2) \cdot \cdots \cdot \mu_{Ain}(x_n) \quad (2)$$

で定義できる．ただし，“・”は代数積の操作を示す．このとき $j$ 番目の出力結果は，重み $h_i$ についての $f_{ij}(\cdot)$ の重み付き平均値として以下のように計算できる．

$$u_j^* = \frac{\sum_{i=1}^{r} h_i f_{ij}(x_1, \cdots, x_n)}{\sum_{i=1}^{r} h_i}, \quad j = 1, \cdots, p \quad (3)$$

ここで，$r$ は制御ルールの総数である．なお，前件部のメンバシップ関数の数（つまり，ラベルの数）が $l$ ならば，一般に $r = l^n$ となる．

単一後件のときには，その関数は通常，線形関数として

$$u_1 = a_{0i} + a_{1i}x_1 + a_{2i}x_2 + \cdots + a_{ni}x_n \quad (4)$$

と表せる．入力データ関数型推論の更なる特殊な場合は，簡略化推論とよばれ，

$$u_1 = a_{0i} \quad (5)$$

と書け，これはまさに後件部にメンバシップ関数としてシングルトンを配置したときを意味している．

### 40.2.2 NN 構成と学習部分の決定

図 40.1 には，二つの入力 $(x_1, x_2)$ と単一出力 $u_1^*$ に対して，1 入力あたりガウス型メンバシップ関数を 3 ラベルとした後件部を入力データの線形関数とする推論機構を用いたときのニューロ・ファジィ制御器の NN 構造を示している．このとき，総ルール数は $r = 3^2$ となる．

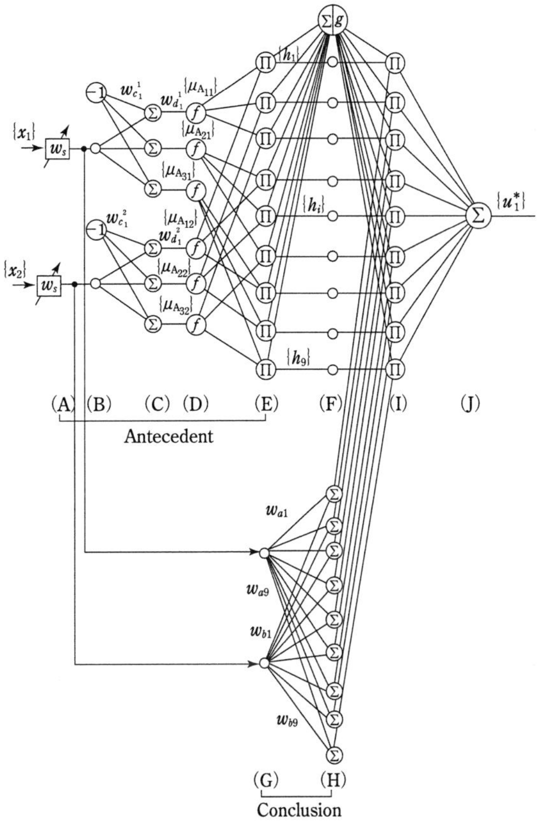


図 40.1 入力データ関数型推論によるニューロ・ファジィ制御器

波括弧{ }をもつ変数は NN を通過する信号を表し，サークル記号はユニットを，$w_{cj}^i$ は $i$ 番目の入力の $j$ 番目のガウス型メンバシップ関数に対する中心値を表す結合荷重を，$w_{dj}^i$ は正規化された台集合上で $i$ 番目の入力の $j$ 番目のガウス型メンバシップ関数が 0.5 をとるような中心値 $w_{cj}^i$ からの偏差の逆数値を示す．さらに，記号−1 をもつユニットは−1 の出力を出し，記号 $\Sigma$ をもつユニットはその入力の総和を出力する．同様に，記号 $\Pi$ をもつユニットはその入力の代数積を出力する．記号 $f$ をもつユニットでの入出力関係は，ユニット関数としての以下のガウス関数によって定義されるものとする．

$$f(x) = e^{\ln(0.5)x^2} \quad (6)$$

なお，何の記号もないユニットは単に入力を出力に分配するだけである．

図の A 層〜E 層はファジィ制御ルールの前件部に対応し，G 層と H 層は後件部に対応する．A 層に適用された入力は，たとえば適応入力スケーリング法[2)]などでスケーリングされる．C 層ではバイアス値である結合荷重 $-w_{cj}^i$ がスケール化された入力に加えられ，それに $w_{dj}^i$ を掛けたものが D 層でのガウス関数への

入力となる．E層では，制御ルールの前件部での信頼度 $h_i$ が得られる．F層の最初のユニットでは入力の総和とその逆数計算が実施される．つまり，記号 $\Sigma$ と $g$ をもつユニットは線形総和入力を用いて以下の関数を通して出力を出す．

$$g(x)=\frac{1}{x} \tag{7}$$

G層とH層では，一度結論部の関数の計算が行われ，引き続いて重み $h_i$ に関する後件部 $a_{1i}x_1+a_{2i}x_2$, $i=1, \dots, 9$ の重み付き平均としてI層とJ層で結論を得る．

### 40.2.3　学習方法の選択

バックプロパゲーション法（あるいはBP法）[3] を用いると，ニューロ・ファジィ制御器の結合荷重を学習させることができ，結果的にはファジィ制御ルールを同定し，かつ前件部や後件部のメンバシップ関数を微調整することができる．以下では，プラントの出力誤差を最小化するようにニューロ・ファジィ制御器を学習する，いわゆる特殊化学習機構について説明する．しかしながら，一般化学習機構やフィードバック誤差学習機構に関しては[4]，出力層のデルタ量を変えるだけで同様な結果が得られることに注意されたい．

$M$ 層からなる多層階層型NNを考え，任意のユニットの入出力関係を $f(\cdot)$ で示し，$k$ 番目の層での $j$ 番目のユニットへの入力を $i_j^k$ で，さらにそのユニットからの出力を $o_j^k$ で示す．$k$ 番目の層での $j$ 番目のユニットと $k+1$ 番目の層での $l$ 番目のユニットを結合する荷重を $w_{j,l}^{k,k+1}$ と書く．

ケースAを，$k$ 番目の層への入力が関数 $f(\cdot)$ を通った出力で，$k+1$ 番目の層への入力が総和操作（つまり $\Sigma$）で計算されるような場合としよう．同様にケースBを，$k$ 番目の層への入力が関数 $f(\cdot)$ を通った出力で，$k+1$ 番目の層への入力が積操作（つまり $\Pi$）で計算されるような場合としよう．

上の条件下で，ケースAに関して以下のユニット入出力関係を

$$i_l^{k+1}=\sum_j w_{jl}^{k,k+1}o_j^k,\quad o_l^{k+1}=f(i_l^{k+1}) \tag{8}$$

ケースBに関しては，同様に

$$i_l^{k+1}=\prod_j w_{jl}^{k,k+1}o_j^k,\quad o_l^{k+1}=f(i_l^{k+1}) \tag{9}$$

の関係を得る．

特殊化学習に関しては，以下のコスト関数 $J$

$$J=\frac{1}{2}\sum_{i=1}^{m}(y_{di}-y_i)^2 \tag{10}$$

を最小化するように重み $w_{ij}^{k,k+1}$ が求められる．ここで，$m$ はプラント出力数，$y_{di}$ は $i$ 番目の所望の目標値，および $y_i$ はプラントの $i$ 番目の出力である．このとき，出力層 $M$ での $j$ 番目のユニットのデルタ量 $\delta_j^M$ と任意の中間層 $k$ での $j$ 番目のユニットのデルタ量 $\delta_j^k$ は，それぞれ

出力層：

$$\delta_j^M=f'(i_j^M)\sum_{i=1}^{m}(y_{di}-y_i)\frac{\partial y_i}{\partial u_j} \tag{11}$$

中間層：

$$\delta_j^k=f'(i_j^k)\sum_l \delta_l^{k+1}w_{jl}^{k,k+1} \qquad (\text{ケースA})$$

$$\delta_j^k=f'(i_j^k)\sum_l \delta_l^{k+1}w_{jl}^{k,k+1}\Bigl(\prod_{i\neq j}w_{il}^{k,k+1}o_i^k\Bigr) \tag{12}$$

（ケースB）

で与えられる．ここで，$u_j$ はプラントの $j$ 番目の入力である．

ケースBのデルタ計算の応用は，図40.1でのD層とF層で利用される．なお，ここで，D層での $f'$ とF層での第1ユニットのそれは

D層に対して：$f'(i_j^k)=2\ln(0.5)\,i_j^k o_j^k$ (13)

F層の第1ユニットに対して：

$$f'(i_j^k)=-(o_j^k)^2 \tag{14}$$

となり，他の線形ユニットに対しては $f'(i_j^k)=1$ である．

また，出力層でのヤコビアン $\partial y_i/\partial u_j$ は，もし制御入力が互いに干渉しているならば

$$\frac{\Delta y_i}{\Delta u_j}\simeq\frac{\partial y_i}{\partial u_j}+\sum_{l\neq j}\frac{\partial y_i}{\partial u_l}\frac{\Delta u_l}{\Delta u_j} \tag{15}$$

で，もし制御入力が互いに非干渉化されているならば

$$\frac{\partial y_i(kT)}{\partial u_j(kT)}\simeq\frac{\Delta y_i(kT)}{\Delta u_j(kT)}\quad (i=j) \tag{16}$$

で近似できる．ここで，$\Delta u_j(\cdot)$ と $\Delta y_i(\cdot)$ はサンプリング時刻 $kT$ での入出力から生成でき，$\Delta=1-z^{-1}$ とし，$z^{-1}$ は1ステップ遅延作用素，$k$ は離散時刻，また $T$ はサンプリング幅である．もしプラントが元々入力に時間遅れのない離散システムならば，上の式の代わりに $\partial y_i(kT)/\partial u_j[(k-1)T]$ を計算しなくてはならない．

以上の結果から，結合荷重の更新式は以下のようになる．

ケースA：

$$w_{ij}^{k-1,k}(t+1)=w_{ij}^{k-1,k}(t)+\eta\delta_j^k o_i^{k-1}+\xi\Delta w_{ij}^{k-1,k}(t) \tag{17}$$

ケースB：

$$w_{ij}^{k-1,k}(t+1)=w_{ij}^{k-1,k}(t)+\eta\delta_j^k o_i^{k-1}\Bigl(\prod_{l\neq i}w_{lj}^{k-1,k}o_l^{k-1}\Bigr)+\xi\Delta w_{ij}^{k-1,k}(t) \tag{18}$$

ここで，$t$ は $t$ 回目の更新時刻を示し，$\eta$ は学習率を意味する小さな正定数，$\Delta w_{ij}^{k-1,k}(t)$ は $t$ 回目のステップでの結合荷重の増分を，$\xi$ は安定化係数として利用される小さな正定数である．したがって，ここではケース A を用いて結合荷重 $w_c$，$w_d$，$w_a$ および $w_b$ が更新できる．

## 40.3 ニューロ・ファジィ制御の設計例

### 40.3.1 簡略化推論を用いたニューロ・ファジィ制御器

入力データ関数型推論の特殊な場合として，簡略化推論があることを先に述べた．図 40.2 にはルールごとの後件部の定数値を 1 個のみ学習する形となっており，構造が簡単であり，多くの応用問題ではこのニューロ・ファジィ制御器の利用が盛んに行われてきた．なお，G 層と H 層では，重み $h_i$ に関する $w_{ai}$ の重みつき平均として直接推論結果を得る．ただし，$w_{ai}$ は結論部での定数 $a_{0i}$ を示す．

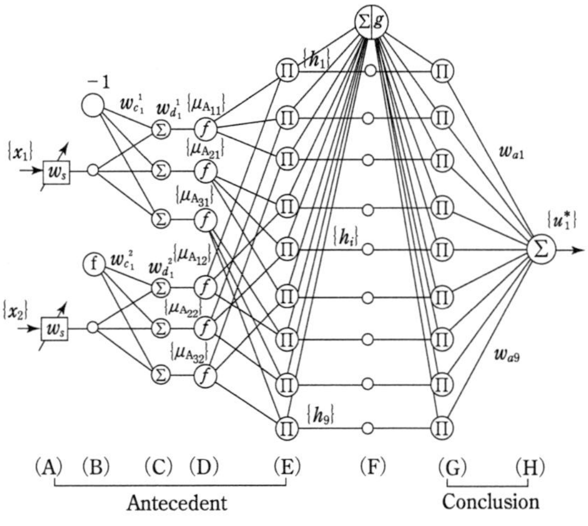


図 40.2　簡略化推論によるニューロ・ファジィ制御器

### 40.3.2 平均値関数型推論を用いたニューロ・ファジィ制御器

さらに，入力データ関数型推論の特殊な場合として，後件部パラメータを前件部メンバシップ関数の平均値を元にして作成する平均値関数型推論[5]があり，この後件部は

$$u_1 = f_{i1}(c_{1i}, \cdots, c_{ni}) \text{ and } \cdots \text{and } u_p = f_{ip}(c_{1i}, \cdots, c_{ni}) \tag{19}$$

と書け，結論は

$$u_j^* = \frac{\sum_{i=1}^{r} h_i f_{ij}(c_{1i}, \cdots, c_{ni})}{\sum_{i=1}^{r} h_i}, \quad j=1, \cdots, p \tag{20}$$

となる．ここで，$c_{ij}$ は $i$ 番目の制御ルールでの前件部での $j$ 番目のメンバシップ関数に関係する中心値（たとえば，ガウス型メンバシップ関数の平均値）を示している．2 入力データの場合，$c_{ij}$ の線形関数としての $u_1$ は

$$u_1 = a_{0i} + a_{1i}c_{1i} + a_{2i}c_{2i} \tag{21}$$

または

$$u_1 = a_0 + a_1 c_{1i} + a_2 c_{2i} \tag{22}$$

と書ける．図 40.3 にはこの推論を用いたときのニューロ・ファジィ制御器の構造を示している．

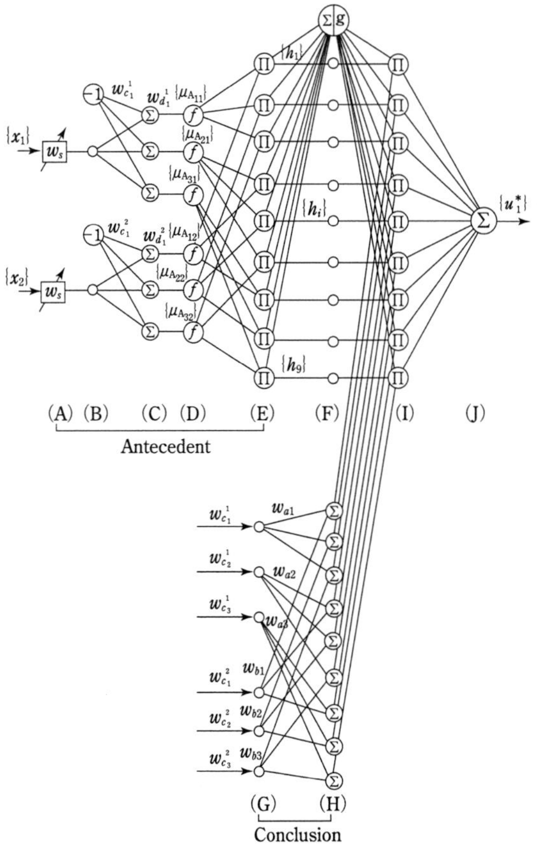


図 40.3　平均値関数型推論によるニューロ・ファジィ制御器

### 40.3.3 ニューロ・ファジィ制御器の応用例

ニューロ・ファジィ制御器の応用例は枚挙にいとまがない．ここでは，メカトロニクスシステムの代表である車輪式移動ロボットとマニピュレータへの応用を紹介しておく．なお，詳細はそれぞれの文献を参照さ

れたい．

文献6）では，平均値関数型推論を採用したニューロ・ファジィ制御器による2輪独立駆動型移動ロボットの軌道追従制御が，また文献7）では簡略化推論機構を用いたニューロ・ファジィ制御器による同様な移動ロボットの軌道追従制御が述べられている．

各種ロボットのファジィ音声指令を目指して，文献8）では，車輪式移動ロボットの動作修正ネットワークとして簡略化推論に基づくニューロ・ファジィ制御器を採用している．同様に文献9）では車輪式移動ロボットと7リンクマニピュレータに対する音声指令システムで，性能評価ネットワーク用に簡略化推論に基づくニューロ・ファジィ制御器を採用し，それをPSO技法によって学習している．さらに，文献10）では文献9）で扱われた同様なマニピュレータの音声指令システムに対して，行動評価ネットワークとしてニューロ・ファジィシステムが利用されている．

文献11）では，7自由度マニピュレータの逆運動学問題解法において，無数の関節解の内の候補解を与えるために簡略化推論に基づくニューロ・ファジィ制御器を利用しており，また文献12）では2リンクおよび3リンクマニピュレータのモデリングにおいて，PSO技法による学習機構をもつニューロ・ファジィシステムが利用されている．　［渡辺桂吾］

## 参考文献

1) T. Takagi, M. Sugeno (1985)：Fuzzy Identification of Systems and Its Applications to Modeling and Control, *IEEE Trans. on Systems, Man, and Cybernetics*, **SMC-15** (1)：116-132.
2) K. Watanabe, S. G. Tzafestas (1992)：Fuzzy Logic Controller as a Compensator in the Problem of Tracking Control of Manipulators, *Proc. IFToMM-jc Int. Sympo. on Theory of Machines and Mechanisms*, Nagoya, p. 98-103.
3) D. E. Rumelhart, J. L. McClelland, and the PDP research group (Eds) (1986)：Parallel Distributed Processing：Explorations in the Microstructures of Cognition, Vol. 1：Foundations, MIT Press, Cambridge.
4) M. Teshnehlab, K. Watanabe (1999)：Intelligent Control Based on Flexible Neural Networks, Kluwer Academic Press.
5) 渡辺桂吾 (1995)：平均値関数型推論によるファジィ制御器設計，計測自動制御学会論文集，**31**(8)：1106-1113.
6) 渡辺桂吾，原　勝弘 (1995)：平均値関数型推論を用いたファジィ・ニューラルネットワーク制御器，日本ファジィ学会誌，**7**(3)：647.657.
7) K. Watanabe, J. Tang, M. Nakamura, S. Koga, T. Fukuda (1996)：A Fuzzy-Gaussian Neural Network and Its Application to Mobile Robot Control, *IEEE Trans. on Control Systems Technology*, **4**(2)：193-199.
8) K. Pulasinghe, K. Watanabe, K. Izumi, K. Kiguchi (2004)：Modular Fuzzy-Neuro Controller Drivenby Spoken Language Commands, *IEEE Trans. on Systems, Man and Cybernetics, Part B*, **34**(1)：293-302.
9) A. Chatterjee, K. Pulasinghe, K. Watanabe, K. Izumi (2005)：A Particle Swarm Optimized Fuzzy-Neural Network for Voice-Controlled Robot Systems, *IEEE Trans. on Industrial Electronics*, **52**(6)：1478-1489.
10) A. G. B. P. Jayasekara, K. Watanabe, K. Kiguchi, K. Izumi (2010)：Interpreting Fuzzy Linguistic Information by Acquiring Robot's Experience Based on Internal Rehearsal, *JSME, Journal of System Design and Dynamics*, **4**(2)：297-313.
11) S. F. M. Assal, K. Watanabe, K. Izumi (2006)：Neural Network-Based Kinematic Inversion of Industrial Redundant Robots Using Cooperative Fuzzy Hint for the Joint Limits Avoidance, *IEEE/ASME Trans. on Mechatronics*, **11**(5)：593-603.
12) A. Chatterjee, K. Watanabe (2006)：An Optimized Takagi-Sugeno Type Neuro-fuzzy System for Modeling Robot Manipulators, *Neural Computing & Applications*, **15**(1)：55-61.

# 41

# 遺伝的アルゴリズム（GA）

| 要約 | | |
|---|---|---|
| | 制御の特徴 | 遺伝的アルゴリズムは生命の適応進化についてのダーウィニズムに範を得た最適化手法である．この手法では問題の解を個体に見立て，複数の個体からなる個体群に選択，交叉，突然変異という演算を繰り返し適用することにより最適解の探索を進める． |
| | 長　所 | 適用範囲が広く最適解の大域的な探索が期待できる手法である．また，複数の目的関数を最適化する多目的最適化とも親和性が高い． |
| | 短　所 | 離散的な空間を探索する組合せ最適化問題では得られる解の質は解の構造を適切に表現する解のコーディングと解候補間で情報を交換する交叉演算の設計にかなり依存する．連続空間を探索する場合は変数の連続性を考慮した解表現と交叉演算を用いる実数値遺伝的アルゴリズムの適用を検討すべきである． |
| | 制御対象のクラス | 最適化問題として記述可能な問題． |
| | 制約条件 | 制約条件を常に満たす解表現や，満たさない場合の強制演算などにより考慮する． |
| | 設計手順 | 準備：問題の解表現，適応度の計算方法，制約条件を侵した場合の解の修正方法などを決める．<br>Step 1　問題の解をいくつかランダムに生成し，個体群を構成する．<br>Step 2　生成された解の適応度を評価し，適応度の高い個体は増殖させ，低い個体は死滅させる．<br>Step 3　最良解が十分によいか，あらかじめ定めた繰り返し回数を超過すれば終了．<br>Step 4　問題の解を組み合わせ，交叉演算，突然変異演算を適用して新しい解をつくる．<br>Step 5　Step 2 にもどる． |
| | 実応用例 | 最適化問題，多目的最適化問題に定式化する形で多数の工学的応用が行われている．エンジン制御系の設計問題への適用例は 41.3 節参照． |

## 41.1 遺伝的アルゴリズムの概念

遺伝的アルゴリズム（genetic algorithm：GA）は生物の適応進化の自然選択説，いわゆるダーウィニズムに範をとった最適化などのための計算手法であり，類似の着想で異なる実装をもつ手法とともに進化的計算と総称される手法の一種である．

GA は以下のように構成される．まず，解くべき問題の解を何らかの形で記号表現し，これを「個体」に見立てる．また，解のよさを評価する適応度関数を定める．そして，多数の個体（個体群）をランダムに生成するなどして用意し，各個体の適応度を評価し，適応度の高い個体を増やし，低い個体を排除する「選択」，複数の解を組み合わせて新しい解を生成する「交叉」，解の一部に摂動を与える「突然変異」などの演算子を繰り返し適用する形で計算を進め，最適解を得ようとするものである．

GA は適用範囲が広く，個体群を用いて大域的に探索を進める点で局所最適解の多い問題などでも能力を発揮する点が魅力であるが，手法自体は枠組みを与えるだけであり，その性能は演算子の選択にかなり依存する．「選択」演算子は比較的，問題によらず選べるが，継続的な解探索のため個体群の多様性を急激に失わないことが肝要であり，たとえば「MGG」とよばれる手法は構成が簡単な割に多様性維持に優れている．

離散的空間での最適解探索ではとりわけ良い解のもつ構造を保存・抽出し，個体間で交換する交叉演算の設計に大きく依存する．このため，問題に応じて解の表現や交叉演算を設計することが必要になる．

連続な探索空間での最適化では古典的なGAの教科書に紹介されている解を二進数表現した文字列に一般的なGAの交叉や突然変異を適用することの効果は限られており，解空間の連続性や適応度関数の変数間の依存性などを考慮した実数値GAとよばれる手法を適用する必要がある．たとえば，UNDXやその発展系であるUNDX-m，あるいはSPXなどの交叉演算は親個体の線形演算を基本に子個体を生成するため，変数間の依存性のある問題でも高い性能を示している．

また，GAは多目的最適化問題にも適用される．多目的最適化とは複数の評価関数を同時に最適化する問題であるが，一般にはすべての目的関数を最適化する解は存在しないため，「パレート最適解集合」とよばれる最善のトレードオフ関係を表す解集合を求めることが解法の基本となる．GAが個体群を用いて探索を進めることを活かしてパレート最適解集合を一括して探索する方法が開発されており，多目的GAとよばれて応用も盛んである．

制御の観点からは制御系を実際にあるいはシミュレーションにより動作させ，その評価を得て，コントローラを進化させるといった応用となる．これは制御対象のモデル化やモデルからのコントローラの明示的な設計が困難な場合にでも使える点で多様な制御系においてコントローラの設計に利用可能な点で有用である．

GA全般と利用される上述の選択や交叉，突然変異の演算子の具体的な定義については文献1）を参照されたい．

## 41.2　遺伝的アルゴリズムの設計法

遺伝的アルゴリズムを実際の問題に適用するに当たっては以下の手順をとる．

・Step 1　問題の最適化問題への定式化

解くべき問題を設計変数によるコストの最小化や性能の最大化などの最適化問題，あるいは多目的最適化問題に定式化する．

・Step 2　解の表現

設計変数の解表現を考える．探索範囲内の実数値ベクトルや整数値ベクトルのほか，順番などを決める問題では1から$n$までの数の「順列」のような表現でもよい．

・Step 3　遺伝演算子の決定

「選択」，「交叉」，「突然変異」などの遺伝演算子を決定する．個体表現として整数値ベクトルなどを用いる問題では，1点交叉，2点交叉，一様交叉などが汎用性のある交叉演算である．実数値ベクトルについては先に述べたUNDXやSPXなど実数値GAとして開発された交叉演算が使える．また，順列表現を用いる場合には正当な順列を維持できる交叉演算として順序交叉，部分一致交叉，周期交叉などが汎用的な交叉演算であるが，問題に応じて良い解の部分構造を交換する交叉を独自に設計する必要性も高い．また交叉によって解が拘束条件などを違反する場合は，それを修復する強制操作も併せて検討する．

・Step 4　GAの実行

以上の準備が整えばGAの計算を実行できる．GAの計算手順は概ね以下のようなものである．

① 個体群の初期化：個体群の各個体を探索領域内でランダムに初期化する．

② 目的関数の評価：個体群の各個体について目的関数を評価する．

③ 終了の判定：所定の回数の計算を行えば最良の評価値を解として計算を終了する．

④ 選択：評価値の良い個体はその複製を個体群内に生成し，評価値の悪い個体は個体群から除去する．

⑤ 交叉演算の適用：個体群の個体を組み合わせて，確率的に交叉演算を適用する．

⑥ 突然変異演算の適用；個体群の各個体について，確率的に突然変異を適用する．

⑦ Step 2にもどる．

上記の計算手順には選択，交叉，突然変異といった演算子の選択のほか，これらに含まれる可調整パラメータや，個体群サイズ，ループの繰り返し回数，交叉や突然変異の適用確率など多くのパラメータが存在する．これらは計算の収束状況などをみて試行錯誤的に調整する必要がある．

GAで典型的にみられる挙動として「初期収束」がある．交叉演算を主な探索手法としているGAでは個体群が多様性を失えば交叉演算は機能しなくなる．探索の初期段階で個体群が似たような個体に収束してしまって探索が進まなくなる状況を「初期収束」とよんでいる．GAの実行のなかでは，個体群の多様性が急速に失われないかなどに注意して探索状況をモニタリングし，初期収束を回避するように選択の強さを調整するなどを行う必要がある．

## 41.3 遺伝的アルゴリズムの適用例

ここでは遺伝的アルゴリズムを用いて実機を用いて実験を繰り返しながらガソリンエンジンの制御系の設計を行ったKajiの事例[2)]を紹介する．

エンジンの制御系は燃料噴射などが電子的に行えるようになったため，エンジンの走行状況に応じて数多くのパラメータを調整することが可能になってきた．その一方，走行性能の向上と燃料消費量や排ガスの低減を両立させることが求められており，設計にかかる負担が多くなっている．

技術的には慣性の低い発電機を実機のエンジンに接続して走行時の負荷状況をシミュレーションできる環境を用い，実際にエンジンをテストベッド上で回転させながら，燃費や排ガスを計測することで実験を通じて制御系の設計が行える環境としてhardware in the loop simulator（HILS）環境が注目されている．

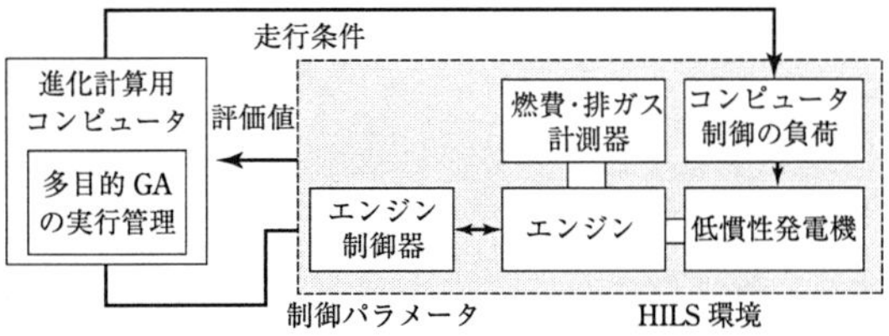


図41.1 エンジン制御系設計への適用
［文献2）を参考に作成］

Kaji[2)]はHILS環境を用いたエンジンの制御系設計に多目的遺伝的アルゴリズムを適用した．実機を用いた設計パラメータの最適化であるため，実施時間の制約や機材の耐久性から評価回数がかなり制限される一方で，計測される評価値にはかなりのノイズが含まれる状況下で最適化を進めなければならない．Kajiのアプローチは基本的には連続値の制御パラメータにより排ガス中の炭化水素と窒素酸化物，あるいはトルクと燃費などトレードオフ関係にある評価関数の多目的最適化を行う多目的･実数値GAである．しかしながら，先に述べた評価回数の制約と評価値のノイズ対策のために，探索履歴中の評価値を用いて新しい探索点の評価値のノイズを低減するなど，さまざまな工夫を導入することで実用的なレベルで制御系の設計が行えることを示した．

［喜多 一］

### 参考文献

1）電気学会 進化技術応用調査専門委員会編（2010）：進化技術ハンドブック，第I巻基礎編，近代科学社．

2）H. Kaji（2008）：Automotive Engine Calibration with Experiment-Based Evolutionary Multi-objective Optimization，京都大学博士論文．

# 42

# GPに基づく制御系設計

**要約**

| | |
|---|---|
| **制御の特徴** | 自然界の生物は常に進化を続け，環境に適応するように子孫を残す．すなわち，環境に適応できるものは生き残り，適応できないものは消滅する．さらに，生き残ったものから遺伝的なプロセスを通して新しいタイプの生命体が生まれる．この進化過程が幾世代にもわたって繰り広げられ，結果的に環境に適した形で子孫が生き残る．この生物の進化をコンピュータ計算で実現するのが進化型計算であり，本設計手法はその進化型計算を利用する．進化型計算のなかでも，制御系設計に適したプログラム構造をもつ遺伝的プログラミング（GP）を採用する．進化過程を模倣しているために制御器の自動生成が可能となっており，結果的に設計者への負担は少ないのが大きな特徴である． |
| **長　所** | 進化を適切に促進する環境（条件）が整えば，どのような制御器も基本的には生成可能である． |
| **短　所** | 進化を促進する環境（条件）は適合度関数という形で数式化する必要がある．設計問題の性質によっては困難な場合がある． |
| **制御対象のクラス** | 数式モデル化が可能なシステムであれば，どのような制御対象に対しても基本的には適用可能である．また，設計問題に対しても適合度関数の設定が可能であれば，どのような設計問題に対しても基本的には適用可能である． |
| **設計手順** | Step 1　はじめに人工的な集団（初期世代集団）をつくる．集団の構成員（個体）の性格付けはランダムに行う．<br>Step 2　適合度関数により各個体を評価する．<br>Step 3　各評価に従い，交叉，突然変異，複製などの遺伝的操作を行い，新たな集団（次世代集団）をつくる．<br>Step 4　進化が十分に達成されるまで，Step 2 および Step 3 を繰り返す． |
| **実応用例** | 最適制御問題，$H_\infty$ 制御問題，サーボ問題，入出力線形化問題などに関し豊富な数値実験例がある[1~3]．実時間進化による実機システム搭載例もある[4]． |

## 42.1　GP制御系設計の概要

本設計手法では進化型計算が重要な役割を果たす．その一つである遺伝的プログラミング（genetic programming：GP）[5,6] とは，木構造，すなわち「木」とよばれる構造表現が扱えるように遺伝的アルゴリズム（genetic algorithm：GA）を拡張した手法といわれる．なお，GA に関しては 41 章を参照されたい．GP は関数やプログラムの自動生成など，ある種の階層的な表現能力を要する問題を直接的に扱えるという利点をもつ．そのため，フィードバック制御器の構築が可能となる．ここで「木」とは，サイクルをもたないグラフのことであり，図 42.1(a) のような構造をいう．

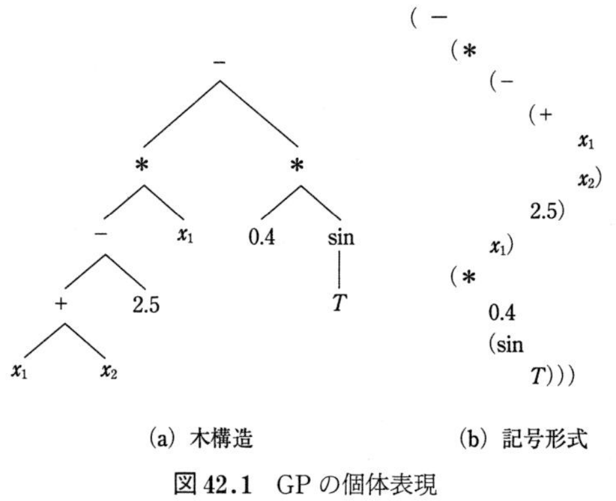


(a) 木構造　(b) 記号形式

図 42.1　GP の個体表現

このグラフにおいて，「$x_1$」，「$x_2$」，「$T$」は「数値」とともに終端記号とよばれ，「∗」，「−」，「＋」は非終端記号とよばれる．一般的に数式（または関数）を取り扱う場合，終端記号には変数や数値などが用いられ，非終端記号には四則演算記号などが用いられる．図42.1(a) の木構造は

$$(x_1+x_2-2.5)x_1-0.4\sin(T)$$

という数式（関数）を表現している．制御系設計の観点から眺めると一つのフィードバック制御器を表現している．GP が制御系設計に使われる根拠の一つである．なお，GP のもつ構造上の特徴のため解析的な微分演算の組み込みは容易となる．本手法では，必要に応じて高速自動微分法[7] を利用する．

制御系設計の大筋を以下に示す．各個体は求める制御器を表現するものとする．なお，設計問題によっては，制御器を直接に固体に対応させるのではなく，制御器構築に際しての核となる関数（以後，母関数という）を対応させることもある．

**GP アルゴリズム**

① 個体の木構造をランダムに構成して，適切な個体数からなる人工的な集団をつくる． これを初期世代集団という．

② ランダムに構成された各個体が，与えられた環境に適合できるか否かを評価する．すなわち，その適合の度合いを適合度関数の値により決定し，各個体を順位づけする．

③ 各個体の順位付けに従い，交叉，突然変異，複製などの遺伝的操作を行い，環境に適した固体が多く生き残ることを期待しつつ新たな集団（次世代集団）をつくる．個体数は初期世代集団と同じとする．

④ 進化が十分に達成されるまで，以上を繰り返す．なお，各世代において最良個体（局所最良固体）を保存し，最終的には各世代を通しての最良個体（大域最良個体）を採用する．

## 42.2 GP 制御系の設計例

具体的な設計問題として最適制御問題，$H_\infty$ 制御問題，サーボ問題，入出力線形化問題を取り上げ，本手法がどのように適用されるかを概観する．

### 42.2.1 最適制御問題

システム方程式および評価関数が

$$\dot{x}=f(x(t),u(t)) \tag{1a}$$

$$J=L_f(x(t))+\int_\tau^T L(x(t),u(t))\,dt \tag{1b}$$

で与えられる最適制御問題を考える．$x\in R^n$ は状態変数，$u\in R^r$ は制御入力である．ここで $W(x,\tau)$ を

$$W(x,\tau)=\min_u\left\{L_f(x(T))+\int_\tau^T L(x(t),u(t))\,dt\right\}$$

とおくとき，Bellman の最適性の原理より，よく知られた Hamilton-Jacobi-Bellman (HJB) 方程式が導かれる．

$$\frac{\partial}{\partial t}W(x,t)-\min_u\left\{\frac{\partial}{\partial x}W(x,t)^T f(x,u)+L(x,u)\right\}=0$$

ここで，最適制御器は

$$\min_u\left\{\frac{\partial}{\partial x}W(x,t)^T f(x,u)+L(x,u)\right\}$$

から得られる[8]．

$W(x,\tau)$ は最適制御器構成において核となる．したがって，本設計では各個体に $W(x,\tau)$ を母関数として対応させる．また，適合度関数として HJB 方程式の左辺を用いる．すなわち，適合度関数値が 0 に近い固体を良好な個体と評価する．具体的な設計例を以下に示す．なお，制御器を各個体に直接に対応させ，評価関数値 (1b) を適合度関数とする設計法も考えられる[9]．

システム方程式と評価関数を

$$\dot{x}=\begin{bmatrix}(1-x_2^2)x_1-x_2\\ x_1\end{bmatrix}+\begin{bmatrix}1\\0\end{bmatrix}u$$

$$J=\int_0^T(x_1^2+x_2^2+u^2)\,dt$$

とした場合の設計例を図 42.2 に示す[10]．大域最良固体は 500 世代目に得られた．生成された制御器は

$$u(t)=-2.0x_1-0.0707x_2+0.3469x_1^2x_2+0.2312x_1x_2^2$$

であった．この問題に対する解析解は与えられていないため，数値解との比較を示す．両者は完全な一致とはいえないまでも，非線形制御器の近似に十分に成功しているといえる．

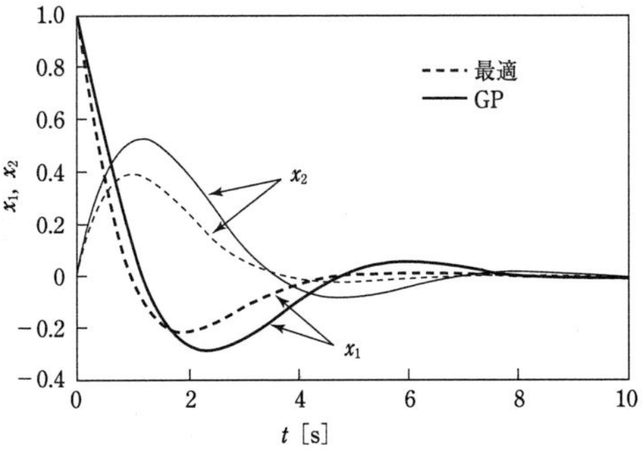


図 42.2 GP 軌道と最適軌道

### 42.2.2 $H_\infty$ 制御問題

システム方程式および出力方程式が

$$\dot{x}=f(x)+g_1(x)w+g_2(x)u$$

$$z=h_1(x)+k_{12}(x)u \tag{2}$$

で与えられる $H_\infty$ 制御問題（詳細は15章参照）を考える．すなわち，平衡状態 $x=0$ は，その近傍に存在する任意の初期状態に対して $w=0$ で漸近安定であり，かつ定数 $\gamma>0$ のもと，すべての外乱 $w$ に対して $\|z\|^2/\|w\|^2\leq\gamma^2$ となるような外乱抑制制御系を設計する．ただし，$z\in R^m$ は評価量とし，

$$h_1^T k_{12}=0,\ \ k_{12}^T k_{12}=I,\ \ f(0)=h_1(0)=0$$

とする．

評価関数を

$$J(x,w)=\int_0^\infty (z^T z-\gamma^2 w^T w)\,dt \tag{3}$$

とすると，微分ゲームとしてとらえることができる．ここでは状態フィードバックを考える．評価関数の鞍点条件より，制御器は

$$u_{op}(t)=-\frac{1}{2}g_2^T(x)p \tag{4}$$

で与えられる．ここで，$p$ は Hamilton-Jacobi-Isaacs (HJI) 方程式

$$p^T f(x)+\frac{1}{4\gamma^2}p^T g_1(x)g_1^T(x)p$$
$$-\frac{1}{4}p^T g_2(x)g_2^T(x)p+h_1^T(x)h_1(x)=0 \tag{5}$$

の解である[8]．

本設計では制御器をHJI方程式の解 $p$ により構成する．$p$ を $p=\partial W/\partial x$ とおき，GPの個体には $W(x)$ を母関数として対応させる．適合度関数としてHJI方程式の左辺を用いる．具体的な設計例を以下に示す．

システム方程式および出力方程式が以下で与えられるとする．

$$\dot{x}=\begin{bmatrix} x_2 \\ x_1+x_2 \end{bmatrix}+\begin{bmatrix} 1 \\ 0 \end{bmatrix}w+\begin{bmatrix} x_2-1 \\ -(x_1+2) \end{bmatrix}u$$

$$z=[x_1\ x_2\ u]^T$$

文献11）において，$T=\infty$，$\gamma=1.0$ の場合の解析解が与えられており，関数 $W(x)$ は

$$W(x)=x_1^2+x_2^2$$

である．GPの非終端記号を「＋」，「－」，「＊」とし，全体として100世代計算したとき61世代目に大域最良固体が得られた．このときの $W(x)$ は

$$W(x)=5.2978+x_1^2+x_2^2$$

となった．偏微分方程式の性質上，不定積分定数項部分の一致はみられなかったが，$p$ に関しては完全に一致した．得られた $W(x)$ を図42.3に示す[10]．なお，HJI方程式に基づく設計法に関しては，文献12）に詳しいので参照されたい．豊富な設計例が示されている．

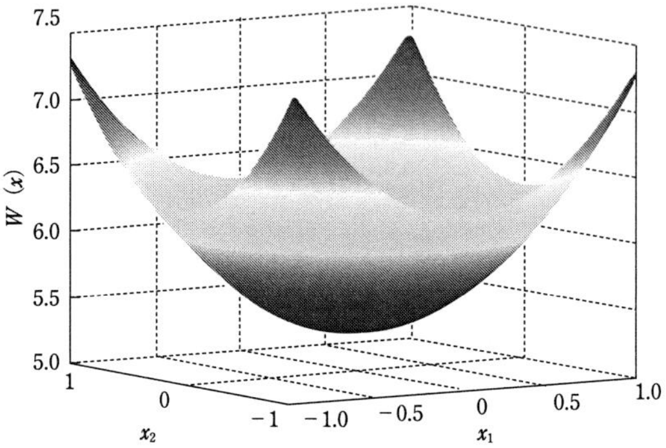


図42.3　$W(x)$

### 42.2.3　サーボ問題（出力レギュレーション問題）

システム方程式および出力方程式が

$$\dot{x}=f(x,w,u),\ \ y=h(x,w) \tag{6a, b}$$

で与えられているとする．外乱および参照信号を表す外部システムを

$$\dot{w}=s(w),\ \ y_{ref}=q(w) \tag{7a, b}$$

とする．いま，出力 $h$ の値を $q(w)$ に近づけることを制御目的と考える．このような問題は，サーボ問題または出力レギュレーション問題といわれる．その設計手順は以下のとおりである．まず $h=q(w)$ のときに成り立つ $x,u$ の関係を求める．このときの $x,u$ を $x=\pi(w)$，$u=c(w)$ とおき，$\pi(w),c(w)$ がどのような関数として与えられるかを求める．システムは $\dot{x}=f(x,w,u)$ という関係が成り立っているので，これに $\pi(w),c(w)$ を代入すると，

$$\dot{\pi}(w)=f(\pi(w),w,c(w))$$

となる．$\pi$ は $w$ の関数で，$w$ は $t$ の関数なので

$$\dot{\pi}(w)=\frac{\partial\pi}{\partial w}\frac{\partial w}{\partial t}=\frac{\partial\pi}{\partial w}\dot{w}=\frac{\partial\pi}{\partial w}s(w) \tag{8}$$

したがって，いわゆるレギュレータ方程式

$$\frac{\partial\pi}{\partial w}s(w)=f(\pi(w),w,c(w)) \tag{9a}$$

$$h(\pi(w),w)=q(w) \tag{9b}$$

が得られる．式(9)を Francis-Byrnes-Isidori (FBI) 方程式とよぶ．この解が求まれば状態フィードバックを考えた場合，出力レギュレーションの制御器を $\alpha(x,w)$ として

$$\alpha(x,w)=c(w)+K(x-\pi(w))$$

と与えることができる．ここで

$$A=\left[\frac{\partial f}{\partial x}\right]_{(0,0,0)},\ \ B=\left[\frac{\partial f}{\partial u}\right]_{(0,0,0)}$$

とし，$(A,B)$ は可安定であり，$(A+BK)$ はフルビッ

ツ行列とする．

簡単な設計例で手順を確認しよう．システム方程式と出力方程式が次式で与えられているとする．

$$\begin{bmatrix} \dot{z} \\ \dot{x}_1 \\ \dot{x}_2 \end{bmatrix} = \begin{bmatrix} -z+x_1+zx_1-w_1z \\ x_2 \\ z+x_2^2-x_1w_2^2+u \end{bmatrix}$$

$$y=x_1$$

また，外部システムを次式で与えるとする．

$$[\dot{w}_1\ \dot{w}_2\ \dot{w}_3]^T=[0\ w_3\ -w_2]^T$$

$$q(w)=w_1$$

FBI 方程式の解析解は，文献 13) において与えられており，$T=\infty$ のもと

$$[\pi_1(w)\ \pi_2(w)\ \pi_3(w)]^T=[w_1\ w_1\ 0]^T$$

$$c(w)=-w_1+w_1w_2^2$$

である．本設計法を適用し，1000 回の繰り返しを行った．967 世代目に得られた GP 大域最良個体は

$$[\pi_1(w)\ \pi_2(w)\ \pi_3(w)]^T=[w_1\ w_1\ 0]^T$$

$$c(w)=-0.9967w_1+0.0015w_3 +0.9897w_1w_2^2+0.0012w_1w_2w_3$$

となった．$\pi_1(w), \pi_2(w), \pi_3(w)$ は完全に一致している．$c(w)$ に関しては，参考のため，$w_3=0$，$w_3=100$ の場合の GP 解と解析解との比較を図 42.4 に示す[10]．この図から $c(w)$ においても解析解とほとんど一致していることが確認できる．

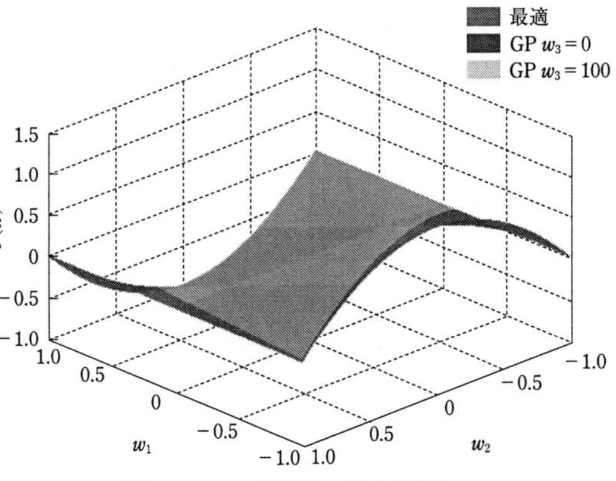


図 42.4　GP 制御器と最適制御器

### 42.2.4　入出力線形化問題（フラット出力による安定化）

非線形システム安定化問題を取り扱う．ここでは非線形システムを線形システムに変換する．その変換に重要な役割を果たす出力関数をフラット出力という．フラット出力を用いると，非線形システムを線形システムとみなすことが可能となり，簡便な線形制御系設計手法を非線形システムに適用できるようになる．本設計ではフラット出力を母関数として扱う．

1 入力 1 出力の非線形システム

$$\dot{x}=f(x)+g(x)u \tag{10}$$

$$y=h(x) \tag{11}$$

について考え，このシステムを安定化する制御器を設計する．多入力多出力の場合は文献 3) を参照されたい．

フラット出力 $\bar{y}=\lambda(x)$ のもと，システム (10) と等価な以下の $n$ 次元システムを構築する．

$$\begin{aligned} \dot{\bar{y}}&=L_f\lambda(x)+L_g\lambda(x)u=\xi_1 \\ \ddot{\bar{y}}&=L_f^2\lambda(x)+L_gL_f\lambda(x)u=\xi_2 \\ &\vdots \\ \bar{y}^{(n-1)}&=L_f^{n-1}\lambda(x)+L_gL_f^{n-2}\lambda(x)u=\xi_{n-1} \\ \bar{y}^{(n)}&=L_f^n\lambda(x)+L_gL_f^{n-1}\lambda(x)u=\xi_n \end{aligned} \tag{12}$$

このときフラット出力 $\lambda(x)$ は

$$\begin{aligned} &L_gL_f^i\lambda(x)=0 \quad (i=0,1,\cdots,n-2) \\ &L_gL_f^{n-1}\lambda(x)\neq 0 \end{aligned} \tag{13}$$

を満足しなければならない．すなわち，システム (12) は $\xi_n$ の式のみに制御入力 $u$ の項をもつことになる．システム (12) を，出力が $\bar{y}=\lambda(x)=\xi_0$ であり，状態変数が $\xi=[\xi_0,\cdots,\xi_{n-1}]$ であるシステムだと考える．

$$L_f^n\lambda(x)+L_gL_f^{n-1}\lambda(x)u=v \tag{14}$$

として $v$ を新しい入力であるとみなすと，システム (12) は次式のようになる．

$$\frac{d\xi}{dt}=\begin{bmatrix} \dot{\xi}_0 \\ \dot{\xi}_1 \\ \vdots \\ \dot{\xi}_{n-2} \\ \dot{\xi}_{n-1} \end{bmatrix}=\begin{bmatrix} 0 & 1 & 0 & \cdots & 0 \\ 0 & 0 & 1 & \ddots & \vdots \\ \vdots & \vdots & \ddots & \ddots & 0 \\ 0 & 0 & \cdots & 0 & 1 \\ 0 & 0 & 0 & \cdots & 0 \end{bmatrix}\begin{bmatrix} \xi_0 \\ \xi_1 \\ \vdots \\ \xi_{n-2} \\ \xi_{n-1} \end{bmatrix} +\begin{bmatrix} 0 \\ 0 \\ \vdots \\ 0 \\ 1 \end{bmatrix}v=\begin{bmatrix} \xi_1 \\ \xi_2 \\ \vdots \\ \xi_{n-1} \\ \xi_n \end{bmatrix} \tag{15}$$

このシステムは線形システムである．このとき，

$$\xi_n+a_1\xi_{n-1}+a_2\xi_{n-2}+\cdots+a_{n-1}\xi_1+a_n\xi_0=0 \tag{16}$$

がフルビッツ多項式となるように $a_i (i=1,2,\cdots,n)$ を選ぶと，

$$v=\xi_n=-(a_1\xi_{n-1}+a_2\xi_{n-2}+\cdots+a_n\xi_0) \tag{17}$$

によりシステム (15) を安定化することができる．ここで，システム (15) とシステム (10) は等価なシステムである．そこで，式 (14) より

$$u=\frac{-L_f^n\lambda(x)+v}{L_gL_f^{n-1}\lambda(x)} \tag{18}$$

とし，この制御入力 $u$ をシステム (10) に適用することで，システム (10) を安定化することが可能となる．

以上より，式 (13) を満足するようなフラット出力 $\bar{y}=\lambda(x)$ を求めることができれば，システム (10) を安定化する制御器の設計が可能となることがわかる．このフラット出力 $\bar{y}=\lambda(x)$ を簡単な設計例を通して求めてみよう．ここで，母関数としてフラット出力 $\bar{y}=\lambda(x)$ を選び，適合度関数として式 (13) の左辺を用いる．

システム方程式，出力方程式は，$w=0$ として前節と同じものを用いる．実システムに関しては文献14) を参照されたい．

$$\begin{bmatrix} \dot{x}_1 \\ \dot{x}_2 \\ \dot{z} \end{bmatrix} = \begin{bmatrix} x_2 \\ z+x_2^2 \\ -z+x_1+zx_1 \end{bmatrix} + \begin{bmatrix} 0 \\ 1 \\ 0 \end{bmatrix} u$$

$$y=x_1$$

GPの世代交代を299世代まで適用した結果，大域最良個体は194世代に得られた．得られた大域最良個体（フラット出力）は以下のとおりである．

$$\bar{y}=\lambda=z-2.000x_1\times10^{-8}+5.363\times10^{-8}$$

このフラット出力を用いて，上述の手順で得られる制御器の一つは

$$u=\frac{\begin{pmatrix}1.000x_1-2.0z\times10^{-8}+1.000x_2-2zx_2\\ +2x_1x_2+2zx_1x_2+x_1^2+2.0x_2\times10^{-8}\\ +zx_1^2+2.0x_2^3\times10^{-8}\end{pmatrix}}{\begin{pmatrix}4.0x_2-z\\ +(x_1-z+zx_1)(2x_1-x_2-x_1^2-1.000)\\ +(z+x_2)^2(4.000x_2\times10^{-8}-z-1)-1.000\end{pmatrix}}$$

この制御器を用いて，$x_1$ の初期値を $-1.0$〜$1.0$ の範囲で変化させたときの $x_1$ の応答を図42.5に示す．ただし，$x_2(0)=0$，$z(0)=0$ とした．システムの安定化に成功している．

［井前　譲］

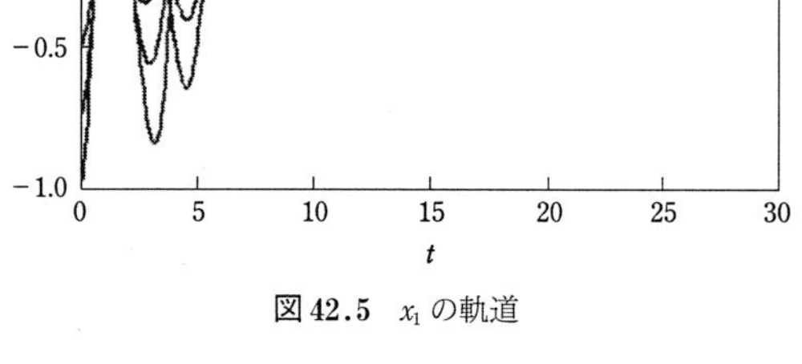

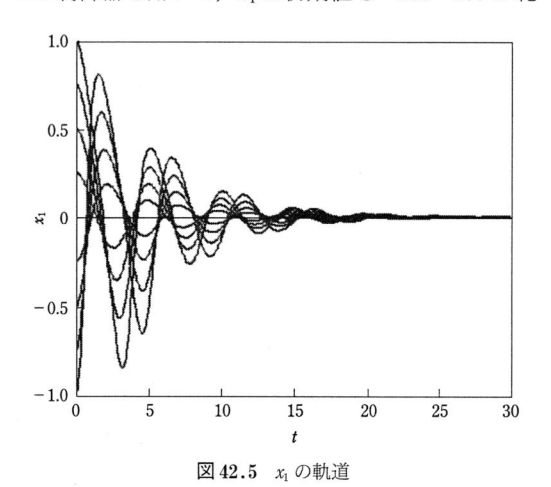


図42.5　$x_1$ の軌道

## 参考文献

1) 井前　譲 (2003)：微分遺伝的プログラミングによる非線形制御系設計，計測と制御，**42**(10)：804-808.
2) J. Imae, Y. Kikuchi, *et al*. (2004)：Design of nonlinear control systems by means of differential genetic programming, *Proc. Of the 43rd CDC*, p. 2734-2739.
3) J. Imae, Y. Morita, *et al*.：A GP-based design method for nonlinear control systems using differential flatness, 2010 World Automation Congress, WAC 2010.
4) 佐藤　亘，井前　譲，ほか (2009)：不正確な情報を利用した進化型計算に基づくオンライン制御，日本機械学会関西支部，第83期定時総会講演会.
5) 伊庭斉志 (1996)：遺伝的プログラミング，東京電気大学出版局.
6) J. R. Koza (1992)：Genetic programming：on the programming of computers by means of natural selection, MIT Press.
7) M. Iri, *et al*. (1987)：Method of fast automatic differentiation and applications, Research Memorandum RMI 87-02, Dept. of MEIP, University of Tokyo.
8) 嘉納秀明 (1968)：最適制御問題—変分法と制御および粘性解—，計測と制御，**36**(11)：768-775.
9) J. Imae, J. Takahashi (1999)：GP based design method for control systems via Hamilton-Jacobi-Bellman equations, *Proc. ACC 1999*, p. 3001-3002.
10) 井前　譲，ほか (2003)：多出力微分機能付遺伝的プログラミングを用いたHJB/HJI/FBI偏微分方程式の解法，第3回計測自動制御学会制御部門大会，p. 141-144.
11) Y. Huang, A. Jadbabaie (1998)：Nonliner $H_\infty$ control：an enhanced quasi-LPV approach,Workshop (No. 8) of the 37th CDC, Tampa, December.
12) 井前　譲，高橋淳也 (2000)：Hamilton-Jacobi-Issacs方程式に基づく非線形 $H_\infty$ 制御の設計法-遺伝的プログラミングからの接近，システム制御情報学会論文誌，**13**(9)：403-412.
13) A. Serrani, A. Isidori, L. Marconi (2000)：Semiglobal robust output regulation of minimum-phase nonlinear systems, *J. Robust Nonlinear Control*, **10**：379-396.
14) 井前　譲，菊池吉晃，ほか (2005)：非線形システムを対象としたプログラム微分培養による創発的制御系設計，第5回計測自動制御学会制御部門大会，p. 601-604.

# 43

# 受動性に基づく制御

| 要 約 | |
|---|---|
| 制御の特徴 | 受動性とよばれる入出力安定性に基づく制御手法．受動性はエネルギー保存則と関係深く，機械系・ロボット・電気回路などの物理システムに対して用いられる． |
| 長　所 | 非線形の制御対象に対して容易に非線形制御器が設計できる．通常の非線形制御に比べ制御器の構造が簡単になり，パラメータ変動に対してもロバストな制御系を構成できる． |
| 短　所 | 適用できる対象が限られている．制御器の構造がある程度決まっており，設計自由度が少ない． |
| 制御対象のクラス | 機械系・ロボット・電気回路・メカトロニクス系など． |
| 制約条件 | 扱える問題の多くは状態フィードバック制御である． |
| 設計条件 | 多くの場合は安定化条件のみ． |
| 設計手順 | 非線形制御によく現れる偏微分方程式を解く必要がないか，もしくは簡単な偏微分方程式を解くことで設計を行える． |
| 実応用例 | ロボットや機械系の制御の分野で広く用いられる手法である．メカトロニクス系にも応用されつつある． |

## 43.1 受 動 性

受動性とは非線形システムの入出力安定性の一つであり，この性質に基づいた制御手法を受動性に基づく制御（passivity based control）とよぶ．とくに，ロボットマニピュレータなどの機械システムがこの性質をもつことがよく知られており，人工ポテンシャル法などに利用されている．さらに，通常の機械システムだけではなく，非ホロノミックな拘束をもつシステムやある種の電気機械系などもこの性質をもつことが近年知られるようになり，幅広い物理システムに対して適用できる手法となっている．本節では，この受動性とその周辺について述べる．なお，本節の内容の詳細を知りたい場合には，文献1〜3）などが詳しい．

### 43.1.1 受 動 性

次式で表されるような入出力 $u\to y$ をもつ一般的な非線形システムを考えよう．

$$\begin{cases}\dot{x}=f(x,u)\\ y=h(x,u)\end{cases}\tag{1}$$

この系が受動的であるとは，任意の入力 $u$ と任意の時刻 $T>0$ に対して，以下の条件を満たす定数 $\beta$ が存在することをいう．

$$\int_0^T y(t)^{\mathrm{T}}u(t)\,dt\le-\beta\tag{2}$$

さらにこの条件を厳しくした

$$\int_0^T y(t)^{\mathrm{T}}u(t)\,dt\le\varepsilon\int_0^T\|u(t)\|^2dt-\beta$$

$$\int_0^T y(t)^{\mathrm{T}}u(t)\,dt\le\varepsilon\int_0^T\|y(t)\|^2dt-\beta$$

を満たす正定数 $\varepsilon>0$ が存在するとき，系はそれぞれ入力強受動的，出力強受動的であるという．

［例1］ 直線上を移動する質量 $m$ の質点の運動を考える．いま，この質点の位置を座標 $q$ で表し，$q$ 軸方向に力 $f$ が作用するものとする．この系の時刻 $t$ における力学的エネルギーを $E(t)\ge 0$ で表すと，

$$\begin{aligned}&E(T)-E(0)\\&\quad=(\text{外からした仕事})+(\text{摩擦などで失った仕事})\\&\quad\ge(\text{外からした仕事})=\int_0^T\dot{q}(t)f(t)\,dt\end{aligned}$$

が成立する．いま入出力を $u=f$，$y=\dot{q}$ と選ぶと，

$$\int_0^T y(t)u(t)\,dt\le E(T)-E(0)\le-E(0)$$

となり，$\beta=E(0)$ と選ぶと受動性が成り立つことがわかる．このように受動性とはエネルギー保存則と入

出力の仕事率との関係を表しており，定数 $\beta$ は初期エネルギーに対応している．

### 43.1.2 消散性

次に，この受動性をより一般化した消散性[4]という概念を紹介しよう．式 (1) の系と入出力 $u, y$ のスカラ関数 $s(u,y)$ に対して，ある状態 $x$ のスカラ関数 $S(x) \geq 0$ が存在して

$$S(x(T)) \leq S(x(0)) + \int_0^T s(u(t), y(t))\,dt \tag{3}$$

が成立するとき，系 (1) は供給率 $s(u,y)$ に関して消散的であるという．とくに，上式の不等式が等式になるとき，系を無損失とよぶ．ここで，スカラ関数 $S(x)$ は蓄積関数とよばれる．

受動性の定義式 (2) と比べると，$s(u,y)=y^{\mathrm{T}}u$ と選ぶと消散性は受動性と一致することがわかる．これ以外にも供給率の選び方によって以下のようにさまざまな安定性を表現することができる．

$s(u,y)=y^{\mathrm{T}}u-\varepsilon\|u\|^2$：入力強受動性

$s(u,y)=y^{\mathrm{T}}u-\varepsilon\|y\|^2$：出力強受動性

$s(u,y)=\gamma^2\|u\|^2-\|y\|^2$：$L_2$ 有限ゲイン安定性

$s(u,x)=\alpha_1(\|u\|)-\alpha_2(\|x\|)$：入力状態安定性

($\alpha_1, \alpha_2$ はクラスK関数)

この消散性の定義式 (3) を時間 $T$ に関して微分すると，以下の不等式を得る．

$$\dot{S}(x) \leq s(u,y) \tag{4}$$

例1でみたように，蓄積関数 $S(x)$ は系に蓄えられたエネルギーを表し，供給率 $s(u,y)$ は外部から供給されるエネルギーの供給率を表す．消散性とは，内部に蓄えられるエネルギーが外部から供給されるエネルギー以下であることにほかならない．

### 43.1.3 受動定理

制御対象が受動性を有していれば，受動定理とよばれる安定性を利用して比較的簡単に安定化制御を行うことができる．受動定理とは，受動性をもつ二つの制御系を図43.1のようにフィードバック結合した系の安定性を示すものである．

**[受動定理]**　図43.1のフィードバック系†に対して，次の性質が成り立つ．

① $\Sigma_1$，$\Sigma_2$ が受動的ならば，閉ループ系 $(e_1, e_2) \mapsto (y_1, y_2)$ も受動的．

② $\Sigma_1$，$\Sigma_2$ が出力強受動的ならば，閉ループ系 $(e_1, e_2) \mapsto (y_1, y_2)$ も出力強受動的．

③ $\Sigma_1$ が受動的，$\Sigma_2$ が入力強受動的ならば，$e_2=0$ の閉ループ系 $e_1 \mapsto y_1$ は出力強受動的．

④ $\Sigma_1$ が出力強受動的，$\Sigma_2$ が受動的ならば，$e_2=0$ の閉ループ系 $e_1 \mapsto y_1$ は出力強受動的．

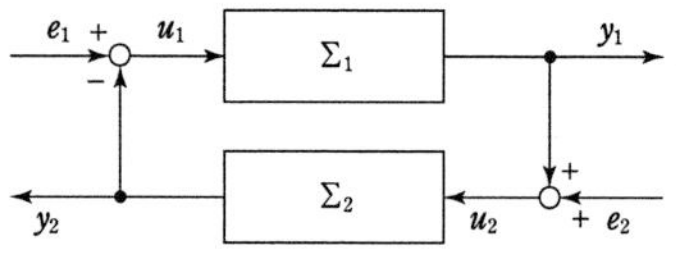


図43.1　受動定理

† Well-posedness など適切な条件を仮定する．

受動性を有する制御対象に対して，この定理に基づく制御を行う方法を一般に受動性に基づく制御とよぶ．任意の正定対称行列 $K$ は，$\varepsilon$ を $K$ の最小固有値，$S=0$，$s=y^{\mathrm{T}}u-\varepsilon\|u\|^2$ として式 (4) すなわち

$$0 \leq (Ku)^{\mathrm{T}}u-\varepsilon\|u\|^2$$

から容易に確認できるように入力強受動性を有する．したがって，受動定理の③より，受動的な制御対象に対しては，正定行列のフィードバックゲインを施すだけである種の安定化が可能である．また，このフィードバックはゲイン余裕が無限大となることから，パラメータ変動などにロバストな制御法として知られる．

## 43.2 受動性に基づく制御

通常のロボットマニピュレータは，関節角を表す変数を $q$，慣性行列を $M(q)$，遠心・コリオリ力などを表す項を $C(q,\dot{q})\dot{q}$，摩擦力を $D(q,\dot{q})\dot{q}$，重力などのポテンシャル項を $(\partial P(q)/\partial q)^T$，入力のトルクや力を $u$ とすれば，次式のように表される．

$$M(q)\ddot{q}+(C(q,\dot{q})+D(q,\dot{q}))\dot{q}+\left(\frac{\partial P(q)}{\partial q}\right)^{\mathrm{T}}=u \tag{5}$$

いま，蓄積関数を系全体のエネルギー

$$S(q,\dot{q})=(1/2)\dot{q}M\dot{q}+P(q)$$

ととり，$\dot{M}-2C$，$D$ がそれぞれ歪対称行列，および半正定行列になることに注意すると，

$$\begin{aligned}\dot{S}&=\frac{\partial S}{\partial q}\dot{q}+\frac{\partial S}{\partial \dot{q}}\ddot{q}\\&=\frac{1}{2}\dot{q}^{\mathrm{T}}(\dot{M}-2C-2D)\dot{q}+\dot{q}^{\mathrm{T}}u\\&\leq \dot{q}^{\mathrm{T}}u\end{aligned} \tag{6}$$

となり，出力を $y=\dot{q}$ ととると，供給率 $s(u,y)=y^{\mathrm{T}}u$ に関して式 (4) を満たし受動的であることがわかる．以下では，この系を対象とした受動性に基づく制御手法を紹介する．

### 43.2.1 人工ポテンシャル法

前述したように，通常のロボットマニピュレータは受動的であり，受動定理に基づいた制御を簡単に行える．いま，式 (5) の系を考えるが，簡単のためポテンシャル項 $P=0$ を仮定しよう．受動定理に基づく安定化法では，制御対象の蓄積関数 $S$ がリアプノフ関数の役割を果たす．したがって，制御の観点からは，この関数 $S$ が正定関数となることが望ましい．ここで，

$$u=-\left(\frac{\partial \bar{P}(q)}{\partial q}\right)^{\mathrm{T}}+v$$

のようなフィードバックを考えると，新たな入力のもとで見かけ上

$$M(q)\ddot{q}+(C(q,\dot{q})+D(q,\dot{q}))\dot{q}+\left(\frac{\partial \bar{P}(q)}{\partial q}\right)^{\mathrm{T}}=v$$

のようにポテンシャル項が付加され，蓄積関数も $S=(1/2)\dot{q}^{\mathrm{T}}M(q)\dot{q}+\bar{P}(q)$ のようになり，$\bar{P}$ を正定に選べば $S$ も正定関数になる．この系に対して強受動的な要素である正定行列 $K_D>0$ を用いて

$$v=-K_D\dot{q}$$

のようにフィードバックしよう．いま，人工的なポテンシャル関数 $\bar{P}$ を $\bar{P}=(1/2)qK_Pq$ のように選ぶと，最終的な補償器は

$$u=-K_Pq-K_D\dot{q}$$

のように P ゲイン $K_P$，D ゲイン $K_D$ の PD 補償器になることがわかる (図 43.2 参照)．このように制御対象のパラメータをまったく利用しないで補償器を設計できることから，受動性に基づく制御はロバストな手法として知られている．また，ポテンシャル関数 $\bar{P}(q)$ の形を変えることで，PTP (point to point) 制御に応用したり，位置のフィードバックに飽和特性をもたせたりすることができる[3,5]．たとえば，$\bar{P}(q)=(1/2)(q-q_0)^{\mathrm{T}}K_P(q-q_0)$ のように選ぶと，$q$ を目標値 $q_0$ に動かす PTP 制御系が設計できる．

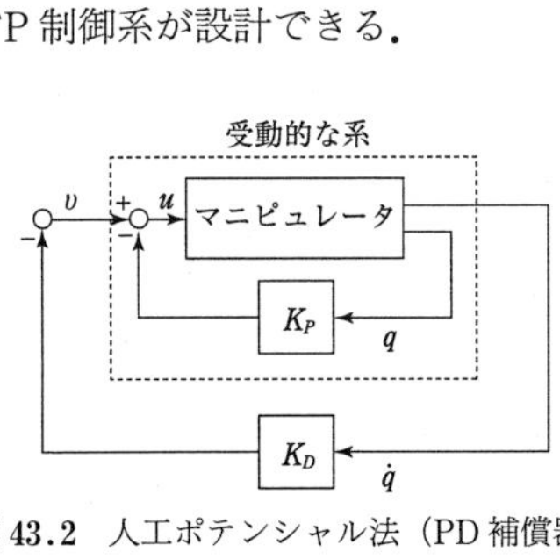


図 43.2 人工ポテンシャル法 (PD 補償器)

### 43.2.2 軌道追従制御

同様に，受動性を用いた軌道追従制御問題を考えよう．式 (5) のロボットマニピュレータに対して $q$ の目標軌道の時間関数 $q_d(t)$ が与えられたとする．正定対称行列 $\Lambda$ を用いた次のような補償器を付加しよう．

$$u=M(q)\dot{\xi}+(C(q,\dot{q})+D(q,\dot{q}))\xi+\left(\frac{\partial P}{\partial q}\right)^{\mathrm{T}}+v$$

$$\xi=\dot{q}_d-\Lambda(q-q_d) \tag{7}$$

すなわち $\dot{q}$ を，その目標値 $\dot{q}_d$ ではなく少々修正した値 $\xi$ に追従させる系を設計する．このときの追従誤差 $\eta:=\dot{q}-\xi$ は次式を満たす．

$$M(q)\dot{\eta}+(C(q,\dot{q})+D(q,\dot{q}))\eta=v$$

これを誤差システムとよぶ．このシステムは元のシステム (5) とほぼ同じ形をしており，蓄積関数の候補として $S=(1/2)\eta^{\mathrm{T}}M(q)\eta$ を考えると，式 (6) と同様に

$$\begin{aligned}\dot{S}&=\eta^{\mathrm{T}}M\dot{\eta}+\frac{1}{2}\eta^{\mathrm{T}}\dot{M}\eta\\&=\frac{1}{2}\eta^{\mathrm{T}}(\dot{M}-2C-2D)\eta+\eta^{\mathrm{T}}v\\&\leq\eta^{\mathrm{T}}v\end{aligned}$$

したがって，$y=\eta$ ととると受動的である．さらに，受動性に基づく方法により，正定行列 $K$ を用いたフィードバック

$$v=-K\eta$$

を施すと，追従誤差 $e:=q-q_d$ は次式を満たし，$e\to0$ すなわち軌道追従が達成されることがわかる

$$\dot{e}=-\Lambda e+\eta$$

この制御系は図 43.3 のようになり，受動定理に基づいている[6]．

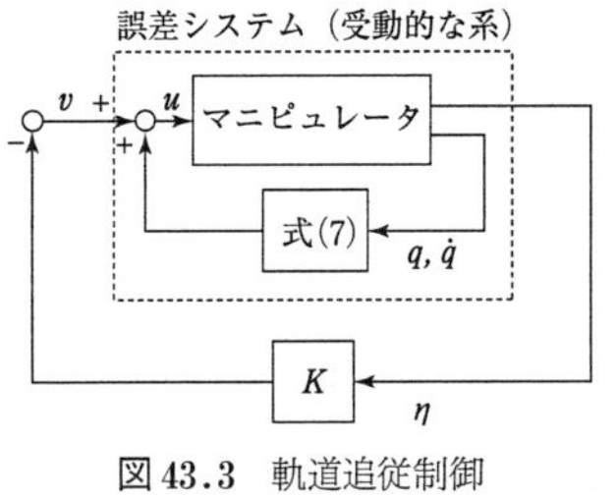


図 43.3 軌道追従制御

## 43.3 ポート-ハミルトン系の制御

受動性に基づく制御の応用範囲はロボットマニピュレータのような機械システムだけではない．非ホロノミック系や，受動性をもつ電気回路およびそれらと機械システムの組み合わせである電気機械システムにも同様の考え方が適用できる．そのような受動的な物理システムを表す枠組みの一つが，次式で表されるポート-ハミルトン系である[2,7]．

$$\dot{x}=(J(x)-R(x))\left(\frac{\partial H(x)}{\partial x}\right)^{\mathrm{T}}+g(x)u$$

$$y=g(x)^{\mathrm{T}}\left(\frac{\partial H(x)}{\partial x}\right)^{\mathrm{T}} \tag{8}$$

ここで，$J(x)$，$R(x)$ はそれぞれ歪対称行列，半正定対称行列であり，$H(x)$ は系全体のエネルギーを表す関数でハミルトン関数とよばれる．なお，出力 $y$ は入出力 $u \to y$ が $S(x)=H(x)$ を蓄積関数として受動的になる（すなわち式(4)が満たされる）ように選ばれている．このことは次式のようにただちに確かめられる．

$$\dot{H}=\frac{\partial H}{\partial x}\left((J-R)\left(\frac{\partial H}{\partial x}\right)^{\mathrm{T}}+gu\right)$$

$$\leq \frac{\partial H}{\partial x}g(x)u=y^{\mathrm{T}}u$$

たとえば，式(5)のロボットマニピュレータも状態を

$$x=(q^{\mathrm{T}},p^{\mathrm{T}})^{\mathrm{T}},\ \ p=M(q)\dot{q}$$

ハミルトン関数を系全体のエネルギー

$$H(q,p)=S(q,\dot{q})=(1/2)p^{\mathrm{T}}M(q)^{-1}p+P(q)$$

とすれば，次のようにポート-ハミルトン系で表される．

$$\begin{pmatrix}\dot{q}\\ \dot{p}\end{pmatrix}=\left\{\begin{pmatrix}0 & I\\ -I & 0\end{pmatrix}-\begin{pmatrix}0 & 0\\ 0 & D\end{pmatrix}\right\}\begin{pmatrix}\left(\dfrac{\partial H}{\partial q}\right)^{\mathrm{T}}\\ \left(\dfrac{\partial H}{\partial p}\right)^{\mathrm{T}}\end{pmatrix}+\begin{pmatrix}0\\ I\end{pmatrix}u$$

$$y=\left(\frac{\partial H}{\partial p}\right)^{\mathrm{T}}=\dot{q}$$

また，$y$ も入出力が受動的になるように選ばれていることが確認できる．

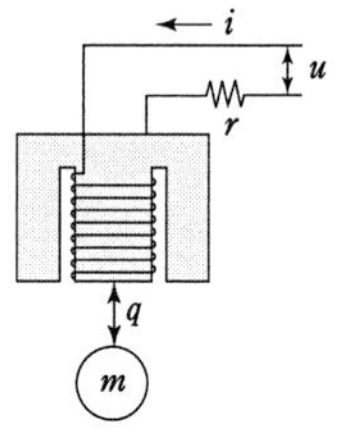


図 43.4　磁気浮上系

ここでは，電気機械システムの代表として，図43.4に示すような磁気浮上系を例にとってその制御手法を紹介する．この系はコイルの電圧を入力として，電磁気力により鋼球を浮上させる装置である．この系も状態を

$$x=(q,p,e):=(q,m\dot{q},l(q)i)$$

ハミルトン関数 $H$ を系全体のエネルギー

$$H=\frac{l(q)i^2}{2}+\frac{m\dot{q}}{2}+mgq$$

ととると，やはり式(8)の形で次のように表される．ただし，$u$ は入力電圧，$q$ はギャップ長，$i$ は電流，$l(q)$ はコイルのインダクタンス，$m$ は鋼球の質量，$r$ は回路の抵抗，$g$ は重力加速度である．

$$\begin{pmatrix}\dot{q}\\ \dot{p}\\ \dot{e}\end{pmatrix}=\left\{\begin{pmatrix}0 & 1 & 0\\ -I & 0 & 0\\ 0 & 0 & 0\end{pmatrix}-\begin{pmatrix}0 & 0 & 0\\ 0 & 0 & 0\\ 0 & 0 & r\end{pmatrix}\right\}\begin{pmatrix}\dfrac{\partial H}{\partial q}\\ \dfrac{\partial H}{\partial p}\\ \dfrac{\partial H}{\partial e}\end{pmatrix}+\begin{pmatrix}0\\ 0\\ 1\end{pmatrix}u$$

$$y=\frac{\partial H}{\partial e}=i$$

前節では受動性を保つように，この系をうまく変形したあとで図43.1の受動定理に基づいて安定化を行ったが，ここでも同様に受動性を保存しながら系を変形することを考える．そのためのもっとも簡単な方法は，式(8)のハミルトン系の形を保存することである．たとえば，式(8)の系にフィードバック

$$u=-\beta(x)+v$$

を施してシステムを次のような別のポート-ハミルトン系に移したいとする．

$$\dot{x}=(\bar{J}(x)-\bar{R}(x))\left(\frac{\partial \bar{H}(x)}{\partial x}\right)^{\mathrm{T}}+g(x)v$$

$$\bar{y}=g(x)^{\mathrm{T}}\left(\frac{\partial \bar{H}(x)}{\partial x}\right)^{\mathrm{T}}$$

両システムを比べると，次式が成り立てばよいことがわかる．

$$(\bar{J}(x)-\bar{R}(x))\left(\frac{\partial \bar{H}(x)}{\partial x}\right)^{\mathrm{T}}$$

$$=(J(x)-R(x))\left(\frac{\partial H(x)}{\partial x}\right)^{\mathrm{T}}-g(x)\beta(x) \tag{9}$$

よって，所望の $\bar{H},\bar{J},\bar{R}$ に対して式(9)を満す $\beta$ を求めれば，受動性を保存しながら系を変形できることになる．このようなハミルトン系の形を保つ変換を一般化正準変換とよぶ．

図43.4の磁気浮上系に対しては，前節でロボットマニピュレータに行ったのと同じように蓄積関数となる新しいハミルトン関数 $\bar{H}$ を次のような正定関数に指定してみよう．ここで，$\alpha$ は平衡点での定常電流を表すための項である．

$$\bar{H}=\frac{l(q)(i+\alpha(q,p))^2}{2}+\frac{m\dot{q}^2}{2}+P(q)$$

これに対応して式(9)を満たす $\beta(q,p,e)$ が計算でき，最終的にはやはり受動定理を用いて，正定数 $k>0$ を使ったフィードバック

$$v=-k\bar{y}=-k(y+\alpha(q,p))$$

が系を安定化する．この手順を図示すると図43.5のようになる．

このようにハミルトン系の形式と一般化正準変換を用いれば，幅広い物理システムの受動性に基づく制御が行える．また，座標変換を伴った一般化正準変換を

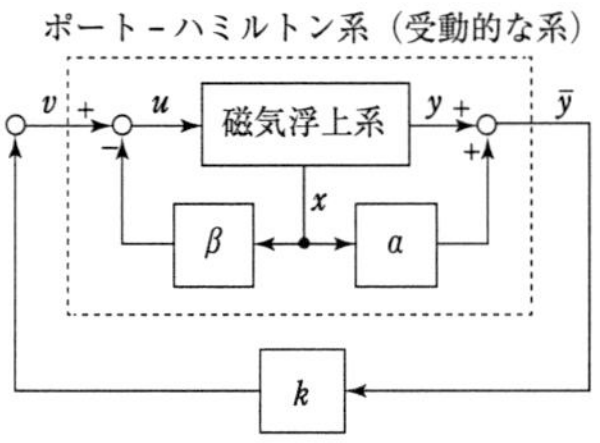


図 43.5 磁気浮上系（ハミルトン系）の制御

用いることで，前節で扱ったような軌道追従も行うことができる[8)]. ［藤本健治］

## 参考文献


1) R. Ortega, A. Loría, P. J. Nicklasson, H. Sira-Ramírez (1998)：Passivity-based Control of Euler-Lagrange Systems, Springer-Verlag, London.
2) A. J. van der Schaft (2000)：$L_2$-Gain and Passivity Techniques in Nonlinear Control, Springer-Verlag, London.
3) 有本 卓 (1990)：ロボットの力学と制御，朝倉書店.
4) D. J. Hill, P. J. Moylan (1976)：The stability of nonlinear dissipative systems, *IEEE Trans. Autom. Contr.*, **21**(5)：708-711.
5) F. Miyazaki, S. Arimoto (1985)：Sensory feedback for robot manipulators, *J. Robotic Systems*, **2**：53-71.
6) J.-J. E. Slotine, W. Li (1991)：Applied Nonlinear Control, Prentice-Hall, Inc., Englewood Cliffs, N.J..
7) 藤本健治 (2000)：ハミルトニアンシステムの制御，計測と制御，**39**(2)：99-104.
8) K. Fujimoto, K. Sakurama, T. Sugie (2003)：Trajectory tracking control of port-controlled Hamiltonian systems via generalized canonical transformations, *Automatica*, **39**(12)：2059-2069.

# 44

# スーパバイザ制御

| 要約 | | |
|---|---|---|
| | 制御の特徴 | オートマトンと形式言語理論に基づく，離散事象システムを対象とした制御理論である．可制御事象の生起を動的に制御することにより，与えられた仕様を満足する事象列のみがシステムにおいて生起する． |
| | 長　所 | 離散事象システムに対する制御器のシステマチックな設計法である． |
| | 短　所 | 仕様をオートマトンで記述する必要がある． |
| | 制御対象のクラス | 離散事象系． |
| | 制約条件 | とくにない． |
| | 設計条件 | スーパバイザは可制御事象の生起のみを制御，可制御性により仕様を満足する事象列のみの生起を保証． |
| | 設計手順 | Step 1　対象システム，仕様のオートマトンモデルを構成．<br>Step 2　仕様の言語が可制御かつ $L_m(G)$-閉か否かを判定．<br>Step 3　仕様の言語が可制御かつ $L_m(G)$-閉ならば，そのオートマトンモデルを用いてスーパバイザを構成．そうでなければ，可制御かつ $L_m(G)$-閉となる仕様の最大部分言語を求め，それに対してスーパバイザを構成． |
| | 実応用例 | 研究室レベルにおいて，生産システムへの多くの適用例がある． |

## 44.1　スーパバイザ制御の概念

離散事象システム（discrete event system）[1] においては，仕様に反する事象列が生起することがないように，事象の生起順序を制御することが要求される問題が存在する．たとえば，生産システムにおいてデッドロックが発生しないことを仕様とした場合，デッドロックが発生しないように，各機械やロボットなどの処理順序を制御する必要がある．スーパバイザ制御（supervisory control）は，このような制御問題に対するシステム理論的アプローチとして，1980 年代に Ramadge と Wonham によって提案された[2]．スーパバイザ制御においては，その生起を制御により禁止できる可制御事象（controllable event）と禁止できない不可制御事象（uncontrollable event）に分割する．スーパバイザ（supervisor）とよばれる制御器は，これまでに生起した事象列の観測をもとに，可制御事象の生起を必要に応じて（一時的に）禁止することで，事象の生起順序を制御するような制御器である．

制御対象である離散事象システムはオートマトン（automaton）

$$G=(X, \Sigma, \delta, x_0, X_m) \qquad (1)$$

でモデル化されるとする．ここで，$X$ は（有限とは限らない）状態の集合，$\Sigma$ は事象の有限集合，$\delta: X\times\Sigma\to X$ は状態遷移関数，$x_0\in X$ は初期状態，$X_m\subseteq X$ はマーク状態の集合である．計算機科学など情報工学においては，$X_m$ の要素は受理状態，最終状態などとよばれるが，離散事象システムの分野ではマーク状態という呼称を用いている．よってここでも，$X_m$ の要素はマーク状態とよぶこととする．離散事象システムでは，各マーク状態 $x\in X_m$ はタスクの終了などに対応する状態を表すのに用いられる．状態遷移関数において，$\delta(x, \sigma)=x'$ とは，状態 $x\in X$ で事象 $\sigma\in\Sigma$ が生起したとき，状態が $x'\in X$ に遷移することを表す．もし $x$ において，$\sigma$ による状態遷移がない場合，$\delta(x, \sigma)$ は定義されないとする．

スーパバイザ制御においては，離散事象システムの

振る舞いを $\Sigma$ の要素からなる事象の有限列で表現する．システムの初期状態 $x_0$ において，事象がまだ生起していない状況は，長さ0の空列 $\varepsilon$ で表す．空列 $\varepsilon$ を含み $\Sigma$ の要素のすべての有限列からなる集合を $\Sigma^*$ と書く．そして $\Sigma^*$ の部分集合を言語（language）とよぶ．任意の言語 $L_1$ と $L_2$ に対して，$L_1 \subseteq L_2$ となるとき，$L_1$ は $L_2$ の部分言語とよばれる．また，任意の言語 $L$ に対して，その要素の接頭語からなる集合 $\overline{L}$ を $\overline{L}=\{s\in\Sigma^* \mid \exists t\in\Sigma^*: st\in L\}$ と定義する．状態遷移関数 $\delta$ は以下のように，$\delta: X\times\Sigma^*\to X$ と定義域を拡張すれば便利である．

- $(\forall x\in X)\,\delta(x,\varepsilon)=x$
- $(\forall x\in X, \forall s\in\Sigma^*, \ \forall\sigma\in\Sigma)\,\delta(x,s\sigma)$

$$=\begin{cases}\delta(\delta(x,s),\sigma), & \text{if } \delta(x,s)!\\ \text{undefined}, & \text{otherwise}\end{cases}$$

上式において，$\delta(x,s)!$ は $\delta(x,s)$ が定義されていることを意味する．すると，初期状態 $x_0$ から生起可能な事象列の集合は $L(G)=\{s\in\Sigma^* \mid \delta(x_0,s)!\}$ と定義され，$G$ の生成言語（generated language）とよばれる．また，$x_0$ からマーク状態に到達するような事象列の集合は $L_m(G)=\{s\in\Sigma^* \mid \delta(x_0,s)\in X_m\}$ となり，$G$ のマーク言語（marked language）とよばれる．

ここで，可制御事象の集合を $\Sigma_c$，不可制御事象の集合を $\Sigma_{uc}$ とおく．なお簡単のため，スーパバイザはすべての事象の生起が観測できると仮定する．このとき，スーパバイザは形式的に関数 $f: L(G)\to 2^{\Sigma_c}$ と定義される．ただし，$2^{\Sigma_c}$ は $\Sigma_c$ のべき集合，すなわち $\Sigma_c$ のすべての部分集合を要素とする集合である．対象システムにおいて事象列 $s\in L(G)$ が生起した場合，スーパバイザは $f(s)$ に属する可制御事象を禁止する．つまり，スーパバイザはこれまでに生起した事象列に対して，禁止すべき可制御事象を決定する関数である．スーパバイザ $f: L(G)\to 2^{\Sigma_c}$ のもとでのシステム $G$ の生成言語 $L(G,f)$ を次のように帰納的に定義する．

- $\varepsilon\in L(G,f)$
- $(\forall s\in L(G,f), \forall\sigma\in\Sigma)\, s\sigma\in L(G,f)$

$$\Leftrightarrow [s\sigma\in L(G)\wedge\sigma\notin f(s)]$$

スーパバイザ $f$ のもとで生起した事象列 $s\in L(G,f)$ に対して，次に事象 $\sigma\in\Sigma$ が生起可能であるのは，$G$ において $\sigma$ が生起可能，つまり $s\sigma\in L(G)$ であり，$\sigma$ の生起が $f$ によって禁止されていない，つまり $\sigma\notin f(s)$ のとき，かつそのときに限る．上記の定義より，$L(G,f)\subseteq L(G)$ となり，システムの生成言語がスーパバイザ $f$ により $L(G)$ から $L(G,f)$ へ制限される．また，$f$ のもとでのシステム $G$ のマーク言語 $L_m(G,f)$ を

$$L_m(G,f)=L(G,f)\cap L_m(G) \qquad (2)$$

と定義する．つまり，$L_m(G,f)$ は $L_m(G)$ のうち，$f$ のもとで生起可能な事象列の集合となる．一般には

$$L_m(G,f)\subseteq\overline{L_m(G,f)}\subseteq L(G,f)$$

が成り立ち，$\overline{L_m(G,f)}=L(G,f)$ となるとき，スーパバイザ $f$ はノンブロッキング（nonblocking）であるという．$f$ がノンブロッキングでないならば，$s\notin L_m(G,f)$ なる $s\in L(G,f)$ が存在する．このとき，$st\in\overline{L_m(G,f)}$ となるような事象列 $t\in\Sigma^*$ は存在せず，$s$ に続いてどのような事象列が生起しても，システムはマーク状態には到達できない．よって，スーパバイザ $f$ は通常，ノンブロッキングであることが要求される．

## 44.2 スーパバイザ制御の基礎理論

### 44.2.1 スーパバイザ制御問題と可制御性

スーパバイザ制御の目的は，仕様に反する事象列が生起しないように，システムで生起する事象列を制限することである．よって，仕様はシステム $G$ のマーク言語 $L_m(G)$ の部分言語で与えられる．仕様が空でない部分言語 $K\subseteq L_m(G)$ で与えられた場合，$L_m(G,f)=K$ を満足するノンブロッキングなスーパバイザ $f: L(G)\to 2^{\Sigma_c}$ を構成することがスーパバイザ制御問題である．スーパバイザ制御問題の可解性に関する重要な性質である言語の可制御性（controllability）は次のように定義される．

**［定義］** 言語 $K\subseteq L(G)$ が

$$\overline{K}\Sigma_{uc}\cap L(G)\subseteq\overline{K} \qquad (3)$$

を満足するとき，$K$ は（$L(G)$ と $\Sigma_{uc}$ に関して）可制御であるという．ここで，$\overline{K}\Sigma_{uc}$ は $\overline{K}$ と $\Sigma_{uc}$ の連接を表し，

$$\overline{K}\Sigma_{uc}=\{s\sigma\in\Sigma^* \mid s\in\overline{K}, \sigma\in\Sigma_{uc}\}$$

と定義される．

スーパバイザ制御理論においては，可制御性はシステム $G$ の性質として定義されていないことに注意されたい．可制御性は仕様言語の性質であり，システム $G$ の生成言語 $L(G)$ と不可制御事象集合 $\Sigma_{uc}$ に関して定義される．言語 $K\subseteq L(G)$ の可制御性の意味は，任意の事象列 $s\in\overline{K}$ に対して，任意の不可制御事象 $\sigma\in\Sigma_{uc}$ が続いて生起したとき，$s\sigma$ もやはり $\overline{K}$ の要素

になる，つまり不可制御事象の生起が仕様に反することはない，ということである．

次の定理は，言語 $K$ の可制御性は，その制御動作のもとでの生成言語 $L(G,f)$ が $\overline{K}$ と等しくなるようなスーパバイザ $f:L(G)\to 2^{\Sigma_c}$ の存在のための必要十分条件であることを示している．

**[定理1]**　空でない言語 $K\subseteq L(G)$ に対して，$L(G,f)=\overline{K}$ となるスーパバイザ $f:L(G)\to 2^{\Sigma_c}$ が存在するための必要十分条件は，$K$ が可制御となることである．

そして，スーパバイザ制御問題の解となる $L_m(G,f)=K$ を満足するノンブロッキングなスーパバイザ $f:L(G)\to 2^{\Sigma_c}$ の存在のための必要十分条件を示すため，言語の $L_m(G)$-閉という概念を定義する．言語 $K\subseteq L(G)$ が

$$\overline{K}\cap L_m(G)=K \tag{4}$$

を満足するとき，$L_m(G)$-閉（$L_m(G)$-closed）であるという．

次の定理に述べるように，仕様言語が可制御かつ $L_m(G)$-閉であることがノンブロッキングなスーパバイザの存在のための必要十分条件となる．

**[定理2]**　空でない言語 $K\subseteq L_m(G)$ に対して，$L_m(G,f)=K$ なるノンブロッキングなスーパバイザ $f:L(G)\to 2^{\Sigma_c}$ が存在するための必要十分条件は，$K$ が可制御かつ $L_m(G)$-閉となることである．

仕様として与えられた空でない言語 $K\subseteq L_m(G)$ が可制御かつ $L_m(G)$-閉であるとき，$L_m(G,f)=K$ なるノンブロッキングなスーパバイザ $f:L(G)\to 2^{\Sigma_c}$ は

$$f(s)=\Sigma_c-\{\sigma\in\Sigma_c\,|\,s\sigma\in\overline{K}\} \tag{5}$$

で与えられる．式 (5) のスーパバイザは，各事象列 $s\in L(G)$ に対して，$s\sigma\in\overline{K}$ となるような可制御事象 $\sigma$ を許可し，それ以外をすべて禁止する．

仕様として与えられた空でない言語 $K\subseteq L_m(G)$ が定理2の条件を満足しない場合，可制御かつ $L_m(G)$-閉であるような $K$ の最大部分言語（supremal sublanguage）を求める[3]．つまり，集合

$$\{K'\subseteq K\,|\,K'\text{ は可制御かつ } L_m(G)\text{-閉}\}$$

の包含関係のもとでの最大要素を求める．もしその最大部分言語が空でなければ，それを仕様としてスーパバイザを構成すればよい．

### 44.2.2　スーパバイザのオートマトン表現

仕様として与えられた空でない言語 $K\subseteq L_m(G)$ が可制御かつ $L_m(G)$-閉であるとき，$L_m(G,f)=K$ なるノンブロッキングなスーパバイザは式 (5) のような関数 $f:L(G)\to 2^{\Sigma_c}$ で与えられることを述べたが，このようなスーパバイザは言語 $\overline{K}$ を生成するオートマトンによっても表現できる．いま，$H=(Y,\Sigma,\gamma,y_0,Y)$ を $L(H)=\overline{K}$ なるオートマトンとする．そして，スーパバイザによって制御されたシステムを表現するため，$G$ と $H$ の同期合成（synchronous composition）$G\|H$ を次式で定義する．

$$G\|H=(X\times Y,\Sigma,\xi,(x_0,y_0),X_m\times Y) \tag{6}$$

$G\|H$ の状態集合は $G$ と $H$ それぞれの状態集合 $X$ と $Y$ の直積 $X\times Y$，マーク状態集合もそれぞれのマーク状態集合の直積 $X_m\times Y$ である．状態遷移関数 $\xi:(X\times Y)\times\Sigma\to(X\times Y)$ は

$$\xi((x,y),\sigma)=\begin{cases}(\delta(x,\sigma),\gamma(y,\sigma)) & \text{if } \delta(x,\sigma)! \text{ and } \gamma(y,\sigma)!\\ \text{undefined} & \text{otherwise}\end{cases} \tag{7}$$

で定義される．ここで，たとえ $G$ の状態 $x\in X$ において事象 $\sigma\in\Sigma$ が生起可能であっても，$H$ の状態 $y\in Y$ において $\sigma$ が生起可能でない限り，$G\|H$ において $\sigma$ は生起できないことに注意されたい．つまり，$H$ との同期合成により，$G$ における事象の生起が制限されている．$G\|H$ の生成言語は，

$$L(G\|H)=L(G)\cap L(H)=\overline{K}=L(G,f)$$

となり，$H$ との同期合成により生成される言語は，式 (5) のスーパバイザ $f$ のもとで生成される言語と一致する．また，$K$ は $L_m(G)$-閉であるから，

$$L_m(G\|H)=L_m(G)\cap L_m(H)=L_m(G)\cap\overline{K}$$
$$=K=L_m(G,f)$$

となり，$H$ との同期合成によりマークされる言語も，式 (5) のスーパバイザ $f$ のもとでマークされる言語と一致する．さらに，任意の $s\in L(G\|H)=\overline{K}$ を考える．$K$ は可制御であるから，生起可能な任意の不可制御事象 $\sigma\in\Sigma_{uc}$ に対して，

$$s\sigma\in\overline{K}\Sigma_{uc}\cap L(G)\subseteq\overline{K}=L(G\|H)$$

となるため，$\sigma$ の生起は $H$ との合成により禁止されないことがわかる．また，可制御事象に関しては，$s\sigma\in\overline{K}=L(G\|H)$ なる $\sigma\in\Sigma_c$ のみ，その生起が許可されることがわかる．つまり，$H$ との同期合成は，式 (5) のスーパバイザ $f:L(G)\to 2^{\Sigma_c}$ により制御されたシステムを表していることになる．

$G$ と $H$ の同期合成は，$L_m(G,f)=K$ なるノンブロッキングなスーパバイザ $f:L(G)\to 2^{\Sigma_c}$ の存在条件の判定にも有用である．$L_m(G\|H)=L_m(G)\cap\overline{K}$ であるから，$L_m(G\|H)=K$ が成立するか否かを調べる

ことにより，$K$ が $L_m(G)$-閉であるか否かが判定できる．また，$K$ の可制御性は次のように調べることができる．$G\|H$ において，初期状態 $(x_0, y_0)$ から到達可能な任意の状態 $(x, y)$ において，次の条件が満足されるならば可制御，そうでなければ可制御ではない．

$$(\forall \sigma \in \Sigma_{uc})\,\delta(x, \sigma)! \Rightarrow \xi((x, y), \sigma)!$$

## 44.3　スーパバイザ制御の設計例

二つのプロセスが一つの資源を共有して利用する簡単なシステムを考える．制御対象であるシステムのオートマトンモデル $G$ を図 44.1 に示す．事象集合は $\{a_1, a_2, b_1, b_2\}$ であり，$a_1$，$a_2$ はそれぞれプロセス 1，プロセス 2 の資源利用の要求を表す事象であり，$b_1$，$b_2$ はそれぞれプロセス 1，プロセス 2 の資源の利用を表す事象である．両方のプロセスが資源を利用し終えた状態をマーク状態としている．ここでは，利用の要求をした順にプロセスが資源を利用する，という仕様を考える．この仕様は図 44.2 のオートマトン $G_K$ で表現することができ，$K = L_m(G_K)$ とおく．図 44.2 の $G_K$ において，すべての状態をマーク状態としたオートマトンを $H$ とし，$G$ と $H$ の同期合成 $G\|H$ を構成すると図 44.3 のようになる．

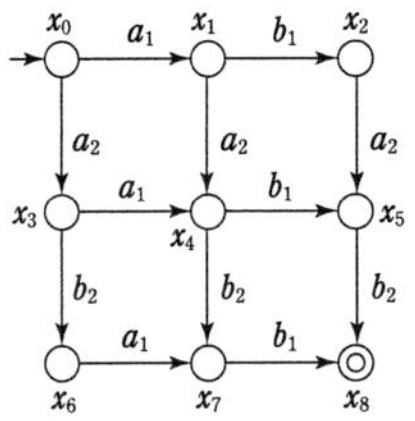


**図 44.1**　制御対象のオートマトンモデル $G$

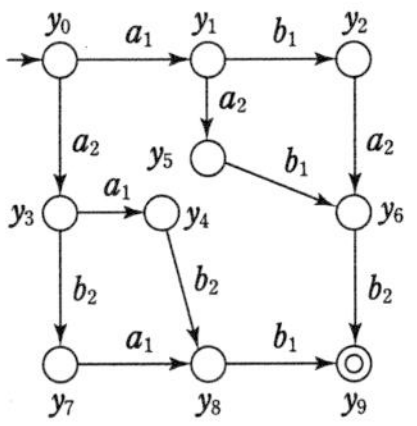


**図 44.2**　仕様のオートマトンモデル $G_K$

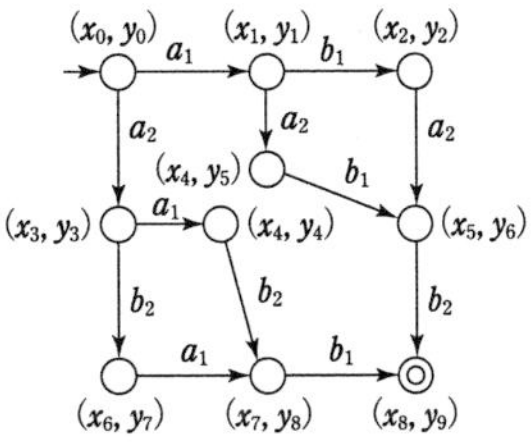


**図 44.3**　同期合成 $G\|H$

$$L_m(G\|H) = L_m(G_K) = K$$

となるため，$K$ は $L_m(G)$-閉であることがわかる．

次に，仕様 $K$ の可制御性について調べる．まず，二つのプロセスの資源の利用を制御できる，つまり

$$\Sigma_c = \{b_1, b_2\},\ \Sigma_{uc} = \{a_1, a_2\}$$

であるとする．このとき，$K$ は可制御であり，$H$ をスーパバイザのオートマトン表現として用いることができる．この場合，事象列 $a_1a_2$ の生起後には $b_2$ が，事象列 $a_2a_1$ の生起後には $b_1$ がスーパバイザにより禁止される．

次に，プロセスの資源要求が制御できる，すなわち

$$\Sigma_c = \{a_1, a_2\},\quad \Sigma_{uc} = \{b_1, b_2\}$$

の場合を考える．このとき，$G\|H$ の状態 $(x_4, y_5)$ において，$\delta(x_4, b_2)!$ であるが，$\xi((x_4, y_5), b_2)!$ でないことがわかる．よって，$K$ は可制御ではない．そこで，可制御かつ $L_m(G)$-閉となる $K$ の最大部分言語を求めると，それは図 44.4 のオートマトン $G'_K$ のマーク言語となる．

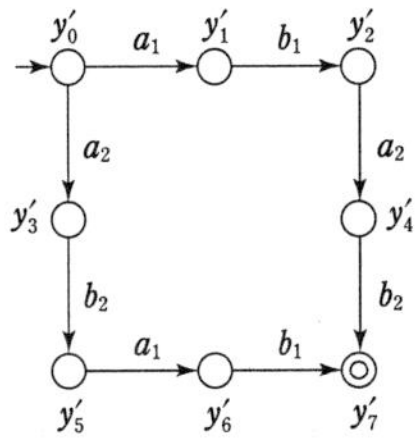


**図 44.4**　最大部分言語をマークするオートマトン $G'_K$

この $G'_K$ において，すべての状態をマーク状態としたオートマトン $H'$ をスーパバイザとして用いればよい．この場合，事象 $a_1$ の生起後に $a_2$が，事象 $a_2$ の生起後に $a_1$ がスーパバイザにより禁止される．

［高井重昌］

## 参考文献

1) C. G. Cassandras, S. Lafortune (2008)：Introduction to Discrete Event Systems, 2nd Ed. Springer.
2) P. J. Ramadge, W. M. Wonham (1987)：Supervisory control of a class of discrete event processes, *SIAM Journal on Control and Optimization*, **25**(1)：206-230.
3) W. M. Wonham, P. J. Ramadge (1987)：On the supremal controllable sublanguage of a given language, *SIAM Journal on Control and Optimization*, **25**(3)：637-659.

# 45

# ハイブリッド制御


**要約**

| | |
|---|---|
| 制御の特徴 | ハイブリッドシステムとよばれる離散変数と連続変数からなる動的システムの制御に関するものである．ハイブリッドシステムとは，系に if-then 規則などの論理が含まれる場合や，ボールの床との跳ね返りによる速度のジャンプ現象のような不連続力学現象の場合などが相当し，状態方程式が複数個与えられ，それを状態に応じて切り換える系を指す．ハイブリッドシステムを表現する数理モデルとしては，区分的アファイン系や混合論理動的システムがあり，最適制御やモデル予測制御などによる制御手法がある． |
| 長　所 | 論理変数を含む制御問題も統一的に扱える． |
| 短　所 | 最適制御問題では一般に組合せ最適化問題を解く必要がある． |
| 制御対象のクラス | 状態方程式が切り換わる系． |
| 制約条件 | とくにない． |
| 設計条件 | 離散変数が多いとリアルタイム制御は難しくなる． |
| 設計手順 | さまざまな手法があるが，代表的な手法として混合論理動的モデルに基づくモデル予測制御について述べる．<br>Step 1　混合論理動的モデルとして表現．<br>Step 2　評価関数の設計．<br>Step 3　混合整数計画問題の解法の選択． |
| 実応用例 | 化学・鉄鋼プロセスのほか，自動車，電力システムなど多数ある（詳細は文献 1)を参照）． |


## 45.1 ハイブリッド制御の概念

ハイブリッドシステム(hybrid system)とは，離散ダイナミクスと連続ダイナミクスが混在したシステムのことである．離散変数と連続変数が混在したシステム，あるいは，より踏み込んで，事象駆動システムと時間駆動システムが混在したシステムなどと説明されることもある．たとえば，図 45.1 に示すように，オートマトンの各ノードに常微分方程式を割り当てたものであると考えると理解しやすい．オートマトンによって離散ダイナミクス（モード 1 ならばモード 2 に遷移できるといったようにモード遷移に記憶を要するのでダイナミクスである）を表現し，各ノードに割り当てられた常微分方程式によって連続ダイナミクスを表現している．

離散ダイナミクスの状態を離散状態（モード），連続

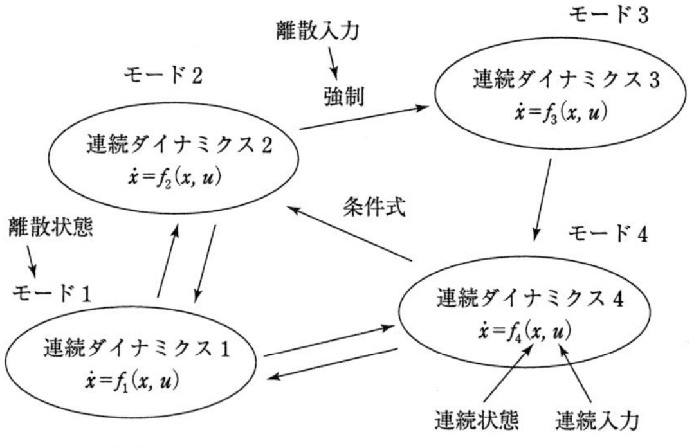


**図 45.1**　ハイブリッドシステムのイメージ

ダイナミクスの状態を連続状態とよぶ．車のマニュアルシフトのように外的要因により（離散入力による強制），あるいは，温度や位置などの連続状態があるしきい値を超えるなどの内的要因（状態に関する条件式）によりモードが切り換わり，それに伴い，常微分方程式が切り換わったり，あるいは，その解がジャンプし

たりする．

例として，1本足と2本足の立位相である二つのモードが交互に切り換わるロボットの歩行がある．また，化学プラントにおける反応炉では，立ち上げモード，定常モード，緊急モードなどがあり，それらが状態などに依存して遷移する関係を示すオートマトンが構成され，制御入力としては，タンクへの液量のような連続値だけでなく，ヒーターなどのON/OFFスイッチのような離散値も存在する．

このように，不連続な物理現象やコンピュータによる論理を含む実システムは，自動車，ロボットなどの機械システム，鉄鋼や化学プラントなどのプラントシステム，そして，電力ネットワークや通信ネットワークなどネットワーク構造が切り換わる系など身近に多数存在する．また，さまざまな工学システム，バイオシステム，人間の行動解析などは複雑な非線形システムとして表現されるが，こうした非線形システムを区分的アファイン関数をもつハイブリッドシステムとして近似して解析や設計を容易にする手法も多くみられる[1,2,3]．

こうしたシステムを制御するには，一般に，コントローラに連続値と離散値が混在する．これをハイブリッド制御とよぶ．あらかじめ用意された複数個のコントローラが制御出力などに基づいて切り換わるスイッチング制御や，スライディングモード制御などのように不連続関数からなるフィードバック制御もハイブリッド制御の一つとみなせる．

## 45.2 ハイブリッド制御の設計法

ハイブリッド制御の設計法は，制御対象を記述するハイブリッドシステムモデルに依存する．ハイブリッドシステムモデルには，ハイブリッドオートマタ（hybrid automata）[4]，区分的アファイン（動的）システム（piecewise affine system：PWAシステム）[5]，混合論理動的システム（mixed logic dynamical system：MLDシステム）[6]などさまざまなものがあげられる．ここでは，MLDシステムモデルを用いたモデル予測制御法について述べる．

離散時間MLDシステムは

$$x(t+1)=Ax(t)+B_1u(t)+B_2z(t)+B_3\delta(t) \tag{1}$$

$$Cx(t)+D_1u(t)+D_2z(t)+D_3\delta(t)\leq E \tag{2}$$

で与えられる．ここで，$x\in\mathbb{R}^{n_c}\times\{0,1\}^{n_d}$ は状態，$u\in\mathbb{R}^{m_{1c}}\times\{0,1\}^{m_{1d}}$ は入力，$z\in\mathbb{R}^{p\times n}$，$D_i\in\mathbb{R}^{p\times m_i}$ $\delta\in\{0,1\}^{m_3}$ はそれぞれ連続値と離散値の補助変数である．また，$C\in\mathbb{R}^{p\times n}$，$D_i\in\mathbb{R}^{p\times m_i}(i=1,2,3)$，$E\in\mathbb{R}^p$ であり，$\leq$ は要素ごとの大小関係を表す．補助変数 $z$ と $\delta$ は，混合整数不等式（2）において $x$ と $u$ が与えられたら一意に定まるとする．すなわち，そもそも，$z$ と $\delta$ は $x$ と $u$ の（論理条件などから決まる）非線形関数の値として $(z,\delta)=h(x,u)$ で与えられているものであり，この関数を混合整数不等式で表現していると解釈できる．このシステム表現の特徴は，等式も不等式も（0-1変数であることを除けば）すべて線形の形式で表現されていることにある．

MLDシステムは，PWAシステム，解のジャンプ現象，離散値入力の場合など広汎なシステムを記述できる．また，数理計画分野でよく知られているように，命題論理を0-1変数の線形型の不等式で表現することによってMLDシステムに組み込める[7]．たとえば，論理変数を0-1変数 $\delta_i$ で表現すると，$\delta_1\rightarrow\delta_2$ が真であることと，$\delta_1-\delta_2\leq 0$ は等価である．論理和は $\delta_1+\delta_2\geq 1$，排他的論理和は $\delta_1+\delta_2=1$ と表現できる．さらに，次の二つの事実が基本となる．

**［補題1］** $[\delta_1=1]\leftrightarrow([\delta_2=1]\wedge[\delta_3=1])$ が真であることと $\delta_2-\delta_1\geq 0$，$\delta_3-\delta_1\geq 0$，$\delta_2+\delta_3-\delta_1\leq 1$ は等価である．また，$[\delta_1=1]\leftrightarrow([\delta_2=1]\vee[\delta_3=1])$ が真であることと $\delta_2-\delta_1\leq 0$，$\delta_3-\delta_1\leq 0$，$\delta_2+\delta_3-\delta_1\geq 0$ は等価である．

ここで，$\wedge$ は論理積，$\vee$ は論理和を表す．二つの命題を一つの命題，すなわち，一つの論理変数で表すのに用いる．

**［補題2］** $\delta\in\{0,1\}$，$x\in\mathbb{R}^n$ とすると，有界閉集合 $\mathcal{B}\subset\mathbb{R}^n$ 上で，次の関係が成り立つ．

(a) $[\delta=1]\leftrightarrow[h(x)\geq 0]$ が真であるという論理条件は，次の線形不等式によって十分な精度で近似できる．

$$h_{\min}(1-\delta)\leq h(x)\leq h_{\max}\delta+(\delta-1)\varepsilon \tag{3}$$

ただし，$h_{\min}=\min_{x\in\mathrm{B}}h(x)$，$h_{\max}=\max_{x\in\mathrm{B}}h(x)$，$\varepsilon$ は十分小さな正定数である．

(b) $z=\delta g(x)$ は次の不等式と等価である．

$$g_{\min}\delta\leq z\leq g_{\max}\delta \tag{4}$$

$$g(x)-g_{\max}(1-\delta)\leq z\leq g(x)-g_{\min}(1-\delta) \tag{5}$$

ただし，不等号は要素ごとの大小関係を表し，$g_{\min}=\min_{x\in\mathrm{B}}g(x)$，$g_{\max}=\max_{x\in\mathrm{B}}g(x)$ は $m$ 次元ベクトルである．

(a)は連続ダイナミクスと離散ダイナミクス，すなわち連続変数と離散変数を関連づけるのに必要である．(b)は離散変数と連続変数からなる非線形関数を

新たな変数 $z$ に置き換えるものであり，非線形性を0-1変数を含む線形不等式に置き換えている．線形不等式に置き換えることで後に述べる最適化問題を解きやすくしている．MLDシステムのさまざまな表現例は，文献6などを参考にされたい．後に述べる設計例で，これらの補題を使ってMLDモデルを導出する．

さてMLDシステム (1)，(2) において

$$v(t)=\begin{bmatrix} u(t) \\ z(t) \\ \delta(t) \end{bmatrix} \in (\mathbb{R}^{m_{1c}}\times\{0,1\}^{m_{1d}})\times\mathbb{R}^{m_2}\times\{0,1\}^{m_3}$$

$$B=[B_1\ B_2\ B_3],\quad D=[D_1\ D_2\ D_3]$$

とおくと，$x(t+1)=Ax(t)+Bv(t)$，$Cx(t)+Dv(t)\leq E$ と表現できる．これは $v$ や $x$ に離散値が含まれるが，形式上は拘束線形システムとよばれる動的システムと同じである．したがって，拘束線形システムに対する有効な制御系設計法の一つであるモデル予測制御手法をMLDシステムに対しても適用できる[6]．議論を簡単にするため，原点を目標値とし，評価関数の終端条件を省略した，次の最適制御問題を考える．

［問題］　有限時間最適制御問題

現在の時刻 $k$ での状態 $x(k)$ におけるシステム (1)，(2) に対して，評価関数

$$J(x(k),v)=\sum_{t=k+1}^{k+T}x^{\mathrm{T}}(t)Qx(t)+\sum_{t=k}^{k+T-1}v^{\mathrm{T}}(t)Rv(t) \tag{6}$$

を最小にする入力 $v^*(t)$，$t=k,k+1,\cdots,k+T\text{-}1$，を求めよ．ただし，$Q\geq 0$（半正定），$R>0$（正定）であり，$T$ は予測ステップ数とよばれる．

評価関数 $J$ の第1項は状態 $x$ の過渡的な振る舞いに相当する量を，第2項は入力 $v$ のエネルギーを表す．評価関数を2次形式でなく，1次形式で与えることも可能である．

このとき，モデル予測制御とは，現在の状態に依存して毎時刻ごとに上記の有限時間最適制御問題を解き，得られた最適入力列の1ステップ分の入力のみ印加することを繰り返す手法であり，いわば逐次最適化手法とみなせる（詳細は第33章「モデル予測制御」を参照）．上記の有限時間最適制御問題は，差分方程式から現在の状態を初期状態と入力系列で表現することにより次の混合整数2次計画問題（MIQP問題と略す）に帰着できる．

$$\begin{aligned}&\min_{\bar{v}_k\in\mathscr{V}}\bar{v}_k^{\mathrm{T}}M_1\bar{v}_k+\bar{v}_k^{\mathrm{T}}M_2x(k)\\ &\text{s.t. } L_1\bar{v}_k\leq L_2x(k)+L_3\end{aligned} \tag{7}$$

ここで，入力集合 $\mathscr{V}$ は

$$\mathscr{V}=(\mathbb{R}^{m_{1c}T}\times\{0,1\}^{m_{1c}T})\times\mathbb{R}^{m_2T}\times\{0,1\}^{m_3T}$$

であり，

$$\bar{v}_k=[v^T(k)\ \ v^T(k+1)\ \cdots\ v^T(k+T-1)]^{\mathrm{T}}$$

である．また，$M_i$，$L_i$ は適当な次元の行列である．

この問題はオンラインで用いるMIQPソルバーや，$x(k)$ の関数として解をオフラインで求めるマルチパラメトリックMIQPソルバーで解くことが可能である．前者は一般に変数の大きなサイズの問題に，後者は変数の小さなサイズの問題に対して有用である．

## 45.3　ハイブリッド制御の設計例

図45.2(a) に示す3変速ギア付き2慣性系の位置決め制御問題を考える．このシステムの運動方程式は，状態ベクトルを $x=[\theta_1\ \dot{\theta}_1\ \theta_2\ \dot{\theta}_2]^{\mathrm{T}}$，連続入力としてモータへの印加電圧を $u$，離散入力としてギア比を $I$ とおくと

$$\dot{x}=\begin{bmatrix} 0 & 0 & 0 & 0 \\ a_1(I) & a_2 & a_3(I) & 0 \\ 0 & 0 & 0 & 0 \\ b_1(I) & 0 & b_2 & b_3 \end{bmatrix}x+\begin{bmatrix} 0 \\ a_4 \\ 0 \\ 0 \end{bmatrix}u$$

と与えられる．また，ギア比の遷移については図45.2(b) に示すような制約を設ける．ただし，ギア比の変更によって $\dot{\theta}_1$ の値にジャンプ現象が生じることに注意して，この現象も一つのモードとして図45.2(b) 中に加えている．

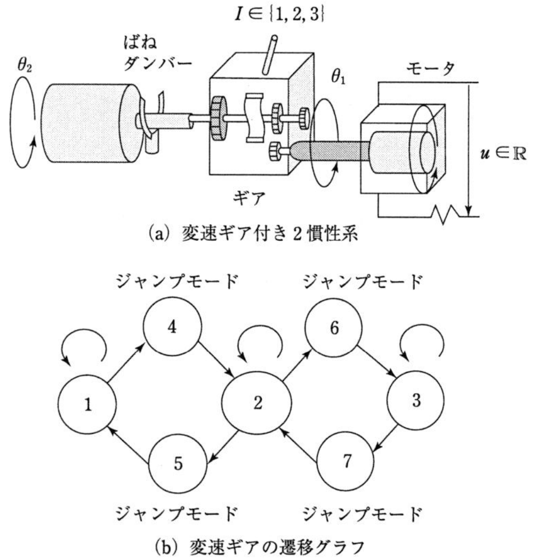


図45.2　MLDシステムのモデル予測制御の例

このとき，連続入力，離散入力を適切に加えることによって $\theta_2$ を適当に与えられた初期値から0に遷移させる有限時間最適制御問題を考える．評価関数は適

当な行列 $Q$，$R$ のもとで式 (6) を用いる．

上記の運動方程式をモードごとにサンプル周期 0.25 で離散時間状態方程式 $x(t+1)=A_i x(t)+B_i u(t)$ に書き換え（ジャンプモードは適当な行列 $E_{12}$ を用いた $x'(t)=E_{12}x(t)$ より，$x(t+1)=A_2E_{12}x(t)+B_2u(t)$ などのように表現できる)，これより式 (1)，(2) の MLD システムを導出する．まず，時刻 $t$ で対応するモード $i$ であるとき $\delta_i(t)=1$ と記す．当然

$$\sum_{i=1}^{7}\delta_i(t)=1$$

である．このとき，連続ダイナミクスは

$$x(t+1)=\sum_{i=1}^{7}\delta_i(t)\{A_i x(t)+B_i u(t)\}$$

より，補助変数

$$z(t)=\sum_{i=1}^{7}\delta_i(t)\{A_i x(t)+B_i u(t)\}$$

として，補題 2(b) を用いて $x(t+1)=z(t)$ と線形拘束式で等価的に表現する．一方，図 45.2(b) の離散ダイナミクスは，たとえば，モード 1 からモード 1 またはモード 12 に遷移する論理を，論理演算（モード 1 は $\delta_1$，モード 4 は $\delta_4$ に対応づける）を用いて

$$[\delta_1(t)=1]\rightarrow[\delta_1(t+1)=1]\vee[\delta_4(t+1)=1]$$

として表現できる．これを補題 1 および，$\delta_1\rightarrow\delta_4$ が真であることと $\delta_1-\delta_4\leq 0$ が等価であることを用いて 0-1 線形不等式として表現できる．また詳細は省くが，モード遷移がモータの回転速度によって条件付けられている場合には，補題 2(a) を用いればよい．

こうして式 (7) の MIQP 問題に帰着して得られた解が図 45.3 である．ギア変速は 1 速から始まって 3 速へと移り，静止に向けて 1 速に切り換えていく自然な結果が得られた．連続入力である印加電圧と協調していつ切り換えるかが重要であり，こうした最適化によって解を得ることが可能となる．　［井村順一］

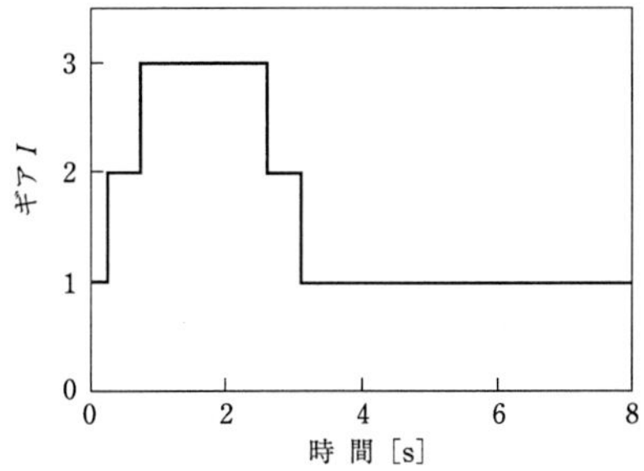

(a) 変速ギア

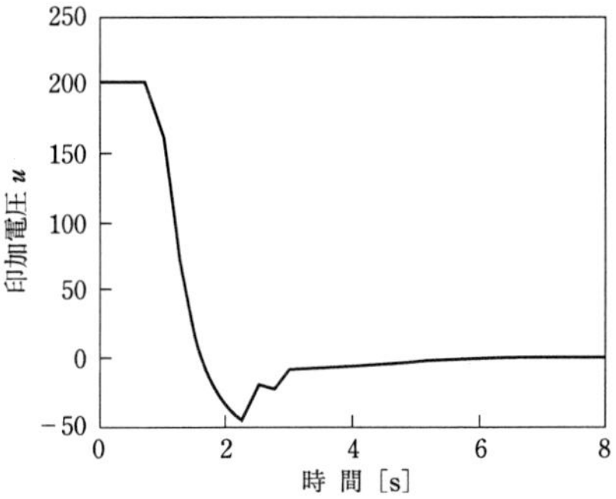

(b) 印加電圧

図 45.3　最適化の結果

## 参 考 文 献

1) 井村順一，東　俊一，増淵　泉 (2013)：ハイブリッドシステムの制御，コロナ社．
2) J. Lunze, F. L-Lagarrigue (2009)：Handbook of Hybrid Systems Control：Theory, Tools, Applications, Cambridge University Press.
3) 井村順一，ほか (2007-2008)：講座：ハイブリッドシステムの制御 I-VII，システム/制御/情報．
4) M. S. Branicky, V. S. Borkar, S. K. Mitter (1998)：A unified framework for hybrid control：model and optimal control theory, *IEEE Trans. Automatic Control*, **43**(1)：31-45.
5) M. Johansson, A. Rantzer (1998)：Computation of piecewise quadratic Lyapunov functions for hybrid systems, *IEEE Trans. Automatic Control*, **43**(4)：555-559.
6) A. Bemporad, M. Morari (1999)：Control of systems integrating logic, dynamics, and constraints, *Automatica*, **35**：407-427.
7) H. P. Williams 著，小林英三 訳 (1995)：数理計画モデルの作成法，産業図書．

# 46

# 部分空間同定法

| 要 約 | | |
|---|---|---|
| 同定法の特徴 | 対象の同定実験を経て採取される入出力データから拡大可観測性行列やカルマン状態ベクトル列の推定を経て，同定対象の状態空間モデルのシステム行列を求める方法である．従来法と異なり部分空間同定法は本質的に多入出力系に適しており，データ処理にQR分解や特異値分解を利用することにより数値的精度が高い実用的な方法である． |
| 長 所 | 多入出力系の同定ができる．同定モデルの信頼性が高い．同定モデルの構造（次数）決定ができる． |
| 短 所 | 従来法よりも比較的大量の入出力データと計算量を必要とする． |
| 制御対象のクラス | 線形時不変系，静的非線形項をもつ系，フィードバック補償された系，緩やかな時変系，区分的アフィン系． |
| 同 定 手 順 | Step 1　入出力データよりデータハンケル行列の生成．<br>Step 2　データハンケル行列の行列分解処理（QR分解，特異値分解）による拡大可観測性行列またはカルマン状態ベクトル列の推定．特異値分解のさいに，モデルの次数を決定する．<br>Step 3　状態空間モデルのシステム行列の推定． |
| 実 応 用 例 | 機械系やプロセス系などで数多くの応用例がある． |

## 46.1 部分空間同定法の基礎理論

### 46.1.1 問 題 設 定

同定対象は $m$ 入力 $l$ 出力の離散時間線形時不変系とし，その入出力関係が $n$ 次元の最小実現 $(A, B, C, D)$ で表せると仮定する．十分大きな自然数 $M$ に対して，入出力信号の有限個の時系列サンプル $\{(u_1, y_1), \cdots, (u_M, y_M)\}$ が同定対象より得られるとき，その時系列サンプルより同定対象の次数 $n$ と係数行列 $(A, B, C, D)$ を推定せよ．ただし，相似変換による自由度は許容する．ここで，入力信号は適切な持続的励振条件を満たすとする．

### 46.1.2 状態空間実現

本項では，時系列サンプルより何らかの方法でインパルス応答列（または Markov パラメータ）が求められたという前提で，状態空間実現について述べる[1]．ただし，部分空間同定法（subspace model identification method）では実際にインパルス応答列を求める必要はないことを前もって注意しておく．

**a．$(A, C)$ の導出**

同定対象のインパルス応答列 $\{h_0, h_1, h_2, \cdots, h_k, \cdots\} := \{D, CB, CAB, \cdots, CA^{k-1}B, \cdots\}$ が与えられたとする．明らかに，$n$ 以上の自然数 $s$ に対して次のブロック Toeplitz 行列 $\mathcal{OL}$ のランクは $n$ である．なぜなら，式 (1) の二つ目の等号のように，このブロック Toeplitz 行列は拡大可観測性行列 $\mathcal{O} \in \mathbb{R}^{ls \times n}$ と拡大可制御性行列 $\mathcal{L} \in \mathbb{R}^{n \times ms}$ の積に分解できるからである．

$$\mathcal{OL} := \begin{bmatrix} h_s & h_{s-1} & \cdots & h_1 \\ h_{s+1} & h_s & \cdots & h_2 \\ \vdots & \vdots & \ddots & \vdots \\ h_{2s-1} & h_{2s-2} & \cdots & h_s \end{bmatrix}$$

$$= \begin{bmatrix} C \\ CA \\ \vdots \\ CA^{s-1} \end{bmatrix} [A^{s-1}B \quad A^{s-2}B \quad \cdots \quad B] \quad (1)$$

したがって，同定対象の次数を求めるには行列 $\mathcal{OL}$ を特異値分解すればよい．さらに，適当な行フルランクの重み行列 $W$ を導入して，次の特異値分解

$$\mathcal{OL}W=[U\ \ U^{\perp}]\begin{bmatrix}\Sigma & 0\\ 0 & 0\end{bmatrix}\begin{bmatrix}V^T\\ (V^{\perp})^T\end{bmatrix}=U\Sigma V^T \quad (2)$$

が得られたとき，ある正則行列 $T\in\mathbb{R}^{n\times n}$ が存在して $U=\mathcal{O}T$ が成り立つ．行列 $T$ は相似変換とよばれる．いま，係数行列 $(A,C)$ は相似変換の自由度の範囲内で直交行列 $U\in\mathbb{R}^{s\times n}$ より次のとおり求められる．

・係数行列 $C_T:=CT$ は $U$ の上 $l$ 行に等しい．つまり，MATLAB の記法を流用すると，$C_T=U(1:l,:)$ により得られる．

・拡大可観測性行列 $\mathcal{O}$ について，次のシフト不変性とよばれる冗長な線形方程式の関係

$$\begin{bmatrix}C\\ CA\\ \vdots\\ CA^{s-2}\end{bmatrix}A=\begin{bmatrix}CA\\ CA^2\\ \vdots\\ CA^{s-1}\end{bmatrix}$$

が成り立ち，行列 $A$ はその線形方程式の解として得られることに注意する．さらに，$U$ についても同様の関係が成り立つ．このとき，行列 $\underline{U}$ と $\overline{U}$ をそれぞれ，行列 $U$ の下 $l$ 行および上 $l$ 行を取り除いた行列，つまり，MATLAB の表記法を用いて $\underline{U}=U(1:l(s-1),:)$，$\overline{U}=U(l+1:ls,:)$ とすると，係数行列 $A_T:=T^{-1}AT$ は次式で与えられる．

$$AT=\underline{U}^{\dagger}\overline{U}$$

ここで，式中の $^{\dagger}$ は Moore-Penrose 疑似逆行列を表すとする．

**b．$(B,D)$ の導出**

自然数 $k\geq 1$ に対して，$C_TA_T^{k-1}B_T:=CT(T^{-1}AT)^{k-1}T^{-1}B=CA^{k-1}B=h_k$ に注意する．

インパルス応答列 $\{h_0,h_1,h_2,\cdots,h_k,\cdots\}$ と式 (2) から得られる行列 $\underline{U}$ を用いると，

$$\begin{bmatrix}h_0\\ h_1\\ \vdots\\ h_s\end{bmatrix}=\begin{bmatrix}D\\ C_TB_T\\ \vdots\\ C_TA_T^{s-2}B_T\end{bmatrix}=\begin{bmatrix}I & 0\\ 0 & \underline{U}\end{bmatrix}\begin{bmatrix}D\\ B_T\end{bmatrix} \quad (3)$$

が成り立つ．ここで，$I$ は単位行列を表す．この線形方程式を解くことにより，係数行列 $(B_T,D)$ を得る．

### 46.1.3 部分空間同定法

前項より，係数行列を求めるためにもっとも重要なのは，式 (1) のブロック Toeplitz 行列 $\mathcal{OL}$ と式 (3) の線形方程式を導出することだとわかる．前項ではこれらの導出にインパルス応答列を用いた．部分空間同定法の特徴は，ブロック Toeplitz 行列 $\mathcal{OL}$ と式 (3) に準ずる線形方程式の導出を時系列サンプルから直接行うことにある．なお，ここでは同定対象として次の最小実現をもつ $n$ 次元線形時不変系を考える．

$$x_{k+1}=Ax_k+Bu_k+Fw_k \quad (4a)$$

$$y_k=Cx_k+Du_k+v_k \quad (4b)$$

ここで，$w_k$，$v_k$ はそれぞれプロセス雑音，観測雑音とし，入力 $u_k$ と無相関とする．

**a．行列入出力方程式**

式 (4) を再帰的に用いることにより次の関係式を得る．

$$y_s(k)=\mathcal{O}x_k+\mathcal{H}u_s(k)+\varepsilon_s(k) \quad (5)$$

ここで，自然数 $s(>n)$ は定数でユーザが設定できる．また，

$$y_s(k)=\begin{bmatrix}y_k\\ y_{k+1}\\ \vdots\\ y_{k+s-1}\end{bmatrix},\quad u_s(k)=\begin{bmatrix}u_k\\ u_{k+1}\\ \vdots\\ u_{k+s-1}\end{bmatrix}$$

$$\mathcal{H}=\begin{bmatrix}h_0 & & 0\\ h_1 & h_0 & \\ \vdots & & \ddots\\ h_{s-1} & h_{s-2} & \cdots & h_0\end{bmatrix}$$

$$\varepsilon_s(k)=\begin{bmatrix}0 & & 0\\ CF & 0 & \\ \vdots & & \ddots\\ CA^{s-2}F & CA^{s-3}F & \cdots & 0\end{bmatrix}\begin{bmatrix}w_k\\ w_{k+1}\\ \vdots\\ w_{k+s-1}\end{bmatrix}+\begin{bmatrix}v_k\\ v_{k+1}\\ \vdots\\ v_{k+s-1}\end{bmatrix} \quad (6)$$

$N$ を十分大きな自然数として，式 (5) を $k=s+1$ から順に $N$ 個ならべると，行列入出力方程式とよばれる次の関係式を得る．

$$\mathcal{Y}_{s+1,N}=\mathcal{O}X_{s+1,N}+\mathcal{H}\mathcal{U}_{s+1,N}+\mathcal{E}_{s+1,N} \quad (7)$$

ここで，

$$X_{s+1,N}=[x_{s+1}\ x_{s+2}\ \cdots\ x_{s+N}]$$

$$\mathcal{Y}_{s+1,N}=[y_s(s+1)\ \ y_s(s+2)\ \cdots\ y_s(s+N)]$$

とする．$\mathcal{U}_{s+1,N}$ と $\mathcal{E}_{s+1,N}$ は $\mathcal{Y}_{s+1,N}$ と同様に定義する．

式 (7) 右辺第 1 項と第 2 項にそれぞれ拡大可観測性行列 $\mathcal{O}$ とインパルス応答列を要素にもつブロック Toeplitz 行列 $\mathcal{H}$ が現れることに注意する．前項の議論を考慮すると，部分空間同定法ではこれらの行列の抽出を経てから状態空間実現 $(A,B,C,D)$ を求める．

**b．拡大可観測性行列の抽出と雑音への対処**

式 (7) 右辺第 1 項 $\mathcal{O}X_{s+1,N}$ に注目する．46.1.2a 項の同様の議論から，この行列に適当な重みをつけた行列 $\mathcal{O}X_{s+1,N}W$ の特異値分解から拡大可観測性行列が求まる．ここでは，$\mathcal{O}X_{s+1,N}$ の抽出について考える．

まず，右辺第 2 項の除去について考える．直交行列

$$\Pi_{\mathscr{U}}^{\perp}=I-\frac{1}{N}\mathscr{U}_{s+1,N}^{T}\left(\frac{1}{N}\mathscr{U}_{s+1,N}\mathscr{U}_{s+1,N}^{T}\right)^{-1}\mathscr{U}_{s+1,N}$$

について，$\mathscr{U}_{s+1,N}\Pi_{\mathscr{U}}^{\perp}=0$ に注意する．$\Pi_{\mathscr{U}}^{\perp}$ を式 (7) 両辺右からかけると次式を得る．

$$\mathscr{Y}_{s+1,N}\Pi_{\mathscr{U}}^{\perp}=\mathscr{O}X_{s+1,N}\Pi_{\mathscr{U}}^{\perp}+\mathscr{E}_{s+1,N}\Pi_{\mathscr{U}}^{\perp} \tag{8}$$

次に，雑音項 $\mathscr{E}_{s+1,N}$ の影響を除去するために補助変数法を導入する．あるベクトル列 $\{\varsigma_k\}$ が存在し，

$$\lim_{N\to\infty}\frac{1}{N}\sum_{k=1}^{N}\varepsilon_s(k)\varsigma_k^T=0$$

を満たすとする．$\varsigma_k$ を補助変数 (instrumental variable) とよぶ．このとき，補助変数行列 $Z_{1,N}=[\varsigma_1\ \varsigma_2\ \cdots\ \varsigma_N]$ を転置して式 (8) 両辺右からかけ，両辺を $N$ で割ると次式を得る．

$$\frac{1}{N}\mathscr{Y}_{s+1,N}\Pi_{\mathscr{U}}^{\perp}Z_{1,N}^{T}=\frac{1}{N}\mathscr{O}X_{s+1,N}\Pi_{\mathscr{U}}^{\perp}Z_{1,N}^{T}+\frac{1}{N}\mathscr{E}_{s+1,N}\Pi_{\mathscr{U}}^{\perp}Z_{1,N}^{T} \tag{9}$$

さらに，両辺を $N$ について極限をとると，

$$\lim_{N\to\infty}\frac{1}{N}\mathscr{Y}_{s+1,N}\Pi_{\mathscr{U}}^{\perp}Z_{1,N}^{T}=\lim_{N\to\infty}\frac{1}{N}\mathscr{O}X_{s+1,N}\Pi_{\mathscr{U}}^{\perp}Z_{1,N}^{T} \tag{10}$$

を得る．なお，補助変数は，任意の $N$ について行列 $(1/N)X_{s+1,N}\Pi_{\mathscr{U}}^{\perp}Z_{1,N}^{T}$ がつねに行フルランクになるように選ばなければならない．補助変数として，$Z_N=\mathscr{U}_{1,N}$ や $Z_N=[\mathscr{U}_{1,N}^T\ \mathscr{Y}_{1,N}^T]^T$ がしばしば選ばれる（表 46.1 参照）[2,3]．ただし，$\mathscr{U}_{1,N}=[u_s(1)\ u_s(2)\ \cdots\ u_s(N)]$ とし，$\mathscr{Y}_{1,N}$ も同様に定義する．

最後に拡大可観測性行列の抽出について，式 (2)，(10) を考慮して，式 (9) 左辺を特異値分解すると次式を得る．

$$\frac{1}{N}\mathscr{Y}_{s+1,N}\Pi_{\mathscr{U}}^{\perp}Z_{1,N}^{T}=[U\ U^{\perp}]\begin{bmatrix}\Sigma & 0\\ 0 & \Sigma_\varepsilon\end{bmatrix}\begin{bmatrix}V^T\\ (V^{\perp})^T\end{bmatrix}=U\Sigma V^T \tag{11}$$

ここで，$\Sigma(\in\mathbb{R}^{n\times n})$，$\Sigma_\varepsilon$ はともに対角要素として特異値をもつ対角行列である．補助変数が適切に選択されると，式 (10) より $\Sigma$ の対角要素の最小値は $\Sigma_\varepsilon$ の対角要素の最大値より十分大きいことに注意する．このことから，式 (11) から得られる特異値の分布をみて同定モデルの次数を決定できる．なお，拡大可観測性行列から係数行列 $(A, C)$ を求めるには，式 (11) 右辺の特異値ベクトルからなる行列 $U$ を用いて 46.1.2 a 項と同様の手順による．

**c．インパルス応答列の推定**

雑音と入力の無相関性に注意して，式 (7) 両辺右から $\mathscr{U}_{s+1,N}^T$ をかけ $N$ で割り，$N$ について極限をとると次式を得る．

$$\lim_{N\to\infty}\frac{1}{N}\mathscr{Y}_{s+1,N}\mathscr{U}_{s+1,N}^{T}=\lim_{N\to\infty}\frac{1}{N}\mathscr{O}X_{s+1,N}\mathscr{U}_{s+1,N}^{T}+\lim_{N\to\infty}\frac{1}{N}\mathscr{H}\mathscr{U}_{s+1,N}\mathscr{U}_{s+1,N}^{T} \tag{12}$$

式 (11) において $N\to\infty$ とすると右辺の $U^{\perp}$ は $\mathscr{O}$ と直交することに注目する．これより，$(U^{\perp})^T$ を式 (12) 両辺左からかけると次式を得る．

$$\lim_{N\to\infty}\frac{1}{N}(U^{\perp})\mathscr{Y}_{s+1,N}\mathscr{U}_{s+1,N}^{T}=\lim_{N\to\infty}\frac{1}{N}(U^{\perp})^T\mathscr{H}\mathscr{U}_{s+1,N}\mathscr{U}_{s+1,N}^{T} \tag{13}$$

以上を考慮して，次の線形方程式を解くことにより係数行列 $(B, D)$ を求める．

$$(U^{\perp})^T\frac{1}{N}\mathscr{Y}_{s+1,N}\mathscr{U}_{s+1,N}^{T}\left(\frac{1}{N}\mathscr{U}_{s+1,N}\mathscr{U}_{s+1,N}^{T}\right)^{-1}=(U^{\perp})^TH \tag{14}$$

具体的には，ブロック Toeplitz 行列 $\mathscr{H}$ のブロック要素がインパルス応答列からなり，さらにその構造に注目すると，簡単な式変形により式 (3) と同様の線形方程式に変形できることに注意する[2,4]．

**d．数値計算上の工夫**

部分空間同定法の数値的な信頼性が高い理由として，大規模データの処理に QR 分解や特異値分解を効果的に利用していることがあげられる．実際に計算機

**表 46.1**　部分空間同定法の分類

| | 補助変数 $Z_N$ | 白色雑音をもつ出力誤差モデル 式 (4) で $F=0$，$v_k$ は白色 | 有色雑音をもつ出力誤差モデル 式 (4) で $F=0$，$v_k$ は任意の有色 (Box-Jenkins モデル構造) | 観測雑音とプロセス雑音をもつ状態空間モデル 式 (4) で $w_k$, $v_k$ は白色 (ARMAX モデル構造) | イノベーション形式の状態空間モデル 式 (4) で $w_k=v_k$，$v_k$ は白色 (ARMAX モデル構造) |
|---|---|---|---|---|---|
| Ordinary MOESP[10] | − | ○ | × | × | × |
| PI-MOESP[8] $U_{1,N}$ | $\mathscr{U}_{1,N}$ | ○ | ○ | ○ | ○ |
| PO-MOESP[9], N4SID[7], CVA[13], CCA[12] | $\begin{bmatrix}\mathscr{U}_{1,N}\\ \mathscr{Y}_{1,N}\end{bmatrix}$ | ○ | △（モデル低次元化が必要） | ◎ | ◎ |

を用いて部分空間同定法を実行するとき，式（11）右辺のような行列計算や線形方程式（14）を解く代わりに，サンプルデータからなる行列 $\mathscr{U}_{s+1,N}$，$\mathscr{Y}_{s+1,N}$，$Z_{1,N}$ の QR 分解[5] を利用する．具体的には，式(11)，(14) と QR 分解

$$\begin{bmatrix} \mathscr{U}_{s+1,N} \\ Z_{1,N} \\ \mathscr{Y}_{s+1,N} \end{bmatrix} = \begin{bmatrix} L_{11} & & \\ L_{11} & L_{22} & \\ L_{31} & L_{32} & L_{33} \end{bmatrix} \begin{bmatrix} Q_1^T \\ Q_2^T \\ Q_3^T \end{bmatrix}$$

について，次の関係を得る[11]．

$$\mathscr{Y}_{s+1,N}\Pi_{\mathscr{U}}^{\perp} Z_{1,N}^T = L_{32}L_{22}^T$$

$$\frac{1}{N}\mathscr{Y}_{s+1,N}\mathscr{U}_{s+1,N}^T\left(\frac{1}{N}\mathscr{U}_{s+1,N}\mathscr{U}_{s+1,N}^T\right)^{-1} = L_{31}L_{11}^{-1}$$

### 46.1.4　部分空間同定法の研究動向

ここでは，離散時間線形時不変系の部分空間同定法について取り上げた．近年，連続時間系やフィードバックをもつ系，LPV 系や時変系など，取り扱う同定対象が広がっている．以下に関連する文献をいくつか取り上げて列挙する．

- 連続時間系の同定[14,15]．
- 閉ループ系の同定[4,16,17,19~22]．
- 静的非線形性をもつ系の同定[23~25]．
- LPV 系の同定[26,27]．
- 時変系のオンライン同定[28~30]．

## 46.2　部分空間同定法の例題

次の白色のプロセス雑音と観測雑音が加わった 3 次の 1 入力 1 出力系

$$x_{k+1} = \begin{bmatrix} 0.98 & 2 & 0.74 \\ 0 & -0.49 & 1 \\ 0 & -0.72 & -0.49 \end{bmatrix} x_k + \begin{bmatrix} 0 \\ 0 \\ 0.85 \end{bmatrix} u_k + w_k$$

$$y_k = [0.57 \quad 0.72 \quad 0.27] x_k + v_k$$

の係数行列を同定する．サンプル間隔は 0.01 s とする．ここで，入力 $u_k$ は平均 0，分散 1 の白色信号とする．雑音 $w_k$ と $v_k$ はともに平均 0 とし，分散はそれぞれ $0.1I_3$，0.25 とする．ブロックハンケル行列のブロック行数として $s=10$ を選ぶ．図 46.1 に式(11)より得られる特異値の分布について，データ数を 1001 点として 100 回のランダムシミュレーションを実施した結果を示す．図より，モデルの次数として 3 次を選択するのが妥当であることがわかる．図 46.2 に推定された $A$ 行列の一つの固有値を示す．なお，大きな十字は真値，重ね打ちされた×は 100 回のシミュレーションによって同定された $A$ 行列の固有値を表している．明らかに，$A$ 行列の固有値が正しく同定されていることがわかる．　［奥　宏史］

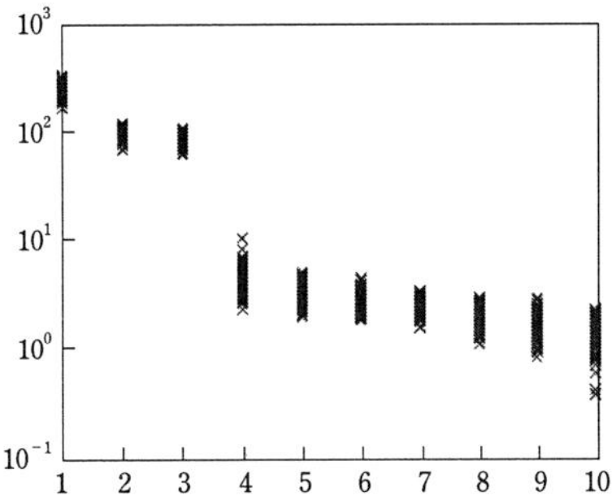


図 46.1　PO-MOESP 法による特異値の分布

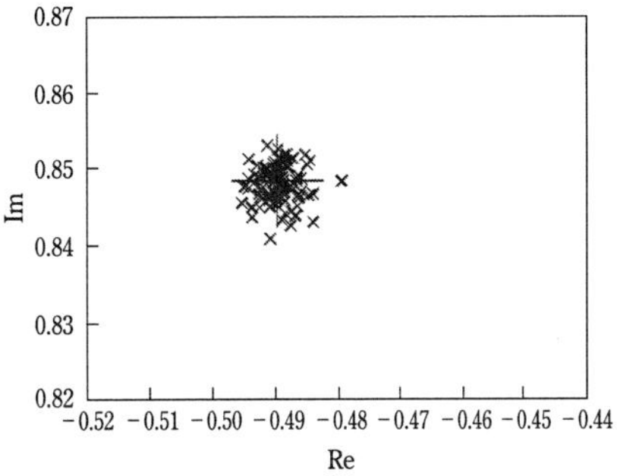


図46.2　PO-MOESP 法による $A$ 行列の一つの固有値の推定値

### 参 考 文 献


1) B. L. Ho, R. E. Kalman (1966)：Effective construction of linear state-variable models from input/output functions, *Regelungstechnik*, **14**(12)：545-548.
2) 和田　清 (1997)：部分空間同定法って何？，計測と制御, **36**(8)：569-574.
3) L. Ljung (1999)：System Identification, 2nd ed., Prentice Hall.
4) 片山　徹 (2004)：システム同定—部分空間法からのアプローチ—，朝倉書店.
5) G. H. Golub, C. F. Van Loan (1996)：Matrix Computations, 3rd ed., John Hopkins.
6) M. Jannson, B. Wahlberg (1996)：A Linear Regression Approach to State-space Subspace System Identification, *Signal Processing*, **52**：103-129.
7) P. Van Overschee, B. De Moor (1996)：Subspace Identification for Linear Systems, Kluwer Academic Publishers.
8) M. Verhaegen (1993)：Subspace model identification Part 3：Analysis of the ordinary output-error state-space model identification algorithm, *International Journal of Control*, **58**(3)：555-586.
9) M. Verhaegen (1994)：Identification of the deterministic part of MIMO state space models given in innovations form from input-output data, *Automatica*, **30**(1)：61-74.
10) M. Verhaegen, P. Dewilde (1992)：Subspace model identification Part I：The output-error state space model identification class of algorithms, Subspace model identification Part II：Analysis of the elementary output-error

state-space model identification algorithm, *J. Control*, **56**(5)：1187-1210, 1211-1241.

11) M. Verhaegen, V. Verdult (2007)：Filtering and System Identification, Cambridge.

12) M. Viberg (1995)：Subspace-based Methods for the Identification of Linear Time-invariant Systems, *Automatica*, **31**(12)：1835-1851.

13) W. E. Larimore (1990)：Canonical variate analysis in identification, filtering and adaptive control, *Proc. of the 29th IEEE CDC*, p. 596-604.

14) P. Van Overschee, B. De Moor (1996)：Continuous-time frequency domain subspace system identification, *Signal Processing*, **52**(2)：179-194.

15) A. Ohsumi, K. Kameyama, K. Yamaguchi (2002)：Subspace Identification for Continuous-time Stochastic Systems via Distribution-based Approach, *Automatica*, **38**(1)：63-79.

16) A. C. van der Klauw, M. Verhaegen, P. P. J. van den Bosch (1991)：State Space Identification of Closed Loop Systems, *Proc. of the 30th IEEE CDC*, p. 1327-1332.

17) L. Ljung, T. McKelvey (1996)：Subspace identification from closed loop data, *Signal Processing*, **52**(2)：209-215.

18) M. Jansson (2003)：Subspace identification and ARX modeling, *Proc. of the 13th IFAC Symp. on System Identifcation, Rotterdam*, p. 1625-1630.

19) T. Katayama, H. Kawauchi, G. Picci (2004)：Subspace identification of closed loop systems by the orthogonal decomposition method, *Automatica*, **41**(5)：863-872.

20) A. Chiuso, G. Picci (2005)：Consistency analysis of some closed-loop subspace identification methods, *Automatica*, **41**(3)：377-391.

21) 奥　宏史, 田中秀幸 (2006)：閉ループ部分空間同定法, システム/制御/情報, **50**(3)：106-111.

22) H. Oku, Y. Ogura, T. Fujii (2006)：MOESP-type Closed-loop Subspace Model Identification Method, 計測自動制御学会論文集, **42**(6)：636-642.

23) D. Westwick, M. Verhaegen (1996)：Identifying MIMO Wiener systems using subspace model identification methods, *Signal Processing*, **52**(2)：235-258.

24) M. Verhaegen, D. Westwick (1996)：Identifying MIMO Hammerstein systems in the context of sub-space model identification methods, *J. Control*, **63**(2)：331-349.

25) 田中秀幸, 葉末俊介 (2007)：静的非線形奇関数をもつHammersteinモデルの同定, システム制御情報学会論文誌, **20**(11)：430-438.

26) V. Verdult, M. Verhaegen (2002)：Subspace identification of multivariable linear parameter-varying systems, *Automatica*, **38**(5)：805-814.

27) J. W. van Wingerden, M. Verhaegen (2009)：Subspace identification of Bilinear and LPV systems for open-and closed-loop data, *Automatica*, **45**(2)：372-381.

28) H. Oku, H. Kimura (2002)：Recursive 4SID algorithms using gradient type subspace tracking, *Automatica*, **38**(6)：1035-1043.

29) 奥　宏史 (2004)：逐次部分空間同定を使った変化検出法, システム制御情報学会論文誌, **17**(11)：506-513.

30) K. Kameyama, A. Ohsumi (2007)：Subspace-based prediction of linear time-varying stochastic systems, *Automatica*, **47**(12)：2009-2021.

# 第3部

# 制御系設計
# の応用編

# 1

# 鉄　鋼　業

## はじめに

鉄鋼製造プロセスの概略を主要製品である薄鋼板の場合について以下に示す.

鉄鉱石とコークスを原料に高炉で溶銑（高温で溶けた銑鉄）をつくり，続く転炉で溶銑に酸素を吹き込み脱炭処理をするとともに，必要に応じて合金鉄が添加され，鋼（溶鋼）をつくる．連続鋳造機では，溶鋼をモールド（鋳型）内に連続的に注入しながら冷却し，同時にモールド下部から引き抜くことにより薄板製品の母材となるスラブ（厚さ200～300 mm）を製造する．ホットストリップミルでは，約1200°Cに加熱されたスラブを800°C以上の高温で圧延し，板厚1.2～25.0 mmの熱延鋼板を製造する．コールドストリップミルでは熱延鋼板を常温で圧延して板厚0.15～6.0 mmの冷延鋼板を製造する．さらに，めっき工程にて表面処理され，亜鉛めっき鋼板などになる.

この鉄鋼製造プロセスにおいて，省エネルギーおよび生産性向上・歩留向上によるコスト競争力強化ならびに需要家ニーズの高度化・厳格化・短納期化の要求に応える製品品質競争力強化に制御技術は大きな貢献を果たしており，各プロセスでさまざまな制御技術が適用されている[1]．鉄鋼製造プロセスにおける制御技術の応用例として，連続鋳造機におけるモールド内湯面レベル制御とホットストリップミル仕上圧延機におけるスタンド間張力制御について以下に説明する[2].

## 1.1　連続鋳造機におけるモールド内湯面レベル制御

連続鋳造機（continuous casting machine：CCM）では，溶鋼をタンディッシュ，浸漬ノズルを通じてモールドに注入する．このモールドを冷却（1次冷却）することにより，溶鋼は外周から凝固して凝固殻（シェル）を形成する．これをピンチロールにより引き抜きつつ，さらに水冷ゾーンを通過させて冷却（2次冷却）し，凝固殻を成長させ，中間素材としてのスラ

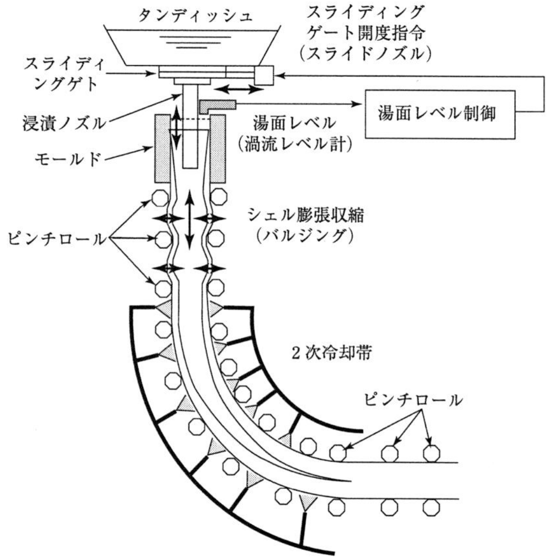


図1.1　連続鋳造機モールド内湯面レベル制御

ブを製造する（図1.1）.

連続鋳造機では，溶鋼の酸化防止とモールドと溶鋼の潤滑を目的として$CaO$，$SiO_2$を主成分とするパウダーが散布されている．モールド内の溶鋼レベルが変動すると溶鋼面上のパウダーや不純物が溶鋼中に巻き込まれ，それが最終製品における欠陥の要因となるため，モールド内の溶鋼レベルを安定化することが必要である.

モールド内湯面レベル制御は，モールド内の溶鋼のレベルを渦流レベル計などで検出し，目標溶鋼レベルに一致するようスライディングゲートノズルの開度を操作する．溶鋼は浸漬ノズル（吐出孔を開けた先端部をモールド内溶鋼に浸したノズル）を通じてモールド内へ注入される．モールド内湯面レベル制御は図1.2のブロック線図で表される1入力1出力の液面制御系

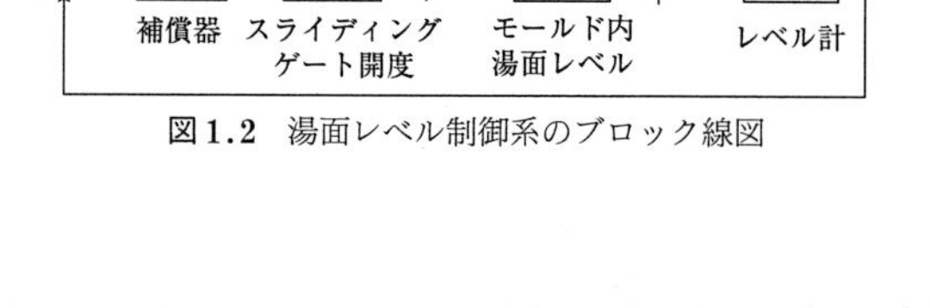

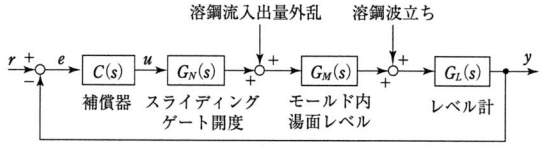


図1.2　湯面レベル制御系のブロック線図

であるが，溶鋼が対象であるため，さまざまな外乱が存在する．たとえば，溶鋼の波立ちによる湯面レベルの測定外乱，スライディングゲートの機械的ガタや浸漬ノズル内の介在物詰りによるスライディングゲート開度と溶鋼流入量特性の変動，その介在物詰りの剥離による溶鋼流入量の急激な変動，さらにはモールド直下のピンチロール間における凝固シェルの膨張（バルジング）の時間的変動による溶鋼流出量の周期的変動などである．また，浸漬ノズル内を溶鋼が移動する時間が無駄時間として存在する．湯面レベル制御の手法としては，浸漬ノズルの詰りによる流量特性変動に対応するための適応制御[3]，ノズル詰りの剥離による急激な流量変化に対応するための外乱オブザーバによる制御[4]，低周波域の外乱抑制と高周波域でのロバスト安定を目指した $H_\infty$ 制御[5] などの実施例が報告されている（図 1.2）．ここでは，バルジングによる周期 5〜30 s の周期性レベル変動抑制を図った北田[6] の制御例について紹介する．

モールド内湯面レベルの伝達関数としては，浸漬ノズルにおける溶鋼流れの無駄時間 $T_d$ を 1 次 Pade 近似して，

$$P(s)=\frac{K_p}{s}\,\frac{1-(T_d/2)s}{1+(T_d/2)s} \tag{1}$$

とする．ここで，$K_p$ はスライディングゲート開度に対する湯面レベル変動速度のゲインである．この制御対象に対して，①低周波帯域における感度関数のゲイン低減（外乱の影響による湯面レベル変動の抑制）と，②高周波帯域における相補感度関数のゲイン抑制（制御対象の変動やモデル化誤差に対するロバスト安定化）を同時に満足するよう混合感度問題を解いて[5] 補償器 $C_0(s)$ を求める．いま，伝達関数 $P(s)$ の既約分解表現を安定プロパな伝達関数 $M(s)$ と $N(s)$ を用いて，

$$\begin{aligned} P(s)&=M^{-1}(s)N(s)\\ N(s)&=\frac{1-(T_d/2)s}{1+(T_d/2)s}\,\frac{1}{1+T_m s}\\ M(s)&=\frac{(1/K_p)s}{1+T_m s} \end{aligned} \tag{2}$$

とする．ここで，$T_m>0$ は定数である．同様に，安定プロパな伝達関数 $X(s)$ と $Y(s)$ を用いて $C_0(s)$ の既約分解表現を

$$C_0(s)=X(s)Y^{-1}(s) \tag{3}$$

とする．このとき，$P(s)$ を安定化する任意の補償器 $C(s)$ は，$Y-N\bar{Q}\neq 0$ で安定かつプロパな伝達関数 $\bar{Q}(s)$ を用いて，

$$C(s)=\frac{X(s)+M(s)\bar{Q}(s)}{Y(s)-N(s)\bar{Q}(s)} \tag{4}$$

と表される（Youla パラメトリゼーション）．この伝達関数 $\bar{Q}(s)$ をバルジングによる周期性レベル変動の抑制を図れるように選ぶ．具体的には，抑制対象周波数 $f_c$ を遮断周波数とする 2 次ノッチフィルタ $F_n(s)$ を次のように定める．

$$F_n(s)=\frac{s^2+(1-Q_m)2(\omega_c/Q_b)s+\omega_c^2}{s^2+2(\omega_c/Q_b)s+\omega_c^2} \tag{5}$$

ここで，$\omega_c=2\pi f_c$，$Q_b$ はノッチ幅パラメータ，$Q_m$ はノッチ深さパラメータである．

このノッチフィルタ $F_n(s)$ をもとに伝達関数 $\bar{Q}(s)$ を

$$\begin{aligned} \bar{Q}(s)&=Q(s)Y(s)\\ Q(s)&=\frac{F_n(2/T_d)-F_n(s)}{N(s)(1+\varepsilon s)} \end{aligned} \tag{6}$$

と設定する．ここで，定数 $\varepsilon>0$ である．図 1.3 に補償器の構成を示す．

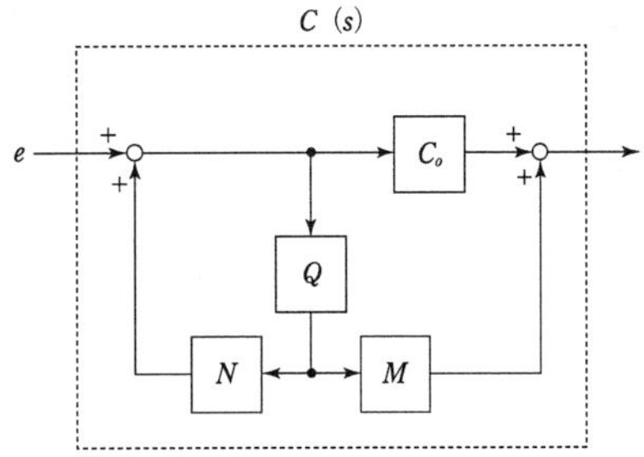


**図 1.3** 補償器の構成

このとき，感度関数 $S(s)$ は

$$\begin{aligned} S(s)&=\frac{1}{1+PC}=\frac{MY}{MY+NX}(1-NQ)\\ &=S_0(s)(1-N(s)Q(s)) \end{aligned} \tag{7}$$

となる．ここで，$S_0(s)$ は補償器を $C_0(s)$ としたときの感度関数である．このとき，

$$\begin{aligned} S(s)-S_0(s)F_n(s)=S_0(s)\Big\{1-F_n\Big(\frac{2}{T_d}\Big)\\ +\frac{\varepsilon s}{1+\varepsilon s}\Big(F_n\Big(\frac{2}{T_d}\Big)-F_n(s)\Big)\Big\} \end{aligned} \tag{8}$$

となり，感度関数周波数ゲイン $|S(j\omega)|$ は，当初の感度関数 $S_0(s)$ にノッチフィルタ $F_n(s)$ を反映させた周波数ゲイン $|S_0(j\omega)F_n(j\omega)|$ に十分近いものにすることができ，周波数 $f_c$ 付近の外乱を抑制できる．図 1.4 は，バルジングによる周期性レベル変動のある実機での実験結果を示したもので，3.8 s 周期の湯面レベル変動が顕著な従来法の制御に対して，抑制対象周波数 $f_c$ を 0.27 Hz に設定した上記の補償器に切り換えることにより湯面レベル変動幅は半減している．

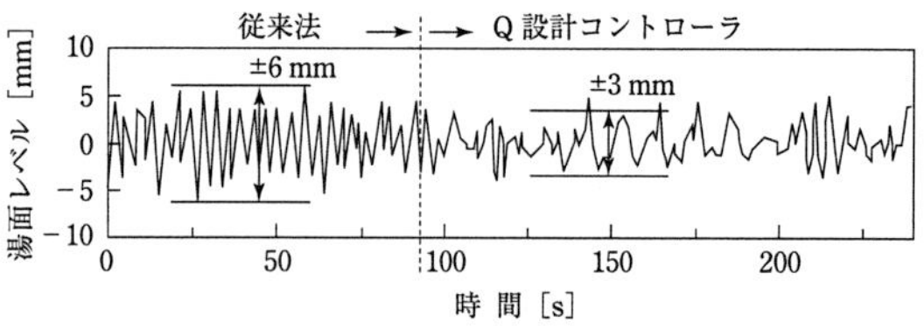


図1.4　湯面レベル制御実験結果[6)]

## 1.2　ホットストリップミルにおけるスタンド間張力制御

ホットストリップミルの仕上圧延機では，板厚を制御するためにロール開度を操作すれば必然的にスタンド間張力が変動し，これが板厚制御の外乱となるばかりでなく，圧延トラブルを誘発することにもなる．このように仕上圧延機は，板厚とスタンド間張力に相互干渉のある多変数系であり，かつ，製品の寸法・形状を決定する重要なプロセスであるため，最適レギュレータ，外乱オブザーバ，$H_\infty$ 制御などの種々の制御手法が適用されている[1)]．ここでは，板厚制御などに起因する板速度変動を外乱オブザーバによって推定し，スタンド間張力変動を抑制する木村ら[7)]の制御例について紹介する．

仕上圧延機のスタンド間には図1.5に示すように張力を一定に保つ目的でルーパが設置され，上流スタンド出口板速度と下流スタンド入口板速度の不整合をルーパ角度変化により検出し，目標ルーパ角度となるようロール周速度を操作する（ルーパ角度制御）とともに，目標張力とルーパ角度に応じて定まるトルク指令値になるようルーパトルクを操作することにより圧延材にかかる張力を制御する（張力制御）．一方，板厚を制御するためロール間隙を操作すれば，当該スタンドにおける先進率・後進率が変化し，出口板速度・入口板速度が変化する．この入口・出口速度の変化が速度外乱であり，これにより張力とルーパ角度が変化する（図1.6）．

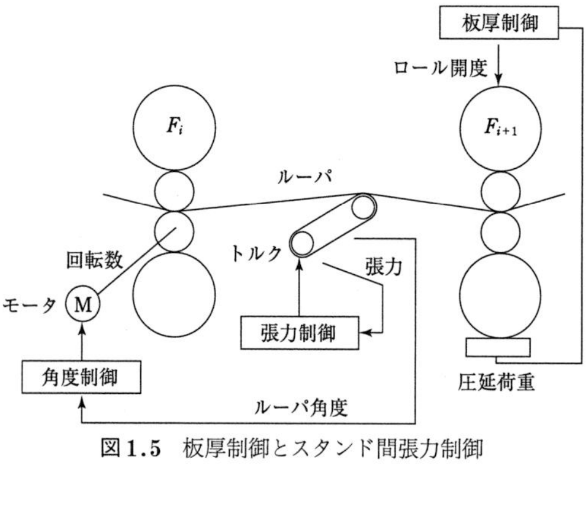


図1.5　板厚制御とスタンド間張力制御

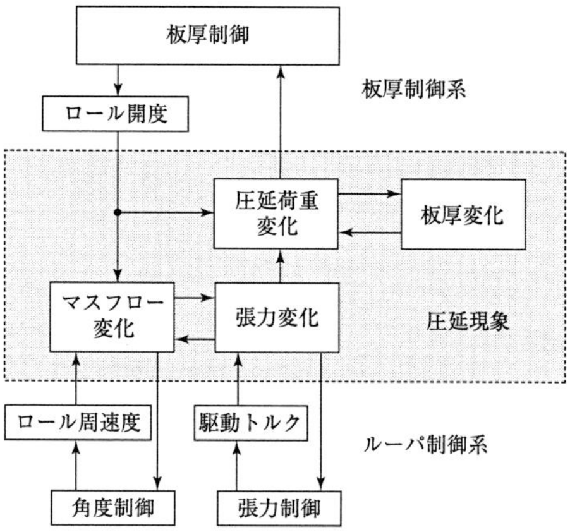


図1.6　板厚・張力制御系の相互干渉

第 $i$ スタンドと第 $i+1$ スタンド間の張力についての数式モデルを導出する．

第 $i+1$ スタンドの入口板速度は

$$v_{\mathrm{IN},i+1} = (1+\varphi_{i+1})\,V_{R,i+1}$$
$$= \left(1+\varphi^0_{i+1}+\left(\frac{\partial\varphi}{\partial\sigma}\right)_{i+1}\Delta\sigma\right)(V^0_{R,i+1}+\Delta_{R,i+1})$$

第 $i$ スタンドの出口板速度は

$$v_{\mathrm{OUT},i} = (1+f_i)\,V_{R,i}$$
$$= \left(1+f^0_i+\left(\frac{\partial f}{\partial\sigma}\right)_i\Delta\sigma\right)(V^0_{R,i}+\Delta V_{R,i})$$

ここで，$\varphi$ は後進率，$f$ は先進率，$\sigma$ は単位断面積あたり張力，$V_R$ はロール周速度，添字 $i$ はスタンド番号，添字0は基準値，$\Delta$ は基準値からの偏差を表す．

基準状態では第 $i+1$ スタンド入口板速度と第 $i$ スタンド出口板速度は一致しているとして，

$$(1+\varphi^0_{i+1})\,V^0_{R,i+1} = (1+f^0_i)\,V^0_{R,i}$$

とすると，板速度の不整合は

$$v_{\mathrm{IN},i+1}-v_{\mathrm{OUT},i} = (1+\varphi^0_{i+1})\,\Delta V_{R,i+1}-(1+f^0_i)\,\Delta V_{R,i}$$
$$+\left[\left(\frac{\partial\varphi}{\partial\sigma}\right)_{i+1}V^0_{R,i+1}-\left(\frac{\partial f}{\partial\sigma}\right)_i V^0_{R,i}\right]\Delta\sigma$$

下流側スタンドのロール周速度は操作せず $\Delta V_{R,i+1}=0$ とし，

$$K_\sigma = \frac{1}{\left(\dfrac{\partial f}{\partial\sigma}\right)_i V^0_{R,i}-\left(\dfrac{\partial\varphi}{\partial\sigma}\right)_i V^0_{R,i+1}}$$

とおくと，スタンド間張力 $\sigma$ は

$$\sigma(t) = \frac{E}{L}\left\{\int_0^t\left(-\frac{1}{K_\sigma}\Delta\sigma-(1+f^*)\,\Delta V_R+\Delta v_d\right)dt\right.$$
$$\left.+L(\theta)-L(\theta_0)\right\}$$

で表される．ここで，$E$ は材料のヤング率，$L$ はスタン

ド間距離，$\Delta v_d$ は速度外乱，$\theta$ はルーパ角度，$L(\theta)$ はルーパの張るスタンド間距離である．また，$f_i^0$，$\Delta V_{R,i}$ をそれぞれ $f^*$, $\Delta V_R$ で表した．これを時間微分して，

$$T_\sigma \frac{d}{dt}\Delta\sigma+\Delta\sigma=K_\sigma(L_\theta\Delta\dot{\theta}-(1+f^*)\Delta V_R+\Delta v_d) \tag{9}$$

ここで，

$$T_\sigma=\frac{L}{E}K_\sigma,\quad L_\theta=\frac{\partial L(\theta)}{\partial\theta}$$

とした．

速度外乱 $\Delta v_d$ を定常外乱と仮定し，次のようにおく．

$$\frac{d}{dt}\Delta v_d=0 \tag{10}$$

この直接測定できない速度外乱 $\Delta v_d$ を式 (11) のように構成したオブザーバで推定する．

$$T_{\mathrm{OB}}\frac{d}{dt}z+\Delta\sigma=K_\sigma(L_\theta\Delta\dot{\theta}-(1+f^*)\Delta V_R+\Delta\hat{v}_d)$$

$$\Delta\hat{v}_d=\frac{1}{K_\sigma}\left(-z+\frac{T_\sigma}{T_{\mathrm{OB}}}\Delta\sigma\right) \tag{11}$$

ここで，$T_{\mathrm{OB}}$ はオブザーバの時定数である．

実際，式 (9)～(11) より

$$\frac{d}{dt}(\Delta\hat{v}_d-\Delta v_d)=-\frac{1}{T_{\mathrm{OB}}}(\Delta\hat{v}_d-\Delta v_d)$$

が成り立ち，これを解いて

$$\Delta\hat{v}_d(t)-\Delta v_d(t)=\exp\left(-\frac{t}{T_{\mathrm{OB}}}\right)(\Delta\hat{v}_d(0)-\Delta v_d(0))$$

となるので，式 (11) によって与えられる $\Delta\hat{v}_d$ によって速度外乱 $\Delta v_d$ の推定ができることが示される．この速度外乱推定値 $\Delta\hat{v}_d$ をフィードフォワードすることにより，板厚制御などに起因する速度外乱の影響を抑制するとともに，張力制御とルーパ角度制御の相互干渉についてはクロスコントローラにより対応する．実機試験結果を図 1.7 に示すが，圧延中に外乱オブザーバとクロスコントローラを用いた制御に切り換えることにより，張力変動，ルーパ角度変動ともに半減していることがわかる．　［高橋亮一］

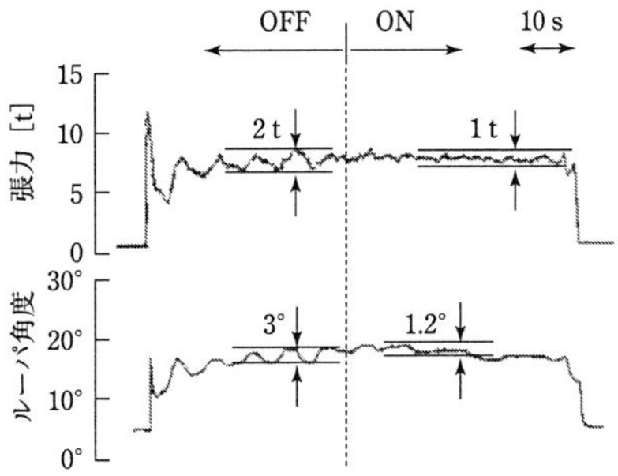


**図 1.7**　スタンド間張力制御実験結果[7]

## 参 考 文 献


1) 高橋亮一 (2002)：鉄鋼業における制御，コロナ社．
2) 高橋亮一，木村和喜 (2000)：製鉄プラントの制御，日本機械学会誌，**103**(979)：44-47．
3) 黒川哲明，加藤祐一 (1991)：連続鋳造機モールドレベル制御への適応制御導入結果，SICE 実システムのモデリングと制御系設計シンポジウム，p. 39-42．
4) 浅野一哉，加地孝行，青木秀夫，茨木通雄，森脇三郎 (1994)：外乱オブザーバを用いた連鋳モールド内溶鋼レベル制御，計測自動制御学会論文集，**30**(7)：836-844．
5) H. Kitada, O. Kondo, H. Kusachi, K. Sasame (1998)：H∞ Control of Molten Steel Level in Continuous Caster, *IEEE Trans. on Control Systems Technology*, **6**(2)：200-207．
6) 北田　宏 (2003)：Q－パラメータアプローチによる連続鋳造鋳型内湯面レベル周期性変動の制御，計測自動制御学会論文集，**39**(5)：487-493．
7) 木村和喜，坂上浩一，中川与彦，清水博文 (1996)：外乱オブザーバを用いた熱延仕上圧延機のルーパ多変数制御，電気学会論文誌 C，**116C**(10)：1111-1118．

# 2

# 化　学　工　業

### はじめに

原材料を加工して製品を得る製造システムを生産システム（production system）という．鉄鋼や化学などに代表されるように，物質に物理的あるいは化学的変化を生じさせる生産システムをプロセスシステム（process system）という．このプロセスシステムを対象にして，操作量を適切に調節することによって，外乱による影響を除去しながら，計測される制御量を目標値に追従させる一連の働きを担うのが，プロセス制御（process control）である．ここでは，まずプロセス制御に求められる役割を要約する．その上で，プロセス制御の代表的な技法であるフィードバック制御・カスケード制御・フィードフォワード制御・PID 制御・アドバンス制御について概説する．

## 2.1　プロセス制御の役割

化学プロセスは，反応器・分離器・蒸留塔・熱交換器・タンク・圧縮機・ポンプなどの多くの設備機器から構成され，配管がそれらを接続している．その運転には以下の要件[1)]を満たすことが求められ，そこで大きな役割を果たすのがプロセス制御である．

① 安全運転：　安全に運転できることがもっとも重要で，圧力・温度などの運転条件を適正な範囲に保ち，異常時は必要な保安措置を行う．

② 環境保護・法令順守：　リサイクルなどにより廃棄物を最小化し，排出物質は法規で定められた基準を満たすようにする．

③ 品質確保：　製品品質のばらつきを抑え規格に適合させる．また新製品を速やかに開発・試作・生産できるようにする．

④ 運転容易性：　生産量の変更や製品銘柄の切り換えを自動的に行い，オペレータ（運転をつかさどる人）の負担を軽減し確実に運転調整できるようにする．

⑤ 生産性向上：　生産量最大化を含め，所定量の製品を高効率で生産する．

⑥ 経済性追求：　省資源・省エネルギーなどの合理化を図り，常に経済的な運転を行う．

## 2.2　プロセス制御の要求性能

化学プロセスは，原料を常に供給し，製品を連続して取り出す連続プロセス（continuous process）と，一定量の原料を仕込み所定時間で処理（たとえば重合反応）を終えると製品を取り出すバッチプロセス（batch process）がある．プロセス制御の制御量は，温度・流量・圧力・液レベル（液面）・組成（濃度）などのプロセス変数である．その目標値の時間的特性によって，定値制御（regulation）と追値制御（tracking）に分類される．連続プロセスでは，その状態を定常状態に保つ定値制御が主体で，バッチプロセスでは追値制御となることが多い．

プロセスは絶えず外部の影響を受けている．生産量・原料性状・触媒活性・冷却加熱用ユーティリティ・装置特性・汚れや詰り・気象条件などの変動により，プロセスの状態が変動する．その要因を外乱（disturbance）といい，外乱を補償しプロセスを所望の運転条件に保つことが，プロセス制御の大切な役割である．プロセス制御に要求される性能は以下の 5 項目に集約できる．

① 安定化（stabilization）：　プロセスを望ましい運転条件近傍で安定化する．不安定プロセスは制御によらなければ安定化できない．

② 目標値追従性（set point tracking）：　目標値変更に対する速応性（追従性）を確保する．

③ 外乱抑制性（disturbance rejection）：　外乱による制御量の変動を抑える．

④ オフセットフリー（offset free）：　定常偏差が生じない．

⑤ ロバスト性（robustness）：　運転条件やプロセス特性などの変化に対して，制御システムの安定性を保ち制御性能低下を抑える．

## 2.3 プロセス制御システム

プロセス制御システムの例を図2.1に示す．熱交換器によりプロセス流体を蒸気で加熱するプロセスにおいて，プロセス流体の出口温度を制御する．熱交換器に供給する被加熱プロセス流体の流量や温度が変化すると，出口温度が変動し目標値との間に差異が生じる．出口温度が目標値よりも低くなれば，加熱蒸気の調節弁開度を開き，熱交換器シェルの蒸気圧力（すなわちシェル蒸気温度）を高める．これにより，熱交換器のチューブとシェルの温度差が大きくなり，熱交換量が増加し出口温度が上昇する．逆に出口温度が高い場合には，調節弁開度を絞り蒸気圧力を低くする．この動作を常に行うことにより，出口温度を目標値近傍に保つことができる．

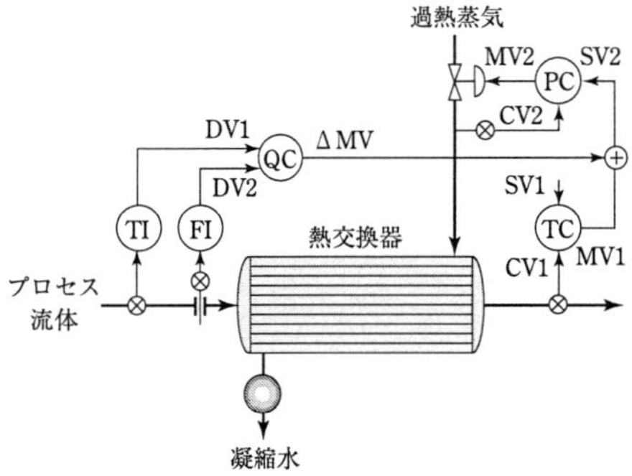


**図2.1** 熱交換器による加熱プロセス

加熱蒸気の調節弁開度が操作量（manipulated variable：MV），プロセス流体の出口温度を制御量（controlled variable：CV）という．また，制御システムでは調整できないが，制御量に影響を与えるプロセス流体の流量や入口温度のような計測できる状態変数を狭義の外乱量（disturbance variable：DV）という．

出口温度制御はPIDコントローラによるフィードバック制御が一般的である．ところが，加熱蒸気の供給圧力が変動すると，調節弁開度が一定でも，熱交換器シェルへの蒸気流量が変わり，シェル蒸気圧力が変化する．この変動の影響を受け，プロセス流体の出口温度が遅れて変化し始める．出口温度制御は，出口温度が変化してからでないと制御動作が始まらないので，加熱蒸気圧力変動の外乱をすばやく補償できない．

この欠点を改善するものがカスケード制御（cascade control）で，操作量に入る外乱を制御量に影響が現れる前に補償する．1次制御ループである出口温度制御の操作量を，2次制御ループのシェル蒸気圧力制御の目標値として与える構造になっている．蒸気圧力の変動によるシェル蒸気圧力の変化を，出口温度に影響が現れる前に，2次制御ループで補償する．このように，制御量は二つに増えるが操作量は一つで変わらないことが，カスケード制御の特徴である．操作部やプロセスのもつ非線形特性を取り除くためにカスケード制御を適用することも多い．この加熱プロセスでは，2次制御ループにシェル蒸気圧力制御を用いている．運転条件の近傍では，シェル蒸気圧力とシェル蒸気温度の関係は線形とみなせるので，1次制御ループの操作量（シェル蒸気圧力）に対する制御量（出口温度）の特性も線形になる．

フィードフォワード制御（feed forward control）は，操作量と外乱量に対する制御量の応答特性を表すプロセス動特性モデル（process dynamics model）を用いて，外乱による制御量変動を補償する操作量を計算してプロセスに与える．しかし，外乱量を正確に測定できなければ，またプロセス動特性モデルが不完全であれば，制御量は目標値に一致しない．このため，フィードフォワード制御はフィードバック制御と組み合せて用いる．加熱プロセスでは，プロセス流体入口の流量と温度を外乱量として計測し，入熱量の変化量を演算する．そして，それを補償するシェル蒸気圧力の変更量を求め，シェル蒸気圧力制御の目標値に加算している．フィードフォワード制御には，定常状態のみを考慮する静的補償と外乱量に対する制御量の時間変化を動的に補償するものがあり，静的補償だけでも制御性能を改善できる．動的補償は，操作量に対する制御量の応答が外乱量に対するそれよりも速い場合に有効である．

加熱プロセスをフィードバック制御・カスケード制御・カスケード制御にフィードフォワード制御を付加

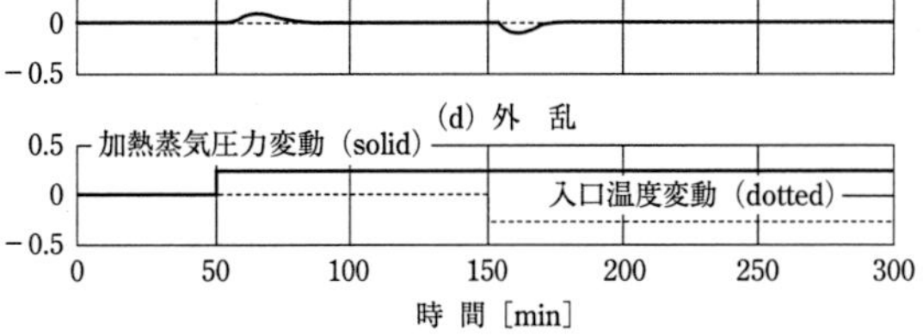

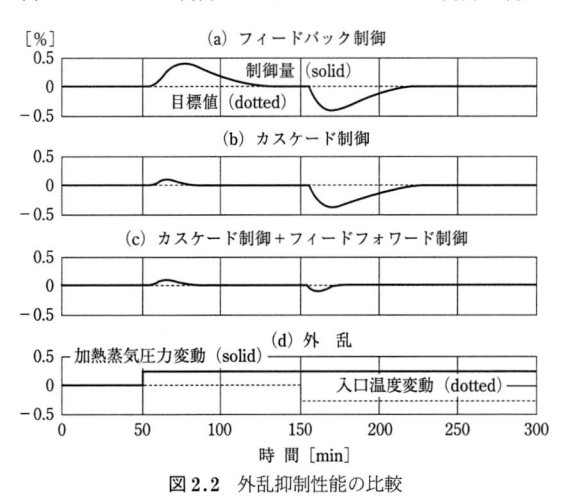


**図2.2** 外乱抑制性能の比較

した三つのケースについて，制御シミュレーションした結果を図 2.2 に示す．温度制御とシェル圧力制御には PID コントローラを，フィードフォワード制御には進み遅れ補償を用いた．時間 50 min に加熱蒸気圧力が 1% 上昇し，150 min にはプロセス流体の入口温度が 1% 低下している．いずれもステップ状の外乱である．加熱蒸気圧力変動に対するカスケード制御の効果と，入口温度変動に対するフィードフォワード制御の有効性を，制御偏差の二乗面積で評価した．フィードバック制御の制御成績を 100 として，カスケード制御で 48，カスケード制御にフィードフォワード制御を付加すると 3 まで下がり，制御性能が 100/3＝33 倍向上する．

## 2.4　プロセス制御技法とプロセス動特性モデル

化学プロセス制御における制御技法とプロセスモデルのあらましを図 2.3 に示した．制御技法は，PID 制御，フィードフォワード制御などの古典的なアドバンス制御，そしてモデル予測制御の三つに大別できる．その適用比率は，たとえば 2003 年の三菱化学水島事業所[2)] では，PID 制御：100，古典的アドバンスト制御：10，モデル予測制御：1 で，主体はあくまでも 5006 ループの PID 制御である．モデル予測制御は，1990 年代から進められた高度制御プロジェクトによって，大規模プロセスの経済運転を実現する多変数制御の標準的な技法として定着した．対照的に古典的アドバンス制御は，有効な対象が多いにもかかわらず適用数は伸びていない．この背景には，プロセス制御の高度化はモデル予測制御で，という考え方が浸透したことがある．

モデル予測制御では，プラントテストとシステム同定により得られるノンパラメトリックなインパルス応答モデル（あるいはステップ応答モデル）でプロセス動特性モデルを表現することが多い．モデルは必須で，その精度が制御性能を左右する．しかし，干渉のある多変数プロセスが対象であるため，モデルの精度を厳密に評価することは難しい．また，モデル検証作業にいたずらに時間を費やすのも非効率である．このため，モデルの定常ゲインの妥当性を確認したら制御を作動させ，コントローラのチューニングで制御性能を確保する手法がとられる．

PID 制御には，プロセス動特性モデルに基づいた PID パラメータ（比例ゲイン・積分時間・微分時間）の設定則がある．SISO（single-input, single-output）プロセスが対象なので，物質収支・エネルギー収支による解析的モデリングに適している．得られたプロセス動特性モデルは第 1 原理モデル（first principles model）とよばれ，非線形微分方程式と代数方程式を組み合わせた DAE モデル（differential algebraic equation model）になることが多い．それを線形化した状態方程式モデルを介して伝達関数モデルを得る．その定常ゲインや時定数などのパラメータは，物性定数やプロセス状態量と関連付けられるので，運転条件変更などによるパラメータ変化をたやすく確認できる．また，安定・不安定プロセスの判別も伝達関数モデルによれば一目瞭然である．このように，解析的に導出したモデルによればプロセス動特性の本質がわかる．ところが，SISO プロセスといえども解析的モデリングは面倒なので，プラントテストとシステム同定

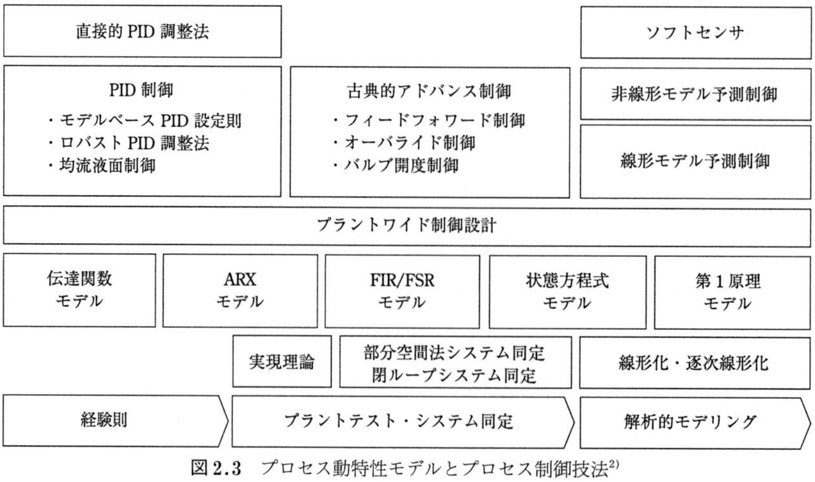


図 2.3　プロセス動特性モデルとプロセス制御技法[2)]

に頼ることも多い．近年は，部分空間法による閉ループシステム同定の研究が進み，その実用化が始まっている．

## 2.5　PID 制 御

ほとんどの PID 制御ループは，望ましい制御性能を得るように，経験則をベースに PID パラメータを決定する．たとえば，流量制御には wide band fast reset という鉄則[2] がある．これは比例帯を広く（比例ゲインを小さく），積分時間は速く（短く）設定するもので，比例帯 300%，積分時間 30 s がその目安である．PID 制御ループの 80% は，試行を繰り返せば PID 調整できる．

残る 20% は，プロセス動特性モデルに基づく PID 設定則を利用すれば，経験則によるよりも PID 調整作業が効率的になる．液面制御，反応温度制御あるいは蒸留塔トレイ温度制御などである．モデルベース PID 設定則の有用な方法の一つに，均流液面制御[2] がある．一般に液面プロセスは積分特性をもち，その積分時定数は簡単に計算できる．そして，操作量等価外乱の大きさと，そのときの許容液面変動を与えれば，I-P コントローラの比例ゲインと積分時間が定まる．図 2.4 に，晶析器液面制御の均流液面制御による PID 調整事例を示した．

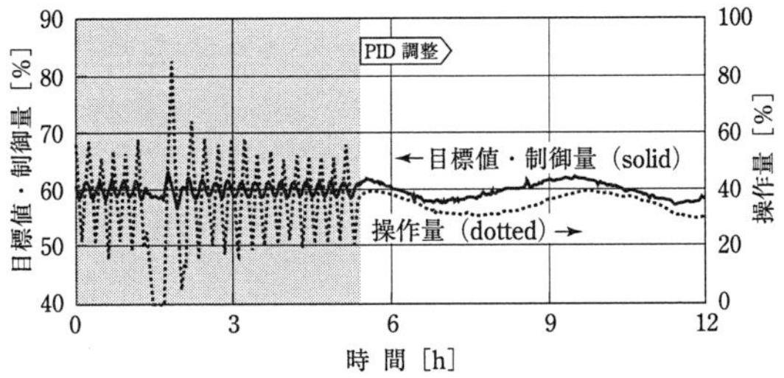


図 2.4　液面制御 PID 調整

このプロセス動特性は

$$P(s)=\frac{y(s)}{u(s)}=\frac{1}{T_p s}$$

の積分特性をもち，その積分時定数 $T_p=43$ min である．設計条件として，操作量等価外乱 $d_s=12.5\%$ と許容液面変化 $y_s=5\%$ を与える．このとき，比例ゲイン $K_c=0.65/(y_s/d_s)=1.6$，積分時間 $T_i=2\,T_p/K_c=53$ min を得る．調整前の PI 設定値 $K_c=3.3$，$T_i=0.67$ min での操作量の過剰な変動が，PID 調整により抑えられたことがわかる．

## 2.6　古典的アドバンス制御

古典的アドバンス制御の代表的な技法にバルブポジション制御（valve position control：VPC）がある．これは省エネルギー制御を目的として適用するもので，二つの制御ループを結合するように VPC を挿入する．その制御量は主制御ループの操作量で，VPC の操作量は従制御ループへの目標値になる．

VPC の適用事例[3] を説明する．図 2.5 は反応器への原料ガス供給プロセスの制御システムである．原料ガスを圧縮機で昇圧し，吐出圧力はガイドベーン開度を操作量として制御している．原料ガスは反応器各段にそれぞれ流量制御で供給する．この二つの制御ループを流量調節弁の弁開度最大値選択器と VPC が結合し，VPC と吐出圧力制御はカスケード制御を構成している．圧縮機動力を低減するために，流量調節弁のうち最大開度のものを選択し，それが弁開度上限値となるように，VPC が吐出圧力制御の目標値を下げていく．

制御実績を図 2.6 に示す．原料ガス流量一定の状態で，流量調節弁開度の上限目標値を 67% から 80% まで 8 時間かけて徐々に上げていった．流量制御ループの最大弁開度が目標値に追従して開いていることがわかる．VPC が吐出圧力制御の目標値を下げ 4.6 MPa

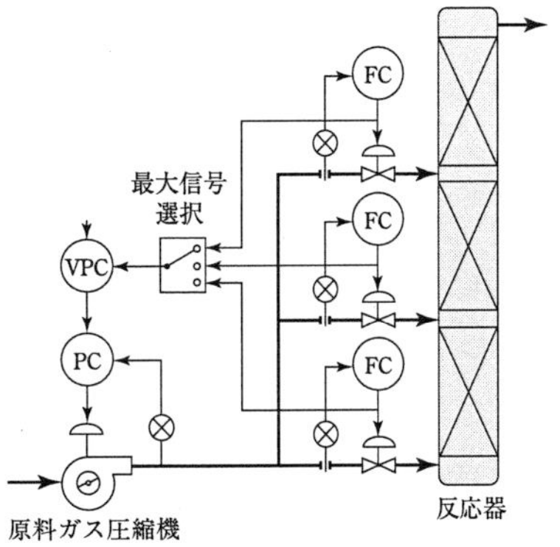


図 2.5　原料ガス圧縮機省電力制御システム

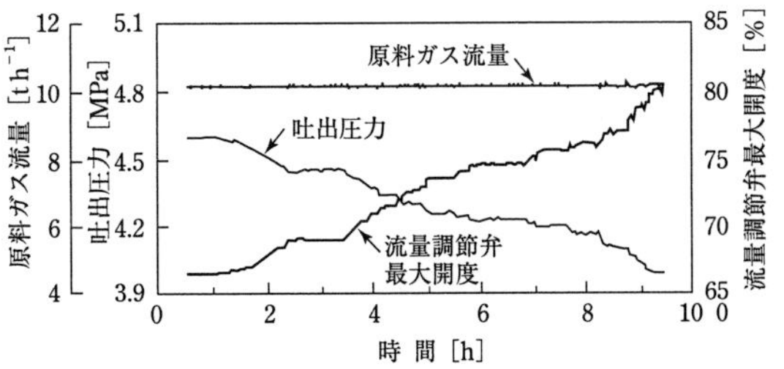


図 2.6　原料ガス圧縮機省電力制御実績

から 4.0 MPa まで低下した．これにより，圧縮機動力が大幅に減少し，駆動モータの消費電力を 14% 削減した．

## おわりに

化学プロセス制御の役割と代表的な制御技法の適用状況を説明した．モデル予測制御については本書の別項で解説されている．　[小河守正]

## 参考文献


1) P. S. Buckley (1992)：Process Control Strategy and Profitability, p. 1-9, Instrument Society of America.
2) 小河守正，加納　学 (2010)：モデルに基づくプロセス制御-モデリングとコントローラ調整，計測自動制御学会・計測制御シンポジウム 2010 予稿集，p. 12-21.
3) M. Kano, M. Ogawa (2010)：The state of the art in chemical process control in Japan：Good practice and questionnaire survey, *Journal of Process Control*, **20**：969-982.

# 3

# 工 作 機 械

## はじめに

工作機械産業は，日本のものづくりを支える重要な基盤産業であり，国際的にも質と量の両面においてトップクラスを誇っている．機械加工は，もともとは職人による手作業によって行われていたが，近年では，特殊な場合を除くほとんどの生産現場において，数値制御（numerical control：NC）された工作機械が用いられている．このようなNC工作機械では，必然的に制御技術が重要な役割を果たしている．

工作機械における制御において特徴的なことの一つは，工具を運動させて加工を行う場合，工具の目標位置や軌道がCADデータからあらかじめ厳密に求められるので，フィードフォワード制御を効果的に活用することができることである．また，輪郭制御では，オーバーシュートを決して生じさせないようなコントローラのチューニングが求められる．さらに，大きな外乱が作用することも特徴の一つである．位置決め・送り制御では，送りねじで発生する摩擦が外乱となる．さらに，実際の加工時には，加工力が大きな外乱として作用する．最近では，高速化・高精度化への要求がますます高まっているので，これらの外乱の影響を効果的に抑制する制御技術の重要性が増している．

本章では，まず，工作機械とその制御装置の概要，および主軸と送り軸の駆動制御について述べられている．次に，びびり振動抑制と同期軸制御，さらには輪郭制御など工作機械に固有な制御技術について紹介されている．

なお，工作機械は，大きくはメカトロニクス装置の一つとしてとらえることもできるので，「7. メカトロニクス制御技術」の章も参照していただきたい．

## 3.1 工作機械の制御

### 3.1.1 工作機械の概要

工作機械は金属を削り機械の部品をつくる道具である．英語では“machine tool”とよばれる．また，機械が機械をつくることから母なる機械“mother machine”ともよばれる[1)]．

加工される部品の形状は，被削材であるワークと加工を施す工具との相対位置により決定される．その加工形態は大きく2種類に分かれる．一つは円盤状または棒状のワークを回転させ，そこにバイトとよばれる刃物を押し当てて削る旋削という加工であり，ワーク形状は軸対称となる．もう一つは工具を回転させ，それをワークに押し当てて削るミーリングという加工であり，穴あけ，フライス加工，中繰り加工，自由曲面加工などのワーク形状はさまざまである．旋削加工およびミーリング加工の例を図3.1に示す．

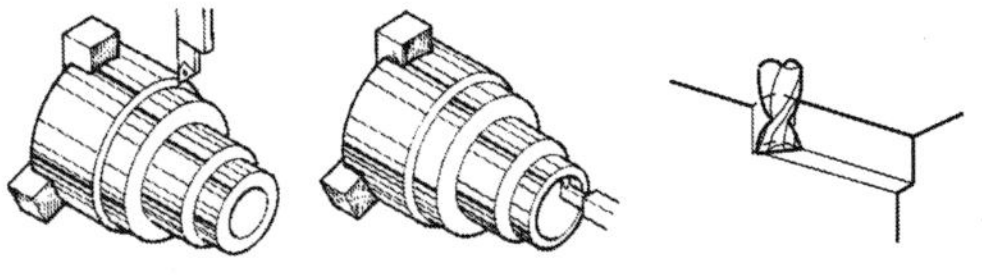

(a) 旋削加工　　(b) ミーリング加工

図3.1 旋削加工およびミーリング加工の例

旋削加工を主として行う機械を旋盤とよび，ミーリング加工を主として行う機械をマシニングセンタとよぶ．旋削加工とミーリング加工が一台の機械で行えるようにした機械を複合加工機とよぶ．複合加工機の機械構造の一例を図3.2に示す．いずれの機械も主軸と

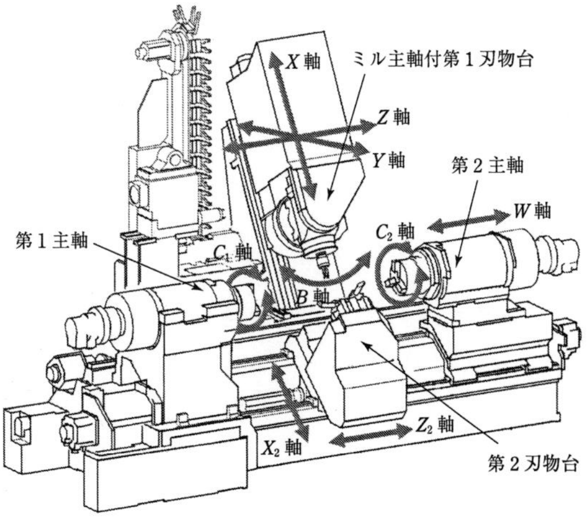


図3.2 複合加工機の機械構造の一例

送り軸から構成される．旋盤の主軸にはワークが取り付けられ，回転数は〜6000 $\mathrm{min}^{-1}$ である．

マシニングセンタの主軸には工具が取り付けられる．数万 $\mathrm{min}^{-1}$ の能力をもつ．送り軸によりワークと工具との相対位置が決定され，製品形状がつくりだされる．送り軸のストロークは数百 mm から数 m まで機械の大きさによってさまざまである．送り速度はボールねじ駆動のもので最大 60000 mm $\mathrm{min}^{-1}$，リニアモータ駆動のもので最大 120000 mm $\mathrm{min}^{-1}$ である．以上のように工作機械は高速で長ストロークでありながら，位置決め精度は数 μm を実現する．また，直線 3 軸に回転 2 軸を追加し，同時 5 軸加工によって，より複雑なワークの製作が可能なマシニングセンタも普及しており，さらにはテーブルが旋回して，旋削加工が可能な機械もある．例として同時 5 軸加工マシニングセンタ（旋削機能付）の仕様を表 3.1 に，外観を図 3.3 に示す[2]．

**表 3.1**　同時 5 軸加工マシニングセンタ（旋削機能付）の仕様（機種名：VARIAXIS i-800T）

| 項　目 | 仕　　様 |
|---|---|
| 最大積載ワーク寸法 | $\phi$ 1000 mm×375 mm |
| 直線軸移動量（$X/Y/Z$） | 730/850/560 mm |
| 回転軸移動量（$A/C$） | −130〜+30°/±360° |
| 早送り速度（$X, Y, Z/A/C$） | 42 m/min/10800°/min/36000°/min |
| ミーリング主軸/旋削テーブル | 10000 $\mathrm{min}^{-1}$/800 $\mathrm{min}^{-1}$ |

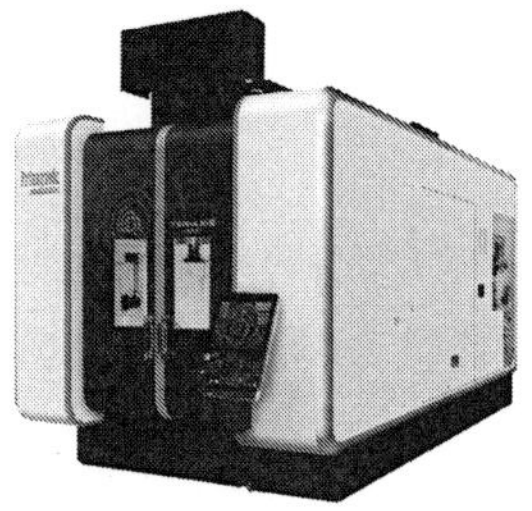

**図 3.3**　同時 5 軸加工マシニングセンタ（旋削機能付）の外観

### 3.1.2　工作機械の制御

**a．制御装置の構成**

工作機械ではさまざまな形状のワークを加工可能にするために，ワークと工具との相対位置・形状を定義した運転プログラムに従って，主軸回転数や送り軸が制御される．運転時には滑らかな切削を実現するために切削水が吐出され，切削屑を機外に排出するコンベアが駆動され，主軸頭で発生する熱を回収する冷却液が循環する．これらの制御を実現するために，工作機械の制御は操作パネル，数値制御装置，PLC（programmable logic controller），モータドライブアンプ，モータで構成される（図 3.4）．

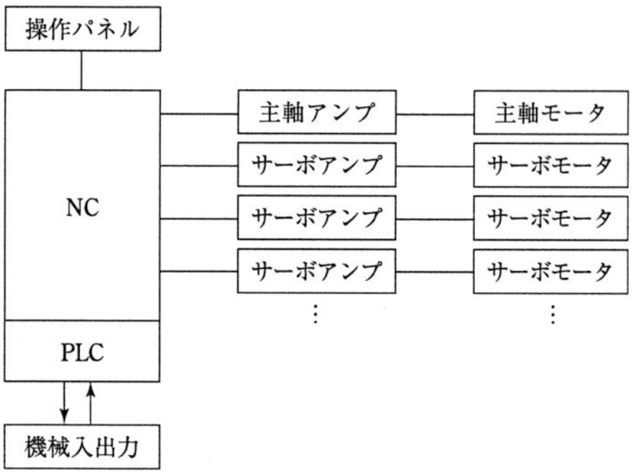


**図 3.4**　工作機械の制御構成

**b．運転プログラム**

運転プログラムは加工アプリケーションごとに作成される．運転プログラムには現在位置から終点位置までを直線経路で結ぶ指令や円弧形状の経路で結ぶ指令があり，直線経路で結ぶ指令を直線補間，円弧形状の経路で結ぶ指令を円弧補間とよぶ．補間とは現在位置から終点まで間を，指令された形状にそって位置指令値で埋めることをいう．その処理を数値制御装置が実行する．運転プログラムを解析し，1 ms 前後の時間間隔で位置指令値を更新することにより，送り軸がとるべきルートを決定する．位置指令の単位は 0.05 μm が一般的であるが，一部の数値制御装置では 0.001 μm を実現している．

運転プログラムには送り軸の経路のほかに，主軸回転数指令，工具交換指令，切削水吐出指令などがあり，PLC によって処理がなされる．運転プログラムの例を図 3.5 に示す．

```
N001  G91 G28 Z0 ;                    Z 軸機械原点復帰
      T01 T00 M06 ;                   工具選択，工具交換
      G90 G54 G00 X40. Y-20. ;        ワークオフセット
      S1000 M03 ;                     主軸 1000 min-1 正回転
      G43 Z50. H01 M08 ;              工具長補正，切削水吐出
      G00 Z-10. ;                     Z 軸位置決め
        ⋮
        ⋮                             M03：主軸正回転指令
                                      M06：工具交換指令
                                      M08：切削水吐出指令
```

**図 3.5**　運転プログラムの一例

### 3.1.3　駆 動 制 御

**a．主 軸 駆 動**

主軸駆動に使われるモータは，誘導モータか IPM（interior permanent magnet motor）である．主軸制御には一般に速度制御が行われ，マイナループとして電流制御を行うカスケード制御が取り入れられている．速度制御，電流制御にはいずれも PI 制御が行われる．

旋盤の主軸ではワークサイズ（イナーシャ）がアプ

リケーションにより大きく異なるため，速度ループゲインを変更する必要が生じる．そこで，新規のアプリケーションのため，運転プログラムや治具などを構築する際に，オペレータの指示によりイナーシャ推定を行い，速度ループゲインを決定する機能がある．ワークの一つずつに対していつも自動的にイナーシャ推定をすればスマートであるが，工作機械ではワーク1個の加工時間を極力短くすることが非常に重要なため，最初の1品だけ調整を行い，それ以降の量産加工では同じゲインを用いることでむだな時間を省くのが一般的である．また，旋盤の主軸は，位置制御に切り換えてロータリテーブルとしても使用される．

マシニングセンタの主軸では，工具を旋回するときは速度制御が行われるが，タップ加工（ねじ穴加工）のように，主軸の回転と送り軸を同期する必要がある場合は，位置制御に切り換える．

**b．送り軸駆動**

送り軸駆動に使われるモータはACサーボモータである．送り軸は位置制御が行われ，マイナループとして速度制御，電流制御が行われている．位置制御はオーバシュートによる削りすぎを嫌うために比例制御のみである．速度制御と電流制御においてはPI制御が施される．制御周期はNCメーカや機種によって異なるが，位置制御は1 ms以下，速度制御は250 μs以下，電流制御は100 μs以下である．また，送り軸用モータのエンコーダ分解能はベーシック機で26万パルス/rev，ハイエンド機で6700万パルス/revである．

位置，速度のフィードバックはセミクローズド方式とクローズド方式があり，セミクローズド方式はモータに取り付けられたエンコーダから速度フィードバックと位置フィードバックが得られる．クローズド方式の場合は，直線軸の場合はリニアスケールが用いられ，スケールから位置フィードバックが得られる．速度フィードバックはセミクローズド方式と同様にモータエンコーダから得られる．

速度ループの応答をできる限り上げるために，共振フィルタが用意されている．ボールねじで送り軸を駆動する場合には，モータイナーシャと負荷側のモータ軸換算イナーシャとの共振があり，ボールねじの剛性が大きく影響する．振動モードはボールねじの伸縮方向とねじり方向の2種類あり[3]，周波数は機種によって異なるが，たとえばボールねじの伸縮方向の振動では150 Hz前後，ボールねじのねじり方向の振動では500 Hz前後となっている．そのため，サーボ制御で用意する共振フィルタは少なくとも2個以上必要で，実際にはさまざまな振動抑制機能が用意されている[4,5]．

送り軸においてもテーブル駆動時にワーク重量の変化により，モータ軸換算負荷イナーシャが変動するので，安定性を保つためにPI制御が用いられている．ボールねじで駆動されるテーブルの場合，モータ軸換算総イナーシャのうち，モータ，ボールねじ，カップリング，ボールねじナット，テーブルの占める割合が75%程度であるため，テーブル上のワークサイズに従って速度ループゲインを変更することはまれで，ワーク無積載時と最大重量積載時とを双方適用可能な速度ループゲインを機種開発時に決定し，標準パラメータとしている．

**c．切削抵抗の扱い**

主軸，送り軸ともに加工そのものが仕事の対象であるが，加工時に発生する反力（切削抵抗とよぶ）は，制御系において外乱として扱われる．切削抵抗はエンドミルなどの工具の倒れの原因となり，加工精度に影響する．そこで，生産効率を上げるために精度は出ないが大きく削り取る荒加工と仕上げ加工のために残り代を一定にする中仕上げ加工と最終形状に向けて精度を求めるための仕上げ加工というように，切り込み量を徐々に小さくする加工方法の工夫で要求精度を実現している．モータの負荷トルクから摺動面抵抗や加速時・減速時の慣性トルクを差し引くことで切削抵抗を予測して工具倒れ量が一定になるように制御する研究もある[6]．

**d．高速・高精度化への取り組み**

(1) 高速化の対応

工作機械は工業製品の部品や治具をつくるための道具であり，昔から絶えず生産性向上が要求されてきた．1990年代の中頃，高速性をねらってハイリードボールねじと低慣性サーボモータの採用で，従来20 m $min^{-1}$が送り軸の最高速度であったマシニングセンタが3倍の60 m $min^{-1}$を実現するに至り，生産性が飛躍的に向上した[7]．穴あけ加工やボーリング加工が主体のワークには，この設計思想が適合し，とくに自動車産業に大きく受け入れられた．しかしながら，エンドミルによる形状の削り出しには不向きであった．低慣性であるためにモータのコギングを抑えることができず，ハイリードによりコギングが拡大されることで，加工面に波状の引き目が現れ，面品位を維持できなかった．現在ではモータイナーシャが見直され，モータイナーシャが大きくなったことによる加減速時間の増大はモータ自身のトルクを上げることで克服した．トルクアップは従来のフェライト磁石から希土類磁石への変更およびモータ巻線の占積率向上によるものである．トルクアップに伴う誘起電圧上昇を弱め界磁制御により制御し，モータの最高回転数を落とすことなくトルクアップを実現した．そのため高速性を維持しつつ加工面品位を向上させることが可能となった．

さらに，電流ループや速度ループのゲインアップにより，モータのコギングトルクを限りなく押さえ込むだけでなく，モータ電流の高周波成分が抑制されることで，モータ内部の鉄損が減少し，モータの温度上昇を低減する効果があった．

(2) 精度に影響する摩擦への対応

工作機械の精度に関しては，1990 年代の後半から一般に適用された DBB 測定が精度向上を担った．DBB 測定とは円弧補間の軌跡誤差から機械の精度を診断する測定法である[8]．その測定法により機械には直交軸が 90 度をなしているかどうかの直角度や，直進軸がまっすぐになっているかどうかの真直度を診断することができる．制御的には象限突起の問題がある．円弧運動を構成する 2 軸のそれぞれにおいて，軸が反転するところで機械の摺動面摩擦が反転することによりサーボの応答が遅れ，円弧運動の軌跡が指令値から逸脱する現象である．このとき DBB 測定の波形では第 1 象限から第 2 象限へと象限の切り換わるところで突起上の誤差が観測されることから，この誤差を象限突起とよぶようになった．象限突起はエンドミルで円形状のワークを側面加工する場合や，金型加工などの自由曲面を削るときに，加工面にすじ状の傷がついてしまうために大変嫌われる．象限突起を回避するために前述のハイゲインは大いに効果がある．しかし，それだけでは不十分で，積極的なトルク補償が必要である．具体的には摩擦変動が原因であるため，摩擦変動に合わせてトルク補償するシステムが構築されている．一般に象限突起補正システムとよばれるが，図 3.6 に象限突起補正システムの一例を示す[9]．この例では，摺動面摩擦の性質が速度に比例する成分（ダンピング成分）と反転からの距離に比例する成分（ばね成分）があるため，摩擦変動をモデルにより推定することで摺動面摩擦変動を補償する仕組みをとっている．その効果を表す DBB 測定結果を図 3.7 に示す．

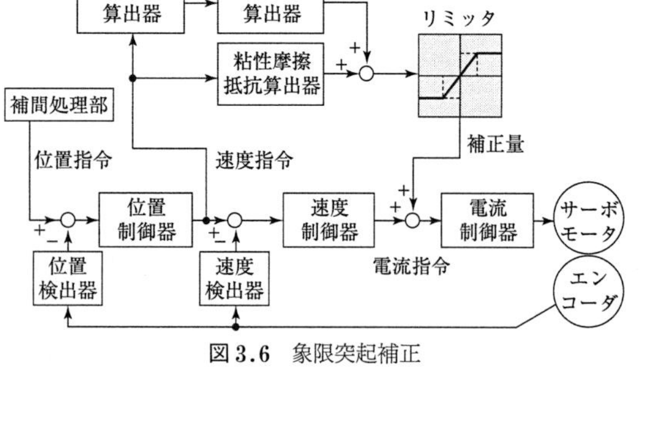


図 3.6　象限突起補正

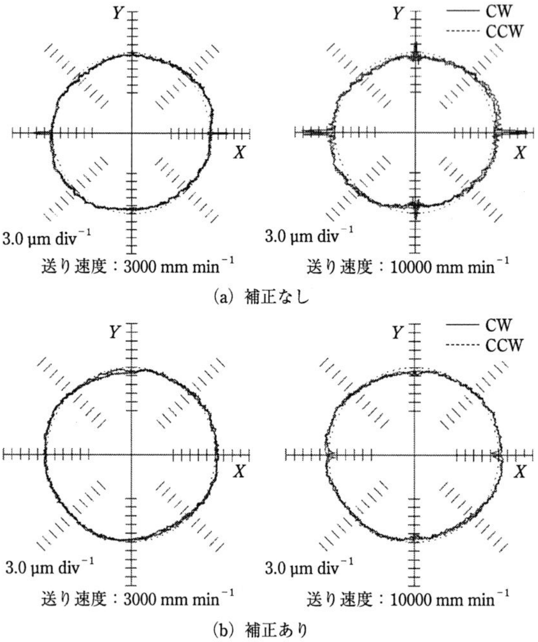


図 3.7　象限突起補正の効果（半径 100 mm）

(3) 精度に影響する熱への対応

鉄は温度が 1°C 上昇すると 1 m につき約 10 μm 伸びる．精度を数 μm で勝負している工作機械にとっては大変やっかいな鉄の性質である．工作機械設計者は熱の発生源に対して，とても敏感である．前述のモータ電流の高周波成分抑制によるモータ温度上昇低減は大変歓迎すべきことである．また，高速化に伴いボールねじの駆動によるボールねじナットからの発熱も問題となった．その対策として，ボールねじの軸心に冷却油を流し，ボールねじ自身を冷やす構造をとっている．ボールねじ冷却システムにおいて冷却油が漏洩しないようにシール材を施したことにより，それが摩擦となって象限突起が大きく現れた．その対策が前述の象限突起補正につながる．

送り軸を高速化することは，位置決めなどの非切削時間を短縮する目的があるが，切削時間そのものを短縮するためには主軸を高速化する必要がある．主軸を高速化すると主軸の剛性を維持しているベアリングが発熱する．その熱が主軸頭に伝わり主軸頭が伸び工具先端の位置がずれて，加工寸法精度が悪化する．それを回避するために熱変位補正が施される．従来，熱変位補正は工作機械の各部に温度センサを貼り付けて，採取された各部の温度に係数をかけて変位を求めてきた．室温の影響による比較的緩やかな温度変化に対しては，温度を測定する方法で十分な精度が得られる．しかし，主軸の回転による発熱で起きる温度上昇においては主軸頭内の温度勾配が急であり，下に凸の温度分布を呈しているのに対し，主軸を停止させた場合においては，主軸頭を冷却しているため，温度下降の温度勾配が急で，上に凸の温度分布になっている．そのため，単に温度を測定することでは，主軸頭全体の熱量をおしはかることができず正確に熱変位補正を施すことができない．そこで，主軸熱変位の主な要因である主軸回転数を用いたまったく新しい熱変位補正システムを採用し，主軸の回転・停止などの運動パターンに伴う急激な主軸の伸縮に対して高精度な補正が実現している[10]．図3.8に新しい補正システムの概念を示す．主軸回転数と主軸熱変位量に対して，曲面で定義した熱変位速度マップを用いる．これは主軸回転数の変動によって，主軸熱変位が増大する方向にあるか減少する方向にあるかを示したものである．このマップの採用により温度測定で熱変位量を推定するよりも比較にならないほどの精度向上が実現した．

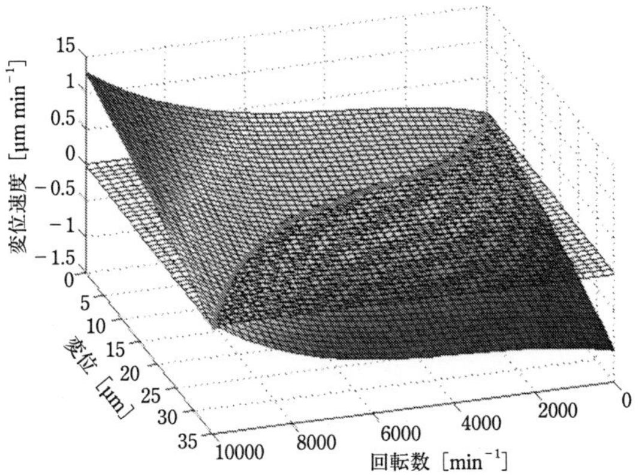


図3.8　主軸熱変位速度マップ

## おわりに

以上が工作機械に適用されている制御技術の概要である．メカトロニクス産業の代表格として扱われて久しいが，主軸・送り軸制御においては，いまだにPI制御が基本である．本書にはさまざまな先進的制御技術が紹介されているが，外乱変動の大きい工作機械の制御には不向きという意見もある．読者におかれては工作機械の制御にイノベーションを起こす技術を研究・開発していただくことを，筆者らは切に願う．

［棚橋　誠・鈴木康彦］

## 参考文献

1) 日本工作機械工業会（2008）：工作機械の設計学（基礎編），p. 1-3.
2) ヤマザキマザック(株)：VARIAXIS i-800T カタログ．
3) 藤田　純，羽山定治，濱村　実，垣野義昭，松原　厚，大脇悟史（1999）：NC工作機械のボールねじり振動がサーボ系の安定性に及ぼす影響，精密工学会誌，**65**(8)：1190-1194.
4) 三菱電機(株)（2008）：MDS-D/DHシリーズ取扱説明書 IB-1500024-D，p. 4-14-4-15.
5) ファナック(株)（2007）：FANUC AC SERVO MOTOR αi series パラメータ説明書 B-65270 JA/07，p. 167-200.
6) 茨木創一，坂平昌浩，新家秀規，松原　厚，垣野義昭（2004）：エンドミル加工における切削抵抗の推定法－主軸モータ電流とサーボモータ電流による切削力ベクトルの幾何学的合成による推定法－，精密工学会誌，**70**(8)：1091-1095.
7) 高田芳治，山岡義典，水本　洋，有井士郎（1999）：サイクルタイム分析に基づく高能率マシニングセンタの開発，精密工学会誌，**65**(6)：878-882.
8) 垣野義昭，井原之敏，篠原章翁（1990）：DBB法によるNC工作機械の精度評価法，リアライズ社．
9) Y. Suzuki, A. Matsubara, Y. Kakino, K. Tsutsui (2004)：A Stick Motion Compensation System with a Dynamic Model, *JSME International Journal Series C*, **47**(1)：168-174.
10) 鈴木康彦，棚橋　誠：工作機械の熱変位補正方法及び熱変位補正装置，日本国特許第4299761号．

# 3.2　びびり振動制御と高速同期軸制御

## はじめに

昨今の機械部品や金型などの製造分野においては，製品の多様化やライフサイクルの短縮化が進み，一方では新興工業国が台頭する中で，低価格化と高品質の両立が求められている．このような背景のもと，近年，開発された制御技術の事例について以下に紹介する．

### 3.2.1　びびり振動の抑制制御[1,2]

工作機械では，主軸や送り軸の高速化および工具の発達により，高能率加工が可能になる環境が整ってきている．しかしながら，実際の加工現場では，加工条件アップに付随して顕著化する「びびり振動」(chatter vibration) が高能率加工への障害になっている．

びびり振動には大きく分けて，工具が加工物に当たる際の大きな周期的切削力変動が起因して発生する「強制びびり」と，切りくず厚さの変動が加振力となって発生する「再生びびり」がある．

ここで，「強制びびり」の回避は，単純に，送り速度を下げるなど直感的にわかりやすい．一方，「再生びびり」の回避は，主軸回転速度に応じて周期性をもつ，切りくず厚さを一定化することであり，容易ではないが，逆に「再生びびり」が発生しにくい主軸回転数さえわかれば，加工条件アップは現実的なものとなる．

以下，この点に着目して開発した再生びびり振動の抑制制御について述べる．

**a．再生びびり振動のモデル化表現**

図3.9は，旋削加工時の再生びびりを説明するためのブロック図である．

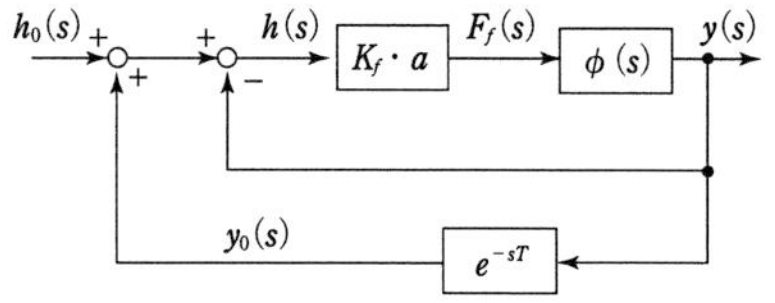


**図3.9**　再生びびり振動のブロック図[1)]

図3.9において，1回転あたりの切り取り厚さ設定値 $h_0(s)$，被削材の回転周期 $T$ とする．$\phi(s)$ は，入力を切削力 $F_f(s)$，出力を振動変位 $y(s)$ とする機械構造の伝達関数である．なお，$h(s)$ は実切り取り厚さ，$K_f$ は比切削抵抗，$a$ は切削幅（軸方向切り込み量）である．

ここで，再生びびりが発生する臨界条件では，$h_0(s)$ から $h(s)$ までの伝達関数を示す式（1）において，特性方程式の根 $s$ が，$s=j\omega_c$（$\omega_c$ は，びびり振動角周波数）になる．

$$\frac{h(s)}{h_0(s)}=\frac{1}{1+(1-e^{-sT})K_f a\phi(s)} \tag{1}$$

さらに，$\phi(\omega_c)=G(\omega_c)+jH(\omega_c)$ と実部と虚部に分けて表現すれば，次の式（2）と式（3）がともに成立するのが臨界条件になる．

$$1+K_f a\{G(1-\cos\omega_c T)-H\sin\omega_c T\}=0 \tag{2}$$

$$G\sin\omega_c T+H(1-\cos\omega_c T)=0 \tag{3}$$

ここで，切削幅 $a$ がフィードバックループの安定・不安定を決定し，臨界条件を与える切削幅 $a_{\text{lim}}$ は，式（2）と式（3）から，式（4）で示せる．

$$a_{\text{lim}}=-\frac{1}{2K_f G(\omega_c)} \tag{4}$$

一方，式（3）を変形して式（5）を得る（ただし，$k$ は任意の整数である）．

$$\frac{H}{G}=\frac{\sin\omega_c T}{\cos\omega_c T-1}=\tan\left(\frac{\omega_c T}{2}-\frac{3\pi}{2}+k\pi\right) \tag{5}$$

次に，式（5）を $T$ について解いて，式（6）を得る．

$$T=\frac{1}{\omega_c}\left(2k\pi+3\pi+2\tan^{-1}\frac{H}{G}\right)=\frac{1}{\omega_c}(2k\pi+\varepsilon) \tag{6}$$

**b．再生びびりの抑制と加工能率の向上**

上述の事から，臨界条件では，1回転前の振動変位 $y_0(t)$ は，今回の振動変位 $y(t)$ に対して，位相遅れ $\omega_c T=2k\pi+\varepsilon$ をもつことになる．つまり，今回と前回の位相ずれ $\varepsilon$ が，$\varepsilon=0$ になるように回転周期 $T$ を制御すれば，切りくず厚さの一定化が図れ，原理的に，再生びびりの発生を抑制することができる．

図3.10は，上述した原理に基づいて作図できる，再生びびりの安定限界線図の一例を示したものである．いま，$\phi(s)$ と $K_f$ は既知で，$\phi(s)$ は1個の共振角周波数をもつものとする．一般に，びびり振動角周波数 $\omega_c$ は共振角周波数より高いことに注意して，びびり振動角周波数 $\omega_c$ を決定すると，式（4）より臨界切り込み量 $a_{\text{lim}}$ が，さらに任意整数 $k$ を決定すると，式（6）より位相ずれ $\varepsilon$ と回転周期 $T$ が定まる（ここで $60/T$ が，安定限界線図の横軸となる主軸回転数である）．以上を，$\omega_c$ をパラメータとして可変し，繰り返しプロットしていくと，主軸回転数に対して臨界切り込み量 $a_{\text{lim}}$ を示す安定限界線が作図できる．

図3.10において，安定限界線より上側は不安定領域を示し，下側は安定領域を示すから，再生びびりを抑制しつつ加工能率の向上を実現するためには，主軸回転数を上げて，広い安定ポケットを積極的に利用し，切り込みや送り速度を同時に増やすことである．

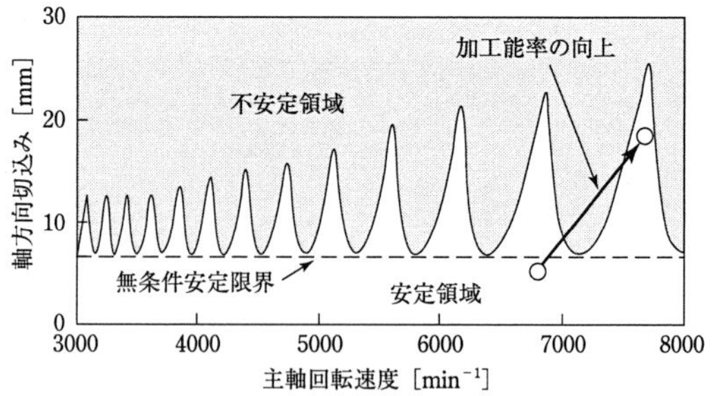


**図3.10**　安定限界線図の一例[2)]

以上の原理は，ワーク（被削材）を回転させる旋削加工で説明してきたが，回転工具を用いる切削加工においても発展・応用できる．

**c．びびり抑制制御の概要**

びびり抑制制御は，再生びびりが発生しない，より高い主軸回転数を用いた高能率加工の実現をサポートする制御である．機械に設置したマイクや振動センサの情報をNC装置に取り込み，音声や振動を分析して再生びびりの発生を検出する．次に，現在の主軸回転数とびびり振動角周波数から，式 (6) の原理式を応用した演算で安定限界線図上の広い安定ポケットを自動探索し，NC 状態表示画面を介して最適な主軸回転数をオペレータに提示することや，主軸回転数の最適値への自動変更を実現する制御である．

なお，上述のびびり振動は，ある周波数近辺でのみ発生する単一モードの場合を取り上げているが，複数の振動モードが重なって発生する場合においても，各振動モードの特性を考慮したアルゴリズムを搭載することで，広範囲な主軸回転数の中で，より広い安定ポケットを自動探索できる．

**d．びびり抑制制御の適用事例**

エンドミルによる溝加工に，びびり抑制制御を適用した事例を表 3.2 に示す．初期条件で加工するとびびりが発生したため，びびり抑制制御により算出された最適主軸回転速度に変更した．結果として，図 3.11 に示すように，びびりが解消され，さらに送り速度を最適化することで，加工能率は約 1.7 倍（切削量比）に向上できた．

**表 3.2** エンドミルによる溝加工条件[2)]

| | 初期条件 | 条件最適化 |
|---|---|---|
| ワーク材質 | S45C | S45C |
| ワークサイズ [mm] | 250×425×200 | |
| 工　具 [mm] | $\phi$ 50 チップ式エンドミル | |
| 軸方向切り込み [mm] | 25 | 25 |
| 半径方向切り込み [mm] | 50 | 50 |
| 主軸回転速度 [$\mathrm{min^{-1}}$] | 955 | 963 |
| 送り速度 [$\mathrm{mm\ min^{-1}}$] | 336 | 560 |
| 切削量 [$\mathrm{cm^3\ min^{-1}}$] | 420 | 700 |

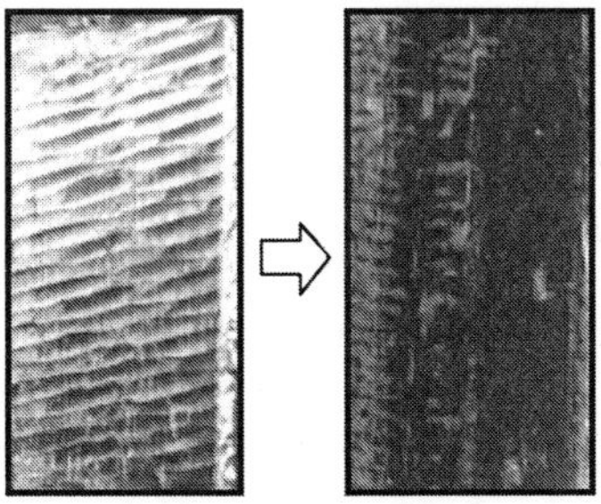

**図 3.11** 加工面の向上[2)]

本事例では，主軸回転速度をわずか 8 $\mathrm{min^{-1}}$ 上げるだけで，びびりが解消されて加工能率が向上できる．この条件を人が探索するのは難しく，びびり抑制制御適用のきわめて効果的な実例である．

## 3.2.2 高速同期軸制御

NC 旋盤において，内燃機関用ピストンの楕円加工，動圧軸受などの偏芯円加工，ロープねじや台形ねじなどの加工では，主軸の回転角度と送り軸の位置を高精度に同期させながら旋削する必要がある．以下，この制御軸を高速同期軸（またはカム軸）とよぶ．

**a．高速同期軸の概要と制御課題**

図 3.12 に高速同期軸を含む制御軸の外観を示す．

カム軸は，$X$ 軸上に配置され，$X$ 軸方向はダブルスライド構成になっている．刃物台はカム軸上に設置され，20 mm 程度の短ストロークを高速・高加速度で動作する．図 3.12 のように長手方向にカム形状が変化するワークでは，ベース形状を長ストローク動作が可能な $X$ 軸と $Z$ 軸で指定し，カム形状とベース形状の差分をカム軸指令値とする．このため，図 3.12 のようなワークのカム軸指令値データは，複数回転（多断面）分の主軸回転角に対応して連続的に変化するデータ群（データテーブル）になる．

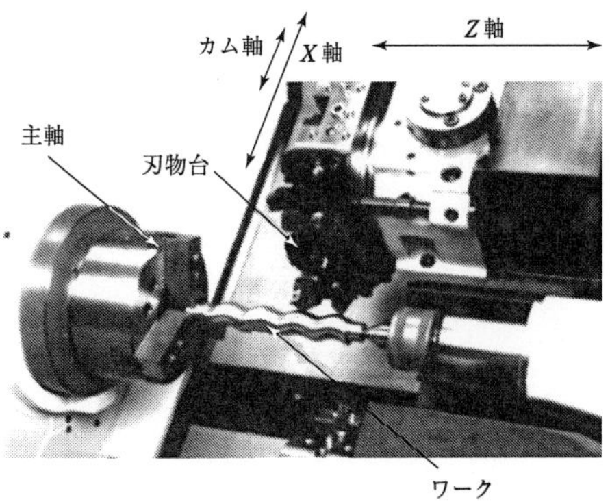


**図 3.12** 高速同期軸の外観

高速同期軸では，一般的な指令値追従制御を適用しても要求精度が得られないため，追従誤差を演算しながら補正値生成を繰り返し，最終的に決定した補正値を指令値に加算することで，追従誤差を最小限に抑制する学習制御を適用している．

従来システムでは，この学習制御に要する時間が長く，実切削前に多大な準備時間が必要という課題があった．

以下，学習制御の高速化を目的に開発した制御技術の一部について述べる．

**b．学習制御の高速化**

主軸回転角に対応した指令値と補正値をデータテーブルから読み出して，同期検出したカム軸位置との追従誤差を算出するまでの演算には，とくに高速動作が

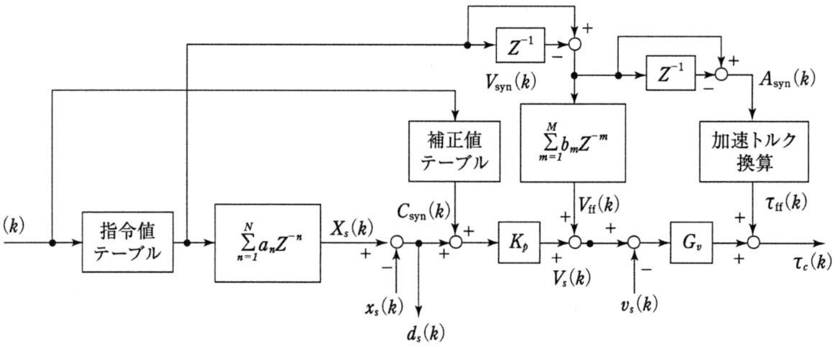

図 3.13　高速同期軸の制御ブロック図

求められる．そこで従来は，これをハードウェアで処理し，追従動作は独立した速度制御ユニットで制御するシステム構成をとっていた．このため，内部制御の相互関係が厳密に同期化できず，追従性能が低くなって，結果的に学習制御時間が長くなっていた．

(1)　制御応答の高性能化

本開発の高速同期軸制御では，一連の制御を完全同期化された複数の CPU によるディジタル制御で実行している．図 3.13 は，本開発による高速同期軸の制御ブロック図を示している．

指令値テーブルと補正値テーブルから，サンプリング周期ごとに，主軸回転角 $\theta(k)$ に対応した指令値と補正値 $C_{\mathrm{syn}}(k)$ が読み出される．制御を完全同期化しているため，指令値から速度指令値 $V_{\mathrm{syn}}(k)$ および加速度指令値 $A_{\mathrm{syn}}(k)$ を求め，加減速トルク $\tau_{\mathrm{ff}}(k)$ を演算し，フィードフォワードする．演算ブロック $\sum_{m=1}^{M} b_m Z^{-m}$ は，最適なトルクフィードフォワード効果を得るために $V_{\mathrm{syn}}(k)$ を内挿演算し，速度フィードフォワード $V_{\mathrm{ff}}(k)$ を決定する．演算ブロック $\sum_{n=1}^{N} a_n Z^{-n}$ は，最適な速度フィードフォワード効果を得るために指令値を内挿演算し，最終的なカム軸指令値 $X_s(k)$ を決定する．カム軸位置 $x_s(k)$ との追従誤差 $d_s(k)$ は，偏差値（学習制御入力）になる．追従誤差に補正値が加えられ，位置ループゲイン $K_p$ を乗じて，$V_{\mathrm{ff}}(k)$ と加算され，最終的な速度指令値 $V_s(k)$ になる．さらに，カム軸速度 $v_s(k)$ との誤差を速度誤差増幅器 $G_v$ で増幅して，上述の $\tau_{\mathrm{ff}}(k)$ と加算し，カム軸サーボモータのトルク指令値 $\tau_c(k)$ が演算される．

制御サンプリング周期の高速化と高精度な多重フィードフォワード制御により，制御応答は大幅に高性能化でき，初期追従誤差（補正値 0 時の追従誤差）は 1/3 程度に激減した．初期追従誤差の減少は，以後の学習制御の負担を軽減化するため，結果的に学習制御所要時間を削減できる．

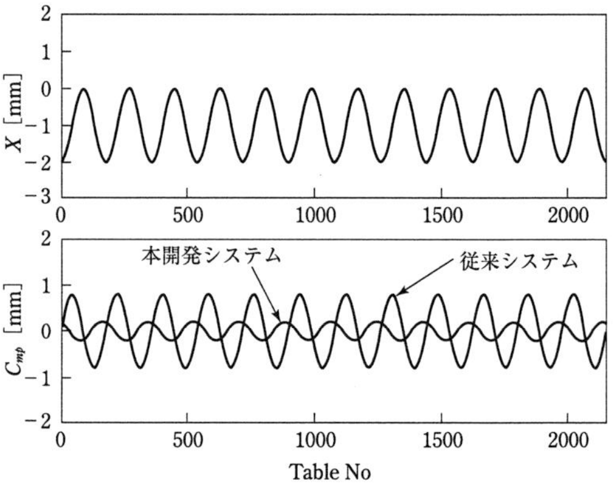

図 3.14　補正量の変化（6 断面分）

図 3.14 は，長径 $\phi$ 100 mm，短径 $\phi$ 96 mm の楕円加工（主軸回転数：800 min$^{-1}$）時における指令値データ（上段側）と，従来システムと本開発システムの学習完了後の補正値データ（下段側）を比較したものである．

(2)　学習収束性能の向上

学習収束性能を検討するために，学習制御系をモデル化する．学習制御は，位置制御系の位置ループゲイン $K_p$ による 1 次遅れ応答を利用しているから，この 1 次遅れ系を 0 次ホールドで離散値系に変換し，補正値 $C_{\mathrm{mp}}(k)$ の加算ブロックを加えることで，図 3.15 の学習制御モデルが得られる．

なお，単純モデルでは表現しきれない周波数をもつ追従誤差の発生や実応答遅れについては，位置外乱 $X_d(k)$ と制御遅れサンプリング数 $n_c$ をパラメータ化することで対応させている．

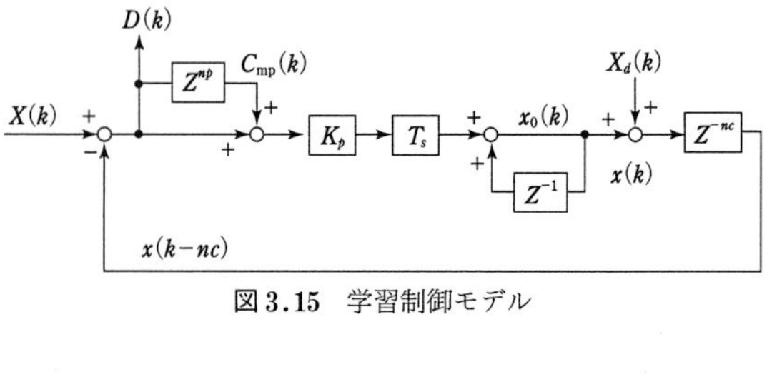

図 3.15　学習制御モデル

ここで，直径 50 mm，偏芯量 1 mm（主軸回転数 1700 $\mathrm{min}^{-1}$）の偏芯円の学習を行う．初サイクルでは，偏芯円の指令値テーブルから，サンプリング周期（$T_s$＝0.1 ms）ごとに指令値 $X(k)$ を読み出し，本学習制御モデルで位置 $x(k)$ の応答を演算する．偏差値（追従誤差）$D(k)$ が収束した後，収集した偏差値テーブルから補正進みサンプリング数 $n_p$ だけ先行した補正値テーブルを作成する．次サイクルでは，この補正値 $C_{\mathrm{mp}}(k)$ を用いて学習制御演算を行う．次サイクルで偏差値（追従誤差）$D(k)$ が収束したら，次サイクルの $C_{\mathrm{mp}}(k)$ と $D(k)$ を加算して，次々サイクルの補正値テーブルを作成する．以後，この学習制御サイクルを 20 回繰り返す．

以下，本学習制御モデルにおいて，$K_p$＝150 を設定し，$X_d(k)$ として片振幅 10 μm で 80 Hz の位置外乱 $X_d(k)$ を与えた場合の，各学習サイクルの偏差値 $D(k)$ の絶対値平均 $D_{\mathrm{avr}}$ を図示する．

実応答遅れを 1.5 ms（$n_c$＝15）とすると，およそ 2〜5 ms の範囲の補正進み時間で学習制御は収束する．図 3.16 は，補正進み時間 3.3 ms（$n_p$＝33）での収束特性を示している．

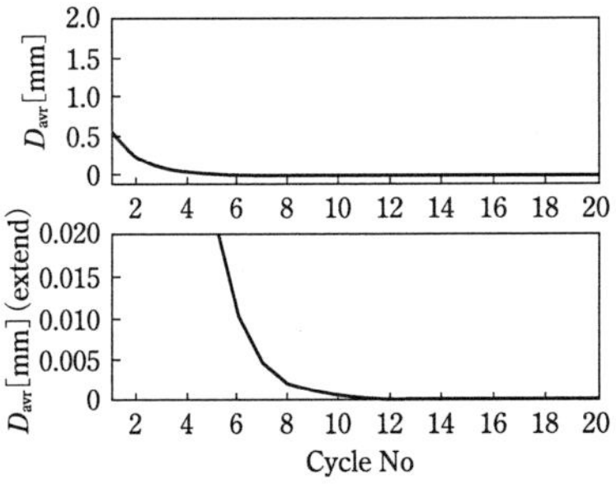


**図 3.16**　偏差値平均推移（$n_c$＝15，$n_p$＝33）

次に，実応答遅れの大きい機台を想定して，3 ms（$n_c$＝30）と設定すると，学習制御が収束不能（図 3.17）になるが，補正進み時間 6 ms（$n_p$＝60）に調整すると収束可能（図 3.18）となる．

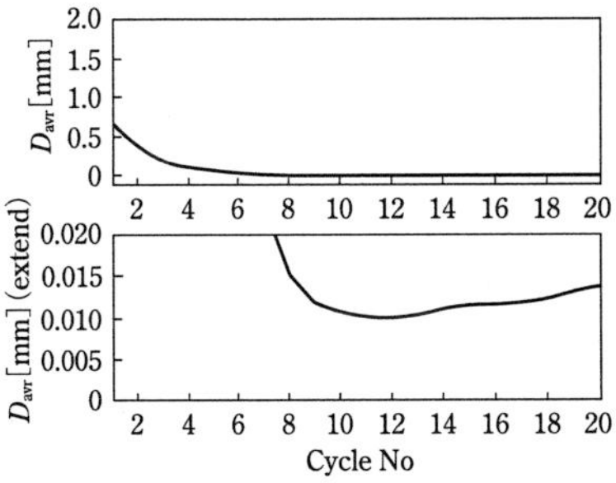


**図 3.17**　偏差値平均推移（$n_c$＝30，$n_p$＝33）

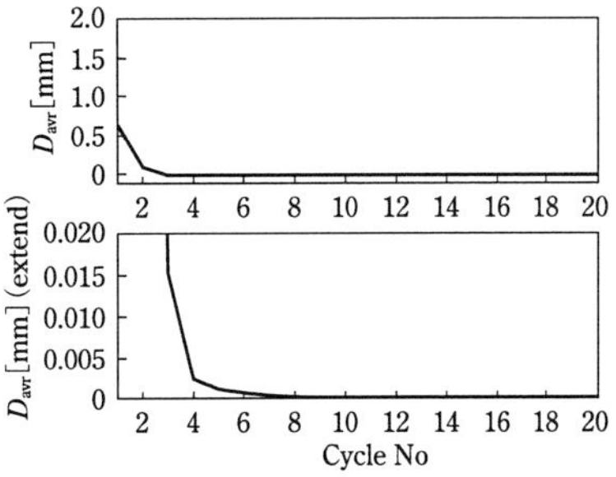


**図 3.18**　偏差値平均推移（$n_c$＝30，$n_p$＝60）

このように，本開発の高速同期軸では，完全同期化ディジタル制御により，ある程度の機台特性バラツキや，広い周波数成分の追従誤差が存在しても，補正進みサンプリング数パラメータの調整のみで，学習制御を収束可能にできる．　［江口悟司］

### 参考文献


1) 社本英二（2008）：再生型びびり振動を理解しよう，生産加工基礎講座 講習会テキスト，p. 1-12，日本機械学会 No. 08-25 講習会．
2) 安藤知治（2010）：「加工ナビ」を用いた加工能率の向上，機械と工具，**54**(1)：73-77．


## 3.3　工作機械の変動ロストモーション補正制御

### 3.3.1　変動ロストモーション補正制御の概念

工作機械の高精度化に対する代表的な阻害要因の一つにロストモーションがある．これは図 3.19 および図 3.20 に示す模式図のようなリニアスケールを用い

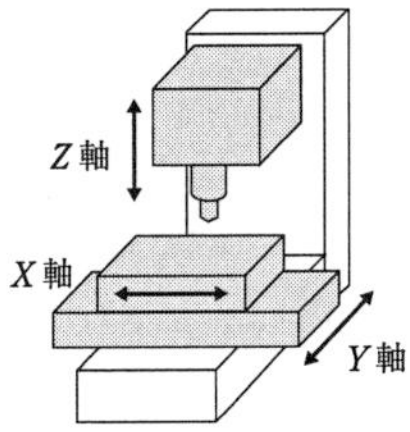


**図 3.19**　工作機械の模式図

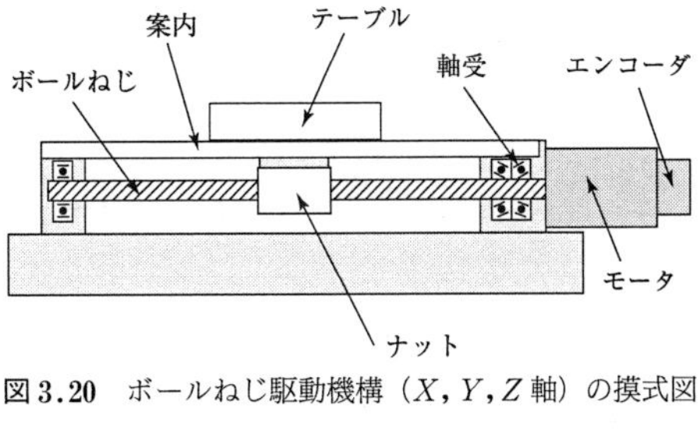


**図 3.20**　ボールねじ駆動機構（$X, Y, Z$ 軸）の模式図

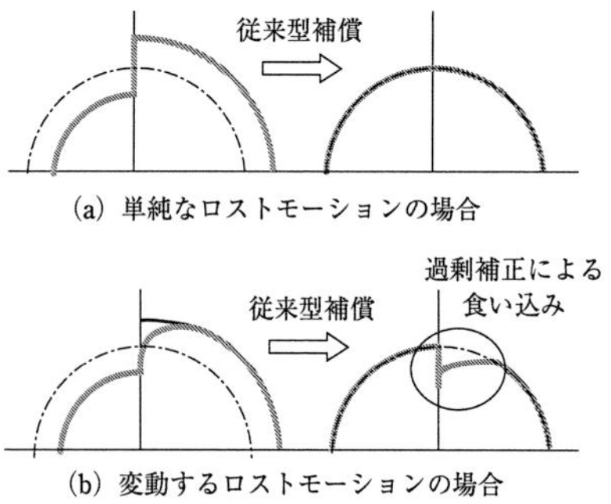


**図 3.21**　ロストモーションとその補正（円運動時の軌跡誤差拡大摸式図）

ないセミクローズド制御方式の工作機械において生じるもので，ボールねじなどの伝達駆動系の弾性変形でモデル化できる．

図 3.21(a) に示す単純なロストモーションの場合は，モータの回転方向に応じて符号が変わる固定の補正量（弾性変形量に相当）を位置指令に加算する補正方式により補正可能であるが，実際の機械では図 3.21(b) に示すようにロストモーション量が変動する場合が多く，高精度な補正が困難であった．

変動ロストモーション補正制御では，動作条件に応じて変動するロストモーションを非線形ばねマス系でモデル化し，このモデルから導出した補償制御系によりロストモーション量の変動を推定して補正を行う．

## 3.3.2　変動ロストモーション補正制御の設計法

### a．変動ロストモーション

滑り案内を採用した工作機械において円運動時の機械端軌跡を計測した結果を図 3.22 に示す．図 3.19 の工作機械において，$X$ 軸と $Y$ 軸で構成される $XY$ テーブルと，$Z$ 軸先端に装着される工具との間の相対運動を計測して，誤差を半径方向に拡大して描画したものである．

図 3.22(a) は半径 105 mm，速度 500 mm min$^{-1}$ で補正のない場合の軌跡誤差を示す．$Y$ 軸のロストモーション（象限切り換え近傍での段差＝弾性変形量）は，象限切り換え後に徐々に増加している．これは漸増型ロストモーション[1] である．また，$Y$ 軸の負側のロストモーション量が正側に比べて大きくなっている．これが位置変動ロストモーション[2] である．図 3.22(b) は (a) と同じ条件で従来型の補正を加えた場合の軌跡誤差であり，$Y$ 軸正側で段差が生じないよう補正量を調整してあるため，負側に段差が生じている．

図 3.22(c) は半径 80 mm，速度 1000 mm min$^{-1}$ で従来型の補正を加えた場合の軌跡誤差である．補正量が適切に調整されているため段差は生じていないが，漸増型ロストモーションに対してステップ状に変化する従来型の補正を加えているため，過渡的に過剰補正が生じて食い込みがみられる．図 3.22(d) は (c) と同一機械，同一補正量で速度を 10 000 mm min$^{-1}$ に上げた場合の軌跡誤差である．定常的に補正が過剰となり段差が生じている．これは速度の増加によりロストモーション量が減少する速度変動ロストモーション[3] である．

### b．変動ロストモーションのモデル化

図 3.20 に示したボールねじ駆動機構を近似した位置変動ばねと変動摩擦を含む 2 慣性モデルのブロックを図 3.23 に示す．

ボールねじナットには予圧がかけられているため隙間（バックラッシ）は存在せず，ロストモーションの要因は，ボールねじなどの伝達機構要素の弾性変形が考えられる．テーブルの位置が変化すると，モータとのカップリングからナットまでのボールねじの長さが変化し，剛性が変化する．

動摩擦は，位置・速度・移動距離（半径）などの動作条件により変動する．加工誤差や組立誤差のために，ボールねじと直線案内を完全な平行にすることは

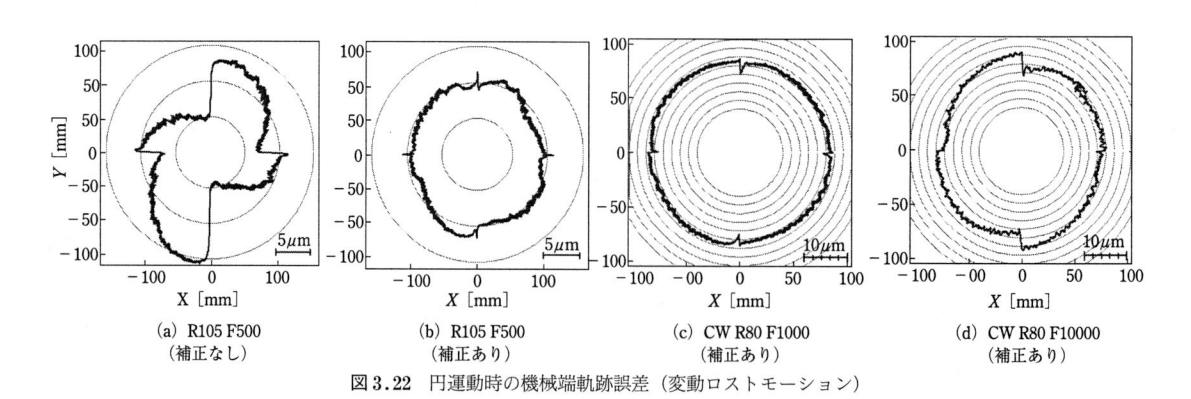

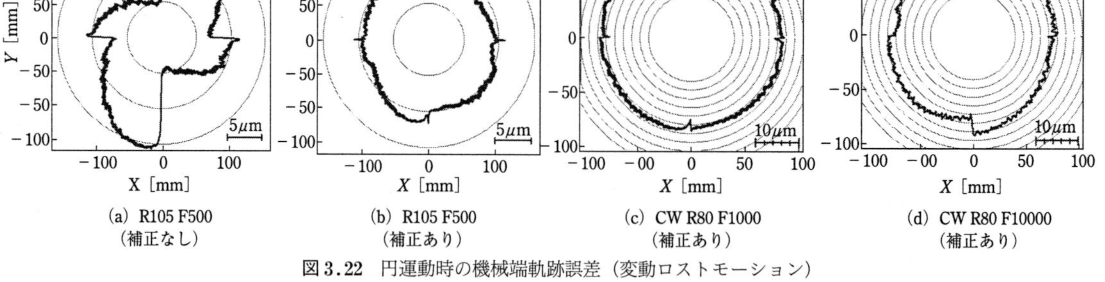


**図 3.22**　円運動時の機械端軌跡誤差（変動ロストモーション）

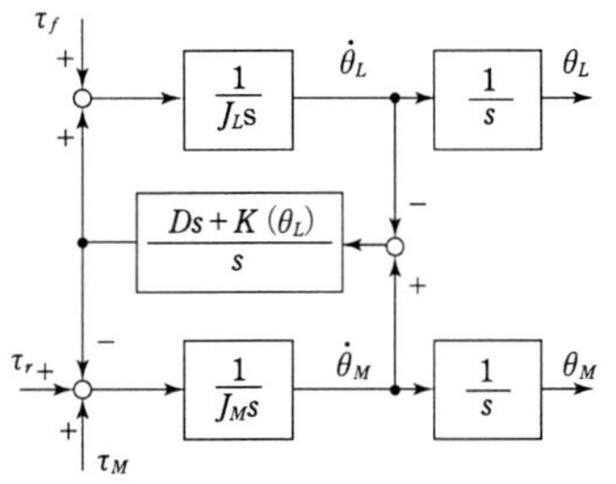


$J_L$ ：負荷側イナーシャ　$K(\theta_L)$：（位置変動）ばね剛性
$\theta_L$ ：負荷回転角度　$\tau_f$　：（変動）負荷側摩擦
$J_M$ ：モータ側イナーシャ　$\tau_r$　：モータ側摩擦
$\theta_L$ ：モータ回転角度　$s$　：ラプラス演算子
$D$ ：粘性摩擦係数

**図 3.23**　ボールねじ駆動機構の 2 慣性モデル

困難である．一般の工作機械では，ボールねじの両端を軸受で支持する構造が多く，テーブルがボールねじの中央に位置する場合にはクリアランスが大きくなり，摩擦が小さくなる．テーブルがボールねじの両端に位置する場合にはクリアランスが小さくなり，摩擦が大きくなる．滑り案内は，2 枚の平らな金属面の間に潤滑油を介在させる案内機構である．低速あるいは移動距離が短い場合には金属どうしが触れあう固体潤滑状態にあり，摩擦が大きい（摩擦係数 $\mu=0.08$～$0.3$）．速度が増加するにつれて，金属平面間の距離が数 μm 離れ，中間的な境界潤滑状態（$\mu=0.01$～$0.08$）から，金属どうしが完全に離れる流体潤滑状態（$\mu=0.002$～$0.01$）になり，摩擦が小さくなるものと考えられる．

**c．変動ロストモーション補正制御**

位置変動ばね要素と変動摩擦を含む 2 慣性モデルに基づいて補正法を導出する．位置 $\theta_L$ と位置変動ばねの剛性 $K(\theta_L)$ の関係は式 (7) で示される．ここで，l はボールねじのリード，$A$ は断面積，$E$ は縦弾性係数，$\theta_0$ は原点位置におけるモータ回転角に換算したボールねじの長さ，$K_N$ はナットの剛性，$K_B$ は軸受の剛性，$K_H$ はその他構造部材の剛性である．$K_s$ は回転角度 $\theta_L$ から位置 $x$ に換算した場合の剛性係数，$X_0$ は原点位置（$x=0$）における剛性を表すオフセット値である．

$$\frac{1}{K(\theta_L)}=\frac{2\pi}{l}\,\frac{\theta_L+\theta_0}{AE}+\frac{1}{K_N}+\frac{1}{K_B}+\frac{1}{K_H}$$
$$=K_s(x+X_0) \tag{7}$$

変動摩擦 $\tau_f$ は，速度変動範囲が比較的狭い，あるいは，転がり案内などで速度による摩擦変動が小さい場合には等速直線運動時のモータトルクから位置 $\theta_L$ と変動摩擦 $\tau_f(\theta_L)$ の関係をルックアップテーブル化する．速度による摩擦変動が大きい場合には，外乱オブザーバを用いて推定する．モータ指令トルク $\tau_r$ から慣性項，粘性項およびモータ側摩擦を減算した残りが負荷側の変動摩擦 $\tau_f$ と考えられる．式 (8) に推測式を示す．ここで，$J$ $(=J_L+J_M)$ は全イナーシャ，$C$ $(=C_L+C_M)$ は負荷側とモータ側に作用する粘性摩擦係数，$\tau_M$ はモータ側動摩擦，sign( ) は符号関数，$T_L$ はノイズを除去するための 1 次ローパスフィルタの時定数である．

$$\hat{\tau}_f=\frac{1}{T_L s+1}\{\tau_r-J\ddot{\theta}_M-C\ddot{\theta}_M-C\dot{\theta}_M$$
$$-\tau_M\,\mathrm{sign}(\dot{\theta}_M)\} \tag{8}$$

図 3.24 に変動ロストモーション補正を含むサーボ系のブロック図を示す．$P(s)$ は位置制御器，$V(s)$ は速度制御器，$f_c$ は摩擦補償である．

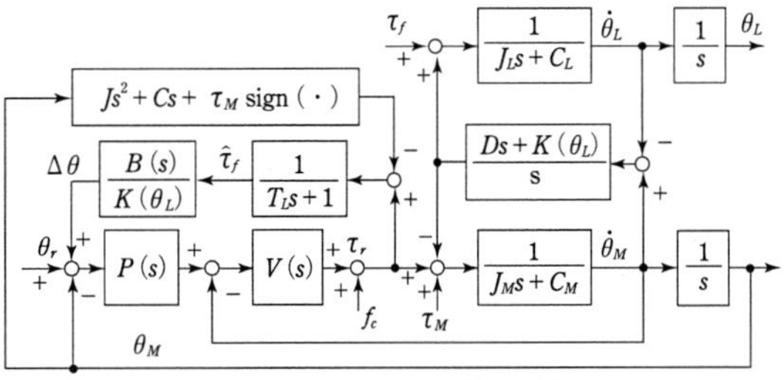


**図 3.24**　変動ロストモーション補正制御のブロック

ロストモーション量 $\Delta\theta$ は，変動摩擦 $\tau_f$ による位置変動ばねの弾性変形量 $K(\theta_L)$ $(\Delta\theta=\tau_f/K(\theta_L))$ でモデル化され，それを相殺するための補正量は式 (9) で与えられる．右辺の $\tau_f/K(\theta_L)$ が定常的なロストモーション量であり，それに積算される部分が 2 次ローパスフィルタとして作用して漸増型ロストモーション補正に相当する．なお，ここでは計算簡略化のために，位置変動ばね $K(\theta_L)$ の代わりに代表値 $K_0$，負荷側位置 $\theta_L$ の代わりにモータ側指令位置 $\theta_r$，変動摩擦 $\tau_f$ の代わりにその推定量を用いている．

$$\Delta\theta\approx\frac{JK_0}{J_M J_L s^2+JDs+JK_0}\,\frac{\dot{\tau}_f}{K(\theta_r)}$$
$$\equiv\frac{B(s)}{K(\theta_r)}\,\hat{\tau}_f \tag{9}$$

### 3.3.3　変動ロストモーション補正制御の設計例

変動ロストモーション補正制御の有効性を確認するための実験例を以下に示す．

**a．補正パラメータの調整**

制御対象となる工作機械での実測値および設計値か

表3.3　変動ロストモーション補正制御パラメータ

| 記号 | 単位 | $X$ 軸 | $Y$ 軸 |
|---|---|---|---|
| $f_c$ | N m | 0.51 | 0.76 |
| $J$ | kg m$^2$ | $7.65\times10^{-3}$ | $9.78\times10^{-3}$ |
| $C$ | N m s rad$^{-1}$ | 0.0061 | 0.0122 |
| $\tau_M$ | N m | 0.25 | 0.38 |
| $l$ | mm | 10 | 10 |
| $T_L$ | ms | 50 | 50 |
| $K_s$ | N$^{-1}$ m$^{-1}$ | $1.79\times10^{-6}$ | $3.0\times10^{-6}$ |
| $X_v$ | m | 1.55 | 1.70 |
| $J_M$ | kg m$^2$ | $4.25\times10^{-3}$ | $4.25\times10^{-3}$ |
| $D$ | N m s rad$^{-1}$ | 0.0366 | 0.0488 |

ら式（7）から（9）で示されるロストモーション補正量計算に用いるパラメータを表3.3のとおり決定した．

動摩擦推定用外乱オブザーバに用いるイナーシャ $J$，粘性摩擦係数 $C$，動摩擦 $\tau_M$ は，高速円運動時の位置とモータトルクから最小二乗法を用いて計算した．ばね剛性 $K(\theta_L)$ を計算する式（7）のパラメータは，ボールねじの仕様と，中心位置を変えて低速で円運動させた場合のモータトルクと機械端ロストモーション計測量から決定した．

**b．変動ロストモーション補正制御の実験結果**

従来補正法と変動ロストモーション補正制御を適用した場合の，半径 80 mm で速度を 1000～10000 mm min$^{-1}$ と変化させた場合の軌跡誤差を図3.25に示す．図3.25(a) の従来補正法では速度が増加するに従い過剰補正による軌跡誤差（段差）が顕著になっていくが，図3.25(b) の変動ロストモーション補正制御では軌跡誤差が抑制されている．速度と軌跡誤差（最小半径と最大半径の差）の関係をプロットしたものが図3.26である．従来補正法では 3.5 μm から 5.5 μm の段差が生じているが，変動ロストモーション補正制御では段差が約 1/2 に抑制されており，その効果が確認できる．

［杉江　弘・岩﨑隆至］

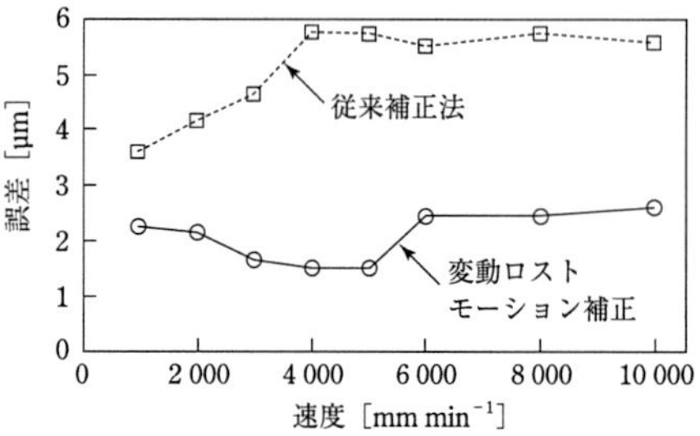

図3.26　比較実験結果（軌跡誤差）

## 参考文献

1) 杉江　弘，岩﨑隆至，中川秀夫，幸田盛堂（2001）：工作機械における漸増型ロストモーションのモデル化と補償，システム制御情報学会論文誌，**14**(3)：117-123.
2) 杉江　弘，岩﨑隆至，中川秀夫，幸田盛堂（2007）：工作機械における位置変動ロストモーションのモデル化と補償，日本機械学会論文集C編，**73**(733)：2434-2440.
3) 杉江　弘，岩﨑隆至，中川秀夫，幸田盛堂（2008）：外乱オブザーバを用いた適応型ロストモーション補正，日本機械学会論文集C編，**74**(739)：619-625.

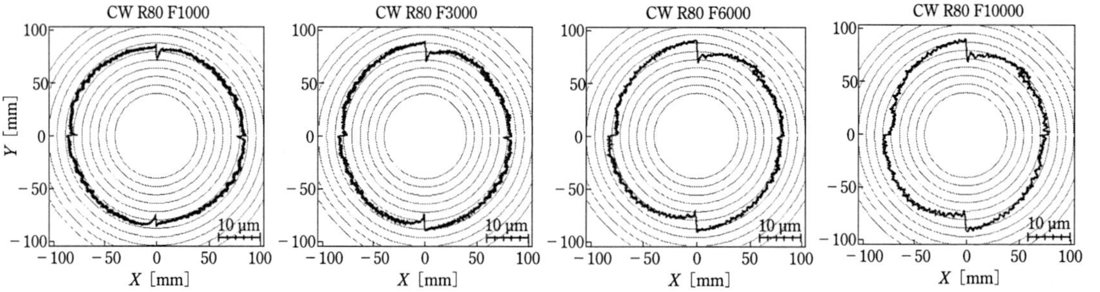

(a) 従来補正　(半径 80 mm，速度 1 000～10 000 mm min$^{-1}$)

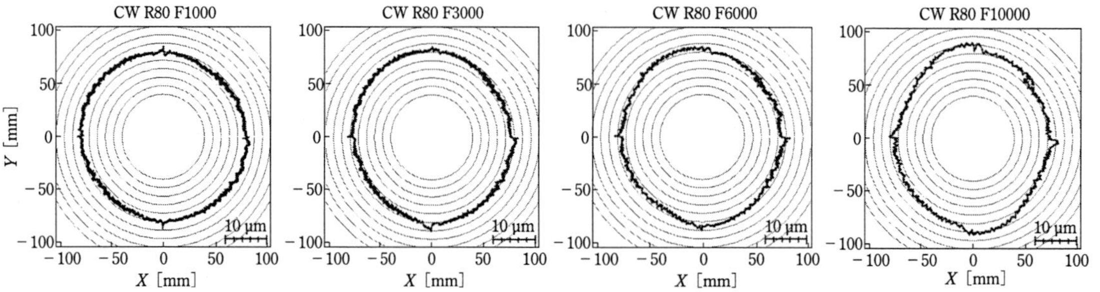

(b) 変動ロストモーション補正制御　(半径 80 mm，速度 1 000～10 000 mm min$^{-1}$)

図3.25　従来補正法と変動ロストモーション補正制御の比較実験結果（軌跡誤差）

# 4

# 自動車工業

## はじめに

自動車工業における制御技術は近年，急速に進化を遂げており最新の人の操縦を必要としない自動運転技術はその究極の姿である．ここではまず，制御理論がいかに貢献するかの観点から4輪アクティブ操舵・制駆動統合制御による車両運動の安定化について述べる．続いてドライバモデルと車両モデルによる電動パワーステアリングのモデリングと制御を紹介する．さらに，エンジンの制御について2自由度制御，時間遅れ補償，エンジン制御マップ，空燃比制御などを論ずる．車車間通信を用いた車群安定ACCの設計法では車群安定性と車間距離制御系設計についてシミュレーションや実験結果について考察する．ハイブリッドトラックにおけるモデリングと制御ではアシスト制御の最適化や車載ECU実装について論じる．燃料電池車では燃料電池システムの構成，空気圧力と流量制御系設計，空気と水素差圧制御系設計およびシミュレーションと実験について考察する．乗用車のスライディングモード制御ではモデリング，メインとサブコントローラの設計を，電動自動車用電池では，リチウムイオン電池とそのモデル，適応ディジタルフィルタの設計，電池内部状態量の算出と実験結果などについて論ずる．最後に隊列走行制御は操舵系制御，制駆動系制御，性能評価試験結果について考察する．

## 4.1 4輪アクティブ操舵・制駆動統合制御による車両運動の安定化

### はじめに

自動車における電子制御技術は，1970年代半ばにエンジンから適用が始まり[1]，コンピュータやアクチュエータの高性能化に伴い，トランスミッションや車両運動に展開されてきた．エンジンのように車内部の領域から始まった制御応用は，車両運動のように路面という変化の大きな外部環境と接する領域へと広がることで，よりロバストな特性が要求されることになる．このような制御への要求が現代制御理論の実用化と密接に関わっていると考えられる．本節では，路面という環境の変化が課題となる車両運動制御において，路面特性変化に対するロバスト性向上に「制御理論がいかに寄与するか」を中心に解説する．

自動車の旋回運動は，各輪で発生するタイヤ力のバランスによって生じる運動であり，通常の旋回領域では安定な動特性を示す．ところが，急激な操舵などを入力したときには，運動が不安定化し，スピン状態に陥ることもある．ここでは，車両の不安定化要因を整理し，この不安定化要因をシステム変動とみなしたロバスト制御系設計手法について解説する．さらに，車体運動制御とフォース＆モーメント各輪配分法から構成される階層型統合制御における車体運動制御への適用について示す．

### 4.1.1 車両運動の安定解析

操舵時には，タイヤにコーナリングドラッグとよばれる車速と反対方向の力が発生し，自動車は減速するが，ここでは，ドラッグ相当の駆動力が常に加えられていると仮定し，車速一定時の車両運動の安定性数値解析[2]を行う．車速一定という仮定により，車両運動は次の2自由度モデルによって記述される．

$$mv\left(\frac{d}{dt}\beta+r\right)=F_f+F_r \tag{1}$$

$$I_z\frac{d}{dt}r=(l_fF_f+l_rF_r)\cos\beta \tag{2}$$

ただし，$\beta$は車体スリップ角，$r$はヨー角速度，$F_f, F_r$は前後輪コーナリングフォース，$l_f$，$l_r$は前後軸-重心間距離，$m$は車両質量，$I_z$はヨー慣性モーメント，$v$は車速である．なお，コーナリングフォースとは，車両進行方向に直交する方向のタイヤ発生力であり，ここでは，図4.1に示すような前後輪スリップ角$\alpha_f$(=$\beta+r\,l_f/v-\delta_f$，$\delta_f$：前輪実舵角)，$\alpha_r$(=$\beta-r\,l_r/v$)の非線形関数として定義する．また，図4.1において後輪のコーナリングフォースは前輪より小さな値で飽和しているが，これは前述のコーナリングドラッグを

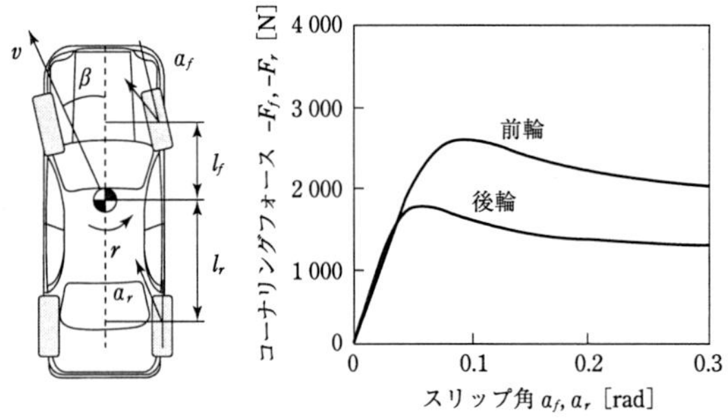


図 4.1　車両モデルと非線形コーナリング特性

補償するための駆動力を後輪で出力（後輪駆動を仮定）し，タイヤの発生力余裕が減少した結果を表現している．

図 4.2 は，初期状態（+）から 2 s 間の状態軌道を示したものである．ただし，車速は 20 m s$^{-1}$ として演算している．前輪実舵角 $\delta_f = 0$ rad の状態では，原点に安定な平衡点が存在しており，これは直進状態を表している．安定領域から出発した軌道は，安定平衡点に収束し，ある程度外乱などにより車体スリップ角を生じても直進状態に戻ることを表している．一方で不安定領域から出発した軌道は，車体スリップ角が発散し，スピン状態に陥ることがわかる．また，安定領域と不安定領域を分割するセパラトリクス[3]上に不安定な平衡点（鞍型点）が存在しており，舵角を大きくすると安定平衡点と不安定平衡点は衝突して消滅してしまう．このような平衡点の消滅は，saddle-node 分岐[2]とよばれる分岐現象の一つである．

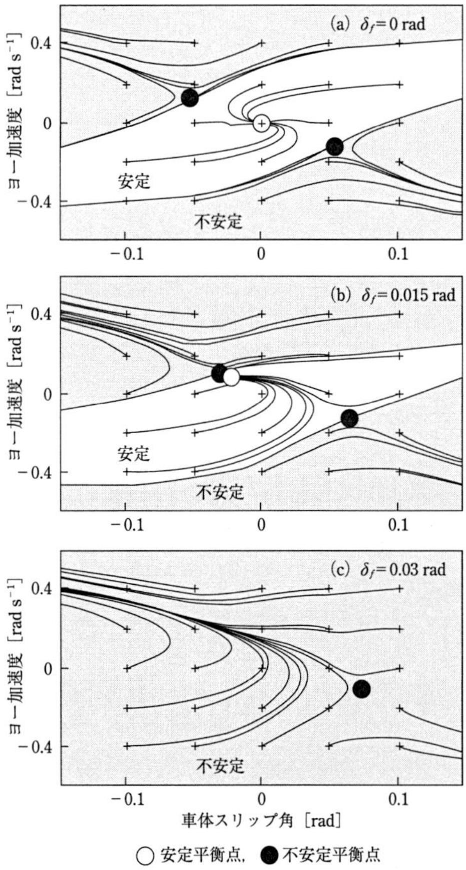


図 4.2　車両運動の状態軌道

非線形システムの安定解析は一般に難解であるが，平衡点の局所的な安定性については，平衡点まわりで線形化したシステムの安定性と一致することが中心多様体定理[3]として知られている．式 (1)，(2) の車両運動の場合，平衡点まわりで線形化したシステムの特性方程式は，

$$s^2 + ps + q = 0 \tag{3}$$

ただし，

$$p = \frac{c_f^* + c_r^*}{mv} + \frac{l_f^2 c_f^* + l_r^2 c_r^*}{I_z v} \tag{4}$$

$$q = \frac{(l_f + l_r)^2 c_f^* c_r^*}{m I_z v^2} - \frac{l_f c_f^* + l_r c_r^*}{I_z} \tag{5}$$

と表される．ここで，$c_f^*$，$c_r^*$ は，それぞれ平衡点まわりの前後輪コーナリングフォースのスリップ角勾配を表している．また，鞍型点では，$q < 0$ となることから，式 (5) から，図 4.2 における不安定平衡点（鞍型点）では，

$$c_r^* < \frac{mv^2 l_f c_f^*}{mv^2 l_r + (l_f + l_r)^2 c_f^*} \tag{6}$$

となる．式 (6) から平衡点の不安定化は，後輪コーナリングフォースのスリップ角に対する勾配が小さくなること，すなわち後輪コーナリングフォースの飽和特性に起因していることがわかる．したがって，後輪コーナリングフォースの飽和特性を変動として捉え，この変動を許容するロバスト制御系設計を行うことで，不安定な平衡点を安定化させる，すなわち車両運動のロバスト安定化が図られることがわかる．

### 4.1.2　制御系設計

#### a．変動を含む制御対象のモデル化

前節で示したように車両の不安定化は，後輪コーナリングフォースの飽和特性に起因したものである．このため，図 4.3 に示すように後輪コーナリングフォース特性の傾きの上限と下限をそれぞれ変動の上下限とするセクタを設定し，後輪コーナリングフォースを次式のように変動を含んだ形でモデル化して，ロバスト安定化を図る方策が提唱されている[2,4]．

$$F_r = -c_{rn}(1 + W_r \Delta(t))\,\alpha_r \tag{7}$$

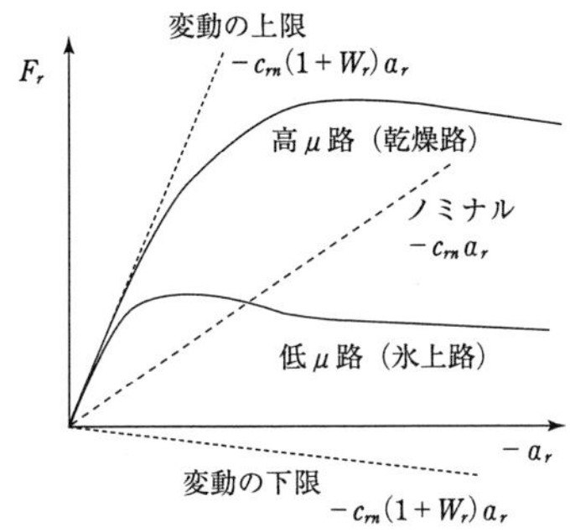


**図 4.3**　後輪コーナリングフォースの変動の上下限

ただし，$c_{rn}$ は後輪コーナリングフォースの傾きの設計基準とするためのノミナル値，$W_r$ は後輪コーナリングフォース変動率の基準化のための重み，$\Delta(t)$ は基準化された変動率（$-1 \leq \Delta(t) \leq 1$），$\alpha_r$ は後輪スリップ角である．

### b．統合制御によるロバスト安定化

式 (7) に示した後輪コーナリングフォースの変動に対してロバスト安定化を図る車両運動制御は，前輪アクティブ操舵制御[2]や左右制動力差を利用したダイレクトヨーモーメント制御[4]で実現されている．ここでは，前後輪の操舵角と 4 輪の制駆動力を自由に制御できる統合制御車両によるロバスト安定化について紹介する．なお，後輪が操舵される場合は，後輪スリップ角は，$\alpha_r = \beta - rl_r/v - \delta_r$ と記述される．ここで，$\delta_r$ は後輪実舵角である．

自動車の運動は，式 (1), (2) で記述される横，ヨー運動に前後運動（車速変化）を加えても 3 自由度であり，前後輪アクティブ操舵と各輪制駆動の統合制御では，操作量の数が制御量（前後，横，ヨー運動）の数を上回る冗長なシステムとなる．

ところで，自動車は 4 輪のタイヤと路面の間の摩擦力を利用して運動を発生するものであるが，この摩擦力は路面の状態に応じた摩擦円とよばれる制約を伴っており，これを超える大きさの力を発生させることはできない．このため，車両運動の限界性能を向上させるためには，4 輪のタイヤ発生力を効率よく協調させる必要があり，冗長な自由度をいかに活用するのかが車両運動統合制御の課題となる．ここでは，階層型の車両運動統合制御（vehicle dynamics integrated management：VDIM）のコンセプト[5]に基づき，ドライバの操作に応じて設定される目標の車両運動を達成するために必要な車体に加えられるフォース&モーメント（前後力，横力，ヨーモーメント）を演算する車両運動制御と，演算された車体フォース&モーメントを各輪のタイヤ前後・横力に配分し，各輪の制駆動力や操舵角を制御する各輪制御とに階層分けして設計を行う．このうち，車体フォース&モーメントの各輪配分は，車両運動の限界性能を決定する重要な技術であり，各輪の摩擦円の大きさが既知という仮定の下でのさまざまな手法提案[7~9]を経て，各輪 μ 利用率の Minmax 最適解が導出されている[10]．このアルゴリズムは問題の凸性から，大域的な最適解であることが証明されており，車体フォース&モーメントの理論限界を達成する制御則となっている．ここでは，この各輪配分アルゴリズムの適用を前提に，車体フォース&モーメントを操作量とした車両運動制御について紹介する．

前項のスピン抑制を目的とした制御系設計は，車体フォース&モーメントを操作量とする階層型統合制御における車両運動制御の制御系設計にも適応可能である．各輪の路面 μ，すなわち各輪のタイヤ発生力の上限が完全にわかっている場合には，車両運動制御は，車両運動の状態量目標値などの入力を路面 μ に応じた限界内に制約することによって，単純な剛体運動の制御として取り扱うことができる．しかし，路面 μ の推定性能が不十分な場合には，車両運動状態量の制約は車両運動の限界性能を低下させるおそれもある．このため，推定誤差を考慮して路面 μ の設計値は，高めに設定する必要がある．この場合，実際には実現できない運動状態量が目標として与えられることになる．したがって，限界を超える入力に対しても安定性を補償する制御系設計が重要となる．ここでは，旋回限界時のスピン抑制を目的として車体横力とヨーモーメントを操作量とした制御系設計を実施する．旋回限界時には，操作量の一つである車体横力は物理的な達成限界に近い．このため，操作量に関する変動も考慮し，図 4.4 の制御系構成を考える．

ただし，$C_{FF}$ は目標状態量 $x_0$ を実現するために必要な車体フォース&モーメントを演算するフィードフォワードコントローラ，$C_{FB}$ は状態フィードバックコントローラ，$\Delta_1(t)$ は車体横力の変動率（$-1 \leq \Delta_1(t) \leq$

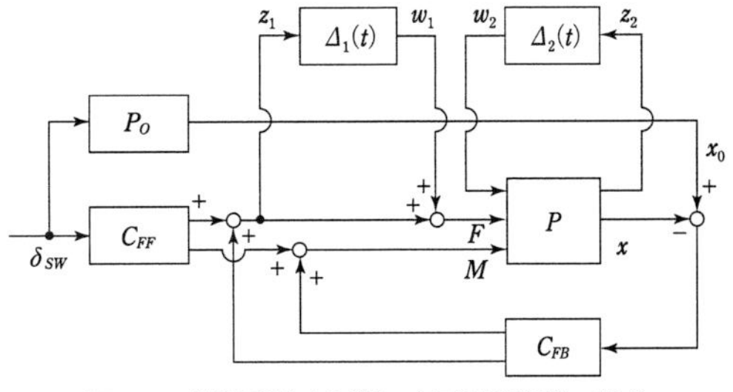


**図 4.4**　階層型統合制御の車両運動制御の構成

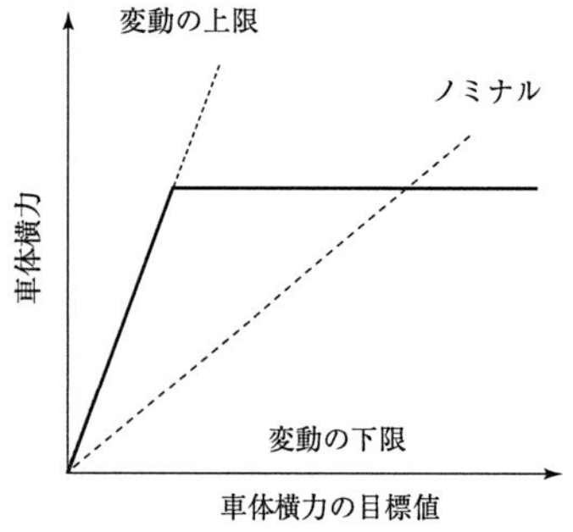


**図 4.5**　車体横力の飽和特性を考慮したモデル化

1)，$\varDelta_2(t)$ は後輪コーナリングフォースの変動率 $(-1\le\varDelta_2(t)\le 1)$，$x$ は状態量（車体スリップ角，ヨー角速度）である．車体横力の変動は，図 4.5 に示すように，飽和特性をセクタで囲むように上下限を設定してモデル化を行っている．

また，図 4.4 における制御対象のモデルは

$$\frac{d}{dt}x = Ax + B_1 w + B_2 u \tag{8}$$

$$z = Cx + Du \tag{9}$$

ただし，

$$A=\begin{bmatrix} -\dfrac{c_f+c_{rn}}{mv} & -1-\dfrac{l_f c_f - l_r c_{rn}}{mv^2} \\ -\dfrac{l_f c_f - l_r c_{rn}}{I_z} & -\dfrac{l_f^2 c_f + l_r^2 c_{rn}}{I_z v} \end{bmatrix},$$

$$B_1=\begin{bmatrix} \dfrac{1}{mv} & \dfrac{W_r c_{rn}}{mv} \\ 0 & \dfrac{W_r l_r c_{rn}}{I_z} \end{bmatrix},\quad B_2=\begin{bmatrix} \dfrac{1}{mv} & 0 \\ 0 & \dfrac{1}{I_z} \end{bmatrix},$$

$$C=\begin{bmatrix} 0 & 0 \\ 1 & -\dfrac{l_r}{v} \end{bmatrix},\quad D=\begin{bmatrix} 1 & 0 \\ 0 & 0 \end{bmatrix}$$

と記述される．図 4.4 に示す制御系において変動の前後の $w$ から $z$ までの $H_\infty$ ノルムを 1 未満とする状態フィードバックコントローラを設計することによって，任意の $\varDelta_1(t)$，$\varDelta_2(t)$ $(-1\le\varDelta_1(t),\ \varDelta_2(t)\le 1)$ に対するロバスト安定化がスモールゲイン定理[6] から保証される．

### c．LMI によるフィードバックコントローラの設計

図 4.4 におけるフィードバックコントローラ $C_{FB}$ はハンドル操舵角 $\delta_{sw}=0$ として，任意の $\varDelta_1(t)$，$\varDelta_2(t)$ $(-1\le\varDelta_1(t),\ \varDelta_2(t)\le 1)$ を許容する状態フィードバックゲインである．このフィードバックゲインの設計問題は，図 4.6 の $w'$ から $z'$ までの $H_\infty$ ノルムを 1 未満とする状態フィードバックゲイン $C_{FB}$ を求める問題として定式化できる．ただし，図 4.6 において $W$ は，変動の構造に対応した定数スケーリングパラメータである．

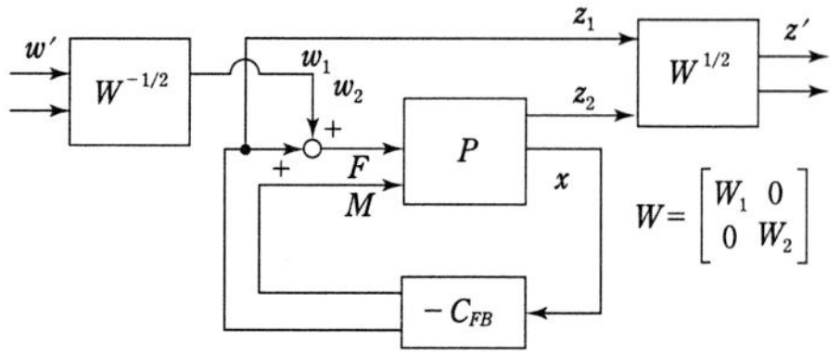


**図 4.6**　$H_\infty$ 制御問題としての定式化

この問題は，次式を満足する $X$，$M$，$W$ を求めることによって導出できる．

$$\exists X = X^T > 0 \tag{10}$$

$$\exists M = C_{FB}X \tag{11}$$

$$\exists W \equiv \begin{bmatrix} W_1 & 0 \\ 0 & W_2 \end{bmatrix} \tag{12}$$

$$\begin{bmatrix} H+H^T & XC^T+M^TD^T & B_1W \\ CX+DM & -W & 0 \\ WB_1^T & 0 & W \end{bmatrix} < 0 \tag{13}$$

ただし，

$$H = AX + B_2 M \tag{14}$$

である．これらの LMI (linear matrix inequality) は，MATLAB の LMI toolbox[11] を利用して求めることができるが，このままでは必要以上にハイゲインな解が導出される可能性がある[4] ため，ここでは，以下の極配置の条件を付加してフィードバックゲインのハイゲイン化を避けている．

$$\begin{bmatrix} r^2X & H-cX \\ (H-cX)^T & X \end{bmatrix} < 0 \tag{15}$$

ただし，$c$，$r$ はそれぞれ極の位置を指定する領域の中心と半径を示しており，$A$ の極の位置から大きく移動しないように領域を設定することでフィードバックゲインを小さく抑えることができる．

### d．統合制御のシミュレーション結果

c. 項の制御系設計の効果を確認するため，統合制御のシミュレーションを行う．ここでは，前後輪アクティブ操舵・4 輪独立制駆動システムを対象として，車体フォース＆モーメント（前後力，横力，ヨーモーメント）の目標値を操作量とした車両運動制御則を前節の手法に基づいて設計している．また，ここで演算された目標車体フォース＆モーメントは，$\mu$ 利用率（＝各輪発生力/発生力の上限）の 4 輪の最大値を最小化するフォース＆モーメント配分が実施される[9,10]．ここで各輪の制駆動力と横力の目標値に変換され，この各輪発生力の目標値は車輪制御の操舵，ブレーキ，駆動の各アクチュエータによって目標値追従制御が行われる．

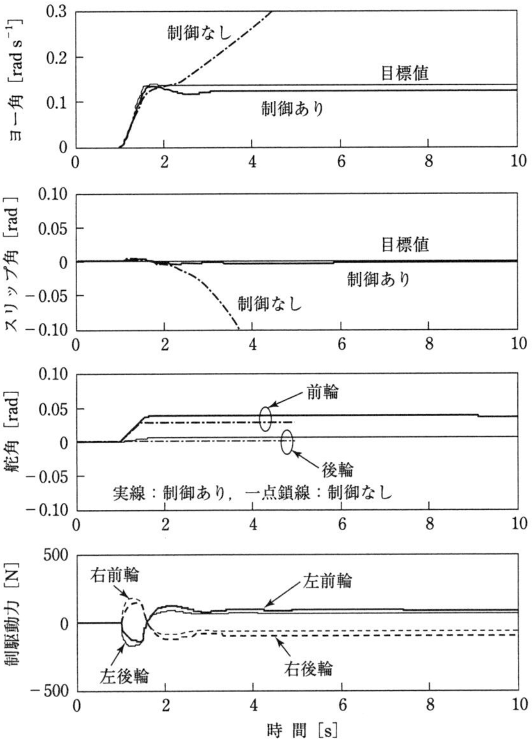


図 4.7 前後輪アクティブ操舵・制駆動統合制御のミュレーション結果

図 4.7 は，低 $\mu$ 路面を走行中にステップ的にハンドルを操舵した状況を示したものである．操舵角の大きさは，限界を超える，すなわち分岐が発生する値に設定されており，制御を行わない場合，スピンに陥っている．これに対し統合制御車両では，限界を超える状態量の目標値が入力されているにもかかわらず，安定した走行が実現できている．なお，このシミュレーションでは，車両運動の状態量目標値などの入力を路面 $\mu$ に応じた限界内に制約することは行っていない．ここでの車体フォース&モーメント配分アルゴリズムは，各輪の発生力を最も効率よく利用する，すなわち限界時には発生力を最大限利用する配分法となっている．このようなスピンが発生する路面条件では，後輪の横力が不足する状況となっているが，この統合制御では，後輪横力の不足によって発生するスピンモーメントを制駆動力の左右差によって補償していることがわかる．

## お わ り に

本節では，制御理論の自動車への応用事例として，路面特性変化に対するロバスト安定化を前後輪アクティブ操舵・制駆動統合制御によって実現した研究を紹介した．

[小野英一]

## 参 考 文 献


1) 壺井芳昭 (1989)：自動車とマイコン，朝倉書店．
2) E. Ono, *et al*. (1998)：Bifurcation in Vehicle Dynamics and Robust Front Wheel Steering Control, *IEEE Transactions on Control Systems Technology*, **6**(3)：412-420.
3) J. K. Hale, *et al*. (1991)：Dynamics and Bifurcations, Springer-Verlag.
4) 小野英一，ほか (1999)：ゲインスケジュールド $H_\infty$ 制御による車両運動のロバスト安定化，計測自動制御学会論文集，**35**(3)：393-400.
5) Y. Hattori, *et al*. (2002)：Force and Moment Control with Nonlinear Optimum Distribution for Vehicle Dynamics, *Proc. of AVEC, 02*, p. 595-600.
6) C. A. Desoer, *et al*. (1975)：Feedback Systems, Input-Output Properties, Academic Press.
7) O. Mokhimar, M. Abe (2003)：Effects of An Optimum Cooperative Chassis Control from The View Points of Tire Workload, JSAE Annual Congress, 20035448, No. 33-03, p. 15-20.
8) 西原 修，ほか (2004)：タイヤ負荷の Minimax 最適化による制駆動力配分，独立操舵車両の場合，222，日本機械学会 Dynamics and Design Conference 2004 CD-ROM 論文集．
9) E. Ono, *et al*. (2004)：Vehicle Dynamics Control based on Tire Grip Margin, *Proc. of AVEC, 04*, p. 531-536.
10) 小野英一，ほか (2007)：車両運動統合制御における理論限界の明確化と達成，日本機械学会論文集 C 編，**73**(729)：1425-1432.
11) P. Gahinet, *et al*. (1995)：LMI Control Toolbox for Use with MATLAB, User's Guide version 1.0.


# 4.2 電動パワーステアリング（EPS）のモデリングと制御

## 4.2.1 EPS の概要

パワーステアリングは，自動車のハンドル操舵トルクを軽減する動力舵取り装置である．従来油圧制御方式であったが，近年モータ直接制御方式の電動パワーステアリング（Electric Power Steering：EPS）に代わり（図 4.8），①動力損失の低減，②廃油の廃絶，③新たな運転支援などの応用技術により快適性・安全性の向上に大きく貢献している．

EPS の制御の概要を以下に述べる．

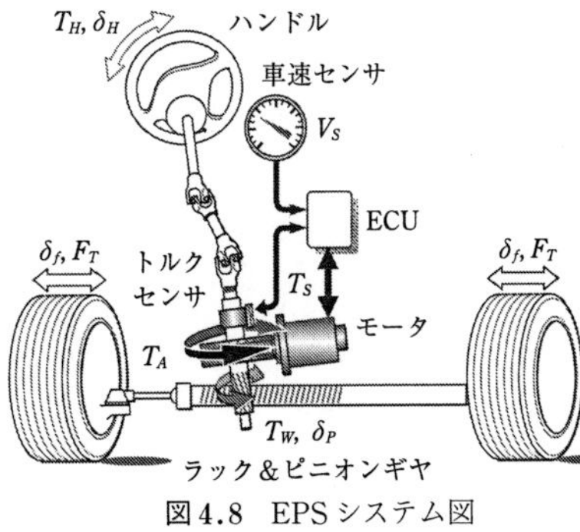


図 4.8 EPS システム図

**a．アシスト制御の概念**

ハンドルから入力される操舵トルク $T_H$ を検出するトルクセンサ信号 $T_s$ に基づいて，ECU 内にて車両速度 $V_s$ に応じたゲイン $G_A(V_s)$ を設定してアシストトルク $T_A$ を計算する．

$$T_A \equiv G_A(V_s)\,T_s \tag{16}$$

操舵トルク $T_H$ とアシストトルク $T_A$ と路面タイヤ間負荷トルク $T_W$ との静力学的つり合いは，$T_H = T_W - T_A$ であるから，$T_s$ と $T_W$ の関係は以下のようになる（図 4.9）．

$$T_s = \frac{T_W}{1+G_A(V_s)} \tag{17}$$

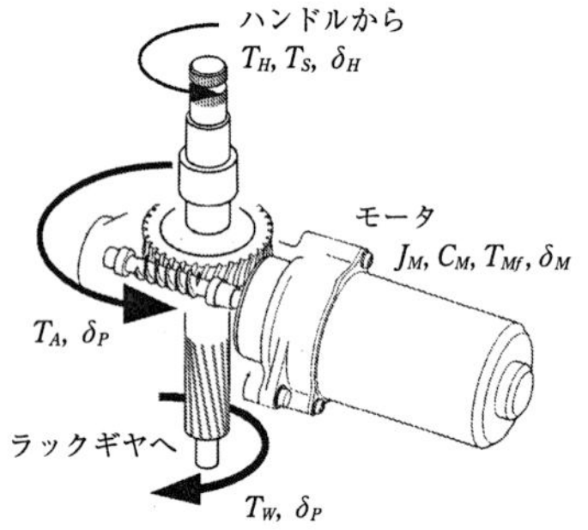


図 4.9　作用トルクの静力学的つり合い

**b．操舵トルク付与設計（アシスト制御）**

図 4.10 に示すように，アシストゲイン $G_A(V_s)$ 曲線を，車速ごとに設計する．アシスト特性を概略 3 つの「マニュアル $M$ 領域」,「比例反力 $P$ 領域」,「制限反力 $L$ 領域」に分けて，車両特性に適合させる．それぞれ，オンセンタの接地感，セルフアライニングトルクに比例した手応え感，重さの上限操舵トルク，を決める領域である．

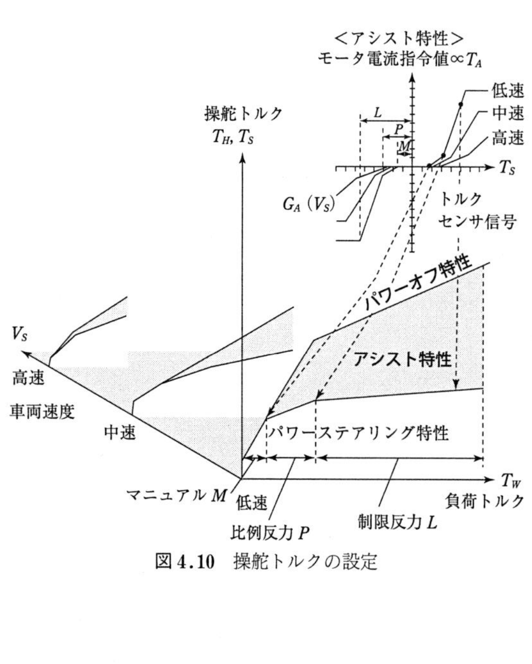


図 4.10　操舵トルクの設定

**c．アシスト制御の課題（基本補正制御）**

モータには慣性モーメント $J_M$ と，粘性 $C_M$，摩擦トルク $T_{Mf}$ が存在し，しかも減速比 $n_M$ が必要なので，実際にアシストとして取り出せるトルクは，$\alpha$ だけ減じられて，結局のところ

$$T_s = \frac{T_W+\alpha}{1+G_A(V_s)}, \quad \alpha = n_M(J_M\ddot{\delta}_M + C_M\dot{\delta}_M \pm T_{Mf}) \tag{18}$$

であるので，基本補正制御により $\alpha \approx 0$ となるように設計する．これにより設計されたアシストゲイン $G_A(V_s)$ にて所望の操舵トルク特性が，初めて過渡的にも実現できる．

**d．車両運動制御と制御則**

アシスト制御に車両運動制御を加えて車両動特性を所望の特性になるように設計する（ここで，$G$：ゲイン，$\beta$：横滑り角，$\gamma$：ヨーレイト，$l$：ホイールベースである）．

・アシスト制御＋ダンパ制御＋トルク微分制御（トルク変動を軽減する制御）

$$T_A = G_A T_S - G_D \frac{1}{n_M}\dot{\delta}_M + G_I \dot{T}_S \tag{19}$$

・アクティブリターン制御

$$T_A = G_A T_S - G_D \frac{1}{n_M}\dot{\delta}_M + G_I \dot{T}_S - G_R\,\delta_f \tag{20}$$

・アクティブカウンタアシスト制御（$\beta_{fr}+\gamma$ 制御則）

$$T_A = G_A T_S - (G_1\beta_{fr} + G_2\gamma) - G_3\dot{\delta}_f$$

$$\left(\beta_{fr} = \beta_f - \beta_r = -\frac{l}{V_s}\gamma + \frac{1}{n_G}\delta_H\right) \tag{21}$$

**e．設 計 手 順**

・Step 1　基本補正制御設計：モータ慣性モーメントを主とするネガティブな動特性を補正するとともに安定性を確保する基本フィルタを設計（例：$H_\infty$ 制御）．

・Step 2　アシスト制御設計：車両の走行特性に応じて，車両速度ごとの操舵トルク反力を目標値として，操舵トルクに対応したモータのアシスト（トルク）特性を設計．

・Step 3　車両運動制御設計：車両の基本運動特性に応じて，操舵ダンパ，ハンドル戻り効果などを付与し人間-自動車系の動特性を向上させるアシスト特性を設計．

・Step 4　微調整：実走行にて制御パラメータを微調整して目標車両動特性に仕上げる．

**f. EPS 応用システム**

MA(Motion Adaptive)-EPS，LKAS(Lane Keeping Assist System)，パーキングアシスト（駐車支援装置）などに応用されている．

## 4.2.2　EPS のモデル化

図 4.11 は EPS のモデル，その運動方程式を次式に示す．目的に応じて自由度を使い分ける．アシストトルク $T_A$ は，4.2.1 項 d. の制御則を用いる．

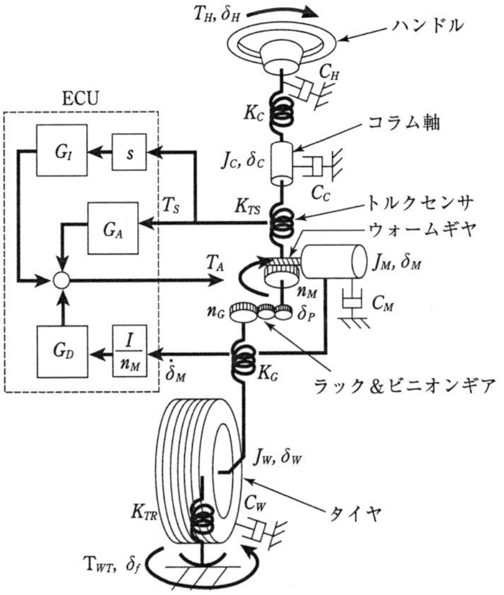


図 4.11　EPS モデル

$$J_H\ddot{\delta}_H + C_H\dot{\delta}_H + K_C(\delta_H - \delta_C) = T_H \quad (22)$$

$$J_C\ddot{\delta}_C + C_C\dot{\delta}_C + K_C(\delta_C - \delta_H) + T_{TS}(\delta_C - \delta_P) = 0 \quad (23)$$

$$n_M^2 J_M\ddot{\delta}_P + n_M^2 C_M\dot{\delta}_P + K_{TS}(\delta_P - \delta_C) + \frac{1}{n_G}K_G\left(\frac{1}{n_G}\delta_P - \delta_W\right) = T_A \quad (24)$$

$$J_W\ddot{\delta}_W + C_W\dot{\delta}_W + K_G\left(\delta_W - \frac{1}{n_G}\delta_P\right) + K_{TR}(\delta_W - \delta_f) = 0 \quad (25)$$

$$\delta_P = \frac{1}{n_M}\delta_M \quad (26)$$

$$T_{WT} = K_{TR}(\delta_f - \delta_W) \quad (27)$$

## 4.2.3　ドライバモデル

図 4.12，4.13 は，人間-自動車系モデルを示す．ドライバは 2 次予測モデル，$\tau_P$ 秒先の目標コース上位置 $y_{rp}$ と車両の 2 次予測位置 $y_p$ との差である前方予測誤差 $e_P$ に基づき，車両が目標コースを追従するように操舵トルク $T_H$ を入力する．なお，ドライバの制御

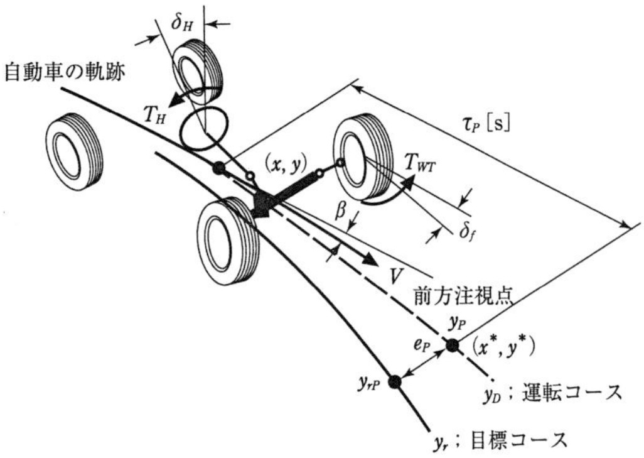


図 4.12　2 次予測による前方注視モデル

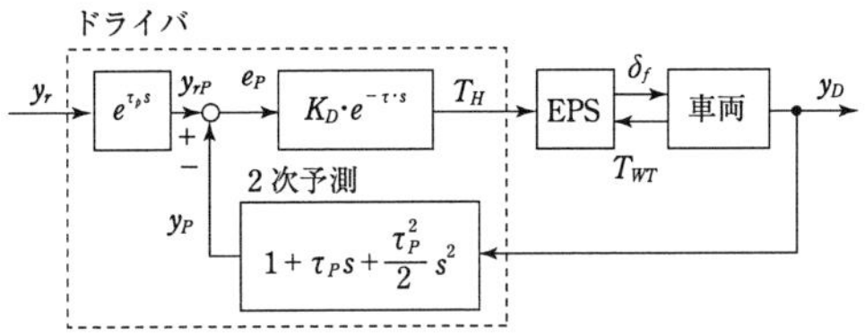


図 4.13　EPS を考慮した人間-自動車系モデル

要素 $D_R(s)$ は，比例定数 $K_D$ と反応時間の遅れ時定数 $\tau$ を考慮し，式 $D_R(s) = K_D \cdot e^{-\tau s}$ を用いる．

## 4.2.4　車両モデル

図 4.14 に示すタイヤの非線形性を考慮した車両モデル（図 4.15）を用いる．

$$\alpha_y = V\left(\frac{d\beta}{dt} + \gamma\right)$$

$$x_t = Vt, \quad y_t = \int_0^t \int_0^t a_y dt dt$$

$$mV\left(\frac{d\beta}{dt} + \gamma\right) = 2\,C_{Ff} + 2\,C_{Fr} = ma_y$$

$$I\frac{d\gamma}{dt} = 2\,l_f C_{Ff} - 2\,l_r C_{Fr}$$

$$T_{WT} = 2\,C_{Ff}\beta_f\xi$$

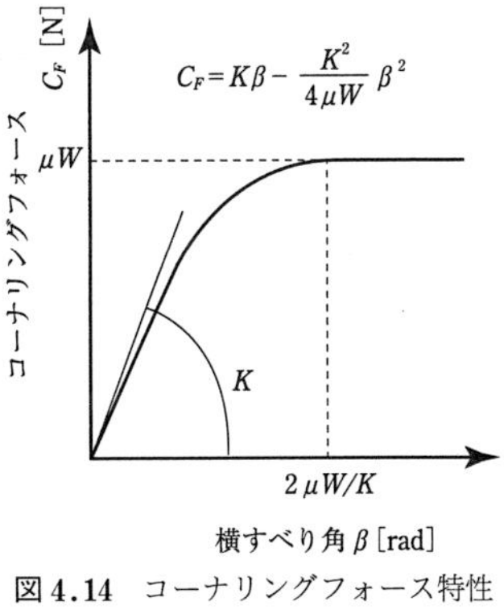


図 4.14　コーナリングフォース特性

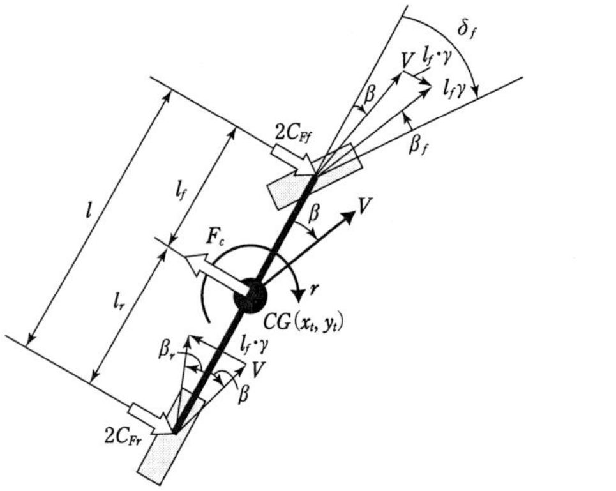

図4.15 車両モデル

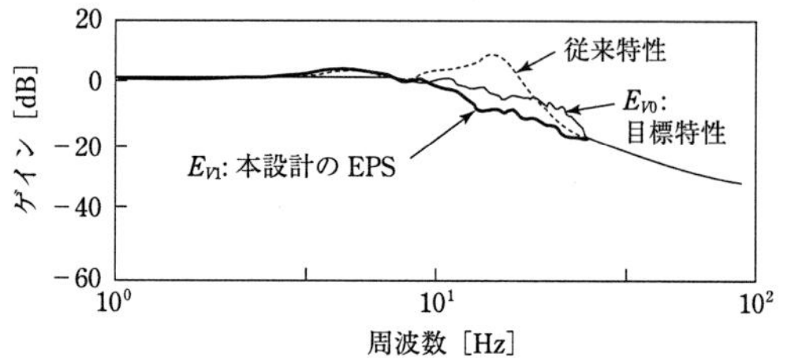

図4.17 評価関数 $E_V$ の実車テスト結果

$$\beta_f = -\beta - \frac{l_f \gamma}{V} + \delta_f, \quad \beta_r = -\beta + \frac{l_r \gamma}{V}$$

$$C_{Ff} = K_f \beta_f - \frac{K_f^2}{4\mu W_f} \beta_f^2, \quad C_{Fr} = K_r \beta_r - \frac{K_r^2}{4\mu W_r} \beta_r^2$$

### 4.2.5 制御設計の具体例

**a. 基本補正制御（$H_\infty$制御）の設計**（アシストフィール評価関数と制御器の設計）

外乱入力にハンドルトルク $T_H$, 観測出力に検出トルク $T_S$ をとり, アシストフィール評価関数 $E_V$ を次式のように定める.

$$評価関数：E_V = \frac{T_S}{T_H} \tag{28}$$

$J_M = C_M = 0$ のモータを仮定し，このときのステアリング動特性 $E_{V0}$ を目標として，重み関数 $W(s)$ を設定した $H_\infty$ 制御問題としてフィルタ $H_f(s)$ を設計する（図4.16）.

$$\|W(s) \cdot E_V(s)\|_\infty < 1, \quad W(s) = [E_{V0}]^{-1} \tag{29}$$

導出したフィルタを低次元化し，二つに分割．EPSを安定化させるために $H_{f2}$ をアシストゲイン $G_A$ と直列に配置してアシストフィール（応答性）と安定性を確保する.

図4.17に示すように，$E_{V0}$ を目標とした特性にシステムを設計できるので，モータの慣性モーメントや粘性抵抗のない良好な操舵アシストフィールを達成できる.

**b. 操舵ダンパ制御の設計**

4.2.1項で述べたように，アシスト制御項にダンパ制御項を加えて人間-自動車系シミュレーションによる操縦性の検討を行う（図4.18）．運転者の遅れ時間を設定し車両が収束するように，ダンパ制御ゲイン $G_D$ を設定する．設計する際は，その制御効果と操舵トルクの重さとのトレードオフの関係になる.

**c. アクティブ操舵反力制御（アクティブカウンタアシスト制御）の設計**

4.2.1項の $\beta_{fr} + \gamma$ 制御則によるアシストによって，車両のオーバステア発生と同時にカウンタ操舵が行われ，スピン回避動作をする．この制御則は $\beta_{fr}$ が制御トルクとして加えられているので，図4.19に示すように $\beta_{fr}$ の増加を抑制し，$\gamma$ 制御則と比較してヨーレイトの収束を向上させる．図4.20に，そのときの制御トルクの様子を示す.

$$G_S(s) = \frac{1}{J_H s^2 + C_H s + K_{TS}}$$

$$G_G(s) = \frac{1}{J_G s^2 + C_G s + K_{TS} + \frac{1}{n_G^2} K_{TR}}$$

$$J_G = n_M^2 J_M + \frac{1}{n_G^2} J_W$$

$$C_G = n_M^2 C_M + \frac{1}{n_G^2} C_W$$

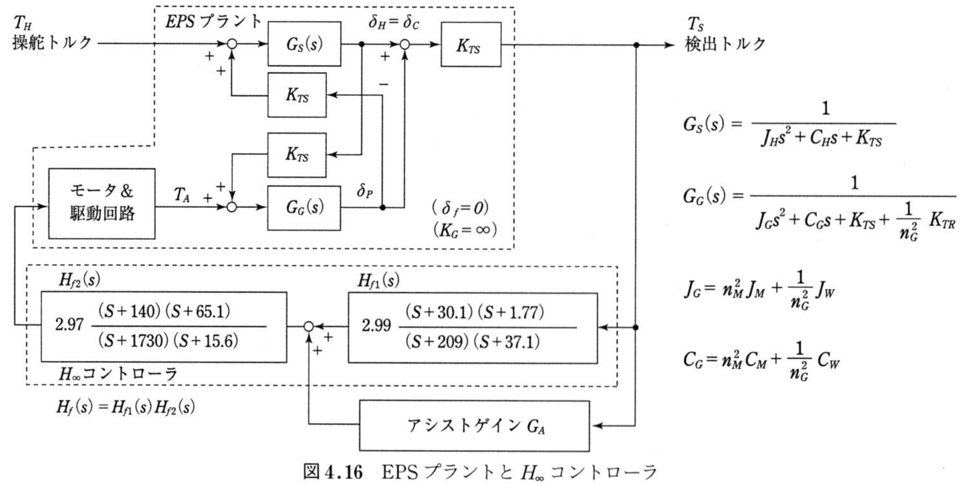

図4.16 EPSプラントと $H_\infty$ コントローラ

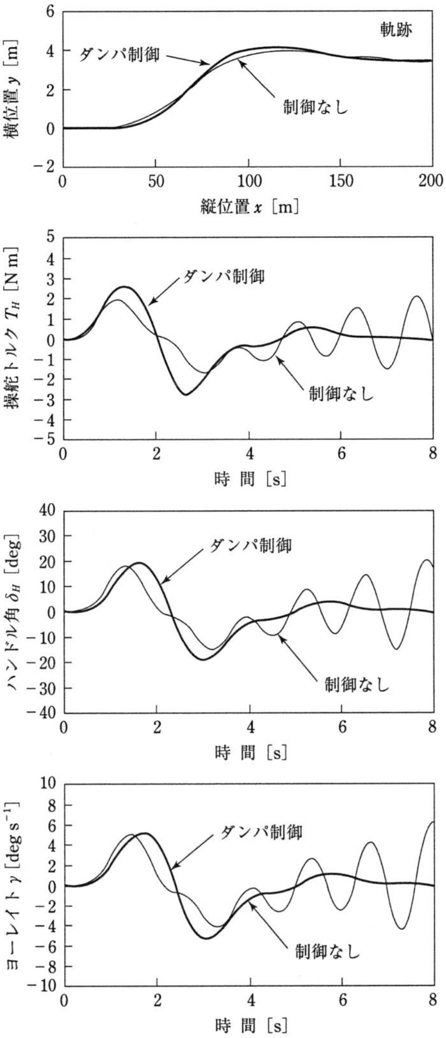


図 4.18　レーンチェンジテストのシミュレーション結果($\tau$=0.2 s)

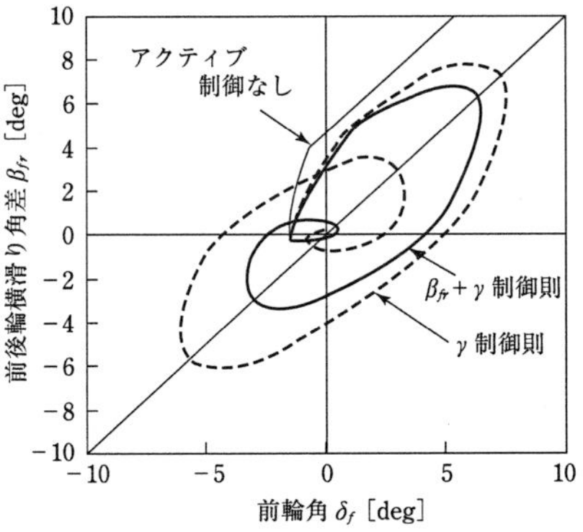


図 4.19　$\beta_{ft}$-$\delta_f$ の特性

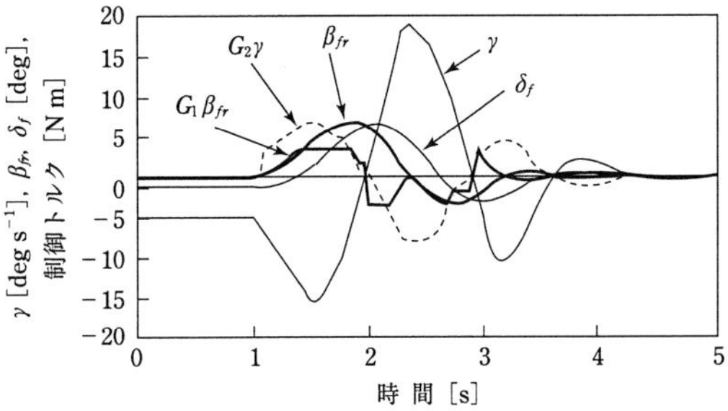


図 4.20　アクティブカウンタアシスト制御

**・パラメータ**

$\alpha_y$：横加速度
$C_{Ff}$：コーナリングフォース(前輪)
$C_{Fr}$：コーナリングフォース(後輪)
$C_c$：粘性係数(コラム軸)
$C_H$：粘性係数(ハンドル)
$C_M$：粘性係数（モータ）
$C_W$：粘性係数(前輪)
$e_p$：前方横誤差
$F_c$：遠心力
$F_T$：軸力（タイヤ推力）
$G_1$：アクティブカウンタアシスト制御の $\beta_{fr}$ の係数
$G_2$：アクティブカウンタアシスト制御の $\gamma$ の係数
$G_3$：アクティブカウンタアシスト制御の $\dot{\delta}_f$ の係数
$G_A$：アシストゲイン
$G_D$：ダンパ制御ゲイン
$G_I$：トルク微分制御ゲイン
$G_R$：アクティブリターン制御の $\delta_f$ の係数
$I$：車両のヨー慣性モーメント
$J_C$：慣性モーメント(コラム軸)
$J_H$：慣性モーメント(ハンドル)
$J_M$：慣性モーメント(モータ)
$J_W$：慣性モーメント(前輪)
$K$：タイヤのコーナリングパワー
$K_D$：ドライバの比例ゲイン
$K_C$：振りばね定数(コラム軸)
$K_f$：コーナリングパワー(前輪)
$K_r$：コーナリングパワー(後輪)
$K_G$：振りばね定数(ギヤボックスマウントゴム)
$K_{TR}$：タイヤのばね定数
$K_{TS}$：振りばね定数(トルクセンサ)
$l$：ホイールベース（$=l_f+l_r$）
$l_f$：車両重心点と前軸間の距離
$l_r$：車両重心点と後軸間の距離
$m$：車両の質量
$n_G$：ステアリングギヤ比
$n_M$：モータ減速ギヤ比
$s$：ラプラス演算子
$t$：時間
$T_A$：アシストトルク
$T_H$：ハンドルトルク，操舵トルク

$T_{Mf}$：モータのフリクショントルク
$T_S$：操舵トルクの検出値
$T_{WT}$, $T_W$：セルフアライニングトルク，負荷トルク
$V$：車両速度
$V_S$：車両速度の検出値
$W$：タイヤ1輪に負荷される垂直荷重
$W_f$：前輪1輪に負荷される垂直荷重
$W_r$：後輪1輪に負荷される垂直荷重
$x$：車両の縦位置
$y$：車両の横位置
$y_D$：運転コース
$y_P$：前方注視点（運転コース）
$y_r$：目標コース
$y_{rP}$：前方注視点（目標コース）
$\beta$：車両の重心点（$CG$）の横滑り角
$\beta_f$：前輪の横滑り角
$\beta_{fr}$：前後輪滑り角差
$\beta_r$：後輪の横滑り角差
$\delta_H$：ハンドル回転角
$\gamma$：車両のヨーレイト
$\mu$：タイヤと路面間の摩擦係数
$\delta_C$：コラム軸の回転角
$\delta_f$：前輪角
$\delta_M$：モータの回転角
$\delta_P$：ピニオンギヤの回転角
$\delta_W$：タイヤホイールの回転角
$\tau$：ドライバの操作遅れ時間
$\tau_P$：ドライバの前方注視時間
$\xi$：トレール

**・パラメータ値**

(1) EPS
$C_C = 0.68$ N m s rad$^{-1}$
$C_M = 4.7\times10^{-3}$ N m s rad$^{-1}$
$C_W = 145$ N m s rad$^{-1}$
$G_A = 1$
$G_D = 3.5$ N m s rad$^{-1}$
$J_C = 2\times10^{-4}$ kg m$^2$
$J_H = 6\times10^{-2}$ kg m$^2$
$J_M = 3\times10^{-4}$ kg m$^2$
$J_W = 1.3$ kg m$^2$
$K_c = 1000$ N m rad$^{-1}$
$K_G = 115000$ N m rad$^{-1}$
$K_{TS} = 120$ N m rad$^{-1}$
$n_G = 18$
$n_M = 17$
$K_{TR} = 12700$ N m rad$^{-1}$

(2) 車　両
$I = 1800$ kg m$^2$
$K_f = 40000$ N rad$^{-1}$
$K_r = 40000$ N rad$^{-1}$
$l_f = 0.95$ m
$l_r = 1.55$ m
$m = 1050$ kg
$V = 100$ km h$^{-1}$
$W_f = 3257$ N
$W_r = 1891$ N
$\mu = 0.8$
$\xi = 0.05$ m

(3) ドライバ
[操舵ダンパ制御の設計]
$K_D = 2.4$ Nm m$^{-1}$
$\tau = 0.1$，0.2，0.3 s
$\tau_P = 1$ s
[アクティブ操舵反力制御（カウンタアシスト）の設計]
$K_D = 10$ Nm m$^{-1}$
$\tau = 0.2$ s

[清水康夫]

### 参 考 文 献


1) 吉本堅一 (1968)：予測を含む操舵モデルによる人間-自動車系シミュレーション，日本機械学会誌，**71**(596)：13-18.
2) 安部正人 (2008)：自動車の運動と制御，東京電機大学出版局.
3) 清水康夫：[No. 02-62] 講習会とことんわかる自動車のモデリングと制御 2002，日本機械学会：交通物流部門.
4) 清水康夫：(2003)：ステアリング制御技術の最前線—操舵反力トルク制御と可変ギア比制御について—，自動車技術会，シンポジウムテキスト No. 04-03，アクティブセイフティ技術の最前線.


## 4.3　エンジンの制御

### はじめに

現在のエンジン制御は機械式の気化器や点火装置を電子制御に置き換えた構造を継承している．制御論的には，図4.21のように，目標値の入力に対し，望ましい操作量を出力する逆システムとエンジンを直列に配置した構造を基本とする．

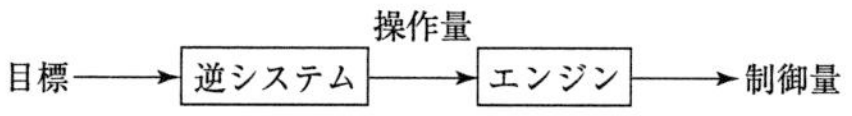


図4.21　エンジン制御の基本構造

### 4.3.1　2自由度制御

一般には，理想的な逆システムを構成することはできないので，図4.22のように，フィードフォワードによる制御誤差を操作量にフィードバックする2自由度制御とする．図4.22は内部モデル制御[1]構造をもつ図4.23に等価変換できる[2]．

いま，エンジンは式 (30) で表されると仮定する．

$$\frac{dx}{dt} = f(x, u), \quad y = g(x) \tag{30}$$

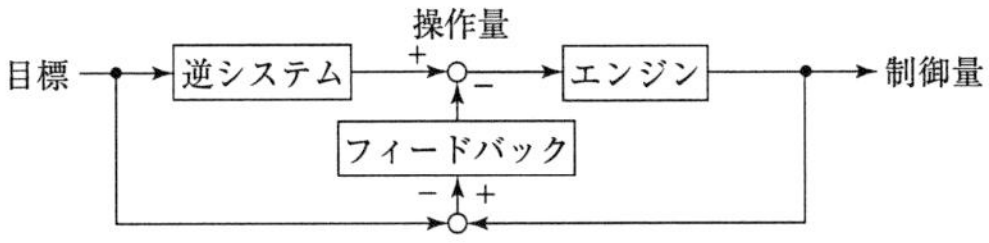


図 4.22　2 自由度制御系

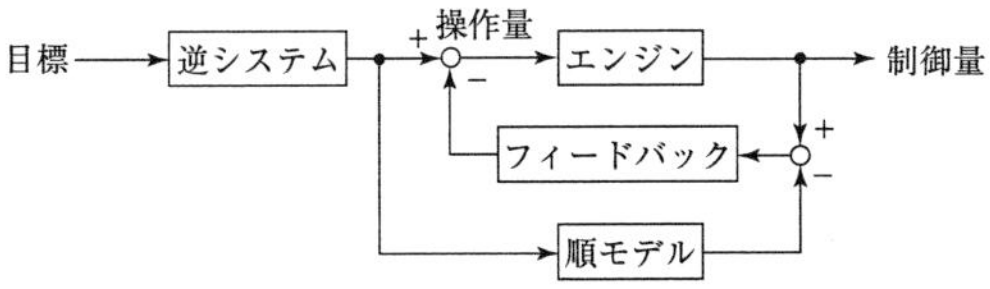


図 4.23　内部モデル制御構造

ここで，$x$ は状態量 ($x \in R^n$)，$y$ は出力 ($y \in R^p$)，$u$ は入力 ($u \in R^m$) とし，エンジンの順モデルを式 (31) で表す．

$$\frac{dx_m}{dt}=f(x_m, u_m), \quad y_m=g(x_m) \tag{31}$$

$e_u=u-u_m$，$e_x=x-x_m$，$e_y=y-y_m$ とすると，式 (30) と式 (31) から式 (32) を得る．

$$\frac{de_x}{dt} \approx \frac{\partial f_m}{\partial x_m} e_x+\frac{\partial f_m}{\partial u_m} e_u+\delta f(x, u)$$
$$e_y \approx \frac{\partial g(x)}{\partial x_m} e_x \tag{32}$$

ここで，

$$f(x, u)=f_m(x, u)+\delta f(x, u)$$
$$f_m(x, u) \approx f_m(x_m, u_m)+\frac{\partial f_m}{\partial x_m} e_x+\frac{\partial f_m}{\partial u_m} e_u$$

である．$y_r$ を目標値として，式 (31) において，$y_m=y_r$ とすれば，$u_m$ は逆システムの出力になる．したがって，$e_x \to 0$，$e_y \to 0$ とする目標追従制御 $e_u$ は式 (32) の誤差システムに対して，PID 制御や LQ 最適制御，$H_\infty$ 制御などの先進制御を適用して求めることができる．上述のように求めた制御式 (33) は図 4.23 の内部モデル制御構造に対応する[3]．

$$u=u_m+e_u \tag{33}$$

### 4.3.2　時間遅れ補償

フィードバック性能は時間遅れと操作量の範囲や速度の制約の影響を強く受ける．時間遅れ補償器として，スミスの時間遅れ補償[4] がよく知られている．スミスの時間遅れ補償を図 4.24 の $C_s$ で表す．

エンジンの操作量から制御量までの伝達関数を

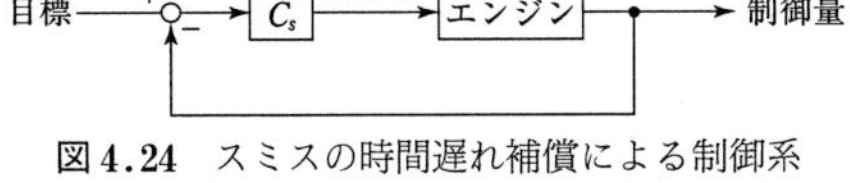


図 4.24　スミスの時間遅れ補償による制御系

$e^{-s\tau}G$ とすると，図 4.24 の制御系の目標値から制御量までの伝達関数は式 (34) となる．

$$G_c=\frac{C_s e^{-s\tau}G}{1-C_s e^{-s\tau}G} \tag{34}$$

スミスの時間遅れ補償は，時間遅れのない制御対象 $G$ を $C$ で制御した結果に対して時間遅れ $\tau$ だけ遅れた特性となる $C_s$ なので，式 (35) が成り立つ．

$$G_c=\frac{CG}{1-CG} e^{-s\tau} \tag{35}$$

式 (34) と (35) から $C_s$ を求める式 (36) を得る．

$$G_s=\frac{C}{1-C(G-Ge^{-s\tau})} \tag{36}$$

これを図 4.24 のブロック線図の $C_s$ に代入すると図 4.25 を得る．図 4.25 を等価変換すると図 4.26 となる．図 4.26 において，ブロック $e^{-s\tau}G$ はエンジンの順モデルであり，その誤差がフィードバックされている．また，エンジンの前に置かれている $G$ と $C$ からなるブロック構造は時間遅れを取り去ったエンジンモデルに対する目標追従制御の操作量を出力している．したがって，近似的に逆システムを構成していると考えることができる．フィードバック制御による目標追従制御は目標値に対する遅れを伴う．すなわち，ローパス特性をもつ．一般のシステムは高周波数側でゲインが低下していくので，逆システムは高周波数側でゲインが大きくなり，ノイズを拡大してしまう．この近似逆システムはローパスフィルタ機能が働く好ましい特性をもっている．

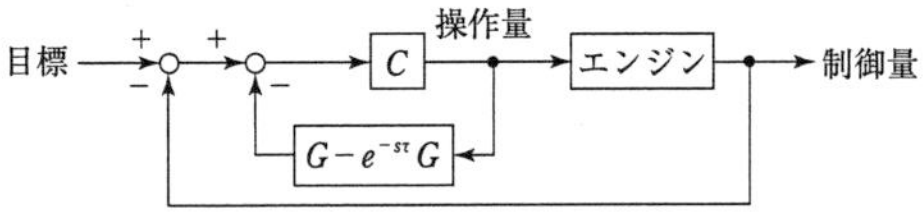


図 4.25　スミスの時間遅れ補償

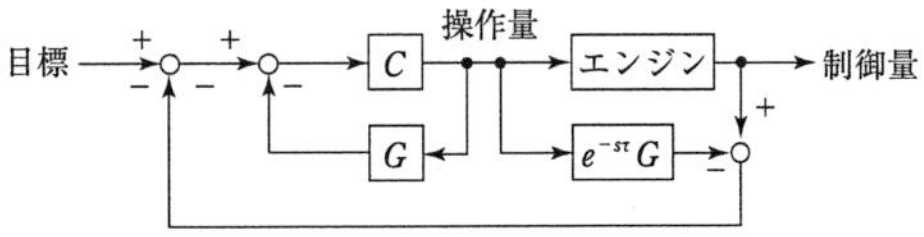


図 4.26　スミスの時間遅れ補償制御系の等価変換

### 4.3.3　近似逆システム

図 4.26 の近似逆システムを移動して，図 4.26 は図 4.27 のように表すことができる．図 4.27 は外乱推定オブザーバ[5] と内部モデル制御[1] の組合せになっている．

近似逆システムを $Q$ で表し，図 4.28 の内部モデル制御の部分に着目すると，もし，図 4.28 の(a) が(b)

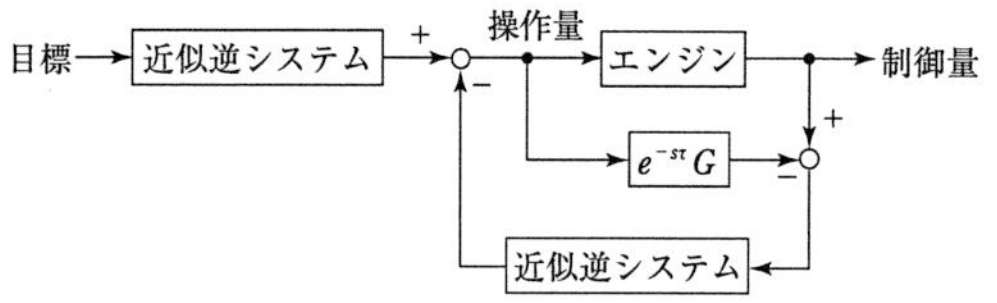


図 4.27　外乱推定オブザーバ制御系への等価変換

に等価変換できるならば，図 4.27 は制御系と同様な構造をもつことがわかる．図 4.27 はわかりやすい制御であるが，この観点から，図 4.29 を目指して，さらに等価変換を行う．

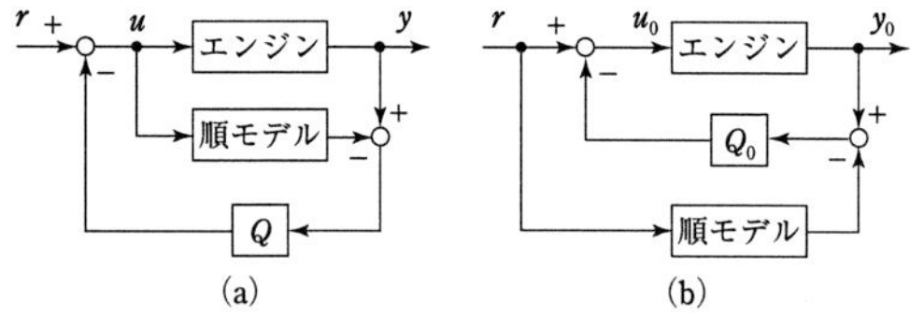


図 4.28　内部モデル制御構造の等価変換

そこで，フィードバック $Q$ と $Q_0$ に対し，$y=y_0$ となる $Q_0$ を求めてみる．図 4.28(a) に対して，順モデルの出力を $y_m$，フィードバック $Q$ と $Q_0$ の出力を $\delta r$ と $\delta r_0$ とする．

図 4.28(a) から，

$$y=Gu,\ y_m=G_m u,\ \delta r=Q(y-y_m),$$
$$u=r-\delta r \tag{37}$$

図 4.28(b) から，

$$y_0=Gu_0,\ y_m=G_m r,\ \delta r_0=Q_0(y_0-y_m),$$
$$u_0=r-\delta r_0 \tag{38}$$

これから，$y=y_0$ となる条件として，式 (39) を導くことができる．

$$Q_0=\frac{Q}{1-QG_m} \tag{39}$$

以上のことから，図 4.27 から等価変換された制御系として図 4.29 を導くことができる．図 4.29 は一般化された表現であり，$C_1$ と $C_2$ は適切に設計されたフィードバックである．

電子スロットルなどのアクチュエータは操作量範囲と速度の制約をもち，制御性能を決定する重要な要因である．操作量制約のない逆システムは操作量範囲を超えた操作量を制御対象とモデルに与えるが，エンジンの操作量制約は目標値に対して誤差を生じさせる．さらに，エンジンと順モデルの誤差が大きくなるので，フィードバック系を不安定にする可能性がある．双方のモデルに操作量制約を与えると，近似逆システムは，目標値からの誤差を補償するようにモデル操作量を増やして操作量制約で打ち切られた影響を補償し，時間遅れを含むモデルとエンジンの操作量制約による誤差は生じないのでフィードバックを不安定にする影響も排除される[6]．

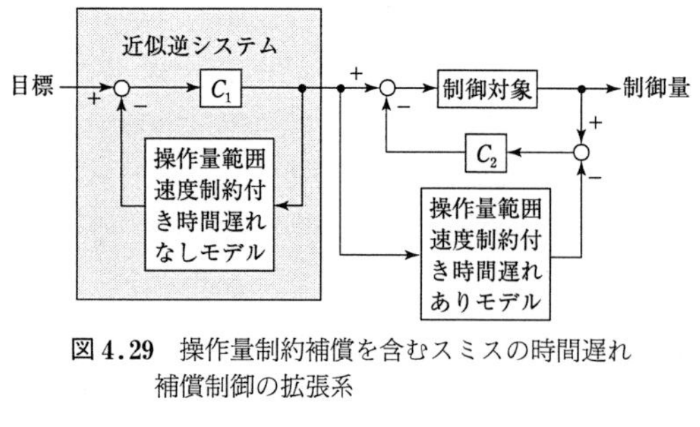


図 4.29　操作量制約補償を含むスミスの時間遅れ補償制御の拡張系

近似逆システムの設計では，PID 制御や非線形制御理論や適応制御理論などさまざまな制御理論を使うことができる．エンジンとモデルの誤差のフィードバック補償は時間遅れを含むので，パデ近似などを適用でき，さまざまな先進制御理論を適用することができる．多くの場合，PID 制御で十分なことが多い．これは，時間遅れによる位相差が補償されているためである．順モデルに基づいているので，フィードバック $C_1$ と $C_2$ の設計でも，直感が有効に働く．実際，順モデル部分に学習による経時変化や製品ばらつき補償機構を与えている場合がある．このように，図 4.29 の制御系は時間遅れ補償と操作量制約補償機能を備えているほかにも，実用上の使い勝手が非常によい[6]．

しかしながら，図 4.28 の制御は順モデルの複雑さに応じた複雑な制御になってしまう．たとえば，近似逆システムは動的な挙動を無視し，静的なモデルで十分な性能を得られる場合もある．この場合は，定常状態の試験により，望ましい操作量の静的なマップを構成すればよい．時間遅れを伴う順モデルの出力の代わりに，図 4.22 と 4.23 のように目標値を直接与えてもよい．時間遅れの影響度や操作量制約の影響によって，図 4.22 や 4.23 から図 4.28 までの間で合理的な複雑性をもつ制御系を設計すべきである．また，図 4.28 の制御系からのシステマティックな簡易化の枠組みで最終的制御系を得る選択肢もあるだろう．いずれにせよ，制御系の簡略化を制御系設計プロセスに組み込むべきである．

### 4.3.4　エンジン制御のマップ

エンジン制御には図 4.30 のようなマップが多用されている．これをもって，エンジンは原始的な制御を行っていると批評される場合がある．また，マップを積極的に取り除こうとする研究が行われる場合があ

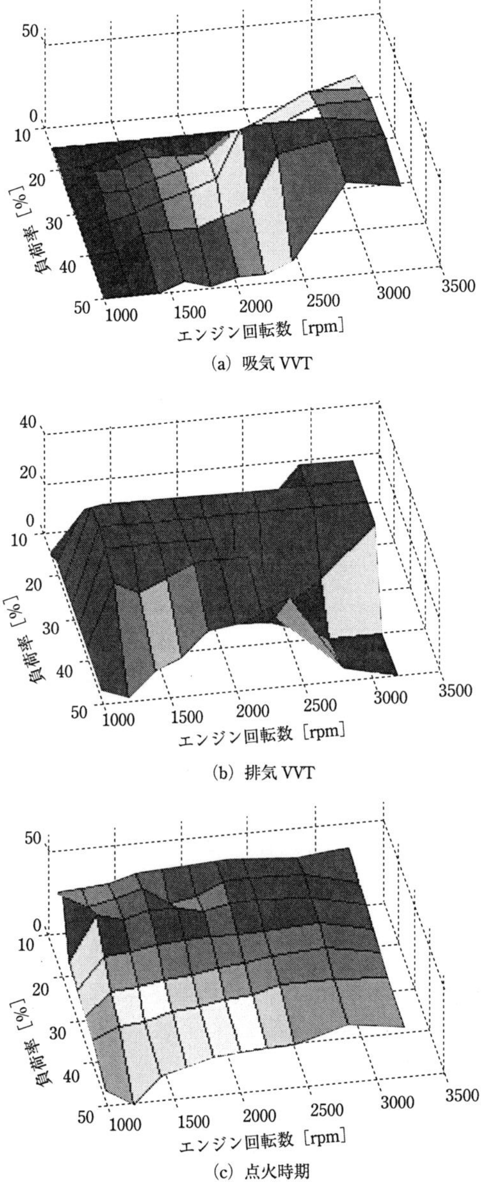

(a) 吸気 VVT

(b) 排気 VVT

(c) 点火時期

**図 4.30** エンジン制御におけるマップの例

る．しかし，これらは重要な誤認に基づく可能性がある．これまでの記述のように，エンジン制御は制御性能を決める要因に対し，実用的な対応を行っており，2自由度制御，スミスの時間遅れ補償，外乱推定オブザーバ，操作量制約補償などが効果的に働く構造をもっている．

マップはおもにフィードフォワード部分に用いられるが，可能な限りフィードフォワード制御精度を高くしたいという意識が働いている．これは非常に精度の高い目標追従系が求められること，センサが活性化しない領域やセンサ故障時でも可能な限りダメージを少なくするという必要性からきている．したがって，フィードバック性能を上げて，フィードフォワードを簡略化する戦略は万能ではない．マップは，本来，エンジンは非線形分布定数系でモデル化されなければならないことに起因している．有限次元モデルは簡易化誤差を伴い，その影響で物理定数や構造定数の意味を保存することは難しい．そのため，実験モデルが多用されることになる．

エンジンは非線形なので，ある実験条件はほかの実験条件を代表しない．エンジン制御は多様な環境で作動し，小さな問題も重大な影響をもつ場合があるので，すべての可能性がある運転受験を代表するように実験計画される[6]．膨大な実験が必要なので，関数近似理論に基づく式（40）のような実験モデルと自動計測システムの導入により，実験と実験モデル開発の効率化が進められている[7]．

$$y = \alpha_1 f_1(u) + \alpha_2 f_2(u) + \cdots + \alpha_N f_N(u) \tag{40}$$

ここで，$y$ は実験モデルの出力，$u$ は入力変数（$u \in R^m$），$\alpha_i$ は係数，$f_i$ は基底関数（$i=1,2,\cdots,N$）である．テイラー展開やラジアル基底関数などが用いられる．$u$ を各種変えた実験によって得た計測値を式（40）に代入し，$\alpha_i$ に対する連立線形方程式を解き，$\alpha_i$ を求める．すると，$\alpha_i$ の数だけの実験を行えば理論的には，式（40）が決定する．これによって，実験点数を大幅に低減することに成功している．入力変数の数が増えるにつれ，実験点数低減効果はさらに大きくなる．式（40）は静的なモデルであるが，その成功を受けて，動的モデルの導入のための開発が進められている．

### 4.3.5 空燃比制御システム

図 4.31 にガソリンエンジンの空燃比制御の対象，図 4.32 に制御のブロック線図を示す．逆システムと制御対象の直列接続，その制御誤差をフィードバックで補償している構造がみてとれる[8,9]．逆システムは，オブザーバを利用して筒内空気量推定[10]を行い，目標空燃比で除算して目標筒内燃料量を設定し，燃料挙動の逆モデルでフィードフォワードの燃料噴射を決定していると制御論的に解釈できる．実際には，直接制御

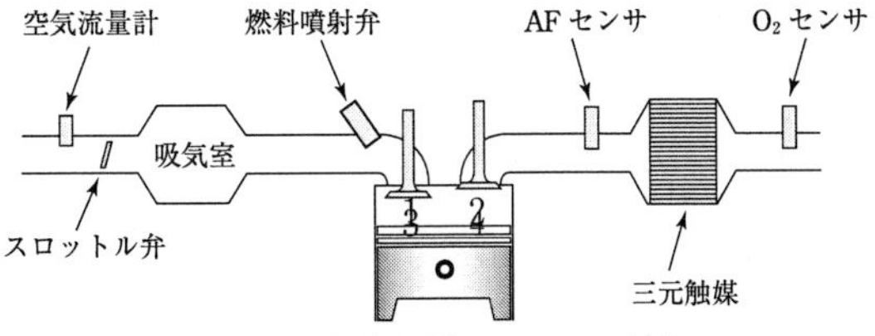

**図 4.31** 空燃比制御システムの対象

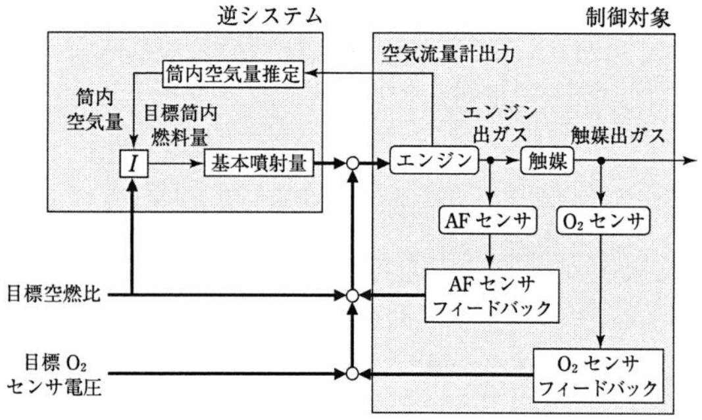


図 4.32　空燃比制御系のブロック線図

理論を適用している訳ではなく，実用的な変更と調整がさまざまに組み込まれている[11]．　［大畠　明］

### 参考文献


1) M. Morari, E. Zafiriou (1989)：Robust Process Control, Prentice-Hall International.
2) 大畠　明 (2001)：パワートレーン制御とモデリング，第一回 SICE 制御部門大会前刷集.
3) 大畠　明 (2009)：モデルベース開発（MBD）における制御設計，特集エンジンを支える技術―要素と制御，エンジンテクノロジーレビュー，**1**(3).
4) O. J. M. Smith (1959)：A Controller to Overcome Dead Time, ISA J.
5) 岩井善太，川路茂保，井上　昭 (1988)：オブザーバ，6章，現代制御シリーズ，コロナ社.
6) 大畠　明 (2004)：フィードフォワードとフィードバックの使い方，機械学会物流部門講習会テキスト.
7) K. Rupke (2005)：DoE-Design of Experiments：Methods and applications in engine development, sv corporate media, GmbH.
8) A. Ohata, M. Ohashi (1995)：Model-Based Air-Fuel Ratio Control for Reducing Exhaust Gas Emissions, SAE 950075.
9) S. Okazaki, N. Kato, J. Kako, A. Ohata (2009)：Development of a New Model Based Air-Fuel Ratio Control System, *SAE International Journal of Engine*, **2**(1)：335-343.
10) 原田　宏 (2008)：自動車技術シリーズ2・自動車の制御技術，朝倉書店.
11) 申　鉄龍，大畠　明 (2011)：自動車エンジンのモデリングと制御，コロナ社.


## 4.4　車車間通信を用いた車群安定 ACC の設計法

### はじめに

従来から研究開発され商品化されている adaptive cruise control (ACC) system は車間距離センサを用いた前車追従型であり，その主な目的は運転負荷の軽減にある[1]．ACC のもつポテンシャルの一つに交通流の効率化があることは従来から知られており，その実現手段の一つとして車車間通信を用いた隊列走行はすでに多くの研究が行われてきた[2]．これらの研究では車群を構成する車両はすべて車車間通信機を搭載した ACC 車両を想定し，隊列走行専用の制御則を前提としている．しかし，車車間通信を利用した ACC が広く普及して隊列走行を実現するまでの過程においては，ACC 車両とドライバが運転する車両とが混走するという場面が無視できない．

そこで，本検討では ACC が対象とする車両を自車前方の複数の車両とし，これらの車両は制御特性が既知の ACC 車両ではなくドライバがマニュアルで車間距離調整を行う車両を想定した．複数の先行車両から車車間通信によって車速や位置などの走行状態を検出し，追従モデルを用いて先頭車から直前の先行車までの車両挙動を予測して自車制駆動力を決定することで，減速の増幅伝播に起因した車群の速度低下の抑制と，違和感のない車間距離応答，および自車減速度の増加を抑制する．

本節では，以上の ACC に要求される車両挙動を高いレベルで実現するため，モデル予測制御を用いて車間距離制御系を構成し，シミュレーションにてその有効性を確認した．

### 4.4.1　車群安定性

記号を図 4.33 のように定義する．$i=0,1,\cdots,n-1$ は $n$ 台からなる車群において，第 $i$ 番目の車であることを表す整数，$v_i$ は第 $i$ 番目の車両の速度，$d_i$ は第 $i$ 番目と第 $i+1$ 番目の車両との車間距離を示す．第 $n-1$ 番目の車両を先頭車両とし，第 0 番目の車両を最後尾車両とする．

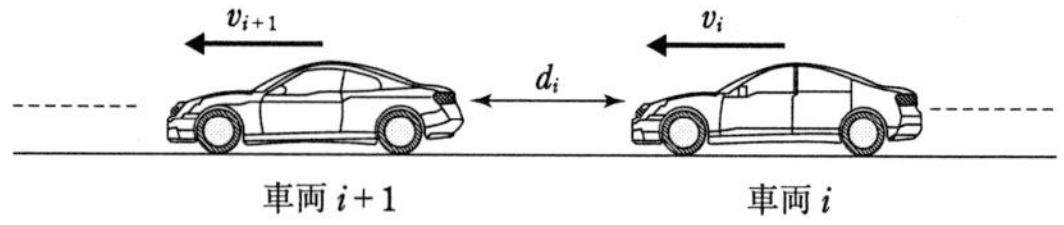


図 4.33　車群[4]

車群走行時の課題の一つに，サグ，トンネル手前などでドライバが無意識のうちに起こしてしまう車速の低下が，後続車両に次々と増幅して伝達されるために発生する車群の速度低下が知られている．車群安定は，先行車の車速変化を後続車に増幅して伝達しない性質であり，次の条件が満たされれば車群安定となる[3]．

$$\|G_{01}G_{12}\cdots\cdots G_{(n-2)(n-1)}\|_\infty \le 1 \qquad (41)$$

ここで，$\|\cdot\|_\infty$ は安定な伝達関数の $H_\infty$ ノルム，$G_{(i)(i+1)}$ は第 $i$ 番目の車両の速度制御特性である．

### 4.4.2　車車間通信を用いた車群安定 ACC の目的と設計要件

ドライバのマニュアル運転車両を含む車群において式 (41) を成立させるには，最後尾車両の速度制御特性 $G_{01}$ を前方複数の先行車の車速オーバーシュートを吸収するような特性とする必要がある．最後尾車両を直前の先行車情報のみを用いて制御を行う ACC として以上の特性を実現するためには，先行車の挙動に対して高応答な制御系が必要となり，先行車の車速変化や車間距離センサノイズに敏感となって乗り心地が悪化する．そこで，車車間通信を用いて前方複数の車両の走行状態を検出し，自車を最後尾とする車群の速度低下を抑えつつ，自車直前の先行車との車間距離応答の違和感を抑制し，さらにこれらの車両挙動を乗り心地を考慮したうえで実現することが本 ACC システムの目的となる．以上を設計要件としてまとめると，下記となる．

① 先頭車両車速 $v_{n-1}$ から自車速 $v_0$ までの伝達関数の $H_\infty$ ノルムを 1 以下とすること．

② 自車直前の先行車との車間距離 $d_0$ が近づきすぎたり離れすぎたりしないこと．

③ 上記①と②をできるだけ低い減速度で実現すること．

### 4.4.3　車間距離制御系設計[4)]

前項の①～③の設計要件を実現するためには，自車前方のある車両が何らかの原因で減速を行った場合，その車両の減速がどのように自車直前の車両まで伝播されるかを予測しつつ，最適な操作量を決定することが重要と考えられる．そこで本検討では，要件を満たすための制御手法の一例として，モデル予測制御を利用した車間距離制御系を構成した．モデル予測制御は，現在時刻 $t$ における車群の走行状態量を初期値とし，時刻 $t$ から $t+T$ までの制御対象の将来挙動を数学モデルを用いて予測し，この間の評価関数が最適となるような入力軌道をサンプリングタイムごとに演算する．実際の制御対象への入力は，時刻 $t$ から $t+T$ までの最適入力軌道のうち時刻 $t$ における値が使用される．この手法は予測に用いるモデルが非線形であっても最適化ができること，評価関数の重みを実時間で変更できることなどから，中間車両のドライバ特性の多様性に対するロバスト性が期待できる．

**a. 制 御 対 象**

図 4.34 に制御系ブロック図を示す．制御対象は点

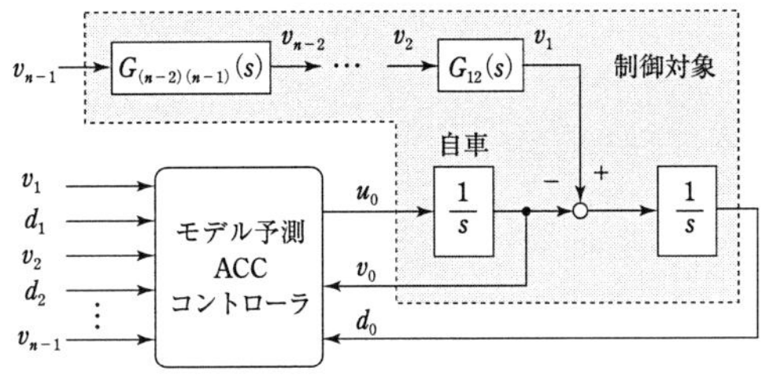


図 4.34　モデル予測制御系ブロック図[4)]

線で囲まれた部分となる．

自車の駆動トルク制御系には遅れがなく，指令値に応じた加速度を発生できるものと仮定すると，加速度指令値 $u_0$ と自車速 $v_0$ との関係，および直前の先行車との車間距離 $d_0$ の関係式は次式となる．

$$\dot{v}_0 = u_0 \tag{42}$$

$$\dot{d}_0 = v_1 - v_0 \tag{43}$$

ドライバの追従制御則を，車速に比例した目標車間距離と実車間距離との偏差，および相対速度に応じて自車加減速度を操作するものと仮定し，次式のようにモデル化した．

$$\dot{v}_i = k_{v-i} v_i + k_{d-i} d_i + k_{r-i} v_{i+1} \tag{44}$$

$$\dot{d}_i = v_{i+1} - v_i \tag{45}$$

ただし，

$$k_{d-i} = 2\,\xi_{d-i}\omega_{d-i}$$

$$k_{r-i} = \omega_{d-i}^2$$

$$k_{v-i} = -k_{d-i}T_{h-i} - k_{r-i}$$

であり，$\omega_{d-i}$ と $\xi_{d-i}$ は典型的なドライバの特性に合うように車間距離や相対速度に応じて値を実時間で変えている．また，$T_{h-i}$ は第 $i$ 番目のドライバの車間時間である．本検討では $T_{h-i}$ が実際の車間時間に徐々に近づくように実時間で修正している．先頭車両の動特性は，次式のようにドライバが要求する目標速度 $v_L$ に対し，時定数 $1/\omega_L$ の 1 次遅れで追従すると仮定する．

$$\dot{v}_{n-1} = \omega_L (v_L - v_{n-1}) \tag{46}$$

ここで，第 $i$ 番目 ($i=1,\cdots,n-1$) の車両と自車との関係を車群安定とするような規範モデル $G_{mv0i}$ を導入する．次式に規範モデルと規範応答 $v_{mv0i}$ との関係を示す．

$$v_{mv0i} = G_{mv0i}(s)\, v_i \tag{47}$$

ただし，

$$G_{mv0i}(s) = \frac{(2\xi_{mv0i}\omega_{mv0i} - \omega_{mv0i}^2\ T_{h0i})\, s + \omega_{mv0i}^2}{s^2 + 2\xi_{mv0i}\omega_{mv0i}s + \omega_{mv0i}^2}$$

であり，$\omega_{mv0i}$ と $\xi_{mv0i}$ はおのおのの先行車と自車との応答性が車群安定となるように選ぶ．$T_{h0i}$ は，第 $i$ 番目の先行車と自車との車間時間である．式 (42) ～

(46) と式 (47) の規範モデルを含んだ制御対象は次式のような形で表すことができる．

$$\dot{x}=f(x, u_0, t) \tag{48}$$

ただし，$x$ は次式のように構成されるベクトルである．

$$x^T=[v_0\ d_0\ v_1\ d_1\ \cdots\ v_{n-1}\ v_{mv0i}\cdots\ v_{mv0(n-1)}] \tag{49}$$

**b．評価関数と最適化**

評価関数を次式で与える．

$$J=\int_t^{t+T} L(x(\tau), u_0(\tau))\,d\tau \tag{50}$$

ただし，

$$L(x, u_0)=q_1(-d_0+T_{h01}v_0)^2 + \sum_{k=2}^{n} q_k(v_{mv0(k-1)}-v_0)^2+ru_0^2$$

であり，$t$ は現在時刻，$T$ は予測ホライズンの長さ，$q_1, \cdots, q_n$ および $r$ は重みを示すパラメータである．上式の右辺第1項は，自車直前の先行車との目標車間距離 $T_{h01}v_0$ と実車間距離との誤差を評価しており，右辺第2項は，前方 $i$ 番目の車両に対する自車応答特性を車群安定とする規範応答と自車速との誤差を評価している．右辺第3項は，加速度指令値 $u_0$ の大きさを評価する．これらの評価項目は，それぞれ順に前述の設計要件①，②，③の達成に必要な評価項となっている．また，本検討ではさまざまな走行シーンで要件を満たすため，重み $q_1, \cdots, q_n$ を走行状態に応じて実時間で修正している．

式 (48) のシステムに対し，時刻 $t$ から $t+T$ までの区間で式 (50) を最小とする制御入力の軌道 $u$ を制御周期ごとに求め，軌道 $u$ の現時刻における値を入力信号 $u_0$ として用いる．最適解は最小原理から必要条件を導き，数値演算[5] によって解を求める．

### 4.4.4　制御シミュレーション

**a．実験データを用いたシミュレーション**

テストコースにて車両3台によるドライバのマニュアル追従走行データを測定し，この実験データを車車間通信で受信する先行車情報と見立て，最後尾にACC車両が追従するシーンでのシミュレーションを行った．図4.35に想定する走行シーンを示す．

シミュレーション条件は，車速 70 km h$^{-1}$ で走行中，先頭車両が (a) 1.0 m s$^{-2}$，(b) 2.0 m s$^{-2}$ で減速するシーンとした．また，制御周期は 100 ms とし，モデル予測制御におけるホライズン $T$ は 4.0 s，先頭車両減速時の車間距離 $d_0$ の開き量の許容値は，70 km h$^{-1}$ 走行時の車間距離の 20％（約 24 m）となるように設計パラメータを調整した．

図4.36に結果を示す．中間車両の応答性はさまざまであり，車間時間や車速オーバシュート量も実験ごとに異なっている．中間車両はオーバシュートにより約 45 km h$^{-1}$ まで速度が低下しているが，このような条件においても ACC 車両は速度オーバシュートによる速度低下が生じていない．また，ACC 車両の目標車間距離は 50 km h$^{-1}$ において約 14 m であり，定常的には目標値に一致していることがわかる．車間距離の増加も許容値内に抑えられており，違和感はないレベルであると考えられる．減速度に関しては，4台中最も低く抑えられており，直前車両の減速度の約半分となっている．

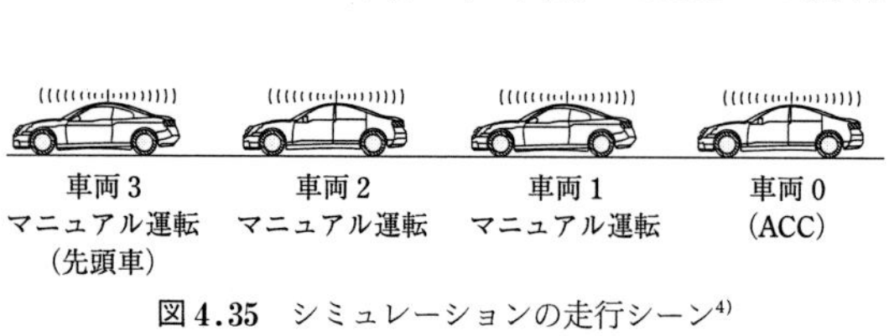


図4.35　シミュレーションの走行シーン[4]

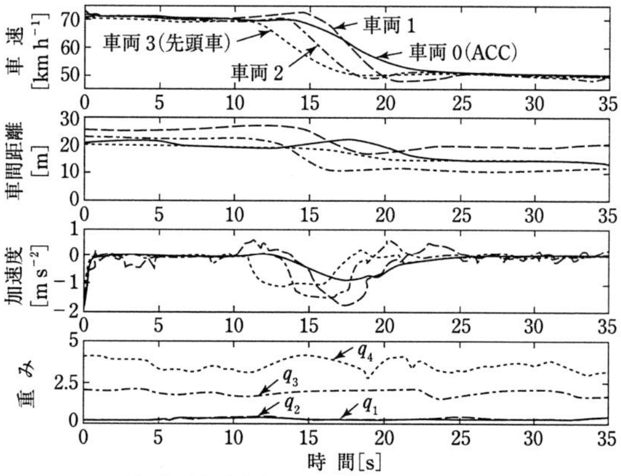


(a) 先頭車減速度 1.0 m s$^{-2}$ のシミュレーション結果

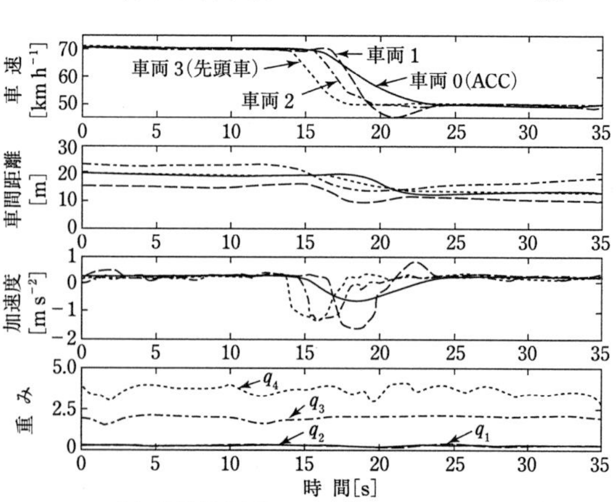


(b) 先頭車減速度 2.0 m s$^{-2}$ のシミュレーション結果

図4.36　実験データを用いたシミュレーション[6]

**b. 中間ドライバの挙動が想定した伝播特性と異なる場合**

本検討におけるドライバ追従モデルは直前の車両への追従を記述したものとなっている．しかし，実際の交通流では，ある車両が必ずしも直前の車両に追従しない場合がある．このように車両挙動が想定した応答特性と大幅に異なる場合，実時間での予測モデルや重みの修正が有効と考えられる．そこで，先行車に追従しない車両を検出し，その車両よりも前方の車両に対する規範応答重みを小さくし，ACC 車両直前の先行車に対する規範応答重みと車間距離誤差に対する重みを大きくするような修正アルゴリズムを組み込んでシミュレーションを行った．走行シーンは，図 4.35 において 4 台の車両が一定速走行中に，車両 3 は一定速を継続し，車両 2 が 1.0 m $s^{-2}$ で減速する場面を想定した．

結果を図 4.37 に示す．この走行条件では先頭車に対する重み $q_4$ が大きいままでは ACC 車両は規範応答 $v_{mv03}$ に速度を合わせようとするため，車両 2 の減速によって車間距離 $d_0$ が縮まる傾向となる．本手法では，車両 2 が先行車に追従しないことを検出し，車両 2 より前方の先頭車両に対する規範応答重み $q_4$ を小さくし，規範応答重み $q_2$ と $q_1$ を大きくするため，車間距離目標値との誤差は小さく抑えられており，車両 2 の車速に対する ACC 車両の車速オーバシュートもわずかに抑えられている．この結果から，重みを実時間で修正するアルゴリズムをモデル予測制御に組み込むことにより，より広範囲な走行シーンで要件を満たすことのできるシステムが可能と考えられる．

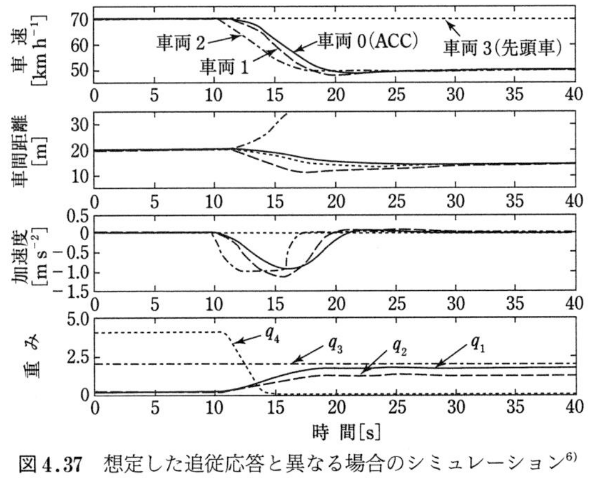


図 4.37 想定した追従応答と異なる場合のシミュレーション[6)]

**おわりに**

車群安定性の大幅な向上と，違和感のない車間距離応答をより小さな減速度で達成する車車間通信利用型 ACC の制御系について述べてきた．本検討では，以上を達成するための制御系の一例として，モデル予測手法を用いた制御系を構築した．車両 3 台のマニュアル追従運転時の実験データを用いてシミュレーションを行い，車群安定性，車間距離応答の違和感の少なさ，および減速度の低減といった要求性能をより高いレベルで満たすことを示した．また，中間車両の挙動があらかじめ想定した伝播特性と異なる場合でも，評価関数の重みを実時間で修正することで，より広範囲な走行シーンで要件を満たすことが可能となることを示した．

以上の結果から，本制御が車車間通信を用いた ACC に要求される性能を高いレベルで実現できるポテンシャルがあることを検証した．　［山村吉典］

**参考文献**


1) T. Iijima, *et al*. (2000)：Development of Adaptive Cruise Control with Brake Actuation, SAE Technical Paper No. 2000-01-1353.
2) S. E. Shladover (1995)：Review of the State of Development Advanced Vehicle Control Systems (AVCS), *Vehicle System Dynamics*, **24**：551-595.
3) C. Liang, H. Peng (2000)：String Stability Analysis of Adaptive Cruise Controlled Vehicles, *JSME International Journal Series C*, **43**(3)：671-677.
4) 山村吉典，瀬戸陽治，永井正夫 (2007)：車車間通信を利用した車群安定 ACC の研究（第 2 報，モデル予測制御を用いた ACC 設計法），日本機械学会論文集 C 編，**73**(731)：1917-1921.
5) Y. Sakawa, Y. Shindo (1980)：On Global Convergence of an Algorithm for Optimal Control, *IEEE Trans Automatic Control*, **AC-25**(6)：1149-1153.
6) 山村吉典，瀬戸陽治，永井正夫 (2007)：車車間通信を用いた車群安定 ACC の一設計法，第 50 回自動車制御連合講演会予稿集，No. 07-255.


## 4.5 ハイブリッドトラックにおけるモデリングと制御

### 4.5.1 ハイブリッドトラックの概要

低公害，低燃費な車両が求められている近年では，次世代燃料車や EV（electric vehicle）の開発が盛んに行われている．その中でもエンジンと電気モータを組み合わせたハイブリッド車は昨今急速に普及した低公害車の一つである．ハイブリッド車は外部からの充電が不要で，既存のインフラを利用できることから，長い航続距離が求められる商用車に適している．本節では，パラレル型ハイブリッドトラックの燃費，排出ガスを低減する制御について述べる．

**a. システム構成**

対象とする最大積載重量 2 t クラスの小型ハイブ

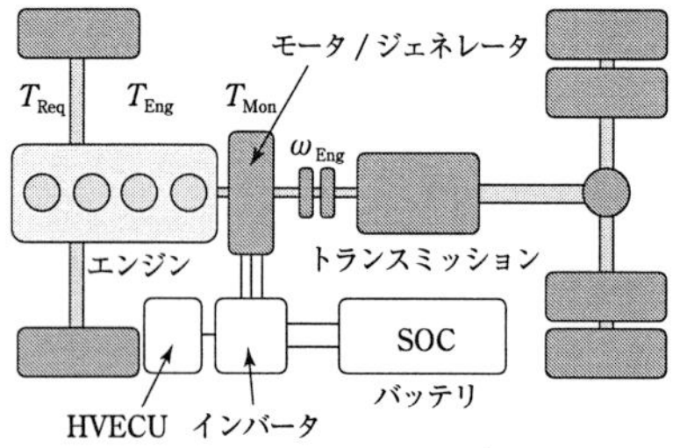

図4.38　パラレル型ハイブリッドトラックの車両構成

リッドトラックにおけるシステム構成を図4.38に示す．対象車両はディーゼルエンジン，発電機の機能を兼ねた駆動用モータ，インバータ，ニッケル水素バッテリにより構成されるパラレル型ハイブリッド車である．パラレル型ハイブリッドシステムはシンプルで堅牢，軽量なシステム構成のため，耐久性や積載性および車両コストが重視される商用車では近年主流の方式となっている．

**b．パラレル型ハイブリッドシステムの制御[1,2)]**

パラレル型ハイブリッド車における基本動作は図4.39に示すとおりである．車両が走行中に減速する場合，通常はサービスブレーキなどにより車両運動エネルギーが熱として大気放出される．ハイブリッド車ではモータを発電機として使用することで回生電力として運動エネルギーを電気エネルギーに変換し，バッテリに蓄える．発進時にはアクセルペダル開度とエンジン回転数によって定まるドライバの要求トルクに対して，車速やバッテリの残存容量（SOC）などを考慮して，蓄えた電気エネルギーによりモータを駆動し，アシストトルクによってエンジンの負荷を低減する．車両運動エネルギーのリサイクルということができる．また，エンジンの燃料消費率や排出ガス特性に応じてモータによるトルクアシストを適切に実施すれば，車両としての動力性能を落とすことなく，エンジンの熱効率が高い領域や，排出ガス中の窒素酸化物および粒子状物質が少ない領域を選択的に運転させることも可能となり，燃料消費量や排出ガス低減に大きく寄与する．しかし，アシスト制御のパラメータを開発段階で決定するためには，実車によるパラメータチューニングやシミュレーションを綿密に実施する必要があり，これには多大な労力と熟練が必要である．

## 4.5.2　アシスト制御の最適化

パラレルハイブリッド車におけるアシスト制御は車両の燃費および排出ガスにかかわる性能を左右する．したがって，より効果的で実用的な制御則の導出が望まれる．

**a．最適化手法の検討**

ドライバの要求トルクを制限することなく，動力性能を保証したうえで燃料消費量，排出ガスを低減させるには，どのようなアシスト制御を実施すればよいかという問題は，最適化問題である．これは制御対象をシンプルにモデリングできれば，各種最適制御理論に基づき，解析的に解を求めることが可能である．しかし，今回対象とするようなエンジンやバッテリなど，非線形性が強く，制約条件が多岐にわたるシステムに対しては解析的な解法は困難であり，何らかの数値的な解法が必要である．近年実施されているハイブリッド車のアシスト制御や燃料消費量低減に関する研究では，最適化問題の数値解法として動的計画法（ダイナミック・プログラミング）が用いられているケースが多い[3~6)]．

**b．動的計画法によるトルク配分最適化**

動的計画法は，制約条件を満たしつつ目的関数を最大化（もしくは最小化）させるための解を算出する数値解法である[7)]．ハイブリッドシステムの有するバッテリの電気的容量は有限である．したがって，車両がある有限時間を走行する場合にアシストトルクを出力するのに使用できる電力量も限られている．動的計画法では図4.40に示すように，有限の電力量をドライバの要求出力に対して，どのように配分すれば燃料消費量や排出ガスを最小化することができるか，という資源配分問題を数値的に解くことができる．以下に解

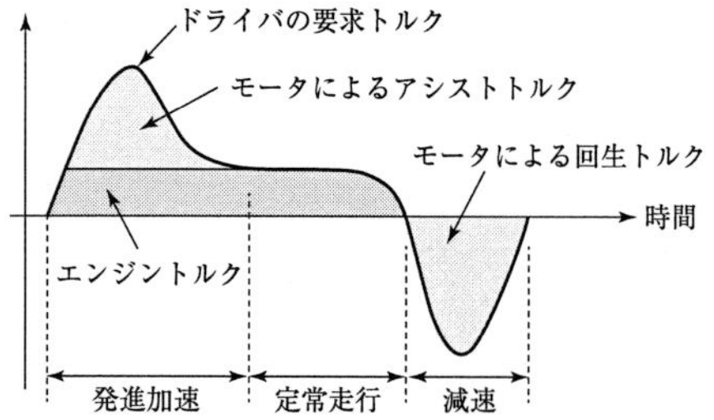

図4.39　パラレル型ハイブリッド車の基本動作

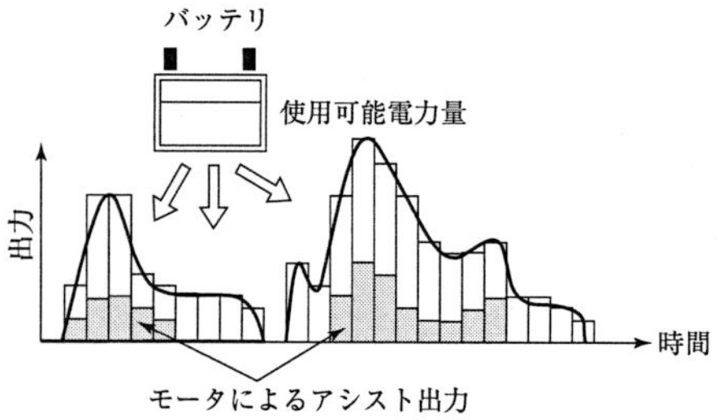

図4.40　資源配分問題

法を示す．なお，ドライバが要求するトルク $T_{\mathrm{Req}}$ およびエンジン，モータのトルク $T_{\mathrm{Eng}}$，$T_{\mathrm{Mot}}$ は常に式 (51) の関係を満たすものとする．つまり，最適化によって車両の動力性能が制限されることはない．

$$T_{\mathrm{Eng}}+T_{\mathrm{Mot}}=T_{\mathrm{Req}} \tag{51}$$

ある有限時間の走行データについて任意の時間幅で離散化を行う．本稿では 1 s 間隔で離散化を行った．離散化の間隔は要求される精度によって任意に設定できる．離散化によって $N$ ステップに及ぶドライバの要求出力の時系列データとなるが，この各ステップに規定した電気量を配分する．式 (52) および (53) に最適化における目的関数を示す．

$$f_N(k_N)=\min_{x_1+x_2+\cdots+x_N=k_N}[g_1(x_1,\omega_{\mathrm{Eng}\ 1})+g_2(x_2,\omega_{\mathrm{Eng}\ 2})+\cdots+g_N(x_N,\omega_{\mathrm{Eng}\ N})] \tag{52}$$

$$k_N=x_1+x_2+\cdots+x_N \tag{53}$$

ここで，$f_N(k_N)$ は $N$ ステップまでに電力量 $k_N$ を投入した際の目的関数の値，$x_N$ は $N$ ステップごとに投入した電力量，$g_N(x_N,\omega_{\mathrm{Eng}\ N})$ は $N$ ステップごとに演算される評価関数の値である．また，$\omega_{\mathrm{Eng}\ N}$ は $N$ ステップにおけるエンジン回転数である．$g_N(x_N,\omega_{\mathrm{Eng}\ N})$ は式 (54) のように表せる．

$$g_N(x_N,\omega_{\mathrm{Eng}\ N})=\alpha \mathrm{Fuel}_N(x_N,\omega_{\mathrm{Eng}\ N})+\beta \mathrm{NO}x_N(x_N,\omega_{\mathrm{Eng}\ N})+\gamma \mathrm{PM}_N(x_N,\omega_{\mathrm{Eng}\ N}) \tag{54}$$

$\mathrm{Fuel}_N(x_N,\omega_{\mathrm{Eng}\ N})$，$\mathrm{NO}x_N(x_N,\omega_{\mathrm{Eng}\ N})$ および $\mathrm{PM}_N(x_N,\omega_{\mathrm{Eng}\ N})$ はそれぞれ $N$ ステップごとに電力を $x_N$ 投入した場合の燃料消費量，排出ガス中の窒素酸化物量，排出ガス中の粒子状物質量である．これらの値はすべて，あらかじめ実車やエンジンのベンチ試験などによって測定したことで得られる特性値である．$\alpha$，$\beta$，$\gamma$ は最適化を行う際の重み係数である．重み係数は最適化において，より重視したい（最小化したい）要素を大きな値とする．たとえば，排出ガスを考慮せず，燃料消費量のみを最小化したい場合は $\beta$，$\gamma$ 項を 0 とすればよい．この問題を数値的に解くために，最適性原理に基づき再帰方程式で表現すると式 (55)〜(57) のように表すことができる．

$$f_n(k_n)=\min_{k_{n-1}}[f_{n-1}(k_{n-1})+g_n(k_n-k_{n-1}\omega_{\mathrm{Eng}\ N})] \quad (n=2,3,\cdots,N) \tag{55}$$

$$k_n=x_1+x_2+\cdots+x_n=\sum_{k=1}^{n}x_k \tag{56}$$

$$f_1(k_1)=\min_{k_1}[g_1(k_1,\omega_{\mathrm{Eng}\ 1})] \tag{57}$$

ただし，モータの最大トルク $T_{\mathrm{Mot\ max}}$ および最大出力 $W_{\mathrm{Mot\ max}}$ や，バッテリの許容放電量 $W_{\mathrm{Bat\ max}}$，エンジンが最低限出力しなくてはならないトルク $T_{\mathrm{Eng\ max}}$（システム構成上モータのみによる駆動が不可能であるため）などの制約条件を式 (58)〜(61) に示す．

$$0\leq x_n\leq W_{\mathrm{Mot\ max}} \tag{58}$$

$$0\leq x_n\leq W_{\mathrm{Bat\ max}} \tag{59}$$

$$0\leq x_n\leq(T_{\mathrm{Mot\ max}}\times\omega_{\mathrm{Eng}\ n}) \tag{60}$$

$$0\leq x_n\leq\{W_{\mathrm{Req}\ n}-(T_{\mathrm{Eng\ min}}\times\omega_{\mathrm{Eng}\ n})\} \tag{61}$$

$W_{\mathrm{Req}\ n}$ はドライバの要求出力である．制約条件を満足しながら，前述の再帰方程式 (55)〜(57) を解くことで，ある有限時間のトルク配分は最適化される．なお，最適化演算は出力ベースで実施しているため，最適化したモータ出力を $N$ ステップごとにエンジン回転数で除算すれば最適なモータトルクとなる．参考として，ある走行データについて $\beta$，$\gamma$ 項を 0 として最適化を行った場合と従来制御の燃料消費量およびバッテリ充放電量の比較を図 4.41 に示す．図中 $t_{\mathrm{end}}$ は最適化を実施したデータの終端である．両条件ともに走行開始時と終了時のバッテリ充放電量収支が 0，つまり充放電量が等しいにもかかわらず，最適化を行ったことにより燃料消費量が約 4% 低減されている．また，図 4.42 に示すように最適化によりエンジンの動作点が効率のよい領域に移行している．

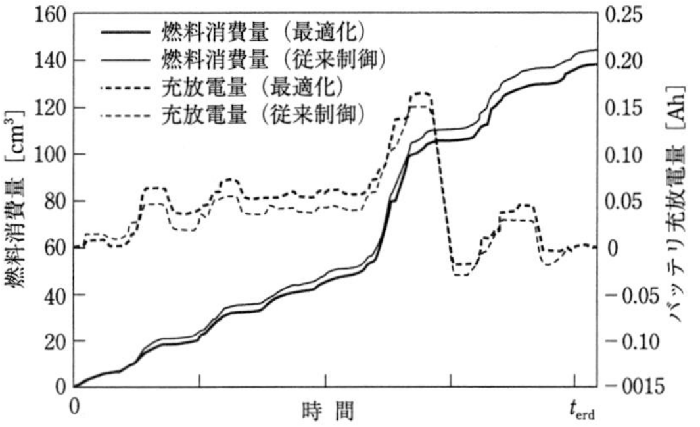


**図 4.41**　アシストトルク最適化による燃料消費量低減

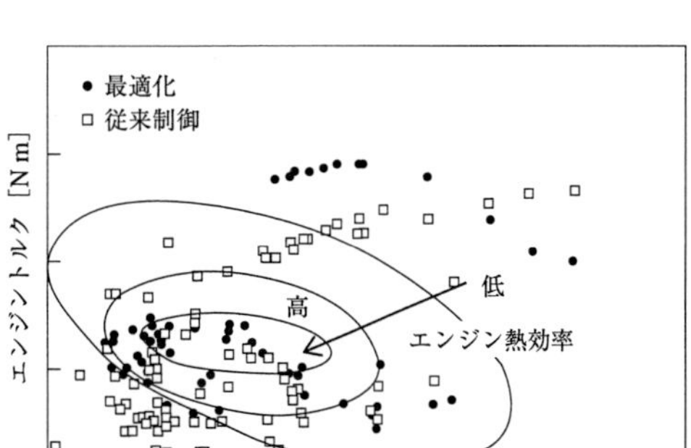


**図 4.42**　最適化によるエンジン使用領域の高効率化

最適アシストトルク時系列

| 時間 [s] | $\omega_{\mathrm{Tng}}$ [rpm] | $T_{\mathrm{Req}}$ [N m] | $T_{\mathrm{Mot}}$ [N m] |
|---|---|---|---|
| 0 | 603 | 0 | 0 |
| 1 | 850 | 44 | 0 |
| 2 | 750 | 92 | 39 |
| 3 | 822 | 137 | 0 |
| 4 | 829 | 174 | 0 |
| 5 | 1,140 | 240 | 67 |
| : | : | : | : |
| : | : | : | : |
| $t_{\mathrm{end}}$ | 600 | 0 | 0 |

ある走行データにおけるドライバの要求トルクとエンジン回転数に対するアシストトルク最適化データ

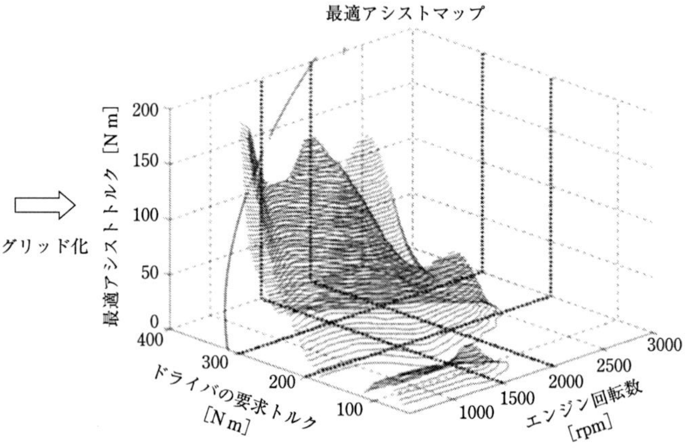

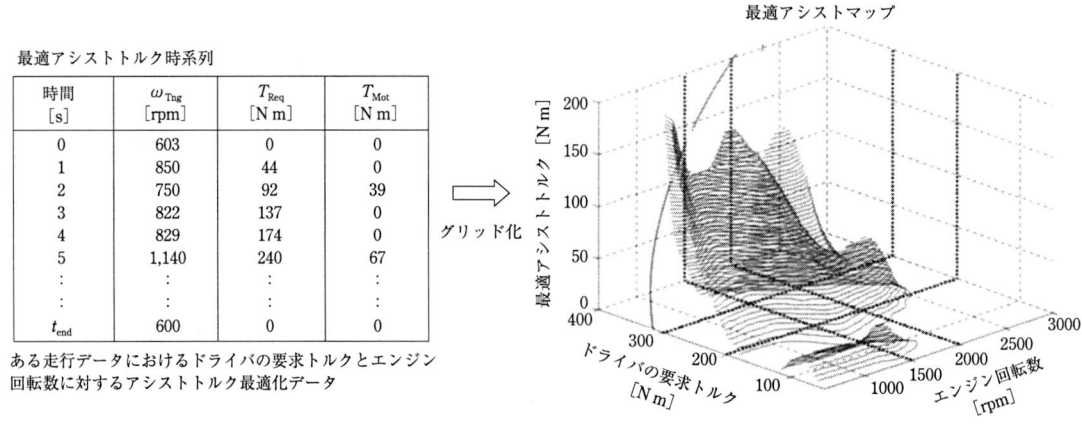

図4.43　アシストトルク最適化データのマップ化

**c．最適化したトルク配分のマップ化**

前項b.において実施した最適化演算により得られる結果は，ある走行データ，具体的にはエンジン回転数とドライバの要求トルクに対する最適アシストトルクの時系列である．しかし，時系列データのままでは，走行経路が既知の場合以外は実際の制御に反映することができない．そこで図4.43に示すように，時系列データをエンジン回転数とドライバの要求トルクに対する最適アシストトルクという2次元構造のマップに変換することで，パラメータとして制御に反映できる．

## 4.5.3　車載ECUへの実装

前項4.5.2ではある走行データに対してアシスト制御を最適化する方法を記したが，実際の車両はユーザによってさまざまな走行および車両環境下で使用される．したがって，モータによるアシストを最適に保つには，図4.44に示すように，車両の積載条件やバッテリのSOC，または渋滞路や高速道路といった道路条件によっても制御を切り換えることが望ましい．

**a．走行状態判定によるアシスト制御切り換え**

車両が走行している状態に合わせてエンジンとモータ

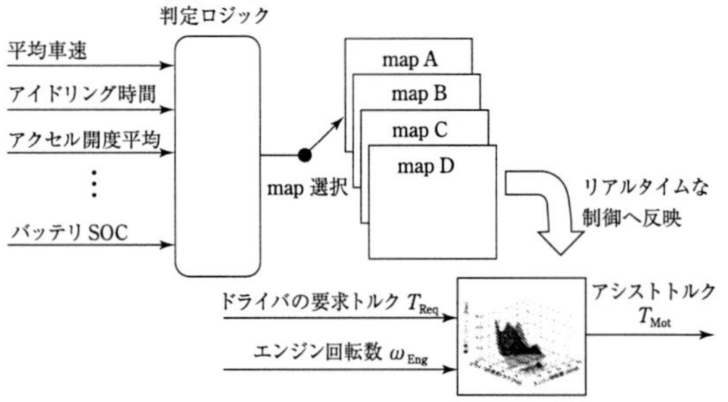


図4.44　最適化アシストマップの選択

のトルク配分に使用するマップや制御則を切り換える制御については近年数多く研究がなされている[8~11]．走行状態の判定には，最適化を実施した際に使用した走行データの各種状態，たとえば平均車速やアクセル踏み込み量，バッテリのSOCなどを用いてニューラルネットワークに学習させたり，現在の走行状態とのユークリッド距離を演算して比較したりするなどの各種手法が試みられている．また，GPSを用いた道路情報の先読みを制御に利用する研究も実施されている[12]．最適化に使用した走行状態とリアルタイムな走行状態が近似している場合は，最適化した制御則，たとえばアシストマップなどを採用する．制御則の切り換えは，車載ECU内に保持している複数のアシストマップを選択する方法や，ファジー制御などによりモータによるアシスト量を決定する手法など多岐にわたる．車載ECUやソフトウェアの制約，さらには要求される制御性能により，それらの手法を選択すればよい．

**b．ニューラルネットワークによるマップ生成**

前項a.で示した事例を発展させ，より多くの走行状態のもとでアシスト制御の最適性を向上させるために，筆者らはニューラルネットワークを用いたアシストマップの生成を試みた[13]．この手法ではあらかじめ多くの走行状態およびSOCと，その状態に対して生成した最適なアシストマップの関連性をニューラルネットワークに学習させておく．モデル構造は図4.45に示すように，エンジン回転数とドライバの要求トルクのそれぞれ平均・分散値，およびバッテリSOCを入力とし，その走行条件に対して最適な制御マップを出力とする3層パーセプトロン構造である．モデルに入出力の関連性を学習させた状態で車載ECUへ実装する．走行中はリアルタイムに前述した平均・分散値を演算し，そのときのSOCとともにニューラルネット

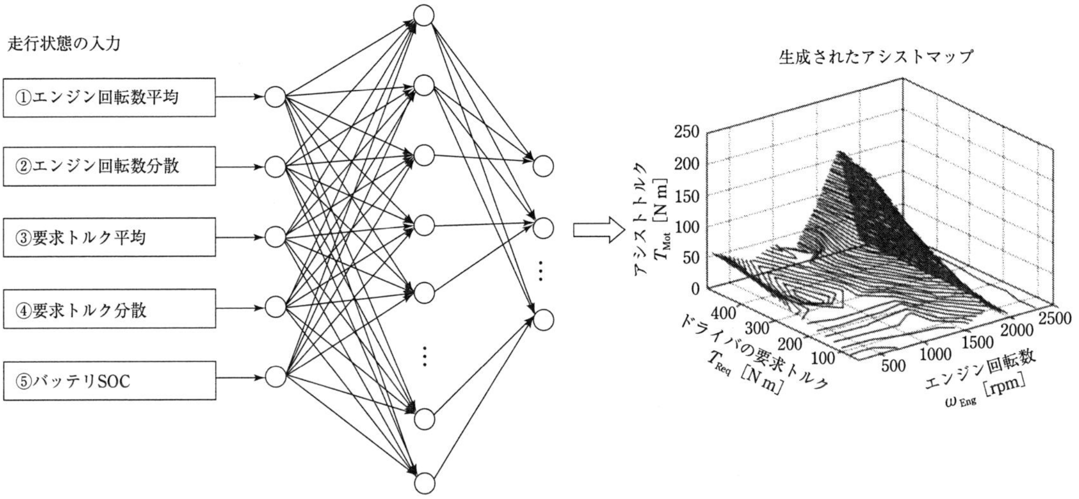


図 4.45 ニューラルネットワークによるマップ生成

表 4.1 適応型制御による燃費改善効果

| 実路パターン | 運転特性 | ディーゼル車燃料消費量[cm³] | HV 従来制御 | | HV 適応型制御 | | |
|---|---|---|---|---|---|---|---|
| | | | 燃料消費量[cm³] | 燃料改善率* ディーゼル車対比[%] | 燃料消費量[cm³] | 燃料改善率* ディーゼル車対比[%] | 燃料改善率 従来 HV 制御対比[%] |
| 複 合 | エ コ | 6 022 | 5 471 | 10.1 | 5 359 | 12.4 | 2.3 |
| | ノーマル | 6 570 | 5 989 | 9.7 | 5 840 | 12.5 | 2.8 |
| 峠下り | エ コ | 4 262 | 3 746 | 13.8 | 3 669 | 16.2 | 2.4 |
| | ノーマル | 4 398 | 3 855 | 14.1 | 3 751 | 17.3 | 3.2 |
| 都市内 | エ コ | 5 181 | 4 582 | 13.1 | 4 470 | 15.9 | 2.8 |
| | ノーマル | 5 587 | 4 931 | 13.3 | 4 800 | 16.4 | 3.1 |

＊アイドリングストップによる燃費改善分を除く.

ワークモデルに入力すれば，その走行状態にとって準最適となるアシストマップが生成される．ニューラルネットワークは，一般化能力とよばれる学習に用いられていない未知の入力に対しても，補間によって出力を演算できる性質を有しているため，さまざまな走行状態に対応可能である．表 4.1 にニューラルネットワークを用いた制御（適応型制御とする）と従来制御によって，複数の実路パターンを走行した場合を想定したシミュレーションによる燃費改善効果の比較を示す．なお，制御の効果を明確にするため，アイドリングストップによる燃費改善効果分は改善率から除外した．表中の運転特性は，急加減速を避けるなど，省燃費運転を心がけた運転をエコ，通常運転をノーマルとして示す．運転特性によらずすべてのパターンにおいて，適応型制御は従来制御と比較して燃費改善率が向上しており，走行環境ごとにアシストマップを生成してモータトルクを制御する効果が示されている．

［鈴木真弘］

## 参 考 文 献

1) 浅見充興，ほか (1993)：中型 HIMR 集配車の紹介，日野技報，**46**:38-43.
2) 松原拓人，ほか (2006)：新小型ハイブリッドトラックの開発，自動車技術会学術講演会論文前刷集，**131**(06):1-4.
3) L. Chan-Chiao, *et al*. (2004)：Driving Pattern Recognition for Control of Hybrid Electric Trucks, *Vehicle System Dynamics*, **42**:41-58.
4) W. Bin, *et al*. (2004)：Optimal Power Management for a Hydraulic Hybrid Delivery Truck, *Vehicle System Dynamics*, **42**:23-40.
5) D. Jin, *et al*. (2006)：Investigations on Both the Optimal Control of a PHEV Power Assignment and Its Cost Function of the Dynamic Programming, *JSAE Technical paper*, **37**(1):105-111.
6) E. Hellstöm, *et al*. (2007)：Look-Ahead Control for Heavy Trucks to Minimize Trip Time and Fuel Consumption, *Proceedings of Fifth IFAC Symposium on Advances in Automotive Control Advances in Automotive Control*, Vol. 5, Part 1.
7) 金谷健一 (2005)：これなら分かる最適化数学，p. 215-234，共立出版.
8) S. Jeon, *et al*. (2002)：Multi-Mode Control of a Parallel Hybrid Electric Vehicle Using Driving Pattern Recognition, *Journal of Dynamic System, Measurement, and Control*, **124**:141-149.

9) W. Jong-Seob, *et al*. (2005)：Intelligent Energy Management Agent for a Parallel Hybrid Vehicle-Part 2：Torque Distribution Charge Sustenance Strategies and Performance Results, *IEEE Transactions of vehicular technology*, **54**(3)：935-953.
10) K. Akamine, *et al*. (2003)：Gain-Scheduled Control for the Efficient Operating of a Power Train in a Parallel Hybrid Electric Vehicle According to Driving Environment, *Journal of the Japan Society of Mechanical Engineers*, **C-69**(682)：184-191.
11) L. Reza, *et al*. (2005)：Intelligent Energy Management Agent for a Parallel Hybrid Vehicle-Part 1：System Architecture and Design of the Driving Situation Identification Process, *IEEE Transactions of vehicular technology*, **54**(3)：925-934.
12) Arun, R. *et al*. (2002)：Intelligent Control of Hybrid Electric Vehicles Using GPS Information, *SAE Technical paper series*, 2002-01-1936.
13) 鈴木真弘，ほか (2010)：走行状態適応型アシスト制御による商用HVの燃費向上，自動車技術会論文集，**41**(5)：1139-1144.

## 4.6　燃料電池自動車におけるスライディングモード制御の適用事例

### はじめに

近年，オイルピークがとりあげられるとともに，二酸化炭素をはじめとする温室効果ガスによる地球規模での温暖化が進んでいるといわれており[1]，燃料電池自動車，電気自動車などの二酸化炭素を排出しない環境対応車の普及が期待されている．

燃料電池自動車では，ドライバの要求に応じて供給する空気圧力・空気流量・水素圧力を高速・高精度で目標値に追従させる必要があるとともに，燃料電池の耐久性能の低下を防ぐために空気圧力と水素圧力の差圧を所定範囲内に抑える必要がある．

また，燃料電池自動車は高圧水素タンクから水素を供給するため，水素の加圧は空気の加圧に比べ極短時間で行える．一方，空気は，外気より取り込みコンプレッサで圧縮し供給するため，水素と比べると加圧に時間がかかる．さらに減圧時には，水素は発電による消費が支配的になり，発電の状況に依存して水素圧力の応答性が変わる．一方，空気は燃料電池下流に設けた調圧弁から排出できるため短時間で行える．このように，圧力応答性が発電の状況と加圧か減圧かの状況によって異なる中で，水素と空気の圧力差を所定範囲内に維持する制御系設計法について検討し，有効性を実験で検証する．

燃料電池システムはさまざまな提案がなされているが，本節の空気圧力・流量制御系設計手法は，空気系システムに空気調圧弁，コンプレッサ，流量計および圧力計を有するシステムに適用可能である．また，水素系システムに水素調圧弁，圧力計を有するシステムであれば空気と水素の差圧制御系を構成することができる．

### 4.6.1　燃料電池システムの構成

燃料電池システムの構成概要を図4.46に示す．燃料電池は0Aから約300Aまで発電が可能な固体高分子型燃料電池であり，最大出力は90kWである．

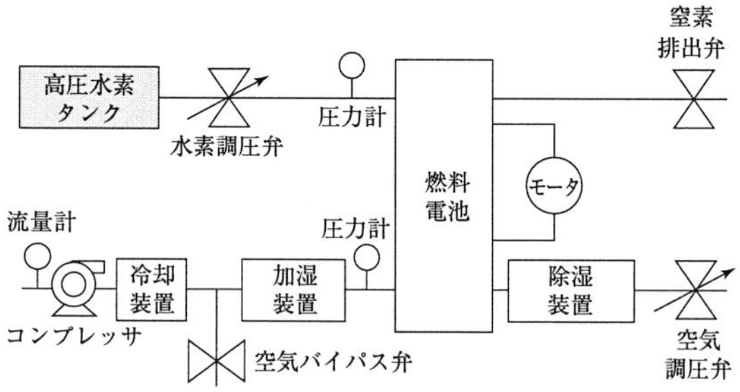

図4.46　燃料電池システムの構成

空気系システムの冷却装置はコンプレッサにより圧縮された空気を冷却する．さらに，発電により生成された水は除湿装置を通して加湿装置へと移動し，燃料電池への供給空気を加湿する．燃料電池空気極では式(62)の発電により酸素が消費され，水が生成される．また，空気系システムには空気圧力・流量制御系とは無関係に開閉する空気バイパス弁が取り付けられている．

一方，水素系システムでは高圧水素タンクと供給する水素量を制御する水素調圧弁，水素極内の窒素を排出する窒素排出弁がある．

$$\text{空気極}\quad 2\,H^{+}+\frac{1}{2}O_2+2\,e^{-}\rightarrow H_2O \tag{62}$$

$$\text{水素極}\quad H_2\rightarrow 2\,H^{+}+2\,e^{-} \tag{63}$$

次に，制御システムの構成概要を図4.47に示す．$z^{-n}$，$z^{-m}$ は通信遅れ，コンプレッサ制御系はモータおよびインバータを示す．$T_c$ は流量の次元をもつ信号を回転数の次元へと変換し，$T_v$ は配管断面積の信号を角度へと変換するテーブルである．本節では $T_c$，$T_v$，$z^{-n}$，

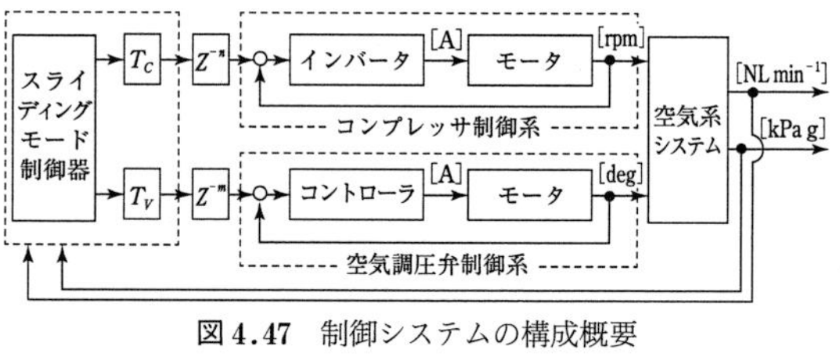

図4.47　制御システムの構成概要

$z^{-m}$，コンプレッサ制御系，空気系システムを制御対象として扱う．また，空気圧力・流量制御系の操作量は $T_c$, $T_v$ へ入力される信号である．一方，水素系システムの窒素排出弁は水素圧力制御系の操作量とは無関係に動作するため，水素調圧弁への信号が操作量となる．また，本報告では発電量は水素・空気圧力制御のための操作量として用いないものとする．

### 4.6.2 空気圧力・流量制御系設計

#### a．空気系システムの線形モデルの導出

(1) モデル構成

図 4.46 の空気系システムの構成を図 4.48 と仮定してモデリングを行った．まず，コンプレッサ出口から空気極入口までの供給側の要素を供給部と仮定した．同様に，空気極出口から空気調圧弁までの排気側の要素を排出部として表現した．また，各部の圧力損失はオリフィス径で表現し，系外部との熱の授受は各部で一定値としてモデルを構築した．

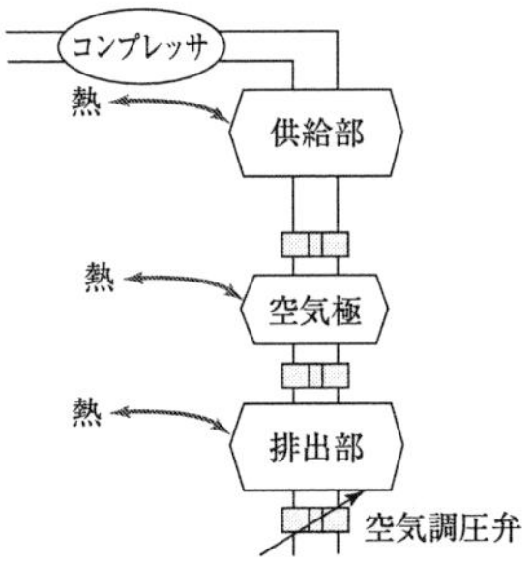


図 4.48 制御対象モデルの構成

また，線形モデルの導出にあたり図 4.47 の $T_c$，$T_v$ は定常ゲインとして扱い，$z^{-n}$，$z^{-m}$，空気調圧弁制御系の動特性は圧力の動特性に比べ十分速いため無視した．また，発電による酸素の消費量，空気バイパス弁に流れる流量は空気極に流れる流量に対して微小とみなし無視し，水蒸気の影響も燃料電池の運転温度を考慮すると飽和水蒸気量が圧力変動に与える影響は小さいため無視できる．また，排気マフラーの圧力損失は小さく，排気マフラーの圧力は大気圧と仮定した．

(2) 流量系モデル

図 4.47 のスライディングモード制御器出力から空気系システムの流量応答を示す流量系モデルはコンプレッサの動特性が支配的であり，コンプレッサの機械的性質から 2 次系とした．

(3) オリフィスまわりの気体の流れ[6)]

空気系システムモデル導出のためにまず，オリフィスの前後差圧から流れる質量流量を求める．亜音速領域・音速領域の空気の質量流量 $W$ はそれぞれ式 (64)，(65) で計算できる．式 (66) を満たした場合は式 (65) を用いる．

$$W=\frac{CA_Tp_1}{\sqrt{R_aT_1}}\left(\frac{p_2}{p_1}\right)^{\frac{1}{\gamma}}\left\{\frac{2\gamma}{\gamma-1}\left[1-\left(\frac{p_2}{p_1}\right)^{\frac{\gamma-1}{\gamma}}\right]\right\}^{\frac{1}{2}} \quad (64)$$

$$W_{\mathrm{choked}}=\frac{CA_Tp_1}{\sqrt{R_aT_1}}\,\gamma^{\frac{1}{2}}\left(\frac{2}{\gamma+1}\right)^{\frac{\gamma+1}{2(\gamma-1)}} \quad (65)$$

$$\frac{p_2}{p_1}\le\left(\frac{2}{\gamma+1}\right)^{\frac{\gamma}{\gamma-1}} \quad (66)$$

ここで，$C$ は流量係数，$A_T$ はオリフィス開口面積，$p_1$ はオリフィス上流の絶対圧力，$p_2$ はオリフィス下流の絶対圧力，$T_1$ はオリフィス上流の絶対温度，$R_a$ は気体のガス定数，$\gamma$ は比熱比である．

式 (64)，(65) は強い非線形性を有しているが，オリフィスまわりの流れでは $|p_1-p_2|$ は微小と考え，式 (67) のように線形近似を行った．また，数学モデル構築の際には流量の動特性は圧力の動特性に対して十分に速く静的な特性として扱った．

$$W\simeq g(p_1-p_2) \quad (67)$$

(4) 圧力の動特性

圧力の動特性は熱力学，流体力学の知識から $n$ をポリトロープ指数として式 (68) と表現できる[6)]．

$$\frac{dp}{dt}=\frac{nR_a}{V}(W_1T_1-W_2T_2) \quad (68)$$

(5) 空気系システムモデルの導出式

式 (67)，(68) を供給部，空気極，排出部にそれぞれ適用し，流量系モデルと合わせて表 4.2 の変数を用いて整理すると，式 (69) が導出できる．

表 4.2 制御対象モデル変数

| 記号 | 意味 |
|---|---|
| $p_{sm}$ | 供給部ゲージ圧力 |
| $p_{ca}$ | 空気極ゲージ圧力 |
| $p_{rm}$ | 排出部ゲージ圧力 |
| $V_{sm}$ | 供給部容積 |
| $V_{ca}$ | 空気極容積 |
| $V_{rm}$ | 排出部容積 |
| $g_{sm}$ | 供給部オリフィス係数 |
| $g_{ca}$ | 空気極オリフィス係数 |
| $g_{rm}$ | 排出部オリフィス係数 |
| $T_{cp}$ | コンプレッサ吐出空気温度 |
| $T_{sm}$ | 供給部空気温度 |
| $T_{ca}$ | 空気極空気温度 |
| $T_{rm}$ | 排出部空気温度 |
| $n, n', n''$ | ポリトロープ指数 |
| $\zeta$ | コンプレッサ制御系モデルの減退係数 |
| $\omega_n$ | コンプレッサ制御系モデルの固有角周波数 |
| $u_{cp}$ | 流量系モデルへの操作量 |
| $k_{rm}$ | 空気調圧弁開口面積率 |

$$\frac{d}{dt}x_0 = A_0x_0 + B_1X_pu_0,\quad y_0 = C_0x_0 \tag{69}$$

$$A_0 = \begin{bmatrix} 0 & 1 & 0 & 0 & 0 \\ a_{21} & a_{22} & 0 & 0 & 0 \\ a_{31} & 0 & a_{33} & a_{34} & 0 \\ 0 & 0 & a_{43} & a_{44} & a_{45} \\ 0 & 0 & 0 & a_{54} & a_{55} \end{bmatrix},\quad B_r = \begin{bmatrix} 0 & 0 \\ 1 & 0 \\ 0 & 0 \\ 0 & 0 \\ 0 & b_{52} \end{bmatrix} \tag{70}$$

$$a_{21} = -\omega_n^2,\quad a_{22} = -2\,\zeta\omega_n \tag{71a}$$

$$a_{31} = \frac{nR_a}{V_{sm}}T_{cp}\omega_n^2,\quad a_{33} = -\frac{nR_a}{V_{sm}}T_{sm}g_{sm} \tag{71b}$$

$$a_{34} = \frac{nR_a}{V_{sm}}T_{sm}g_{sm},\quad a_{43} = \frac{nR_a}{V_{ca}}T_{sm}g_{sm} \tag{71c}$$

$$a_{44} = -\frac{n'R_a}{V_{ca}}(T_{ca}g_{ca} + T_{rm}g_{rm}) \tag{71d}$$

$$a_{45} = \frac{n'R_a}{V_{ca}}T_{ca}g_{ca} \tag{71e}$$

$$a_{54} = \frac{n''R_a}{V_{rm}}T_{ca}g_{ca} \tag{71f}$$

$$a_{55} = -\frac{n''R_a}{V_{rm}}T_{ca}g_{ca} \tag{71g}$$

$$b_{52} = -\frac{n''R_a}{V_{rm}}T_{rm}g_{rm} \tag{71h}$$

$$x_0 = [x_1\ x_2\ p_{sm}\ p_{ca}\ p_{rm}]^T \tag{71i}$$

$$C_0 = \begin{bmatrix} \omega_n^2 & 0 & 0 & 0 & 0 \\ 0 & 0 & 0 & 1 & 0 \end{bmatrix} \tag{71j}$$

$$X_p = \begin{bmatrix} 1 & 0 \\ 0 & p_{rm} \end{bmatrix},\quad u_0 = \begin{bmatrix} u_{cp} \\ k_{rm} \end{bmatrix} \tag{71k}$$

ただし，各変数は式(70)，(71)である．また，コンプレッサ吐出側の圧力がコンプレッサ特性に与える影響はスライディングモード制御系で補償するものとして無視した．さらに，線形モデルの導出には双線形要素 $X_p$ の $p_{rm}$ を一定値として時不変な $B$ 行列と仮定した．

**b．連続時間スライディングモード制御系設計**

スライディングモード制御系設計は最終スライディングモード法とシステム零点を用いた超平面の設計法により設計した．制御則を式(72)～(74)に示す．詳しい設計方法は参考文献[11,12]を参照されたい．

$$u = -(SB)^{-1}K\,\mathrm{sat}[\phi^{-1}\sigma] - (SB)^{-1}(SAx + SEr) \tag{72}$$

$$\sigma = Sx \tag{73}$$

$$\mathrm{sat}[\phi^{-1}\sigma] = \begin{cases} \phi_1^{-1}\sigma_1 & \text{for}\,\|\sigma_1 \leq \phi_1\| \\ \mathrm{sgn}(\phi_1^{-1}\sigma_1) & \text{for}\,\|\sigma_1 > \phi_1\| \\ \phi_2^{-1}\sigma_2 & \text{for}\,\|\sigma_2 \leq \phi_2\| \\ \mathrm{sgn}(\phi_2^{-1}\sigma_2) & \text{for}\,\|\sigma_2 > \phi_2\| \end{cases} \tag{74}$$

ここで，$Sx=0$ は超平面，$K$ は切り換えゲイン行列で $K=\mathrm{diag}[k_{11}\ k_{22}]$，$\sigma$ は切り換え関数である．

また，空気調圧弁の非線形入力を演算する式(74)

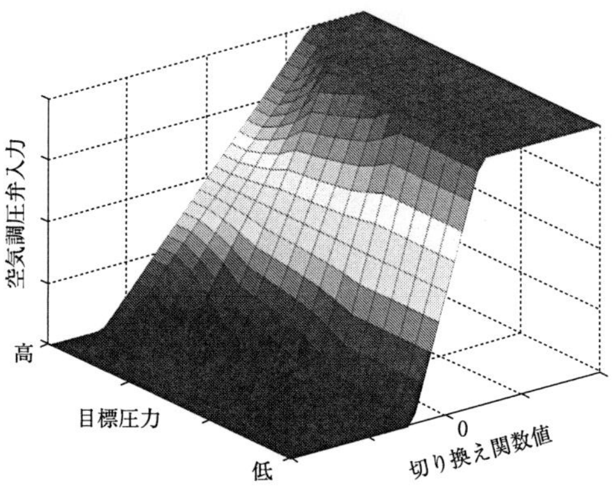


図 4.49　空気調圧弁制御系への非線形入力マップ

の飽和関数は目標空気圧力 $r_{ap}$ に応じて変化させている．具体的には，高圧力状態では境界層の幅を広くし，低圧力状態では境界層の幅を狭くしている．これを図4.49に示す．これは双線形成分である式(69)の $X_p$ を固定し，線形モデルを導出しているためである．

さらに，制御対象で計測できる状態量は，空気圧力とコンプレッサが吸入する空気流量の二つであり，計測できない状態量は，システムの双対性を用いて最適制御理論により最小次元線形オブザーバを設計した．

### 4.6.3　空気・水素差圧制御系設計

**a．空気・水素差圧制御系の基本構成**

差圧制御系の構成にあたってまず下記を仮定する．

仮定1：加圧時は水素圧力の方が高応答

仮定2：減圧時は水素圧力と空気圧力のどちらが高応答を示すかは発電量によって変わる

仮定2は発電量が多い場合は，式(63)により多くの水素が消費され，空気圧力よりも水素圧力の方が高応答になる．一方，発電量が少ない場合は，空気圧力の方が応答性が高くなる．これは，空気調圧弁を開けば空気圧力が減圧できることと，水素をシステムの系外へ安易には排出できないこと，水素を消費することを目的とした発電を行っていないため水素圧力の応答性が低くなることによる．

上記の仮定を用いた空気・水素差圧制御系の基本構成を図4.50に示す．まず，目標空気圧力 $r_{ap}$ を $r_{ap0}$ とした場合の空気圧力の応答を後述する伝達関数を用いて予測する．そして，予測した信号 $y_p$ を水素圧力の目標値として水素圧力制御系へと印加する．

一方，空気圧力・流量制御系では目標空気流量を $r_{af}$ とし，目標空気圧力 $r_{ap}$ は水素圧力 $y_{hp}$ と目標圧力 $r_{ap0}$ の大きい方とする．このような構成とすることで，加圧時には目標圧力 $r_{ap0}$ に対する空気圧力の予想値 $y_p$

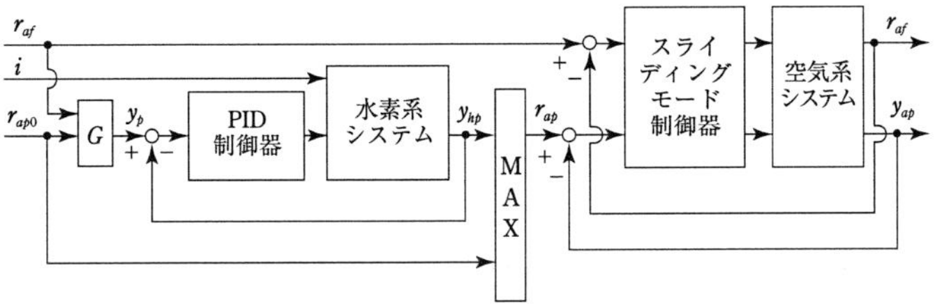


図 4.50　空気・水素差圧制御の基本構成

に水素系システムが追従するようになり，高応答の水素圧力が応答性の低い空気圧力の予想値に追従する構成となり，減圧時には状況によって応答の早い気体が応答の遅い気体に追従するような構成となり，差圧を所定範囲内に収めることができる．各状況について以下で説明する．

(1)　加圧時の差圧制御系

加圧時は高応答の水素圧力が低応答の空気圧力の予想値 $y_p$ に追従する．目標空気圧力 $r_{ap}$ を考えると，水素圧力が空気圧力の予想値 $y_p$ に追従しているため，$r_{ap0} > y_p$ が成立し，目標空気圧力 $r_{ap}$ には $r_{ap0}$ が選択される．水素は高圧水素タンクより供給されるため，加圧時の水素圧力の動特性を無視すると，水素・空気差圧は理想状態では 0 にすることができる．

(2)　減圧時に空気圧力の方が水素圧力よりも高い応答性を示す場合の差圧制御系

この場合，図 4.50 の $i$ に示す発電による水素の消費が促進されず，水素圧力は窒素排出弁とわずかな発電電流により消費される．空気圧力の予想値 $y_p$ は水素圧力の応答性に対して十分早いため，水素圧力 $y_{hp}$ は空気圧力の予想値 $y_p$ への追従に時間がかかる．そのため，$y_{hp} > r_{ap0}$ が成立し，目標空気圧力 $r_{ap}$ には $y_{hp}$ が選択される．その結果，空気圧力の予想値 $y_p$ に水素圧力が追従し，その結果得られる低応答の水素圧力 $y_{hp}$ を目標空気圧力 $r_{ap}$ として高応答の空気圧力がさらに追従する構成となる．この状況下では加圧時と異なり，理想状態であっても差圧を 0 にすることは難しく，目標空気圧力 $r_{ap}(=y_{hp})$ に対する空気圧力の応答遅れ分の差圧が生じることになるが，目標空気圧力は低応答のため水素圧力と空気圧力の差圧を実用上許容できる範囲内に収めることができる．

(3)　減圧時に水素圧力の方が空気圧力よりも高い応答性を示す場合の差圧制御系

この場合，緩やかな発電量の減少により水素圧力の減圧が促進され，水素圧力は加圧時と同様に空気圧力の予想値 $y_p$ に追従することができる．一方，減圧時であるため $r_{ap0} < y_p < y_{hp}$ が成立し，目標空気圧力 $r_{ap}$ には水素圧力 $y_{hp}$ が選択される．この状況下における差圧も前節と同様に理想状態では，目標空気圧力 $r_{ap}$ $(=y_{hp})$ に対する空気圧力の応答遅れ分の差圧が生じることになるが，高応答の水素圧力 $y_{hp}$ は低応答の空気圧力の予想値 $y_p$ へと追従しているため，各応答遅れを小さくし差圧を許容範囲内に抑えることができる．

**b．水素圧力と空気圧力の目標値が異なる場合の差圧制御系の構成**

水素圧力と空気圧力の目標値が異なる場合の差圧制御系を図 4.51 に示す．図 4.51 は図 4.50 の空気圧力・流量を除いた箇所を示している．また，MAX は入力信号のうち大きい信号を出力し，MIN は入力信号のうち小さい信号を出力するブロックである．$r_{hp0}$ は差圧を考慮する前の目標水素圧力（以下基準目標水素圧力）である．この時，空気圧力の予想値 $y_p$ から差圧を

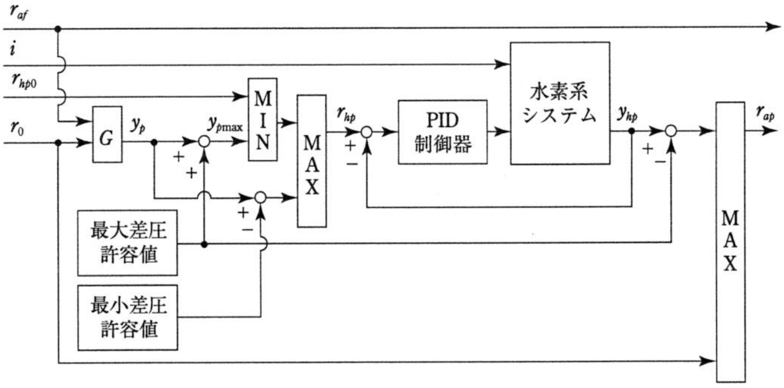


図 4.51　水素圧力と空気圧力の目標値が異なる場合の差圧制御系

許容できる値（最大・最小差圧許容値）を加算，減算した範囲内に基準目標水素圧力 $r_{hp0}$ を制約することで水素圧力と空気圧力が異なっている場合や水素圧力が周期的に変化する場合でも差圧を許容範囲内に収めることができる．

**c．予想圧力の生成法**

図 4.50 の目標空気圧力 $r_{ap}$，目標空気流量 $r_{af}$ から空気圧力 $y_{ap}$，空気流量 $r_{af}$ までの伝達関数 $G$ を用いて空気圧力の予想値 $y_{ap}$ を生成する．伝達関数の導出にあたり，空気圧力・流量の制御系では非線形制御であるスライディングモード制御系を用いているが，境界層内では目標値から操作量まで線形制御となることを用いた．また，制御対象は線形モデルの導出と同じく $p_{rm}$ を一定値と仮定した $B$ 行列を用い図 4.50 の伝達関数 $G$ を導出した．

### 4.6.4　実験結果・シミュレーション結果

設計した制御系の有効性を図 4.46 の実験装置を用いた加圧時の実験結果を図 4.52 に示す．ただし，図 4.46 のモータは電子負荷装置により代替した実験装置である．電子負荷装置は発電電流の目標値に応じて燃料電池から電流を取り出す．発電量は手動で指令し，水素圧力・空気圧力・空気流量の目標値は発電量に基づいて決めている．図 4.52 は燃料電池を搭載した自動車において，アクセルを短時間で一気に踏み込んだ状況と類似している．水素圧力の目標値 $r_{hp0}$ は周期的に高圧状態と低圧状態に変化させ，差圧制御系の構造は図 4.51 である．

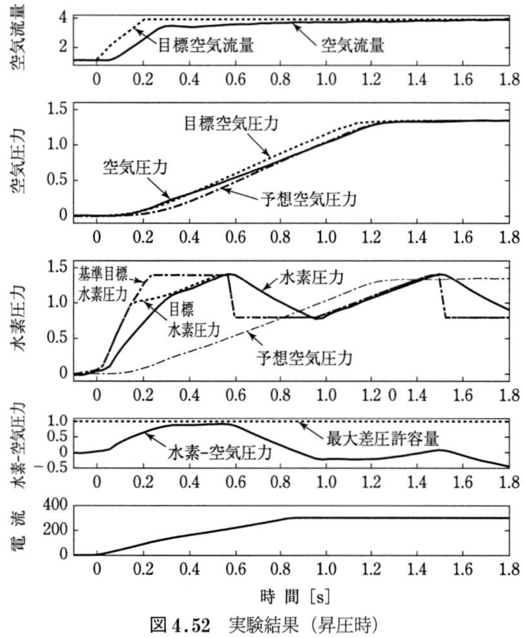


図 4.52　実験結果（昇圧時）

空気圧が流量をスライディングモード制御理論により制御するとともに，昇圧時には空気圧力の予想値 $y_p$ から許容できる差圧の範囲内である 1 に抑えるように，$y_{p\max}$ と $r_{hp0}$ の小さい方を選択し，基準目標水素圧力 $r_{hp0}$ を補正することで差圧を許容範囲内に抑えている．

## お わ り に

本節では，燃料電池自動車におけるスライディングモード制御理論の適用事例を紹介した．特に，双線形性・非線形性を有する空気系システムにおいて，圧力・流量制御のための線形モデルの導出，スライディングモード制御系設計手法について述べた．また，設計した制御系を用いて水素圧力と空気圧力の差圧を制御する構成方法について言及し，その有効性を実験により示した．　　　　［浅井祥朋］

## 参 考 文 献

1) Working Groups of the IPCC (2007)：Climate Change 2007 Synthesis Report, p. 67.
2) 浅井祥朋，高橋伸孝 (2009)：燃料電池システムの空気圧力・流量 2 変数 2 自由度スライディングモード制御，日本機械学会論文集 C 編，**75**(756)：2311-2318.
3) 浅井祥朋，高橋伸孝 (2011)：燃料電池システム空気・水素差圧制御，日本機械学会論文集 C 編，**77**(773)：124-137.
4) Y. Asai, N. Takahashi (2011)：Control of Differential Air and Hydrogen Pressures in Fuel Cell Systems, *Journal of System Design and Dynamics*, **5**(1)：109-124.
5) Y. Asai, N. Takahashi (2010)：Two-Variable and Two-Degree-of-Freedom Sliding Mode Control for Air Pressure and Flow in a Fuel Cell System, *Journal of System Design and Dynamics*, **4**(5)：683-697.
6) T. P. Jay, G. S. Anna, P. Huei (2004)：Control of Fuel Cell Power Systems, p. 21-25, Springer.
7) L. Chan-Ciao, K. Min-Joong, P. Huei, W. G. Jessy (2006)：System-Level Model and Stochastic Optimal Control for a PEM Fuel Cell Hybrid Vehicle, *Transactions of the ASME*, 128：878-890.
8) R. Johannes, B. Utz-Jens, L. Ning, R. Dave (2004)：Control of a Fuel Cell Air Supply Module (ASM), *SAE Technical Paper Series 2004-01-1009*.
9) A. D. Michael, W. Jorg, A. Harald, P. H. Eberhard (2008)：Model-based control of cathode pressure and oxygen excess ratio of a PEM fuel cell system, *Journal of Power Sources*, **176**(2)：515-522.
10) W. Fu-Cheng, Y. Yee-Pien, H. Chi-Wei, C. Hsin-Ping, C. Hsuan-Tsung (2007)：System identification and robust control of a portable proton exchange membrane full-cell system, *Journal of Power Sources*, **164**(2)：704-712.
11) 野波健蔵，西村秀和，平田光男 (1998)：MATLAB による制御系設計，東京電機大学出版局．
12) 野波健蔵，田　宏奇 (1994)：スライディングモード制御，コロナ社．
13) 前田　肇，杉江俊治 (1990)：アドバンスト制御のためのシステム制御理論，朝倉書店．

## 4.7 乗用車のスライディングモード制御[1]

### はじめに

世界トップレベルのスーパスポーツを目指し，運転する楽しさがもたらす「感動・官能」を極限まで追及し，ドライバーの意思にしっかりクルマが反応することで生まれる一体感と限界領域でのクルマのコントロール性など，非日常的な性能を高い次元で実現可能な車両を開発した[2]．本車両用に新規開発したドライブトレーンに搭載する変速制御システムには，マニュアルトランスミッションをベースに変速操作とクラッチ操作を電子制御油圧アクチュエータにより自動化した自動化マニュアルトランスミッション（automated manual transmission）を採用した．

高速，高精度な変速制御を実現するためには，本システムとして発揮可能な応答性能を最大限に引き出しつつも環境の変動に対し高いロバスト性を発揮できる制御系の構築が必要とされた．そこで，応答性能とロバスト性を高い次元で両立させるために，スライディングモード制御によるフィードバックループと適切な制御初期化処理を実施することで，先の性能を満足するコントローラを構築した．

### 4.7.1 制御対象

#### a．ドライブトレーン

制御対象であるドライブトレーンの構成を図 4.53 に示す．高いコントロール性，直進安定性を確保しつつ，コーナリング性能，トラクション性能を高めるため，車両前方にエンジンとクラッチ，後方にトランスアクスルを配置することで，前後重量配分 48：52 を狙った．トランスアクスルは，前進 6 段＋後退ギヤ，トルク感応型 LSD（limited slip differential）から構成され，変速操作のための電子制御油圧アクチュエータを備えている．

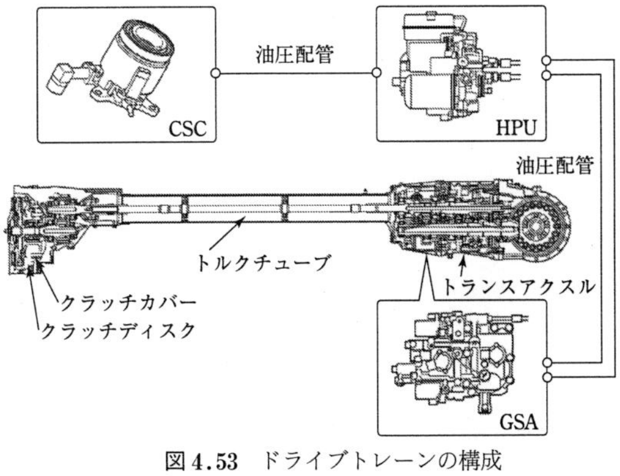


図 4.53 ドライブトレーンの構成

クラッチを操作するための油圧アクチュエータとして CSC（concentric slave cylinder）を採用した．油圧アクチュエータを電子制御し，クラッチディスクの滑り量を操作することで駆動力の伝達量を制御する．

ギヤ選択のためのアクチュエータとして GSA（gear sift actuator）を開発した．GSA はシフト方向とセレクト方向それぞれに油圧駆動ピストンと流量制御弁（図 4.54）を配置し，独立に制御可能な構造となっている．

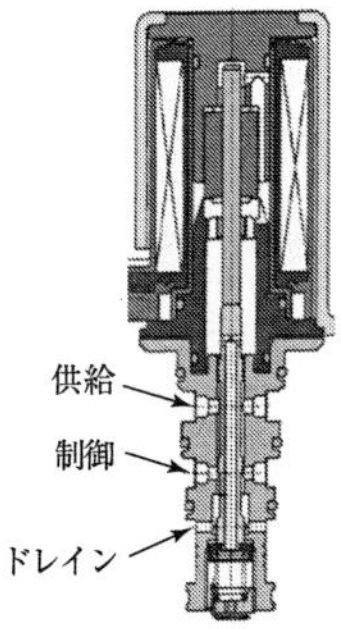


図 4.54 流量制御弁

油圧システムの油圧源として HPU（hydraulic power unit）を開発した．電動ポンプで油圧を発生させ，アキュムレータに蓄圧したものを元圧としている．また，クラッチ制御用の流量制御弁はここに配置される．

#### b．制御システム構造

本システムのソフトウェアは図 4.55 に示すような階層構造である．上位から車両システム系，動作目標値生成系，アクチュエータ制御系となる．車両システム系ではドライバ操作を受けて，システムの状態を監視しながら最適な動作指示が出力される．その動作指示を受け，動作目標値生成系でアクチュエータの具体的な目標指令値を生成する．そして，アクチュエータ

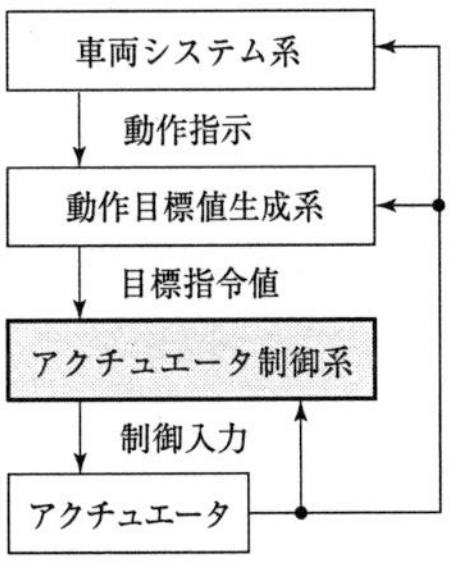


図 4.55 制御システムの構成

制御系では目標指令値に対して最適な駆動信号を生成する．アクチュエータの動特性は環境により変化するが，アクチュエータ制御系で環境に対するロバスト性が保証されれば，上位指示系統において環境変動に対する検討項目を減らすことができる．

**c．要 求 性 能**

変速制御への要求性能の一つとしてアップシフト時間 0.15 s 以内が求められた．本システムはクラッチが単板式のため，クラッチ操作と変速操作を直列に実施しなければならず，一つの変速に多くのシーケンスを必要とするため，高応答・高精度な制御系の構築も必須であることがわかる．以上より，アクチュエータ制御系には高応答・高精度な制御性能と，環境に対する高いロバスト性を両立させることが求められた．

## 4.7.2　モデリング

本システムは図 4.56 に示すように変位センサを用いたフィードバックループを形成している．また，アクチュエータの可動範囲内でモデルを取得するため，この位置フィードバック系をベースとしてデータを取得し，同定したいモデルを逆算する方法をとった．

ベースとなるモデル式は，作動油の温度変化による動特性変動が大きいこと，むだ時間変動の大きいことと目標車両性能より求められる制御帯域から，下式に示す 2 次系＋むだ時間（1 次 Pade 近似）とした．

$$P(s)=\frac{K_{qi}K_{\mathrm{gaig}}\omega_n^2}{s^2+2\,\xi\omega_n s+\omega_n^2}\ \frac{s-2/T_d}{s+2/T_d} \qquad (75)$$

ただし，$K_{qi}$ は流量-電流変換係数，$K_{\mathrm{gain}}$ は調整係数，$\omega_n$ は見かけの固有角周波数，$\xi$ は見かけの減衰係数，$T_d$ はむだ時間である．各パラメータは位置ステップ目標値，正弦波目標値を与えたときの応答から，その時刻歴応答，周波数応答がなるべく一致するように同定作業を実施した．なお，本システムは，作動油温度変化による動特性の変化が大きいため，さまざまな温度でパラメータ同定を実施している．

## 4.7.3　制御設計Ｉ（メインコントローラ）

本項では，スライディングモードコントローラを主構成としたフィードバックループの制御設計について述べる．スライディングモード制御は非線形な対象に対してもロバスト性が発揮できること，現場でのチューニング作業が他の制御理論と比較し比較的容易なことなどから選択した．図 4.57 にフィードバック系のブロック線図を示す．

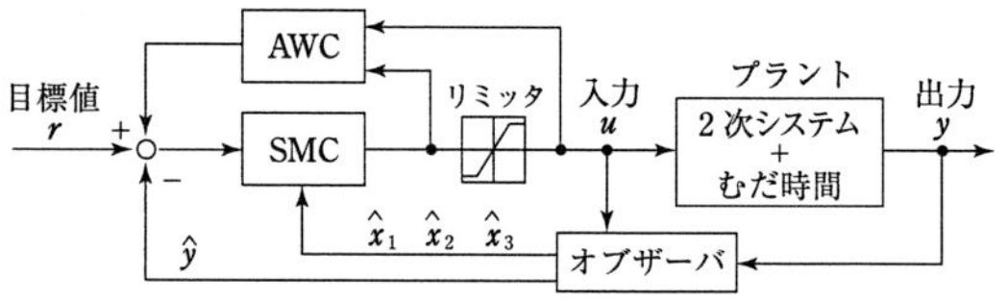


AWC：アンチワインドアップコントローラ
SMC：スライディングモードコントローラ

図 4.57　フィードバック系のブロック線図

**a．スライディングモードコントローラ（SMC）の設計**

ノミナルモデルはモデルパラメータのばらつき中央値とした．応答性と位置決め精度が重要となるためサーボ系を構築する．状態変数に目標値 $r$ と出力 $y$ の差の積分値 $z$ を付加した拡大系を用いて 1 型のサーボ系を構成する．得られた拡大系を改めて以下のように記述しておく．

$$\dot{x}=Ax+Bu+Er \qquad (76)$$

スライディングモード制御での制御入力を，2 つの独立した項から構成される次式として考える．

$$u=u_{eq}+u_{nl} \qquad (77)$$

式 (77) において $u_{eq}$ は等価制御入力，$u_{nl}$ は切り換え入力である．ここで，切り換え関数を $\sigma(x)=Sx$ と定義する．スライディングモードのとき，切り換え関数は $\sigma(x)=\dot{\sigma}=0$ より，等価制御入力 $u_{eq}$ は以下で表される．

$$u_{eq}=-(SB)^{-1}(SAx+SEr) \qquad (78)$$

超平面の設計はシステムの零点を利用する設計法を用いた．これは，最適制御のフィードバックゲイン $F_{\mathrm{reg}}$ を超平面 $S$ として選ぶ方法[3]である．スライディングモード（$\sigma\to 0$）を実現するために，リアプノフ関数の候補を $V=\sigma^2/2$ とする．このとき，制御入力が式 (79) を満たすならばスライディングモードの存在条件（$\dot{V}<0$）が成り立つ．

$$\sigma SBu<-\sigma S(SAx+SEr) \qquad (79)$$

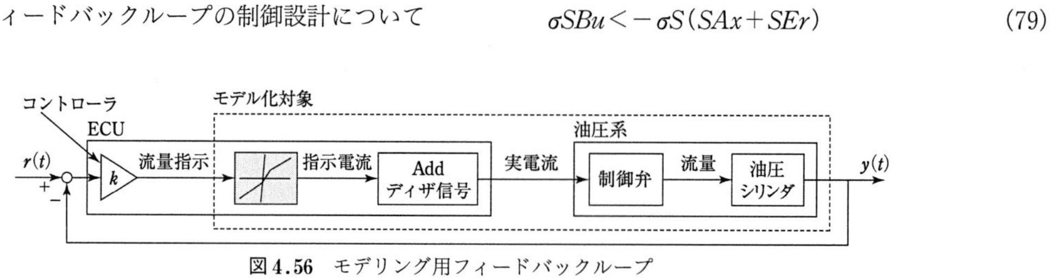


図 4.56　モデリング用フィードバックループ

以上の条件を踏まえて切り換え入力を以下のように定義する．

$$u_{nl} = -k_{smc}(SB)^{-1}\frac{\sigma}{\|\sigma\|+\delta} \quad (80)$$

なお，チャタリング防止のため$\delta$を用い平滑関数化した．式(79)，(80)より常に$k_{smc}>0$となるように選べば安定なスライディングモードを実現できる．

**b. 同一次元オブザーバの設計**

本システムのモデル式は，むだ時間（1次Pade近似）を含んでおり，状態量に物理的次元をもっていない．そのため，全状態量を推定する必要が生じたことから，同一次元オブザーバを適用した．オブザーバゲインの導出には最適レギュレータ理論より導出している．

**c. チューニング時の制約**

$k_{smc}$を決定する指針として，マッチング条件を満たすばらつきの最大値$d_{max}$よりも大きい値に設定することでロバスト性が確保できる．本システムでは，電流の変動を入力外乱として扱っており，想定する変動の最大値よりも大きな値となるよう$k_{smc}$を調整する．

さらに，$\delta$の決定指針として，ロバスト性能を損なわずにチャタリングを打ち消す値の必要条件を示す．本制御設計法では，定常偏差発生時の切換関数$\sigma$は状態量の変化量がないと考えられるので，

$$\sigma(x) = S_0 z + S_1 x_1 + S_2 x_2 + S_3 x_3 = S_0 z + \text{const.} \quad (81)$$

$$\dot{\sigma} = S_0 e \quad (82)$$

と導くことができる．つまり，誤差$e$を速度として切換関数$\sigma$の値が増加することを意味している．いま，const.$=0$と仮定すると，与えられた制御目標性能（定常偏差，定常偏差許容時間）からスライディングモードから離れてもよい量$\sigma_e$（定常偏差限界）が求められる．また，外乱を包括できる到達入力の大きさは決められているので，想定される外乱よりも大きくなるように$\delta$を設定すればよい．

### 4.7.4 制御設計II（サブコントローラ）

本項では，メインコントローラだけでは対応が難しい物理拘束状態が発生した場合について補助的な役割を担うコントローラ（サブコントローラ）の設計方法について述べる．

**a. 物理拘束状態への対応**

出力に強制外乱（環境との接触）が発生し，物理的な拘束状態が発生することがある．とくに，ギヤシフト動作をつかさどるGSAは，従来のマニュアルトランスミッションと同様Hパターンゲートが存在するため，アクチュエータ可動範囲内に物理的に動作不可となる領域が存在する．物理拘束状態が発生すると，目標値との偏差により積分値が蓄積され，切り換え入力が増加していく．その状態で拘束状態から開放されると通常制御時よりも制御入力が大きいため，オーバシュートが過大となる．そこで，オーバシュートを未然に防止することを目的として，適切なタイミングで適切な初期化処理を実施する．

ここでは，制御初期化を積極的に利用する方法を述べる．あらかじめ制御中に動作不可領域を含むことがわかっている場合，動作不可領域に入っている間，コントローラを毎演算周期で初期化する．このとき，制御演算が制御入力演算，状態量演算の順であれば，初期化時の制御入力は式（83）で表される．

$$u = -(SB)^{-1}\left\{SE \cdot r(1) + k\frac{S_0 \cdot r(1)}{\|S_0 \cdot r(1)\| + \delta}\right\} \quad (83)$$

ただし，$r(1)$は制御1周期目の目標値である．式(83)は目標値に依存した関数となっているため，初期化と同時に目標値を任意の値に設定することで，初期化処理中の制御入力を任意の値に操作することができるため，動作不可領域から抜けるときのアクチュエータ速度を任意に設定することが可能となる．

(a) 時間経過による応答

(b) シフト/セレクトストローク

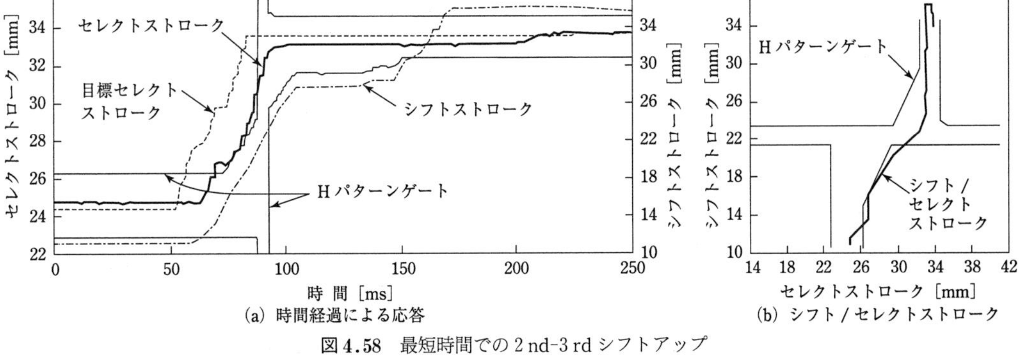

**図4.58** 最短時間での2nd-3rdシフトアップ

**b. 斜めシフトへの適用**

最短の変速時間を実現するために，2 nd-3 rd のようなセレクト操作も伴う変速において，シフト操作のフィードフォワード制御中にセレクト動作を完了させる「斜めシフト」を実施しなければならない．そのため，セレクトを先に設計したメインコントローラによりフィードバック制御し，高応答・高精度な制御性能を確保しつつ，物理拘束状態に対応するため式 (83) に示すサブコントローラを用いた．これにより，セレクト制御初期化が実施され，過大なオーバーシュートを発生させることなくセレクトストロークを 3 rd ゲートへ制御している．図 4.58 に実施例を示す．

### お わ り に

スーパスポーツ車両用ドライブトレーンのアクチュエータ制御系にスライディングモード制御を採用することで，高応答・高精度かつ安定性の高い制御系を構築した．また，物理拘束状態に対応できるようサブコントローラを設計することでロバスト性の高い制御系を実現することができた．　　［湯浅亮平］

### 参 考 文 献


1) 湯浅亮平，森瀬　勝 (2014)：スライディングモード制御による自動化マニュアルトランスミッションのロバスト制御，機械学会論文集．
2) 森瀬　勝，内藤隆生，小林隆秀 (2010)：LEXUS LFA 用ドライブトレーンの開発，自動車技術会シンポジウム，No. 05-10 動力伝達系の最新技術．
3) 野波健蔵，田　宏奇 (1994)：スライディングモード制御—非線形ロバスト制御の設計理論—，コロナ社．


## 4.8　電動自動車用電池

### は じ め に

近年，自動車業界は環境対策として，“$CO_2$ 排出量の削減”や“エミッションのクリーン化”に積極的に取り組んでいる．とくに，化石燃料を燃焼させて出力を得る内燃機関に電動モータを併用することで，エネルギーの利用効率を向上させるハイブリッド車 (HEV) や，電動モータだけで走行することでゼロエミッションを実現する電気自動車 (EV) が積極的に開発されている．どちらにおいても重要な機能を果たすのが二次電池であり，適宜必要なエネルギーを充放電することが求められる．しかし，一般に電池に蓄積可能なエネルギーは有限であり，一度に出し入れできるパワーも電池状態に応じて制限される．そこで，電池内部状態量を正確に把握することは，エネルギーを効率的に利用するうえで必須である．HEV では燃費向上，EV では走行可能距離の拡大や表示精度向上に大きく寄与する．

電動自動車に搭載する二次電池でとくに重要な内部状態量は，充電率（state of charge：SOC）と入出力可能パワーである．これらを図 4.59 ではバケツ水量として模擬的に可視化した．車両走行中に直接計測できないので，車載センサで計測可能な電池端子電圧と電流から推定演算する．

| 状態量 | 定 義 | 用途（例） |
|---|---|---|
| SOC（充電率） | 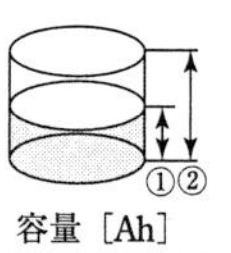 ①② 容量［Ah］ ①残容量 / ②総容量 ［単位：%］ | ［エネルギーマネージメント］エネルギーの利用効率を最適化するために，SOC を一つの指標として，モータの力行（放電），回生 / 発電（充電）を制御（燃費に直結） |
| 入出力可能パワー | 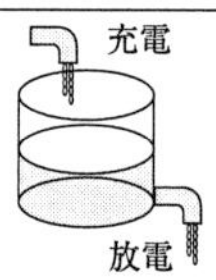 充電 放電 単位時間で出入可能なエネルギー ［単位：W］ | ［モータ・発電機のパワー制限］電池が入出力可能なパワーの範囲内で，モータや発電機のトータルパワーを制限（加速性能に直結） |

**図 4.59**　主な電池内部状態量

従来，SOC の推定方法としては，電流値を積算して総容量との比率を求める方法や，SOC に一意に対応する開放電圧（無通電時の定常端子電圧）を，電圧と電流の履歴情報を直線近似して得た定常特性式から求める方法が一般的である．しかし，電池過渡特性の影響や，動作条件による電池特性の変動影響によって，SOC や入出力可能パワーの推定精度は悪化する．また，性能改善のために各種補正を試みることも多々あるが，抜本的な推定性能改善を期待することは原理的に難しい．

本節では，二次電池の電流と端子電圧の関係を，線形パラメータ可変（LPV）モデルで記述することで，「電池内部状態量の推定問題」を「適応ディジタルフィルタによるモデルパラメータ逐次推定問題」に帰着させた一研究[1,2] を紹介する．動作条件（SOC，温度，電池劣化など）によって常に変動する電池モデルパラメータ（内部抵抗，時定数など）と，電池内部状態量（開放電圧，SOC，入出力可能パワー）を精度よく逐次推定できる推定システムを実現する．設計方法，シミュレーション結果，台上実験結果を示す．なお，エネルギー密度が高く電動車用として期待される“リチウムイオン電池”への適用例を示す．

### 4.8.1 リチウムイオン電池

リチウムイオン電池は，隙間が多い電極にリチウムイオンが出入りして電子 $e^-$ を授受するだけで，電極と電解質の化学構造が変化しない“ロッキングチェア型二次電池”である[3]．図 4.60 に放電時のリチウムイオンの電極間の動きを示す．

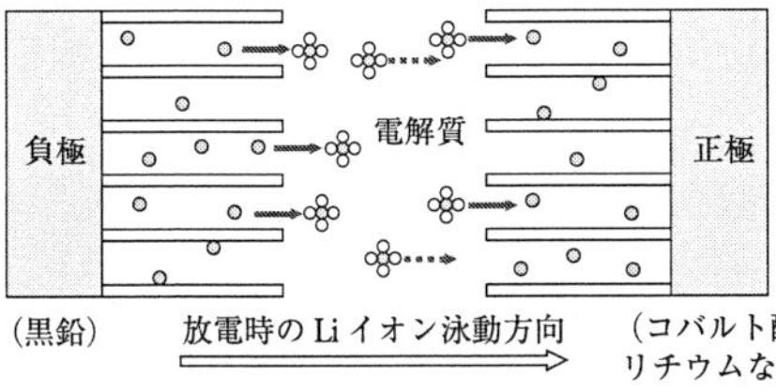

図 4.60 リチウムイオン電池

開放電圧（OCV）は，静的な電気化学ポテンシャルの違い（電極材質やイオン濃度に起因）によって決まるものであり，内部抵抗は動的なメカニズム（反応速度論）で決まる．交流インピーダンス特性は，界面（電極と電解質の境界）付近での電荷移動抵抗や電気二重層容量や拡散抵抗，電解質沖合いでのイオン泳動による粘性抵抗などで決まる．

### 4.8.2 電池モデル

#### a．LPV モデル

リチウムイオン電池の電流と端子電圧の関係を，電池構造をもとに図 4.61 に示す簡易な線形モデルで表現する．非線形な拡散抵抗は，モデルパラメータ $R_1$ に含めて近似的に扱う．

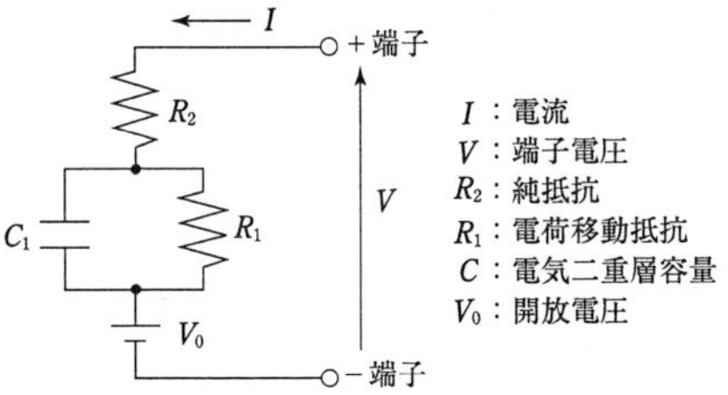

図 4.61 リチウムイオン電池の LPV モデル

電流 $I$，開放電圧 $V_0$，および端子電圧の関係は式（84）または（85）で表される．

$$V(t)=\frac{C_1R_1R_2s+(R_1+R_2)}{C_1R_1s+1}I(t)+V_0(t) \tag{84}$$

$$=\frac{K(T_2s+1)}{T_1s+1}I(t)+V_0(t) \tag{85}$$

ただし，$K$ は内部抵抗，$T_1$，$T_2$ は時定数である．また，$s$ は微分演算子である．

$$K=R_1+R_2$$
$$T_1=C_1R_1$$
$$T_2=\frac{C_1R_1R_2}{R_1+R_2} \tag{86}$$

開放電圧 $V_0$ は電流 $I$ の積算値に，SOC のみに依存して変化する未知パラメータ $h$ を乗じて式（87）でモデル化する．

$$V_0(t)=\frac{h}{s}I(t) \tag{87}$$

式（87）を式（85）に代入して電池モデルとする．

$$V(t)=\frac{KT_2s^2+(K+T_1h)s+h}{T_1s^2+s}I(t) \tag{88}$$

電流を入力，端子電圧を出力とする．なお，電池内部で起こる現象を詳細に記述したモデルではなく，特定の動作条件（SOC，温度，劣化状態など）での入出力関係を線形モデルで近似したものである．したがって，各モデルパラメータ（内部抵抗 $K$，時定数 $T_1$，$T_2$，開放電圧用定数 $h$）は固定値ではなく，動作条件の変化に応じて変化することが前提である．つまり，線形パラメータ可変（LPV）システムとして定義する．

図 4.62 に開放電圧と SOC の定常的な相関特性を示す．一般に，この特性は電池固有の特性であり，電池の温度や劣化状態には影響されない．

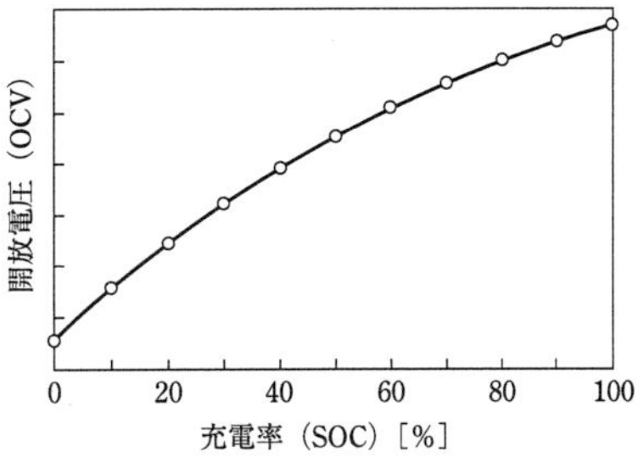

図 4.62 開放電圧と充電率の相関特性（例）

#### b．電池モデルの実機検証

リチウムイオン電池（単セル）を矩形波電流で充放電して計測された端子電圧を，モデルの電圧推定値と比較して電池モデルの妥当性を検証した．図 4.63 のように，各動作条件ごとに，パラメータを調節することで両者をほぼ一致できた．以上より，式（88）の LPV モデルは適応ディジタルフィルタ用電池モデルとして妥当と判断した．

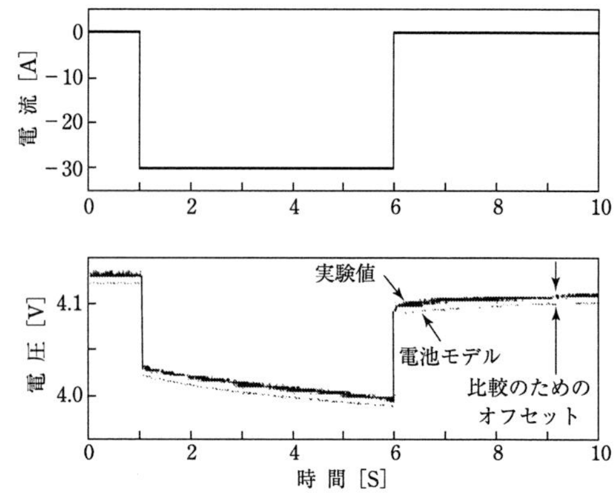


図4.63　電池LPVモデルの実機検証（放電モード）

### 4.8.3　適応ディジタルフィルタ

図4.64の未知プラントは次式で表される．

$$y=\omega^T\theta \tag{89}$$

ここで，$y$は計測可能なプラント出力，$\omega$は計測可能なプラント入力$u$と出力$y$をフィルタ処理して得られた状態ベクトル，$\theta$は計測不可能な未知パラメータベクトルである．プラント出力$y$と，プラントモデル出力$\hat{y}$（推定値）の誤差が0に収束するように，モデルのパラメータ同定値ベクトル$\hat{\theta}$を，最小二乗法などを用いて逐次的に調整する方法が「適応ディジタルフィルタ（逐次型モデルパラメータ同定）」である．

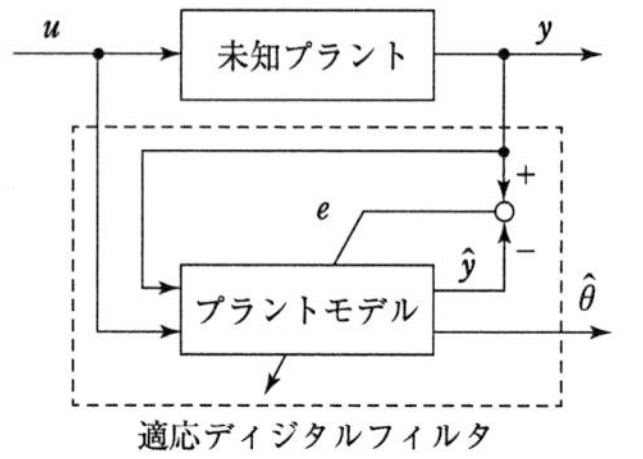


図4.64　適応ディジタルフィルタの概念図

### 4.8.4　適応ディジタルフィルタの設計

**a．標準形式への定式化**

連続時間形式で記述された式（88）の電池モデルを離散化せずに，適応ディジタルフィルタ（逐次型モデルパラメータ同定）に帰着させるハイブリッド同定方式[4]を適用した．

適応ディジタルフィルタの適用可能な標準形式への簡単な定式化例を示す．

まず，式（88）の分母を払い，次のように書き換える．

$$\frac{T_1s^2+s}{G_{lp}(s)}V(t)=\frac{KT_2s^2+(K+T_1h)s+h}{G_{lp}(s)}I(t) \tag{90}$$

ここで，$1/G_{lp}(s)$はローパスフィルタであり，式（90）が厳密にプロパになるように選ぶ．

$$\frac{1}{G_{lp}(s)}=\frac{1}{(\tau s+1)^3} \tag{91}$$

電流と電圧のフィルタ出力を式（92）で定義する．

$$\begin{aligned}
I_1(t)&=\frac{1}{G_{lp}(s)}I(t)\\
I_2(t)&\ \frac{s}{G_{lp}(s)}I(t),\\
I_3(t)&=\frac{s^2}{G_{lp}(s)}I(t)\\
V_1(t)&=\frac{1}{G_{lp}(s)}V(t)\\
V_2(t)&=\frac{s}{G_{lp}(s)}V(t)\\
V_3(t)&=\frac{s^2}{G_{lp}(s)}V(t)
\end{aligned} \tag{92}$$

以上より，式（92）の標準形式を導く．

$$y(t)=\omega(t)^T\theta$$

ただし，

$$y(t)=V_2(t),\quad \omega(t)=\begin{bmatrix}V_3(t)\\I_3(t)\\I_2(t)\\I_1(t)\end{bmatrix}$$

$$\theta=\begin{bmatrix}-T_1\\KT_2\\K+T_1h\\h\end{bmatrix} \tag{93}$$

**b．パラメータ同定アルゴリズム**

パラメータ同定値を$\hat{\theta}$，出力推定値を$\hat{y}$とすると，誤差方程式が得られる．

$$e(t)=y(t)-\hat{y}(t)=y(t)-\omega(t)^T\hat{\theta}(t-\Delta t) \tag{94}$$

式（94）の誤差方程式に対して，誤差が零収束するように逐次型パラメータ同定アルゴリズムを適用する．変動する未知パラメータ$\theta$を精度よく推定するために，最小二乗法を発展させた両限トレースゲイン方式[5]を用いる．離散時間形式で記述されたアルゴリズムを式（95）に示す．$P(k)$は行列ゲイン，$\lambda_1(k)$はスカラゲインである．$\lambda_3, \alpha_1, \gamma_U, \gamma_L$は設計パラメータである．$\lambda_3$はゲイン，$\alpha_1$は忘却係数，$0<\lambda_3<\infty$，$0<\alpha_1<1$の範囲で設定する．$\gamma_U, \gamma_L$は可変ゲインの上下限を規定する値であり，$0<\gamma_L<\gamma_U$の範囲で設定

する．

$$\hat{\theta}(k)=\hat{\theta}(k-1)-\gamma(k)P(k-1)\omega(k)\left[\omega^T(k)\hat{\theta}(k-1)-y(k)\right]$$

$$\gamma(k)=\frac{\lambda_3}{1+\lambda_3\omega^T(k)P(k-1)\omega(k)}$$

$$P(k)=\frac{1}{\lambda_1(k)}\left\{P(k-1)-\frac{\lambda_3P(k-1)\omega(k)\omega^T(k)P(k-1)}{1+\lambda_3\omega^T(k)P(k-1)\omega(k)}\right\}=\frac{Q(k)}{\lambda_1(k)}$$

$$\lambda_1(k)=\begin{cases}\dfrac{\mathrm{trace}\{Q(k)\}}{\gamma_U}, & \text{if } \alpha_1\le\dfrac{\mathrm{trace}\{Q(k)\}}{\gamma_U}\\ \alpha_1, & \text{if } \dfrac{\mathrm{trace}\{Q(k)\}}{\gamma_U}\le\alpha_1\le\dfrac{\mathrm{trace}\{Q(k)\}}{\gamma_L}\\ \dfrac{\mathrm{trace}\{Q(k)\}}{\gamma_L}, & \text{if } \dfrac{\mathrm{trace}\{Q(k)\}}{\gamma_L}\le\alpha_1\end{cases} \tag{95}$$

### c．開放電圧の算出

適応ディジタルフィルタにより逐次推定されたパラメータ $\hat{\theta}(t)$ から，開放電圧推定値 $\hat{V}_0(t)$ を算出する．ただし，適応ディジタルフィルタで用いた式（87）から算出すると，誤差が積分的に溜まるので，積分器を含まない式（85）の電池モデルを直接用いて開放電圧推定値 $\hat{V}_0(t)$ を算出する．

適応ディジタルフィルタで同定されたパラメータ $\hat{\theta}(t)$ すなわち $\hat{K}(t), \hat{T}_1(t), \hat{T}_2(t)$ を式（85）に代入して開放電圧推定値 $\hat{V}_0(t)$ を算出する．

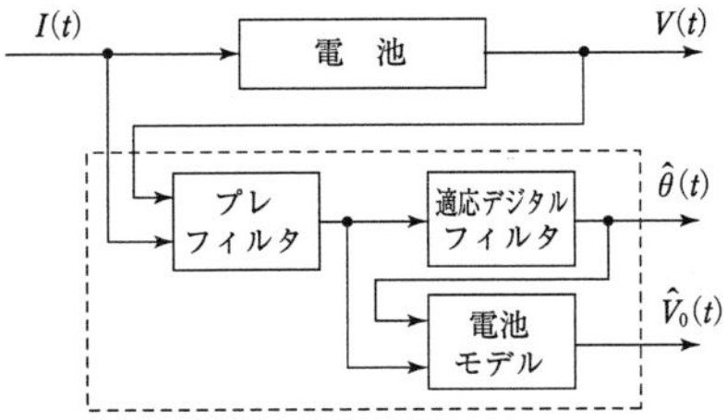


図4.65　二次電池への ADF 適用例（Part 1）

## 4.8.5　電池内部状態量の算出方法

適応ディジタルフィルタにより逐次推定された電池モデルパラメータ $\hat{\theta}(t)$，開放電圧推定値 $\hat{V}_0(t)$ から，充電率推定値 $\hat{S}_{OC}(t)$，入出力可能パワー推定値 $\hat{P}_{IN}(t)$，$\hat{P}_{OUT}(t)$ を算出する．充電率推定値 $\hat{S}_{OC}(t)$ は，あらかじめ計測した開放電圧 $V_0$ と充電率 SOC の相関特性マップ（図 4.62）を用いて，開放電圧推定値 $\hat{V}_0(t)$ から換算する．入出力可能パワーは，開放電圧推定値 $\hat{V}_0(t)$ と内部抵抗推定値 $\hat{K}(t)$ から，電流 $I(t)$ と端子電圧 $V(t)$ の定常特性である次式を用いて算出する．

$$V(t)=\hat{K}(t)I(t)+\hat{V}_0(t) \tag{96}$$

入力可能パワー推定値 $\hat{P}_{IN}(t)$ は，電池の上限端子電圧 $V_{MAX}$ に至る限界値として算出する．

$$\hat{P}_{IN}(t)=I_{MAX}V_{MAX}=\frac{V_{MAX}-\hat{V}_0(t)}{\hat{K}(t)}V_{MAX} \tag{97}$$

出力可能パワー推定値 $\hat{P}_{OUT}(t)$ は，電池の下限端子電圧 $V_{MIN}$ に至る限界値として算出する．

$$\hat{P}_{OUT}(t)=I_{MAX}V_{MIN}=\frac{\hat{V}_0(t)-V_{MIN}}{\hat{K}(t)}V_{MIN} \tag{98}$$

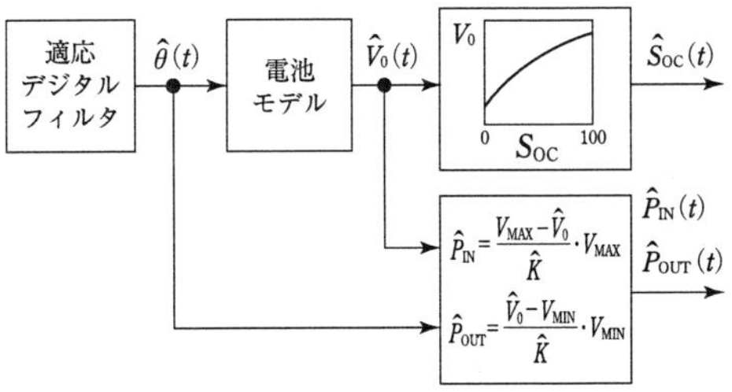


図4.66　二次電池への ADF 適用例（Part 2）

## 4.8.6　シミュレーション

4.8.5 項で設計された「適応ディジタルフィルタを用いた電池内部状態量推定システム」の推定性能をシミュレーションで検証した．

図 4.67, 4.68 では，ステップやランプ信号を組み合わせた単純な電流サイクルパターンにて充放電を 800 s 間行い，とくに電池モデルパラメータを温度 25°C 相当値から温度 0°C 相当値へ，ステップ状またはランプ状に変化させている．また，車載された実システムを想定して実機相当の観測ノイズを電流および端子電圧に加算している．

電池モデルパラメータの各推定値（$\hat{K}, \hat{T}_1, \hat{T}_2$）は，パラメータ（温度）変化直後も真値（電池モデル設定値）に速やかに収束している．その結果，これらパラメータ推定値を用いて算出される開放電圧推定値 $\hat{V}_0(t)$，SOC 推定値 $\hat{S}_{OC}(t)$，入力可能パワー推定値 $\hat{P}_{IN}(t)$，出力可能パワー推定値 $\hat{P}_{OUT}(t)$ はすべて真値に一致している．

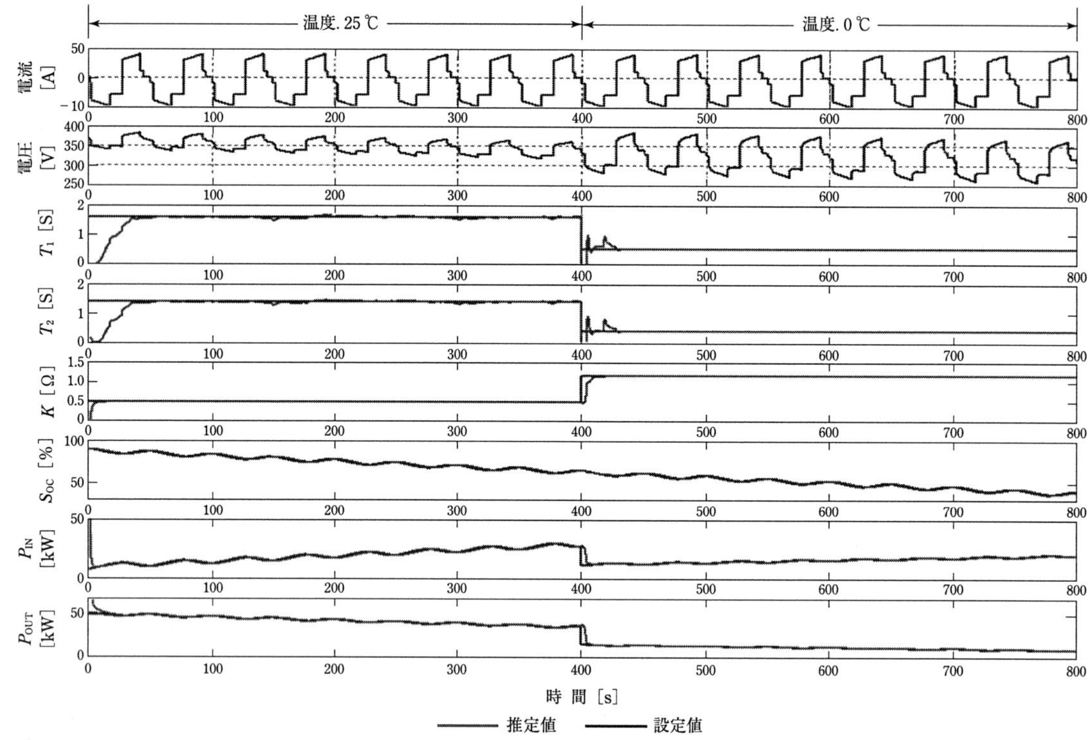


図 4.67　シミュレーション結果 1（電池温度 25 → 0°C，ステップ状，96 cells）

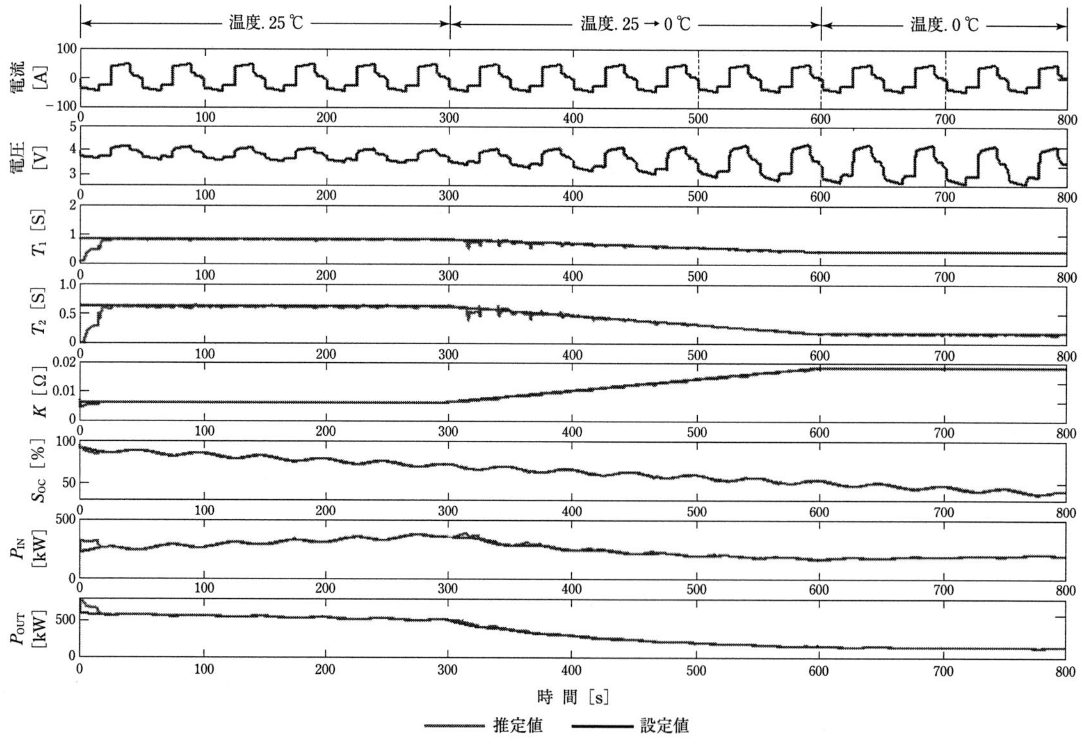


図 4.68　シミュレーション結果 2（電池温度 25 → 0°C，ランプ状，16 cells）

### 4.8.7 台上実験

実際のリチウムイオン電池を用いた台上充放電実験を行って，「適応ディジタルフィルタを用いた電池内部状態量推定システム」の推定性能を検証した．

図 4.69 は，各種の電池温度条件（約−20〜30°C）や SOC 条件（約 20〜70%）の SOC 推定精度をまとめた結果である．図 4.70 は入出力可能パワーの推定精度をまとめた結果である．ともに，推定値が実際値と条件によらずほぼ一致しており，良好な推定精度が得られている．

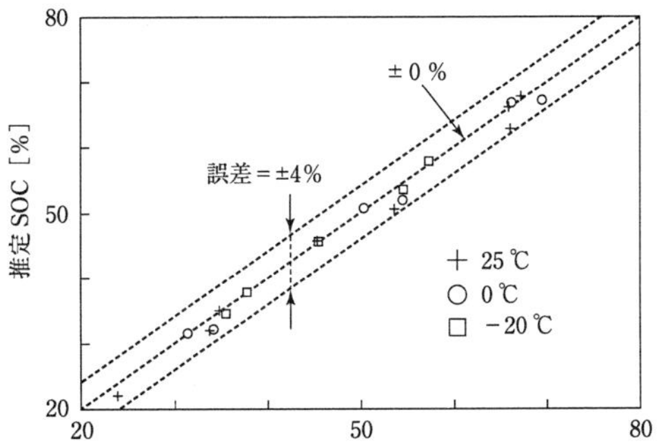


図 4.69　台上実験結果 1（SOC）

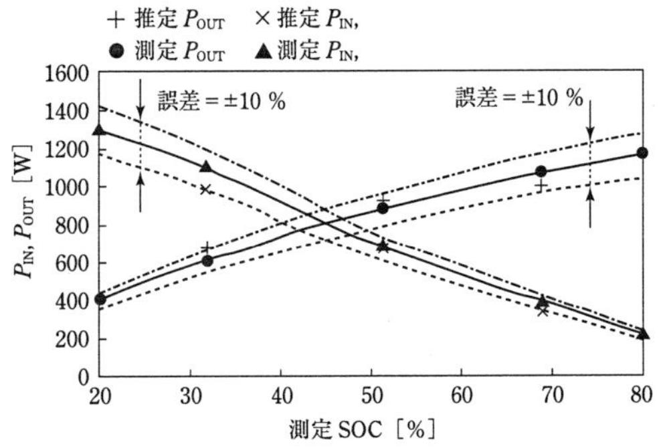


図 4.70　台上実験結果 2（入出力可能パワー）

### おわりに

本節では，リチウムイオン電池（二次電池）の内部状態量推定問題に，「適応ディジタルフィルタ（適応同定手法）」を適用した．これにより，充電率（SOC），入出力可能パワーなど充放電中にセンサで直接計測できない電池内部状態量を，条件（SOC，温度，劣化度など）によらず精度よく推定することが可能となった．ただし，ここで紹介したのは基本的な適用例であり，実システムに適用するには下記考慮と工夫が必要である．

①「適応ディジタルフィルタ（適応同定）」による同定値が真値に収束するためには，入力信号が sufficiently-rich であることが必要であり，満たさないときは代替手法が必要である．

② 氷点下の電池特性は非線形性が強く，推定精度が悪化せぬように対応が必要である．

③ 入出力可能パワーは，時間的な定義と電池拡散抵抗の考慮が必要である．　［中村英夫］

### 参考文献


1) 湯本大次郎，中村英夫，越智徳昌（2003）：適応デジタルフィルタ理論を用いた電池内部状態量の推定手法，自動車技術会，2003 春季大会前刷集，20035031.
2) H. Asai, H. Nakamura, Y. Ochi (2005)：The Application of Adaptive Digital Filter for the Internal State Estimation of Batteries, *SAE*, 2005-01-0807.
3) 廣田幸嗣，足立修一，ほか（2009）：電気自動車の制御システム，東京電機大学出版局.
4) 金井喜美雄，藤代武史，伊藤　健，安達和孝（1987）：自動車の適応ヨー角速度操舵系の設計，計測自動制御学会論文集，**23**(8)：55-61.
5) 新中新二（1990）：適応アルゴリズム，産業図書.


## 4.9 隊列走行制御

### はじめに

隊列走行（platoon）とは，複数の車両が自動運転により車列（車群）を形成するものである．隊列走行のさいに車間距離を狭めることで，空気抵抗の減少による低燃費化や交通容量の増大を図ることができる．隊列走行に必要な制御法としては，車が車線を逸脱しないようにする操舵系の制御と，車間距離を保ちながら車群全体の安定性を保証する制駆動系の制御があげられる．

本節では，操舵系の制御として，移動ロボット系の経路追従制御に基づき，等価二輪モデルによる動特性を考慮できる形に発展させた手法[1,2]と，制駆動系の制御として，前後の車両との車間距離情報を利用する手法[3]とに関するリアプノフの安定定理に基づいた制御系設計法を示す．また，これらの制御法を実車に適用した試験結果についても示す．

### 4.9.1 操舵系制御

操舵系の制御として，非ホロノミックシステムや劣駆動システムに対する経路追従制御に基づく制御法を用いる．

**a．車両モデル**

制御系の設計に用いる車両モデルは，図 4.71 に示すような車両運動制御で，一般的に用いられる等価二

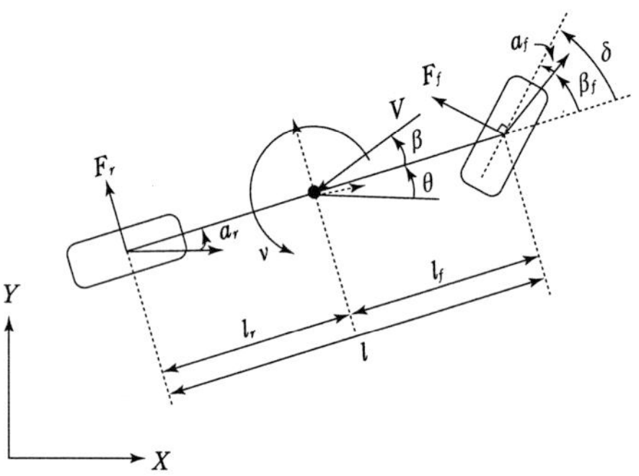

図 4.71　等価二輪モデル

輪モデルである[4]．

等価二輪モデルはある程度の高速走行時を仮定したもので，そのダイナミクスは次式のように表される．

$$\frac{d}{dt}\begin{bmatrix}\gamma\\ \beta\end{bmatrix}=A\begin{bmatrix}\gamma\\ \beta\end{bmatrix}+B\delta \tag{99}$$

$$\begin{aligned}A&=\begin{bmatrix}a_{11} & a_{12}\\ a_{21} & a_{22}\end{bmatrix}\\ &=\begin{bmatrix}-\dfrac{2}{JV}(K_f l_f^2+K_r l_r^2) & -\dfrac{2}{J}(K_f l_f-K_r l_r)\\ -\dfrac{2}{MV^2}(K_f l_f-K_r l_r)-1 & -\dfrac{2}{MV}(K_f+K_r)\end{bmatrix}\end{aligned} \tag{100}$$

$$B=\begin{bmatrix}b_{11}\\ b_{21}\end{bmatrix}=\begin{bmatrix}\dfrac{2}{J}K_f l_f\\ \dfrac{2K_f}{MV}\end{bmatrix} \tag{101}$$

ここで，$V$ は速度，$M$ は車両質量，$\gamma$ は重心まわりのヨーレート，$\beta$ は横滑り角，$F_f$ と $F_r$ は前後輪にかかるタイヤの横力，$l_f$ と $l_r$ は重心から前後輪軸までの距離，$J$ は重心まわりの慣性モーメント，$K_f$ と $K_r$ は前後輪の摩擦係数である．

**b．経路追従制御系設計**

経路追従制御は，図 4.72 のように仮想的に設けられた参照軌道上を走行する参照車両の描く軌跡を実車両に追従させる制御である[5]．

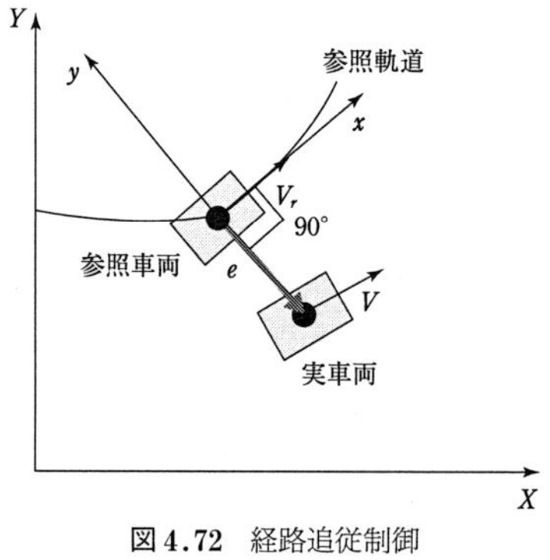

図 4.72　経路追従制御

参照車両から実車両をみたときの絶対座標および偏向角として $e_1, e_2, e_3$ を定義すると次式のようになる．ただし，添字の $r$ が付いているものが参照車両における各種の変数を表す．

$$\begin{bmatrix}e_1\\ e_2\\ e_3\end{bmatrix}=\begin{bmatrix}\cos(\theta_r+\beta_r) & \sin(\theta_r+\beta_r) & 0\\ -\sin(\theta_r+\beta_r) & \cos(\theta_r+\beta_r) & 0\\ 0 & 0 & 1\end{bmatrix}\begin{bmatrix}x-x_r\\ y-y_r\\ (\theta+\beta)-(\theta_r+\beta_r)\end{bmatrix} \tag{102}$$

また，$e_1, e_2, e_3$ の時間微分は次式のようになる．

$$\frac{d}{dt}\begin{bmatrix}e_1\\ e_2\\ e_3\end{bmatrix}=\begin{bmatrix}V\cos e_3-V_r+e_2\omega_r\\ V\sin e_3-e_1\omega_r\\ \omega-\omega_r\end{bmatrix} \tag{103}$$

参照車両が曲率 $\rho_r$ の経路を実車両の走行速度 $V_r$ に合わせて常に並走するように，参照速度，参照角速度を以下のように選ぶ．

$$V_r=\frac{V\cos e_3}{1-e_2\rho_r},\quad \omega_r=\rho_r V_r \tag{104}$$

このときの誤差微分方程式は次式のようになる．

$$\frac{d}{dt}\begin{bmatrix}e_2\\ e_3\end{bmatrix}=\begin{bmatrix}V\sin e_3\\ \omega-\omega_r\end{bmatrix} \tag{105}$$

ここで，リアプノフ関数の候補を次式のように選ぶ．ただし，$K_2$ は正の定数である．

$$V_1=\frac{1}{2}e_2^2+\frac{1-\cos e_3}{K_2} \tag{106}$$

この時間微分は次式のようになる．

$$\dot{V}_1=e_2\dot{e}_2+\dot{e}_3\frac{\sin e_3}{K_2}=\frac{\sin e_3}{K_2}(K_2 e_2 V+\omega-\omega_r)$$

そこで，$K_3$ を正の定数として，次式のようなコントローラを導入する．ただし，$\omega_r=\theta_r+\dot{\beta}_r$ である．

$$\omega_c=\omega_r+K_2 e_2 V_r+K_3\sin e_3 \tag{107}$$

これより $V_1$ の時間微分は次式のようになる．

$$\dot{V}_1=\frac{K_3}{K_2}\sin^2 e_3\leq 0 \tag{108}$$

詳細は省略するが，リアプノフの安定定理などにより制御系の安定性・収束性が保証される．しかし，実車両に対して$\omega_r$ を直接入力することはできないため，式（99）を用いて次式のような舵角入力へと変換し，制御入力とする．

$$\delta_c=\frac{MV}{2K_f}\left[\frac{2(K_f l_f-K_r l_r)}{MV^2}+\frac{2(K_f+K_r)}{MV}\beta+\omega_r+K_2 e_2 V+K_3\sin e_3\right] \tag{109}$$

## 4.9.2 制駆動系制御

制駆動系の制御として，前方車両との車間距離だけでなく，後方車両との車間距離も利用することにより，制御の性能向上を果たすことが可能である[3]．

### a．車両モデル

制御対象である自動車（大型トラック）のモデル化を行う．車両への入力をアクセル開度，またはブレーキ指示値とし，出力を車両速度として，以下のような式で表されるとする[6,7]．

$$\dot{x}_i = v_i \tag{110}$$

$$\dot{v}_i = -\frac{1}{T}v_i + \frac{K}{T}u_i \tag{111}$$

ここで，$x_i, v_i, u_i$ はそれぞれ車両の位置と速度，入力である．添え字の $i$ は前から $i$ 台目の車両であることを表し，先頭車両では $i=1$，最後尾車両では $i=n$ とする．$K$ はエンジンやブレーキなどのゲイン，$T$ は時定数である．また，$K$ と $T$ の値は車両速度やギア比などによって変化する．

### b．車間距離制御系設計

車間距離誤差 $d_i$，速度誤差 $w_i$ をそれぞれ次式のように定義する．

$$d_i = x_i - x_{i+1} - d_r - L \tag{112}$$

$$w_i = v_i - v_r \tag{113}$$

ここで，図 4.73 に示すように，$d_r$ は目標車間距離，$L$ は車両長さ，$v_r$ は目標速度である．

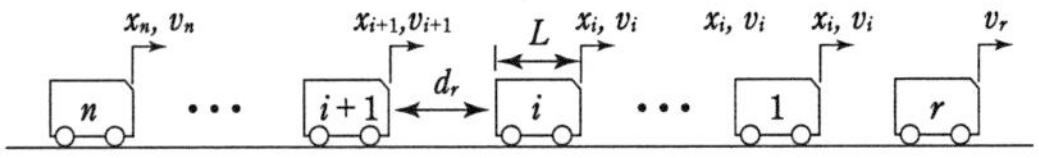


図 4.73 車間距離制御

制御目的は $d_i$ および $w_i$ を 0 に収束させることである．そこで，リアプノフの安定定理に基づいて考えると，以下のようなコントローラが導出できる[3]．これは前方車両との車間距離のみならず，後方車両との車間距離を用いたために，非常に導出が簡単になっている．

$$u_r = \frac{T}{K}\left(\frac{1}{T}v_i + \dot{v}_i - c_0 w_i + k_1 d_{i-1} - k_2 d_i + c_1(v_{i-1} - v_i) - c_2(v_i - v_{i+1})\right) \tag{114}$$

ここで，$c_1, c_2, k_1, k_2$ は正の定数であり，$c_1 = c_2$ および $k_1 = k_2$ である．先頭車両の場合は $c_1=0$ および $k_1=0$ であり，最後尾車両の場合は $c_2=0$ および $k_2=0$ である．

## 4.9.3 性能評価試験

4.9.1 項と 4.9.2 項で示した制御法の性能評価のために実施した実車試験の結果を示す．

### a．試 験 車 両

図 4.74 に示すような日野自動車製プロフィアカーゴの 25 t クラスを利用した．本車両は，全長 11.87 m，全幅 2.48 m，全高 3.7 m の大型トラックを改造したものである．紙面の都合上，計測装置の詳細は省略する．

評価試験で使用した車両のパラメータを表 4.3 に示す．

図 4.74 試験車両

表 4.3 車両のシステムパラメータ

| 記号 | 単位 | 値 |
|---|---|---|
| $M$ | kg | 13045 |
| $l_f$ | m | 3.513 |
| $l_r$ | m | 2.879 |
| $K_f$ | N rad$^{-1}$ | 319000 |
| $K_r$ | N rad$^{-1}$ | 735000 |

### b．性能評価試験結果

産業技術総合研究所のテストコースにて実車 3 台による性能評価試験を実施した．テストコースは直線部 757.5 m，曲線部 817 m の周回路であり，曲線部は緩和曲線と円弧からなり，最大曲率半径 172 m である．

操舵系制御に関しては，表 4.4 のように速度域ごとに制御ゲインを設定した．中間の速度に対しては，補間してゲインを求めている．また，制駆動系制御に関

表4.4 操舵系の制御ゲイン

| $V$[km/h$^{-1}$] | 0 | 30 | 40 | 50 | 60 | 70 | 80 |
|---|---|---|---|---|---|---|---|
| $K_2 \cdot 10^{-2}$ | 13.75 | 8 | 2.75 | 0.9 | 0.4 | 0.35 | 0.28 |
| $K_3$ | 2.98 | 2.89 | 2.42 | 2.38 | 2.04 | 1.96 | 1.79 |

表4.5 制駆動系の制御ゲイン

| ゲイン | $T$ | $K$ | $c_0$ | $c_1$ | $c_2$ | $k_1$ | $k_2$ |
|---|---|---|---|---|---|---|---|
| アクセル | 50 | 50 | 0.54 | 0.25 | 0.25 | 0.13 | 0.13 |
| ブレーキ | 9 | 16 | 5.2 | 0.18 | 0.18 | 0.13 | 0.13 |

しては，表4.5のようにアクセル入力とブレーキ入力に別々の制御ゲインを設定した．

図4.75に3台隊列試験の結果を示す．この試験では，1台目に2台目，3台目と合流して行き，目標車間距離を15 m，目標速度を直線走行時80 km h$^{-1}$，カーブ走行時60 km h$^{-1}$に設定している．車間距離，相対速度の図において，実線は1台目と2台目の値を，破線は2台目と3台目の値を示す．速度は，実線が1台目，破線が2台目を示す．横偏差（白線に対する偏差）と廻頭角（白線に対する偏角）は，1台目の値を示す．カーブにカントがついているため，少し誤差が残るが，おおむね良好な制御が行われているのが確認できる．

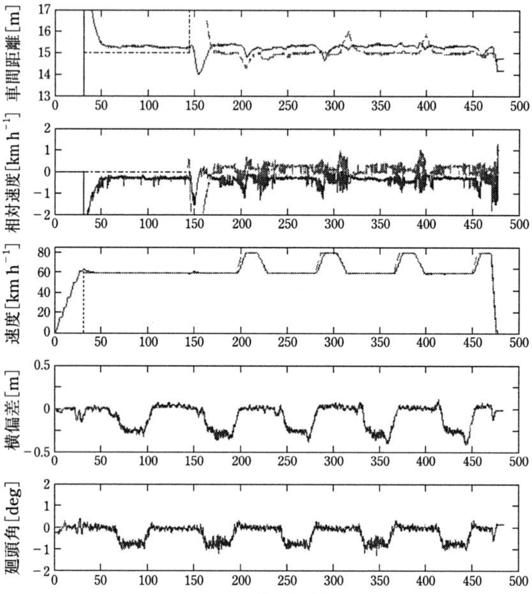


図4.75 試験結果

## おわりに

本節では，隊列走行のための操舵系制御と制駆動系制御の基本的な制御技術について述べた．非常に簡潔な制御則ではあるが，従来法に比べてその基本性能は高く，またリアプノフ関数に基づいた導出であるため，発展の際に必要となるさまざまな非線形要素への対応も可能である．

なお，本節は NEDO エネルギー ITS 推進事業「協調走行（自動運転）に向けた研究開発」の一部として実施した結果による内容が主であることを最後に記す．

［深尾隆則］

## 参考文献


1) 深尾隆則，鶴田義明 (2009)：自動車の自律走行制御系設計法．第9回計測自動制御学会制御部門大会．
2) 吉田 順，ほか (2010)：トラックの Path Following 制御に基づく自動運転．ロボティクスシンポジア予稿集，**15**: 341-347.
3) 深尾隆則，ほか (2009)：隊列走行における車間距離制御アルゴリズムの研究 (第1報)．2009年自動車技術会学術講演会秋季大会，No. 94-09, p. 5-8.
4) 安部正人 (2004)：自動車の運動と制御，p. 1-147，山海堂．
5) 深尾隆則 (2006)：非ホロノミック移動ロボットの適応制御．計測自動制御学会論文集，**45**(7)：p. 105-112.
6) S. Sheikholeslam, C. A. Desoer (1990)：Longitudinal control of a platoon of vehicle, *1990 Amer. Contr. Conf.*, p. 1-23.
7) T. S. No *et al.* (2000)：A Lyapunov Approach to Longitudinal Control of Vehicles in a Platoon. *IEEE Vehicular Technology Conference*, p. 336-340.

# 5

# 重機械工業

### はじめに

重機械工業の分野においても性能のいっそうの高度化を目指して，最新の制御理論や制御系設計法が適用されている．ここではまず，タワークレーンの振れ止め制御について，つり荷およびマスト振れ止め制御を $H_\infty$ 制御理論やゲインスケジュール制御手法で設計実装した結果を紹介する．つぎに，高層ビルなどの大型構造物の構造振動系のアクティブ制御について，アクティブマスダンパを実装した $H_\infty$ 制御理論や予見制御の適用事例を紹介する．航空機用発電システムでは，エンジン駆動型発電機軸の回転数制御を線形近似化モデルにより回転数制御系・油圧制御系・オブザーバ系・フィードフォワード制御系・位相差フィードバック制御系について論ずる．ヘリコプタ用エンジン制御装置では2軸ガスタービン制御系とゲインスケジュール制御について試験結果も含めて考察する．電池駆動路面電車のバッテリ充放電制御では，バッテリ充放電制御の課題を考察した後，PI 制御系の電池駆動路面電車の有効性を示す．新幹線高速化とサスペンション制御ではアクティブサスペンションについて $H_\infty$ 制御理論の適用について考察し，実用化システム設計についても論ずる．船舶自動操船システムでは船首方位の自動制御 DPS（dynamic positioning system）について論じ，発電用ガスタービン制御ではファジィ制御の適用結果を，連続鋳造設備向け鋳型振動装置では LQ 制御の適用結果を，ごみ焼却炉燃焼制御ではモデル予測制御の適用結果を，移動式サッカーフィールドでは札幌ドームのフィールド稼動装置の制御を，風車の制御ではタワー制振器を含む翼ピッチ制御系をそれぞれ論ずる．

## 5.1 タワークレーンの振れ止め制御

### はじめに[1~3)]

クレーンによる荷役作業では，短時間にかつ安全に荷役を行うことが求められるが，現状は熟練オペレータの経験や勘に頼る面が大きい．そのため，オペレータの技量差によって生じる搬送中や搬送後のつり荷の振れによる荷役効率の低下や，地上作業者に対する危険が課題としてあげられる．また，荷役中のマスト部の振れがオペレータに不快を与えるといった居住性に関するような課題もある．

図 5.1　クレーンの建設現場の一例[3)]

そこで筆者らは，主に図 5.1 に示すようなビル建設などで利用されるジブ（肘＝腕）をもったマスト（支柱）を昇るタワークレーンを対象に，クレーンが本来有する駆動力のみで，つり荷の振れとマストの振れの二つの制振を行いながら，オペレータの手動操作に対応した位置決め制御が行える制振システム（以下，つり荷およびマスト振れ止め技術）の開発を $H_\infty$ 制御とゲインスケジュール制御を利用して行った．実機実証試験により本制振システムの有効性を検証したので，$H_\infty$ 制御とゲインスケジュール制御の適用事例として紹介する．

### 5.1.1 つり荷およびマスト振れ止め技術[2,3)]

#### a．振れ止め技術の特徴

つり荷およびマスト振れ止め技術の特徴を以下に，表 5.1 にその概要を示す．

① つり荷の振れとマストの振れを対象とした二つの制振を行いながら，オペレータの手動操作に対応した位置決め制御ができる．

表5.1　つり荷およびマスト振れ止め技術の概要[2,3]

| 項　目 | 内　容 |
|---|---|
| 制御方式 | ゲインスケジュール $H_\infty$ 分散制御によるフィードバック制御方式 |
| 制御目的 | つり荷の振れ止め，マスト振れ止め，手動操作による位置決め |
| 振れ止め導入に必要な主要機器 | 制御演算装置（シーケンサ），モータおよびモータドライバ，各種センサ |

② オペレータの技量差に関係なく安全な荷役が行え，これまでオペレータが要していたつり荷の振れ止め操作に伴う負担を軽減することができる．

③ つり荷搬送後のつり荷の振れ幅を±0.5 m 以下に抑えることができる．

④ マストの振れに対する制振により，マストの振れによるオペレータの不快感を軽減でき，運転室での居住性向上を図ることができる．

⑤ 風や斜めづりによる地切り時に発生したつり荷やマストの振れに対する振れ止めも行うことができる．

⑥ 付加的な制振装置を追加せずに，クレーンに既存の起伏と旋回のモータ制御により本振れ止め技術を導入できるため，導入に伴うコストアップを抑えることができる．

**b．制御とその期待効果**

本振れ止め技術は，起伏と旋回のモーションに関して，つり荷のロープ長さに対応したゲインスケジュール $H_\infty$ 制御を独立に適用する（分散制御する）ことで実現している．図5.2に制御システムブロック図を示す[1]．クレーンに既設の起伏と旋回のモータにより，つり荷とマストの振動に対して減衰を付加するような動きをジブにさせることで制振を行う．図5.3に制振原理のイメージ図を示す．

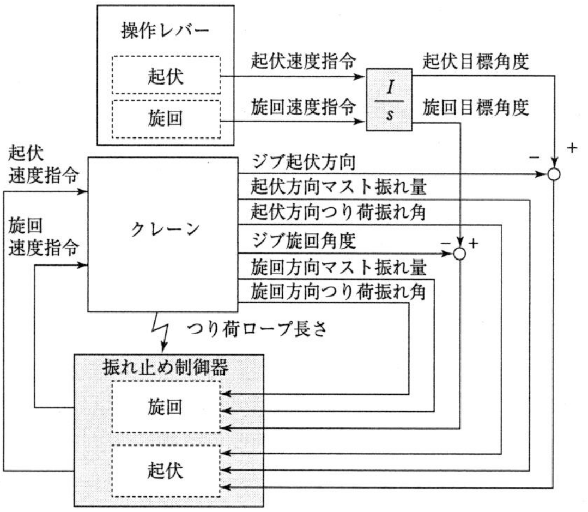


図5.2　制御システムブロック図

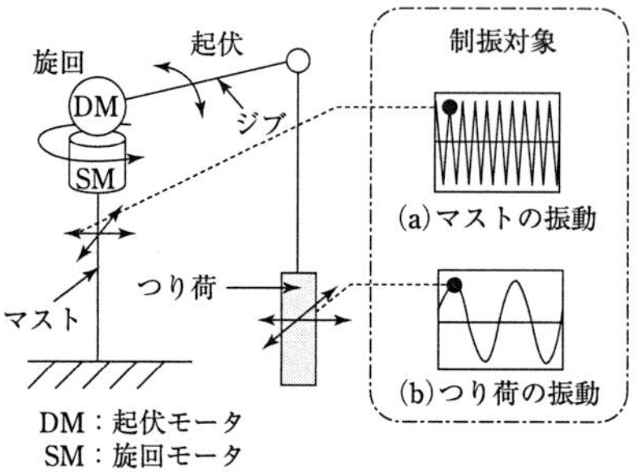


図5.3　制御原理イメージ図[2,3]

タワークレーンに本振れ止め技術で利用する制御を適用した際に期待される効果を，①から③に示す．

① $H_\infty$ 制御：　ジブの起伏と旋回用のモータ制御に $H_\infty$ 制御を適用する．本制御の適用により，搬送するつり荷の重量変化やつり荷のロープ長さ変化などによるクレーンの特性変動および，制振対象外の振動やセンサノイズの影響を受けにくい一様な制振性能を維持できるロバストな制御系の構築が期待できる．

② ゲインスケジュール制御：　クレーンではオペレータの任意操作により，つり荷の巻上げ/巻下げが行われるため，つり荷のロープ長さが変化し，それに伴いつり荷の固有周期が大きく変動する．そこで，つり荷のロープ長さに伴うクレーンの周波数特性の変動に対応した制御系の構築を図るために，ゲインスケジュール制御を適用する．本制御の適用により，$H_\infty$ 制御のもつロバスト性だけでは補償しきれないつり荷ロープ長さの変化に対応した振れ止めが期待できる．

③ 分散制御：　制御系設計に起伏と旋回の分散制御系を取り入れる．本制御の適用により，起伏と旋回で独立した制御設計が行え，起伏と旋回のそれぞれのモーションに対する個別の制御性能の向上が期待できる．

## 5.1.2　制御系の設計[2,3]

**a．設 計 手 順**

振れ止め技術に用いる制御系の設計と実装に際しては，以下の①～③の手順を踏む．詳細をb, c項に示す．

① 制御系設計モデルの導出

② ゲインスケジュール $H_\infty$ 制御系設計

③ クレーンへの実装

**b．制御系設計モデルの導出**

分散制御系を設計するために，起伏モーション制御用と旋回モーション制御用の二つの低次元モデルを導出する．起伏方向入力トルクを $u_p$，旋回方向入力トルクを $u_s$ と定義したとき，トルクを入力とする起伏方向および，旋回方向の低次元化モデルの状態空間表現は

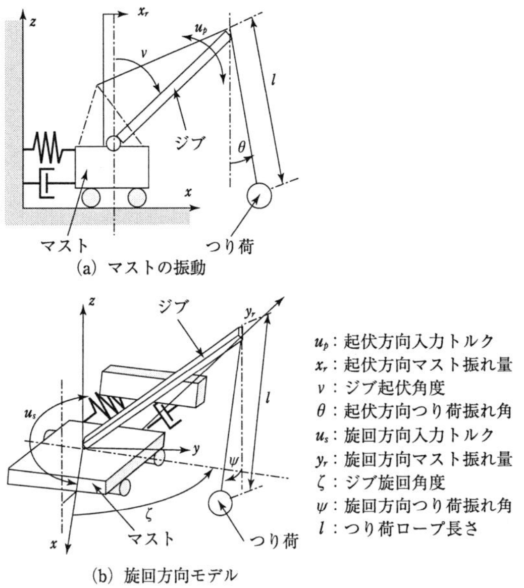


図 5.4 低次元化モデル[1~3)]

式 (1)～(6) のように書ける．

(1) 起伏方向低次元化モデル

① 状態方程式

$$\dot{x}_p = A_p(v, \dot{v}, \theta, \dot{\theta}, l, \dot{l}, \ddot{l})\,x_p + B_p(v, \dot{v}, \theta, \dot{\theta}, l, \dot{l}, \ddot{l})\,u_p \tag{1}$$

$$x_p = [x_r, v, \theta, \dot{x}_r, \dot{v}, \dot{\theta}]^T \tag{2}$$

② 出力方程式

$$y_p = [x_r, v, \theta]^T = C_p x_p \tag{3}$$

(2) 旋回方向低次元化モデル

① 状態方程式

$$\dot{x}_s = A_s(y_r, \zeta, \dot{\zeta}, \psi, \dot{\psi}, l, \dot{l}, \ddot{l}, v)\,x_s + B_s(y_r, \zeta, \dot{\zeta}, \psi, \dot{\psi}, l, \dot{l}, \ddot{l}, v)\,u_s \tag{4}$$

$$x_s = [y_r, \zeta, \psi, \dot{y}_r, \dot{\zeta}, \dot{\psi}]^T \tag{5}$$

② 出力方程式

$$y_s = [y_k, \zeta, \psi]^T = C_x x_s \tag{6}$$

なお，実機に用いられるモータは速度制御指令によって駆動されるため，トルク入力モデルを速度入力モデルに変換したモデルを制御系設計モデルとして扱う．状態空間表現の導出手順および，トルク入力モデルから速度入力モデルへの変換方法は文献を参照されたい[1)]．

導出した速度入力モデルによる数値シミュレーションに関して実機挙動の再現性を得るために，システム同定を施す．具体的には，導出した速度入力モデルによる数値シミュレーションと 5.1.3 項に示す試験装置による実験の両者に関して，同一の制御指令を与えたときの観測出力 $y_p$, $y_s$ が数値シミュレーションと実験で一致するように速度入力モデルの物理パラメータを調整する．

**c．ゲインスケジュール $H_\infty$ 制御系の設計と実施**

b 項でシステム同定した速度入力モデル $P$ を用いた図 5.5 の一般化プラントに対して，つり荷ロープ長さ $l$ に対応した線形行列不等式（LMI）に基づくゲインスケジュール $H_\infty$ 制御器（以降，振れ止め制御器）を起伏と旋回に関してそれぞれ個別に求める．なお，図 5.5 の $W_1$ は，数学モデルと実機との誤差であるモデル化誤差を補うための重み付けで，$W_2$ は観測出力

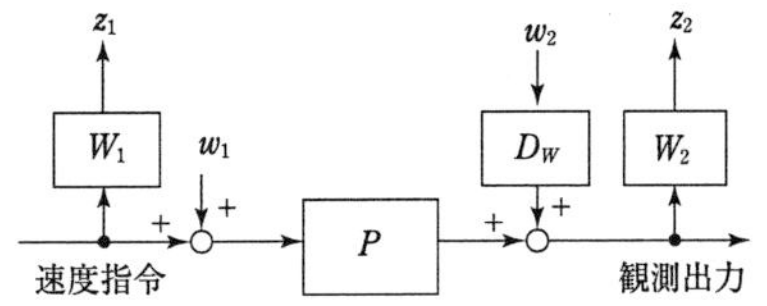


図 5.5 一般化プラント

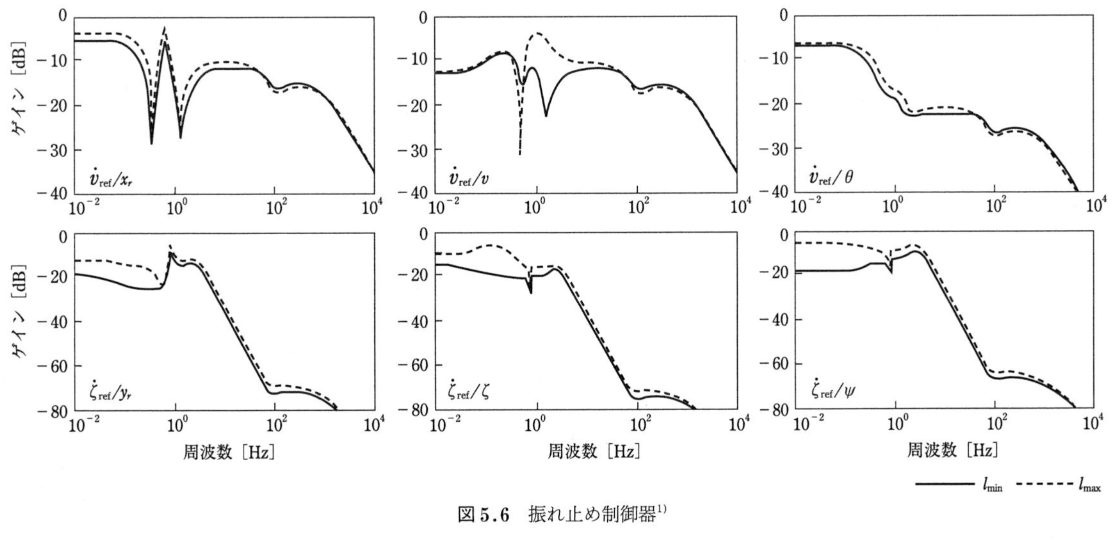


図 5.6 振れ止め制御器[1)]

であるマストの振れ量 $(x_r, y_r)$，ジブ角度 $(\nu, \xi)$，つり荷振れ角 $(\theta, \psi)$ に対する重み付けである．$D_w$ は標準 $H_\infty$ 制御の仮定を満たすために導入している[6)]．$w_1$, $w_2$ はそれぞれ外乱および，仮想的な観測ノイズを示し，$z_1, z_2$ は制御量を示す[1)]．

図5.6に5.1.3項に示す試験装置に対して求めた「振れ止め制御器」を示す．なお，図中の $\dot{v}_{\mathrm{ref}}$，$\dot{\xi}_{\mathrm{ref}}$ は起伏速度指令と旋回速度指令を示す．図5.6に示すように「振れ止め制御器」は，ロープ長さが最長のとき $l_{\max}$ と最短のとき $l_{\min}$ の端点の $H_\infty$ 制御器として求まる．この「振れ止め制御器」自体は汎用ソフトのMATLABを利用して求めた．

求められた「振れ止め制御器」を，タワークレーンの制御装置であるシーケンサ内で読み込み，つり荷ロープ長さに関した式で補間した後にPadé近似で離散化することにより，つり荷ロープ長さに対応したスケジューリング演算をしている[7)]．以上の設計手順により，5.1.3項に示す試験装置によるクレーンで，本振れ止め技術を利用した制御での運転ができる．

### 5.1.3　実機試験による振れ止め検証[1~3)]

**a．実機試験装置**

これまでに，実機タワークレーンの1/35模型による模型実証試験と実機タワークレーンによる実機実証試験によって，本振れ止め技術の有効性の検証を行ってきた[1,7~9)]．ここでは，実機実証試験の内容を紹介する．

試験装置には表5.2で示される機械諸元をもつ図5.7のタワークレーンJCC-V 600を用いた．モータおよびモータドライバ（インバータ）は通常のタワークレーンで用いられる運用仕様と同等である．

**b．試験方法と結果**

オペレータの手動操作により，タワークレーンのジブを起伏，旋回および，つり荷の巻上げの複合モーションでつり荷の搬送を行った．そのときのつり荷の振れ状況について，「振れ止め制御器」を実装したときと，実装しない通常運転のときとで比較した結果を図5.8に示す．

表5.2　試験装置仕様（機種：JCC-V600）

| | | |
|---|---|---|
| クレーン重量 | | 120 t |
| ジブ長 | | 51.5 m |
| つり荷重量 | | 2.9 t |
| つり荷ロープ長さ | | 15〜60 m |
| マスト高さ | | 12 m |
| 最大速度 | 巻き | 1.83 m s$^{-1}$ |
| | 起伏 | 139 s |
| | 旋回 | 0.48 rpm |
| つり荷固有振動数 | | 0.06〜0.13 Hz |
| マスト固有振動数 | | 0.65 Hz |

図5.7　タワークレーン試験装置[1~3)]

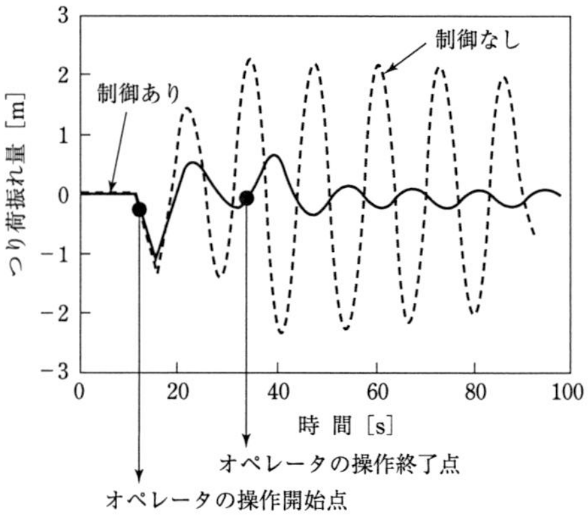


図5.8　つり荷の振れ状況[2,3)]

図5.8から，「振れ止め制御器」を実装することで，つり荷の振れに関して，最大振幅を通常運転に比べ1/2程度に抑えることができ，かつ，オペレータの操作終了後10秒以内には0.5 m以下に振れを低減できていることがわかる．なお，「制振あり」のときはオペレータ操作終了後も，操作終了時点の位置を保持しながら，振れを制振するための起伏，旋回動作が一定時間自動で行われる．

マストの制振に関しては，通常の運用仕様よりも1/3倍のマスト2本の高さでの試験でありマストの剛性が高く振れが微小であったため，本試験では大きな効果を確認できなかった．これまでに実施した模型実証試験では，マストの振れに関して，制振なしに比べて減衰比を約2倍以上にする制振効果が得られている．

また，位置決めに関しても手動操作指令に追従した制御結果が得られ，制振性能はもとより操作性に関しても良好な結果が確認された．なお，通常操作では困難な高速での動作に関しても，つり荷のスムーズな目的位置への停止が可能であることを確認できた．

### おわりに

本節では，タワークレーンのつり荷およびマストの振れ止め技術に対する $H_\infty$ 制御とゲインスケジュール制御の適用事例として紹介した．

本振れ止め技術に関して，これまでに模型および，本節で紹介したような実機での試験において優れた制御性能を有することを示してきた[1,7~9]．今後，タワークレーンおよび弊社各種クレーンを対象に本振れ止め技術を装備したクレーンの商品化を推進していく予定である．

［西川貴章・西村秀和・下田　進・谷田宏次］

### 参考文献


1) 西川貴章，下田　進，西村秀和，谷田宏次 (2010)：タワークレーンのゲインスケジュール制御 (実機試験による検証)，日本機械学会論文集 C 編，**76**(765)：1155-1162.
2) 西川貴章 (2009)：タワークレーンのつり荷及びマスト振れ止め技術，第 30 回全国クレーン安全大会特別講演・研究発表資料集，p. 33-40，社団法人日本クレーン協会.
3) 下田　進，西川貴章 (2010)：タワークレーンの振れ止め技術 (特集運搬機械)，産業機械，p. 8-11，日本産業機械工業会.
4) 野波健蔵，西村秀和，平田光男 (1998)：MATLAB による制御系設計，p. 133-137，東京電機大学出版局.
5) 高木清志，西村秀和 (1999)：タワークレーンの起伏・旋回方向の分散制御，日本機械学会論文集 C 編，**65**(640)：4692-4699.
6) 高木清志，西村秀和 (2003)：Control of a Jib-Type Crane Mounted on a Flexible Structure, *IEEE Transactions on Control Systems Technology*, **11**(1)：32-42.
7) 高木清志，西村秀和 (1998)：タワークレーンのつり荷ロープ長変動を考慮したゲインスケジュールド制御，日本機械学会論文集 C 編，**64**(626)：3805-3812.
8) 高木清志，西村秀和 (2003)：タワークレーンのつり荷ロープ長変動に対する起伏・旋回方向のゲインスケジュールド分散制御 (操縦者の任意指令に対応する制御系設計)，日本機械学会論文集 C 編，**69**(680)：914-922.
9) 高木清志，西村秀和，小池裕二，西川貴章，下田　進 (2006)：タワークレーンの制御 (速度制御されたモータを用いた制御)，*Dynamics and Design Conference 2006*, 526. pdf.


## 5.2 アクティブ制御

### はじめに

高層ビルは，固有周期が長く，減衰が小さい柔軟構造物であり，強風や地震時に発生する揺れは居住者が船酔いを起こす要因になっている．とくに，大きく揺れる高層部は高級ホテルやレストランに利用されることが多いことから，高い居住性を確保するために制振装置が適用されるようになってきた．

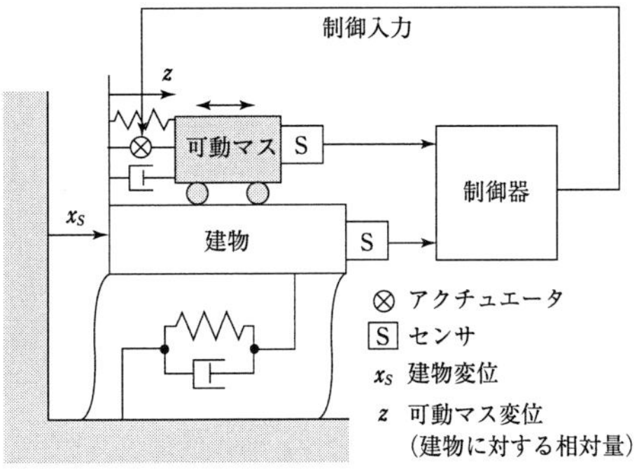


(a) ハイブリッド方式

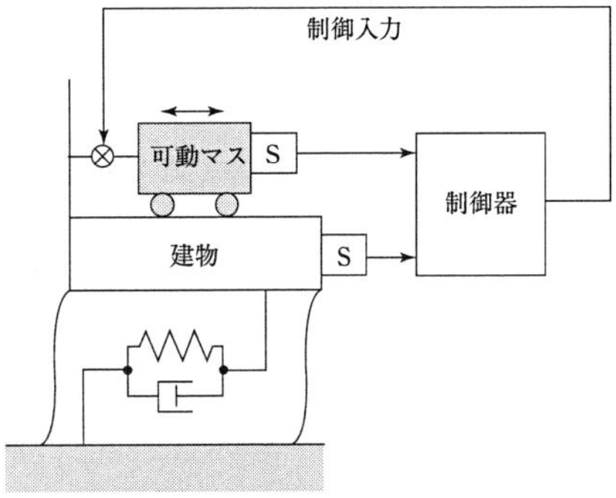


(b) フル・アクティブ方式

**図 5.9**　アクティブ式制振装置の分類

図 5.9 は，制振装置の概念を示したものである．制振装置は，揺れが大きい建物上層階や屋上に設置される．図中の可動マスは，建物に対して相対運動が可能な錘である．制振力には，可動マスが運動したときに発生する慣性力が用いられる．可動マスには，アクチュエータが装着されており，センサで検出した建物の揺れに基づいて，左右方向に制御させる．このような，アクチュエータを用いて制御する制振装置をアクティブ式制振装置とよんでいる．現在，アクティブ式制振装置には，主に図 5.9 の (a) と (b) の 2 種類が適用されている．両者の違いは，ばね要素および減衰要素の有無であるが，それぞれをハイブリッド方式，フル・アクティブ方式とよぶことがある．アクティブ式制振装置は，建物総重量の数百分の 1 程度の比較的軽量な可動マスで大きな制振効果が得られることから，1989 年の東京都中央区京橋「成和ビル」での実用化以降，数多くの高層ビルに適用されている[1]．

図 5.10 は，高層ビル用制振装置の一例として，フル・アクティブ方式の実機の概観を示したものである．可動マスは，リニアガイド上に支承され，リニアモータ（図中の永久磁石とコイル部で構成）で直接に

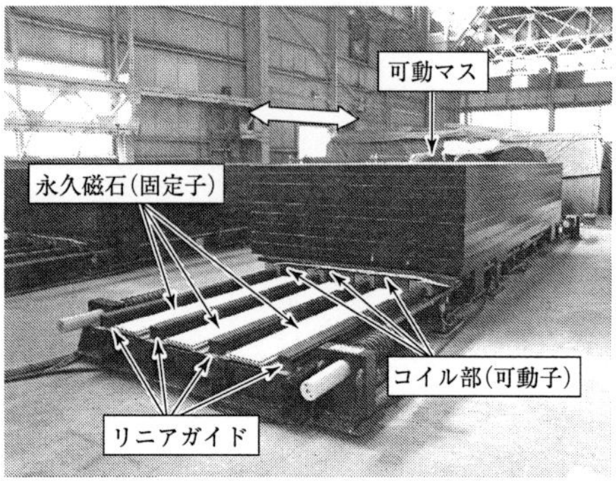

図 5.10　高層ビル用制振装置の実機の概観

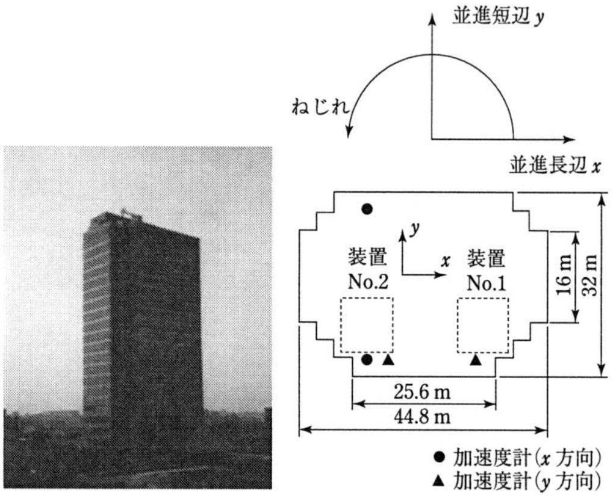

図 5.11　J-City タワーの概観と制振装置の設置位置

制御される．本装置は，機械駆動系を備えないコンパクトな構造であることから，特設の大きいスペースを必要とせず，デッドスペースを利用し，2 方向に配置すれば，2 軸制御への対応も容易である．

アクティブ式制振装置の制御には，これまでにさまざまな制御理論が試みられている．実用化初期の頃は，直接速度フィードバックや LQ 制御理論をベースにしたもの[2]が多かったが，1990 年代に入ると，$H_\infty$ 制御理論などのロバスト制御理論が試みられている．また，実機では，小さい揺れから大きな揺れまで，装置を止めることなく，効果的に制御することが必要なため，揺れに応じて制御の強さを変えるインテリジェントな機能が備えられている．こうした技術は制振装置に特化した技術として構築されてきたが，近年では，大地震への対応から，より幅広い入力に対しても柔軟に対応できる制御法も提案されている．以下では，筆者らがかかわった実施例を紹介する．

### 5.2.1　制御系の設計例

制振装置によって制振効果を得るには，力学的には，共振点において可動マスの慣性力を建物に対して減衰力として作用させればよく，そのとき，可動マスは建物変位に対して 90 度の位相遅れで作動する．この点においては，どの制御理論を用いても同じ結果を与えてくれる．制御系の性能には，対象モードでの制振性能の確保に加えて，高次モードに対する制御安定性および，低周波成分に対する可動マスのストローク抑制も要求される．風外力には低周波成分が多く含まれるが，制振効果が期待できない低周波成分に対しては，ストロークを抑制し，建物の固有振動成分のみを制御すれば，効率の良い制御が可能になる．これらの性能を反映した制御器は，フィルタを用いることでも得られるが，$H_\infty$ 制御理論を適用すれば，体系的に導出することができる．

東京・光が丘の J-City タワーでは，$H_\infty$ 制御理論が適用されている[3]．この建物は，図 5.11 のような地上 23 階，高さ 100 m の事務所ビルである．制振装置は，水平面内に生じる並進 2 方向の曲げおよびねじれ振動を低減するために，最上階の短部に 2 台が設置されている．$H_\infty$ 制御理論の同建物への採用は，1997 年である．制振装置の制御対象モードは，曲げおよびねじれの各 1 次モードであり，制御には，建物変位と可動マスの変位が用いられている．建物の変位は，加速度計の出力を用いた積分値である．また，制振装置の駆動には，変位制御が用いられており，その動特性は実験的に同定されている．建物モデルは，制振装置を加振機とした建物の加振試験によって同定された固有振動数，減衰比および一般化質量を用いて，曲げおよびねじれの各 2 次モードまでをモード空間上で作成している．制御系の設計では，建物モデルに，制振装置の動特性を組み合わせた力学モデルを作成し，同モデルから 2 次モードを切り捨てた低次元化モデルに対して $H_\infty$ 制御系を設計している．図 5.12 は，$H_\infty$ 制御器を含む閉ループ系のブロック線図と設計に用いた重み関数の周波数応答である．$W_{2s}$，$W_{2d}$ および $W_1$ は，上述の要求性能を達成するために設定された，建物変位，可動マス変位および制御入力に対して課す重み関数である．また，図中の $\Delta P_a$ は，加法的な誤差である．

同様の制御器は，建物仕様に応じて，制御器への入力変数の構成や重み関数の形状を変えることで，その後に建設された別の建物にも応用されている．2009 年に竣工した東京・青葉台タワーでは，建物内に設置されたモニタリング装置によって稼動時の状況が得られている．図 5.13 は，2009 年 10 月に東京に襲来した台風 19 号時の稼動記録[4]を解析したものである．制振

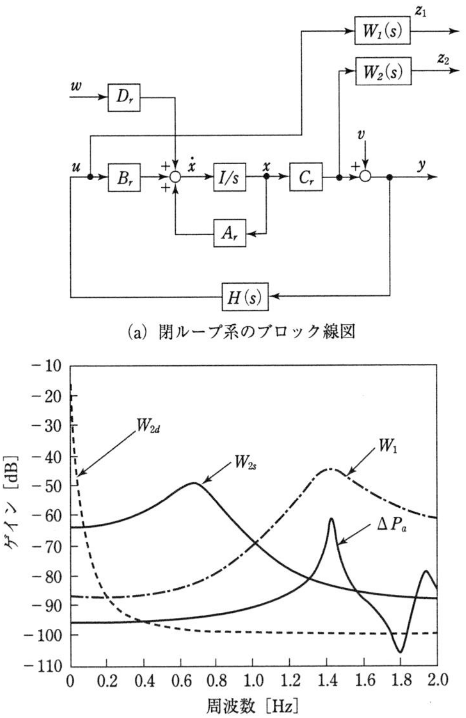

(a) 閉ループ系のブロック線図


(b) 重み関数の周波数応答

図 5.12 閉ループ系のブロック線図と重み関数の周波数応答

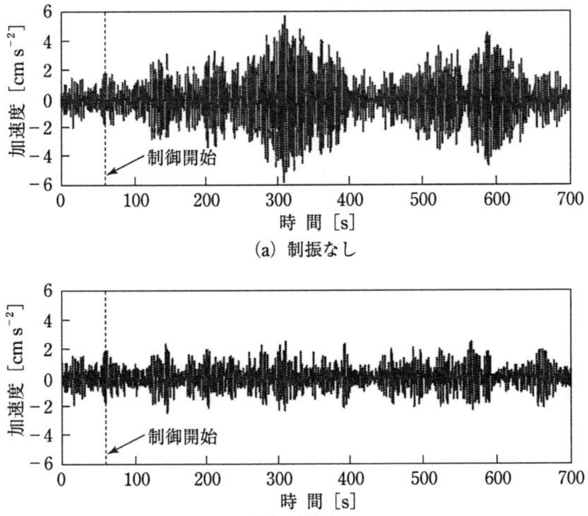

(a) 制振なし


(b) 制振あり

図 5.13 強風時の制振効果

時は実測された建物端部の加速度であり，非制振時は制振時の建物加速度，可動マス変位および建物モデルを用いて求めた計算値である．制振装置によって，1/3 程度まで低減されていることがわかる．

### 5.2.2 制御性能の高度化

アクティブ式制振装置では，可動マスの変位に制約があるので，小さな揺れから大きな揺れまで運用させるには，揺れの大きさに応じて制御の強さを変えることが必要になる．近年では，地震時の後揺れ効果への期待が高まった結果，大地震においても，装置を停止させずに，できるだけ大きな応答加速度まで，運転を継続させることが要求されるようになっている．そのため，風揺れでは通常どおりの性能を発揮させながら，大地震に対しては，より速やかに可動マスの振幅を抑制して幅広い入力にも対応できるようにした方法が提案されている[5]．

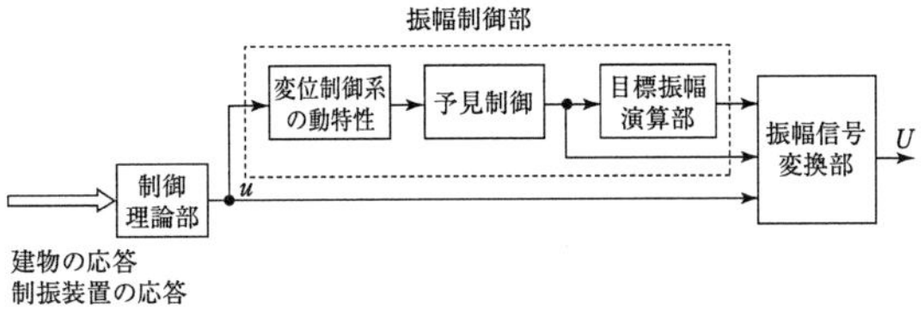

図 5.14 振幅制御機能を有する制御系の概念

図 5.14 は，振幅制御機能を有する制御系の概念を示したものである．図の左端の制御理論部は，前述の $H_\infty$ 制御理論などの制御理論に基づいて制御入力が生成されるブロックである．振幅制御部では，大入力時にも可動マスが端部へ衝突せず，許容ストロークの範囲内で作動できるようにするために振幅の大きさが評価される．このブロックには，急激な入力の変化にも速やかに対応できるように，制御入力を先行して推定させるための予見制御部が挿入されている．予見制御は，制御入力に，変位制御系の動特性を通した出力に対して施される．予見制御の出力は，目標振幅演算部へ入力され，適切な振幅の大きさが決定される．

以上の手続きによって得られる最終の変位指令 $U$ は，制御理論部の出力信号 $u$ に対して，次式のように書かれる．

$$U = Ku \tag{7}$$

ここで，$K$ は振幅制御機能によって決定される制御の強さであり，最大値を 1.0 とする可変ゲインである．

同制御法の稼動は，2011 年 3 月 11 日に発生した東北地方太平洋沖地震（東日本大震災）において，東京地区の高層ビルで確認されている[6]．東京地区における震度は，震度 5 弱から 5 強であり，気象庁による長周期地震動階級は 4 であった．同建物は，144 m のオフィス兼共同住宅である．制振装置は，制振装置設置階での建物加速度が 200 cm s$^{-2}$ までは，装置を停止させずに，作動を継続するように制御される．図 5.15 は，備え付けのモニタリング装置で得られた観測結果

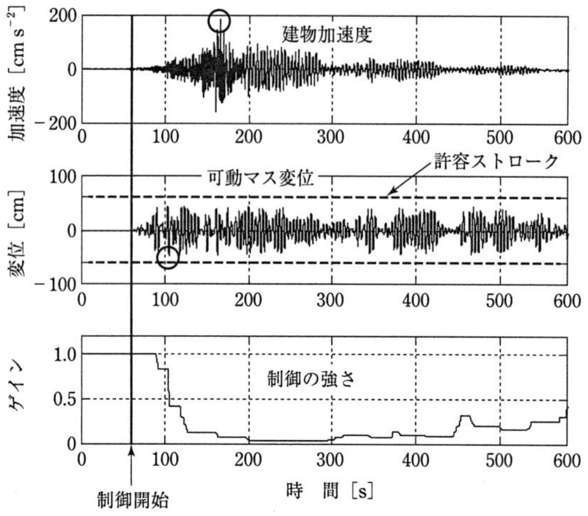

図5.15　東北地方太平洋沖地震において取得された時刻歴応答波形

を時刻歴応答波形で示したものである．上段から，建物加速度，可動マス変位および制御の強さである．建物加速度の最大値は，稼動限界加速度の 200 cm s$^{-2}$ には達せず，装置は，地震発生とともに作動を開始し，そのまま稼動を継続している．100 秒付近からは，制御の強さが速やかに弱められた結果，可動マスは，端部に衝突することなく，最大で，許容ストロークの約 80 % に抑制されながら作動している．図 5.16 は，建物加速度の時刻歴応答波形を時間領域で拡大したもので，制振有無で比較している．非制振時の応答は，前出の図 5.13 と同様の手続きで算出している．400 秒過ぎより，徐々に制振効果が発揮され，570 秒以降を見ると，非制振時は，約 10 cm s$^{-2}$ 程度の振動が残留しているのに対して，制振時は振動がほぼ消滅している．

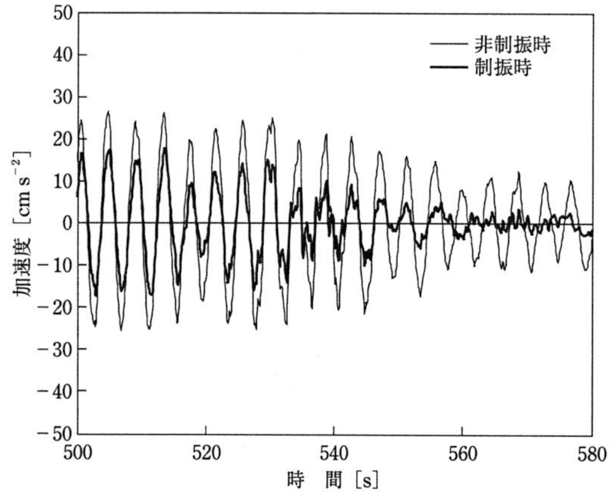

図5.16　後揺れ時の建物加速度における制振有無の比較

## おわりに

アクティブ式制振装置の制御技術について，高層ビルに適用された実施例を紹介した．種々の制御理論の適用性については，1990 年代には，ほぼ明らかにされており，現在は，大地震への対応に関心が高まっている．大地震時には，入力が大きくなるだけでなく，建物の固有振動数および減衰が変動するため，これらの変動に対する対応も重要である．また，地震対応の増加とともに，免震装置や制振ダンパを備えた建物にアクティブ式制振装置を適用する例も見られるようになっている．これらの免制振デバイスでは，パッシブな非線形特性が使われることが多いが，アクティブ制御によって，より良い性能を発揮させることが必要である．以上を鑑みると，将来的は，振動特性に柔軟に対応できるような自動チューニング法などの新しい制御技術の開発にも期待するところである．［小池裕二］

## 参 考 文 献


1) 日本建築学会 (2006)：アクティブ・セミアクティブ振動制御技術の現状，p. 26，丸善出版．
2) Y. Koike, K. Tanida, M. Mutaguchi, T. Murata, M. Imazeki, T. Yamada, Y. Kurokawa, S. Ohrui, Y. Suzuki (1998)：Application of V-Shaped Hybrid Mass Damper to High-rise Buildings and Verification of Damper Performance, *Structural Engineers World Congress*, T198-4.
3) 小池裕二，今関正典，早野哲央，藤波健剛，斉藤芳人 (2000)：$H_\infty$ 制御理論を用いたハイブリッド式制振装置の実高層ビルへの適用，日本機械学会論文集 C 編，**66**(649)：3011-3017.
4) 小池裕二 (2010)：レール型フル・アクティブ式制振装置の高層ビルへの適用，振動技術，**21**：27-32.
5) 小池裕二，今関正典，風間睦広 (2009)：大地震に対する AMD の制御法と作動試験，土木学会第 64 回年次学術講演会講演概要集 I，p. 819-820.
6) 小池裕二 (2012)：フル・アクティブ式制振装置による地震対応，振動技術，**26**：21-26.


# 5.3　航空機用発電システム（T-IDG）

## 5.3.1　製品の概要

本製品は，航空機の主翼エンジンに備えられた補機のひとつで，機内で消費する大電力（定格 90 kV A）を供給する発電機システムである．制御目的は，エンジン駆動による交流発電機の回転を一定速に保つことである．その使用周波数は，軽量化のために非常に高速であって，400 Hz 一定が通例となっている．ここで，図 5.17 に示すように，航空エンジンは，離陸・上昇・巡航・降下・着陸といった一連の飛行動作にて可変速であるので，IDG (integrated drive generator) とよばれるように，発電機と一体化した増速機の変速比

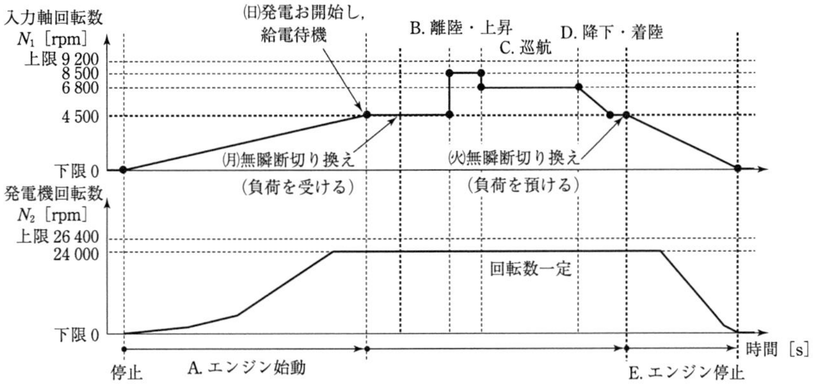


図 5.17　航行時の可変なエンジン回転数と発電機回転数の変化

を制御し，定速駆動装置 CSD（constant speed drive）として機能させる．

航空機用発電機は，海外製の油圧式 IDG[1] が独占し，長く主流であったが，近年の環境負荷や運用コストの低減などを背景にして，高効率な無段変速機を内蔵したトラクションドライブ式 IDG（T-IDG）を開発した．その外観を図 5.18 に示す．また，その搭載位置は，軸動力を得やすい主翼エンジン横である．

本システムは，2001 年度から開発が進められている国産大型機（2 機種）にて搭載されている．最初の機種に関しては 2007 年 9 月，2 番目の機種に関しては 2010 年 1 月の初飛行に成功した．

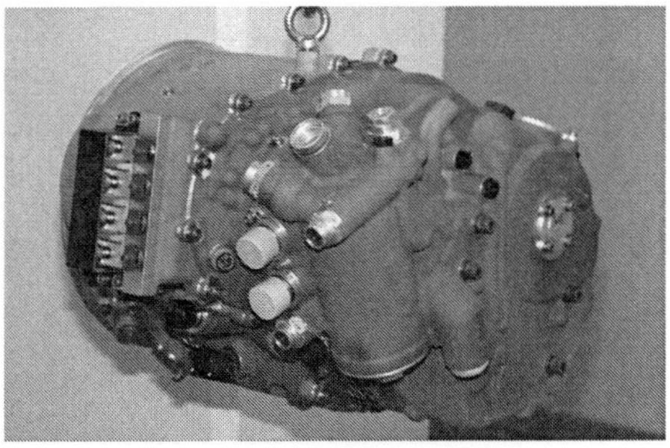

図 5.18　T-IDG の外観

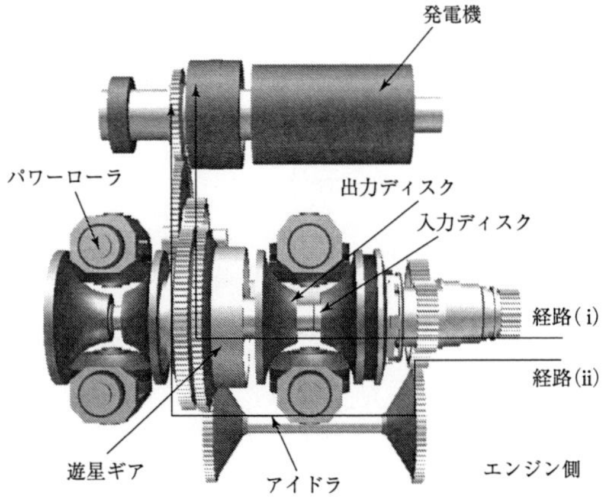


図 5.19　T-IDG の内部構造

T-IDG には特徴が二つある．一つは無段変速機の導入，もう一つはパワースプリット方式による動力伝達方法である（図 5.19）．

**a．無段変速機**[2]

1999 年に国産高級車で採用されたハーフトロイダル型 CVT（continuously variable transmission）を航空機用に発展させた．高圧下で大きなせん断力を生じる特殊な潤滑油を用いた動力伝達が特徴である．自動車用に比べて 2 倍以上の高速化が要求され，富士山形状の入出力ディスクの大きさは茶碗ほどである．

**b．パワースプリット方式**

本システムではパワースプリット構造を採用し，エンジンから与えられる動力を分流して，図 5.19 の経路（i）で小さい動力を無段変速機に，経路（ii）で大きい動力をギヤ系にもたせ，系全体の高効率化を図っている．

髪の毛の太さは約 70 μm（平均）といわれるが，無段変速機ではパワーローラを数十 μm 動かすと，制御なしには傾転し続ける不安定な系である．また傾転のしやすさは，入出力ディスクとパワーローラの接触した半径の比（すなわち 0.5〜2.0 倍）に依存する非線形な系でもある．よって，制御が必須で，かつ制御が難しい系とわかる．そこで，次項以降に示すように，経路（i）の非線形性を打ち消し，その安定化を常に施すことで，機能向上や製品の付加価値を高めることができる．とくに，機体搭載のための軽量化や信頼性向上が課題となり，制御面の問題点としてオブザーバを用いた位置センサレス化[3] を導入した．

## 5.3.2　制御対象とモデリング

まず，図 5.20 に示すように，制御対象のシステム構

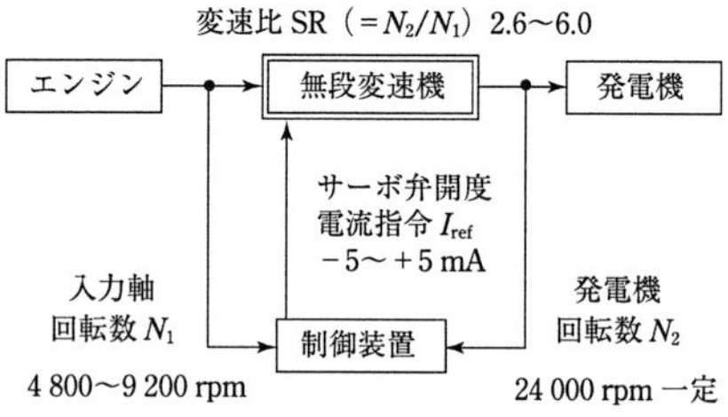


図 5.20　システム構成図

成を述べる．以下のように，T-IDG は変速機と発電機が一体型であり，エンジン駆動により発電機軸が一定速を保つように制御系を組む．

① エンジン：　運用により，上昇，巡航，降下などの可変な回転となる．航行中の入力軸回転数は 4500〜9200 rpm で変動する．

② 変速機：　トロイダル式無段変速機を内在する（図 5.21）．富士山形状の入出力ディスクと，それらにパワーローラ（すなわち中間転動体）を介し，高圧下で特殊な作動油による点接触をさせ，動力を伝達する機構をもつ．これに図 5.19 の遊星ギヤやパワースプリット構造を加味し，システム全体の変速比を 2.6〜6.0 で増速する．

③ 発電機：　2 極，3 相交流の同期発電機を使用する．航空機用発電機の交流電源周波数は 400 Hz 一定である．つまり，2 極機なので，回転数は 24000 rpm 一定となる．

ここで，制御器の入力信号は回転数センサ（入力軸，発電機軸），監視電流，負荷電力の実効値である．出力信号はサーボ弁開度電流指令（ディザの有無を調整可）である．ほかにも，後述する無瞬断切換などのために必要な信号がある．

次に，上記②に示した無段変速機の挙動を理解するため，無段変速機と油圧サーボ系の動作原理について説明する．

図 5.21 のトロイダル式無段変速機は，以下の流れで変速比を制御する．

① 変速前：　入出力ディスク上でパワーローラが油膜を通じて接し，軸まわりにそれぞれが回転していると仮定する．とくに，パワーローラは平衡点で定位置にとどまっていて，傾転せずに静止しているものとする．

② 傾転状態：　油圧系を操作し，二つのパワーローラを図 5.21(a) の紙面奥行き方向に対抗させて数 μm 移動させると，図 5.21(b) の例のように増速あるいは減速方向に傾転する．

③ 傾転角度を保持しつつ，再度静止：　②の傾転を停止するには，①の平衡位置にパワーローラを引き戻せばよい．

ここで，図 5.19 のように，スラスト軸方向に発生する力を効果的に相殺しあうように，図 5.21 の入出力ディスクを 1 セットとする 2 キャビティで系を構成するのが一般的である．そのため，パワーローラは系全体で計四つある．さらに，図 5.22 のように，二つのパ

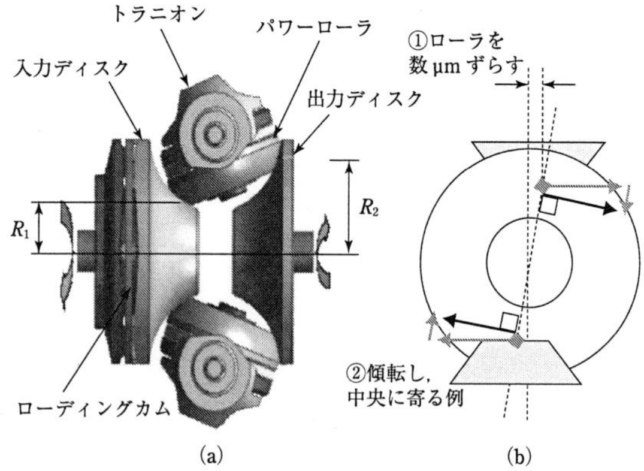


図 5.21　無段変速機の動作原理

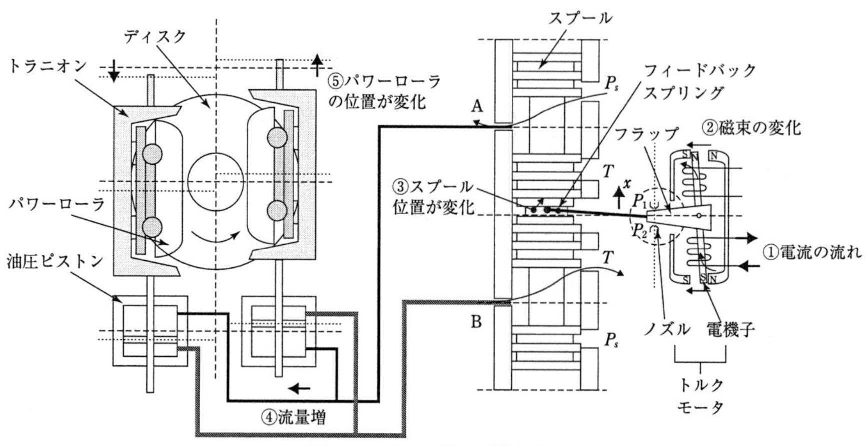


図 5.22　サーボ系の動作原理

ワーローラは，入出力ディスク上で軸中心を点対称に，対抗しながら移動する．サーボ弁[4]は，電流（弁開度指令）による磁束変化でノズル・フラッパが傾き，スプールの移動で流量が増す，といった流れでパワーローラ位置を制御する．なお，安全上，異常発生時には必ず減速側に寄せるフェールセーフ対策がなされている．

以下に，制御対象の近似モデルを示す．

**a．制 御 対 象**

弁開度指令 $I_{\mathrm{ref}}$ から傾転角 $\phi$ までの線形近似モデル

$$\dot{x}=Ax+Bu,\quad y=Cx$$

$$\rightarrow G(s)=C(sI-A)^{-1}B=\frac{K_1K_2}{s^2} \tag{8}$$

ただし，

$$A=\begin{bmatrix}0 & K_2\\ 0 & 0\end{bmatrix},\quad B=\begin{bmatrix}0\\ K_1\end{bmatrix},\quad C=[1\ \ 0] \tag{9}$$

$$x=\begin{bmatrix}\phi\\ x_{PR}\end{bmatrix},\quad u=I_{\mathrm{ref}} \tag{10}$$

**b．無段変速機**

①非線形性を打ち消す線形化

$$e=\frac{1+k_0-\cos\hat{\phi}}{1+k_0-\cos(2\theta_0-\hat{\phi})}:=f(\hat{\phi})$$

$$\rightarrow \hat{\phi}=-\alpha+\sin^{-1}\left\{\frac{(1+k_0)(e-1)}{R}\right\} \tag{11}$$

ただし，

$$\alpha=\tan^{-1}\frac{Y}{X},\quad R=\sqrt{X^2+Y^2}\ \ (>0)$$

$$X=e\sin 2\theta_0\ \ (\neq 0),\quad Y=e\cos 2\theta_0-1 \tag{12}$$

②系全体の変速比 $SR$ とトラクションドライブ変速比 $e$ の関係式

$$SR=A_r\,e+B_r:=g(\hat{e}) \tag{13}$$

ここで，制御対象の感度 $K_1$，$K_2$，キャビティアスペクト比 $k_0$，パワーローラ半頂角 $\theta_0$，指定極 $T_m$，変速比の傾き $A_r$ と切片 $B_r$（線形関数）と表記する．

### 5.3.3 制御系設計

世間一般で使用される制御器の 90% 以上が PID 制御器（比例・積分・微分の意）といわれる．これは，調整勘を養えば，現場調整が非常に容易であるためと考えられる．以下，回転数制御系と油圧制御系を構成する．

**a．回転数制御系**

式 (17) のように PI 制御を使用する（記号 $X_{ff}$ は後述）．

$$X_{\mathrm{ref}}=\left(K_{P1}+\frac{K_{I1}}{s}\right)\left(\frac{N_{2\mathrm{ref}}-N_2}{N_1}\right)+X_{\mathrm{ff}} \tag{14}$$

可変なエンジン回転数によらず，発電機回転数が一定となるように変速機の変速比を制御する．図 5.23 の変速機系は，パワーローラの奥行き方向の移動量に応じて，式 (8) より，厳密には一部の速いモードを無視すると，伝達関数を「二重積分器」で表現できる．

**b．油圧制御系**

式 (15) のように P 制御のみを使用する．

$$I_{\mathrm{ref}}=K_{P2}(x_{\mathrm{ref}}-\hat{x}_{PR}) \tag{15}$$

図 5.23 の油圧系は伝達関数を「積分器」で表現する．つまり，シンプルな近似モデル $K_1/s$ で検討し，サーボ弁開度指令を積分すれば，圧を高める流量を出力することに値する．

ただし，狭い空間内に通すため，油圧配管長がそれぞれ異なることから，四つのパワーローラの位置にばらつきが残る．ここで，変速比から逆算するトラクションドライブ変速比 $e$ は，四つの平均値の影響を受けていることを意味する．そのばらつきを抑えるために，油圧系にオリフィスを追加し，流量の速度変化に制限を設けることとなった[5]．

**c．オブザーバ**

開発当初，差動変圧器 LVDT（linear variable differential transformer）は故障率が高く，必然的に以

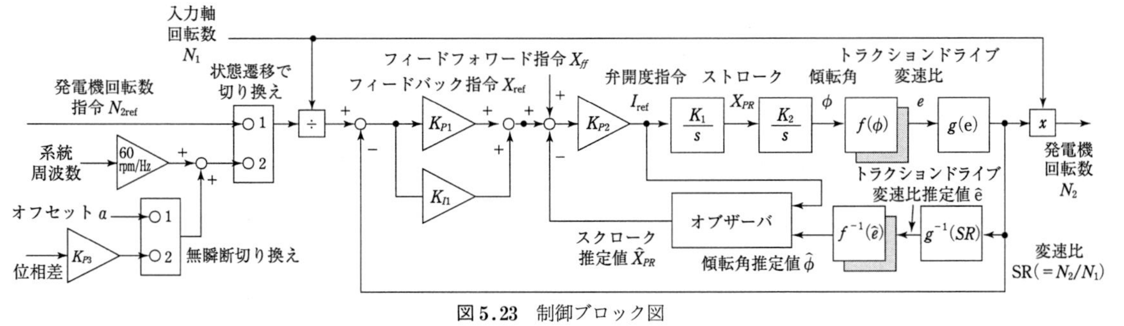


図 5.23 制御ブロック図

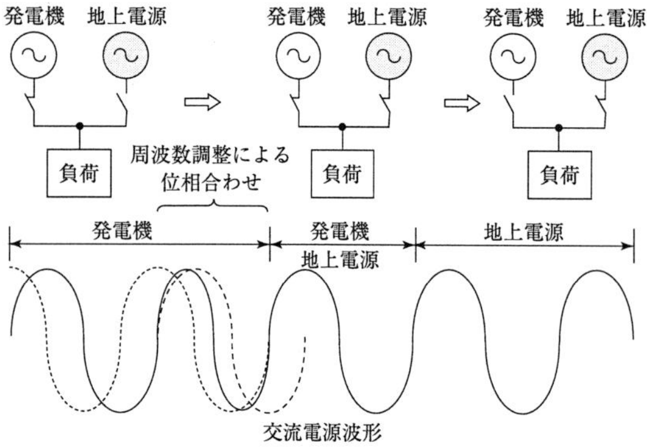


図 5.24　無瞬断切り換えの概念図

下のオブザーバによる位置センサレス化が要望されることになった．

弁開度指令 $I_{\mathrm{ref}}$ から傾転角 $\phi$ までの線形推定モデル

$$\dot{\omega}=\hat{A}\omega+\hat{B}u+Gy,\quad \hat{x}=\hat{C}\omega+\hat{D}y \tag{16}$$

ただし，

$$\hat{A}=-LK_2\left(:=-\frac{1}{T_m}<0\right),\quad \hat{B}=K_1,$$

$$\hat{C}=\begin{bmatrix}0\\1\end{bmatrix},\quad \hat{D}=\begin{bmatrix}1\\L\end{bmatrix},\quad \hat{x}=\begin{bmatrix}\hat{\phi}\\ \hat{x}_{PR}\end{bmatrix} \tag{17}$$

以上をまとめると，式（8）の伝達関数に，式（15）のローカルな油圧系と式（14）の変速機系のフィードバックを組むことで，回転数制御系を構成することになる．

本系は電機システムとして，以下の二つの付加的な制御機能を有する．

**d．フィードフォワード制御**

電気的負荷の変化に応じて，変速機へ与える影響を補正するフィードフォワード制御を有する．過負荷試験などの急負荷変化時にはメカのたわみが生じ，フィードバック制御だけでは十分に追従しきれないことがあった．そのため，本系では負荷に対するフィードフォワード制御，つまり式（14）の補正量 $X_{\mathrm{ff}}$ を有する．

**e．位相差フィードバック制御**

国産初となる無瞬断機能を有する．たとえば，図5.24のように，尾翼近くに配置された補助動力装置APU（auxiliary power unit）や陸電と本システムの電圧の正弦波波形について，波高，周波数，位相の三つを合わせこむ．もし位相差の大きな状態で瞬断すると，過大な電気的トルクを発生させ，機械系の故障につながる．

### 5.3.4　適用結果

以下，テストベンチでの試験結果を示す．

［結果1］発電機回転数の一定制御

入力軸回転数を大きく変動させても，発電機回転数が一定速に保たれ，許容値内（400±5 Hz）であることを確認した（図5.25(a)）．

［結果2］過負荷ステップ試験

定格負荷を超えた150 kWの過負荷ステップ試験を実施した．フィードフォワード補償にて，仕様にある過渡応答条件に抑えられることを確認した．ここで，発電機回転数の時間的変動の範囲に関しては，MIL規格（米国防総省が制定する技術的な設計指針）の「機体の電力特性（MIL-STD-704E）」に準拠している（図5.25(b)）．

［結果3］無瞬断切り換え

以下のような2段階の制御を行う（図5.25(c)）．

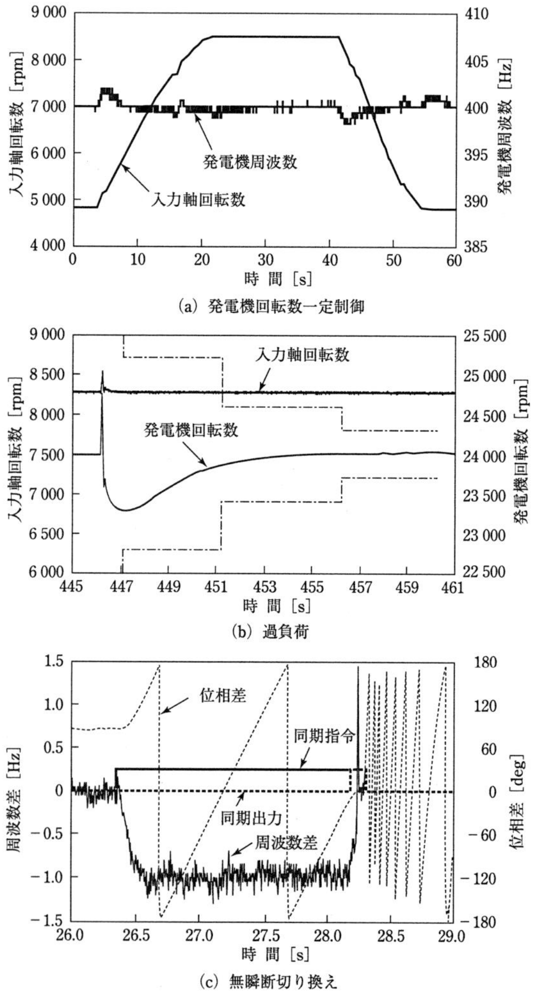


図 5.25　ラストベンチでの試験結果

①オフセット補正： 本T-IDGと相手となる系統電源との位相差が停滞することを避けるため，電源側の周波数にオフセット量$\alpha$（図5.23参照）を加えて，位相を故意に大きく変化させる．

②位相差フィードバック制御： 位相差が0近傍に近づいたら，図5.23の位相差フィードバック$K_{P3}$により積極的に0値を保つように変速機の制御を行う．無段変速機の応答速度が非常に高速なので，電気的な変化に追従できる．

## おわりに

航空発電システムに無段変速機を適用した例を示した．制御なしには成立しない機構であるため，制御の有用性を示せたと考える．

今後の展望であるが，本系はパワーローラの位置制御のための油圧系，遊星ギヤやころがり軸受などの機械要素からなる機械系，同期発電機の電機系，電気系統に備わる電子機器などの電気系といった縦断的な技術分野だけでなく，それらを横断的に結びつける制御系を含めて，多くの異分野が融合している．シミュレーション検討を実施する場合，機械系と電気系ではカバーすべき周波数帯域が離れている．近年のめざましい計算機の発展もあり，これらを統合化したシミュレーション技術がますます重要になってくる．

［中島健一・東　成昭］

## 参考文献


1) 日本航空技術協会（1986）：航空電気入門．
2) 田中裕久（2000）：トロイダルCVT，コロナ社．
3) 河野行伸，東　成昭，中島健一，五井龍彦，川上浩司（2004）：第48回システム制御情報学会研究発表講演会，講演番号2036．
4) 不二越ハイドロニクスチーム（1993）：知りたい油圧，ジャパンマシニスト社．
5) 五井龍彦，田中謙一郎，中島健一，渡辺浩二（2010）：航空機発電機用・高速トラクションドライブCVTの安定性に関する研究，日本航空宇宙学会論文集，**58**(678)：203-209．


# 5.4 ヘリコプタ用エンジン制御装置（FADEC）

## 5.4.1 製品の概要

### a．FADECの歴史[1)]

航空用エンジンは高空環境下での運用が前提であることと，故障が人命にかかわる事態にいたる可能性が高いことから，厳しい耐環境性と高い信頼性が要求されており，制御装置にも同様の性能が求められる．そのため，航空用エンジンでは他の産業分野に比べて制御装置の電子化は遅れ，燃料を作動油として用いる油圧機械（ハイドロメカニカル）方式が長い間主流であった．

しかしながら，近年はエンジンの高性能化に伴って制御に対する要求が高度化，複雑化しており，油圧機械方式では対応が困難になりつつある．一方で，電子部品の高信頼性化や演算の高速化など，計算機技術が急速に発展したことから，航空用エンジンでも制御装置の電子化が進展している．図5.26に示したように，1970年代にはスーパバイザリ方式（油圧機械方式の上位に電子計算機を設け，複雑化した制御機能を補う方式）が登場，1980年代になるとすべての制御機能を電子計算機にて行うFADEC（full authority digital electronic control）方式の開発・適用が始まり，現在では実用化に至っている．

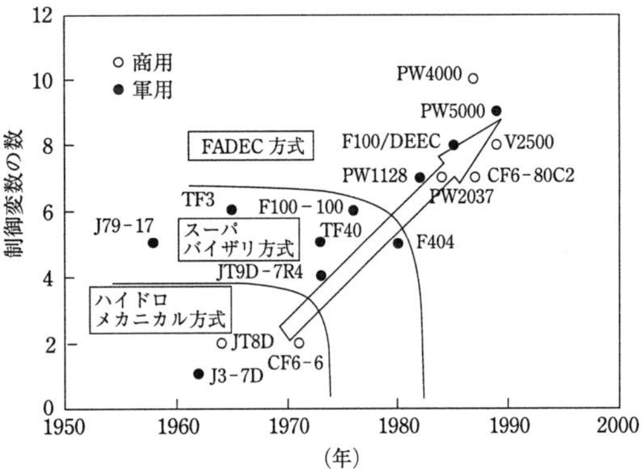


図5.26 航空用エンジン制御装置の変遷

### b．2軸ターボシャフトエンジン

航空用エンジンとして用いられるガスタービンには，ターボジェットやターボファンなどいくつかの形式があるが，ヘリコプタ用エンジンには図5.27に示したターボシャフトエンジンとよばれる形式が用いられる．ターボシャフトエンジンは，動力を発生するタービンにシャフト（出力軸）を連結し，これによりヘリコプタのロータを駆動する．飛行中のロータ回転数は一定に保持され，ロータブレードのピッチ角を動かすことで空気抵抗を変化させて推力を得る（これがエンジンに対する負荷になる）．このように，出力軸の回転数を一定に保ったままで推力，すなわちエンジンの発生動力を変化させる必要があることから，ターボシャフトエンジンでは2軸ガスタービンが用いられる．

2軸ガスタービンは，図5.27に示されるように，圧縮機とこれを駆動するためのタービン（ガスジェネレータタービンとよばれる），および燃焼器により構

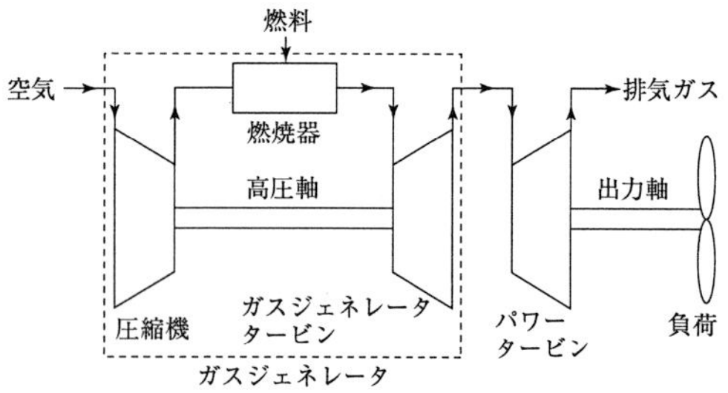


図5.27　2軸ターボシャフトエンジン構成図

成されるガスジェネレータ部分と，外部へ取り出す動力を発生するパワータービン部分からなる．ガスジェネレータとパワータービンは流体・熱エネルギーによってつながっており，機械的には拘束されていないので，それぞれを個別の回転数にて運転することが可能である．また，燃料投入量を増/減してガスジェネレータの回転数を上昇/下降させれば，パワータービンへ送り込まれる燃焼ガスのエネルギーが増加/減少し，パワータービンの発生動力は大きく/小さくなる．このように，2軸ガスタービンでは出力軸回転数を一定に保持した状態で発生動力を変化させることができ，ヘリコプタ用エンジンに特有な運用が可能になる．

また，2軸ガスタービンの特徴として，部分負荷運転における効率特性が1軸式ガスタービンに比べてよいことから，部分負荷運転が多い推進用原動機に適しているといわれている．一方で，負荷（発生動力）の変化に対してガスジェネレータの回転数が増減するので，これに伴ってガスタービンの応答特性が大きく変化するという制御上の課題もある．

本節では，このような課題も踏まえながら，ヘリコプタ用2軸ターボシャフトエンジンに適した制御系の開発事例として，モデルマッチング的な手法による制御パラメータ設計法とゲインスケジューリング制御の適用について説明する．

### 5.4.2　制御対象とモデリング

ガスタービンの特性は，マスバランスやエネルギーバランス，軸系の運動方程式などの物理式により記述され，それらの大部分は線形モデルにて表現することができる．しかし，圧縮機やタービンなどは特性が非線形であるため，ガスタービン全体としては非線形モデルになる．ただし，ガスタービンモデルに含まれる非線形要素のほとんどは静特性であり，モデル式の構造そのものが非線形になっているわけではなく，係数的なパラメータが変化するだけである．したがって，個々の動作点近傍における応答特性を考える場合には，線形モデルへ近似して評価することが可能である．実際，発電用1軸ガスタービンの場合には，動特性の大部分は軸系の運動方程式で支配され，動作点も定格回転数から大きく変動しないことから，単純な1次遅れに近似したモデルで十分な評価が行えることが多い．

2軸ガスタービンの場合には，ガスジェネレータの回転数が変動し，応答特性も大きく変化するわけであるが，個々の動作点近傍では線形近似して表現することが可能であり，応答特性を表すパラメータ（ゲイン，時定数）がガスジェネレータ回転数によって変化するだけであると捉えることができる．

図5.28は，2軸ガスタービンの非線形モデルをもとにして，線形近似により導出した簡略モデルのブロック図を示したものである[2]．このモデルより，2軸ガスタービンにおいても，ガスジェネレータ部分およびパワータービン部分のモデルは，それぞれの動特性が軸系の運動方程式によって代表された1次遅れモデルにて表現できることがわかる．なお，図5.28のモデルにおいて，燃料制御弁の応答特性は1次遅れであると仮定している．

図5.29には，2軸ガスタービンを前述の線形モデル

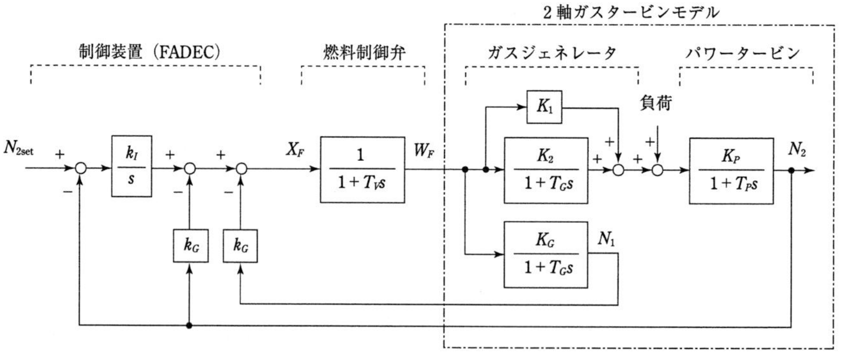


図5.28　2軸ガスタービン線形化モデルとIESF制御系ブロック図

$$\frac{N_1(\text{ガスジェネレータ回転数 [\%]})}{W_F(\text{燃料流量 [\%]})} = \frac{K_G}{1+T_G s}$$

(a) ガスジェネレータ・パラメータ

$$\frac{N_2(\text{パワータービン回転数 [\%]})}{N_1(\text{ガスジェネレータ回転数 [\%]})} = \frac{K_P}{1+T_P s}$$

(b) パワータービン・パラメータ

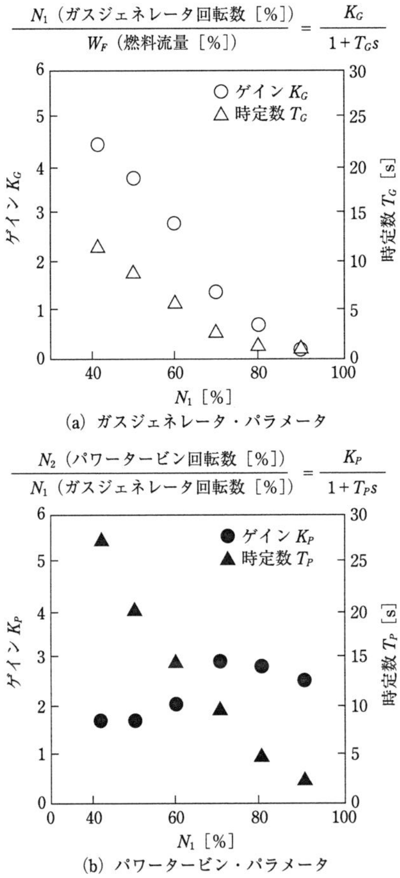

図 5.29 2軸ガスタービンの応答特性変化

で表現した場合に，応答特性を表すパラメータ（ゲイン，時定数）が，ガスジェネレータ回転数 $N_1$ に対してどのように変化するのかを，試験用エンジンにて同定した結果を示したものである[2]．この結果より，ガスジェネレータ回転数の変化に対して，ガスジェネレータやパワータービンのゲイン，時定数は数倍～十数倍の幅で変化することがわかる．また，ガスジェネレータ回転数が低い（負荷が小さい）ほど，ガスジェネレータやパワータービンの応答性は悪くなっており，低回転側（低負荷側）では制御性が低下することもわかる．

### 5.4.3 制御系設計

#### a. 2軸ガスタービンの制御系

ヘリコプタ用エンジンの制御系に求められる主要な機能は，前述したように，パイロットの操作による推力変更（負荷変動）に対してガスタービンの出力軸回転数を一定に保つことである．しかし，2軸ガスタービンには正常な運転状態を保つことができる範囲（エンベロープとよばれる）があり，どのような運転状態の変化に対してもこの範囲内で運転されるよう制限する必要がある．

具体的には，急負荷投入に対しては燃料を急増する必要があるのだが，燃料を過度に増加させると圧縮機にてサージングとよばれる圧力の脈動現象が発生する．また，急負荷遮断に対しては燃料を急減させなければならないが，急激に燃料を減少させると燃焼器内の火炎が消失してしまう（これを失火とよぶ）．このほかにも，ガスジェネレータの回転数に対して，機械強度上の制約による上限回転数や，自立運転を維持できる下限回転数があり，また燃焼器の焼損を防ぐために燃焼ガス温度に対する制限値もある．

これらの機能を満足させるため，2軸ガスタービンの制御系は，図 5.30 に示されるように，出力軸回転数（パワータービン回転数）の制御を主制御部とし，高圧軸回転数（ガスジェネレータ回転数）に対する加速制御（サージング防止），減速制御（失火防止），およびその他各種の制限制御との組合せにより構成される．ここで，上限制限値に対しては最小値選択，下限制限値に対しては最大値選択により，適切な制御出力が自動的に選択される．

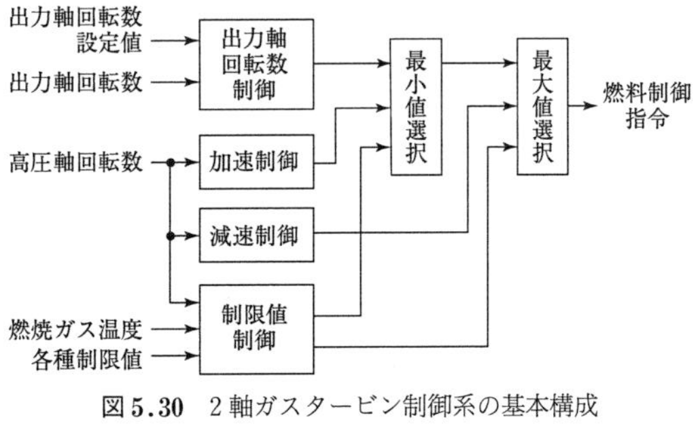

図 5.30 2軸ガスタービン制御系の基本構成

主制御部である出力軸回転数制御の制御則については，ヘリコプタ用エンジンでは負荷変動に対して回転数を一定に保つことが重要であることから，目標値追従性に優れる PI 制御や PID 制御ではなく，外乱（負荷変動）に対する抑制力が高い IESF 制御（integral error plus state feedback 制御；I-PD 制御ともよばれる）方式を採用した．図 5.28 のモデルブロック図には，2軸ガスタービンの出力軸回転数制御系を対象とした IESF 制御ブロック図を併せて示している．

#### b. 制御パラメータ設計

図 5.28 に示したような制御系の制御パラメータ設計には，一般的に用いられる種々の設計法が適用可能と考えられるが，本事例ではモデルマッチング法の一つである $\alpha$ パラメータ設計法[3]にて制御パラメータ

設計を行った．

ヘリコプタ用エンジンでは，パイロットの操作（負荷変動）に対してエンジンが速やかに追従することはもとより，大きな行き戻りがなく短時間で定常状態へ収斂することが求められる．したがって，エンジン制御系においては，安定性の確保はもちろんのこと，適切な応答波形にて制御されることが望まれる．

モデルマッチング法は，あらかじめ設計された応答波形となるように制御パラメータを決定する設計法であり，上述のような制御要求のもとで制御パラメータを設計する手法として有効である．また，$\alpha$ パラメータ設計法では，モデルマッチング法の特徴である“応答波形の整形”と同時に，安定性や安定限界に対する評価も考慮して制御パラメータ設計を行うことができる．これが，本事例において $\alpha$ パラメータ設計法を適用した理由である．

$\alpha$ パラメータ設計法では，一般的なモデルマッチング法と同様に，まずは制御器と制御対象を含めた全体の閉ループ伝達関数を求める．式 (18) には，図 5.28 に示した制御系の閉ループ伝達関数を示す．

$$\frac{N_P}{N_{P\mathrm{set}}}=\frac{1+hT_P\,s}{a_0+a_1s+a_2s^2+a_3s^3+a_4s^4} \tag{18}$$

ここで，

$$a_0=1$$

$$a_1=hT_G+\frac{k_P}{k_I}+\frac{h(1+k_GK_G)}{k_IK_1K_P}$$

$$a_2=\frac{hk_PT_G}{k_I}+\frac{h(T_V+T_G+T_P+k_GK_GT_P)}{k_IK_1K_P}$$

$$a_3=\frac{h(T_VT_G+T_GT_P+T_PT_V)}{k_IK_1K_P}$$

$$a_4=\frac{hT_VT_GT_P}{k_IK_1K_P}$$

$$h=\frac{K_1}{K_1+K_2}$$

である．

$\alpha$ パラメータとは，式 (18) の伝達関数において，特性多項式である分母多項式の係数列：$a_0, a_1, a_2, \cdots$ に対して式 (19) のように定義したパラメータである[3]．

$$\alpha_i=\frac{a_{i-1}\cdot a_{i+1}}{a_i^{\,2}}\quad (i=1,2,3,\cdots) \tag{19}$$

各次数の $\alpha$ パラメータは分母多項式の部分 2 次式を構成する係数列からなっており，それぞれの部分 2 次式の解（極）は当該する次数の応答波形を代表していると考えられる．このことから，各 $\alpha$ パラメータを適切な値にすることで，当該次数における応答波形を整形することが可能となる．

田中ら[3]によれば，$\alpha$ の値と極平面には図 5.31 に示した関係があり，制御系が安定となるための十分条件は $\alpha<0.68$ である．また，$\alpha$ の値が小さくなるほど部分 2 次式の極が実軸に近づくので，応答波形は振動的でなくなり，$\alpha<0.3$ でオーバーシュートしない応答波形となる．

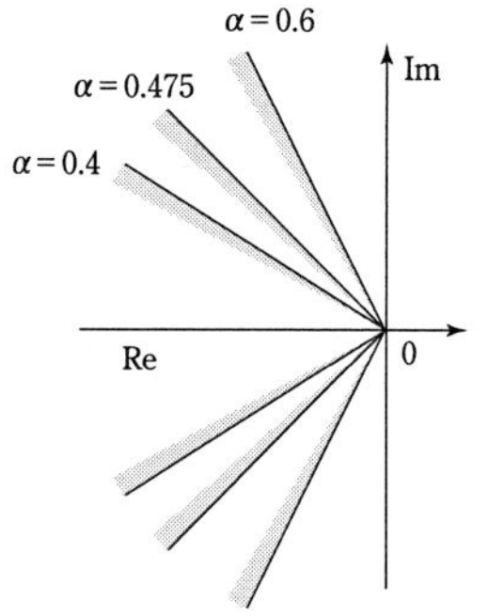


図 5.31　$\alpha$ パラメータと極平面の関係

この特性に基づいて，各次数の $\alpha$ に適切な値を設定し（これを参照モデルとよぶ），それらを満たすような制御パラメータを求めることにより，望ましい応答波形を有する制御系を設計することができる．本事例では，安定性と速応性，および過度な行き戻りがない応答波形とすることを考慮して，参照モデルを式 (20) のようにした．

$$\alpha_1=0.3,\ \alpha_2=0.5,\ \alpha_3=0.5,\ \cdots \tag{20}$$

### c．ゲインスケジューリング制御

2 軸ガスタービンの制御系設計においては，前述したように高圧軸回転数（ガスジェネレータ回転数）によって応答特性が大きく変化するということも課題の一つである．これに対する対策としては，ゲインスケジューリング制御が有効な手段の一つである．

b 項で述べたモデルマッチング法により，特定の動作点については望ましい応答波形をもつ制御系を実現することができる．この制御パラメータ設計を複数の動作点について行い，求められた制御パラメータを動作点の変化を表す状態量（ここでは $N_1$）にてスケジュールすれば，前述のモデルマッチング法とゲインスケジューリング制御を組み合わせた制御系が構成可能となる．

また，b 項では述べなかったが，2 軸ガスタービンの応答特性は高圧軸回転数によって変化するだけでなく，飛行高度や速度により大気条件（大気圧力，大気温度）が変化し，これによっても応答特性は大きく変化する．しかし，この変化についてはガスタービンが圧縮性流体によって動作する機械であることから，圧縮性流体の相似則（マッハ則）に基づいて補正を行うことができる．

具体的には，ガスタービンの各種状態量は圧力に対する補正係数 $\delta$ と温度に対する補正係数 $\theta$ を用いて標準大気状態に補正することができ，制御パラメータについても同様に，これらの補正係数の組合せにより標準状態への補正が可能になる．式 (21),(22) には，圧力の補正係数 $\delta$ と温度の補正係数 $\theta$ の定義を示す．

$$\delta = \frac{\text{エンジン入口大気圧力}}{\text{標準大気圧力}(101.32\,\mathrm{kPa})} \tag{21}$$

$$\theta = \frac{\text{エンジン入口大気温度}}{\text{標準大気温度}(288.15\,\mathrm{K})} \tag{22}$$

以上をもとにして，2軸ガスタービンの出力軸回転数制御系におけるゲインスケジューリング制御を構成すると，図5.32 に示したブロック図のようになる．

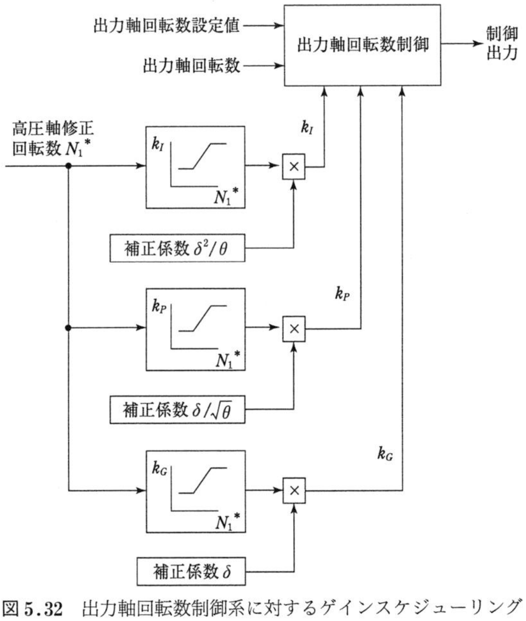


図5.32 出力軸回転数制御系に対するゲインスケジューリング制御ブロック図

### 5.4.4 適用結果

以下には，本事例の制御系を試験用エンジンへ適用し，制御特性の確認を行った結果を示す．図5.33 は，出力軸回転数設定値を+2% ステップ変化させ，出力軸回転数 $N_2$ と高圧軸回転数 $N_1$ の応答を記録したものである[3]．同様の試験を複数の動作点（$N_1$：60%，70%，80%，$N_2$ はすべて同一回転数）にて行っており，波形を比較するためグラフでは初期回転数を重ねて表示している．

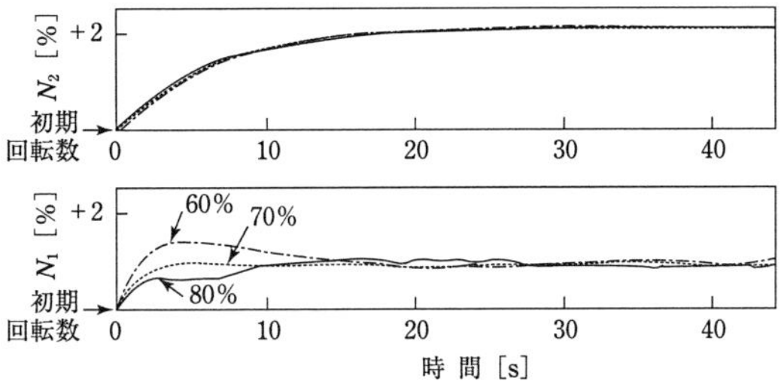


図5.33 制御特性確認試験結果

この結果より，高圧軸回転数 $N_1$ が異なる複数の動作点に対し，出力軸回転数 $N_2$ の応答波形はほとんど変化していないことがわかり，本制御系が目的としている機能を実現できていることが確認された．

［足利 貢・東 成昭］

### 参考文献


1) 田中泰太郎，根来威利 (1998)：航空用エンジンの制御技術と信頼性向上，日本ガスタービン学会誌，**26**(101)：27-30.
2) 田中泰太郎，永留世一，ほか (1998)：航空機用エンジンのディジタル制御の研究，川崎重工技報，**137**：57-63.
3) 田中泰太郎，足利 貢 (1992)：ガスタービンの低感度ロバスト制御，計測自動制御学会論文集，**28**(2)：255-263.


## 5.5 電池駆動路面電車のバッテリ充放電制御

### はじめに

本節で紹介する電池駆動路面電車[1]は，大容量ニッケル水素二次電池[2]を搭載し，制動時モータ回生電力を電池に蓄え，および電池による非電化区間の走行が可能な LRV（light rail vehicle）である（図5.34(a)）．以下では，電池駆動路面電車において電池駆動走行・架線電圧低下補償・回生電力有効利用・電池 SOC（state of charge；充電状態）管理を実現するバッテリ充放電制御[3]について述べる．

バッテリ充放電制御装置は，IGBT素子を用いた四象限チョッパ（DC/DC コンバータ）である（図5.34(b)）．

一般的に二次電池は，電池内部温度・SOC および

(a) (b)

図5.34 電池駆動路面電車試作車両および充放電制御装置外観

劣化度合により内部抵抗が変化し，SOCにより内部起電力 $E_b$ が変動する．本節で紹介する電池駆動路面電車に使用した大容量ニッケル水素二次電池は，SOC変化による内部起電力変動が少ないことが特徴である．

車上負荷は駆動用インバータ/誘導モータ，静止型インバータ/各種補機（空調，照明など）があり，非電化区間の走行において電池に要求される電力は上記負荷の運用により決定される．

一般的に，饋電（きでん）システムにおいては，変電所からの距離により架線電源のインピーダンスが変化し，変電所の整流器リップル，他の車両の力行（加速）時の電力負荷変動および電力回生などにより架線電圧が変動する．さらに，二次電池の特性は電池温度やSOC，電池劣化状態などにより変動するため，バッテリ充放電制御にはロバスト性が求められる．

### 5.5.1　バッテリ運用モード

電池駆動路面電車における充放電制御装置は，状況に応じてバッテリの運用モードを切り換えることが必要であり，以下の四つのモードがある．

モード1：非電化区間電池走行

モード2：充電・充放電抑制

モード3：電池放電

モード4：回生電力充電

バッテリ運用モードは，図5.35の状態遷移図に従って切り換えられる．

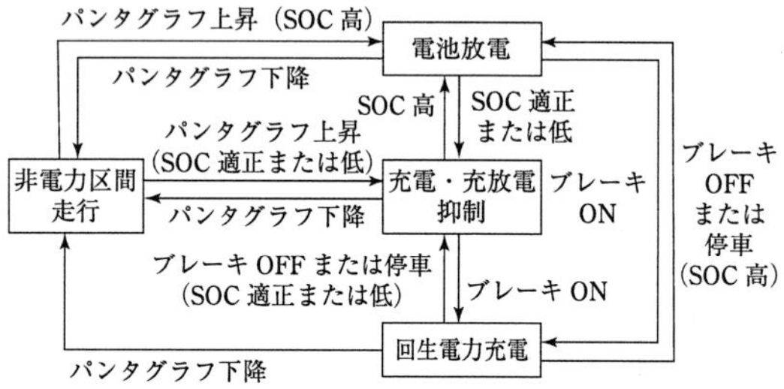


図5.35　状態遷移図

各モードの運用目的について，以下に概略を述べる．

モード1の非電化区間電池走行は，パンタグラフを降ろし，架線給電を受けずに車両を走行させることを目的とする．駆動系および車上補機が要求する電力を電池が過不足なく供給する．このとき，架線を介した変電所や他車両の影響はない．

モード2の充電・充放電抑制は，架線下において，非電化区間の走行などで低下したSOCを適正範囲まで回復し，適正範囲に保つことを目的とする．SOCが低い場合には充電（定電流または定電圧充電）を行い，SOCが適正値に達して以降は電池電流を0Aに保つ．

モード3の電池放電は，回生電力の充電によりSOCが適正範囲上限に近づいた場合に，SOCを適正範囲中心に戻すことを目的とする．ただし，本試験車両では饋電（きでん）系統への影響を避けるため架線への放電は行わず，パンタグラフ電流 $I_p$ を0Aに保つことで車内負荷分を電池から放電する．

モード4の回生電力充電は，モータの回生電力を電池へ充電し，かつ架線からの充電を抑えて電池過充電を防ぐことを目的とする．

以上が，電池駆動路面電車のバッテリ充放電制御の各運用モードの概略である．

### 5.5.2　バッテリ充放電制御の課題

5.5.1項で述べた各運用モードを実現するには，電池電流 $I_b$ やパンタグラフ電流 $I_p$，および直流リンク電圧 $V_{load}$ を所望の値に制御する必要がある．そのためには，架線から引き込む電流 $I_p$ を決定し（その結果として電池電流 $I_b$ をも決定する），かつ主制御装置（VVVFインバータ）の直流側電圧となる直流リンク電圧 $V_{load}$ を，以下の課題を解決できるよう適切に制御する必要がある．

［課題1］駆動用電池による航続距離を確保する上で，ブレーキ制動時の回生電力を有効利用することが重要となるが，電圧 $V_{load}$ が過剰に高い場合，主制御装置において回生絞込みが生じ，電力回生が妨げられる．このとき空気ブレーキの働きを強めねばならず，回生できなかった運動エネルギーは熱として棄てられてしまう．

［課題2］電圧 $V_{load}$ が過剰に低い場合，主制御装置の運転条件を逸脱し，力行性能の低下や運転停止につながる．

［課題3］架線との接続時に電池電流 $I_b$ やパンタグラフ電流 $I_p$ を所望の値に保つためには，直流リンク電圧 $V_{load}$ を架線電圧に対応した適切な値としなければならない．しかし，架線電源のインピーダンスおよび送り出し電圧は変電所からの距離や他車両の力行/回生により変動するほか，電池の内部抵抗や起電力はSOCや電池温度により変動する．これらの特性変動の下でも所望のバッテリ運用を実現する制御が求められる．

［課題4］直流リンク電圧が適切に制御されている状態においても，充放電制御装置内部のLCフィルタ共振により饋電（きでん）側フィルタ電圧 $V_k$ が振動する場合があり，対応を要する．

### 5.5.3　制御対象とモデリング

図 5.36 は電池駆動路面電車の駆動用電力系の回路図である．直流リンク点においてパンタグラフを介して架線と接続され，車内には負荷として駆動装置（インバータ，モータ）および補機をもち，充放電制御装置を介して駆動用二次電池が接続されている．図 5.36 の回路から，制御対象のモデルとして以下の非線形状態方程式を得る．

$$\dot{x}=Ax+Dd$$
$$x=[I_b\ V_f\ I_d\ V_k\ I_k\ V_{\mathrm{load}}]^T$$
$$d=[E_b(SOC)\ I_{\mathrm{inv}}\ I_{\mathrm{aux}}\ E]^T$$

$$A=\begin{bmatrix} -\frac{R_b}{L_f} & -\frac{1}{L_f} & 0 & 0 & 0 & 0 \\ \frac{1}{C_f} & 0 & \frac{f(\gamma_2)}{C_f} & 0 & 0 & 0 \\ 0 & \frac{f(\gamma_2)}{L_d} & 0 & -\frac{f(\gamma_1)}{L_d} & 0 & 0 \\ 0 & 0 & \frac{f(\gamma_1)}{C_k} & 0 & -\frac{1}{C_k} & 0 \\ 0 & 0 & 0 & \frac{1}{L_k} & 0 & -\frac{1}{L_k} \\ 0 & 0 & 0 & 0 & \frac{1}{C_{\mathrm{load}}} & 0 \end{bmatrix}$$

$$D=\begin{bmatrix} \frac{1}{L_f} & 0 & 0 & 0 \\ 0 & 0 & 0 & 0 \\ 0 & 0 & 0 & 0 \\ 0 & 0 & 0 & 0 \\ 0 & 0 & 0 & 0 \\ 0 & -\frac{1}{C_{\mathrm{load}}} & -\frac{1}{C_{\mathrm{load}}} & \frac{1}{C_{\mathrm{load}}R(t)} \end{bmatrix}$$

ここで，各変数は次のようである．

$R_b$　：二次電池内部抵抗[Ω]
$L_f$　：電池側フィルタインダクタンス［H］
$C_f$　：電池側フィルタキャパシタンス［F］
$L_d$　：中間リアクトルインダクタンス［H］
$C_k$　：饋電（きでん）側フィルタキャパシタンス［F］
$L_k$　：饋電（きでん）側フィルタインダクタンス［H］
$C_{\mathrm{load}}$　：直流リンク部キャパシタンス［F］
$I_b$　：電池放電電流［A］
$V_f$　：電池側フィルタ電圧［V］
$I_d$　：中間リアクトル電流［A］
$V_k$　：饋電（きでん）側フィルタ電圧［V］
$I_k$　：饋電（きでん）側放電電流［A］
$V_{\mathrm{load}}$　：直流リンク電圧［V］
$E_b$　：電池内部起電力［V］
$I_{\mathrm{inv}}$　：インバータ電流［A］
$I_{\mathrm{aux}}$　：補機電流［A］
$E$　：外乱電源電圧［V］
$R(t)$　：架線電源側等価抵抗［Ω］
$\gamma_1$　：IGBT 1　上側素子通流率［－］
$\gamma_2$　：IGBT 2　上側素子通流率［－］
$f(\gamma_*)$：IGBT 状態（1 または 0）

PWM 周期 $T_{\mathrm{pwm}}$（本件では 250 μs）ごとに $T_{\mathrm{on}}$ の間だけ 1，それ以外は 0 をとる．ただし，通流率 $\gamma_*$ は，

$$\gamma_*=\frac{T_{\mathrm{on}}}{T_{\mathrm{pwm}}}$$

$f$ が 1 のとき，図 5.36 に示す IGBT1 および IGBT2 の上下のスイッチにおいて，上側が閉・下側が開の状

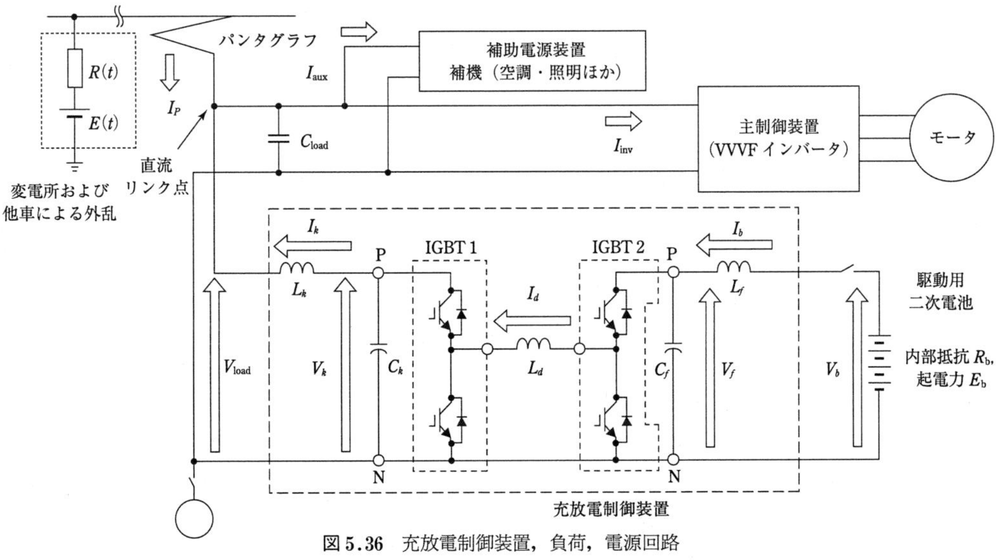

図 5.36　充放電制御装置，負荷，電源回路

態にあることを示している．$f$ が 0 のとき，逆に上側が開・下側が閉の状態を示している．

$\gamma_1$ と $\gamma_2$ はバッテリ充放電制御における操作量である．図 5.36 の回路では，$\gamma_1$ を小さくすることで電池電流を放電側へ変化させることができる．逆に，$\gamma_2$ を小さくすると電池電流を充電側へ変化させることができる．

また，ある電力で充放電しているとき，電流および電圧は電池の状態により決定される．すなわち，電池の電力・電流・電圧をそれぞれ独立に操作することはできない．ある一定の電力で充電しようとしたとき，必要な電流・電圧は電池状態から一意に定まる．これを実現するため，直流リンク側の電圧およびインピーダンスに基づき，$\gamma_1$ を増加，または $\gamma_2$ を減少させることで，電池側電圧を高め，同時に電池電流が充電方向に変化し，所望の充電電力が得られる．放電についても同様である．

しかしながら，$\gamma_1$ および $\gamma_2$ の操作により得られる応答は非線形であり，制御系設計において注意を要する．

## 5.5.4　制御系設計

**a．制御系の構成**

5.5.2 項で述べた課題を解決することに加え，5.5.3 項で述べた制御対象の非線形性への対応が必要となる．

対象の $A$ 行列に $f(\gamma_*)$ が含まれていることによる非線形性については，通流率の変化により電池電流を増減させられることを用いて，変換比 $r=\gamma_2/\gamma_1$ を操作量とする中間リアクトル電流 $I_d$ の制御ループをおき，PIコントローラを適用する．制御目的は電池電流・電池電圧・パンタグラフ電流・直流リンク電圧を所望の値に制御することであるので，$I_d$ 制御ループの指令値を操作量としてもつ上位制御を前段に設け，全体としてカスケード PI 制御系を構成する．図 5.37 にコントローラのブロック図を示す．

5.5.1 項に示した運用モードごとに，図 5.37 左側の破線枠で示すように制御量，指令値およびコントローラを切り換える．モード 1～4 の切り換えは，図 5.35 の状態遷移図に従って行う．図 5.37 左半分にある三つの破線囲い部は，バッテリ運用モードによりいずれか一つが選択される（モード 2 内では充電電流設定値の選択があり，モード 3 と 4 は同一の動作を行う）．いずれのモードが選択されている場合も，上記囲い部は一定値または PI コントローラ出力として直流リンク電圧指令値を算出する．

図 5.37 右側にある破線囲い部の直流リンク電圧制御を設けることで，一定の負荷範囲の下，回生絞込みや力行性能低下を引き起こさない適正範囲に同電圧の動作範囲を指定することができる．

直流リンク電圧制御演算の結果，中間リアクトル電流指令値 $I_{dref}$ を得る．直流リンク電圧制御が $P$ 制御のみであり $I$ 制御を行わない理由は，直流電鉄変電所整流器あるいは電力変換装置などとの協調のためである．

また，饋電（きでん）側フィルタ電圧 $V_k$ の振動を抑えるため，中間リアクトル電流 $I_d$ の制御ループにダンピング補償器を設けた．

適用する路線の状態や電池状態など，あらかじめ情報を得ることが難しい条件の差違を，調整が容易な上記の PI 制御系の適用により柔軟に吸収可能とした．

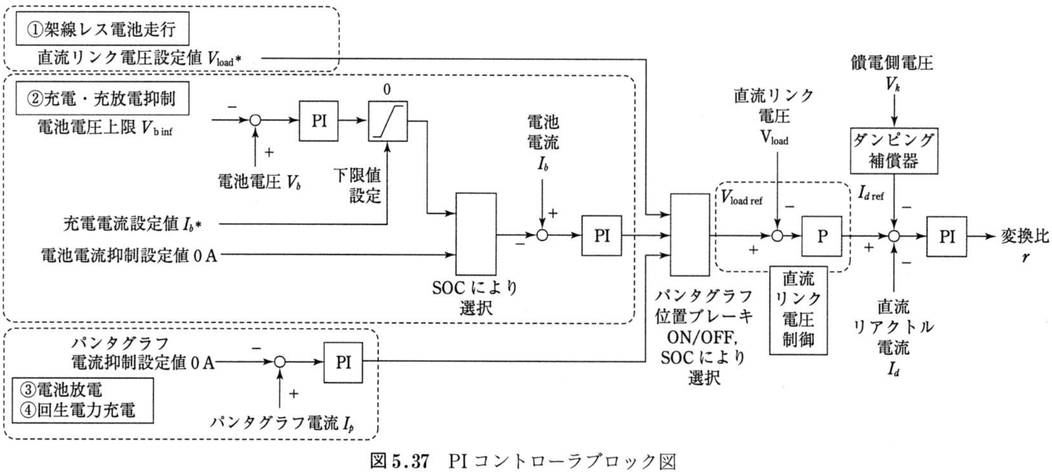


図 5.37　PI コントローラブロック図

**b. 調 整 方 法**

［調整 1］ 電流制御ループの制御帯域は，その上位の直流リンク電圧制御ループの制御帯域に比べ高域側に十分広くなるよう PI パラメータを調整する．

［調整 2］ 自車の力行・回生の際の直流リンク電圧変動が大きく，電圧上昇によるインバータの回生絞込みや，電圧低下による駆動力不足が生じる場合は，直流リンク電圧制御の比例ゲインを高く設定することで，電圧偏差に対する出力（電流 $I_d$）を強化する．

［調整 3］ ダンピング補償器のパラメータは，走行試験結果から入力 LC フィルタの電圧振動を抑制し，系の安定化を図るよう調整する．

### 5.5.5 適 用 結 果

バッテリ充放電制御の適用結果を図 5.38〜5.40 に示す．

図 5.38 の非電化区間走行時（モード 1）の結果では，架線を通じた外乱 $E$ の影響がないため，電流・電圧の振動は少なく，直流リンク電圧制御も良好に働いた．

図 5.39 は走行中充電時（モード 2）の波形である．電池電流を一定に制御しているが，力行時の直流リンク電圧変動の影響により，電池電流 $I_b$ が動揺している．減速＝回生時（モード 4）は，パンタ電流 $I_p$ を抑制（0 A 近くに制御）することで，架線と車両の駆動系統を切り離し，車内負荷（補機）分を上まわる回生電力をすべて充電した．架線から不要な充電をせず，電池への負担を低減している．

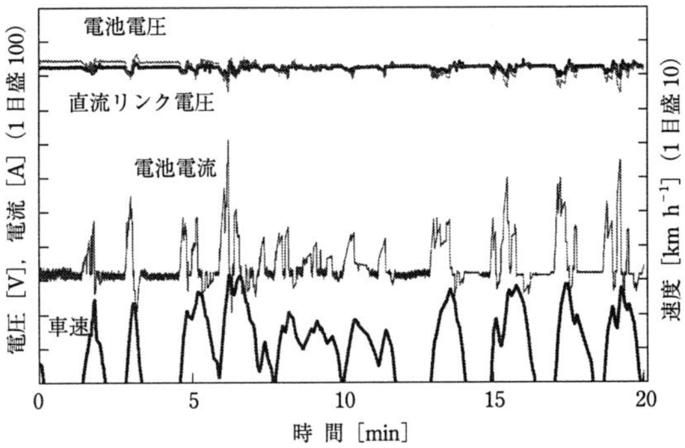


図 5.38 非電化区間の走行時波形

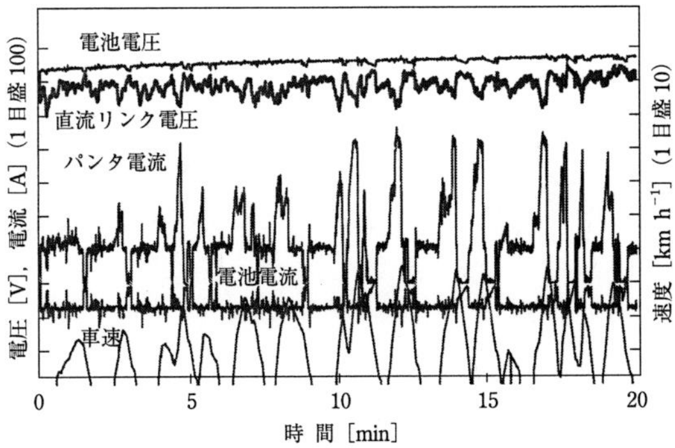


図 5.39 架線下充電時波形

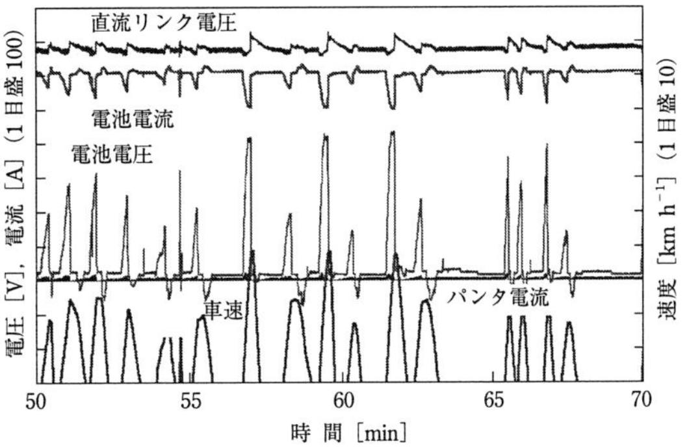


図 5.40 架線下放電時波形

図 5.40 は電池放電時（モード 3）の波形である．パンタ電流を 0 A に近い正の値に制御することで，車内負荷をすべて電池でまかなっている（制御は回生時と同様，パンタ電流 $I_p$ を 0 A に抑制する）．

**お わ り に**

本節では，電池駆動路面電車のバッテリ充放電制御について紹介した．ニッケル水素二次電池を使用した電池駆動路面電車が，問題なく運用可能であることを示すことができた． ［古賀 毅・東 成昭］

**参 考 文 献**

1) 秋山 悟 (2008)：低床電池駆動路面電車 (SWIMO)，日本機械学会誌，**111** (1075)：4-5.
2) 堤香津雄 (2010)：高出力大容量蓄電池/ギガセルの開発と応用，*Journal of the Japan nstitute of Energy*，**89** (5)：440-446.
3) 古賀 毅 (2007)：バッテリー充放電制御システムのリアルタイムシミュレーション，Matlab Expo 2007，ユーザ・トラック．

## 5.6 新幹線高速化とサスペンションの制御

### 5.6.1 アクティブサスペンションの必要性と実用化状況

**a. 鉄道の高速化と快適性向上の必要性**

現在，世界の鉄道における最高運転速度はすでに 300 km h$^{-1}$ を優に超えており，フランス TGV では 320 km h$^{-1}$，中国では一時期 350 km h$^{-1}$ の営業運転が行われたことがある．一方，国内でも JR 東日本が E5 系新幹線により日本最高速度 320 km h$^{-1}$ での営業運転を開始した．

一般に，走行速度が向上するにつれて乗り心地が悪化して快適性が損なわれる傾向にあると考えられ，それに対応して軌道側の整備をレベルアップすることが必要である．一方では高速でトンネルを通過した際，空力的に車体が直接加振される現象も無視することができず，この点は軌道の整備だけでは解決することはできない．これらの課題は，それぞれ別の性質をもつことから両者に最適なサスペンションを従来の手法で設計することは不可能である．このようなことを考慮すると今後の高速車両ではアクティブサスペンションを搭載して問題を解決することで，飛躍的に快適性を向上するという方策が主流になると考えられる．

このほか，曲線を高速で通過するための車体傾斜制御も広く実用化されている．広義にはこちらもアクティブサスペンションであるが，ここでは $H_\infty$ 制御を適用した振動制御システムについて解説する．

**b．アクティブサスペンション開発の経緯**

アクティブサスペンションは，1970 年代にはすでに研究が開始されており[1]，1980 年代にはイギリスでも油圧や電磁石を用いたシステムの実車試験が行われている[2]．わが国でも，かつて国鉄が古典制御による空圧アクティブサスペンションを開発し実車試験を行ったが[3]，当時の技術では信頼性やコストという問題を解決できなかったため実用化に至らなかった．

現在，新幹線などに採用されている本格的なアクティブサスペンションは，1990 年頃から空圧システムの開発が行われ，途中，油圧システムの試験も行われたが，最終的には 2001 年から新幹線の営業車において世界で初めて実用化されたものである．

**c．アクティブサスペンションの実用化状況**

鉄道車両用アクティブサスペンションは JR 東日本東北新幹線の E2 系と E3 系電車に搭載されている空気圧式システム[4]が世界で初めて実用化されている．図 5.41 に空圧式動揺防止制御の機構を示す．車体に設置した加速度センサで振動を検知し，$H_\infty$ 制御理論を適用してアクチュエータによって車体の左右方向，とくにヨーイング振動の大幅な低減を達成することができた．

アクティブサスペンションに対して，スカイフック制御則を適用して左右動ダンパの減衰力を変化させるセミアクティブ制御システムは，1997 年に営業を開始した JR 西日本の 500 系新幹線電車から実用化されている．その後，東海道新幹線，東北新幹線，九州新幹線にも適用され，コストダウンと性能向上を図った新システムに改良されている．

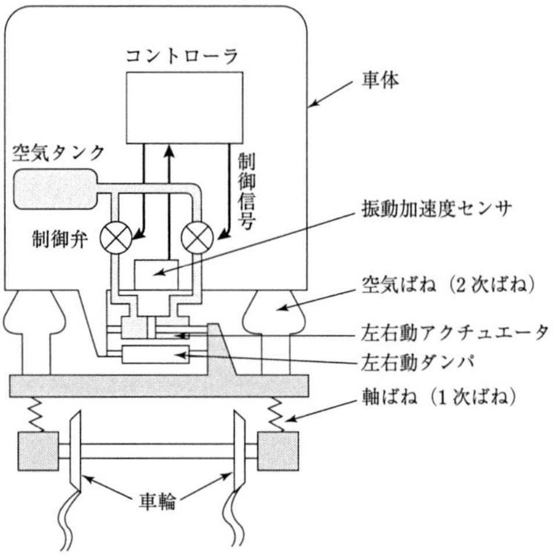


**図 5.41**　空圧式動揺防止制御の機構

アクティブサスペンションとセミアクティブサスペンションでは，アクティブサスペンションの方が制御効果は大きいものの，エネルギー消費も大きいため，これらの特性を考慮して適用する必要がある．東北新幹線 E2 系・E3 系においても，空力振動の影響を受けやすい両先頭と付加価値を高める必要があるグリーン車にはアクティブサスペンションが，その他の車両にはセミアクティブサスペンションが搭載されている．

一方，新幹線以外でも付加価値を高めた車両にはアクティブサスペンションが適用されている．小田急電鉄のロマンスカー 50000 系 VSE では，先頭に張り出した展望席の快適性を向上させるために空圧アクティブサスペンションが採用されている．また，東京都心と成田空港とを結ぶ JR 東日本の成田エクスプレスや，同じ区間を在来線日本最高速度 160 km h$^{-1}$ で走行する京成電鉄スカイライナーの両先頭車両に同じく空圧アクティブサスペンションが採用されるなど，日本の特急車両では標準装備となりつつある．

これら，空気圧アクティブサスペンションの実績をもとに，第 2 世代のアクティブサスペンションとして電磁アクチュエータを用いたアクティブサスペンションが東北新幹線 E5 系・E6 系において実用化された[5]．先に実用化されている空気圧システムに対して，制御力の増強と格段の応答性向上によって，さらなる快適性の改善が期待されている．

## 5.6.2　アクティブサスペンションの設計手順

### a. 空圧アクティブサスペンションの概要

現在，実用化されているアクティブサスペンションは，鉄道車両において特に問題になることの多い車体左右動の改善を目的としたシステムで，図5.41のように車体に設置した加速度センサで振動を検知し，車体～台車間の左右方向に配置したアクチュエータによって車体の振動を抑制するシステムとなっている．

空気圧アクチュエータによる制御システムを高速新幹線車両に供試した結果を図5.42に示す．図のように制御を行った車両のみ車体左右振動が非常に小さくなっており振動制御の効果が大きいことがわかる．

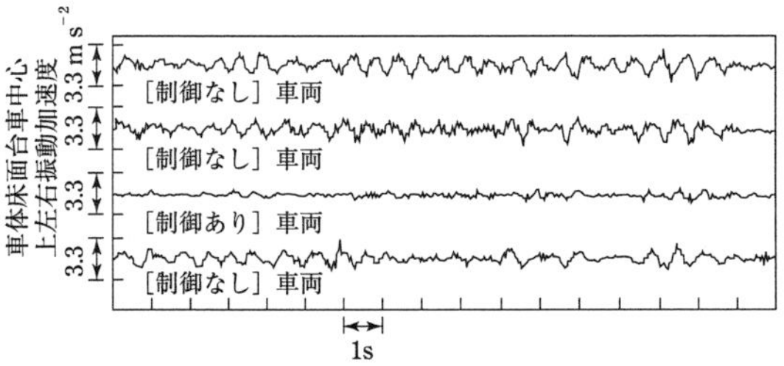


図5.42　車体左右振動におけるアクティブサスペンションの効果（同一編成内の異なる車両（号車）のデータ）

### b. モデリング

鉄道車両の左右振動解析を行う場合，レール-車輪間に働く力（クリープ力），剛体と考えた輪軸・台車枠・車体および各サスペンション部品（空気ばね・左右動ダンパ・ヨーダンパ・軸ダンパ・軸ばねなど）を考慮した17または21自由度線形力学モデルを使用することが多い．このモデルをこのまま$H_\infty$制御設計に使用すると，重み関数を含めた拡大系になるためさらに次数が増えるとともに，クリープには速度の項が含まれることから非常に複雑なコントローラになってしまう．そこで，主に実装面から判断して車体左右動・車体ヨーイング・車体ローリングのみを考慮した非常に単純なモデルを採用することとした．

### c. ベンチ試験

このように単純なモデルを採用したために，当然，実車とのモデル化誤差が問題となる．

この問題に対して，まず制御設計モデルにほぼ近くサスペンション部品には実物を使用した実物大試験装置（図5.43）を用いて制御設計の妥当性を検証した．実車両による実際の走行とは差があるものの，各サスペンション部品の非線形要素の影響について確認し，モデル簡略化についてはそれほど大きな問題は発生し

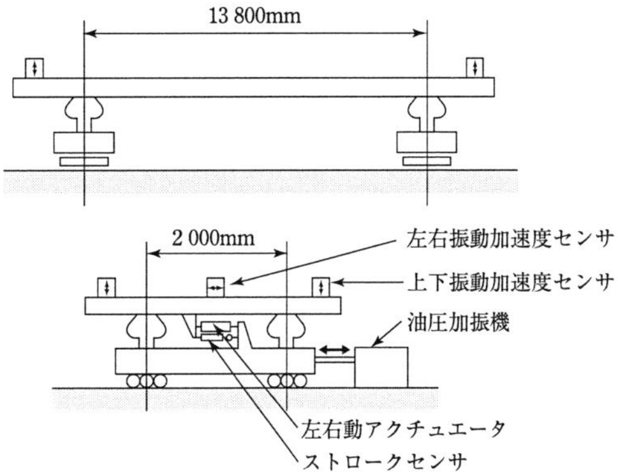


図5.43　アクティブサスペンションの実物大試験装置

ないことを確かめることができた．

### d. 実車両の同定試験

しかし，実車両の場合，クリープ力の影響・輪軸・台車枠の運動・1次ばね・モデル化時に省略した車体台車間の部品・隣接車両による拘束・編成内の位置による影響（先頭車と最後尾車では同じ車両でも振動が大きく異なる）などのモデル化誤差を無視することができない．

本来なら，完全に軌道外乱が把握できている線路を走行し，入出力を測定するといった試験が必要であるが，現実には不可能である．そこで，とりあえず車両を静置した状態でのアクチュエータ加振によって周波数応答をとることで車体および2次ばね系の同定を行うこととした（図5.44）．

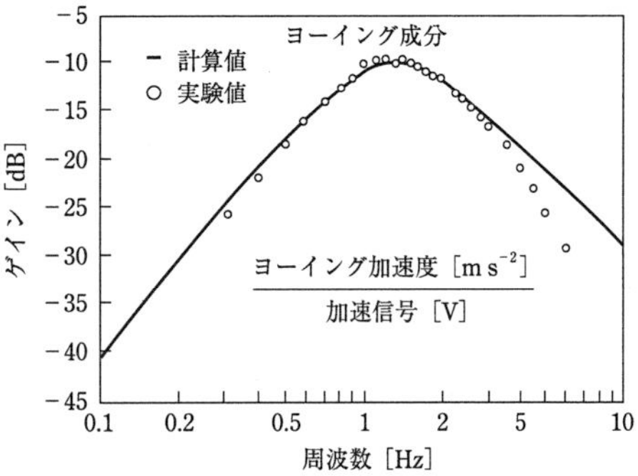


図5.44　定置パラメータ同定試験結果の例

しかし，実際に車両が走行する場合，前述したモデル化誤差に加えて，軌道外乱特性・車体に直接作用する空力外乱特性・編成内位置による振動特性の変化などを無視できず，実走行試験後のチューニングは不可欠である．

このように鉄道車両の場合，同定試験に制約が多いため，モデル化時の誤差を十分に考慮しておくことが必要となる．

### e．乗り心地基準と設計仕様

制御設計を行うに際し，当然設計指標を定める必要がある．アクティブサスペンションの場合，乗り心地を改善することが目的であるが，どの周波数域をどこまで抑えるかが非常に難しい．たとえば，以前より使用されている「乗り心地線図」なる評価方法（図 5.45）では，4〜12 Hz 付近の振動に対して最も厳しく評価しているのに対して，ISO 2631 やそれに基づく乗り心地レベルという評価方法では，2 Hz 以下がもっとも厳しく評価されるというまったく逆の評価基準となっている（図 5.46）．

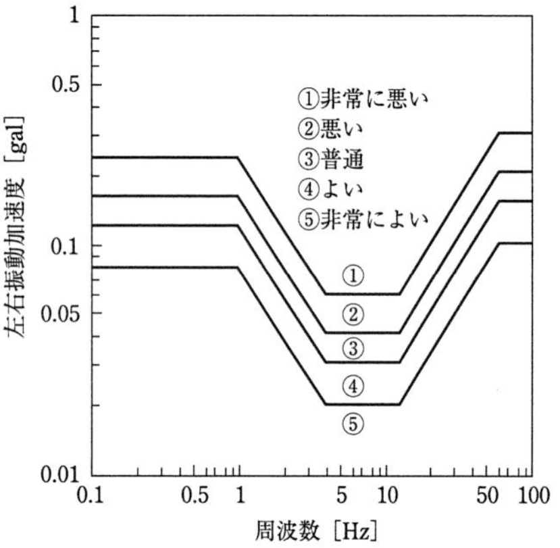


図 5.45　左右振動の乗り心地線図

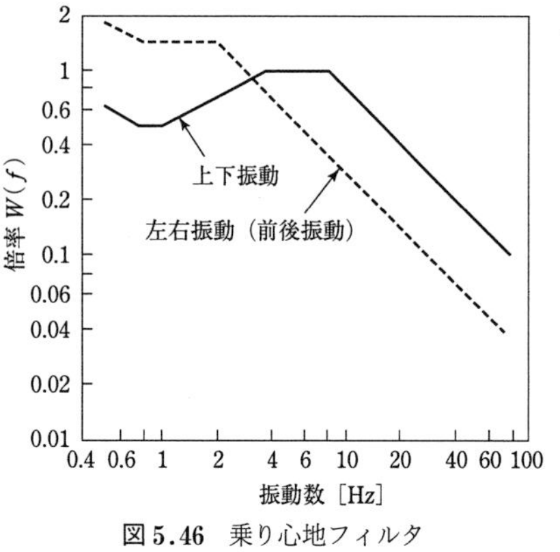


図 5.46　乗り心地フィルタ

このように乗り心地基準でさえも一つに定まらないことからもわかるように，乗り心地は人の感覚に左右されるもので一つに定めることが非常に難しい．たとえば，走行試験時に非常に揺れの少ない結果を得ることができたとしても，「まったく揺れないより，少し揺れた方がよい」とか，「電車は $1/f$ で揺れるので気持ちがいい」といった意見が必ずあり，根底から目標を見失うことがある．

結局，アクチュエータ特性上，対応可能な周波数域において，実車両での状態をみながら制御性能を調整するという方策をとらざるを得なかった．

### f．制御理論の適用（$H_\infty$ 制御の得失）

今回のアクティブサスペンションでは，その制御設計に $H_\infty$ 制御を採用した．$H_\infty$ 制御採用以前の開発初期段階で LQ 制御も試みたが，制御設計の見通しのよさという点で，$H_\infty$ 制御は非常に優れていると感じた[6]．

すなわち，$H_\infty$ 制御では，振動を低減したい周波数域と重み関数との関係が図 5.47 のように感覚的にわかりやすいので，前述したような実車試験での調整の際にも走行試験結果を評価して，ただちに再設計をすることが比較的容易に可能となる．鉄道車両の場合，国内に専用の試験線をもたず，夜間の営業線上での走行試験となるため，十分調整の時間をもつことができない場合があるので，このメリットは大きい．

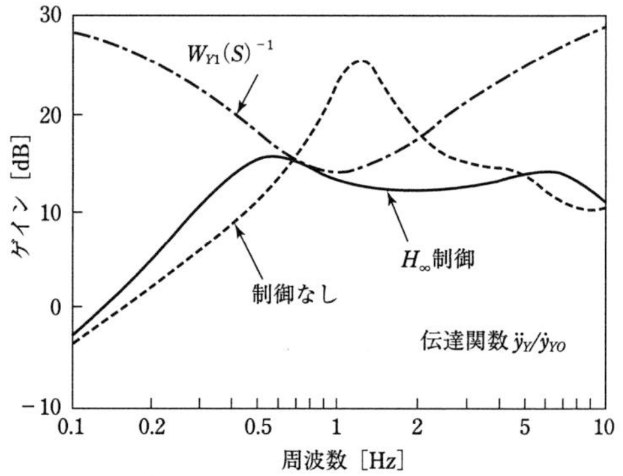


図 5.47　$H_\infty$ 制御設計における閉ループ伝達関数ゲイン線図の例

さらに，車両のモデルはほぼ固定されているので，それに合わせた制御設計ツールさえ確立しておけば，システムの量産時に制御技術者の手をわずらわすことなく対応できるというメーカーサイドとしてのメリットも見逃すことができない．

また，前述したモデル化誤差に関してもあまり意識せずチューニングできるのは，$H_\infty$ 制御のロバスト性によるところが大きいと考えている．

一方で，$H_\infty$ 制御理論は最大ゲインを落とすのが目的であるので，最大値を落とすことはできても，その前後の周波数域について意図した結果が得られないことがある．車両振動の場合，1.5 Hz 付近に車体ヨーイングの固有振動数があり，そこを低減することが第一の目的であるが，非常に近い周波数（たとえば 6〜8 Hz）にほかの振動モードがあり，1.5 Hz 付近を落とすことができても，その前後で悪化させてしまうことは乗り心地上問題がある．この点については，実車試験結果に基づく重み付けの変更やアクチュエータと並列に取り付けられているパッシブなサスペンション部品（オイルダンパ，空気ばね）の特性を変更することで対処している．しかし，制御装置が故障した場合にも安全性はもちろん乗り心地についても保証する必要があるので，自ずと限界がある．

また，$H_\infty$ 制御に限ったことではないが，高速鉄道車両の場合，トンネル外では軌道からの外乱による 1.5 Hz 付近の振動が，トンネル内では車体に直接かかる 3 Hz 付近の空力外乱による振動が支配的になり，まったく異なった様相を示すことがある．このような 2 種の外乱に対してある程度両立する重み付けをすることは可能であるが，各外乱に対して最適化した結果には及ばない．最終的には，それぞれの外乱に対するコントローラを設計し，トンネル区間とそれ以外の区間とで切り換えて使用することで，乗り心地の両立を図ることができた．自分の走行地点を常に正確に検知できる鉄道車両の特性をうまく利用したものである．

### 5.6.3 実用化システム設計

#### a．フェール検知システムの設計

長い間，メカニカルなサスペンションで安全性の実績を積み重ねてきた鉄道車両の台車にコンピュータ制御技術を導入するためには，アクティブサスペンションのフェールに対する検知システムやバックアップシステムを設計し信頼性を向上させることが重要である．

鉄道車両の場合，最終的には「止める」ことで安全性を確保することが基本ではあるが，可能であれば列車の運行に影響を与えない頑強なシステムであることが望ましい．そこで，アクティブサスペンションが故障した場合には，ただちに制御を停止するとともに，空気圧アクチュエータと並列に設置してあるオイルダンパを切り換え，アクティブサスペンションが搭載されていない台車と同等のシステムにハード構成を切り換えるという思想を基本に据えて，可能な限りシンプルなバックアップシステムとすることとした．

そのほか，センサ，制御器の各部品にまで分解して，FMEA（failure mode and effect analysis）を用いて故障モードとその影響を調査することでバックアップソフトを構築した．

#### b．メンテナンスシステムの設計

アクティブサスペンションのもう一つの課題はメンテナンスである．現在実用化されているアクティブサスペンションには，自己診断ソフトが組み込まれており，定期検査時にそのソフトウェアを起動することで機能を確認することができるようなシステムとした．

具体的には，車両が静止した状態でのセンサの断線検知をはじめとして，各機器を個別に動作させ実際に車体側を加振することで，各機器の異常や経年変化を診断可能なシステムとして設計した．本来は走行した上でなければ挙動が確認できない部品も，この自己診断ソフトで確認することができることは，むしろアクティブサスペンションによってメンテナンス機能が向上したといえる．

### おわりに

以上より制御の商品化に大切なことは，第 1 に制御設計ツールづくりであると考えている．制御理論を商品設計者のためのツールに落とし込むことが不可欠である．

第 2 は，チューニングの効率化であると考えている．十分な同定試験ができない以上，最終的には試行錯誤によるチューニングにたよる部分が大きい．そのために，設計上見通しのよい制御理論を用いること，ある程度ロバスト性が保証されていることが重要である．

第 3 に，実用システムに仕上げるためには，バックアップシステムの構築が重要であり，このことが商品の成否を決定するといえる．さらに，製品となった後のメンテナンスまでを考慮することで，最終的な商品評価が決まる．実際の設計にかける工数やソフトウェアのボリュームは，この部分が大半を占めており，商品化において最も重要な工程といえる．

以上のように，本格的な実用化レベルに至った鉄道車両用のアクティブサスペンションであるが，今後さらに普及し，鉄道車両の快適性が向上することを祈っている．［小泉智志］

### 参考文献（5.6）

1) P. K. Sinha, D. N. Wormley, J. K. Hedrick (1978)：Rail Passenger Vehicle Lateral Dynamic Performance Improvement Trough Active Control, *Transaction of the ASME*, **100** (12)：270-283.
2) M. G. Pollard (1983)：Active Suspension Enhance Ride Quality, *Railway Gazette International*, **139** (11)：850-853.
3) 岡本 勲，小柳志郎，檜垣 博，寺田勝之，笠井健次郎 (1987)：鉄道車両のアクティブサスペンション，日本機械学会論文集（C 編），**53** (494)：2013-2009.
4) 遠藤知幸，小泉智志 (2003)：JR 東日本 E2 系・E3 系アクティブサスペンションの概要，*R&M*，**11** (2)：18-21.
5) 後藤 修 (2013)：鉄道車両向け電動機械式動揺防止制御の開発，新日鐵住金技報，**395**：48-55.
6) 小泉智志 (2013)：鉄道での制御理論，計測と制御，**38** (1)：60-64.

## 5.7　船舶自動操船システム[1)]

### 5.7.1　製品の概要

タグボートやフェリーあるいは海洋観測船や作業船などの船舶は，離着岸時やミッション作業時の操船性や耐故障性を高めるために船首や船尾にサイドスラスタを搭載し，さらに原動機やプロペラが複数基の構成になる場合も珍しくない．しかし，これら複数の推進機を個別に操作して船体を所望の位置に操縦するにはかなりの熟練を要し，1980年代半ばから操船を補助する装置としてジョイスティックと回頭ダイヤルを用いて各推進機を一括操縦する操船装置が使われ始めた．これはオペレータが操作したジョイスティックの方向に推力を発生させ，回頭ダイヤルを回した方向に回頭モーメントを発生させる操船支援装置であるが，これにGPS（global positioning system）に代表される測位システムとジャイロコンパスを用いて船位・船首方位を自動制御するシステムがDPS（dynamic positioning system）であり，近年の測位システムの高精度化に伴って海洋作業船などへの搭載が着実に増えている．

従来の海洋作業では，たとえば海底ケーブルの布設作業の場合，作業船の位置決めを行うために複数のアンカーで係留し，逐一アンカーを打ち変えて係留索を手繰り寄せながら船を進めて布設する工法がとられてきたが，このDPSを使用することによって，

① 目標ルートへの高精度布設
② 布設作業の高速化，昼夜連続作業の実現による工期の短縮
③ アンカー係留が難しい大深度での作業が可能になる

などさまざまな利点が生まれ，今後いっそう広まっていくものと思われる．

DPSの役割は，海洋上の目標定点への任意姿勢での停船，または目標航行ルート上を設定船速で追従（ルートトラッキング）させるものである．オートパイロットはおもに高速航行で舵を操作して船首方位を制御するのに対して，DPSは一般的に低速域において船体前後・左右力および旋回モーメントを操作量とし，船位と船首方位角を自動制御する．その制御手法は，船体前後，左右，旋回それぞれに独立のPID制御を行うのが主流であるが，流体力による複雑な非線形特性のためにあまりハイゲインにすることができず，安定化は図れるものの制御精度には改善の余地が残されていた．

これに対して，近年非線形系への適用が盛んに研究されている非線形後退ホライズン（receding horizon；RH）制御[2)]は，各時刻において有限時間未来までの挙動を予測しながら最適な操作量を決定する制御手法であることから，状況変化に応じた最適な制御が可能となり，従来適用が困難であった複雑なシステムでも制御性能の向上を図ることが期待できる．本節では，この非線形後退ホライズン（RH）制御を適用したDPSの制御則，およびその機能を搭載した海底ケーブル布設作業船の海洋工事への適用事例について述べる．

### 5.7.2　DPS搭載ケーブル布設作業船の例

**a．システム構成**

海底ケーブルの布設工事では，布設作業船から繰り出したケーブルを埋設機が所定のルート上に布設していく作業が行われる．埋設機は，海底を掘削しながらケーブルを深さ数mに埋設する装置で，自走能力がないため，DPS搭載の布設作業船が牽引し，事前の海底地形・土質調査および埋設機の曳航特性から決定したルート上を航行する．ケーブル布設精度は10mオーダが要求され，海中の埋設機位置を水中音響測位機で連続的に監視しながら作業が進められる．布設工事は昼夜連続作業で行われ，工事中は常に船上と海底がケーブルによって繋がっているため，システムの停止により船が流されることは許されず，DPSには高い信頼性が要求される．図5.48にケーブル布設作業船の外観，表5.3にその諸元を示す．本作業船は，埋設機の曳航力，海象・気象外乱影響を考慮して，360度旋回可能な旋回式スラスタが6基搭載されており，

**図5.48**　ケーブル布設作業船

**表5.3**　ケーブル布設作業台船

| | |
|---|---|
| 総トン数 | 7,745 t |
| 全　長 | 91.44 m |
| 型　幅 | 30.176 m |
| 主推進エンジン | 6×956 kW/1基 |
| 推進器 | 6×旋回式推進器（固定ピッチプロペラ） |
| 最大推力 | 170 kN/1基 |

アクチュエータも冗長構成としている．

**b．DPS 制御系構成**

図 5.49 に DPS 制御系の機能構成図を示す．DPS の制御系は大きく分けて

① 船舶の状態量を推定する状態推定オブザーバ機能

② ルートトラッキング・船体位置制御機能

③ 位置制御操作量を各アクチュエータへ配分する推力配分機能

の三つから構成される．

状態推定オブザーバは，船体運動モデルを基にして，GPS から得られる緯度・経度信号を平面直交座標系に変換した船体位置とジャイロコンパスから得られる船首方位角および操作量を用いて制御に必要な状態量を推定[3]するものであり，観測雑音の除去，GPS 信号喪失時のデッドレコニング機能を有する．また，船舶特有の問題として，荒天時の船体動揺によって観測信号に重畳する周期成分を除去するためのウェーブフィルタリング機能を有する．

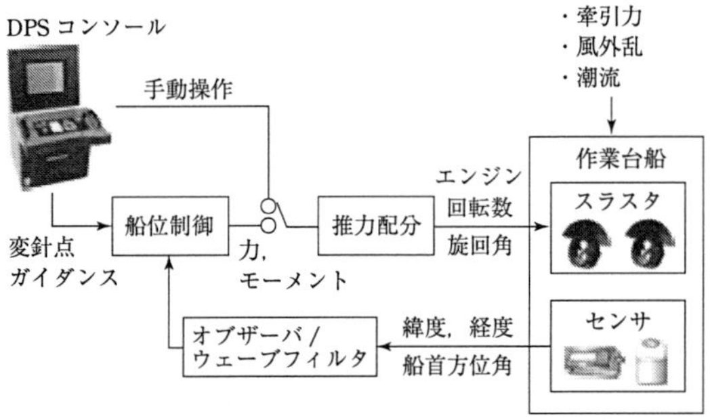


図 5.49　DPS 制御系の機能構成

ルートトラッキングは，WP の座標値と WP 間の移動船速・船首方位角の設定に従って船を自動航行させる機能である．オペレータは，この WP 編集作業を操作コンソールの設定画面上で行い，また，ジョイスティック操作により自動操船中でも船速増減，位置補正などの手動介入を行うことができる．

推力配分は，船体前後，左右，旋回の推力操作量を各アクチュエータに最適に配分する運転計画問題である．通常，DPS を搭載する船舶は冗長なアクチュエータ構成となっているため，同じ操作量を発生させる場合でもさまざまな運転パターンが考えられる．したがって，推力配分アルゴリズムの良し悪しは，制御性能だけでなく限界性能や推進機容量の選定にまで影響を及ぼす場合があるので，効率的なアクチュエータ操作を行うことがランニングコストを抑える意味でも重要となる．さらに，信頼性を高めるために任意のアクチュエータ故障にも即座に対応する必要があり，本節ではこれら推力配分問題を非線形最適制御問題として定式化し，後退ホライズン 制御問題の高速解法アルゴリズムを適用した．なお，位置制御部と推力配分部をまとめて一つの後退ホライズン制御問題として定式化することも可能であるが，図 5.49 に示すようにジョイスティック手動操船への切り換えも考慮して二つに分離した構成としている．

### 5.7.3　DPS 制御系の設計

**a．船体運動モデル**

図 5.50(a) に示すような平面内を航行する船体運動モデルを考え，地球固定座標系 $\Sigma^E$ および船体の重心位置を原点とする船体固定座標系 $\Sigma^B$ を定義する．

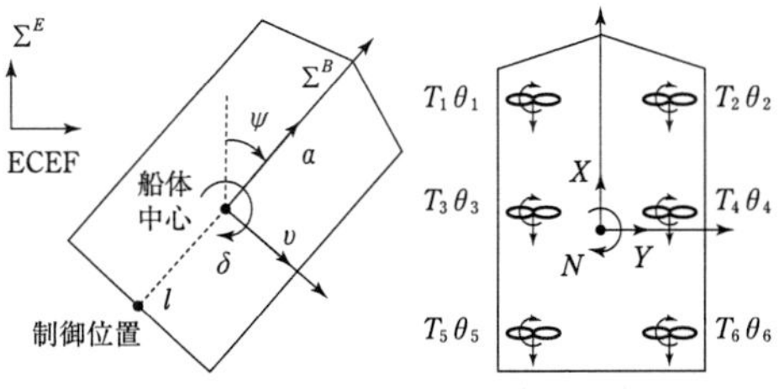


(a) 座標系　(b) 推進器配置

図 5.50　座標系と推進器配置

$\boldsymbol{v}=[u,v,r]^T$ を座標系 $\Sigma^B$ における並進・回頭速度ベクトル，$\boldsymbol{\eta}=[x,y,\psi]^T$ を座標系 $\Sigma^E$ における船体重心位置・船首方位角ベクトル，$\boldsymbol{\tau}=[X,Y,N]^T$ を座標系 $\Sigma^B$ における並進力・回頭モーメントベクトルとし，船体の重心位置から制御位置までの距離を $l$，さらに状態変数として $\boldsymbol{x}=[\boldsymbol{\eta}^T,\boldsymbol{v}^T]^T$ を定義すると，船体運動モデルの状態方程式 $\dot{\boldsymbol{x}}=f(\boldsymbol{x},\boldsymbol{\tau})$ は以下で表される．

$$f(\boldsymbol{x},\boldsymbol{\tau})=\begin{bmatrix} u\cos\psi-(v-lr)\sin\psi \\ u\sin\psi+(v-lr)\cos\psi \\ r \\ (mvr+X_H+X)/(m+m_x) \\ (-mvr+Y_H+Y)/(m+m_y) \\ (N_H+N)/(I_z+J_z) \end{bmatrix} \tag{23}$$

ここで，$m$ は船体の質量，$I_z$ は船体重心まわりの慣性モーメント，$m_x$，$m_y$ は理想流体中で物体が運動するさいに生じる前後，横方向の付加質量，$J_z$ は付加慣性モーメントである．

$X_H$，$Y_H$，$N_H$ は船体に作用する流体力を表し，烏野らが提唱する低速航行時の流体力[4]を基に以下の関数で近似した簡易流体力モデルを用いた．

$$X_H=a_{11}vr+a_{12}uv^2+a_{13}u^3v^2+a_{14}v^2+a_{15}|u|u \tag{24}$$

$$Y_H = a_{21}vr + a_{22}u^2v + a_{23}u^2v^3 + a_{24}v^3 + a_{25}|v|r \quad (25)$$

$$N_H = a_{31}vr + a_{32}u^2v + a_{33}u^2v^3 + a_{34}v^3 + a_{35}|v|r \quad (26)$$

**b．ルートトラッキングと船体位置制御**

複数のWPによって規定された航行ルートを追従するルートトラッキング機能を実現するためには，各時刻における目標位置を生成する軌道計画が必要となる．従来，WP通過点において急激な針路変更を防ぐためには図5.51(a)に示すように，WPにおいて円弧などの曲線で滑らかな軌道をあらかじめ生成する処理を行っていた[3]．本節では，このようなWPにおけるスムージングなど，事前の目標ルート生成処理を一切行わず，後退ホライズン制御問題の枠組みで船体位置制御とルートトラッキング機能を同時に実現した．後退ホライズン制御問題は各時刻において有限時間未来における評価関数を最小にする最適制御問題であるが，ここでは，現在時刻から $T$ 秒後に船が存在するべき位置（ターゲットポイント）に目標座標・船首方位角を設定し，現在位置からターゲットポイントに至るまでの最適な推力操作量を求める終端状態量固定の最適制御問題として定式化した．これにより，図5.51(b)に示すようにWP間の直線上においてターゲットポイント $x_f$ を設定船速 $V_s$ で移動・停止させることで，スムーズな変針・停船動作が可能となる．

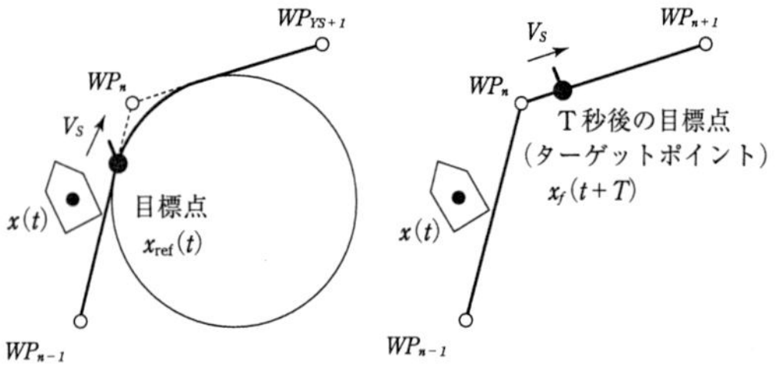


(a) 直線と円弧で変針点を近似　　(b) 提案方法

**図5.51**　変針点（waypoint）ガイダンス方法

以下，船体位置制御問題を後退ホライズン制御問題として定式化する．

時刻において状態量の初期値が $\boldsymbol{x}(t_0)=\boldsymbol{x}_0$ で与えられ，$T$ 秒後に状態変数の終端値が

$$\psi(\boldsymbol{x}(t_0+T)) = \boldsymbol{x}(t_0+T) - \boldsymbol{x}_f(t_0+T) = 0 \quad (27)$$

で拘束されているとして，次の評価関数

$$J = \int_{t_0}^{t_0+T} L(\boldsymbol{x}(t'), \boldsymbol{\tau}(t'))\,dt' \quad (28)$$

を最小化する制御入力 $\boldsymbol{\tau}$ を求める．ここで関数 $L$ は

$$L(\boldsymbol{x}, \boldsymbol{\tau}) = \boldsymbol{\tau}^T R \boldsymbol{\tau} \quad (29)$$

とし，船が現在位置から $\boldsymbol{x}_f(t_0+T)$ へ向かう軌道の中で推力操作量積算値が最小となる最適制御問題とした．なお，$R=\mathrm{diag}(r_X, r_Y, r_N)$ は各操作量に掛かる重み係数である．このとき，評価関数 $J$ を最小にする制御入力 $\boldsymbol{\tau}$ は，次のハミルトニアン

$$H(\boldsymbol{x}, \boldsymbol{\tau}, \boldsymbol{\lambda}) = L(\boldsymbol{x}, \boldsymbol{\tau}) + \boldsymbol{\tau}^T f(\boldsymbol{x}, \boldsymbol{\tau}) \quad (30)$$

を導入すると，評価関数 $J$ の第1変分の停留条件から以下のように導かれる[5]．

$$\dot{\boldsymbol{x}} = f(\boldsymbol{x}, \boldsymbol{\tau}) \quad (31)$$

$$\dot{\boldsymbol{\lambda}} = -\frac{\partial H^T}{\partial \boldsymbol{x}} \quad (32)$$

$$\boldsymbol{\lambda}^T(t_0+T) = \boldsymbol{\mu}^T \frac{\partial \psi(\boldsymbol{x}(t_0+T))}{\partial \boldsymbol{x}} \quad (33)$$

$$\frac{\partial H^T}{\partial \boldsymbol{\tau}} = 0 \quad (34)$$

ここで，$\boldsymbol{\lambda}$ は随伴変数ベクトル，$\boldsymbol{\mu}$ は終端状態量固定条件に対するラグランジュ乗数ベクトルである．

後退ホライズン制御問題は，各時刻において，状態量 $\boldsymbol{x}_0$ を初期値として式(31)～(34)を解く必要があるが，本項では，この非線形最適制御問題を評価区間において $N$ ステップに分割して離散近似された問題に対して，実時間で高速な求解が可能なC/GMRES法[6]を適用した．

**c．最適推力配分アルゴリズム**

図5.50(b)に示すように，第 $i$ スラスタの配置位置を $[x_{bi}, y_{bi}]$ とし，その発生推力を $T_i$，旋回角を $\theta_i$ とすると，全スラスタが発生する船体前後方向推力 $X$，左右方向推力 $Y$，旋回方向推力 $N$ はそれぞれ次式で表される．

$$X = \sum_{i=1}^{6} T_i \cos\theta_i \quad (35)$$

$$Y = \sum_{i=1}^{6} T_i \sin\theta_i \quad (36)$$

$$N = \sum_{i=1}^{6} T_i (x_{bi}\sin\theta_i - y_{bi}\cos\theta_i) \quad (37)$$

推力配分問題は，船体位置制御あるいは手動操船時の船体前後・左右・旋回推力指令値 $\boldsymbol{\tau}_r=[X_r, Y_r, N_r]^T$ に対して，式(35)～(37)で表される各発生推力をなるべく小さなスラスタ発生推力 $T_i$ で一致させる問題となる．そこで，状態ベクトルを $\boldsymbol{\zeta}=[T_1, \cdots, T_6, \theta_1, \cdots, \theta_6]^T$，推力ベクトルを $\boldsymbol{\tau}=[X, Y, N]^T$，操作量ベクトルを $\boldsymbol{\rho}=d\boldsymbol{\zeta}/dt$ とし，以下の評価関数 $J$ を最小化する最適制御問題として定式化する．

$$J = \varphi(\boldsymbol{\zeta}, \boldsymbol{\tau}) + \int_{t_0}^{t_0+T} L(\boldsymbol{\zeta}, \boldsymbol{\rho})\,dt' \quad (38)$$

ここで $\varphi$ は終端時間 $t_0+T$ における状態量のペナルティ関数であり，$L$ は $[t_0, t_0+T]$ における操作量のペナルティ関数で，以下のように設定した．

$$\varphi(\boldsymbol{\zeta},\boldsymbol{\tau})=[\boldsymbol{\zeta}(t_0+T)-\boldsymbol{\zeta}_r]^T W_\zeta[\boldsymbol{\zeta}(t_0+T)-\boldsymbol{\zeta}_r]+[\boldsymbol{\tau}(t_0+T)-\boldsymbol{\tau}_r]^T W_\tau[\boldsymbol{\tau}(t_0+T)-\boldsymbol{\tau}_r] \quad (39)$$

$$\varphi(\boldsymbol{\zeta},\boldsymbol{\tau})=\boldsymbol{\rho}^T Q\boldsymbol{\rho} \quad (40)$$

式 (39), (40) において $\zeta_r$ は状態変数の目標値ベクトルであり，各スラスタの定常目標推力および定常目標旋回角度が設定される．なお，固定翼角方式の旋回式スラスタの場合，定常目標推力は原動機が連続低負荷回転可能な運転状態における発生推力に設定され，定常目標旋回角はプロペラの回転によって発生する水流が船体に干渉しない角度に設定される．

$$W_\zeta=\mathrm{diag}(w_1,\cdots,w_{12})$$
$$W_\tau=\mathrm{diag}(w_X,w_Y,w_N) \quad (41)$$

はそれぞれ状態および推力の偏差に対する重み係数行列，

$$Q=\mathrm{diag}(q_1,\cdots,q_{12}) \quad (42)$$

は操作量に掛かる重み係数行列である．式 (38) の最適制御問題は，終端状態量自由の非線形最適制御問題として各時刻ごとの最適化を行うこととし，その求解には船体位置制御と同じく C/GMRES 法を適用した．これにより実時間での最適化が可能となることから，アクチュエータが故障した場合には，当該スラスタの推力指令値を 0，旋回角指令を故障発生時の停止角度に設定し，操作量の重み係数を大きくすれば，任意のアクチュエータ故障発生時の動的最適推力配分が可能となる．

### 5.7.4 ケーブル布設工事適用結果

5.7.3 項で述べた制御ロジックを実装した DPS を用いて実際の海底ケーブル布設工事に適用した．各制御ロジックの制御周期は，制御装置の演算能力および船体運動の時定数が 50 s 程度であることを考慮して，船体位置制御部は 0.5 s，最適推力配分部は 0.2 s とした．なお，最適推力配分部はジョイスティックによる手動操船時の操作感向上のため制御周期を短く設定した．

船体位置制御部における C/GMRES 法の評価区間の分割数は，演算の高速化を図るため数値安定化可能な範囲内でできるだけ少なくなるよう $N=10$ とし，評価時間は WP 変針点における船体挙動を考慮して $T=35$ s に設定した．最適推力配分部における C/GMRES 法の評価区間の分割数は $N=1$，評価時間は $T=0.2$ s とし，各時刻ごとの最適化を行う設定とした．

重み係数など各種調整パラメータは，外乱条件として作業海域における気象海象データから最大風速 15 m s$^{-1}$ (ただし定点保持時最大風速 25 m s$^{-1}$)，最大潮流速 3 ノット (knot) を考慮し，位置偏差 ±10 m 以内を制御目標として事前のシミュレーション検討により決定した．

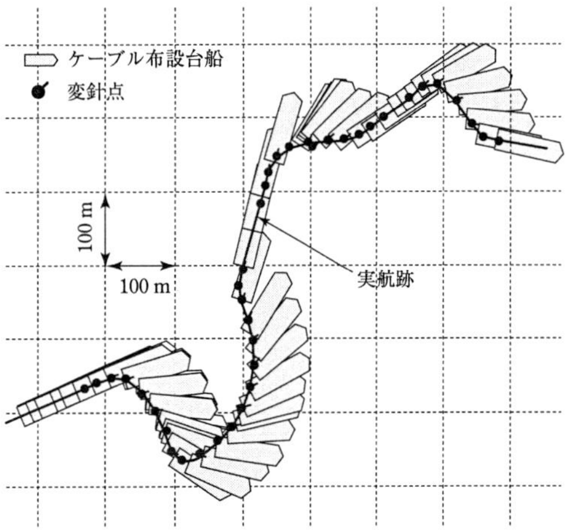

図 5.52 布設作業船航跡（ケーブル布設工事結果例）

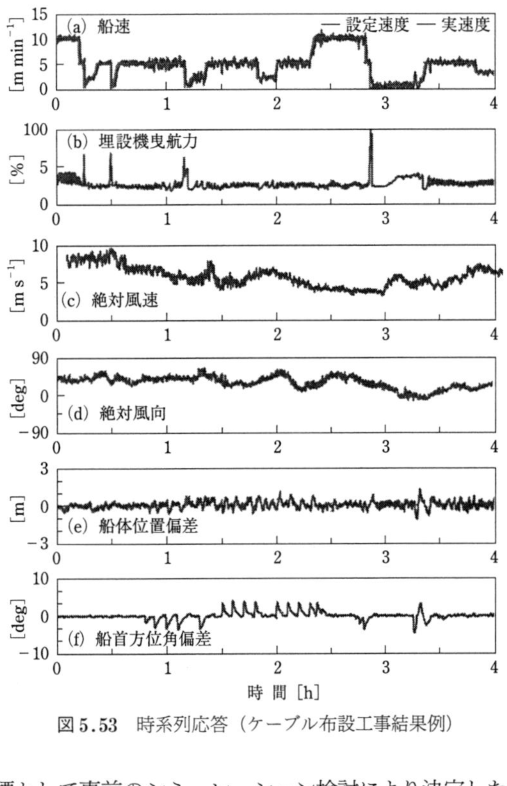

図 5.53 時系列応答（ケーブル布設工事結果例）

図 5.52 に実際の海底ケーブル布設工事において，岩礁部を迂回する埋設ルート通過時の布設作業船の設定 WP および 300 s ごとの航跡を示す．図 5.53 は上段より，そのときの船速，埋設機曳航力（最大許容張力比)，絶対風速，絶対風向，船体位置偏差，船首方位角偏差の時間応答を示す．なお，船体に作用する外乱力のうち，埋設機曳航力はセンサ情報を用いてフィードフォワード補償を行っている．

布設作業船は，埋設機位置や曳航力を常時監視しながら WP 上を設定船速で自動追従させ，異常なケーブル張力がかかると船速を手動で緩めるなど多様なオペレーションを行っている．図5.53に示すように，風や潮流，波浪外乱が作用する状況下においても±1 m程度の位置制御性能を達成しており，また，10日間にわたる昼夜連続工事を通してさまざまな外乱条件に対しても所期の性能を満足することが確認できた．

### おわりに

本節では，近年作業船などへの搭載が増加している自動操船制御システムの制御系において，非線形後退ホライズン制御を適用したルートトラッキング制御方法，冗長アクチュエータの最適推力配分方法について提案した．本自動操船システムは，実際の海洋工事作業において，厳しい気象海象条件下でも良好な運動性能を確保できることが確認でき，また，工事期間を通しての連続運用実績からその信頼性の高さを証明することができた．　[浜松正典・東　成昭]

### 参考文献


1) 浜松正典，加賀谷博昭，河野行伸 (2008)：非線形 Receding Horizon 制御の自動操船システムへの適用，計測自動制御学会論文集，**44**(8)：685-691.
2) 大塚敏之 (1997)：非線形最適フィードバック制御のための実時間最適化手法，計測と制御，**36**(11)：776-783.
3) Thor. I. Fossen (2003)：Marine Control Systems, Marine Cybernetics.
4) 烏野慶一，前川和義，岡野誠司，三好　潤 (2001)：簡易渦モデルを用いた操縦運動中の主船体流体力の成分分離型モデル（その5），日本造船学会論文集，**190**：169-180.
5) 加藤寛一郎 (1988)：工学的最適制御，東京大学出版会.
6) T. Ohtsuka (2000)：Continuation/GMRES Method for Fast Algorithm of Nonlinear Receding Horizon Control, *Proc. 39th IEEE Conference on Decision and Control*, p. 766-771.


## 5.8　発電用ガスタービン(L20A)制御システム

### 5.8.1　製品の概要

近年，地球環境保全やエネルギー有効利用の観点からエネルギーの分散配置が進んでおり，そのキーハードとして発電用ガスタービンは重要な役割を担っている．ガスタービンの特徴として，シンプルサイクル（ガスタービン発電のみのシステム），ボイラ・蒸気タービンと組み合わせた複合サイクル発電プラント，ガスタービン発電と排熱回収ボイラを組み合わせたコジェネレーション（熱電併給システム）など，エネルギーの利用形態に合わせたシステムを提供できることから，エネルギーインフラ市場における需要は高い．

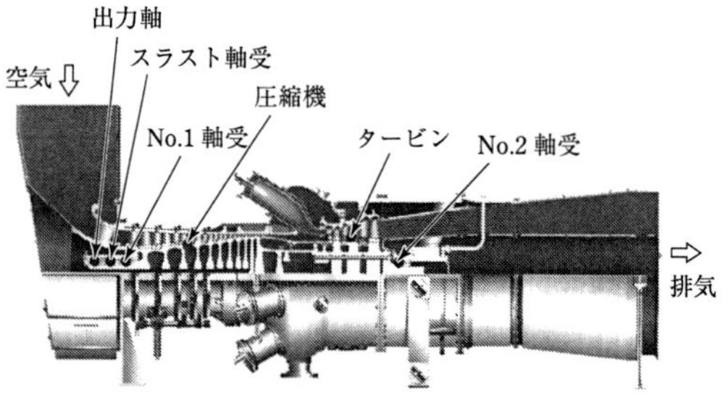


**図5.54**　20 MW級発電用ガスタービン（L20A）

**表5.4**　L20A 主要諸元

(a) 性　能

| 諸　元 | 数　値 |
|---|---|
| 出　力 | 18000 kW |
| 熱効率 | 35% |
| 回転数 | 9420 rpm |
| 空気流量 | 57 kg s$^{-1}$ |
| 圧力比 | 18 |
| タービン入口温度 | 1250°C |
| 排気温度 | 545°C |
| エミッション | NOx＜23 ppm（$O_2$＝15% 換算） |
| | CO＜25 ppm（$O_2$＝15% 換算） |

ISO条件：標準大気，吸気温度15°C，減速機出力端，燃料：天然ガス．

(b) 構　造

| 諸　元 | 内　容 |
|---|---|
| 形　式 | 単純開放1軸式 |
| 寸　法 | 長さ 6.6×高さ 2.7×幅 2.2 m |
| 重　量 | 14 t |
| 圧縮器 | 軸流 11段 |
| 燃焼器 | 8缶型 |
| タービン | 軸流 3段 |

図5.54に示すL20Aガスタービン（川崎重工業製）はこのような市場に向けて開発された20 MW級発電用ガスタービンであり，シンプルサイクルにおける熱効率は35%，複合サイクル発電プラントでの発電効率は47%以上，さらにコジェネレーションでは総合熱効率80%以上という高い効率を実現している．表5.4にはL20Aガスタービンの主要諸元を示す[1]．

一方，ガスタービン制御システムにおける動向としては，いっそうの高効率化や排出ガス規制強化への対応など制御に対する要求は高度化しており，また近年の計算機技術の進歩により制御装置のディジタル化が進んだことも相まって，より複雑な制御手法が適用される傾向にある．このような技術は，競争が激しい市場において他社製品との差別化を図る上で有効であり，制御技術による高付加価値化の重要性は増してきている．

本節では，その一例として，上記したL20Aガスタービンの始動制御へファジィ制御を適用した事例について説明する．

### 5.8.2 ガスタービン始動制御における課題

図5.55にガスタービンの始動プロセスを示す．最初はスタータモータによりガスタービンを昇速し，ある程度まで回転数が上昇したところで燃料を投入して着火させる．次に，燃料を徐々に増加させてガスタービンを昇速していき，十分な回転数まで上昇したところでスタータモータを切る．その後は，燃料制御のみでガスタービンを昇速させ，所定の回転数(自立回転数あるいは定格回転数)に到達したところで始動が完了する．

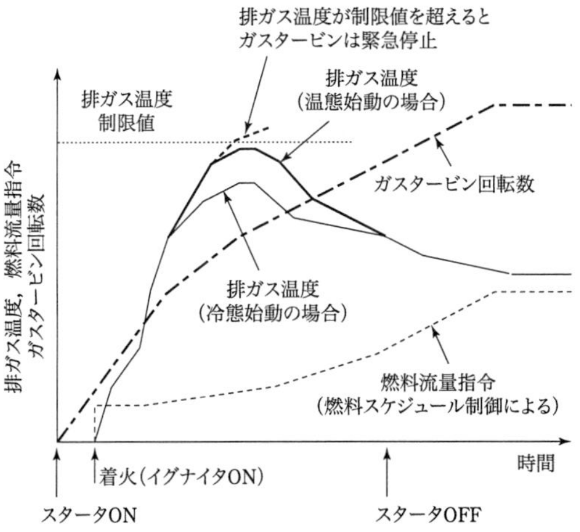


図5.55　ガスタービンの始動プロセス

ここで，始動昇速中の燃料制御方法には，回転数の上昇に応じて投入燃料が増加していくようあらかじめ設定されたテーブルにしたがって燃料指令を決定する，いわゆる“燃料スケジュール制御方式”が用いられるのが一般的である．その理由は，始動昇速中，とくに低回転域ではガスタービン自体がまだ安定しておらず，フィードバック制御が困難であることによる．

しかしながら，ガスタービンの始動特性(回転数上昇率，燃焼ガス温度など)は，ガスタービン吸入空気の温度，圧力により変化することに加え，冷態始動(前回の運転から十分なインターバルがあり，ガスタービンが冷えた状態からの始動)か，温態始動(前回の運転からのインターバルが短く，ガスタービンがまだ暖かい状態からの始動)かによっても大きく影響を受ける．そのため，固定された燃料スケジュールではこれらの変化に対応できず，気温が低い場合には燃料が不足して始動プロセスが渋滞したり，図5.55に示されるように，温態始動時に燃焼ガス温度(1000℃以上の高温になるため直接計測が困難であり，通常はより温度の低い排気ガス温度にて監視する)が制限値以上に上昇するという事態を招いてしまう．

このような問題に対処するため，気温やガスタービン内部の温度に応じて燃料スケジュールを補正するなどの対策を行った例もあるが，それぞれの温度条件の変化に対してどの程度燃料を補正すればよいかを正確に把握することは難しい．このことが，どのような条件変化に対してもガスタービンを安全・確実に始動することができ，かつ始動完了までの時間があまり変化しない，安定した始動制御を実現することを困難にしている．

ファジィ制御では，種々の状態量変化をファジィ量により“あいまいに”表現し，制御量を決定することができることから，上記したように定量的な把握が困難な対象に対する制御手法の一つとして有効であると考えられる．次項では，ガスタービンの始動制御へファジィ制御を適用する具体的な方法について述べる．

### 5.8.3 ガスタービン始動制御へのファジィ制御適用

#### a．ファジィ制御の基本構成[2)]

ファジィ制御の基本的な構成を図5.56に示す（多入力多出力系を前提）．まず，制御対象の各種状態量(外的な条件を含む）が前件部（IF part あるいは condition part ともよばれる）にて評価される．次に，ファジィ推論部にて，前件部における評価に基づいて“何をどれだけ制御する”のかが決定される．この際に適用される規則がファジィルールである．そして，ルールごとに求められた個々の操作端に対する指令値が，後件部（THEN part あるいは action part ともよばれる）において操作端ごとに集約され，個々の操作端への指令値として出力される．

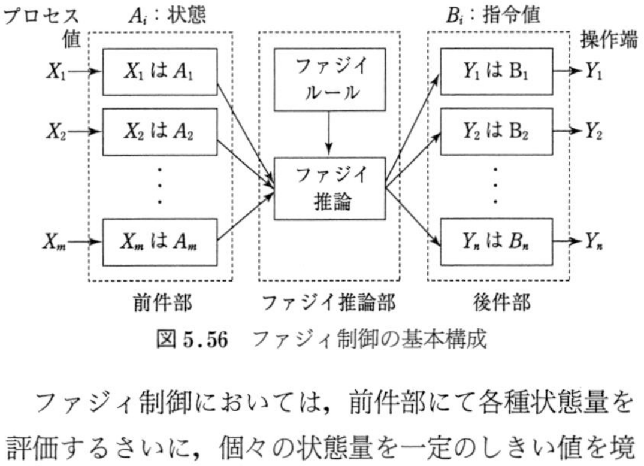


図5.56　ファジィ制御の基本構成

ファジィ制御においては，前件部にて各種状態量を評価するさいに，個々の状態量を一定のしきい値を境にして“大きい”，“小さい”というような2値的な集合で表すのではなく，“あいまいな”境界によって定義されたファジィ集合により表現する．このファジィ集

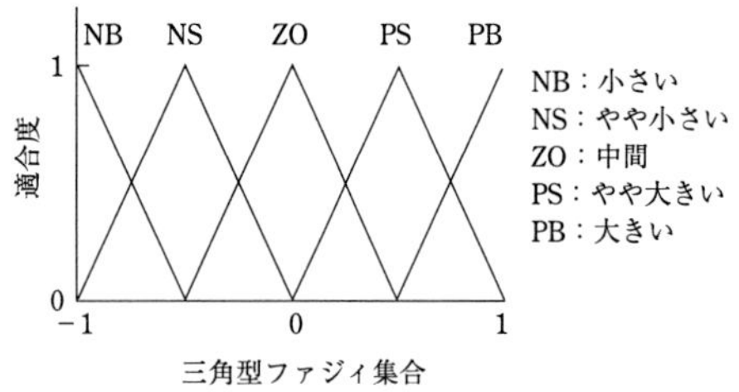


図 5.57　メンバーシップ関数

合は図 5.57 に示されるようなメンバーシップ関数にて表現される．また，後件部においては，上記したファジィ集合によって表現された数値がファジィ演算によって定量化される．

そして，これらの前件部と後件部がファジィ推論部において結びつけられるのであるが，そのさいに用いるファジィルールは，「$X_i$(状態量) が $A_i$(大きい/小さい) ならば $Y_i$(操作量) を $B_i$(大/中/小) にする」というように，人間（オペレータ）が行うような感覚的な判断と操作に基づいてルール化される．

**b．ガスタービン始動制御におけるファジィルール**[3,4]

以下では，ガスタービンの始動制御へファジィ制御を適用するにあたり，ファジィルールをどのように構成すればよいか，その考え方を示す．ガスタービンの始動では，燃料流量をどのように操作して回転数を上昇させるかがもっとも重要なことであり，ファジィルールは燃料流量の操作量に対するルールが中心となる．

まず，始動の初期段階では，回転数の上昇はもっぱらスタータモータに依存しており，燃料を多く投入しても，燃焼エネルギーは回転数の上昇にはあまり寄与せず，燃焼ガス温度が上昇するだけである．したがって，この領域（回転数が低い状態）では，確実に燃料を着火させ，安定な燃焼を維持できる燃料流量を投入すればよいということになり，従来の燃料スケジュール制御方式が適していることがわかる．

次に，回転数がある程度まで上昇してくると，燃焼エネルギーが回転数の上昇に寄与するようになり，燃料流量の増減によるフィードバック制御が可能になってくる．この領域（回転数が高い状態）において注意しなければならないことは，ガスタービンの温度状態，すなわち吸入空気の温度や冷態始動か温態始動かによって，ガスタービンの特性が大きく変わることである．したがって，同じだけの燃料流量を投入していても，一定した加速度でガスタービンを昇速させることが困難であるだけでなく，場合によっては昇速が停滞し始動渋滞に陥ることもある．これらの温度条件に左右されず，ガスタービンを一定した加速度で昇速するためには，この領域ではフィードバック制御が有効に働くことも考慮して，加速度を制御するのがよいと考えられる．

また，吸気温度が高い場合や温態始動の場合には，回転数が低い領域での燃料スケジュール制御や，回転数が高い領域での加速度制御において，燃焼ガス温度が過度に上昇しやすくなる．これらを防ぐために，燃焼ガス温度（高温のため直接計測が難しいことから，通常は排ガス温度にて代用する）が高くなったら，制限値を超えないように制御することも必要である．

以上をもとにしてファジィルールを構成すると以下のようになる[3]．

ルール 1：回転数が低い場合には，燃料スケジュール制御により燃料流量を操作する．

ルール 2：回転数が高い場合には，加速度制御により燃料流量を操作する．

ルール 3：排ガス温度（exhaust gas temperature：EGT）が高い場合には，排ガス温度制御により燃料流量を操作する．

**c．メンバーシップ関数の作成**

以上のように構成されたファジィルールの前件部に対して，メンバーシップ関数を作成する．メンバーシップ関数の表現方法には，図 5.57 に示したような三角型とよばれるものが一般的に多く用いられるが，その他にもつり鐘型，単調型，台形型とよばれるものも用いられる．ガスタービン始動制御におけるファジィルールでは，“回転数が低い”，“温度が高い”などのように，あいまいな境界によって分けられた領域によって集合を表現しているので，このような表現にもっとも適した台形型にてメンバーシップ関数を作成した．図 5.58 には，このようにして作成されたメンバーシップ関数を示す．

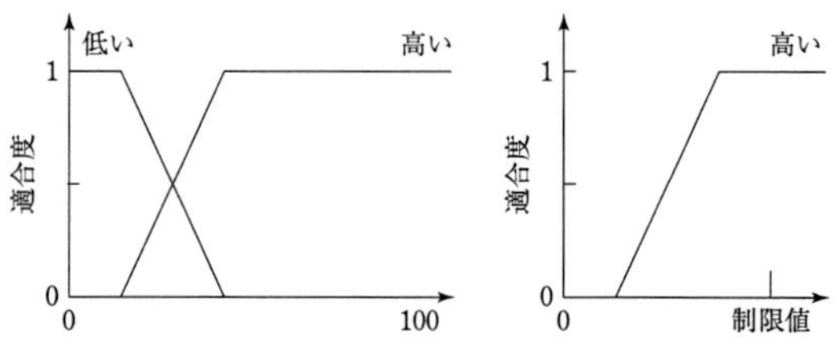


図 5.58　ガスタービン始動制御におけるメンバーシップ関数

**d．ファジィ推論部と制御ロジック構成**

上記のように表現されたファジィ集合に対し，ファジィ演算を行って後件部における制御量を決定するのがファジィ推論部である．ファジィ演算には一般的には重心法とよばれる方法が多く用いられるが，重心法は図式解法であり，プログラムとして計算機へ実装するさいには演算が複雑になる傾向がある．

また，本例で示したガスタービンの始動制御の場合には，後件部が通常の線形制御であり，このように後件部が線形式で表現される場合には，各ルールおける推論結果を前件部の適合度と後件部の線形式の積で表現することができ，最終的な推論結果はこれらの重みつき平均で求められる[2]．式 (43) に重みつき平均によるファジィ演算の計算式を示す．

$$y = \frac{\sum_{i=1}^{r} u_i x_i}{\sum_{i=1}^{r} u_i} \tag{43}$$

ここで，$r$ はルール数，$u$ は各ルールへの適合度，$x$ は後件部の線形式に相当する各制御量，$y$ は推論結果である．

この方法は，演算がシンプルであることから，重心法に比べて計算機への実装が容易であることも特徴である．

以上に基づいて設計したガスタービン始動制御ロジックを図 5.59 に示す．ここで，加速度制御，排ガス温度制御における制御器には PID などの一般的な線形制御器を用いている．また，排ガス温度は熱電対にて計測するが，ガスタービンの始動中のように，通過ガス流量が少ないと熱伝達が悪く応答が遅くなるため，本例においては，排ガス温度 (EGT) の計測値に対して遅れを補償するための位相補償器を設けている．

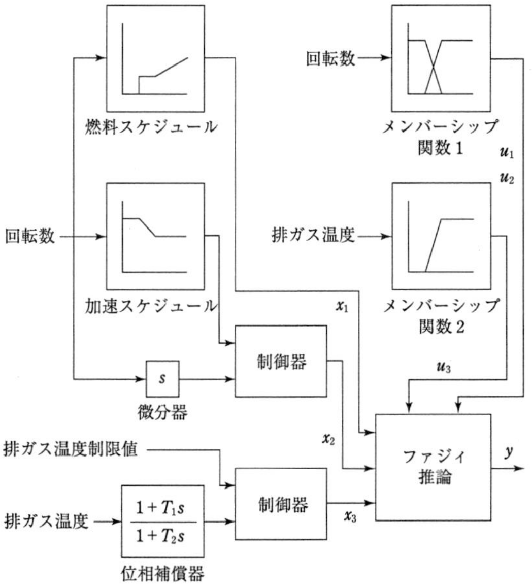


図 5.59　ファジィ制御を適用したガスタービン始動制御ロジック

## 5.8.4　適用結果

以下には，上記の制御ロジックを実機へ適用した例として，冒頭に述べた L20A ガスタービンへ適用した結果を示す[4]．

図 5.60 は，ファジィ制御の適用による効果を検証するため，始動時の条件変化に対する燃料流量の自動的な補正がもっとも困難である冷態始動と温態始動について，実機での始動試験を行った結果である．

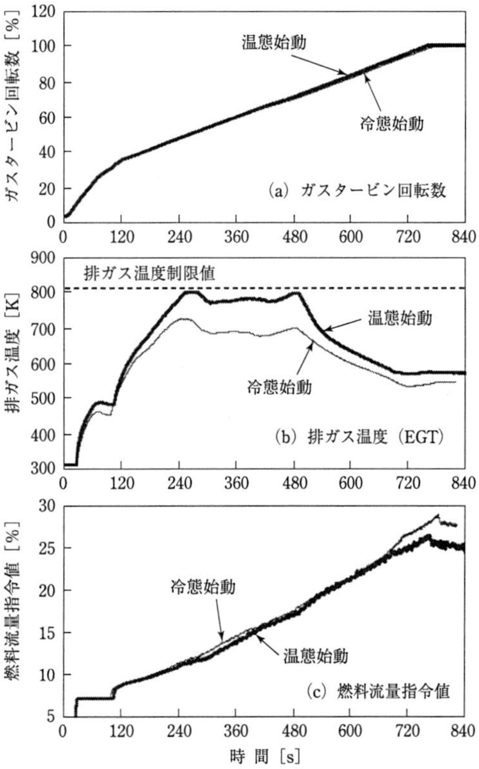


図 5.60　ガスタービン始動試験の結果（冷態始動と温態始動の比較）

この結果からわかるように，燃料流量指令値が冷態始動と温態始動という条件の違いに対して適切に補正され (図 5.60(c))，温態始動において懸念される排ガス温度 (EGT) が制限値を超えないように制御されている (図 5.60(b))．また，従来の燃料スケジュール方式では，冷態始動と温態始動で回転数の昇速度が変わり，始動完了までに要する時間にばらつきが生じやすかったが，本制御方式では回転数の昇速軌跡がほぼ一致しており，ほとんど同じ時間で始動が完了している．

これらのことから，始動時の条件変化によらず，ガスタービンを常に安全・確実に始動し，かつ始動完了までの時間が変化しない安定した始動制御を実現する

上で，ファジィ制御が有効に機能していることが確認された．　［足利　貢・東　成昭］

## 参考文献


1) 笠　正憲，永井勝史，杉本隆雄，ほか (2001)：20MW 級ガスタービン「L20A」の開発，川崎重工技報，**148**：6-11.
2) 菅野道夫 (1988)：ファジィ制御，日刊工業新聞社.
3) 田中泰太郎，足利　貢，ほか (1991)：ファジィ制御を応用したガスタービン起動制御，第34回自動制御連合講演会予稿集，p.13-14.
4) M. Ashikaga (2003)：A Study on Applying Nonlinear Control to Gas Turbine Systems, *Proc. 8th IGTC.*, TS-007.


# 5.9　連続鋳造設備向け鋳型振動装置

### 5.9.1　製品の概要

連続鋳造設備[1) ] (continuous caster) は，溶融した金属を鋳型に注ぎ込み，形材を連続的に効率よく生成する設備である．図5.61に鋼片（スラブ，ブルーム，ビレットなどの半製品）を生成する連続鋳造設備の模式的な断面を示す．連続鋳造設備はタンディッシュ，鋳型 (mold)，鋳型振動装置 (mold oscillator)，ガイドロール群，およびガス切断機などからなる．溶鋼は一時的に貯留するタンディッシュに流し込まれ，その後，タンディッシュから所定の流量で鋳型に流し込まれる．さらに溶鋼は鋳型下方から引き出され，鋳型，ガイドロール群を通過中に冷却されて鋼片となる．

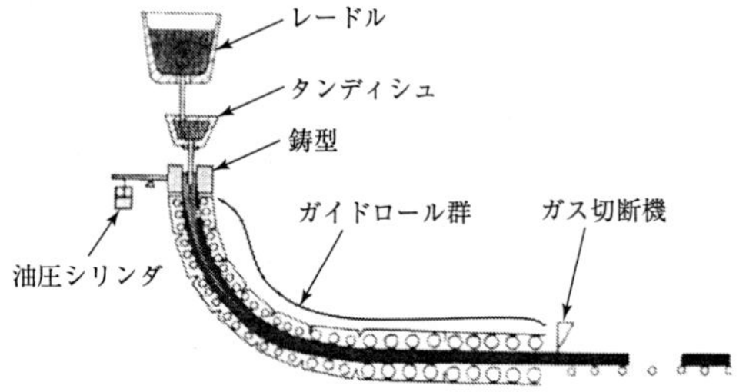


図5.61　連続鋳造設備の断面（模式図）

この鋳型において，高温の溶鋼と鋳型との焼き付きを防ぐために，鋳型に潤滑剤が流し込まれるが，鋳型を振動装置によって上下方向に振動させることにより，鋳型と溶鋼との間に隙間が形成され，その隙間に潤滑材が入り込んで，潤滑が良好になり，鋳型の焼き付きを防止することができる．

このとき，振動に伴う圧力変化などによって鋼片の表面にくぼみが生じる．これはオシレーションマークとよばれているが，このくぼみが深い場合には表面性状が悪化し，ひび割れなどの原因となる．このオシレーションマークを小さくし，鋼片表面の品質を向上させるために，振動には高い振動数の安定した正弦波的な動作が要求される．

鋳型振動装置は，先に述べたように溶鋼と鋳型との摩擦を軽減させて鋳型への焼き付きを防止する目的で，鋳型を上下に振動させるものであるが，駆動方法の違いにより，鋳型に直接アクチュエータを取り付け振動させるタイプと，回転軸を有する駆動アームの片方に鋳型を，そしてもう片方に油圧シリンダなどのアクチュエータを配置し，駆動アームを介して鋳型を振動させるタイプがある．図5.62に後者のタイプの鋳型振動装置部分を拡大した図を示す．

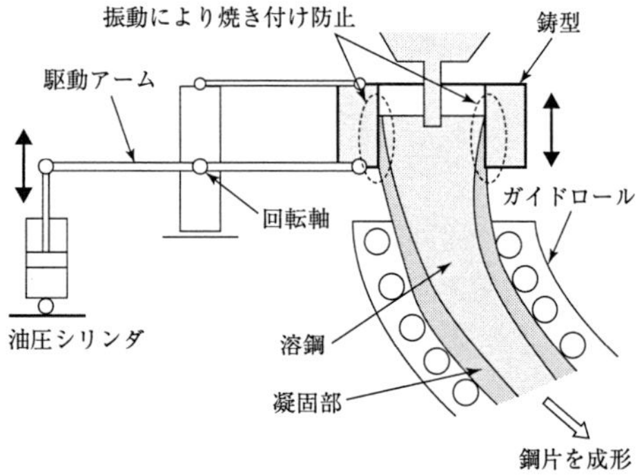


図5.62　連続鋳造設備の鋳型部拡大

このときの振動の波形は正弦波を基本とし，正弦波の頂点を時間的にずらして非正弦波的な波形にすることもある．駆動アームを介して鋳型を振動させるタイプの場合，駆動アームの剛性などに起因する固有振動により，振動波形が本来の波形からひずんでしまう．その固有振動の振動数は十数Hzから数十Hz程度である．高い振動数での加振では機構部の固有振動により振動波形がひずんでしまい，完成した製品の品質に影響を与えてしまう．

この問題を解決する手段の一つとして，鋳型の変位・速度をフィードバックすることにより，機構系の固有振動を抑制する方法が考えられる．しかし，通常鋳型の周辺は非常に高温であるだけでなく，鋳型を冷却するために冷却水が蒸発して非常に多湿であり，計測を行うには非常に厳しい環境にあり，直接これらの状態量を計測するのは困難である．したがって，オブザーバ (observer) により鋳型部の変位・速度を推定し，それを操作量にフィードバックする制御手法が有効である[2)]．

本節ではオブザーバを用いた状態フィードバック制

御（state feedback control）を鋳型振動装置へ適用した事例について紹介する．

## 5.9.2 制御対象とモデリング

図5.63に鋳型振動装置の構成例を示す．鋳型振動部は駆動アームおよび補助アームを有するリンク機構であり，アクチュエータとして片ロッドの油圧シリンダを用い，油圧シリンダを動作させることにより，駆動アームおよび補助アームを介して鋳型を振動させる．また油圧シリンダはサーボ弁により駆動する．油圧シリンダにはストロークセンサが設置され，油圧シリンダの変位を計測する．制御装置には産業用ボードコンピュータを用い，リアルタイムOSを搭載し，そのOS上で制御ソフトを動作させる．

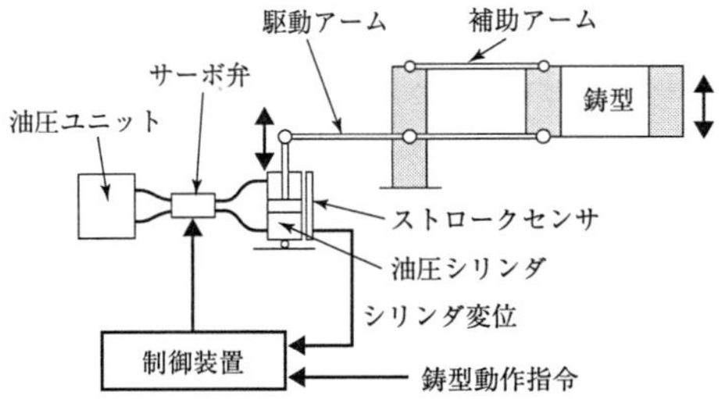


図5.63 鋳型振動装置の構成

図5.64に制御ブロック図の概要を示す．このブロック図に示すように鋳型の変位・速度を直接計測することなく，サーボ弁への入力および油圧シリンダのストロークからこれらの状態量をオブザーバにより推定し，制御を行う．

制御対象のモデルは主に機構部と油圧装置部に分けることができ，以下にそれぞれについて説明する．

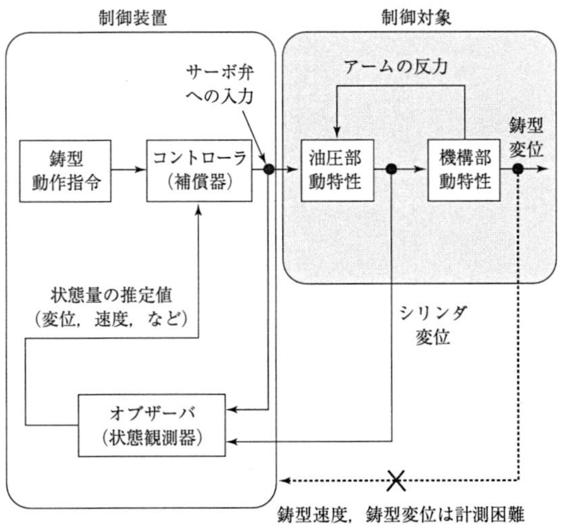


図5.64 オブザーバ方式による制御ブロック図

### a．機構部のモデル化

図5.65に機構部のモデルを示す．機構部は機構系の固有振動を表現するために，質量およびばね・ダンパを先端部に集中させ，2次振動系としてモデル化する．

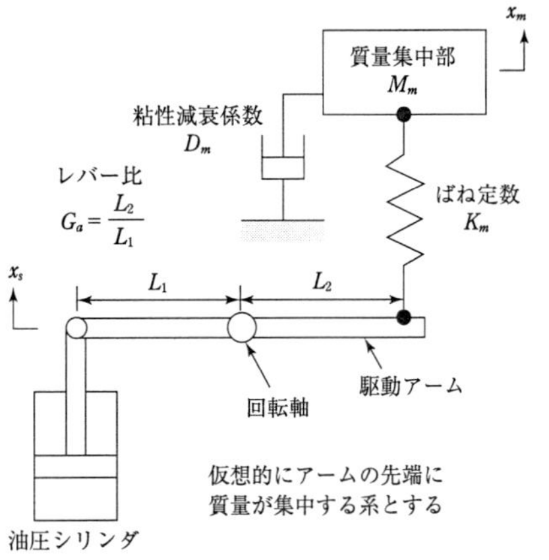


図5.65 機構部のモデル

ここで，$x_m$ は鋳型変位，$x_s$ は油圧シリンダの変位，$M_m$ は質量集中部の質量，$K_m$ はばね定数，$D_m$ は粘性減衰係数，$G_a$ は図5.65に示す駆動アームの長さに基づくレバー比とする．

この運動方程式を式（44）に示す．

$$M_m\ddot{x}_m=-K_m(x_m+G_a x_s)-D_m G_a\dot{x}_s \quad (44)$$

### b．油圧装置部のモデル化

図5.66に油圧装置部のモデルを示す．油圧シリンダは片ロッドでサーボ弁により制御する．また，油圧シリンダへは鋳型が振動した反力 $F_a$ がアームを介して伝えられるものとする．サーボ弁は制御装置からの弁開度指令 $u_c$ により動作する．なお，油圧源の圧力およびタンク内の圧力は一定の値とした．

ここで，$M_{sr}$ は油圧シリンダの可動部質量，$a_s$ は

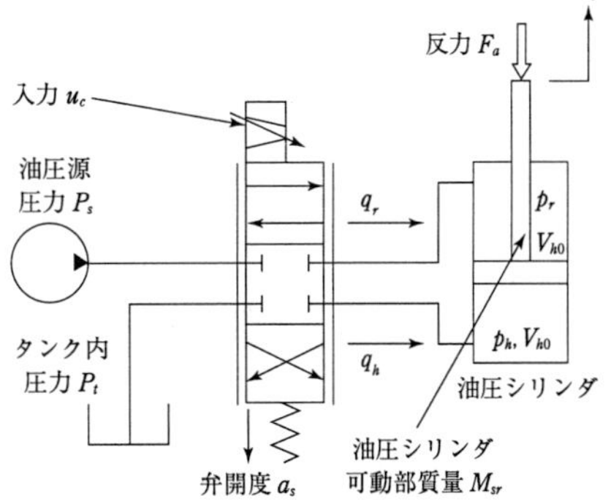


図5.66 油圧装置部のモデル

サーボ弁の弁開度，$P_s$ は油圧源の圧力，$P_t$ はタンク内の圧力，$p_h$ はシリンダヘッド側の圧力，$p_r$ はシリンダロッド側の圧力，$q_h$ はサーボ弁とシリンダヘッド側間に流れる油の流量，$q_r$ はサーボ弁とシリンダロッド側間に流れる油の流量，$V_{h0}$ は中立点における配管も含めたシリンダヘッド側の体積，$V_{r0}$ は中立点における配管も含めたシリンダロッド側の体積，$A_h$ はシリンダヘッド側の受圧面積，$A_r$ はシリンダロッド側の受圧面積とする．$D_c$ は油圧シリンダに作用する粘性減衰係数，$C_s$ はサーボ弁の流量ゲイン，$K$ は油の体積弾性係数，$T_{vs}$ はサーボ弁の応答性を1次遅れ系とみなしたときの時定数である．

この運動方程式を式 (45)〜(52) に示す．

$$M_{sr}\ddot{x}_s = -G_a(K_m x_m + G_a K_m x_s) - G_a^2 D_m \dot{x}_s - D_c \dot{x}_s + A_h p_h - A_r p_r \tag{45}$$

$$p_h = \int \frac{K(q_h - A_h \dot{x}_s)}{V_{h0} + A_h x_s} dt \tag{46}$$

$$p_r = \int \frac{K(q_r + A_r \dot{x}_s)}{V_{r0} - A_r x_s} dt \tag{47}$$

なお，流量はサーボ弁への入力から以下のように導出する．

サーボ弁開度：

$$\dot{a}_s = \frac{u_c - a_s}{T_{vs}} \tag{48}$$

流量：

・$a_s \geq 0$ のとき

$$q_h = -C_s a_s \sqrt{|p_h - P_t|} \tag{49}$$

$$q_r = C_s a_s \sqrt{|P_s - p_r|} \tag{50}$$

・$a_s < 0$ のとき

$$q_h = C_s a_s \sqrt{|P_s - p_h|} \tag{51}$$

$$q_r = -C_s a_s \sqrt{|p_r - P_t|} \tag{52}$$

ただし，$P_s \geq p_h$，$p_r \geq P_t$ とする．

**c. 線　形　化**

対象とする振動の変位は微小であるため，上述の運動方程式を中立点で線形化し，状態方程式として表現した (式 (53))．

$$\dot{x} = Ax + Bu_c \tag{53}$$

ただし，

$$x = [x_m \ \dot{x}_m \ x_s \ \dot{x}_s \ \ddot{x}_s \ a_s]^T$$

$$A = \begin{bmatrix} 0 & 1 & 0 & 0 & 0 & 0 \\ a_{21} & 0 & a_{23} & a_{24} & 0 & 0 \\ 0 & 0 & 0 & 1 & 0 & 0 \\ 0 & 0 & 0 & 0 & 1 & 0 \\ 0 & a_{52} & 0 & a_{54} & a_{55} & a_{56} \\ 0 & 0 & 0 & 0 & 0 & a_{66} \end{bmatrix}$$

$$B = \left[ 0 \ 0 \ 0 \ 0 \ 0 \ \frac{1}{T_{vs}} \right]^T$$

$$a_{21} = -\frac{K_m}{M_m}$$

$$a_{23} = -\frac{G_a K_m}{M_m}$$

$$a_{24} = -\frac{G_a D_m}{M_m}$$

$$a_{52} = -\frac{G_a K_m}{M_{sr}}$$

$$a_{54} = -\frac{G_a^2 K_m + \dfrac{K A_h^2}{V_{h0}} + \dfrac{K A_r^2}{V_{r0}}}{M_{sr}}$$

$$a_{55} = -\frac{D_c + G_a^2 D_m}{M_{sr}}$$

$a_s \geq 0$ のとき

$$a_{56} = \frac{K A_h C_s \sqrt{P_{h0} - P_t}}{V_{h0} M_{sr}} + \frac{K A_r C_s \sqrt{P_s - P_{r0}}}{V_{r0} M_{sr}}$$

$a_s < 0$ のとき

$$a_{56} = \frac{K A_h C_s \sqrt{P_s - P_{h0}}}{V_{h0} M_{sr}} + \frac{K A_r C_s \sqrt{P_{r0} - P_t}}{V_{r0} M_{sr}}$$

$$a_{66} = -\frac{1}{T_{vs}}$$

ここで，$P_{h0}$，$P_{r0}$ は中立点でのヘッド側，ロッド側の圧力とする．

### 5.9.3　制御系設計

式 (53) を基にコントローラおよびオブザーバを設計した．コントローラとオブザーバを含めた制御系のブロック図を図5.67に示す．

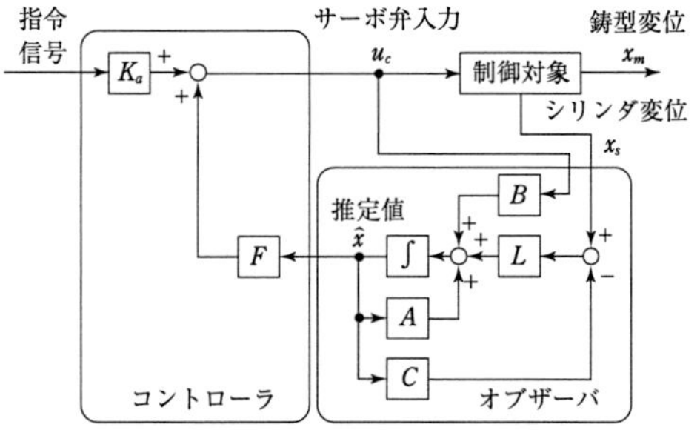


図5.67　制御系ブロック図

コントローラとしては以下の評価関数 (54) を最小にする最適ゲイン $F$ を求める．

$$J = \frac{1}{2} \int_0^{\infty} (x^T Q_c x + R_c u_c^2) dt \tag{54}$$

ここで，$Q_c$，$R_c$ は評価関数の重み行列である．

このとき，最適ゲイン $F$ は次のように求められる．

$$F = -R_c^{-1}B^TP \quad (55)$$

ただし，$P$ は以下のリッカチ方程式（Riccati equation）の解である．

$$A^TP + PA + Q_c - PBR_c^{-1}B^TP = 0$$

なお，油圧シリンダが片ロッドであるため，コントローラのゲイン $F$ は動作の方向により切り換えている．

オブザーバは一般的な線形のオブザーバ設計理論[3]に基づき構成する．オブザーバゲイン $L$ は極配置法（pole assignment）にて決定する．なお，油圧シリンダが片ロッドであるため，オブザーバの係数行列は動作の方向により切り換えている．

### 5.9.4 適用結果

#### a．シミュレーションによる検討

シミュレーションにより本制御手法の有効性の確認を行った．その一例を示す．

機構部の固有振動数を 20 Hz に設定し，他の条件は実機より理論的に求められる数値を採用した．なお，コントローラおよびオブザーバの設計には線形化したモデルを使用するが，シミュレーション時の制御対象は線形化せずに，非線形のモデルをそのまま使用している．

図 5.68 において，(a) が指令値，(b) が PID 制御の場合，(c) が上述した設計手法による制御の場合の結果を示す．

PID 制御の場合には機構系の固有振動の影響により振動波形にひずみがみられるが，本制御手法ではひずみが低減されており，制御手法の有効性が確認できた．

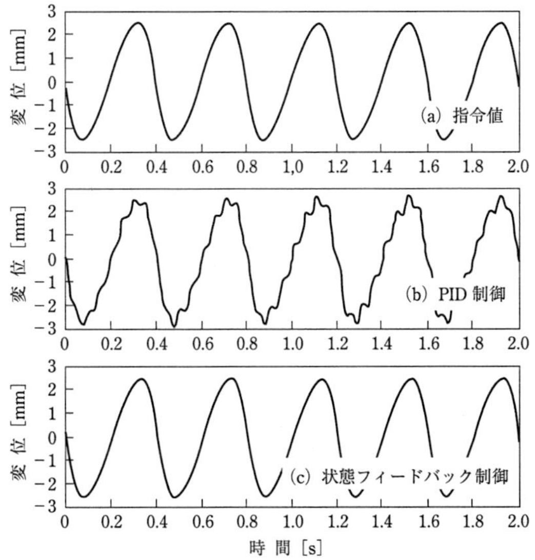


図 5.68 シミュレーション結果の一例

#### b．実機への適用

本制御手法を実機へ適用した結果の一例を示す．

サーボ弁入力から鋳型部変位までの周波数特性を図 5.69 に示す．ただし，操業中には鋳型の変位を計測することは困難であるため，この結果は鋳型に溶鋼を流さずに装置を動作させたときのもので，鋳型の変位はレーザ変位計にて計測を行った．また同じ図に実機の特性とマッチングを行った制御モデルの結果も合わせて示す．両者はよく一致しており，モデルの同定が精度よくできたことが確認された．

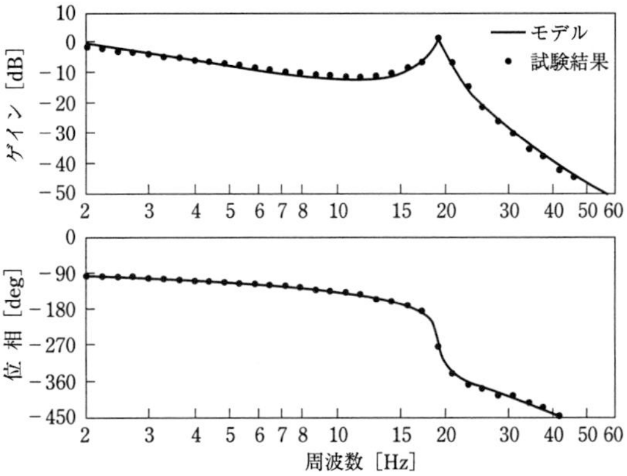


図 5.69 制御対象の周波数特性（入力：サーボ弁入力，出力：鋳型変位）

この制御対象に対して 5.9.3 項に示した方法によりコントローラおよびオブザーバを設計し，実際に動作させたときの結果を図 5.70 に示す．この図において，(a) は指令値，(b) は鋳型の変位実績値を示す．なお，この結果についても鋳型に溶鋼を流さずに装置を動作させており，レーザ変位計にて鋳型変位の計測を行った．

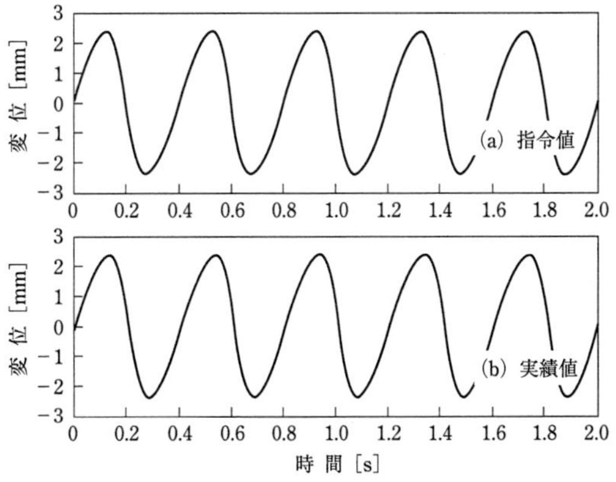


図 5.70 実機における振動結果

鋳型の動作波形が固有振動によってひずむことなく，良好な結果が得られており，本手法の有効性を示している．

［藤本浩明・東 成昭］

## 参考文献


1) 新日本製鐵（株）編著（2004）：鉄と鉄鋼がわかる本，日本実業出版社.
2) 藤本浩明，加藤武久（2009）：オブザーバを用いた産業機器用油圧制御，日本フルードパワーシステム学会学会誌，**40**(3)：135-139.
3) 岩井善太，井上 昭，川路茂保（1994）：オブザーバ，コロナ社.


# 5.10　流動床ごみ焼却炉燃焼制御

## はじめに

環境問題への関心の高まりや，排ガス規制強化などにより，環境との調和をよりいっそう図ったごみ処理施設の開発が求められている．それには，燃焼制御改善による燃焼の安定化を図る制御面からの取り組みが，環境負荷低減への有効な手法となる．筆者らは，動特性解析やファジィ，ニューラルネットワークを活用してごみ焼却炉の燃焼制御改善やパラメータ推定を実施し，実プラントに適用してきた[1]．本節では，流動床ごみ焼却炉を対象として，オンライン同定・モデル予測制御を実施し，実炉での燃焼の安定化，低公害化に効果があったことを示す．

## 5.10.1　制御対象と制御目的

### a．流動床炉

ごみ焼却プラントには大別してストーカ炉と流動床炉がある．流動床炉は，図5.71に示すように炉下部より吹き込まれる流動用空気によって激しく混合・撹拌している加熱砂粒層に，給じん装置によって投入されたごみが巻き込まれ，その熱によって短時間に燃焼し，さらにフリーボード部に吹き込まれる2次空気によって，燃焼を完結するものである．流動床炉の優れた特性として，均一燃焼かつ炉内での滞留時間が短いことがあげられ，難燃物処理や起動停止が短時間で可能であるといった特徴を有する．

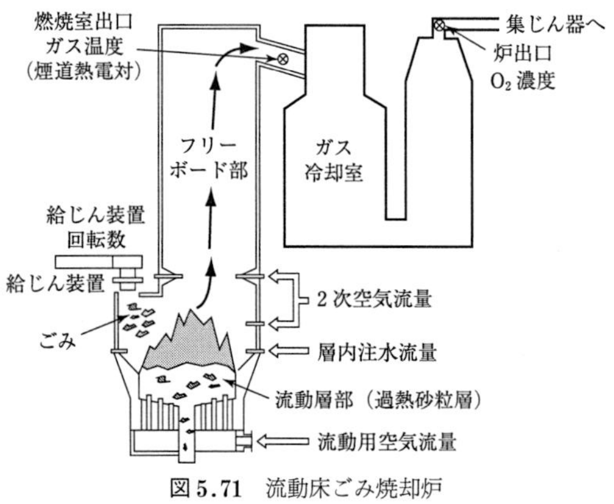


図5.71　流動床ごみ焼却炉

### b．制御対象の動特性解析モデル

本制御対象であるごみ焼却炉の特徴として，燃料としてのごみの物理的，化学的性状が不均一であることがあげられる．このためプロセスを記述するモデルには以下のような不確定な要因がある．

① ごみの低位発熱量の変動による燃焼時の発生熱量の不確定
② ごみ中の水分量の変動による燃焼完結時間の不確定
③ ごみの形状，比容積の不均一による供給されるごみの重量流量の不確定

これらの不確定な要因が安定燃焼を阻害する外乱要因となる．これらの特徴を考慮し，以下の仮定のもとで流動床ごみ焼却炉の動特性解析モデルを作成した．

(1) 流動層燃焼部，フリーボード燃焼部，ガス冷却部の3部に分け，エネルギーバランス，マスバランスを数式で記述する．
(2) ごみが層上部より供給されるためフリーボード燃焼も考える．
(3) 供給されたごみは揮発分と固定分に分かれ，固定分は層内での滞留を考慮する．

焼却炉内で生起する事象を記述すると，十数個の方程式群となるが，代表式としてエネルギーバランス，マスバランス式を式(56)～(59)に示す．

$$\frac{d(C_B W_B + C_R W_R)T_g}{dt} = Q_R + Q_a + Q_c - Q_g + Q_{BI} - Q_{BO} - Q_p \tag{56}$$

$$Q_u = Q_{sp} + Q_L \tag{57}$$

$$Q_g + Q_j + Q_T = Q_u \tag{58}$$

$$\frac{dW_R}{dt} = K \times G_R - \eta W_R \tag{59}$$

ここで，

$Q_c$：層内燃焼発熱量［MJ s$^{-1}$］
$Q_a$：層内供給空気顕熱［MJ s$^{-1}$］
$Q_T$：層上供給空気顕熱［MJ s$^{-1}$］
$Q_J$：フリーボード部以降燃焼発熱量［MJ s$^{-1}$］
$Q_g$：層出口排ガス顕熱［MJ s$^{-1}$］
$T_g$：層温度［°C］
$Q_{BO}$：層物質抜出し顕熱［MJ s$^{-1}$］
$Q_{BI}$：層物質持込み顕熱［MJ s$^{-1}$］
$Q_P$：プラント水蒸発潜熱［MJ s$^{-1}$］
$Q_R$：ごみ供給持込み顕熱［MJ s$^{-1}$］
$Q_{SP}$：ガス冷却水蒸発潜熱［MJ s$^{-1}$］

$Q_L$　：ガス冷却部以降排ガス顕熱［MJ s$^{-1}$］
$Q_u$　：フリーボード部出口排ガス顕熱［MJ s$^{-1}$］
$K$　：層内燃焼率
$C_B$　：層物質比熱［MJ kg$^{-1}$ °C$^{-1}$］
$C_R$　：ごみ比熱［MJ kg$^{-1}$ °C$^{-1}$］
$W_B$：層物質重量［kg］
$W_R$：層内ごみ滞留量［kg］
$G_R$　：ごみ供給量［kg s$^{-1}$］
$\eta$　：層内燃焼速度［s$^{-1}$］

ごみの低位発熱量・水分量・ごみの形状・比容積の変動により，$Q_R$，$Q_C$，$Q_J$，$K$，$Q_R$，$G_R$ が不確定になる．

**c．燃焼制御の目的**

燃焼制御の目的は，安定燃焼を維持して低公害化を実現することである．とくに排ガス CO の生成抑制には，ごみを供給する給じん装置の回転数（ごみ供給量）を操作量として，排ガス $O_2$ 濃度を適正範囲に制御する必要がある．しかしながら，5.10.1 項で述べたごみ性状/実供給量の不確定があるため，操作量である給じん回転数と制御量である排ガス $O_2$ 濃度間の動特性が変化する．また，排ガス $O_2$ 濃度は燃焼の結果として，実際の燃焼部での $O_2$ 濃度より時間遅れを伴う．本節では，これらを解決するため，動特性モデルをオンラインで同定し，モデル予測制御を適用した．また，5.10.1 項で述べた動特性解析モデルをそのまま制御に利用することは現実的でないため，モデル予測制御のモデル構造としては一般的なパラメトリックモデルを用いた．図 5.72 に制御系の構成を示す．

## 5.10.2　オンライン同定モデル

ごみ性状の時変的な不確かさを吸収するためオンラインで逐次的にモデル同定を行う．同定対象は，操作量である給じん装置回転数 $u(t)$ に対する排ガス $O_2$ 濃度 $y(t)$ である．モデル同定式は式 (60) に示すパラメトリックモデルであり，最小二乗推定問題として $W$ の同定を行う．

$$y(n)=-\sum_{i=1}^{na}a_i y(n-i)+\sum_{j=1}^{nb}b_j u(n-j) \tag{60}$$

いま，

$$\phi=[-y(n-1),\cdots,y(n-na),u(n-1),\cdots,u(n-nb)]^T$$
$$W=[a_1,\cdots,a_{na},b_1,\cdots,b_{nb}]^T$$

とおくことによって，式 (60) は，

$$y(i)=W^T\phi(i)+e(i)\quad(i=1,2,\cdots,m) \tag{61}$$

ここで，$\phi\in\mathbb{R}^n$ は回帰変数，$W\in\mathbb{R}^n$ は同定すべきパラメータ，$e(i)$ はモデル誤差・雑音・外乱である．同定すべき $W$ を求めるためエネルギー関数 $E(W)$ を導入する．

$$E(W)=\left(\sum_{i=1}^{m}|e_i|^p\right)^{1/p}=\|e(W)\|_p \tag{62}$$

$(p\geq1,\ m\geq1,\ p$ はノルム$)$

$$e(\mathrm{W})=[e_1,e_2,\cdots,e_m]^T$$
$$e_i(W)=y(i)-W^T\phi(i)$$
$$=y(i)-\sum_{j=1}^{n}W_j\phi_j(i) \tag{63}$$

$p=2$（$L_2$-ノルム）とし，最小二乗推定問題として $W$ の同定を行う．よって式 (63) は，

$$E_2(W)=\frac{1}{2}\sum_{i=1}^{m}e_i^2(W) \tag{64}$$

さらにロバスト性（エラー整形）を考慮し，エネルギーロス関数 $\sigma$ を与える．

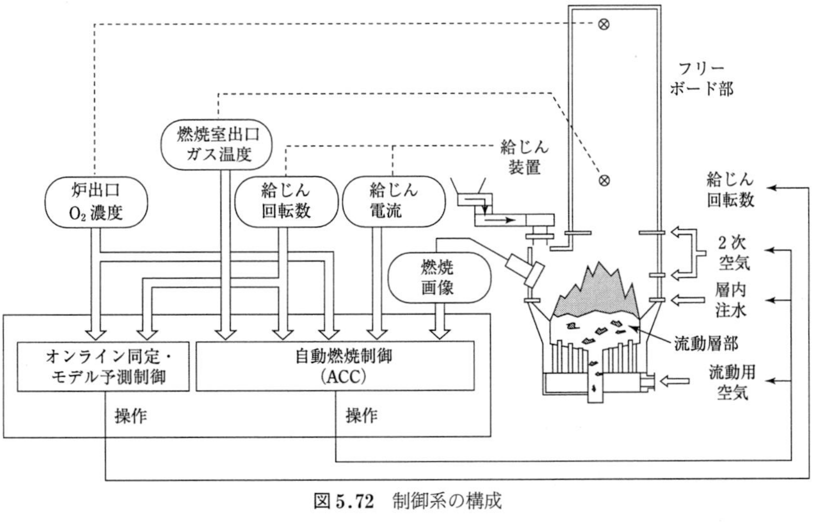


図 5.72　制御系の構成

$$E_2(W)=\sum_{i=1}^{m}\sigma(e_i(W)) \tag{65}$$

$$\sigma(e)\begin{cases}=\dfrac{e^2}{2} & \text{for}\quad |e|\leq\beta\\[2mm] =\beta|e|-\dfrac{\beta^2}{2} & \text{for}\quad |e|>\beta\end{cases} \tag{66}$$

### 5.10.3　モデル予測制御

モデル予測制御は「プロセスの入出力間の動的モデルを用い，現時刻より未来の出力の動きを予測し，その予測される動きができるだけ好ましい動き（最適）になるように操作量を決定する．このような操作量の決定の手続きを毎サンプル時刻ごとに繰り返し行う」ということを基本としている．すなわち，オンライン同定で得られた動的モデル（60）に基づき制御量の予測 $y(t)$，最適操作量 $u(t)$ の計算を繰り返す逐次最適化制御である．また，最小化すべき評価関数を式（67）のように定義する．

$$J=W_u|u(t)-u(t-1)|^2$$
$$+\sum_{i=1}^{N_p}[r_p(t+i)-y(t+i)]^2 \tag{67}$$

ここで，操作量が $u(t-1)$ まで，制御量が $y(t)$ まで既知とし，時点 $t$ における $u(t)$を式（67）を最小化するように決める．

$r_p$ は目標値，$W_u$ は操作量 $u(t)$ の変化量を制限するための重みである．評価関数を2次形式とした場合，2次計画法（quadratic programming：QP）を用いて最適操作量を計算できる．すなわち，式（68）を満たす $x$ を解く最適化問題に帰着できる．

$$\text{minimize}\ f(x)=c^Tx+x^TGx \tag{68}$$
$$\text{subject to}\quad Ax=b$$
$$x\in\mathbb{R}^n,\ c\in\mathbb{R}^n,\ b\in\mathbb{R}^m,\ A\in\mathbb{R}^{m\times n}$$

$n\geq m$，$G$ は $n\times n$ 正定行列である．

### 5.10.4　ニューラルネットワークによる実装

ディジタル計装システムの標準的な機能（加算器，乗算器，積分器）を用いて，オンライン同定回路，モデル予測制御回路を実装するため，ニューラルネットワーク（NN）を用いた．図5.73にオンライン同定を実現するためのNNの基本構造を示す．5.10.2項で述べた回帰変数 $\phi$ を入力とし，同定すべきパラメータ $W$ を推定・出力する．図5.74にモデル予測制御を実現するためのNNの基本構造を示す．

いま，式（67）は，$N_p=2$ の場合，

$$x_1\equiv r_p(t+1)-y(t+1)$$

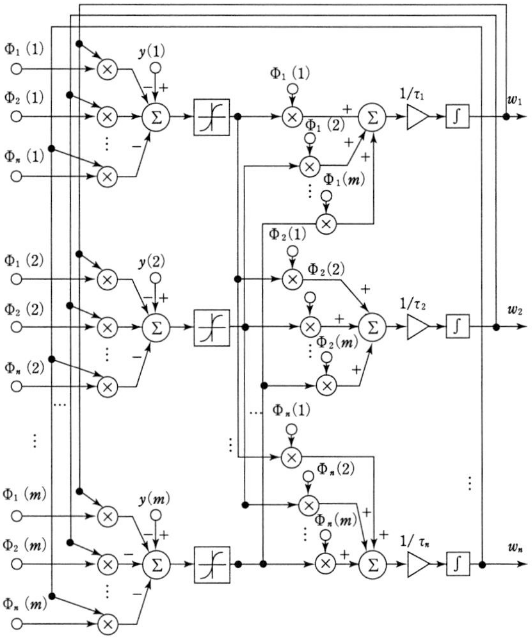


図5.73　オンライン同定を実装するためのNN基本構造

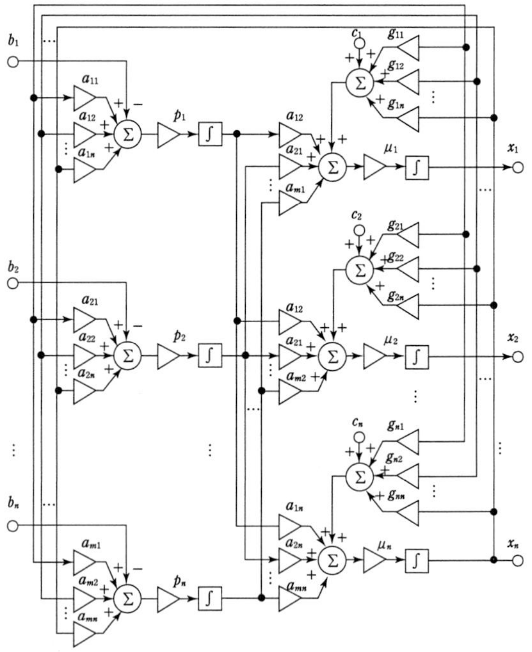


図5.74　モデル予測制御を実装するためのNN基本構造

$$x_2\equiv r_p(t+2)-y(t+2)$$
$$x_3\equiv u(t)-u(t-1)$$
$$x_4\equiv u(t+1)$$

とおくと，

$$J=x_1^2+x_2^2+W_ux_3^2=X^TGX$$

ここで，

$$X=[x_1, x_2, x_3, x_4]^T$$

$$G=\begin{bmatrix}1&0&0&0\\0&1&0&0\\0&0&W_u&0\\0&0&0&0\end{bmatrix} \tag{69}$$

となり，図5.74に示すNN基本構造で最適操作量 $u(t)$ を推定出力できる[2]．

### 5.10.5　同定モデルの特性と解析・モデル予測制御の調整

給じん装置，燃焼の遅れより同定モデルは2次遅れとし，$n_a=n_b=2$ とする．図5.75に同定結果を示す．(a) に給じん回転数，(b)～(c) にオンライン同定したパラメータ $W_i(i=1\sim4)$，(d)に排ガス $O_2$ 濃度の実測値，(e) に排ガス $O_2$ 濃度の同定値を示す．(d)(e) からパラメータ変動によく適応していることがわかり，同定モデルの妥当性が得られた．

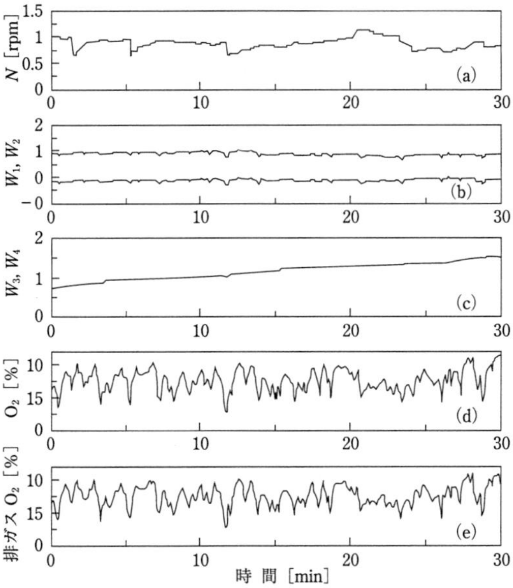


図5.75　モデル同定結果

次に，同定式 (60) を双1次近似により連続伝達関数 $G(s)$に変換し，同定したモデルの特性を解析する．

$$G(s)=\frac{c_1s^2+c_2s+c_3}{s^2+c_4s+c_5}$$

$$c_1=\frac{-w_3+w_4}{1+w_1-w_2}$$

$$c_2=\frac{-4\,w_4}{T\,(1+w_1-w_2)}$$

$$c_3=\frac{4\,(w_3+w_4)}{T^2(1+w_1-w_2)}$$

$$c_4=\frac{4\,(1+w_2)}{T\,(1+w_1-w_2)}$$

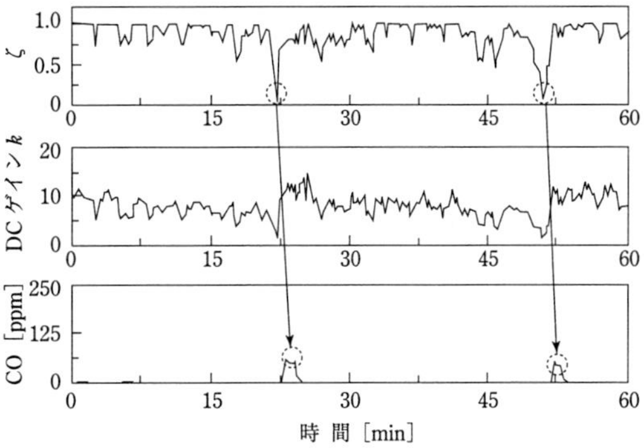


図5.76　CO濃度と ζ，k の関係

$$c_5=\frac{4\,(1-w_1-w_2)}{T^2(1+w_1-w_2)} \tag{70}$$

ここで，$T$ はサンプリング時間である．

図5.76に $G(s)$ の直流ゲイン $k$，減衰係数 $\zeta$ の時系列変化と抑制すべき排ガスCO濃度の関係を示す．排ガスCOのピークが発生する60～70秒前に $k$ が小さくなり，$\zeta\fallingdotseq0$ になることがわかる．これより，排ガスCO濃度低時と排ガスCO濃度ピーク発生時とでは，伝達関数 $G(s)$ の特性が大きく変化し，排ガスCO濃度ピーク発生時に振動的になり，不安定な方向に向かっていることがわかる．

本事例紹介では，$\zeta$ の方が $k$ より感度が高いことから $\zeta$ を用いてモデル予測制御の調整を実施する．モデル予測制御では，参照軌道の与え方が調整パラメータ

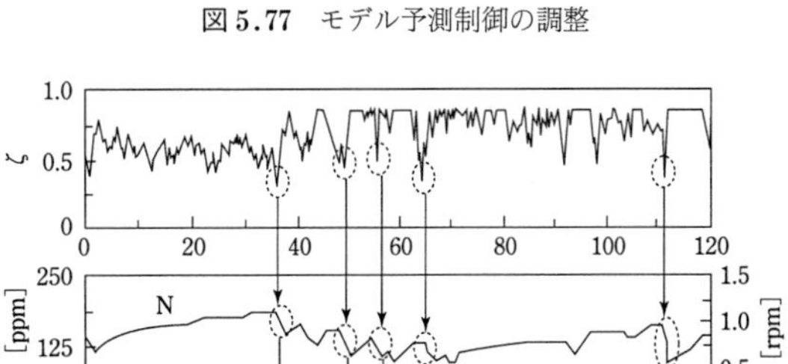

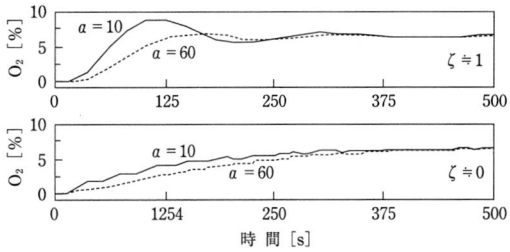


図5.77　モデル予測制御の調整

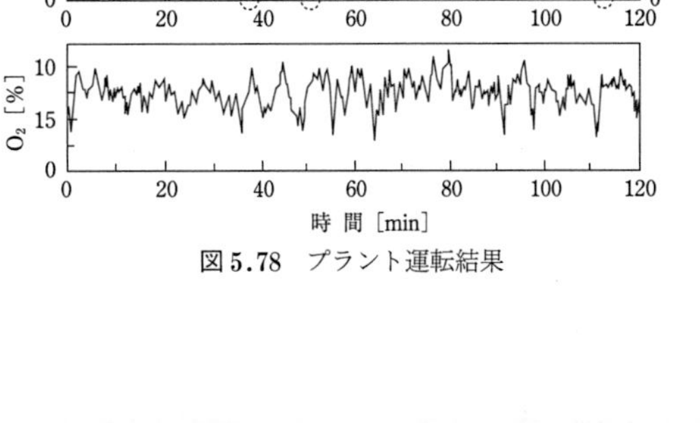


図5.78　プラント運転結果

となる．参照軌道は1次遅れを用いる．図5.77に参照軌道の時定数 $\alpha[s]$ の調整結果を示す．$\xi \fallingdotseq 1$ のとき，$\alpha=60$ の方が $\alpha=10$ より制御性能がよい．逆に $\xi \fallingdotseq 0$ のときは，$\alpha=10$ の方が $\alpha=60$ より制御性能がよい．すなわち，参照軌道の時定数 $\alpha$ は，$\alpha=k_p\xi$（$k_p$：定数）により決定すればよいことがわかる．

図5.78に調整後のプラント運転結果を示す．グラフ中の◌で示す時間帯（$\xi$ が小）で，参照軌道の時定数 $\alpha$ を小とし，操作量（給じん装置回転数 $N$）の動きを変化させている．これにより排ガス $O_2$ 濃度が適正範囲に保たれ，排ガスCO濃度のピークが抑制されているのがわかる[3]．

## おわりに

本節では，モデル予測制御に用いる入出力モデルをオンライン同定し，モデル予測制御に適用することで，流動床ごみ焼却炉の燃焼制御が改善できることを示した．また本手法は，実機プラントで長期運用中であり，良好な結果が得られている．モデル予測制御は，調整の容易さ，むだ時間系，多変数の干渉系に対してもロバストな制御系を構成できるなどの利点があり，プロセス制御において利用範囲は広い．今後，他の熱プラントやストーカ式ごみ焼却炉への適用を図っていく．　［林　正人・東　成昭］

## 参考文献


1) 宮本裕一，林　正人，ほか (1995)：熱プラントの動特性解析とパラメータ推定，計測自動制御学会関西支部シンポジウム「モデリングとシステム同定の最前線」講演論文集，p. 55-58.
2) 林　正人，宮本裕一，玉置　久 (2006)：Application Study of On-line Identification and Model Predictive Control for a Fluidized Bed Incinerator，神戸大学大学院自然科学研究科紀要(A)，p. 1-9.
3) 林　正人，片岡幹彦，宮本裕一 (2004)：オンライン同定・モデル予測制御の流動床ごみ焼却炉への応用，計測と制御，**43**(9)：681-685.


# 5.11　移動式サッカーフィールド

## 5.11.1　製品の概要

雪国の札幌で，天然芝のサッカーフィールドをもつドーム球場を実現するため，フィールドに走行輪を取り付け，ドーム球場から出し入れする方法が採用されている．車輪で走行することにより床面をフラットにすることができ，またフィールドを自在に移動・旋回することで野球とサッカーの観客席の共有化が図れるなど，より多目的に施設を利用することが可能になった．このフィールドの走行にさいしては，フィールドへの給電機器の横ずれ量の許容値から，事前に直進制御性を予測してその許容値内におさまることを確認しなくてはならない．車輪特性を計測して，その結果をもとに計算機シミュレーションを行い走行制御の性能を確認し，実験結果と比較することにより，その制御性能を検証した結果を本節では紹介する．

札幌ドームの全景を図5.79に，フィールドの諸元を表5.5に示す．また，フィールドがドーム球場内へ向かって走行しているときの写真を図5.80に示す．フィールドは車輪への荷重の低減のため，フィールド下部に空気を吹き込み浮上する構造になっている．

**図5.79**　札幌ドーム

**表5.5**　移動式サッカーフィールド諸元

| 諸　元 | 数　値 |
|---|---|
| 寸　法 | 120×80×1.35 m |
| 重　量 | 8 300 t |
| 車　輪 | 34（駆動輪：26，従動輪：8） |
| 走行速度 | 4 m min$^{-1}$ |
| 走行距離 | 200 m |

(a) ドーム外　　(b) ドーム内

**図5.80**　移動式サッカーフィールド

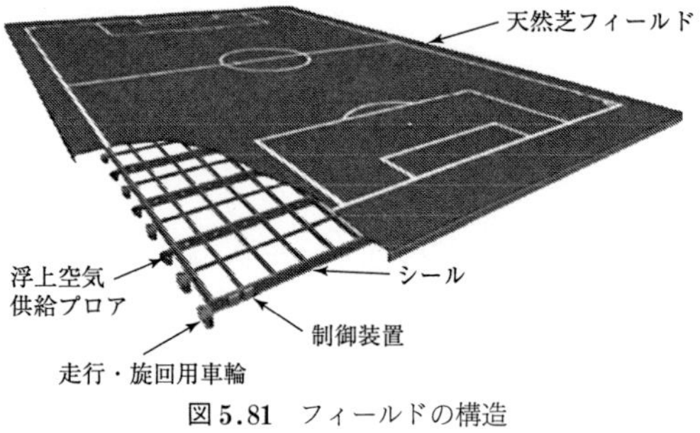


**図5.81**　フィールドの構造

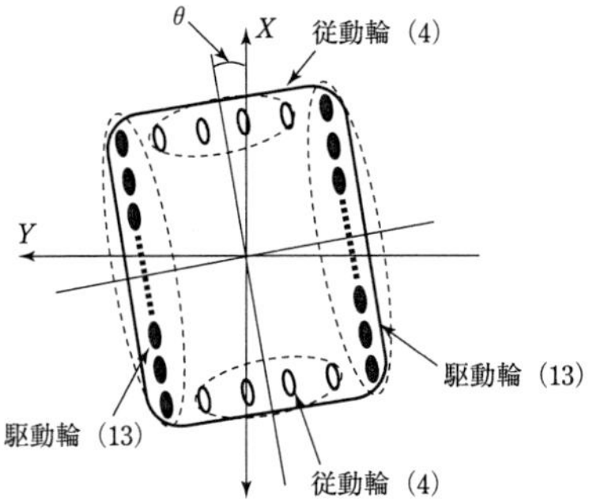


図 5.82　車輪配置および座標

フィールドの総重量は 8300 t であるが，空気浮上により車輪が受ける荷重はその約 10 分の 1 となる．フィールドの構造を図 5.81 に示す．車輪は図 5.82 に示すようにフィールドの周上に配置されている．そのうち駆動輪は，進行方向の右側に 13 輪，左側に 13 輪ずつ配置されている．車輪は駆動輪，従動輪ともに直径 650 mm でトレッド部はウレタン製である．駆動には誘導電動機を使用し，インバータでモータの駆動周波数を調整し，右側車輪列と左側車輪列の速度に差をつけることによって進行方向を制御している．

本施設は 2002 年 FIFA 日韓ワールドカップにあわせて完成し，現在では J リーグやプロ野球球団の本拠地として市民に親しまれている．

### 5.11.2　制御対象とモデリング

移動式サッカーフィールドには移動中にさまざまな外乱が発生し，直進走行を妨げる．主な外乱として駆動輪への偏荷重およびエアシール抵抗のアンバランスがある．この移動式フィールドには給電機器の制約からくる横ずれ量の許容値があり（±100 mm），この許容値内になくてはならない．そのため，偏荷重およびエアシール抵抗のアンバランスの最大値を想定し，その状態においても走行軌跡が許容値内に入るかどうかを計算機シミュレーションで確認した．

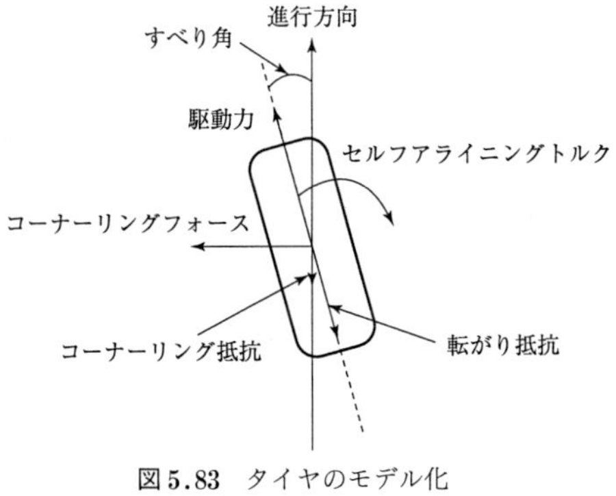


図 5.83　タイヤのモデル化

ウレタンタイヤは図 5.83 に示すように転がり抵抗に加えて，車輪のすべりおよびすべり角により駆動力，コーナーリングフォース，セルフアライニングトルク，およびコーナーリング抵抗が発生するモデルとした[1]．すべり率に対する駆動力係数などの特性は，タイヤの特性試験機を製作して計測した．特性試験機の概要を図 5.84 に，特性試験機で得られたすべり率と駆動力の関係を図 5.85 に示す．また，各車輪にかかる輪荷重は，図 5.86 に示すように，有限要素のモデルを作成して計算した．これにより，偏荷重の影響を考慮したシミュレーションが可能になっている．

これらの方法で求めたパラメータを入力し，考えうる最大の外乱を入力しても，200 m 走行での横ずれ量の許容値内に収まることを確認した．

また，シミュレーションの精度を検証することを目的のひとつとして，実機に使用する車輪を使用した 6 輪の実証試験機を製作し（図 5.87，フィールド重量 100 t，駆動輪 2 輪，従動輪 4 輪），計算機シミュレーションの精度が直進制御性の検討に十分役立つことを確認している．実証試験機で，左右駆動輪に 1% の速

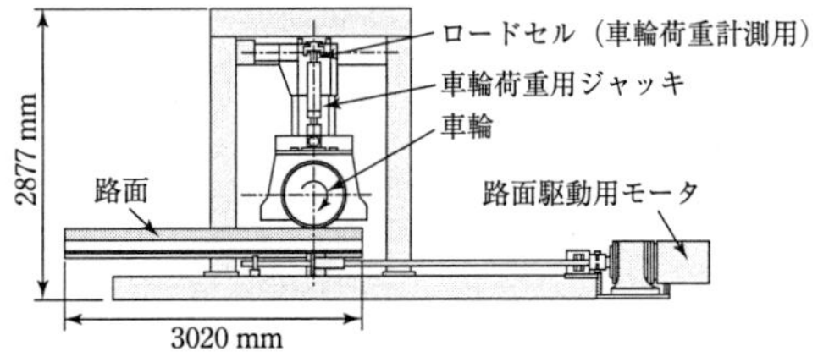


図 5.84　タイヤ特性試験機

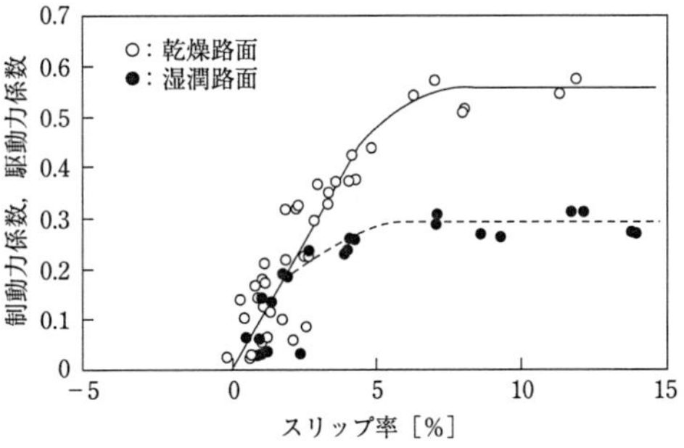


図 5.85　タイヤ特性の例

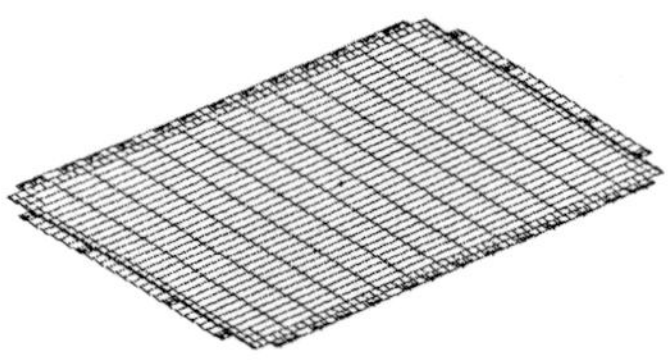

図 5.86　輪荷重計算用 FEM モデル

図5.87　実証特性試験機

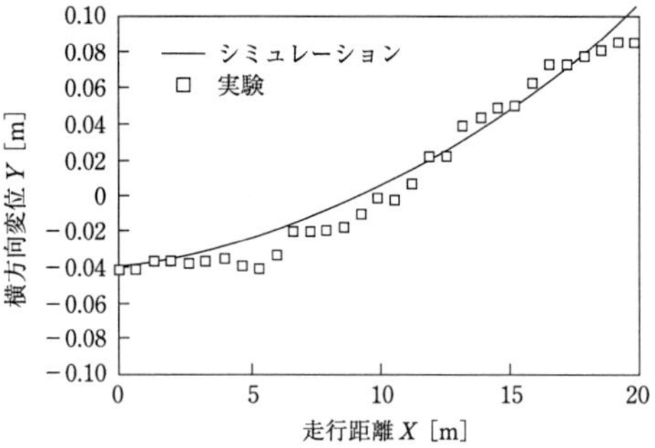


図5.88　実証試験結果とシミュレーション

度差をつけた，オープンループ走行試験の結果とシミュレーションの比較を図5.88に示す．シミュレーションが実走の状況を十分な精度で再現していることがわかる．

### 5.11.3　制御系設計

座標系を図5.82のようにとると，フィールドの進行方向に対する横ずれ量 $y$ およびずれ角 $\theta$ は，車輪が横すべりをおこさず速度が一定で，$\theta$ が十分小さいとすると次の式で表される[2]．

$$\begin{bmatrix} \dot{y} \\ \dot{\theta} \end{bmatrix} = \begin{bmatrix} 0 & v \\ 0 & 0 \end{bmatrix} \begin{bmatrix} y \\ \theta \end{bmatrix} + \begin{bmatrix} 0 \\ \dfrac{1}{L} \end{bmatrix} \varDelta v \tag{71}$$

ここで，$L$ は左右駆動輪列間の距離，$v$ は走行速度，$\varDelta v$ は左右駆動輪列間の速度差である．直進走行のため，次のような状態フィードバック制御を行う．

$$\varDelta v = v[k_1 \ \ k_2] \begin{bmatrix} y \\ \theta \end{bmatrix} \tag{72}$$

閉ループのシステムが振動的にならないゲイン $k_1$ および $k_2$ を選んで使用する．具体的には，閉ループ系のシステム行列 $A_C$ は，

$$A_C = v \begin{bmatrix} 0 & 0 \\ -\dfrac{k_1}{L} & -\dfrac{k_2}{L} \end{bmatrix} \tag{73}$$

より，$A_C$ の固有値が実数のとき，すなわち判別式

$$D_C = \left(\frac{k_2}{L}\right)^2 - \frac{4k_1}{L} \tag{74}$$

が正になるような $k_1$ および $k_2$ から，誘導電動機のすべりを考慮したシミュレーションにより，直進走行に適する応答で，かつ想定する外乱に対して問題ない組合せを選んで使用している．

### 5.11.4　適用結果

実際の制御装置は，式（72）で得られる速度差を−5% から+5% の間で21段階に分割して，それぞれの速度差に対応するインバータの設定周波数を，地面に埋め込んだ磁気テープを検知する変位センサの情報によって切り換えて制御を行う．

実機で200 m 走行したときの横ずれ量とずれ角の計測値をシミュレーション結果と比較した結果を図5.89に示す．横ずれ量とずれ角0の近傍（±16 mm，±0.02°）は不感帯になっているため制御がきかず外乱により軌跡が定まらないが，制御のかかっている領域ではシミュレーション結果と計測値がほぼ同じ軌跡をたどることがわかる．

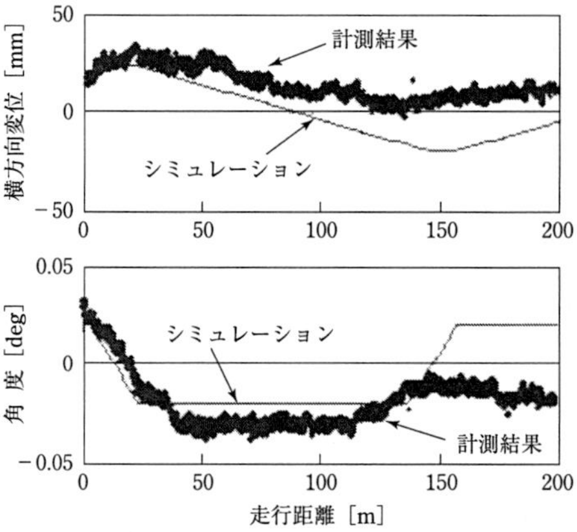


図5.89　走行試験結果ととシミュレーション

この例が示すように巨大な装置は，実機による試行錯誤の制御系調整ができないため，十分な精度をもつ解析モデルによるシミュレーション検討が不可欠である．

［久保田哲也・東　成昭］

## 参考文献

1）酒井秀男（1987）：タイヤ工学，グランプリ社．
2）三平満司，伊藤　毅（1993）：システム制御情報学会論文誌，**6**（1）：37-47．

# 5.12 風車の制御

## 5.12.1 風車の概要

### a. 風車の構成

風力発電装置（風車）の概観を図5.90に示す．一般的には3枚の翼がハブに接続され，風を受けて回転する．回転の動力はナセル内部にある動力伝達装置（シャフトならびにギアボックス）を介して発電機へと伝えられる．この回転動力は発電機にて電気エネルギーに変換され，タワー内部の電力ケーブルを通じて基部まで導かれ，変圧器を介して変電所へと送られる．風車は搭載する発電機により固定速風車と可変速風車に大別されるが，最近では電力変換器（インバータ）を搭載した可変速風車が一般的となっている．

図5.90 風車外観（三菱重工業製 MWT95/2.4）

風車の出力（発電機への入力）は式（75）で表される．

$$P_w = \frac{1}{2}\rho A C_p v^3 \qquad (75)$$

ここで，$\rho$ は空気密度［kg m$^{-3}$］，$A$ はロータの掃過面積［m$^2$］，$C_p$ はパワー係数，そして $v$ はハブ高さの風速［m s$^{-1}$］である．

空気密度や風速については当然，風車を建設するサイトの気象的・地形的条件に大きく左右されることから，ロータの掃過面積とパワー係数が設計要素となる．パワー係数は翼の断面形状（プロファイル）の設計で決まる無次元の係数であるが，水平軸風車（揚力型風車）の場合，理論上は最大で0.593となる[1]（Betz限界）．実際には種々の損失が存在するため，パワー係数は0.593よりも小さくなる．したがって，風車の出力を増加するためには翼長を伸ばして（すなわちロータ径を増やして）ロータの掃過面積を大きくする必要がある．とくに近年は風車の大型化が進んでおり，最近の大型風車ではロータ径が100 mを超えるものもある．

### b. 風車の課題

近年の風車は大型化する傾向があることを先に述べたが，大型化には技術的な困難がいくつもつきまとう．たとえば構成要素（翼，ナセル台板，タワーなど）の製造・組み立て，輸送，建設などがあげられる．また，タワーの設計上重要な基部のモーメント荷重はおよそロータ径の3乗に比例して大きくなるため，強度を確保するには，より強固な構造が必要となる．このことが前述の困難に拍車をかけることになる．

### c. 風車の制御

(1) 風車の特性

風車の出力を表す式（75）におけるパワー係数は翼のピッチ角（翼長手方向の軸を回転軸としたときの翼根部の回転角度）と周速比（翼先端の周速度と風速の比）の関数となる．すなわち

$$C_p = C_p(\theta, \lambda) \qquad (76)$$

ここで，$\theta$ は翼のピッチ角，$\lambda$ は周速比である．翼のピッチ角は風車の出力（トルク）を左右する重要な制御因子である．

(2) 基本的な制御

風車の主な制御系としては，翼ピッチ角制御系，発電機の制御系そしてナセルのヨー角の制御系がある．ここでは翼ピッチ角制御系の概要について述べる．翼ピッチ角を制御する目的は，風速が定格風速より低い場合に少しでも多くの風力エネルギーを抽出すること，そしてロータの過回転の防止である．これらの目的を達成するため発電機の出力やシャフトの回転数を

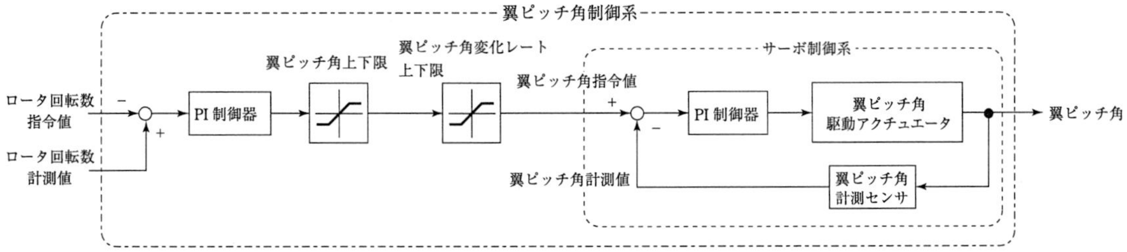


図5.91 翼ピッチ角制御系構成例

フィードバックする制御系が構成される．翼のピッチ角制御系の概要を図5.91に示す．

翼ピッチ角を駆動するためのアクチュエータには油圧式と電動式がある．いずれの場合もローカルのサーボ制御系を有しており，主制御装置からの翼ピッチ角指令値に追従するよう制御系が構成されている．

(3)　荷重低減のための制御

b項でロータ径の3乗に比例して構造物に作用する荷重が増加することを述べたが，この荷重は翼の空力的作用に起因して生じるものである．したがって，状況に応じて翼ピッチ角を調整し，空力的特性を変更すれば構造物に作用する荷重を制御することができる．荷重を低減することができれば，構造物の強度設計に余裕を持たせることが可能となり，部材の寸法縮小，使用量削減，軽量化が可能となる．これらの効果は当然ながら輸送，建設そして全体的なコストに対して有利に作用する．荷重低減制御のために翼ピッチ角制御としては，翼に荷重を計測するためのセンサを取り付け，これをフィードバックすることで翼に作用する荷重を低減するもの，またナセルに振動センサを取り付け，ナセルの加速度（速度）をフィードバックすることでタワーの振動を抑制（制振）し，基部に作用する荷重を低減するものなどがある．本節では後者のタワー制振について実例を紹介する．

## 5.12.2　タワー制振器

### a. 原　理

風車は一種の搭状構造物とみなすことができるが，一般的な搭状構造物と比較して，頂上部にマスが集中していること，タワーは単純な筒状（鋼管）であり，内部に桁や梁がないこと，また風の変動に起因した不規則変動荷重とロータの回転に起因した周期的変動荷重が作用することなどが特徴としてあげられる．これらの特徴から風車の振動系を図5.92に示すように単純にモデル化することができる．

図5.92に示すタワー頂上部のマス（翼・ハブ・ナセルの重量が1点に集中していると考える）の運動は次の式（77）で表すことができる．

$$M\ddot{x}+C\dot{x}+Kx=f \tag{77}$$

ここで，$x$ はタワー頂上部のマスの変位，$M$ はマスの質量，$C$ は粘性減衰係数，$K$ は曲げ剛性，そして $f$ はマスに作用するスラスト力（風がロータ面を通過する際に生じる力であり，風の変動に応じて不規則に変動する）である．

ここで，次の式（78）のようにマスの移動速度に比例するスラスト力

$$\Delta f=-k_v\dot{x} \tag{78}$$

をマスに与えることができると仮定すると，式（77）は次の式（79）のようになる．

$$M\ddot{x}+C\dot{x}+Kx=f+\Delta f=f-k_v x \tag{79}$$

$$M\ddot{x}+(C+k_v)\dot{x}+Kx=f$$

式(79)から，式(78)のスラスト力をマスに付加することで見かけ上，粘性減衰係数が $k_v$ だけ増加することがわかる．実際，このようなスラスト力は図5.93

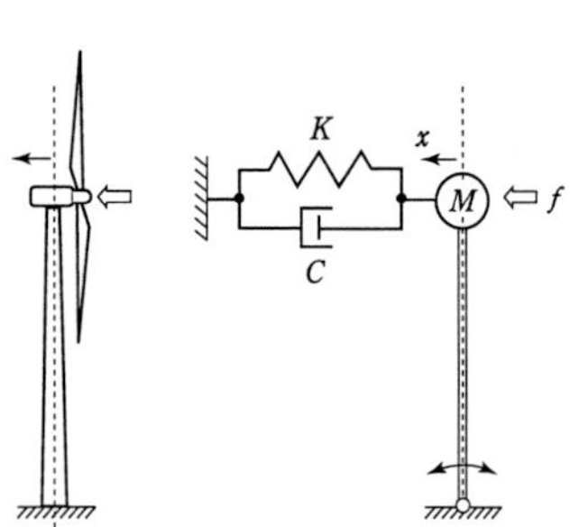


図5.92　風車タワーの概略モデル

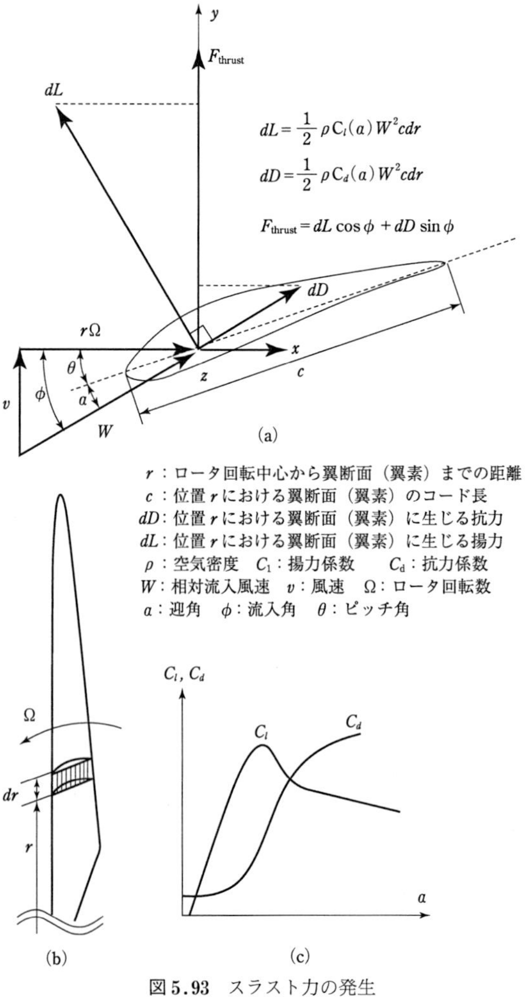


図5.93　スラスト力の発生

に示すように翼の迎角（実際の操作量はピッチ角）を調整することで生成・制御することができる．

図 5.93 に示すようにスラスト力と翼の迎角（ピッチ角）の関係は線形ではないが，ここでスラスト力 $F_{th}$ を次の式（80）のように仮定する．

$$F_{th}=F_{th}(\theta, \Omega, v) \tag{80}$$

ここで，$\theta$ は翼のピッチ角，$\Omega$ はロータの回転速度，そして $v$ は風速である．すると各パラメータの変化に対するスラスト力の変化は次の式（81）で表すことができる．

$$dF_{th}=\left(\frac{\partial F_{th}}{\partial \theta}\right)_{\Omega,v}d\theta+\left(\frac{\partial F_{th}}{\partial \theta}\right)_{\theta,v}d\Omega+\left(\frac{\partial F_{th}}{\partial v}\right)_{\theta,\Omega}dv \tag{81}$$

式（81）から $\partial F_{th}/\partial \theta$ が大きく変化しない範囲であれば，スラスト力と翼のピッチ角の関係は線形とみなしうる．実際はわずかな（1.0° くらい）翼ピッチ角の変化でタワー制振に必要なスラスト力が得られる．式（78）と式（81）から，マスの移動する速度に応じて翼のピッチ角を次の式（82）のように変化させればタワー振動系に減衰を付加することができる．

$$d\theta=-\frac{1}{\left(\dfrac{\partial F_{th}}{\partial \theta}\right)_{\Omega,v}}k_v\dot{x} \tag{82}$$

減衰を適切な値に調整すれば，とくにタワーの固有振動数付近における振動を抑制することができる．これがタワー制振の原理である．一般的なアクティブ制振[3]と異なり，ロータに生じる空力由来のスラスト力を制振力（操作力）として利用するため，付加マスや駆動のためのアクチュエータが不要である．

**b．タワー制振器の構成**

タワー制振器を含む翼ピッチ角制御系のブロック線図を図 5.94 に示す．

操作量は先に述べたように翼のピッチ角である．図 5.94 において $\theta^*$ はロータの回転数を調整するための翼ピッチ角指令であり，$\Delta\theta^*$ がタワー制振（スラスト力を調整する）のための翼ピッチ角指令である．タワー制振のためのピッチ角指令はタワーの加速度を入力とする制振器にて生成される．a 項で述べた原理によれば，加速度を積分して速度に変換し，適当なゲインを乗ずればよいと考えられるが，積分器だけでは以下の問題がある．

① ドリフトが発生する．

② 実際の振動系は翼とタワーの振動系が連成しており，位相を適切に調整しなければ，ほかの振動モードを励起してしまう

したがって，実際の制振器は単純な積分器ではなく，位相補償器としている．

### 5.12.3　フィールド試験

**a．試験サイトと対象風車**

タワー制振器を実際の風車に実装してフィールド試験を実施した．試験サイトは愛媛県西宇和郡伊方町（旧瀬戸町）の瀬戸ウインドヒルである．サイトの様子を図 5.95 に示す．

当サイトには三菱重工業製の風車が 11 基あり，いずれも定格出力 1.0 MW の固定速風車である（1 号機は MWT-1000A，2 から 11 号機は MWT-1000）．試験対象とした風車の緒元を表 5.6 にまとめる．

**図 5.95**　瀬戸ウインドヒル（愛媛県西宇和島郡伊方町）

**表 5.6**　試験対象風車（三菱重工業製 MWT-1000）の諸元

| 諸　元 | 数値，ほか |
|---|---|
| ロータ径 | 57 m |
| タワー高さ | 50 m |
| 定格出力 | 1.0 MW |
| 定格風速 | 13 m s$^{-1}$ |
| 定格タワー回転数 | 21 min$^{-1}$ |
| 発電機 | かご型誘導発電機 |

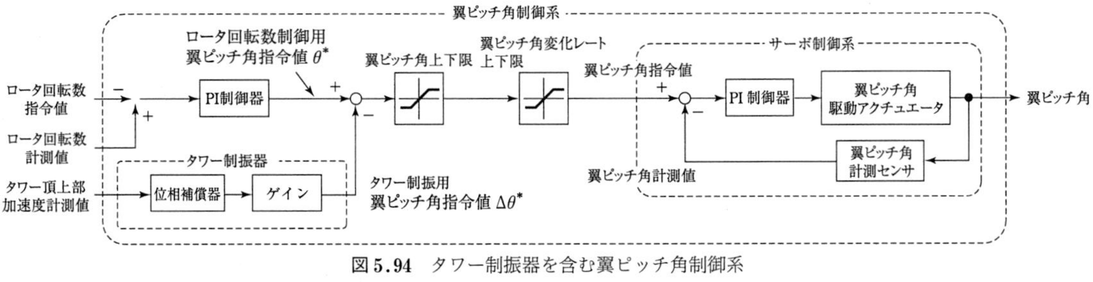


**図 5.94**　タワー制振器を含む翼ピッチ角制御系

### b．タワー制振器の実装

タワー頂上部の振動を計測するため，ナセル内部に加速度センサを設置した．また，タワーの1次振動モードだけを検出するため，ナセル内部のできるだけタワーの中心部に近い場所に設置した．制御プログラムについては，タワー制振器（図 5.96）とタワーの振動を常時監視するロジック（タワー振動レベルがしきい値を超過した場合に風車を停止する）を三菱重工業が開発した図形言語 DIASYS-IDOL にて記述し，制御装置（三菱重工業製 MRC）に実装した（図5.90 参照）．なお，本制御装置における演算周期は 50 ms である．

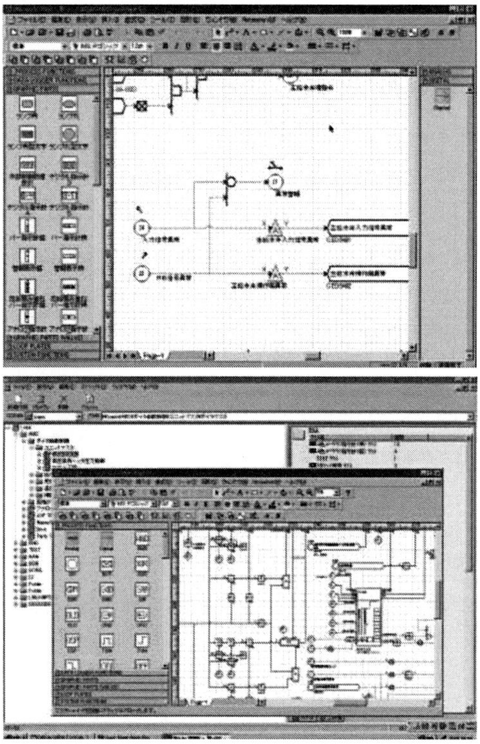

図5.96　DIASYS-IDOL

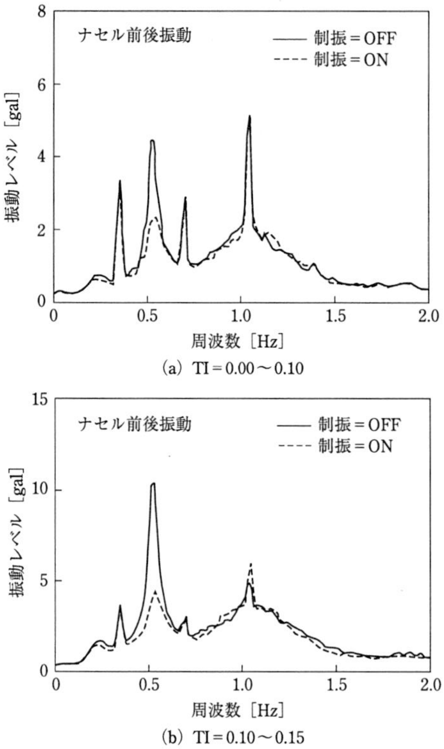


図5.97　ナセル加速度の振幅スペクトル密度（平均風速 14 m s$^{-1}$）

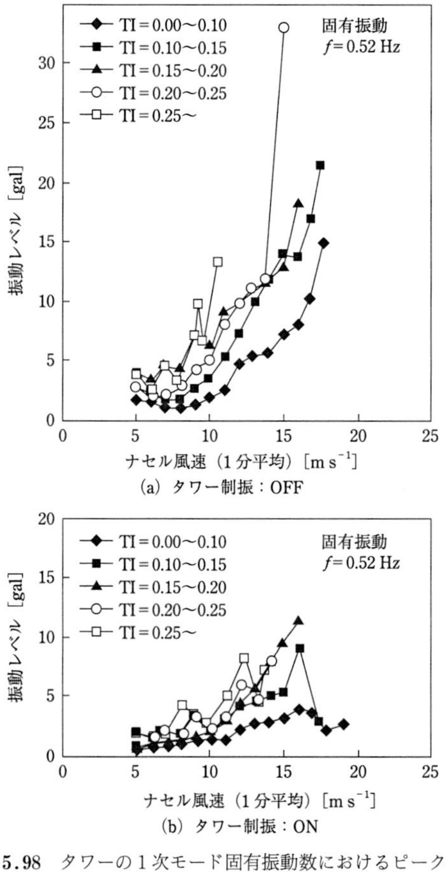


図5.98　タワーの1次モード固有振動数におけるピーク値

### c．試 験 結 果

タワー制振器を常に作動させた状態で風車を運転し，風速，発電出力，タワー頂上部（ナセル）加速度などのデータを取得した（サンプリング周期は 50 ms）．これらのデータを IEC や GL（Germanischer Lloyd）の規定に倣い風速に応じて分類・整理した．具体的には，まず連続する風速データを 10 分間ずつ切り出し，平均風速と乱れ度（標準偏差と平均値の比；turbulence intensity：TI）を算出する．次いで平均風速と乱れ度のマトリクスに振り分け，そのマトリクスの要素ごとに平均値を算出した．以上の処理により整理したタワー頂上部（ナセル）加速度の計測結果を図5.97に示す．

図5.97は時系列波形ではなく，振幅スペクトルを示しているが，0.5 Hz付近でタワー制振器を動作させている方のピークが減少していることが確認できる．このタワーの1次モード固有振動数は約0.5 Hzであり，実装したタワー制振器により減衰を付加できたといえる．

一方，タワー制振器の有無にかかわらず0.35 Hzと1.0 Hz付近にピークが確認されるが，これはロータの回転に起因するものである．試験対象とした風車は固定速風車であり，定格ロータ回転数は21 $\mathrm{min}^{-1}$である．これを周波数に換算すると21/60＝0.35 Hzとなる．ロータにアンバランスがある場合は，この周波数でタワーが加振されることになる．また，ロータは3枚の翼を有しているので，ウインドシア（鉛直方向の風速分布）とタワーシャドウの影響で1回転する間に3回のスラスト力変化が発生する．すなわち0.35 Hz×3＝1.05 Hzの周波数でスラスト力が変化する．5.12.2項aで述べたようにタワー制振器は振動系に減衰を付加するものであり，強制振動力を相殺することはできない．そのためこれらのピークに対しては減衰効果を発揮できない．

タワーの1次モード固有振動数におけるピーク値を風速ごとに比較した結果を図5.98示す．図5.98より，実装したタワー制振器はとくに風速の高い領域で振動減衰効果が大きいことがわかる．

［若狭強志・井手和成・林　義之］

### 参考文献


1) 牛山　泉（2002）：風車工学入門，p. 52，森北出版．
2) 背戸一登，丸山晃市（2002）：振動工学－解析から設計まで，p. 127-128，170-200．
3) 背戸一登（2006）：構造物の振動制御，産業制御シリーズ11，p. 5-13．

# 6

# ロボット制御技術

### はじめに

ロボット制御技術はロボットの性能を決定づけるといっても過言ではない．ここではまず産業用ロボットについて，機構部・アクチュエータ部・制御部の基本構成と適用例を紹介する．次に，ワイヤ型多関節ロボット，力制御型組み立てロボットを紹介する．歩行リハビリテーションロボットではダイナミックな姿勢制御器について述べ，リハビリテーションアームではバイラテラル型マスタースレーブ制御系について考察する．さらに，手術ロボットの制御ではSRIの遠隔操縦ロボットであるダビンチ（DaVinci）について紹介する．アミューズメントロボットではムラタセイサク君®の不倒停止制御についてモデリングと制御の観点から考察する．倒立二輪ロボットの安定化と走行制御では，現代制御理論を適用した制御について紹介する．さらに，災害救助ロボットとして双腕型油圧ロボットについて遠隔操縦制御を，マスタースレーブロボットとしてフレキシブルセンサチューブFST（flexible sensor tube）を用い視触覚フィードバックを適用した災害救助用のロボットを紹介する．

## 6.1 産業用ロボット

### はじめに

産業用ロボット（industrial robot）は，3Kとよばれる「危険」，「きたない」，「きつい」作業を人に代わって行う機械として，1980年代からわが国の自動車工業を中心に本格的な導入が進み，2013年現在，世界全体で約130万台が稼動している．わが国では，その内の23%の約30万台が稼動しており，国別稼動台数として世界一である．産業用ロボットの適用分野は，自動車・自動車部品にとどまらず，食品・医薬品などの一般産業分野にまで広がっている．産業用ロボットを導入することで生産性が向上し，製品の品質が安定するため，製造業の国際競争力強化という点で近年高い注目を集めている．

JIS（日本工業規格）による産業用ロボットの定義（産業用ロボット用語（JIS B 0134-1993）(1) 一般）は次のとおりである．

「産業用ロボット：自動制御によるマニピュレーション機能または移動機能をもち，各種の作業をプログラムにより実行でき，産業に使用される機械」

### 6.1.1 産業用ロボットの特徴

産業用ロボットは，その大半が，人が教えたとおりの動作を何度でも正確に繰り返すプレイバックロボットに属している．人がロボットに動作を教える操作を教示（teaching）とよぶ．人は，まず，教示操作盤（teaching pendant）とよばれるポータブルな操作盤を手で持ち，ロボット各軸に対応した盤面上の操作ボタンを押してロボットの手先を目標の位置になるように動かす．続いて記録ボタンを押すことにより，その位置を制御装置内のメモリに記憶させる．これらの操作を繰り返すことにより教示を完成させるとメモリ内には，ロボットの手先の位置情報が動作順に記憶される．次に，これらを順番によび出すことでロボットは何度でも教示された動作を繰り返すことができる．これを再生（playback）とよぶ．また，教示された2点の間をロボットの手先が正確に直線を描くようにコマンドで制御することができる．円弧を描かせることもできる．ほかにも速度制御，動作順序制御，センサや周辺機器の制御，あるいはPCとの通信制御などのための各種コマンドが用意されており，これらを適宜プログラムすることにより，産業用ロボットに各種作業をさせることができる．

### 6.1.2 産業用ロボットの構成

**a. 機　構　部**

産業用ロボットは，その動作形態により，図6.1に示すいくつかのタイプに分類される．この中で，現在では，垂直多関節，パラレルリンク，水平多関節，直角座標の各タイプが多く用いられている．図6.2は6軸垂直多関節ロボットの例を，図6.3は6軸パラレル

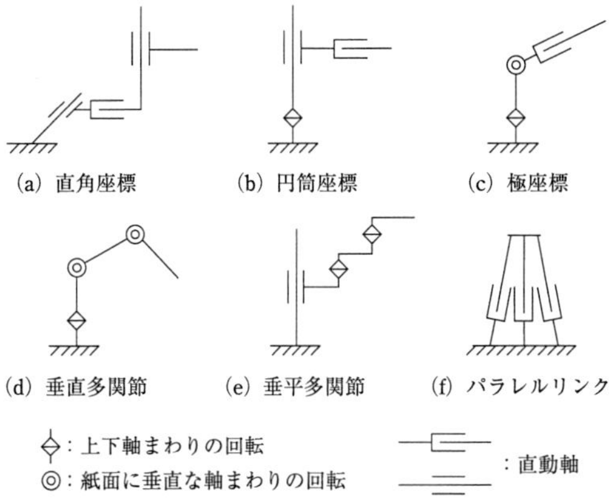


**図6.1** 産業用ロボットの動作形態による分類

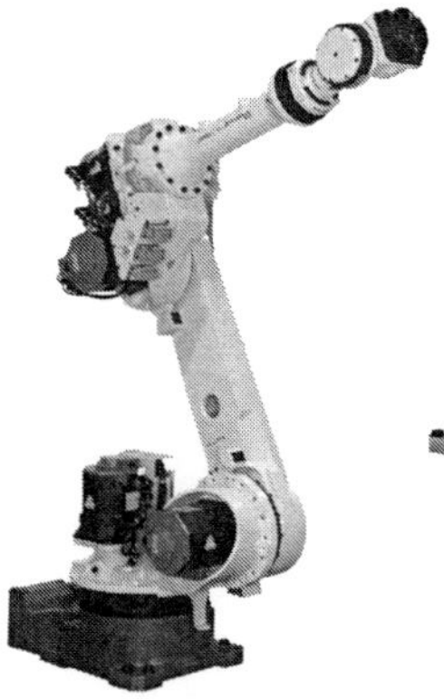

**図6.2** 6軸垂直多関節ロボット

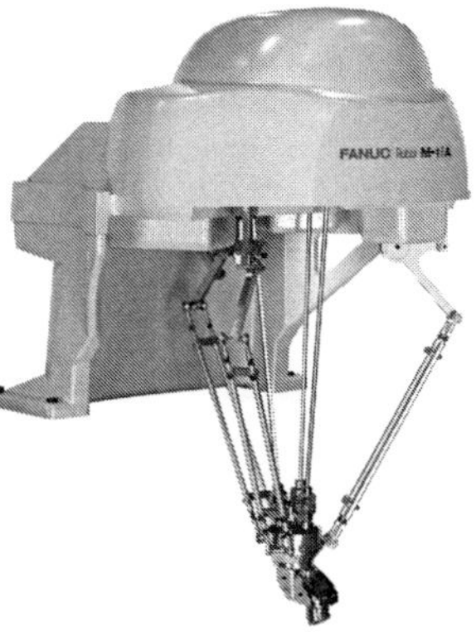


**図6.3** 6軸パラレルリンクロボット

リンクロボットの例を示す．

### b．アクチュエータ

産業用ロボットの各軸を駆動するアクチュエータとしては，整流のためのブラシを使わずメンテナンスが不要のACサーボモータ（servo motor）が多く使われている．ACサーボモータのシャフトにはパルスコーダ（pulse coder）あるいはエンコーダ（encoder）とよばれる位置検出器が固定され，モータの回転位置を正確に計測し，制御装置にフィードバック（feedback）している．制御装置内では，位置検出器の信号から得られるモータの回転位置情報だけでなく，それを微分して回転速度情報も得ている．

ロボットのアームを駆動するためには大きなトルクが必要であるため，一般にモータとアームとの間に減速機とよばれる機械装置を介在させ，モータの回転を減速させて代わりにトルクを増やしている．減速機には各種のタイプが存在し，それぞれ特色をもっている．一方，減速機を用いずに，低速，高トルクのダイレクトドライブモータ（direct drive motor）で直接アームを駆動するタイプのロボットも存在する．

### c．制　御　部

(1) 構　成

制御部は，マイクロプロセッサおよび内部メモリなどから構成される．制御部の構成を図6.4に示す．この構成はプレイバックロボットのものである．

マイクロプロセッサは主に，操作制御，シーケンス制御，演算制御などを行う．操作制御は，人によるロボットの教示操作や再生操作を制御する．教示操作盤上のLCD（液晶表示器）は操作入力の確認，運転状態のモニタリングなどの表示装置として使用される．

シーケンス制御は動作順序，時間制御，条件判別，外部入出力タイミング，異常処置などを行う．演算制御は教示された位置，速度データをもとに位置指令データ，加減速データの生成，直線補間，円弧補間，関節-直角座標変換などを行う．

(2) サーボ制御

サーボ制御は図6.4に示すように，マイクロプロセッサからの位置指令データに基づきサーボアンプを経由してサーボモータを駆動し，ロボットアームを目標の位置に到達させる役割をもつ．ほとんどのプレイバックロボットでは，サーボモータの軸に取り付けられた位置検出器からの信号をフィードバックさせるクローズドループ方式が採用されている．この方式は特有の追従遅れがあるため大幅な高速化には限界があるが，位置指令の変化分（速度指令）をあらかじめ入力側に加算することによって追従遅れを減少させるフィードフォワード制御が導入され，高速，高精度な位置・速度制御が可能となった．

一方，高速化が進むと，想定した制御モデルとの乖離によりロボットの加減速時の振動が大きくなり，位置決め静定時間が長くなってしまうという問題が生じた．そこで，重力によるアームのたわみ，ねじれなどを推測するオブザーバ（観測器）をサーボ系に導入して振動抑制を行う方式や，ロボットの姿勢，負荷重量，速度に応じて加減速度やゲインをコントロールする最適制御による振動抑制が行われるようになってきた．さらに進んで，ロボット手先に加速度センサを搭載して実際に振動の加速度を計測し，学習制御により前述のフィードフォワードのモデル誤差を吸収して振動抑制を行う学習制振制御も登場している．

一方，ロボット制御の応用機能として，アーム先端に加わった外力をモータ電流値の変化で検出して，外力の方向にアームを柔らかく倣わせるソフトフロート機能や，アームと障害物との衝突をモータ電流値の変化とオブザーバを使って検出しロボットを非常停止さ

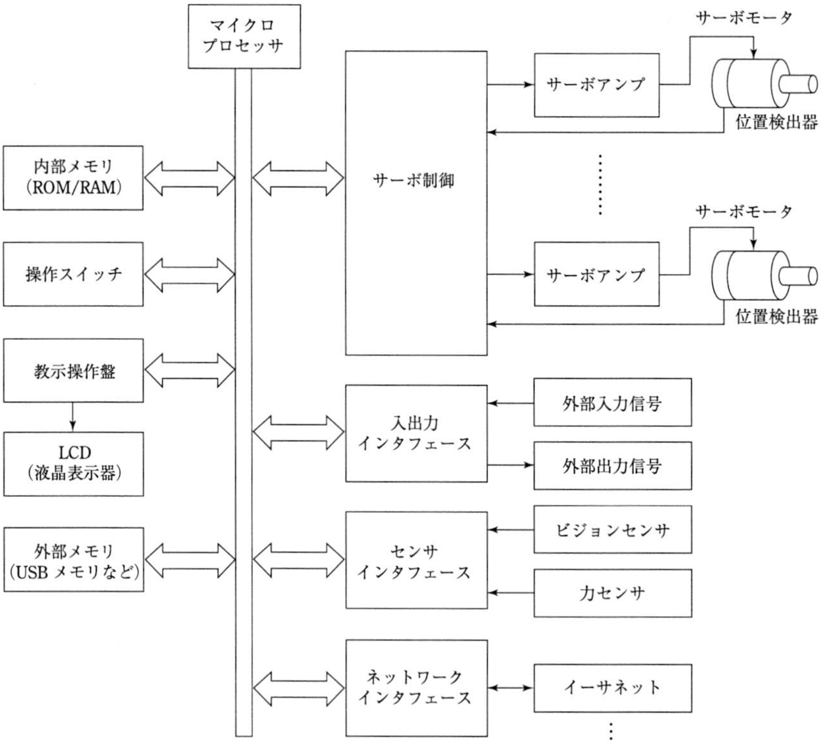


図6.4　ロボット制御部の構成

せる衝突検出機能が実用化されている．

### 6.1.3　産業用ロボットの適用例

(1) スポット溶接 (spot welding)

図6.5は6軸垂直多関節ロボットによる密集スポット溶接の例である．スポット溶接とは，溶接ガンの二つの電極で2枚ないし3枚の板金を挟み，大電流を流すことで抵抗熱を発生させ，電極に挟まれた点（スポット）の溶接を行う方法であり，自動車の車体組立工程で多く使用される．生産性向上のためには短時間に多くのスポット溶接を行う必要があり，前述の学習制振制御などの最新制御技術によりサイクルタイムの短縮化が図られている．

(2) アーク溶接 (arc welding)

図6.6は3台の6軸垂直多関節ロボットによるアーク溶接の例である．アーク溶接とは，溶接ワイヤとワークとの間に高電圧を印加することでアーク放電を発生させ，その熱で溶接を行う方法である．図6.6では，3台のロボットは協調制御されており，2台のハンドリングロボットが把持したマフラを回転させながら，1台のアーク溶接ロボットがそれに追随してアー

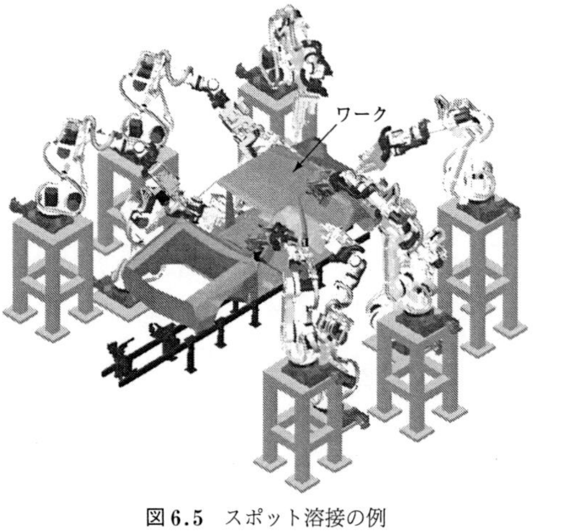


図6.5　スポット溶接の例

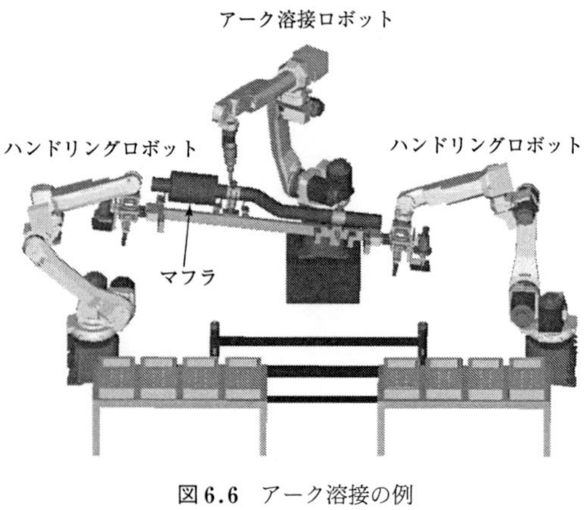


図6.6　アーク溶接の例

ク溶接を行っている．

(3) 組立（assembly）

図6.7は6軸パラレルリンクロボットによるプリント板組立自動化の例である．ロボットは，プリント板を斜めにコネクタ挿入し，プリント板を把持したまま，その姿勢を水平にする．これにより，プリント板を挿入したコネクタも水平位置に動き，ロックされる．ロボットは，このような複雑な組立動作を高速に行う．

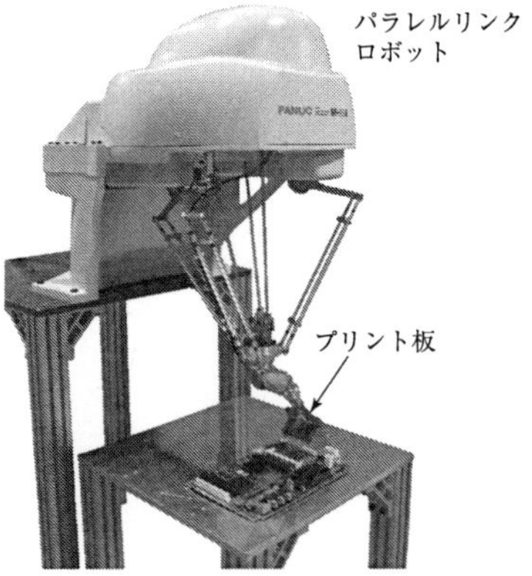


図6.7 組立作業（プリント板挿入）の例

(4) 研磨（polishing）

図6.8は6軸パラレルリンクロボットによる研磨作業の例である．ロボットの手首に搭載された6軸力センサからの信号を使って，一定の押し付け力で自由曲面をもったワークの研磨作業を行うことができる．

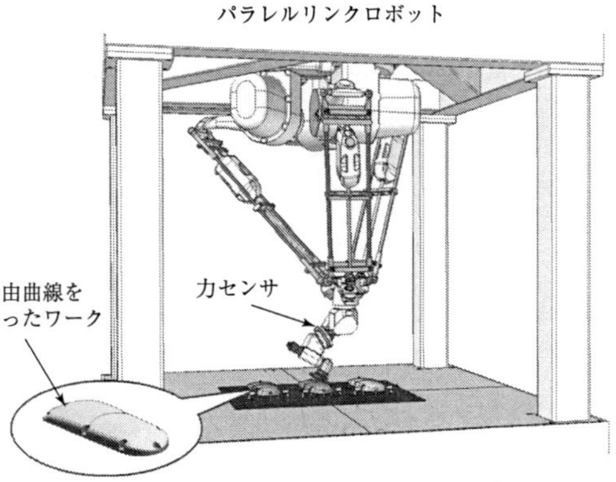


図6.8 自由曲面研磨作業の例

(5) ばら積み取出し（bin picking）

図6.9はビジョンセンサを搭載した知能ロボットが，篭の中にばら積みされた部品を一つ一つ取り出す例である．この機能により，専用の部品供給装置が不要となり，また，部品を事前に整列する手間も省けるため，ロボットを使った自動化システムの構築費，運用費を削減できる．

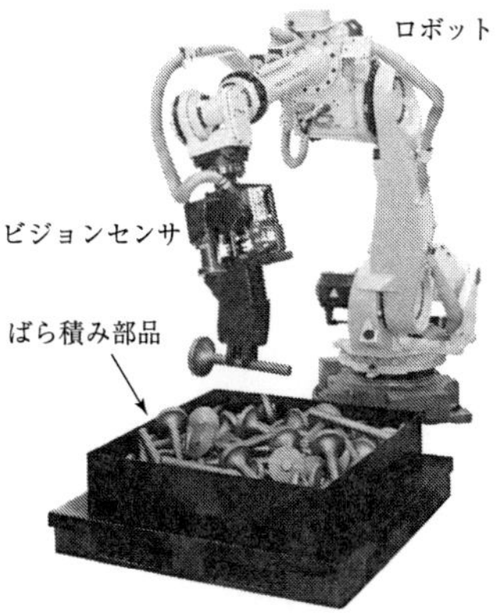


図6.9 ばら積み部品取り出し作業の例

(6) 工作機械へのワークの着脱（loading/unloading）

図6.10は6軸垂直多関節の大ロボットが鋳物ワークを大型工作機械に取り付けるロボットセルの例である．ロボットはワークをつかみ，その位置・姿勢をビジョンセンサで計測する．次に，ワークを工作機械の加工治具に取り付ける．このときロボットは前述のソフトフロート機能により，ワークを加工治具の取り付け面に倣わせて柔らかく押し付けることでワークを加工治具に高精度に取り付けることができる．［榊原伸介］

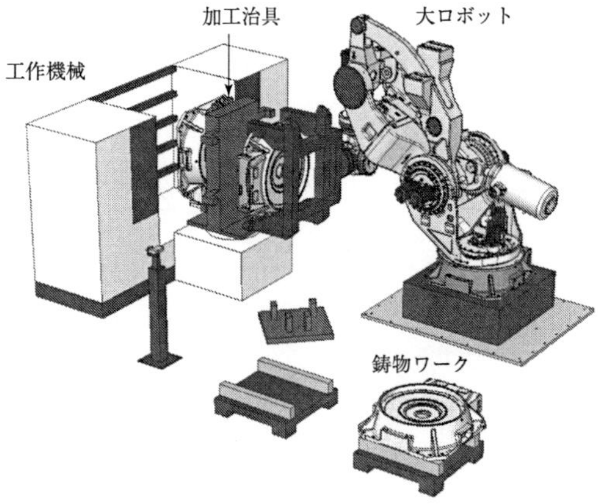


図6.10 ロボットセルの例

## 6.2 ワイヤ型多関節ロボット

### はじめに

Barrett Technology社[1)]（以下Barrett）によって開発されたWAM† アームは，人と相互作用するような環境や構造化されていない実環境においても巧みな

† US Patent 5,207,114

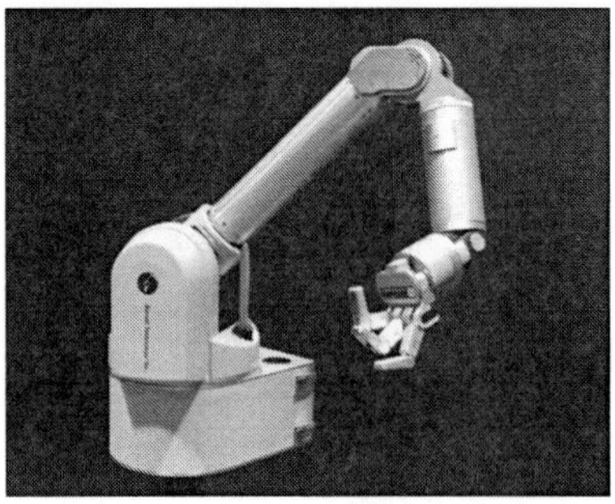

図 6.11　8軸 Barrett Hand を取り付けた7軸 WAM アーム

動作が実現できるように設計された，きわめて器用な人間大サイズのロボットアームである．図 6.11 にハンドを取り付けた状態の WAM アームの写真を示す．1988 年開発[2] 以降，WAM アームは家庭サービス用ロボットからハプティック外科手術† など多くの応用分野で効果的に使用されている．

WAM アームの最も重要な特徴は，ロボットの動力学計算の代表的な手法である計算トルク制御法に対応している点である．ロボット制御分野において，この手法に関する研究は数多く存在しているが，この手法を実装するのに十分な性能をもつロボットアームはほとんど存在しなかった．本節では，計算トルク制御に対応するために実現された WAM アームにおけるイノベーションと設計指針について説明する．

### 6.2.1　わかりやすい動力伝達

人と同じように，WAM は図 6.12 に示すような腱構造をもっており，金属性ワイヤケーブルによりモータから関節に動力を伝達している．そのため，モータの大部分を土台に近い固定部分に配置しており，同時に高速回転するモータの回転軸から比較的低速回転する関節軸までの減速も行っている．ここで用いられているワイヤケーブルは，細かく撚られた（直径 1 mm の

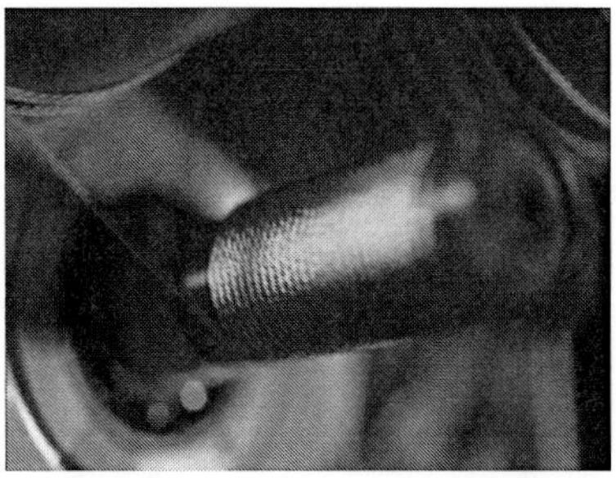

図 6.12　モータピニオンに巻きつけられたケーブル（腱）

† RIO Robotic Arm Interactive Orthopedic System

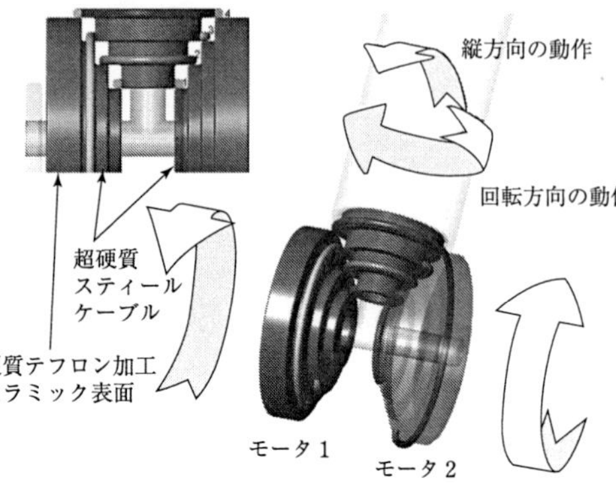


ゼロバックラシュ．ほとんど摩擦がなく，ギアより静かでなめらか．頑丈な機構．

図 6.13　ケーブル差動装置

中に 343 本の繊維）ステンレス製の航空機用ケーブルを硬いセラミック製シリンダに断続的に巻きつけて製作されている．このケーブルは，航空機の操縦翼面を作動させるために使用されてきたものであり，WAM アームに使用することで，滑らかでバックラッシュのない駆動，低摩擦でのトルク伝達が可能となった．この駆動構造では，通常のギア駆動やハーモニックドライブに存在する特有のギアノイズと摩擦が存在しない．

図 6.13 に WAM アームで使用されているケーブル差動装置† を示す．本装置は，1987 年に WAM 開発者と MIT の共同研究者によって開発されたものであり，ワイヤケーブルによって肩や手首のような球状関節を構成するのに不可欠な装置である．本装置開発以前は，ワイヤケーブルで差動構造を実現することはできず，ベベルギアのような方式を使用する以外に方法は存在しなかった．

もう一つの新開発要素は，自動ケーブル・テンショナ‡ の導入である．この新たな設計により，ケーブルドライブにおいて常に適正なプリテンションを確実に維持することが可能となった．2004 年に自動ケーブル・テンショナが実現する以前は，ケーブルの張力を再調整するために頻繁なメンテナンスが必要となり，結果としてケーブルの伸びがケーブルの使用を制限していた．自動ケーブル・テンショナは，使用寿命の間にケーブルからなくなる緩みの量を測定し，それによってケーブルの使用寿命の終了を予測できるので，必要なときにだけメンテナンスを計画することが可能となる．ケーブルは 1 年ほどで交換が必要であるが，手作業で行うべきメンテナンスはこの交換だけである．磨耗や損傷はすべて安価なケーブルに集中して生じるの

† US Patent 4,957,320
‡ Patent Application PCT/US/04/043428

で，ロボットのその他部品はまったく影響を受けずに済む．これに対して，ギアシステムの場合では，メンテナンス手順ははるかに難しくなる．

おそらくもっとも重要な新開発要素は，これも1987年に生み出された高速ドライブ† の概念である．この概念以前は，ケーブルドライブは剛性が低くなりがちであり，その結果生じるコンプライアンス特性が高周波性能を低下させていた．しかし，高速ケーブルドライブの概念では，モータではなく関節で減速する．減速比を $N$（モータ回転数/関節回転数）とすると，単に減速機の位置をモータから関節に移動することでケーブルドライブの剛性が $N^2$ 倍増加する．WAMのある関節では $N=30$ であるので，剛性は $30^2=900$ 倍高くなる．このような高い剛性は動的応答性に不可欠である．

$N$ を大きくすれば剛性を高めることができるが，他のシステムよりはるかに高い剛性を実現できるわけではない．$N$ が高くなりすぎると関節軸からみたモータ回転子の慣性も $N^2$ で増加するため，悪影響が出る可能性がある．$N$ が大きくなれば，小型モータで大きな力を高い剛性で加えることができるが，代償として慣性がきわめて大きくなる．実際に，従来型のロボットでは，一般に減速比 $N=200$ 程度のハーモニックドライブを使用することが多い．この場合，出力軸からみたモータの慣性は，$200^2=40000$ 倍に増幅される．この慣性は，ロボットの機構による慣性よりもはるかに大きくなることが多く，比較的小型のロボットでも骨を砕くことができるほどの力が出てしまうという安全性の問題が生じてしまう．この巨大な慣性により，タスク領域での力/トルクを関節空間のトルクに変換することを困難とし，結果として関節トルク制御を実現することが困難となってしまう．一方，計算トルク制御法を実現するためには，関節トルク制御が必要である．

### 6.2.2 器用さの運動学

WAMの運動学は，器用さにおもむきが置かれている．ロボットは以下で構成されている．

① 球状肩関節（1点で交差する相互に垂直な軸をもつ三つの回転関節）
② インナーリンク
③ 回転肘関節
④ アウターリンク（インナーリンクと同じ長さ）
⑤ 球状手首関節

手首の運動学中心は，図6.14に示すように，取り付けるハンドの把持中心にできるだけ近づけて（最小オフセットで）配置されている．これは，インナーリンクおよびアウターリンクの結合動作を最小限にして把持中心の周りの回転を単純化するためである．

† US Patent 5,046,375

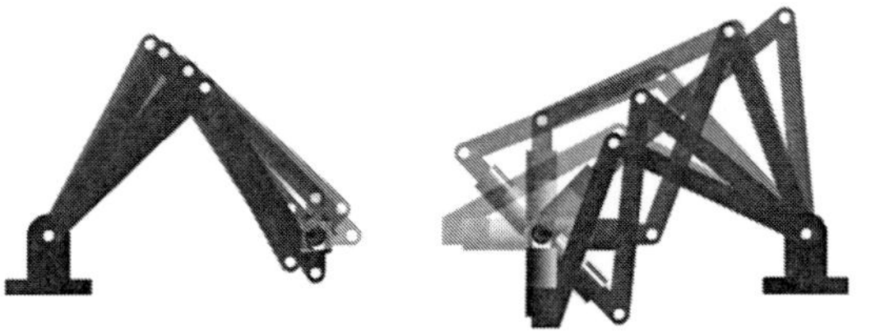

(a) 小さなオフセットの方が最適　(b) 大さなオフセットの場合，性能が減衰

図6.14 手首オフセットの効果

七つの関節による冗長性を利用することで，インナーリンクおよびアウターリンクの位置をツールの位置とはある程度独立して配置することができる．人の邪魔をせずに仕事を遂行するため，人の間で働くときはこのようにきわめて器用であることが欠かせない．

リンク自体は，雑然とした構造化されていない環境で，容易にかつ引っかからないように働くため，細長い（縦横比が約1/10）シリンダ状をしている．ロボットハンドではつかめないような大きい物体をつかむためにリンクの表面を利用することを想定している．同じ理由で，関節は均等に細長くなっている．

### 6.2.3 同位置に配置されたセンサ/アクチュエータによる優れたトルク制御

モータトルクから関節トルクへの伝達が完璧であったとしても，モータ自体が正確にトルクを発生できなければうまく動作しない．モータ電流とトルクとの間の関係は広い範囲で高い線形性をもつので，モータ電流の制御が非常に重要となる．WAMアームでは，これらの電流を正確に制御するため，図6.15に示したPuck™ を使用している†．Puck™ は，Barrett Tech-

図6.15 超小型高性能Puck™ モータ増幅器

† US Patent 7,511,443. Patent Application PCT/US 05/035525. Patent Application US # 12/383,917. Patent Application US # 12/383,891

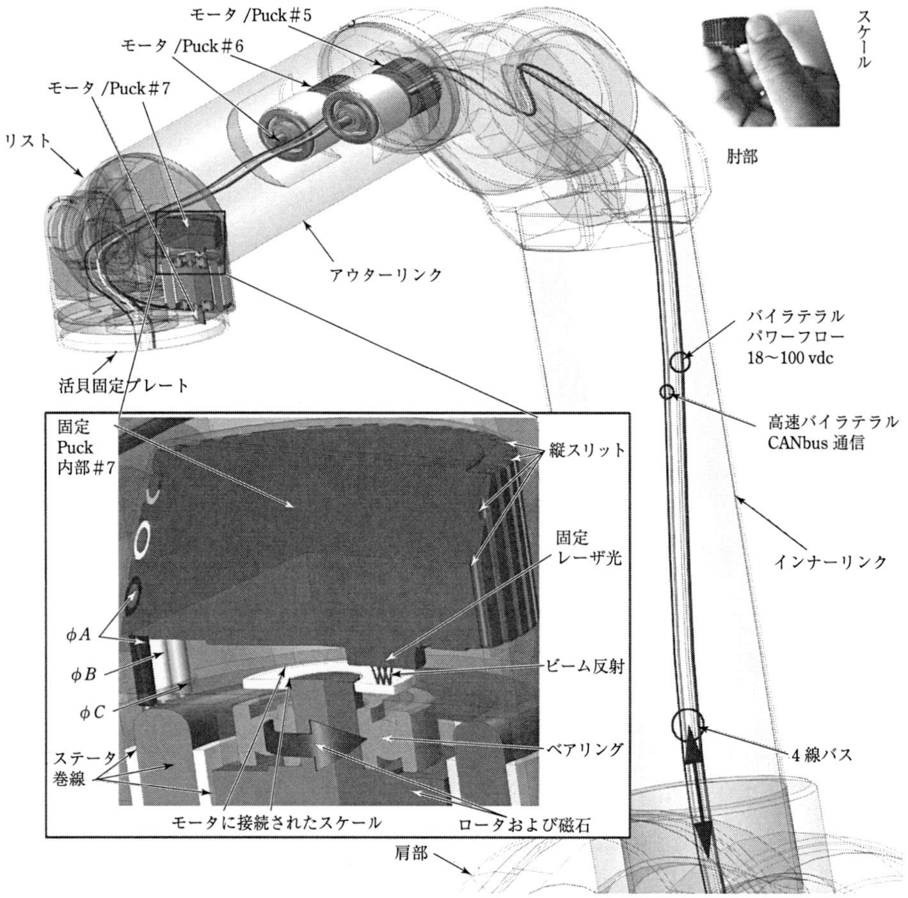


図6.16　Puck™ のWAMアームへの実装

nology, Inc. により数百万ドルを投じて長年にわたって開発され，2004年にBarrettのロボットに初めて組み込まれた．

Puck™ は，ブラシレスDCモータの三つの各フェーズに25 kHzで正しい電流が確実に流れるようにする．さらに重要なのは，同じセンサゲインと同じセンサオフセットでそれぞれが正確に計測されるようにすることで，フェーズ電流の平衡が保たれることを保証することである．Puck™ を非常に小型化し，またエンコーダ機能（モータ軸の位置をリアルタイムで検出するために使用）を組み込むことで，通常，駆動部品とエンコーダとの間のインダクタンスによって発生する高周波グランドループが排除された．グランドループを回避することで，従来の駆動装置で必要とされていた電子回路を大幅に取り除くことができ，それによって Puck™ をいっそう小型化できた．Puck™ の全体像を図6.16に示す．

これらの非常に小型化されたモータ駆動部は，動力効率が非常に高くなっている．回路が単純化され，図

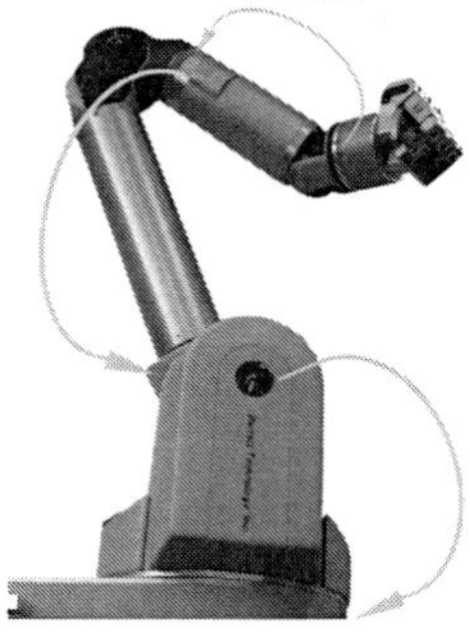


図6.17　再生動力フロー

6.17に示すように，動力を必要とする関節から動力を発生している関節に動力が自然に移動するように，その時々に動力発生装置となることが可能であり，そのような構造となっている．

## おわりに

高性能制御のためには，関節トルクの直接制御が欠かせない．制御に関する研究では，関節トルクを正確

にまた応答可能なように制御する能力をもつ計算トルク法が重要である．関節トルク制御は，ロボット制御の教科書では基本として位置づけられている．しかし，驚くべきことに，従来型ロボットでは，この種の制御への取り組みはきわめてまれである．

このように制御への取り組みが不足しているのは，おそらくはハーモニックドライブやギア駆動では，正確な関節トルク制御を実現することが困難であるためである．これらの従来型ロボットでは，逆運動学と逆ヤコビ行列の計算の段階に立ち戻り，簡単なデカルト座標での指令値に従って制御されている．言い換えると，それらは関節トルク制御を完全に無視し，それに代わって関節レベルでの速度または位置制御に依存している．したがってエンドエフェクタのデカルト空間での運動は，その運動に対応する関節速度を計算するための逆ヤコビ行列によって決まる．その結果，これらのロボットの制御はぎこちなくなってしまい，ロボットは命令された位置に移動することはできるが，残念ながら人や物体との相互作用のような「外乱」への応答は不十分である．そのため，これらの従来型ロボットは，複雑な相互作用の存在しない，まったく同じ軌道を耐用年数の間繰り返し動作することが目標となる構造化環境では最適に動作する．これとは対照的に，WAM アームは計算トルク法によって制御することができるので，相互作用において動的に対応可能でありで，また人と同じ空間や非構造化環境であっても動作することが可能である．

［ウィリアム・タウンゼント（坂本富士見 訳）］

### 参考文献

1) B. Rooks (2006)：The Harmonnious Robot, *Industrial Robot*, **33**(2)：125-130.
2) MIT PhD Thesis (1988)：The effect of transmission design on force-controlled manipulator performance.

## 6.3　力制御による組立作業ロボット

### はじめに

組立てや研磨など接触を伴う作業をロボットアームで実現するためには一般に力制御が必要である．力制御に関する学術研究は古く（1980 年代）から実施されており，1990 年代から一部で実用化されだしたが，それほど普及してこなかった．

近年（2012 年頃），力制御は再び脚光を浴びており，ロボットメーカ各社が力制御機能を搭載したロボットを開発・公開している．組立作業の多くは現状でも人手で作業されており，自動化（ロボット化）に対するニーズは潜在していると考えられる．国内産業の空洞化が叫ばれるなか，力制御のような付加価値の高い製品で新たな市場を顕在化しようとしている．

産業用ロボットで力制御を実用化するためには，作業時間（タクトタイム）がカスタマの要求を満足しているか，カスタマが簡単に力制御を調整できるか，が重要になると考えられる．本節では，この点にも着目し，産業用ロボットでの力制御の構成法，組立作業への適用例，力制御のパラメータ調整技術について紹介する．

### 6.3.1　力制御と組立作業への適用例

本節では，産業用ロボットでの力制御の構成（実装）方法と力制御の組立作業への適用ついて述べる．

**a．力制御の構成**

力制御の目的は，アーム手先が環境（ワーク）に与える力を目標値に一致させる，手先に予期せぬ外力が加わったときに倣って力を受け流す，の二つである．ここでは，手首（エンドエフェクタ）に力覚センサを装着した力制御に限定する．具体的には，次の式 (1) に示すマス・ダンパ・ばねモデルに基づくインピーダンス制御を対象とする．

$$M\varDelta\ddot{P}+D\varDelta\dot{P}+K\varDelta P=F_{\mathrm{ref}}-F_{\mathrm{fb}} \tag{1}$$

式 (1) において，$\varDelta P$ はアーム手先の目標（参照）位置（姿勢も含む）からの変位（位置補正量），$F_{\mathrm{ref}}$ はアーム手先が環境（ワーク）に与える目標（参照）力（モーメント含む），$F_{\mathrm{fb}}$ はそのフィードバック値である．また，$M, D, K$ はそれぞれ，慣性行列，粘性行列，剛性行列である．理論上，慣性 $M$，粘性 $D$，剛性 $K$ は正定行列（$K$ は半正定でも可）であればよいが，ここでは，次式のようにすべて対角行列とする．

$$M=\mathrm{diag}(m_x, m_y, m_z, m_{rx}, m_{ry}, m_{rz}) \tag{2a}$$

$$D=\mathrm{diag}(d_x, d_y, d_z, d_{rx}, d_{ry}, d_{rz}) \tag{2b}$$

$$K=\mathrm{diag}(k_x, k_y, k_z, k_{rx}, k_{ry}, k_{rz}) \tag{2c}$$

式 (1) のマス・ダンパ・ばねモデルの応答を，産業用ロボットで実現するための制御系の構成を図 6.18 に示す．

インピーダンス制御の実現方法はさまざまあるが，図 6.18 は位置ベースのインピーダンス制御である[1]．マス・ダンパ・ばねモデルから得られるアーム手先の位置補正量 $\varDelta P$ を各軸の位置補正量 $\varDelta\theta$ に変換し，もともとの各軸位置指令 $\theta_{\mathrm{ref}}$ に加えたものを各軸の位置制御系に与えている．なお，手先の位置指令を各軸

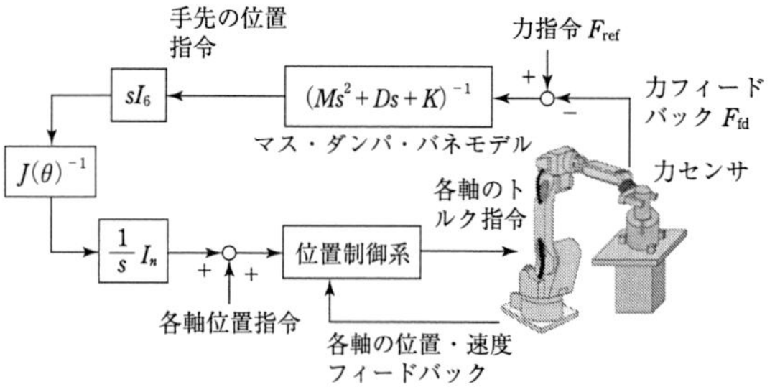


図 6.18　インピーダンス制御のブロック図
［文献 3）の Fig. 1 を一部修正］

の位置指令に変換するには，いったん，時間微分して手先速度にしてから，逆ヤコビ行列を掛けて各軸速度に変換したものを時間積分している．また，慣性 $M$，粘性 $D$，剛性 $K$ の値を変更することで，外力に対するアーム手先の応答特性を調節できる．

外力が加わらない，かつ，力指令値を与えない場合は，通常の位置制御系として動作するため，現状の産業用ロボットに無理なく実装できるメリットがある反面，実現できる応答特性が位置制御系の性能（帯域）で制限されるというデメリットがある．

なお，本節では，以降，前述した位置ベースのインピーダンス制御のことを力制御とよぶことにする．学術的な厳密性には欠けるが，産業界ではインピーダンス制御を含めたさまざまな方式（ダンピング制御，スティフネス制御，コンプライアンス制御，位置と力のハイブリッド制御など）を力制御または力覚制御と総称する場合が多い．

**b．組立作業への適用**

前述した力制御を実作業に適用する場合，位置指令を与える，力指令を与える，あるいは，その両方を与える，などさまざまな方法が考えられる．はめ合い（挿入）などの組立作業の場合は，剛性行列 $K$ を零行列として力指令を与えた方が適用しやすい．

図 6.19 に示すように，嵌合方向（$Z$方向）のばね $k_z$ を 0 とし，十分な力指令値 $F_{\rm ref}$ を与えることで，ワー

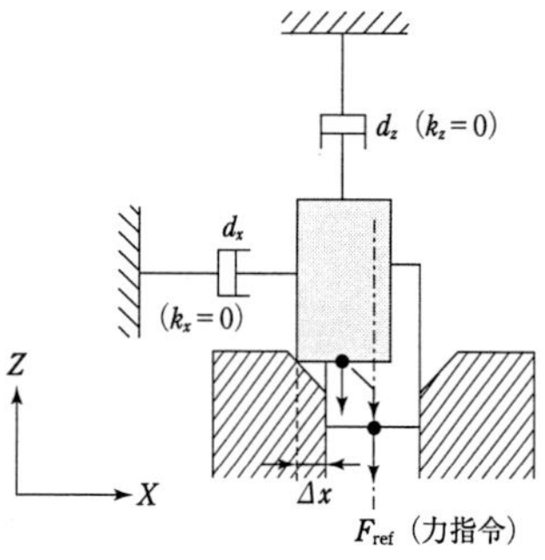


図 6.19　組立作業への適用方法

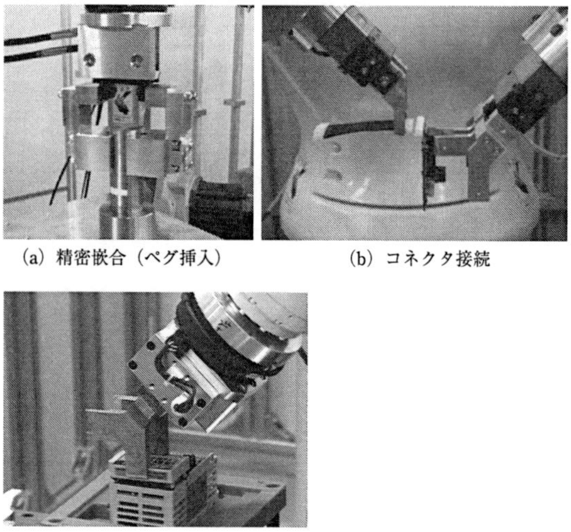

(a) 精密嵌合（ペグ挿入）　(b) コネクタ接続
(c) プラスチックパネル組付け
図 6.20　組立作業の実現例

クは $X$ 方向に $\Delta x$ だけ倣いながら穴底に向かって移動する．ここで，ワークが倣って穴にはまった後，元の位置に戻す必要はないので，$X$ 方向の復元力（ばね $k_x$）も 0 にしてかまわない．

図 6.20 に実現した組立作業の例を示す．精密部品（ギャップ 10 μm 程度），コネクタ，プラスティックパネルなど，力指令値を変更（調整）するだけで，さまざまな部品のはめ合いが実現できる．しかし，その前処理として，力制御のパラメータ（慣性行列 $M$，粘性行列 $D$）を適切な値に調整しておく必要がある．

従来，力制御のパラメータ調整は人手による調整が一般的であり，パラメータ数値入力と実機テストを繰り返して試行錯誤的に調整していた．そのため，操作が煩雑で調整が難しい，数値入力のさいに専門知識が必要で調整結果が人に依存する，ベストな調整がわからないのでタクトタイムが長くなりやすい，という課題がある．

## 6.3.2　力制御パラメータの自動調整機能

前述した三つの課題を解決することを目的として開発した「力制御パラメータの自動調整機能」とその効果について説明する．

**a．力制御調整方法と手順**

前述したように，組立作業の場合は剛性行列 $K$ を零行列としているので，慣性行列 $M$ と粘性行列 $D$ を適切な値の範囲に調整する必要があるが，よく吟味することによって，調整すべきパラメータを減らすことができる．

式 (1) より，慣性 $M$ が小さいほど応答性は上がる

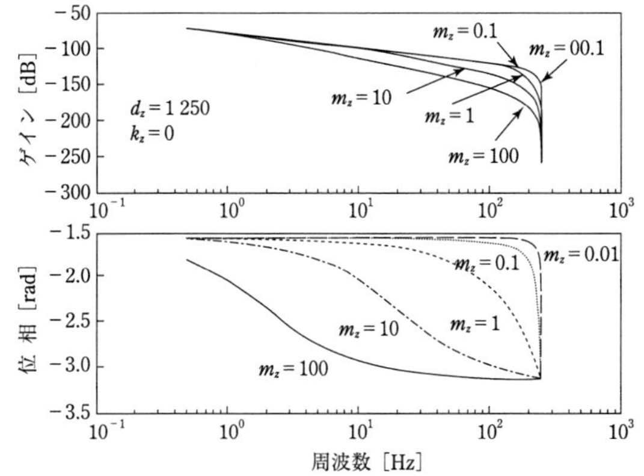


**図 6.21** マス・ダンパモデルの周波数特性（離散時間）
［文献 3）の Fig. 6］

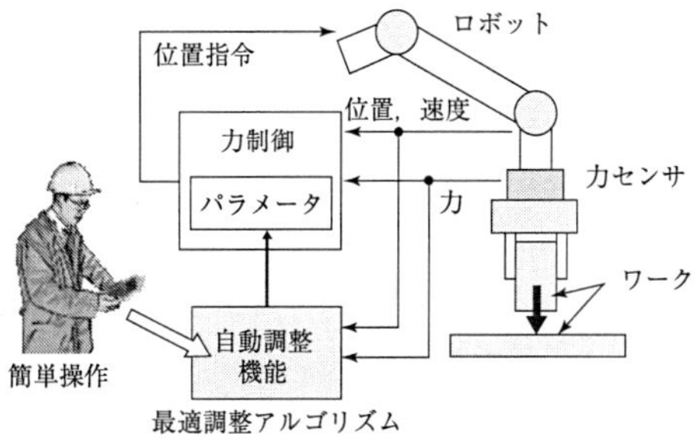


**図 6.22** 力制御のパラメータ調整のアプローチ

ので，はめ合い作業時間（タクトタイム）を短くするためには，$M$ をできるだけ小さくした方が得策であるが，実質的にはある値で制限される（小さくすればするほどよいというわけではない）．

図 6.21 にマス・ダンパモデル（ばねは 0）の周波数特性（1 自由度）を示す．産業用ロボットの位置制御系の帯域（10〜20 Hz）以下でみると，$m_z$ を 1 より小さくしても周波数特性はほとんど変化しないので，$m_z$ を 1 に固定しても得られる特性は同じである．そこで，慣性行列 $M$ の対角要素はすべて 1 に固定し，粘性行列 $D$ のみを調整対象パラメータとする．

環境の粘性と剛性をそれぞれ $D_e$ と $K_e$ とすると，力モーメントのフィードバック値は次のように表される．

$$F_{\rm fb} = D_e \varDelta \dot{P} + K_e \varDelta P \tag{3}$$

式（3）を式（1）に代入すると次のようになる．

$$M\varDelta \ddot{P} + (D+D_e)\varDelta \dot{P} + (K+K_e)\varDelta P = F_{\rm ref} \tag{4}$$

式（4）に対して，臨界制動（$\zeta=1$）となるように粘性行列 $D$ を決める方法が提案されているが[2)]，位置制御系（図 6.18 参照）の遅れが無視できない場合には適用できない．

位置制御系をモデル化し，式 (4) に含めて理論値を求めるアプローチもあると思われるが，モデルを用いるアプローチだとモデル化誤差の扱いが難しくなることが予想されるので，図 6.22 に示すように力制御状態のロボットアームで現物ワークを実際に接触させ，実際の応答をみながら適切な粘性パラメータを自動調整（探索）するアプローチを採用した．

このアプローチでの作業手順は，以下のようになる．

① ロボットの調整位置を教示（従来の方法で）．
② 調整動作の条件設定（専門知識不要）．
③ 調整用動作プログラム（あらかじめメーカで雛形を提供）を実行．
④ 繰り返し接触動作が開始されて粘性パラメータが自動調整される．

自動調整は最適な調整アルゴリズムとすることで，はめ合い（挿入）作業のタクトタイムを最小化する．なお，調整は方向（$X, Y, Z, R_x, R_y, R_z$）ごとに実施する．この方式では，ワークを実際に穴にはめる必要がなく，平らな面に接触するだけでよいところも利点の一つである．

### b．パラメータ自動調整方式

粘性パラメータの自動調整方式を検討するため，手動で粘性パラメータを変えながら，実機ロボットアームとワークをステップ状の力指令で接触させたときの力指令への整定時間（力フィードバック値が力指令値の±5% 以内に収束するまでの時間）を調べた結果を図 6.23 に示す．

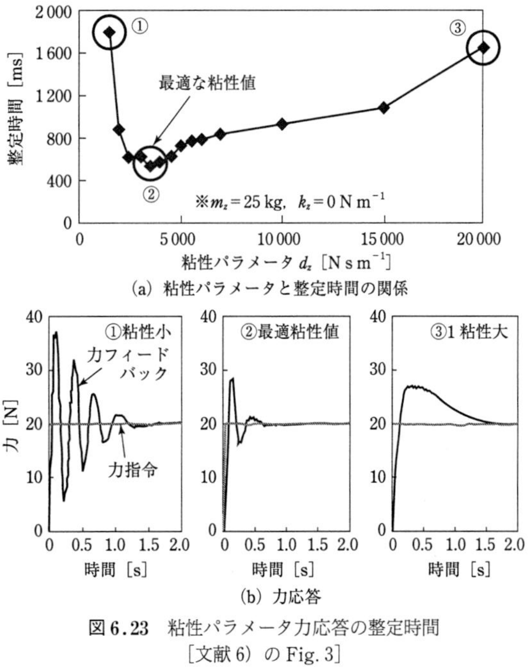


**図 6.23** 粘性パラメータ力応答の整定時間
［文献 6）の Fig. 3］

図 6.23 より，整定時間が最小になる（最適な）粘性 $d_z$ が存在することがわかる．また，粘性 $d_z$ が小さすぎると力ステップ応答は振動的になり，大きすぎると振動はなくなるが緩慢な動作になることもわかる．ワークの材質を変えたり，慣性 $M$ を変えたりしても同様の傾向が得られる．

実験的に得られた傾向に基づき，整定時間が最小となる粘性パラメータを，勾配法（最急降下法）を応用して自動で探索するアルゴリズムを考案した[3]．

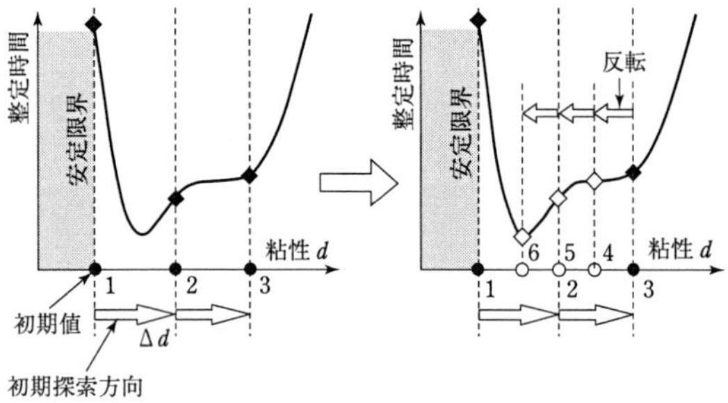

図 6.24　探索アルゴリズムの動作原理

この自動探索アルゴリズムでは，図 6.24 に示すように，粘性 $d$ の初期値をその安定限界値，初期探索方向を正とし，初期探索幅 $\varDelta d$ を適当に与えて，ステップ状力指令値に対する力応答の整定時間測定と粘性 $d$ の更新を繰り返しながら，整定時間が最小となる粘性値を探索する．ここで，探索方向は目的関数の負の勾配に相当する．実際に目的関数の勾配を計算しているわけではないが，粘性の安定限界値付近の勾配は必ず負，整定時間が前回から増加したら勾配は逆向きになる，というヒューリスティックスを利用して探索方向を決めることができる．たとえば，図 6.24 中の番号は探索の順番を示しており，3 回目で整定時間が増加したため，4 回目で探索方向を反転させている．そのさいに探索幅を半減（小さく）することによって，最適値への収束が保証される．

また，振動回数を頼りに探索方向を決定することで，探索を効率化することもできる．たとえば，振動回数が極端に少ない（1 回未満の）場合は整定時間の増減にかかわらず探索方向を負（粘性を減少させる）とすることで，初期探索幅が大きすぎて最適値を通り越してしまったとしても，すぐに引き返すことができる．

粘性の安定限界値は，図 6.25 に示す接触状態（閉ループ系）のブロック図にラウス・フルビッツの安定判別法を適用することで理論値を算出することができる．

ここで，位置制御系を一次遅れ系 $1/(\tau s+1)$ で近似

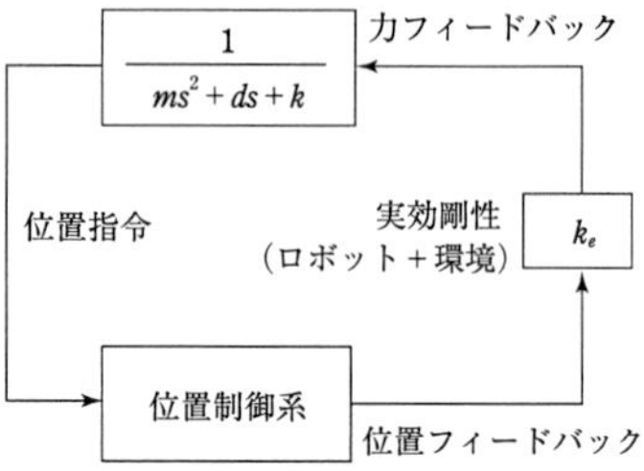

図 6.25　閉ループ系（接触状態）のブロック図
［文献 3）の Fig. 10］

すると，図 6.25 の閉ループ系の特性多項式は次のようになる．

$$\varDelta s = s^3 + a_1 s^2 + a_2 s + a_3$$
$$= s^3 + \left(\frac{1}{\tau} + \frac{d}{m}\right)s^2 + \left(\frac{d}{m\tau} + \frac{k}{m}\right)s + \frac{k+k_e}{m\tau} \tag{5}$$

また，3 次の特性多項式にラウス・フルビッツの安定判別法を適用したときの安定条件は次のようになる．

$$a_1>0,\ a_2>0,\ a_3>0,\ a_1a_2-a_3>0 \tag{6}$$

式（5）にみられる物理定数はすべて正なので，式（6）の中で意味をもつのは右端の不等式であり，粘性パラメータ $d$ に関する 2 次不等式になる．したがって，$m=1$，$k=0$ とおくと，安定条件は次のように表される．

$$d > \sqrt{\frac{1}{4\tau^2} + k_e} - \frac{1}{2\tau} \tag{7}$$

式（7）の右辺が粘性パラメータ $d$ の安定限界値となる．ただし，実効剛性は事前に実測または見積もりする必要がある．

**c．自動調整の効果**

粘性パラメータ自動調整値の妥当性を検証するため，ギャップ 10μm の円柱ワーク（図 6.26）の精密はめ合い作業を題材にして，挿入作業時間を比較実験した．

挿入作業は，オス側ワークをメス側ワークのテーパ範囲内に初期位置を教示した状態で，挿入方向に 20 N の力指令を印加することで実現した．ワーク先端が

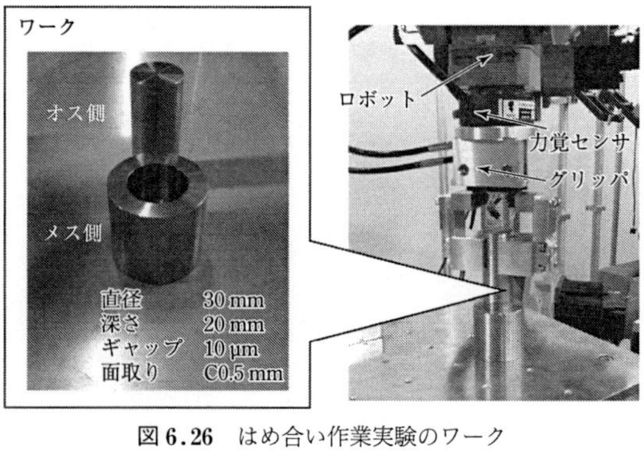

図 6.26　はめ合い作業実験のワーク
［文献 3）の Fig. 19］

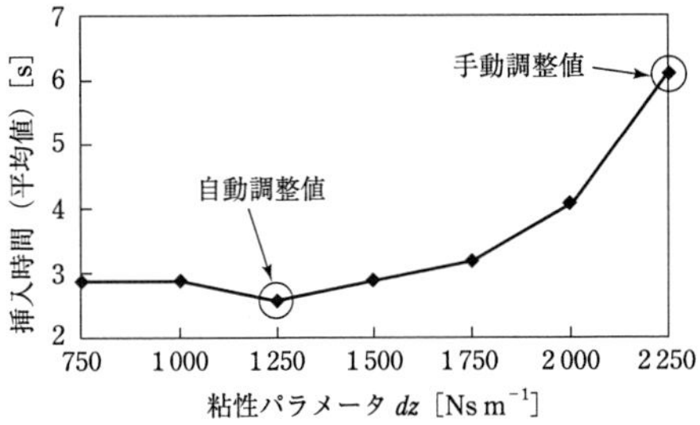


**図 6.27**　粘性パラメータと挿入時間の関係
［文献 3）の Fig. 20］

穴にはまった状態から穴底に到達するまでの時間（挿入時間）を計測した．

挿入方向の粘性パラメータを変化（自動調整値を含む）させたときの挿入時間のグラフを図 6.27 に示す．

図 6.27 より，粘性パラメータとして自動調整値を使用したときに挿入時間が最小になることがわかる．また，粘性パラメータを 1000 N s $m^{-1}$ 以下にすると接触が振動的になり，ワークやツールの保護の観点から好ましくない．よって，粘性パラメータを自動調整値に設定することは妥当（最適）である．なお，粘性パラメータを手動調整すると，最適値よりも大き目の調整になりやすく，2 千数百程度となった．したがって，挿入時間は半分以下に短縮できる．

### おわりに

本節では，力覚センサに基づく力制御（インピーダンス制御）と組立（はめ合い・挿入）作業への適用について概要を説明し，組立ロボットの実用上の課題の一つである力制御パラメータの自動調整技術について詳述した．本技術によって，従来，難しかった力制御パラメータの調整を簡易（半自動）にすることができ，人に依存しない最適な調整によって組立作業時間を短縮することができる．

なお，ここで紹介した力制御技術とそのパラメータ自動調整技術は，(株) 安川電機の 6 軸力覚制御ユニット MotoFit に応用されている．　［安藤慎悟］

### 参考文献

1) D. A. Lawrence (1988)：Impedance Control Stability Properties in Common Implementations, *Proceedings of the IEEE International Conference on Robotics and Automation*, p. 1185-1190.
2) 永田寅臣，渡辺桂吾，佐藤和也，泉　清高 (1998)：学習型ファジィ環境モデルを用いた位置指令インピーダンス制御．日本機械学会論文集 C 編，**64**(628)：4679-4686.
3) 安藤慎吾，永井亮一，井上康之 (2011)：組立作業のためのインピーダンス制御粘性パラメータの自動調整．日本ロボット学会誌，**29**(7)：564-572.

## 6.4　歩行リハビリテーション支援ロボット

### 6.4.1　神経振動子による制御

外骨格型ロボットを歩行アシストに利用する場合，そのもっとも簡単な制御方式は健常者の関節角度軌道を目標値として与える関節角度フィードバック制御である．完全麻痺者の場合，EMG（electromyography）は発生しないので，筋電義手などで用いられている EMG 信号を用いた制御を行うことができない．部分的な神経の損傷でも，損傷の程度はそれぞれ異なると考えられるので，EMG を用いることは一般に困難である．また，リハビリテーションでは，障害のある筋の発揮力と複数筋間の協調性に着目するが，これと目標関節角度軌道との関係を明らかにすることはきわめて難しい．このことから，歩行アシスト装置には関節角度目標値を設定しなければならない制御法とは異なる制御法が求められる．

動物の歩行動作は脊椎に存在するリズム発生器である神経振動子（central pattern generator：CPG）に脳の一部が関与して制御されていることが知られている[1,2]．CPG は非線形振動子であり，複数の振動子が結合し，ネットワークを形成すると自律的で安定なリズムを刻む．CPG の数学モデルがいくつか提案され，その性質が調べられてきた[3,4]．

動物がもつ歩行のための神経振動子の働きをヒトの歩行のシミュレーションに最初に適用したのは Taga[5] である．Taga は，1 対の神経振動子ネットワークからの周期的な出力信号を，各関節における関節トルクに対応づけ，歩行運動が生成できることを示した．Hase らは，CPG によって 3 次元神経筋骨格モデルの歩行シミュレーションに成功している[6]．これは実際のヒトの解剖学的特徴を反映した精密な筋骨格モデルを用いており，実際のヒトの歩行評価や義足の設計に利用できる[7,8]．

CPG による歩行の生成と制御は，次に述べるような特徴がある．

① CPG による歩行生成では，筋骨格系の各関節に 1 対の振動子を結合し，筋骨格系の非線形動特性も含めて，リズム動作の相互引き込みが生じる．これにより体全体が協調して歩行運動する．

② 相互引き込みにより生じた運動が，安定なリミットサイクル（アトラクタ）を形成した場合，外乱や環境変化に対するある程度のロバスト性が期待でき

る．

③ 制御対象である筋骨格系が能動的に運動を生成している場合，その運動がリズム運動である場合には，CPGのセットはそのリズム運動に同期するように動作する可能性がある（強制引き込み）．すなわち，制御器が制御対象のリズム運動に同調する機能を有している．

以上のようにCPGコントローラは患者の障害の程度や回復過程に適合させる必要のあるリハビリテーションのための歩行アシスト装置に適している．

### 6.4.2　外骨格型歩行アシスト装具

図6.28に外骨格型のアシスト装具の写真を示す．これは，通常の下肢障害者が使用する前方カフ構造の長下肢装具に，股関節と膝関節の回転をアシストする左右で四つのモータとモータトルクを関節に伝達する4節リンク機構を取り付けたものである．モータの断続運転で発生できる最大トルクは24 N m である（定格容量100 W）．4節リンク機構の可動範囲は下肢の可動範囲に合わせ，モータが誤動作した場合のフェイルセーフ機能として作動する．装具部の重量はモータの重量を入れて8.5 kgである．患者は，この装具を装着し，免荷装置も併用できるトレッドミル上でトレーニングを行う．トレッドミルのベルトの送り速度は，患者の位置を検出するセンサからのフィードバック信号を基に患者が常にトレッドミルの中央にくるように制御する．

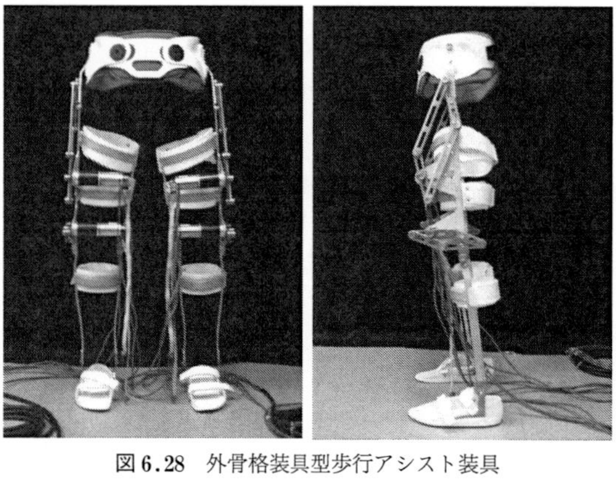

図6.28　外骨格装具型歩行アシスト装具

### 6.4.3　シミュレーションによるCPG制御器の設計

#### a．CPGコントローラの設計

CPGをコントローラとする制御では，CPGと制御対象の動特性間での相互引き込みが生じるようにしてリズム運動を生成する．したがって，外骨格型歩行アシスト装置を使用する場合の制御対象は，アシスト装置だけではなく，それを装着する人の特性も含めて考える．また，CPGについては多くの研究があるものの，人の骨格モデルである剛体リンク系との結合において，歩行が生じるようにCPG中のパラメータを調整する方法はわかっていない．

そこで，アシスト装置を装着したヒトの筋骨格モデルとCPGの結合系を用いてシミュレーションを実行し，その中で安定した歩行が生じるようなCPG中のパラメータを数値的探索により決定する．用いるCPGユニットは，二つのニューロン・モデルが相互抑制結合したもので，次の式で与えられる[4]．

$$\frac{1}{T_r}\dot{x}_i+x_i=-\sum_{j=1}^{n}a_{ij}y_i-bz_i+u_i+Feed_i \tag{8}$$

$$\frac{1}{T_a}\dot{z}_i+z_i=y_i,\quad y_i=\max(0,x_i) \tag{9}$$

ここで，$x_i$はニューロンの活動を表す状態変数，$z_i$は疲労を表す状態変数，$y_i$は神経振動子の出力，$Feed_i$はフィードバック入力，$a_{ij}$は他のニューロンからの抑制入力の係数，$u_i$は上位入力，$T_r$はニューロンの活動の時定数，$T_a$は疲労効果の時定数，$b$は疲労効果の係数，$i, j$は神経振動子の番号を表す添え字である．

シミュレーションで用いるヒトの骨格モデルは，図6.29で示す九つの剛体リンクからなるものである．ヒトの頭部と体幹を1本のリンクとし，左右の腕をそれぞれ1本のリンクで表した．下肢については，左右の大腿，下腿，足部で構成し，合計で8自由度の剛体リンク構造である．このモデルでは，すべての運動は矢

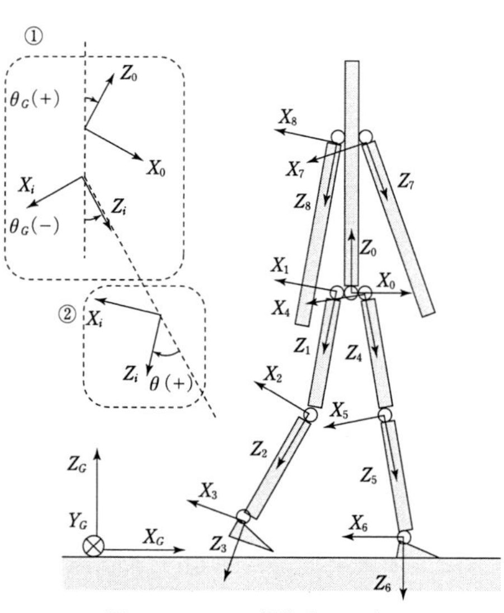



図6.29　ヒトの骨格系のモデル

状面内においてのみ発生する2次元のモデルとなっている．各リンクに質量，重心位置，慣性モーメントからなる力学特性を与え，リンク接合部である関節には受動特性をもたせた．それらの特性値には，ヒトの関節の可動範囲や粘弾性特性を反映したものを適用した[9]．

関節自由度は各関節ともに屈伸の1自由度とし，体幹の重力軸に対する傾き角度および身体の重心の並進の二つの自由度と併せて全身で11自由度になる．上肢のリンク長は20代男性の一般的な値を用い，リンクごとの重心位置や慣性モーメントについては文献[10]を参考に決定した．個別の筋の発生力は考慮せず，複数筋が関与して発生する関節モーメントによって筋の作用を表すことにする．この筋の作用も含めて筋骨格モデルとよぶ．

制御対象である筋骨格モデルとCPGの結合の構造を図6.30に示す．

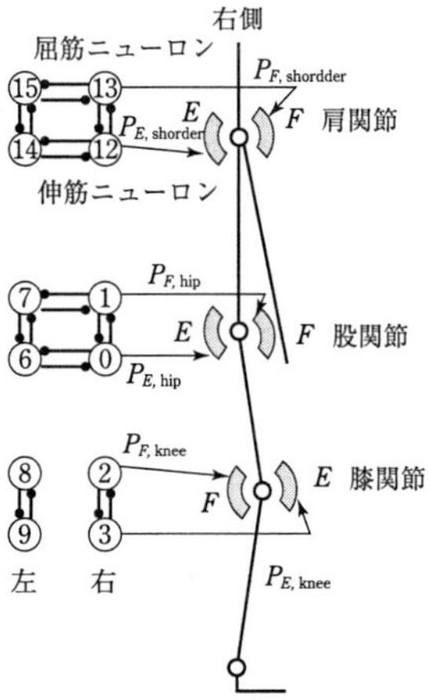


図6.30　骨格モデルと神経振動子（CPG）の結合

二つの膝関節では，それぞれ1対のCPGが結合し，一つのユニットは屈曲運動を活性化し，他の一つは伸展運動を活性化する．また，それらは互いを抑制するように結合されている．この結合によって二つの振動子が交互に屈曲運動と伸展運動をつくり出し，周期運動が実現される．神経振動子の出力およびゲインを$y_F, p_F, y_E, p_E$とし，屈曲方向を正とすると出力トルク$\tau$は

$$\tau = p_F y_F - p_E y_E \tag{10}$$

と表される．股関節と肩関節では，左右の動きを同期させるため，左右の神経振動子間にも抑制結合を設定している．肩関節はアシスト装置の装着者自身が歩行中に振動子の指令に従って腕を振るものと考える．一方，股関節と膝関節の神経振動子は装置のモータのトルクと装着者自身の発生トルクの合トルクを決定すると仮定する．また，ここで用いるCPGには，式(8)で示したように$Feed_i$の項がある．これは，体性感覚からのフィードバックを表し，具体的には関節角度と関節角速度，および体幹の傾斜，足の床接地情報から構成される[11]．

CPG中のパラメータ決定にあたり，以下に示す事項を考慮することで歩行運動を生成する．

① 単位移動距離あたりのエネルギー消費が少ないこと．
② フットクリアランスが20 mm以上あること．
③ 発生する関節トルクのピーク値を抑えること．
④ 生成された歩行の速度が，ヒトの通常歩行速度の範囲内にあること．

これら四つの条件を最適化問題の拘束条件と評価関数に置き換え，その準最適解をCPGパラメータの探索によって求める．CPGコントローラには，合計で48個のパラメータがあるが，その探索には遺伝的アルゴリズムなどを用いる．

**b．ダイナミックな姿勢制御器の設計**

ヒトの歩行では，CPGの歩行リズム生成と同時に，外乱や床面の凸凹などに対応する姿勢の安定化制御が働いていると考えられる．ヒトはあらかじめ外乱や床面の凸凹が予想される場合には，身構えることや感覚系の検出感度をあげるなどの対応策を準備することができる(無意識に行われる)．通常の歩行でも，環境の変化や外力が働く可能性があるので，三半規管などの感覚系（慣性センサ）の情報に基づいて転倒に備える制御が働いていると考えられる．

歩行中の働きが完全に理解されているわけではない．歩行動作中の安定性は，筋骨格を表す力学系の一つの平衡点まわりの安定性の問題に帰着できない．歩行中は，歩行のためにエネルギーの出入りがあり，それによって位相面上で安定なリミットサイクルが形成されているものと理解できる．しかし，上述したCPGと筋骨格系が相互引き込みによって形成するリミットサイクルは，実在する外乱や環境の変化に対して十分にはロバストではない．そこで，筋骨格系とCPGがつくり出すリミットサイクルのまわりに，そのリミットサイクルの位相面軌道上で最小の値をとるようなポテンシャル場をつくり，床面角度の変化や外力により変化した歩行動作がこのリミットサイクル軌道に戻るような働きをもつ制御をCPGによる制御と平行に挿入する．このCPGに追加された制御器は，外乱や環境の変化がなく，歩行動作がリミットサイクル上にあるときには，何の働きもせず，何らかの原因でリミットサイクルから離れたときのみトルク指令信号を関節に向け出力するよう動作する．したがって，この制御器の設計はCPGのパラメータ設計には影響を与えない．

### 6.4.4　歩行シミュレーションによるCPGパラメータの決定とロバスト性の検証

初期姿勢と関節の初期角速度を与え，定常状態の歩行動作を生成した．図6.31は，そのスティック図である．免荷量を体重の50%とした場合である．歩幅は0.48 m，歩行速度は0.62 m s$^{-1}$であり，フットクリアランスも十分確保されている．図6.32には，1周期分の関節角度と関節トルクの値を示す．これらの図で横軸の時間は1周期が1となるように正規化している．関節トルクは，モータの最大トルク（23 N m）以内に収まっている．この歩行パターンを基準歩行パターンとして，その角度位相面上のリミットサイクルに対してポテンシャル場を設計し，ダイナミックな姿勢制御器を適用する．

アシスト装具の装着者の体の各部分の質量と重心位置を正確に求めることは困難であるため，実験の前にこれら誤差の影響を確認しておくことは重要である．シミュレーションでは，上体（腰から上の体幹部）の質量と重心位置を変化させ，歩行安定性が保持されるかを調べた．ダイナミックな姿勢制御器の有無による質量の影響を示したものが図6.33である．ダイナミックな姿勢制御器がないと軌道は大きく乱れ転倒に至る．ダイナミックな姿勢制御器を併用した場合，質量で11%，重心位置で26%の増加まで歩行の安定性を失わないことが確認された．質量と重心位置を減少させた場合，歩行の安定性は失わないが，歩行速度が増加する．大腿と下腿の質量と重心位置の増加の影響も調べたが，20%までの変動では歩行の安定性は失われなかった．

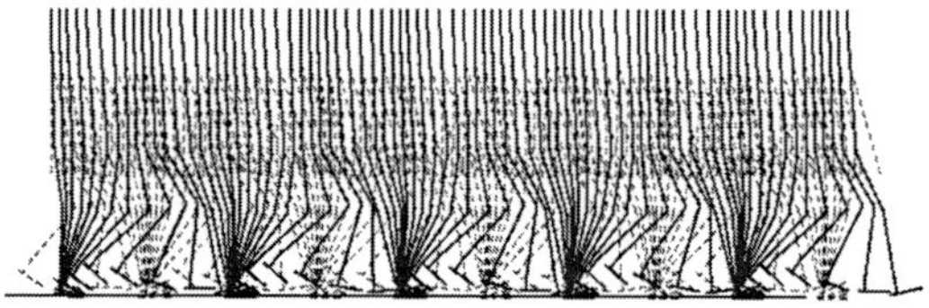

図6.31　歩行シミュレーション結果（スティック図）

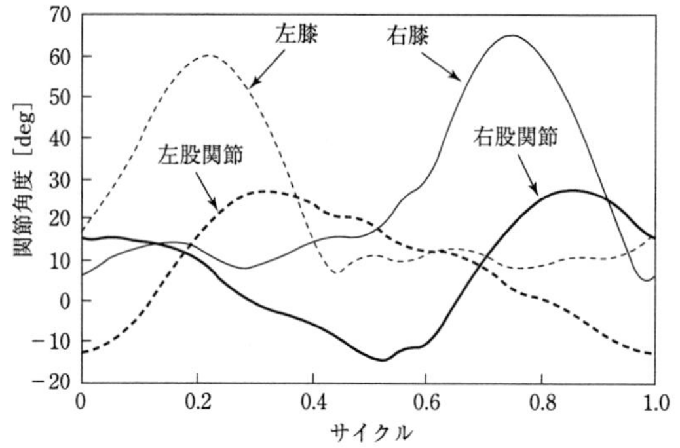


(a) 関節角度

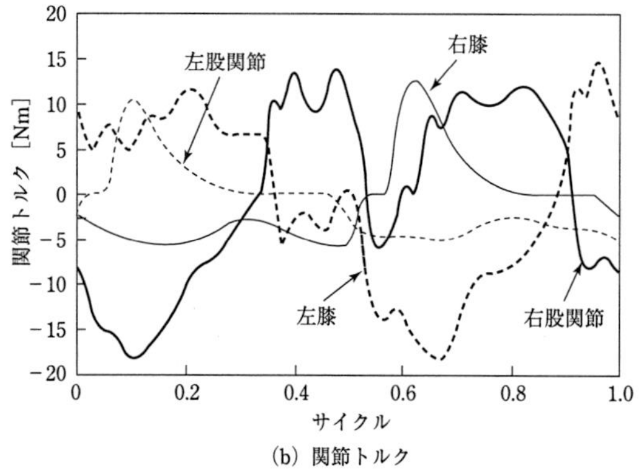


(b) 関節トルク

図6.32　関節角度と関節トルク（1周期分）

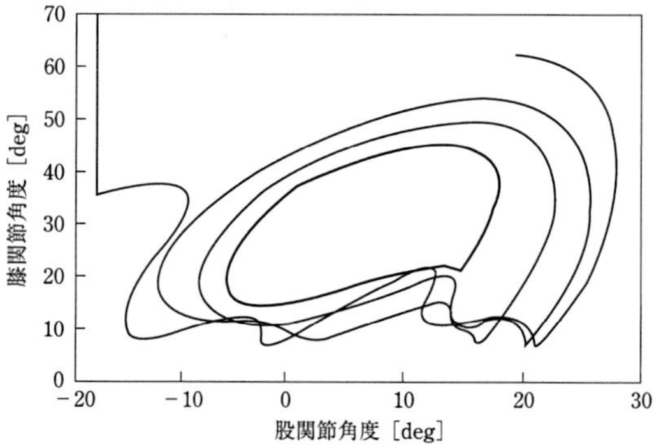


(a) 姿勢制御器なしの場合

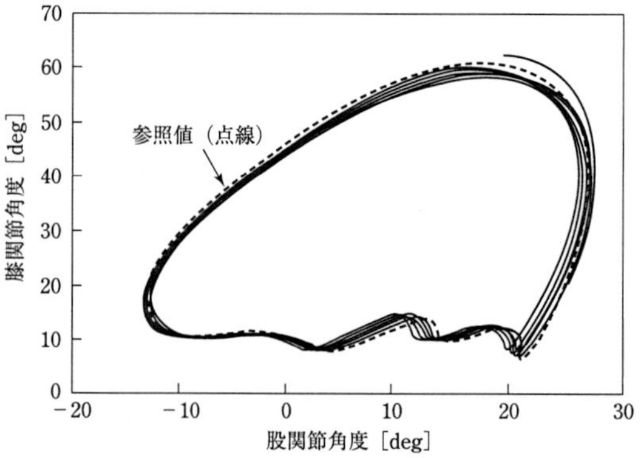


(b) 姿勢制御器を併用した場合

図6.33　ダイナミックな姿勢制御器の効果

### 6.4.5　実験結果

CPG制御とダイナミックな姿勢制御器を設計し，実験との差異に対するロバスト性を実験において検証する．歩行アシスト装具とトレッドミルを使い，健常者が装具を装着して実験を行う．健常者であるため，筋による発生トルクが存在する．関節トルクの 40% は被験者自身が発生するものと仮定し，シミュレーション時の股関節トルクと膝関節トルクの 60% 分をモータによるトルクで充足するように制御器を調整して実験を行う．

図 6.34 に左の下肢についての 30 秒分の位相面軌道を示す．シミュレーション時の基準歩行パターンの軌道に近い軌道となり，歩ごとのばらつきは抑えられている．全体として基準歩行軌道の外側を運動しているが，これは被験者が自身の筋を働かせているためである．

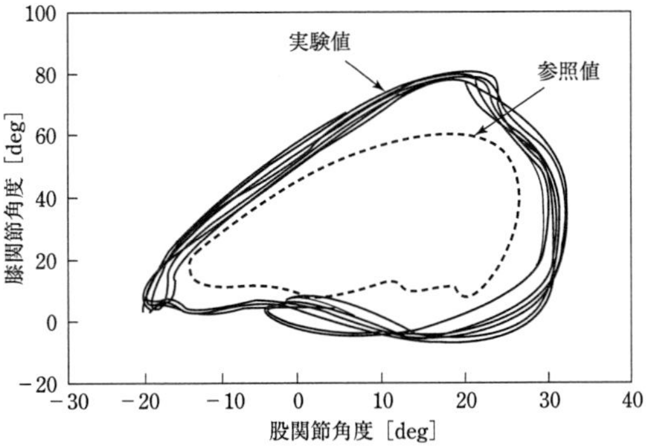


**図 6.34**　実験結果（左足，角度位相面軌道）

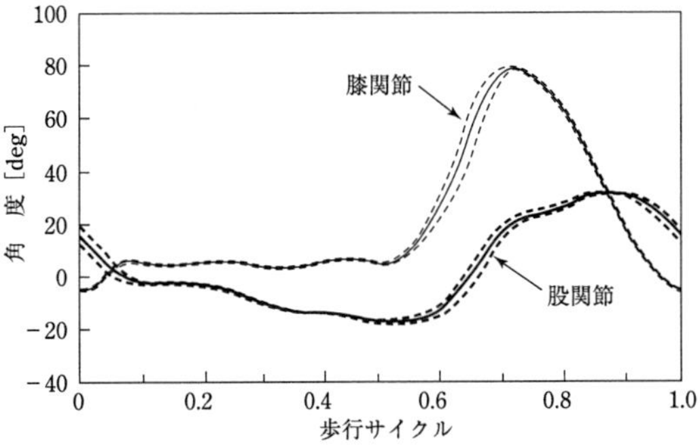


(a) 右足の角度（アシストあり）

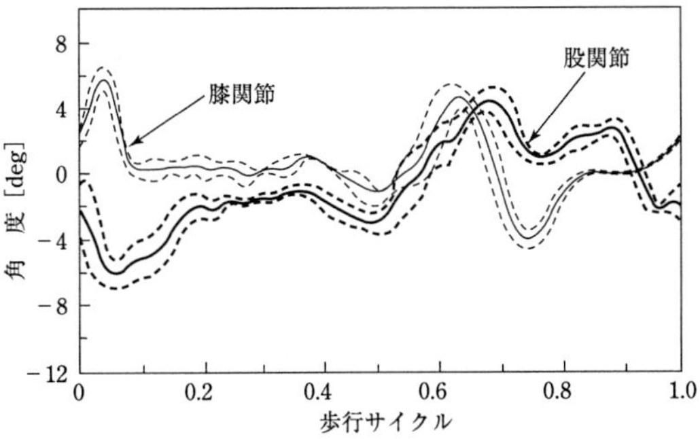


(b) 右足のモータトルク

**図 6.35**　実験結果（1 歩行周期分の時間変化・点線はばらつき（標準偏差）を示す）

図 6.35 には，右足の股関節角度，膝関節角度，股関節モータの発生トルク，膝関節モータの発生トルクの 1 周期分の時間変化を示す．アシストの働きによって，股関節の屈曲角度の最大値，膝関節の屈曲角度，伸展角度の最大値がすべて大きくなり，歩行速度をあげる方向にアシストしていることが示されている．モータ発生トルクを見ると，立脚期を通じて股関節伸展トルクが発生している．遊脚期には，股関節屈曲トルクが発生しており，脚を前に振り出す動きをアシストしている．また，立脚後期に大きな膝関節屈曲トルクのピークがみられ，膝関節の屈曲をアシストしている．関節トルクの 40% は被験者自身が発生するものと仮定して実験を行ったが，結果として被験者は 40% 以上の関節トルクを発生し，モータからのトルクとの合トルクが自然な歩行時よりも大きくなり，歩行速度が速くなる．アシストしないときの歩幅と歩行速度はそれぞれ，0.48 m，0.56 m $s^{-1}$ であったが，アシストによりそれぞれ 0.49 m，0.59 m $s^{-1}$ と大きくなる．

［大日方五郎・長谷和徳］

## 参 考 文 献


1) S. Grillner,　P. Wallen (1982)：On peripheral control mechanisms acting on the central pattern generators for swimming in the dogfish, *Journal of Experimental Biology*, **98**：1-22.
2) S. Grillner (1985)：Neurobiological bases of rhythmic motor acts in vertebrates, *Science*, **228**：143-149.
3) H. R. Wilson, J. D. Cowan (1972)：Excitatory and inhibitory interactions in localized populations of model neurons, *Journal of Biophysics*, **12**：1-24.
4) K. Matsuoka (1985)：Sustained oscillations generated by mutually inhibiting neurons with adaptation, *Biological Cybernetics*, **52**：367-376.
5) G. Taga,　Y. Yamaguchi,　H. Shimizu (1991)：Self-organized control of bipedal locomotion by neural oscillators in unpredictable environment, *Biological Cybenetics*, **63**：147-159.
6) K. Hase,　N. Yamazaki (2002)：Computer simulation study of human locomotion with a three-dimensional entire-body neuro-musculo-skeletal model, *JSME International Journal C*, **4**(45)：1040-1050.
7) 長谷和徳 (2005)：リハビリ向けの歩行シミュレーション，情報処理学会誌，**46**(12)：1343-1348.
8) 内藤　尚，井上剛伸，長谷和徳 (2007)：股義足開発支援シミュレータの開発，設計工学，**42**(3)：119-125.
9) (社)人間生活工学研究センター (2000)：平成 10 年度即効的知的基盤整備委託調査研究「人間の動作等に係る動的特性の計測評価」(関節特性計測) 調査報告書.
10) 阿江通良，湯海　鵬，横井孝志 (1992)：日本人アスリートの身体部分慣性特性の推定，バイオメカニズム，**11**：23-33.
11) 長谷和徳，中山　淳，神谷陽介，大日方五郎 (2006)：人の静止立位姿勢から定常歩行運動に至る遷移過程の運動シミュレーション，日本機械学会論文集C編．**72**(723)：3593-3600.

## 6.5 リハビリテーションアーム

### はじめに

リハビリテーションアームとは，交通事故やスポーツ事故などにより脊髄を損傷し，手・前腕・上腕の神経や筋肉に障害をもつ患者に対し，技術的に腕・手を支持しながら必要な動作をパワーアシストするもので，動力装具ともいう．その障害者の数は，年々増加の傾向にあり，厚生省の平成8年度の統計調査では国内で約75 000人，平成3年度の調査より20％近く増加していることがわかっている[1]．また，同じように増加の傾向がみられる障害に，筋ジストロフィー症で知られる進行性筋萎性縮疾患がある．両者の共通点は，腕と手が残っており，動いてもわずかな力であり動作速度は遅く稼働領域も狭く，回復訓練も成果を得にくいのが現状である．そのため，食事・排泄・移乗の行動を介護者に依存する動作に対し，消極的になりやすい．したがって，上肢の肢体障害者に対しては，

① 自分自身で食事動作ができること

② 日常生活動作（activity daily of living：ADL）を支援すること

が必要であり，頸髄損傷の障害者のように患部が残っている患者に対しては，上肢動作を支援する福祉ロボットの使用が望ましい．

現在，上腕の動作補助を目的とする装具の有効例はきわめて少ない．まして外部動力による支援動作を行うマニピュレータとなると数例があるだけで，1970年代に米国のRancho Los Amigos病院で開発されたGolden armは頸髄損傷者が舌の動きで直接操作する方式であった．

### 6.5.1 リハビリテーションに必要な機能と制御系

Golden armが実用にならなかった大きな理由は，当時，日本から研修中の作業療法士の話によると，制御系がオープンループであり，舌による操作が，結局，障害者である頸髄損傷者にとって難しかった．さらに，自由度が肩から腕にかけ5自由度であったことからも操作性が限定されたとのことである．

「ヒトの腕を保持しながら腕の機能の制限を与えない機構とは」，この答えは，ヒトの機能を模倣した腕であることが重要であると，これまでの経験から認識している．腕の関節部を蝶番関節として動くように関節の両サイドで固定すると，ある角度をすぎるときつくなることが知られている．その理由は，関節部の回転中心が1点ではなくヒステリシスを含む動きであるからである．

肩と肘の協調動作であってもロボットの動きのように肩と肘が決められた角度比で同時に駆動しているわけではない．簡単にいえば，腕の長さに対するモーメントの差から肩と肘の動きに位相差があり，両関節の動きは不確定である．

図6.36は上腕の解剖学的な図を示しており[2]，図中，上腕二頭筋(長頭)は肩甲骨関節上粗面から起こり，橈骨粗面の後部に付着している．上腕三頭筋は三つの起点が肩甲骨などの上粗面から橈骨・尺骨に付着している．これらの特徴は，上腕肩関節と肘関節にまたがって付着していることであり，これを二関節筋（またはこれまでの解剖学では運動筋）とよび，速い動作と強力な動作を有している[3,4]．このメカニズムはロボットや機械のメカニズムには例がなく，肩と肘の動きを同時駆動，または，それぞれ単独に動作する機能を担っている．また，両者の筋は1対として拮抗作用により動作している．ここでの拮抗作用とは，滑車の両側に重りが付いた釣合の拮抗ではなく，ブレーキ作用と同等の作用のことである．ちょうど，柔道で寝技により固定したような状態であり，瞬間的に剛性が出るような状態をいう．そのため，このメカニズムが従来のロボットにおける数値制御のモータ停止状態とかけ離れた動作状態である．

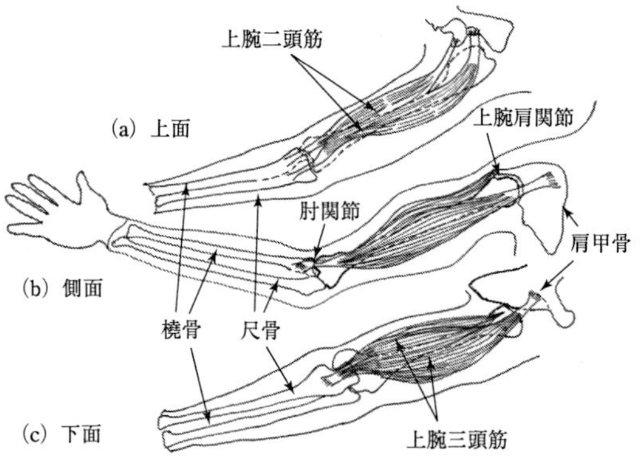


図6.36　二関節筋メカニズム

いままで述べてきたことを整理すると次のようになる．

① 腕の肩と肘は二関節筋駆動である．

② 拮抗作用により動作する．

③ 協調動作するが両関節の動きには位相差がり，不確定である．

拮抗作用についてその動きから検討すると，一般

に，ロボットの場合，姿勢にもよるが負荷に対し停止時に腕の固有振動が残留し，オーバーシュートや残留振動が起こりレーザ加工や塗装作業の問題となっている．そのため，ロボット本体の剛性を高めることが対策方法であるが，振動検出しフィードバックをかけるアクティブ制御も対策の一つである．

福祉ロボットを始め，ヒトを介在する制御では，剛性を高めることは大きさから不向きである．また，アクティブ制御は，ロボットが室内の机などに衝突することを想定するとその後の振動抑制がかえって発散する動作となり安全面で問題を生じる．人間の場合は，負荷に対してもきわめて収束の速い位置決めが可能である．すなわち，筋力の拮抗によるブレーキ作用が高いのである．

### 6.5.2 バイラテラルサーボ系と福祉ロボットとの相関

バイラテラルサーボ機構の概念は，R. Goertz により 1954 年に「汎用遠方操作マニピュレータの基本特性」という論文で発表されたのが始まりである[5]．

感覚フィードバックは，ヒトの手そのものに近い巧みな作業をなしうる．今日では，触覚センサによるパターン認識など対応する制御方法があるが，筆者は福祉の観点からバイラテラルサーボ系を導入することで，従来の油空圧を利用したシリンダなどにより高トルクと拮抗作用を含めることができること，さらに，二関節筋の動作が可能な点からヒトに優しいリハビリテーションアームを進めてきた[6,7]．

福祉ロボットの条件から基本的に位置決め制御と力制御を必要としていることはこれまでに述べたとおりである．さらに，福祉ロボットに必要な出力は，体重 70 kgf を保持するほどの力とスプーンで食事するほどの微量な容量 100 gf を保持する力が要求される．これまでのバイラテラルサーボは油圧駆動かモータ駆動により実用されているが，モータ駆動は利得を高めるとハンチング現象を抑えることは難しく，また，抑えられたとしても容量を大きくする必要があった．過去に，フランスの原子力関係機関で試作された福祉ロボットはそれに近いがロボットの大きさに制限されてきた[8]．

#### 福祉に向いたバイラテラルサーボとは

油圧式バイラテラルサーボシステム（hydraulic bilateral servo system：HBSS）の基本構造は，図 6.37 に示すように 2 本の複動型油圧シリンダをフレキシブルなチューブで連結し，作動流体を密封した構

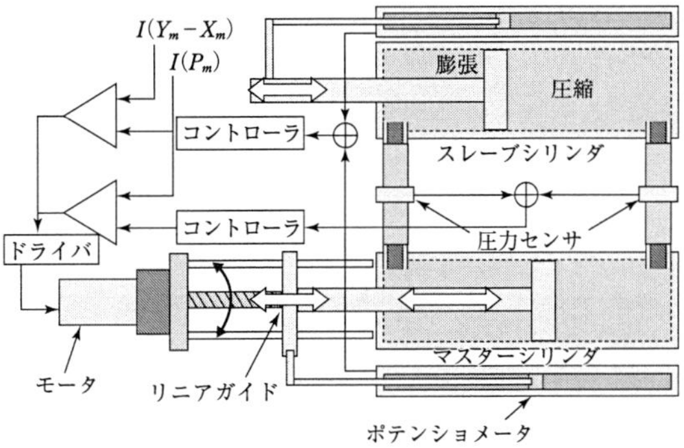

図 6.37 バイラテラルサーボシステム図

造であり，それぞれ連結したシリンダ内に流体を完全に満たすことで拮抗作用が生じ拮抗動作する．2 本のシリンダをマスター，スレーブとし，マスター側のロッドの端子は，ねじによる直動機構として，ナットがピストンロッド側にあり，ねじ棒がモータによって回転する．すなわち，モータの回転によりピストンロッドが動作する．いわゆる，ハイブリッド構造となっている．モータの動力が直動機構に伝達されてマスターピストンを動かすことによって作動流体がスレーブに吐き出されスレーブピストンを押す．マスター，スレーブにはリニアポテンショメータが取り付けてあるため，それぞれの位置検出が可能であり，また，ボトム側とロッド側に圧力センサが取り付けてあるため，内圧差などの圧力検出が可能となる．これらのセンサで検出した値をコントローラであるマイクロコンピュータを通してフィードバックすることで，圧力制御・位置制御が可能となる．

福祉に向く理由は，第 1 は，作動流体が油圧の場合は出力が大きく取れ，また，ガス圧の場合は柔らかい動作が実現する．第 2 は，もし，電源が停電などで切れた場合，通常のロボットは自重で落ちてくるが，バイラテラルサーボシステムは拮抗作用により負荷を保持することができる．第 3 は，位置決め制御と圧力制御を瞬時に切り替えられ，見た目には両者を同時に制御しているようにみえる．第 4 は，ガス圧（空圧含む）の場合は最少圧力制御で 50 gf の負荷を制御できる．また，シリンダ径が 30 mm で約 80〜100 kgf の力が常時出力可能である．

### 6.5.3 シミュレーションのブロック線図

力の伝達は，パスカルの原理にのっとりマスターシリンダの断面積とスレーブシリンダの断面積により決まる．つまりマスター側，スレーブ側のシリンダ内径を $A_m$，$A_s$，出力を $F_1$，$F_2$ とすれば，出力は $A_m/A_s$

の比によって決まる．すなわち，$A_m<A_s$ の場合はスレーブ側のトルクは増加し，$A_m>A_s$ の場合はスレーブ側の動作速度が増加する．このことからわかるように，シリンダの内径比を 20 mm/50 mm とすれば，簡単に 2.5 倍の増幅率が得られることになる．ガス圧の場合，空気以外に $CO_2$ や Ar ガスが簡単に手に入り，とくに $CO_2$ はビールなどの炭酸飲料用ボンベが利用でき，ガス流体によるバイラテラルサーボ（pressure bilateral servo system：PBSS）が可能である．一般に，空圧を含め圧縮流体を力源とすると，圧縮性からシリンダの動きは非線形になる．とくに起動時では，摩擦抵抗から初期圧が必要であり，動作は動摩擦が作用し，スティックスリップが発生する．本システムでは，拮抗作用により初気圧は小さく，動作は線形に近い動きが特徴である．

図 6.38(a) に MATLAB・SIMULINK により構築したブロック線図の全体を示す．図 6.38(b) の PBSS ブロック線図は，マスターピストンの動作による体積変化部，スレーブピストンの動作による体積変化部，体積変化による圧力変化部，スレーブピストンの運動方程式部，スレーブピストンの状態遷移部から構成される．

① マスター動作による体積変化部：　マスターピストンはモータの動作および送りねじのピッチによって移動する．

② スレーブ動作による体積変化部：　スレーブピストン動作までの条件．

初めにスレーブピストンが動き出すまでの条件を算出する．スレーブピストンが動き出す瞬間までのロッド側の体積変化を $\varDelta V_r$，ボトム側の体積変化を $\varDelta V_b$ とする．

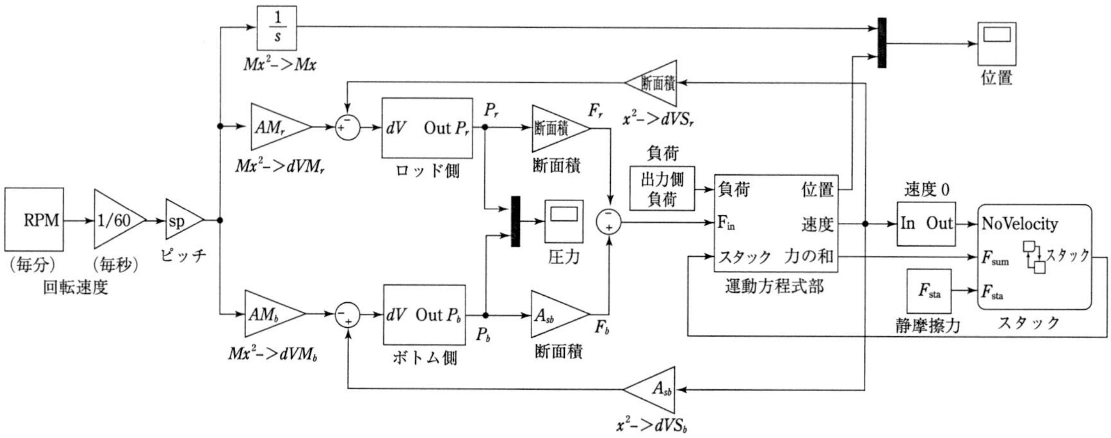


(a) PBSS ブロック線図全体

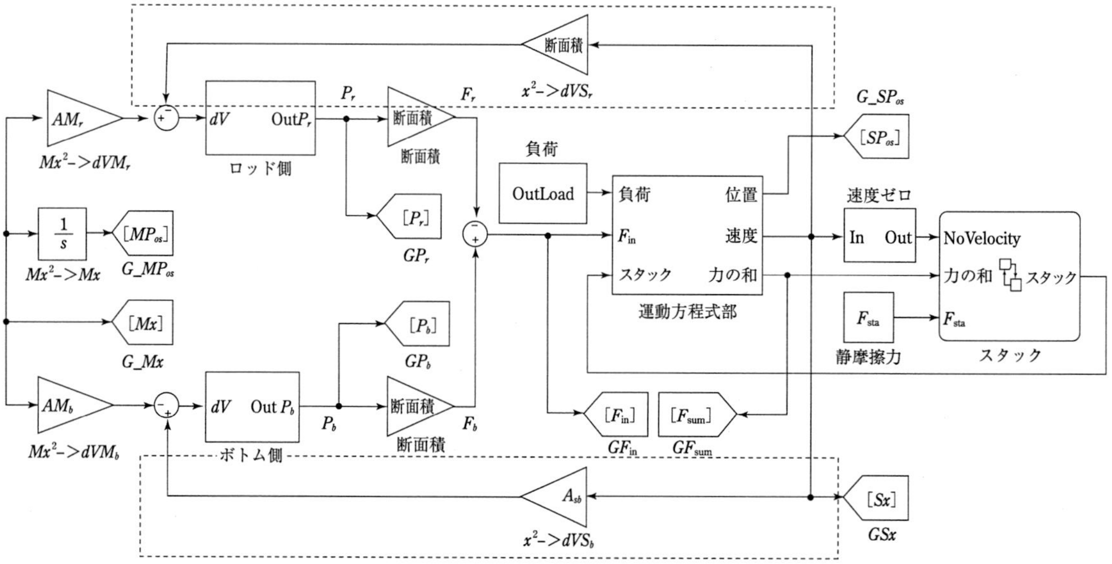


(b) PBSS スレーブ動作の体積変化ブロック図

図 6.38　PBSS

スレーブピストンが動き出すまでボトム側は断熱圧縮され，ロッド側は断熱膨張される．そのため，図6.38(b)の初期値がつり合っているならば，スレーブピストンにかかる作用力は圧縮側の方が大きくなる．すなわちボトム側の作用力が大きくなるため，ピストンが伸びる方向に働く．この合力が静摩擦力と同等以上になったときピストンは動き出すことになる．つまり，スレーブピストンの動き出す条件は，

$$F_b - F_r \geq F_{\mathrm{sta}} \tag{11}$$

となる．$F_r$，$F_b$ の各値はパスカルの原理より以下の式で表される．

$$F_r = F_r A_r \tag{12}$$

$$F_b = P_b A_b \tag{13}$$

以上の点よりロッド側の体積変化を $\Delta V_r$，ボトム側の体積変化を $\Delta V_b$ とすると，

$$\Delta V_r = \dot{x}_M A_{Mr} - \dot{x}_S A_{Sr}$$

$$\Delta V_b = \dot{x}_M A_{Mb} - \dot{x}_S A_{Sb}$$

となる．シリンダ内の変化は断熱圧縮変化であるため，$PV^{\kappa}=\mathrm{const.}$（$\kappa$：比熱比）の式が適用できる．したがって，ロッド側の圧力変化は

$$PV_r^{\kappa} = P_r(V_r + \Delta V)^{\kappa} = \mathrm{const.}$$

$$P_r = P\left(\frac{V_r}{V_r + \Delta V}\right)^{\kappa} \tag{14}$$

ボトム側では体積が圧縮される．したがって，圧力変化は

$$PV_b^{\kappa} = P_b(V_b - \Delta V)^{\kappa} = \mathrm{const.}$$

$$P_b = P\left(\frac{V_b}{V_b + \Delta V_b}\right)^{\kappa}$$

また，算出された圧力値はシリンダ断面積をかけることにより出力として算出される．

### 6.5.4 スレーブ側ピストンに作用する運動方程式

スレーブ側ピストンにかかる力をばね，質量，ダンパ系から構成される運動方程式（15）として扱い，式（16）が導かれる．式（13），（14）までで算出された出力値を運動方程式に入力し，外力としてモータおよびボトム側における圧力によって作用する推進力と印加負荷(外部負荷とピストン質量)を入力することで，式（16）より算出されたスレーブ側ピストン速度，およびスレーブピストンに働く力の合計が算出される．

$$(m_{sp}+L)\ddot{x} + fx + kx = A_{sb}P_b - A_{sr}P_r \tag{15}$$

$$\ddot{x} = \frac{A_{sb}P_b}{m_{sp}+L} - \frac{A_{sr}P}{m_{sp}+L} - \frac{f}{m_{sp}+L}\dot{x} - \frac{k}{m_{sp}+L}x \tag{16}$$

**スレーブピストンの動作状態遷移**

入力されたスレーブピストンに働く力の合計を $F_{\mathrm{sum}}$，静摩擦力を $F_{\mathrm{sta}}$ としたとき，スレーブピストンが動き出すための条件は式（17）となる．ただし，ピストンの停止条件は式（18）とする．

$$|F_{\mathrm{sum}}| > F_{\mathrm{sta}} \tag{17}$$

$$|F_{\mathrm{sum}}| \leq F_{\mathrm{sta}} \wedge |\dot{x}_s| \tag{18}$$

以上の式より，スレーブピストンが動作するかしないかを判断している．使用したシミュレーションの各パラメータを表6.1に示す．

**表6.1** パラメータ一覧表

| 記号 | 説　明 |
|---|---|
| $V_r$，$V_b$ | モータ側とボトム側のシリンダの体積［m³］ |
| $\Delta V_r$，$\Delta V_b$ | モータ側とボトム側のシリンダの体積変化量［m³］ |
| $A_{Mr}$，$A_{Mb}$ | モータ側（ロッドを含む）とボトム側のマスターシリンダの断面積［m²］ |
| $A_{Sr}$，$A_{Sb}$ | ロッド側とボトム側のスレーブシリンダの断面積［m²］ |
| $\dot{x}_m$，$\dot{x}_s$ | マスタ側とスレーブ側のピストン速度［m s⁻¹］ |
| $P_r$，$P_b$ | モータ側とボトム側のシリンダ内圧［MPa］ |
| $P$ | 初期内圧［MPa］ |
| $\kappa$ | 比熱比 |
| $m_{sp}$ | ロッド＋ピストン質量［kg］ |
| $L$ | 印加荷重［kg］ |
| $f$ | スレーブピストンに働く減衰力［N m⁻¹ s⁻¹］（ガイドレール，シリンダ間摩擦，ダンパなど） |
| $k$ | スレーブピストンへのばね定数［N m⁻¹］（ばねを使用していないなら $k=0$） |
| $F_{\mathrm{sum}}$ | スレーブピストンに働く力の合計［N］ |
| $F_{\mathrm{sta}}$ | スレーブピストンの静摩擦力［N］ |

### 6.5.5 駆動シミュレーション結果

上腕部は二関節筋を模倣したアクチュエータにより動作する．図6.39はスレーブ側のシリンダが双方向

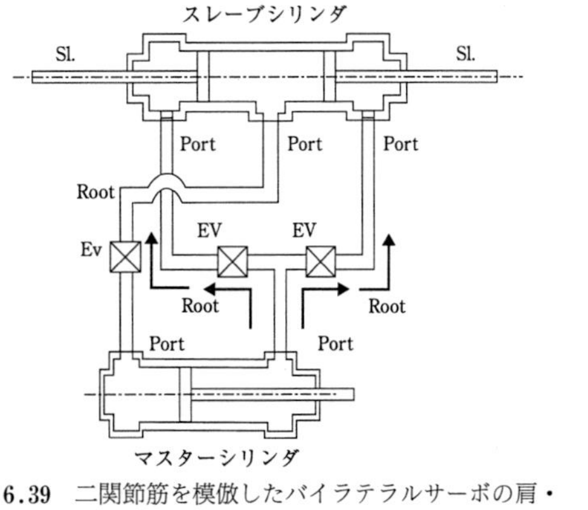


**図6.39** 二関節筋を模倣したバイラテラルサーボの肩・肘動作アクチュエータ

に付いた二関節筋を模倣したシリンダである．駆動は図 6.37 の一関節筋駆動と同じであり，三つの電磁弁を切り換えることで単独，または協調的に動作する．腕全体の動作はヒトの動きそのものが非線形駆動であ

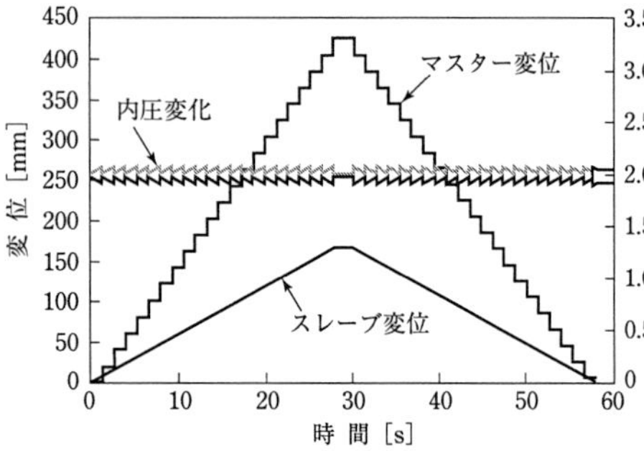


図 6.40　シミュレーション結果（内圧 2 MPa，モータ回転数 240 rpm，粘性係数 10 N m s$^{-1}$）

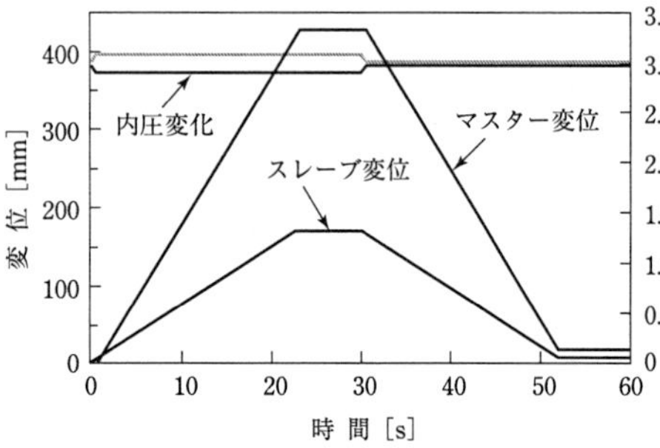


図 6.41　シミュレーション結果（内圧 3 MPa，モータ回転数 500 rpm，粘性係数 200 N m s$^{-1}$）

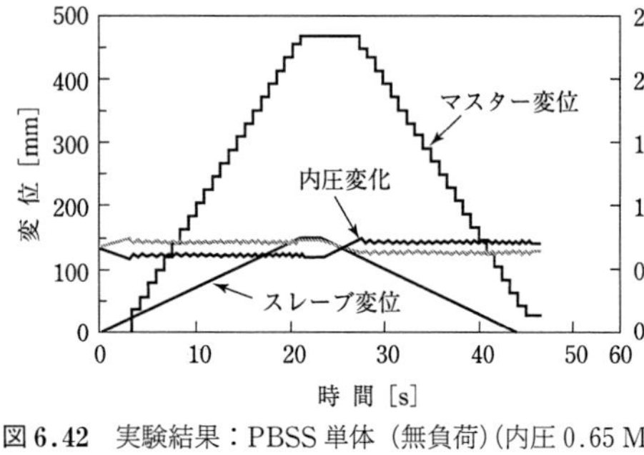


図 6.42　実験結果：PBSS 単体（無負荷）（内圧 0.65 MPa，モータ電圧 24 V，空気）

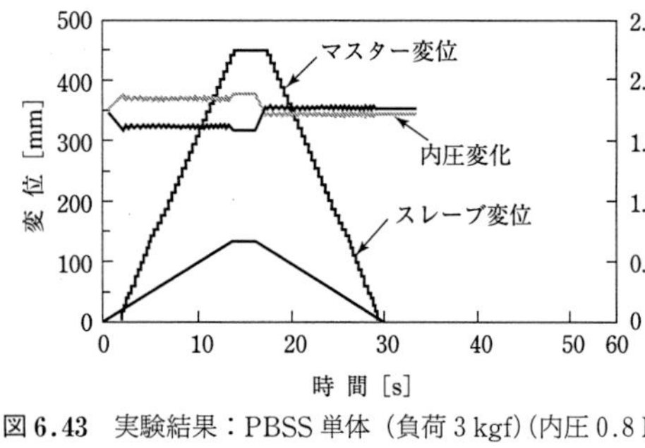


図 6.43　実験結果：PBSS 単体（負荷 3 kgf）（内圧 0.8 MPa，モータ電圧 36 V，アルゴン）

るが，実際には手の位置が最終点で目標の位置を満足すればよいので，その間の軌道は最短距離で結ぶように制御すればよいことになる．筆者らのソフトウェアでは，格子点座標方式により駆動している[9]．

PBSS の動作シミュレーション結果を図 6.40，図 6.41 に示す．また，より高圧，高粘性，そして高モータ回転速度でシミュレーションを実施した結果を図 6.42 に示す．

図 6.40 に示すシミュレーション結果からスレーブシリンダ動作時のスティックスリップ現象が確認されているが，実際の実験結果である図 6.42 にスティックスリップ現象はみられる．しかし，図 6.41 に示すように圧力，粘性係数，およびモータ回転速度を高めることで，スティックスリップ現象を改善でき，また，図 6.43 に示す実験でも内圧とモータ回転数を高めることで改善できていることがわかる[10~12]．

図 6.44 はリハビリテーションアームの外観図である．

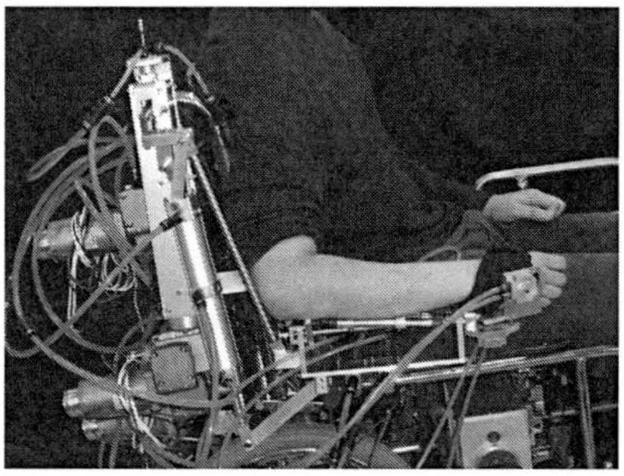

図 6.44　バイラテラルサーボによるリハビリテーションアーム

## おわりに

リハビリテーションアームの駆動法は，初期の段階では頸髄損傷者の筋電信号の利用はきわめて低く利用できない．当初は，リハビリテーションアームを装着前に腕の訓練を訓練装置にて約 5 カ月行い，その後，筋電制御が可能となる．これまで，筆者らは C6 レベルで 4 年間寝たきりの障害者をその訓練装置で訓練を行い半年後，リハビリテーションアームを装着せずに食事が自立できるようになった経験がある．しかし，本リハビリテーションアームは微小な力か変位が直接動作するパワーアシスト機能が特徴である．

制御関係からみれば，バイラテラルサーボは従来の圧縮性流体であるガス圧を線形駆動に近い動作が可能となったことがヒトに優しいロボットを生み出したといえる．

［斎藤之男］

## 参考文献


1) 平成17年版厚生労働白書；http://wwwhakusyo.mhlw.go.jp/wp/index.htm
2) 藤田恒太郎（1998）：人体解剖学，南江堂．
3) G. J. Van Ingen Schenasu, *et al*.（1987）：The unique action of bi-articular muscles in complex movements, *J. of Anatomy*, **155**：1-5.
4) 藤川智彦，大島　徹，熊本水頼，櫻井信安（1997）：拮抗筋群による協調制御機能，日本機械学会論文集，**63**(607)：769-776.
5) R. C. Goertz, W. M. Thompson（1954）：Electrically controlled manipulator, *Nucleonics*, **12**(11)：46-47.
6) Y. Saito, K. Ohnishi, Y. Sunagawa, S. Taguchi（1999）：Development of a Hydraulic Bilateral Servo Actuator for a Patient Supporting Robot, *JHPS Fluid Power*, **4**：619-624.
7) S. Imai, Y. Saito, T. Tajima, K. Ohnishi（2000）：Development of Hydraulic Bilateral-Servo Actuator for Powered Orthosis, *2000 IEEE INTERNATIONAL*, p. 1237-1242.
8) J. Guittet, *et al*.（1987）：The SPARTACUS Telethesis, Manipulator Control and Experimentation, *International Conference on Teremanipulators for the Physically Handicapped*, p. 79-95.
9) 舟久保熙康 編（1983）：医用精密工学，p. 54-59，丸善出版．
10) Y. Urushima, Y. Saito, H. Negoto（2002）：Study of Upper Limb Powered Orthosis using Bilateral Servo Actuator Drove by Bi-articular Cylinder, *Proceedings of the 3rd China-Japan Symposium on Mechatronics*, p. 230-234.
11) Y. Saito, K. Ishibashi（1997）：A Study of Externally A Powered Orthotic Devices using Hydraulic Bilateral-Servo Mechanisms, *Symposium 1997 IFToMM Japan*, p. 17-22.
12) T. Tajima, Y. Saito（2001）：Study of Diaper Changing Robot with Power Assist Control, *Proceedings of the 32nd ISR* (International Symposium on Robotics), p. 1345-1350.


# 6.6 手術ロボットの制御

## はじめに

SRIインターナショナルはシリコンバレーの中核を成し，世界の主導的研究・技術開発組織の一つである．SRIは1946年にスタンフォード研究所として設立され，60年以上にわたり，顧客・パートナーの戦略的要請に応えてきている．非営利研究機関として，政府機関，企業，財団に対して顧客の出捐する研究開発を実施してきた．受託研究開発を行うとともに，技術のライセンス供与や戦略的パートナーシップの形成を行い，いくつかのスピンオフ企業を設立してもいる．

SRIインターナショナルは，40年以上にわたりロボット工学技術と実用化の開発を行ってきた．先駆的な人工知能センターで開発された「シェーキー」(1966-1972）は，周囲の環境を判断して応答する世界初の移動ロボットである．「シェーキー」は今日の人工知能とロボット工学の分野に重要な影響を与えてきた．2004年にロボットの殿堂に迎えられ，現在はカリフォルニア州マウンテンビューのコンピュータ歴史博物館に展示されている．SRIは現在，最先端のロボット開発を行い，ユニークな機能を搭載する研究をリードしている．応用例として，壁登りロボット，遠隔ロボット手術システム，先進的軍事偵察ロボット，パイプラインや港湾の安全監視ロボット，自己組織化ネットワークロボットなどがある．

### 6.6.1 遠隔ロボット技術（「ダヴィンチ」技術）の背景

テレプレゼンス機能は，遠隔地からの監視や実際の操作，補助的活動をリアルタイムで行うための，立体イメージング，テレロボティクス，センサーデバイス，ビデオ，会話認識，テレコミュニケーションを含む専門知識の総合的ポートフォリオである．

**a．遠隔操作による外科手術**

SRIが開発した手術の低侵襲化を実現する新しい技術が評価され，世界で初めてFDAは遠隔手術ロボットシステム「ダヴィンチ」を承認した．この遠隔ロボット手術システムにより，別の場所にある手術室から遠隔操作で低侵襲手術を行うことができるようになる（図6.45）．SRIのスピンオフ企業であるインテュイティブ・サージカル社は，1995年に設立され，この技術のライセンスにより，手術ロボットの世界市場における指導的立場にある（図6.46）．

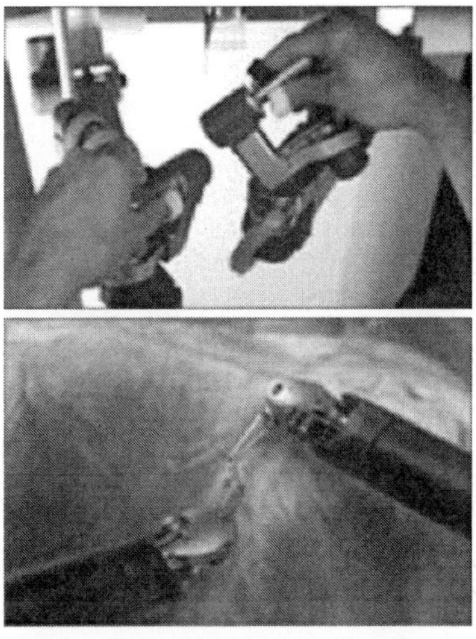

図6.45 外科では世界で使用されるSRIが開発したロボット手術技術が，痛みの軽減，合併症リスク低減，患者の早期回復に役立っている．
［写真：Intuitive Surgical Inc.］

低侵襲手術（MIS）が可能になれば，術後の回復時間が早く，瘢痕も残りにくく，さらに全体的に低コストが期待できる．これに対して外科医の視点からは，低侵襲手術の術式を実際に行うのは厄介で，特別なトレーニングを要すると思われている．SRIインターナショナルは適切な要素技術を組み合わせ，新しい手術方法の開発と実証に成功した．それが「テレプレゼンス技術」で，この技術により患者は低侵襲手術を受けることができるようになる．

最先端の立体イメージング，テレロボティックス，プロービング技術，ビデオ，テレコミュニケーションの融合により，テレプレゼンスシステムでは開腹手術において，外科医が直接手術を行っているのと同様の感覚が得られる．開腹時に感じる力や圧力の感覚を含め，聴覚，視覚，触覚などが操作を行う外科医に直接伝わるからである．

図6.46　インテュイティブ・サージカル社ダヴィンチ外科手術システム
［写真：Intuitive Surgical, Inc. ©2008］

1980年代，SRIは米国陸軍からの依頼で，野戦病院における兵士の外傷手術を専門医による遠隔操作手術で行う技術の開発を開始した．この開発は現在も続いているが，まずは低侵襲を目指した病院用のシステムとして実現した．

1990年代には，米国国立衛生研究所から資金援助を受け，更なる技術の向上がなされた．

米国，ヨーロッパ，アジア全域において，外科医は患者の術後の痛みを軽減し，合併症リスクの低減と早期回復のため，この技術を使用している（表6.2）．

テレプレゼンス手術にはいくつか独特な利点がある．それは，この技術が執刀医の手の動きを正確に再現し，応力の感知と没入型環境の実現によって，外科医は直接開腹手術を行う場合と比べ同等もしくはそれ以上に，器用に自然な方法でこのツールを効果的に使えることである．

表6.2　ダヴィンチ開発の歴史

| | |
|---|---|
| 1995： | SRIが革新的なロボット手術技術を商業化するためにインテュイティブ・サージカル社を結成． |
| 1999： | インテュイティブ・サージカル社がダヴィンチ外科手術システムを発売． |
| 2000： | ダヴィンチが一般的な腹腔鏡下手術においてFDAにより認可． |
| 2000～現在： | FDAがダヴィンチ外科手術ステムを，胸腔鏡手術(肺)，補助切開による心臓手術，泌尿器科および婦人科の手術で認可． |

## 6.6.2　「ダヴィンチ」の後のSRI遠隔ロボット技術

トーラスは最新の器用な遠隔操作ロボットで，その技術はSRIの遠隔ロボット技術（テレプレゼンス）をベースに生まれた技術である．しかし，トーラスだけでなくSRIの科学者，研究者，そしてエンジニアたちはあらゆる遠隔操作ロボット技術のアプリケーションに焦点を当ててきた．これらのロボットにより解決される事例のいくつかを下記に簡単に説明する．

**a．手術ロボットM7**

1998年はじめ，遠隔地治療および最先端技術開発センター（telemedicine and advanced technology research center：TATRC）との契約のもと，SRIはM7手術ロボットを開発した．これはオリジナルテレプレゼンスシステムの次世代版で，以下の機能を備えている．

「M7」はNASAのために無重力飛行で初の加速度補償医療処置を実施した（図6.47）．また「M7」はNASA極限環境ミッション運用（NEEMO）(図6.48)で，宇宙空間での過酷さをシュミレーションした海中

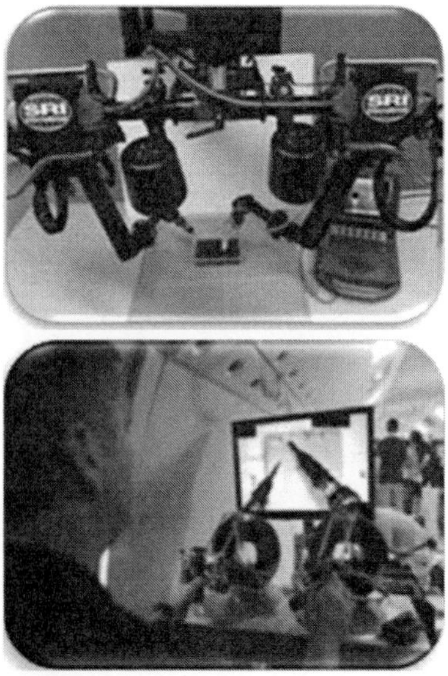

図6.47　NASAのために「M7」手術ロボットは無重力飛行で初の加速度補償医療処置を実施

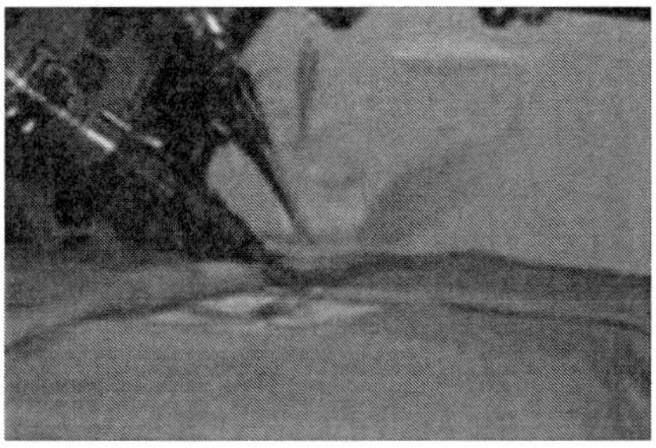

図 6.48 NEEMO 9 mission［写真：CMAS］

作業基地に初めて設置に成功した手術ロボットで，公共のインターネットを使い 1200 マイルからの遠隔手術を実証した．その 1 年後，「M7」は同じ海底研究所にて，最初の自律式超音波医療処置を実証した．

**M7 の特徴**

① 7 段階の力の自由度を有する 2 本のロボットアームによって，広域な作業範囲がカバー．

② 複雑な手術と操作タスクがリモートで実行可能．

③ 10 ポンドのロボットアームが従来の手術器具を巧みに使いこなし，またその手術器具は医療技術者によって簡単に交換可能．

④ 最新の マスター光学と立体ビデオ処理技術．

### b．テレプレゼンスマイクロ手術

SRI の技術によって，長距離の遠隔操作が可能になっただけではなく，動作や応力フィードバックを正確に行うスケーリング技術により，ロボットサポートによって初めて可能となるマイクロ手術ができるようになった．また角膜の裂傷を縫合するために 7 段階の力の自由度を有する 2 台の遠隔操作ロボットマイクロ手術システムを開発し，実証した．動作は 10 分の 1 にスケールダウンされ，手の震えなどに起因する振動は実質的になくなった．SRI は現在レーザで生体組織を縫合する技術とマイクロ手術ロボットを一体化し，従来の縫合に必要とされる手術糸を使わず急速に生体組織を癒合できるようにしている．

### c．トラウマポッド

SRI は将来的に戦地で利用する「トラウマポッド」とよばれる無人治療システムを開発する米国防総省の国防高等研究計画局（DARPA）との共同プログラムにおけるプロジェクトのリーダーである．

2005 年，国防高等研究計画局（DARPA）防衛科学研究室（DSO）は SRI インターナショナルが率いる複数組織からなるチームと契約を結んだ．それは戦場における無人治療システムの次世代版「トラウマポッド」の開発で，これは戦場にて外傷を受けた後，数分以内で負傷した兵士（の症状）を安定させ，避難前や

図 6.49 「トラウマポッド」コントロールルーム

輸送中に施す救命治療や外科治療である（図 6.49）．

このシステムにより外傷を受けた直後に負傷した兵士の症状を安定させ，避難前や輸送中に救命治療や外科治療を施すことが可能になった．それに関連した次の開発が現在も進められている．患者の予後を改善し動きが機敏でより小さな内視鏡ツールの発達により新たな治療を可能にするための器用なロボットツール，手術室のためのさらなる自動化ツール，遠隔操作での外傷治療である．「トラウマポッド」戦場医療システムプログラムは兵士の命を救うため，戦場での治療にこの技術を取り入れようとしている．

### d．厳しい環境下での手術

2006 年，NASA，米国陸軍医学研究司令部の遠隔地治療および最先端技術開発センター（TATRC），ミニマムアクセス手術カナディアンセンター（CMAS）と SRI の共同開発により，フロリダ州キーラルゴの沖合 60 フィートの水中に位置するアクエリアス海底研究室での第 9 回 NASA 極限環境ミッションオペレーション（NEEMO）の一環として遠隔ロボット手術システムのデモンストレーションに成功した．

ミッション達成のために，SRI のロボットエレクトニクスは IP ネットワーク上で長距離操作を可能できるよう再設計された．NEEMO9 はロボット手術システム全体で初めて極端に厳しい環境において，かけ離れた場所からの操作に成功した．

この医療処置はいつの日か国際宇宙ステーションや月，火星などでの緊急事態に対応するために用いられるかも知れない．またこの技術は現在医療が制限されている地球上の遠隔地でも適用可能である．

### e．高齢者と障害者のためのテレロボティクスによる支援

アンメットニーズの解決のために SRI は多方面の専門分野の力を糾合し，高齢者と障害者の補助と介護の管理を手助けするロボット技術を開発した．SRI の

テレプレゼンス技術を基礎とするロボットは，リアルタイムでの遠隔モニタリング，身体のサポート，治療上のアドバイスと同時に，患者と介護者，さらに患者，家族，医療スタッフ間のコミュニケーションを提供することができる．

**f.「トーラス」(軽量で器用なロボットツール)**

器用な遠隔操作ロボット「トーラス」はSRIインターナショナルで生まれた最新の遠隔操作ロボット技術である．「トーラス」は手術ロボット，「ダヴィンチ」の小さな弟でテレプレゼンス手術システムを開発した同じ研究者によってつくられた（図6.50）．

**図6.50**　さまざまな環境下で使用されることを前提にして設計されている

解体される爆発装置から有害物質を除去する上でもっとも艱難な課題である安全性とセキュリティ面で，ロボットには高レベルの器用さで複雑なタスクを遂行する機能が要求される．遠隔操作ロボットツールである「トーラス」は，利用者にこれまでにないスピードと器用さで複雑なタスクの実行を可能にした．すでにいくつかの政府機関では，認定されたパートナーにライセンスを与え，カスタマイズされた特定のアプリケーションをもつ「トーラス」が使用されている（図6.51）．

遠隔操作ロボットツール「トーラス」は，既存のロボットに人間と同じような動きを与え，遠隔操作を可能にしたダヴィンチ手術システムの技術と同じ特許に基づいている．立体カメラシステムと二つのそれぞれ独自に7段階の力の自由度を有するマニピュレータとを合体させたもので，かつてない正確さと完璧な遠隔動作を実現させている．

遠隔操作では，オペレータは14×5 inの「トーラス」ロボットによりコンパクトなフレームの中で上質なモータ制御ができる．安全距離から車載対応爆弾（VBIEDs）の信管を外すため，ロボットは高解像度，

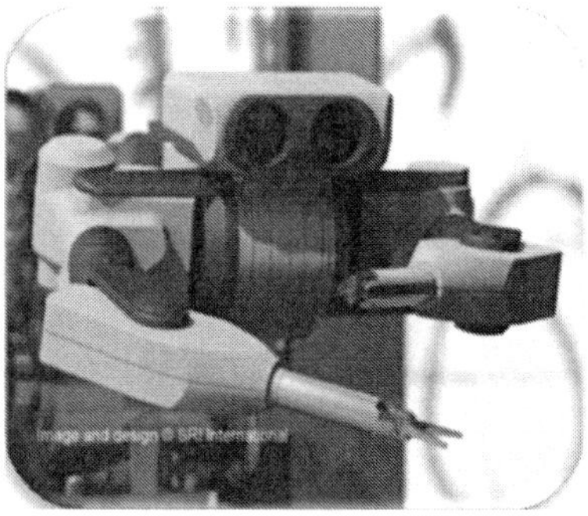


**図6.51**　Tauru：爆弾処理班や公安局などの機関のために設計され，手頃な価格で高度な機能をもった「器用」な遠隔操作ロボット

3Dイメージを専門技師に伝えるとともに，触覚情報も送る．IEEE Spectrumによれば，このロボットは使いやすく，ユーザがリモートで作業していることをまさに忘れるくらいだといわれている．

リモート環境についての現実的な情報を提供するために，ロボットのユニークなセンサは，聴覚，触覚，および高解像度で3次元視覚フィードバックを中継する．その直感的なユーザインタフェイスを使用して，オペレータはわずか数時間の訓練で操作を身につけることができる（図6.52）．

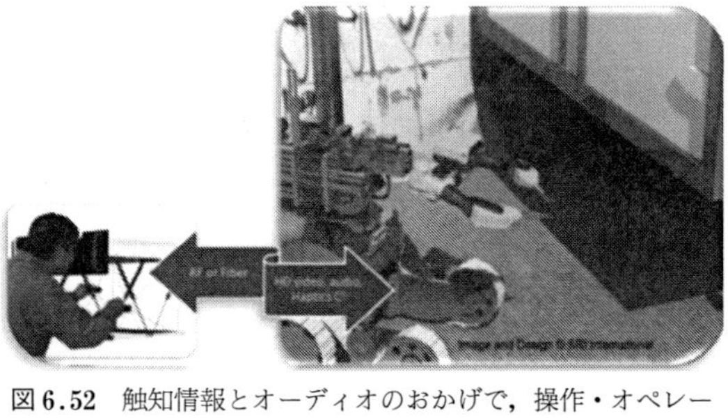

**図6.52**　触知情報とオーディオのおかげで，操作・オペレータはロボットとロボットアームの実際の動作を自分の手で感じ，自分の耳で聞くことができる

ポータブルで頑丈な「トーラス」ロボットは危険な状況下での作業用にデザインされている．このシステムは，ワイヤ切断刃，確実にしっかりと物をつかむための鋸歯状のあご，小さなアイテムを拾うための精密な先端ツールを備えたグリッパをもっている．「トーラス」は実地試験の後，2012年に商業市場へ参入した．現在この技術はSRIインターナショナルからライセンス契約が可能である．

［トーラスの応用］

・軍隊および国内不発弾処理
・警察および消防のミッション
・不審物のサンプリングと除去

・原子力発電所の運用
・法医学的証拠の収集
・高齢者の在宅ケア

[トーラスの特徴]

・軽量，モジュール，頑丈
・もっとも標準的なモバイルプラットフォームに対応するためのマルチマウントオプション（Andros F6-A や同等）
・リモートで傾けられたり，ズームやフォーカスができる高解像度の立体内蔵カメラ
・高解像度 3D 立体ビデオ，ステレオ音声，触覚フィードバックを搭載したラップトップユニット
・オペレータ着用アクティブシャッタ 3D 眼鏡
・通信の障害耐性
・通信リンクの障害耐性

### おわりに

SRI は，40 年以上にわたりロボット工学技術と実用化の開発を行ってきた．今日，SRI のロボットプログラムでは，器用な遠隔操作技術，ヘルスケアのオートメーション化，静電接着作用で垂直表面をはい上がる壁登りロボットのようなプラットフォーム上で実証されている新しい機能を含む先端工業技術，また先進工業のマニピュレーションなどの開発を行っている．

先進ロボットの調査や開発を通して，SRI はロボットのデザインスペースの再検討に努めている．SRI の強みは，応用研究から高品質な試作品の設計・開発に至るまで専門知識の深さと幅広さから生まれているということである．

軍需と商業の両方で，より対人アプリケーションのための次世代ロボット技術への関心が高まっている．具体的には爆弾中和，個人医療，準工業アプリケーション，マイクロ製造業などである．SRI はこの新興成長市場のためのシステムや技術の最先端にいるのである．

［イギデル・ユセフ］

### 参考文献


1) SRI International ; http://www.sri.com/
2) SRI Robotics Program ; http://www.sri.com/about/organization/engineering/robotics-program
3) IEEE Spectrum-SRI New 'Taurus' Bomb-Defusing Prototype ; http://spectrum.ieee.org/automaton/robotics/industrial-robots/sri-shows-new-taurus-prototype-at-stanford-robot-block-party
4) SRI Robotic Solutions ; http://www.sri.com/engage/products-solutions/robotics
5) Intuitive Surgical, Inc. (da Vinci Surgical System) ; http://www.intuitivesurgical.com/


## 6.7 アミューズメントロボット

### はじめに

「ムラタセイサク君®」は自転車に乗ったままの姿勢で，倒れずに「ピタッ」と停止状態を保つことができる．人間にとっても難しい「不倒停止」という技を「ムラタセイサク君®」がいとも簡単にやってのける秘密は，搭載されているジャイロセンサ（角速度センサ）とその制御技術にある．またさらに，その技術を応用して開発した一輪車型ロボット「ムラタセイコちゃん®」は一輪車で巧みにバランスをとることが可能である．本節では，これらのロボットを実現するための制御技術について述べる．

図 6.53 「ムラタセイサク君®」「ムラタセイコちゃん®」の外観

### 6.7.1 ムラタセイサク君®の不倒停止制御

「ムラタセイサク君®」の不倒停止制御は，ジャイロセンサで姿勢（傾き）を検出し，胸に埋め込まれた慣性ロータを制御することで実現している（図 6.54）．慣性ロータに連結されたモータにトルクを加えることで「ムラタセイサク君®」本体にその反動トルクが発生し，この作用を応用することで姿勢を制御することが可能である．

まず，姿勢制御時にはロボットの重心位置が正確にどこにあるかはわからないため，単に直立方向を目標に制御すればよいのではなく，つり合い方向をリアルタイムに求めて制御する必要がある．たとえば，正面から見て重心が少し右にあるとすると，見た目は少し左に傾いた角度がつり合い位置になる．また横風などによる外力が加わる場合には，外力に対向する方向（風上側）に自転車を少し倒す必要がある．そこで，本制御系ではジャイロセンサ出力（角速度）を用いて，つり合い角度からの偏差角度を推定する状態推定オブザーバを制御ループに加えている．このとき直感的には角度を知るために角速度出力を積分することも考え

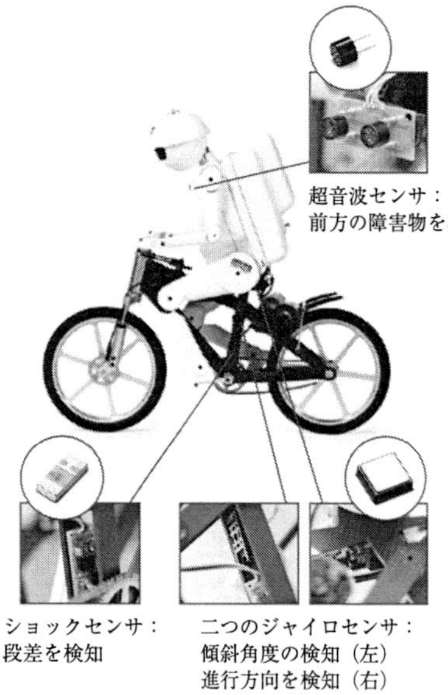


図 6.54 「ムラタセイサク君®」に搭載されたセンサ

られるが，ノイズやオフセットが累積して正確な角度は求められないことがわかっているため積分器を用いずに演算するなどの工夫をしている（詳細をb項で述べる）．

また慣性ロータの回転数を定常的に低く保つための工夫をしたことも特徴の一つである．姿勢制御中に慣性ロータの回転速度がどちらか一方向にたまっていくことを防ぐために，慣性ロータの回転速度にあわせて，偏差角度の目標値を0からずらし，「ムラタセイサク君®」を一時的にあえて傾けることを行っている．こうすることで重力トルクに対向するためにモータを加速する必要性が発生し，モータの回転速度に応じて偏差角度目標値を操作することで，回転速度を減らすことができる．この仕組みを入れたことで，「ムラタセイサク君®」は電池の消費量を最小限に抑えながら，不倒停止制御を長時間続けることができるようになっている（詳細をc項で述べる）．

**a．制御対象のモデル化**

「ムラタセイサク君®」の倒立振子モデルを図 6.55 に示す．

本体と慣性円板を合わせた，全体の運動エネルギー $T$ と位置エネルギー $U$ は以下のようになる．

$$T=\frac{1}{2}I_1\dot{\theta}_1^2+\frac{1}{2}I_2(\dot{\theta}_1+\dot{\theta}_2)^2+\frac{1}{2}m_2l^2\dot{\theta}_1^2 \quad (19)$$

$$U=(m_1l_G+m_2l)g\cos\theta_1 \quad (20)$$

ラグランジュ方程式を用いて運動方程式を導出すると，式（21）と式（22）を得る．

$$I_1\ddot{\theta}_1+I_2(\ddot{\theta}_1+\ddot{\theta}_2)+m_2l^2\ddot{\theta}_1$$

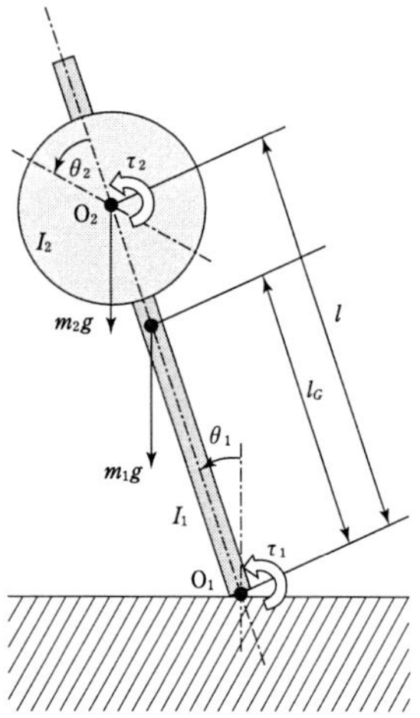


$O_1$：接地点
$O_2$：慣性ロータ中心
$m_1$：本体質量
$m_2$：慣性ロータ質量
$I_1$：$O_1$ まわりの本体の慣性モーメン
$I_2$：$O_2$ まわりの慣性ロータの慣性モーメント
$\theta_1$：垂直軸に対する本体の傾斜角度
$\theta_2$：本体に対する慣性ロータの回転角度
$\tau_1$：本体に働く $O_1$ まわりの外乱トルク
$\tau_2$：慣性ロータに働くモータトルク
$l_G$：$O_1$ から本体重心位置までの距離
$l$：$O_1$ から $O_2$ までの距離
$g$：重力加速度

図 6.55 「ムラタセイサク君®」の倒立振子モデル

$$-(m_1l_G+m_2l)g\cos\theta_1=\tau_1 \quad (21)$$

$$I_2(\ddot{\theta}_1+\ddot{\theta}_2)=\tau_1 \quad (22)$$

式（22）を用いて式（21）中の $\ddot{\theta}_2$ を消去し，$\sin\theta_1$ を $\theta_1$ で近似すると，式（23）となる．

$$(I_1+m_2l^2)\ddot{\theta}_1-(m_1l_G+m_2l)g\theta_1=\tau_1-\tau_2 \quad (23)$$

式（23）より，本体の運動は，慣性ロータの角度 $\theta_2$ と角速度 $\dot{\theta}_2$ には無関係となる．

**b．オブザーバによる傾斜角推定**

モデルの運動方程式を用いて，ジャイロが出力する本体の傾斜角速度測定値と，モータトルクから，現在の傾斜角を推定する．

ジャイロが出力する本体の傾斜角速度測定値を $\omega_1$ とすると，

$$\dot{\theta}_1\cong\omega_1 \quad (24)$$

である．

また，外乱トルク $\tau_1$ があるときの，見かけのつり合い傾斜角度 $\theta_S$ は，式（25）で表すことができる．

$$\theta_S=-\frac{\tau_1}{(m_1l_G+m_2l)g} \quad (25)$$

したがって，式（23）より，見かけのつり合い傾斜角度 $\theta_S$ に対する，現在傾斜角度 $\theta_1$ の偏差 $\tilde{\theta}_1$ は，式（26）で推定することができる．

$$\tilde{\theta}_1\equiv\theta_1-\theta_S\cong\frac{\tau_2+(I_1+m_2l^2)\dot{\omega}_1}{(m_1l_G+m_2l)g} \quad (26)$$

式（26）にはジャイロセンサ出力（角速度）の積分値を含まないため，ドリフトなどのノイズの影響を受けない手法であるといえる．

**c．ロータ回転速度による目標姿勢の補正**

重力トルクを利用して回転速度を低下させようとす

る間，仮に，傾斜角が一定であったとすると，

$$\ddot{\theta}_1=0 \tag{27}$$

であるから，運動方程式（23），（22）は，それぞれ式（28），式（29）となる．

$$\tau_2=\tau_1+(m_1l_G+m_2l)g\,\dot{\theta}_1=(m_1l_G+m_2l)g\tilde{\theta}_1 \tag{28}$$

$$\ddot{\theta}_2=\frac{\tau_2}{I_2}=\frac{(m_1l_G+m_2l)g\tilde{\theta}_1}{I_2} \tag{29}$$

蓄積された回転速度 $\dot{\theta}_1$ を時間 $T_A$ で 0 にしようとする場合，必要な角加速度は

$$\ddot{\theta}_2=-\frac{\dot{\theta}_2}{T_A} \tag{30}$$

であるから，式（29）と式（30）を比較して，

$$\tilde{\theta}_1=-\frac{I_2\dot{\theta}_2}{T_A(m_1l_G+m_2l)g} \tag{31}$$

であることが求められる．したがって，積極的に位置ループの目標値として，式（32）を設定すればよい．

$$\theta_r=-\frac{I_2\dot{\theta}_2}{T_A(m_1l_G+m_2l)g} \tag{32}$$

時間 $T_A$ は，たとえば $T_A=0.5\,\mathrm{s}$ とすればよい．

**d．制御ブロック線図**

ブロック線図を図 6.56 に示す．オブザーバによる角度推定値をフィードバックした角度ループの内部に，ジャイロセンサによる角速度測定値をフィードバックした角速度ループをもつ構成としている．

上記のモデルを MATLAB/Simlink を用いて作成し，評価用 DSP ボードにコントローラとして実装し動作検証を行った．また，最終的には小型の専用マイコンボードを製作しロボットに搭載している．

## 6.7.2 ムラタセイコちゃん®の制御技術

「ムラタセイコちゃん®」の特徴は一輪車走行制御において停まっても倒れない機能を実現したことである．ロール方向は「ムラタセイサク君®」と同じ慣性ロータ制御でバランスをとり，ピッチ方向の倒立振子モデルを図 6.57 のように作成し，6.7.1 項と同様の手順で制御系設計を行っている．

また，方向円板を設けて回転トルクを制御することにより一輪車の向きを変更することが可能で，「ムラタセイサク君®」と同じように，平均台走行やカーブ走

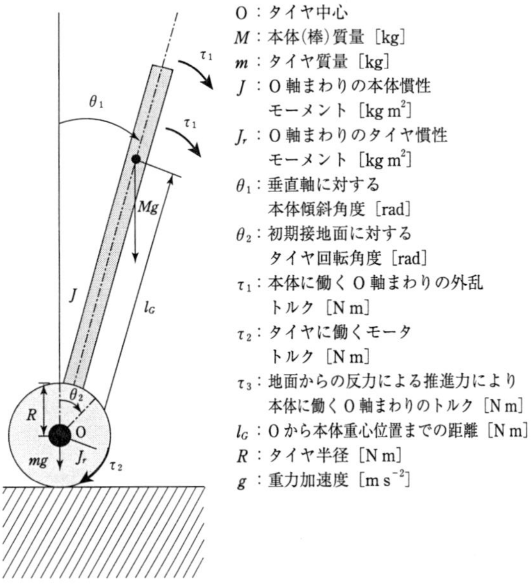


図 6.57 ムラタセイコちゃん®(ピッチ方向)の倒立振子モデル

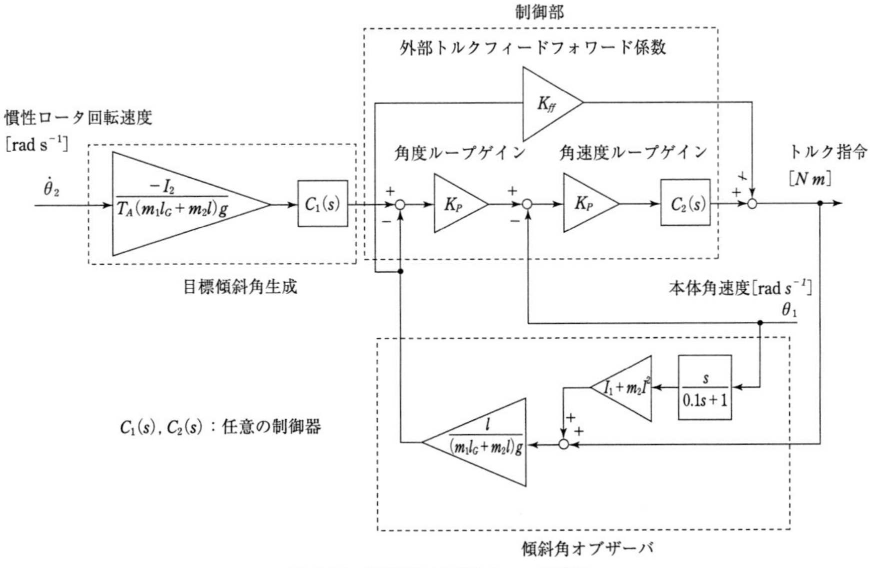


図 6.56 不倒停止制御ブロック線図

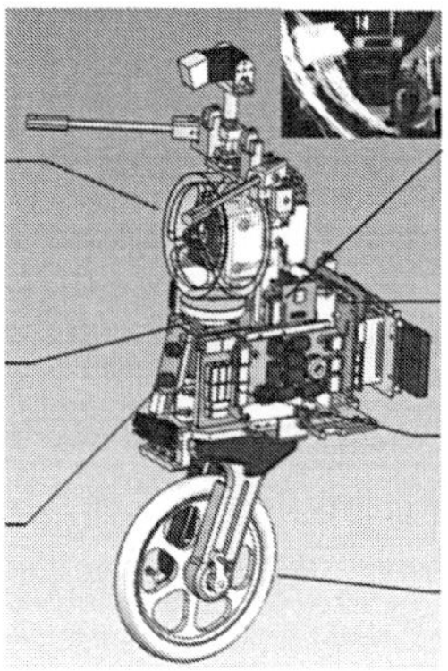


図 6.58　ムラタセイコちゃん®の内部構造

行を行うことが可能である．

### おわりに

村田製作所では「ムラタセイサク君®」「ムラタセイコちゃん®」をテレビ CM や広報活動のさまざまな場面に活用している．また CSR 活動の一環として，地域の各種イベントに参加したり，子供達の理科離れを防止し技術や科学の面白さを伝えるために小学校などへの「出前授業」にも活用している．実は「ムラタセイコちゃん®」はその出前授業で子供たちから一輪車型への要望が多く開発に至ったロボットである．「ムラタセイサク君®」の趣味は「サイクリング」，夢は「世界一周」．最近では海外イベントに活用する機会も多くなり，まさにその夢を実現しようとしている．

［福永茂樹］

## 6.8　倒立二輪ロボットの安定化と走行制御

### はじめに

従来の大学教育における制御工学は，一般的に座学が中心の講義がほとんどで，実際に実機を制御することをイメージするのが難しいという問題がある．そのため，卒業後にエンジニアとして開発の実務に従事すると，大学で学んだ制御理論を実際に実機にどのように応用したらよいのか戸惑うことがある．

(株)ZMP が，2001 年の設立以来一貫して研究開発してきた二足歩行ロボット nuvo® WALK は，学生が強い興味をもつ素材であり，また，機械工学，電気・電子工学，制御工学，プログラミング，数学など広範な工学分野を網羅していることから，大学学部課程における実習教育や，企業におけるエンジニア育成教材として最適な素材であるといえる．その反面，12 個のモータを使用していることからシステムが複雑なため，ロボットの基礎や制御の基礎を学ぶには適していなかった．

そこで，組み込みプログラミングの基礎や，制御理論の基礎として「現代制御」に焦点をあてた車輪型の倒立二輪ロボット nuvo® WHEEL（以下，倒立二輪ロボット）を新たに開発した．この倒立二輪ロボットは，不安定なロボットであることから「このロボットをどうやって立たせているのだろう？」と，学生はまず興味をもち，そういった意味で nuvo® WALK と同様に倒立二輪ロボットは楽しく学習できる教育用ロボットである．

本節では，上記の倒立二輪ロボットを倒立させて，かつ指定の走行パターンに沿って走行させることを目的とし，制御系設計の一連の流れを示す．

### 6.8.1　倒立二輪ロボットの概略とモデリング

#### a．倒立二輪ロボットの概略

倒立二輪ロボットの試作機の外観を図 6.59 に示す．このロボットのアクチュエータとしては，模型用 DC モータを使用している．DC モータはロボットの本体に取り付けられ，減速歯車を 2 段介してトルクが車輪に伝えられる．このトルクを制御することによって倒立二輪ロボットを倒れないように安定化して走行させる．センサは，モータ軸に取り付けられたロータリディスクとフォトインタラプタで構成される光学式角度センサであるエンコーダ，そして電気基板に取り付けられたレートジャイロである．また，電気回路にはトルク指示をするための電流フィードバック回路が搭載されている．

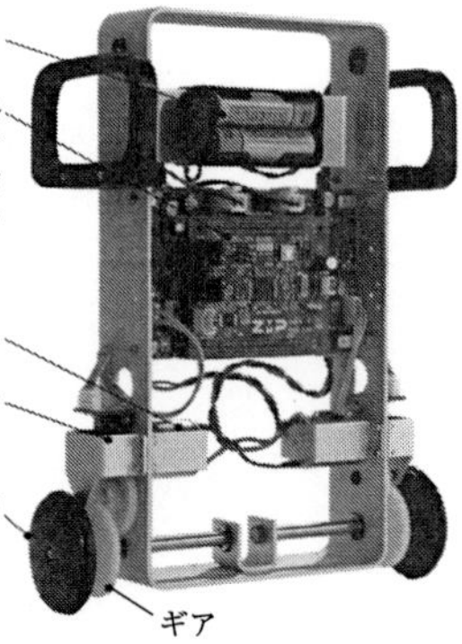


図 6.59　倒立二輪ロボット概観

**b．倒立二輪ロボットの運動方程式．**

この倒立二輪ロボットを図6.60のようにモデリングする．倒立二輪ロボットのボディの姿勢（傾き）は鉛直方向から時計回りを正とした．タイヤの回転角度は，エンコーダによってボディからの角度として取得できるので，実装する際のソフトウェアのコーディング作業の便宜を考え，ボディからの角度として定義した．タイヤの回転角度も，同様に時計回りを正としている．このように座標系を定め，表6.3の記号を用いて倒立二輪ロボットの運動方程式を導出すると式(33)，(34)のようになる（節末付録 p. 437-438 参照）．

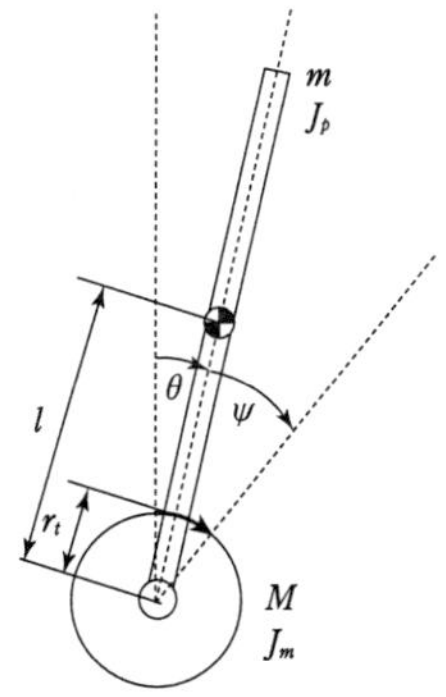


図6.60　倒立二輪ロボットのモデル

表6.3　倒立二輪ロボットのパラメータ

| パラメータ | 記号 | 単位 | 値 |
|---|---|---|---|
| 本体重量 | $m$ | kg | 0.686 |
| 台車重量(シャフト，車輪，ギア) | $M$ | kg | 0.0605 |
| 本体慣性モーメント | $J_p$ | kg m$^2$ | $0.316\times10^{-3}$ |
| 台車慣性モーメント | $J_t$ | kg m$^2$ | $5.35\times10^{-6}$ |
| モータロータ慣性モーメント | $J_m$ | kg m$^2$ | $0.130\times10^{-6}$ |
| 車軸・重心間距離 | $l$ | m | 0.148 |
| 車輪半径 | $r_t$ | m | 0.02 |
| 車軸フリクション | $c$ | kg m$^2$ s$^{-1}$ | $0.1\times10^{-3}$ |
| モータトルク定数 | $K_t$ | N m A$^{-1}$ | $2.79\times10^{-3}$ |
| ギア比 | $i$ | — | 30 |

$$\{(M+m)r_t^2+mlr_t\cos\theta+J_t+iJ_m\}\ddot{\theta}-mlr_t\sin\theta\,\dot{\theta}_2+\{(M+m)r_t^2+J_t+i^2J_m\}\ddot{\varphi}+c\dot{\varphi}=au \tag{33}$$

$$\{(M+m)r_t^2+2mlr_t\cos\theta+ml^2+J_p+J_t+J_m\}\ddot{\theta}-mlr_t\sin\theta\,\dot{\theta}^2-mgl\sin\theta+\{(M+m)r_t^2+mgl_t\cos\theta+J_t+iJ_m\}\ddot{\varphi}=0 \tag{34}$$

ここで，$u$ はモータの電流目標値［A］であり，$a$ は，$u$ からタイヤ軸のトルクまでのゲイン［N m A$^{-1}$］である．また，$\dot{x}$ は，$\dot{x}=(d/dt)x$ であり時間に関する一階微分を，は同様に $\ddot{x}=(d^2/dt^2)x$ であり，時間に関する2階微分を表すものとする．

ここから，式(33)，(34)からと $\theta$ の関係，$\theta$ と $\varphi$ の関係に整理し，伝達関数を求めて制御器を設計すれば，古典制御理論でコントローラを設計が可能である[3)]．しかし，本節では倒立二輪ロボットのような1入力多出力系の制御対象でよく適用される，現代制御によってコントローラを設計する．

### 6.8.2　現代制御による倒立二輪ロボットの安定化

**a．運動方程式の線形化と状態方程式**

倒立二輪ロボットが直立姿勢を保つように安定化を施す．安定化が実現できれば，$\theta$ は，0の近傍の値しかとらないと仮定でき，$\sin\theta\approx\theta$，$\cos\theta\approx1$ とみなすことができる．さらに，$\dot{\theta}$ を微小と仮定して $\dot{\theta}^2\approx0$ とおくと，運動方程式(33)，(34)を次のように線形化することが可能になる．

$$\{(M+m)r_t^2+mlr_t+J_t+iJ_m\}\ddot{\theta}+\{(M+m)r_t^2+J_t+i^2J_m\}\ddot{\varphi}+c\dot{\varphi}=au \tag{35}$$

$$\{(M+m)r_t^2+2mlr_t+ml^2+J_p+J_t+J_m\}\ddot{\theta}-mgl\theta+\{(M+m)r_t^2+mlr_t+J_t+iJ_m\}\ddot{\varphi}=0 \tag{36}$$

ここで，現代制御理論を適用するために状態方程式の表現にする．まず，式(35)，(36)を行列としてまとめると，

$$\alpha\begin{bmatrix}\ddot{\theta}\\ \ddot{\varphi}\end{bmatrix}+\beta\begin{bmatrix}\dot{\theta}\\ \dot{\varphi}\end{bmatrix}+\gamma\begin{bmatrix}\theta\\ \varphi\end{bmatrix}=\delta u \tag{37}$$

となる．ここで，各係数は

$$\alpha=\begin{bmatrix}\alpha_{11} & \alpha_{12}\\ \alpha_{21} & \alpha_{22}\end{bmatrix}$$

$$\alpha_{11}=(M+m)r_t^2+mlr_t+J_t+iJ_m$$

$$\alpha_{12}=(M+m)r_t^2+J_t+i^2J_m$$

$$\alpha_{21}=(M+m)r_t^2+2mlr_t+ml^2+J_p+J_t+J_m$$

$$\alpha_{22}=(M+m)r_t^2+mlr_t+J_t+iJ_m$$

$$\beta=\begin{bmatrix}0 & c\\ 0 & 0\end{bmatrix},\quad \gamma=\begin{bmatrix}0 & 0\\ -mgl & 0\end{bmatrix},\quad \delta=\begin{bmatrix}a\\ 0\end{bmatrix}$$

となる．したがって，

$$\frac{d}{dt}\begin{bmatrix}\theta\\ \varphi\\ \dot{\theta}\\ \dot{\varphi}\end{bmatrix}=\begin{bmatrix}0_{2\times2} & I_{2\times2}\\ -\alpha^{-1}\gamma & -\alpha^{-1}\beta\end{bmatrix}\begin{bmatrix}\theta\\ \varphi\\ \dot{\theta}\\ \dot{\varphi}\end{bmatrix}+\begin{bmatrix}0_{2\times2}\\ -\alpha^{-1}\delta\end{bmatrix}u$$

となり，次のような状態方程式表現が得られる．

$$\dot{x}=Ax+Bu \tag{38}$$

ただし，

$$x=\begin{bmatrix}\theta\\ \varphi\\ \dot{\theta}\\ \dot{\varphi}\end{bmatrix}$$

$$A=\begin{bmatrix} 0_{2\times2} & I_{2\times2} \\ -\alpha^{-1}\gamma & -\alpha^{-1}\beta \end{bmatrix}$$

$$B=\begin{bmatrix} 0_{2\times2} \\ -\alpha^{-1}\delta \end{bmatrix} \tag{39}$$

とおいた．これにより，倒立二輪ロボットを状態方程式でモデル化できたことになる．このとき，$\theta\cong0$ を前提とした近似や無視による線形化はモデル化誤差となることに注意したい．

**b．倒立二輪ロボットの安定化制御**

まず，このシステム行列 $A$ の固有値を計算することによって倒立二輪ロボットが安定なシステムかそうでないかが判別できる．

表6.3のパラメータの値を用いてMATLABでシステム行列 $A$ を定義した後，eigコマンドを用いて $A$ の固有値を計算すると，次の結果が得られる．

```
≫eig(A)
ans=
        0
  10.0481
 −10.3711
  −0.2374
≫
```

このように，$A$ は正の固有値をもつため，このシステムは不安定であることがわかる．これは，倒立二輪ロボットは，制御をしないと倒れてしまうことから直感的に理解できる．

次に，システム $(A,B)$ は，可制御であることを確認する．先にMATLABで定義した $A$ に続いて $B$ も定義し，可制御行列

$$M_c=[B\ \ AB\ \ A^2B\ \ A^3B]$$

のランクを計算すると，以下の結果が得られる．

```
≫Mc=[BA*BA^2*BA^3*B];
≫rank(Mc)
ans=
    4
≫size(Mc)
ans=
    4
≫
```

このとおり，行列のサイズとランクが等しいため，このシステムは可制御であることが容易に確認できる．よって，四つの状態変数のすべてが測定できれば，この不安定なシステムを状態フィードバックによって安定化（倒立）することが可能になる（図6.61）．

ここでは，最適制御理論によって安定化することを考える．最適制御理論は，重み行列として非不定な対称行列 $Q=Q^T>0$ と正定対称行列 $R=R^T>0$ に対して，評価関数

$$J=\int_0^{\infty}\{x(t)^TQx(t)+u(t)^TRu(t)\}dt \tag{40}$$

を最小化する入力 $u(t)$ を求める問題であり，その入力は

$$\begin{aligned} u(t)&=-Kx(t) \\ K&=R^{-1}B^TP \end{aligned} \tag{41}$$

で与えられる．ただし，$P$ は，次のリッカチ代数方程式の解として一意に決まる正定対称行列（すなわち，$P=P^T>0$）である．

$$PA+A^TP-PBR^{-1}BP+Q=0 \tag{42}$$

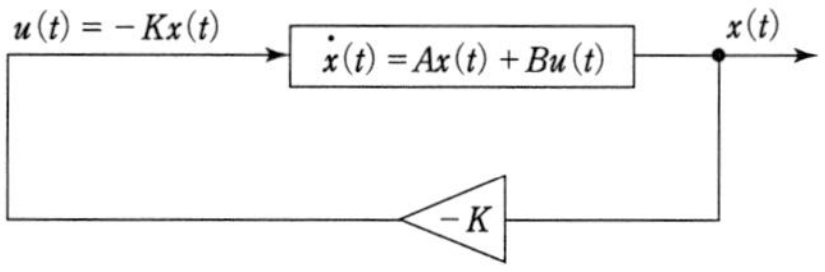

図6.61　倒立二輪ロボットの安定化

実際には，重み行列 $Q$，$R$ をチューニングパラメータとして以下のように設定し，MATLABではlqr2コマンドを用いることができる．

$$Q=\begin{bmatrix} \theta\text{の重み} & 0 & 0 & 0 \\ 0 & \varphi\text{の重み} & 0 & 0 \\ 0 & 0 & \dot{\theta}\text{の重み} & 0 \\ 0 & 0 & 0 & \dot{\varphi}\text{の重み} \end{bmatrix}$$

$R$＝入力 $u$ の重み

ここでは，$Q$，$R$ を以下のように設定した．

$$Q=\mathrm{diag}\{1,1,1,1\},\quad R=500 \tag{43}$$

実際に表6.3の値を用いて計算したところ次のゲインが得られる．

```
≫Q=eye(4);
≫R=500;
≫K=lqr2(A,B,Q,R);
≫K
K=
  −11.7330  −0.0447  −1.4986  −0.0638
≫
```

なお，設計に用いたパラメータは表6.3に示したとおりだが，ここで簡単にそのパラメータについて触れておく．まず，ボディと台車の質量 $m$ と $M$ は，簡単に測定できるので測定値を使用した．ボディの慣性モーメント $J_p$ は，機体を吊るして振り子の自由運動から同定する方法もあるが，ここでは単純にCADで算出した設計値を使用した．同様にタイヤの慣性モーメント $J_t$，重心の高さ $l$，タイヤの半径 $r_t$ もCADの設計値を使用している．モータの電機子の慣性モーメ

ント $J_m$ と摩擦係数 $c$ は同定実験により求めたが，ここではその詳細は割愛する．また，モータはマブチモーター(株) 製の「RE-280」を使用しており，公開されているデータシートよりモータのトルク定数 $K_t$ を計算した．

**c．倒立二輪ロボットの安定化のシミュレーション**

制御対象のモデル（プラントモデル）として式(33)，(34)を Simulink モデルで記述し，制御器（コントローラ）は，b 項3.2 で設計した式（41）および式（44）を使用してシミュレーションを実施した（図6.62）．

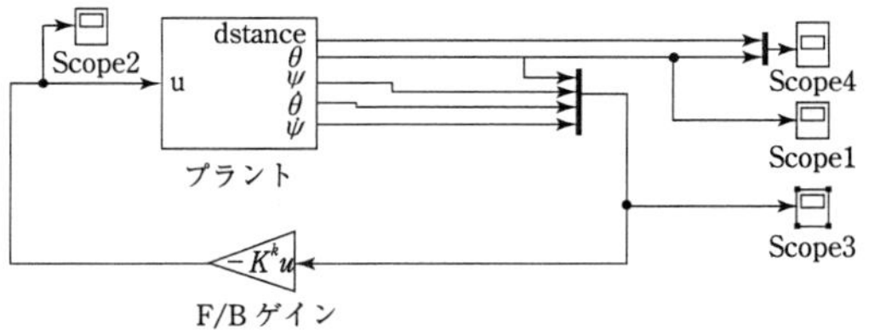


**図 6.62**　倒立二輪ロボットのシミュレーションモデル

シミュレーションに用いたパラメータは，設計に使用した表 6.3 の値としている．初期条件は，

$$x_0=\begin{bmatrix}\theta_0\\ \varphi_0\\ \dot{\theta}_0\\ \dot{\varphi}_0\end{bmatrix}=\begin{bmatrix}5^*2\pi/180\\ 0\\ 0\\ 0\end{bmatrix}$$

とした．すなわち，5 deg の静止状態からの倒立制御に関するシミュレーションである．その結果を図 6.63 に示す．

この結果より，安定化が施されていることが確認できる．図 6.63(c) より初期角度 5 deg を復元させるために，一度前進することによって角度を復元させていることがわかる．これは，手でほうきを立てるときに，人間もほうきが前に倒れたら手を前に出すことからも直感的に理解できる．また，そのときのボディの角度の図 6.63(a) をみると，初期角度 5 deg から一度マイナスになってから直立姿勢に移行している．これは，一度，姿勢をマイナス方向に振ることによって，機体が原点位置に戻るためである．

**d．倒立二輪ロボットの安定化の実験**

(1)　実験装置

倒立二輪ロボットの外観写真は図 6.59 に示したとおりだが，各センサ類についてここでふれておく．

倒立二輪ロボットには，四つの状態をセンシングするセンサとして，タイヤの回転角度を測定する光学式ロータリエンコーダとボディの角速度を測定する圧電

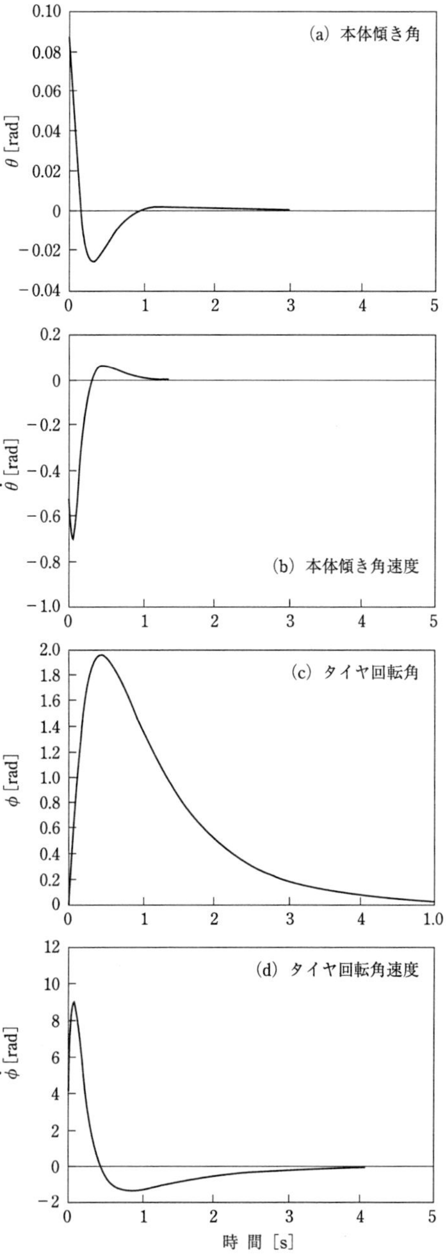


**図 6.63**　倒立二輪ロボットの安定化シミュレーション

振動ジャイロが搭載されている．前者のエンコーダはコーデンシ製で，モータ軸に取り付けられている．このロータリディスクは 1 回転あたり 100 スリットである．エンコーダの A 相 B 相を CPLD によって 4 逓倍してカウントする．そのカウント値をマイクロコンピュータ（以下マイコン）が一定周期ごとに取得し，角度情報を得る．そして，その角度情報を微分することによりタイヤの角速度としている．エンコーダの分解能は，ギア比 30 の減速機によって減速されるので，タイヤの軸で 12000 pls/rev である．すなわち，0.03

deg/bit（≒$5.24 \times 10^4$ rad/bit）の分解能をもつ．

後者の圧電振動ジャイロは村田製作所製の ENC-03 RC で，ボディに取り付けられている．このジャイロは，振動体に回転角速度が加わると，コリオリ力が発生するという原理を応用した角速度センサである．このセンサの感度は，0.67 mV $\mathrm{deg^{-1}\,s^{-1}}$ と信号電圧の変化が小さいので，電気回路にて増幅し，アンチエイリアシングフィルタを通した後，マイコンによって A/D 変換してボディの角速度情報を測定する．

次にボディの角度情報（姿勢）の検出について述べる．加速度センサを傾斜計として用いて角度を検出することも考えられるが，走行させることを念頭に置いたロボットでは，加速度センサ情報に含まれる走行時の加速度成分を何らかの方法によって考慮しなければならず，正確なボディの角度を測定することが難しいため，前述のジャイロセンサの角速度情報を単純に積分することによって得ることにした．しかしながら，このジャイロは周囲温度の変化による静止時出力の変動（温度ドリフト）がある．したがって，単純に測定した角速度を積分すると，その DC 成分を累積することになり，正確なボディの姿勢（角度）が得られない．そこで，2 次のバタワース型ハイパスフィルタをディジタルでマイコンに実装している．カットオフ周波数は試行錯誤によって 0.075 Hz とした．

これらの二つのセンサによって四つの状態が得られ，マイコンによって b 項の状態フィードバック制御を実施する．マイコンは，(株)ルネサステクノロジ製の HD64F3687FP を使用している．

この状態フィードバック制御によって，安定化する制御入力 $u(t)$ となる電流目標値が演算される．この電流目標値に実電流を追従させるため，電流フィードバックをマイコンで実施している．モータの電流が流れる回路内にシャント抵抗を取り付け，その電圧降下をマイコンによって測定することによって実際にモータに流れている実電流を測定する．そして，電流目標値と実電流の偏差を演算し，PID 制御によってモータドライバ回路に入力する PWM を増減させ，電流目標値に実電流を追従させている．

また，b 項で求めたように状態フィードバック制御は連続時間系で設計している．制御対象を離散化して設計してもよいが，ここでは，サンプリング周期を 10 ms で制御するので，擬似的に連続時間としてみなしてよいと考え，連続時間で設計した．そのため，演算時間遅れの補償はしていないことになる．制御器は，C 言語によってプログラミングして実装している．

この倒立二輪ロボットのシステムを図 6.64 に示す．

### e. 実 験 結 果

b 項で設計した状態フィードバック制御に基づき倒

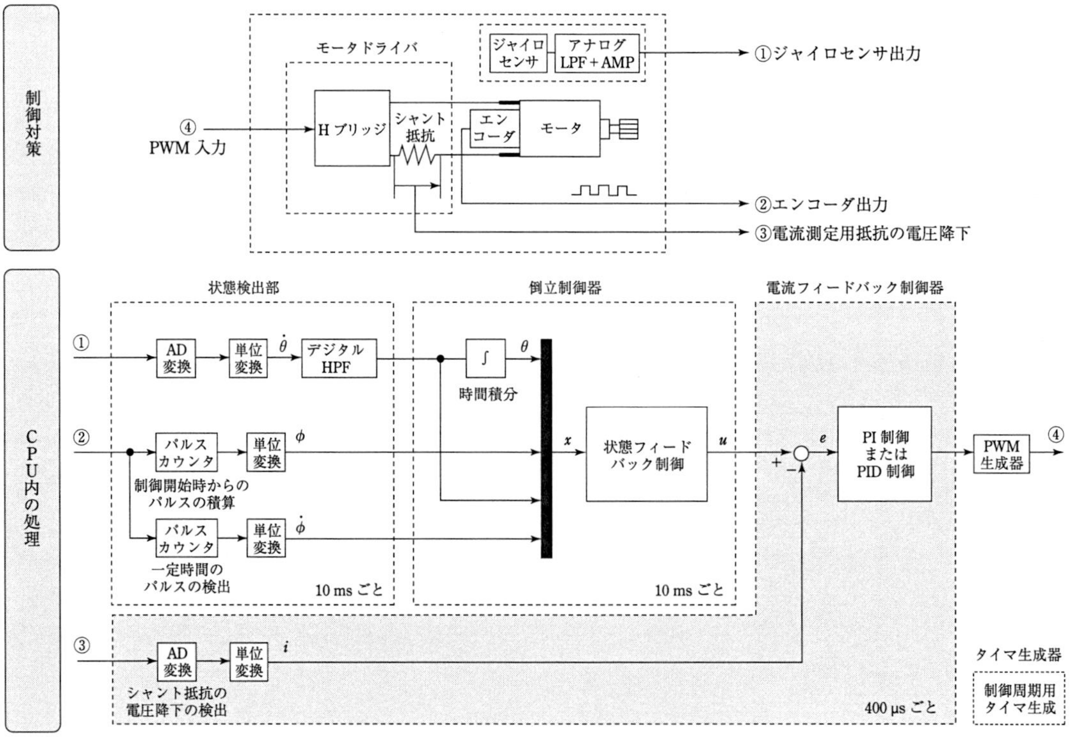


図 6.64　倒立二輪ロボットの制御システム

立制御実験を行った．状態フィードバックゲインは，b項で得たゲインである．その結果を図6.65に示す．

図6.65(a)をみると，最大約0.04 rad(1.15 deg)の範囲で倒立できていることがわかる．このことから状態フィードバック制御によって安定化は実現できているといえる．しかしながら，図6.65(c)をみると，タイヤの角度は±4.5 radの範囲でハンチングしていることがわかる．これは，倒立二輪ロボットの移動距離として約±0.09 mの範囲で前後に移動しながら姿勢を保とうと制御していることになる．安定化はできているもののロボットを走行させることを考えた場合，このような挙動は好ましくないといえる．最悪の場合，走行させられない可能性がある．これは，式(43)のように重み行列を設定したため，ロボットの倒立制御と位置制御に重みを付けず，優先度なしに同様に制御せよというゲインであったためと考えられる．すなわち，重み行列に差をつけない式(43)のような設定では，実験結果より位置制御は多少犠牲にして倒立制御をしていることがわかる．そこで，位置制御の重みを大きくして，位置制御のプライオリティを高くする

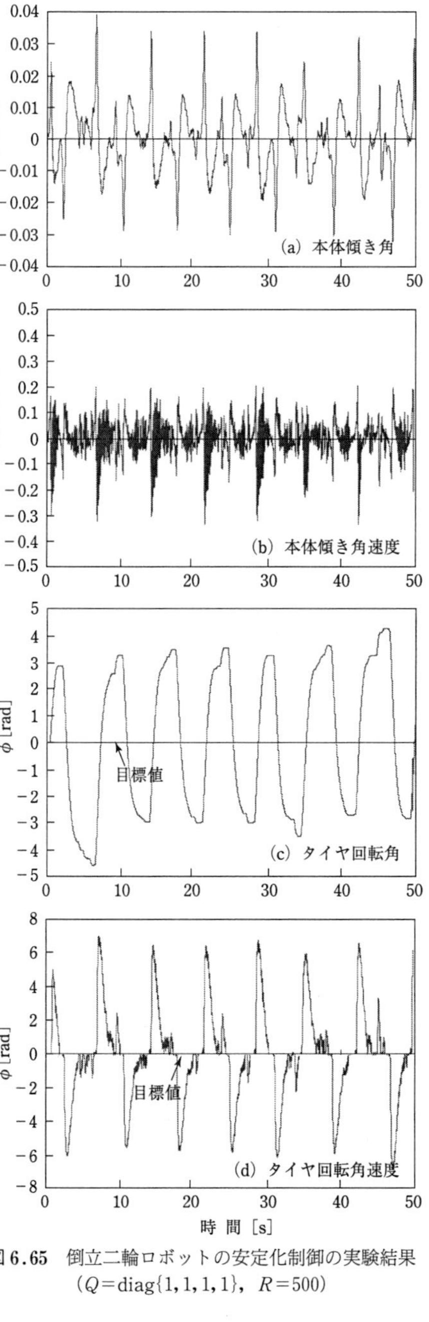


図6.65　倒立二輪ロボットの安定化制御の実験結果
($Q=\mathrm{diag}\{1,1,1,1\}$, $R=500$)

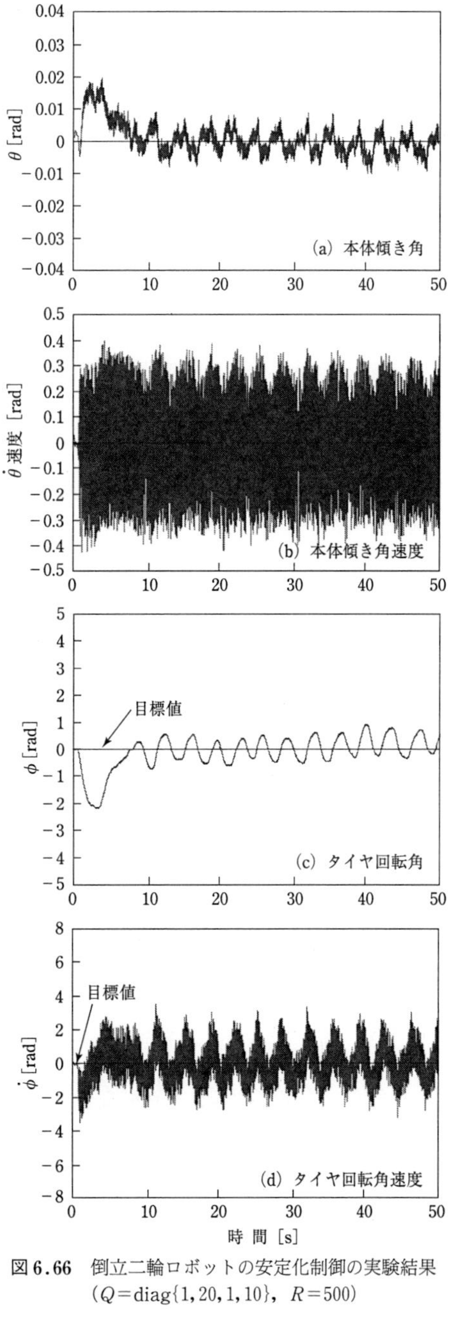


図6.66　倒立二輪ロボットの安定化制御の実験結果
($Q=\mathrm{diag}\{1,20,1,10\}$, $R=500$)

ことを考える．数回の試行錯誤の結果，次の重み行列

$$Q = \mathrm{diag}\{1, 20, 1, 10\}, \quad R = 500 \tag{44}$$

にチューニングした．そのときのゲインは

$$K = [-26.8601 \ -0.2000 \ -3.7866 \ -0.2079] \tag{45}$$

となっている．

この式 (45) のゲインで，同様の倒立実験を行った．その結果を図 6.66 に示す．図(c) より，±1 rad の範囲，すなわちロボットの移動距離にして ±0.02 m の範囲内に収まっていることがわかる．図(b), (d) をみると激しく振動していることが確認できる．これは，ロボットの位置決めを精度よくしようとした結果，小さな位置偏差に対しても大きなゲインによってフィードバックをすることになり，振幅の周期が短くなっている (図(c) 参照)．このことから，減速ギアのバックラッシの影響が相対的に大きくなり，振動を増大させているものと考えられる．

### 6.8.3　倒立二輪ロボットの走行

#### a. 走 行 制 御

倒立二輪ロボットを走行させる方法は，状態を $x = [\theta \ \dot{\theta} \ \dot{\varphi}]^T$ の三つとして状態方程式を立てて制御する方法や，速度の偏差を組み込んだ拡大系を用いる方法などいろいろ考えられるが，ここでは単純に四つの状態を用いる b 項で述べた状態フィードバック制御則に目標値を印加することで走行させることにする．すなわち，式 (41) を次のように置き換える．

$$u(t) = -K(x(t) - x_{\mathrm{ref}}(t))$$

ただし，

$$x_{\mathrm{ref}}(t) = \begin{bmatrix} 0 \\ \varphi_{\mathrm{ref}}(t) \\ 0 \\ \dot{\varphi}_{\mathrm{ref}}(t) \end{bmatrix} \tag{46}$$

ここで，$\varphi_{\mathrm{ref}}(t)$ は車輪の目標回転角度 [rad]，$\dot{\varphi}_{\mathrm{ref}}(t)$ は車輪の目標回転角速度 [rad s$^{-1}$] である．この式 (46) の制御則をブロック線図で表すと図 6.67 のようになる．

#### b. 走行制御のシミュレーション

式 (46) による走行制御のシミュレーションを実施した．ゲインは，6.8.2 項の倒立制御でチューニングした式 (45) を使用した．この結果を，次節の走行実験の結果と合わせて図 6.67 に示す．シミュレーションにおいては良好な結果が得られた．

#### c. 走行制御の実験

実験装置は 6.8.2 項で述べたものと同じ機体を用いて，状態フィードバックゲインとしてはチューニング後の式 (45) のゲインを使用した．その結果を図 6.68 に示す．

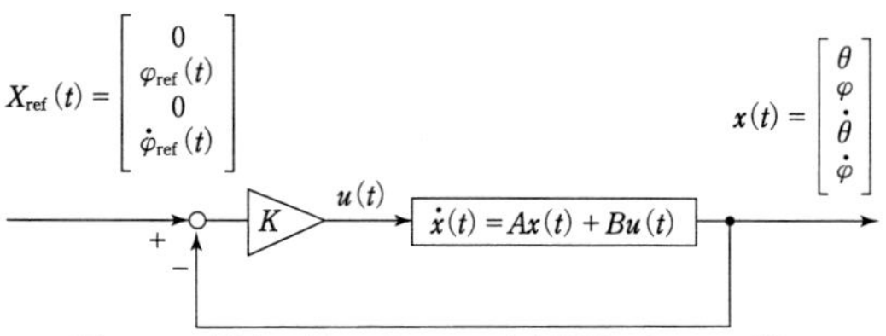


図 6.67　倒立二輪ロボットの走行制御ブロック線図

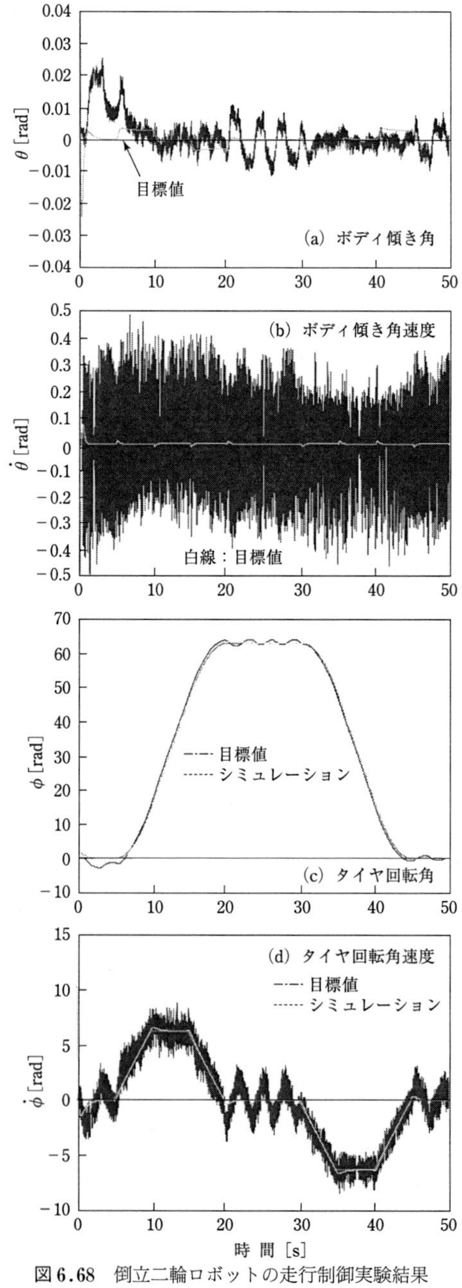


図 6.68　倒立二輪ロボットの走行制御実験結果 ($Q = \mathrm{diag}\{1, 20, 1, 10\}$, $R = 500$)

おわりに

倒立二輪ロボットのモデルを運動方程式から求め，それを基に不安定なシステムを安定化する制御則として，ここでは最適制御理論を適用した．最適制御理論のゲインを決定するチューニングパラメータである重み行列によって倒立二輪ロボットの挙動が変化することが実験により確認できた．最後に，倒立二輪ロボットの走行制御について述べた．

このように，この倒立二輪ロボットは，制御系のモデル化から，解析，設計，シミュレーション，実験・チューニングという制御系の開発の流れを，実機を用いて“体験“できるという点において最適な教育用ロボットであるといえる．

ここでは倒立二輪ロボットでモデル化からチューニングまでの一連の流れを示したが，今後はより実際の製品に近いもので上記の流れを適用し，高度な制御理論を実践していきたいと考えている．実際の製品に近いもの，たとえば自動車に適用する例では，(株)ZMP製の RoboCar® シリーズが使える．実験室内で手軽に実験するのであれば，RoboCar® 1/10（図 6.69）が役立つであろう．ある程度十分な広さが確保でき，実車ではあるが普通乗用車よりも扱いやすく手軽に実験できるプラットフォームとして RoboCar® MV2（図 6.70）がある．最終的な乗用車での実験が必要であれば RoboCar® PHV（図 6.71）が使いやすいと考える．

図 6.69 RoboCar®1/10

図 6.70 RoboCar® MV2

図 6.71 RoboCar®PHV

いずれの RoboCar® 製品も，走行データの取得や制御プログラムの搭載，走行実験が簡単にできるようになっており，自動車の制御モデルの同定やシミュレーション後の実験・チューニングがやりやすい環境として提供されている．これらを組み合わせ，MATLAB/Simulink で作成したモデルと連携して，モデルのパラメータ同定や走行制御の実験に使用する予定である．

## [6.8] 付 録

倒立二輪ロボットの運動方程式 (33)，(34) をラグランジュの運動方程式を用いて導出する．ラグランジュの運動方程式の一般形は，

$$\frac{d}{dt}\left(\frac{\partial L}{\partial \dot{q}_i}\right)-\frac{\partial L}{\partial q_i}+\frac{\partial F}{\partial \dot{q}_i}=\tau_i \tag{a1}$$

である．ここで，$L$ は運動エネルギー $K$ と位置エネルギー $U$ を用いて $L=K-L$ で表されるラグランジュ関数である．また，$F$ は散逸エネルギーを表す．$q_i$ は一般化座標であり，$\tau_i$ は $q_i$ 方向の一般化力である．

まず最初に，倒立二輪ロボットの運動エネルギーを求める．倒立二輪ロボットの台車の位置であるタイヤの回転軸の中心 $(x_c, y_c)$ は

$$x_c=r_t(\theta+\varphi), \quad y_c=0 \tag{a2}$$

となる．また，振子となる倒立二輪ロボットのボディの重心 $(x_p, y_p)$ は

$$x_p=x_c+l\sin\theta, \quad y_p=y_c+l\cos\theta \tag{a3}$$

である．したがって，振子の並進方向の運動エネルギー $K_{p1}$ は

$$K_{p1}=\frac{1}{2}m(\dot{x}_p^2+\dot{y}_p^2) \tag{a4}$$

となる．また，振子の回転方向の運動エネルギー $K_{p2}$ は

$$K_{p2}=\frac{1}{2}J_p\dot{\theta}^2 \tag{a5}$$

となる．同様に台車の並進方向の運動エネルギー $K_{c1}$ は

$$K_{c1}=\frac{1}{2}M(\dot{x}_c^2+\dot{y}_c^2) \tag{a6}$$

となり，タイヤの回転方向の運動エネルギー $K_{c2}$ は

$$K_{c2}=\frac{1}{2}J_t(\dot{\varphi}+\dot{\theta})^2 \tag{a7}$$

となる．さらに，モータのロータ（電機子）がもつ回転エネルギー $K_{c3}$ は

$$K_{c3}=\frac{1}{2}J_m(i\dot{\varphi}+\dot{\theta})^2 \quad \text{(a8)}$$

である．よって，系全体の運動エネルギー $K$ は

$$K=K_{p1}+K_{p2}+K_{c1}+K_{c2}+K_{c3} \quad \text{(a9)}$$

となる．次に，ロボットの位置エネルギー $U$ は

$$U=mgy_p+mgy_c \quad \text{(a10)}$$

となる．

最後に，散逸エネルギーを $F$ として，ここではギアの摩擦を考える．この散逸項は，ボディからのタイヤの回転角度，すなわち，$\varphi$ の時間微分である角速度に比例するものと仮定し，次のように定義することにする．

$$F=\frac{1}{2}c\dot{\varphi}^2 \quad \text{(a11)}$$

これらの式 (a2)～(a11) を (a1) に代入し，一般化座標として

$$q_1=\varphi$$
$$q_2=\theta$$

とすると，倒立二輪ロボットの運動方程式は

$$\{(M+m)r_1^2+mlr_t\cos\theta+J_t+iJ_m\}\ddot{\theta}-mlr_t\sin\theta\dot{\theta}^2$$
$$+\{(M+m)r_1^2+J_t+i^2J_m\}\ddot{\varphi}+c\dot{\varphi}=au \quad \text{(a12)}$$
$$\{(M+m)r_1^2+2mlr_t\cos\theta+ml^2+J_p+J_t+J_m\}\ddot{\theta}$$
$$-mlr_t\sin\theta\dot{\theta}^2-mgl\sin\theta$$
$$+\{(M+m)r_1^2+mlr_t\cos\theta+J_t+iJ_m\}\ddot{\varphi}=0 \quad \text{(a13)}$$

となる．

式 (a12) は，$q_1=\varphi$ に関する式，すなわちタイヤの回転（ロボットの移動）に関する式であり，一般化力 $\tau_1$ はモータの発生するトルクによって得られるタイヤ軸のトルク $\tau_1=\eta iK_tu$ である．ここで，$\eta$ は駆動系のトルク効率，$u$ はモータの電流目標値であり，式 (a12)，(a13) では，$a=\eta iK_t$ とおいている．なお，倒立二輪ロボットは電流指示を目的とした電流フィードバック回路を搭載し，ソフトウェアによって電流フィードバックを実施している．この電流フィードバックによる電流の追従性は，電流目標値に対して 1 ms 以内で実電流が追従することを確認している．したがって，機械系の応答（ここでは倒立二輪ロボットが倒れる速さ）に比べ，電気系の応答（電流目標値に対してモータが発生するトルクの速さ）が無視できるくらい速いといえるので，モータの電流目標値からモータの発生トルクまでの応答に動特性は考慮していない（電気系の動特性を無視するために，機械系の制御である倒立制御の制御周期 10 ms に対して，電気系の制御である電流フィードバック制御の制御周期を 400 μs として制御している）．

式 (a13) は，$q_2=\theta$ に関する式，すなわち倒立二輪ロボットが倒れる方向の回転（ロボットの倒立）に関する式であり，一般化座標 $q_2=\theta$ を倒立二輪ロボットのボディからの相対角度として定義しているので，一般化力 $\tau_2$ は 0 になる．

［篠原　隆］

## 参考文献

1) 松本　治，梶田秀司，谷　和男 (1990)：移動ロボットの内界センサのみによる姿勢検出とその制御，日本ロボット学会誌，8(5)：37-46.
2) 吉川恒夫，井村順一 (1994)：現代制御論，昭晃堂.
3) 柴田昌明 (2010)：成蹊大学・柴田教授の古典制御で WHEEL を立たせよう！，ゼットエムピーパブリッシング.

## 6.9　災害救助ロボット

### はじめに

災害救助は，生じた災害の種類，規模にもよるが，活動の形態としては seacrh and rescue（SAR）が基本である．すなわち，まず災害現場において要救助者がどこにいるのかを探索（search）し，場所を特定した上で救出（rescue）する．災害救助のためのロボットにおいても，主に探索および計測用のものと救出やその他の作業用のものとに大きく分類できる．

探索・計測用のロボットとしては，2001 年 9 月の同時多発テロ事件ののちニューヨークのワールドトレードセンターの現場に投入された米国ロボット支援探索救助センター（CRASAR）のロボットや，阪神淡路大震災の後にはじまった文部科学省の大都市大震災軽減化特別プロジェクトで開発された「蒼竜」などがあるが，本節では災害救助ロボットのなかでも主に救出やその他の作業用に絞って紹介する．

探索・計測用のロボットでは，瓦礫内や瓦礫上などの不整地をスタックすることなく走行できるような走行性能（モビリティ）が重要であるが，救出・作業用のロボットでは，走行性能のみならず作業を行うためのアームを有しており，その操作性も重要となる．災害現場での作業を前提としているため，ロボットは基本的に遠隔操縦で操作するようになっている．

以下本節では，これまでに開発された災害救助ロボットおよび関連する制御技術について紹介する．ただしテムザックが開発した一連の油圧駆動型双腕レスキューロボットについては，次節の 6.10 節でも述べられているので，本節ではプロトタイプロボット展で出典した「T52 援竜・改」を中心に紹介する．

### 6.9.1　テムザックの開発したロボット

#### a．T5

「T52 援竜・改」は，京都大学とテムザックが共同開発し，2005 年 6 月 9 日から 19 日までの 10 日間，愛・地球博において開催されたプロトタイプロボット展に出典した双腕型災害救助用遠隔操縦型ロボットである．この「T52 援竜・改」を紹介する前に，そのベースとなった「T52 援竜」と「T52 援竜」の前身である「T5」について簡単に紹介する．

テムザックの T5（図 6.81 参照）はレスキューロボットのコンセプトモデルとして開発され，2000 年 11 月に開催された ROBODEX2000 で発表された．双

腕を有し，クローラ方式の走行部をもつこの遠隔操縦型のロボットは，人の近づけない危険な区域（工事現場や災害現場など）で人の代わりに作業することを想定しており，サイズは全長 2.9 m，全幅 1.8 m，全高 2.5 m，重量は 800 kg である．PHS または無線 LAN による遠隔操作が可能であり，自由度は頭部 2，胴体部 2，腕部 7×2，ハンド部 4×2 となっている．上半身の動作に使用する駆動部は，2 次災害の心配のない水圧駆動を採用した意欲的な設計であったが，油圧ほどには動作圧を高くできないために発生可能な駆動力には限界があった．

この後テムザックは「T5」の問題点を解決すべく「T52 援竜」を開発することになるが，T5 は，テムザックが 2000 年当時から災害救助をターゲットにロボットの実用化を目指していたことを示す記念すべきモデルである．

**b．T52 援竜**

「T52 援竜」（図 6.72(a)，図 6.81 参照）は，テムザックをはじめとする防災ロボット開発会議で開発された「T5」に次ぐ災害救助用遠隔操縦型ロボットである．2004 年 1 月の北九州市消防局出初式で初めて一般公開され，同年 3 月に消防研究所にて正式発表された．「T5」と同じく双腕を有し，クローラ方式の走行部をもつ．サイズは，全長 3.5 m，全幅 2.4 m，全高 3.45 m であり，重量は 5 トンとなっている．自由度は，頭部 1，頭部カメラ 2，マスト 1×2，腕部 6×2，ハンド部 1×2，胴体旋回 1，排土板 1，クローラ走行 2 であり，頭部と頭部カメラ以外はすべて油圧駆動方式となっている[1]．

T52 援竜の機構上の特徴は，双腕を有することと，これら左右の腕がマストとよばれる前方に倒れこむことのできる機構に取り付けられていることである．これによって，ちょうど人間が上半身を前方に傾けるのと同じように，肩関節部を左右独立に前方に倒しこむことができ，大きな動作範囲を実現している．「T52 援竜」のマスト部を含む片腕の自由度構成を図 6.72(b) に示す．

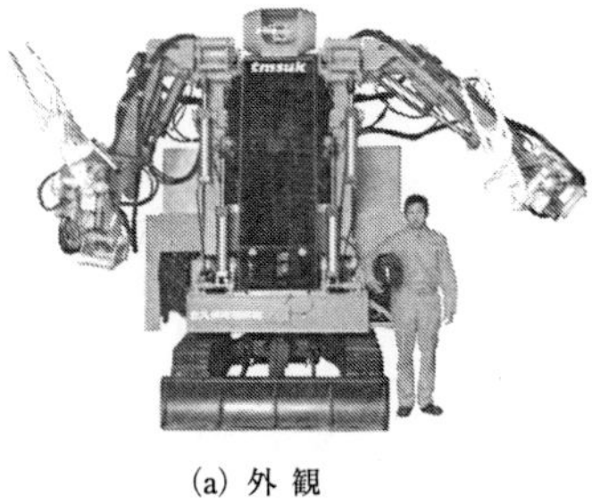


(a) 外 観

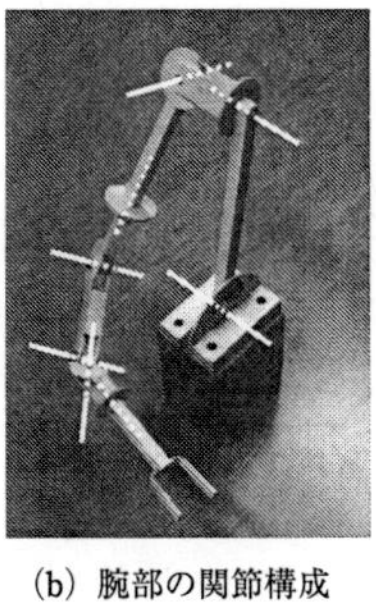

(b) 腕部の関節構成

図 6.72　T52 援竜

「T52 援竜」は計 9 台の CCD カメラ（頭部 1，胴体 6，腕先端 2）を有し，いくつかの視点からの作業現場の様子や周囲の状況を映像にてオペレータに提示することができる．

「T52 援竜」の操縦は，搭乗による直接操縦と無線 LAN による遠隔操縦が可能であり，搭乗時は図 6.73(a) に示すように，2 台のジョイスティックで左右のアーム，左右のクローラ，胴体旋回，排土板などを操作するようになっている．アームの操縦は左右それぞれのジョイスティックで行う．ジョイスティックの前後，左右の倒し，ひねりに対してアームの各軸の動作を割り当てていたが，アームの関節軸が多いためジョイスティックに付随するいくつかのスイッチによって割り当て関節を切り替えるようになっており，操作にはある程度の熟練を要するものであった．

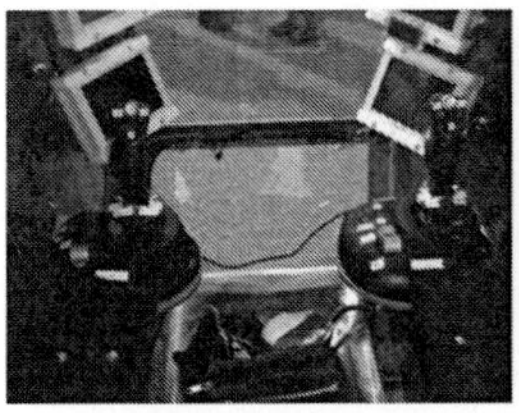

(a) 機内コックピット

(b) 初期の遠隔操縦コックピット

図 6.73　T52 援竜の操縦コクピット

一方，遠隔操縦は正式発表時にはマスタ・スレーブ方式（ユニラテラル）が採用され，図 6.73(b) に示すような外骨格型のマスタアームが開発された．このマスタアームは空気圧によるアーム姿勢保持機能を有しており，オペレータの負担を軽減することができた．

2004 年 11 月には手先を平行グリッパから解体作業用のクロウタイプに変更してより安定して物体を把持できるようにし，さらに手首部に新たに回転自由度を付加することでどのような向きからも把持できるようにした．これにより左右の腕が 7 自由度となり，冗長自由度を有することとなった．また遠隔操縦も先のマスタ・スレーブ方式から，搭乗用コックピットと同じく二つのジョイスティックを用いるタイプに変更され，搭載カメラ映像の品質も向上された．以上の改良を受けた「T52 援竜」は「T52 援竜・改」とされ，2004 年 12 月に北九州市消防局主催のもとで行われた国際消防救助訓練において昼夜にわたる評価試験が行われた．2005 年 6 月には，「愛・地球博」プロトタイププロボット展にて「T52 援竜・改」によるレスキューデモンストレーションが行われ，また 2006 年 2 月には，新潟県長岡市にて本格的な雪害対策実験，性能テストが実施された．プロトタイプロボット展における「T52援竜・改」については，次項で詳しく述べる．

**c．プロトタイプロボット展でのT52援竜・改**

2005年6月9日から6月19日までの10日間，愛・地球博においてプロトタイプロボット展が開催され，NEDOの支援による「次世代ロボット実用化プロジェクト」で開発された65種類のロボットが展示された．この中で，京都大学とテムザックが「T52援竜・改」を共同出展した（図6.74）．ここでの「T52援竜・改」は，これまでの「T52援竜・改」本体に京都大学が新たに開発したマスタアーム（図6.75）を組み合わせたもので，T52援竜に初めて手先制御によるマスタ・スレーブ制御（ユニラテラル方式）が実装された．

**図6.74**　プロトタイプロボット展でのT52援竜・改

**図6.75**　京都大学が開発したセミエグゾスケルトン型マスタ

京都大学が開発したマスタアームも，先にテムザックが開発したマスタアームと同様双腕型となっていて，各軸の指令しかできないジョイスティックと比べてはるかに直感的に「T52援竜・改」の両腕を操作できる．このマスタアームはセミエグゾスケルトン型マスタアームとよばれ，肘まではオペレータの上腕の動きを水平面に投影した機構とし，肘より手先は従来の外骨格型と同様にオペレータの前腕の動きを完全に追従できるようになっている．アームの肘部には可動式のアームレストがついている．このように開発したセミエグゾスケルトン型マスタアームは，人間の腕の動作範囲と同等の広い動作範囲を持つ通常の外骨格型マスタアームと，疲労せずに長時間の操作が可能となる通常の固定式アームレストをもつマスタアームの特徴を併せもつものとなっている[2]．

マスタとスレーブは異構造なので，手先の位置と姿勢を追従させる作業座標系での手先制御とした．位置指令のみインデキシングと2種類のスケール変換を導入し，広範囲の動作と繊細な動作を可能とした．

プロトタイプロボット展では，瓦礫が覆いかぶさった乗用車内に閉じ込められた被災者に見立てたダミー人形を援竜とレスキュー隊員の協力体制で救出するというシナリオのデモを行った．10日間にわたる連日のデモンストレーションにおいて，オペレータは疲労することなく操縦が行え，開発したマスタアームの効果が実証できた．

**d．T53援竜**

「T52援竜」「T52援竜・改」で行った性能試験や消防関係者との訓練によって得られた知見をベースに，「T52援竜」より大幅なサイズダウンを図った「T53援竜」（図6.76）が開発され，2007年7月に発表された．

**図6.76**　T53援竜

「T53援竜」では双腕の形式は継承されたが，各腕とも6自由度とし冗長自由度は廃止された．また根元の第1関節と手先の第6関節にはベーンモータ式の回転アクチュエータを採用し，広い動作角度が確保されている．

走行はクローラ方式であり，サイズは全長2.32 m，全幅1.4 m，全高2.8 m，総重量は2.95トンである．自由度は，頭部カメラ2，腕部6×2，ハンド部1×2，胴体旋回1，排土板1，クローラ走行2である．CCDカメラは7個（頭部1，胴体4，腕先端2）装備されている．

「T53援竜」では，これまでの各軸制御に加え，愛・地球博プロトタイプロボット展で出展した「T52援竜・

改」に実装された手先制御方式が正式に標準機能として実装された．これはいわゆる分解速度制御であり，オペレータがジョイスティックで手先位置または姿勢の変化方向を指定すると，その変化を実現するために各関節が同時に動作し，「T53 援竜」においては同期動作制御ともよばれている．この同期制御により，手先姿勢を維持したまま直線的に目標にアプローチしたり，手先位置を一定にしたまま姿勢の変更したりすることが可能となり，各軸ごとの制御法に比べ格段に作業性は向上した．

以上「T52 援竜・改」の後継機として「T53 援竜」を簡単に紹介したが，この「T53 援竜」については，後の 6.10.2 節に詳しいのでそちらを参照されたい．

### 6.9.2　東京消防庁のロボキュー

「ロボキュー」（図 6.77 左側）は 1993 年に東京消防庁が開発した救助ロボットであり，ガスや熱が充満して人間では近づけない災害現場で遠隔操作により救助活動を行う．2 本のアームで要救助者を抱え込んでロボキューの内部に収容し，有害なガスなどから要救助者を守れるようになっている．サイズは，全長 3.98 m，全幅 1.74 m，全高 1.89 m で，総重量は 3860 kg である．アームはマスタ・スレーブ方式で操縦できる．

2009 年には，小型軽量化された第 2 世代の「ロボキュー」（図 6.77 右側および図 6.78）が開発され，動力源もディーゼルエンジンからバッテリとモータに変更されている．サイズは，全長 1.90 m，全幅 1.20 m，全高 1.60 m で，総重量は 1500 kg である．新型「ロボキュー」では，要救助者の救出はベルトコンベヤで行うようになっており，左右それぞれ 6 自由度のアームは，危険物などの処理や要救助者の体位の変更に用いられる．

図 6.77　東京消防庁の新旧ロボキュー

(a) 外 観　(b) 救助の様子

図 6.78　東京消防庁の新型ロボキュー

### 6.9.3　日立建機のアスタコ

「アスタコ」（advanced system with twin arm for complex operation：ASTACO）（図 6.79）は，日立建機が作業機械の適用分野の多様化に対応すべく 2005 年に開発した双腕作業機である．双腕を有することで，つかみながら対象物を切る，支えながら対象物を引っ張り出す，長い対象物を折り曲げるといった複雑な作業が可能であり，油圧の上限を調節することで軟らかく壊れやすい対象物を把持するといった繊細な作業も可能となっている．以上の特徴から，リサイクル分野，危険物処理，災害救助といった分野への適用が考えられている．

(a) 外 観

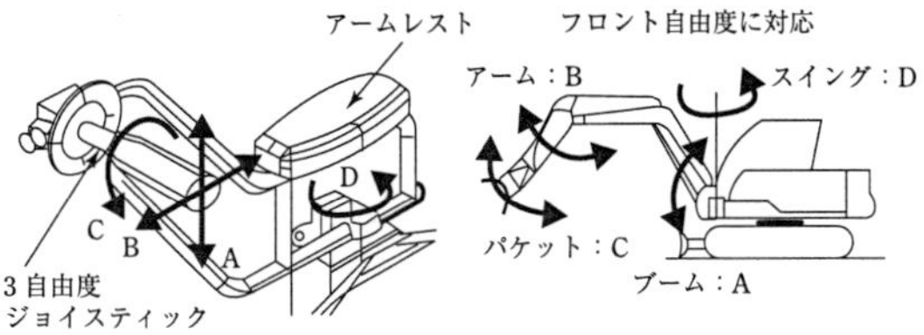


(b) 操縦レバーと対応するフロントの各自由度

図 6.79　日立建機のアスタコ

サイズは，全長約 6.2 m（収納時），全幅約 2.3 m，全高約 2.7 m（収納時）であり，総重量は約 8710 kg である．二つの腕（フロントとよぶ）は，通常の建機と同じくスイング，ブーム，アーム，バケット軸の 4 軸を有しており，先端のアタッチメントには，全旋回式グラップルまたは油圧式ペンチカッターが装着可能で，それらの旋回と開閉動作としてさらに 2 自由度を有する．

「アスタコ」は通常の油圧駆動作業機と同様に各軸指令であるが，双腕を有するため図 6.79(b) に示すような操縦装置を左右一つずつ用意し，それぞれの操縦装置で各腕 4 軸とツール 2 自由度を操作するようになっている．注目すべきは，この操縦装置は各軸操作ながらもジョイスティック先端の動きとフロント先端の動きがほぼ対応しているために直観的な操作が可能であることと，可動式アームレストを有していて操縦者の疲労が少ない点である．

「アスタコ」は，2008 年 10 月から東京消防庁に試験配備され，同年 12 月 21 日に発生した東京都墨田区の大火災に初出動して現場で実際に使用された．約 2 年後の 2011 年 3 月に東京消防庁と川崎市消防局に正式納入されている．

日立建機と東急建設は NEDO の支援を受けて，18 トンクラスの双腕作業機を含む廃棄物分離・選別システムを開発し，そこで開発された双腕作業機は「アスタコ・ネオ」として商品化された．「アスタコ・ネオ」は，2011 年 5 月と 6 月の 2 度にわたり，東日本大震災で被害を受けた宮城県の震災現場に搬入され，瓦礫除去などの作業を実際に行った．なお，この「アスタコ・ネオ」は専用コクピットからの遠隔操作も可能となっている．

### 6.9.4　フィードバック変調器を用いた油圧駆動システムの高精度制御

「T52 援竜」や「T53 援竜」では，電磁比例弁を用いて各関節の油圧シリンダへの流量を制御しているが，シリンダ部の摩擦や電磁比例弁の不感帯の影響により，小さな指令値では関節が動かずに微妙な位置決めができない，複数の関節がうまく連動せずに手先が望みの軌道を追従しないなどの問題が生じた．サーボ弁を用いれば，これらの問題はほぼ解決できるが，高価なサーボ弁を関節数の多いこれらのロボットに適用するのは現実的でない．筆者らはこれらの問題を解決すべく，石川ら[3] によって提案されたフィードバック変調器を油圧駆動システムに適用し，電磁比例弁でもサーボ弁と同等の高精度制御を実現する研究を行っている[4]．

フィードバック変調器（図 6.80）は，もともと離散的な値しかとれないアクチュエータで，本来は連続的な値を前提とした制御指令値を誤差なく変調させるものであったが，横小路らはこれを本来の微小入力を摩擦に打ち勝つに十分な大きさのパルス列に変調することで，高精度な位置決めを実現する手法とした．通常の PWM 変調と違って，離散出力をフィードバックするので時間分解能が粗くても精度のよい変調が可能となるのが特徴である．　［横小路泰義］

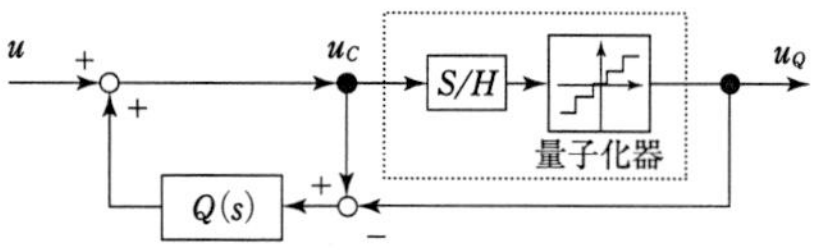

図 6.80　フィードバック変調器

### 参考文献

1) 檜山康明 (2004)：レスキューロボット援竜，SICE 第 5 回 SI 部門学術講演会，p. 999-1000.
2) Y. Sato, K. Kawata, K. Shiratsuchi, Y. Yokokohji, and tmsuk co., Ltd. (2005)：Development of Semi-exoskeleton Master Arms to Teleop-erate a Heavy-duty Dual-arm Robot for Rescue Assistance, *Proc. 36th International Symposium on Robotics* (ISR 2005), Tokyo, CD-ROM.
3) 石川将人，丸田一郎，杉江俊治 (2007)：フィードバック変調器を用いた離散値入力制御系の設計，計測自動制御学会論文集，**43**(1)：31-36.
4) T.Ohgi, Y. Yokokohji (2008)：Control of Hydraulic Actuator Systems Using Feedback Modulator, *Journal of Robotics and Mechatronics*, **20**(5)：695-708.

## 6.10　油圧駆動型双腕レスキューロボット

### 6.10.1　大出力型レスキューロボットの現状

災害現場における従来の災害救助および復旧活動は，消防隊や自衛隊またはボランティア団体による人海戦術と 1 本アームで構成される搭乗操作の建設機械などを用いる場合が一般的である．しかし，人海戦術は，活動人員の不足などにより救助者側のリスクが大きく，一般的な建設機械（1 本アーム式）は基本的な作業内容が限られ，救助活動としての能力を十分に発揮できない．そこで，「さまざまな状況に対応可能なアーム機構」を有し，遠隔操作を可能とする大出力型レーキューロボットが必要となる．

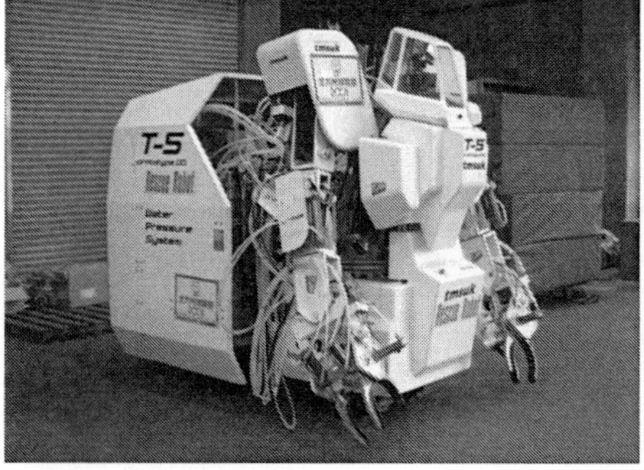

図 6.81　T5

(株)テムザックは図6.81のT5の開発後，(独)消防研究所(当時)，北九州市消防局，京都大学，九州工業大学，ロボ･ガレージ，福岡県，北九州市とテムザックの産学官連携により，レスキューロボットの開発のために，任意団体「防災ロボット開発会議」を主催した．その会議より，各専門分野の技術導入と改善意見の収集および仕様への意見を受け，ロボットの駆動手法として油圧式を採用した．そして，「T5」の次世代ロボットとして，双腕で約1t (片腕500 kg) の把持能力を有する「T52」を開発した (図6.82)．

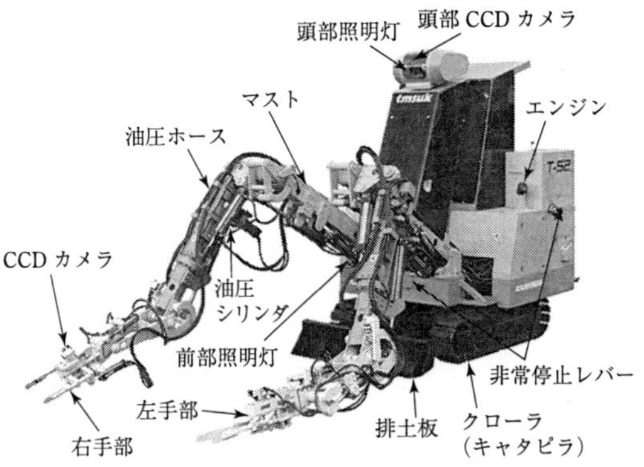


図6.82　T52援竜の概略図

「T52」は北九州市消防局主催の北九州市国際消防救助訓練に参加し，また，長岡技術科学大学にて雪害対策実験など全国各地の場所で実証実験を行うとともに，2005年の愛知万博プロトタイプロボット展にて一般公開を行った．

## 6.10.2 「T53」の開発

### a．小型化による機動性

災害が発生したさい，一刻も早く現場へ到着することが求められる．そこでテムザックは，災害発生時の迅速な活動を最重要視し，「T53」に「T52」よりも大幅なサイズダウンと減量を施した (図6.83)．

「T52」の運搬では，低床のトレーラを使用しているが，道幅，重量規制，被災による交通規制などの問題が多く存在した．それに対し，「T53」の運搬には積載量3tのスライド式車両運搬車が利用でき，この車両は普通自動車免許での運転が可能である．加えて，「T53」は小型特殊車両として登録されており，道路使用許可申請された一般道を走行できる．しかし，速度の関係から一般道の長距離自走移動までは想定していない．また，運搬車両への積み込み，積み降ろしおよび一般道の横断のさいには，その都度許可を取る必要はない (ただし，大型特殊免許が必要)．

「T53」の全長と全幅は現行規格の軽トラックよりも小さく，計算上「T52」の旋回は，道路幅5m程度を必要とするが，「T53」は3mあればその場での旋回が可能である．「T53」は小回りが利くため，大型建設重機などが進入困難な住宅街の路地などを考えた場合，優位性は高い．事実，新潟県中越沖地震の復旧作業のケースではサイズダウンの効果が大いに発揮された．ただし，把持能力や腕の長さ (設計上では木造家屋1階屋根に届く長さ) に関しては当然「T52」に劣るが，大きな瓦礫や崩壊ビルの解体作業などは大型の建設重機に任せる．そして，前述したような状況での人海戦術においては，サイズが小さいことから，小回りが効き，救助隊員との協調作業において有効である「T53」を活用する．

### b．双腕の優位性

テムザックが今まで開発を行ってきたレスキューロボットの最大の特徴は，双腕を有することである．「T53」は，手部に木造家屋の解体などに用いられるフォーククローとよばれるアタッチメントを装着した全7自由度で，全長3.77 mの腕を機体前方の両サイドに装備し，可搬重量は双腕約200 kg，片腕で約100 kgの把持能力を有する．

地震などの災害によって建物が倒壊した現場は，鉄骨，木材，コンクリート魂などのさまざまな瓦礫が積み重なっており，その下に挟まれた場合や閉じ込められた場合の人を救助するためには，敏速かつ的確に瓦

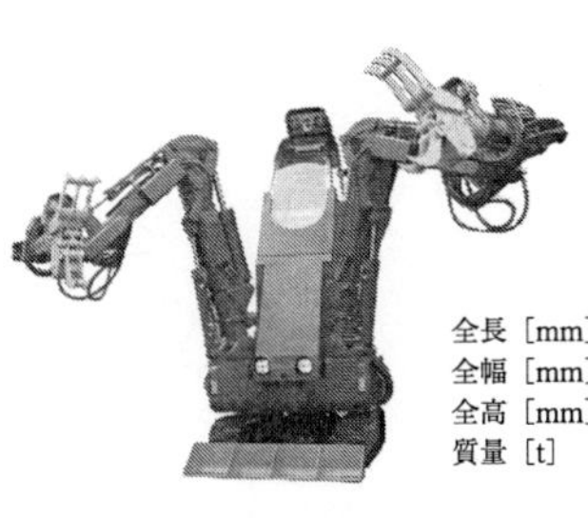

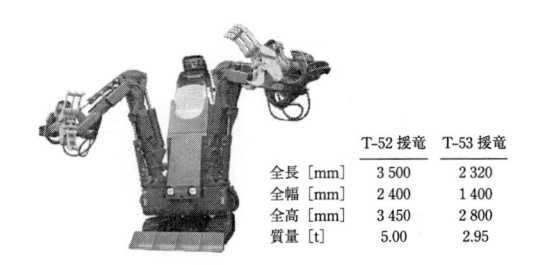

| | T-52援竜 | T-53援竜 |
|---|---|---|
| 全長 [mm] | 3 500 | 2 320 |
| 全幅 [mm] | 2 400 | 1 400 |
| 全高 [mm] | 3 450 | 2 800 |
| 質量 [t] | 5.00 | 2.95 |

図6.83　T53援竜

図6.84　フォーククローによる作業風景

礫などを除去しなければならない．片腕7自由度をもつ「T53」であれば，双腕を別々に使って繊細な動作も行える．たとえば，通常の建設重機は1本アームのため崩れかけそうな瓦礫を抑えながら別の瓦礫を把持するような作業はできず，複数台の重機の投入が必要となる．それに対して，双腕であれば，1台でそれらの作業が行え，重量やその場の状況によって瓦礫を除去できない場合でも，双腕で崩れないようにしっかりと把持し，救助隊員の作業スペースを確保することもできる．また，手先のアタッチメントの交換により片腕で把持したまま切断したり，砕いたりすることも可能である．

### c. 油圧式アクチュエータの遠隔制御

災害救助活動および復旧活動のさい，情報収集および救助活動に必要とされるロボット技術として，建設機械の遠隔制御技術がある．現在開発されている制御システムは，基本的には建設機械にカメラを搭載し，カメラによる画像情報より，操縦者が建設機械を遠隔操縦するというものである．遠隔制御される建設機械は，既存の機体を改造したもの，既存の機体にロボットなどの操縦者の代わりを搭載するものに分類できる．前者は，油圧弁を遠隔制御する方式で，後者は運転席の操作レバーを遠隔操縦で制御する方式が一般的である．前者の例には，無線により制御可能な油圧弁を建設機械に搭載するもの（テムザック，日立建設），遠隔操縦装置の装着を簡単にしたもの[1]（コマツ）などがある．後者は，機体の内部の操縦席にレバーを操作するロボットを搭載するもの[2]（フジタ・国土交通省九州地方整備局）や，ワイヤにより制御を行うもの[3]（清水建設）がある．これらの手法のなかで，より実現性が高く，より効率的に災害救助活動を行える遠隔操作制御法として，テムザックは，無線により制御可能な油圧弁を建設機械に搭載する制御法を取り入れている．

無線により制御弁を遠隔制御（流体制御）する方法としては，大きく分けてオン/オフ制御と比例制御の二つがある．オン/オフ制御では，標準的な電磁弁を全開，あるいは全閉という単純な制御を行う．一方，比例制御は，電磁比例弁への「電流値」を変化させることで，無段階に流量を制御でき，安価でかつ作動液の耐コンタミ性もよく，管理が容易である．

テムザックで開発した「援竜」は，レバーの下げ角度と上げ角度にそれぞれに異なる非線形な分解能を設け，動作時の角度を制御コントローラに入力する．コントローラでは，前もって建設機械の操作経験値の高い操縦者たちの操作感をもとに，レバーからの入力値よりチューニングされた制御値に変換し，電磁比例弁駆動用パワー増幅器に電圧信号を送る．その電圧よりパワー増幅器から電磁比例流量制御弁に供給する電流を制御する．そして，電磁比例流量制御弁より流量を制御し，「援竜」の油圧アクチュエータ（油圧シリンダ）の制御を行っている（図6.85）．また，遠隔操作の場合，離れている操縦機のレバーの変位を受信機より受信し，その制御信号をコントローラに送り，上記と同様な手順より制御を行っている．

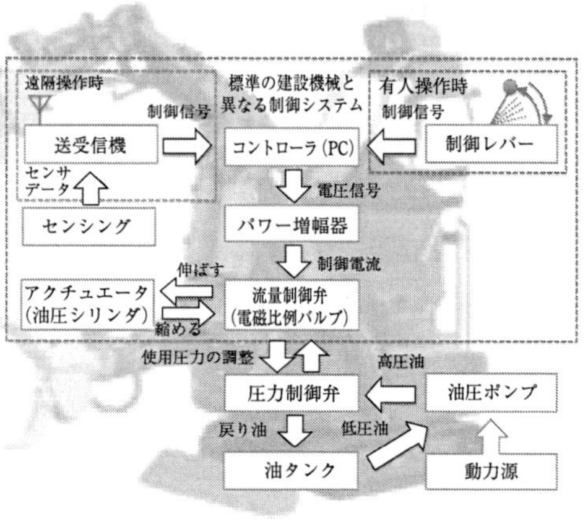


図6.85　T53援竜の油圧制御ユニット

「T53」の動力は，水冷3気筒過流式ディーゼルエンジンで，各稼動部で必要とされる電力はこのエンジンの発電より補われ，燃料タンクを満タンにした場合（15 L），連続6時間の稼動が可能である．

### d. 遠 隔 操 作

テムザックが開発したレスキューロボット「援竜」（T52およびT53）は搭乗だけでなく遠隔にて操縦することが可能であり，二次災害などの危険性がある現場での作業では，操縦者は安全な場所から遠隔操縦することが可能である．

「T53」の遠隔操縦装置（図6.86）は，旅行トランクサイズに収納された，コントローラ×1，メインモニタ×1，サブモニタ×2，と無線アンテナで構成され

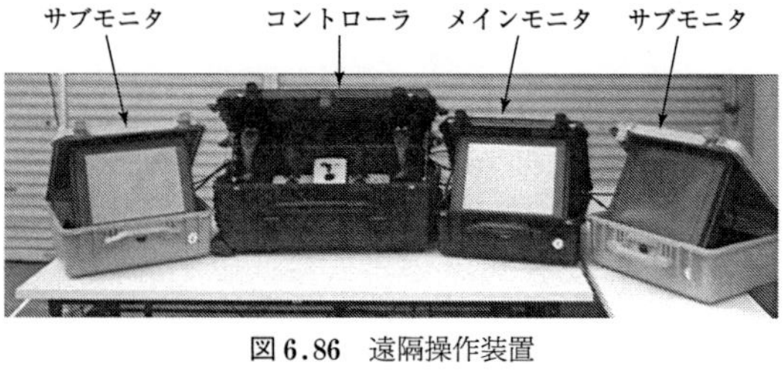


図6.86　遠隔操作装置

る．装置の総重量は 68 kg であり，普通乗用車のトランクに収納可能なサイズにし，本体同様に緊急時の機動性を考慮した設計となっている．ちなみに，「T52」の遠隔操作装置は全高約 1 m，全幅約 1.2 m，全長約 1.8 m，総重量約 120 kg，運搬には軽トラックが必要であった．コントローラの操作レバーを含めた各スイッチ類の配置や機能割振りは，基本的に本体操作パネルを同じ設計にし，搭乗操作が取得できればさほど違和感なく遠隔操作もできるよう配慮した．

今回採用した操作方式は，ジョイスティック方式である．「T52」のマスタースレーブ方式から変更した最大の理由は，消防関係者との実証実験の結果から操縦者の長時間操作による腕の疲労が大きかったことから，操縦者の肉体的負担の軽減を図るためである．加えて，後述する同期動作制御を導入することによって遜色のない直感性も実現できた．メインモニタには，腕の姿勢の 3 次元画像を映し出し，目視不可能な環境でも双腕の動きを監視しながら操作が可能な機能をも搭載している（図 6.87）．

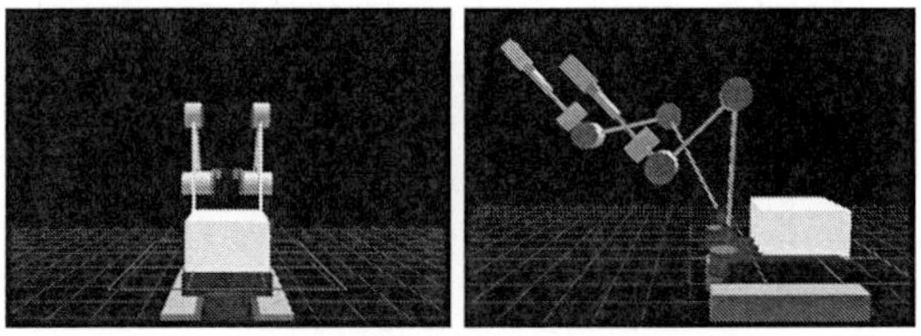

(a) 後方図　　(b) 側面図

図 6.87　3 次元画像

また，2 台のサブモニタ画面にはロボットに配置された 7 台のカメラからの画像がリアルタイムで表示される．搭載しているカメラは一般的な 38 万画素 CCD カメラだが，腕部に装備している 2 台のカメラを用い，おおよその距離感を把握することも可能である．

ジョイスティックの操縦により，各軸の単独動作制御が可能であり，京都大学との共同研究による複数軸の協調動作制御（同期動作制御）をも実装することで，操縦者の直感的操作を可能とした．また，この制御の導入により対象物をつかむための各軸ごとの操作が省け，ボタンを押しながらのジョイスティック操作だけで対象物に向かって手先を伸ばすことができ，加えて，幾通りかの腕部姿勢もボタン操作のみで行える機能も備えているため，実作業における作業時間の短縮を実現した．

## おわりに

中越沖地震災害復旧活動には作業ボランティアとして，「T53」と共に開発した技術スタッフも参加し，活動の中で自身が感じた不具合や不整合を修正し，現在はさまざまな改良や調整が加えられ各機能の向上が図られている．

また，2009 年から北九州市戸畑消防署への試験配備が実現し，隊員方にも遠隔を含めた操作を取得してもらい，訓練の一環に採用することにより，より現場に即した改善すべき点の洗い出しと対策を継続的に行っている．加えて，より遠方からの操作を実現すべく改良を試みている．

［馬場勝之］

## 参考文献


1) 荒川輝昭，伊藤喜一（2003）：建設のフロンティア 装着が簡単な緊急災害用建設機械の遠隔操縦装置，建設の機械化，**635**：36-38.
2) 茶山和博，藤岡　晃，藤本　昭，松岡雅博（2002）：遠隔操縦ロボット（ロボ Q）の開発，土木学会第 58 回年次学術講演会，pp. 61-62.
3) 中島英雄，藤永友三郎，藤田全彦（2001）：大型ブルドーザの直動式遠隔操縦による押土作業 中部電力碧南火力発電所建設工事における掘削土の埋立て，建設の機械化，**612**：38-42.


# 6.11　マスタ・スレーブロボット

## 6.11.1　マスタ・スレーブシステムとは

ロボットの遠隔操縦を行う技術の一つにマスタ・スレーブ方式がある．マスタ・スレーブ方式によるロボットの遠隔操縦システムは，操縦者の意図する動作をリアルタイムに，かつ直感的にロボットに伝達・操縦できるため，一般の産業用ロボットのティーチング用途から医療用，原子力・宇宙開発などさまざまな分野でその応用が期待されている．

マスタ・スレーブで精密な作業を行うためには，操作者への力覚フィードバックが重要である．力覚フィードバックを有する制御系としてさまざまなタイプのバイラテラル制御系[1]が提案され実用化されている．バイラテラル制御系では，スレーブ側での環境との接触情報がマスタ側に力覚としてフィードバックされるので，実際の感覚に近い操作が可能となる．図 6.88 に代表的な例として対称型バイラテラル制御系を示す．マスタとスレーブの位置偏差がマスタ側とスレーブ側にそれぞれフィードバックされることで，スレーブがマスタに追従するように制御される．また，スレーブ側の接触力はマスタ側での位置制御により操作者に伝達される．

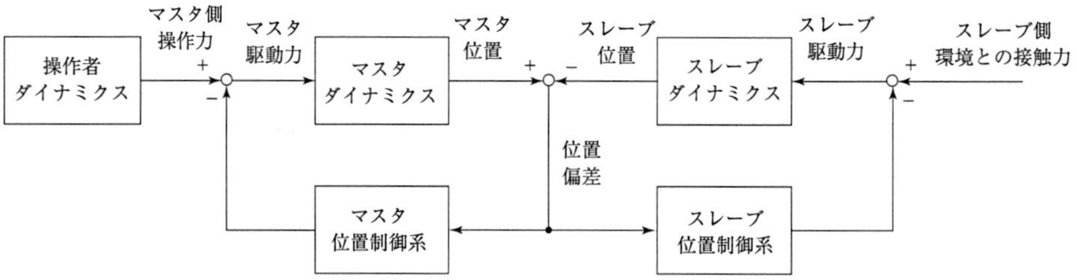


図6.88　バイラテラル制御（対称型）

一方，スレーブロボットに無理なく器用な操作をさせるためには，操作者にロボットの視覚や触覚などの情報を提示し，あたかも自身の体のように感じさせることも必要である．このような遠隔臨場感をマスタ・スレーブと統合する技術はテレイグジスタンス[2]とよばれる．テレイグジスタンスにおいては力情報だけでなく，視覚情報や触覚情報などもフィードバックすることで操作者の直感的な操作を可能としている．

従来までにも多くのマスタ・スレーブシステムが開発されてきているが，システム開発の方針としては大きく二つに別れる．一つは，操作者が装着するマスタとして外骨格を模した多リンク機構などを用いて正確なバイラテラル制御を行う方法であり，正確で精密な操作が可能となるが，マスタのシステムが複雑で装着しにくくなるという問題がある．

一方，マスタには人体計測用のセンサのみを用いて，ユニラテラル制御で操作するシステムも数多く開発されている[4,5]．マスタ側に複雑な機構を搭載しないので装着が容易であり，操作者にかかる負担も少なく，操作性も軽快で高速動作も可能となるが，マスタ側で力覚提示ができないので精密な作業が難しくなる．視覚や触覚などの別の感覚情報を操作者にフィードバックすることで操作性を上げるなど，テレイグジスタンス機能がバイラテラル制御のとき以上に重要となる．図6.89に操作者への視触覚フィードバックを付加したユニラテラル制御系の例を示す．この例では，さらに安全な接触作業を実現させるためにスレーブ側で自律的な力制御を行っている．

本節では，後者の代表例として，flexible sensor tube（FST）とよばれる軽くフレキシブルな多リンク機構をマスタとして用いたマスタ・スレーブシステムを紹介する．FSTは，大須賀らによって提案された角度センサを備えた多リンク機構[3]を旭光電機(株)で製品化したものであり，手先や足先などの人体の計測したい部位と体幹部をFSTでつなぐことで，各リンク間の角度から目標とする部位の位置と姿勢を計算することができる．FSTの特徴は軽量かつフレキシブルなことであり，操作者にとって軽快で素早い操作が可能となり，可動範囲も広くなり，かつ装着もしやすいという特徴をもつ．さらに近年では，テレイグジスタンスに対応して視覚・触覚提示機能を付加することでtelexistance FSTとよばれる統合システムが開発

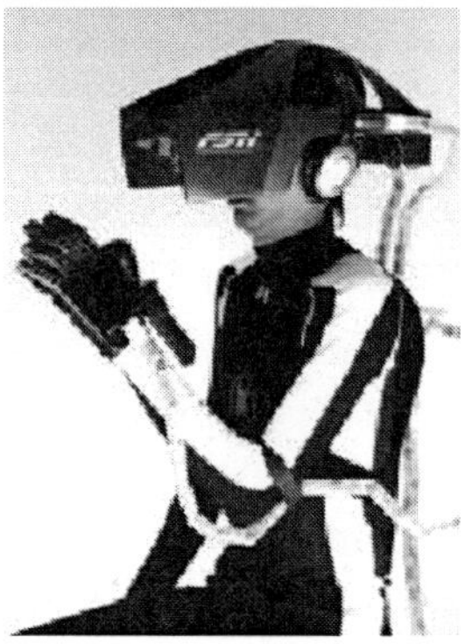

図6.90　telexistence FST

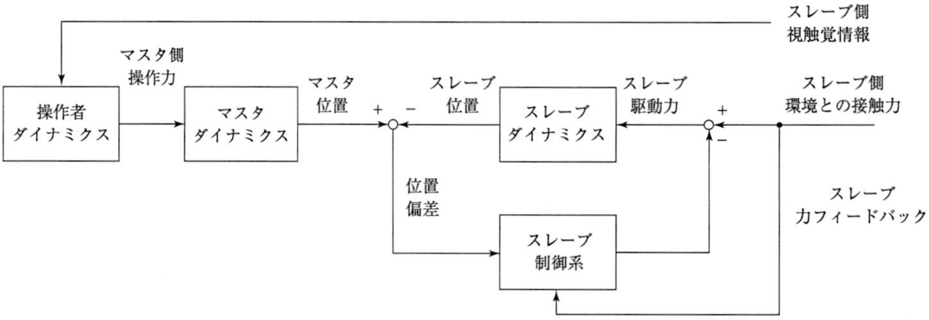


図6.89　ユニラテラル制御（マスタへの視触覚フィードバックとスレーブ側の自律制御を加えたケース）

されている．本節では，とくに telexistence FST（図 6.90）を用いた高出力高速特性をもつ上半身型のヒューマノイドの遠隔制御システムを解説する．

### 6.11.2 FST（flexible sensor tube）

FST は，遠隔操縦システムのための，高い汎用性をもち操作が容易なマスタ装置であり，①操縦する人の体型に依存しない，②操縦対象となるロボットの構造に依存しない，③操縦する場所，環境に依存しない，などの特徴をもっている．

**a．FST の構造**

FST は，その内部に自らの曲げ角度・ねじり角度（$XY\theta$）を検出する角度センサを備えた関節を連結してチューブ状にすることにより，その全体の形状や変形を計測することができる 3 次元位置・形状センサである．

図 6.91 に FST の構造を示す．FST は長さ 50 mm のリンクと関節で構成されており，隣り合った関節の軸は互いに直交するよう交互に配置されている．各関節にはその曲げ角度を検出する曲げ角度センサ（ポテンショメータ）が内蔵されている．また，これら関節の数個ごとに，ねじり角度センサを備えた回転関節も配置されている．FST では，各曲げ角度センサとねじり角度センサの角度を高速に計測・通信・演算することで，任意に変形した FST の形状や端点の 3 次元位置姿勢をリアルタイムに計測することが可能となる．

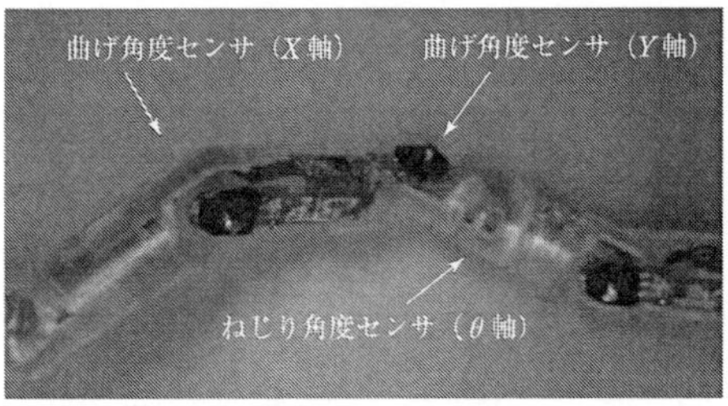


図 6.91 FST の構造

現在，FST は第 3 世代まで開発が進んでおり，第 1 世代の FST は，地震・災害の発生時に倒壊した建物の瓦礫に埋もれた被災者を発見・救助するロボットシステムの位置同定や動力供給，有線通信を目的として開発された．第 2 世代の FST では，約 1 m 単位のユニット化と直径 40 mm への小径化，および LAN ケーブル，USB ケーブルの内蔵化を行っており，第 3 世代の FST では，操縦者に装着することにより，その操縦者の腕・頭・脚の動きを，離れた場所にあるスレーブロボットに伝達・操縦することが可能なロボット操縦マスタ装置として開発され，①直径 20 mm への小径化，② FST の分岐の実現（腕用ユニット，頭用ユニット，脚用ユニットの接続対応），③装置の無線化（バッテリ搭載，ワイヤレス LAN 実装）などの改良が行われている．

**b．telexsitence FST**

腕，頭，脚の動きを計測する FST に加えて下記の二つの装置が統合された telexistence FST が開発されている．図 6.90 に装着時の概観を示す．

① 操縦者の手指の動作をスレーブロボットに伝達・操縦するのと同時に，スレーブロボットの指先に加わる触覚を操縦者にフィードバックすることが可能なグローブ型の手指用マスタ装置（flexible sensor globe：FSG）．

② スレーブロボットに搭載されたステレオカメラとステレオマイクからの視聴覚情報を操縦者にフィードバックすることが可能なヘッドマウントディスプレイ（HMD）．

これらを統合することで，遠隔地に置かれたスレーブロボットが見たり聞いたり触ったりした感覚を操縦者に伝達させる遠隔臨場感（テレイグジスタンス）を実現することができる．

### 6.11.3 telexistence FST を用いたマスタ・スレーブ制御[5)]

**a．システム構成**

図 6.92 に telexistence FST を用いたマスタ・スレーブ制御システムの全体構造を示す．操作者の全身（首，両腕，両手指，両足）に装着された各 FST において，関節角度が計測され，それらの情報は FST コントローラに集められ，イーサネットによってスレーブコントローラに送られる．スレーブコントローラでは FST の角度情報から操作者の動きを計算し，それをスレーブロボットの目標関節角度に変換する．その情報は EtherCAT により，スレーブロボットの各軸の制御ドライバに送られ，各軸ごとに位置制御が行われる．

一方，スレーブロボットのステレオビジョンによる視覚情報，指先の力センサによる触覚情報が操作者に送られる．操作者は HMD と，指先の触覚提示装置によってそれらの感覚情報を得る．

さらに，スレーブロボットの手腕表面には近接覚センサアレイが付いており，ロボットの安全を保持する自動制御のために用いられる．また，スレーブロボットヘッドにはマイクロフォンとスピーカがついてお

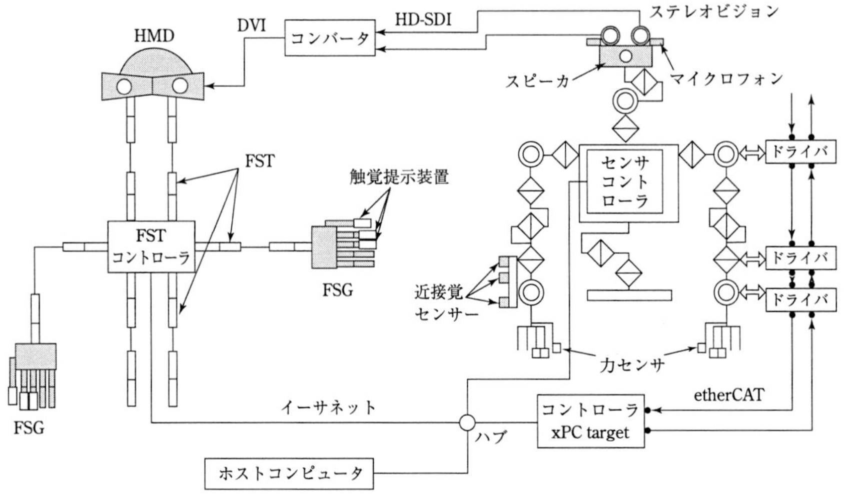

図6.92　システムの構造

り，HMDに備えられた操作者用のスピーカ，マイクとそれぞれ接続され，他者と会話が可能である．

スレーブコントローラのためのソフトウェアは，Matlab/Simulinkを使用したビジュアルプログラミングによって開発され，実行ファイルはMatlab/xPC Targetを利用してリアルタイムに実行される．今回の検証実験ではサイクルタイム10 msで実行した．

本システムでは，FSTを両腕と両足にそれぞれ1本ずつの計4本，頭部に2本の総計6本を用いる．腕用のFSTは全長1050 mm，関節数23個，頭部用FSTは全長650 mm，関節数14個である．脚部用FSTは今回は使用していない．

**b．スレーブロボット**

スレーブロボットは，図6.93に示すように人間の上半身に類似した双腕多指ロボットである．腰部2自由度，頭部3自由度，アーム部は各7自由度，ハンド部は各10自由度をもつため，合計39自由度である．図6.93では作業用に衣類を着せているが，外装については用途によって変更する仕様としている．

図6.93　スレーブロボット

現状では，スレーブロボットは電動車椅子の座席上に搭載されている．これは市販の電動車椅子であり，右横のレバーで前後回転を操作できる．スレーブロボットと電動車椅子の間に電気的な接続や情報通信のやり取りはなく，レバー操作のみによって物理的に操作される．これは，スレーブロボットの器用さ，汎用性を評価するために，電動車椅子を人間のようにレバーで操作することを課題の一つとしたためである．

スレーブロボットの各軸はアクチュエータと制御ドライバ，通信基板が一体化されている．ただし，ハンド部の制御ドライバは前腕部に集められている．制御ドライバとスレーブコントローラの通信は，すべてEtherCAT（ethernet for control automation technology）に基づいて行われる．EtherCATはイーサネットをベースとした高性能機器制御用ネットワークである．ケーブルやコネクタが通常のイーサネットと共通で実装が容易であり，100 Mbpsイーサネットをベースとしているので高速である．EtherCATのデータ転送は，全ノードを数珠つなぎにつないで全ノードを通るようにデータフレームを流し，データフレームが通過したときに入出力の書き込みを行うというものである．通常のイーサネットと異なりノード間のハンドシェイクは必要ないので，リアルタイム性が高い．

スレーブロボットのアームは肩3軸，肘2軸，手首2軸の計7自由度の冗長性をもち．人間とよく似た構造とサイズである．最大トルクは肩3軸が82 N m，54 N m，28 N m，肘が28 N mであり，高いパワーをもつ．前腕部には，近赤外線反射方式の近接覚センサアレイが搭載されており，安全センサとして用いる．検出距離は300 mm程度である．

スレーブロボットのハンドでは，小指と薬指が1自由度，中指と人差し指が2自由度，親指が4自由度（旋回関節一つと曲げ関節三つ）で，合計で10自由度である．人間の手と同様の大きさ・形となるように設計されている．各関節はワイヤにより前腕部の直動アクチュエータにより駆動する仕組みとなっている．また，親指先，人差し指先と中指先に力センサが付いており，マスタの触覚提示やスレーブの自動制御のため用いられる．

スレーブロボットのヘッドでは，首の関節は3自由度となっており，左右，上下，縦軸まわりに回転できる．また，カメラ2台，マイク2個が搭載されており，ロボットが見た画像と聞こえた音をマスタ側のHMDに送ることができる．スピーカーも付いており，HMDにあるマイクにより，操縦者の声をロボットに出力させることができる．

**c. 制御システム**

本システムでは直接的な力覚提示を行うことが難しいので，マスタによって生成された目標値にスレーブロボットが追従するように制御されるユニラテラル制御となる．具体的には，マスタで計測されたFSTの関節角度から人間の手先の位置と姿勢を計算し，逆運動学演算によりスレーブロボットの関節角度を計算する．現状では，制御ドライバが各軸ごとにEtherCATを通して接続しているという特徴から，各軸ごとに独立したPID位置制御系を組むようにしている．

マスタの腕部のFSTは23個のリンクからなり，スレーブロボットとはまったく異なる関節構造をもっている．また，FSTの可動範囲は大きく，スレーブロボットの到達できない範囲まで大きく動いてしまう．目標値がスレーブの可動範囲外になった場合については，動作の連続性を高めるために，スレーブロボットが到達できる最も近傍の位置姿勢を取るのが望ましい．

上記の問題に対して，スレーブの逆運動学問題を数値解法で計算することで対応する．本システムでは，逆運動学を非線形最適化手法であるLevenberg-Marquardt法を用いて繰り返し演算を行うようにしている．ロボットアームの関節角ベクトル$\boldsymbol{q}\in\boldsymbol{R}^7$の$n+1$回目の繰り返し演算の結果$\boldsymbol{q}_{n+1}$は次のように計算される．

$$\boldsymbol{q}_{n+1}=\boldsymbol{q}_n+A\boldsymbol{e}-(I_7-AJ)\frac{\partial V(\boldsymbol{q}_n)}{\partial \boldsymbol{q}_n}$$

ここで，$J(\boldsymbol{q})\in\boldsymbol{R}^{6\times 7}$はロボットアームのヤコビ行列であり，数式中では省略しているが関節角$\boldsymbol{q}$の関数である．$\boldsymbol{e}\in\boldsymbol{R}^6$はロボットアームの手先の位置姿勢の目標値と現在値の偏差ベクトル，$I_k$は$k$次元の単位行列，$V(\boldsymbol{q})$は冗長軸を制御するためのポテンシャル関数である．また，$A(\boldsymbol{q})\in\boldsymbol{R}^{7\times 6}$は

$$A\equiv J^T(JJ^T+cI_6)^{-1}$$

で定義される．$c$は係数行列であり，通常のLevenberg-Marquardt法では収束状況に応じて変化される．$c$の値が0に近づくとき$A$は$J$の擬似逆行列に漸近し，正確な逆運動学計算が実現される．一方，$c$の値が大きくなるときは$J$の転置行列に近くなり，マニピュレータの特異姿勢において解が発散することを回避する効果がある．繰り返し演算は制御サイクルとは独立して行うことも可能であり，反復回数を増やすことで精度が向上するが，目標関節軌道が時間変化に対して不連続にならないように注意が必要である．ヤコビアン$J$，偏差ベクトル$\boldsymbol{e}$の計算方法，冗長マニピュレータ制御などについては文献[6,7]などを参照のこと．

**d. 実証実験**

図6.94は，スレーブロボットが左手でボトル状の対象を把持している例であり，良好な操作性を実現できている．この操作性は操作者によらず高いことがわかっている．これは，システムの応答性能が高いこと（時間遅れは最大0.15s程度）とHMDによる操作者への視覚フィードバックの性能が高いためである．視覚ベースで操作ができるために，マスタとスレーブの位置やスケールのキャリブレーションの精度の影響は比較的小さく，操作者の体格の影響も小さいことがわかっている．

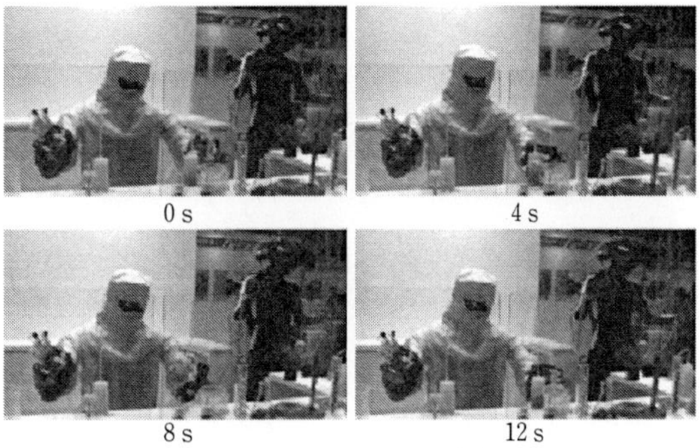


**図6.94** マスタスレーブ実験

**おわりに**

本システムでは操作者への視触覚フィードバックによって操作性の向上を目指しているが，視野の大きさなど現状ではまだ十分ではなく，より違和感のない操作感覚のためには更なる研究開発が必要である．ま

た，微細な作業のためにはスレーブ側における自律的な位置・力制御が必要であるが，操作者の意図に沿った効果的な制御手法は現状では確立しておらず，こちらも今後の研究開発が必要である．マスタ・スレーブロボットは，人間の立ち入れないような場所でも作業が可能なシステムであり，さまざまな分野での実用化が待たれている．今後一層の研究開発・実用化が望まれる．　［並木明夫］

## 参考文献

1) 横小路泰義 (2005)：操縦型ロボットシステムの特徴．ロボット工学ハンドブック，p. 705-711，コロナ社．
2) 舘　暲 (1991)：テレイグジスタンス．計測と制御，**30**(6)：465-471．
3) 大須賀公一，母里佳裕 (2000)：FST：Flexible Sensor Tube の提案と FST による CUL の操縦，ロボティクス・メカトロニクス講演会，1A1-06-013．
4) 舘　暲，ほか (2011)：テレイグジスタンスの研究（第65報）－Telesar 5：触覚を伝えるテレイグジスタンスロボットシステム－，エンタテイメントコンピューティング 2011，02A-01．
5) 並木明夫，ほか (2012)：Telexistence FST による高出力双腕ロボットの遠隔操作システムの開発，ロボティクス・メカトロニクス講演会，2P1-P04．
6) 内山　勝 (2005)：アームの運動学，ロボット工学ハンドブック，p. 240-261，コロナ社．
7) 横小路泰義，吉川恒夫 (2005)：運動制御，ロボット工学ハンドブック，p. 274-287，コロナ社．

# 7

# メカトロニクス制御技術

### はじめに

メカトロニクス（mechatronics）は，機械工学（mechanics）と電子工学（electronics）を合わせて日本でつくられた，もともとは和製英語であったが，現在では，国際的にも広く使われており，この単語を冠する国際的な学術論文集もいくつか発刊されている．機械と電子さらには情報処理技術とを融合させることによって，複雑な動作を簡単な構造のシステムで実現したり，機械要素や機構の組み合わせだけでは不可能であった新しい機能を実現するテクノロジーである．メカトロニクスの中核となるのが制御技術で，“There is no Mechatronics withoutcontrol（制御のないメカトロニクスはない）(Klaus Janschek, Mechatronic System Design, Springer, p. 7, 2012) といわれている．

本章では，典型的なメカトロニクス機器・装置における制御技術について紹介する．制御なしでは実現できない磁気軸受とそれを利用した電力貯蔵フライホイール，磁気軸受における浮上と同じ原理を利用した磁気案内エレベータ，代表的なメカトロニクス機器であるハードディスクや光ディスクドライブ，高速高精度の位置決めを必要とするガルバノスキャナーや半導体露光装置，さらには家電製品で用いられているリニア共振アクチュエータや産業機械で用いられているサーボ機構において，それぞれに固有な問題とそれに対処する制御技術が具体的に示されている．そこで示されている問題解決のためのアプローチや制御技術は，類似した対象だけではなく，さまざまなメカトロニクス機器・装置の開発を行う場合にも大いに参考になると考えられる．

なお，メカトロニクスのカバーする領域は広く，ロボット，工作機械，ハイブリッド車などもその範疇にあるので，これらの章も参照していただきたい．

## 7.1 磁気軸受

### 7.1.1 磁気軸受の概念

回転体を電磁石の吸引力を調節することで非接触に浮上支持する制御型磁気軸受（active magnetic bearings：AMB）は 1970 年中頃より各種の産業用回転機械に使用され始めた．1997 年以降，「広く AMB が産業機械に応用されること」を目的として AMB の国際規格化も活発化してきた．現在では，ISO•TC108（「機械の衝撃と振動」に関するテクニカルコミッティ）・SC 2（サブコミッティ）のもと，WG 7（ワーキンググループ）にこの分野の専門家が各国から召集され，ドイツ規格協会 DIN とも連携をとりながら，ISO14839 として国際規格化作業が進められている[1]．

図 7.1 に AMB の原理図を示す．上記の国際規格によると，AMB は「浮上体の変位を検出する変位センサと，吸引力を発生する電磁石，電磁石に電力を供給する電力増幅器，および，前述の変位センサによって検出した変位情報から，電力増幅器に電流指令を伝達する制御器から構成され，電磁石の吸引力により回転体を全方向に非接触浮上・支持できる軸受」と定義されている．この AMB は，高速回転可能，オイルフリー，メインテナンスフリー，長寿命，非常に少ない軸受損失などの特徴があり，近年，省エネルギー分野でさらなる普及が期待されている．

表 7.1 に AMB の分類を示す．AMB には，その

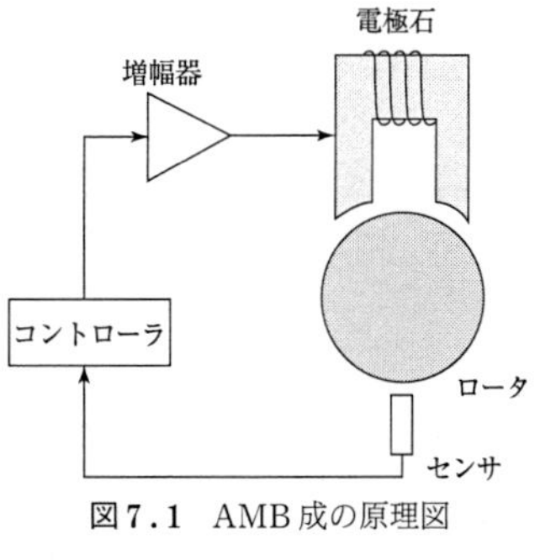

図 7.1　AMB 成の原理図

表7.1　ABMの分類

| 分類基準 | 分類例 |
|---|---|
| 可動・運動 | 回転運動<br>直線運動<br>回転運動と直線運動 |
| 取付け姿勢 | 横軸型<br>縦軸型<br>全方位型 |
| 電磁力発生源 | 永久磁石<br>交流電磁石<br>直流電磁石<br>超電導電磁石 |
| 電磁力の種類 | 吸引力<br>反発力<br>マイスナー効果<br>ピン止め効果 |
| 制御軸数 | 1軸制御（$Z$）<br>2軸制御（$X_1$, $Y_1$）<br>3軸制御（$X_1$, $Y_1$, $Z$）<br>4軸制御（$X_1$, $Y_1$, $X_2$, $Y_2$）<br>5軸制御（$X_1$, $Y_1$, $X_2$, $Y_2$, $Z$） |

制御軸数によりいくつかの種類があるが，ラジアル4軸（$X_1, Y_1, X_2, Y_2$）とアキシアル方向（$Z$）の合計5軸を制御する5自由度制御型AMBがもっとも使用例が多い．

図7.3にラジアルAMB，図7.4にアキシアルAMBの基本構成を示す．

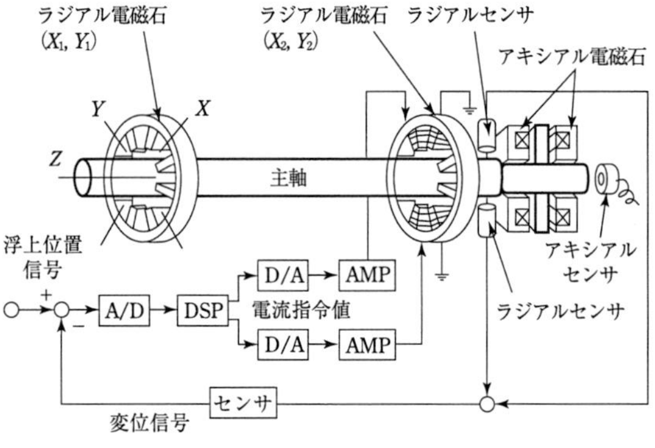


図7.2　制御型磁気軸受の構成

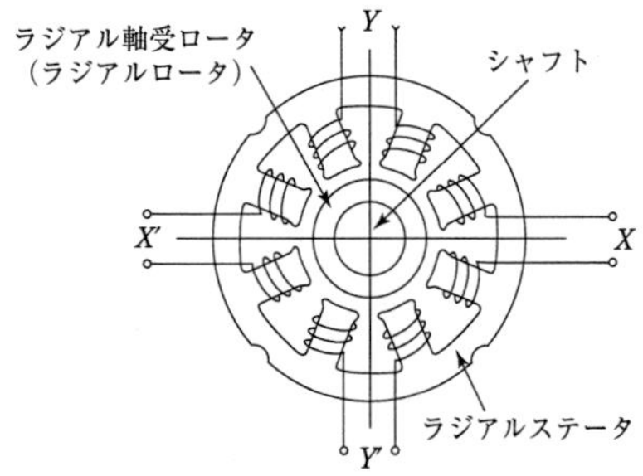


図7.3　ラジアル方向の制御用電磁石構造図

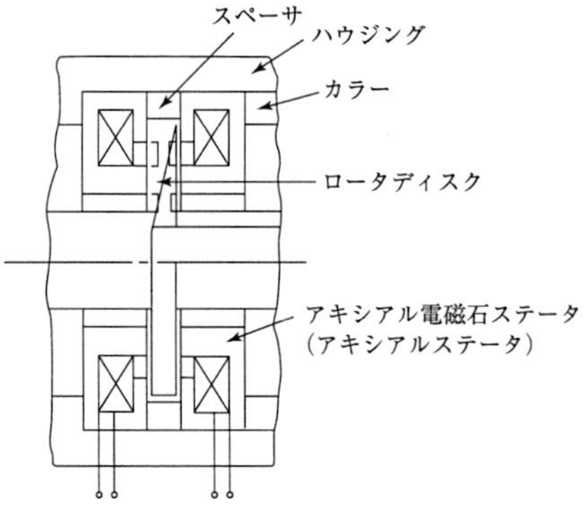


図7.4　アキシアル方向の制御用電磁石構造図

### 7.1.2　磁気軸受制御系の設計法

#### a．電磁石部のモデリング

まず，AMBにおいては，定義にあるように「変位センサによって検出した変位情報から，電磁石の吸引力を調節し」非接触で浮上体を支持するが，電磁石における吸引力と，電流および電磁石と浮上体とのエアギャップの関係は，線形性でなく，図7.6に示すように2次関数として表現される．

このため，制御対象の浮上状態近傍での線形化が通常行われる．この線形化には，バイアス磁束やバイアス電流による線形化が常套手段である．図7.5に磁石部でのシステム線形化説明図を示す．

この図7.5では，浮上体を挟んで同一の電磁石が定常エアギャップ$X_0$で配置されているものとする．また，両方の電磁石にはバイアス電流$I_0$が流されるものとする．このとき，左側の電磁石に発生する吸引力を$F_1$，右側の電磁石に発生する吸引力を$F_2$とすると，定常状態での吸引力は互いに相殺されて0となる．一方，浮上体が右側に$X$だけ変位したとすると，AMBはこの変位を補償するため，左側の電磁石に制御電流$I$分だけを増加させ，右側の電磁石には制御電流$I$分だけを減少させる動作を行う．このとき，浮上体に作用する全吸引力は式（1）にて示される．係数$K$は電磁石の形状や励磁用コイルの巻き数などにより定義さ

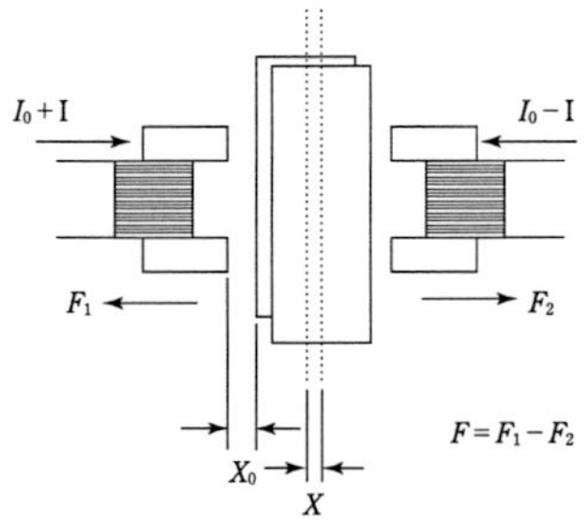


図7.5　電磁石部でのシステム線形化説明図

れる電磁石係数であり，式 (2) により定義される．

$$F=K\left(\frac{I_0+I}{X_0+X}\right)^2-K\left(\frac{I_0-I}{X_0-X}\right)^2 \qquad (1)$$

$$K=\frac{N^2A\mu_0}{4} \qquad (2)$$

$$F=4\,K\,\frac{I_0}{X_0^2}\,I+4\,K\,\frac{I_0^2}{X_0^3}\,X \qquad (3)$$

さて，式 (1) において $I_0$ は $I$ より十分大きく，$X_0$ は $X$ より十分に大きいとの仮定のもと，$I_0$, $X_0$ におけるテイラー展開の最初の 2 項をとると，式 (1) は式 (3) で近似することができる．式 (3) は AMB におけるもっとも重要な基本的線形関係を示している．この式の第 1 項は，検出された変位 $X$ に基づいて決定される制御電流 $I$ に比例した吸引力を示しており，浮上体をもとの位置に復元する主成分である．一方，第 2 項目は，変位 $X$ に比例した吸引力を示しており，バイアス電流 $I_0$ の 2 乗に比例して大きくなる力を示している．すなわち，この第 2 項は浮上体が $X$ 変位すると，さらにその変位を増大する方向に働く不平衡力である．第 1 項の $I$ の係数は $K_i$(または $G_m$) で表示され，「電流剛性 (current-force positive factor)」ともよばれる．第 2 項の $X$ の係数は「不平衡剛性 (displacement-force negative factor)」とよばれ，$K_s$(または $G_x$) で表示される．

$$K_i=G_m=4\,K\,\frac{I_0}{X_0^2} \qquad (4)$$

$$K_s=G_x=4\,K\,\frac{I_0^2}{X_0^3} \qquad (5)$$

図 7.6 に一定バイアス電流を流されている 1 対の電磁石の吸引力 $F_1$, $F_2$，および全吸引力 $F$ の関係を示す．この図から明らかなように，電磁石の吸引力はバイアス電流の範囲で完全に線形化されている[2]．

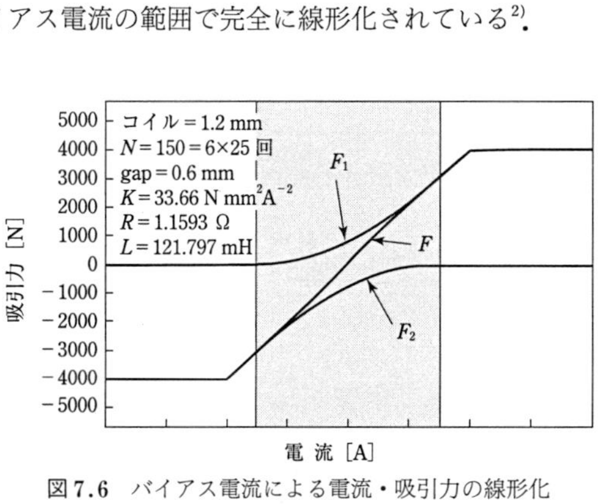


図 7.6 バイアス電流による電流・吸引力の線形化

## b．センサ系のモデリング

通常，AMB では，浮上体の変位を検出するために渦電流型やインダクタンス型，あるいは静電容量型などの変位センサが使用される．一般にこうした変位センサでは高周波でのセンサ駆動（渦電流型では 100〜4000 kHz，インダクタンス型では 10〜100 kHz）が行われ，基本信号を検波して変位信号として利用する．

この種の検波回路は一種の低域通過フィルタ（ローパスフィルタ；LPF）であり，1 次遅れ系としての伝達特性を有する．さらに，AMB の制御に必要な制御帯域以上の高周波成分をカットするため，実際の AMB ではさらに低域での LPF が使用される．センサは変位を電気信号に変換するトランスデューサであるが，こうした LPF 特性のすべてをセンサ系の数学モデルとしてモデリングする必要がある．結果として得られるセンサ系の伝達特性を以下 $G_s$ で表現する．

## c．電力増幅器のモデリング

AMB に使用される電力増幅器は，増幅器部での電力制御用トランジスタの発熱低減や消費電力の観点から，パルス幅変調方式 (PWM) の電力増幅器が使用される．こうした電力増幅器の構成はフルブリッジ式かハーフブリッジ式のスイッチング回路で構成される．さて，電力増幅器により駆動される電磁石は，直流抵抗成分とともに，インダクタンス成分を有している誘導負荷であるため，電力増幅器部においても，制御系からの電流指令に対して，電磁石に流れる電流は位相遅れなどが発生する．こうした電力増幅器での周波数応答の把握もシステムのモデリング上，非常に重要である．電力増幅器での周波数伝達特性を以下 $G_a$ で表現する．

## d．AMB システム全体構成

これまでに説明してきた各周波数伝達関数を用いることにより，AMB のシステム全体構成をブロック図として示すことが可能となる．通常，機械系システムではシステムへの入力を外力 $F_d$，システムの出力を変位 $X$ で表したコンプライアンス型のブロック図が扱いやすい．AMB システムを同様のシステムとして表現すると，図 7.7 に示すブロック図が得られる．

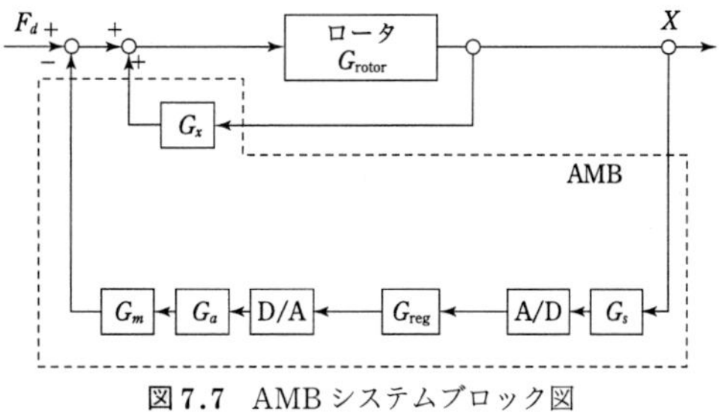


図 7.7 AMB システムブロック図

前述の不平衡剛性 $G_x$ は変位 $X$ からの負のフィードバックループとして変位 $X$ を増大する方向に働くことがわかる．また，設計と行う制御部は $G_{\mathrm{reg}}$ で表される部分である．また，浮上体は，$G_{\mathrm{rotor}}$ で表されているが，アキシアル AMB においては 1 自由度系であり，その浮上体の質量を $M$ とすると，$1/MS^2$ で表される質量慣性であり，システムは 1 入力 1 出力の SISO システムとなる．一方，ラジアル制御系では 4 入力 4 出力の MIMO システムとなる．

### 7.1.3　磁気軸受制御の設計例

ここでは，紙面の都合上，アキシアル AMB での SISO システムを解説する．設計に使用するパラメータおよび主制御系以外のシステムブロック要素の伝達関数を表 7.2 にまとめて示す．

また，設計仕様として，積分補償は含まないものとし，いわゆる PD 制御系での制御器の設計を行うものとする．設計仕様を表 7.3 に示す．

AMB においては，（積分補償を含まない場合，）剛性値は変位に対する比例制御ゲインによって，決定することが可能である．また，当然のことながら，この比例制御ゲインは，バイアス電流による不平衡剛性より「電流剛性」が十分に大きくなるように選択しなければならない．また，比例制御ゲインにより生成される吸引力は，機械系のばねと等価な働きをするため，まったく減衰が与えられない場合には，単純ばねで支えられた質点と同様に，ばね定数 $K$ と浮上体質量 $M$ との共振周波数（固有振動数）でシステムのコンプライアンスは無限大，剛性値は無限小となってしまいシステムは不安定化するか，この固有振動数での振動が減衰することなく継続する．AMB においては，この減衰は変位より位相が進んだ吸引力を発生することができる微分制御によって付与する．すなわち，AMB における PD 制御系の物理的役割は，P 制御項がばね，D 制御項が減衰・ダンピングと等価な働きをすることが理解できる．

**表 7.3**　アキシアル AMB 制御系設計仕様

| 項　目 | 目標数値など |
|---|---|
| 剛性値 | 60 g $\mu$m$^{-1}$ |
| 感度関数 | 9.5 dB 以下 |

図 7.8 にセンサ部伝達特性例を示す．また，図 7.9 に電力増幅部伝達特性を示す．設計仕様条件の剛性値

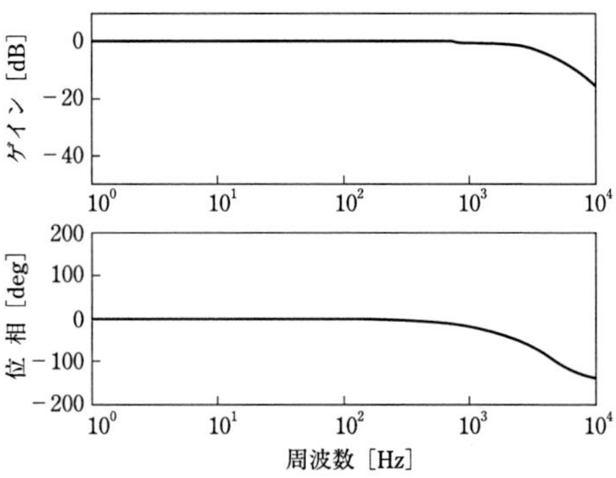


**図 7.8**　センサ部伝達特性

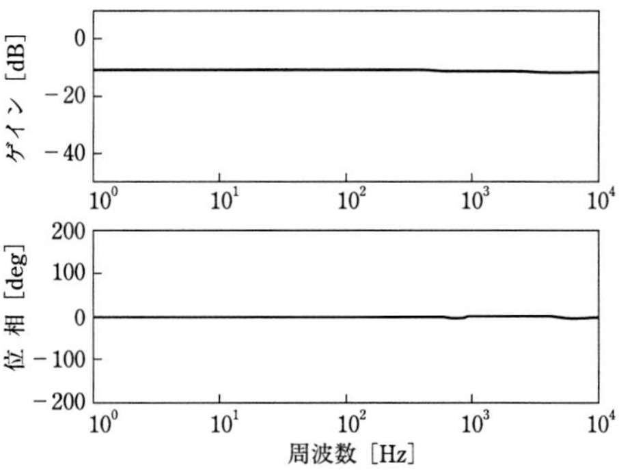


**図 7.9**　電力増幅部伝達特性

**表 7.2**　アキシアル AMB 制御系設計パラメータ

| 項目 | 箇　所 | 数値 | 単位 | 項目 | 箇　所 | 数値 | 単位 |
|---|---|---|---|---|---|---|---|
| $M$ | 浮上体 | 50 | kg | $I_0$ | 電磁石バイアス電流 | 1 | A |
| $k$ | 電磁石係数 | 25 | N mm$^2$ A$^{-2}$ | $R_c$ | 電磁石抵抗 | 2 | Ω |
| $X_0$ | 電磁石エアギャップ | 0.5 | mm | $L_c$ | 電磁石インダクタンス | 100 | mH |

| ブロック | 箇　所 | DC ゲイン | 伝達関数 | 単位 |
|---|---|---|---|---|
| $G_s$ | センサ部：伝達関数 | 10 | $\dfrac{70921985815602.8}{s^2+42553.1915\,s+709219858.156}$ | V m$^{-1}$ |
| A/D | A/D 変換器 | 2048/10 | | Bit V$^{-1}$ |
| D/A | D/A 変換器 | 10/4096 | | V bit$^{-1}$ |
| $G_a$ | 電力増幅器：伝達関数 | 0.3 | $\dfrac{1110.0192\,s^2+5240812\,s+2.199859000}{0.0060722\,s^3+4120\,s^2+17492946\,s+7333523957}$ | A V$^{-1}$ |
| $G_m$ | 電磁石：電流剛性 | 400 000 000 | | N A$^{-1}$ |
| $G_x$ | 電磁石：不平衡剛性 | 800 000 000 000 | | N m$^{-1}$ |

としては，図7.7に示すシステムブロック図における外乱入力 $F_d$ から変位 $X$ までの周波数応答は，前述のようにコンプライアンスを示しているため，その逆数としての設計剛性値が仕様条件を満たす必要がある．

もう一つの設計仕様である感度関数であるが，これは，AMBのフィードバックループ系の任意の1点から入力する加振信号と，フィードバックループを一巡して入力点までの応答との間の関係を示す関数であり，フィードバックループの安定性に関する重要な指標である．先に説明したAMBのISO規格では，感度関数の値として9.5 dB以下であることが規格化されている．これらの設計仕様を満たす制御器の一例を図7.10に示す．またこのときの動剛性特性を図7.11に示す．

動剛性特性のゲイン特性においては，80 dBが1 g μm$^{-1}$ を示しており，以下100 dB，120 dB，140 dBはそれぞれ10 g μm$^{-1}$，100 g μm$^{-1}$，を示している．最低剛性値は，共振周波数近傍付近にあり，約70 g μm$^{-1}$ となっている．

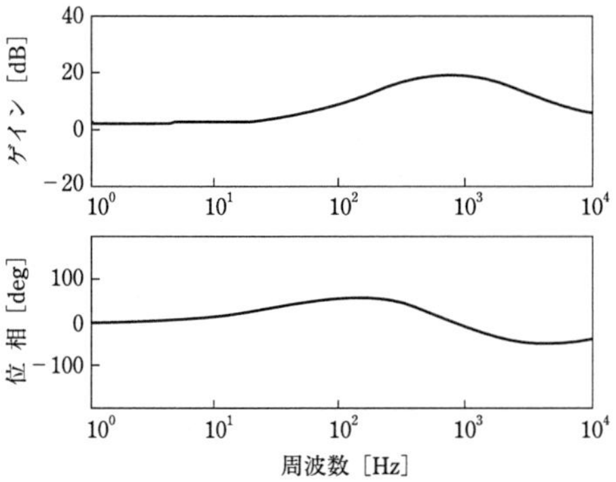

図7.10　制御器伝達特性

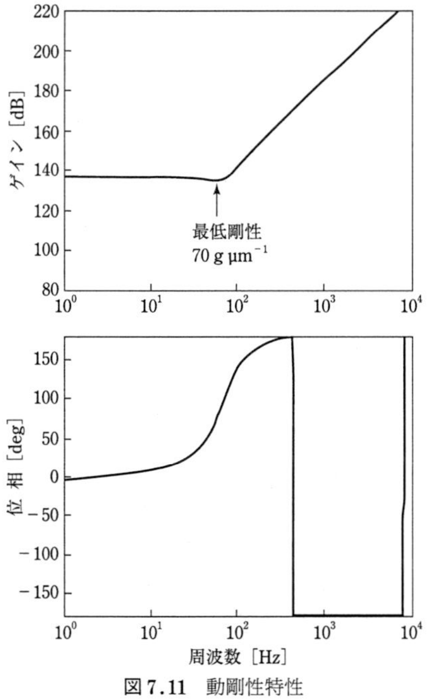

図7.11　動剛性特性

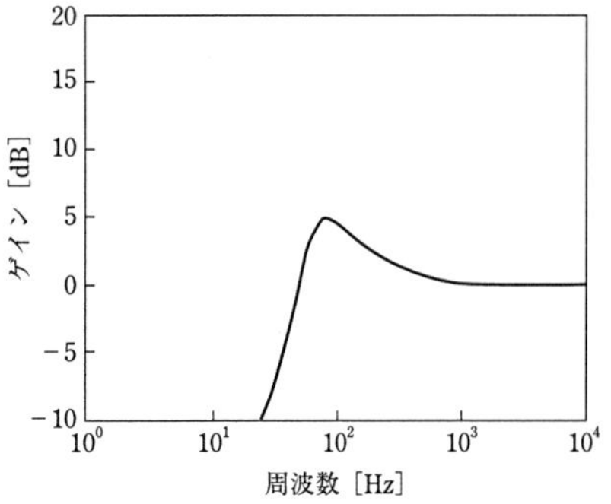

図7.12　感度関数

図7.12に感度関数を示す．図より，感度関数の最大値は5 dBとなっており，設計仕様を満たしていることがわかる．　[上山拓知]

### 参考文献

1) ISO/TC 108/SC2 Mechanical vibration−Vibration of rotating machinery equipped with active magnetic bearings ISO14839.
2) 岡田養二，ほか (1995)：磁気軸受の基礎と応用 新技術融合シリーズ 第1巻，養賢堂．

## 7.2 電力貯蔵磁気軸受フライホイール搭載型電気自動車

### はじめに

電力貯蔵磁気軸受フライホイールシステムは，電気エネルギーと機械エネルギーの間の相互のエネルギー変換のためにフライホイール回転軸に電動/発電機を連結し，電力の貯蔵/放出に伴ってフライホイールを加速/減速させるものである．エネルギーの貯蔵に関する特徴は軸受の非接触化によるエネルギー貯蔵効率の向上以外に，フライホイール高速化によるエネルギーの高密度化がある．フライホイールに蓄えられるエネルギーは重量を $W$，回転数を $R$ とすれば，理論的に $W \times R^2$ に比例するので，貯蔵エネルギーを大きくするには重量よりも回転数を上げる方が効果的である．したがって，高速化が可能なフライホイール材料CFRP（カーボン繊維強化プラスチック）が使われる．それによりフライホイールの重量を軽くでき，磁気軸受フライホイールの特徴をより発揮させることができる．

フライホイール磁気軸受を電力貯蔵として利用すれば，エネルギー貯蔵密度が高く，高速繰り返し充放電が可能で，有害廃棄物がなく環境にやさしいなどの利点を有し，さらには化学電池では困難な大容量蓄電が可能であるため，昼夜の電力需要アンバランスに対する電力の負荷平準化や風力・太陽光のような再生可能エネルギーの負荷変動補償システム，データセンターなどの無停電電源への応用，さらには位置エネルギー貯蔵が可能なフォークリフトやタワークレーン，またエネルギー回生機能を備えることで高速鉄道，バス，一般車両への応用が期待される．以下に，筆者らが行っている電力貯蔵磁気軸受フライホイール搭載型電気自動車の研究状況を紹介する．

### 7.2.1　電力貯蔵磁気軸受フライホイール搭載型電気自動車のシステム構成

これまでの電力貯蔵磁気軸受フライホイールの研究の多くは無停電電源装置（UPS）に代表されるような据え置き型のものが多い．筆者らは小型車両などに搭載可能な電力貯蔵磁気軸受フライホイールの研究を行っており，フライホイールロータ単体のゼロバイアス安定化制御，ジャイロ補償制御，外乱抑圧制御，ジンバル付フライホイールの設計と製作・実装を完了し，電力貯蔵磁気軸受フライホイールシステムを小型電気自動車に搭載済みとなっている．図 7.13 および表 7.4 は筆者らの研究で用いている磁気軸受フライホイールを示している．ロータ・フライホイール総重量約 13 kg で，300 Hz あるいは 400 Hz で高速回転することで放電・充電を行う．図 7.14 は図 7.13 をケーシングに実装した概観写真である．図 7.15 は 2 軸のジンバル機構で支持した状態で車両後部座席下に実装した写真を示し，図 7.16 はその概念図である．図 7.17 は電力貯蔵磁気軸受フライホイールを実装した電気自動車のプラットフォームで，市販のゴルフカートを改造している．

図 7.17 の車両は全長 3.5 m，幅 1.2 m，高さ 1.8 m で，総重量は 550 kg である．5 名まで乗ることが可能

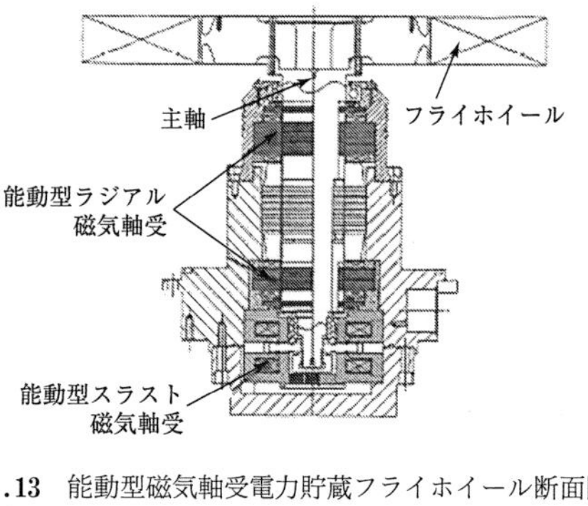

**図 7.13**　能動型磁気軸受電力貯蔵フライホイール断面図

**表 7.4**　能動型磁気軸受フライホイール諸元

| Nomenclature | 値 |
|---|---|
| ロータ軸質量（$M_r$） | 4.85 kg |
| フライホイール質量（$M_r$） | 8.82 kg |
| $z$ 軸方向慣性モーメント（$I_z$） | $1.86\times10^{-1}$ kg m$^{-2}$ |
| $X$，$Y$ 軸方向慣性モーメント（$I_r$） | $1.73\times10^{-1}$ kg m$^{-2}$ |
| 上部磁気吸引力定数（$K_u$） | $3.10\times10^{-6}$ N m$^2$ A$^{-2}$ |
| 下部磁気吸引力定数（$K_l$） | $4.47\times10^{-6}$ N m$^2$ A$^{-2}$ |
| 重心からの上部距離（upper：$L_n$） | $4.99\times10^{-2}$ m |
| 重心からの下部距離（lower：$L_l$） | $1.67\times10^{-1}$ m |
| 公称エアギャップ（$X_0$），（$Y_0$） | $0.25\times10^{-3}$ m |
| バイアス電流（$I_0$） | 0.3 A |

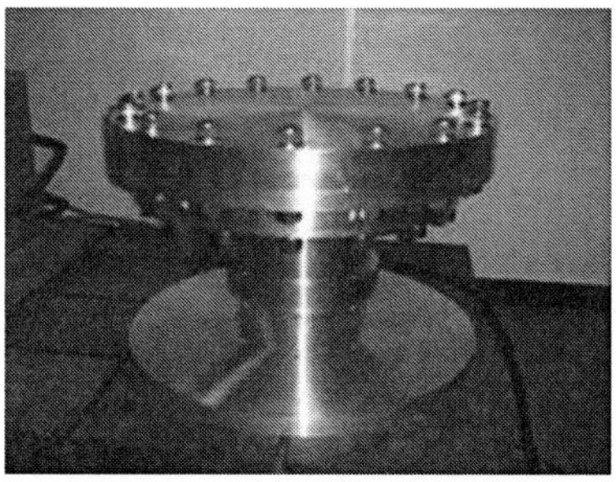
**図 7.14**　フライホイール概観

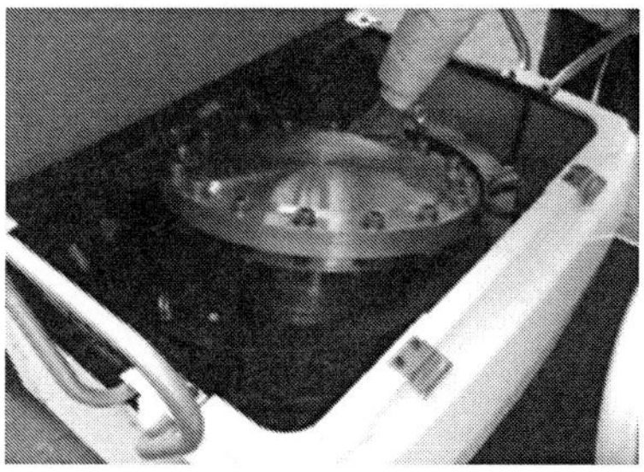
**図 7.15**　ジンバルで支持されたフライホイール

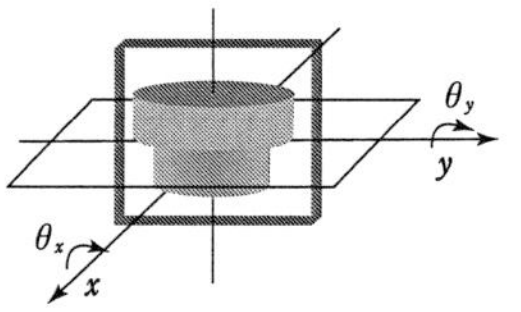

**図 7.16**　2 軸ジンバルの概念図

**図 7.17**　フライホイールを実装したゴルフカート

で，図 7.14 のケーシングも含めた全重量は約 100 kg，ジンバル機構込みで 150 kg 程度である．電気自動車は 48 V で，出力 2.8 kW，20° の斜面まで登はん可能，1 回のフル充電で約 50 km 走行ができる．加速時は 2 軸ジンバル機構で支持された電力貯蔵フライホイールから放電して加速性を上げる．このときはフライホイール側の発電機により運動エネルギーを電力に変換してチョッパ回路・インバータ回路を経て電気自動車側モータへ電力として供給する．逆にブレーキ時には電気自動車側発電機を介して運動エネルギーを電力に変換後チョッパ回路・インバータ回路を経てフライホイール側モータへ供給することでフライホイール回転数を上昇させエネルギー回生を行う．このように電気自動車側のモータ・発電機とフライホイール側のモータ・発電機はともに時定数が小さく，短時間の充放電が容易である．一方，従来型の電気自動車と化学バッテリの鉛蓄電器との関係は瞬時の充電には適さず，充電には少なくとも 10 分程度の時間を要する．このことで，頻繁に加速・減速・ブレーキというような市街地走行用電気自動車には電力貯蔵磁気軸受フライホイールがきわめて優れていると思われる．

しかし，電力貯蔵磁気軸受フライホイールをモバイル型車両に搭載するに当たっては，以下の点に留意する必要がある．

① 完全非接触磁気浮上した高速回転中のフライホイールが真空容器内にあるために，急加速・急減速・急停止などに対する保護軸受への接触防止技術を実装する．

② 磁気浮上した高速回転中のフライホイールは大きな回転エネルギー，すなわちジャイロモーメントを有しているため，急旋回時にこのジャイロモーメントを抑制する技術を実装する．

③ 路面から受けるさまざまな外乱に対して，フライホイールシステムを保護するために最適な免振・除振技術を組み込む．

④ 高速回転中のフライホイール磁気浮上系はいかなる状況にあっても絶対安定性を保持する．

⑤ 最適で高効率な充放電システムを設計・実装すると同時に，操舵系・充放電系・磁気浮上系・軌道生成系・駆動系すべてのシステムを最適化して最高の効率でエネルギー最小となる運転システムを構築する．

筆者らは①と②に対してはフライホイールを 2 軸ジンバル機構で支持して，かつ，能動的なフィードフォワード制御法である線形入力整形法と非線形入力整形

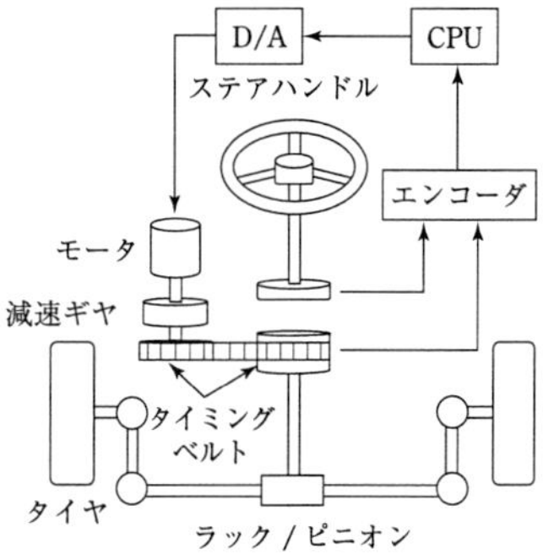


図 7.18　ステア・バイ・ワイヤのステアリング駆動法

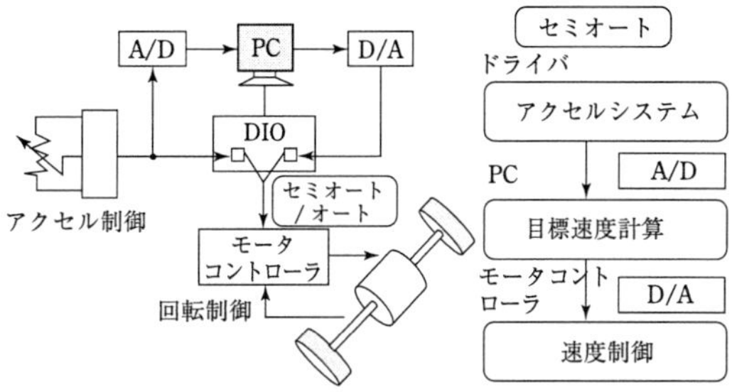


図 7.19　アクセル操作システム

法を適用することで，急加速・急減速・急停止・急旋回などに対する振動抑制を実現している．とくに旋回に関して，ジャイロ効果を抑制するために図 7.18 のようなステア・バイ・ワイヤというコンピュータ制御のステアリング駆動法と，図 7.19 のようなアクセル操作システムを独自に考案して採用している．

図で明らかなように，従来型のメカニカルな結合がステアハンドルとタイヤ系にはもはやなく，制御信号を介してサーボ系としてタイヤの操舵がなされる．すなわち，ステアリングハンドルから任意の信号がドライバから入力されると，ジャイロ効果を最も抑制するステアリング軌道を計算で求めて，コンピュータがその軌道を正確に実現するというもので，目標角は人が入力するが，実際の旋回軌道は微妙な動きをしながら目標の旋回を達成するというものである．

③についてはパッシブな振動制御法を適用して最大限の振動抑制を実現している．④はゼロバイアス非線形制御，とくに，PID 型単純適応制御アルゴリズムを実装している．フライホイール系は図 7.20 のように強いジャイロ効果の影響を受けるシステムであるが，回転数に応じて最適ゲインを探索し，これによって，ジャイロ効果の影響を完全に抑制しており，応答にはまったくその影響がみられない．図 7.21 は単純適応制御の概念図である．⑤については目下，検討中であり最適な効率を実現したいと考えている．

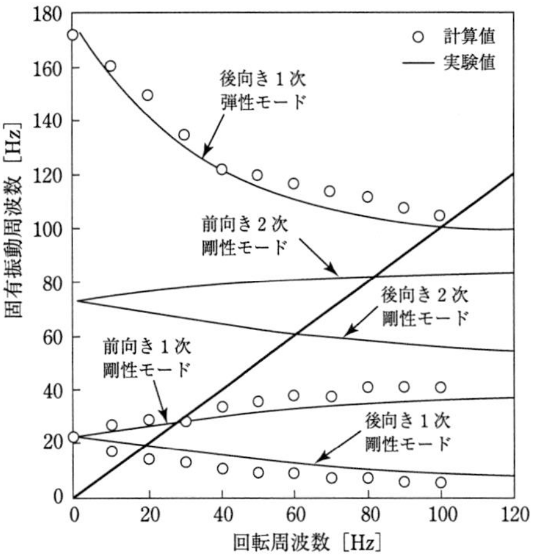


図7.20　フライホイール・ジンバル系の固有振動数

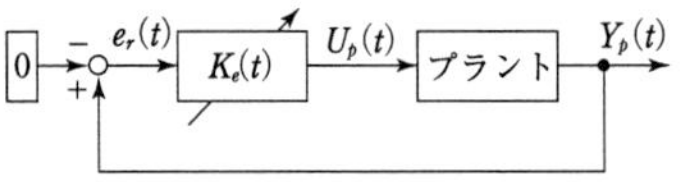


図7.21　ゼロバイアス型多入出力単純適応制御系

### 7.2.2　多入出力単純適応制御系（MIMO-SAC）

単純適応制御 SAC[3,4] は，概強正実（almost strictly positive real：ASPR）なプラント，すなわち，定ゲイン出力フィードバックにより強正実（SPR）化可能なプラントに対してのみ適用可能である．非 ASPR プラントに並列フィードフォワード補償（parallel feedforward compensator：PFC）を施すことで，制御対象を ASPR 系で近似できる[5~8] 可能性があるとされている．

**a．多入出力 SAC の基本構成**

岩井ら[9,10] の提案によれば，単一入出力系に対するフィードフォワード補償の構成法の拡張の形で，多入出力系 PFC が構成できる．その拡張は自明ではないが，次の条件の下でこの設計法は，

① プラント伝達関数の相対次数の上限値 $\gamma$ が既知

② プラントは最小位相

③ プラント伝達関数の最高位係数（leading coefficient）

および低周波ゲインの概略値が既知であれば，$(\gamma-1)$ 個のフィードフォワード補償を多重並列に構成することで，制御対象を ASPR 系で近似できるものである．

**b．強正実性**（strong positive realness）**について**

正実性および強正実性は以下のように定義される[11]．

連続時間伝達関数 $G(s)$ が正実であるとは，

$$G(j\omega)+G_T(-j\omega)\geq 0 \qquad \forall\omega\in R \tag{6}$$

を満たすときをいう．

連続時間伝達関数 $G(s)$ が強正実であるとは，

$$G(j\omega)+G_T(-j\omega)>0 \qquad \forall\omega\in R \tag{7}$$

を満たすときをいう．

**c．制御対象・規範モデル**

多変数単純適応制御系（MIMO-SAC）の構成について記述する．プラントが可制御可観測な $n_p$ 次 $m$ 入出力線形系（$n_p\geq m$）とする．

$$x_p(t)=A_px_p(t)+B_pu_p(t) \tag{8}$$

$$y_p(t)=C_px_p(t) \tag{9}$$

$A_p, B_p, C_p$ は未知パラメータをもつ行列であり，$x\in R_n$，$u, y\in R_m$ は，それぞれ状態および入出力ベクトルである．追従すべき $n_m$ 次（$n_m\leq n_p$）の $m$ 入出力漸近安定な規範モデルを

$$x_m(t)=A_mx_m(t)+B_mu_m(t) \tag{10}$$

$$y_m(t)=C_mx_m(t) \tag{11}$$

と与え，制御目的は

$$e_y(t)=y_p(t)-y_m(t) \tag{12}$$

$$\lim_{t\to\infty} e_y(t)=0 \tag{13}$$

を実現することである．プラントおよび規範モデルは次の仮定を満足しているものとする．

① プラントは（$g(t)\equiv 0$ のとき）ASPR である．つまり，ある定ゲイン行列 $K_{*e}$ が存在し，$A_{pc}=A_p+B_pK_{*e}C_p$ とするとき，

$$G_s(s)=C_p(sI-A_{pc})-B_p \tag{14}$$

は SPR（強正実）となる．

② プラントおよび規範モデルは，Broussard[10] のモデル出力追従条件を満たす．

$$\begin{bmatrix} A_p & B_p \\ C_p & 0 \end{bmatrix}\begin{bmatrix} \Omega_{11} & \Omega_{12} \\ \Omega_{21} & \Omega_{22} \end{bmatrix}=I \tag{15}$$

なる $\Omega_{ij}$ が存在し，$\Omega_1$ の固有値は $A_m$ の固有値の逆数と一致しない．

③ $u_m(t)$ は，その微分値 $u_m(t)$ を入力とする線形定数係数安定系の出力が有界となるような規範入力である．

**d．制御入力・適応同定則**

単純適応制御の基本構成を図7.22に示す．制御目的を達成するため，この仮定のもとで，制御入力を以

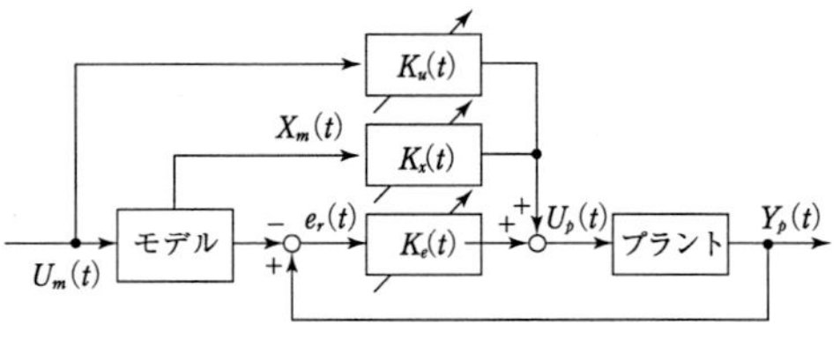


図7.22　単純適応制御の基本形

下のように，適応的に構成する．なお，適応同定則として比例積分則を利用する．

$$u_p(t)=K(t)z(t) \tag{16}$$

$$z(t)=[e_y(t)^T x_m(t)^T u_m(t)^T]^T \tag{17}$$

$$K(t)=[K_e(t)\ \ K_x(t)\ \ K_u(t)] \tag{18}$$

$$K(t)=K_I(t)+K_P(t) \tag{19}$$

$$\frac{d}{dt}K_I(t)=-e_y(t)z(t)^T\Gamma_I-\sigma_I(t)K_I(t) \tag{20}$$

$$K_P(t)=-e_y(t)z(t)^T\Gamma_P \tag{21}$$

$$\sigma_I(t)=\sigma_1\frac{e_y(t)^T e_y(t)}{1+e_y(t)^T e_y(t)}+\sigma_2\ \ (\sigma_1,\sigma_2>0) \tag{22}$$

ただし，$\Gamma_I, \Gamma_P$：は正定対称なゲイン行列である．

### 7.2.3　フライホイール浮上制御における剛性モデル

実験に用いているフライホイールロータを図 7.23 に示す．その剛性モデルはロータの重心に関する運動方程式から導出することができる．

図 7.23 はロータ全体の概念図を示し，図中の記号は以下のように定義される．

$G$：ロータの重心位置

$L_u, L_l$：ロータの上，下部にある電磁石とロータ重心の距離

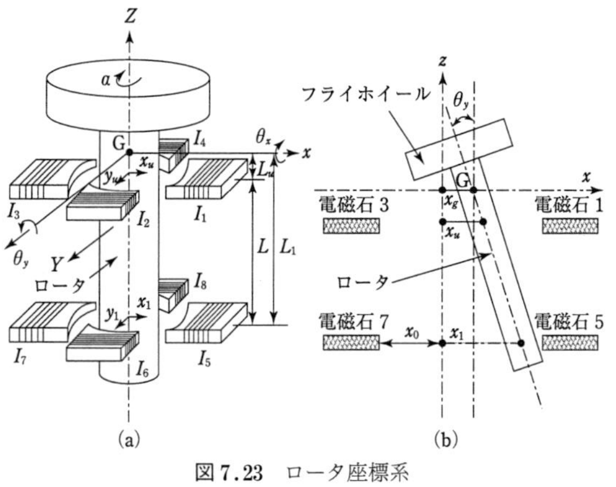


図 7.23　ロータ座標系

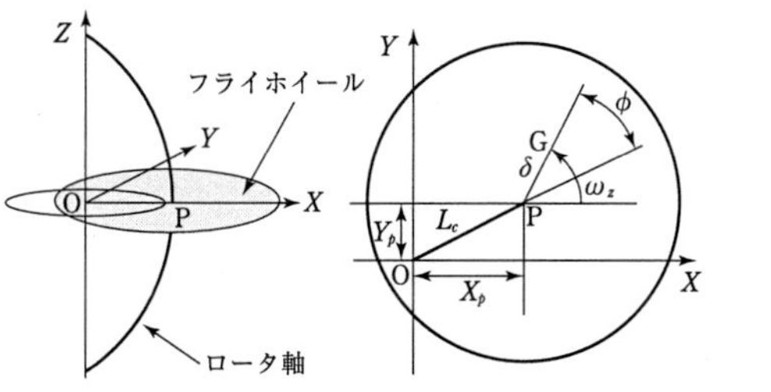


$l_c$：座標系の原点 O と幾何学中心 P との距離
$\delta$：フライホイール軸中心点 P と重心 G との距離

図 7.24　フライホイールの不つり合い力

$L$：上，下部電磁石間の距離

$I_1, \cdots, I_8$：対応している電磁石に供給する制御電流

$x_g, x_u, x_l$：$X$-$Z$ 平面上にロータの重心．上，下部電磁石位置でのロータ変位

$\omega$：角速度

$\theta_x, \theta_y$：角変位

ジャイロ効果成分と不つり合い振動成分を考慮した運動方程式を式（23）で示す．

$$\begin{cases} M\ddot{x}_g=F_{xu}+F_{xl}+M\delta\omega^2\cos\omega t \\ I_r\ddot{\theta}_y=F_{xu}L_u+F_{xl}L_l-\omega I_z\dot{\theta}_x+l_cM\delta\omega^2\cos\omega t \\ M\ddot{y}_g=F_{yu}+F_{yl}+M\delta\omega^2\sin\omega t \\ I_r\ddot{\theta}_x=F_{yu}L_u+F_{yl}L_l-\omega I_z\dot{\theta}_y+l_cM\delta\omega^2\sin\omega t \end{cases} \tag{23}$$

図 7.24 はロータの触れ回り状態を示したもので座標系を定義している．また，出力センサ変位（$X_u$, $X_l$, $Y_u$, $Y_l$）とロータの重心に関する変位と傾き角の関係は図 7.23 により次式で表せる．

$$\begin{cases} X_u=x_g+L_u\theta_y, \quad X_l=x_g+L_l\theta_y \\ Y_u=y_g+L_u\theta_x, \quad Y_l=y_g+L_l\theta_x \end{cases} \tag{24}$$

よって，重心に関する状態方程式 $x=Ax+BU+E(\omega)$ と出力方程式は次式のように得られる．状態量 $x$ は重心の変位と速度である．$x=[x_1\ x_2]t$，$x_1=[xg\ \ \theta y\ \ yg\ \ \theta x]t$，$x_2=[\dot{x}_g\ \ \theta_y\ \ \dot{y}_g\ \ \dot{\theta}_x]t$，制御入力 $U=[F_{xu}\ \ F_{xl}\ \ F_{yu}\ \ F_{yl}]t$ は対向した電磁石間の吸引力である．

$$\begin{pmatrix} x_1 \\ y_1 \end{pmatrix}=\begin{pmatrix} 0_{4\times4} & I_{4\times4} \\ 0_{4\times4} & A_{22}(\omega) \end{pmatrix}\begin{pmatrix} x_1 \\ x_2 \end{pmatrix}+\begin{pmatrix} 0_{4\times4} \\ B_2 \end{pmatrix}U+\begin{pmatrix} 0_{4\times2} \\ E_2 \end{pmatrix}\begin{pmatrix} \cos\omega t \\ \sin\omega t \end{pmatrix} \tag{25}$$

$$Y=\begin{pmatrix} X_u \\ X_l \\ Y_u \\ Y_l \end{pmatrix}=\left(\begin{array}{cccc|cccc} 1 & L_u & 0 & 0 & 0 & 0 & 0 & 0 \\ 1 & L_l & 0 & 0 & 0 & 0 & 0 & 0 \\ \hline 0 & 0 & 1 & L_u & 0 & 0 & 0 & 0 \\ 0 & 0 & 1 & L_l & 0 & 0 & 0 & 0 \end{array}\right)\begin{pmatrix} x_1 \\ x_2 \end{pmatrix} \tag{26}$$

ここで，

$$A_{22}(\omega)=\begin{pmatrix} 0 & 0 & 0 & 0 \\ 0 & 0 & 0 & -\omega I_zI_r \\ 0 & 0 & 0 & 0 \\ 0 & -\omega I_zI_r & 0 & 0 \end{pmatrix}$$

$$B_2=\begin{pmatrix} 1/M & 1/M & 0 & 0 \\ L_u/I_r & L_l/I_r & 0 & 0 \\ 0 & 0 & 1/M & 1/M \\ 0 & 0 & L_u/I_r & L_l/I_r \end{pmatrix}$$

$$B_2=\begin{pmatrix} \delta\omega^2 & 0 \\ l_c\delta\omega^2 & 0 \\ 0 & \delta\omega^2 \\ 0 & l_c\delta\omega^2 \end{pmatrix}$$

**a．重心に対するモデル状態変数の座標変換**

式（24）により重心に関するモデルの状態量とセンサ観測変位間の関係は次式で表せる．ただし，$L=L_l-L_u$である．

$$\begin{pmatrix} x_g \\ \theta_y \\ y_g \\ \theta_x \end{pmatrix} = T \begin{pmatrix} X_u \\ X_l \\ Y_u \\ Y_l \end{pmatrix}$$

$$T=\begin{pmatrix} L_l/L & -L_u/L & 0 & 0 \\ -1/L & 1/L & 0 & 0 \\ 0 & 0 & L_l/L & L_u/L \\ 0 & 0 & -1/L & 1/L \end{pmatrix} \tag{27}$$

そして，状態変数の座標変換は

$$x=Gx', \quad G=\begin{pmatrix} T & 0 \\ 0 & T \end{pmatrix} \tag{28}$$

である．よって，式（25）は次式と変換できる．

$$\begin{cases} \dot{X}'=\bar{A}X'+\bar{B}U+\bar{E}(\omega) \\ A=G^{-1}AG, \quad \bar{B}=G^{-1}B, \quad \bar{E}=G^{-1}E \end{cases} \tag{29}$$

ここで，$X'=[x_1' \ x_1'^{2}]^t, x_1'=[X_u \ X_p \ Y_u \ Y_l]^t$である．

### 7.2.4　適応同定則の設計変更と回転実験

単純適応制御SACでは本来，ゲインパラメータの自動調整をPI型適応同定則で行っている．本研究でもこの通常のPI型適応同定則を用いてゲインパラメータを自動調整する多入出力単純適応制御をシミュレーションおよび実験で検証を行い，従来の制御法に比較て良好な結果が得られた．しかし，より高い即応性を実現するために，本研究では次のように適応同定則をPID（比例積分微分）型に設計変更を行う．

$$\begin{aligned} u_p(t)&=K(t)z(t) \\ z(t)&=[e_y(t)^T, x_m(t)^T, u_m(t)^T]^T \\ K(t)&=[K_e(t), K_x(t), K_u(t)] \\ K_p(t)&=-e_y(t)z(t)^T\Gamma_P \\ \dot{K}_I(t)&=-e_y(t)z(t)^T\Gamma_I-\sigma_I(t)K_I(t) \\ K_D(t)&=-\frac{de_y(t)}{dt}z(t)^T\Gamma_D \\ K(t)&=K_P(t)+K_I(t)+K_D(t) \\ \sigma_I(t)&=\sigma_1\frac{e_y(t)^Te_y(t)}{1+e_y(t)^Te_y(t)}+\sigma_2 \quad (\sigma_1, \sigma_2>0) \end{aligned} \tag{30}$$

ここで，$\Gamma_p, \Gamma_I, \Gamma_D$は正定対称なゲイン行列．また，この単純適応制御と従来の制御方法（PD・PID制御，を補償器として比較検討したシミュレーションを行ったが，紙面の関係で，単純適応制御のみの結果を述べることにする．ゼロバイアス系ではコントローラは0近辺で制御しており，出力（フライホイールの位置）が0の場合，制御電流を流さず，また規範モデルの目標値は常に0であることから，目標値の変化および規範モデルの状態変化に対するゲインパラメータの（自動）調整は不要となり，規範モデルそのものも設ける必要がなくなり，図7.22は図7.21に簡単化される．図7.21に示すように，単純適応制御はもっぱら，出力誤差フィードバックに対するゲインパラメータ調整のみ行っている．よって，システムが簡略化され，次のように制御系を設計することができる．

$$\begin{aligned} u_p(t)&=K(t)z(t) \\ z(t)&=e_y(t) \\ K(t)&=K_e(t) \\ K_P(t)&=-e_y(t)z(t)^T\Gamma_P \\ \dot{K}_I(t)&=-e_y(t)z(t)^T\Gamma_I-\sigma_I(t)K_I(t) \\ K_D(t)&=-\frac{de_y(t)}{dt}z(t)^T\Gamma_D \\ K(t)&=K_P(t)+K_I(t)+K_D(t) \\ \sigma_I(t)&=\sigma_1\frac{e_y(t)^Te_y(t)}{1+e_y(t)^Te_y(t)}+\sigma_2 \quad (\sigma_1, \sigma_2>0 \end{aligned} \tag{31}$$

図7.21のゼロバイアスPID型単純適応制御の結果について紹介する．ゼロバイアス制御はバイアス電流を用いないで制御電流のみで制御する方法で，コイルに流す電流を極小にすることで，まずは省電力型磁気軸受系を実現している．さらに，コイル電流が小さいため渦電流などの発生を抑制し，低損失型磁気軸受を実現している．そのうえ，増幅器の飽和なども抑制できる利点があり優れた性能を有している．電磁力としての吸引力でみれば線形システムであるが，コイル電流を求めるさいに非線形となるため，非線形制御とよんでいる．非線形制御であるため平衡点から軸心が大きく離れた場合やタッチダウンした場合でも容易に平衡点に復帰できるという特徴を有する．一方，欠点としてはコイル電流が小さいため，総じて軸受剛性がバイアス形より小さくなる傾向にある．このため，比較的負荷が小さいターボ分子ポンプや電力貯蔵フライホイールなど，高速回転のみを行っているシステムには好都合である．

図7.25は100 Hz，200 Hz，300 Hzの3種類についてゼロバイアス単純適応制御によるフライホイールロータの重心の軌跡を示している．図7.20ではジンバル系の固有振動数が0.2 Hz付近（図では縦軸のスケールの関係でみえない）にある．回転数が100 Hz付近には剛性2次前向き触れ回り固有振動数と，曲げ1次後ろ向き触れ回り固有振動数，そして剛性1次後ろ向き触れ回り固有振動数があるが，図7.25(a)をみ

る限り完全同期触れ回り振動のみが観測され，ジャイロ効果による非同期振動の影響がまったく現れていないことが確認できる．そして，特徴的なゼロバイアス制御法の結果が，向かい合う電磁石の電流が交互に半波正弦波となっていることからわかる．図から向かい合うコイルの片方に電流が流れているときには，もう一方のコイルには電流が流れないことがよくわかる．すなわち，制御電流のみがコイルに流れている．また，図 7.25 (a)～(c) の制御電流は少しずつ小さくなる傾向にある．これは自己平衡作用の表れで，高速回転すればするほど，慣性中心のまわりを回る性質が強くなり，より安定性が増大することによって制御電流が不要となることになる．究極は理論的にはゼロパワーとなりうるため，ゼロバイアス非線形制御をゼロパワー制御と筆者はよんでいる．

図 7.25 (b)，(c) の結果をみても，完全同期振動の応答のみが現れており，きわめて安定な応答となっている．触れ回り振幅も 100 Hz，200 Hz，300 Hz いずれも 2 μm となっており，振動特性も良好である．

図 7.26 は電気自動車が一定速度で走行するときと加速時の場合の軸心応答で，車両最高速度が時速 20 km のため，図 (a) は時速 20 km で定常走行時の軸心軌跡を示す．図 (b) は加速時の軸心軌跡で，停止時から加速して時速 20 km までの過渡振動を示す．フィードフォワード制御の線形入力整形法を適用しているために振動が小さく抑制されている．

車両が旋回するときに発生する遠心力によってジャイロ効果が誘発され，機械式軸受型フライホイール搭載車に対してジャイロ効果は運転性能に悪い影響を与えていることが報告されている．本研究では磁気軸受フライホイールであるため，まずはジャイロ効果の影響がどの程度であるかを調べた．そこで，フライホ

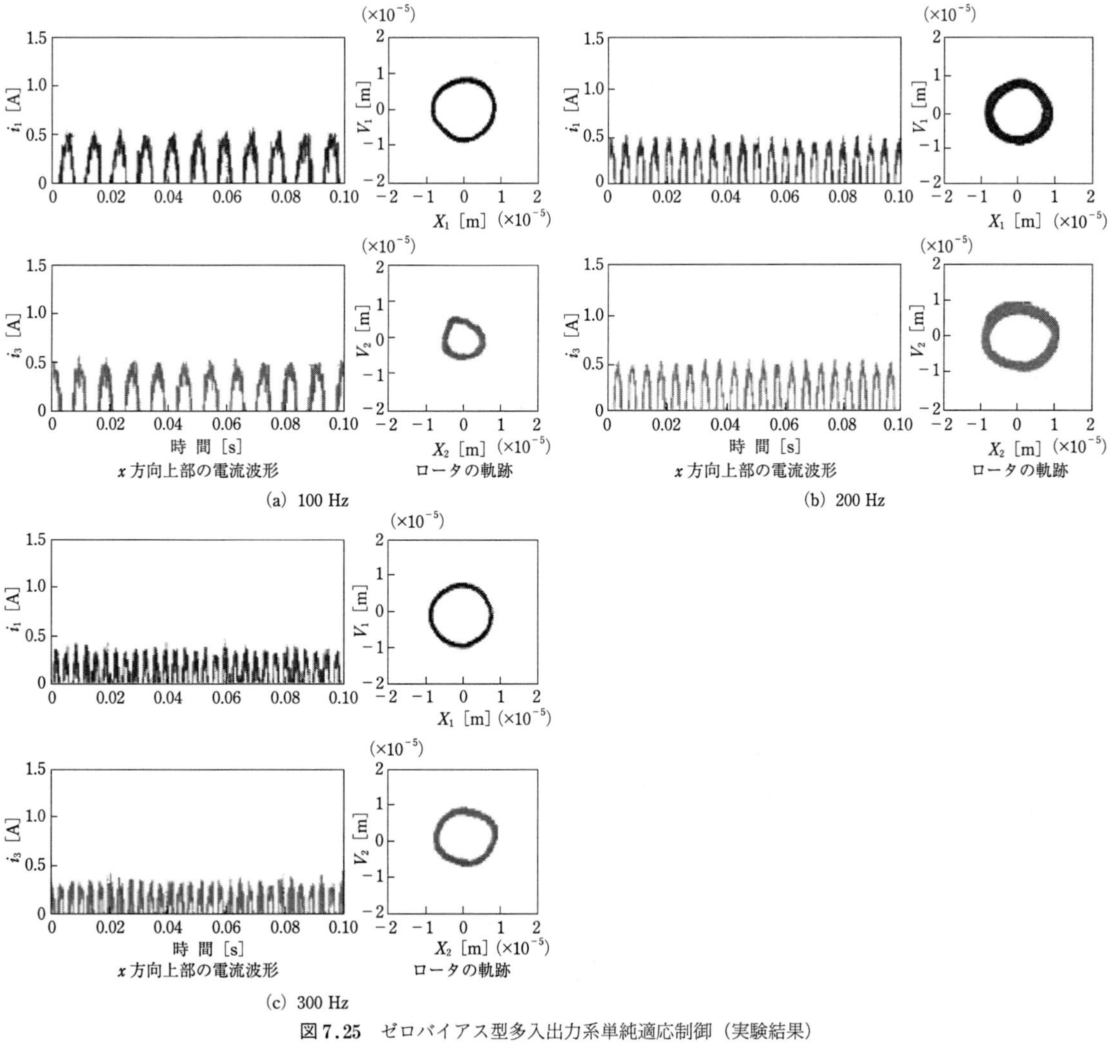


図 7.25　ゼロバイアス型多入出力系単純適応制御（実験結果）

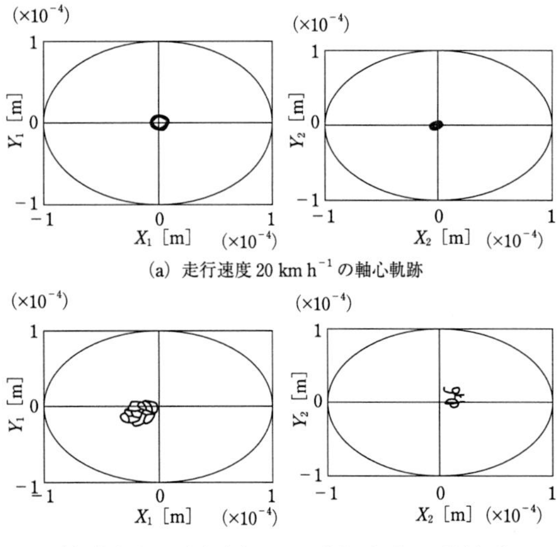


(a) 走行速度 20 km h⁻¹ の軸心軌跡

(b) 停止時から走行速度 20 km h⁻¹ まで加速した過渡振動

図 7.26　時速 20 km 走行時のフライホイールの通常状態応答と過度状態応答

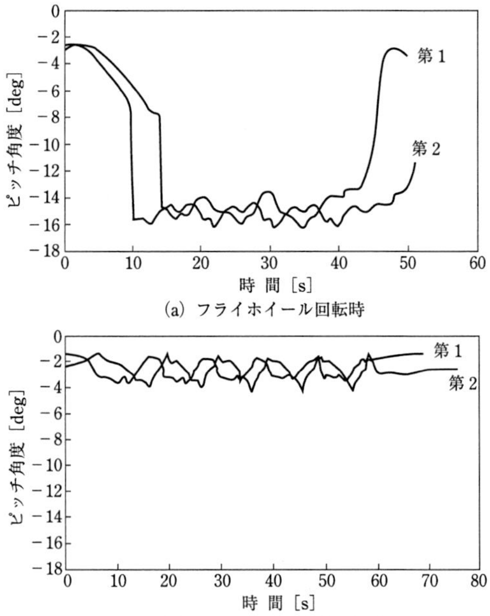


(a) フライホイール回転時

(b) フライホイール非回転時

図 7.28　フライホイール回転時・非回転時のジャイロ効果の検証

イールの回転時（100 Hz）と非回転時についてジンバルの姿勢角を計測して比較した．なお，旋回運動についてはステアリングのハンドル角度を固定して一定速度で円運動を行った．

ジンバル系の座標系は図 7.27(b) のように車両進行方向を $X$ 軸，これと直角方向を $Y$ 軸とした．車両が右旋回するときは図 7.27(a) のような遠心力が働く．$X$ 軸方向成分の遠心力は $Y$ 軸方向成分と比べて十分に小さく無視できる．右旋回時は図 7.27(b) のようなジンバル機構は $Y$ 軸の負の方向に遠心力を受ける．ケーシングの重心はジンバル機構の回転中心より下側にあるため，ジンバル機構は $X$ 軸まわりに正のモーメントを発生する．このモーメントによりジャイロ効果が生じ，図 7.28(a) のようにジンバルのピッチ角が負側に傾く．一方，非回転時は図 7.28(b) となり，傾き角度が小さいことがわかる．

以上の実験結果から大きなジャイロ効果が観測された．これに対して，図 7.18 のステア・バイ・ワイヤ駆動法による非線形入力整形法の適用によりピッチ角変動を 30% 程度に抑制できた．また，新たな実験から得られた現象としてフライホイール回転数を高速化すると，ジンバル系固有振動数が次第に低下することも明らかとなった．この点はフライホイール・ジンバル・台車系の包括的な運動方程式からも検討している．

さらに，チョッパ回路とインバータ回路のモデリングと制御にも取り組んでいる．結局大きく分けると三つの制御系がキーとなっている．一つ目はフライホイールの安定化制御，二つ目は半自律運転制御で，磁気浮上系のタッチダウンを防止するためのステアリング系とアクセル操作系がある．三つ目は充放電制御で，車両の加減速に適した充放電制御である．充放電系の構成を図 7.29 に示す．

なお，安定化制御に関しては，どのような悪路走行や

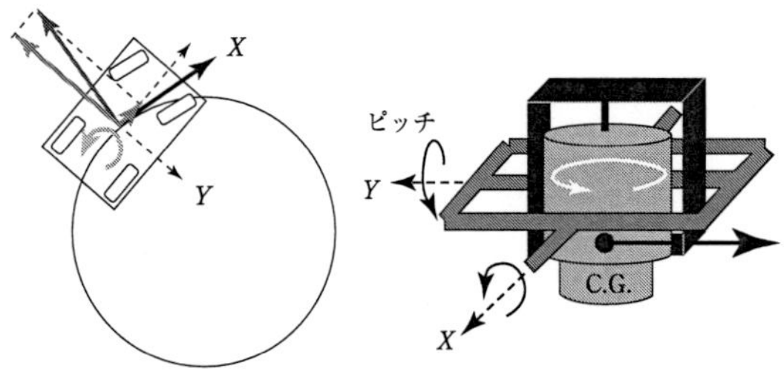


(a) 車両が右旋回するときの遠心力　(b) ジンバル系の座標

図 7.27　右旋回時のジャイロ効果の検証

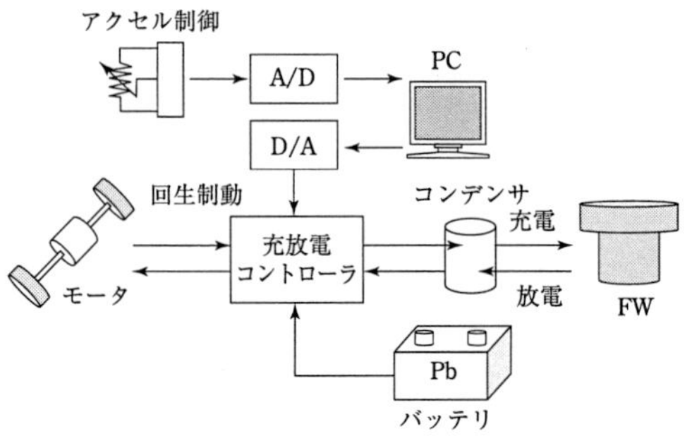


図 7.29　充放電システムの概念図

乱暴な運転にもフライホイールをタッチダウンさせないために，また，ジャイロモーメントによる操舵性・操縦性の低下を防止するために，最悪の場合を想定して能動制御系を付加することを検討中である．このエネルギーは当然ながら回生エネルギーで供給されるものであり，パッシブ系と併用して最小なエネルギーとなるよう検討中である．

充放電については，放電時に電力貯蔵フライホイールがない場合と比べると，図7.30(a)のように約50%程度の電気自動車の加速性能を向上させることができる．また，充電時は図7.30(b)から大容量電力を瞬時に電力貯蔵フライホイールに回生できることが実験から明らかである．これらの結果は電気自動車の性能を飛躍的に向上できる．

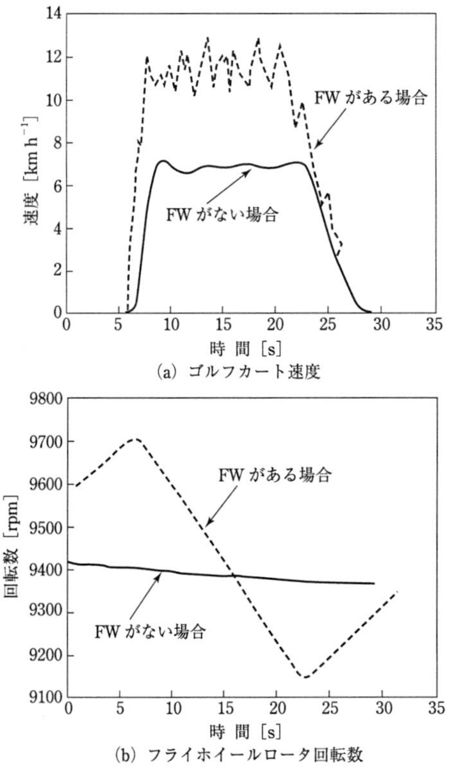

(a) ゴルフカート速度

(b) フライホイールロータ回転数

図7.30 フライホイールの有無によるゴルフカートの速度とフライホイール回転数

いずれにしても，安定化制御，ステアバイワイヤ駆動制御，充放電制御の三つの系統を最適に制御するシステムが構築されて，はじめて高性能で高効率な電力貯蔵磁気軸受フライホイール搭載電気自動車が誕生する．著者はこうした三つの系統を統括制御するスーパーバイザー制御系の構築に向けて，研究を行っている．

## おわりに

電力貯蔵磁気軸受フライホイール搭載型電気自動車の研究の一端を紹介した．本研究はパワーエレクトロニクス系とメカ車両系およびロータダイナミクス・ジンバル系が複雑に連成干渉しており，各要素技術を完全に制御すること，さらには，スーパーバイザー制御器が全体を最適化することで，初めて高効率で究極のエコカーである電力貯蔵磁気軸受フライホイール搭載型電気自動車が実現できると思われる．また，実験から初めて明らかとなった現象などが発生し，大変興味深い領域であると感じている．地球温暖化防止の観点から，ここで紹介したような3R技術（recycle, reuse, reduction）は今後ますます重要になると思われる．関係の研究者・技術者の一助になれば幸いである．

［野波健蔵］

## 参考文献


1) I. Bar-Kana, H. Kaufman (1988)：Simple Adaptive Control of Uncertain Systems, *J. Adaptive Control and Signal Processing*, **2**：133/143.
2) Iwai, Ohtomo, Mizumoto (1991)：Simple Robust Adaptive Conrol Systems, *Transactions of Instruments and Control Engineers*, **27**(3)：306-313.
3) I. Bar-Kana, H. Kaufman (1985)：Robust Simplified Adaptive Control for a Class of Multivariable Continuous-Time Systems, *24th IEEE CDC*, p. 141-146.
4) I. Bar-Kana, H. Kaufman (1984)：Low-Order Model Reference Direct Multivariable Adaptive Control, *Proceedings of ACC*, p. 1259-1264.
5) I. Bar-Kana (1987)：Parallel Feedforward and Simplified Adaptive Control, *J. Adaptive Control and Signal Processing*, **1**(2)：95-109.
6) I. Zenta (1990)：Simple Adaptive Control(SAC), Computrol No. 32, p. 66-72, Corona Publisher.
7) I. Zenta, I. Mizumoto (1993)：Simple Adaptive Control for MIMO Systems-A Generalized Design Method based on Parallel Feedforward Compensator-, *Transactions of the Society of Instrument and Control Engineers*, **29**(2)：159-168.
8) K. Sobel, H. Kaufman, L. Mabius (1982)：Implicit Adaptive Control for a Class of MIMO Systems, *IEEE Trans. Aerospace and Electronic Systems*, **AES-18**(5)：576-589.
9) I. Tetsuya (1997)：LMI and Control, Shokodo.
10) J. R. Broussard, M. J. O'Brien (1980)：Feedforward Control to Track the Output of a Forced Model, *IEEE Trans.*, **AC-25**(4)：851-853.
11) Karl J. Astrom, B. Wittenmark (1995)：Adaptive Control (2nd ed.), Addison-Wesley.
12) P. A. Ioannou (1996)：Robust Adaptive Control, Prentice Hall Inc.
13) K. Nonami, B. Rachmanto, *et. al*. (2008)：AMB Flywheel-Powered Electric Vehicle, *The Eleventh International Symposium on Magnetic Bearings, Proc*, p. 232-237.
14) B. Rachmanto, K. Nonami (2008)：Zero Bias MIMO Simple Adaptive Control on Low-Loss Homopolar Flywheel with Active Magnetic Bearings, Dynamics and Design

Conference, The Japan Society of Mechanical Engineers.
15) 佛慈浪漫人，野波健蔵（2009）：低損失ホモポーラ磁気軸受フライホイールのゼロバイアス単純適応制御（PID 適応同定則を用いた多入力多出力系制御）．日本機械学会論文集 C 編，**75**(757)：2507-2514．

## 7.3　磁気案内エレベータ

### 7.3.1　磁気案内エレベータの概要

超高層ビルに導入される超高速エレベータではかごの昇降速度が高いため，案内用ガイドレールの据付精度が直接乗り心地に影響する．さらに，従来の車輪による接触式の案内装置では高速昇降時に発生する案内車輪の転動音も問題となる．こうした乗り心地を左右する noise, hiss, vibration の問題を解消するための一手段として，磁気浮上による非接触案内装置をかごに装着した磁気案内エレベータが開発された．従来の案内車輪によるガイドでは，車輪がガイドレールに対して点で接触するのに対し，磁気浮上による非接触案内では磁石ユニットの磁極が面でガイドレールに対向する．このため，レール不整に起因する振動が格段に低下する．

磁気浮上のこうした特性と従来の車輪案内装置との互換性，コストの観点から，エレベータの場合には鉄製のレールに電磁石吸引力を作用させる常電導吸引型磁気浮上方式がもっとも適当だと考える．永久磁石と電磁石で案内用磁石ユニットを構成してゼロパワー制御[1]を施すと，定常状態でほとんど電力を消費しない非接触案内装置が実現できる．また，エレベータではガイドレールの不整に起因する外力を絶縁するため，案内装置のばね定数は可能な限り小さく設定されている．したがって，かごはガイドレールに対して十分柔らかく案内されており，柔らかな案内には大きなサスペンションストロークが必要である．ゼロパワー制御は広いギャップ長でも永久磁石のバイアス磁束により電磁石励磁電流の起磁力を効果的に吸引力に変換することができるので，大きなサスペンションストロークには有利である[2]．

常電導吸引式磁気浮上方式で非接触支持を行うにはフィードバック制御による系の安定化制御が不可避である．ここでは，磁気案内エレベータの非接触案内制御について紹介する．そのさい，案内力となるべき電磁吸引力を発生する磁石ユニットについても言及し，案内力制御の原理についても解説する．

### 7.3.2　非接触案内の原理

図 7.31 に示すように，エレベータのかごはかご枠とその内側に搭載されるかご室で構成されている．そして，かご枠上梁の中央部がメインロープの端に吊るされている．また，かご枠下梁中央部には重量補償用のロープ（コンペンロープ）が吊るされており，かご側コンペンロープはコンペンシーブの重量の半分を支持している．磁気案内エレベータでは，かご枠の四隅に従来の案内用車輪に替えて磁石ユニットが取り付けられている．磁石ユニットは昇降路に敷設された鉄製のガイドレールに 3 方向から対向する磁極を備えており，各磁極とガイドレールとの間に生じる吸引力でかごを非接触案内する．

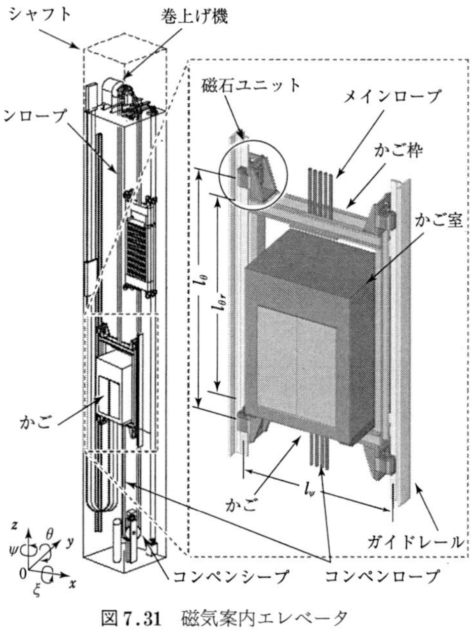


**図 7.31**　磁気案内エレベータ

磁石ユニットは図 7.32 に示すように永久磁石と電磁石を組み合わせて構成されており，二つの永久磁石が発生する磁束と同方向に磁束が形成されるようにコイルを励磁することで，$x$ 方向の吸引力を制御する．一方，片側の永久磁石の磁束と異なる向きに磁束を形成するようにコイルを励磁することで，$y$ 方向の吸引力を制御する．以上の励磁方法によって，各磁石ユニットの 2 軸（$x, y$ 方向）の吸引力が独立に制御される．実際にかごに作用する案内力は，$x$ 方向に関しては図 7.33 に示すように左右に設置された磁石ユニットの吸引力の差が案内力となり，$y$ 方向の案内力は磁石ユニット単体の対向している磁極どうしの吸引力の差が案内力となる．それぞれの磁石ユニットの発生す

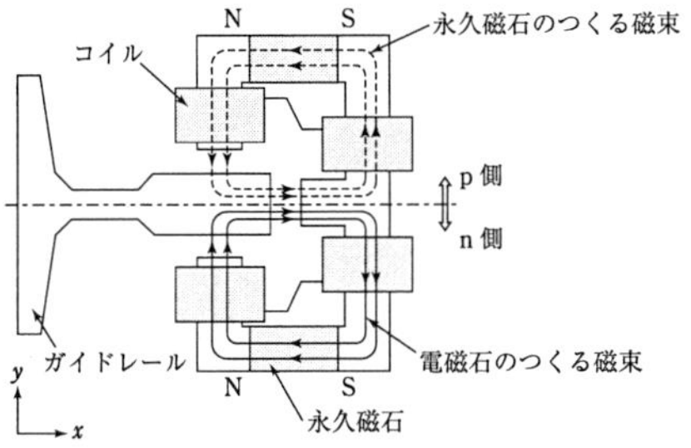


(a) $x$ 方向吸引力

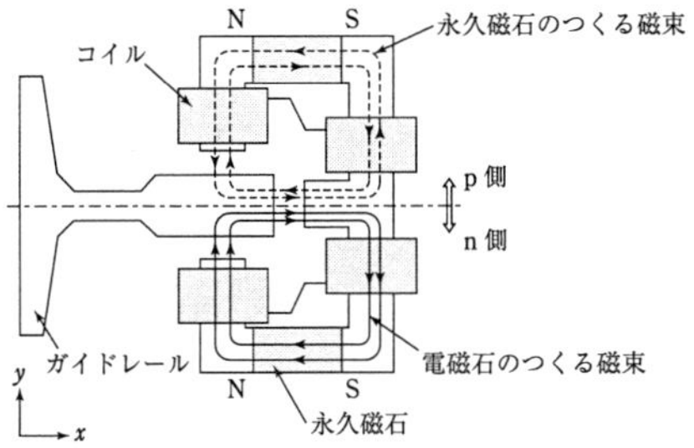


(b) $y$ 方向吸引力

**図 7.32**　コイル励磁と磁石ユニットの吸引力（磁石ユニット b）

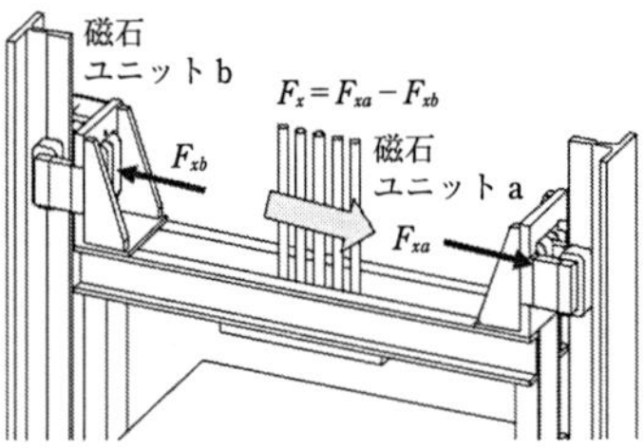


**図 7.33**　$x$ 方向案内力

る吸引力を図 7.31 のかごの各軸の運動に寄与する成分に分解し，それぞれの軸ごとに安定化制御を施してかごを非接触で案内する．

### 7.3.3　磁気案内系のモデリング

図 7.31 のかごの各軸ごとの磁気案内系は次のようにモデル化される[3)]．

$M$　：かご枠・かごの質量の総和

$M_r$　：かご下コンペンロープ質量

$M_c$　：コンペンシーブ質量

$I_\theta$　：重心を貫く $y$ 軸まわりの慣性モーメント

$I_\xi$　：重心を貫く $x$ 軸まわりの慣性モーメント

$I_\psi$　：重心を貫く $z$ 軸まわりの慣性モーメント

$l_\psi$　：磁石ユニットの左右間隔

$l_\theta$　：磁石ユニットの上下間隔

$l_{\theta r}$　：メインロープとコンペンロープのかご側取り付け位置間隔

$l'_{\theta r}$　：重心からメインロープかご側下端までの高さ

$F_{ij}$　：磁石ユニット $j$ の $i$ 方向吸引力（$i=x$ または $y$, $j=a, b, c$ または $d$）

$U_x, U_y$：$x, y$ モードの外力

$T_\theta, T_\xi, T_\psi$：$\theta, \xi, \psi$ モードの外乱トルク

$L_{x0}$：ノミナルギャップ長における磁石ユニット各コイルの自己インダクタンス

$M_{x0}$：同磁石ユニット各コイル間の相互インダクタンス

$\Phi_b$　：磁石ユニット b のコイル p に起因する主磁束

$x_j$　：磁石ユニット $j$ の $x$ 方向ギャップセンサ検出値

$y_j$　：磁石ユニット $j$ の $y$ 方向ギャップセンサ検出値

$\Delta$　：ノミナル値からの偏差

変微分記号をノミナル値での数値変微分とし

$i_{ij}, e_{ij}$：次式で定義される磁石ユニット $j$ の $i$ 方向励磁電流および同電圧

$$i_{xj} = \frac{i_j + i'_j}{2}, \quad e_{xj} = \frac{e_j + e'_j}{2},$$

$$i_{yj} = \frac{i_j - i'_j}{2}, \quad e_{yj} = \frac{e_j - e'_j}{2}$$

ここで，

$i_j, e_j$：磁石ユニット $j$ の p 側コイルの励磁電流および同励磁電圧（永久磁石の磁束を強める方向が正）

$i'_j, e'_j$：磁石ユニット $j$ の n 側コイルの励磁電流および同励磁電圧（永久磁石の磁束を強める方向が正）

とすれば，図 7.31 の座標系に基づくエレベータかごの運動は次の五つの線形モードで表される．

① $y$ モード：　かご枠・かご部重心の $y$ 方向の運動

$$\begin{cases} M\Delta\ddot{y} = 4\dfrac{\partial F_{yb}}{\partial y_b}\Delta y + 8\dfrac{\partial F_{yb}}{\partial i_b}\Delta i_y + U_y \\ (L_{x0} + M_{x0})\Delta\dot{i}_y = -N\dfrac{\partial \Phi_b}{\partial y_b}\Delta\dot{y} - R\Delta i_y + e_y \end{cases} \tag{32}$$

ただし，

$$\Delta y = \frac{\Delta y_a + \Delta y_b + \Delta y_c + \Delta y_d}{4}$$

$$\Delta i_y = \frac{\Delta i_{ya} + \Delta i_{yb} + \Delta i_{yc} + \Delta i_{yd}}{4}$$

$$e_y = \frac{\Delta e_{ya} + \Delta e_{yb} + \Delta e_{yc} + \Delta e_{yd}}{4}$$

② $x$ モード：　かご枠・かご部重心の $x$ 方向の運動

$$\begin{cases} M\Delta\ddot{x} = 4\dfrac{\partial F_{xb}}{\partial x_b}\Delta x + 8\dfrac{\partial F_{xb}}{\partial i_b}\Delta i_x + U_x \\ (L_{x0} - M_{x0})\Delta\dot{i}_x = -N\dfrac{\partial \Phi_b}{\partial x_b}\Delta\dot{x} - R\Delta i_x + e_x \end{cases} \tag{33}$$

ここで，

$$\Delta x=\frac{-\Delta x_a+\Delta x_b+\Delta x_c-\Delta x_d}{4}$$

$$\Delta i_x=\frac{-\Delta i_{xa}+\Delta i_{xb}+\Delta i_{yc}-\Delta i_{yd}}{4}$$

$$e_x=\frac{-\Delta e_{xa}+\Delta e_{xb}+\Delta e_{xc}-\Delta e_{xd}}{4}$$

③ $\theta$ モード：　かご枠･かご部の重心を通る $y$ 軸まわりの回転運動

$$\begin{cases} I_\theta\Delta\ddot{\theta}=\left(l_\theta^2\dfrac{\partial F_{xb}}{\partial x_b}-g\left(\left(M_r+\dfrac{M_c}{2}\right)l_{\theta r}+Ml'_{\theta r}\right)\right)\Delta\theta \\ \qquad +2l_\theta^2\dfrac{\partial F_{xb}}{\partial i_b}\Delta i_\theta+T_0 \\ (L_{x0}-M_{x0})\Delta\dot{i}_\theta=-N\dfrac{\partial\Phi_b}{\partial x_b}\Delta\dot{\theta}-R\Delta i_0+e_\theta \end{cases} \tag{34}$$

ここで，

$$\Delta\theta=\frac{-\Delta x_a+\Delta x_b-\Delta x_c+\Delta x_d}{2l_\theta}$$

$$\Delta i_\theta=\frac{-\Delta i_{xa}+\Delta i_{xb}-\Delta i_{xc}+\Delta i_{xd}}{2l_\theta}$$

$$e_\theta=\frac{-\Delta e_{xa}+\Delta e_{xb}-\Delta e_{xc}+\Delta e_{xd}}{2l_\theta}$$

④ $\xi$ モード：　かご枠･かご部の重心を通る $x$ 軸まわりの回転運動

$$\begin{cases} I_\xi\Delta\ddot{\xi}=\left(l_\theta^2\dfrac{\partial F_{yb}}{\partial y_b}-g\left(\left(M_r+\dfrac{M_c}{2}\right)l_{\theta r}+Ml'_{\theta r}\right)\right)\Delta\xi \\ \qquad +2l_\theta^2\dfrac{\partial F_{yb}}{\partial i_b}\Delta i_\xi+T_\xi \\ (L_{x0}+M_{x0})\Delta\dot{i}_\xi=-N\dfrac{\partial\Phi_b}{\partial y_b}\Delta\dot{\xi}-R\Delta i_\xi+e_\xi \end{cases} \tag{35}$$

ここで，

$$\Delta\xi=\frac{-\Delta y_a-\Delta y_b+\Delta y_c+\Delta y_d}{2l_\theta}$$

$$\Delta i_\xi=\frac{-\Delta i_{ya}-\Delta i_{yb}+\Delta i_{yc}+\Delta i_{yd}}{2l_\theta}$$

$$e_\xi=\frac{-\Delta e_{ya}-\Delta e_{yb}+\Delta e_{yc}+\Delta e_{yd}}{2l_\theta}$$

⑤ $\psi$ モード：かご枠・かごの重心を通る $z$ 軸まわりの回転運動

$$\begin{cases} I_\psi\Delta\ddot{\psi}=l_\psi^2\dfrac{\partial F_{yb}}{\partial y_b}\Delta\psi+2l_\psi^2\dfrac{\partial F_{yb}}{\partial i_b}\Delta i_\psi+T_\psi \\ (L_{x0}+M_{x0})\Delta\dot{i}_\psi=-N\dfrac{\partial\Phi_b}{\partial y_b}\Delta\dot{\psi}-R\Delta i_\psi+e_\psi \end{cases} \tag{36}$$

ここで，

$$\Delta\psi=\frac{\Delta y_a-\Delta y_b-\Delta y_c+\Delta y_d}{2l_\psi}$$

$$\Delta i_\psi=\frac{\Delta i_{ya}-\Delta i_{yb}-\Delta i_{yc}+\Delta i_{yd}}{2l_\psi}$$

$$e_\psi=\frac{\Delta e_{ya}-\Delta e_{yb}-\Delta e_{yc}+\Delta e_{yd}}{2l_\psi}$$

また，ゼロパワー制御を適用するにあたり，かご枠のねじれ，同相のひずみ，逆相のひずみに関する電圧方程式系をそれぞれ $\delta$ モード，$\zeta$ モード，$\gamma$ モードとして追加し，駆動回路のオフセットによらずすべてのコイルで電流を0に収束させる．各電圧方程式系は次のように表せる．

① $\delta$ モード：　かご枠上下梁の重心を通る $z$ 軸まわりのねじれ運動

$$(L_{x0}+M_{x0})\Delta\dot{i}_\delta=-N\frac{\partial\Phi_b}{\partial y_b}\Delta\dot{\delta}-R\Delta i_\delta+e_\delta \tag{37}$$

ここで，

$$\Delta\delta=\frac{\Delta y_a-\Delta y_b+\Delta y_c-\Delta y_d}{2l_\psi}$$

$$\Delta i_\delta=\frac{\Delta i_{ya}-\Delta i_{yb}+\Delta i_{yc}-\Delta i_{yd}}{2l_\psi}$$

$$e_\delta=\frac{\Delta e_{ya}-\Delta e_{yb}+\Delta e_{yc}-\Delta e_{yd}}{2l_\psi}$$

② $\zeta$ モード：　かご枠左右柱の $z$ 軸に平行に膨張または収縮するひずみ

$$(L_{x0}-M_{x0})\Delta\dot{i}_\zeta=-N\frac{\partial\Phi_b}{\partial x_b}\Delta\dot{\zeta}-R\Delta i_\zeta+e_\zeta \tag{38}$$

ここで，

$$\Delta\zeta=\frac{\Delta x_a+\Delta x_b+\Delta x_c+\Delta x_d}{4}$$

$$\Delta i_\zeta=\frac{\Delta i_{xa}+\Delta i_{xb}+\Delta i_{xc}+\Delta i_{xd}}{4}$$

$$e_\zeta=\frac{\Delta e_{xa}+\Delta e_{xb}+\Delta e_{xc}+\Delta e_{xd}}{4}$$

③ $\gamma$ モード：　かご枠左右柱の $y$ 軸まわりに逆相回転するひずみ

$$(L_{x0}-M_{x0})\Delta\dot{i}_\gamma=-N\frac{\partial\Phi_b}{\partial x_b}\Delta\dot{\gamma}-R\Delta i_\gamma+e_\gamma \tag{39}$$

ここで，

$$\Delta\gamma=\frac{\Delta x_a+\Delta x_b-\Delta x_c-\Delta x_d}{2l_\theta}$$

$$\Delta i_\gamma=\frac{\Delta i_{xa}+\Delta i_{xb}-\Delta i_{xc}-\Delta i_{xd}}{2l_\theta}$$

$$e_\gamma=\frac{\Delta e_{xa}+\Delta e_{xb}-\Delta e_{xc}-\Delta e_{xd}}{2l_\theta}$$

式（32）から式（36）は以下のように3次の同一形式の状態方程式で表すことができる．

$$\dot{\boldsymbol{x}}_3=\boldsymbol{A}_3\boldsymbol{x}_3+\boldsymbol{b}_3u_3+\boldsymbol{d}_3v_3 \tag{40}$$

ここで，$\boldsymbol{x}_3, \boldsymbol{A}_3, \boldsymbol{b}_3, \boldsymbol{d}_3, v_3$ は，

$$\boldsymbol{x}_3=[\varDelta y\ \ \varDelta\dot{y}\ \ \varDelta i_y]^T,\quad [\varDelta x\ \ \varDelta\dot{x}\ \ \varDelta i_x]^T,$$
$$[\varDelta\theta\ \ \varDelta\dot{\theta}\ \ \varDelta i_\theta]^T,\quad [\varDelta\xi\ \ \varDelta\dot{\xi}\ \ \varDelta i_\xi]^T$$
$$\text{または}\quad [\varDelta\psi\ \ \varDelta\dot{\psi}\ \ \varDelta i_\psi]^T$$

$$\boldsymbol{A}_3=\begin{bmatrix}0 & 1 & 0\\ a_{21} & 0 & a_{23}\\ 0 & a_{32} & a_{33}\end{bmatrix}$$

$$\boldsymbol{b}_3=\begin{bmatrix}0\\ 0\\ b_{31}\end{bmatrix},\quad \boldsymbol{d}_3=\begin{bmatrix}0\\ d_{21}\\ 0\end{bmatrix}$$

$$v_3=U_y,\ \ U_x,\ \ T_\theta,\ \ T_\xi\quad \text{または}\quad T_\psi$$

の行列を表す．$u_3$ はそれぞれのモードを安定化するための制御電圧

$$u_3=e_y,\ \ e_x,\ \ e_\theta,\ \ e_\xi\quad \text{または}\quad e_\psi$$

であり，$u_3$ は外乱で $x, y$ モードでは重心に作用する外力 $U_i(i=x$ または $y)$，他のモードでは外乱トルク $T_k(k=\theta, \xi$ または $\psi)$ である．

同様に，式（37）から式（39）は状態ベクトルを

$$x_1=\varDelta i_\delta,\quad \varDelta i_\zeta,\quad \varDelta i_\gamma$$

とすれば，次の1次の状態方程式で表せる．

$$\dot{x}_1=A_1x_1+b_1u_1+d_1v_1 \tag{41}$$

ここで，$u_1$ は $\delta, \zeta, \gamma$ モードの制御電圧，$v_1$ は各モードのオフセット電圧である．

### 7.3.4　安定化制御

磁気案内エレベータでは，図7.31の5軸（$x, y, \theta, \xi, \psi$）について図7.34に示すアンチワインドアップ対策を施した電流積分型ゼロパワー制御で系の安定化を図ることができる．これにより，負荷の有無にかかわらず各磁石ユニットの励磁電流を0に収束させながら，かごを非接触で案内する．電流積分型ゼロパワー制御では，過大な外力でかごがガイドレールに接触した場合に再び非接触状態に戻ることを保証するため，アンチワインドアップ対策が不可欠である．

さらに，各制御軸における速度信号および外力を推定するために最小次元状態観測器（以下，オブザーバという）が組み込まれている．このオブザーバは，ギャップセンサで検出される各磁石ユニットのギャップ長情報から低ノイズの速度信号を生成するとともに，推定外力を各磁石ユニットの電磁石励磁電圧にフィードバックすることで，外力に対する系のロバスト安定性を向上させている．

オブザーバは次式で与えられる．

$$\begin{cases}\dot{\boldsymbol{z}}_{ob}=\hat{\boldsymbol{A}}\boldsymbol{z}_{ob}+\hat{\boldsymbol{B}}\boldsymbol{y}+\hat{\boldsymbol{E}}u\\ \hat{\boldsymbol{x}}_d=\hat{\boldsymbol{C}}\boldsymbol{z}_{ob}+\hat{\boldsymbol{D}}\boldsymbol{y}\end{cases} \tag{42}$$

ただし，$\boldsymbol{z}_{ob}$ はオブザーバの状態ベクトル，

$$\hat{\boldsymbol{A}}=\begin{bmatrix}-\alpha_1 & d_{21}\\ -\alpha_2 & 0\end{bmatrix}$$

$$\hat{\boldsymbol{B}}=\begin{bmatrix}a_{21}+\alpha_2d_{21}-\alpha_1^2 & a_{23}\\ -\alpha_1\alpha_2 & 0\end{bmatrix}$$

$$\hat{\boldsymbol{C}}=\begin{bmatrix}0 & 1 & 0 & 0\\ 0 & 0 & 0 & 1\end{bmatrix}^T$$

$$\hat{\boldsymbol{D}}=\begin{bmatrix}1 & \alpha_1 & 0 & \alpha_2\\ 0 & 0 & 1 & 0\end{bmatrix}^T,\quad \hat{\boldsymbol{E}}=\begin{bmatrix}0\\ 0\end{bmatrix}$$

ここで，$\alpha_1, \alpha_2, \alpha_3$ はオブザーバの極を決定するパラメータである．

このとき，$F_4$ を外力フィードバックのパラメータとして制御入力 $u$ は下式となる．

$$u=-\boldsymbol{F}_d\hat{\boldsymbol{x}}_d+\boldsymbol{K}\int\boldsymbol{Cx}\,dt \tag{43}$$

ただし，

$$\boldsymbol{F}_d=[F_1\ \ F_2\ \ F_3\ \ F_4],\ \boldsymbol{C}=\begin{bmatrix}1 & 0 & 0\\ 0 & 0 & 1\end{bmatrix},\ \boldsymbol{K}=[0\ \ K_3]$$

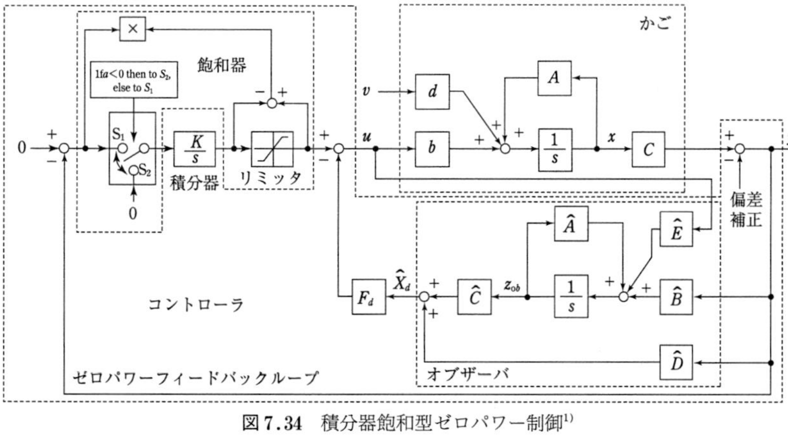


図7.34　積分器飽和型ゼロパワー制御[1)]

である．

ここで，外力の増大で積分器が飽和した場合を考える．電流積分が停止することから $K_3=0$ としてその場合の外力 $v_3$ からギャップ長偏差 $\varDelta z(\varDelta x, \varDelta y, \varDelta\theta, \varDelta\xi, \varDelta\psi)$ に至る伝達関数を考慮すると，推定外力に対するフィードバック定数 $F_4$ を

$$F_4=\frac{d_{21}}{a_{23}}\left(F_3-\frac{a_{33}}{b_{31}}\right)$$

と設定することにより，さらなる外力の増加に対してギャップ長を一定に保つ効果を付与できる[4]．

### 7.3.5　機械系共振対策

機械系共振を回避する手法としてはノッチフィルタを介して制御入力を制御対象に入力する手法が一般的であるが，機械系の共振周波数が把握されていないと調整が困難になる．また，こうした対策では柔らかい支持を行っている案内特性が変化するおそれもある．

常電導吸引式磁気浮上系を安定化する場合，振動的な過渡応答の抑制に速度信号のフィードバックが用いられる．速度信号は，ギャップセンサで得られる変位信号を擬似微分器で微分するか，変位信号とコイル電流信号からオブザーバを用いて高周波ノイズを抑圧して生成される．このため，変位や電流信号に比べて速度信号の位相が遅れ，共振発生の原因となることが多い．実際，振動的な過渡特性を許容して速度ゲインを小さくすれば機械共振が回避できることも少なくない．以下では，磁気案内エレベータに適用した共振対策を説明する[5]．

図7.34のコントローラにおいて，ノッチフィルタで共振周波数の成分を除去するとともに，位相進み補償を施した変位信号を最小次元オブザーバの $\hat{\boldsymbol{B}}$ に入力する．図7.35に共振除去フィルタの構成を示す．

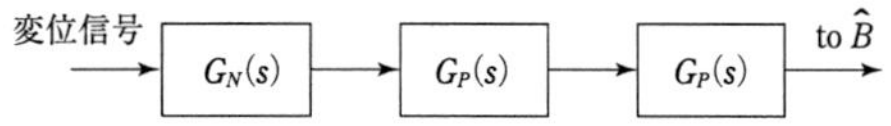


図7.35　共振除去フィルタ

ノッチフィルタと進み位相補償要素の伝達関数 $G_N(s)$，$G_P(s)$ は，それぞれ次式となる．

$$G_N(s)=\frac{s^2+2\beta\varsigma\omega_n s+\omega_n^2}{s^2+2\varsigma s+\omega_n^2} \tag{44}$$

$$G_P(s)=\frac{1+\alpha T_n s}{1+T_n s} \tag{45}$$

ここに，$f_n$ をノッチのターゲット周波数（共振周波数）として，$\omega_n=2\pi f_n$，$T_n=1/\omega_n$ である．また，$\beta$ は $f_n$ におけるゲイン，$\varsigma$ は帯域幅のパラメータ，$\alpha$ はゲインパラメータである．

図7.35では位相進み補償要素が直列に配置されている．これは，位相進み補償の次数をノッチフィルタの次数と合わせることにより，共振周波数より低周波数帯域で位相特性の相殺を容易にするためである．また，通常のノッチフィルタでは $\beta=0$ であるが，共振周波数近傍での速度ゲイン低下による励振効果の低減と位相特性の連続性を維持するため，あえて $\beta$ を設定している．

ノッチフィルタのターゲット周波数を設定するには，ガイドレール側構造物とかご側構造物の構造解析が有用である．構造解析で共振周波数を求め，周波数の低い方から順に共振除去フィルタを直列に設定する．このとき，$G_P(s)$ の高周波側のゲインが $\alpha$ 倍になることから，共振除去フィルタの数は必要最小限とする．

共振除去フィルタのパラメータは，たとえば次のように設定される．はじめに，ノッチフィルタ $G_N(s)$ における $f_n$ の初期値を解析値に設定する．同時に，ノッチフィルタの帯域幅 $2\varsigma\omega_n$ を $\varsigma=1.0$ と設定し，実際の共振周波数と解析値との差異を許容する．

次に図7.36に示すノッチフィルタ $G_n(s)$ のボード線図から，ターゲット周波数 $f_n$ 近傍での位相特性の連続性と速度ゲイン減少率を勘案し，$\beta$ を $\beta=0.2$ と設定する．最後に，共振除去フィルタの伝達関数 $G_N(s)G_P(s)^2$ のボード線図から，ターゲット周波数 $f_n$ より低周波数域での位相遅れができるだけ0に近づくよう，$\alpha$ を $\alpha=2.0$ と設定する．図7.37に共振除去フィルタのボード線図を示す．

このように構成される共振除去フィルタではゲイン特性と位相特性がターゲット周波数 $f_n$ の変更に伴って平行移動する．このため，ターゲット周波数に対する位相特性を維持した状態で実際の共振周波数へのチューニングを容易に行うことができる．

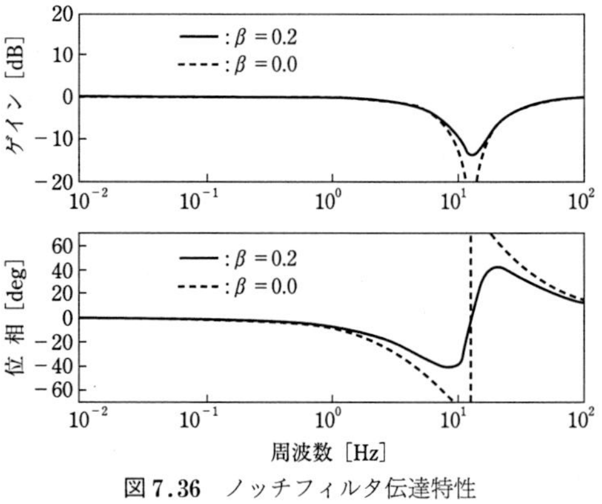


図7.36　ノッチフィルタ伝達特性

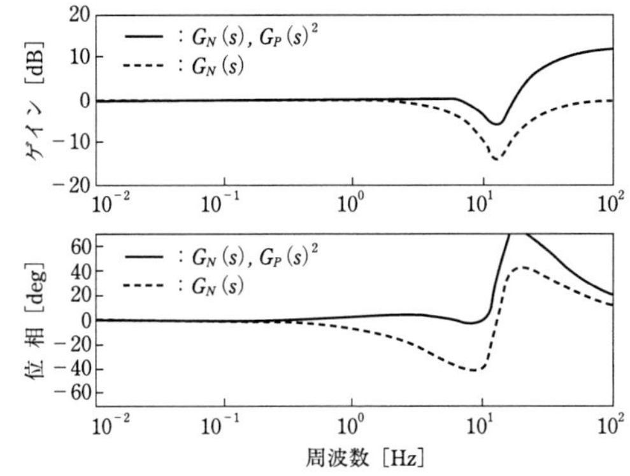

図 7.37 共振除去フィルタ伝達特性

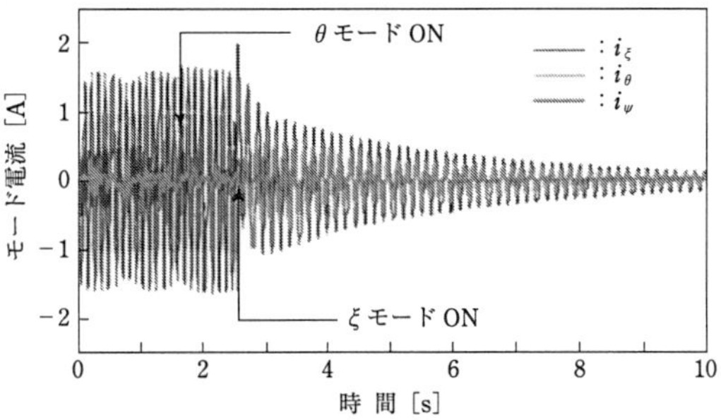

図 7.38 共振除去フィルタの効果

共振除去フィルタの検証実験結果を図 7.38 に示す．かごを安定に非接触案内した状態で $\xi$ モードと $\theta$ モードの速度フィードバックゲインを大きめに変更して共振状態を発生させた．コイル電流データから測定した共振周波数は，$\xi$ モードが 9.0 Hz，$\theta$ モードが 10.0 Hz である．各モードの共振除去フィルタのターゲット周波数をそれぞれの共振周波数に設定した後，共振除去フィルタを 1.66 s で $\theta$ モードを ON，2.56 s で $\xi$ モードを ON とすることによりフィルタの効果を検証した．

共振状態では $\xi$ モードと $\theta$ モードの共振周波数の差により約 1.0 Hz のうなりが生じている．この状態から $\theta$ モードを ON すると $\theta$ モードの共振は 1 秒以内に除去される．次に $\xi$ モードを ON にすると，$\xi$ モードの振動が $\psi$ モードに振動を励起していることがわかる．その後，二つのモード電流は 6.7 Hz で振動しながら時間とともに 0 に収束する．

この結果は，共振除去フィルタが実際に有効であることを示すとともに，共振が $\xi$ モードと $\psi$ モードの電磁力によって生じていることを示唆している．共振除去フィルタにより $\xi$ モードの共振周波数励振が除去されたため，この変形モードにおける機械的な減衰力が励振力より大きくなり，振動が徐々に収まったと推測できる．

### 7.3.6 レール継目ノイズの低減

磁気案内系の安定化には各磁石ユニットとガイドレール間のギャップ長を検出することが必要であり，磁石ユニットの近傍には渦電流式のギャップセンサが取り付けられている．一方，エレベータのガイドレールには一定間隔で継目が存在する．このため，ギャップ長から演算される各制御軸に関する変位信号に継目ノイズが混入することが避けられない．ここでは，図 7.39 に示すように，磁石ユニットの両端に配置した二つのギャップセンサを用いて継目ノイズを低減する計測手法を紹介する[6]．

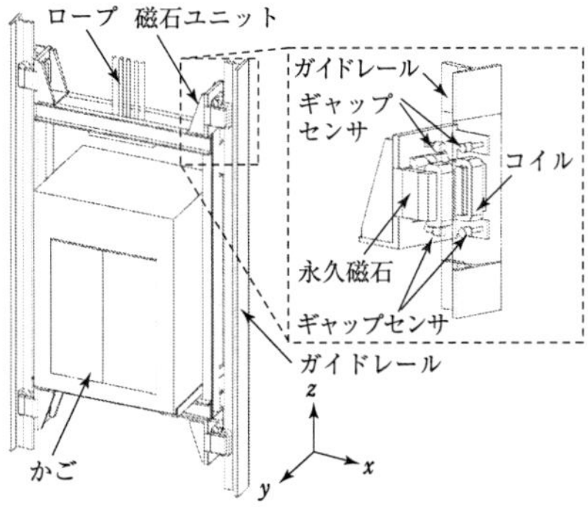

図 7.39 エレベータ非接触案内装置

一般に，二つのセンサでギャップ長を検出し磁気支持する場合には，各センサ出力の平均値を用いて磁石ユニット位置でのギャップ長を演算する．しかし平均値を使う場合，影響は半分程度に低減されるものの，一方のセンサが継ぎ目を通過するさいに生じる信号の乱れが制御系に入力される．一方，ノイズの影響を小さくするためにフィルタなどで高周波信号を除去すると，変位信号に応答遅れが生じ，急峻なかごの動きに追従することができずに制御系が不安定になる．したがって，磁気案内系において変位信号を処理する場合には，不要な信号の乱れを除去しつつ，被支持体の動きに十分に追従可能な処理が求められる．実際には，図 7.40 に示す信号処理系を適用した．

図 7.40 の信号処理系は，大きく二つのブロックに分けて構成される．前半部は二つのセンサ信号の定常的な差異を補正する差異補正部，後半部は滑らかな信号を選択的に出力する信号選択出力部である．前半の差異補正部では，磁石ユニットの上下に設置された二つのセンサ信号の差を積分してフィードバックすることにより，二つのセンサの定常的な差をその平均値に収束させている．フィードバック系に適当なゲインを

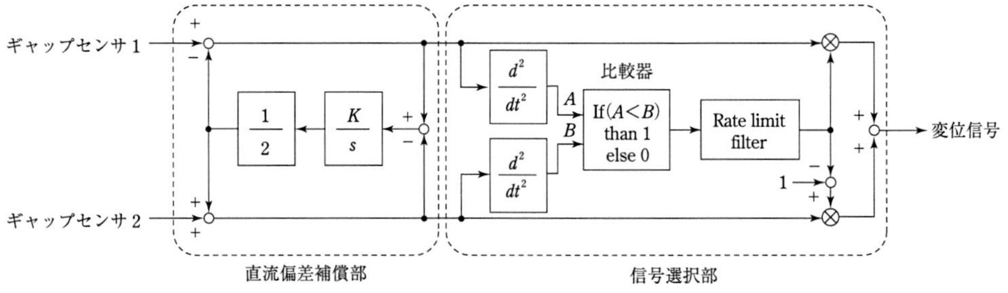


図7.40　センサ信号処理ブロック線図

乗じて収束に遅れを持たせていることにより，一方の信号に瞬時的に大きな変動が入った場合でも，他方の信号には大きく影響を与えないように設計することができる．したがって，差異補正部を通過した二つの信号は，互いの平均値付近に収束しながら，他方のノイズの影響をほとんど受けない信号となる．

定常的な差異を除去した信号を入力とする信号選択出力部では，それぞれの信号の2階微分値を比較することにより各信号の変動の大きさを比較し，より変動の少ない方の信号に0, 1の重みをつけて出力する構成としている．ただし，ノイズなどに起因する瞬時的な微分値の増減によって出力が乱れないように，比較器の出力には0, 1の時間変化率に所定の制限を設けたフィルタ（rate limit filter）を設けている．

以上のような構成により，二つのギャップセンサの出力からより滑らかな信号を取り出し，制御系への入力とすることで継ぎ目などの急峻な信号変動に影響を受けにくい非接触案内制御を実現できる．

二つのギャップセンサ出力の平均値処理と図7.40の信号処理を用いて試験装置のかごを非接触案内で走行させ，ギャップセンサがガイドレールの継目を通過した場合のかごの水平方向加速度を測定した．結果を図7.41に示す．上段が平均値処理を用いた場合であり，下段が本信号処理の場合である．平均値処理では継ぎ目を通過するさいにかごが大きく揺れるが，本信号処理系では継ぎ目の影響が効果的に低減できている．

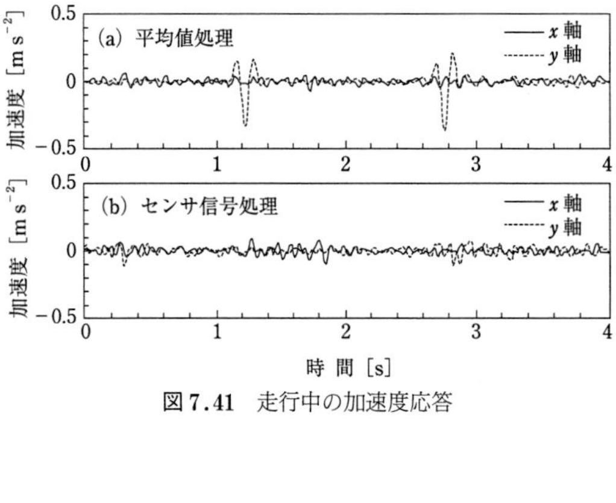


図7.41　走行中の加速度応答

## 7.3.7　実機エレベータの案内特性

### a．対象エレベータシステム

図7.42の（株)東芝府中事業所内エレベータ研究塔にて実機エレベータを非接触案内したさいのかごの応答および磁気案内特性を紹介する[7]．対象システムは一般的な高速エレベータであり，その概略仕様を表7.5に示す．

制御装置としては32 bit浮動小数点演算を行うDSPを使用し，4 kHzのサンプリングで制御した．A/D，D/A変換器は16 bitで各検出値および指令値信号を入出力し，駆動用にパワーアンプを用いた．本試験では，アナログで制御系設計したコントローラをその

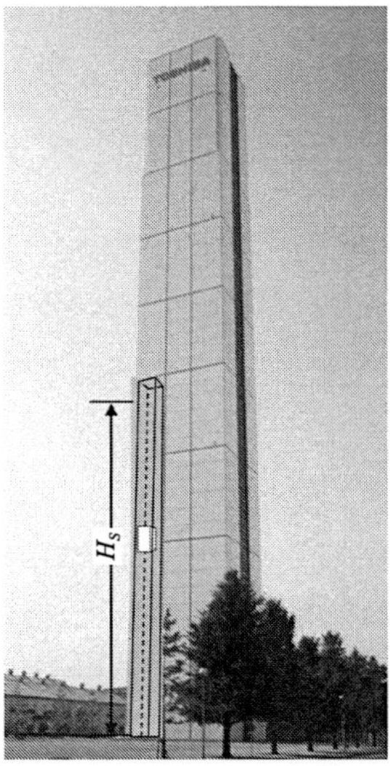


図7.42　エレベータ研究塔

表7.5　高速エレベータ概略仕様

| 項　目 | 記号 | 値 |
|---|---|---|
| 乗りかご外寸 | $l_\theta$ | 4.8 m |
| | $l_\psi$ | 2.2 m |
| かご質量 | $m$ | 2 400 kg |
| 昇降行程 | $H_S$ | 60 m |
| 定格速度 | $v_{max}$ | 4 m s⁻¹ |
| 非接触案内ストローク | $d_s$ | ±4 mm |

ままディジタル制御系に適用した．

**b．案内開始時の応答**

エレベータ停止中にガイドレールに接触している状態で，時刻5sから非接触案内制御を開始したときの挙動を図7.43に示す．図7.43(a) は，磁石ユニットの変位を示しており，0mmを設計上の中央値とし，±4mmで磁石ユニットがガイドレールに接触する．図7.43(b) は，各磁石ユニットのコイル電流である．ただし，添え字の $a, b, c, d$ は各磁石ユニットの設置箇所を示し，電流の添え字 $n$ および $p$ は，図7.32に示したp側，n側の各コイルの電流値を表しており，添え字 $n$ はかごのドア側コイル，添え字 $p$ はかごの背面側コイルである．

案内制御開始前は $x$ 方向の変位が±4mm，$y$ 方向の変位が−4mmでガイドレールに接触している．時刻5sで制御が開始され，約1s後に各磁石ユニットがガイドレールから離れる．制御開始から20s程度で安定的に非接触案内状態に収束している．また，かごの案内制御が安定化すると，各コイルの励磁電流が0Aに収束しており，ゼロパワー制御によって永久磁石の起磁力のみでかごを支持できていることがわかる．なお，図7.43(a) において安定時に $x$, $y$ の収束値が0mmに収束していない．これは，かごの積載条件およびコンペンロープなどのかご下質量が重心位置からはずれて作用することに起因した外乱トルクに対してゼロパワー制御が作用しているためである．

**c．上昇運転時時の案内特性**

図7.44に最高速度4m s$^{-1}$で上昇した際のかご床面における加速度を示す．三つのグラフは上から左右方向（$x$ 方向），前後方向（$y$ 方向），上下方向（$z$ 方向）の加速度である．エレベータ走行中における加減速時の水平面内の振動加速度は，両振幅で約0.05m s$^{-2}$

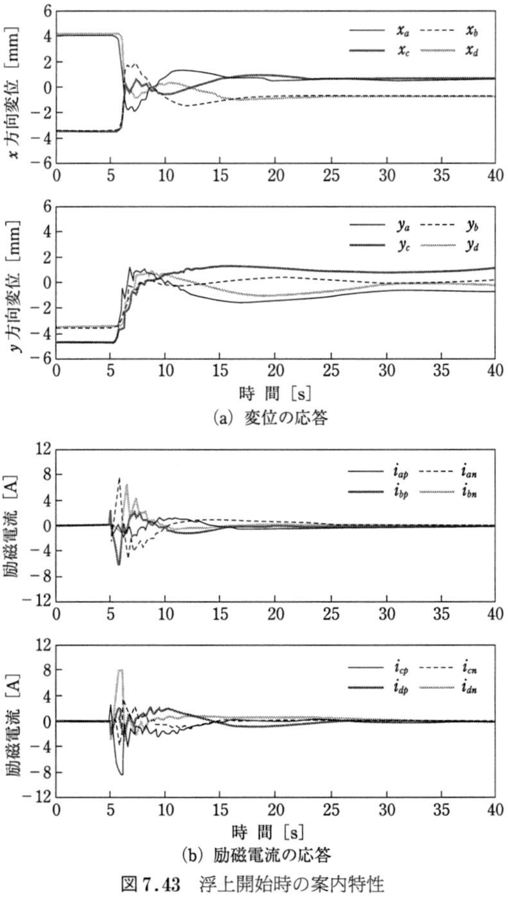

図7.43　浮上開始時の案内特性

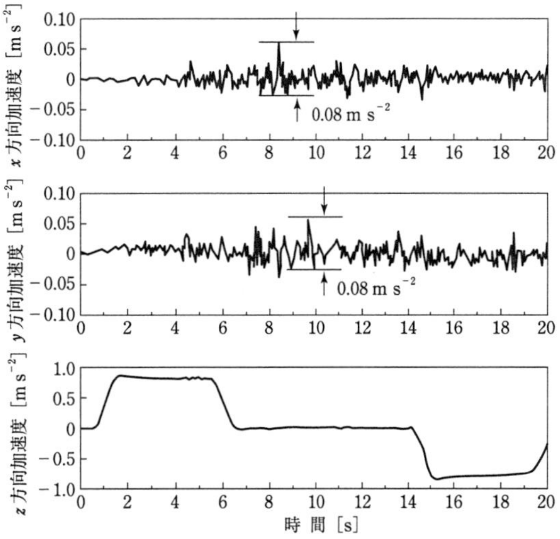

図7.44　上昇運転時のかご加速度

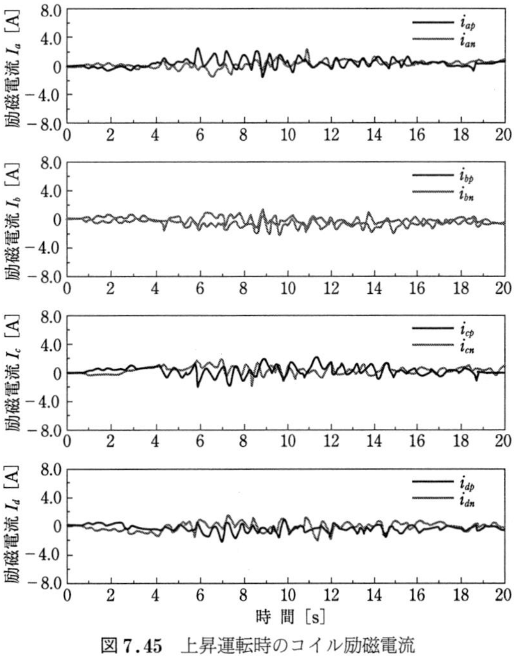

図7.45　上昇運転時のコイル励磁電流

程度である．また，定速走行中の振動は最大で約0.08 m s$^{-2}$であり，非接触案内により，一般に良好な乗り心地とされる加速度0.15 m s$^{-2}$よりも小さな振動でかごを案内できることが確認できた．

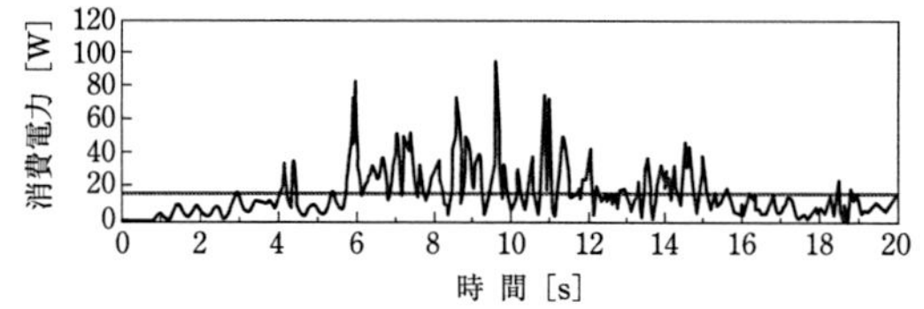


図7.46　上昇運転時の消費電力

図7.45にエレベータ走行中の各磁石ユニットコイルに励磁した電流値を示す．また，図7.46に全磁石ユニットの励磁電流から算出した消費電力の総和を示す．この結果，エレベータ走行中に各コイルの励磁電流は，最大で約2 Aであり，消費電力は最大で100 W程度であった．走行開始から走行停止までの間で消費される平均電力は，20 W以下であり，ゼロパワー制御を適用することで，低電力によるエレベータの非接触案内が実現できることがわかる．　［森下明平］

## 参考文献

1) 森下明平，小豆沢照男（1988）：常電導吸引式磁気浮上系のゼロパワー制御，電気学会論文集，**108-D**(5)：447-454．
2) 森下明平，明石征邦（2001）：ゼロパワー磁気浮上制御によるエレベータ非接触案内方式の検討，電気学会リニアドライブ研究会資料　LD-01-53，p.17-22．
3) 森下明平，伊東弘晃（2004）：実機試験用エレベータ非接触案内装置の案内力制御の検討，電気学会リニアドライブ研究会資料　LD-04-101，p.21-26．
4) 森下明平，小豆沢照男（1988）：オブザーバによる外力補償を付加したゼロパワー磁気浮上制御，電気学会リニアドライブ研究会資料　LD-88-6，p.1-10．
5) 森下明平，伊東弘晃，浅見郁夫，横林　真（2008）：エレベータ非接触案内装置における機械系共振と磁気浮上制御，電気学会リニアドライブ研究会資料　LD-08-85，p.53-56．
6) 伊東弘晃，森下明平，浅見郁夫，横林　真（2008）：エレベータ非接触案内装置におけるレール継目通過時の挙動に関する検討，電気学会リニアドライブ研究会資料　LD-08-84，p.49-52．
7) 伊東弘晃，森下明平，山本　明（2007）：エレベータ非接触案内装置における走行時挙動に関する検討，日本機械学会第19回電磁力関連のダイナミクスシンポジウム講演論文集，p.13-16．

# 7.4　ハードディスク装置

## 7.4.1　ハードディスク装置と制御系の基本構成

### a．ハードディスク装置[1]

ハードディスク装置（HDD）は，図7.47に示すように情報（データ）を記録する記録媒体（ディスク），これを回転させるスピンドルモータ，データの記録再生やサーボ位置信号の再生を行う磁気ヘッド（以下ヘッド），そのヘッドを揺動駆動するためのボイスコイルモータ（VCM），信号の再生や復調などを行うためのプリアンプや信号処理回路，サーボ制御器，およびVCM駆動回路などから構成されている．データはディスク上に同心円状に記録され，それをトラックとよんでいる．トラック上には周方向にある一定間隔にサーボパターンとよばれる磁気情報があらかじめ記録され，これをヘッドが一定時間間隔で読むことにより，ヘッドとトラックとの相対位置情報を得ることができる．ヘッドはディスク上を1～2 nmといった非常にわずかな隙間で浮上させる必要があり，そのためヘッドを支持する機構には回転するディスクの面外振動に追従させるための柔軟性が要求されている．このためヘッド支持機構は非常に複雑なメカニズムになっており多くの機構共振がみられている．また，ディスクの最外周では高速回転に伴い30 m s$^{-1}$程度の周速があり，これによって生じる風乱はヘッドを加振する因子の一つになっている．

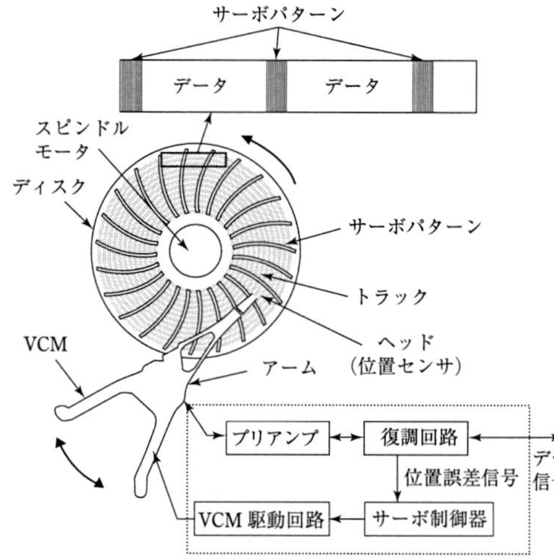


図7.47　ハードディスク装置の基本構造[1]

最新のHDDでは，トラック間隔は100 nm（0.1 μm）より狭く，隣のトラックのデータを消さないようにデータを記録するため，ヘッドの位置誤差の3シグマ（標準偏差）値はトラック間隔の約10%以内に抑えられ，10 nm以下の精度を達成している．つまり，HDDでは，ナノオーダのヘッドの位置決めが行われているのである．

### b．制御系の基本

HDD制御系における制御対象は，演算時間などのむだ時間遅れ要素，剛体モード，および機構共振からなり，また風乱をはじめとする多くの外乱も考慮しなければならない．図 7.48 にばらつきや変動の範囲を含めた制御対象の周波数特性，図 7.49 に外乱の周波数特性を示す[1]．このような制御対象のばらつきと外乱の存在の下で，HDD 制御系はヘッドを高速かつ高精度に位置決めをする必要があり，そのためのさまざまな制御方式が提案され，実用化されてきている．

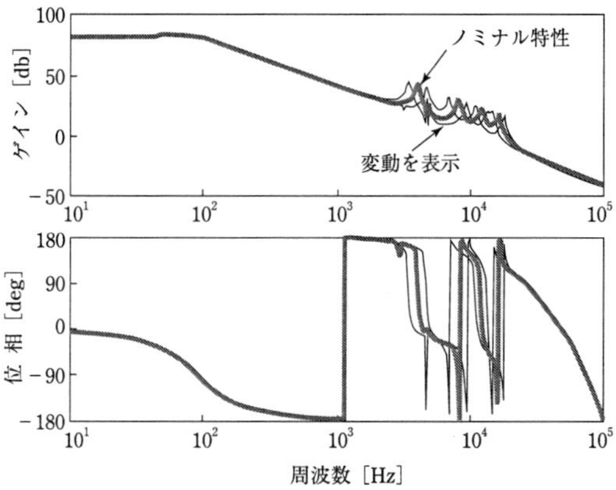


図 7.48 制御対象のボード線図[1]

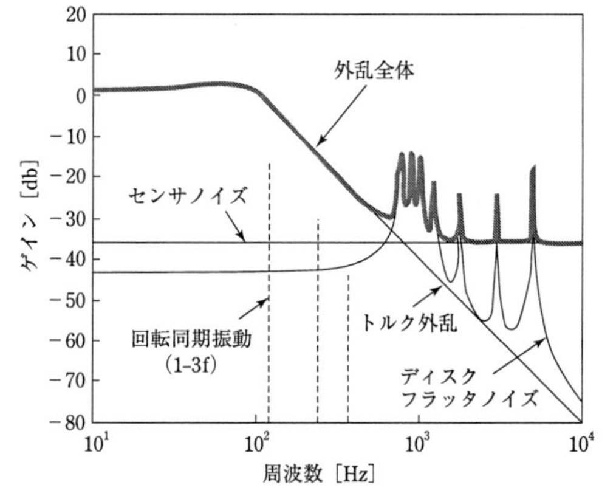


図 7.49 各種外乱のモデル[1]

制御設計上考慮すべき重要なポイントは，制御量であるヘッドの位置（正しくは，ヘッドと目的とするトラックとの相対位置）は，トラックにあらかじめ書き込まれているサーボパターンによって検出できていることである．これにより，①制御量そのものが検出できるフルクローズドループ系であること，②このサーボパターンは一定間隔で書き込まれているので，パターン数とディスク回転数とによって与えられたサンプリング周期でしか制御量が得られないサンプル値制御系であること，の 2 点が HDD 制御系の特徴になっている．

HDD で用いられている制御方式は，大容量化に伴う高精度位置決めと，データ転送高速化に伴う高速移動の要求に対応するためにさまざまな手法が提案，実用化されている．本項では，紙面の都合上その詳細を示すことはできないため，主に参考文献 1）に基づいて，制御方式のエッセンスを紹介する．

## 7.4.2 高速移動のための制御系

### a．基本的な考え方

ヘッドの高速移動，位置決めは，データ転送性能に大きく影響する．また，今いるヘッド位置と目標のトラック位置との距離は，隣接トラックすなわち 100 nm 以下の距離から，最外周から最内周すなわち約 20 mm まで連続的な値をとり，そのすべてに対してオーバシュートなく最短時間での移動，位置決めが要求される．したがって，高速移動のための制御系として HDD では，以下のような特徴ある制御系を開発，実用化してきている．

① アクチュエータへの印加電圧を飽和させる最大加速，最大減速（bang-bang 制御）を行い，減速途中で線形制御モードに自動的に切り換える制御方法．

② 高速移動時，目標トラックへの整定時，目標トラック追従時の制御系をそれぞれ目的に合わせて最適化し，それを順次切り換えていく制御方法．

③ 短い移動距離に対しては 2 自由度制御系の構造を用い，その中で機構系の共振モードを励起させない軌道設計手法や，マルチレートサンプリングにより制御対象の逆モデルを実現してフィードフォワード制御器に用いる設計手法．

これらの制御系は，HDD への適用を最初から意識して開発が進められてきたものであり，高速移動かつ高精度位置決めサーボ制御技術として実用性に優れている．

### b．飽和を考慮した制御[1,2]

図 7.50 に基本構成を示す．また目標速度関数を次式に示す．

$$v=\mathrm{sgn}(e)\sqrt{2A_{\mathrm{dec}}|e|}-V_{\mathrm{off}} \quad \text{for } |e|>e_l$$
$$=\frac{A_{\mathrm{dec}}}{2V_{\mathrm{off}}}e \quad \text{for } |e|\leq e_l \tag{46}$$

$$e_l=\frac{2V_{\mathrm{off}}^2}{A_{\mathrm{dec}}} \tag{47}$$

ここで，$e_l$ は線形領域の境界条件，$A_{\mathrm{dec}}$ は減速区間の加速度，$V_{\mathrm{off}}$ は速度オフセットである．目標速度関数は，非線形部分と線形部分からなる．移動残距離 $e$ が境界条件 $e_l$ よりも大きい場合は，目標速度関数の非線形部分により目標速度軌道は生成される．ただし，目標速度軌道に対する追従誤差が非常に大きい場合，アクチュエータは入力の最大値で駆動されることにな

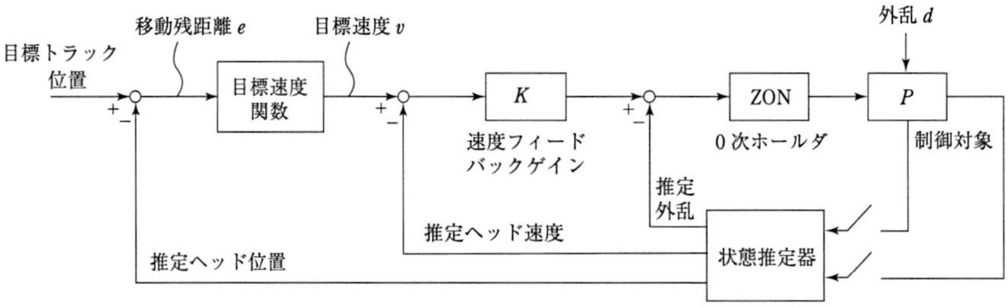


図7.50　ヘッド位置決め制御ブロック線図[1)]

る．目標速度軌道に対する追従誤差が小さくなるにつれて，マイナループの速度制御系による目標速度軌道への追従制御が働きはじめる．移動残距離 $e$ が境界条件 $e_l$ よりも小さくなると，目標速度関数の線形部分により，目標速度軌道は生成される．非線形部分から線形部分への切り換え時の速度は，速度オフセット $V_{\rm off}$ で連続的に結合される．移動残距離 $e$ が境界条件 $e_l$ よりも小さくなった後は，線形な状態フィードバック制御と等価な構成となる．

**c．モード切り換え制御と初期値補償**[1,3)]

図7.51に基本構成を示す．

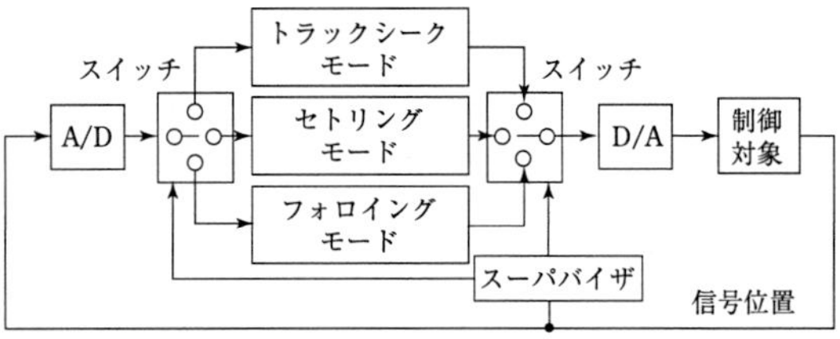


図7.51　モード切り換え制御系の構成[1)]

モード切り換えを含む制御系では，切り換え後の過渡応答の改善が課題の一つとしてあげられる．これに対して，

① モード切り換え直後の制御器の状態変数の適切な初期値の設定，

② モード切り換え時点での変位，速度などの状態量が適切な組合せになるような軌道設計，

による過渡応答の改善が主に検討されている．①の方法としては，測定した制御対象の状態変数にあらかじめ設計した実係数行列を乗じることで，制御器の初期状態を計算する初期値補償制御が提案されている．具体的には，制御対象のモード切り換え直後の初期状態から出力へ至るまでの伝達関数の零点を，過渡応答を支配する極の一部を極零相殺するように配置する実係数行列の設計法が提案されている．各状態変数の初期値から制御量までの伝達関数は以下のように定義できる．

$$y[z]=\frac{N_p[z]}{D[z]}x_p[0]+\frac{N_c[z]}{D[z]}x_c[0] \tag{48}$$

ここで，$y$ は制御量，$x_p$ は制御対象の状態変数，$x_c$ は制御器の状態変数，$D, N_c, N_p$ は $z$ の多項式行列である．実係数行列 $K$ を用いて，モード切り換え時の $x_c$ の初期値として

$$x_c[0]=Kx_p[0] \tag{49}$$

を求めて代入すると，式（48）は

$$y[z]=\frac{N_p[z]+N_c[z]K}{D[z]}x_p[0] \tag{50}$$

となり，$K$ を適切に与えることで $x_p[0]$ から $y[z]$ までの伝達特性の零点の位置を，過渡応答が望ましい位置に移動することができる．

図7.52に実験結果を示す．制御系本来の特性である安定性，感度特性，定常特性などを変更することな

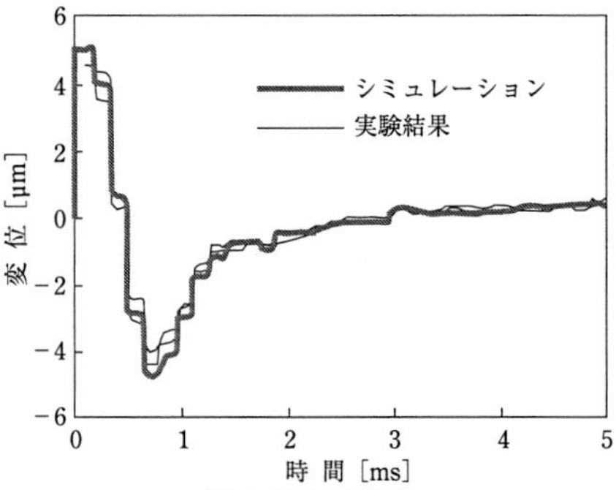


(a) 初期値補償制御なし

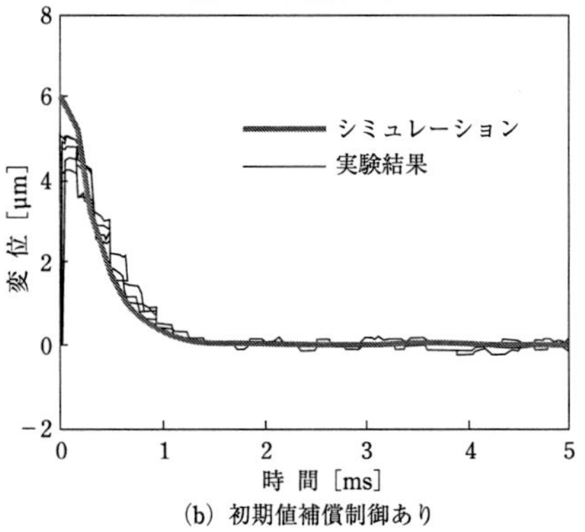


(b) 初期値補償制御あり

図7.52　初期値補償による過度応答の改善[1)]

く，過渡応答のみを望ましい応答に改善できる点が，初期値補償方式の特徴である．

**d．2自由度制御**[1,4,5)]

図7.53に基本構成を示す．フィードフォワード制御器 $C_2$ を設け，この特性がプラントの逆特性を実現した理想状態においては，目標軌道 $r$ から制御量 $y$ までの伝達関数は1となる．

$$y=\frac{PC_2+PC_1}{1+PC_1}=\frac{PP^{-1}+PC_1}{1+PC_1}=1 \qquad (51)$$

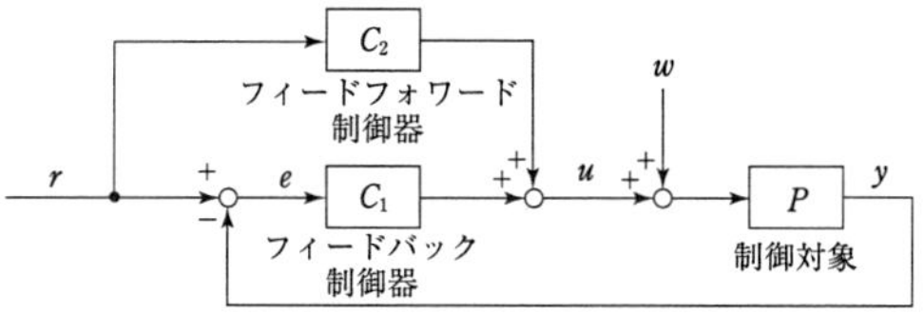


図7.53 2自由度制御系の構成[1)]

この制御系では，①目標軌道，および②フィードフォワード制御器の設計が課題となる．目標軌道の設計において注意すべきことは，サンプル値制御系では，与えられたステップ（サンプル数）で目標位置に移動することを保証することである（final-state control：FSC）．実際は，この目標軌道に追従させる制御入力列を設計することになるが，初期状態から最終状態（目標トラック）に移動させるための軌道はいろいろ考えられるため，評価関数を定義し，これを最小化する軌道を求めることがよく行われている．最小化する評価関数の重み係数の中に，励振したくない機構共振の周波数成分を含ませて，制御入力列に指定した周波数成分を含ませない方式（frequency-shaped final-state control：FFSC）が提案されている．図7.54に制御入力波形とそのスペクトルを示す．制御入力波形に大きな変化がないようにみえるが，スペクトルを

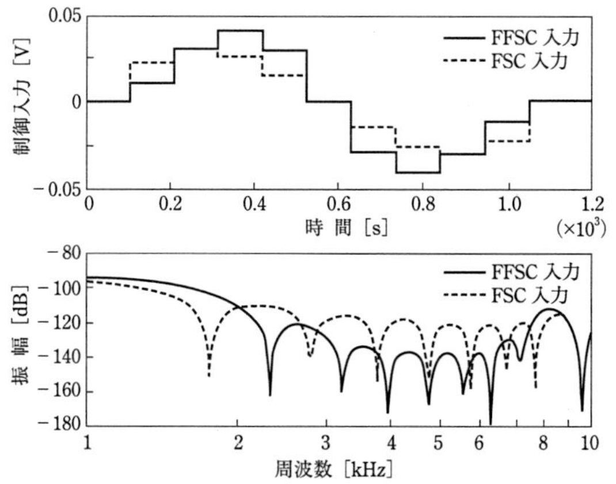


図7.54 終端状態制御による応答波形[1)]

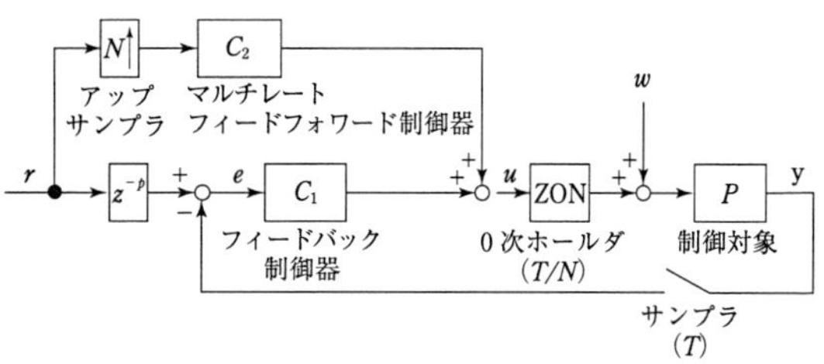


図7.55 マルチレートサンプリングによる応答波形[1)]

見るとある周波数成分の大きさを低減している[1,4)]．

一方，フィードフォワード制御器の設計は，基本的には制御対象の逆特性をいかに近似よくかつ安定に設計するかである．その一例として，図7.55に示されるフィードフォワードパスのサンプリング周期を閉ループ系のそれより $1/N$ に短くするマルチレートサンプリングが用いられている．これにより，離散化により生じる制御対象の不安定零点の存在によって，逆特性が不安定になることを回避する完全追従制御[1,5)]が提案，実用化されている．

### 7.4.3 高精度位置決めのための制御系

**a．基本的な考え方**

目標トラックに対するヘッドの位置誤差が制御量であり，これを最小にするためには，高速回転しているディスクに磁気的に書かれているトラックの「ふれ」に，ヘッドを精密に追従させる制御系の設計（位置外乱に対する抑圧特性）が必要である．さらに，高速回転しているディスクがもたらす風乱や，HDDに加わる外部からの衝撃や振動などの外乱に対する抑圧性能（力外乱に対する抑圧特性）も重要である．このように，位置や力の次元でのさまざまな外乱に対する抑圧性能の向上が，HDDにおける位置決め制御系の課題であり，外乱の特性に応じた制御系設計手法が開発されている．

① 外乱の特性が未知であったり，外乱が広範囲な周波数帯域にある場合は，制御帯域の拡大による外乱抑圧特性の向上を行う．

② 外乱の特性が検出可能だったり既知の場合は，フィードフォワード要素などいわばピンポイント的にその外乱を抑圧する要素を組み込む．

**b．制御帯域拡大による外乱抑圧能力の向上**[1,6~9)]

外乱抑圧特性，つまり感度特性の改善は，主に制御帯域の拡大によってなされる．これは，着目する外乱の存在する周波数範囲が，そのシステムにとって実現可能な制御帯域より低い場合が多いためである．具体的には，$H_\infty$ 制御[6)]などロバスト制御理論の適用によ

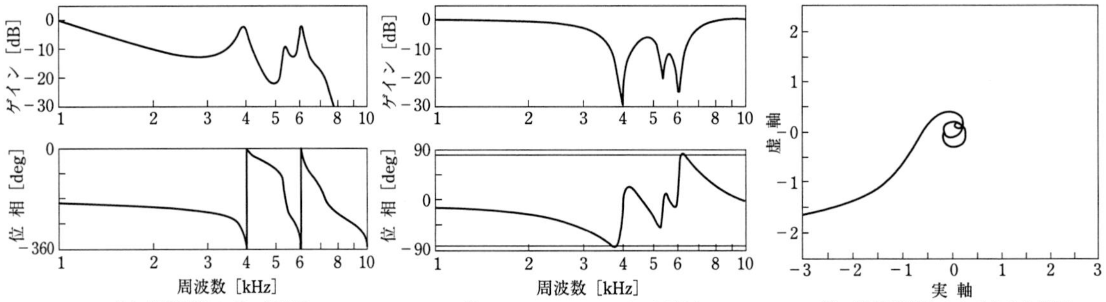


(a) 制御対象のボード線図　①ノッチフィルタのボード線図　②一巡伝達特性のナイキスト線図

(b) 設計法1：位相安定化しない場合

[制御性能の比較]

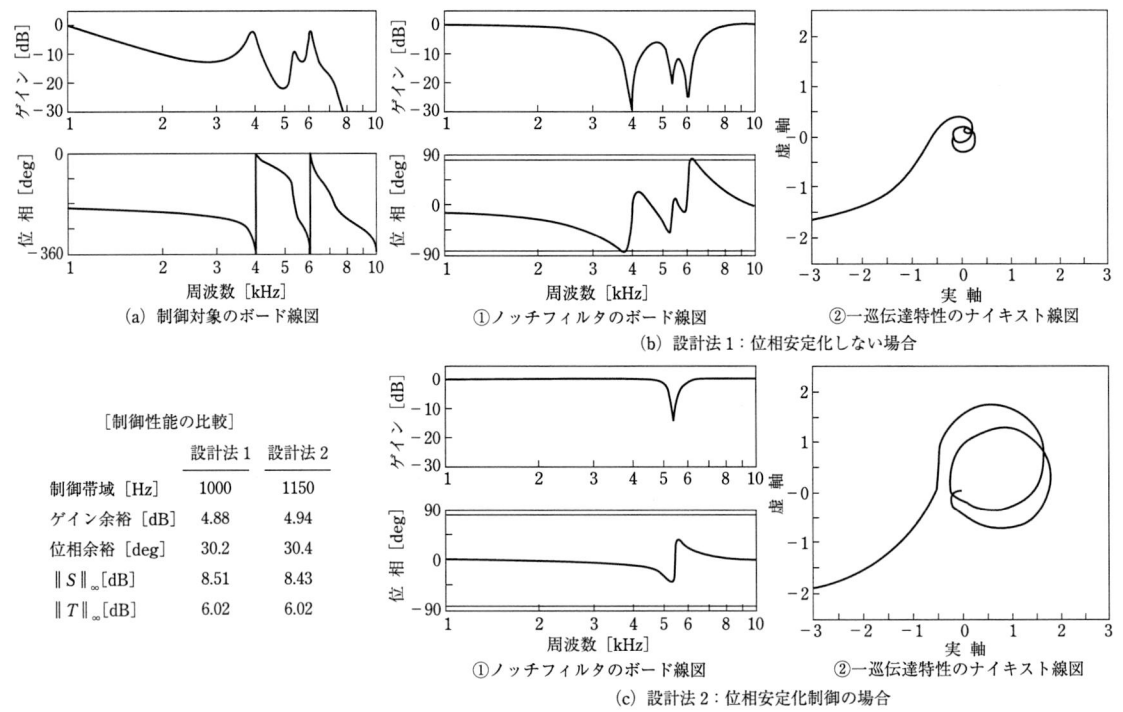

| | 設計法1 | 設計法2 |
|---|---|---|
| 制御帯域 [Hz] | 1000 | 1150 |
| ゲイン余裕 [dB] | 4.88 | 4.94 |
| 位相余裕 [deg] | 30.2 | 30.4 |
| $\lVert S \rVert_\infty$ [dB] | 8.51 | 8.43 |
| $\lVert T \rVert_\infty$ [dB] | 6.02 | 6.02 |

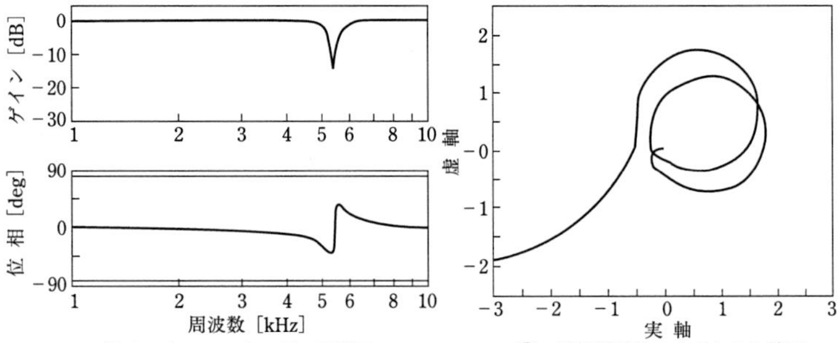


①ノッチフィルタのボード線図　②一巡伝達特性のナイキスト線図

(c) 設計法2：位相安定化制御の場合

**図 7.56**　位相安定化制御[1)]

る外乱抑圧性能の向上に並んで，古典的であるが高域の機構共振に対して位相安定化を図る設計手法も実用化されている[7,8)]．これは，機構設計と制御設計の協調設計を行うことで，高域の機構共振を同相モードと逆相モードとに分類して安定化を図る設計である．これにより，不必要なノッチフィルタ（狭帯域遮断フィルタ）を入れる必要がなく，ゆえに位相のまわりも減らせて制御帯域の拡大につながる．

図 7.56 では，二つの同相モードがあり，これらは位相進み遅れ要素によって位相安定させることができる．残りの一つの逆相モードに対してのみノッチフィルタを入れることで，安定化できている．すべての共振モードをノッチフィルタによってゲイン安定化させる場合に比べて制御帯域を拡大できている．また，安定な機構共振はゲインが大きいので感度関数を小さくとれ，この周波数域に外乱があった場合，大きな抑圧効果がある．

次に，粗動アクチュエータと微動アクチュエータを備えたデュアルステージアクチュエータ制御[9)]は長期にわたって研究開発が進められ，最近実用化されてきているが，大きな制御帯域の拡大が実現されている．図 7.57 にその構造を示す．制御設計の課題としては，同じ自由度に対して二つのアクチュエータが同時に駆動制御するので，それらの機能分担設計，つまり帯域

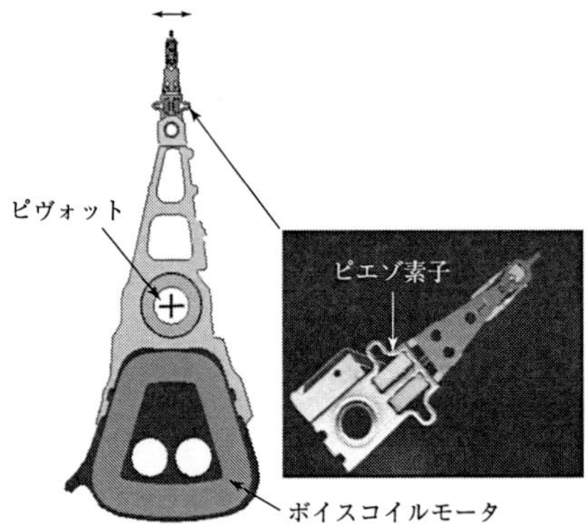


**図 7.57**　デュアルステージアクチュエータの構造[9)]

分離や，互いが逆向きに駆動しないための位相差の設計，などが提案されている．

**c．検出可能または特性が既知の外乱に対する外乱抑圧能力の向上[1,10~12)]**

外乱の特性を検出または推定して，フィードフォワードの操作量で外乱を相殺する設計手法として，装置外部からの衝撃や振動を加速度センサにより検出してこれらを打ち消す操作量を発生させる手法[10)]や，ディスクの回転に同期した振動を繰り返し制御[11)]やテーブルルックアップ方式で振動に追従させるように操作量を発生させる手法などが開発，実用化されている．さらには，この回転同期振動は既知でかつ固定し

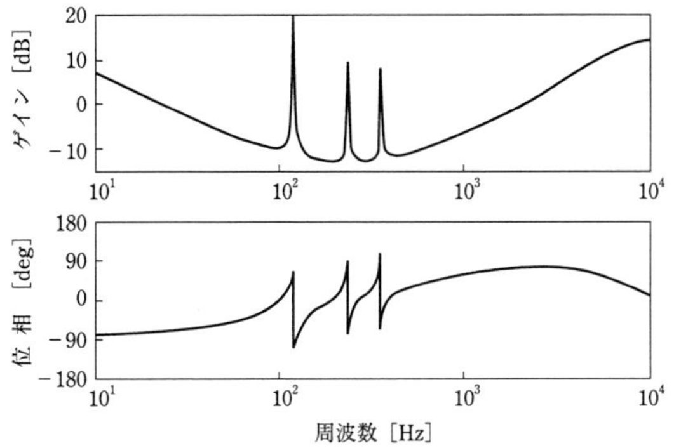

図 7.58 ピークフィルタの周波数特性[9)]

ているため，その周波数のみハイゲインにするピークフィルタ（狭帯域通過フィルタ）[12)]により，回転同期振動に追従させる手法が提案され，実用化されている．図 7.58 にピークフィルタの周波数特性を示す．

## おわりに

HDD ヘッド位置決め制御系では，高速移動かつナノスケールの高精度位置決めを両立させるために，制御理論をベースしつつ HDD の用途に適合した特徴ある制御系の開発，実用化を行ってきている．これらの制御方式は近年，他の高速移動，高精度位置決めの必要な製品へ応用されてきている[13~15)]．　［山口高司］

## 参考文献

1) 山口高司，平田光男，藤本博志，ほか (2007)：ナノスケールサーボ制御，東京電機大学出版局．
2) G. F. Franklin, J. D. Powell, M. L. Workman (1997)：Digital Control of Dynamic Systems, 3rd ed., Prentice Hall.
3) 山口高司，奥山　淳，中川真介 (2005)：ハイブリッドシステムと HDD の位置決めサーボ制御，計測と制御，**44**(7)：486-491.
4) 平田光男，長谷川辰紀，ほか (2005)：終端状態制御によるハードディスクのショートシーク制御，電気学会論文集 D 編，**125**(5)：524-529.
5) 藤本博志，堀　洋一，ほか (2000)：マルチレートサンプリングを用いた完全追従制御法による磁気ディスク装置のシーク制御，電気学会論文集 D 編，**120**(10)：1157-1164.
6) 平田光男，劉　康志，ほか (1998)：$H_\infty$ 制御理論を用いたハードディスクのヘッド位置決め制御，計測自動制御学会論文集，**29**(1)：71-77.
7) 熱海武憲，有坂寿洋，清水利彦，山口高司 (2002)：HDD の機構共振制振サーボ技術，日本機械学会論文集 C 編，**68**(675)：3298-3305.
8) 熱海武憲 (2005)：仮想共振モードを用いた HDD のヘッド位置決め制御，日本機械学会論文集 C 編，**71**(706)：1914-1919.
9) 山口高司 (2007)：SICE セミナーテキスト―実践的な制御理論―，ハードディスクドライブにおける制御系設計.
10) N. Bando, O. Sehoon, *et al*. (2003)：Disturbance Rejection Control on Adaptive Identification of Transfer Characteristics from Acceleration Sensor for Hard Disk Drives System，電気学会論文集 D 編，**123**(12)：1461-1466.
11) 藤本博志，川上文宏，ほか (2005)：スイッチング機構に基づく磁気ディスク装置の繰り返し制御-提案する 2 種類のマルチレート制御系の比較検討，計測自動制御学会論文集，**41**(8)：645-651.
12) M. Hirata, M. Takiguchi, *et al*. (2003)：Track-Following Control of Hard Disk Drives Using Multi-Rate Sampled-Data $H_\infty$ Control, *Proc. 42nd CDC*, p. 3414-3419.
13) 平田光男，城所隆弘，ほか (2009)：終端状態制御によるガルバノスキャナのナノスケールサーボ制御，電気学会論文集 D 編，**129**(9)：938-944.
14) 藤本博志，坂田晃一，ほか (2008)：制御 PTC と RPTC に基づくステージ制御，電気学会技術報告 ナノスケールサーボのための新しい制御技術 (ISSN 0919-9195)，**1137**：82-87.
15) 廣瀬徳晃，寺地恭久，ほか (2008)：制御入力の最適化を考慮した付加入力型初期値補償，電気学会論文誌，**128-D**(10)：1219-1227.

# 7.5 ガルバノスキャナ

## はじめに

プリント基板などの高速微細穴あけ加工では，従来よりドリル穴あけ機が多用されてきたが，1990 年頃より $CO_2$ レーザなどを利用したレーザ加工機が登場し，とくに直径 100 μm 以下のバイアホール（回路基板の層間接続穴）加工では従来手段を凌駕する勢いで普及している[1)]．そこでは，高出力レーザ発振器とともに，レーザビームを所定の穴加工位置に高速高精度で位置決めするガルバノスキャナが重要な要素技術となり，そのサーボ機構の性能が穴あけ機のスループットと精度を左右する．

本節では，供試ガルバノスキャナとその位置決め制御仕様の一例に基づき，レーザ加工機へ実装するさいに想定される代表的な問題点・課題をあげ，それらの対処例を紹介する．

## 7.5.1 供試装置と制御系基本仕様

### a．ガルバノスキャナ装置

図 7.59 は制御対象である供試ガルバノスキャナの制御システム構成である．本ガルバノスキャナは，角度センサにより検出されたモータ角変位 $\theta_m$ がインタ

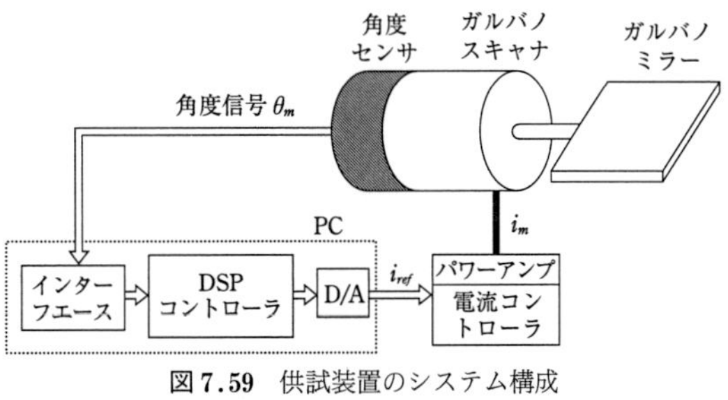

図 7.59 供試装置のシステム構成

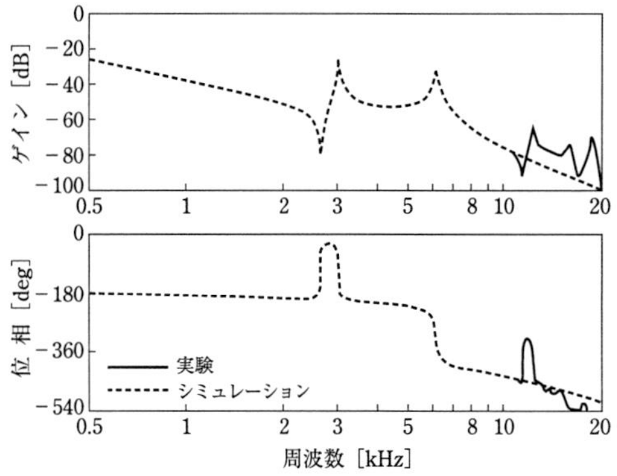


図7.60　ガルバノスキャナ周波数特性

フェース回路を介してDSPコントローラに取り込まれ，サンプリング周期 $T_s$=20 μs の位置補償演算によって計算された操作量（電流指令 $i_{ref}$）がD/A変換器を通じて出力され，パワーアンプによってモータが駆動されるものである．図7.60の実線で，$i_{ref}$ から $\theta_m$ までの周波数特性を示す．図から，1次振動モード（3.0 kHz），2次振動モード（6.1 kHz）および高周波領域に複数の高次振動モードを有する機構系であることがわかる．この実周波数特性に対して，2次振動モードまでを考慮した数学モデルによって，以降の制御系設計を行う．数学モデルに対する周波数特性を，図7.60に点線で示す．

本ガルバノスキャナの位置決めの一例として，ガルバノミラーで反射されたレーザ光の加工対象物上照射位置での変位1.5 mmに対応する角度指令ストロークに対して，1.1 ms（制御周期で55ステップ）以内に整定させることが，制御仕様として与えられている．図7.61は，本供試装置に実装している終端状態制御（FSC）[2] に基づく2自由度位置決め制御系ブロック線図である．ここで，$P(z)$ は制御対象，$C(z)$ はフィードバック（FB）補償器，$P_n(z)$ はノミナルモデル，$u_{ff}$ はFSCによるフィードフォワード（FF）制御入力である．

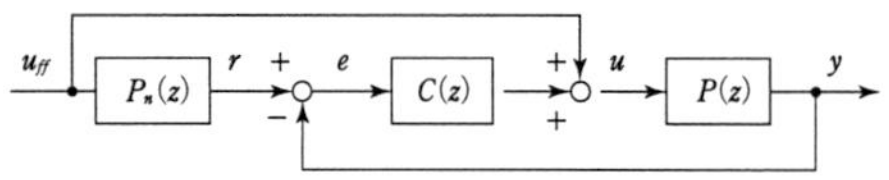


図7.61　FSCに基づく2自由度位置決め制御系ブロック線図

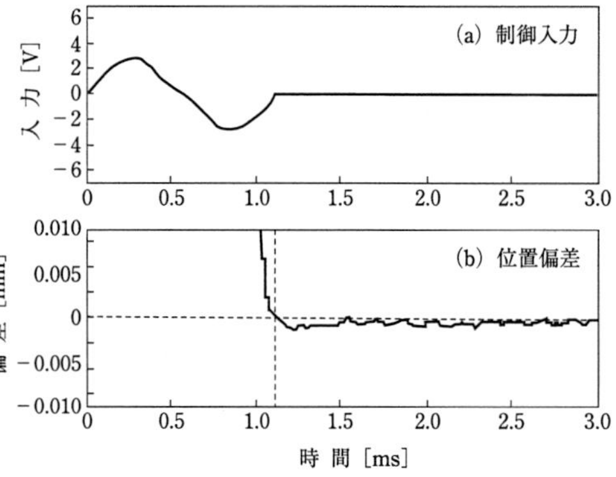


図7.62　FSCによる位置決め応答波形

図7.62に，1.5 mmストロークの指令に対する位置決め応答波形を示す．図より，縦点線で示す所望の整定時間を満足する位置決めが実現できている．

**b．問題点と課題の提起**

さて，この2自由度位置決め制御系に対して，実用にさいして想定される代表的な問題点・課題をあげてみよう．

① FSCによるFF制御入力 $u_{ff}$ は，基本的にストロークごとに時系列データとして計算し，メモリに格納する必要がある．そのため，数多くのストロークや目標整定時間に対応するには，膨大な計算負荷とメモリ容量が必要となる．

② 制御入力 $u$ には一般に制限値が設定されるため，FSCによる $u_{ff}$ の計算にさいしては，飽和を考慮する必要がある．

③ 位置決め装置の製品間個体差や，経時・経年変化，駆動時の温度上昇などにより，モータトルク定数や機構共振周波数が変動するため，ロバスト安定性・制御性や適応性を考慮した制御系設計が必要となる．

①に関しては，位置指令が任意の目標位置に到達後，設定したステップ数で整定する有限ステップ整定FF補償による，複数ストロークの位置決めへの対処例を紹介する．

②の入力飽和に関しては，③のパラメータ変動に対するロバスト性能具備と共に，線形行列不等式（LMI）を用いた状態量制約下での位置指令生成の枠組み[3] を適用した例を紹介する．

③についてはさまざまな手法が考えられるが，ここでは温度変動によるトルク定数変化とその位置決め性能への影響に対して，オンライン定数同定と初期値補償を併用した例を紹介する．

## 7.5.2　有限ステップ整定FF補償による複数ストロークの位置決めへの対応

図7.63に，有限ステップ整定FF補償に基づく2自由度位置決め制御系の構成を示す．本補償は，図7.64のように，与えられた位置指令 $r_e[i]$ が $n_s$ ステップで所望の目標位置に到達するものであれば，出力 $y[i]$ は $(n+n_s)$ ステップで目標位置に到達すること

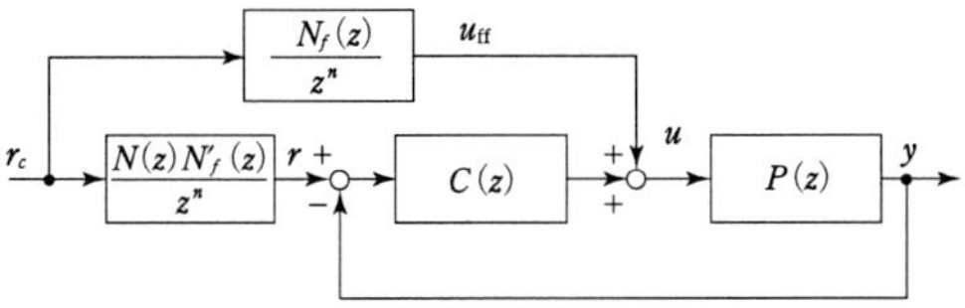


図 7.63　有限ステップ整定 FF 補償に基づく 2 自由度位置決め制御系ブロック線図

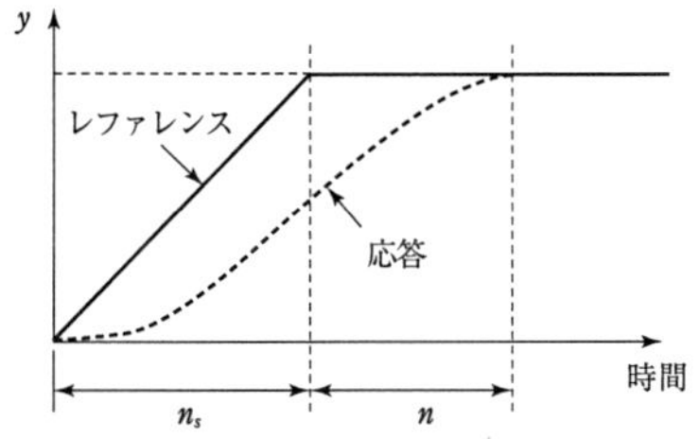


図 7.64　有限ステップ整定 FF 補償の概要

を保証するアプローチである[4]．ここで，$n$ は FF 補償器に含まれる $N_f(z)$ の多項式次数であり，プラント $P(z)$ の分母多項式 $D(z)$ の根（$m$ 個：$m \leq n$）を $N_f(z)$ がすべて含むことを満たし，かつ $r_c$ から $y$ までの定常ゲインが 1（すなわち，FF 補償器が $N(1)N_f(1)/D(1)=1$ を満たす）を満足する必要がある．これらの条件を $N_f(z)$ の $(n+1)$ 個の実未定係数に対する制約条件として定式化し，(a) ジャーク最小化による FF 入力の高周波数成分抑制，および (b) 特定共振モード周波数帯における制振，を加味した評価関数を設計し，評価関数を最小化する係数を決定する問題に帰着させる[4]．

図 7.65 に，図中の凡例に示す複数ストロークに対する位置決め応答波形を示す．ここでは，1.5 mm ストロークに対して $n=40$，$n_s=15$ と与えて補償器を設計している．上段の制御入力波形から，ジャーク最小化をねらった評価によって，高調波成分を含まない滑らかな波形が実現されている．さらに，下段の位置偏差波形中の縦点線は対応する各ストロークの整定時間目標値を表しているが，すべてのストロークで残留振動がなくかつ整定目標時間を満足する応答が得られている．

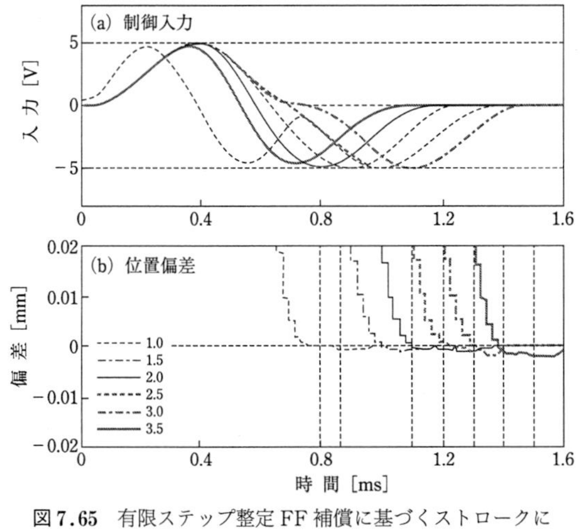


図 7.65　有限ステップ整定 FF 補償に基づくストロークに対する位置決め応答波形

## 7.5.3　制御入力飽和とプラントパラメータ変動に対するロバスト性への対応

次に，制御入力飽和とプラントパラメータ変動に対するロバスト性への対応として，LMI によって所望の状態量制約下で位置指令を最適化する手法を紹介する．

**a．制御入力飽和と周波数整形を考慮した FF 補償**

本手法は，7.5.2 項で概説した有限ステップ整定 FF 補償器設計の制約条件と周波数整形（共振周波数に対する制振）を LMI で再定式化し，次式の制御入力振幅に対する不等式制約条件を LMI で表現する．

$$-u_m < u_{ff}[k] < u_m \quad (k=0,1,\cdots,n+n_s)$$

そして，両 LMI を連立して解くことで，制御入力飽和と周波数整形をともに考慮した補償器設計が可能となる[5]．図 7.66 に，図 7.65 中の 1.5 mm ストローク（前述のように $n=40$，$n_s=15$ で FF 補償器を設計）に対して，$n=40$，$n_s=3$ と応答全体を 12 ステップ分高速化し，上記制御入力を $u_m=5$ V と制限して補償器を設計した場合の応答波形を示す．この場合，図 7.65 の補償器のままで $n_s=3$ なる $r_c$ を与えると，制御入力は ±5 V の制限値を超過してしまうことが確認されている．一方，本提案の制御入力飽和を考慮した FF 補償器設計の結果，図 7.66 のように制御入力を指

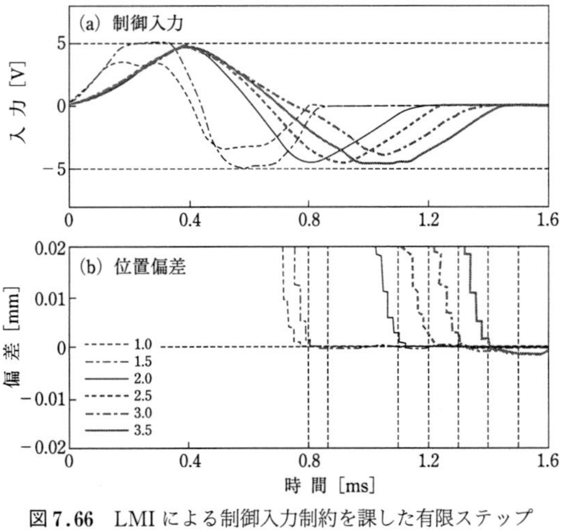


図 7.66　LMI による制御入力制約を課した有限ステップ整定 FF 補償に対する位置決め応答波形

定値に制限しながら，所望の有限ステップ整定性および制振制御をともに満足する応答が得られている．

**b．プラントパラメータ変動を考慮した FF 補償**

FSC に基づく 2 自由度位置決め制御系設計の枠組みにおいて，設計モデルにプラントパラメータ変動を模擬した変動モデルを仮定し，その変動モデル出力に対して状態量制約を課すことで，パラメータ変動にロバストな FF 制御入力の設計が可能となる．図 7.67 に，FF 制御入力の設計モデルのブロック線図を示す．図中，$P_n(s)$ はノミナルプラントモデル，$P_e(s)$ は $P_n(s)$ に対してパラメータ変動を与えた変動モデルである．ここで，図 7.61 の $P(z)$ に対して変動モデル $P_e(s)$ をそのまま FSC に適用して制御入力指令 $u_{\mathrm{ff}}$ を生成すると，実機応答では FB 補償器 $C(z)$ の出力が制御入力に影響を与え，所望の位置決め特性を得ることができない場合もある．そこで，図 7.67 のように設計モデル中に FB 制御系を内在させることにより，状態量制約を課す変動モデル出力 $y_e$ に FB 補償器の特性を考慮する[6]．

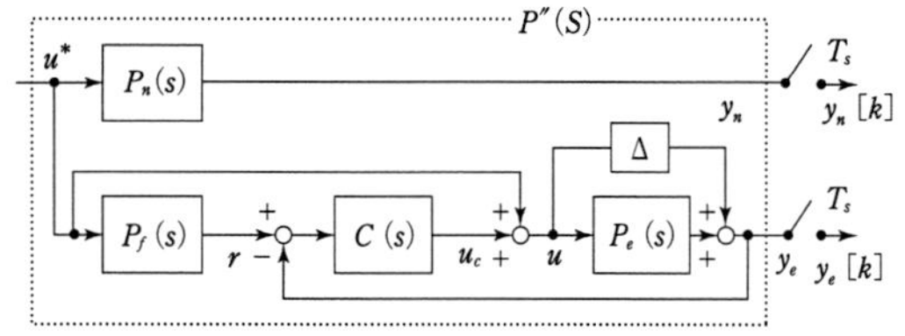


図 7.67　FB 制御系を内在した FF 補償器の設計モデル

一例として，$P_n(s)$ に対して 1 次振動モード周波数が±100 Hz 変動した場合のプラントを対象とする．3.5.1 項と同様の FSC による FF 補償器設計に，7.5.2 項で示した (a) の制御入力に対する振幅制約を与え，さらに 1 次振動モード周波数変動に対するロバスト性確保を目的に，$y_e[k]$ が目標位置 $X_r$ に対して $\pm y_m$ 以内に整定するよう，次式の制約を課す．

$$X_r - y_m < y_e[k] < X_r + y_m$$
$$(k = N-2, \cdots, N+N_m)$$

ここで，$N$ は位置決め目標整定ステップ数，$N_m$ は残留振動の整定目標ステップ数である．以上の制約条件を LMI で定式化し，FSC の枠組みで FF 補償入力を導出する．

図 7.68 に，目標整定精度±3.5 μm に対して，残留振動の制約値を $y_m = 2.8$ μm と設定して FF 補償入力を計算した場合の，位置偏差応答波形を示す．図より，実線のノミナル状態では残留振動なく目標ステップ数以内に目標位置に整定している．一方，破線・一点鎖線で示す周波数変動時にも振動応答はみられるものの，制御精度を満足する応答が得られ，パラメータ変動に対するロバスト性能が具備できている．図 7.69 中の実線はその場合の制御入力波形であり，±5 V の入力制限内で位置決めが実現できている．

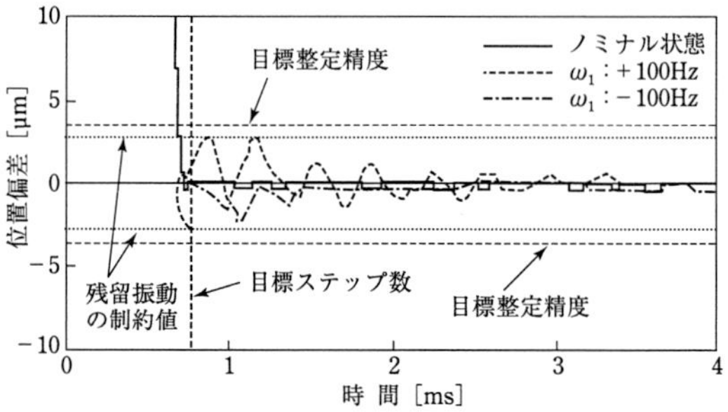


図 7.68　1 次共振モード周波数変動時の位置決め応答波形

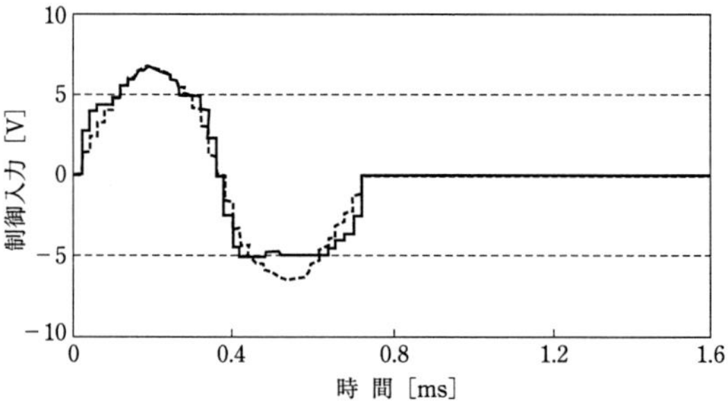


図 7.69　飽和を考慮した FF 補償設計による制御入力波形

## 7.5.4　プラントパラメータ変動に対する適応化

7.5.3 項で紹介した，変動プラントに対する状態量制約に基づくロバスト性能具備では，設計パラメータとして制約値（摂動範囲）を陽に与え，事前に FF 制御入力をオフラインで導出する必要があった．一方，プラントパラメータ変動が未知であったり，経時・経年変化を扱ったりする場合には，リアルタイムで変動に適応可能なアルゴリズムを導入することが有効な手段の一つである．ここでは，初期値補償（IVC）を併用したモード切り換え制御[7]をベースとしたリアルタイム適応化技術を紹介する．

図 7.70 に，IVC を併用したモード切り換え位置決め制御系のブロック線図を示す．ここでは，プラント $P(z)$ の定常ゲイン変動（具体的には，温度変化に伴うト

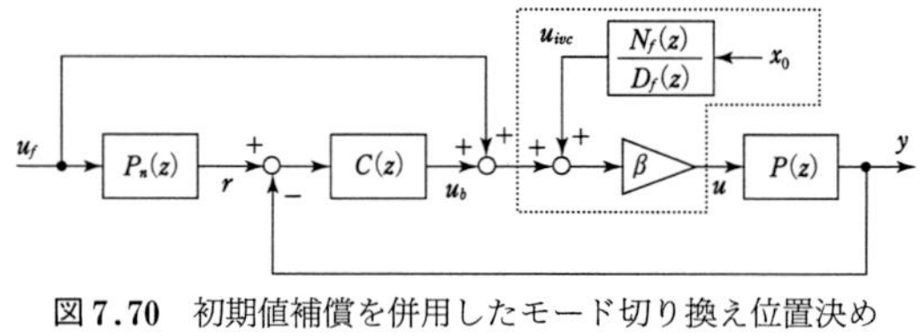


図 7.70　初期値補償を併用したモード切り換え位置決め制御系のブロック線図

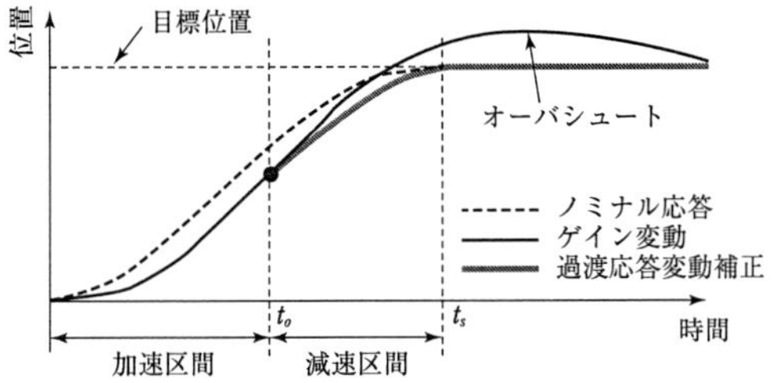


図 7.71 初期値補償の概念タイムチャート

ルク定数の変動を想定）に対して，後述のリアルタイム同定に基づき補正ゲイン $\beta$ を与える．$N_f(z)/D_f(z)$ は初期値補償器，$x_0$ は切り換え時の初期値に相当するノミナル応答に対する状態量誤差，$u_{\mathrm{iuc}}$ は初期値補償入力である．図 7.71 に，位置決め動作中の位置応答波形と IVC を併用したモード切り換え制御のタイミングチャートを示す．本制御では，加速区間（～$t_0$）までにゲイン変動率を最小自乗アルゴリズムによってリアルタイムに同定し[7]，$t_0$ 以降の減速区間で $\beta$ を更新し，同時に IVC 入力を印加する．その結果，図中点線のノミナル応答に対して，パラメータ変動により実線のように劣化する応答を，太実線のように過渡応答変動を補正して制御仕様を満足させる．

初期値補償器は，切り換え時刻 $t_0$ における $x_0$ の出力 $y$ への影響を，任意の応答極で零に収束させるよう設計する．その際，7.5.3 項と同様に制御入力の Jerk 最小化および LMI に基づく入力飽和を考慮した最適化問題を解くことで，補償器係数ベクトルを決定する．

図 7.72 は，$-3\%$ のゲイン変動の下で，1.5 mm ストロークの位置決め応答を行ったさいの制御入力と位置偏差の応答波形である．図中，IVC を行わない場合の点線では，過大なオーバーシュートが発生して水平点線の整定精度を大きく逸脱しているが，IVC によってノミナル応答と同様に縦点線の目標整定時間で所望の応答が得られている． ［岩崎 誠］

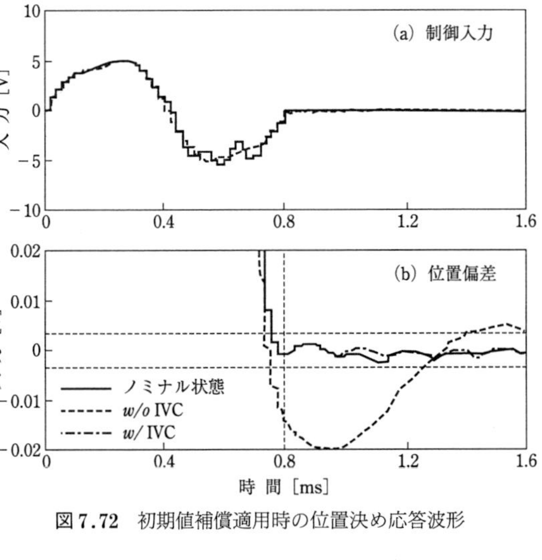


図 7.72 初期値補償適用時の位置決め応答波形

## 参 考 文 献


1) 八木重典 (2005)：レーザ加工機の市場と技術の変遷，電気学会誌，**125**(125)：296-299.
2) 平田光男，長谷川辰紀，野波健蔵 (2005)：終端状態制御によるハードディスクのショートシーク制御，電気学会論文誌，**125-D**(5)：524-529.
3) 川瀬大介，岩崎 誠，川福基裕，平井洋武 (2008)：LMI を用いた位置指令生成による機台振動抑制を考慮した高速高精度位置決め制御，電気学会論文誌，**128-D**(6)：750-757.
4) 廣瀬徳晃，川福基裕，岩崎 誠，平井洋武 (2008)：制御入力の周波数整形を考慮した有限ステップ整定フィードフォワード補償，電気学会論文誌，**128-D**(12)：1403-1410.
5) 佐藤秀紀，廣瀬徳晃，川福基裕，岩崎 誠，平井洋武 (2009)：制御入力飽和と周波数整形を考慮した有限ステップ整定フィードフォワード補償，電気学会研究会資料，IIC-09-41, p. 117-122.
6) 加藤孝宣，前田佳弘，岩崎 誠，平井洋武 (2010)：感度特性を考慮した 2 自由度ロバスト制振位置決め制御系設計，電気学会研究会資料，IIC-10-107, p. 19-24.
7) 廣瀬徳晃，寺地恭久，川福基裕，岩崎 誠，平井洋武 (2008)：オンライン定数同定と初期値補償を併用した位置決め整定特性のリアノレタイム補償，電気学会論文誌，**128-D**(6)：718-725.


# 7.6 外乱オブザーバの半導体露光装置ステージ制御系への応用

## はじめに

情報化社会の急速な発展に伴い，半導体素子の高集積度化が急速に進んでいる．このような状況に応えるため，半導体露光装置（ステッパ）はより高速，高精度のスキャン型ステッパの開発に力を入れている．従来の一括露光方式ステッパと異なり，26×33 mm の広い露光エリアを実現するため，レチクルとウェハはそれぞれレチクルステージ，ウェハステージに置かれ，レチクルステージがウェハステージを追従する形で同期走査し露光される．この系を可能としているのは両ステージ間の同期制御技術であり，位置決め精度に相当する要素はレチクルとウェハの同期精度である[1]．こうした高性能の装置に用いられる追従制御技術としては，構成と制御パラメータ調整が比較的簡単で，かつ正確な高次の制御対象モデルを不要とするなどの特徴があるという理由から，PID タイプのコントローラが主に採用されている．また，モータの推力リップルやケーブルのテンション，ステージ運動の反力など多くの外乱要素が存在する中で，ステッパに求められる精度はナノメートルレベルに達しているため，古典的な制御を用いながらも，より外乱抑制およびノイズ抑制性能の高い位置制御系が必要とされてきている．ここでは，エアーベアリングによる案内系とリニアモータによる駆動系で構成されるスキャン型ステージで高精度高速位置制御法の一例として，外乱オブザーバを用いた高精度同期制御について述べ，外乱オブザーバの得失を実機結果で示す．

### 7.6.1　ステージの同期制御

レチクルステージとウェハステージはそれぞれ位置ループで構成しており，ウェハステージをマスタとし，レチクルステージをスレーブとするマスタスレーブの制御方式により同期位置制御を実現している．この同期制御系の構成を図7.73に示す．

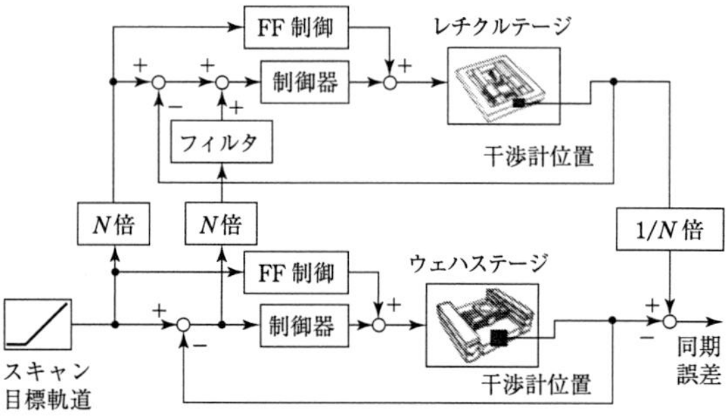


図7.73　同期制御系

図よりわかるように，ウェハステージの干渉計実測値が座標変換マトリクスによって，レチクルステージの目標位置になっており，露光中のレチクルステージの追従誤差が同期精度になる．高い同期精度を実現するためには，マスタのウェハステージには外乱，メカ振動が極力小さい動作が要求され，スレーブのレチクルステージはマスタに可能な限り追従する高速追従性をもつことが重要である．また，さらに追従性を改善のため，スキャン軸（レチクルステージとウェハステージともに）にフィードフォワード制御も併用し，2自由度制御により整定時間を短縮する必要もある．

### 7.6.2　ステージの2自由度制御系構成

ステージの2自由度制御系を図7.74に示す．ここでは，スキャン軸のみを紹介する．

**a．ステージモデル**

スキャン型露光装置のステージは駆動距離が大きくかつ整定時間が短く高精度な制御を要求される．エアーベアリングによる案内系とリニアモータによる駆動系で構成されるスキャン型ステージは，非線形要素

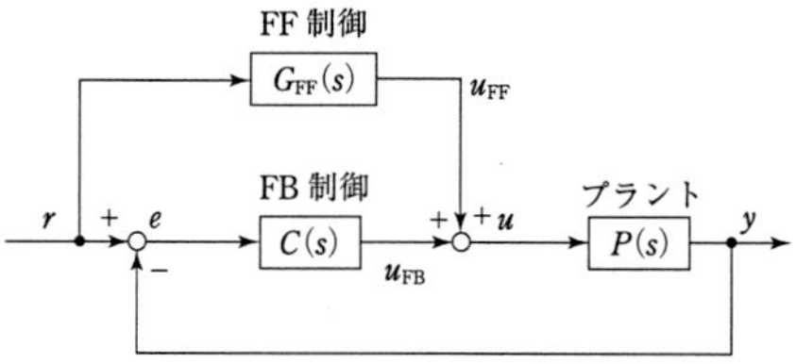


図7.74　ステージの2自由度制御系

を排除することが基本的な機械設計である．そうすると，ステージのモデルが以下の剛体モデルと$N$個2次固有振動モードで表現できる．

$$P(s)=\underbrace{\frac{1}{ms^2}}_{\text{rigid}}\underbrace{\prod_{i=1}^{N}\frac{1}{M_is^2+C_is+K_i}}_{\text{2nd vibration mode}} \tag{52}$$

ここで，$m$はステージの重さである．

**b．フィードフォワード制御**

ステージのスキャン軌道から微分により速度，加速度，ジャークを得て，それぞれフィードフォワードゲインをかけて理想な制御量として粘性摩擦，質量変動，電流変動（overshoot）を補正する．ナノメートル精度の目的を達成するため，2自由度制御は不可欠になる．

$$G_{ff}(s)=\underbrace{k_vs}_{\text{velocity}}+\underbrace{k_as^2}_{\text{acceleration}}+\underbrace{k_js^3}_{\text{jerk}} \tag{53}$$

**c．フィードバックコントローラ**

フィードバックコントローラはPI，位相進み補償器かつ2次系整形フィルタの直列結合として以下の式で表す．実際にはディジタル制御をしているので，Tustin変換を用いて離散化した後に実装される．ステージの場合には高ゲイン化によるサーボ系の制御帯域の障害になる機械共振高次モード（レチクルステージは1 kHz以上で，ウェハステージは数百Hz以上になる）を押さえなければならない．

$$C(s)=\underbrace{K_p\left(1+\frac{s+2\pi K_i}{s}\right)}_{\text{PI}}\underbrace{\left(\frac{\alpha s+2\pi f}{s+2\pi f}\right)}_{\text{lead-phase}}\underbrace{\prod_{j=1}^{M}\frac{s^2+2\xi_{1,j}\omega_{1,j}s+\omega_{1,j}^2}{s^2+2\xi_{2,j}\omega_{2,j}s+\omega_{2,j}^2}}_{\text{2nd shaping filter}} \tag{54}$$

機械共振を下げるため，普通のノッチフィルタがループシェイピングフィルタとしてよく使われるが，位相が下がり過ぎることによって制御帯域を損なう．したがって，上のようにループシェイピングフィルタを設計することで機械共振モード抑制と制御帯域位相のバランスをとるようにしている．

### 7.6.3 時間遅延を考慮した外乱オブザーバの設計

外乱オブザーバは，数多くの分野で実用技術として盛んに行われている[2)]が，ステッパのステージへの応用として，制御帯域以下の低周波領域に存在する位置依存，ケーブルテンション，機体揺れ，リニアモータリップルなど外乱に対して有効な制御手段として実装を試みた．上記紹介した2自由度位置制御系に基づいて外乱オブザーバの構造を図7.75に示す．

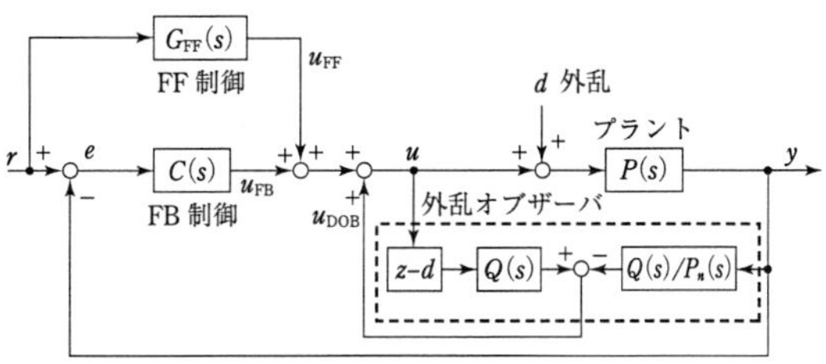


図7.75 時間遅延を考慮した外乱オブザーバ制御系

**a．通常外乱オブザーバ**

目標値 $r$，外乱 $d$ から出力 $y$ までの伝達特性を導出すると，式 (55) で表せる．

$$Y(s)=\underbrace{\frac{PP_nC+PP_nG_{\mathrm{FF}}}{P_n(1+PC)+(P-P_n)Q}}_{\text{目標値追従性}}R(s)+\underbrace{\frac{PP_n(1-Q)}{P_n(1+PC)+(P-P_n)Q}}_{\text{外乱抑圧性}}D(s) \tag{55}$$

また，追従誤差を式 (56) で表現できる．

$$\begin{aligned}E(s)&=R(s)-Y(s)\\&=\frac{(P-P_n)Q+P_n(1-PG_{\mathrm{FF}})}{P_n(1+PC)+(P-P_n)Q}R(s)\\&\quad-\frac{PP_n(1-Q)}{P_n(1+PC)+(P-P_n)Q}D(s)\end{aligned} \tag{56}$$

さらに，外乱オブザーバなし，かつ理想的なフィードフォワード制御をもつ，すなわち，$G_{\mathrm{FF}}=P^{-1}$ の場合を考えると，追従誤差は式 (57) になる．

$$E(s)=\frac{(P-P_n)Q}{P_n(1+PC)+(P-P_n)Q}R(s)-\frac{PP_n(1-Q)}{P_n(1+PC)+(P-P_n)Q}D(s) \tag{57}$$

明らかに，目標値 $r$ に追従する場合，追従誤差ゼロになるためには，もう一つの条件 $P_n=P$ が必要となる．言い換えると，ゼロ誤差追従のため，外乱オブザーバのノミナルモデルは実プラントとマッチさせる必要がある．しかし，制御帯域の制限と高帯域でのモデル化誤差があるため，外乱オブザーバは低周波領域に限定する．

**b．時間遅延を考慮した外乱オブザーバ**

実際のステージ制御系には，電気ハード系の位相遅れ，アンプとモータの遅れが存在する．一般的に外乱オブザーバのノミナルモデルにアンプとモータを入れ込んだプラントとマッチするのは難しい．周知のように，外乱推定帯域はQフィルタのカットオフ周波数で決める．外乱オブザーバに時間遅延要素を考えないと，Qフィルタの付近の位相が急激に回ることにより，閉ループゲイン特性のピークが大きくなり，システムが不安定になる．この問題について，時間遅延を考慮した外乱オブザーバノミナルモデルを以下の式で修正した．

$$P_{n,\mathrm{delay}}(s)=z^{-d}P_n(s) \tag{58}$$

ここで，$z^{-d}$ は $d$ サンプル時間遅延である．ただし，$P_{n,\mathrm{delay}}(s)$ の逆モデルは因果関係ではないので，直接実現できないことを考えて，モデルの代わりに，$z^{-d}$ 要素をオブザーバの推力入力に入れ込む（図7.75を参照）．この場合，目標値 $r$，外乱 $d$ から出力 $y$ と誤差 $e$ までの伝達特性は式(59)，(60) で表せる．

$$Y(s)=\frac{PP_nC+PP_nG_{\mathrm{FF}}}{P_n(1-z^{-d}Q+PC)+PQ}R(s)+\frac{PP_n(1-z^{-d}Q)}{P_n(1-z^{-d}Q+PC)+PQ}D(s) \tag{59}$$

$$E(s)=\frac{(P-z^{-d}P_n)Q+P_n(1-PG_{\mathrm{FF}})}{P_n(1-z^{-d}Q+PC)+PQ}R(s)-\frac{PP_n(1-z^{-d}Q)}{P_n(1-z^{-d}Q+PC)+PQ}D(s) \tag{60}$$

明らかに，$z^{-d}P_n(s)=P(s)$ の条件を満たせば，追従誤差は0になる．

**c．時間遅延の同定**

ステージの時間遅延 $d$ は，閉ループ周波数特性をみて，外乱オブザーバを使わないときの閉ループ周波数特性とほぼ同じになるようにチューニングすることにより得ることができる．ここで，以下の近似方法で求める．

時間遅延 $t_d$ によりシステムの位相変化を式 (61) で表せる．

$$P_{\mathrm{delay}}(j\omega)=e^{-j\omega t_d} \tag{61}$$

この式から，閉ループの位相特性から以下の近似式で時間遅延 $t_d$ が計算できる．

$$t_d \approx -\frac{\angle P_{\mathrm{delay}}(j\omega)}{\omega} \qquad (62)$$

たとえば，閉ループ特性 900 Hz で位相は−40.5° の場合，式（62）の計算式より時間遅延 $t_d$ は

$$t_d \approx -\frac{-180-(-40.5)}{2\pi\times 900}\frac{\pi}{180}$$
$$=0.0004306\ [s]$$

になる．サンプリング周期 10 kHz の場合には 4 サンプリング時間遅延があるということになる．

## 7.6.4 実験結果

これまで述べてきた外乱オブザーバをスキャン露光装置ステージに応用してみた．実験するステージパラメータを表 7.6 にまとめている．ウェハステージとレチクルステージ両方ともにサンプリング周波数 10 kHz のディジタル制御系である．

表 7.6　実験でステージのパラメータ

| | ウェハステージ | レチクルステージ |
|---|---|---|
| 重量［kg］ | 73.5 | 12.3 |
| スキャン長［mm］ | 41 | 164 |
| スキャン速度［mm s$^{-1}$］ | 525 | 2100 |
| 最大加速度［G］ | 1.34 | 5.36 |
| 整定時間［ms］ | 10 | 10 |
| モータ最大推力［N］ | 1159.5 | 736 |
| 制御帯域［Hz］ | 100 | 300 |
| Q フィルタカットオフ周波数［Hz］ | 100 | 300 |
| 時間遅延［サンプリング］ | 4 | 4 |

### a．伝達特性改善

ここで，レチクルステージとウェハステージに外乱オブザーバを適用し，周波数領域で外乱抑圧効果を実験により評価する．外乱オブザーバなし（従来制御系），時間遅延なし外乱オブザーバと時間遅延あり外乱オブザーバの三つの閉ループ特性を実測した．その結果を図 7.76 に示す．時間遅延なし外乱オブザーバを付加した制御系の特性は，従来制御系よりピークが大きくなり，高周波制御が悪化している．時間遅延を同定した後に得た外乱オブザーバを付加した制御系の特性は従来制御系とほぼ同じにできることが明らかになった．

一方，外乱オブザーバなし（従来制御系）と時間遅延あり外乱オブザーバの外乱抑圧特性も実測して比較した．結果を図 7.77 に示している．外乱オブザーバの付加により低周波領域（ウェハステージ＜40 Hz，レチクルステージ＜100 Hz）の特性を改善することができた．しかしながら，高周波領域が悪化させないため，Q フィルタのチューニングも必要となる．Q フィルタのチューニングは，追従制御性能を評価しながら行う必要があるので，そのチューニングは時間応答領域で実施する．

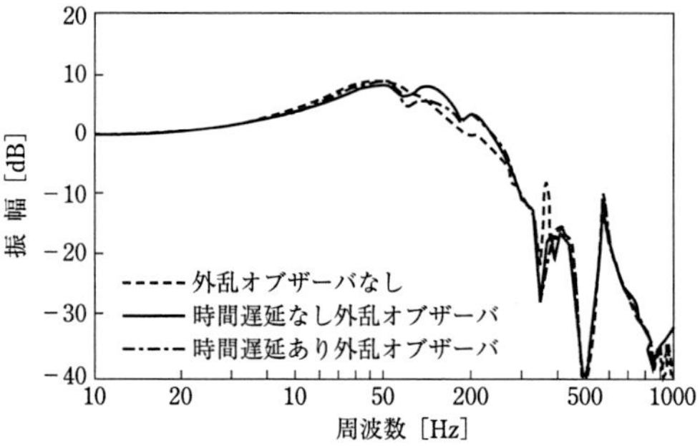

(a) ウェハステージ

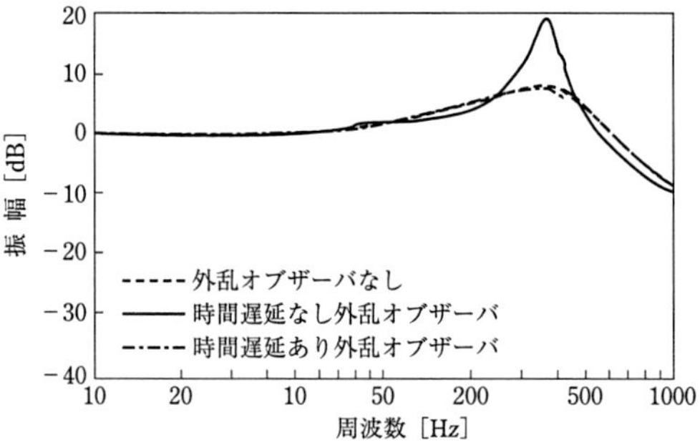

(b) レチクルステージ

図 7.76　オブザーバ制御系の閉ループ特性

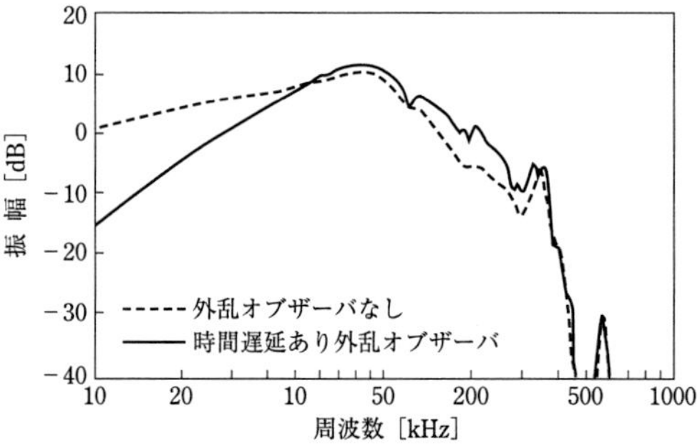

(a) ウェハステージ

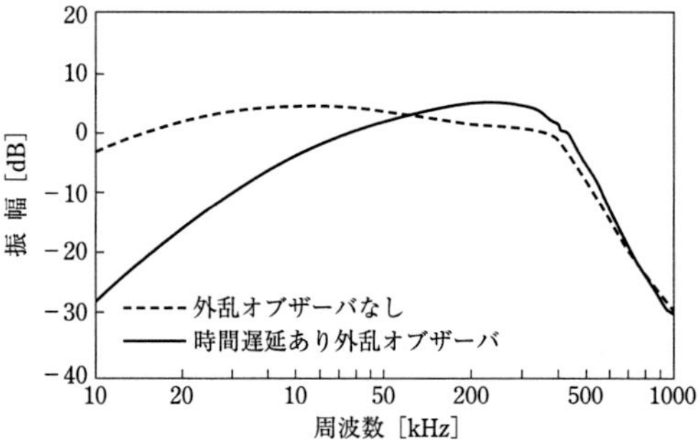

(b) レチクルステージ

図 7.77　オブザーバ制御系の外乱抑圧特性

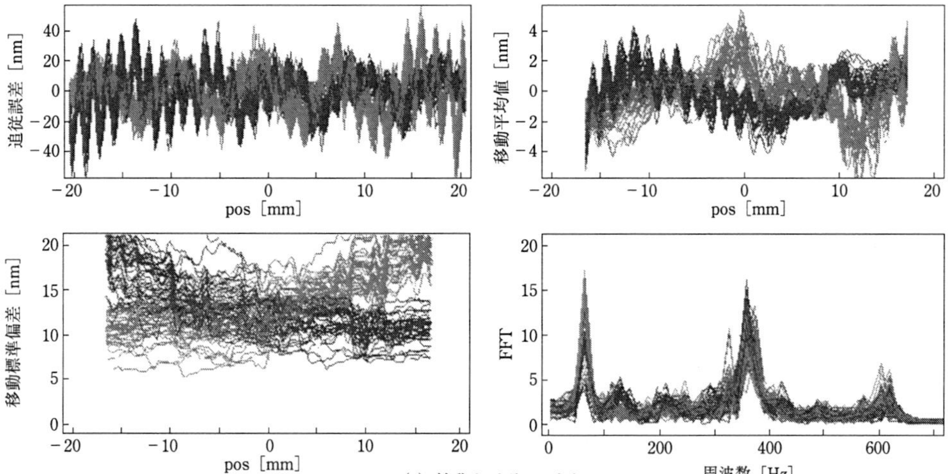


(a) 外乱オブザーバなし

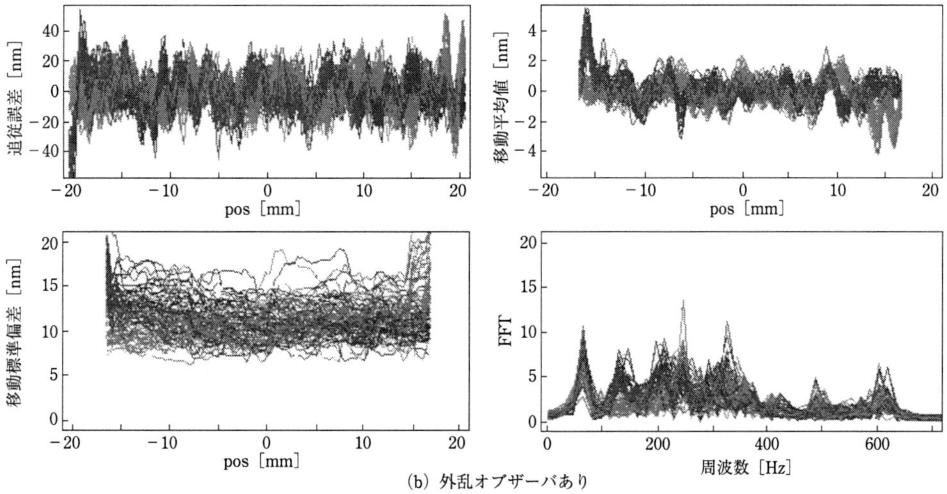


(b) 外乱オブザーバあり

図 7.78　同期精度

### b. 同期精度結果

同期スキャン露光を行う際のレチクルとウェハステージの同期位置精度（追従誤差）は結像性能に大きな影響を与える．同期精度の評価には，単純に両ステージの追従誤差ではなく，ある時間幅の追従誤差の移動平均値（Mean 値）と平均値からの位置ゆらぎを表現する移動標準偏差（MSD 値）が使われる．ここで，外乱オブザーバを適用した露光動作を実際に行い精度評価をした．その結果を図 7.78 に示す．図は上段左がスキャン中の追従誤差，上段右が Mean 値，下段左が MSD 値，下段右が追従誤差の FFT である．従来の制御系に比べて，同期精度が Mean 値，MSD 値ともに改善した結果を得ることができた．しかし，昨今の半導体露光装置の高精度化要求に対しては，外乱のブザーバだけでは不十分であり，繰り返し学習制御のような制御技術と併用する制御系を構築し，より高精度を図ることが課題となっている．　［山口敦史］

### 参 考 文 献

1) 牧野内進，林　豊，神谷三郎 (1995)：ステッパの新露光方式と位置決め技術の改新，精密工学会誌，**61**(12)：1676-1680.
2) 浜田洋介，大槻治明，斉藤茂芳，秦　裕二 (1994)：磁気ディスク装置ヘッド位置きめ制御系への外乱オブザーバの応用，計測自動制御学会論文集特集，**30**(7)：828-835.

## 7.7　光ディスクドライブ

### 7.7.1　光ディスクドライブの概略

CD，DVD，BD (Blu-ray Disc™) など，身近に使われる光ディスクドライブにおいて，制御技術は重要な役割を担っている．光ディスクドライブではレーザスポットを光ディスク上に照射してディジタルデータの記録再生を行う．したがって，安定した記録再生には次のような制御が必要となる．すなわち，①光ディスクを一定速度で回転制御し，②レーザスポットの焦点が光ディスク記録面に合焦するよう制御し，③レーザスポットが光ディスク上のデータトラックをなぞるように制御する，ことが必要とされる．①はスピンドル制御，②はフォーカス制御，③はトラッキング制御およびスレッド制御で実現されている．

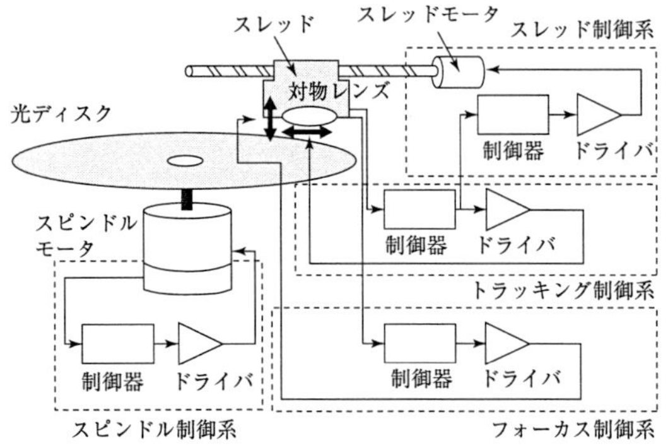


図7.79　光ディスクドライブ制御系概略

これらの制御系の概略図を図7.79に示す．スピンドル制御はスピンドルモータの速度制御で実現される．フォーカス制御およびトラッキング制御は対物レンズの位置制御で実現される．フォーカス制御はレンズをディスク表面に垂直方向に，トラッキング制御は半径方向に移動させるが，光ディスクドライブでは2軸アクチュエータとよばれる電磁アクチュエータに対物レンズを搭載し，フォーカス方向およびトラッキング方向に同時かつ独立に駆動する．2軸アクチュエータの駆動範囲は1〜2 mm程度であり，ディスク内周から外周まで対物レンズを移動させるには対物レンズを搭載したスレッドをスレッドモータで駆動制御する．ここでは，2軸アクチュエータを用いるフォーカス制御およびトラッキング制御を主に説明する．

## 7.7.2　フォーカス/トラッキング制御系の構成要素

フォーカス制御系およびトラッキング制御系の構成要素として2軸アクチュエータおよびエラー検出系について説明する．2軸アクチュエータの概略図を図7.80に示す．上下方向にレーザビームが走り，下側に光ディスクがあることを想定した図である．対物レンズやフォーカス方向駆動用コイル，トラッキング方向駆動用コイルの搭載された可動部は4本のワイヤで保持される．また，コイル近傍には永久磁石が配置されて電磁アクチュエータが構成され，上下方向および左右方向に独立に駆動される．2軸アクチュエータの駆動電流から位置信号への周波数特性例を図7.81に示

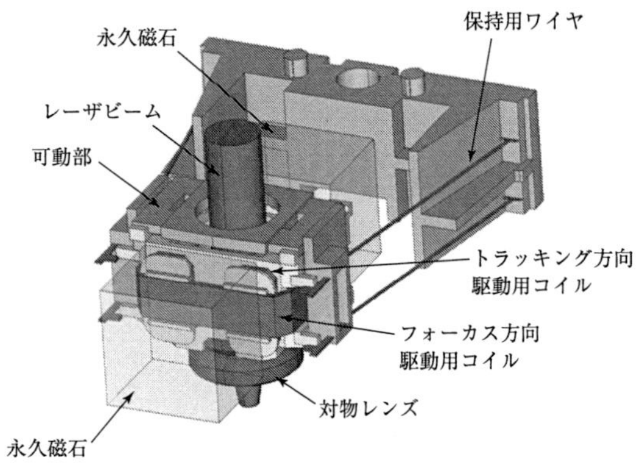


図7.80　2軸アクチュエータの概略図

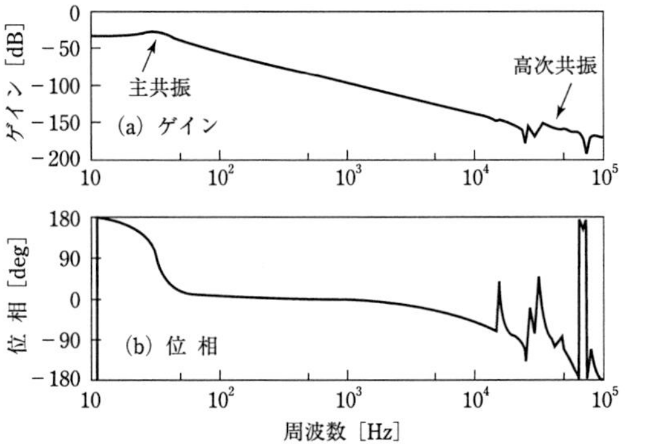


図7.81　2軸アクチュエーアクチュエータタ周波数特性例

す．可動部重量と保持ワイヤのばね定数により主共振周波数が決まる．図7.81では32 Hz程度である．また，可動部重量とアクチュエータ推力により主共振より高い周波数でのゲインが決まる．これらの要因で基本特性が決まった上で，高域での高次共振など，現実的な特性も問題となる．一般に光ディスクドライブでのサーボ帯域は数kHz程度なので，高次共振は数十kHz程度となることが望ましい．

次にフォーカスエラー信号およびトラッキングエラー信号の検出方法について述べる．いくつかの検出方法があるが，いずれもエラー信号の検出領域が限定される．

まずフォーカスエラー信号の代表的な検出方法である非点収差法について述べる．図7.82に模式図を示す．非点収差法ではシリンドリカル・レンズにより，ディスクが対物レンズに近いときには図7.82①のように，遠いときには図7.82③のように，ディテクタ（検出器）上での反射光スポットが傾きの異なる楕円となる．したがって，ディテクタを図7.82①のように4分割し，$(a+c)-(b+d)$ をフォーカスエラー信号とすると，図7.83(b) のように焦点位置で0，焦点位置からずれると＋または－の値となる．ディテクタで

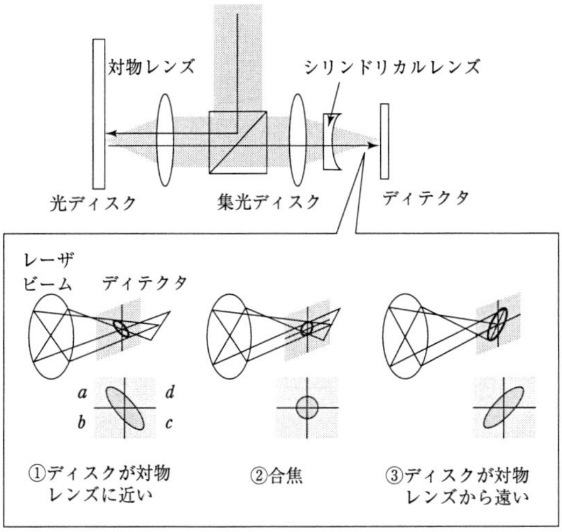


図 7.82 非点収差法摸式図

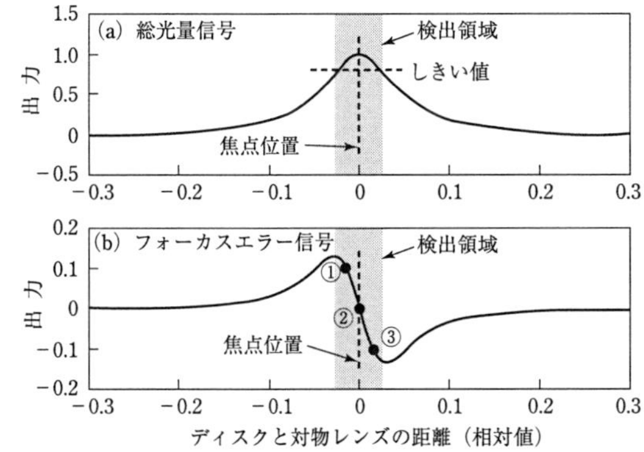


図 7.83 フォーカスエラー関連信号

の総光量（$a+b+c+d$）も図 7.83(a) に示す．焦点位置から離れると 0 に漸近する．フォーカスエラー信号も，焦点から離れると総光量が低下して 0 に漸近する．このように検出領域が限定されるため，図 7.83 に示す総光量がしきい値以上となる「検出領域」でフォーカス制御が行われる．

同様にトラッキングエラー信号の代表的な検出方法であるプッシュプル法について図 7.84 で説明する．記録ディスクでは図 7.84(b) のように記録トラックに対応してグルーブおよびランドとよばれる溝が構成される．これにより反射光に回折現象が生じ，スポット位置が変わるとディテクタ上の強度分布が図 7.84(a) の①，③のように変化する．プッシュプルエラー信号を（$a+b$）−（$c+d$）とし，スポット位置との関係を図示すると図 7.85 になる．スポットがランド上にきた場合はエラー信号の極性が逆になり，さらに移動して隣接トラックになるともとの極性にもどる．このようにプッシュプル法でもエラー信号の検出

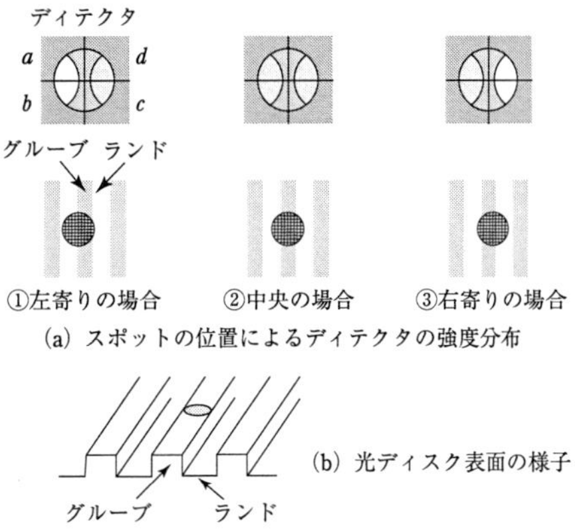


図 7.84 プッシュプル法摸式図

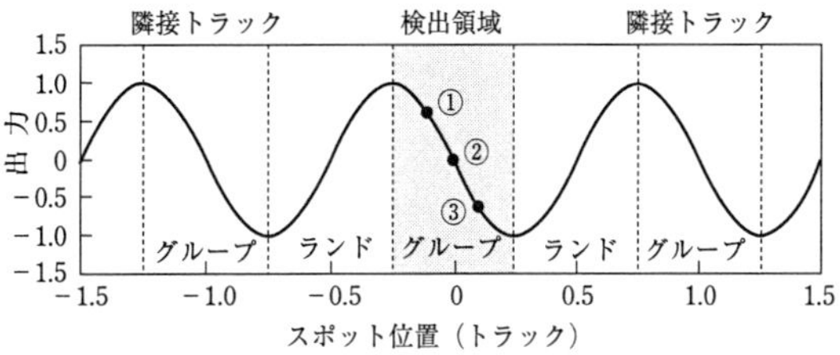


図 7.85 トラッキングエラー信号

領域は 1/2 トラックに限定される．また，トラッキングエラー信号はグルーブとスポットの相対エラーが検出されるのみなので，ディスク上のどのトラックを検出しているかは識別できない．

これらの構成要素を用いて構成される制御系のブロック図の例を図 7.86 に示す．制御対象である 2 軸アクチュエータは簡便のため 2 階積分としている．ディスク位置 $d$ とアクチュエータ位置 $y$ の差が，エラー信号 $e$ として前述の非点収差法やプッシュプル法によって検出される．エラー信号 $e$ は制御器に入力され，制御器出力 $u$ は制御入力として制御対象に印加される．

エラー信号は連続系信号として検出されるが，最近

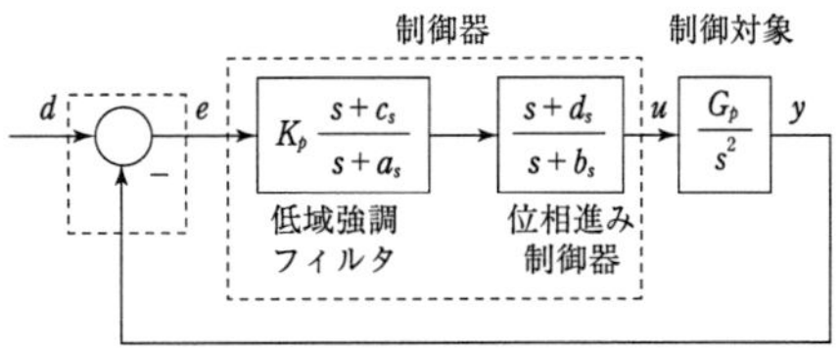


図 7.86 制御系ブロック図

は制御切り換えの容易さや開発の効率化のために制御器は DSP（digital signal processor）で実現されることが多い．その場合，サンプリング周波数は制御器の演算能力などから 200〜400 kHz 程度とされることが多い．

### 7.7.3　制御器の構成および設計

図7.86の制御系モデルを用いて，光ディスクドライブでの制御器の構成および設計について述べる．光ディスクドライブ制御系の大きな特徴として，光学系の一方を構成する光ディスクが可換であることがあげられる．このため，ディスク反射率などの光学特性や，面ぶれ，偏芯などの物理形状の変動が大きい．このような変動を抑えるために，一般にCD，DVD，BDなどの各フォーマットで変動の上限が定められる．性能上，変動は小さく抑えたいが，あまり厳しい規定はディスクの高コストに結びつくため，適切な値が望ましい．サーボに関連する面ブレ，偏芯などのディスクひずみについては上限値に加えて，参照サーボ特性でのエラー残渣も規定される．たとえばBD-ROMではディスクのフォーカス方向のひずみは「1トラック内で±0.1 mm以内，かつゼロクロス周波数3.2 kHzの参照サーボ特性[1]をもつフォーカス制御を行ったときの取れ残りが±45 nm以内（1.6 kHz 3次LPF適用時)」などのように規格で決められている．

したがって，光ディスクドライブの制御系設計では，まず参照サーボ特性を満たす必要がある．さらに，各ドライブでの劣化要因に応じて参照サーボ特性を上まわる特性を実現する．たとえば，ガタの大きいディスクチャッキング機構をもつドライブではディスク偏芯が大きくなるので，参照サーボ特性を上回る低域ゲインが必要となる．

一般に，フォーカスおよびトラッキング制御器は図7.86に示したように低域強調フィルタおよび位相進み制御器から構成される．位相進み制御器の位相進み周波数 $d_s$[rad s$^{-1}$] は，開ループ周波数特性のゼロクロス周波数 $f_x$ のおよそ1/3，位相進み制御器の位相遅れ周波数 $b_s$[rad s$^{-1}$] は $f_x$ のおよそ3倍に設定される．また低域強調フィルタの位相遅れ周波数 $a_s$[rad s$^{-1}$] はスピンドルの最低回転周波数を下回るように設定され，低域強調フィルタの位相進み周波数 $c_s$[rad s$^{-1}$] は開ループ特性の位相余裕が十分保てる程度に低く設定される．たとえば，ゼロクロス周波数 $f_x$ を3.2 kHzとすると，位相進み周波数 $d_s$ は6700 rad s$^{-1}$，位相遅れ周波数 $b_s$ は60300 rad s$^{-1}$ となる．また，ディスクの最低回転数を800 rpmとすると低域強調フィルタの位相遅れ周波数 $a_s$ は84 rad s$^{-1}$ となる．位相余裕に影響しない程度に低域強調フィルタの位相進み周波数 $c_s$ を628 rad s$^{-1}$ とすると，制御器の周波数特性は図7.87のようになる．また，制御対象の $G_p=3\times10^8$ としてゼロクロス周波数が6 kHzとなるよう制御器の $K_p=14$ と設定したときの開ループ周波数特性を図7.88に示す．位相進み制御器で3.2 kHz近辺で位相が進められて制御系が安定化されている．また，低域強調フィルタにより100 Hz以下の低域でゲインが上がっている．たとえば，ディスク最低回転周波数800 rpm ＝13.3 Hzでのゲインは100 dB程度あり，0.1 mmのディスクひずみにも1 nm以下の誤差で追従できる．

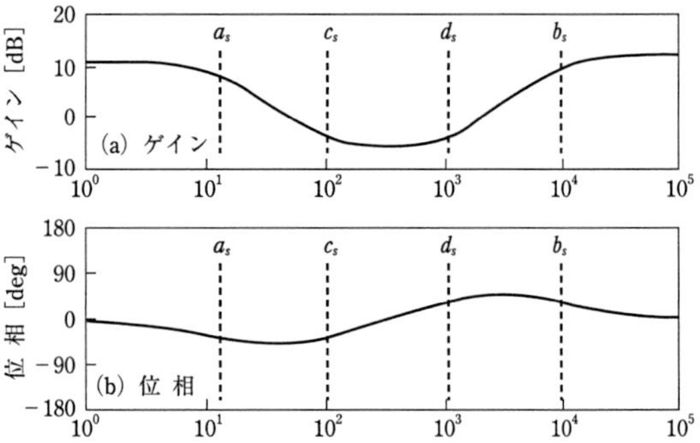


図7.87　制御器特性

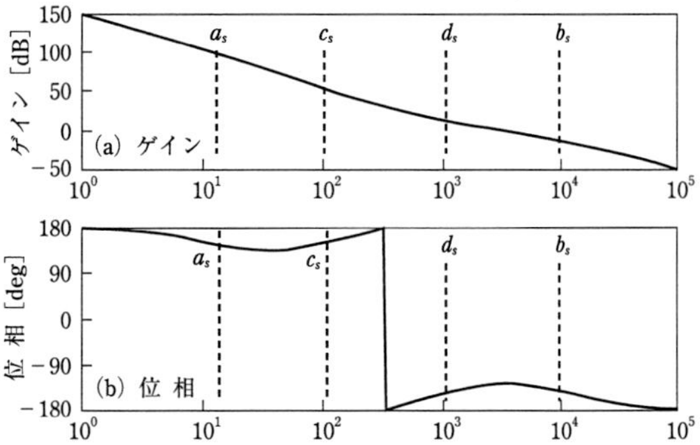


図7.88　開ループ特性

実際には，以上のパラメータ設定を基本に，高域の2次共振やサンプリングによる位相遅れ特性に対応して，十分なマージンが取れるよう各パラメータを微調整して用いている．また，振動衝撃で検出領域外に出てしまった場合や，ディスク欠陥に対応して制御器出力をホールドする場合など，状況に応じた各種切り換え機能が付加される．

### 7.7.4　次世代制御方式

以上のように，光ディスク制御系は規格に基づいて構成されるので，規格を満たしていれば必要な制御が実現されるが，光ディスクドライブの高倍速化などの高性能化に伴い，さらに高性能な制御系も検討されている．たとえば，従来制御器と同じ次数ながら振動衝撃に強い高ゲインサーボ[2]や，繰り返し制御[3]，ゼロ位相追従制御を光ディスクドライブに適用したZPET-FF[4]などがあげられる．ここでは簡便な構成ながら効果の大きい高ゲインサーボについて簡単に説明する．

光ディスク制御系では，ディスク位置 $d$ にアクチュエータ位置 $y$ がすばやく追従し，エラー信号 $e$ が小さくなることが望ましい．そこでディスク位置 $d$ からエラー信号 $e$ までの外乱抑圧特性を考える．前述のパラメータでの周波数特性を描くと図7.89中の「従来制御」になる．このときの閉ループ極は，$-628\ \mathrm{rad\,s^{-1}}$，$-16302\ \mathrm{rad\,s^{-1}}$，$-21728\pm6865\,j\ \mathrm{rad\,s^{-1}}$ となり，$-628\ \mathrm{rad\,s^{-1}}$ の極が一つだけ著しく応答が遅い．この応答が速くなるよう四つの極を重ねて配置することを考える．極配置式を立ててゼロクロス周波数が従来制御と同じになるよう四つの極を重ねて配置すると，極は $-13800\ \mathrm{rad\,s^{-1}}$ となる．このときの制御パラメータを逆算すると $K_p=3.79$，$a_s=84\ \mathrm{rad\,s^{-1}}$，$b_s=-55116\ \mathrm{rad\,s^{-1}}$，$c_s, d_s=4619\pm3246\,j\ \mathrm{rad\,s^{-1}}$ となる．$c_s, d_s$ が複素数となる点が特徴的である．このときの外乱抑圧特性を図7.89に太線で併せて表示する．極配置による制御パラメータでは低域ゲインが小さくなっている．

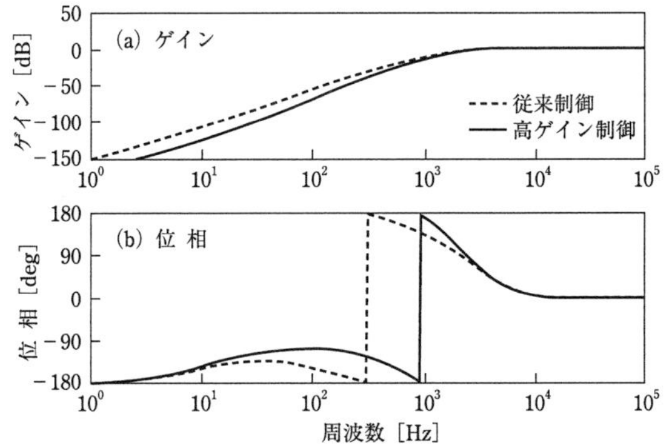

図7.89 外乱抑圧特性の比較

制御器の比較を図7.90に示す．極配置で求めた制御器は零点 $c_s, d_s$ が複素数となることで位相が急峻に進んでおり，位相余裕の劣化を抑えて低域ゲインを高くできることがわかる．これを高ゲインサーボ制御器とよんでいる．低域ゲインが高いことから，低域の振動衝撃に強く，エラー残渣も小さい高性能制御を実現できる．複素零点を持つため図7.86の1次フィルタ直列構成では実現できないが，2次フィルタまたは1次フィルタ並列構成で実現でき，回路規模は従来制御と変わらない．離散系で実装する場合，サンプリングによる位相遅れやDSPの演算時間遅れで位相余裕が劣化するので，これらの影響を考慮したパラメータ

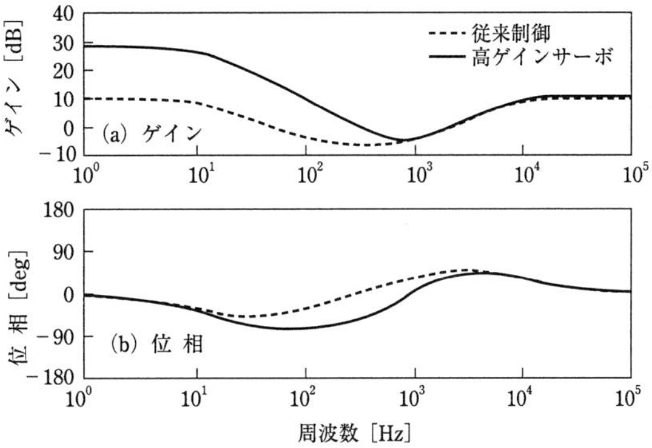

図7.90 制御器特性の比較

決定法が提案されている[2]．

以上のようなサーボ残渣低減の検討だけでなく，過渡応答改善に関する提案[5]もある．このように従来の位相進み制御だけでなく，制御理論に基づく新たな考え方を導入することで光ディスクドライブの制御系はさらに性能向上が期待できる．［浦川禎之］

## 参考文献


1) Blu-ray Disc Association (2007)：System：Description Blu-ray Disc Read-Only Format Part1 Basic Format Specifications Final Draft Version 1.32，p. 18-19.
2) 浦川禎之 (2004)：光ディスクにおける高ゲインサーボ制御について．電気学会産業計測制御研究会，IIC-04-73，p. 37-40.
3) M. Tomizuka，T. C. Tsao，K. K. Chew (1989)：Analysis and Synthesis of Discrete-Time Repetitive Controllers, *Journal of Dynamic Systems, Measurement, and Control*, **111**(3)：353-358.
4) D. Koide，H. Yanagisawa，H. Tokumaru，H. Okuda，K. Ohishi，Y. Hayakawa (2003)：Feed-Forward Tracking Servo System for High-Data-Rate Optical Recording, *Japanese Journal of Applied Physics*, **42**(2B)：939-945.
5) 奥山　淳 (2008)：光ディスク装置のディフェクト補償制御，電気学会論文誌D，**128**(3)：282-288.


## 7.8 リニア共振アクチュエータのフィードバック制御

### はじめに

近年，リニアモータおよびリニア電磁アクチュエータは，産業界のさまざまな分野において活発に利用されている．その中でも，リニア振動アクチュエータ (linear oscillatory actuator：LOA) は小型・軽量な構造を有し，短いストロークでの往復運動が可能であるというなどの理由から，電気カミソリ，電動歯ブラシなどの家電機器や，携帯電話などの情報機器分野において研究が進み実用化されている．とくに，ばね共振を利用した永久磁石可動形のリニア共振アクチュエータ (linear resonant actuator：LRA)[1~3]が注目されて，高効率駆動を実現している．

しかし，リニア共振アクチュエータは，共振を利用しているため外部からの負荷に対して振幅が大きく減少するという問題を有する．それに対応するために，さまざまなアクチュエータの制御方法が提案されている．

本節では，世界に先駆けてリニア共振アクチュエータを民生用機器に搭載し，リニアアクチュエータを広く世の中に普及するきっかけとなった電気カミソリ用リニアアクチュエータシステムを取り上げる．本システムでは，負荷時おける可動子の振幅減少を抑制するため，検知コイルからの逆起電圧信号を利用して高効率で簡潔な PWM（pulse width modulation）制御[4~6]を実現している．その制御法の詳細について解説するとともに，負荷変動によるアクチュエータの動作特性への影響を明らかにする．さらに，本アクチュエータシステムに PID 制御[7,8]を導入し，負荷変動によって一定振幅を維持する制御を試み，その有効性について述べる．

## 7.8.1　リニア共振アクチュエータの構造と制御概要

### a．基本構造

本節で取り上げたリニア共振アクチュエータ（LRA）の外観を図 7.91 に，磁気回路の基本構造を図 7.92 に示す．本アクチュエータは主に，可動子，固定子，および共振ばねからなる．

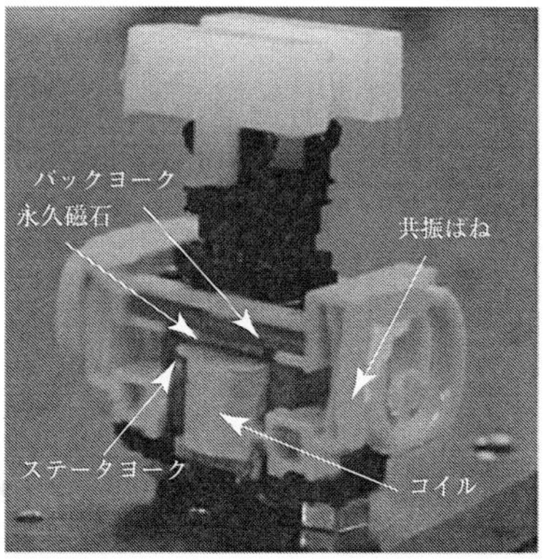


図 7.91　LRA の基本構造

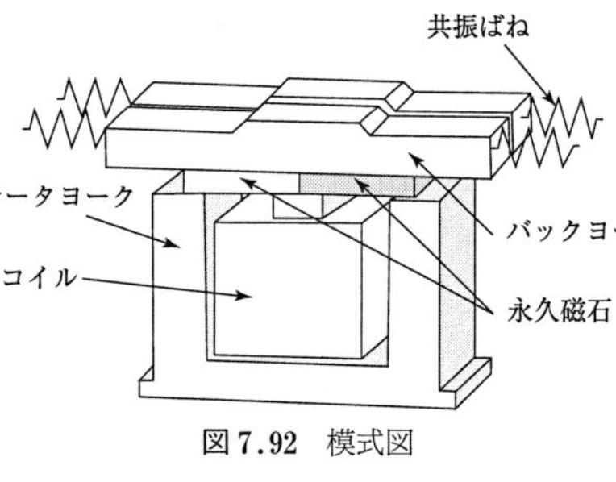


図 7.92　模式図

並行に二つ配置された可動子は，極性の異なる永久磁石（NbFeB，Br＝1.42 T），電磁軟鉄からなるバックヨークと駆動子から構成され，固定子は，E 字型の積層ケイ素鋼板からなるステータヨークと，その中央脚に巻回された 68 ターンのコイルから構成される．そして，可動子と固定子とのエアギャップ 0.36 mm を保持するとともに共振させるためのばねから構成されている．共振ばねは樹脂成形品からなり，ばね定数 $k=13.36\ \mathrm{N\,mm^{-1}}$ で設定されている．

### b．駆動原理

本節で取り上げたリニア共振アクチュエータの駆動原理について図 7.93 を用いて説明する．E 字型のステータの中央脚に巻きつけられたコイルに図の方向へ電流を流すと，ステータに図のような磁極が現れる．ステータの各磁極と可動子の永久磁石の磁極との間に発生する推力により可動子が移動する．二つの可動子は極性の異なる永久磁石であるため，互いに逆方向に移動する．また，コイルに与える電流の向きを反対とすることで，それぞれの可動子は逆方向に移動する．このようにコイル電流を交番することによって可動子を往復振動させることができる．ここで，可動子の質量と，可動子に接続されたばね定数によって決定される共振周波数において振動させる．

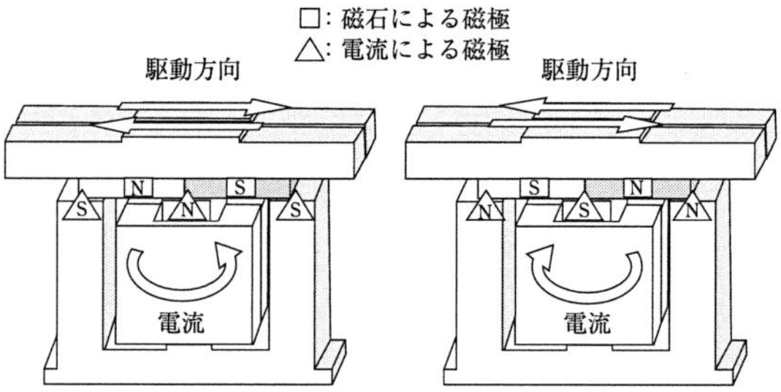


図 7.93　駆動原理

### c．PWM 制御

図 7.94 を用いて，一般の制御と比較して PWM 制御の有効性を説明する．一般のフィードバック制御では，磁石の共振振動により発生する検知コイルからの逆起電圧に基づき決定される Duty に応じて矩形波電圧を一定時間印加する．このとき，逆起電圧および巻線のインダクタンス L によって，三角波に近い電流波形を生成する．それに対して，PWM 制御では，交番電圧の印加時間 $t_p$ において，さらにスイッチング制御し，オン，オフの時間を Duty に応じて変化させる．本制御により，電流波形がノコギリ波状となり，電圧を印加していない $t_{\mathrm{off}}$ 区間においても電流が流れ，推

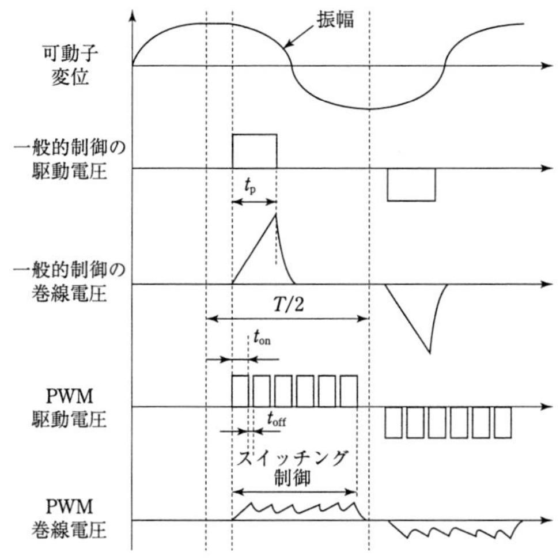


図 7.94　PWM と一般制御との比較

力が発生するため，一般のフィードバック制御より高い駆動効率が実現できる．

### d．PWM フィードバック制御

リニア共振アクチュエータは，共振を利用しているため負荷がかかると振幅が減少するという課題がある．これに対して，本節で取り上げたアクチュエータシステムでは，コイルからの逆起電力をもとに振幅を推定し，その振幅に応じて電圧の印加時間（デューティ）を制御するフィードバック制御を採用している．図 7.95 にその詳細を示すが，大きく分けて以下の①～⑤の五つの区間に分けて制御している．

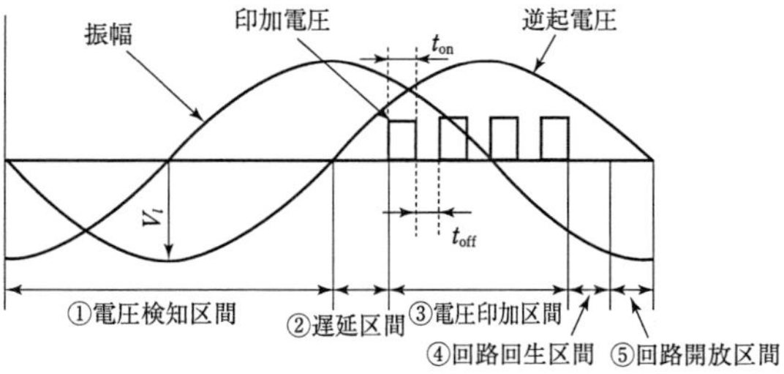


図 7.95　PWM フィードバック制御概要

まず，区間①において逆起電圧が 0 となってからの逆起電圧の最大値 $V_1$ を検知し，区間②にて逆起電圧が 0 となってから一定時間後に 3.6 V の矩形波電圧を印加，区間③で区間①の逆起電圧 $V_1$ より決定される Duty に従って電圧を印加，区間④において，ダイオードにより回路に電流を回生し，その後，区間⑤で回路を開放する．区間③において，PWM フィードバック制御により，電圧波形を細かいパルス波とし，各パルス波間の印加電圧 off の区間において流れる電流を利用することで，高効率な駆動を実現している．また，

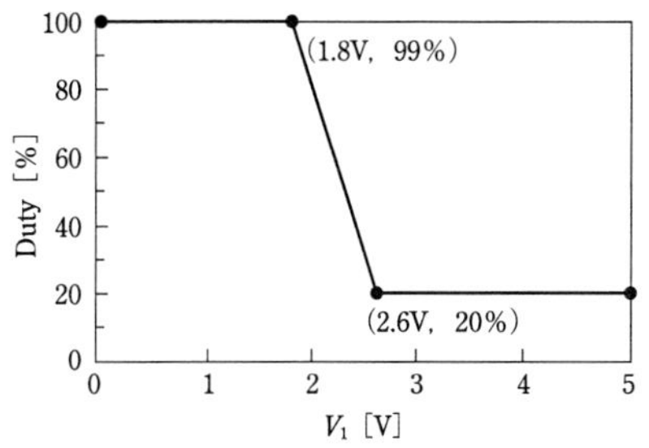


図 7.96　制御関数

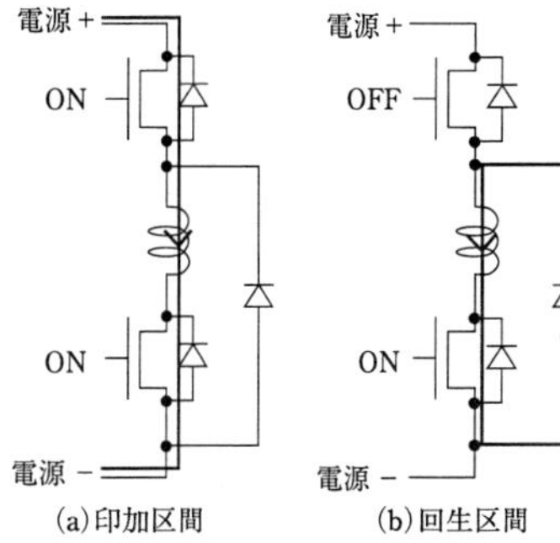


図 7.97　制御回路

区間③における電圧印加時間は，式（63）で表される Duty を，検知する逆起電圧 $V_1$ に応じて，図 7.96 の制御関数に従って決定する．区間③および，区間④での制御回路は，それぞれ，図 7.97(a)，(b) に示すとおりである．

$$\mathrm{Duty}\ \frac{t_{\mathrm{on}}}{t_{\mathrm{on}}+t_{\mathrm{off}}} \tag{63}$$

## 7.8.2　フィードバック制御下のリニア共振アクチュエータの動作特性

### a．無負荷特性

前述した PWM フィードバック制御を実験系に導入し，無負荷時における実験を行った．定常状態でのリニア共振アクチュエータの振幅，電圧，電流波形を図 7.98 に示す．実験結果より，図 7.95 の区間①に

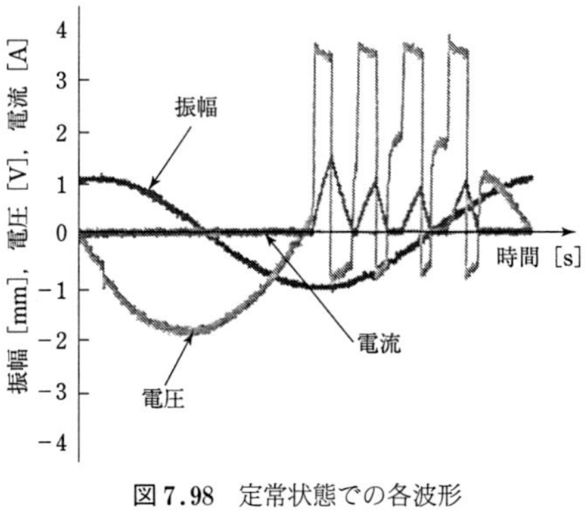


図 7.98　定常状態での各波形

おいて可動子の速度に比例した逆起電圧が発生していることが確認できる．また，区間③，区間④においてノコギリ波状の電流が流れていることが確認できる．

**b. 負荷特性**

リニア共振アクチュエータの負荷変動に対する動作特性への影響を検討するため，実機を用いた負荷実験を行った．負荷実験装置の写真を図7.99に示す．実験ではアクチュエータの上部からおもりを乗せ，可動子と負荷板との摩擦力により，おもりによる垂直負荷を水平負荷に変換している．また，負荷板には摩擦力を安定させるため，粘着テープが貼られている．可動子と粘着テープとの摩擦係数は0.1として水平負荷に変換している．負荷に対する振幅と平均電流の実験結果を図7.100に示す．実験結果より負荷の増加に対して，ほぼ比例的に電流は増加，振幅は減少していることがわかる．

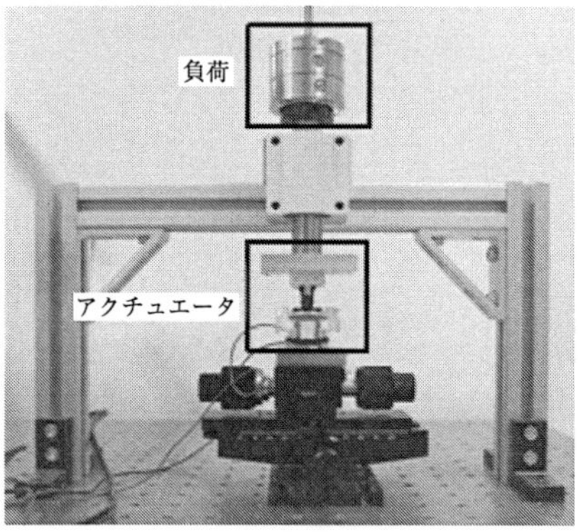


図7.99　負荷装置

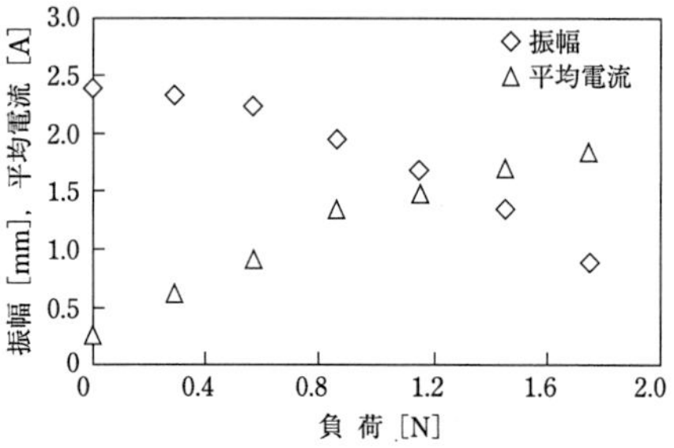


図7.100　負荷特性

## 7.8.3　PID制御の効果

**a. PID制御の導入**

前述のPWMフィードバック制御では，フィードバック制御をしているものの，負荷に対して振幅の減少がみられた．そこでDutyを制御関数でなくPID制御で制御する方法を紹介する．本制御でのPID制御によるDuty決定式を式(64)に示す．

$$\mathrm{Duty}(\%) = K_P e(t) + K_I \int e(t)\,dt + K_D \frac{de(t)}{dt} \tag{64}$$

ここで，$K_P$は比例ゲイン，$K_I$は積分ゲイン，$K_D$は微分ゲイン，$e(t)$は目標値との偏差である．

検出値は前述のPWMフィードバック制御と同様に検知電圧$V_1$であり，目標値を$V_s$すると制御偏差$e(t)$は式(65)となる．

$$e(t) = V_s - V_1 \tag{65}$$

次に各ゲインは応答性および定常状態での振幅安定性を評価し，最良値をハンドチューニングで探索した．その結果，$K_P=1$，$K_I=0.05$，$K_D=0.5$が良好な結果を示した．

**b. 負荷特性**

PID制御の有効性を確認するため，前述した負荷実験装置を用いて負荷特性を測定した結果を図7.101に示す．測定結果より負荷が約0.8NまではPID制御が良好に機能し，振幅を一定に保つことができている．約0.8N以上ではDutyが100%となり，制御の余地がなくなり振幅が低下している．これらの結果より逆起電圧検知からのPID制御によって，Dutyに制御の余地がある限り，おのおのの負荷状況でLRAの振幅を一定に保つことができることが確認できる．

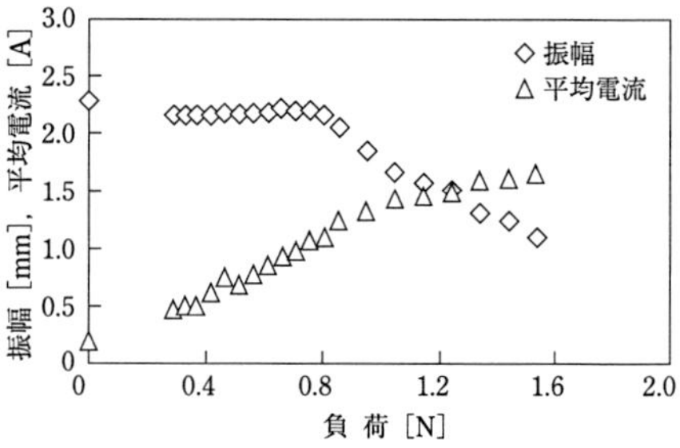


図7.101　負荷特性

**おわりに**

本節では，電気カミソリ用リニア共振アクチュエータシステムを取り上げ，検知コイルからの逆起電圧信号によるPWMフィードバック制御法を解説し，実機による実験結果により，負荷変動によるアクチュエータの動作特性への影響を明らかにした．さらに，本アクチュエータシステムにPID制御を導入し，負荷変動によって一定振幅を維持する制御を試み，その有効性について確認することができた．　　［平田勝弘］

## 参考文献

1) T. Yamaguchi, Y. Kawase, K. Sato, S. Suzuki, K. Hirata, T. Ota, Y. Hasegawa (2009)：Trajectory Analysis of 2-D Magnetic Resonant Actuator, *IEEE Trans. Magn.*, **45**(3)：1732-1735.
2) T. Yamaguchi, Y. Kawase, S. Suzuki, K. Hirata, T. Ota, Y. Hasegawa (2008)：Dynamic Analysis of Linear Resonant Actuator Driven by Dc Motor Taking into Account Contact Resistance between Brush and Commutator, *IEEE Trans. Magn.*, **44**(6)：1510-1513.
3) K. Hirata, T. Yamamoto, T. Yamaguchi, Y. Kawase, Y. Hasegawa (2007)：Dynamic Analysis Method of Two-Dimensional Linear Oscillatory Actuator Employing Finite Element Method, *IEEE Trans. Magn.*, **43**(4)：1441-1444.
4) K. Matsui, K. Hirata, T. Ota (2008)：Dynamic Analysis of Linear Resonant Actuator under PWM Control Employing the 3-D Finite Element Method, *Proceedings of the 13 th Biennial IEEE CEFC* (Conference on Electromagnetic Field Computation), OC1-1, p. 192.
5) K. Hirata, K. Matsui, T. Ota (2009)：Dynamic Control Employing the 3-D Finite Element Method, 電気学会論文誌, **129**(7)：756-760.
6) Y. Asai, K. Hirata, T. Ota (2010)：Dynamic Analysis Method of Linear Resonant Actuator with Multi-Movers Employing 3-D Finite Element Method, *IEEE Trans. Magn.*, **46**(8)：2971-2974.
7) K. Hirata, Y. Asai, T. Ota (2010)：3-D Finite Element Analysis of Linear Resonance Actuator under PID Control, *Proceedings of the 14th Biennial IEEE CEFC* (Conference on Electromagnetic Field Computation), 32P8.
8) 浅井保至，平田勝弘，太田智浩 (2010)：リニア共振アクチュエータの逆起電圧検知による PID 制御に関する研究，電気学会リニアドライブ研究会，LD-10-017，93-98.


## 7.9 サーボ製品におけるオブザーバ設計手法の応用

### はじめに

近年，サーボモータを使用した機械ではスループットの向上，加工精度の向上，搬送時の振動の低減など，高速高精度に駆動する要求が強くなっている．

制御対象が既知のシステムでは，システム同定手法を用いて制御対象の詳細な制御モデルを定義し，現代制御理論を用いて最適な制御手法を選択/設計することが多い．

しかし，サーボアンプとサーボモータのみで販売される汎用サーボドライブの場合，事前に把握できる制御対象はモータまでであるため，制御モデルを完全に定義することができない．たとえば，実際の機械にモータを取り付けた状態でモータトルク指令からモータ速度までの周波数特性をプロットすると，図 7.102 のようにさまざまな特性となる（ただし，図 7.102 は実測ではなく，モデル化した機械特性をシミュレーションにより描画したものである）．

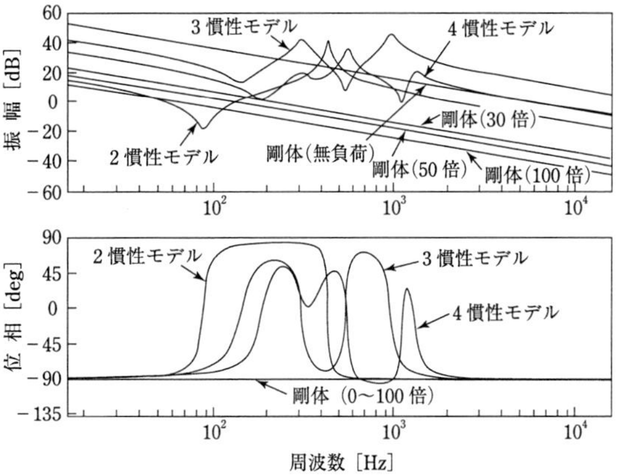


図 7.102　制御対象の周波数特性

さらに，汎用サーボドライブでは，「汎用」であるがゆえに制御対象ごとに制御手法を設計することもできない．

一般的な汎用サーボドライブに適用されている制御は，速度のフィードバックループの外側に位置のフィードバックループを設ける二重フィードバックループを基本に，速度または速度とトルクのフィードフォワードパスを追加することが多い．

この場合，外乱応答特性と指令追従性の向上には，サーボコントローラの制御ゲインを上げることが基本であるが，制御系に機械共振による振動が発生するため，十分な応答を得るほどゲインが上がらないことが多く，通常，ノッチフィルタやローパスフィルタを適用して振動を低減する．ただし，制御ループの応答周波数に近い振動に対してフィルタを適用するとフィードバックループの遅れが大きくなり，制御ループが不安定になりやすいため制御ゲインを下げざるをえない．その場合，オブザーバを利用した制振制御が有効であるが，前述のように汎用サーボドライブでは制御対象が特定できない．

本節では，モータ側モデルに基づく等価剛体オブザーバを用いた汎用サーボドライブ用の制振制御手法について紹介する．

### 7.9.1 制御対象のモデル化

図 7.102 の周波数特性に示すように，さまざまな周波数特性の中で 2 慣性系を考える．

一般に，2 慣性共振系ではモータトルク $T_M$，モータ回転角 $\theta_M$，負荷軸回転角度 $\theta_L$ は運動方程式

$$J_M\ddot{\theta}_M + K(\theta_M - \theta_L) = T_M \tag{66a}$$

$$J_L\ddot{\theta}_L + K(\theta_L - \theta_M) = 0 \tag{66b}$$

で記述できる．ただし，$K$ はばね定数，$J_M$ はモータ回

転子慣性モーメント，$J_L$ は負荷慣性モーメントとおき，簡単のため粘性減衰項を0とした．式 (66) を状態方程式で表した後，モータトルクからモータ速度までの伝達関数を計算すると

$$G_M(s)=\left(\frac{1}{J_M+J_L}\ \frac{1}{s}\right)\left(\frac{s^2+\omega_n^2}{\omega_n^2}\ \frac{\omega_0^2}{s^2+\omega_0^2}\right) \tag{67a}$$

となる．一方，モータトルクから負荷速度までの伝達関数は，

$$G_L(s)=\left(\frac{1}{J_M+J_L}\ \frac{1}{s}\right)\left(\frac{\omega_0^2}{s^2+\omega_0^2}\right) \tag{67b}$$

となる．式 (67) の $\omega_0$，$\omega_n$ は

$$\omega_0=2\pi f_0=\sqrt{K\left(\frac{1}{J_M}+\frac{1}{J_L}\right)} \tag{68a}$$

$$\omega_n=2\pi f_n=K\sqrt{\frac{K}{J_L}} \tag{68b}$$

である．式 (67a) の第2項は，共振特性を示す2次の伝達関数であり，周波数特性上で式 (68) で定義した反共振周波数 $f_n$ のディップと共振周波数 $f_0$ のピークをもつことが定式化できている．式 (67b) は，共振周波数 $f_0$ のピークのみ発生することがわかる．これが，モータ側と負荷側での周波数特性の相違である．式 (67) の第1項 ($1/s$ の項) は，剛体系を意味しているので，本節では「等価剛体」とよぶ．

式 (67a) と式 (67b) をまとめてブロック図で表現すると図7.103となる．図7.103で等価剛体速度はモータ速度とは異なっている点に注意が必要である．

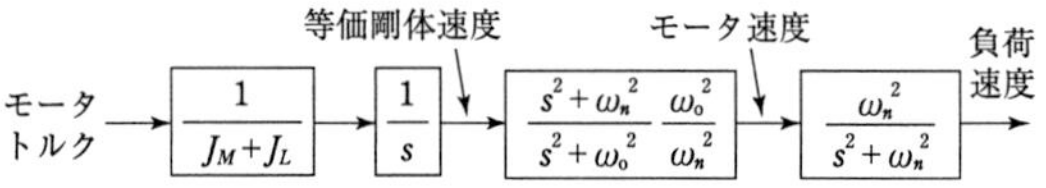


図7.103　制御対象の伝達関数

## 7.9.2　制振制御の原理

一般的に，図7.103のブロック図において，モータ速度と共振特性を含む負荷速度の差をフィードバックすることで機械共振による振動を減衰する方法が知られている．しかし，モータ速度は検出できるが負荷速度は検出できないので，オブザーバにて負荷速度を推定する必要がある．機械ごとに共振系のモデルをオブザーバに定義することは煩雑なため，汎用サーボドライブには馴染まない．

負荷速度を用いず，等価剛体速度とモータ速度を用いても制振効果が得られることを以下に説明する．

制振制御の原理を説明するため，図7.104に示す位置制御系において2慣性共振系を含む速度制御系を抜き出して制御ブロック図でモデル化する．

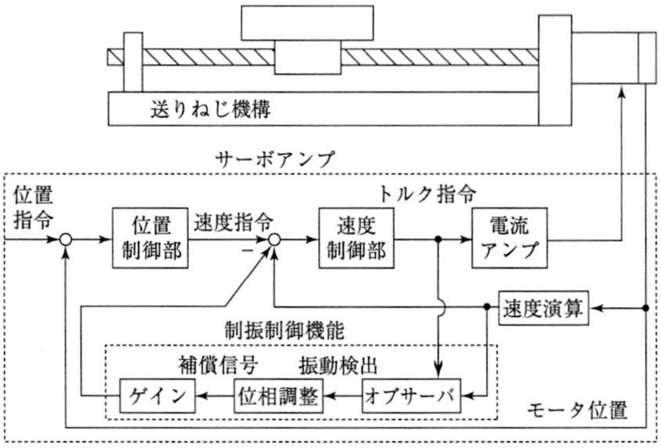


図7.104　制振制御を適用した位置制御系

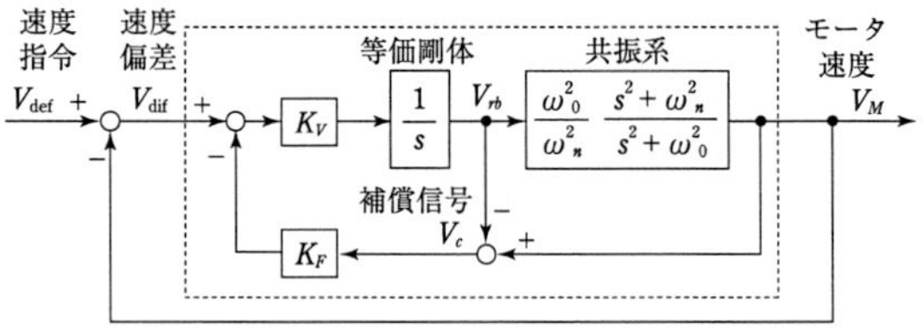


図7.105　制振制御の原理

速度制御系と比べ電流アンプの応答が速くトルク指令通りのモータトルクが発生すると仮定する．説明を簡単にするため，図7.105のように，速度制御系はゲイン $K_v$ の比例制御系 (P制御) とし，機械駆動系を式 (67) の等価剛体系と共振系に分離する．ただし，ゲイン $K_v$ には，式 (67) 中の等価剛体系部分の $1/(J_M+J_L)$ の項も含めている．等価剛体の速度が仮に検出できると考えて，モータ速度との差速度を補償信号として，補償ゲイン $K_F$ をかけて，速度偏差 $V_{\rm dif}$ の加算点にフィードバックする．

図7.105において制振ゲイン $K_F=0$ のとき，速度偏差 $V_{\rm dif}$ から補償信号 $V_c$ までの伝達関数は

$$G_f(s)=K_v\left(\frac{\omega_0^2}{\omega_n^2}-1\right)\frac{s}{s^2+\omega_0^2} \tag{69}$$

となるので，制振ゲインが $K_F\neq 0$ のとき，速度偏差からモータ速度 $V_M$ までの伝達関数は

$$G_v(s)=K_v\frac{1}{s}\ \frac{\omega_0^2}{\omega_n^2}\ \frac{s^2+\omega_n^2}{s^2+K_vK_F\left(\dfrac{\omega_0^2}{\omega_n^2}-1\right)s+\omega_0^2} \tag{70}$$

となる．式 (70) より，等価剛体速度とモータ速度の差速度信号のフィードバックにより，共振系がダンピングされたことがわかる (伝達関数の分母に $s$ の項が追加)．実際には，等価剛体系の速度は直接検出できないので，モータ速度とトルク指令をオブザーバに入力

して等価剛体速度を推定する．

### 7.9.3 オブザーバの設計

$n$ 次元の状態変数ベクトル $\boldsymbol{x}(t)$，1次元の制御入力 $u(t)$，1次元の観測出力 $y(t)$ とすると，制御対象は式（71）の状態方程式で表現できる．

$$\dot{\boldsymbol{x}}(t)=\boldsymbol{A}\boldsymbol{x}(t)+\boldsymbol{b}u(t) \quad (71a)$$

$$y(t)=\boldsymbol{c}\boldsymbol{x}(t) \quad (71b)$$

ただし，$\boldsymbol{A}$ は $n\times n$ の行列，$\boldsymbol{b}$ は $n\times 1$ のベクトル，$\boldsymbol{c}$ は $1\times n$ のベクトルである．

式（71）の状態方程式において，$(\boldsymbol{c},\boldsymbol{A})$ が可観測であれば，式（71a）から式（72a）の同一次元オブザーバが構成でき，式（72b）で状態推定値から等価剛体速度の推定値 $\hat{y}(t)$ が求まる．

$$\dot{\hat{\boldsymbol{x}}}(t)=(\boldsymbol{A}-\boldsymbol{k}\boldsymbol{c})\hat{\boldsymbol{x}}(t)+\boldsymbol{k}y(t)+\boldsymbol{b}u(t) \quad (72a)$$

$$\hat{y}(t)=\boldsymbol{c}\hat{\boldsymbol{x}}(t) \quad (72b)$$

ただし，$\hat{\boldsymbol{x}}(t)$ は状態 $\boldsymbol{x}(t)$ の推定値，$\boldsymbol{k}$ はオブザーバのゲインベクトル（$n\times 1$）である．式（72a）の $u(t)$ にはトルク指令値を入力し，$y(t)$ には同一次元オブザーバであるから等価剛体速度の真値を用いるべきであるが，振動を含むモータ速度 $y_m(t)$ で近似する．なお，オブザーバゲイン $\boldsymbol{k}$ を振動周波数よりも低く選び，オブザーバが振動成分に応答できなくして近似精度を上げている．

図7.104において，モータ速度 $y_m(t)$ と推定した等価剛体速度 $\hat{y}(t)$ の差が振動成分であるので，式（73）で振動成分が推定できる．

$$\hat{r}(t)=y_m(t)-\hat{y}(t)=y_m(t)-\boldsymbol{c}\hat{\boldsymbol{x}}(t) \quad (73)$$

### 7.9.4 オブザーバの設計例

前述の図7.104の制御系では，図7.105に示すようにモータ系はトルクを積分して速度を発生する積分器で近似できるので，等価剛体として式（71）の係数を具体的に記述すると，式（74）のようになる．

$$A=0,\quad b=1,\quad c=1 \quad (74)$$

式（74）を式（72a）に代入したものがオブザーバとなり（$c\neq 0$ なので可観測），式（73）に代入することで振動成分を推定することができる．

$$\dot{\hat{x}}(t)=-k\hat{x}(t)+ky_m(t)+u(t) \quad (75)$$

$$\hat{r}(t)=y_m(t)-\hat{x}(t) \quad (76)$$

本例では，オブザーバが1次のためゲイン計算や制振効果の調整が容易であり，汎用の測定器で振動波形を測定すれば制振制御を簡単に調整できる．式（75）と式（76）において，制振ゲイン $K_F=0$ のとき，速度偏差 $V_{\mathrm{dif}}$ から推定した振動成分 $\hat{r}(t)$（補償信号）までの伝達関数は

$$G_{f1}(s)=K_v\left(\frac{\omega_0^2}{\omega_n^2}-1\right)\frac{s}{s^2+\omega_0^2}\,\frac{s}{s+k} \quad (77)$$

となる．ただし，モータ速度 $y_m$ には図7.101に示す2慣性共振系の伝達特性を含む点に注意が必要である．式（69）と式（77）を比較すると

$$G_{f1}(s)=G_f(s)\frac{s}{s+k} \quad (78)$$

となっており，等価剛体オブザーバを用いる場合，制振制御の原理式にオブザーバゲイン $k$ によるハイパスフィルタを追加した構造になっている．

さらに，振動周波数よりもオブザーバゲインを低くとるため，振動周波数付近では，原理で考えた状態よりも補償信号の位相が進むので，制振効果が低下する．したがって，ローパスフィルタを用いることで位相進みを補正する．

なお，式（77）で規定している制御対象は定常外乱を想定していないが，実際には摩擦が存在するため，推定値に直流成分のオフセットが発生する．その対策としては，オブザーバに定常外乱のモデルを盛り込んで2次オブザーバとする手法もあるが，オブザーバの構成を簡単化するため，ここでは1次とする．1次オブザーバでは，モータのトルク外乱から補償信号までの伝達関数には，式（78）と異なり，ハイパスフィルタを追加した形とはならない（モータのトルク外乱 $d(t)$ はモータトルクに印加されるので，式（66a）で $T_M$ を $T_M+d(t)$ と置き換えて式（77）と同様に計算すればよい）．

直流成分の誤差を除去するため，1次のハイパスフィルタを推定振動成分 $\hat{r}(t)$ に直列に挿入する．

結局，オブザーバゲインとローパスフィルタ，ハイパスフィルタのカットオフ周波数の三つを適切に設計することで，振動周波数において補償信号の位相を原理の位相と同じにすることができ，原理どおりの制振効果が得られる．

本手法では，オブザーバのカットオフ周波数よりも高い周波数の振動が推定できるので，同じ計算周期でも従来のオブザーバよりも高周波帯域まで制振制御が可能である．

### 7.9.5 実験結果

データ取得を行った実験装置は，下記諸元の一般的な1軸ボールねじスライダである．

- ストローク　：300 mm
- リード　　　：5 mm

・テーブル質量：約 8 kg
・おもり　　　：20 kg
・カップリング：$\phi$ 32×37 の板ばねカップリング
・慣性モーメント：0.5046×$10^4$ kg $m^2$

図 7.106 に示すように実験装置のトルク指令からモータ速度までの周波数特性には 150 Hz と 1 kHz に振動のピークがでている．制振制御は，一つの共振ピークをもつ 2 慣性系のモデルで設計しているが，ノッチフィルタやトルクフィルタと組み合わせることで，図 7.106 のように複数の共振特性をもつ機械にも適用できる．

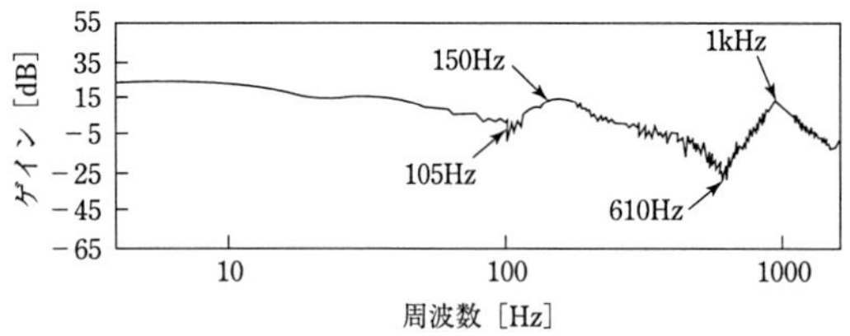


**図 7.106**　制御対象の周波数特性

1 kHz の振動をノッチフィルタで低減した後にゲインを上げていくと図 7.107 および図 7.108 のように 170 Hz の振動が発生する．制振制御を適用して調整すると図 7.109 に示すように 170 Hz の振動を低減できている．

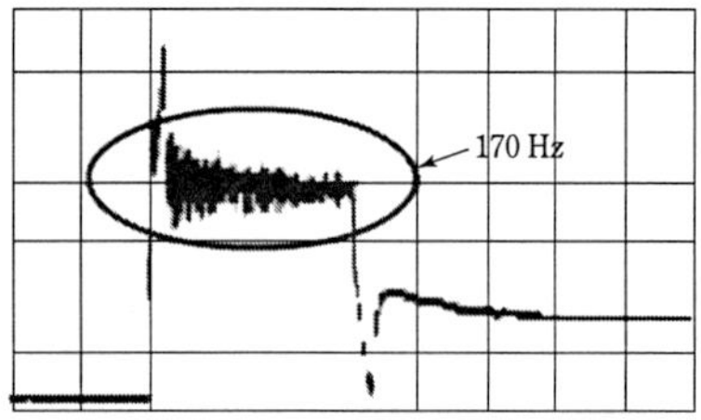


**図 7.107**　トルク指令波形（制振制御適用前）

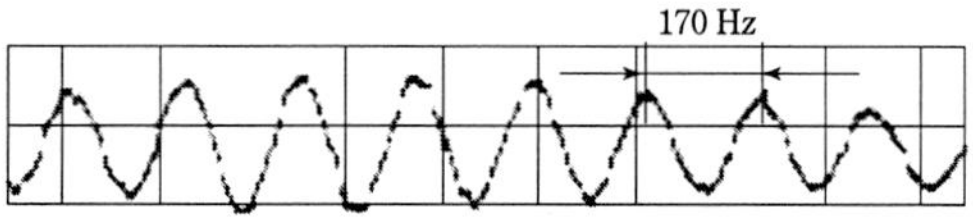


**図 7.108**　図 7.107 の時間軸拡大

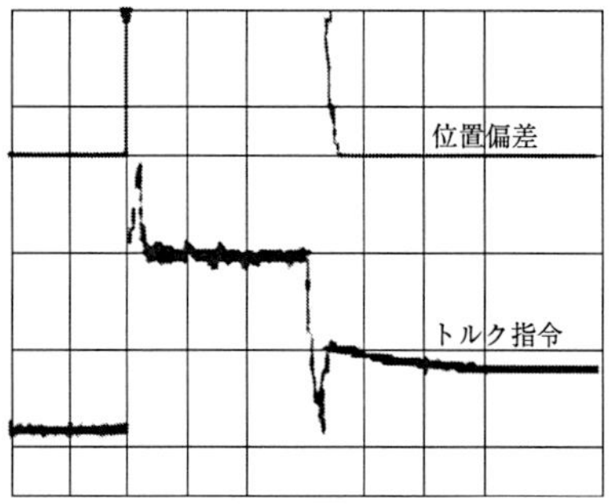


**図 7.109**　トルク指令波形（制振制御適用後）

なお，制振制御のロバスト性を確認するため，実際の振動周波数から±20% 程度ずらした周波数に対して制御パラメータを設定しても，周波数を合わせたときと同等の制振効果が得られている．

［吉浦泰史・加来靖彦］

## 参考文献

1) 井澤　實 (1993)：送りねじ系の剛性，ボールねじ応用技術，p. 70，工業調査会．
2) 佐藤秀紀，岡部佐規，岩田佳雄 (1993)：ねじり系（回転系）の振動，機械振動学，p. 40，工業調査会．
3) 吉浦泰史，加来靖彦，板倉洋子 (2002)：機械駆動系への制振制御の適用と考察，技報安川電機，vol. 66，**257**(4)：232-235.
4) 杉本英彦編著 (1990)：機械系の剛性が低い場合の設計法，AC サーボシステムの理論と設計の実際，p. 162-167，総合電子出版社．
5) 加来靖彦，吉浦泰史 (2008)：現代制御理論の理論武装入門，コントロールモータハンドブック，p. 170-176，日刊工業新聞社．

# 8

# 航空宇宙分野における制御技術

**はじめに**

航空宇宙分野においては制御技術がきわめて重要であり，制御なくして飛行体の安定化はできない．このため一般的に航空宇宙分野では先端的な制御理論が適用されることが多い．まず航空機の制御ではモデルベースのモデルフォロイング LQG 制御について紹介する．次に飛行体制御用姿勢センサではクォータニオンを用いた姿勢推定アルゴリズムを紹介する．さらに，自律無人ヘリコプタでは農薬散布用ヘリコプタとして広く普及している RMAX の自律ヘリコプタの制御系について考察する．無人航空機の誘導制御のためのナビゲーションについては移動体のナビゲーションについて述べるとともに，カルマンフィルタを適用した GPS-INS 複合航法について論ずる．モデルベース手法による無人ヘリコプタではモデリング手法について述べた後，最適制御による飛行制御を考察する．マルチロータヘリコプタの自律制御では，まず角速度フィードバックによる角速度安定化制御を，次にミキシングを，そして自律制御系設計について論ずる．無人飛行船では飛行船の運動方程式と線形モデルを述べた後，誘導制御系や飛行試験結果について考察する．H-IIA ロケットの姿勢制御技術では航法誘導制御系について紹介した後，1 段ジンバル制御系と 2 段ガスジェットオンオフ制御系を紹介する．人工衛星では姿勢運動モデルおよび基準姿勢と姿勢安定化方式を紹介し，超小型衛星の姿勢制御では受動的姿勢制御と能動的姿勢制御について考察する．

## 8.1 航空機の制御

**はじめに**

航空機には意外と早くから制御技術が導入されている．まだ複葉機の時代に，アメリカ人技師スペリーは，ジャイロを用いたフィードバック制御により手放し飛行を実演している．当時は，ライト兄弟が 1903 年に動力飛行機の初飛行に成功してから 10 年くらいしか経っておらず，また制御理論も十分に発達していない時代に飛行安定装置を開発したことは驚くべきことである．

その後の航空機の進歩は著しいものがある．ところが，航空機に適用された制御技術はそれほど発達していない．それは航空機の操縦装置は安全が第一であり，そのため操縦桿の動きはロッドやケーブルを用いて機械的に舵面アクチュエータに伝える方式が基本となっていたからである．故障しやすい電気部品を用いた制御装置は，単なる補助的な位置づけであった．しかし，補助的といってもこの装置は安定増加装置（stability augmentation system：SAS）とよばれるフィードバック制御装置であり，機体の固有安定が弱い場合には非常に効果を発揮した．図 8.1 にピッチダンパーといわれる縦系の SAS の例を示す．この装置は一重のシステムであるので，故障した場合に飛行に致命傷を与えない小さな範囲でしか舵面を動かすことはできない．SAS コンピュータによって動かせる舵面範囲を最大舵角の数% 程度に抑えることにより安全を保つシステムである．したがって，パイロットが操縦している間は SAS からの信号はリミッタで制限されてほとんど効果は期待できない．しかし，このような小さな舵角範囲であっても，パイロットが操縦を終えると機体の振動を素速く収める効果があるので，従来機の多くが一重の SAS を搭載している．

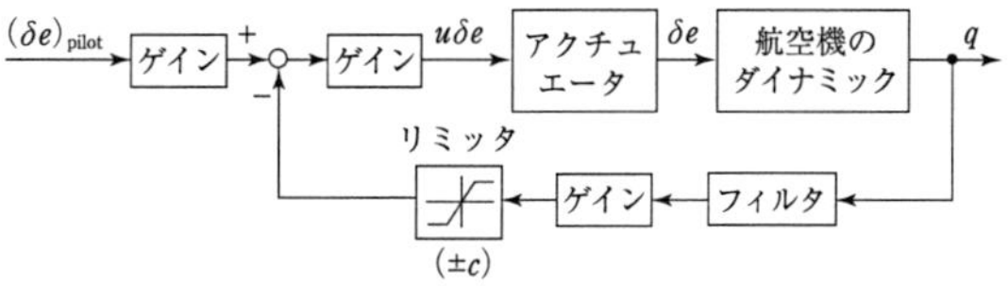


図 8.1　航空機の飛行安定増加装置（SAS）

1960 年代後半になると宇宙開発が盛んになり，1969 年にはアポロ 11 号が初めて月に着陸した．その後 NASA は，アポロ宇宙船に用いられたディジタルコンピュータを用いて，フライ・バイ・ワイヤ（fly-by-wire：FBW）といわれる電気式操縦装置の飛行実験機プロジェクトを開始し，1972 年に初飛行に成功した．それ以降，各国においてディジタルコンピュータによる飛行制御装置が搭載されるようになった．FBWシステムでは，操縦舵面の全舵角範囲を用いたフィードバック制御が可能となった．すなわち，図8.1のリミッタが取り払われたわけである．しかしその反面，FBWシステムに不具合が生じると重大な事態を招くことになる．もし高速時にFBWシステムが故障して最大舵角まで作動すると，機体は一瞬のうちに破壊してしまう．したがって，システムの一部が故障してもその影響が舵面の動きに届かないような安全なシステムを構築する必要がある．幸いなことに，これまでの各国で開発されてきたFBWシステムは，機器の故障で致命的な事態に陥った機体はほとんどない．問題の多くは飛行制御則の不具合である．ディジタルコンピュータのソフトウェアで構築される飛行制御則は，多くの機能やロジックで複雑に構成されるため，地上での検証に時間がかかる．また，実際に飛行しないと検証できない部分も多い．

こうした背景から，航空機に適用される飛行制御則は安全第一の観点から，これまで実証されたフィードバック制御則を踏襲することで安全を確保してきた．新しいロジックなどを採用するさいには，従来の制御則と徹底的に比較検討され，少しでも不安な現象が生じることがあれば採用されない．この意味から飛行制御則に関しては，機体は新しくなっても制御則の構造は古くからの方式を踏襲し，あまり変わらない保守的な面が強いという特徴がある．ただし，具体的なフィードバックゲインなどの設計手法については，従来の古典制御理論とともに現代制御理論による設計手法も利用することで制御性能の向上を図ってきた．ここでは，飛行制御則の設計例について述べる．

### 8.1.1　航空機の制御方式

1983年に初飛行したT-2CCVのピッチおよびロール運動の制御則は，LGQ（linear quadratic gaussian）最適制御理論によるモデルフォロイング方式のCA（control augmentation）制御則である．ここでは，縦系のCA制御則について述べる[1,2]．

航空機の縦系の運動を表すには，図8.2に示すように機体に固定した機首方向の $x$ 軸とそれに直角な下方向の $z$ 軸が用いられる．$x$ 軸の水平面からの傾きをピッチ角 $\theta$，速度ベクトル $V$ と $x$ 軸との角度を迎角 $\alpha$，機首上げピッチ角速度を $q$，コックピットにおける垂直加速度の変化を $\Delta n_{zp}$，エレベータ舵角を $\delta e$ で表す．パイロットが縦の操縦（操縦桿を前後に動かす）を行うと，エレベータ $\delta e$ が作動し，機体が運動して $\theta, V, \alpha, q, \Delta n_{zp}$ が変化する．入力変数は $\delta e$ 1個であるから，制御する変数も基本的には1個しか制御できないので，その制御変数を何にするべきかは難しい選択となる．航空機を操縦する際にパイロットはおおむね次のような制御を行っている．すなわち，離着陸など低速においては機体の姿勢を制御し，高速においては機体の垂直加速度を制御する．全面的なフィードバック制御が可能となったFBWシステムの開発過程において，低速から高速までの制御変数として，両者を結合した一つの変数として次式で表される $C^*$（シースターとよぶ）が導入された．$C^*$ は全飛行領域においてパイロットの操縦感覚に合っていることから，いまでもよく使われている制御変数である．

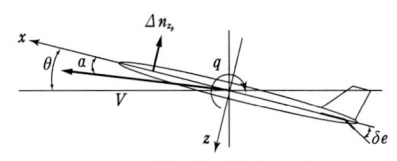

図8.2　航空機の縦系の運動

$$C^* = \Delta n_{zp} + \frac{V_{co}}{g} q \tag{1}$$

ここで，$V_{co}$ はクロスオーバ速度，$g$ は重力加速度である．

パイロット入力に対して，$C^*$ の応答をどのようにすべきかも難しい選択である．多くのパイロットシミュレーションを実施して，パイロット入力に対して次の2次遅れ形の応答モデルを導入した．

$$C_m^* = \frac{\omega_m^2}{s^2 + 2\zeta_m \omega_m s + \omega_m^2} u_m \tag{2}$$

この応答モデルに機体の $C^*$ 応答を極力近づけるモデルフォロイング方式のCAが設計された．これにより，全飛行領域においてstick-force per $C^*$（$C^*=1$ G出すのに必要な操作力）が一定となる．

### 8.1.2　制御則設計

機体の運動方程式を次式で表す．

$$\dot{x}_p = A_p x_p + B_p u_p \tag{3}$$

ここで，

$$x_p^T = [\Delta n_{zp}, q, \delta e]$$

$\Delta n_{zp}$ はパイロット席での垂直加速度，$q$ はピッチ角速度，$\delta e$ は水平尾翼舵角，$u_p$ はアクチュエータへのコマンドである．

応答モデルの方程式を次式で表す．

$$\dot{x}_m = A_m x_m + B_m \eta \tag{4}$$

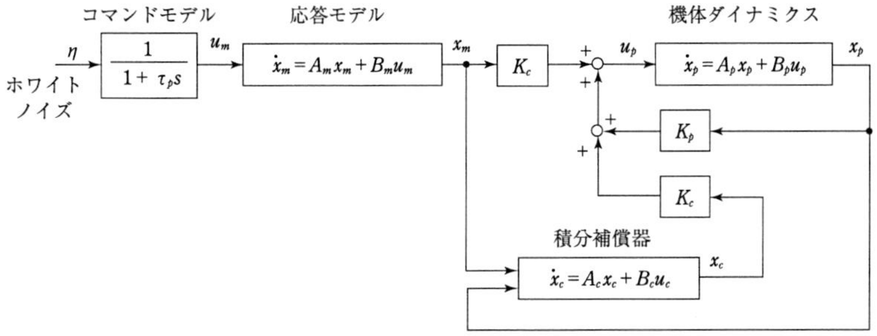


図 8.3 制御則設計用ブロック図

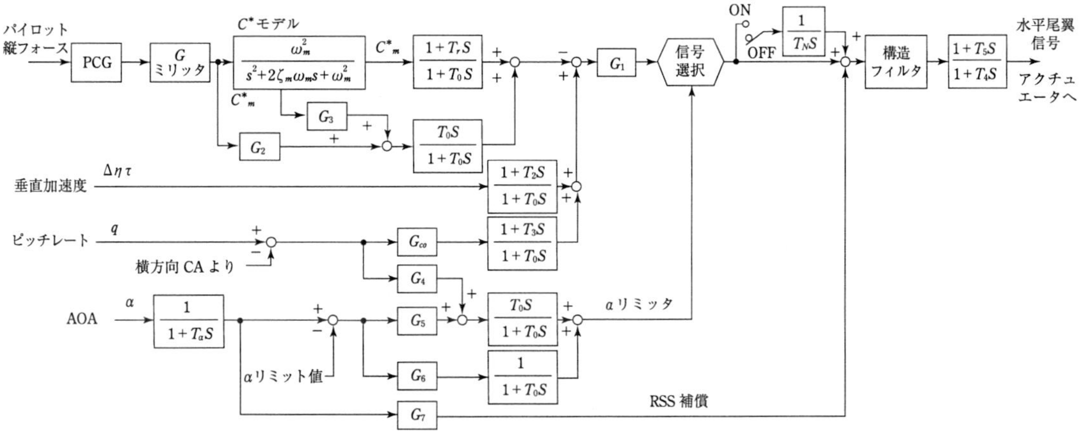


図 8.4 縦 CA の制御系ブロック図[2)]

ここで，

$$x_m^T=[C^*, \dot{C}^*, u_m]$$

である．また，$C^*$ および $C_m^*$ の積分を次の積分補償器によりつくる．

$$\dot{x}_c=A_c x_c+B_c u_c \tag{5}$$

ここで，

$$x_e^T=\left[\int C^* dt,\ \int C_m^* dt\right]$$

$$u_c^T=[\varDelta n_{zp}, q, C_m^*]$$

である．このとき，全体のシステムを次のように表す．

$$\dot{x}=Ax+B_1 u_p+B_2\eta,\quad y=Cx+Du_p \tag{6}$$

ここで，

$$x^T=[x_p, x_m, x_c]$$

$$y^T=\left[(C^*-C_m^*),\ \int(C^*-C_m^*)\,dt, \dot{\delta}e, u_p\right]$$

である．このシステムの制御系ブロック図を図 8.3 に示す．

出力ベクトル$y$に対して次式の評価関数$J$を考える．

$$J=E[y^T Q y] \tag{7}$$

ここで，$E[\ ]$ は期待値，$Q$ は重みマトリクスである．このとき評価関数$J$を最小にするフィードバックは次式で与えられる．

$$u_p=Kx,\quad K=-(D^T QD)^{-1}(D^T QC+B_1^T P) \tag{8}$$

ここで，$P$ は次のリッカチ (Riccati) 方程式の解である．

$$\tilde{A}^T P+P\tilde{A}+\tilde{Q}-P\tilde{E}P=0 \tag{9}$$

ただし，

$$\begin{cases}\tilde{A}=A-B_1(D^T QD)^{-1}D^T QC\\ \tilde{Q}=C^T QC-C^T QD(D^T QD)^{-1}D^T QC\\ \tilde{E}=B_1(D^T QD)^{-1}B_1^T\end{cases} \tag{10}$$

である．

### 8.1.3 設計結果と制御性能

8.1.2 項で述べた設計方法により得られた縦 CA の制御系ブロック図を図 8.4 に示す．飛行試験において $C^*$ 応答モデルに機体応答がほとんど一致することが

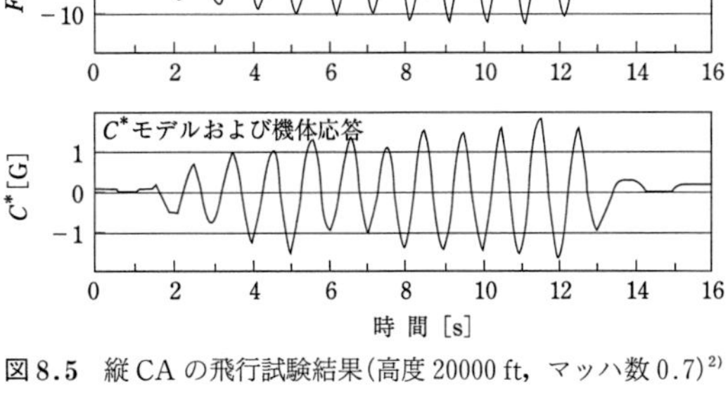

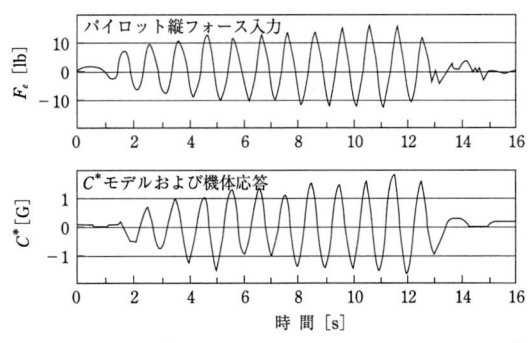

図 8.5 縦 CA の飛行試験結果（高度 20000 ft，マッハ数 0.7）[2)]

確かめられている（図8.5）．　[片柳亮二]

### 参考文献


1) M. Yasue, H. Kanno, H. Abe, H. Ohmiya, R. Katayanagi, M. Yamamoto (1987)：Fly-By-Wire System and Control Laws of the T-2 Control Configured Vehilcle, AIAA Guidance, Navigation and Control, *AIAA Paper* No. 87-2586.
2) 安江正宏，久保　朗，亀山忠史，高浜盛雄，片柳亮二，山本真生 (1987)：T-2CCV の FBW システムと制御則，日本航空宇宙学会誌，**35**(405).


## 8.2 移動体の制御に適した小型姿勢センサ

### はじめに

自律無人ヘリコプタ[1,2]の実用化において，コストや利便性を高める目的で小型機体の自律制御技術の確立が期待されている．自律制御を行うためには，姿勢センサや GPS などのセンサから出力される姿勢や速度・位置情報を取得し，それらを基に制御演算を行う必要がある．しかし，小型機体では搭載重量の制限が厳しいため，産業用途で市販されている高精度で重いセンサを搭載することができない．この問題点を解決するためには，小型で軽量なセンサを用いるしかないが，小型軽量なセンサは一般的に低精度であるため，自律制御を行うのに十分な精度が得られない場合が多い．

しかし近年では，カーナビや携帯電話が普及するにつれ GPS は小型化，低価格化が進んでおり，市販品でも十分な性能が得られるようになった．しかし，姿勢センサについては小型で安価な製品はまだ少なく，小型無人ヘリコプタを制御するのに十分な性能が得られていないのが現状である．本節では，小型無人ヘリコプタの姿勢制御に適した姿勢センサを実現するためのアルゴリズム[3~6]の一例について解説し，実際にそのセンサを用いて行った小型ラジコンヘリコプタ（図8.6）の姿勢制御の結果を紹介する[7]．

図8.6　小型ラジコンヘリコプタ

### 8.2.1 システム構成

図8.7と表8.1に自律制御を目的として開発した姿勢センサの全体像および主要諸元を示す．出力は現在の姿勢を表すクォータニオン[8]（詳細は後述），クォータニオンを基に変換したオイラー角，3軸加速度，3軸角速度，3軸磁気データである．続いて，姿勢センサ内部の信号の流れを図8.8に示す．姿勢センサは3軸の加速度センサ，3軸の角速度センサ，3軸の磁気センサおよび姿勢推定演算を行う32ビット MCU からなり，センサ情報を基に姿勢推定演算を行った結果を外部へ出力する．また，姿勢センサが搭載される機器がもつ磁気要素を補正するためのパラメータをキャリブレーションにより求め，EEPROM へ保存，読み出しが可能となっている．この姿勢センサからの出力を制御装置に取り込み制御演算を行うことで，自律制御の実現が可能となる．

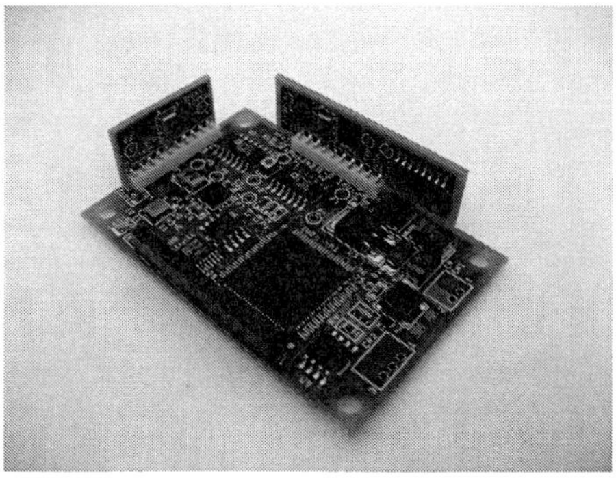

図8.7　姿勢センサ全体像

表8.1　姿勢センサ主要諸元

| 諸　元 | 数　値 |
|---|---|
| 重　量 | 15 g |
| サイズ | W60×D40×H12 mm |
| 角速度計測範囲 | $\pm 300\ \mathrm{deg\ s^{-1}}$ |
| 加速度計測範囲 | $\pm 3\times 9.81\ \mathrm{m\ s^{-2}}$ |
| 磁気計測範囲 | ±1.2 G |
| 更新レート | 50 Hz |

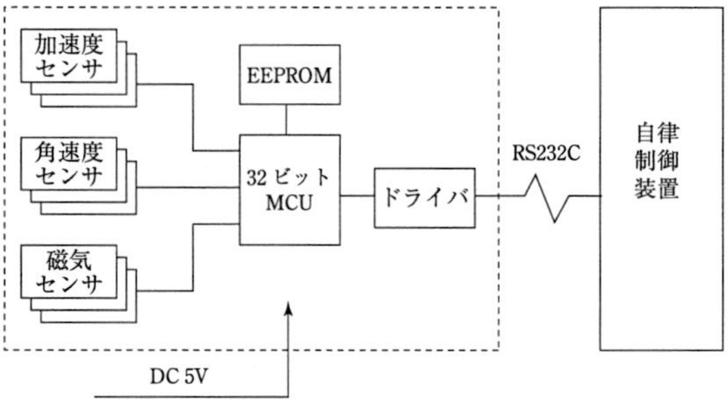


図8.8　姿勢センサ信号図

### 8.2.2 座標系およびクォータニオン

姿勢推定アルゴリズムの前に，姿勢推定で用いる座標系および今回姿勢表現として採用しているクォータニオンについて説明する．

**a. 座 標 系**

本節で用いる座標系および各座標系上で表されるベクトルの表記について説明を行う．今回用いる座標系を図8.9に示す．ここで，図中の参照座標系は地上の任意の点を原点として，磁北を $X_r$ 軸，重力方向を $Z_r$ 軸，$X_rZ_r$ 平面の垂直方向を $Y_r$ 軸にとった座標系である．続いて，センサ座標系は，センサの重心を原点として，センサ前方を $X_b$ 軸，センサ右方向を $Y_b$ 軸，センサ下方を $Z_b$ 軸にとった座標系である．ここで，3次元空間中の任意の幾何ベクトルを $\boldsymbol{r}$ としたとき，$\boldsymbol{r}$ を各座標系上の代数ベクトルとして表したものをそれぞれ $\boldsymbol{r}_r$, $\boldsymbol{r}_b$ と定義する．また，参照座標系に対するセンサ座標系の姿勢を機体姿勢 $\boldsymbol{q}_r^b$ として定義する．

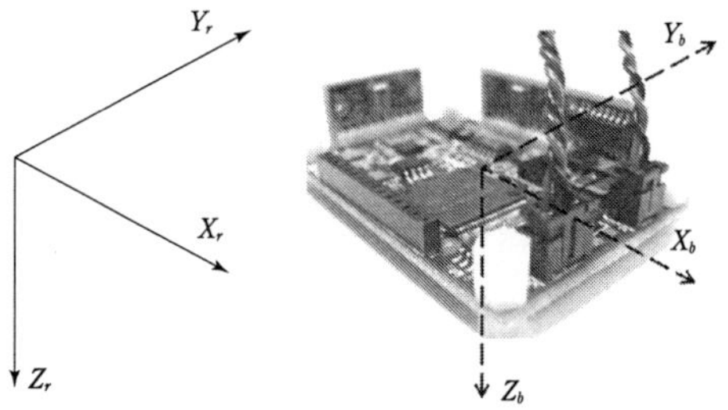

(a) 参照座標系　　(b) センサ座標系

図8.9 座標系定義

**b. クォータニオン**

クォータニオンはアイルランドの数学者 William Rowan Hamilton が考案した，複素数の概念を拡張した数である．3次元空間の任意の姿勢を表すことができ，人工衛星や宇宙船の姿勢表現，グラフィック描画などに使用されている．オイラー角がもつような特異姿勢がないという長所がある反面，直感的に数値で姿勢を捉えにくいといった短所もある．小型無人ヘリコプタは3次元空間を任意の姿勢で飛行することが考えられるため，特異姿勢を持たないクォータニオンを姿勢表現方法として採用する．いま，参照座標系に対するセンサ座標系の姿勢を表すクォータニオンを式(11)で定義する．

$$\boldsymbol{q}=q_0+q_1\boldsymbol{i}+q_2\boldsymbol{j}+q_3\boldsymbol{k} \tag{11}$$

ここで，$\boldsymbol{i},\boldsymbol{j},\boldsymbol{k}$ は虚数単位を表しており，それぞれの関係は式(12)で定義される．

$$\boldsymbol{i}^2=\boldsymbol{j}^2=\boldsymbol{k}^2=-1,\quad \boldsymbol{ij}=\boldsymbol{k},\quad \boldsymbol{jk}=\boldsymbol{i},\quad \boldsymbol{ki}=\boldsymbol{j} \tag{12}$$

さらに，クォータニオンどうしの特殊な積は式(13)で定義できる．

$$\boldsymbol{q}\otimes\boldsymbol{p}=\begin{bmatrix} q_0 & -q_1 & -q_2 & -q_3 \\ q_1 & q_0 & -q_3 & q_2 \\ q_2 & q_3 & q_0 & -q_1 \\ q_3 & -q_2 & q_1 & q_0 \end{bmatrix}\begin{bmatrix} p_0 \\ p_1 \\ p_2 \\ p_3 \end{bmatrix} \tag{13}$$

クォータニオン積は物理的には各クォータニオンが表す姿勢の足し合わせを意味している．また，各座標系上の代数ベクトル $\boldsymbol{r}_r, \boldsymbol{r}_b$ をクォータニオン表記したものを式(14)で表すこととする．

$$(\boldsymbol{r}_r)_q=[0\ \ \boldsymbol{r}_r^T]^T,\quad (\boldsymbol{r}_b)_q=[0\ \ \boldsymbol{r}_b^T]^T \tag{14}$$

### 8.2.3 姿勢推定アルゴリズム

姿勢推定アルゴリズムの基本構成を説明する．本アルゴリズムでは，ジャイロセンサによって計測された姿勢の変動，加速度センサと磁気センサで計測される静的な姿勢を複合することによって，低周波数から高周波数までの幅広い姿勢変動の推定を行う．しかし，ジャイロセンサがもつバイアス誤差や機体移動に伴う動的な加速度が印加された場合には，出力される姿勢に大きな誤差が含まれてしまう．そこで，拡張カルマンフィルタ[9]を適用することで，誤差を含むセンサ情報から真の姿勢を推定するというのが本センサの狙いである．以下では，拡張カルマンフィルタの構成に必要となるプロセスモデルの導出，そして拡張カルマンフィルタの構築について説明する．

**a. プロセスモデルの導出**

まず，状態方程式を導出する．$\boldsymbol{q}_r^b$ の時間微分とセンサ角速度 $\boldsymbol{\omega}_b(t)$ との関係は式(15)で表される．

$$\dot{\boldsymbol{q}}_r^b(t)=\frac{1}{2}\boldsymbol{q}_r^b(t)\otimes(\boldsymbol{\omega}_b)_q(t) \tag{15}$$

式(15)の右辺において，$\boldsymbol{\omega}_b(t)$ はジャイロセンサから取得できるが，ジャイロセンサにはさまざまな要因による誤差が含まれている．たとえば，バイアス誤差，スケールファクタ誤差，ミスアライメント誤差である．精度のよい姿勢推定を行うためには，これらのセンサ誤差を推定し補正することが望ましい．しかしここで，スケールファクタ誤差およびミスアライメント誤差についてはあらかじめ計測試験を行うことでパラメータを求めておき，補正を行うことができるため，実時間で推定する必要はないと考えられる．一方，バイアス誤差についてはノイズ成分を $\boldsymbol{w}$ としたとき，以下の式でその動特性が表されることが知られており[10]，これは実時間で推定する必要がある．

$$\dot{\boldsymbol{\omega}}_{\text{bias}}=\begin{bmatrix}-\beta_x & 0 & 0\\ 0 & -\beta_y & 0\\ 0 & 0 & -\beta_z\end{bmatrix}\boldsymbol{\omega}_{\text{bias}}+\boldsymbol{w} \tag{16}$$

ここで，各軸の $\beta$ の値は静止状態の計測結果を用いたシミュレーションによって決定することが可能である．式 (15)，(16) より状態量を $\boldsymbol{x}=[\boldsymbol{q}_r^{bT},\ \boldsymbol{\omega}_{\text{bias}}^T]^T$ としたとき，システムの状態方程式は以下で表される．

$$\dot{\boldsymbol{x}}=\boldsymbol{f}(\boldsymbol{x})+\boldsymbol{Gu} \tag{17}$$

ただし，式 (17) における各行列要素は以下となる．

$$\boldsymbol{f}(\boldsymbol{x})=\begin{bmatrix}\frac{1}{2}\boldsymbol{q}_r^b\otimes(\boldsymbol{\omega}_{\text{measure}})_q-\frac{1}{2}\boldsymbol{q}_r^b\otimes(\boldsymbol{\omega}_{\text{ias}})_q\\ \boldsymbol{\beta\omega}_{\text{bias}}\end{bmatrix}$$

$$\boldsymbol{G}=\begin{bmatrix}\boldsymbol{0}_{4\times3}\\ \boldsymbol{I}_{3\times3}\end{bmatrix}$$

$$\boldsymbol{\beta}=\begin{bmatrix}-\beta_x & 0 & 0\\ 0 & -\beta_y & 0\\ 0 & 0 & -\beta_z\end{bmatrix} \tag{18}$$

つづいて，観測方程式を導出する．加速度センサの出力を $\boldsymbol{a}_{\text{measure}}$，磁気センサの出力を $\boldsymbol{m}_{\text{measure}}$，重力ベクトルを $\boldsymbol{g}_r=[0\ 0\ g]^T$，地磁気ベクトルを $\boldsymbol{m}_r=[m_n\ 0\ m_c]$ としたとき，これらの関係は式 (19) で表される．

$$\begin{aligned}(\boldsymbol{a}_{\text{measure}})_q&=\boldsymbol{q}_r^{b*}(\boldsymbol{g}_r)_q\boldsymbol{q}_r^b+(\boldsymbol{\Delta a})_q\\ (\boldsymbol{m}_{\text{measure}})_q&=\boldsymbol{q}_r^{b*}(m_r)_q\boldsymbol{q}_r^b+(\boldsymbol{\Delta m})_q\end{aligned} \tag{19}$$

$\boldsymbol{\Delta a}$ および $\boldsymbol{\Delta m}$ は加速度センサおよび地磁気センサの出力に含まれる誤差を表しており，とくに $\boldsymbol{\Delta a}$ に関しては前述した移動に伴う動的な加速度誤差も含まれている．

$$\boldsymbol{y}_t=[(\boldsymbol{a}_{\text{measure}})_q^T(\boldsymbol{m}_{\text{measure}})_q^T]^T$$

$$\boldsymbol{v}_t=[(\boldsymbol{\Delta a})_q^T(\boldsymbol{\Delta m})_q^T]^T$$

とすると，$\boldsymbol{y}_t$ を出力とする観測方程式は式 (20) で表される．

$$\boldsymbol{y}_t=\begin{bmatrix}\boldsymbol{q}_r^{b*}(\boldsymbol{g}_r)_q\boldsymbol{q}_r^b\\ \boldsymbol{q}_r^{b*}(\boldsymbol{m}_r)_q\boldsymbol{q}_r^b\end{bmatrix}+\boldsymbol{v}_t=\boldsymbol{h}_t(\boldsymbol{x}_t)+\boldsymbol{v}_t \tag{20}$$

### b．拡張カルマンフィルタ

最後に，式 (17)，(20) で得られたプロセスモデルを用いてカルマンフィルタを構成する．しかし，両式はともに非線形方程式であるため，線形カルマンフィルタをそのまま適用することができない．そこで非線形システムに線形カルマンフィルタを適用するための近似手法である拡張カルマンフィルタを構成する．いま，式 (17)，(20) で表されるシステムに関して，$t$ ステップ目における $\boldsymbol{x}_t$ の濾波推定値を $\hat{\boldsymbol{x}}_{t/t}$，予測推定値を $\hat{\boldsymbol{x}}_{t/t-1}$ としたとき，行列 $\boldsymbol{F}_t$ および $\boldsymbol{H}_t$ を式 (21) のように定義する．

$$\boldsymbol{F}_t=\left(\frac{\partial \boldsymbol{f}_t(\boldsymbol{x}_t)}{\partial \boldsymbol{x}_t}\right)_{\boldsymbol{x}_t=\hat{\boldsymbol{x}}_{t/t}}$$

$$\boldsymbol{H}_t=\left(\frac{\partial \boldsymbol{h}_t(\boldsymbol{x}_t)}{\partial \boldsymbol{x}_t}\right)_{\boldsymbol{x}_t=\hat{\boldsymbol{x}}_{t/t-1}} \tag{21}$$

以上のように定義された行列を用いた拡張カルマンフィルタアルゴリズムは，以下に示す式で表される．

$$\hat{\boldsymbol{x}}_{t/t-1}=\boldsymbol{f}_{t-1}(\hat{\boldsymbol{x}}_{t-1/t-1}) \tag{22}$$

$$\boldsymbol{P}_{t/t-1}=\boldsymbol{F}_{t-1}\boldsymbol{P}_{t/t-1}\boldsymbol{F}_{t-1}^T+\boldsymbol{G}_{t-1}\boldsymbol{Q}_{t-1}\boldsymbol{G}_{t-1}^T \tag{23}$$

$$\boldsymbol{K}_t=\boldsymbol{P}_{t/t-1}\boldsymbol{H}_t^T[\boldsymbol{H}_t\boldsymbol{P}_{t/t-1}\boldsymbol{H}_t^T+\boldsymbol{R}_t]^{-1} \tag{24}$$

$$\hat{\boldsymbol{x}}_{t/t}=\hat{\boldsymbol{x}}_{t/t-1}+\boldsymbol{K}_t[\boldsymbol{y}_t-\boldsymbol{h}_t(\hat{\boldsymbol{x}}_{t/t})] \tag{25}$$

$$\boldsymbol{P}_{t/t}=\boldsymbol{P}_{t/t-1}-\boldsymbol{K}_t\boldsymbol{H}_t\boldsymbol{P}_{t/t-1} \tag{26}$$

ここで，式中の $\boldsymbol{K}_t$ はカルマンゲイン，$\boldsymbol{P}_{t/t}$ および $\boldsymbol{P}_{t/t-1}$ は推定誤差の共分散行列，$\boldsymbol{Q}_t$ はシステムノイズの共分散行列，$\boldsymbol{R}_t$ は観測ノイズの共分散行列をそれぞれ表している．式 (22)～(26) のアルゴリズムは，得られた観測値を用いて推定値を濾波する部分と，次ステップの推定値を予測する部分の二つから構成されており，それぞれ式 (24)～(26) が前者に，式 (22)，(23) が後者にあたる．また，前者を観測更新，後者を時間更新とよぶこともある．以上のように与えられた式を順に計算することで，$t$ ステップ目における $\boldsymbol{x}_t$ のもっとも確からしい濾波推定値 $\hat{\boldsymbol{x}}_{t/t}$ を得ることができる．

### c．センサ出力値

本節のアルゴリズムを実装した姿勢センサの出力例を図 8.10 に示す．出力データの取得は，姿勢センサを水平な台上に方位 90° 方向へ向けて設置（ロール・ピッチ角 0°，ヨー角 90°）した状態で電源を投入し，約 30 s 間の静止観測を行った後，角速度 100° s$^{-1}$ のヨー方向の回転運動を約 30 s 間行い，さらに約 30 s 間の静止観測を行った．出力結果は姿勢推定結果であるクォータニオンをオイラー角へ変換した値を用いて表示している．静止時の出力結果よりセンサの設置状態を正しく推定できており，各データが安定しているのがわかる．また，回転運動を行ったさいには回転運動によく追従でき

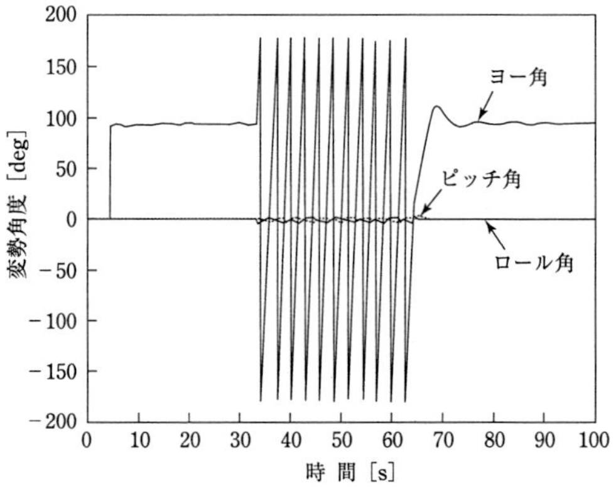


図 8.10　静止および回転運動時の姿勢角出力

ており，その後の静止状態への追従も滑らかである．

### 8.2.4 姿勢制御への摘要事例

8.2.3項のアルゴリズムを実装した姿勢センサを図8.6の小型ラジコンヘリコプタに搭載し，ロール方向の姿勢制御を行った結果を図8.11に示す．姿勢目標値に対して精度よく追従できており，また，シミュレーション結果ともよく一致している．これより姿勢センサが実際の機体の姿勢を精度よく推定できており，小型機体を制御するさいの有効性が確認できる．

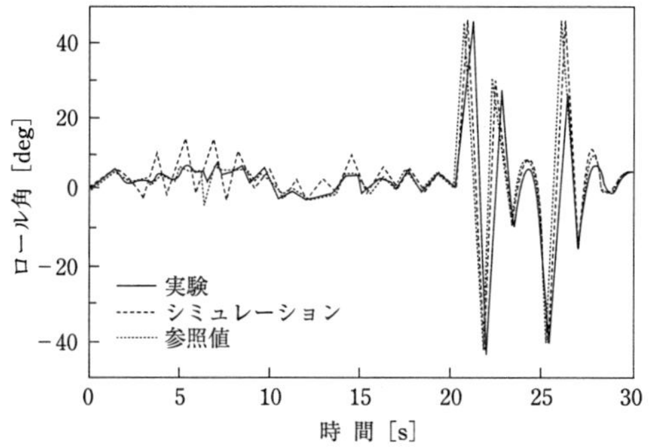


図8.11 小型ラジコンヘリコプタの姿勢制御結果[7)]

### おわりに

本節では，小型無人ヘリコプタに適した姿勢センサを実現するための手段として拡張カルマンフィルタを用いた姿勢推定アルゴリズムを紹介した．また，本アルゴリズムを実装した姿勢センサによって小型無人ヘリコプタの姿勢制御を行い，その有効性を示した．

無人ヘリコプタをはじめとする移動体の自律制御を行うためには，姿勢検出は不可欠な技術である．これまでは小型無人ヘリコプタ同様に搭載重量の制限から姿勢センサを搭載できなかった移動体も数多くあったが，小型軽量な姿勢センサが実現可能となったことで，さまざまな小型移動体への応用が期待できる．

［田原 誠・鈴木 智］

### 参考文献

1) K. Nonami, F. Kendoul, S. Suzuki, W. Wang, D. Nakazawa (2010)：Autonomous Flying Robots-Unmanned Aerial Vehicles and Micro Aerial Vehicles, Springer.
2) F. Kendoul (2012)：Survey of Advances in Guidance, Navigation, and Control of Unmanned Rotor-craft Systems, *Journal of Field Robotics*, **29**(2)：314-378.
3) A. M. Sabatini (2006)：Quaternion-based extended Kalman filter for determining orientation by inertial and magnetic sensing, *Biomedical Engineering, IEEE Transactions on*, **53**(7)：1346-1356.
4) H. Rehbinder, X. Hu (2004)：Drift-free attitude estimation for accelerated rigid bodies, *Automatica*, **40**(4)：653-659.
5) 鈴木 智，田原 誠，中澤大輔，野波健蔵 (2008)：動加速度環境下における姿勢推定アルゴリズムの研究，日本ロボット学会誌，**26**(6)：626-634.
6) 田原 誠，鈴木 智，野波健蔵 (2011)：小型軽量汎用性を特徴とする小型姿勢センサの開発，日本機械学会論文集（C編），**77**(81)：3386-3397.
7) 鈴木 智，中澤大輔，野波健蔵，田原 誠 (2010)：クォータニオンフィードバックによる小型電動ヘリコプタの姿勢制御，日本機械学会論文集C編，**76**(761)：51-60.
8) J. B. Kuipers (2002)：Quaternions and Rotation Sequences, Princeton University Press.
9) 片山 徹 (2000)：新版 応用カルマンフィルタ，朝倉書店.
10) R. M. Rogers (2003)：Applied Mathematics in Integrated Navigation Systems, Aiaa Education Series.

## 8.3 自律無人ヘリコプタ

### はじめに

はじめに，ヤマハ発動機が開発を行った自律無人ヘリコプタ（以下自律機）RMAX-G1（G1）を説明する（図8.12）．ヤマハ発動機は1989年から農薬散布を目的にした産業用無人ヘリコプタR50を市場に投入し，1997年にはRMAXの販売を開始した．2010年現在では，全国で約2400機が主に稲の農薬散布として使用されている．G1はこのRMAXをプラットフォームにして開発を行った．

・最大離陸重量 94 kg（設計条件：20℃，海抜 0 m，対強風余裕見込み）
・サブラジエータ / ロングリーフ / 発電アップ / 大容量燃料タンク 11 L
・自律制御装置（RTKGPS/ シングル GPS/3 軸方位センサ / 気圧センサ 自律制御計算機 / 操縦用カメラジンバル / 映像処理装置）
・データ通信機（標準仕様 2.4 GHz）映像送信機（標準仕様 1.2 GHz）

図8.12 自律機 RMAX-G1

### 8.3.1 自律無人ヘリコプタの構成

自律機の構成は，標準機と自律飛行装置および地上装備である．

標準機には，ヘリコプタ，操舵アクチュエータ，姿勢制御装置と，73 MHzの産業用ラジコン装置が装備されている．大型のラジコンヘリコプタに，高度なフェイルセーフ機構を備え，操縦支援装置を搭載したものである．

自律飛行装置には，GPS，方位センサ，気圧センサ，自律飛行装置用計算機，データ通信機，映像装置（操縦用防振カメラジンバル，ビデオスタビライザ，映像送信機）がある．自律飛行装置は，産業用ラジコン送信機（以下，マニュアル送信機）のスイッチでいつでも切り離すことができる．切り離された状態では，標準機と同じ方法で操縦できる．マニュアル送信機の電波が途絶えた場合やスイッチを自律制御に切り換えた場合は，自律飛行装置の制御に切り換わり，自律飛行装置が正常であれば機体はホバリングを行って地上局の指示を待つ．自律飛行装置に何らか異常があれば所定のフェイルセーフ機構に従って機体は制御される．

地上設備には操縦用の入力装置，PCを装備した操縦パッケージと，RTK-GPS基準局，データモデム，映像受信機を装備した通信パッケージがある．

### 8.3.2　飛行制御に必要な要素

無人ヘリコプタの自律飛行制御のためにとくに重要な要素として以下の2点について解説する．

**a．プラットフォームRMAX**

主に農薬散布用として開発され，市場に普及しているRMAXをプラットフォームとして使用できたことは，自律装置の開発のスピードアップと信頼性の確保に大きく貢献した．

RMAXの運動特性を知ることは，自律装置の開発を行ううえで非常に重要である．運動特性を解析し，コンピュータ上でのシミュレーションが可能になると，緊急対応まで含めたかなりの部分の仕様決めがフライトの前に行うことができる．実際に，今回の開発において，運動解析結果をもとにしたコンピュータシミュレーションソフトを独自に開発し，自律制御系の設計に用いることができたため，開発スピードのアップにつながった．

RMAXには実機のヘリコプタとは違い，模型にみられるようなスタビライザが装備されている．これにより，1〜2 Hzの過渡的な機体運動が存在する．この運動は，オペレータの体感上も制御系にとっても重要なため，スタビライザをモデルに入れることにより，RMAX全体の運動モデルをつくりあげ，シミュレーションを行った．図8.13に運動モデルの全体図を示す．また，図8.14にエレベータをパルス的に入れたときの実験計測値と，シミュレーションのデータを示す．1〜2 Hzの過渡応答がモデルにより表現できていることがわかる．

**b．状態推定フィルタ**

次に重要な要素は堅牢な状態推定フィルタである（図8.15左）．自律機は人間の目の届かない場所を飛行するため，GPSが必須であった．しかし，GPSの出力データは遅れや誤差が含まれている上，悪意の有無にかかわらない電波妨害や，衛星配置，周囲の環境によってデータが使用できなくなることがある．さらにGPSの出力する測位ステータスを鵜呑みにできないこともある．機体の制御にはそのまま使用できないので，INSとの統合化は必須であった．

(1)　GPSINS

標準機は光ファイバジャイロとMEMS加速度センサを搭載しており，自律装置はそのデータを利用している．GPSアンテナは機体の重心位置に搭載することはできないので，重心位置の位置と速度を計算によって求めている．GPSの出力の時間遅れは，INSの純積分で補完している．GPSの観測更新ごとにアンテナ補正と，時間遅れを考慮した古いINSデータを利用して，INSとミキシングしている．このとき，GPSとINSをそれぞれどれだけ信用するかによって

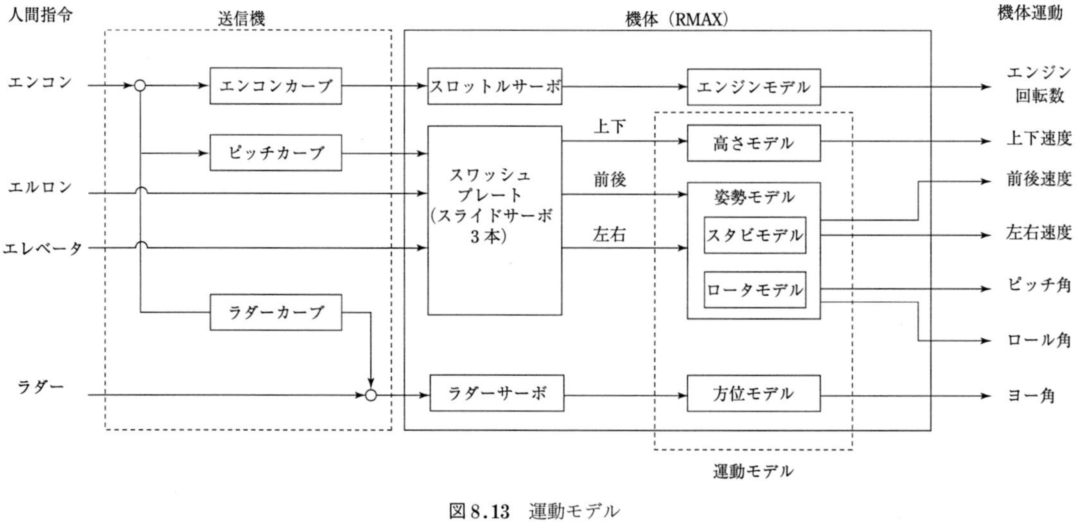


図8.13　運動モデル

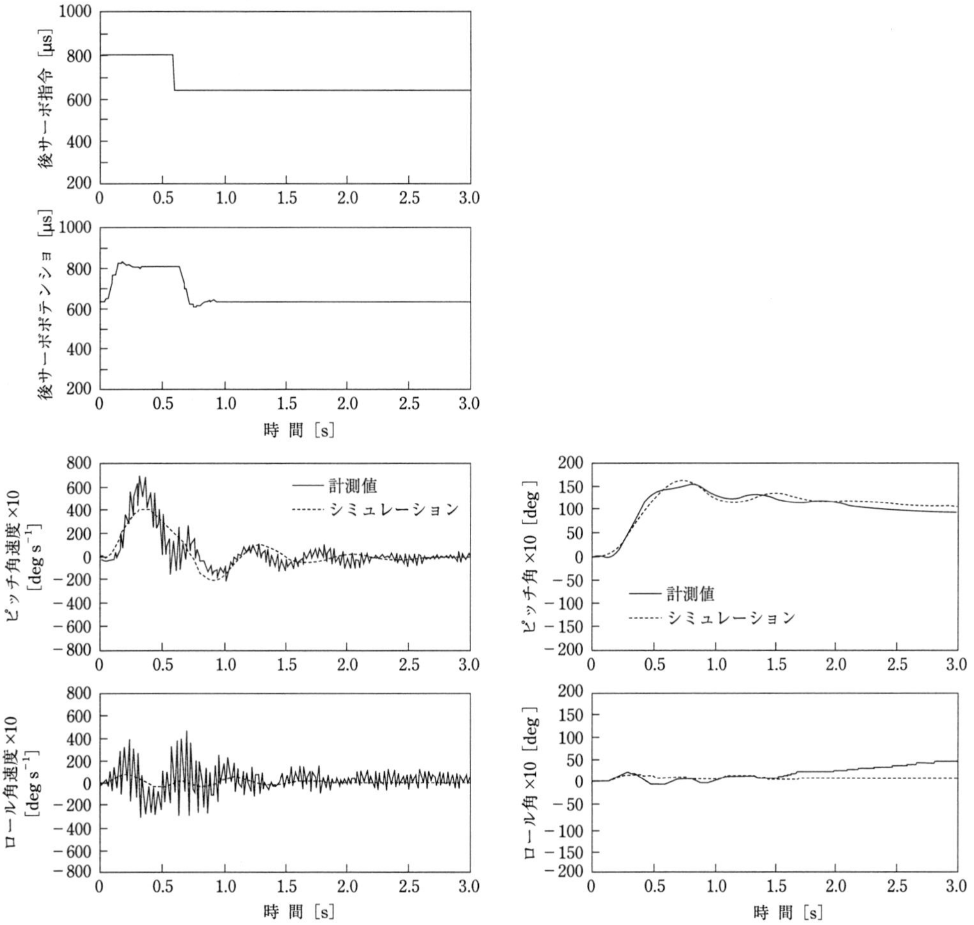


図 8.14　ピッチ角のパルス応答

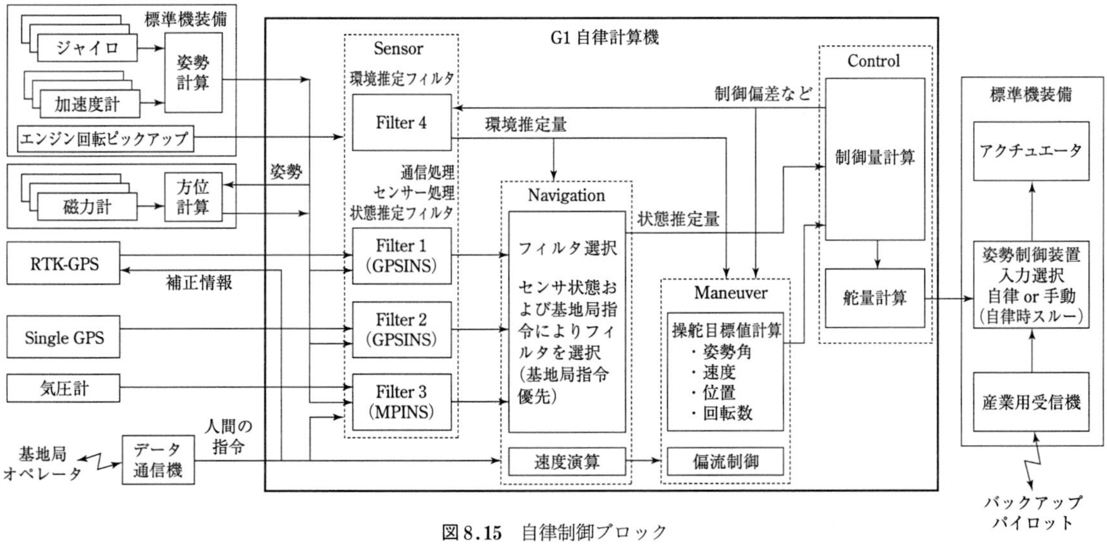


図 8.15　自律制御ブロック

フィルタの特性を動的に変化させている．GPS の速度データの微分値を INS と比較し，INS と GPS の挙動が似ている場合は GPS を信じ，挙動が似ていない場合はほとんど GPS を信用しない．この方法により，遅れのない GPSINS を実現できた．地上で台車に各センサを載せて測定した結果が図 8.16 である．

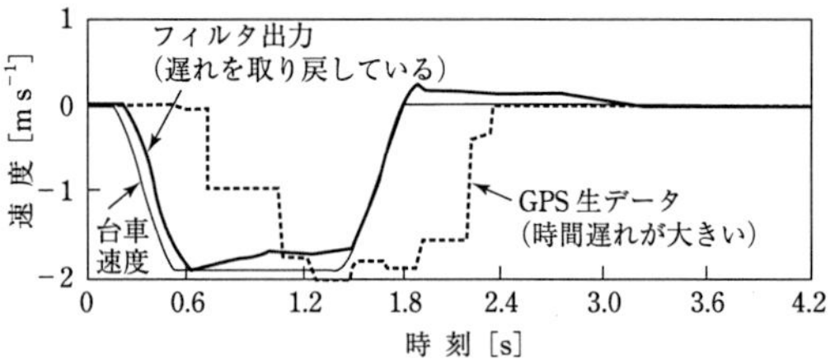


図8.16　台車の速度とフィルタ出力およびGPS生データ

(2) MPINS

G1では2系統のGPSINSに加え，気圧センサと姿勢センサ，人間の操作指令を統合したMPINS（man and pressure aided INS）を開発し搭載した．MPINSは通常，飛行中GPSINSのフィルタ時定数や機体の挙動を監視して，INSのバイアス量を推定する．GPSデータが無効になりMPINSモードに入ると自動的に操縦用カメラを真下に向ける．人間はホバリング状態を維持するようにスティックで操縦指令を出し続ける．人間の舵が，水平方向に停止するための指令を出し続けるという条件で，水平方向の速度ドリフトと加速度計のバイアスを補正している（図8.17）．

高度の維持は気圧センサとINSのハイブリッド値を使用する．短期的には数m以内，長期的には約10m以内の高度を維持できた．

このように2台のGPSが同時に故障した場合でも，MPINSの速度データを利用して自律飛行を数分間維持できるようになった．

### 8.3.3　自律制御

#### a．基本制御

自律機の制御は，単純なPD制御である．人間の指令に基づいて大まかな位置/速度目標値を計算（以下Navigation目標）し，次に自然で滑らかな挙動を行うための位置，速度，姿勢，エンジン回転目標を計算（以下Maneuver目標）する．

状態推定フィルタの出力をManeuver目標に近づけるように，PD制御を行う（図8.15右）．Maneuver目標値は，機体の空気抵抗を無視した質点をモデルとした値として計算している．この目標値で実際に制御を

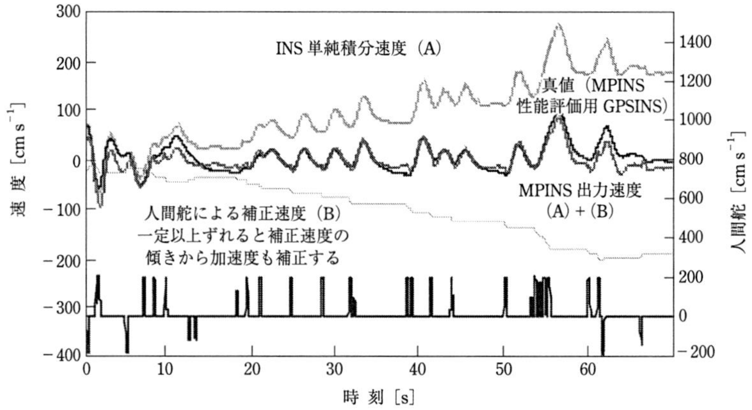


図8.17　MPINS人間舵による水平速度補正

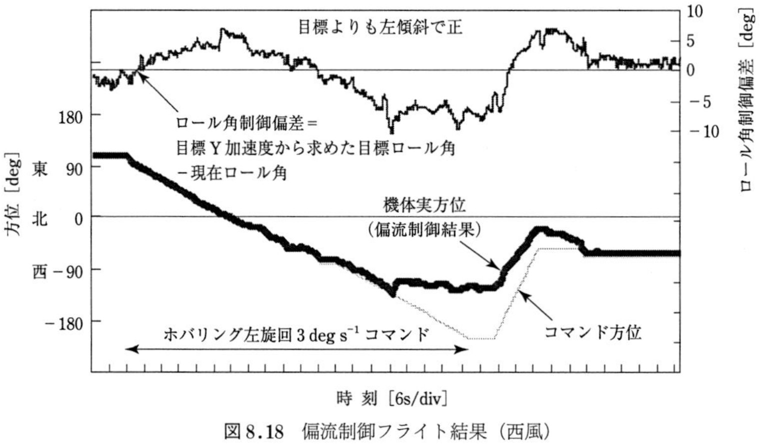


図8.18　偏流制御フライト結果（西風）

行うと，PD制御であるために，空気抵抗や風環境により制御偏差が残る．とくに，姿勢の偏差は，ヘリコプタの空力的な状態を知る上で非常に有効な値である．RMAXには対気速度を計測するセンサがないため，対地速度と姿勢偏差を利用して対気速度を推定している．

**b．風による性能悪化の低減を目的とした制御**

RMAXは横方向の投影面積が大きいため横風を受けて飛行すると，ロール角が大きくなって高度を維持する推力が足りなくなり危険な状態になりやすい．とくに機首右方向から風を受けるときは，テールの推力を打ち消すための約3°の傾きと加算されるため，さらに危険である．機体のロール姿勢偏差が大きくなると，自動的にゆっくりと機首を風上に向け，ロール角が一定以上傾かないように制御している（図8.18）．これを偏流制御とよんでおり，Maneuver目標計算部で自動的に行われている．

### 8.3.4 可視外フライト

**a．可視外フライト**

可視外フライトでは，刻々と変わる環境に対応することが自律システムに要求される．G1では運用者の負担を減らしながらさまざまなアプリケーションに対応できるよう，いくつかの不安要素への対応を自律システムが負うようになった．前述の偏流制御，突風対策制御，速度制限であるが，それでも危険な姿勢が続いた場合，無理に風に対抗せず，位置制御や速度制御量を絞り，多少流されながらも自律飛行が維持できるようにした．

**b．離　着　陸**

自律機の離着陸はバックアップパイロットが目視内で行う．バックアップパイロットは機体の異常，とくにペイロードや標高，温度に対して飛行可能かどうかを離陸時に瞬時に判断できるスキルを備えた人間が行っている．

離陸後，バックアップパイロットが自律飛行に切り替えたあとに環境の急変や機械的な異常が起きても，誰もこれを感じ取ることはできない．G1では，この不安を取り除き，早く対策がとれるよう，各センサの情報，全アクチュエータの位置情報や，そこから推定計算したリアルタイムのエンジン出力を地上局でモニタすることで，機体の状態を把握できるようにした．

**c．自動離着陸の禁止**

自律制御のままの離着陸は，技術的には難しいことではない．離着陸場所の安全確保ができていれば，GPSINSの位置情報の誤差範囲内で正確に離着陸できる．しかし，現在はこれを禁止している．理由は，離陸時のトラブル予測に人間の感覚に頼っている部分があること，離着陸ともに地面付近は障害物が多くGPS状態が悪化する可能性が高いためである．

［柴田英貴・佐藤　彰］

#### 参 考 文 献


1) 佐藤　彰 (2001)：自律飛行無人ヘリコプタによる有珠山火口付近の観測，ヤマハ発動機技報，No. 31.
2) 鈴木弘人 (2002)：アメリカAUVSIシンポジウムとフライトショーに参加して，ヤマハ発動機技報，No. 33.
3) 澁谷正紀 (2003)：無人ヘリコプタによる干潟環境調査のサポート，ヤマハ発動機技報，No. 36.
4) 鈴木弘人 (2005)：監視用UAV RMAX G0-1，ヤマハ発動機技報，No. 39.
5) 中村心哉，佐藤　彰，柴田英貴，菅野道夫 (2010)：画像情報およびGPSを用いた無人ヘリコプタによる自動探索，追従システムに関する研究，日本ロボット学会誌，**18**(6)：104-114.
6) 柴田英貴 (2003)：UAVと画像処理，情報処理学会研究報告，**2003**(2)：31-36,
7) 柴田英貴 (2006)：自律無人ヘリコプタRMAX-G1の開発，日本航空宇宙学会誌，**54**(628)：140-144,


## 8.4 無人航空機の誘導制御のためのナビゲーション

#### はじめに

本節では無人航空機を代表とする移動体の誘導制御のために必要となる代表的な座標系，それぞれの座標の間の変換則およびナビゲーションシステムについて述べる．

### 8.4.1 座標系と座標変換

**a．座　標　系**

(1) WGS-84

GPSが基準とする測地系はWGS-84とよばれる世界測地系である[2,3]．これは地球を回転楕円体と近似し，その中心を測地系の原点とする．WGS-84回転楕円体では長軸半径 $a=6378.137$ m，扁平率 $f=1/298.257223563$ であり，それらを用いると短軸半径 $b=a(1-f)$，離心率 $\varepsilon=\sqrt{a^2-b^2}/a$ と書ける．GPSはWGS-84で表された緯度 $B$，経度 $L$，高度 $H$ を出力する．移動体の位置を電子地図上に提示するにはWGS- 84を用いる．

(2) 地球中心軸 $F_{EC}$

地球の中心を原点とし，地球の自転とともに回転する座標系．北極方向へ $z_{EC}$ 軸をとり，赤道面を $x_{EC}y_{EC}$ 面とする．子午面と赤道面の交線を $x_{EC}$ 軸とし，$y_{EC}$ 軸はすでに定めた二つの軸から決定される[1]．

(3) 地球固定軸 $F_E$

地球の表面の局所直交座標系．その原点は移動体の

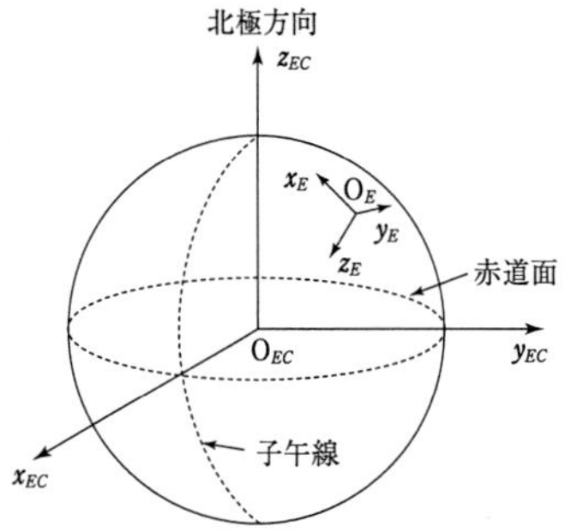


図8.19 地球固定座標系

近くの代表点にとり，原点における局所水平面を $x_E y_E$ 面とする．$z_E$ 軸は鉛直下向き，$x_E$ 軸は北向きにとる．$y_E$ 軸はこれら二つの軸より決定され，東向きを正とする．GPS が出力する速度観測値は $F_E$ で表されている．

(4) 機体軸 $F_B$

移動体の胴体は剛体であるとし，その質量中心に原点をとる．各軸は胴体の特定基準線方向に平行にとる．たとえば，航空機では $x_B$ 軸は機首方向，$y_B$ 軸は進行方向に向かって右側（右翼側），$z_B$ 軸はそれら二つの軸から定まるように，下方を正の向きとする．

(5) 慣性系 $F_I$

移動体の運動を考える場合には慣性系 $F_I$ が用いられる．地球に固定された座標 $F_E$ あるいは $F_{EC}$ は地球の自転の影響を受ける動座標系である．このため航空機などの運動方程式や 8.4.2 項 a で述べる慣性航法などには次のような $F_I$ が使われる．$F_I$ の原点を地球の中心とする．北極方向へ $z_I$ 軸をとり，赤道面を $x_I y_I$ 面とする．$x_I$ 軸，$y_I$ 軸のとり方に自由度が存在するが，ある時刻での子午面と赤道面の交線を $x_I$ 軸とし，$y_I$ 軸はすでに定めた二つの軸から決定する．

地上移動体では $F_E$ あるいは $F_{EC}$ を慣性系とすることも多い．これは，その移動速度が遅いためにコリオリ力の影響が小さいからである．8.4.2 項で述べる慣性航法ではコリオリ力の影響は時間積分されるので本来無視できないが，8.4.3 項で述べる複合航法では GPS 観測の時間間隔は十分に短いことから，慣性航法に頼る時間が短い．このため，低速移動体においては $F_E$ を慣性系とする影響はそれほど大きくない．

**b. 座 標 変 換**

(1) WGS-84 $\leftrightarrow F_{EC}$ の変換

GPS の出力結果は WGS-84 で表示されている．移動体の誘導制御に用いるためには $F_E$ あるいは $F_B$ 表示に変換しなければならない．このために，WGS-84 表示を $F_{EC}$ 表示へ変換する．それには式 (27)～(29) および (33) を用いる．逆に，$F_{EC}$ 表示を WGS-84 表示に戻すには式 (33)～(36) を用いる．ここで式 (30) は近似式である[2]．

$$x_{EC}=(R+H)\cos B\cos L \tag{27}$$

$$y_{EC}=(R+H)\cos B\sin L \tag{28}$$

$$z_{EC}=[R(1-\varepsilon^2)+H]\sin B \tag{29}$$

$$B=\arctan\left(\frac{z_{EC}-\varepsilon'^2 b\sin^3\tau}{p-\varepsilon'^2 a\cos^3\tau}\right) \tag{30}$$

$$L=\arctan\left(\frac{y_{EC}}{x_{EC}}\right) \tag{31}$$

$$H=\frac{p}{\cos B}-R \tag{32}$$

$$R=\frac{a}{\sqrt{1-\varepsilon^2\sin^2 B}} \tag{33}$$

$$p=\sqrt{x_{EC}^2+y_{EC}^2} \tag{34}$$

$$\tau=\arctan\left(\frac{z_{EC}a}{pb}\right) \tag{35}$$

$$\varepsilon'^2=\frac{a^2-b^2}{b^2} \tag{36}$$

(2) $F_{EC}\leftrightarrow F_E$ の変換

$F_{EC}$ から $F_E$ への回転行列を $L_{EEC}$，$F_{EC}$ の原点および移動体位置をそれぞれ $\boldsymbol{x}_0, \boldsymbol{x}$ とする．以下，ベクトルにつけた添え字はそのベクトルを表示している座標系を表す．$L_{EEC}$ は式 (38) となる．式 (38) を用いれば $F_{EC}$ 表示から $F_E$ 表示への変換公式が得られる．ここで，cos, sin をそれぞれ c, s と略記した．

$$(\boldsymbol{x}-\boldsymbol{x}_0)_E=L_{EEC}(\boldsymbol{x}-\boldsymbol{x}_0)_{EC} \tag{37}$$

$$L_{EEC}=L_{ECE}^T=\begin{bmatrix}-\mathrm{s}B\mathrm{c}L & -\mathrm{s}B\mathrm{s}L & \mathrm{c}B\\ -\mathrm{s}B & \mathrm{c}B & 0\\ -\mathrm{c}B\mathrm{c}L & -\mathrm{c}B\mathrm{s}L & -\mathrm{s}B\end{bmatrix} \tag{38}$$

(3) $F_E\leftrightarrow F_B$ の変換

$F_B$ のオイラー角（ロール角，ピッチ角，ヨー角）をそれぞれ $\phi, \theta, \psi$ と定義すると，座標変換行列 $L_{BE}, L_{EB}$ は式 (39) で与えられる[1]．

$$L_{BE}=L_{EB}^T$$

$$=\begin{bmatrix}\mathrm{c}\theta\mathrm{c}\psi & \mathrm{c}\theta\mathrm{s}\psi & -\mathrm{s}\theta\\ \mathrm{s}\phi\mathrm{s}\theta\mathrm{c}\psi-\mathrm{c}\phi\mathrm{s}\psi & \mathrm{s}\phi\mathrm{s}\theta\mathrm{s}\psi+\mathrm{c}\phi\mathrm{c}\psi & \mathrm{s}\phi\mathrm{c}\theta\\ \mathrm{c}\phi\mathrm{s}\theta\mathrm{c}\psi+\mathrm{s}\phi\mathrm{s}\psi & \mathrm{c}\phi\mathrm{s}\theta\mathrm{s}\psi-\mathrm{s}\phi\mathrm{c}\psi & \mathrm{c}\phi\mathrm{c}\theta\end{bmatrix} \tag{39}$$

## 8.4.2 移動体のナビゲーション

**a. 従来の航法システム**

移動体のナビゲーションのために用いられてきた航法システムの概略は以下のとおりである[4]．

(1) 地文航法

周囲の地形，とくに特徴がある点より自己位置を算出する方法である．精度の高い地図があらかじめ必要であることから使用範囲が限られる．環境依存性が大きい．

(2) 天測航法

太陽や恒星などあらかじめ位置が知られている天体を観測した結果より自己位置を算出する方法である．環境依存性が大きい．

(3) 電波航法

地上の無線施設からの電波を利用し，自己位置を算出する方法である．最近では環境に埋め込まれた RF-ID などを使う場合もある．環境依存性が大きい．

(4) ドップラー航法

移動体が発射した電波で地表で反射されたものと周波数を比べることにより自己の速度を算出する方法である．位置算出は算出速度の積分で行う．自立航法であるが，積分による誤差の増加を防ぐには基準点など補助が必要である．また，正確な位置を求めるには初期状態の正確な情報が必要である．装置の小型が難しく，使用する周波数は電波法により制約される．

(5) 慣性航法（INS）

移動体が運動するときの加速度を観測し，それを時間積分することにより速度，さらにもう一度時間積分することにより位置を算出する方法である[6,7]．

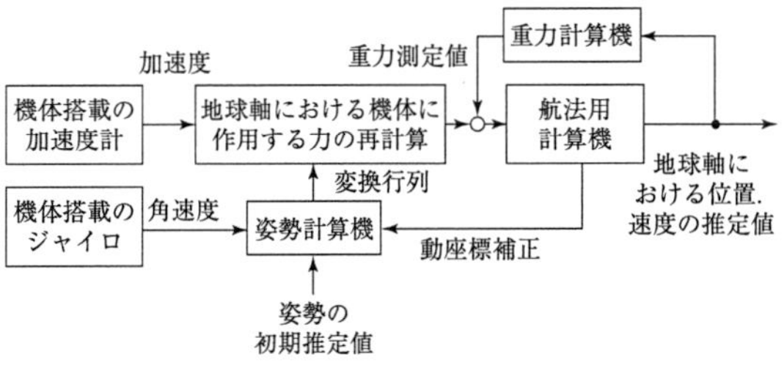


図 8.20 ストラップダウン型 INS のブロック図

INS 自立航法であるが，絶対的な位置は測定できず，積分による誤差の増加を防ぐためには基準点など補助が必要である．また，正確な位置を求めるには初期状態の正確な情報と正確な慣性センサが必要である．以前は，ジンバルとよばれる慣性空間に対して常に一定の方向を保つプラットホームに加速度計を取り付けるジンバル方式が主流であった．しかし，現在では機体軸に合わせて慣性センサを取り付けるストラップダウン（strapdown）方式が主流となっている．ジンバル方式は航法演算量が少ないという利点があるが，装置の小型・軽量化が難しいという問題点がある．これに対して，ストラップダウン方式は航法演算量が多くなるが，装置の小型・軽量化が容易であるという長所がある．

**b．慣性航法（INS）とその誤差解析**

a.で述べた方法を比較すると，移動体のナビゲーションとしてはINSがさまざまな面で優れる．INSの基礎式と誤差伝搬方程式を以下に示す．

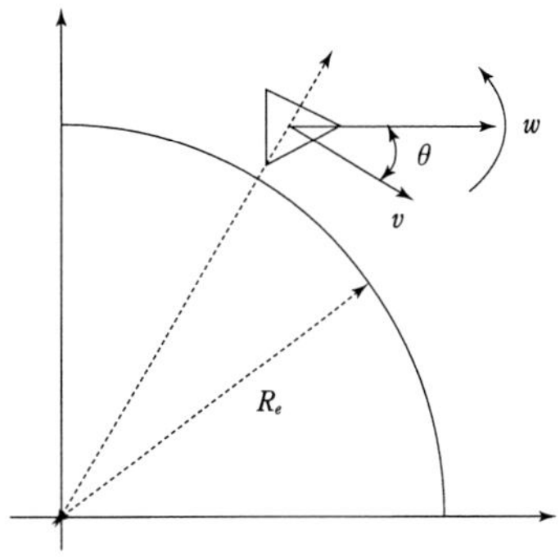


図 8.21 1次元ナビゲーション問題

ここでは図 8.21 のように地表近くを移動する移動体の運動を考える．簡単のために移動体は水平運動する単位質量の物体であると仮定し，地球は半径 $R_e$ の球，重力加速度 $g$ は一定とする．慣性系からみた角速度，加速度，方向速度，ピッチ角をそれぞれ $w, F, v, \theta$ とする．また，$|\theta| \ll 1$ とする．

$$\dot{\theta} = w - \frac{v}{R_e} \tag{40}$$

$$\dot{v} = g\theta + F \tag{41}$$

式 (40)，(41) は1次元ナビゲーション問題のINSの基礎式である．角速度と加速度に $\delta w, \delta\alpha$ という観測雑音が加わった際の影響を $\delta\theta$，$\delta v$ として誤差伝搬方程式を導く．

$$\frac{d}{dt}\delta\theta = \delta w - \frac{\delta v}{R_e} \tag{42}$$

$$\frac{d}{dt}\delta v = g\delta\theta + \delta F \tag{43}$$

誤差伝搬方程式 (42)，(43) は連立方程式であるが，$\delta v$ の2次式にまとめると，

$$\frac{d^2}{dt^2}\delta v = -\frac{g}{R_e}\delta v + g\delta w - \frac{d}{dt}\delta F \tag{44}$$

となることから，INS の推定誤差 $\delta\theta, \delta v$ には周期 $\sqrt{2\pi R_e/g}$ ～84.4 min の非減衰振動モードが存在することがわかる．この周期はシューラー周期とよばれ，シューラーの振り子の周期と一致する[5]．

INS は環境依存性がない自立航法であり，装置が小型・軽量であることが他の航法に比べて優れる．また，観測レートも高くしやすい．しかし，正確な初期位置が必要であること，時間経過にともない位置推定誤差が増大するという欠点がある．とくに，慣性センサの観測値にオフセットが存在するとき，測位誤差の増加は顕著である．このため INS 単独では移動体の誘導

制御に適さない．

**c．GPS 航法と補強システム**

GPS は人工衛星から送られてくる電波により人工衛星からの距離を測定し，自己位置を算出する測位システムであり[2,3]，a 項の分類によると電波航法に属する．2000 年に実施された SA（selective availability；選択利用性）解除により，GPS 単独測位の位置測定誤差は 100 m から 10 m 程度に改善した．しかし，単独測位の精度はやはり不安定である．その主な原因は電離層の厚さが場所により変化することである．この補正を行うために，位置が既知の基準局において電離層遅延など測定誤差の情報を求め，それを FM 放送などにより補正情報として配信することにより移動局で補正を行う差動 GPS（differential GPS：DGPS）が用いられている．DGPS により測定精度が安定し，誤差は 1 m 程度となっている．カーナビに用いられている DGPS はコード位相 DGPS とよばれ，一つの基準局がカバーする範囲が 200 km 以内であることから LADGPS（local area DGPS）とよばれる．

しかし，航空機のように高速で広域を移動する移動体にとって，LADGPS がカバーする範囲は十分ではない．このために，WADGPS（wide area：DGPS）が開発されており，とくに静止衛星を利用して補正データを配信する方式を SBAS（satellite-based augmentation system）という．SBAS は米国およびヨーロッパでは INMARSAT を利用して WAAS（Wide Area Augment System）あるいは EGNOS（European Geostationary Navigation Overlay Service）とよばれる補正情報の配信サービスがすでに開始されている．2011 年 1 月現在，日本ではひまわり 6 号により補正情報を配信する MSAS（MTSAT Satellite-based Augmentation System）が供用されている．SBAS は広域をカバーするために LADGPS に比べて精度は劣る（2～3 m）が使用場所を選ばないことに利点がある．このほかに，搬送波の位相情報を用いることにより飛躍的に測位精度を高めることができる干渉測位（differential GPS）がある．基準局からの距離が 50 km 以下という制限があるが，定点測量用のスタティック干渉測位では mm 単位，移動体用のキネマティック干渉測位は cm 単位の高精度測位が可能である．

補正信号の使用によらず，GPS のみによるナビゲーションを GPS 単独航法という．GPS は無線航法の一種であり，トンネル内など衛星からの電波が遮断されると使用不能となる．また，測位のために複数の GPS 衛星からの電波を受信する必要があるが，都市部では建築物により衛星が隠蔽されることも多い．つまり，GPS は環境の影響が大きいセンサである．カーナビではこの問題点を克服するために自立航法との複合化が行われている．カーナビで使用される自立航法とは，車体のヨー方向回転角速度を検知するジャイロ，車速パルスを用いて自己位置を推定するものである．

移動ロボットでは車輪の回転速度と機体の回転速度により速度を求め，それを積分して位置を計測する方法をオドメトリという[8]．車輪の滑りが原因で車輪の回転速度より速度を推定する方法には誤差が含まれる．オドメトリは誤差を含んだ速度を積分することから時間経過とともに測位誤差が増加するという欠点をもつ．このため，カーナビではさらにマップマッチングにより補強を行う．しかし，マップマッチングはそもそも空中移動する移動体に適用できない．また，レスキューロボットに代表されるフィールドロボットの多くは道路上を行動するとは限らない．さらに，マップマッチングでは道幅程度の測位不確かさが残る．測位精度は誘導制御に大きな影響を与える．以上のことから移動体の誘導制御に対しては GPS 単独航法とマップマッチングによるその補強は有効ではない．

### 8.4.3　GPS-INS 複合航法

GPS 単独航法や INS の問題点を解決するために，複数のセンサデータを複合する GPS-INS 複合航法システムについて述べる[9～11]．これは自律移動ロボットの移動制御にとって重要な役割を果たす．

複数のセンサデータを複合するにはしばしばカルマンフィルタなど状態観測器[12,13]が用いられる．航法システムにおけるセンサデータ複合化方法は INS などの観測誤差をフィルタにより推定することにより補正を行うフィードフォワード型と推定誤差をフィルタにフィードバックし推定の修正を行うフィードバック型に大きく大別できる．フィードフォワード型は INS による推定誤差が過大となる場合や誤差が発散する場合に問題がある．カルマンフィルタを用いたフィードバック型複合航法システムを図 8.22 に示す．

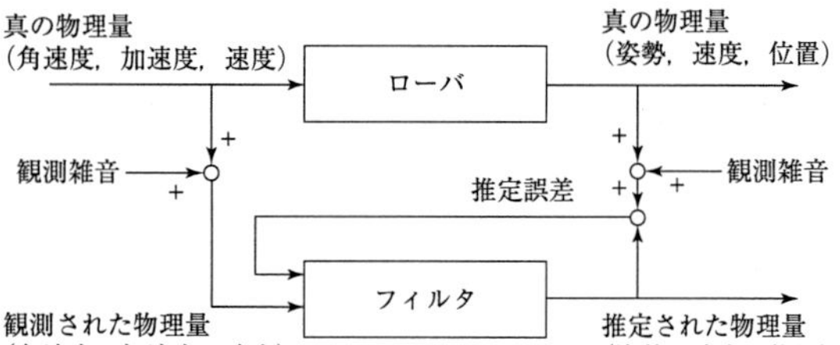


図 8.22　カルマンフィルタを用いた複合航法システム

**a．センサモデル**

まず，複合化に用いるセンサによる観測モデルを与える．本項では複合化に用いるセンサはGPSのほかに慣性航法ユニットとしてジャイロ，加速度計，磁気方位センサとする．このほかのセンサとして気圧計による高度計なども複合化に用いることが可能である．ここでは，ジャイロなど慣性センサは機体軸に平行に取り付けるとする．

(1) 角速度計の出力モデル

ジャイロは機体軸における角速度 $p, q, r$ を計測する．ジャイロによる測定値をそれぞれ $p_m, q_m, r_m$ とする．ジャイロによる計測にはオフセット（バイアス）と時間変化するランダムな観測雑音が含まれていることから，測定値を次のようにモデル化する．

$$\begin{bmatrix} p_m \\ q_m \\ r_m \end{bmatrix} = \begin{bmatrix} p + b_p + \delta_p \\ q + b_q + \delta_q \\ r + b_r + \delta_r \end{bmatrix} \tag{45}$$

ここで，$b_p, b_q, b_r$ はオフセット成分，$\delta_p, \delta_q, \delta_r$ はランダムな観測雑音成分である．

(2) 加速度計の出力モデル

加速度計により機体軸における加速度が観測される．しかし，加速度計の観測値にもオフセットとランダムに時間変化する観測雑音が含まれていることから，加速度計の測定値 $\boldsymbol{\alpha}_{Bm}$ を以下のようにモデル化する．

$$\boldsymbol{\alpha}_{Bm} = \boldsymbol{\alpha}_B + \boldsymbol{c} + \delta\boldsymbol{\alpha}_B \tag{46}$$

ここで，$c$ はオフセット成分，$\delta\boldsymbol{\alpha}_B$ はランダムな観測雑音成分である．

**b．磁気方位センサの出力モデル**

本節では磁気ベクトルの大きさは考慮せずに方向のみを考えることとする．地磁気ベクトル $\boldsymbol{m}$ は地球軸 $F_E$ において

$$\boldsymbol{m}_E = \begin{bmatrix} \cos\Delta\cos\Lambda \\ -\sin\Delta\cos\Lambda \\ \sin\Lambda \end{bmatrix} \tag{47}$$

と表すことができる．ここで，$\Delta, \Lambda$ は磁気ベクトルの偏角および伏角である．磁気方位センサは機体軸における地磁気ベクトル $\boldsymbol{m}$ を観測する．このため，磁気方位センサによる磁場観測値 $\boldsymbol{m}_m$ は

$$\boldsymbol{m}_m = L_{BE}\boldsymbol{m}_E + \delta\boldsymbol{m} \tag{48}$$

と表せる．ここで $\delta\boldsymbol{m}$ はランダムな観測雑音成分である．また，地球軸から機体軸への座標変換行列 $L_{BE}$ は式（39）で表される

磁気方位センサには磁北からの方位角 $\psi_m$ を出力するものも存在する．$\psi_m$ は観測雑音を $\delta\psi$ として

$$\psi_m = \psi + \Delta + \delta\psi \tag{49}$$

と表すことができる．地磁気のデータについては国土地理院により測定データがまとめられ，現在位置の磁気偏角を求める近似公式が与えられている[15]．磁気偏角の影響を受けていない真北からの方位角を測定する方法として複数のGPSの利用があげられる．しかし，一つのGPSでは磁気偏角をリアルタイム推定することは困難であるので，緯度・経度の測定値から近似式などにより導かれる磁気偏角・伏角の公称値を利用することとする．

**c．GPSの出力モデル**

GPSを用いることにより，WGS-84系で表された緯度・経度・高度を測定することができる．また，搬送波のドップラー効果により地球軸における速度を測定できる．本項では，アルゴリズムの簡単化のために，GPSの測位データを地球軸に変換を施した位置が観測できるとする．GPSはその原理からアンテナの位置が求まる．移動体の誘導制御には重心位置が重要であるが，重心にアンテナを取り付けると衛星からの電波の受信が困難となる．このために，一般にGPSアンテナは移動体の重心と異なる位置に取り付けられる．また，機体が回転運動をする場合，その回転によりアンテナ位置に誘導速度が発生し，GPSではその回転運動の影響を受けた速度が観測される．このため，GPSによる観測値はアンテナ取り付け位置による影響を考慮してモデル化し，重心位置と重心速度が求まるように補正を行う必要がある．

$$\boldsymbol{x}_E^{GPS} = \boldsymbol{x}_E + L_{EB}\boldsymbol{l}_B + \delta_{xB} \tag{50}$$

$$\boldsymbol{V}_E^{GPS} = \boldsymbol{V}_E + L_{EB}\cdot\boldsymbol{\omega}_B \times \boldsymbol{l}_B + \delta_{V_B} \tag{51}$$

ここで，$\boldsymbol{\omega}_B, \boldsymbol{l}_B$ はそれぞれ機体軸の回転角速度ベクトル，機体軸（原点は重心）で表したGPSアンテナの位置である．$\delta_{xB}, \delta_{V_B}$ はランダムな観測誤差成分である．

**d．カルマンフィルタによる複合化**

ここでは，カルマンフィルタを用いた複合化のために必要となる状態方程式を示す．状態方程式とは移動体の運動を表す運動方程式である．

慣性航法システムの設計では地球の自転の影響，すなわちコリオリ力を無視することはできない．しかし，自律移動ロボットの移動速度がそれほど大きくないこととGPSの観測周期が短いことから，地球の自転の効果を無視し，地球固定軸を慣性系とする．速度，位置に関する運動方程式は次のように表すことができる[1]．

$$\dot{\boldsymbol{V}}_E = L_{EB}\boldsymbol{\alpha}_B + \boldsymbol{g}_E \tag{52}$$

$$\dot{\boldsymbol{x}}_E = \boldsymbol{V}_E \tag{53}$$

$\boldsymbol{g}_E$ は地球軸で表した重力加速度ベクトルである．

次に姿勢角の運動方程式を示す．機体軸における姿

勢角速度と地球軸における角速度には式 (54) で表される変換則が成立する[1].

$$\begin{bmatrix}\dot{\phi}\\ \dot{\theta}\\ \dot{\psi}\end{bmatrix}=\begin{bmatrix}1 & \sin\phi\tan\theta & \cos\phi\tan\theta\\ 0 & \cos\phi & -\sin\phi\\ 0 & \sin\phi\cos\theta & \cos\phi\cos\theta\end{bmatrix}\begin{bmatrix}p\\ q\\ r\end{bmatrix} \tag{54}$$

式 (54) でなくモーメントの式，つまりオイラーの運動方程式を姿勢角を表す状態方程式とする場合には角加速度の情報と機体の慣性モーメントが必要となる．このため，式 (54) を姿勢角の状態方程式とするのが適当である．

姿勢をオイラー角で表す場合は，式 (54) の右辺はピッチ角が $\pm 1/2\,\pi$ のとき発散することから，式 (54) は特異点をもつ．特異点を解消するためには，姿勢角を quaternion $q$ を用いて表現する方法が用いられる[9,10]. 地球固定軸と機体軸の間の座標回転を表す quaternion $q$ のベクトル部を $\boldsymbol{q}$，スカラ部を $q_s$ とすると，

$$L_{EB}=(q_s^2-|\boldsymbol{q}|^2)I+2\boldsymbol{q}\boldsymbol{q}^T-2q_s[\boldsymbol{q}\times] \tag{55}$$

が成り立つ．ここで，$I$ は単位行列，$[\boldsymbol{q}\times]$ は外積の行列表現である．quaternion $q$ の時間変化は

$$\dot{q}=\frac{1}{2}\,\omega\otimes q=\frac{1}{2}\begin{bmatrix}\boldsymbol{\omega}\\ 0\end{bmatrix}\otimes q \tag{56}$$

で表される．ここで $\boldsymbol{\omega}=[p, q, r]^T$，$\otimes$はハミルトンの定義とは異なるが次のように quaternion 積を表す[14].

$$\begin{bmatrix}\boldsymbol{p}\\ p_s\end{bmatrix}\otimes\begin{bmatrix}\boldsymbol{q}\\ q_s\end{bmatrix}=\begin{bmatrix}p_s\boldsymbol{q}+q_s\boldsymbol{p}-\boldsymbol{p}\times\boldsymbol{q}\\ p_sq_s-\boldsymbol{p}_s\cdot\boldsymbol{q}_s\end{bmatrix} \tag{57}$$

センサ観測モデルにいれた観測オフセットは推定に与える影響が大きい．このため，オフセット推定をカルマンフィルタにより動的に行い，その補正を行う．このとき，オフセットの時間変化の仮定が必要となる．もっとも簡単なモデルは，オフセットは時間変化をしないと仮定する場合である．ジャイロ，加速度計のオフセット推定値 $\hat{\boldsymbol{b}}, \hat{\boldsymbol{c}}$ を推定する状態に加えて，その状態方程式を

$$\dot{\hat{\boldsymbol{b}}}=\dot{\hat{\boldsymbol{c}}}=0 \tag{58}$$

とする．式 (45)，(46) における観測オフセット $\boldsymbol{b}, \boldsymbol{c}$ をそれぞれその推定値 $\hat{\boldsymbol{b}}, \hat{\boldsymbol{c}}$ と置き換え，式 (52)，(54) あるいは式 (56) を書き直すことにより，カルマンフィルタにより複合化を行う際に用いる状態方程式が得られる．式 (53) および (58) は変化を受けないので，そのまま用いる．また，センサ観測雑音のランダムな成分 $\delta\boldsymbol{\alpha}$，$\delta\boldsymbol{\omega}$ はそれぞれ独立であり，白色ガウス雑音であると仮定する．

$$\dot{\boldsymbol{V}}_E=L_{EB}\boldsymbol{\alpha}_{Bm}-L_{EB}\hat{\boldsymbol{c}}-L_{EB}\delta\boldsymbol{\alpha}+\boldsymbol{g}_E \tag{59}$$

$$\dot{\boldsymbol{x}}_E=\boldsymbol{V}_E \tag{60}$$

$$\begin{bmatrix}\dot{\phi}\\ \dot{\theta}\\ \dot{\psi}\end{bmatrix}=\begin{bmatrix}1 & \sin\phi\tan\theta & \cos\phi\tan\theta\\ 0 & \cos\phi & -\sin\phi\\ 0 & \sin\phi\cos\theta & \cos\phi\cos\theta\end{bmatrix}(\omega_m-\hat{b}-\delta\omega) \tag{61}$$

$$\dot{q}=\frac{1}{2}(\omega_m-\hat{b}-\delta\omega)\otimes q=\frac{1}{2}\begin{bmatrix}\boldsymbol{\omega}_m-\hat{\boldsymbol{b}}-\delta\boldsymbol{\omega}\\ 0\end{bmatrix}\otimes q \tag{62}$$

$$\dot{\hat{\boldsymbol{b}}}=\dot{\hat{\boldsymbol{c}}}=0 \tag{63}$$

ここで，$\boldsymbol{\alpha}_{Bm}\boldsymbol{\omega}_m$ は機体に設置されたセンサにより観測された加速度および角速度である．これらの状態方程式は非線形方程式である．このため複合航法システムは拡張カルマンフィルタにより実現される．観測方程式は式 (48) あるいは式 (49) および式 (50)，(51) である．姿勢を表現する際に quaternion を用いる場合には回転を表す quaternion は大きさが1であるものに限られることに注意する．式 (62) の時間積分，及び観測更新において $|q|\neq 1$ となる．このため何らかの方法で正規化する必要がある[7,9,10].　［中西弘明］

## 参考文献


1) B. Etkin (1972)：Dynamics of Atmospheric Flight, John Wiley & Sons, Inc.
2) 土屋　淳，辻　宏道 (1997)：新訂版 やさしいGPS測量，日本測量協会.
3) P. Misra, P. Enge (日本航海学会GPS研究会訳) (2004)：精説GPS-基本概念・測位原理・信号と受信機，正陽文庫.
4) 日本航空広報部 (2005)：最新 航空実用ハンドブック，朝日ソノラマ.
5) S. Merhav (1996)：Aerospace Sensor Systems and Applications, Springer.
6) A. Lawrence (1998)：Mordern Inertial Technology-Navigaton, Guidance and Control (2nd ed.), Springer.
7) D. H. Tutterton, J. L. Weston (2004)：Strapdown Inertial Navigation Technology (2nd ed.), AIAA.
8) 金井喜美雄，ほか (2003)：ビークル，コロナ社.
9) D. J. Biezad (1999)：Integrated Navigation and Guidance Systems, AIAA Education Series.
10) R. M. Rogers (2000)：Applied Mathematics in Integrated Navigation Systems, AIAA Education Series.
11) H. Nakanishi, H. Hashimoto, N. Hosokawa, K. Inoue, A. Sato (2003)：Autonomous Flight Control System for Intelligent Aero-Robot for Disaster Prevention, *Journal of Robotics and Mechatronics*, **15**(5)：489-497.
12) R. G. Brown, P. Y. C. Hwang (1997)：Introduction to Random Signals and Applied Kalman Filtering (3rd ed.), Wiley.
13) 片山　徹 (1983)：応用カルマンフィルタ，朝倉書店.
14) M. D. Shuster (1993)：A Survey of Attitude Representations, *The Journal of the Astronautical Sciences*, **41**(4)：439-517.
15) http://vldb.gsi.go.jp/sokuchi/geomag/index.html

# 8.5 モデルベース手法による無人ヘリコプタの制御系設計

### はじめに

ヘリコプタは，ホバリング（空中停止）や垂直離着陸など航空機の中でも特徴的な飛行形態を有していることから，物品や人員の輸送，高所点検作業，防災監視，空中測量，空撮などの産業用途に利用されてきた[1,2]．しかし，ヘリコプタは効果的な活用が可能である一方，高額な費用が必要となることや急なチャーターが難しいという問題を抱えている．また，有事の際には搭乗員を危険にさらしてしまう可能性もある．

近年，これら有人ヘリコプタの抱える問題を解消する存在として無人ヘリコプタが注目を集めており，農薬散布や空撮など一部の分野ではすでに多くの無人ヘリコプタが運用されている[3~5]．しかし，無人ヘリコプタを操縦するには卓越した技術が必要であり，また，有視界外での飛行が不可能であるといったことから，現状ではその運用範囲が限定されている．そして，そのように限定された運用範囲を拡大するためには無人ヘリコプタの自動化[6~8]が必要である．もし，無人ヘリコプタを自動で飛行させることができれば，大幅なコスト削減と効率的な業務，人員の安全面での効果を上げることが可能となる．

本節では，自律制御を行う上で最初の課題であり，最も重要となるホバリング飛行の制御について解説する．具体的には，図 8.23 に示すようなシングルロータ型ラジコンヘリコプタのモデリングから最適制御理論を適用した制御系設計について解説し，実際のフライト結果を紹介する．

図 8.23 シングルロータ型ラジコンヘリコプタ

## 8.5.1 小型無人ヘリコプタのモデリング

### a. 小型無人ヘリコプタシステム

ヘリコプタはシングルロータ式，同軸反転式，タンデムロータ式などに分類され，シングルロータ式のヘリコプタは一つのメインロータと一つのテールロータをもち，メインロータの回転数，迎え角（ピッチ角）を調整することにより上昇下降運動を，回転面の傾きを調整することで前後左右方向の回転運動（ローリング，ピッチング）と移動を，メインロータの発生する反トルクとテールロータの推力により機種方向の回転運動（ヨーイング）を行う．ラジコンヘリコプタではこれらの運動を五つのサーボモータを操作することによって実現し，安定化装置として内部にレートジャイロ，電子ガバナを有している．本節で使用する機体 SF40 の全体像を図 8.24 に，主要諸元を表 8.2 に示す．

図 8.24 実験機体 SF40

表 8.2 SF40 諸元表

| 諸　元 | 数　値 | 諸　元 | 数　値 |
|---|---|---|---|
| メインロータ径 | 1 850 mm | 重　量 | 9 580 g |
| テールロータ径 | 273 mm | ペイロード | 5 000 g |
| 全　長 | 1 467 mm | | |

エンジンの種類：単気筒 2 ストローク，40 cc ガソリンエンジン

### b. 各部のモデルの導出

ここではシングルロータ式ラジコンヘリコプタのモデリング手法について述べる．モデリング手法としてシステム同定法[9]を採用し，非連成単一入出力モデルの同定を行う．シングルロータ式ラジコンヘリコプタのモデルを姿勢運動モデル，水平運動モデル，上昇下降運動モデルに分類し，さらにそれぞれをいくつかの要素に細分化し，各要素のモデルをシステム同定手法により獲得する．

(1) アクチュエータ（サーボモータ）の動特性

ラジコンヘリコプタではアクチュエータとして五つのサーボモータ（エルロンサーボモータ，エレベータサーボ，コレクティブピッチサーボ，ラダーサーボ，

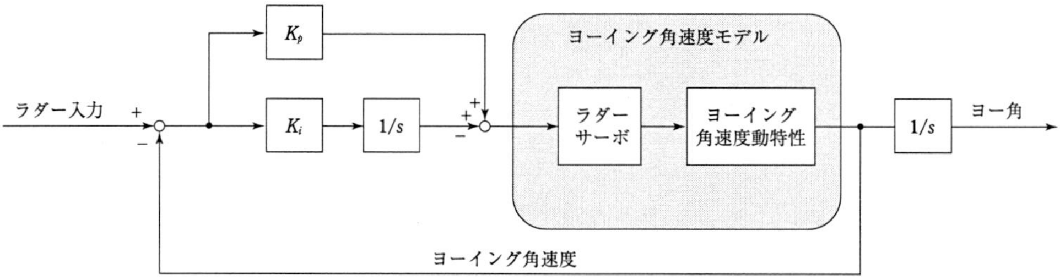


図8.25　ヨーイングモデル

スロットルサーボ）を駆動させることにより，運動を制御する．一般的に直流モータの動特性は2次の伝達関数で近似できるので，サーボモータの動特性は以下の2次モデルで近似できる[10]．

$$G_s(s)=\frac{\omega_{ns}^2}{s^2+2\xi_s\omega_{ns}s+\omega_{ns}^2} \tag{64}$$

ここで，$\xi_s$ は減衰比，$\omega_{ns}$ は固有角振動数である．

(2) ローリング，ピッチング運動の動特性

エルロンサーボ，エレベータサーボを駆動させるとロータ面が傾き，発生したジャイロモーメントにより，機体がローリング，ピッチング運動を行い，ロール角，ピッチ角の姿勢変化が生じる．ローリング，ピッチング方向のジャイロモーメントの効果が等しいと仮定すると，ローリングおよびピッチングのモデルの差異は慣性モーメントの違いのみとなり，同一の構造で表される．サーボモータの回転角から機体への伝達関数は以下で与えられる．

$$G(s)=\frac{K}{(Ts+1)s} \tag{65}$$

ここで，$T$ は時定数を表し，$K$ はモデルゲインである．

また，制御系にはセンサのむだ時間や無線空間によるむだ時間要素が含まれる．むだ時間要素を $e^{-Is}$ とすることで，サーボモータへの入力指令値からロール角，ピッチ角へのモデルは以下のように導出される．

$$G_\varphi(s)=e^{-Is}\frac{\omega_{ns}^2K_\phi}{(s^2+2\xi_s\omega_{ns}s+\omega_{ns}^2)(T_\phi s+1)s}$$

$$G_\theta(s)=e^{-Is}\frac{\omega_{ns}^2K_\theta}{(s^2+2\xi_s\omega_{ns}s+\omega_{ns}^2)(T_\theta s+1)s} \tag{66}$$

ここで，$\phi$ および $\theta$ はローリングおよびピッチング方向のパラメータであることを表し，パラメータ $T_\varphi$, $T_\theta$, $K_\varphi$, $K_\theta$ はシミュレーションおよび実験によって求める．むだ時間要素は1次のパデ近似を用いることで，ローリングおよびピッチング運動におけるモデルは5次の伝達関数で表される．

(3) ヨーイング運動における動特性

ヨーイング運動はメインロータの反トルクおよびラダーサーボによるテールロータ推力の変化によって発生する．テールロータには安定化のために，市販のラジコンヘリコプタで用いられるレートジャイロが装着されており，図8.25に示すような角速度を入力とするフィードバック制御が組み込まれている．角速度フィードバック制御にはPI制御が適用されており，これを2次遅れ系で近似する．図中の $K_p$ および $K_i$ はPI制御のゲインである．したがって，ヨーイング運動におけるモデルは次式のようにむだ時間要素，2次遅れ系，積分器をもつシステムで表される．

$$G_\psi(s)=e^{-Is}\frac{\omega_{n\psi}^2K_\psi}{(s^2+2\xi_s\omega_{n\psi}s+\omega_{n\psi}^2)s} \tag{67}$$

$\psi$ はヨー方向のパラメータであることを表す．

(4) 上昇，下降運動における動特性

メインロータの推力変化によりヘリコプタは上昇下降運動を行う．ブレード翼素理論[1]によればメインロータの推力は以下の式で求められる．

$$F=\frac{b}{4}\rho ac\Omega^2R^3(\theta_t+\varphi_t) \tag{68}$$

ここで，$F$ はメインロータの推力，$b$ はロータ枚数，$\rho$ は空気密度，$a$ は2次元揚力傾斜，$c$ は翼弦長，$\Omega$ は回転数，$R$ はメインロータ半径，$\theta_t$ はコレクティブピッチ角，$\varphi_t$ は翼素による流入角である．

メインロータの回転数は電子ガバナとよばれる回転速度制御器を用いることによりほぼ一定に保たれていると仮定することができる．これに伴い，その他の変数も微小または変動が少ないと仮定することで，メインロータの推力はコレクティブピッチ角に比例する関数で表される．機体重量を$M$とすると鉛直方向のつり合いの式より，コレクティブピッチ入力$K_\theta$から高度方向速度 $G_{vud}$ および高度 $G_{ud}$ までの伝達関数モデルは次式となる．

$$G_{vud}(s)=\frac{K_tK_\theta}{M_s+K_v}$$

$$G_{ud}(s)=\frac{K_tK_\theta}{(M_s+K_v)s} \tag{69}$$

ここで，$K_t$ はモデルゲイン，$K_v$ は大気の抗力係数を表す．

(5) 水平方向モデル

機体姿勢を変化させた際，メインロータ推力の水平分力によって水平方向の加速度が発生する．機体質量を $M$，重力加速度を $g$，ロール角 $\phi$，ピッチ角 $\theta$ とすると，水平方向の運動方程式はメインロータ推力に関する水平方向のつり合いの式を考えるとホバリング近辺での姿勢変動が十分に小さいと仮定して式 (70) のように表される．

$$\begin{aligned} M\dot{V}_x &= -Mg\tan\theta \cong -Mg\theta \\ M\dot{V}_y &= Mg\tan\phi \cong Mg\phi \end{aligned} \tag{70}$$

ここで，$V_x, V_y$ は機体前後方向，左右方向の速度である．式 (70) によれば，ヘリコプタの水平速度モデルは積分器とゲイン要素のみから構成されるように思われる．しかし，このモデルでは実験で取得した飛行データとモデル出力の間に整合性がみられなかったため，以下に示すような 1 次遅れ系に不安定極を付加した 2 次の伝達関数で水平速度の動特性を近似した[11]．

$$\begin{aligned} G_{vx}(s) &= -g\frac{b}{s+b}\frac{1}{s-a} \\ G_{vy}(s) &= g\frac{b}{s+b}\frac{1}{s-a} \end{aligned} \tag{71}$$

式 (71) の水平方向速度モデルに対して積分器を付加することにより，水平位置モデルが式 (72) で得られる．

$$\begin{aligned} G_x(s) &= -g\frac{b}{s+b}\frac{1}{s-a}\frac{1}{s} \\ G_y(s) &= g\frac{b}{s+b}\frac{1}{s-a}\frac{1}{s} \end{aligned} \tag{72}$$

式 (71) 中の $vx, vy$ は水平速度，式 (72) 中の $x, y$ は水平位置のパラメータであることを表す．

### 8.5.2 最適制御理論を用いた制御系設計

前項において導出した数式モデルをベースに各軸の制御系設計を行う．制御系全体は図 8.26 のように姿勢制御系，速度制御系，位置制御系の三つの制御系の直列構造となっており，単一の制御器による位置制御系に比べて，以下のような利点がある．

・速度制御器の出力である姿勢角度指令値に対してリミッタを容易に追加することができ，姿勢角度を安全な範囲に制限することが可能である．

・位置制御器を速度制御器のアウターループとして構成することで，ジョイスティックなどの外部入力による速度制御に容易に切り換えられる．

**a．姿勢および速度制御系設計**

式 (66)，(67) で得られた各軸の姿勢モデル，式 (69)，(71) で得られた各軸の速度モデルに対して最適制御理論を適用し制御器を設計する．まず，ローリング・ピッチング姿勢制御器，および 3 軸の速度制御器に関しては，各モデルを基にサーボ拡大系を構成し，LQI 制御器を設計した．一方，ヨーイング姿勢制御器に関しては，レートジャイロによる角速度フィードバック制御によって，安定性が大幅に向上しているため，単純な P 制御器を設計した．

**b．位置制御系設計**

a. で述べた速度制御系をインナーループとして含む形で位置制御系を P 制御器として構成した．

**c．誘 導 制 御**

以上で設計された制御器を用いた誘導制御の流れを簡単に説明する．まず，外部から与えられた目標位置と機体位置の偏差を位置制御器に入力し，P 制御によって速度指令値が計算される．続いて，速度指令値と機体速度の偏差を 0 にするような姿勢指令値が速度制御器によって計算される．最後に，姿勢指令値と機体姿勢の偏差を 0 にするようなサーボモータの回転角が姿勢制御器によって計算され，得られた制御入力を各サーボモータに入力することで，機体姿勢，速度，位置が制御され，ヘリコプタを任意の目標地点に誘導することが可能となる．

### 8.5.3 制 御 実 験

**a．制御実験システムの紹介**

制御実験システムは図 8.27 のように機体，機体に組み込まれた制御装置，プロポ (無線操縦装置)，および地上局 PC から構成されており，制御装置と地上局 PC

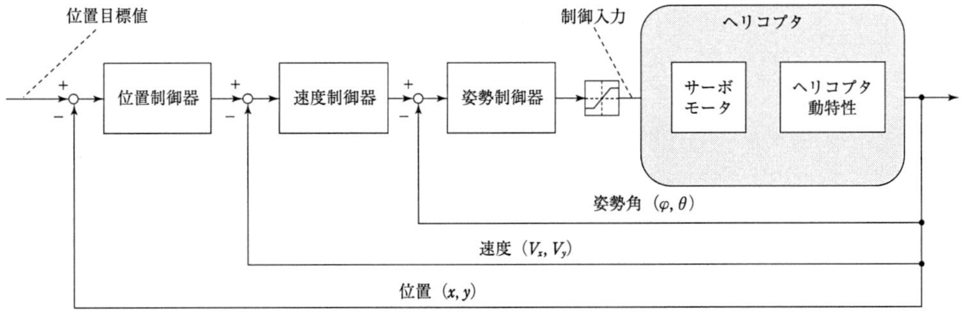


図 8.26 制御系全体図

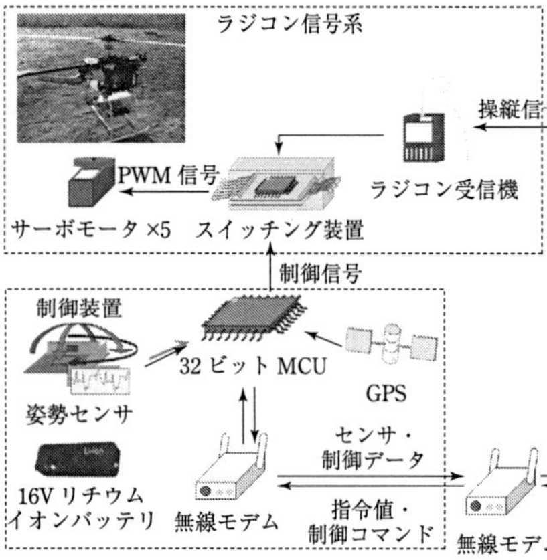


図 8.27 制御実験システム

間は無線モデムにより通信を行う．制御装置は MCU，姿勢センサ，GPS，スイッチング装置，無線モデムから構成されており，地上局から与えられた位置目標値に対して誘導制御を行う．また，センサや制御に関するデータは地上局 PC によってモニタリング可能である．

**b．飛行制御実験**

8.5.1 項 a で紹介した SF40 のホバリングおよび正方形軌道追従実験に関するフライト結果を図 8.28 および図 8.29 に示す．離陸後，定点において約 30 秒間のホバリングを行った後，地上局より正方形の軌道を

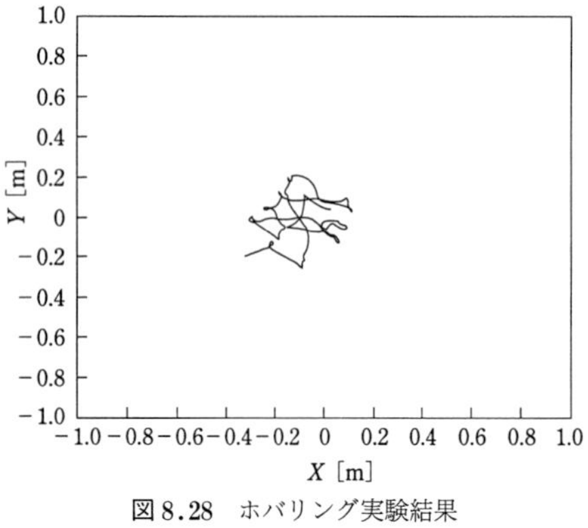


図 8.28 ホバリング実験結果

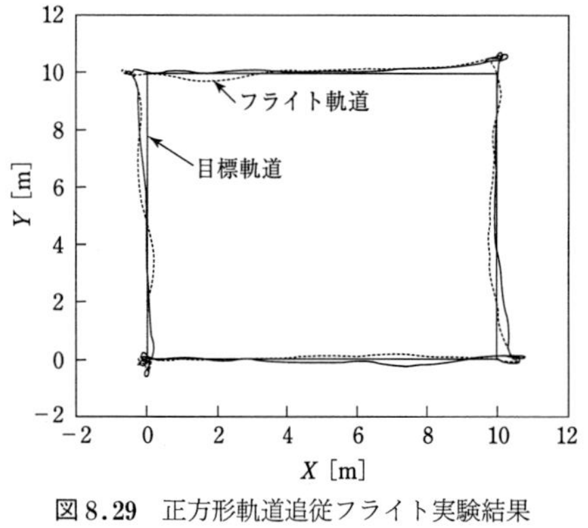


図 8.29 正方形軌道追従フライト実験結果

位置目標値として与え，そのフライト結果をプロットしたものである．図 8.28 より半径 0.3 m の円内でのホバリングが，図 8.29 より正方形目標軌道に対しての追従が精度良く実現できているのがわかる．

### おわりに

本節ではシングルロータ型ラジコンヘリコプタのホバリング制御を目的とし，システム同定手法を用いたモデリングと，最適制御理論を用いたモデルベースの制御系設計を行った．導出されたモデルはすべて SISO 系で記述され，制御器の設計が容易に行えるものである．また，最適制御理論を適用した制御アルゴリズムを用いることによって十分なホバリング精度と軌道追従性が実現可能であることを示した．

本節の内容を基に自律型無人ヘリコプタのシステムを構築し，カメラや計測機器といった各業務に必要なペイロードを搭載することによって，最初にあげたようなさまざまな産業分野での実用化が可能となる．

［田原 誠・鈴木 智］

### 参考文献


1) 加藤寛一郎，今永勇生 (1985)：ヘリコプタ入門，東京大学出版会．
2) A. R. S. Bramwell, G. Done, D. Balmford (2001)：Bramwell's Helicopter Dynamics, 2nd ed, AIAA.
3) http://www.yamaha-motor.co.jp/profile/business/sky/
4) http://www.microdrones.com/
5) http://www.asctec.de/
6) H. J. Kim, D. H. Shim (2003)：A Flight Control System for Aerial Robots, Algorithm and Experiment, *Journa, of Control Engineering Practice*, **11**：1389-1400.
7) N. J. Eric, K. K. Suresh, K. Kannan (2005)：Adaptive Trajectory Control for Autonomous Helicopters, *AIAA Journal Guidance Control and Dynamics*, **28**(3)：524-538.
8) C. L. Castillo, W. Alvis, M. Castillo-Effen, W. Moreno, K. Valavanis (2006)：Small Unmanned Helicopter Simplified and Decentralized Optimization-based Controller Design for Non-aggressive Flights, *International Journal on Systems Science and Applications*, **1**(3)：303-315.
9) 足立修一 (1996)：MATLAB による制御のためのシステム同定，東京電機大学出版局．
10) 辛 振玉，藤原大悟，羽沢健作，野波健蔵 (2002)：ラジコンヘリコプタの姿勢・ホバリング制御，日本機械学会論文集 C 編，**68**(675)：148-155.
11) 羽沢健作，辛 振玉，藤原大悟，五十嵐一弘，Dilshan Fernando，野波健蔵 (2004)：ホビー用小形無人ヘリコプタの自律制御（実験的同定に基づくモデリングと自律制御実験），日本機械学会論文集 C 編，**70**(691)：1708-1714.


## 8.6 マルチロータヘリコプタの自律制御

### はじめに

ここ数年，マルチロータヘリコプタを自律化した

UAV の利用が空撮や測量の用途で広まりつつある．また，空撮のみならず設備点検，監視，防災などでもその利用が期待されており，この分野の技術が社会に浸透する日も近い．千葉大学野波研究室でも 2007 年よりマルチロータヘリコプタの自律制御および機体開発の研究を続けており，2012 年には実用化のためのコンソーシアムを設立して本格的な産業応用に向けた体制を構築している．現在，われわれが開発するマルチロータヘリコプタ以外にも企業レベルから個人のホビーレベルにいたるまでさまざまな機体が開発されている．本節では，そのようなマルチロータヘリコプタの基本的な非線形モデルについて述べ，ミキシング行列の導出と角速度安定化の方法を紹介する．加えて，非線形モデルから得られる伝達関数に基づく自律制御の結果について述べる．

### 8.6.1 マルチロータヘリコプタの概要

図 8.30 に本節で扱う機体を示す．この機体は 2011 年に開発したものであり，Mini Surveyor とよんでいる．本機は主に空撮用に設計されており，高画質のカメラや映像レコーダなどを搭載できる．表 8.3 にその諸元を示す．

本節で解説するモデルは一般的なマルチロータヘリコプタに適用できるものである．ただし，実験結果などのデータはこの機体をプラットフォームとして得られたものである．

図 8.30 Mini Surveyor MS-06B

表 8.3 MS-06B の諸元

| | |
|---|---|
| 機体正味質量<br>(バッテリーを含まない) | 1 691 g |
| サイズ<br>(プロペラを含む) | L 815×W 738×H 344 mm |
| サイズ<br>(プロペラなし) | L 593×W 516×H 344 mm |
| プロペラ直径 | 10 in (254 mm) |
| バッテリー | Li-po 11.1 V (3 cell), 6 600 mA h, 25C |
| バッテリー質量 | 486 g |
| ペイロード | 約 800 g |
| 飛行時間<br>(ペイロードなし) | 13 min 30 s |

#### a. 飛行原理

マルチロータヘリコプタが飛行する原理は非常にシンプルなものであり，その運動はそれぞれのロータの回転数だけで決定される．

まず，ロール方向について述べる．この運動は図 8.31 に示すように機体前方を通る $X$ 軸を対称軸として右側のロータと左側のロータの回転数に差を与え，発生する推力差を調整することによって実現される．図は，2 番と 3 番のロータの回転数を下げてその推力を減少させ，5 番と 6 番のロータは回転数を上げて同じ分だけ推力を増加させた場合を示している．このとき $X$ 軸まわりに時計回りのモーメントが生じるため，この作用によって $X$ 軸まわりに機体が傾く．推力変化の合計は 0 であるため，上下方向に加速度は生じない．同様に $Y$ 軸まわり，$Z$ 軸まわりに関してもそれぞれモーメントが打ち消される．

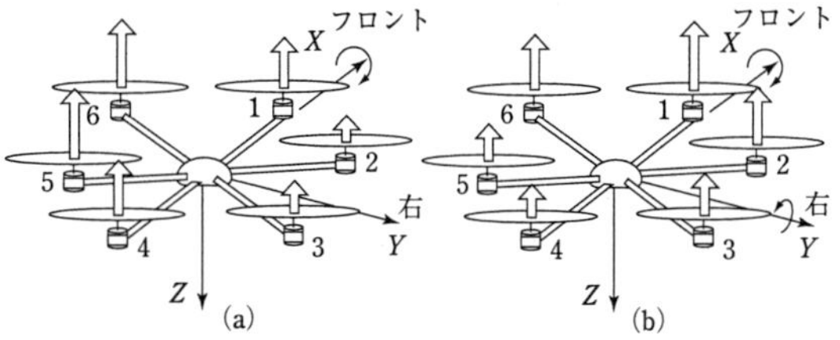


図 8.31 ロール，ピッチに関する運動

ピッチ方向の運動もロール方向と同様に回転数差によって生じる推力差によって実現される．ただし，6 発ロータヘリコプタのように前後左右が非対称なマルチロータヘリコプタではやや複雑な推力の与え方となる．図 8.31 は，1 番，2 番，6 番ロータの回転数を上げて推力を増加させ，3 番，4 番，5 番のロータの回転数を下げた場合を示している．このようにすると，$Y$ 軸まわりに時計回りのモーメントが生じ，機体は $Y$ 軸まわりに傾く．ただし，変化させる推力の大きさはロータごとに異なったものとなる．たとえば，同一円周上にロータが等間隔に並んでいる本図の構成では，2, 3, 5, 6 番ロータに比べ，1, 4 番のロータでは変化量を 2 倍にする必要がある．

ヨー方向の運動は，各ロータが機体に与える反トルクによって実現される．反トルクとはロータを回転させるための駆動力の反作用であり，各ロータの回転方向と逆方向に生じるモーメントである．シングルロータヘリコプタでは，メインロータから生じる反トルクをテールロータが生み出すモーメントによって相殺す

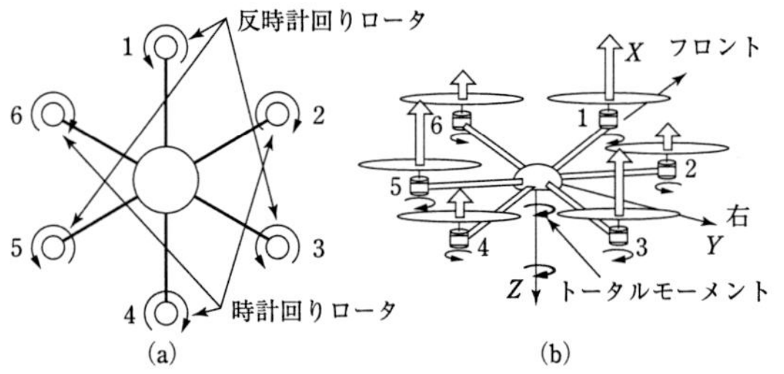


図8.32　ヨーに関する運動

ることで方位角を保っている．これに対し，マルチロータ型ヘリコプタでは図8.32(a) のように半数のロータの回転方向を逆にすることで反トルクを相殺する．機体を $Z$ 軸まわりに回転させたいときは，図8.32(b) のように，時計回りと反時計回りのロータの回転数に差を与える．図では，反時計回りに回転する1,3,5番のロータの回転数を増加させ，2,4,6番のロータの回転数を減少させている．このようにすると，時計回りの反トルクの方が大きくなるため機体は時計回りに回転する．

そして，機体の上下運動はすべてのロータの推力を等しく増減させることで行われる．以上の運動は非線形性を無視できる範囲で重ね合せが成り立つため，それぞれの運動に対する四つの操作量から各ロータに対する入力の大きさを求める行列演算が一般的に行われる．これをミキシングとよび，その係数はロータの幾何学的配置から求められる．

**b．ハードウェア構成**

マルチロータヘリコプタは，本質的に不安定なシステムであるため，制御なしでは各ロータのばらつきによる推力の不均衡によって姿勢が急激に変化してしまい飛行させることができない．そこで一般的にジャイロセンサを用いた角速度フィードバックによってダイナミクスの安定化が行われる．また，自律型の機体ではGPSをはじめとした各種センサが搭載される．

マルチロータヘリコプタのシステム構成を図8.33に示す．システムは，駆動部，制御装置，通信装置，そして外部装置の空撮用カメラから構成される．制御装置にはマイクロコントローラユニット（MCU）が二つ搭載されており，下位制御用MCUと上位制御用MCUにそれぞれ処理を分散させている．下位制御用MCUは三つの1軸ジャイロセンサから角速度を取得し，角速度のフィードバック安定化を行う．その制御指令値は六つのモータドライバへと送信され，ロータの回転数を変化させる．オペレータによるマニュアル

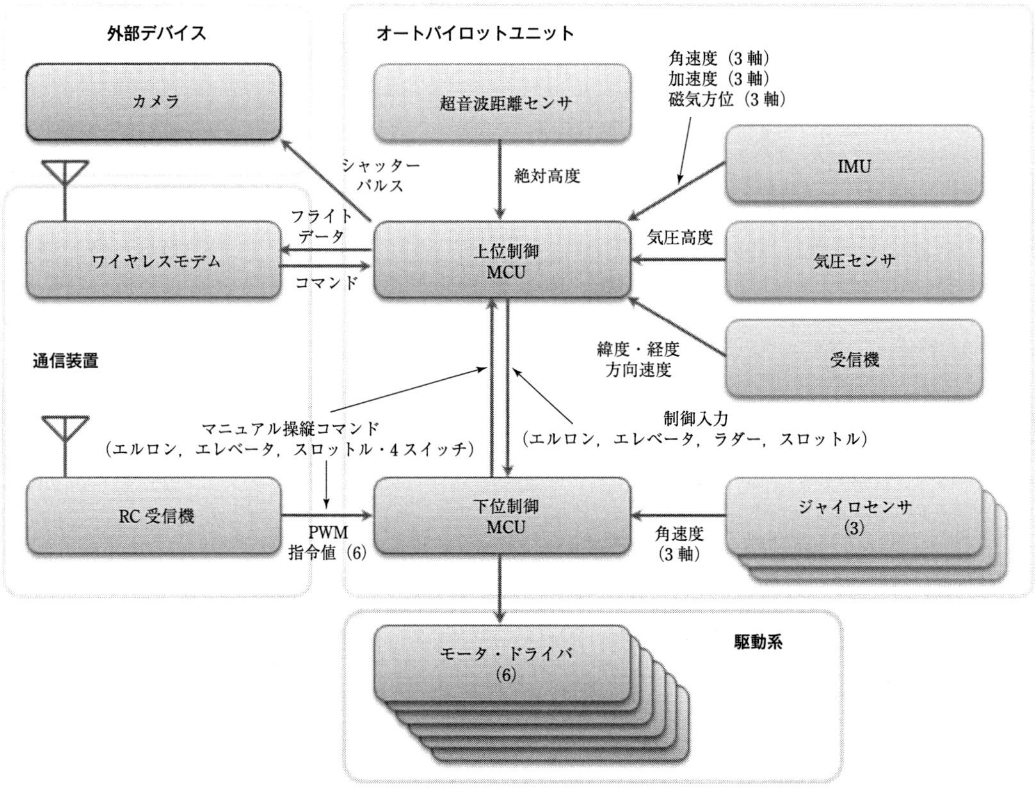


図8.33　MS-06Bのハドウェア構成

操縦下では，下位制御用 MCU は上位制御用 MCU から独立して動作するようになっており，RC レシーバから受け取る操縦信号を角速度目標値とした角速度制御が行われる．

上位制御用 MCU は自律飛行時の制御演算を担当している．本 MCU は GPS レシーバから緯度経度および水平面内の速度情報を，慣性センサ（IMU）から 3 軸加速度，3 軸角速度，3 軸磁界を，気圧センサから気圧高度の情報を取得し，制御演算に用いている．制御演算の結果は下位制御用 MCU に角速度目標値として送信される．なお，図中の超音波センサは自動離着陸における地面検出のために搭載されたセンサである．

### 8.6.2　座標系と記号の定義

はじめに図 8.34 に示す座標系を定義しておく．原点が機体重心に固定され，機体前方に $X$ 軸，機体右方向に $Y$ 軸，これらに垂直な機体下方向を $Z$ 軸をもつ系を機体座標系と定義する．次に，慣性系として真北に $x$ 軸，重力方向に $z$ 軸，$x$ 軸と $z$ 軸に垂直な東向きの軸を $y$ 軸とする地面固定座標系を定義する．最後に，速度制御による誘導のために，$x$-$y$-$z$ の座標系を機首方位 $\psi$ だけ水平面内で回転させた $x'$-$y'$-$z$ 系を定義する．速度および，速度制御器に対する速度目標値はこの座標系で定義する．

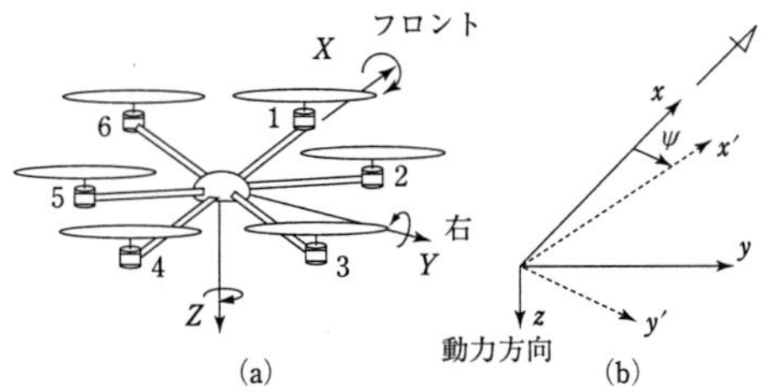


図 8.34　座標系の定義

本節で用いる記号を以下に列挙する．

**スカラー**

$A$　：ロータ推力の比例係数

$B$　：反トルクの比例係数

$e_p, e_{pi}$：ピッチ順逆

$g$　：重力加速度

$J_r$　：ロータの慣性モーメント

$K_A$　：反トルクと回転数変動の間の比例係数

$K_T$　：ロータ推力変動と回転数変動の間の比例係数

$K_{\mathrm{Throttle}}$：スロットル操縦指令値に対するゲイン

$L$　：機体重心からロータ回転軸までの水平面距離

$m$　：機体質量

$M_U, M_R, M_P, M_Y$：対角行列 $\bar{M}M$ の任意パラメータ

$N$　：ロータ数

$p_m, q_m, r_m$：観測されたロール，ピッチ，ヨー角速度

$r_{\mathrm{Aileron}}$：ロールの角速度制御器に対する操縦指令値

$r_{\mathrm{Elevator}}$：ピッチの角速度制御器に対する操縦指令値

$r_{\mathrm{Rudder}}$：ヨーの角速度制御器に対する操縦指令値

$r_{\mathrm{Throttle}}$：スロットル操縦指令値

$T, T_i$：ロータ推力

$u_{\mathrm{Roll\text{-}ff}}$：ロール角速度制御器が出力する制御入力のフィードフォワード成分

$u_{\mathrm{Roll\text{-}fb}}$：ロール角速度制御器が出力する制御入力のフィードバック成分

$u_{\mathrm{Pitch\text{-}ff}}$：ピッチ角速度制御器が出力する制御入力のフィードフォワード成分

$u_{\mathrm{Pitch\text{-}fb}}$：ピッチ角速度制御器が出力する制御入力のフィードバック成分

$u_{\mathrm{Yaw\text{-}ff}}$：ヨー角速度制御器が出力する制御入力のフィードフォワード成分

$u_{\mathrm{Yaw\text{-}fb}}$：ヨー角速度制御器が出力する制御入力のフィードバック成分

$u_{\mathrm{Throttle}}$：スロットル操縦指令値から生成された入力値

$u_{\mathrm{Roll}}, u_{\mathrm{Pitch}}, u_{\mathrm{Yaw}}$：ロール，ピッチ，ヨーの角速度制御器が出力する制御入力

$U$　：総推力

$v'_x, v'_y$：$x'$-$y'$-$z$ 系の水平面速度

$\phi, \theta, \psi$：ロール，ピッチ，ヨー姿勢オイラー角

$\delta_Z$　：機体重心を通る水平面からロータ回転面までの距離

$\tau_a, \tau_{ai}$：反トルク

$\Omega$　：ロータ回転数

$\Omega_0$　：ホバリング時のロータ回転数

**ベクトル**

$\boldsymbol{D}=[D_1 \cdots D_N]^T$：モータドライバへの入力（e.g. PWM デューティー比）

$\boldsymbol{e}_z=[0\ \ 0\ \ 1]^T$：$z$ 軸基本ベクトル

$\boldsymbol{e}_\omega, \boldsymbol{e}_{\omega i} \in R^3$：$i$ 番目のロータ回転方向を定義する単位ベクトル

$\boldsymbol{r}, \boldsymbol{r}_i \in R^3$：重心から $i$ 番目のロータ回転面までの 3 次元距離

$\tilde{\boldsymbol{r}}, \tilde{\boldsymbol{r}}_i=[\tilde{r}_{Xi}\ \tilde{r}_{Yi}\ \tilde{r}_{Zi}]^T$：$L$ で無次元化したベクトル $r$

$\boldsymbol{u}=[u_{\mathrm{Throttle}}\ u_{\mathrm{Roll}}\ u_{\mathrm{Pitch}}\ u_{\mathrm{Yaw}}]^T$：ミキサへの入力

$\boldsymbol{x}=[x\ \ y\ \ z]^T$：地面固定座標系の位置

$\boldsymbol{\Delta\Omega}=[\Delta\Omega_1 \cdots \Delta\Omega_N]^T$：ロータ回転数の平衡点からの変動

$\boldsymbol{\Delta T}=[T_1\cdots T_N]^T$：ロータ推力の平衡点からの変動
$\boldsymbol{\Delta\tau}_a=[\tau_{a1}\cdots\tau_{aN}]^T$：反トルクの平衡点からの変動
$\boldsymbol{\eta}=[\phi\ \ \theta\ \ \psi]^T$：姿勢角
$\boldsymbol{\tau}=[\tau_X\ \ \tau_Y\ \ \tau_Z]^T$：機体に作用するトルク
$\boldsymbol{\omega}=[p\ \ q\ \ r]^T$：ロール，ピッチ，ヨー角速度
$\boldsymbol{\Omega}=[\Omega_1\cdots\Omega_N]^T$：ロータ回転数

**行　列**

$\boldsymbol{C}=\mathrm{diag}(c_x, c_y, c_z)$：空気抵抗パラメータ（$c_x=c_y$）
$\boldsymbol{J}\in R^{3\times3}$：機体の慣性モーメント
$\boldsymbol{M}\in R^{N\times4}$：ミキシング係数行列
$\bar{\boldsymbol{M}}\in R^{4\times N}$：ロータ幾何配置に関する無次元係数行列
$\boldsymbol{R}\in R^{3\times3}$：機体固定座標系から地面固定座標系への変換行列

**伝達関数**

$G_{\mathrm{RP\text{-}ff}}$：ロール，ピッチの角速度制御器のフィードフォワード部
$G_{\mathrm{RP\text{-}fb}}$：ロール，ピッチの角速度制御器のフィードバック部
$G_{\mathrm{Y\text{-}ff}}$：ヨーの角速度制御器のフィードフォワード部
$G_{\mathrm{Y\text{-}fb}}$：ヨーの角速度制御器のフィードバック部
$G_r$：ロータ系（デューティー比→回転数変動）
$G_{Rb}, G_{Pb}, G_{Yb}$：機体構造と回転運動（回転数変動→角速度）
$G_c$：センサとフィルタ回路

## 8.6.3　マルチロータヘリコプタの角速度安定化制御

前述のようにマルチロータヘリコプタのダイナミクスは不安定であるため，フィードバック制御が不可欠である．そこで，ラジコンヘリコプタで利用されるスタビライザと同様の効果を得るために通常はジャイロセンサによる角速度フィードバックを実装する．制御は数百 Hz の高いサンプリングレートで行う必要があり，計算負荷の小さい PID 制御を用いて安定化させる方法が広く用いられている．ここでは，PID 制御による角速度安定化の方法と，それぞれのロータに対する操作量を求めるミキシングの演算方法について述べる．

**a．モデリング**

ミキシングの演算を述べる前に，まずマルチロータヘリコプタの基本的なダイナミクスについて解説する．4発ロータに関しては文献1)や2)などが参考になる．本節ではさまざまなマルチロータ機にモデルを適用できるよう，ロータの数や位置に関して数式を一般化する．また，無視または省略されることの多い重要な特性であるロータの遅れと慣性モーメントを考慮する．

実機のダイナミクスを図8.35に示す．プラントへの入力は，ロータの回転数を制御するモータドライバに対して入力する PWM 信号のデューティー比としてモデル化できる．モータドライバ，モータ，プロペラから構成されるロータ系はこの入力を受けてロータの回転数を変化させる．各ロータからはその回転数に応じた推力や反トルクが生じ，ロータの位置関係，回転方向，プロペラのピッチの順逆といった要素からなる構造的な要因によってさまざまな方向のトルクとなる．そして，それらの合力が機体姿勢を変化させる．

以下，図8.35に示したそれぞれの要素について述べるが，簡単のためすべてのロータ回転面はある一つの平面に平行で，それぞれが上向きに配置されるものとする．ロータ数に関しては一般化して，その数を $N$ とおく．なお，ここで述べるモデルは後述のアウターループの制御系設計にも用いられる．

**b．ロータ系のダイナミクス**

モータドライバは指令値 $D$ を受け取り，その大小に従ってロータの回転数を変化させる．指令値に対するロータ回転数の平衡点からの変動 $\Delta\Omega$ は，$M$ 系列信号によるシステム同定の実験を行ったところ1次遅れ系として同定された．そこで，指令値 $D$ からロータ回転数の平衡点からの変動までのダイナミクスを次の伝達関数で表すこととする．

$$\frac{\Delta\Omega_i(s)}{D_i(s)}=\frac{K_r}{T_r s+1}\equiv G_r(s) \tag{73}$$

添え字 $i$ は個々のロータを表す $1\sim N$ の番号である．$K_r, T_r$ は伝達関数の特性を表すパラメータであり，すべてのロータで共通とする．以上の関係をベクトル形

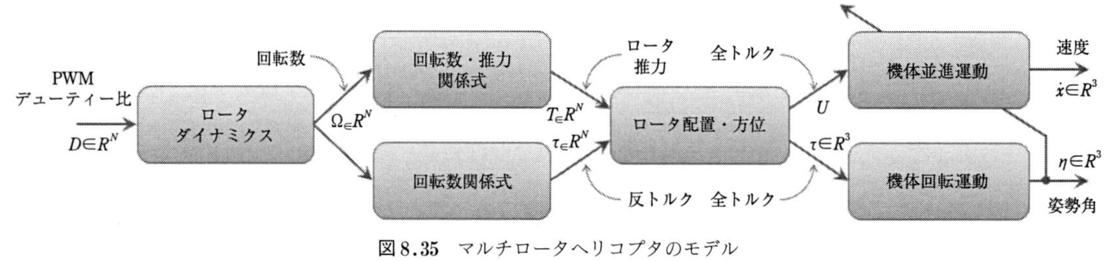


図8.35　マルチロータヘリコプタのモデル

式で次のように表す．添え字 $i$ はベクトルの要素番号に対応する．

$$\boldsymbol{\Delta\Omega}_i(s)=G_r(s)\boldsymbol{D}(s) \tag{74}$$

**c．回転数と揚力の関係**

一般に，プロペラによって生ずる揚力は次式のようにロータの回転数の 2 乗に比例する．

$$T=A\Omega^2 \tag{75}$$

$T_0$ を平衡点であるホバリング時の推力，$\Omega_0$ をそのときの回転数とし，変動を $\varDelta T$ および $\varDelta\Omega$ とすると，$T=T_0+\varDelta T$，$\Omega=\Omega_0+\varDelta\Omega$ であり，平衡点では $T_0=A\Omega_0^2$ となる．重力とのつり合いをとると，

$$T_0=\frac{mg}{N} \tag{76}$$

であるから，

$$\Omega_0=\sqrt{\frac{mg}{AN}} \tag{77}$$

が得られる．したがって，

$$\begin{aligned}\varDelta T&=2A\Omega_0\varDelta\Omega+A\varDelta\Omega^2\\&=\sqrt{\frac{4Amg}{N}}\varDelta\Omega+A\varDelta\Omega^2\end{aligned} \tag{78}$$

となる．上式を線形化し，すべてのロータで同一の式が成り立つものとすると次式が得られる．

$$\varDelta T_i=\sqrt{\frac{4Amg}{N}}\varDelta\Omega_i\equiv K_T\varDelta\Omega_i \tag{79}$$

最後にベクトル形式で以上の関係を次のように表す．

$$\boldsymbol{\Delta T}=\boldsymbol{K}_T\boldsymbol{\Delta\Omega} \tag{80}$$

**d．回転数と反トルクの関係**

ロータに駆動力を与えると機体はその反作用である反トルクを受ける．反トルクは推力と同様に回転数の 2 乗に比例する関係がある．また，ロータの慣性力も無視できないため次式となる．

$$\tau_a=B\Omega^2+J_r\dot{\Omega} \tag{81}$$

式 (79) と同様に平衡点からの変動を求めると次のようになる．ただし $\dot{\Omega}_0=0$ より $\dot{\Omega}=\varDelta\dot{\Omega}$ である．

$$\begin{aligned}\varDelta\tau_{ai}&=\sqrt{\frac{4B^2mg}{AN}}\varDelta\Omega_i+J_r\varDelta\dot{\Omega}_i\\&\equiv K_A\varDelta\Omega_i+J_r\varDelta\dot{\Omega}_i\end{aligned} \tag{82}$$

最後にベクトル形式で以上の関係を次のように表す．

$$\boldsymbol{\Delta\tau}_a=K_A\boldsymbol{\Delta\Omega}+J_r\boldsymbol{\Delta\dot{\Omega}} \tag{83}$$

**e．ロータ配置に基づくトルクおよび推力の合成**

マルチロータヘリコプタでは，それぞれのロータの配置に基づいて機体重心に生じるトルクと推力の合力が決定される．

機体座標系にて，図 8.36 に示すように重心から各ロータまでのベクトルを $\boldsymbol{r}$，プロペラの回転方向を定義する単位ベクトルを $\boldsymbol{e}_\omega$，順ピッチプロペラを 1 とし，逆ピッチプロペラを $-1$ とするスカラー量を $e_p$ とおくと，トルク $\boldsymbol{\tau}$ は式 (84) のようになる．

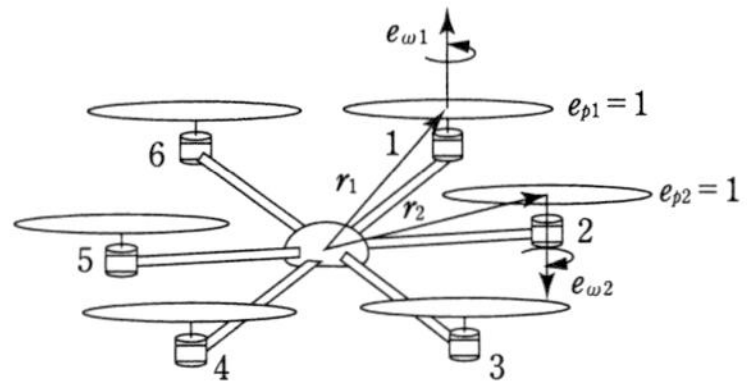


図 8.36 ベクトルの定義

$$\boldsymbol{\tau}=\sum_{i=1}^{N}\{\boldsymbol{r}_i\times(T_ie_{pi}\boldsymbol{e}_{\omega i})-\tau_{ai}\boldsymbol{e}_{\omega i}\} \tag{84}$$

後述のミキシングのために推力ベクトルも定式化しておく．推力ベクトル $\boldsymbol{F}=[F_X\ F_Y\ F_Z]^T$ は次のようになる．

$$\boldsymbol{F}=\sum_{i=1}^{N}T_ie_{pi}\boldsymbol{e}_{\omega i} \tag{85}$$

すべてのロータが同一平面に平行で，上向きに配置される構造では $e_{pi}e_{\omega i}=-e_Z$ となる．したがって，式 (85) は機体上方を正とする力 $U$ を用いて次のように書き換えられる．

$$\boldsymbol{U}=\sum_{i=1}^{N}T_i \tag{86}$$

式 (84) は，$\boldsymbol{e}_{\omega i}=-e_{pi}\boldsymbol{e}_Z$ の関係と，$\boldsymbol{r}=L\tilde{\boldsymbol{r}}$ とおくことにより次のように書き換えられる．

$$\boldsymbol{\tau}=\sum_{i=1}^{N}\{-LT_i\tilde{\boldsymbol{r}}_i\times\boldsymbol{e}_Z+\tau_{ai}e_{pi}\boldsymbol{e}_Z\} \tag{87}$$

ここで，$L$ は $XY$ 平面内における機体重心からロータ回転軸までの距離，$\tilde{\boldsymbol{r}}$ は $L$ によって無次元化されたベクトルである．次に，式 (86) および (87) を展開し，式 (75)，(81) を代入すると次の関係が得られる．

$$\begin{bmatrix}U\\\tau_X\\\tau_Y\\\tau_Z\end{bmatrix}=\begin{bmatrix}A&0&0&0\\0&LA&0&0\\0&0&LA&0\\0&0&0&B\end{bmatrix}\bar{\boldsymbol{M}}\boldsymbol{\Omega}^2+\begin{bmatrix}0&0&0&0\\0&0&0&0\\0&0&0&0\\0&0&0&J_r\end{bmatrix}\bar{\boldsymbol{M}}\dot{\boldsymbol{\Omega}} \tag{88}$$

ただし，$\boldsymbol{\Omega}^2$ は次の意である．

$$\boldsymbol{\Omega}^2=[\Omega_1^2\ \Omega_2^2\ \cdots\ \Omega_N^2]^T \tag{89}$$

行列 $\bar{M}$ は無次元の値で構成される係数行列であり，ロータの配置とその回転方向によってその要素は次のようになる．

$$\bar{\boldsymbol{M}}=\begin{bmatrix}1 & 1 & \cdots & 1\\ -\tilde{r}_{Y1} & -\tilde{r}_{Y2} & \cdots & -\tilde{r}_{YN}\\ \tilde{r}_{X1} & \tilde{r}_{X2} & \cdots & -\tilde{r}_{XN}\\ e_{p1} & e_{p2} & \cdots & e_{pN}\end{bmatrix} \tag{90}$$

次に式 (88) に $\Omega=\Omega_0+\Delta\Omega$ を代入する．また，回転数の変化が小さいホバリング時や等速飛行時を仮定して線形化を行うと次式が得られる．

$$\begin{bmatrix}U\\ \tau_X\\ \tau_Y\\ \tau_Z\end{bmatrix}=\begin{bmatrix}mg\\ 0\\ 0\\ 0\end{bmatrix}+\begin{bmatrix}K_T & 0 & 0 & 0\\ 0 & LK_T & 0 & 0\\ 0 & 0 & LK_T & 0\\ 0 & 0 & 0 & K_A\end{bmatrix}\bar{\boldsymbol{M}}\Delta\Omega$$
$$+\begin{bmatrix}0&0&0&0\\0&0&0&0\\0&0&0&0\\0&0&0&J_r\end{bmatrix}\bar{\boldsymbol{M}}\Delta\dot{\Omega} \tag{91}$$

**f．機体の回転運動**

剛体の回転運動は一般的に次式で表される．

$$\boldsymbol{J}\dot{\boldsymbol{\omega}}+\boldsymbol{\omega}\times\boldsymbol{J}\boldsymbol{\omega}=\boldsymbol{\tau} \tag{92}$$

機体の対称性により，慣性モーメント $\boldsymbol{J}$ は次のように対角行列となっているものとする．

$$\boldsymbol{J}=\begin{bmatrix}J_{xx} & 0 & 0\\ 0 & J_{yy} & 0\\ 0 & 0 & J_{zz}\end{bmatrix} \tag{93}$$

以上の条件のもと，式 (92) を線形化し，伝達関数で表すと以下のようになる．

$$\frac{p(s)}{\tau_X(s)}=\frac{1}{J_{xx}s} \tag{94}$$

$$\frac{q(s)}{\tau_Y(s)}=\frac{1}{J_{yy}s} \tag{95}$$

$$\frac{r(s)}{\tau_Z(s)}=\frac{1}{J_{zz}s} \tag{96}$$

## 8.6.4　ミキシング

$U=mg+\Delta U$ とおいて式(74)，(94)，(95)，(96) を代入すると式 (91) は次のように書ける．

$$\begin{bmatrix}\Delta U(s)\\ p(s)\\ q(s)\\ r(s)\end{bmatrix}=G_r(s)\begin{bmatrix}K_T & 0 & 0 & 0\\ 0 & \frac{LK_T}{J_{xx}s} & 0 & 0\\ 0 & 0 & \frac{LK_T}{J_{yy}s} & 0\\ 0 & 0 & 0 & \frac{J_rs+K_A}{J_{zz}s}\end{bmatrix}\bar{\boldsymbol{M}}\boldsymbol{D}(s) \tag{97}$$

ここで，推力および3軸姿勢に対する四つの入力 $\boldsymbol{u}=[u_{\mathrm{Throttle}}\ u_{\mathrm{Roll}}\ u_{\mathrm{Pitch}}\ u_{\mathrm{Yaw}}]^T$ を定義し，変換行列 $\boldsymbol{M}\in R^{N\times4}$ を用いた演算を次のように定義する．

$$\boldsymbol{D}=\boldsymbol{M}\begin{bmatrix}u_{\mathrm{Throttle}}\\ u_{\mathrm{Roll}}\\ u_{\mathrm{Pitch}}\\ u_{\mathrm{Yaw}}\end{bmatrix} \tag{98}$$

以上の演算を行う場合，行列の積 $\bar{\boldsymbol{M}}\boldsymbol{M}$ が式 (99) のように対角行列となるならば，システムを線形領域において連成のない単入力単出力システムにすることが可能となる．

$$\bar{\boldsymbol{M}}\boldsymbol{M}=\begin{bmatrix}M_U & 0 & 0 & 0\\ 0 & M_R & 0 & 0\\ 0 & 0 & M_P & 0\\ 0 & 0 & 0 & M_Y\end{bmatrix} \tag{99}$$

このような役割をもつ行列 $\boldsymbol{M}$ がミキシング行列であり，その値はロータの配置と回転方向で与えられる式 (90) の値を用いて決定することができる．ロータ数が4であるならば，単純に逆行列を求めることで $\boldsymbol{M}$ を求めることができる．ロータ数が4以上である一般的な場合には，推力のばらつきによる誤差が最小となるよう，疑似逆行列を用いた次の式でこれを求めることができる．

$$\boldsymbol{M}=\bar{\boldsymbol{M}}^T(\bar{\boldsymbol{M}}\bar{\boldsymbol{M}}^T)^{-1}\begin{bmatrix}M_U & 0 & 0 & 0\\ 0 & M_R & 0 & 0\\ 0 & 0 & M_P & 0\\ 0 & 0 & 0 & M_Y\end{bmatrix} \tag{100}$$

対角行列の各要素の値は任意であり，適切な値を選ぶことで $M$ の要素を整数にできる場合がある．$M$ の要素を整数にできれば MCU での行列演算の負荷が抑えられる．

## 8.6.5　ジャイロフィードバック制御

以上のミキシングによって制御器からみたプラントは単入力単出力となるため，1軸ごとに独立した制御器を実装できる．一例として，次のような PID 制御を行うことで角速度の出力 $y$ を指令値 $r$ に比例させることができる．

$$u=K_{\mathrm{p\text{-}ff}}r-K_{\mathrm{p\text{-}fb}}y$$
$$+\int_0^t(K_{\mathrm{i\text{-}ff}}r-K_{\mathrm{i\text{-}fb}}y)\,dt-K_{\mathrm{d\text{-}fb}}\frac{dy}{dt} \tag{101}$$

## 8.6.6　マルチロータヘリコプタの自律制御

前述の角速度制御により安定化されたダイナミクスをプラントとみなし，その外側に制御系を構築することで マルチロータヘリコプタを自律化させることができる．ここでは，3軸位置と方位を独立に制御して自律制御を実現する方法について述べる．

モデルベース制御を行うために，図8.37に示すプ

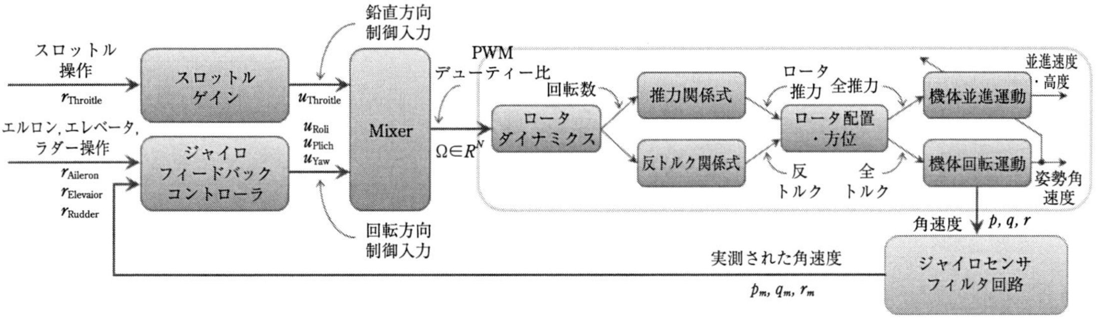


図 8.37 ジャイロフィードバックによるマルチロータヘリコプタの角速度安定化

ラントをモデル化する．ここでは，角速度制御器に対する入力から姿勢角までのダイナミクスを姿勢モデル，姿勢角から速度までのダイナミクスを速度モデル，スロットル指令値から高度までのダイナミクスを高度モデルとよぶこととし，それぞれの伝達関数を導出する．

### a．姿勢モデル

(1) 角速度制御器

式 (101) にて PID 制御器の一例を示したが，ノイズ処理のためのディジタルフィルタが内包される場合もあり，厳密にはより複雑なシステムとなる．したがって，制御器の構造は限定せず，次のように一般的な形式で連続時間の伝達関数を定義することとする．

$$\frac{u_{\mathrm{Roll\text{-}ff}}(s)}{r_{\mathrm{Aileron}}(s)}=\frac{u_{\mathrm{Pitch\text{-}ff}}(s)}{r_{\mathrm{Elevator}}(s)}\equiv G_{\mathrm{RP\text{-}ff}}(s) \quad (102)$$

$$\frac{u_{\mathrm{Roll\text{-}fb}}(s)}{r_m(s)}=\frac{u_{\mathrm{Pitch\text{-}fb}}(s)}{r_m(s)}\equiv G_{\mathrm{RP\text{-}fb}}(s) \quad (103)$$

$$\frac{u_{\mathrm{Yaw\text{-}ff}}(s)}{r_{\mathrm{Rudder}}(s)}\equiv G_{\mathrm{Y\text{-}ff}}(s) \quad (104)$$

$$\frac{u_{\mathrm{Yaw\text{-}fb}}(s)}{r_m(s)}\equiv G_{\mathrm{Y\text{-}fb}}(s) \quad (105)$$

ただし，実際には離散時間システムであるため離散時間の伝達関数から連続時間システムへの変換を行う必要がある．たとえば，$T_s$ をサンプリング周期とする次の双一次変換によりその変換が行える．

$$s=\frac{2}{T_s}\frac{1-z^{-1}}{1+z^{-1}} \quad (106)$$

また，制御器の出力は操縦指令値からのフィードフォワード成分と角速度からのフィードバック成分の和とし，次式で与えられるものとする．

$$u_{\mathrm{Roll}}=u_{\mathrm{Roll\text{-}ff}}+u_{\mathrm{Roll\text{-}fb}} \quad (107)$$

$$u_{\mathrm{Pitch}}=u_{\mathrm{Pitch\text{-}ff}}+u_{\mathrm{Pitch\text{-}fb}} \quad (108)$$

$$u_{\mathrm{Yaw}}=u_{\mathrm{Yaw\text{-}ff}}+u_{\mathrm{Yaw\text{-}fb}} \quad (109)$$

(2) ミキサから角速度までのダイナミクス

式 (97) および (98) より，ミキサへの入力から角速度までは次の伝達関数となる．

$$\frac{p(s)}{u_{\mathrm{Roll}}(s)}=\frac{LK_TM_R}{J_{xx}s}G_r(s)\equiv G_{Rb}(s)G_r(s) \quad (110)$$

$$\frac{q(s)}{u_{\mathrm{Pitch}}(s)}=\frac{LK_TM_P}{J_{yy}s}G_r(s)\equiv G_{Pb}(s)G_r(s) \quad (111)$$

$$\frac{r(s)}{u_{\mathrm{Yaw}}(s)}=\frac{M_Y(J_rs+K_A)}{J_{zz}s}G_r(s)\equiv G_{Yb}(s)G_r(s) \quad (112)$$

(3) センサおよびフィルタ回路のダイナミクス

角速度制御のためにジャイロセンサからアナログ電圧で出力された角速度を取り込むさい，回路にローパスフィルタやハイパスフィルタを設ける場合がある．時定数が大きいと角速度の閉ループ系の挙動に少なからず影響を及ぼすため，この特性を次の伝達関数で定義する．

$$\frac{p_m(s)}{p(s)}=\frac{q_m(s)}{q(s)}=\frac{r_m(s)}{r(s)}\equiv G_c(s) \quad (113)$$

(4) 閉ループ伝達関数

以上に示した伝達関数から，角速度フィードバック系の閉ループ伝達関数を求める．ホバリング状態では角速度の積分を姿勢角と見なすことができるため，角速度制御器に与えられた指令値から姿勢角までの伝達関数は次式となる．

$$\frac{\phi(s)}{r_{\mathrm{Aileron}}(s)}=\frac{1}{s}\frac{p(s)}{r_{\mathrm{Aileron}}(s)}=\frac{G_{Rb}(s)G_r(s)G_{\mathrm{RP\text{-}ff}}(s)}{s\{1+G_{Rb}(s)G_r(s)G_{\mathrm{RP\text{-}fb}}(s)G_c(s)\}} \quad (114)$$

$$\frac{\theta(s)}{r_{\mathrm{Elevator}}(s)}=\frac{1}{s}\frac{q(s)}{r_{\mathrm{Elevator}}(s)}=\frac{G_{Pb}(s)G_r(s)G_{\mathrm{RP\text{-}ff}}(s)}{s\{1+G_{Rb}(s)G_r(s)G_{\mathrm{RP\text{-}fb}}(s)G_c(s)\}} \quad (115)$$

$$\frac{\psi(s)}{r_{\mathrm{Rudder}}(s)}=\frac{1}{s}\frac{r(s)}{r_{\mathrm{Rudder}}(s)}$$

$$= \frac{G_{Yb}(s)\,G_r(s)\,G_{\text{Y-ff}}(s)}{s\{1+G_{Yb}(s)\,G_r(s)\,G_{\text{Y-fb}}(s)\,G_c(s)\}} \tag{116}$$

**b．高度モデル**

地面固定座標系における機体の並進運動の運動方程式は次式で表される．

$$m\ddot{\boldsymbol{x}}+C\dot{\boldsymbol{x}}=\boldsymbol{R}(\boldsymbol{\eta})\sum_{i=1}^{N}T_i e_{pi}\boldsymbol{e}_{\omega i}+mg\boldsymbol{e}_z \tag{117}$$

これは $z$ 軸に関して，次のように展開される．

$$m\ddot{z}+c_z\dot{z}=-U\cos\phi\cos\theta+mg \tag{118}$$

ホバリング状態を仮定し，$\cos\phi\approx1$，$\cos\theta+1$ が成り立つものとする．続いて $U=mg+\Delta U$ とおき，式(97),(99) から得られる関係を代入すると次の伝達関数が得られる．

$$\frac{z(s)}{r_{\text{Throttle}}(s)}=-\frac{K_T K_{\text{Throttle}} M_U}{s(ms+C_z)}G_r(s) \tag{119}$$

ただし，次のように $u_{\text{Throttle}}$ は $r_{\text{Throttle}}$ に比例ゲインを乗じることによって算出されるものとした．

$$u_{\text{Throttle}}=K_{\text{Throttle}}r_{\text{Throttle}} \tag{120}$$

**c．速度モデル**

適切な制御が行われ，並進移動中に高度の変化が起こらないと仮定すると式 (118) から次の関係が得られる．

$$U=\frac{mg}{\cos\phi\cos\theta} \tag{121}$$

これを式 (117) に代入すると次の関係が求まる．ただし，$x$ と $y$ で機体が受ける空気抵抗は等しいものとし，$c_x=c_y$ とする．

$$m\begin{bmatrix}\ddot{x}\\ \ddot{y}\end{bmatrix}+c_x\begin{bmatrix}\dot{x}\\ \dot{y}\end{bmatrix}=mg\begin{bmatrix}\cos\psi & -\sin\psi\\ \sin\psi & \cos\psi\end{bmatrix}\begin{bmatrix}-\tan\theta\\ \sec\theta\tan\phi\end{bmatrix} \tag{122}$$

ここで，

$$\begin{bmatrix}\cos\psi & \sin\psi\\ -\sin\psi & \cos\psi\end{bmatrix}\begin{bmatrix}\dot{x}\\ \dot{y}\end{bmatrix}=\begin{bmatrix}v'_x\\ v'_y\end{bmatrix} \tag{123}$$

とおき，方位の変化がない，すなわち $\dot{\psi}=0$ とおくと式 (122) は次のように書き換えられる．

$$m\begin{bmatrix}\dot{v}'_x\\ \dot{v}'_y\end{bmatrix}+c_x\begin{bmatrix}v'_x\\ v'_y\end{bmatrix}=\text{m}g\begin{bmatrix}-\tan\theta\\ \sec\theta\tan\phi\end{bmatrix} \tag{124}$$

式 (124) を線形化するとそれぞれの姿勢角から速度までが SISO 系となり，次の伝達関数が得られる．

$$\frac{v'_y(s)}{\phi(s)}=-\frac{v'_x(s)}{\theta(s)}=\frac{g}{s+\dfrac{c_x}{m}} \tag{125}$$

以上が，$x'$-$y'$-$z$ 座標系における姿勢角から速度までの伝達関数である．ただし，速度は GPS によって計測されるため計測値 $v'_{ym}$，$v'_{xm}$ は無駄時間を伴う．ヘリコプタにとって GPS の速度データに含まれる無駄時間は無視できないものであるため，次のように無駄時間をモデル化する．

$$\frac{v'_{ym}(s)}{\phi(s)}=-\frac{v'_{xm}(s)}{\theta(s)}=\frac{g}{s+\dfrac{c_x}{m}}e^{-t_d s} \tag{126}$$

ただし，無駄時間は 1 次のパデ近似で表すこととし，次式を速度モデルとする．

$$\frac{v'_{ym}(s)}{\phi(s)}=-\frac{v'_{xm}(s)}{\theta(s)}=\frac{g}{s+\dfrac{c_x}{m}}\frac{-s+\dfrac{2}{t_d}}{s+\dfrac{2}{t_d}} \tag{127}$$

### 8.6.7　制御系設計

図 8.38 に上述のモデルを用いて構築した制御系のブロック図を示す．もっとも右側の下位制御用 MCU 内部にあるコントローラが構成する制御ループは，姿勢モデルとしてモデル化した部分である．まず初めに，これら三つに対しロール，ピッチ姿勢角をフィードバックする姿勢制御器，ヨー姿勢角をフィードバックする方位制御器を設計する．これらの制御器はサーボ系になっており，姿勢角が与えられた姿勢目標値に偏差なく追従するように制御を行う．このうち，ロール，ピッチ姿勢角の制御器に対してさらにその外側に速度制御器を設計する．速度制御器は，水平面内の速度を与えられた速度目標値に追従するように制御演算を行い，制御入力を姿勢制御器に対する姿勢目標値として出力する．速度制御器の外側には位置制御器が設けられる．位置制御器は速度目標値を生成することによって直線軌道により機体を目標地点（ウェイポイント）へ向かって誘導する．機体の高度に関しては，高度制御器が単一のループによる制御を行う．制御入力はスロットル操縦指令値として下位制御用 MCU に入力される．もっとも左側にあるウェイポイントシーケンサーは飛行コースに沿って飛行が行えるよう機体の現在地に応じて，目標緯度経度や飛行速度，方位目標値，高度目標値を生成する機能をもつ部分である．

また，速度制御器は姿勢制御の閉ループ系に式 (127) に示したダイナミクスを加えたシステムに対して設計する．角速度と姿勢角を出力する姿勢モデルの状態空間（$\boldsymbol{A}_\phi, \boldsymbol{B}_\phi, \boldsymbol{C}_\phi, \boldsymbol{D}_\phi=0$，$\boldsymbol{x}_\phi\in R^n$，$u_\phi=r_{\text{Aileron}}$，$y_\phi=[p\,\phi]^T$）に対して設計された LQI 制御による姿勢制御（$\dot{x}_r=r_i-\phi$, $u_\phi=[-\boldsymbol{F}_1-\boldsymbol{F}_2][\boldsymbol{x}_\phi x_r]^T$）の閉ループ系を

$$\begin{bmatrix}\dot{\boldsymbol{x}}_\phi\\ \dot{x}_r\end{bmatrix}\begin{bmatrix}\boldsymbol{A}_\phi-\boldsymbol{B}_\phi\boldsymbol{F}_1 & -B_\phi F_2\\ -\boldsymbol{C}_\phi & 0\end{bmatrix}\begin{bmatrix}\boldsymbol{x}_\phi\\ x_r\end{bmatrix}+\begin{bmatrix}0_{n\times1}\\ 1\end{bmatrix}r_\phi \tag{128}$$

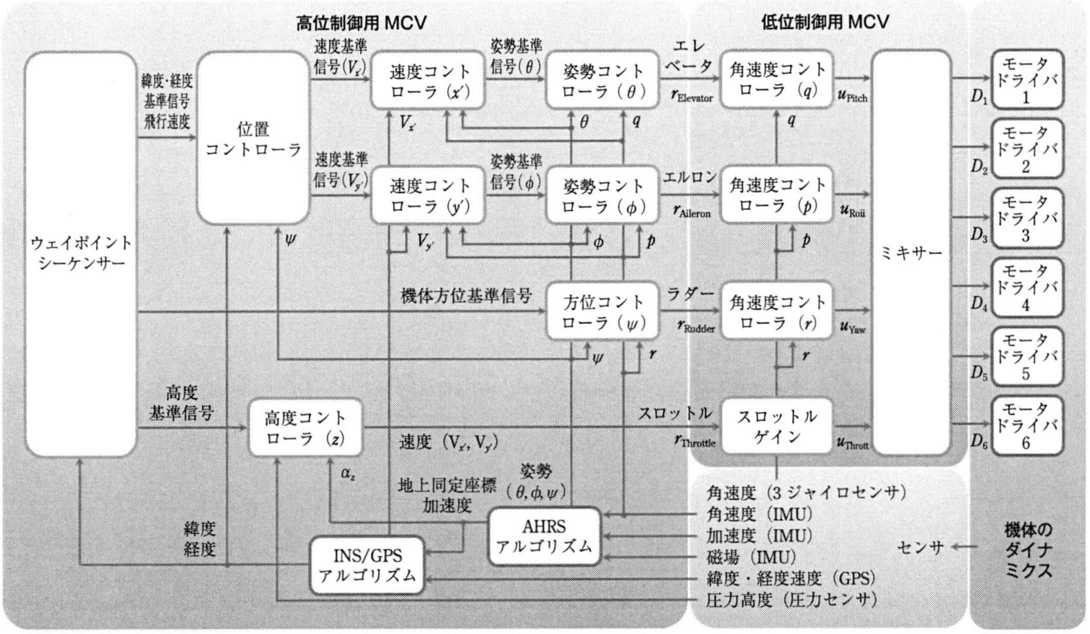


図 8.38 自律制御システム

$$\boldsymbol{y}_\phi = \begin{bmatrix} \boldsymbol{C}_\phi \boldsymbol{A}_\phi & 0 \\ \boldsymbol{C}_\phi & 0 \end{bmatrix} \begin{bmatrix} \boldsymbol{x}_\phi \\ x_r \end{bmatrix} + \begin{bmatrix} \boldsymbol{C}_\phi \boldsymbol{B}_\phi \\ 0 \end{bmatrix} r_\phi \tag{129}$$

とおけば，姿勢目標値から速度までのダイナミクスは速度モデル（$\boldsymbol{A}_v, \boldsymbol{B}_v, \boldsymbol{C}_v, \boldsymbol{D}_v, \boldsymbol{x}_v \in R^m$，$u_v = \boldsymbol{\phi}$，$y_v = v'_{ym}$）を加えることによって次のように書くことができる．

$$\begin{bmatrix} \dot{\boldsymbol{x}}_\phi \\ \dot{x}_r \\ \dot{\boldsymbol{x}}_v \end{bmatrix} = \begin{bmatrix} \boldsymbol{A}_\phi - \boldsymbol{B}_\phi F_1 & -\boldsymbol{B}_\phi F_2 & 0_{n\times m} \\ -\boldsymbol{C}_\phi & 0 & 0_{1\times m} \\ \boldsymbol{B}_v \boldsymbol{C}_\phi & 0_{m\times 1} & \boldsymbol{A}_v \end{bmatrix} \begin{bmatrix} \boldsymbol{x}_\phi \\ x_r \\ \boldsymbol{x}_v \end{bmatrix} + \begin{bmatrix} 0_{n\times 1} \\ 1 \\ 0_{m\times 1} \end{bmatrix} r_\phi \tag{130}$$

$$\begin{bmatrix} \boldsymbol{y}_\phi \\ y_v \end{bmatrix} = \begin{bmatrix} \boldsymbol{C}_\phi \boldsymbol{A}_\phi & 0_{n\times 1} & 0_{n\times m} \\ \boldsymbol{C}_\phi & 0 & 0_{1\times m} \\ 0_{1\times n} & 0 & \boldsymbol{C}_v \end{bmatrix} \begin{bmatrix} \boldsymbol{x}_\phi \\ x_r \\ \boldsymbol{x}_v \end{bmatrix} + \begin{bmatrix} \boldsymbol{C}_\phi \boldsymbol{B}_\phi \\ 0 \\ 0 \end{bmatrix} r_\phi \tag{131}$$

### 8.6.8 ウェイポイント間誘導

位置制御器は速度制御器に対し，速度目標値を入力することによって機体をウェイポイントへ誘導する．その概要を図 8.39 に示す．機体とウェイポイントの距離が $R_a$ 以上あり，ウェイポイントに到達していない状態では，図 8.39(a) のように直線軌道に沿った誘導を行う．機体座標が軌道上に拘束されるよう，以下に述べる方法で 2 次元の速度目標値 $\boldsymbol{v}_r = \boldsymbol{v}_{rv} + \boldsymbol{v}_{rp}$ を決定する．

はじめに，軌道に垂直な方向の目標値ベクトル $\boldsymbol{v}_{rv}$ の大きさを決定する．$\boldsymbol{v}_{rv}$ は常に軌道と垂直なベクトル $\overrightarrow{\mathbf{OP}}$ に平行なベクトルで，次式で求める．

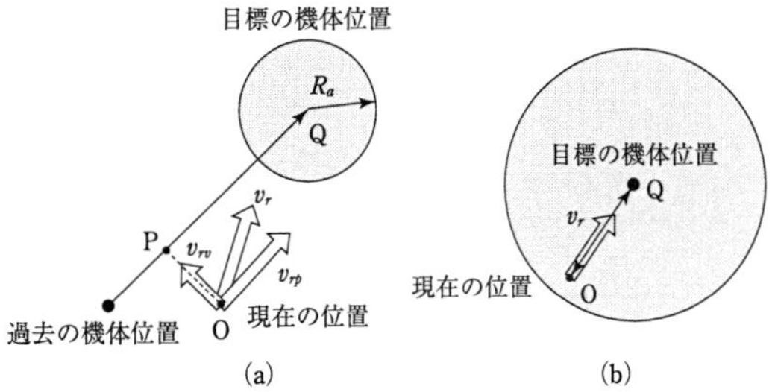


図 8.39 直線軌道によるウェイポイント間誘導

$$\boldsymbol{v}_{rv} = \min(K_v \|\overrightarrow{\mathbf{OP}}\|, CV_{\max}) \frac{\overrightarrow{\mathbf{OP}}}{\|\overrightarrow{\mathbf{OP}}\|} \tag{132}$$

ここで，$K_v$ はゲイン，$C$ は正の任意の定数，$V_{\max}$ は最大飛行速度である．$\boldsymbol{v}_{rv}$ が求まったら，次に軌道方向に平行な目標値ベクトル $\boldsymbol{v}_{rp}$ を次式で求める．

$$\boldsymbol{v}_{rp} = \min\left\{K_p \|\overrightarrow{\mathbf{PQ}}\|, \sqrt{\max(V_{\max}^2 - \|\boldsymbol{v}_{rv}\|^2, 0)}\right\} \frac{\overrightarrow{\mathbf{PQ}}}{\|\overrightarrow{\mathbf{PQ}}\|} \tag{133}$$

ここで，$K_p$ はゲインである．

ウェイポイントまでの距離が $R_a$ 以下となった場合は，図 8.39(b) のように軌道を設けず，ウェイポイントの方向に目標値 ベクトルを生成して誘導を行う．

$$\boldsymbol{v}_r = \min(K_p \|\overrightarrow{\mathbf{OQ}}\|, V_{\max}) \frac{\overrightarrow{\mathbf{OQ}}}{\|\overrightarrow{\mathbf{OQ}}\|} \tag{134}$$

最終的に $\boldsymbol{v}_r$ は $x'$-$y'$-$z$ 系に変換され，速度制御器に入力される．

$$[\|OQ\| > R_a] \quad [\|OQ\| \leq R_a]$$

## おわりに

本節では標準的な構造のマルチロータヘリコプタについて，ロータ数およびロータ配置を一般化した非線形モデルを求めた．また，線形化したモデルから，ミキシング行列の適用によって入力から姿勢角までのシステムを四つの単入力単出力システムとできることを示し，そのようなミキシング行列を決定する方法を導いた．加えて，ジャイロフィードバックによる角速度安定化の方法，角速度が安定化されたシステムを姿勢モデルと見なして姿勢制御器を設計する方法を紹介した．　　［岩倉大輔・野波健蔵］

## 参考文献

1) S. Bouabdallah, P. Murrieri, R. Siegwart (2005)：Towards Autonomous Indoor Micro VTOL, *Autonomous Robots*, **18**(2)：171-183.
2) R. Mahony, V. Kumar, P. Corke (2012)：Multirotor Aerial Vehicles, *IEEE Robotics & Automation Magazine*, **19**(3)：20-32.
3) G. M. Hoffmann, H. Huang, S. L. Waslander, C. J. Tomlin (2007)：Quadrotor Helicopter Flight Dynamics and Control：Theory and Experiment, In the Conference of the American Institute of Aeronautics and Astronautics, Hilton Head, South Carolina.

# 8.7　無人飛行船（成層圏プラットフォーム）

## はじめに

成層圏プラットフォームとは，地球環境への関心やインターネットなどの通信技術・需要の高まりなどから，プラットフォームとなる航空機を高度20 km程度の成層圏内に滞空させて通信や監視などに使うというもので，各国で検討がなされてきた．

わが国では飛行船が通常の航空機と比べ定点滞空に適しており，またセンサや通信機器の搭載重量が大きくとれることもあり，成層圏プラットフォーム飛行船の研究開発が国家プロジェクトとして実施された．

ここでは飛行船の運動モデルの概要，および上記プロジェクトの中で開発された飛行船試験機の誘導制御系や飛行試験結果について記述する．

### 8.7.1　飛行船の運動方程式

飛行船はヘリウムガスを充填した膜構造と，その表面に取り付けられた操縦舵面（エレベータ，ラダー），推進器からなる．膜構造の内部にはバロネット（空気嚢）があり，船体形状を維持するための内圧調整や，前後のバロネットの空気量の調整によるつり合い姿勢角の調整などに用いられる（図8.40）[1]．

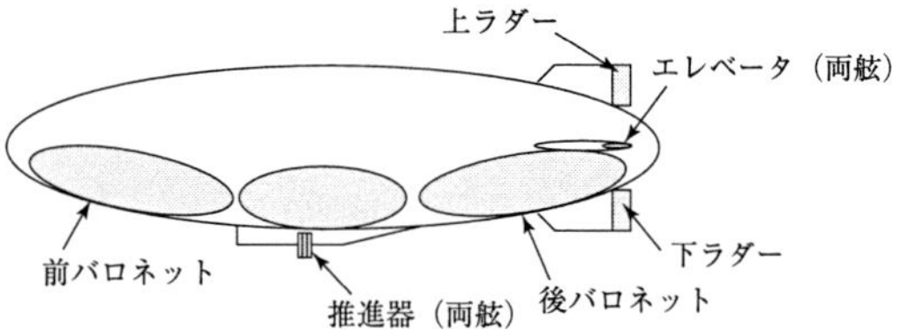


図8.40　飛行船の構造概要図

飛行船は気球と並び軽航空機（lighter than air：LTA）に分類される航空機の一種であり，その運動方程式は基本的には通常の航空機と同様である．その運動は機体に固定された運動座標系での以下のような非線形微分方程式[2]で記述されるが，主として浮力で浮上するために，その外力成分が新たに加わる．

$$m(\dot{U}+QW-RV)=F_{Gx}+F_{ax}+F_{bx}$$
$$m(\dot{V}+RU-PW)=F_{Gy}+F_{ay}+F_{by}$$
$$m(\dot{W}+PV-QU)=F_{Gz}+F_{az}+F_{bz}$$
$$I_{xx}\dot{P}-I_{xz}\dot{R}+(I_{zz}-I_{yy})QR-I_{xz}PQ=M_{ax}+M_{bx}$$
$$I_{yy}\dot{Q}+(I_{xx}-I_{zz})RP+I_{xz}(P^2-R^2)=M_{ay}+M_{by}$$
$$-I_{xz}\dot{P}+I_{zz}\dot{R}+(I_{yy}-I_{xx})PQ+I_{xz}QR=M_{az}+M_{bz}$$

ここで，$m, I_{**}$ は質量および慣性モーメント，$(U, V, W)$，$(P, Q, R)$ は機体各軸方向の速度および角速度，$F_{**}, M_{**}$ は機体各軸方向の外力および外力モーメント，添字 $G, a, b$ は重力，空気力，浮力，添字 $x, y, z$ は機体固定座標の各軸を意味する．

飛行船で重力 $F_G$ と浮力 $F_b$ がつり合っている場合は両者が相殺し，通常の航空機での重力の影響により生ずる長周期モードが消える．

### 8.7.2　飛行船運動の線形モデル

#### a．線形状態方程式の導出

定常水平直線飛行をしているとして，安定軸系でのつり合い状態（添字0）からの微小変動に関する線形状態方程式は下記となる．ここで，$\alpha \equiv w/U_0$（迎角）を新たな状態変数とし，$b_z(\leq 0)$，$\Theta_0$ は浮心の重心に対する位置およびつり合い状態でのピッチ姿勢角である．小文字の変数はつり合い状態からの微小変動を意味する．行列の各成分は外力などの，添字で示す変数に関する微係数からなり，航空力学の通例に従っている．前述のように飛行船では浮力の効果で縦の状態方程式の $A$ 行列の（1,4）(2,4)(3,4）成分，横の状態方程式の $A$ 行列の（2,4)(3,4）成分が通常の航空機とは異なっている．

・縦運動の状態方程式

$$\frac{d}{dt}\begin{bmatrix} u \\ \alpha \\ q \\ \theta \end{bmatrix} = \begin{bmatrix} X_u & X_\alpha & 0 & 0 \\ \dfrac{Z_u}{U_0} & \dfrac{Z_\alpha}{U_0} & \dfrac{U_0+Z_q}{U_0} & 0 \\ M_u & M_\alpha & M_q & \dfrac{mgb_z}{I_{yy}} \\ 0 & 0 & 1 & 0 \end{bmatrix}\begin{bmatrix} u \\ \alpha \\ q \\ \theta \end{bmatrix} + \begin{bmatrix} 0 \\ \dfrac{Z_{\delta e}}{U_0} \\ M_{\delta e} \\ 0 \end{bmatrix}\delta_e + \begin{bmatrix} X_\alpha \\ \dfrac{Z_\alpha}{U_0} \\ M_\alpha \\ 0 \end{bmatrix}\alpha_g$$

・横運動の状態方程式

$$\frac{d}{dt}\begin{bmatrix} \beta \\ p \\ r \\ \phi \end{bmatrix} = \begin{bmatrix} \dfrac{Y_\beta}{U_0} & \dfrac{Y_p}{U_0} & \dfrac{Y_r-U_0}{U_0} & 0 \\ L'_\beta & L'_p & L'_r & \dfrac{mgb_z}{I_{xx}} \\ N'_\beta & N'_p & N'_r & \dfrac{I_{xz}}{I_{xx}I_{zz}}mgb_z \\ 0 & 1 & 0 & 0 \end{bmatrix}\begin{bmatrix} \beta \\ p \\ r \\ \phi \end{bmatrix} + \begin{bmatrix} \dfrac{Y_{\delta r}}{U_0} \\ L'_{\delta r} \\ N'_{\delta r} \\ 0 \end{bmatrix}\delta_r + \begin{bmatrix} \dfrac{Y_\beta}{U_0} \\ L'_\beta \\ N'_\beta \\ 0 \end{bmatrix}\beta_g$$

ここで，$\alpha_g$, $\beta_g$ は迎角 $\alpha$ および横滑り角 $\beta$ に対応する外乱（ガスト）成分であり，$\delta_e$, $\delta_r$ はエレベータ（昇降舵）およびラダー（方向舵）の変位である．

縦運動については一対の複素固有値に対応する機首を上下する振り子運動の「ピッチモード」と，二つの実固有値に対応する上下運動の「ヒーブモード」と前後方向の並進運動の「サージモード」が存在する．同様に横運動については一対の複素固有値に対応する機体 $x$ 軸周りの振り子運動の「ロールモード」と横方向の並進運動の「スウェイモード」と方位変動の「ヨーモード」が存在する[3]．

**b．数 値 例**

成層圏プラットフォームの研究で開発された定点滞空試験機（全長 68 m，内部ガス込みの重量 13.75 t）

図 8.41 定点滞空試験機

（図 8.41）が，海面高度を飛行する場合の状態方程式は以下のようになる．

$$\frac{d}{dt}\begin{bmatrix} u \\ \alpha \\ q \\ \theta \end{bmatrix} = \begin{bmatrix} -0.0191 & 0 & 0 & 0 \\ 0 & -0.1333 & 0.878 & 0 \\ 0 & 0.0477 & -0.061 & -0.0776 \\ 0 & 0 & 1 & 0 \end{bmatrix}\begin{bmatrix} u \\ \alpha \\ q \\ \theta \end{bmatrix} + \begin{bmatrix} 0 \\ -0.01009 \\ -0.00503 \\ 0 \end{bmatrix}\delta_e + \begin{bmatrix} 0 \\ -0.1333 \\ 0.0477 \\ 0 \end{bmatrix}\alpha_g$$

$$\frac{d}{dt}\begin{bmatrix} \beta \\ p \\ r \\ \phi \end{bmatrix} = \begin{bmatrix} -0.1333 & 0 & -0.834 & 0 \\ 0.0234 & -0.221 & 0 & -1.285 \\ -0.0150 & 0 & -0.456 & 0 \\ 0 & 1 & 0 & 0 \end{bmatrix}\begin{bmatrix} \beta \\ p \\ r \\ \phi \end{bmatrix} + \begin{bmatrix} 0.0121 \\ 0 \\ -0.006 \\ 0 \end{bmatrix}\delta_r + \begin{bmatrix} -0.1333 \\ 0.0234 \\ -0.0150 \\ 0 \end{bmatrix}\beta_g$$

縦運動の固有値は，$-0.0380\pm0.2018\,j$（ピッチモード），$-0.2454$（ヒーブモード），$-0.0191$（サージモード）となる．

横運動の固有値は $-0.1105\pm1.1282\,j$（ロールモード），$-0.0983$（スウェイモード），$-0.4910$（ヨーモード）となる．

縦運動について迎角の外乱（ガスト）に対する特異値線図を，大きさ（機体長）がほぼ等しい旅客機のボーイング 747[4] とともに図 8.42 に示す．

定点滞空試験機ではピッチ振り子モードに対応する

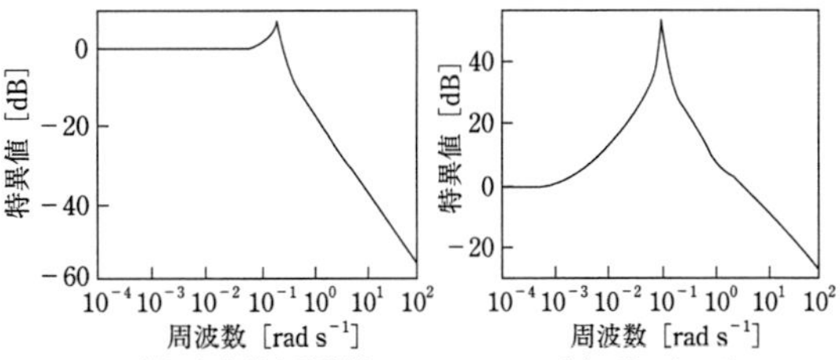


(a) 定点滞空試験機　(b) ボーイング 747

図 8.42 縦運動の特異値線図

一つのピークしかなく減衰も大きいことがわかる．

飛行船では浮心位置が重心より高いことによる振り子モードの安定性により，姿勢（ピッチ，ロール）の安定性は高くなっている．横滑り角などに関しては不安定な場合でも時定数が大きく，ラダーへの方位角速度（ヨーレート）のフィードバックによって安定化は一般に容易である．

**c．成層圏飛行船の飛行誘導制御**

成層圏プラットフォーム飛行船の実現のためには，大型で耐風性能の乏しい成層圏飛行船を無人で運用し，上空の風に逆らって定点にとめる技術や，離陸地点と運用地点間の自動飛行技術が重要である．前述の飛行船試験機により高度4 km付近までの定点滞空飛行試験[5]を行ったので，その誘導制御系や飛行試験結果[6]について説明する．

試験機の誘導制御システムは，基本的にはインナーループに姿勢制御系をもち，その外側に誘導系からなるアウターループをもつという，通常の航空機での誘導制御系の構成と同様である．なお，離着陸などの低空運用は遠隔操縦となることから，パイロットによる直接制御も可能である（図8.43）．

誘導系は，高度誘導（高度保持/上昇/降下），水平面誘導（コース誘導），定点滞空用の水平面誘導（地点ヘディング誘導，耐風ヘディング誘導）から構成される．誘導系の出力を実現するような制御系は，差圧制御，ピッチ角制御，方位角制御，速度制御などから構成される．

前項までのシステムモデルの説明でも明らかなように，機体の安定性が比較的高く，運動も緩やかなことから，簡単な高度や速度による制御パラメータのスケジューリングを含むPID制御で定点滞空試験は可能となった．

以下，各誘導・制御ロジックについて簡単に解説する．

(1) 誘導系

① 高度誘導（高度保持/上昇/降下）：　高度保持モードでは高度に対するPI誘導を行う．上昇/降下モードでは，昇降率に対するPI誘導を行う．ピッチ角コマンドを生成する．

② 水平面誘導（コース誘導）：　基本的に方位角を一つ前のウェイポイント（以下WP）から見た次のWPの方向に合わせようとする．二つのWPを結ぶ直線コースからの距離に応じて，船首を直線コースの方向に向けるよう，方位角コマンドを生成する．WPごとに指定された目標速度を速度コマンドとする．

③ 水平面誘導（地点ヘディング誘導）：　船首方向を目標地点に向けるように方位角コマンドを生成する．飛行計画データの速度目標値を対気速度コマンドとする．

④ 水平面誘導（耐風ヘディング誘導）：　耐風ヘディングとは，目標滞空地点の風がしきい値（$7\ \mathrm{m\,s^{-1}}$）以上の場合，目標点と風向に直行する方向の左右に二つのWPを生成し，ヨットが風上に向かうような方式で目標点の周辺にとどまるものである．

基本的に船首を疑似目標点に向けるようにするが，左右に生成された疑似目標点までの距離に応じて，船首を向ける疑似目標点を切り換え，方位角コマンドを生成する．

速度コマンドは基本的に推定風速を用いるが，左右に生成された疑似目標点までの距離に応じて速度が増加するようなPI誘導が加算される．

(2) 制御系

① 差圧制御：　船体形状を維持するために必要な船体の目標差圧と実際の差圧の差に非線形要素（不感帯など）を通して，バロネットのバルブ・ブロアの駆動のためのオンオフ制御を行う．

② ピッチ角制御：　ピッチ角コマンドとピッチ角の差分に対するPID制御でエレベータ舵角コマンド

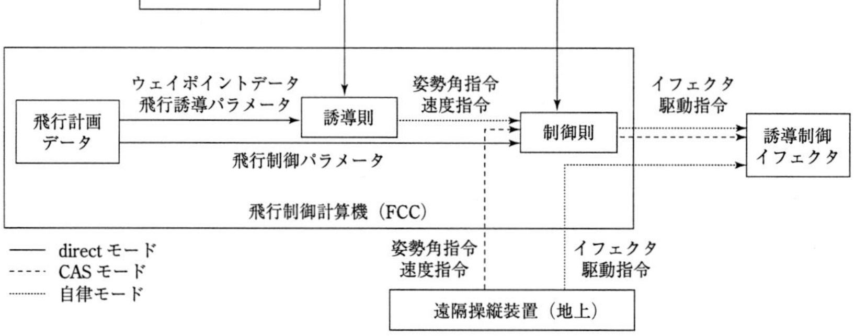


図8.43　定点滞空試験機の誘導制御系の構成図

とする．昇降舵の発生する空気力が動圧に比例することから，P制御のゲインは動圧に逆比例させて変化させ，高度や速度による舵効の補償を行う．合わせて，エレベータ舵角コマンドのPI計算により前後のバロネットの充填割合を変化させ，昇降舵変位がリミッターにかからないようなトリム自動調整を行う．

③ 方位角制御： 方位角コマンドと方位の差分を0にするPID計算を行いラダー舵角コマンドとする．

④ 速度制御： 真対気速度（TAS）を対気速度コマンドに一致させるPI制御で推進器回転数コマンドとする．

(3) 飛行試験結果

① 自律制御による上昇・降下： 自律制御による上昇・降下中は目標高度までの高度制御を行う一方，水平面ではあらかじめ設定したWPをたどって飛行するようなコース誘導を行った．上昇・降下時に風下に流されることを防ぐため，予測風向に直交する方向に伸びる8の字型の経路をとるように途中のWPを設定した．

高度4 kmまで上昇する飛行では，全長約10 kmの8の字コースを2周する間に上昇・降下を行った（図8.44）．また，高度制御も有効に機能し，ほぼ予定どおりに順調な上昇を行い高度4 kmに到達した．顕著なオーバーシュートなどもなく目標高度到達後はほぼ目標高度±50 m以内に制御することができた（図8.45）．

② 自律制御による定点滞空： 自律制御による定点滞空飛行は，試験機を目標WPから水平面で1 km以内，垂直面で±300 m以内に留めることを目標とし試験を行った．定点滞空中の試験機は日射による内部ガスの温度上昇や，速度の低下による操舵能力の低下を防ぐため，常に一定以上の速度を保持する必要がある．このため試験機は周辺の風速が一定値以下の場合に用いる地点ヘディング誘導，一定値以上の場合に用いる耐風ヘディング誘導の2種類の定点滞空誘導モードを使い分けるようになっている．上記ケースの中で両方のモードにおいて試験機を目標点から所定の範囲にほぼ制御することが可能であることが確認できた．

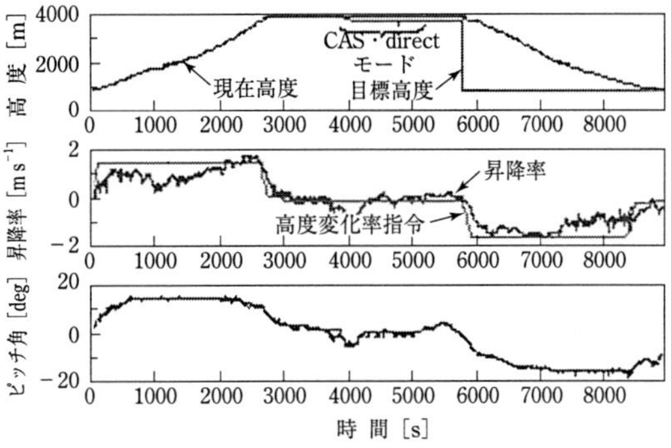


図8.45 高度誘導

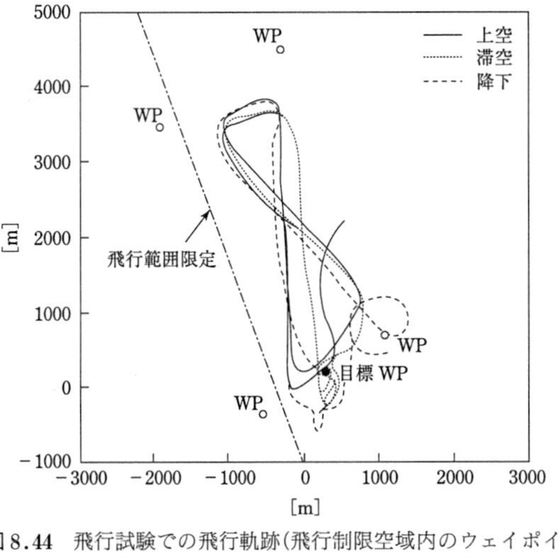


図8.44 飛行試験での飛行軌跡（飛行制限空域内のウェイポイント（WP）があるのは，予測される風向，風速，制御特性上の偏差などを考慮したため）

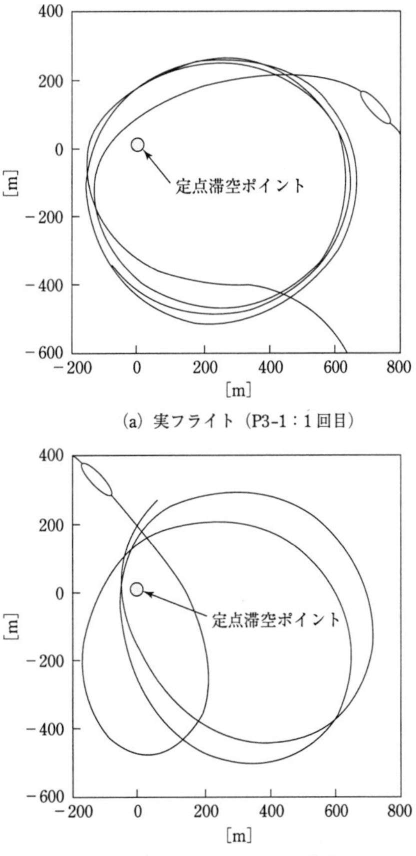


(a) 実フライト（P3-1：1回目）

(b) シミュレーション結果

図8.46 水平面内誘導（地点ヘディング誘導）

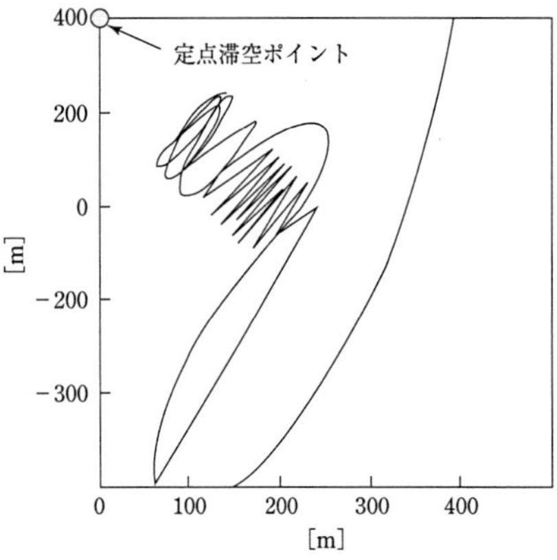


(a) 実フライト (P3-3)

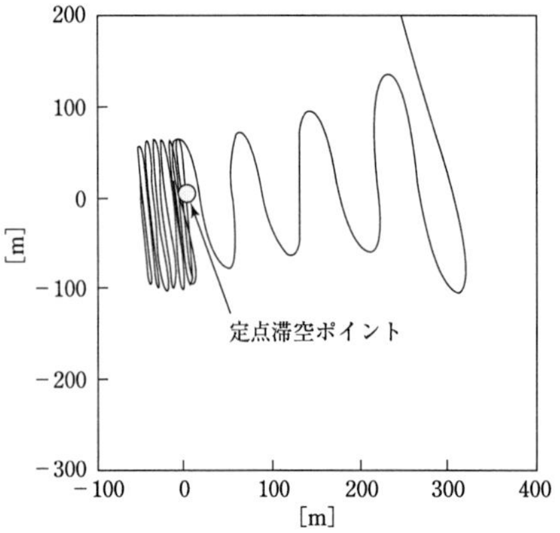


(b) シミュレーション結果

図8.47　水平面内誘導（耐風ヘディング誘導）

地点ヘディング誘導では風の弱いケースでは目標点からの距離を500 m程度に収めることができた（図8.46）．また，耐風ヘディング誘導では各ケースにおいて目標点からの距離を100〜500 m程度に収めることができた（図8.47）．

### おわりに

成層圏プラットフォーム飛行船のためのPIDをベースにした飛行制御系について，飛行試験結果とともに示した．飛行船には，このほか浮力に直接関係する熱制御，大型プラントとしての運動制御，軟式構造物としての制御など，非線形性や不確定性にまつわる多くの制御の課題がある．飛行船は比較的安定性が高く運動が緩やかなため，計算負荷の高い新しい制御の適用にも適するとも考えられる．

今後，上記のような未着手の課題に新しい制御技術の適用を試み，飛行船の性能向上や新たな利用の開拓につながることが期待される．　［佐々修一］

### 参考文献

1) G. A. Khoury, J. D. Gillett (1999)：Airship Technology, Cambridge University Press.
2) 加藤寛一郎，大屋昭男，柄沢研治 (1992)：航空機力学入門，東京大学出版会.
3) 佐々修一，原田賢哉，斉藤勝也，稲元良和 (2004)：25 m飛行船を用いた飛行制御基礎試験，日本航空宇宙学会誌，**52** (601)：16-22.
4) 日本航空宇宙学会 (2006)：航空宇宙工学便覧，p. 399，丸善出版.
5) 中舘正顯，田保則夫，鈴木幹雄，丹下義夫 (2006)：定点滞空飛行試験の概要，日本航空宇宙学会誌，**54** (631)：17-22.
6) 河野　敬，佐々修一，河野　充 (2005)：成層圏飛行船の飛行誘導制御，飛行機シンポジウム講演集，日本航空宇宙学会.

## 8.8　H-IIAロケットの姿勢制御技術

### はじめに

わが国の実用衛星打ち上げロケットは，N-Iロケット (1975-1982)，N-IIロケット (1981-1986)，H-Iロケット (1986-1992)，H-IIロケット (1994-1999)，H-IIAロケット (2001-) と開発が進められ，2009年には宇宙ステーションへの物資補給機 (HTV) を運ぶさらに大型のH-IIBロケット (2009-) の打ち上げにも成功している．

この間航法誘導制御系に関してはさまざまな技術革新が進められてきた．まずロケットの位置を知る手段（航法）としては，N-Iロケットにおいては地上のレーダーによる電波航法が用いられていたが，次のN-IIロケットで米国からの技術導入による慣性航法方式を経て，H-Iロケット，H-IIロケットにおいては国産技術による慣性航法の開発が進められ，現在のH-IIAロケット，H-IIBロケットに引き継がれている．

誘導方式としては，機体の動径方向加速度と推力加速度の比が線形であると仮定する，準最適誘導則の一つである「修正線形サイン則」がN-I，H-I，H-IIロケットに用いられてきたが，H-IIAにおいてはより適用範囲の広い「一定回転レート則」が採用されている[1]．

姿勢制御は姿勢角誤差と姿勢レートをフィードバックするPD制御系に，主に機体の曲げ振動（ベンディング）の安定化のためにゲインと位相を調整する補償フィルターを付け加えた古典的な制御系が代々採用されてきている．N-Iロケットにおいてはアナログ制御系であったが，N-IIロケット以降は搭載計算機によるディジタル制御系が用いられている．またH-IIロケットからはロケットの大型化に伴い空力加重を軽減するためのロードリリーフ制御が適用されている．

本節では現在のわが国の主力衛星打ち上げロケットであるH-IIA ロケットの姿勢制御について，その設計思想，実際の制御系構成例について解説する．

### 8.8.1 H-IIA ロケット航法誘導制御系の概要[1)]

H-IIA ロケットの航法誘導制御系の全体構成図を図8.48 に示す．2段に搭載された慣性センサユニット(IMU) は冗長系を含み4個のリングレーザジャイロと4個の加速度計をもちH-IIA ロケットの全飛行期間中において機体3軸の角速度および加速度を検知する．またIMU はCPU を内蔵しセンサデータ補正機能および初期アライメント機能をもつ．

IMU により検知された機体角速度，加速度は2段誘導制御計算機（GCC2）に取り込まれ，機体の姿勢，位置を計算し（航法計算），目標に到達するための最適な推力方向（＝姿勢角）を計算する（誘導計算）．ただし，大気中飛行時は機体に過大な荷重がかかるのを防ぐため誘導計算は行わず，あらかじめ決められた姿勢（プログラムレート）に従って飛行する．H-IIA ロケットにおいては，発射2時間前に計測された風に対して迎角が最小になるようにプログラムレートを設定する方式が採用されている．誘導計算では，このほかエンジン・カットオフ時間や2段エンジンリスタートのエンジン再着火時間などのシーケンス制御のためのイベント時間計算も行われる．

誘導計算で計算された目標姿勢角に機体姿勢角を速やかに一致させ，それを安定に保つようアクチュエータへの駆動信号を計算するのが姿勢制御である．2段の姿勢制御はGCC2 により行われるが，1段は独自の搭載計算機（1段誘導制御計算機 GCC1）をもっており，GCC1 はGCC2 より姿勢に関する制御信号を受け取り，さらに1段に搭載されているレートジャイロと横加速度計のデータを取り込み，1段姿勢制御のためのアクチュエータへの駆動信号を計算する．

ロケットの姿勢を変更するアクチュエータとしては推力エンジンの方向を変更して回転トルクを発生する方式（エンジンジンバリング）と小型ガスジェットによりトルクを発生する方式の2種類がある．図8.48 に示すように1段の姿勢制御は主エンジンのジンバルアクチュエータによりピッチ，ヨーの制御を行い，固体ロケットブースタ（SRB-A）のジンバルアクチュエータはピッチ，ヨーに加えてロールの制御も行う．1段補助エンジンのオンオフスラスタは，SRB-A が切り離された後のロール制御を行う．2段の主エンジン・ジンバルアクチュエータはピッチ，ヨーの制御を行い，ガスジェット・オンオフスラスタはロール制御とともに主エンジンが停止しているときのピッチ，ヨー制御を行う．

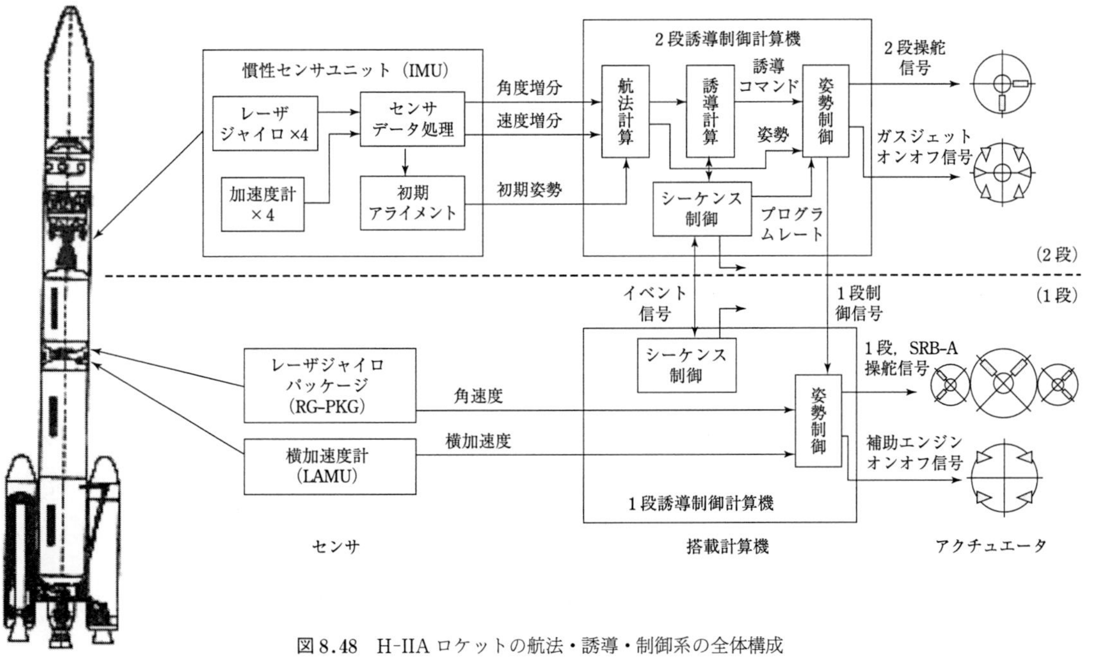

図8.48 H-IIA ロケットの航法・誘導・制御系の全体構成

### 8.8.2　姿勢制御系の構成

動力飛行中はジンバル制御系により機体姿勢は制御される．最も複雑な1段のジンバル制御系のブロック線図を図8.49に示す．

ジンバル制御系は基本的に姿勢角誤差と姿勢角速度をフィードバックするPD制御系である．目標姿勢はコマンドレートの形で与えられるので，これにサンプリング時間を乗じて目標姿勢角増分とし，これと実際の姿勢角増分の差を取り積分していくことで姿勢角誤差を計算している．IMUには姿勢角速度を出力する機能もあるが，1段の制御においては主に1次ベンディングの影響を小さくするためにレートジャイロが用いられている．1段の動圧が高い期間においては横加速度をループに取り込み，風による横加速度を感知した場合は，迎え角の発生を抑えるように姿勢を制御するロードリリーフ制御[3]が用いられる．また，ベンディングや燃料の揺動（スロッシング）などの安定化のためにディジタルフィルタが用いられる．

オンオフ制御は位相平面における切り換え線に基づいて行われる．図8.50に2段のガスジェットオンオフ制御系のブロック線図を示す．切り換え線はガスジェットのオンオフを極力少なくするために，ガスジェットオン時の位相面軌跡である放物線を組み合わせて構成されている．切り換え線のパラメータは各飛行フェーズにおける許容姿勢角誤差に応じて変更される．

### 8.8.3　制御系ゲイン設計

ジンバル制御系の各ループのゲインは機体の剛体としての動特性が適切なものとなるように設計される．剛体の運動のみに着目すれば機体の各パラメータは図8.51のように表される．図8.51に示すように機体基準軸からの姿勢変動を$\theta$，迎え角を$\alpha$とすれば，回転運動方程式は以下のようになる．

$$I_Y\ddot{\theta}=F_T l_T \delta + L_\alpha l_A \alpha \qquad (135)$$

ここで，$I_Y$はピッチ軸まわり機体慣性能率，$F_T$はエ

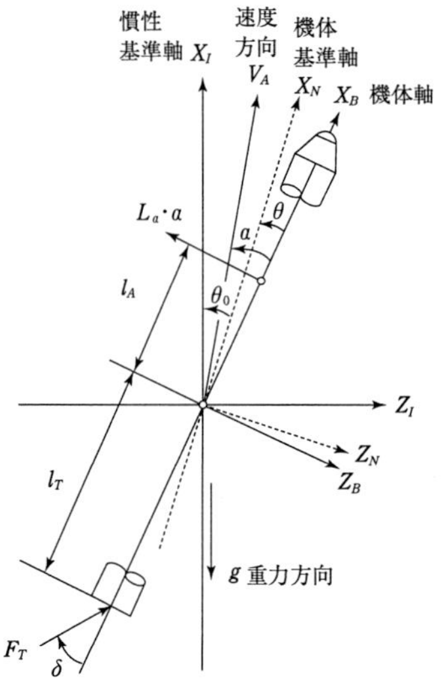


図8.51　ロケット剛体運動のピッチ面座標系

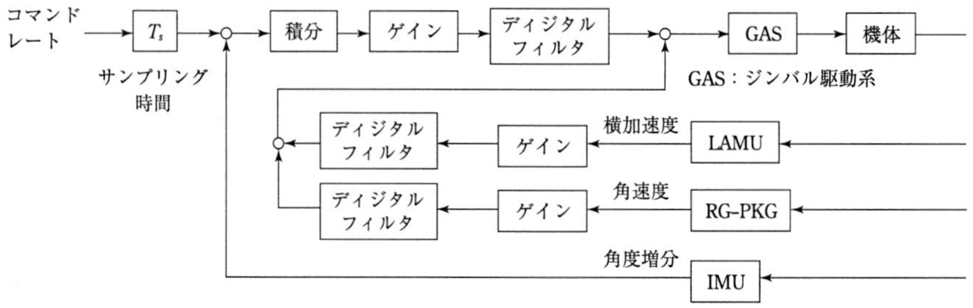


図8.49　1段ジンバル制御系

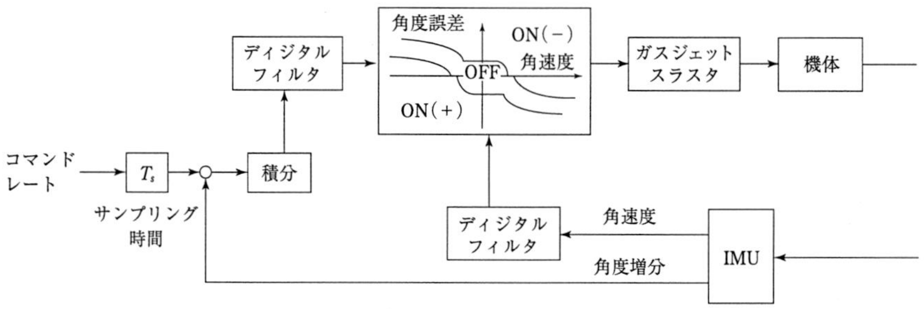


図8.50　2段ガスジェットオンオフ制御系

ンジン推力，$l_T$ は機体中心よりエンジンジンバル点までの距離，$l_A$ は機体重心より空力中心までの距離（前方にある場合を正とする），$L_\alpha$ は機体揚力係数，$\delta$ はエンジン舵角である．いま，機体速度 $V_A$ が大きい場合は $\theta=\alpha$ と近似できるので[2]，機体回転運動の式は

$$I_Y\ddot{\theta}-L_\alpha l_A\theta=F_T l_T\delta \tag{136}$$

となり舵角から姿勢角までの伝達関数は

$$\frac{\theta}{\delta}=\frac{\mu_T}{s^2-\mu_A} \tag{137}$$

ただし，

$$\mu_T=\frac{F_T l_T}{I_Y},\quad \mu_A=\frac{L_\alpha l_A}{I_Y} \tag{138}$$

と表される．

伝達関数の分母の根の実部が正のとき系は不安定なので，式 (138) によればロケットの場合空力中心が重心の前方にあるとき不安定であり（$\mu_A>0$），後方にあるとき安定（$\mu_A<0$）ということになる．これは頭部に大きなフェアリングを有するロケットは不安定であり，逆に後方に大きな尾翼をもつロケットは安定であることを示している．人工衛星打ち上げロケットはほとんど前者のような空力的に不安定な機体なので，制御系による安定化が不可欠である．

剛体としてのダイナミクスが式 (138) のように示されるので，これにゲイン $K_P$ の姿勢ループとゲイン $K_R$ の姿勢角速度（レート）ループを付加した制御系の閉ループ伝達関数は

$$\frac{K_P\mu_T}{s^2+K_R\mu_T s+K_P\mu_T-\mu_A} \tag{139}$$

となる．この系の固有周波数 $\omega$ と減衰比 $\varsigma$ は

$$\omega=\sqrt{K_P\mu_T-\mu_A} \tag{140}$$

$$\varsigma=\frac{K_R\mu_T}{2\sqrt{K_P\mu_T-\mu_A}} \tag{141}$$

と表される．したがって，目標とする固有周波数，減衰比を与えればループゲイン $K_P$，$K_R$ が求まる．動特性の要求のほかに安定余裕の要求（剛体モードではゲイン余裕 6 dB，位相余裕 20 deg）があるので，式 (140)，(141) により求まったゲインがこの要求を満たさない場合にはさらにゲインを増加する．

H-IIA ロケットの特性は飛行中に大幅に変化する．図 8.52 に 1 段飛行中の質量と慣性能率の変化を示す．質量も慣性能率も SRB-A 分離（約 110 s）まで急激に低下する．図 8.53 には重心位置と空力中心位置の変化を示す．SRB-A の影響によりピッチの空力中心はヨーの空力中心に比べてはるかに低い位置にあるが，

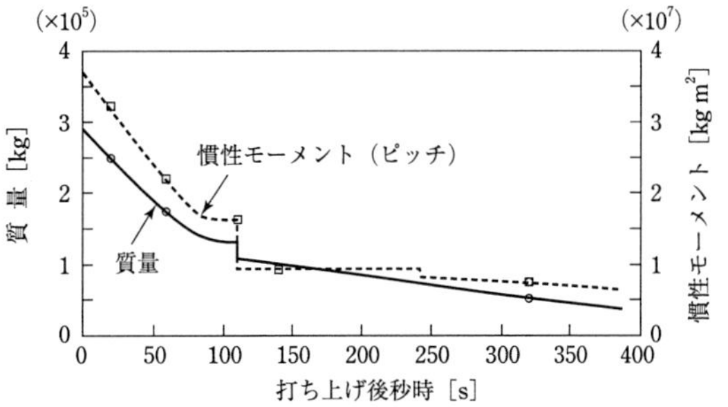


図 8.52 1 段機体特性変化（重量，慣性モーメント）

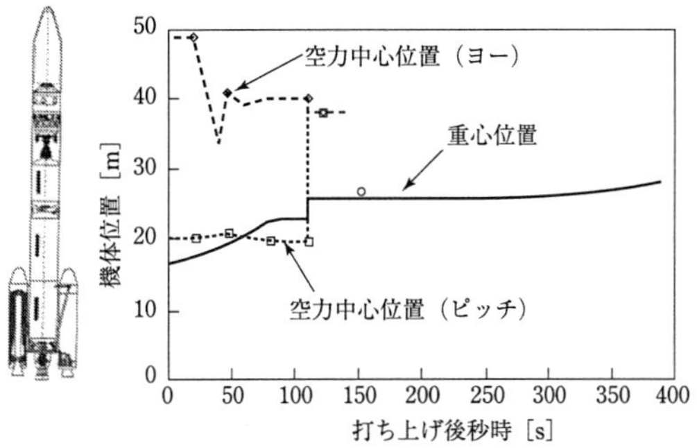


図 8.53 1 段機体特性変化（重心位置，空力中心位置）

ほとんどの場合空力中心位置は重心より高い位置にあり，この機体が空力的に不安定であることがわかる．

姿勢制御系の役割はこのような不安定な機体を安定に保ち，かつ誘導コマンドに適切に応答して速やかに姿勢を変更することにある．剛体としての動特性はほぼ固有周波数 0.2 Hz，減衰比 0.5 を目標に設計されているが，これらは式 (140)，(141) で与えられるので，機体特性の変化に伴って姿勢ループ，姿勢角ループのゲインを変更して常に目標の動特性をもつようにする必要がある．図 8.54 に実際の H-IIA ロケットの 1 段のピッチの各ループゲインの時間的変化を示す．動圧最大付近（45 s）では横加速度ループゲインが 0

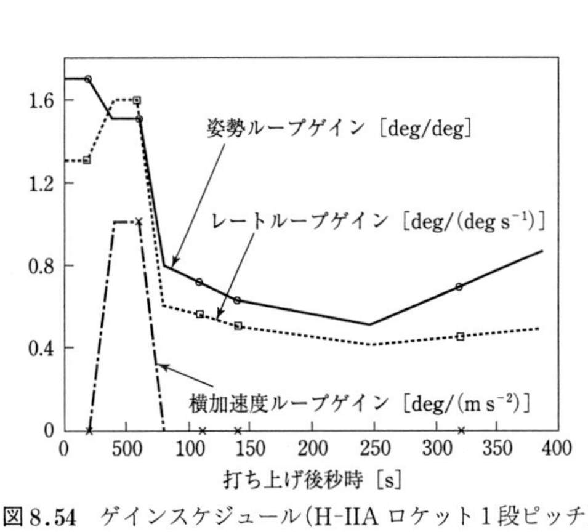


図 8.54 ゲインスケジュール（H-IIA ロケット 1 段ピッチ）

以外の値をもち，ロードリリーフ制御が働いている．250 s から徐々にゲインが上昇しているのは1，2段分離の際の姿勢精度を増すためである．

### 8.8.4　制御系の設計解析

H-IIA ロケットのような大型のロケットの制御系の設計においてはベンディングやスロッシングなどの高次のダイナミクスを考慮しなくてはならない．

ロケットの角度センサは通常機体前方部にあるのに対して，アクチュエータは最後尾にあるので，ベンディングによって容易に不安定が引き起こされる．そのため姿勢ループ中にゲインと位相を調整する補償フィルタを挿入してベンディングの安定化を図る．また，機体レート計測のためにレートジャイロが用いられる場合は，ベンディングの影響を受けにくい場所への搭載が考慮される．普通，1次ベンディングに対しては位相調整によって安定化（位相安定化）させ，2次以上の高次ベンディングに対してはその周波数帯でのゲインを低下することによる安定化（ゲイン安定化）を図る．

これ以外には燃料の揺動（スロッシング）やエンジン・ジンバリングの際の反作用の影響を考慮する必要がある．スロッシングは振り子やばね-マス系としてモデル化され，タンクの形状や液面の深さなどからモデルのパラメータが決定される．スロッシングのアクティブな安定化が困難な場合は，燃料タンクにバッフルというドーナツ状の板を装着してスロッシングを減衰させるという手段がとられる．また，エンジンをジンバリングするとエンジンはある質量をもつのでその反作用が生ずる．精密な姿勢制御系の解析のためには，これらの要素をダイナミクスモデルに取り込む必要がある．

実際のロケットの制御系の解析においては，ラグランジュの運動方程式を用いて，これらの要素をすべて考慮した機体ダイナミクスについてモデル化を行い，安定性解析，制御系設計が行われている[1]．

図8.55に示すのは1段のレートループのディジタルフィルタの特性である．基本的にローパスフィルタであるが，2段 LOX スロッシングの安定余裕を確保するため，その周波数帯で細かな特性変化がなされている．図8.56にヨーの最大動圧時のナイキスト線図の例を示す．ベンディング，スロッシングはナイキスト線図上で円周として現れている．とくに2段の LOX タンクのスロッシングの影響が大きく出ているのが，H-IIA ロケットのダイナミクスの特徴である．

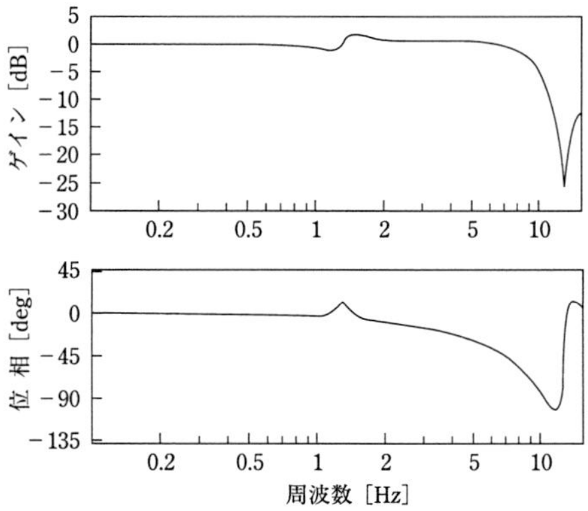


図8.55　ディジタルフィルタ特性（H-IIA ロケット1段レートループ）

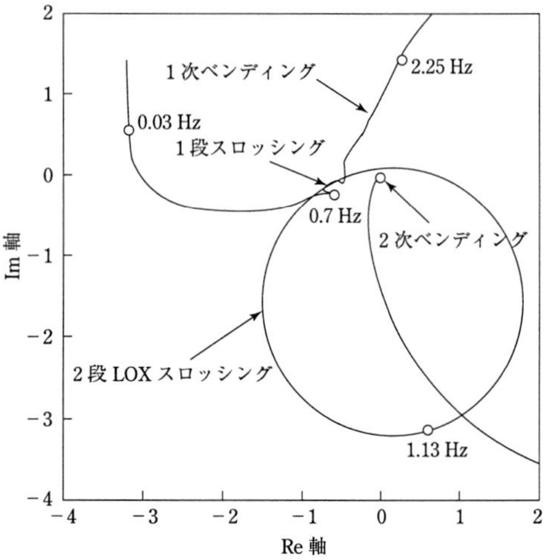


図8.56　ナイキスト線図（H-IIA ロケットヨー動圧最大時）

これは2段 LOX タンクがバッフルをもたない滑らかな内面をもち，スロッシングの減衰比がきわめて小さな値であるためである．ナイキスト線図において，(−1, 0j) 点との位置関係から制御系の安定余裕を知ることができる．

安定性解析はある時点ごとに行われるので，すべての時点の安定性を保証するものではない．全時点における制御系の性能を確かめるためには，時間領域での軌道と姿勢のシミュレーションを行う必要がある[1]．

［鈴木秀人］

### 参 考 文 献

1) 鈴木秀人，麥谷高志 (2003)：H-IIA ロケットの航法・誘導・制御系，日本航空宇宙学会誌，**51**(598)：282-289.
2) 航空宇宙学会編 (2005)：C.2.6 ロケットの運動と姿勢制御，航空宇宙工学便覧（第3版），丸善出版.
3) H. Suzuki (2004)：Load Relief Control of H-IIA Launch Vehicle, 16th IFAC Symposium on Automatic Control in Aerospace, Saint-Petersburg Russia, p. 433-438.

# 8.9 人工衛星

## はじめに

ロケットにより宇宙空間に運ばれ，ロケットから分離された後の人工衛星は，衛星系全体の質量中心まわりの回転運動と系の質量中心自体の並進運動とに分解して記述できる．本節では，衛星の剛体としての回転運動（姿勢運動）について，モデリングと制御系の設計例の概要を示す．詳細は参考文献[1~5]などを参照されたい．

### 8.9.1 姿勢運動のモデリング

#### a．座標系と姿勢表現

人工衛星の姿勢は，人工衛星に固定された座標系（機体座標系）と基準となる座標系の関係として表現する．基準座標系は，慣性座標系や軌道座標系などを人工衛星の任務（ミッション）に応じて設定する．座標系は，相互に直交し右手系をなす三つの単位ベクトルの組 $\{\boldsymbol{a}_1\ \boldsymbol{a}_2\ \boldsymbol{a}_3\}$ を座標軸として定義される．座標系［$\boldsymbol{a}$］と座標系［$\boldsymbol{b}$］の座標軸の間に

$$\boldsymbol{b}_i=\sum_{j=1}^{3} c_{ij}\boldsymbol{a}_j \quad (i=1,2,3) \tag{142}$$

の関係が成り立つとき，$c_{ij}$ を要素とする行列 $\boldsymbol{C}_{ba}=\{c_{ij}\}$ を［$\boldsymbol{a}$］から［$\boldsymbol{b}$］への座標変換を表す方向余弦行列（direction cosine matrix）という．方向余弦行列は直交行列の一種で，独立となる 3 個のパラメータで表現できる．代表的なのはオイラー角（Euler angle）で，機体軸を 3 回続けて回転することで任意の姿勢を表現する．どの軸をどのような順序で回転するかで 12 通りの組合せがあるが，たとえば，3-2-1 系のオイラー角は，基準座標系を $\boldsymbol{a}_3$ 軸まわりに $\phi_3$ 回転し，$\phi_3$ 回転後の $\boldsymbol{a}_2$ 軸まわりに $\phi_2$ 回転し，$\phi_2$ 回転後の $\boldsymbol{a}_1$ 軸まわりに $\phi_1$ 回転した結果，各座標軸が機体座標系 $\{\boldsymbol{b}_1\ \boldsymbol{b}_2\ \boldsymbol{b}_3\}$に一致するような回転として定義される（図 8.57）．

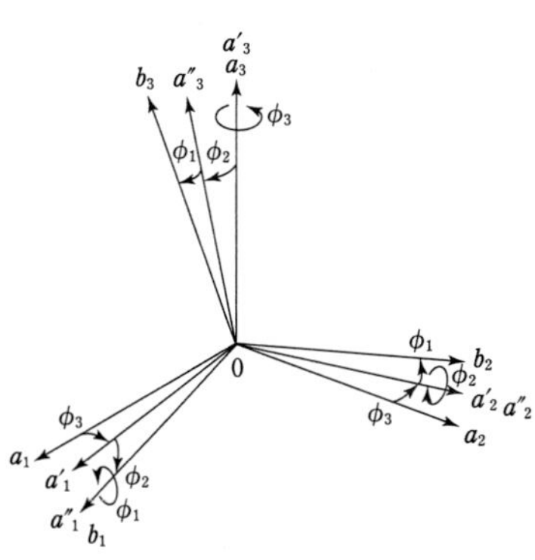


図 8.57　3-2-1 系オイラー角の定義

このとき方向余弦行列は

$$\boldsymbol{C}_{ba}=\begin{bmatrix} c_2c_3 & c_2s_3 & -s_2 \\ s_1s_2c_3-c_1s_3 & s_1s_2s_3+c_1c_3 & s_1c_2 \\ c_1s_2c_3+s_1s_3 & c_1s_2s_3-s_1c_3 & c_1c_2 \end{bmatrix} \tag{143}$$

となる[1]．ここでは，$\sin\phi_i=s_i$，$\cos\phi_i=c_i$ と略記した．また，$\phi_1, \phi_2, \phi_3$ はそれぞれロール角，ピッチ角，ヨー角とよばれる．オイラーの定理によれば，任意の姿勢回転を一つの軸まわりの 1 回の回転動作で実現できる．この回転軸をオイラー軸という．定義から，オイラー軸は回転前と回転後のいずれの座標系でも表現は同じである．座標系［$\boldsymbol{a}$］を座標系［$\boldsymbol{b}$］に対応させる回転動作において，オイラー軸を $\boldsymbol{e}$ とし，回転角を $\theta$ とするとき，式（144）で定義されるオイラーパラメータ（Euler parameters）またはクォータニオン（quaternion）を用いると，

$$\boldsymbol{q}=\begin{bmatrix} \boldsymbol{q}_v \\ q_4 \end{bmatrix}=\begin{bmatrix} \sin(\theta/2)\,\boldsymbol{e} \\ \cos(\theta/2) \end{bmatrix} \tag{144}$$

$$\boldsymbol{q}_v=[q_1\ q_2\ q_3]^T, \quad \|\boldsymbol{q}\|=1$$

方向余弦行列 $\boldsymbol{C}_{ba}$ は式（145）で表記される．

$$\boldsymbol{C}_{ba}=(q_4^2-\boldsymbol{q}_v^T\boldsymbol{q}_v)\boldsymbol{I}+2\boldsymbol{q}_v\boldsymbol{q}_v^T-2q_4\tilde{\boldsymbol{q}}_v \tag{145}$$

ここで，II は単位行列，$\tilde{\boldsymbol{q}}_v$ は次の歪（わい）対称行列である．

$$\tilde{\boldsymbol{q}}_v=\begin{bmatrix} 0 & -q_3 & q_2 \\ q_3 & 0 & -q_1 \\ -q_2 & q_1 & 0 \end{bmatrix} \tag{146}$$

#### b．運動学

一般に衛星の姿勢は時間とともに変化するので方向余弦行列は時間関数である．座標系［$\boldsymbol{b}$］が座標系［$\boldsymbol{a}$］に対して角速度（angular velocity）$\boldsymbol{\omega}$ で回転しているとき，方向余弦行列の時間微分は式（147）で与えられる．ここで $\boldsymbol{\omega}$ は座標系［$\boldsymbol{b}$］での表現となっている．式（147）は姿勢角の時間変化と角速度の関係を表すものでキネマティクス方程式（kinematics equation）という[2]．

$$\boldsymbol{C}_{ba}\dot{\boldsymbol{C}}_{ba}^T=\tilde{\boldsymbol{\omega}} \tag{147}$$

オイラー角の時間微分と角速度との関係は式（148）で，またクォータニオンと角速度との関係は式（149）で，それぞれ与えられる[1]．

$$\begin{bmatrix} \dot{\phi}_1 \\ \dot{\phi}_2 \\ \dot{\phi}_3 \end{bmatrix}=\begin{bmatrix} 1 & \sin\phi_1\sin\phi_2/\cos\phi_2 & \cos\phi_1\sin\phi_2/\cos\phi_2 \\ 0 & \cos\phi_1 & -\sin\phi_1 \\ 0 & \sin\phi_1/\cos\phi_2 & \cos\phi_1/\cos\phi_2 \end{bmatrix}\boldsymbol{\omega} \tag{148}$$

$$2\dot{\boldsymbol{q}}_v=(\tilde{\boldsymbol{q}}_v+q_4\boldsymbol{I})\,\boldsymbol{\omega}, \quad 2\dot{q}_4=-\boldsymbol{q}_v^T\boldsymbol{\omega} \tag{149}$$

明らかに式（148）の行列は $\phi_2=\pm\pi/2$ のときに有界ではない要素をもつ，すなわち特異点（singular point) をもつ．一方，式 (149) には特異点はない．式 (148) にみられる特異点は単にオイラー角表現での数学的制約で，この角度付近での運動を扱うには，オイラー角の定義を変更して特異点を回避したり，オイラー角ではない別の手段，たとえばクォータニオンを用いたりしなければならない．

**c. 動　力　学**

人工衛星の姿勢に関する運動方程式は，オイラーの運動方程式より式 (150) で与えられる．

$$\frac{d}{dt}\boldsymbol{H}_T=\boldsymbol{T}_C+\boldsymbol{T}_D \tag{150}$$

ここで，$\boldsymbol{H}_T$ は人工衛星全体がその質量中心まわりにもつ角運動量，$\boldsymbol{T}_C$ は外力アクチュエータによる制御トルク，$\boldsymbol{T}_D$ は自然外乱トルクである．

とくに $\boldsymbol{T}_C+\boldsymbol{T}_D=\boldsymbol{0}$ のとき式 (150) を積分することができ，角運動量が保存される．

$$\boldsymbol{H}_T=\text{const.} \tag{151}$$

とくに，式 (150) の各変数を機体座標系で表現し，ベクトル $\boldsymbol{x}$ の機体座標系での時間微分を $\dot{\boldsymbol{x}}$ と表現するとき，式 (150) から次式を得る．

$$\dot{\boldsymbol{H}}_T+\boldsymbol{\omega}\times\boldsymbol{H}_T=\boldsymbol{T}_C+\boldsymbol{T}_D \tag{152}$$

また，リアクションホイールのような角運動量交換装置をアクチュエータとして搭載した剛体衛星の場合，式 (152) は

$$\boldsymbol{J}\dot{\boldsymbol{\omega}}+\boldsymbol{\omega}\times\boldsymbol{J}\boldsymbol{\omega}=\boldsymbol{u}+\boldsymbol{T}_C+\boldsymbol{T}_D \tag{153a}$$

$$\dot{\boldsymbol{h}}_W+\boldsymbol{\omega}\times\boldsymbol{h}_W=-\boldsymbol{u} \tag{153b}$$

と展開できる．ここで，$\boldsymbol{J}$ は衛星全体の質量中心まわりの慣性テンソル，$\boldsymbol{h}_W$ は角運動量交換装置の角運動量，$\boldsymbol{u}$ は角運動量交換装置によって生成される制御トルクである．衛星の姿勢制御は，式 (153a) に基づき $\boldsymbol{u}$ あるいは $\boldsymbol{T}_C$ について制御則を設計し，その $\boldsymbol{u}$ を式 (153b) に基づきアクチュエータの駆動により $\dot{\boldsymbol{h}}_W$ を介して実現する．

**d. 外　乱**

人工衛星に働く外乱 (disturbance) には，狭義の外乱と内部擾乱とがある．外力による外乱を狭義の外乱，内力による外乱を内部擾乱と考えるとわかりやすい．狭義の外乱の代表は，衛星と外部環境の間の相互作用によって衛星に力やトルクが働く自然外乱である．内部擾乱の代表は，衛星内のさまざまな機械要素が動くことによって生じる外乱である．

自然外乱トルクは姿勢の平衡点を定め，姿勢誤差がある場合は衛星内に角運動量を蓄積するため，衛星の基準姿勢の設計や内力アクチュエータの角運動量管理において重要な要素となる．以下，代表的な自然外乱について概説する[2]．

(1) 太陽輻射圧

太陽からの直接照射光が衛星表面に入射する際に，その一部が衛星表面に吸収され，またその一部が反射または輻射によって衛星外部に戻ることにより，外乱力と外乱トルクが発生する．

(2) 空　力

衛星の軌道運動によって大気が衛星に作用して外乱力 $\boldsymbol{F}_A$ と外乱トルク $\boldsymbol{T}_A$ を発生する．

$$\boldsymbol{F}_A=\int d\boldsymbol{f}_A,\quad \boldsymbol{T}_A=\int \boldsymbol{r}\times d\boldsymbol{f}_A \tag{154a}$$

$$d\boldsymbol{f}_A=-\frac{1}{2}C_D\rho V^2(\boldsymbol{v}\cdot\boldsymbol{n})\boldsymbol{v}dA \tag{154b}$$

ここで，$d\boldsymbol{f}_A$ は衛星の微小面要素（面積 $dA$）が空力により受ける力，$\boldsymbol{r}$ は微小面要素の衛星質量中心からの位置ベクトル，$\boldsymbol{n}$ は微小面要素の法線方向単位ベクトル，$\boldsymbol{v}$ は衛星速度方向の単位ベクトル，$V$ は衛星速度，$\rho$ は大気密度，$C_D$ は抵抗係数である．

(3) 重力傾度

衛星の各質点に作用する重力の差によって外乱トルク $\boldsymbol{T}_G$ が発生する．

$$\boldsymbol{T}_G=-3\frac{\mu}{R^5}\boldsymbol{R}\times\boldsymbol{J}\boldsymbol{R},\quad R=\|\boldsymbol{R}\| \tag{155}$$

ここで，$\mu$ は地球の重力定数，$\boldsymbol{R}$ は地心から衛星質量中心までの位置ベクトルである．

(4) 残留磁気

衛星の残留磁気モーメントと地磁場との相互作用によって外乱トルクが発生する．

## 8.9.2 基準姿勢と姿勢安定化方式

**a. 基 準 姿 勢**

衛星のミッションに応じて衛星がとるべき姿勢（基準姿勢）は，基準座標系に対して定義される．代表的な基準姿勢は，地球指向姿勢と慣性指向姿勢であり，それぞれ軌道座標系と慣性座標系が基準座標系となる．軌道座標系は，衛星の質量中心を原点とし，$z$ 軸を地心方向に，$y$ 軸を衛星の軌道運動の角運動量と反対方向にとり，$x$ 軸が右手系をなすように選ぶ．円軌道であれば $x$ 軸は軌道速度方向に一致する．慣性座標系は，地球中心を原点とし，$x$ 軸を春分点方向（春分の日に地球から太陽を見る方向），$z$ 軸を地球の自転軸方向にとり，$y$ 軸が右手系をなすように選ぶ．

**b. 姿勢安定化方式**

衛星本体の姿勢安定化は，受動的な方式と能動的な方式とに大別される．受動的な方式は，自然外乱を巧

みに利用することで姿勢センサや制御回路を必要とせず，またエネルギー消費を伴うこともなく，特定の姿勢を安定化することができることから，宇宙開発の初期から広く利用されてきた．現在でも，質量やコストなどのリソース制約が極端に厳しい衛星のほか，通常の衛星においてもロケットから分離された直後の初期姿勢捕捉や異常発生時の姿勢再捕捉などに利用されていることが多い．

受動的な方式の代表例である重力傾度姿勢安定化では，最小慣性主軸が地心方向に一致し，最大慣性主軸が軌道面に垂直になるような復元トルクを受けることを利用し，地球指向姿勢を実現する．国際宇宙ステーションでは，重力傾度トルクと空力トルクとがつり合うように前傾した姿勢を平衡姿勢として採用している．衛星にスピンをもたせ，いわゆるジャイロ剛性で慣性空間に対して姿勢を一定に保つのがスピン安定化で，初期の通信衛星，気象衛星をはじめ，多くの衛星に採用されてきた．衛星にスピンをもたせる代わりに，高速回転するフライホイールに角運動量をもたせることによって，衛星本体をスピンさせることなく姿勢を安定化させるのがバイアス角運動量安定化であり，現在でも静止衛星などで採用されている．

能動的な方式としては，衛星全体に意図的には角運動量をもたせることなしに各慣性主軸回りの姿勢をそれぞれ独立的に制御する，ゼロ角運動量三軸姿勢制御法がある．観測対象に合わせて姿勢の変更を要求されることが多い天文衛星や地球観測衛星などで採用されている．

### 8.9.3 制御系設計例

人工衛星の制御では，平衡点における高精度の姿勢制御と姿勢変更の二つが中心的な課題であり，衛星システムの力学的な特徴を生かした制御系設計法が確立されてきている[1~5]．これまで古典的な設計法を使ったレギュレータやサーボ系の設計が行われてきたが，ミッション側の要求は精度，安定度，応答時間，外乱抑制などますます厳しくなっており，飛躍を遂げている制御理論を適用することによって新たな可能性を広げることが大いに期待されている．以下，そのような例を紹介する．

**a．Quaternion Feedback**[5]

式（153a）において $\boldsymbol{u}+\boldsymbol{T}_C+\boldsymbol{T}_D$ をまとめて $\boldsymbol{u}$ と書くとき，一般性を失わずに指令値をクォータニオン $[0\ 0\ 0\ 1]^T$ を用いて記述するならば，式（156）で与えられる制御則（quaternion feedback）は大域的に漸近安定である（式（156）中のゲインは一例）．式（156）は平衡点まわりに線形化する微小角近似を用いていないので大きな角度の姿勢変更にも適用可能である．

$$\boldsymbol{u}=-\boldsymbol{K}\boldsymbol{q}_v-\boldsymbol{C}\boldsymbol{\omega},\quad \boldsymbol{K}=k\boldsymbol{I},$$
$$\boldsymbol{C}=\mathrm{diag}(c_1\ c_2\ c_3),\quad k, c_1, c_2, c_3>0 \tag{156}$$

**b．アンテナ協調制御**[6]

人工衛星に搭載するアンテナを駆動すると，駆動に伴い姿勢制御系に対する外乱が発生するが，この外乱による姿勢制御精度の劣化が無視できない場合があり，大きなアンテナを駆動する場合はそのための対策がとられる．アンテナが駆動される場合には，人工衛星全体がその質量中心まわりにもつ角運動量 $\boldsymbol{H}_T$ は，式（157）で記述される．

$$\boldsymbol{H}_T=\boldsymbol{J}\boldsymbol{\omega}+\boldsymbol{h}_W+\boldsymbol{h}_A \tag{157}$$

ここで，$\boldsymbol{h}_A$ はアンテナが人工衛星全体の質量中心まわりにもつ角運動量である．この影響を取り除くために，あらかじめホイール角運動量 $\boldsymbol{h}_W$ に対して $-\boldsymbol{h}_A$ を付加すると，アンテナ角運動量をキャンセルすることができる．これをアンテナ運動に対するフィードフォワード補償といい，しばしば姿勢制御系に用いられる方式である．フィードフォワード補償で問題となるのはアンテナ角運動量 $\boldsymbol{h}_A$ の正確な導出で，軌道上データに基づくオフライン同定や適応制御系の適用が行われている．

**c．アンテナ展開**[7]

アンテナ展開は，通信衛星などの大型アンテナを有する衛星の打ち上げ後のクリティカルな運用の一つである．b 項ではアンテナ駆動が衛星本体姿勢に影響を及ぼさない制御系設計について述べたが，本項では，アンテナ展開が衛星本体姿勢に影響を及ぼすことを利用して，直接には計測が困難なアンテナ展開角を準リアルタイムで推定し，運用に供した例を紹介する．二つのブームで構成される送信アンテナと受信アンテナとを有する大型衛星において，受信アンテナのブーム 1 を展開するとき，受信アンテナのブーム 2 および送信アンテナのブーム 1 と 2 の展開角は保持されているため，衛星のピッチ角速度 $\dot{\phi}_2$ と受信アンテナのブーム 1 の展開角速度 $\dot{\phi}_{R1}$ との間には次式が成り立つ．

$$\dot{\phi}_2=-g(\phi_{R1})\,\dot{\phi}_{R1} \tag{158}$$

ここで，展開中の外力は無視でき，衛星全体の角運動量がゼロ保存されるものとした．式 (158) より，衛星のピッチ角変化とブーム 1 の展開角との間に式（159）の関係が成り立つ．

$$\phi_2(t)-\phi_2(0)=-\int g(\phi_{R1})\,d\phi_{R1} \tag{159}$$

式 (159) より，数秒周期で地上に送信されてくる衛星の姿勢角情報からアンテナの展開角を推定することが可能となり，モニタ運用に用いられた．

**d. Zero Propellant Maneuver**[8)]

国際宇宙ステーションでは，内力アクチュエータの一種であるCMG (control moment gyro) で姿勢保持を行っているため，蓄積した角運動量をスラスタ噴射により放出する運用を定期的に行っている．スラスタ噴射は貴重な推薬を消費するため，自然外乱を利用することで推薬を消費することなく角運動量を放出する運用 (zero propellant maneuver) が2006年に試行された．同運用は，式 (153a) において，$\boldsymbol{T}_C=\boldsymbol{0}$，$\boldsymbol{T}_D=\boldsymbol{T}_A+\boldsymbol{T}_G$ とし，式 (160) の境界条件および式 (161) の制約条件のもとで式 (162) の最適解を求め，そのような姿勢プロファイルを軌道上で追従することにより実現する．

$$\begin{aligned}&\text{initial condition}: \boldsymbol{q}_0, \boldsymbol{\omega}_0, \boldsymbol{h}_{W0}\\&\text{final condition}: \boldsymbol{q}_f, \boldsymbol{\omega}_f, \boldsymbol{h}_{Wf}\end{aligned} \tag{160}$$

$$\|q\|=1,\ \|\boldsymbol{h}_W\|\le h_{W,\max},\ \|\dot{\boldsymbol{h}}_W\|\le \dot{h}_{W,\max} \tag{161}$$

$$\min\int_{t_0}^{t_f}\|\boldsymbol{u}(t)\|^2dt \tag{162}$$

2007年にも同様の運用が行われ，2回の運用で約1.2億円相当の推薬を節約できた．このような目標プロファイルを与える方法は，既存の制御則で高度な機能を実現する一手法であり，同様の考え方で衛星の姿勢を最短時間で変更する実験が行われている[9)]．

［吉河章二・島　岳也］

### 参考文献


1) 姿勢制御研究委員会編 (2007)：人工衛星の力学と制御ハンドブック，p. 8-39，p. 100-128，培風館．

2) 日本航空宇宙学会編 (2005)：航空宇宙工学便覧 第3版，p. 1013-1025，丸善出版．

3) 茂原正道 (1994)：宇宙工学入門，p. 37-48，培風館．

4) 木田　隆，ほか (2001)：人工衛星と宇宙探査機，p. 163-225，コロナ社．

5) B. Wie (2008)：Space Vehicle Dynamics and Control, Second Edition, p. 323-486, American Institute of Aeronautics and Astronautics, Inc.

6) 山田克彦，ほか (2004)：データ中継技術衛星 DRTS の適応姿勢制御系の機能確認試験，日本機械学会論文集C編，**70** (689)：p. 97-104．

7) T. Shima, *et al*. (2008)：Boom Deployment Angle Estimation and On-orbit Operation Results of ETS-VIII Large Deployable Reflectors, *Transactions of the Japan Society for Aeronautical and Space Sciences*, **7** (ists26)：75-80．

8) N. Bedrossian, *et al*. (2009)：Zero-Propellant Maneuver Guidance, *IEEE Control Systems Magazine*, October：53-73．

9) M. Karpenko, *et al*. (2011)：First Flight Results on Time Optimal Spacecraft Slews, *AAS/AIAA Flight Mechanics Meeting*：AAS 11-110．


## 8.10　超小型衛星の姿勢制御

### 8.10.1　超小型衛星の姿勢制御の特徴

2000年ころより，日本では，大学あるいは大学発ベンチャーを中心として，50 kg以下のマイクロ衛星，20 kg以下のナノ衛星とよばれる「超小型衛星 (micro/nano-satellites)」が多数開発され，実際に打ち上げられるようになってきた．これらの衛星は中・大型衛星と同程度の機能はもちえないものの，従来の衛星コストを大幅に下げ，開発期間も1〜2年に短縮できることで，新しい利用者や利用法の開拓につなげられること，また大学・高専レベルでの宇宙工学・もの作り教育に適切な題材となることが認識され，宇宙開発における一つの分野を築きつつある[1)]．ここでは，超小型衛星の姿勢のダイナミクスや制御面での特徴と，これまでに実施された制御の実例などをまとめることとする．

人工衛星の姿勢に軌道上で働く外乱としては，通常の人工衛星と同様に，重力傾斜トルク，太陽輻射圧，大気抵抗，磁気外乱などがあげられる．超小型衛星は慣性モーメント（衛星サイズの約5乗のオーダーで変化する）が非常に小さいため，外乱によって簡単に姿勢が変わってしまうという特徴を有する．サイズが小さくなることで，重力傾斜トルクは慣性モーメントと同様のオーダーで減少し，太陽輻射圧や大気抵抗はサイズの2乗のオーダーで減少するとともに，大型の太陽電池パドルを搭載しないので影響は少ないのに対し，磁気外乱はサイズの2乗以上には減少しないことから，超小型衛星では磁気外乱がきわめて大きな影響を与えることが，中・大型衛星と大きく異なる特徴である．

姿勢制御の方式としては，サイズ，重量，電力の制約が厳しいことから，できるだけシンプルな制御系を組むことが要請される．10 cm立方，1 kgのCubeSatクラスでは無制御ないし磁気を利用した受動制御が用いられ，少し大きな衛星でラフな地球指向が必要なものは重力傾斜安定に磁気トルカーを併用する方式が利用され，さらに高精度の姿勢制御が必要な場合は，3軸安定化方式が利用される．ピギーバック打ち上げの分離時のスピンアップの難しさなどもあって，スピン安定化方式はほとんど用いられていない．

超小型衛星用の姿勢センサとしては，ジャイロ，磁気センサ，サンセンサなどが搭載されることが多い．ジャイロは近年MEMSの数gのものが開発されており，必要電力も小さいので非常に手軽に搭載することができるが，分解能およびバイアスの安定性もよくなく，レートフィードバックなどの制御には利用できても，角速度を積分することによって姿勢を常にモニターするIRU（inertial measurement unit）を構成するほどの精度はない．少し大きい（50 cm立方などの）衛星では，光ファイバ・ジャイロ（fiber optic gyro：FOG）が使われており，精度は格段に向上する．磁気センサは市販の精度が数度のレベルのものがよく利用されているが，自分の発する磁気の影響を受けない，伸展ブームの先のような場所に搭載する工夫が要求される．サンセンサは市販のものもあるが，金属板に極細のスリットをあけ，そこを通った太陽光がCMOSやCCDなどの光センサに照射する位置を計測することで，太陽方向を調べるサンセンサを大学が自前で開発して衛星に搭載する例もみられる．精度は0.1度程度まで可能である．

さらに，高度な姿勢制御要求のある超小型衛星では，小型のスターセンサも利用される例が出てきた．後述するNano-JASMINEでは精度30秒角のスターセンサが2基使われている．スターセンサがあれば，ジャイロのバイアスの正確な推定も可能になり，IRU-スターセンサの複合航法系を構成することが可能となる．このように，姿勢センサも小型化が進んで，中・大型衛星と同様の航法系の構成が可能となってきた．

超小型衛星用の姿勢アクチュエータとしては，磁気トルカー，リアクションホイールなどが主として用いられる．磁気トルカーはコイルを多数回巻いて電流を流す仕組みを作ればよいので，大学レベルでも簡単に開発できることから，市販品を利用する以外にも多くの大学で手作りでの開発が進んでいる．リアクションホイールは小型のものが少なく，海外からの宇宙実績のある購入品を使うか，短期の使用であれば自前で開発したものを使っているケースが多い．さらに，高速な姿勢変更のためには，CMG（controlled moment gyro）が有用であり，東京工業大学の超小型衛星「つばめ」では小型CMGの開発が行われている．中・大型衛星に搭載されるような姿勢制御用スラスタはサイズ・重量の負担が大きく，超小型衛星ではほとんど用いられていない．磁気トルカーのみか，リアクションホイールに，モーメンタムアンローディング用に磁気トルカーを組み合わせて使用することが多い．

## 8.10.2 受動的姿勢制御の実例

東京大学が2003年に打ち上げたCubeSatクラスの超小型衛星「XI-IV（サイフォー）」（図8.58）では，永久磁石を搭載し永久磁石のS-N局が地磁場の磁気ベクトルの方向に向くという受動安定を目指している．つまり，図8.59のように，衛星内の永久磁石には南北の方向を向こうとする力が働き，衛星全体もそれに合わせて姿勢が変わる（図の$Z$軸が地磁場に沿うような方向に動く）．ダンピングがないので振動が続くため，その振動は磁気ヒステリシスダンパで取り除くようにしている．XI-IVでこのような受動制御を導入した一つの目的は，図の$Y$軸方向を向いたカメラが地球を撮像できる確率を高めるためである．

図8.58 1 kgの衛星XI-IVの外観と内部

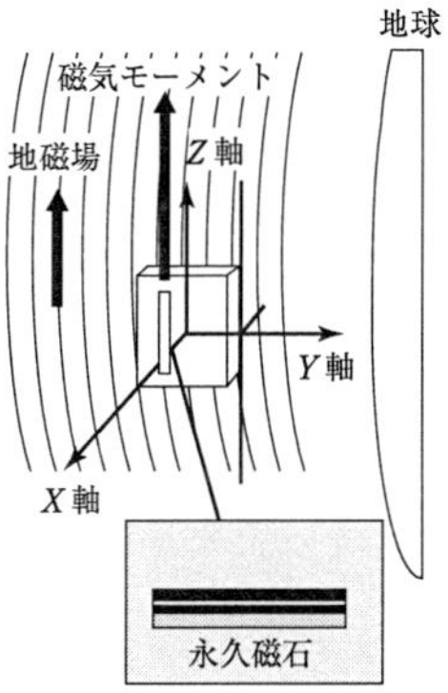


図8.59 磁気による受動的安定の概念

もう一つよく用いられる手法は，超小型衛星からブームを伸展させ，重力傾斜安定を強化して，衛星の特定の方向が地球指向するように安定化する方式である．2002年に打ち上げられた千葉工大の鯨生態観測衛星（47 kg）では，図8.60のような約3 mの伸展ブー

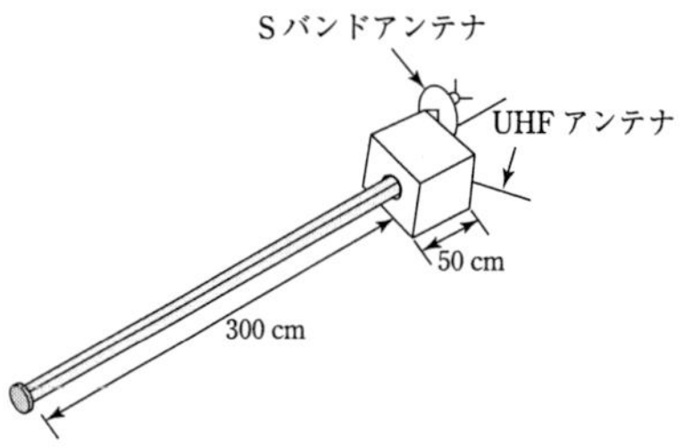


図8.60 伸展ブームで重力傾斜安定を図る鯨生態観測衛星

ムを展開し，右上のアンテナが常に地球を向くように安定化を図っている．重力傾斜ブームだけだとライブレーション（振り子運動）は起こるが減衰は起こらないので，磁気トルカーを使って振動を減衰する手法が併用される．精度的には2〜5度程度の地球指向精度が得られる．

### 8.10.3　能動的姿勢制御の実例

2009年に打ち上げられた東京大学の超小型衛星PRISM（8.5 kg，図8.61）では，能動的な3軸安定化方式が用いられている．この衛星は，伸展ブームの先にレンズがあり，焦点距離を長くとることで分解能の高い（20 m程度）地球の画像を撮影することをミッションとした衛星であり，地球にブームを向ける指向制御と，撮像時にぶれがないようにするための角速度制御（目標値は0.7 deg s$^{-1}$未満）が必要となる．そのために，3軸の磁気センサおよびサンセンサによる姿勢計測，ジャイロによる角速度計測をもとに，3軸の磁気トルカーにより姿勢制御を行う，本格的な3軸制御衛星となっている．

(a) 軌道上想像図　　(b) 伸展ブーム展開前の状態

図8.61　PRISMの外観

超小型衛星の常として，ロケットから分離直後は姿勢は不定で，予測できないタンブリング状態であることが多い．PRISMでは，ブーム展開に備えて，この初期角速度を小さくすることが必要であった．それに使われた制御則は「B-dot則」とよばれるもので，磁気センサの出力の微分（あるいは時間差分）を，磁気トルカーで発生させる磁気モーメントに反映させる式(163)を利用する．

$$\boldsymbol{M}_k = K\frac{\boldsymbol{B}_k - \boldsymbol{B}_{k-1}}{\Delta t} \tag{163}$$

ただし，$\boldsymbol{M}_k, \boldsymbol{B}_k, \Delta t, K$ はそれぞれ，時刻 $k$ で発生させる3次元の磁気モーメントベクトル，磁気センサの計測値（3次元の磁場ベクトル），磁気センサの計測間隔，制御ゲインである．なお，$K$ はシミュレーションで事前に適切な値を把握しておく．磁気センサの計測値は，通常，衛星の機体座標系での成分となるので，それを使って上記の式で機体座標系における発生すべき磁気モーメントを算出すればよい．これは，軌道上の位置によって変化する地磁場のモデルを必要としない簡便な制御方法として超小型衛星のみならず中・大型衛星でも利用される方法である．PRISMでは，初期の角速度が8 deg s$^{-1}$程度であったが，B-dot則により1 deg s$^{-1}$（0.017 rad s$^{-1}$）程度まで安定化することができた（図8.62(a)）[2]．

PRISMでは，ブーム展開後にさらに姿勢を安定化させるために，式(164)のCross Product則を利用して，発生する磁気モーメントを算出した．

$$\begin{aligned}\boldsymbol{M}_k &= \boldsymbol{T}_k \times \boldsymbol{B}_k \\ &= \{K_p(\boldsymbol{\omega}_k - \boldsymbol{\omega}_{\mathrm{ref}}) + K_{\mathrm{d}}(\boldsymbol{\omega}_k - \boldsymbol{\omega}_{k-1})\} \times \boldsymbol{B}_k\end{aligned} \tag{164}$$

$K_p, K_d$ はそれぞれ角速度に対する比例および微分ゲイン，$\boldsymbol{\omega}$ は角速度ベクトルであり（$\boldsymbol{\omega}_{\mathrm{ref}}$ は $\boldsymbol{\omega}$ の目標値），いずれも機体座標系での計測値を利用する．PRISMでは，$\boldsymbol{B}_k$ を正確に計測するための磁気センサのキャリブレーションを軌道上で実施した後にこの制

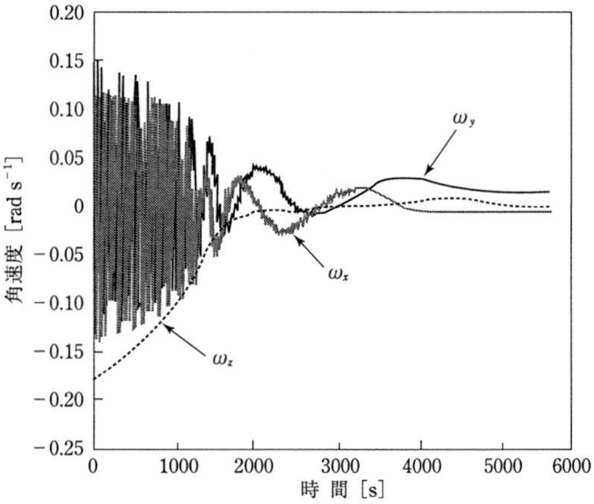


(a) B-dot則

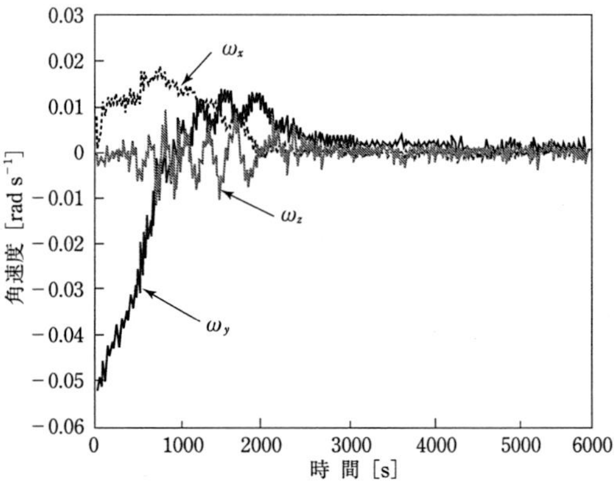


(b) Cross Product則

図8.62　B-dot則(a)およびCross Product則(b)によるPRISMの角速度の減衰の様子

御則を適用することにより，角速度を 0.1 deg $s^{-1}$ まで低下することができた（図 8.62(b)）．このキャリブレーションは，実際に計測された磁場ベクトルを，磁気センサのオフセットとスケールファクターエラーの 6 個の「誤差パラメータ」で補正した「補正磁場計測値ベクトル」のノルムと，軌道上の各地点ごとに IGRF モデルで予想される磁場の強さの差の絶対値を多数の計測点において合計し，その和が最小になるように最小二乗法的に誤差パラメータを探索することで行っている．

打ち上げ前は，伸展ブーム軸まわりの慣性モーメントが他の 2 軸に比べて小さい（約 1/2）ことを利用して，重力傾斜安定に磁気トルカーによる振動減衰制御を組み合わせることで半受動的地球指向制御ができないかと考えたが，実際に軌道上に打ち上げてみると磁気外乱の大きさが予想以上に大きく，重力傾斜安定が十分に働かないことがわかり，地球を撮像する前に毎回地球指向制御をする必要が生じた．PRISM では，ジャイロの出力を積分し，それに地磁気センサおよびサンセンサの姿勢計測値をカルマンフィルタで複合して，時々刻々の姿勢・角速度情報を把握しており，それと目標姿勢・角速度との差を PD フィードバックすることで指向制御する実験を継続中である．

さらに，東京大学が開発中で 2015～2016 年に打ち上げ予定の位置天文衛星 Nano-JASMINE（37 kg，

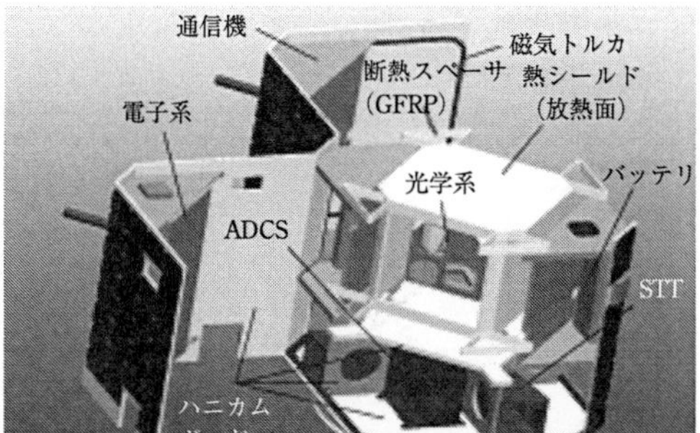


(a)　機器構成図

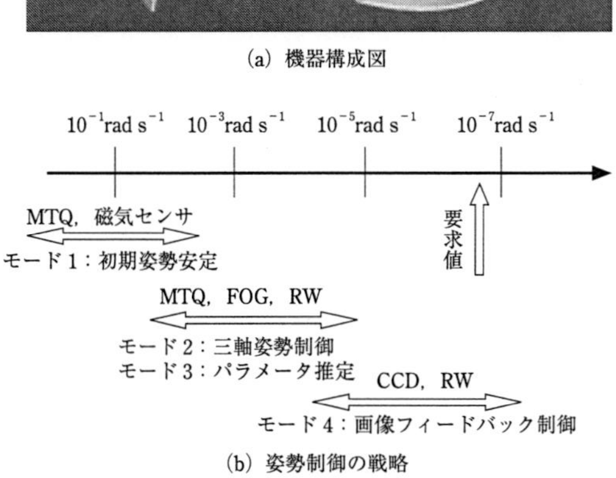


(b)　姿勢制御の戦略

**図 8.63**　Nano-JASMINE の機器構成図と姿勢制御の戦略

図 8.63 に概要を示す）では，より本格的な姿勢制御系が搭載されている．この衛星では，非常に暗い星の像を撮像するために，TDI（time delayed integration）という特殊なやりかたで CCD 上に星からの光を 1 s 近く露光する方法を採用しており，そのため，各軸まわりに超高姿勢安定度（$x, y$ 軸まわりは $2\times10^{-6}$ rad $s^{-1}$ 以下の角速度に，$z$ 軸まわりは目標値からのずれを $4\times10^{-7}$ rad $s^{-1}$ 以下に抑える必要）が要請される．

そのために，図 8.63(b) のように，まずは，磁気センサおよび磁気トルカー（MTQ）を用いた B-dot 則程度の粗い姿勢制御を実施し，次に，スターセンサ（STT）でバイアス補正された光ファイバジャイロ（FOG）の出力をリアクションホイール（RW）にフィードバックする制御で安定度を高め，最後は，TDI により獲得した星の像のボケ具合から目標角速度との誤差を推定（目標角速度からのずれが小さいとボケ具合は少ない）して，それを RW にフィードバックすることで，超高精度を実現する段階的姿勢安定化を採用している[3]．最初の 2 段階で十分な姿勢制御ができないと，そもそも TDI で星像がまったく得られないために，このような段階的制御が必要なのである．

とくに問題になっているのが，ここでも磁気外乱である．衛星から発する磁気モーメント（残留磁気モーメントとよぶ）は，永久磁石（モータなどに含まれる）などによる定常成分と，電流ループが原因であるため機器の動作モードによって変化する非定常成分がある．前者は，軌道上で実際に発生する姿勢外乱を計測し（角速度の変化から外乱トルクを推定することで得られる），カルマンフィルタで磁気モーメントを推定して，それをキャンセルする磁気モーメントを「磁気キャンセラ」という一種の磁気トルカーで発生することにより対処する[4]．非定常成分に関しては，電流ループができるだけ生じないような回路設計の工夫により小さくするだけでなく，実際に電流が流れたときにどれだけの磁気モーメントが発生するかを地上で計測しておいて，軌道上でその電流が流れるときには磁気キャンセラをフィードフォワード的に動作させることで，できるだけその影響がないように配慮している．このようなさまざまな工夫を取り入れた Nano-JASMINE の姿勢制御系は，超小型衛星に搭載する超高精度姿勢制御系の今後の一つのモデルになると考えられる．

### 8.10.4　超小型衛星における姿勢制御の今後

超小型衛星は，もともとは大学・高専などにおける教育目的の衛星として発展してきたものであり，そこでは，姿勢制御系はほとんど搭載されていないか，搭載していても，バス系として確実にある制御精度を実現するというよりは姿勢制御の実験自体がミッションになっていることが多かった．しかし，現在の世界および日本の現状をみてみると，50 kg 未満の超小型衛星でさえも，宇宙科学，地球観測，軌道上実験，通信などの本格的なミッションを目指す構想が多数現れてきており，その中では，姿勢制御系がきわめて重要な役割を果たすことは間違いない．

超小型衛星のメリットは，最初に述べたようにその低コスト・短期開発性にある．それにより，従来は宇宙利用に手が出せなかった個人・企業・大学・研究機関などによる新しい利用の道が開かれ，また，多数の衛星を軌道上に配備できることから，同じ地点を頻繁に観測したりフォーメーションフライトとよばれる複数衛星を使ったミッションが可能になったりする可能性が示唆されている．なお，この最後のフォーメーションフライトは，制御工学的にも「群制御」という興味深い問題を提供している．

一方で，超小型衛星では，コスト，サイズ・重量・電力等の制約から従来の中・大型衛星とは異なる技術的課題をもっており，それに対処する研究が今後求められているといえる．それをまとめると以下のようになるであろう．

(1) 中・大型衛星用に開発された高価で大型の機器は搭載不可能であり，超小型衛星用の独自機器の開発が必要．

現状の日本では，超小型衛星用のセンサ，アクチュエータは手に入りにくく，独自開発をするか，海外品を購入する必要があり，コスト・手間・時間の面で問題である．日本で超小型衛星用機器（姿勢制御用機器に限らず）が1通り手に入るような環境整備が要請されている．

(2) 地上での実験装置，とくにクローズドループ試験を実施するような設備の整備が必要．

超小型衛星の常として開発用の資金が限られており，ややもすれば衛星開発そのものよりもコストのかかる，高精度の姿勢制御試験用装置の開発はほぼ不可能である．現在はJAXAなどの施設を利用させていただいたり，シミュレーションによるアルゴリズムの確認だけをしたりしているが，やはりクローズドループの制御性能確認試験は必要であり，大学コミュニティで共同に開発するなどの対策が必要である．また，軌道上は最も優れたクローズドループ試験の場であることを考え，打ち上げた後に試験を実施し，その結果をシステム構成やソフトに反映できる自由度を残しておくことも一つの手法であろう．

(3) 開発期間などの制約からできるだけシンプルな設計を求められ，ソフトウェアの開発手法などに独自の工夫が必要．

中・大型衛星のように，信頼性を重視した冗長設計は超小型衛星では実現しにくく，単系を中心としたシンプルな設計の中で，たとえば機能冗長を工夫するなどして効果的な制御系のシステム構成を目指す必要がある．とくに，一部の機器が故障しても，制御性能は下がるが破たんしない「グレースフルデグラデーション」を実現することが必要である．また，通常は非常に膨大なコーディングおよび確認作業が必要な制御関連ソフトウエアに関しても，モジュール化を進め，過去の実績のあるモジュールをできるだけ次のミッションでも利用できるようなアーキテクチャ，および，多くの大学・高専がライブラリを共同で利用でき，独自開発のソフトをそこに追加できるようなインタフェースの標準化・規格化が必要であろう．　[中須賀真一]

### 参考文献

1) 中須賀真一，酒匂信匡，津田雄一，永島　隆，船瀬　龍，中村友哉，永井将貴 (2005)：東京大学 CubeSat-XI の軌道上実証成果と超小型衛星による低コスト化・短期開発化の試み，電子情報通信学会和文論文集 B，**J88-B**(1)：41.

2) T. Inamori, I. Yoo, Y. Suzaki, Y. Sato, T. Tanaka, M. Komatsu, S. Nakasuka (2009)：Attitude Determination and Control System in Pico-satellite for Remote-sensing and Innovative Space Missions (PRISM), 2009-d-05, Preprints of 27th International Symposium on Space Technology and Science.

3) T. Inamori, S. Nakasuka (2008)：In-orbit magnetic disturbance compensation using feed forward control in Nano-JASMINE mission, Preprints of AIAA 22nd Annual Conference on Small Satellites.

4) 稲守孝哉，中須賀真一 (2011)：超小型衛星におけるフィードフォワード制御を用いた残留磁気モーメントの補償についての検討，第52回宇宙科学技術連合講演会予稿集.

# 9

# 無線通信システム分野の制御技術

## はじめに

携帯電話や無線 LAN (local area network) などに代表される無線通信システムでは，通信ネットワークにおける OSI (open systems interconnection) 階層モデルと同様に，階層別に設計方針が定められている．そして，それぞれの階層で制御技術が用いられている．本節では，無線通信システムで特徴的な，物理層 (physical layer：PHY) とメディアアクセス制御層 (media access control layer：MAC) の二つの階層において，制御技術を解説する．

## 9.1 物理層

### はじめに

物理層では，基本的に無線通信装置単体の動作を規定している．装置を構成する要素としては，電子回路や無線通信方式などがある．それぞれにおける代表的な制御技術について述べる．

### 9.1.1 クロック生成回路の制御[1)]

無線通信でもっとも重要なクロック信号生成回路 (phase locked loop：PLL，位相同期回路) は，フィードバック制御により所望の周波数のクロックを生成している．

図 9.1 に示すように，PLL は位相比較回路 (phase frequency detector：PFD)，ループフィルタ (loop filter：LF)，電圧制御発振回路 (voltage controlled oscillator：VCO)，分周回路で構成されている．位相比較回路では二つのクロック信号を入力し，クロックの周波数差と位相差を電圧に変換して出力する．ループフィルタはループの安定と高周波雑音の抑制を行う．電圧制御発振回路は，入力される電圧値によって，出力信号の周波数を調整する．この回路では，自発的に発振動作を起こし，クロック信号を生成している．分周回路はクロック信号の周波数を $1/N$ 倍 ($N$ は整数であることが多い) にして出力する．分周回路で分周されたクロック信号が位相比較回路に与えられることで，入力信号の周波数は $N$ 倍されて出力信号となる．

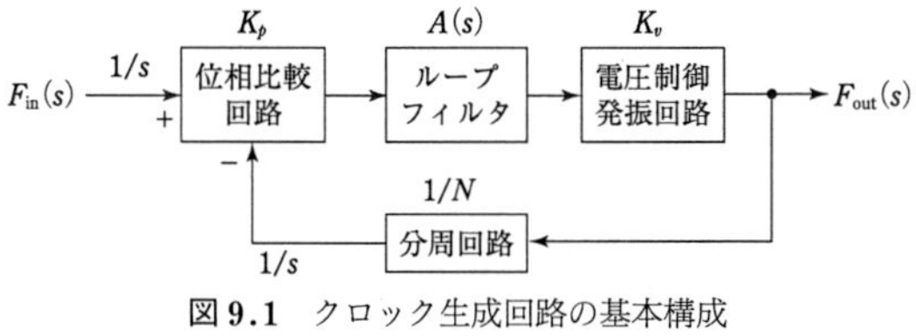


**図 9.1** クロック生成回路の基本構成

具体的な動作は次のようになる．入力クロック信号は，水晶発振回路 (crystal oscillator) などでつくられ，周波数 $F_{in}$ [Hz] で位相比較回路に与えられる．位相比較回路，ループフィルタ，電圧制御発振回路を経て，周波数 $F_{out}$ [Hz] のクロック信号として出力される．この出力信号は，分周回路で $F_{out}/N$ [Hz] の信号として位相比較回路にフィードバックされる．位相比較回路では，$F_{in}$ と $F_{out}/N$ の周波数および位相が等しくなるように出力を調整する．その結果，$F_{out}=N\times F_{in}$ となり，入力の $N$ 倍のクロック信号を生成することができる．

図 9.1 の等価モデルで，位相比較回路の変換利得を $K_p$，ループフィルタの伝達関数を $A(s)$，電圧制御発振回路の利得を $K_v$ とする．このときのフィードバックループシステムの利得は式 (1) のようになる．

$$\frac{F_{out}}{F_{in}}=\frac{(K_p/s)A(s)K_v}{1+(K_p/s)A(s)K_v/N}=\frac{A}{1+A\beta} \quad (1)$$

式 (1) で，$A$ はオープンループ利得，$A\beta$ はフィードバックループ利得，$1/N(=\beta)$ は負帰還量を示している．

### 9.1.2 基準電圧発生回路の制御[2)]

一般的に，回路性能は温度・電源電圧・製造プロセスによるばらつきが生じるものであるが，常に絶対値一定の基準電圧が必要とされることがある．基準電圧発生回路としては，半導体シリコンのバンドギャップエネルギーを用いたバンドギャップリファレンス

(band gap reference：VBG) 回路がある．バンドギャップ電圧は，温度に依存する電圧値になっているが，基準電圧発生回路ではフィードバック制御により温度依存のない一定の電圧を生成することが可能である．

基準電圧発生回路は，図9.2に示すように，演算増幅回路，バイポーラトランジスタ，抵抗でできている．バイポーラトランジスタには，バンドギャップエネルギーに関係する電圧 $V_{\mathrm{be}}$(ベース・エミッタ間電圧) が発生する．図の左右にあるバイポーラトランジスタは，左1個に対して右で $K$ 個のトランジスタが並列に用いられている．また，演算増幅回路は A 点と B 点の電圧が同じになるように出力電圧 $V_{\mathrm{out}}$ を調整する．このとき，出力電圧は次式になる．

$$V_{\mathrm{out}} = V_{\mathrm{be}} + V_t \log_e K \frac{R_1 + R_2}{R_2} \tag{2}$$

式 (2) で，$V_{\mathrm{be}}$ は負の温度依存性がある．一方，$V_t$ は熱電圧で正の温度依存性がある．出力電圧に温度依存性がなくなるためには，$\partial V_{\mathrm{out}}/\partial T = 0$ となるように抵抗 $R_2$，$R_3$ の値を決めればよい．

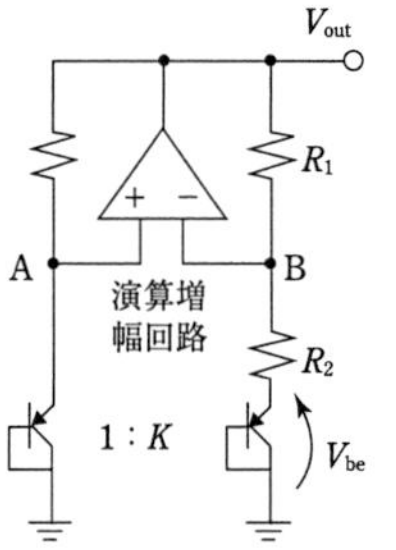


図9.2　基準電圧発生回路の構成

### 9.1.3　MIMO 通信方式の制御[3)]

MIMO (multi input multi output) 通信方式は，一つの基地局内に複数の送信アンテナをもち，異なるデータを同時並行に送信して空間的に多元接続することで高速信号伝送を実現する．無線 LAN 規格 IEEE 802.11 n や，携帯電話規格 LTE (long term evolution) で用いられている．図9.3に示す MIMO 通信方式において，基地局 (送信機) および端末局 (受信機) の信号処理部で，シーケンス制御を行う．

基地局信号処理部では，時系列的に発生する送信データを複数の送信アンテナで個別に送るためデータの分割・並列化を行う (データ系列 $T$)．

端末局信号処理部では，複数の受信アンテナが受けた異なるデータをもとの時系列データ $R$ に復元する．その際に，無線伝搬路情報 $H_0$ を活用する．図9.3はアンテナ2対の MIMO 方式例を示しているが，各アンテナの伝搬路の組合せとして $h_{11}$，$h_{12}$，$h_{21}$，$h_{22}$ の4通り ($2^2$ 組合せ) あり，伝搬路 $H_0$ は2行2列の行列で表現される．この伝搬路を推定するため，基地局は移動局に対して定期的にパイロット信号 $T_0$ を送信する．移動局はパイロット信号のデータ内容をあらかじめ知っていることが前提となっており，$R_0 = H_0 T_0$ の関係から $H_0$ を求めることができる．この $H_0$ を利用して，移動局は $T = R/H_0$ により送信データを復元する．

## 9.2　メディアアクセス制御層

### はじめに

MAC 層は，複数の無線通信装置の間で送信・受信を行う手順を決めている．再送制御はデータが送信先に到達したことを確認できるまで通信を繰り返し，無線通信の信頼性を上げるために行う．輻輳制御は1台の基地局に対して複数台の端末局が通信を行う場合に，無線システム全体の効率および信頼性向上のために行う．

### 9.2.1　再 送 制 御

送信機と受信機の間の無線通信において，送信機がデータを送信すると受信機はアクノレッジ (acknowledge：ACK) 信号を返信する．送信機は ACK を受信することで，データ伝送が確実に行われたと判断できる．送信機はデータ送信後一定期間 ACK 受信待ちを行う．ACK が一定時間内に戻らないと待受けをあきらめ，ランダムな時間後に同じデータを再度送信する．送信機は ACK を受け取るまで再送を続けるか

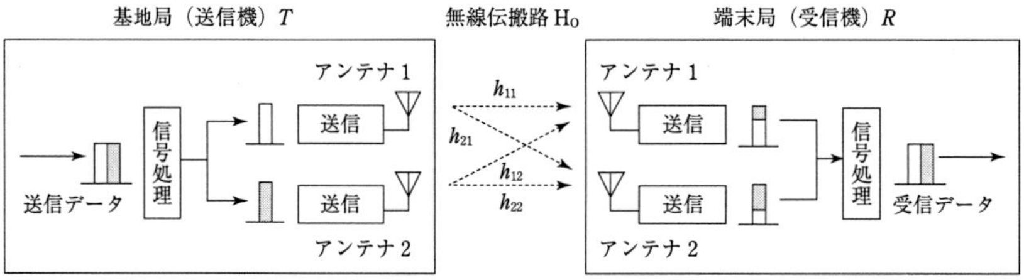


図9.3　MIMO 無線伝送の仕組み

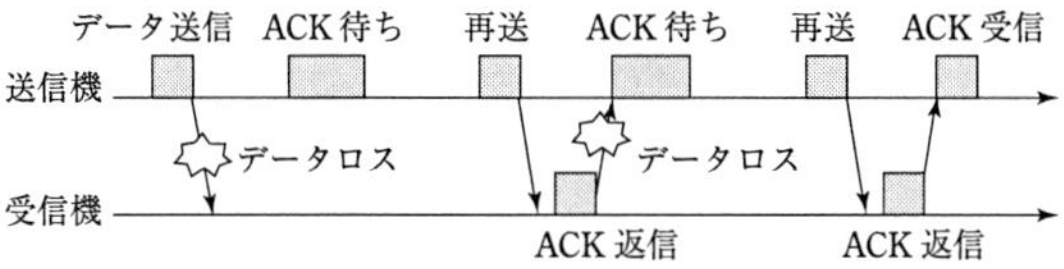


図 9.4 再送制御シーケンス

(図 9.4)，または適当な時間 (適当な再送回数) で送信を停止する．このようにして，データ伝送の信頼性を確保する．再送制御は，送信機と受信機を一つの無線通信システムととらえた場合，フィードバック制御と考えることができる．

## 9.2.2 輻輳制御[4)]

1 台の基地局に複数台の端末局が無線接続する場合，各端末局が同時にデータ送信を行うと，電波が衝突してしまい干渉を生じて受信不可能になる．その結果，無線通信システムの効率および信頼性を低下してしまう．このような自システム内での干渉を避けるため，端末局の通信方式を制御することを，輻輳制御という．無線では，各種の多元接続方式による輻輳制御が行われている．基本的にはシーケンス制御で構成されている．

何も制御を行わず，各端末局が任意のタイミングでデータ送信を行う方式は ALOHA とよばれる．多元接続の制御がないためシステム設計は容易であるが，端末局が多くなると通信システムとして成り立たなくなってくる．

各端末がデータ送信を行う直前に無線電波の有無を計測（キャリアセンス）し，電波を計測しなければデータ送信を行い，電波を計測するとランダム時間待ってから再度キャリアセンスを行う方式を，CSMA (carrier sense multiple access；キャリアセンス多元接続) という．各端末が，自律分散的に制御を行っている．

使用する電波周波数帯（周波数チャネル）を複数の帯域に分けて，端末ごとに異なるチャネルを用いる方式を FDMA (frequency division multiple access；周波数分割多元接続) という．FDMA では，基地局は端末局が用いるチャネルを把握している必要がある．基地局の集中制御となる．

端末局ごとに無線通信に使う時間（タイムスロット）を割り当て，時間的に干渉を避ける方式を TDMA (time division multiple access；時分割多元接続) という．基地局は全端末に対して，定期的にビーコン信号を送ることが多い．ビーコン信号には，タイムスロット割当ての情報が含まれている．基地局による集中制御となっている．

データ送信にあたり，データを拡散符号化する方式を CDMA (code division multiple access；符号分割多元接続) という．受信側が符号系列を知っていれば，干渉が起きても必要なデータを取り出すことができる．この方式は，自律分散制御に相当する．

輻輳制御で代表的な FDMA，TDMA，CDMA の動作イメージを図 9.5 に示す．図では，時間，周波数，電力の三つの変数を軸にとり，3 台の端末局が輻輳制御を行っている様子を模式的に示している．

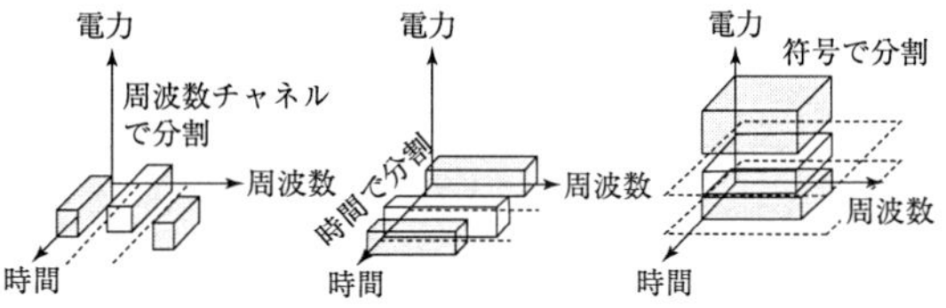


図 9.5 多元接続概念図

(a) FDMA は，周波数軸方向で重ならないように各端末がチャネルを選択し，任意の時間，電力で通信を行う．

(b) TDMA では，時間軸方向に重ならないよう，端末が通信を行う時間で分割している．周波数チャネルは同じでよい．

(c) CDMA では，データの符号化を用いることで，電力軸方向に重ならないように分割している．符号化のための符号系列は，分割すべき端末局の数にあわせるべきである．

前項で説明した MIMO 通信方式は，SDMA (space division multiple access；空間分割多元接続) と考えることもできる． [宮崎祐行]

## 参 考 文 献


1) G. C. Hsieh, J. C. Hung (1996)：Phase-Locked Loop Techniques-A Survey, *IEEE Transactions on Industrial Electronics*, **43**(6)：609-615.

2) R. Paul, A. Patra (2004)：A Temperature-Compensated Bandgap Voltage Reference Circuit for High Precision Applications, *Proceedings of the IEEE India Annual Conference*, p. 553-556.

3) P. Almers, E. Bonek, A. Burr, N. Czink, M. Debbah, V. Degli-Esposti, H. Hofstetter, P. Kyosti, D. Laurenson, G. Matz, A. F. Molisch, C. Oestges, H. Ozcelik (2006)：Survey of Channel and Radio Propagation Models for Wireless MIMO Systems, Draft of Network-of-Excellence for Wireless Communications.

4) T. M. Wallett (2009)：A Brief Survey of Media Access Control, Data Link Layer, and Protocol Technologies for Lunar Surface Communications, National Aeronautics and Space Administration Scientific and Technical Information program report, NASA/TM-2009-215295.

# 10

# 農業・食料生産分野の制御技術

## はじめに

近年の外食や中食の需要の増加に伴い，ファーストフード，レストランなどで周年的に同一野菜を用いる料理が増えている．たとえば，レタスやトマトを組み合わせたハンバーガーやサンドイッチ，イチゴケーキなどである．またコンビニエンスストアの弁当などの総菜，調理済み食材でも安定した品質の野菜の需要が増えている．周年的な需要のある野菜は，高い鮮度と安定した品質が求められるため，輸入は難しく，国産が求められる．これらの野菜の多くは温室（ガラス室とビニルハウスの総称）を用いる施設園芸で生産されてきた．しかし日本は四季があり，気温と日射量が季節変動するため，高機能な温室を用いるとしても周年的に同一品質の野菜を生産するのはかなり難しい．

これらの生産を実現するためには，気象変化のある外界と完全に遮断した新しい栽培施設が必要になる．これがいわゆる植物工場であり，1970 年代に提唱され[1]，1980 年代に実用化された[2]．建築的には，窓のないビル，大型貯蔵庫，大型冷凍庫に似ているが，居住空間や作業空間と異なり，植物の光合成のために強光の照明を必要とする．最近は周年生産を目指す高機能温室を太陽光利用型植物工場とよぶこともある（図 10.1）．しかし，それは主光源が太陽光であり，外気を取り入れて好適環境をつくる半閉鎖系である．太陽光利用型は周年安定生産が可能な工場とはいえないので，本章では光源に人工光だけを用いる閉鎖系の人工光型植物工場に絞って解説する．

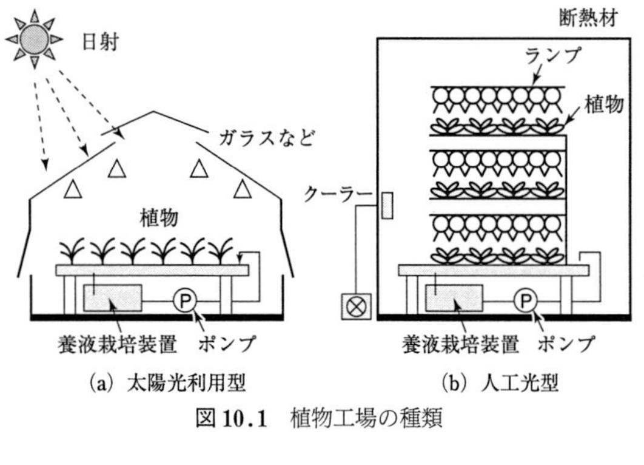


図 10.1　植物工場の種類

## 10.1　植物工場の特徴

人工光型植物工場は，野菜や苗を生産する従来型の温室と比較して，以下のような特徴がある．

① 外部の天候に左右されることなく，均一した品質の植物を生産できる．

② 周年，安定した生産量が実現できる．この結果，計画栽培が可能になる．

③ 省スペース化や立体栽培が可能であるため，床面積あたりの生産量が高い．

④ 栽培環境条件を制御することによって，栽培期間を短縮できる．その結果，年間の生産量がきわめて高い．

⑤ 作業環境は快適であり，軽作業が主体となる．

⑥ 栽培環境条件を制御することによって，植物がもつ特定の成分含有量を増加できる．

⑦ 適度な環境ストレスを与えることにより，人間にとって有用な成分（機能性成分，香気成分，精油成分など）の含有量を増やすことができる．

⑧ 外食産業における料理や食品加工に合う葉や茎の品質（柔らかさ，長さ，含水率）の野菜を周年提供することができる．

⑨ 閉鎖空間であるため，外界から害虫，病原菌などが混入せず，農薬を使用しないですむ．

⑩ 閉鎖度が高く，水と培養液を循環利用でき，廃棄物も少ない．

⑪ 光合成の原料である水と $CO_2$ を無駄なく供給することができ，資源の利用効率を生産性の指標とすることができる．

このような人工光型植物工場は，現在は，野菜生産と苗生産で商業利用がなされている（表 10.1）．野菜の工場生産に限定したものを野菜工場，苗の生産に限定したものを苗生産システムとよぶ．植物工場は，同一生産物を温室でつくる場合と比較して初期コストと運転コストが高いため，コスト削減のためのハードウェアとソフトウェアの開発が必要である．また，付

表 10.1　国内の植物工場で栽培されている品目の例

| 名　称 | | 主な栽培植物 |
|---|---|---|
| 太陽光利用型 | | 果菜類：トマト，キュウリ，イチゴ，パプリカなど<br>葉菜類：ホウレンソウ，サラダナ，リーフレタスなど<br>花　卉：バラ，カーネーションなど |
| 人工光型 | 野菜工場 | 葉菜類：サラダナ，リーフレタスなど<br>ハーブ：バジル，チコリ，レッドマスタードなど |
| | 閉鎖型苗生産システム | 作物苗：トマト，キュウリ，レタス，ホウレンソウなど<br>花卉苗：トルコギキョウ，パンジーなど |

加価値の高い生産物を生産する栽培技術と周年的に販売するマーケティングも重要である．

## 10.2　植物工場の構成

植物工場施設は主に播種・育苗室，栽培室，収穫物処理室で構成する．ここでは，植物工場施設において中心的な役割を演じる栽培室について解説する．栽培室の構成要素は建物，栽培棚，養液栽培，照明，空調である（図 10.2）．植物工場において生産コストに占める割合が大きいのは，照明コストと空調コストである．植物工場の栽培環境の構築とその制御は，一般建築と比べると理解しやすいため，ここでは居住空間の環境構築を例として比較説明する．

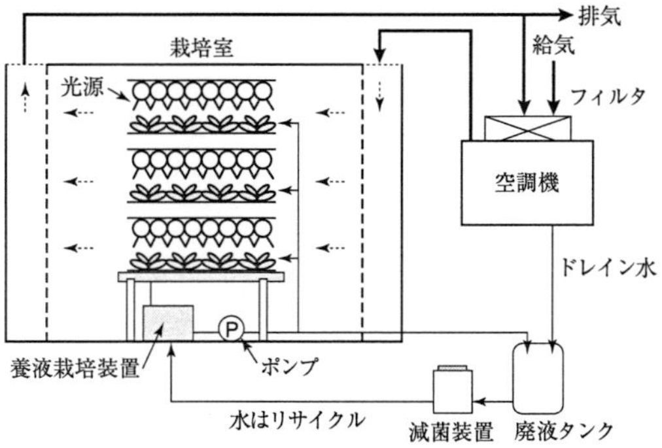


図 10.2　人工光型植物工場の栽培室

## 10.3　照　明

植物の成長に影響を及ぼす光波長域は約 300 nm から 800 nm である[3]（図 10.3）．紫外線（ultraviolet：UV）は，植物に影響を及ぼすのは UV-A（315〜400 nm）と UV-B（280〜315 nm）であり，抗酸化作用を

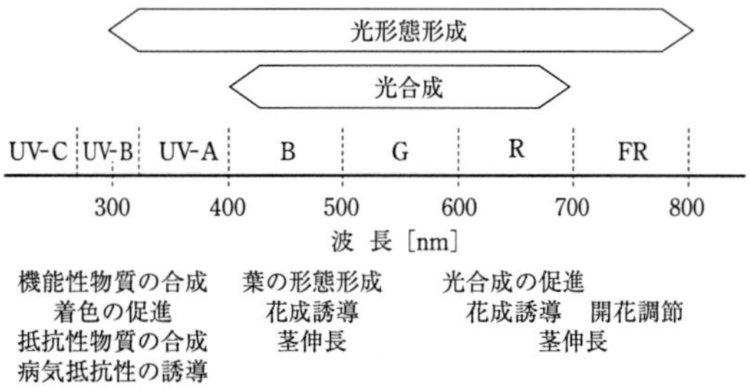


図 10.3　植物育成に必要な光波長

もつアントシアニン色素の合成や病害抵抗性物質の合成などの光形態形成反応を引き起こすことが知られている．植物が光合成に利用できる波長域（400〜700 nm）を光合成有効放射とよぶ．光合成の光化学反応量はこの波長域の光量子数に比例するため，光合成に有効な光量の指標は光合成有効光量子束（photosynthetic photon flux：PPF）である．単位は $\mu$mol m$^{-2}$ s$^{-1}$ である．光源によって異なるが，照度との変換値は，100 $\mu$mol m$^{-2}$ s$^{-1}$ が 6000〜8500 lx である．この波長域の光は，光合成反応だけでなく，発芽，茎の伸長，葉の形づくり，花芽の分化と形成，開花などの光形態形成反応も引き起こす．この波長域を青色光（B：400〜500 nm），緑色光（G：500〜600 nm），赤色光（R：600〜700 nm）の 3 波長域に分けることが多い．可視光域で赤外線に隣接する 700〜800 nm の波長帯を遠赤色光（far-red：FR）とよぶ．この波長域の光は光形態形成反応を引き起こすため，800 nm 以上の赤外線と区別している．800 nm 以上の赤外光は熱として作用するが波長依存性の反応はない．

植物工場では発光効率が高く赤外線の少ない光源を用いる[3]．蛍光ランプ，メタルハライドランプ，発光ダイオード（LED）を利用することが多い．蛍光ランプは線光源かつ表面温度が低く近接照明が容易なため，多段式栽培棚の光源に適している．メタルハライドランプは電球形で高出力であり，光要求量の高い植物の平面式栽培に適する．LED は，蛍光ランプに代わる光源として期待されている．さまざまなピーク波長の素子があるため，植物の生育に適する波長組成を見出せば，既存ランプに比べて照明コストを削減できる．また，電気エネルギーから光エネルギーの変換効率が既存ランプより高くなれば，結果的に空調コストも削減できる．5 年から 10 年以内に植物工場の光源は LED に代わると考えられる．

## 10.4 空　調

### 10.4.1 冷　房

植物工場は居住空間（500〜1000 lx）と異なり，多くの照明を必要とする．植物の光要求量（照度換算）は，葉菜類で20000〜30000 lx，果菜類で30000〜80000 lx，穀類は80000〜100000 lxとかなり高い．

植物の葉の光吸収率は光合成有効波長域の範囲で70〜90%である．吸収された光エネルギーの一部は葉緑素に吸収されて光合成により糖の化学エネルギーとして固定される．また一部は，光形態形成反応を引き起こすための信号として利用される．葉に吸収された光エネルギーのうち大部分は最終的に葉内に固定されないため，空気中に熱エネルギーとして再放出される．これと葉が反射および透過する分を加えると，照射光の90%以上が室内の空気中へ熱エネルギーとして放出されることになる．すなわち栽培室において葉菜類を平面的に栽培する場合を仮定すると，居住空間の10〜50倍の発生熱を除去する空調が必要になる．

閉鎖型では外気との空気交換（換気）はきわめて少なく，空気は循環利用するため，照明熱を冷房で除去する必要がある[4]．施設の断熱性は高く保温性がよいため，冬季でも冷房を行うことが多い．

最近の植物工場は多段式の栽培棚を導入しており，容積あたりの照明発生熱はさらに多くなるため，空調機の選定と運転には専門知識が必要である．

### 10.4.2 除　湿

植物根が培養液から吸収した養水分のうち，養分は成長中の器官（葉，茎，根など）に配分される．水の一部は細胞内に保持されるが，90%以上は葉面の気孔を通して空気中に蒸発する．この葉から気化熱を奪って蒸発する現象を蒸散とよぶ．蒸散により空気中の水蒸気分圧が増加する．これを除去するために除湿が必要である．居住空間の冷房でも冷却除湿運転によりある程度の除湿が可能であるが，植物工場では水蒸気発生量が多いので，除湿能力の高い冷凍機を用いる必要がある．植物は暗期にもわずかであるが蒸散を行うため，施設内の空気の水蒸気量が増加して，高湿度化しやすい．そのため照明熱が発生しない冷房の必要のない時間帯でも，除湿運転を行う必要がある．

除湿した結露水は排水せずに，培養液の水として再利用することができる．そのため，植物工場の水利用効率はきわめて高い．しかし，除湿時にカビなどが混入することがあるので，再利用時に紫外線殺菌などの殺菌を必要とする場合もある．

### 10.4.3 空気流動

植物には気流が必要である[5]．既往の研究によれば，葉面上の風速は0.5 m s$^{-1}$程度で生育がもっともよい．自然条件下では風が吹いており，植物群落内の空気は適度に交換されている．しかし植物工場では，空調エアコンの循環ファンだけでは群落葉面上の風速を0.5 m s$^{-1}$程度に維持することはできないため，植物体近傍の空気が高湿度化したり，$CO_2$不足になり，その結果，生育不良が生じる．そこで，風量可変のファンを栽培棚に取り付けて，群落内外の空気交換を促進する必要がある．植物の形状，草丈，葉の繁茂量などによって気流の制御方法は大きく異なる．栽培棚が多段式の場合（図10.4）は，棚ごとに，栽培ベッドごとに空調した空気が同一量分配されるような気流制御方式を設ける．対象植物ごとに最適な気流制御法は異なるのだが，まだほとんどの植物種で制御法が確立されていないのが現状である．

図10.4　植物工場の多段式栽培棚（光源は蛍光灯）

## 10.5 $CO_2$ 施　用

植物は$CO_2$を葉の気孔から取り込んで光合成に利用する．これを$CO_2$施用とよぶ．多くの施設では液化炭酸ガスを用いて，必要量を電磁開閉弁を通して施設内に供給する．閉鎖型では外気との空気交換がきわめて少ないため，供給する$CO_2$ガスのおよそ90%以上は植物の光合成で固定される．そのため，ガラス温室などの換気の大きな栽培施設と比較すると，$CO_2$の施用効率はきわめて高い．

## 10.6 養液栽培

植物工場では養液栽培法を用い，化学肥料を混ぜた培養液を循環利用する．養液栽培法には，人工培地を使う方法と使わない方法がある．前者は，ロックウール耕，れき耕，砂耕，バームキュライトやパーライトといった培土を混合する方法である．土を滅菌して有機物を除去して用いることもある．保水性と通気性に優れた人工培土は，果菜類，豆類，穀類などの根量が多く草丈の高い大型の植物の支持体としても優れているので，これらの栽培で多く使用される．後者は，ウレタンスポンジか不織布で茎を支持して発泡スチロール製パネルに挟む，いわゆる水耕法である．水耕法は，葉菜類やハーブ，草丈の小さい果菜類などに使用される．いずれの方法でも，培養液のpH，イオン組成，溶存酸素濃度を制御するために培養液管理装置を設置する．

## 10.7 栽培環境の制御

植物工場では，光環境，温湿度，$CO_2$濃度，気流，培養液を正確に制御する必要がある．そのため，コンピュータ制御システムが導入されている．多くの要素は植物の生育ステージに応じた最適値を維持するように制御される．植物工場は天候すなわち外乱を受けないため，栽培室内の制御は容易である．多くの場合，On/Off制御とPID制御が使われる．照明を点灯する昼間は，顕熱負荷が非常に大きくなる．また植物の蒸散作用（葉から体内の水を放出する作用）が活発なので，水蒸気濃度（絶対湿度）が増加するため，潜熱負荷も大きい．夜間は照明がないが，蒸散作用は小さいがゼロではない．また，気流制御用ファン，制御機器，養液栽培のポンプなどの発熱源がある．そのため空調は，昼夜を問わず冷房運転を行う．

葉菜類の場合，昼間の好適環境条件は，気温25°C，相対湿度70%，$CO_2$濃度1000 ppm，光強度はPPFの単位で200 $\mu$mol $m^{-2}$ $s^{-1}$のようになる．その場合，たとえば制御目標値として，気温25±1°C，相対湿度70±10%のような設定を行う．冷却除湿モードで運転する．制御の応答性に厳しい条件はなく，空調機の能力によるが，たとえば5〜15分程度の範囲で温湿度が上記の変動を示しても，植物の成長には影響はない．夜間の気温は昼間よりも数〜10°Cほど低く設定するが，潜熱負荷，顕熱負荷とも小さいので，除湿機能を抑えた冷房運転で安定した制御を行うことができる．

植物工場では，環境制御の応答性よりも，環境条件の均一化が重要な課題である．それは，植物個体間に環境要因の差異があると成長に差が生じてしまい，収穫物の重量や品質にばらつきができるためである．温湿度とガス濃度の均一性を高めるために，しばしば空調の吹き出し口と吸い込み口の間の植物をとりまく気流を制御する工夫をして，栽培ベッド面の均一性を確保する．

最近は養液栽培もコンピュータ化され，人工培地の含水率，培養液の電気伝導度，pH，溶存酸素濃度などを植物の成長に合わせて適値に制御する．また，収穫時の，品質チェック，サイズ分類，包装，梱包，発送までの一連の作業を機械化する施設が増えている．

［後藤英司］

### 参考文献

1) 高辻正基 (1979)：植物工場，講談社．
2) 高辻正基 (2000)：図解よくわかる植物工場，日刊工業新聞社．
3) 後藤英司編 (2000)：人工光源の農林水産分野への応用，農業電化協会．
4) 中島啓之 (2009)：空気環境の制御，特集 完全制御型植物工場，空気清浄，**47**(1)：13-17．
5) 日本生物環境調節学会（現日本生物環境工学会）編 (1995)：生物環境調節ハンドブック，養賢堂．

# 索　　引

## A～Z

## ■ あ

## し

## す



## せ

# 資　料　編

## ―掲載企業一覧―

（五十音順）

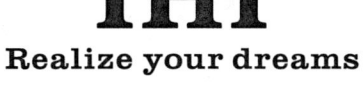

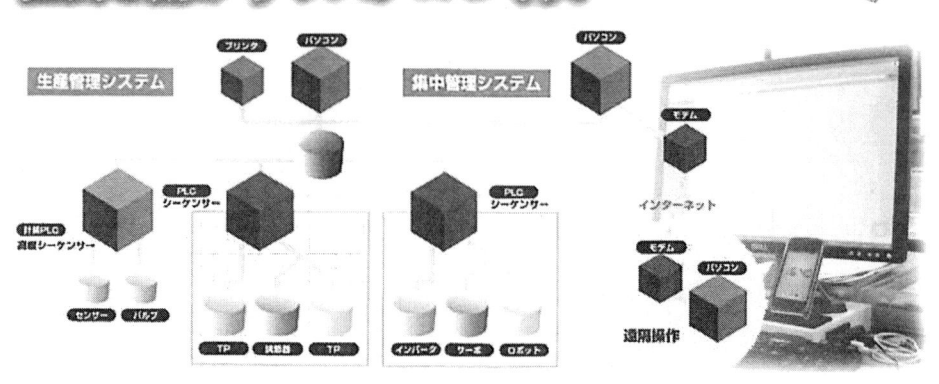

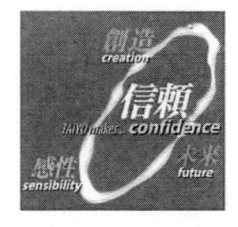

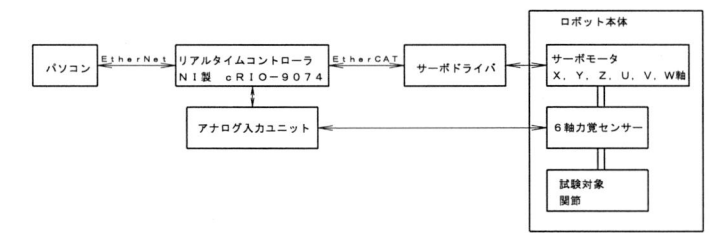

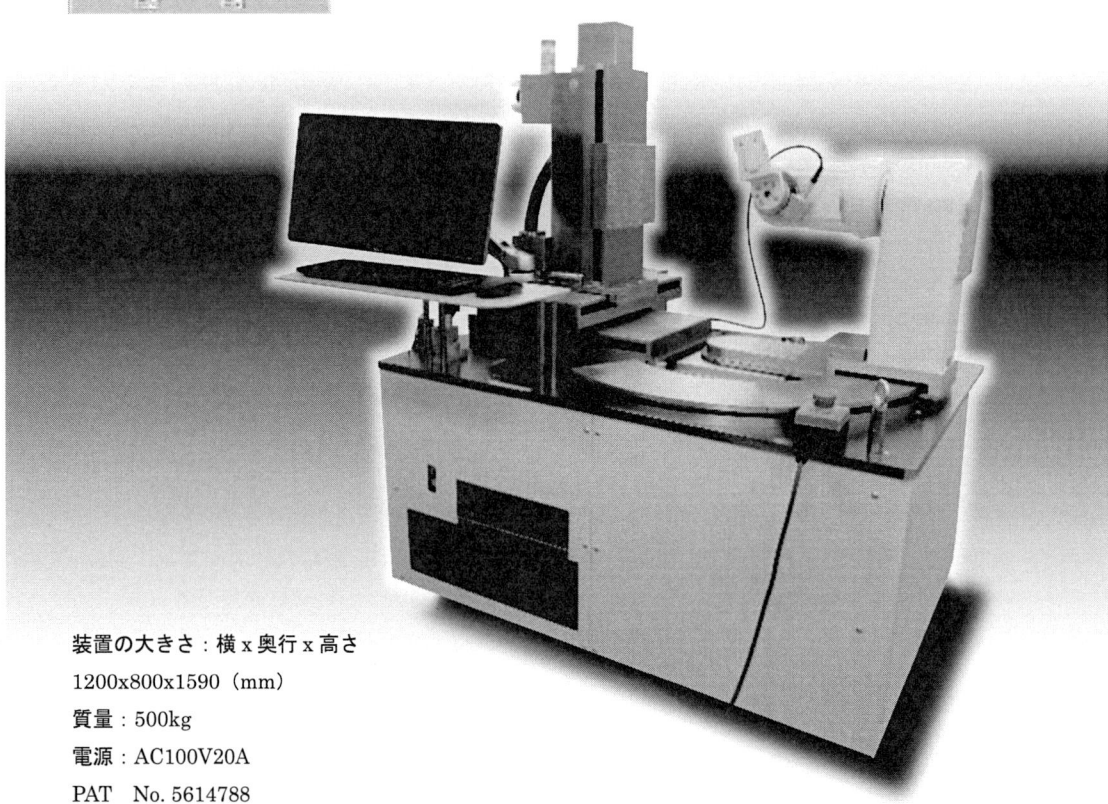

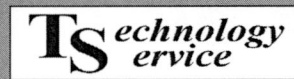

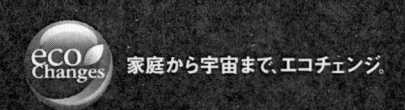

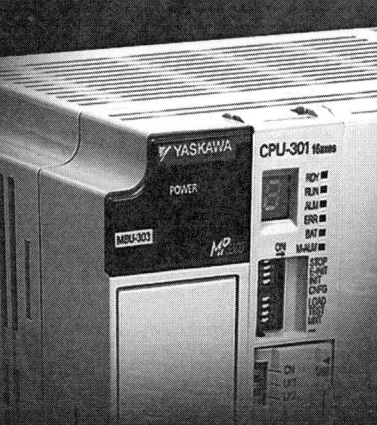

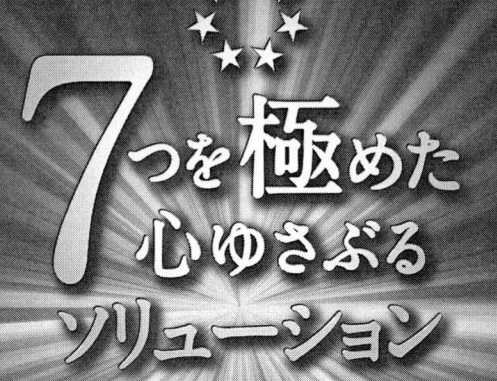

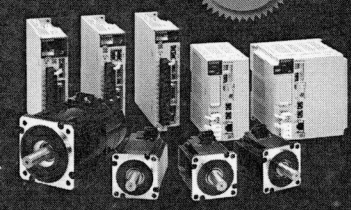

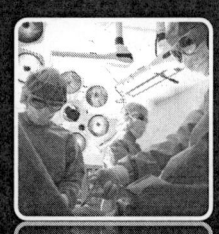

**制御の事典**　　定価はカバーに表示

2015年7月25日　初版第1刷

編集委員　野波健蔵
　　　　　水野　毅
　　　　　足立修一
　　　　　池田雅夫
　　　　　大須賀公一
　　　　　大日方五郎
　　　　　木田　隆
　　　　　永井正夫
　　　　　平田光男
　　　　　松野文俊

発行者　朝倉邦造

発行所　株式会社 朝倉書店
東京都新宿区新小川町6-29
郵便番号　162-8707
電　話　03(3260)0141
FAX　03(3260)0180
http://www.asakura.co.jp

〈検印省略〉



悠朋舎・牧製本

ISBN 978-4-254-23141-0　C 3553　Printed in Japan